Hans-Jürgen Arpe

Industrielle Organische Chemie

200 Jahre Wiley – Wissen für Generationen

John Wiley & Sons feiert 2007 ein außergewöhnliches Jubiläum: Der Verlag wird 200 Jahre alt. Zugleich blicken wir auf das erste Jahrzehnt des erfolgreichen Zusammenschlusses von John Wiley & Sons mit der VCH Verlagsgesellschaft in Deutschland zurück. Seit Generationen vermitteln beide Verlage die Ergebnisse wissenschaftlicher Forschung und technischer Errungenschaften in der jeweils zeitgemäßen medialen Form.

Jede Generation hat besondere Bedürfnisse und Ziele. Als Charles Wiley 1807 eine kleine Druckerei in Manhattan gründete, hatte seine Generation Aufbruchsmöglichkeiten wie keine zuvor. Wiley half, die neue amerikanische Literatur zu etablieren. Etwa ein halbes Jahrhundert später, während der „zweiten industriellen Revolution" in den Vereinigten Staaten, konzentrierte sich die nächste Generation auf den Aufbau dieser industriellen Zukunft. Wiley bot die notwendigen Fachinformationen für Techniker, Ingenieure und Wissenschaftler. Das ganze 20. Jahrhundert wurde durch die Internationalisierung vieler Beziehungen geprägt – auch Wiley verstärkte seine verlegerischen Aktivitäten und schuf ein internationales Netzwerk, um den Austausch von Ideen, Informationen und Wissen rund um den Globus zu unterstützen.

Wiley begleitete während der vergangenen 200 Jahre jede Generation auf ihrer Reise und fördert heute den weltweit vernetzten Informationsfluss, damit auch die Ansprüche unserer global wirkenden Generation erfüllt werden und sie ihr Ziel erreicht. Immer rascher verändert sich unsere Welt, und es entstehen neue Technologien, die unser Leben und Lernen zum Teil tiefgreifend verändern. Beständig nimmt Wiley diese Herausforderungen an und stellt für Sie das notwendige Wissen bereit, das Sie neue Welten, neue Möglichkeiten und neue Gelegenheiten erschließen lässt.

Generationen kommen und gehen: Aber Sie können sich darauf verlassen, dass Wiley Sie als beständiger und zuverlässiger Partner mit dem notwendigen Wissen versorgt.

William J. Pesce
President and Chief Executive Officer

Peter Booth Wiley
Chairman of the Board

Hans-Jürgen Arpe

Industrielle Organische Chemie

Bedeutende Vor- und Zwischenprodukte

Sechste, vollständig überarbeitete Auflage

WILEY-VCH Verlag GmbH & Co. KGaA

Prof. Dr. Hans-Jürgen Arpe
Dachsgraben 1
67824 Feilbingert

Bibliografische Information der Deutschen Nationalbibliothek
Die Deutsche Nationalbibliothek verzeichnet diese Publikation in der Deutschen Nationalbibliografie; detaillierte bibliografische Daten sind im Internet über <http://dnb.d-nb.de> abrufbar.

Printed in the Federal Republic of Germany
Gedruckt auf säurefreiem Papier

Satz Druckhaus „Thomas Müntzer", Bad Langensalza
Druck betz-druck GmbH, Darmstadt
Bindung Litges & Dopf Buchbinderei GmbH, Heppenheim

ISBN 978-3-527-31540-6

Vorwort

Fünf deutsche Auflagen bis 1998 und zehn Übersetzungen in englischer, japanischer, italienischer, spanischer, französischer, tschechischer, rumänischer, koreanischer, ungarischer und chinesischer Sprache sowie weitere Auflagen in einigen dieser Länder haben das weltweite Interesse an der „Industriellen Organischen Chemie" bekundet.

Die Vielzahl neuer Informationen und aktuelles Zahlenmaterial erfordern jetzt eine Neuauflage, die jedoch an dem bewährten Konzept festhält.

Die industrielle organische Chemie wird in einer ganzen Reihe von Enzyklopädien und Handbüchern, in zunehmendem Umfang auch in Monographien ausführlich dargestellt. Nicht immer fällt es leicht, die aktuelle Situation der organischen Chemie in der Industrie aus diesen Quellen schnell und sicher zu erkennen.

Deshalb wuchs Anfang der siebziger Jahre der Bedarf nach einer gerafften Darstellung mit Beschränkung auf die bedeutendsten Vor- und Zwischenprodukte. Die Verfasser haben sich bemüht, auf der Grundlage ihrer industriellen Erfahrung, die auch in Vorlesungen ihren Niederschlag fand, den Stoff zu sichten und in eine Form zu bringen, die ihre tägliche Auseinandersetzung mit Problemen der Forschung und Entwicklung widerspiegelt und für den Leser nachvollziehbar macht.

Wenn im Anfang der Konzeptentwicklung für das Buch und die Ermittlung der Fakten auch die wertvolle Hilfe von Kollegen aus der ehemaligen Hoechst AG und zahlreichen anderen Firmen unerlässlich war, so hat sich mit zunehmender Übersicht und dem erlernten Zugriff auf die entscheidenden literarischen Quellen die Eigenständigkeit des Autors ausgeweitet.

Das Buch wendet sich an einen vielfältigen Leserkreis: Dem Chemiestudenten gibt es Einblick in die Chemie wichtiger Vor- und Zwischenprodukte und in die Entwicklung technischer Verfahren zu ihrer Herstellung, die er vielleicht einmal mitgestalten wird. Den Hochschullehrer informiert es über angewandte organische Synthesen und den ständigen

Wechsel von Herstellverfahren und Rohstoffbasis sowie die dadurch ausgelösten Forschungsaufgaben. Chemikern und ihren Kollegen in der chemischen Industrie aus anderen Disziplinen – wie Ingenieuren, Kaufleuten, Juristen, Betriebswirtschaftlern – möchte es die mehrschichtigen technologischen, wissenschaftlichen und wirtschaftlichen Zusammenhänge und ihre Entwicklungstendenzen transparenter machen.

Das Buch ist in 14 Kapitel eingeteilt, in denen Vor- und Zwischenprodukte nach dem Gesichtspunkt größtmöglicher Zusammengehörigkeit zu Gruppen zusammengefasst wurden. Dabei ließ sich eine gewisse Willkür nicht immer vermeiden. Ein einführendes Kapitel ist der Energie- und Rohstoffversorgung gewidmet.

In der Regel werden nach allgemeinen Ausführungen über die geschichtliche Entwicklung und Bedeutung eines Produktes zunächst die Herstellmöglichkeiten mit Bevorzugung der heute üblichen Verfahren und dann seine Verwendung sowie wesentliche Folgeprodukte abgehandelt. Den Abschnitten über ‚große' industrielle organische Produkte ist mehrfach eine Prognose über Entwicklungsmöglichkeiten angefügt. Vor dem Hintergrund technologischer oder dem chemischen Prozess anhaftender Mängel oder zukünftiger Aufgaben beim Übergang zu anderen, preiswerteren oder besser verfügbaren Ausgangsprodukten werden Lösungsmöglichkeiten angedeutet, die allerdings in keinem Fall Anspruch auf Vollständigkeit erheben können. Diese Hinweise sollen vor allem dem Studierenden einen Eindruck von den Problemen geben, zu deren Lösung er später beitragen kann.

Das wesentliche Anliegen zur Vermittlung der Fakten war ein Höchstmaß an Informationsqualität und eine zufriedenstellende Informationsquantität. Dem Leser werden drei Formen der Information angeboten:

1. der zusammenhängende durchlaufende Text der Hauptspalte,
2. das Konzentrat des Haupttextes in der Randspalte und
3. Formel- und Produktschemata am Ende des Buches, die die Produktverknüpfungen jedes Kapitels wiedergeben.

Diese drei Formen wurden von der verbreiteten Gewohnheit vieler Leser abgeleitet, nach Erarbeitung eines Textes die wichtigen Teile zu unterstreichen oder zu exzerpieren. Diese Mühe wurde dem Leser durch die Randspalte abgenommen, die alle wesentlichen Aussagen der Hauptspalte in kürzester Form in einer logischen Abfolge enthält, so dass er sich rasch informieren kann, ohne den Haupttext durchgehen zu müssen.

Das zu einem Kapitel gehörende Formel- bzw. Verfahrensschema kann gleichzeitig ausgeklappt werden, so dass auch schon beim Lesen von Teilabschnitten der größere Zusammenhang deutlich werden kann. In den Haupttext wurden keine Schemata einzelner Verfahren aufgenommen, da es zwangsläufig bei immer wiederkehrenden Verfahrensstufen zu Wiederholungen kommen müsste. Stattdessen wird der Leser direkt auf Besonderheiten eines Verfahrens hingewiesen.

In der fünften Auflage wurden schon die neuen Richtlinien der IUPAC-Nomenklatur eingehalten.

Ein herzlicher Dank gilt den Kollegen der BASF für die bibliothekarische Unterstützung, Herrn Prof. Dr. Röper von der BASF für seinen Einstieg in die Autorennachfolge und dem Verlag Wiley-VCH für die effektive Zusammenarbeit.

Dezember 2006 *Hans-Jürgen Arpe*

Inhaltsverzeichnis

1 Aspekte der Energie- und Rohstoffversorgung 1
1.1 Gegenwärtiger und absehbarer Energiebedarf 2
1.2 Verfügbarkeit einzelner Energieträger 3
1.2.1 Erdöl 3
1.2.2 Erdgas 4
1.2.3 Kohle 5
1.2.4 Kernbrennstoffe 6
1.3 Perspektiven künftiger Energieversorgung 7
1.4 Gegenwärtige und absehbare Rohstoffsituation 9
1.4.1 Petrochemische Primärprodukte 9
1.4.2 Kohleveredlungsprodukte 12

2 Basisprodukte der industriellen Synthese 15
2.1 Synthesegas 15
2.1.1 Synthesegas-Erzeugung 15
2.1.1.1 Synthesegas durch Kohlevergasung 16
2.1.1.2 Synthesegas durch Erdgas- und Erdölspaltung 19
2.1.2 Synthesegas-Reinigung und -Verwendung 21
2.2 Gewinnung der reinen Synthesegas-Komponenten 25
2.2.1 Kohlenmonoxid 25
2.2.2 Wasserstoff 27
2.3 C_1-Bausteine 31
2.3.1 Methanol 31
2.3.1.1 Herstellung von Methanol 31
2.3.1.2 Verwendung und Verwendungsmöglichkeiten für Methanol 34
2.3.2 Formaldehyd 40
2.3.2.1 Formaldehyd aus Methanol 41
2.3.2.2 Verwendung und Verwendungsmöglichkeiten für Formaldehyd 43
2.3.3 Ameisensäure 45
2.3.4 Blausäure 49
2.3.5 Methylamine 54
2.3.6 Halogenderivate des Methans 56

3 Olefine 63
3.1 Historische Entwicklung der Olefinchemie 63
3.2 Olefine durch Kohlenwasserstoff-Spaltung 63
3.3 Spezielle Herstellverfahren für Olefine 68

Industrielle Organische Chemie: Bedeutende Vor- und Zwischenprodukte, 6. Auflage, Hans-Jürgen Arpe

ISBN: 978-3-527-31540-6

3.3.1 Ethylen, Propen 68
3.3.2 Butene und Isobuten 72
3.3.3 Höhere Olefine 80
3.3.3.1 Unverzweigte höhere Olefine 81
3.3.3.2 Verzweigte höhere Olefine 90
3.4 Olefin-Metathese 93

4 Acetylen 99
4.1 Heutige Bedeutung des Acetylens 99
4.2 Herstellverfahren für Acetylen 101
4.2.1 Calciumcarbid als Basis 101
4.2.2 Thermische Verfahren 102
4.3 Verwendung von Acetylen 107

5 1,3-Diolefine 115
5.1 1,3-Butadien 115
5.1.1 Historische Synthesen für 1,3-Butadien 116
5.1.2 1,3-Butadien aus C_4-Crackfraktionen 117
5.1.3 1,3-Butadien aus C_4-Alkanen und -Alkenen 119
5.1.4 Verwendung von 1,3-Butadien 122
5.2 Isopren 126
5.2.1 Isopren aus C_5-Crackfraktionen 126
5.2.2 Isopren durch Aufbaureaktionen 128
5.3 Chloropren 131
5.4 Cyclopentadien 134

6 Synthesen mit Kohlenmonoxid 137
6.1 Hydroformylierung von Olefinen 137
6.1.1 Chemische Grundlagen der Hydroformylierung 138
6.1.2 Technische Durchführung der Hydroformylierung 141
6.1.3 Katalysevarianten der Hydroformylierung 144
6.1.4 Verwendung der Oxoprodukte 147
6.1.4.1 Oxoalkohole 147
6.1.4.2 Oxocarbonsäuren 149
6.1.4.3 Aldol- und Kondensationsprodukte der Oxoaldehyde 150
6.2 Carbonylierung von Olefinen 152
6.3 Carbonsäuresynthese nach Koch 154

7 Oxidationsprodukte des Ethylens 157
7.1 Ethylenoxid 157
7.1.1 Ethylenoxid nach dem Chlorhydrin-Verfahren 158
7.1.2 Ethylenoxid durch Direktoxidation 158
7.1.2.1 Chemische Grundlagen 158
7.1.2.2 Verfahrensdurchführung 160

7.1.2.3 Entwicklungsmöglichkeiten der Ethylenoxid-Herstellung 162
7.2 Folgeprodukte des Ethylenoxids 163
7.2.1 Ethylenglykol und höhere Ethylenglykole 165
7.2.1.1 Entwicklungsmöglichkeiten der Ethylenglykol-Herstellung 166
7.2.1.2 Verwendung von Ethylenglykol 168
7.2.1.3 Folgeprodukte Glyoxal, Dioxolan, 1,4-Dioxan 169
7.2.2 Polyethoxylate 171
7.2.3 Ethanolamine und Folgeprodukte 172
7.2.4 Ethylenglykolether 176
7.2.5 Weitere Folgeprodukte des Ethylenoxids 178
7.3 Acetaldehyd 179
7.3.1 Acetaldehyd durch Ethylenoxidation 181
7.3.1.1 Chemische Grundlagen 181
7.3.1.2 Verfahrensdurchführung 182
7.3.2 Acetaldehyd aus Ethanol 183
7.3.3 Acetaldehyd durch C_3-/C_4-Alkanoxidation 185
7.4 Folgeprodukte des Acetaldehyds 185
7.4.1 Essigsäure 186
7.4.1.1 Essigsäure durch Acetaldehyd-Oxidation 188
7.4.1.2 Essigsäure durch Alkan- und Alkenoxidation 189
7.4.1.3 Carbonylierung von Methanol zu Essigsäure 192
7.4.1.4 Entwicklungsmöglichkeiten der Essigsäure-Herstellung 195
7.4.1.5 Verwendung von Essigsäure 197
7.4.2 Acetanhydrid und Keten 198
7.4.3 Aldolkondensation des Acetaldehyds und Folgeprodukte 202
7.4.4 Ethylacetat 206
7.4.5 Pyridin und Alkylpyridine 207

8 Alkohole 211
8.1 Niedere Alkohole 211
8.1.1 Ethanol 211
8.1.2 Isopropanol 217
8.1.3 Butanole 220
8.1.4 Amylalkohole 225
8.2 Höhere Alkohole 225
8.2.1 Oxidation von Paraffinen zu Alkoholen 229
8.2.2 Alfolsynthese 230
8.3 Mehrwertige Alkohole 232
8.3.1 Pentaerythrit 232
8.3.2 Trimethylolpropan 233
8.3.3 Neopentylglykol 234

9 Vinyl-Halogen- und Vinyl-Sauerstoff-Verbindungen 237
9.1 Vinyl-Halogen-Verbindungen 237
9.1.1 Vinylchlorid 237
9.1.1.1 Vinylchlorid aus Acetylen 238
9.1.1.2 Vinylchlorid aus Ethylen 239
9.1.1.3 Entwicklungsmöglichkeiten der Vinylchlorid-Herstellung 243
9.1.1.4 Verwendung von Vinylchlorid und 1,2-Dichlorethan 244
9.1.2 Vinylidenchlorid 245
9.1.3 Vinylfluorid und Vinylidenfluorid 246
9.1.4 Trichlor- und Tetrachlorethylen 248
9.1.5 Tetrafluorethylen 250
9.2 Vinylester und -ether 251
9.2.1 Vinylacetat 251
9.2.1.1 Vinylacetat auf Basis Acetylen oder Acetaldehyd 252
9.2.1.2 Vinylacetat auf Basis Ethylen 253
9.2.1.3 Entwicklungsmöglichkeiten der Vinylacetat-Herstellung 256
9.2.2 Vinylester höherer Carbonsäuren 258
9.2.3 Vinylether 259

10 Komponenten für Polyamide 261
10.1 Dicarbonsäuren 263
10.1.1 Adipinsäure 264
10.1.2 1,12-Dodecandisäure 268
10.2 Diamine und Aminocarbonsäuren 269
10.2.1 Hexamethylendiamin 269
10.2.1.1 Herstellung des Adiponitrils 270
10.2.1.2 Hydrierung des Adiponitrils 275
10.2.1.3 Entwicklungsmöglichkeiten der Adiponitril-Herstellung 276
10.2.2 ω-Aminoundecansäure 276
10.3 Lactame 278
10.3.1 ε-Caprolactam 278
10.3.1.1 ε-Caprolactam nach der Cyclohexanonoxim-Route 278
10.3.1.2 Alternative Herstellverfahren für ε-Caprolactam 283
10.3.1.3 Entwicklungsmöglichkeiten der ε-Caprolactam-Herstellung 286
10.3.1.4 ε-Caprolactam-Verwendung 288
10.3.2 Laurinlactam 290

11 Umsetzungsprodukte des Propens 293
11.1 Oxidationsprodukte des Propens 294
11.1.1 Propylenoxid 294
11.1.1.1 Propylenoxid nach dem Chlorhydrinverfahren 294
11.1.1.2 Indirekte Oxidationsverfahren zu Propylenoxid 295
11.1.1.3 Entwicklungsmöglichkeiten der Propylenoxid-Herstellung 299
11.1.2 Folgeprodukte des Propylenoxids 304
11.1.3 Aceton 306
11.1.3.1 Direktoxidation des Propens 307
11.1.3.2 Aceton aus Isopropanol 308
11.1.4 Folgeprodukte des Acetons 310
11.1.4.1 Acetonaldolisierung und Folgeprodukte 310
11.1.4.2 Methacrylsäure und -ester 312
11.1.5 Acrolein 317
11.1.6 Folgeprodukte des Acroleins 318
11.1.7 Acrylsäure und -ester 321
11.1.7.1 Historische Acrylsäure-Herstellung 321
11.1.7.2 Acrylsäure aus Propen 323
11.1.7.3 Entwicklungsmöglichkeiten der Acrylsäure-Herstellung 325
11.2 Allylverbindungen und Folgeprodukte 326
11.2.1 Allylchlorid 327
11.2.2 Allylalkohol und -ester 330
11.2.3 Glycerin aus Allylvorstufen 332
11.3 Acrylnitril 335
11.3.1 Historische Acrylnitril-Herstellung 336
11.3.2 Ammonoxidation von Propen 338
11.3.2.1 Sohio-Acrylnitril-Verfahren 339
11.3.2.2 Weitere Propen-(Propan-)Ammonoxidations-Verfahren 340
11.3.3 Entwicklungsmöglichkeiten der Acrylnitril-Herstellung 341
11.3.4 Acrylnitril-Verwendung und Folgeprodukte 342

12 Aromaten, Gewinnung und Umwandlung 345
12.1 Bedeutung der Aromaten 345
12.2 Rohstoffquellen für Aromaten 346
12.2.1 Aromaten aus der Steinkohlen-Verkokung 347
12.2.2 Aromaten aus Reformat- und Pyrolysebenzin 348
12.2.2.1 Aromatenisolierung 352
12.2.2.2 Spezielle Trennverfahren für Nichtaromaten/Aromaten- und Aromatengemische 352
12.2.3 Entwicklungsmöglichkeiten der Aromatenherstellung 358
12.2.4 Kondensierte Aromaten 360

12.2.4.1 Naphthalin 360
12.2.4.2 Anthracen 362
12.3 Umwandlungsverfahren für Aromaten 365
12.3.1 Hydrodealkylierung 366
12.3.2 *m*-Xylol-Isomerisierung 367
12.3.3 Disproportionierung, Transalkylierung und Methylierung 370

13 Umsetzungsprodukte des Benzols 373
13.1 Alkylierungs- und Hydrierungsprodukte des Benzols 373
13.1.1 Ethylbenzol 373
13.1.2 Styrol 377
13.1.3 Cumol 380
13.1.4 Höhere Alkylbenzole 382
13.1.5 Cyclohexan 384
13.2 Oxidations- und Folgeprodukte des Benzols 386
13.2.1 Phenol 386
13.2.1.1 Herstellverfahren für Phenol 387
13.2.1.2 Entwicklungsmöglichkeiten der Phenolherstellung 396
13.2.1.3 Phenol-Verwendung und -Folgeprodukte 399
13.2.2 Dihydroxybenzole 403
13.2.3 Maleinsäureanhydrid 407
13.2.3.1 Maleinsäureanhydrid durch Benzoloxidation 408
13.2.3.2 Maleinsäureanhydrid durch Butenoxidation 410
13.2.3.3 Maleinsäureanhydrid durch Butanoxidation 411
13.2.3.4 Maleinsäureanhydrid-Verwendung und -Folgeprodukte 412
13.3 Weitere Benzolderivate 415
13.3.1 Nitrobenzol 415
13.3.2 Anilin 417
13.3.3 Diisocyanate 420

14 Oxidationsprodukte des Xylols und Naphthalins 427
14.1 Phthalsäureanhydrid 427
14.1.1 Naphthalinoxidation zu Phthalsäureanhydrid 427
14.1.2 *o*-Xylol-Oxidation zu Phthalsäureanhydrid 429
14.1.3 Phthalsäureester 432
14.2 Terephthalsäure 435
14.2.1 Herstellung von Dimethylterephthalat und Terephthalsäure 436
14.2.2 Faserreine Terephthalsäure 438
14.2.3 Weitere Herstellwege für Terephthalsäure und Derivate 441
14.2.4 Verwendung von Terephthalsäure und Dimethylterephthalat 445

15 Anhang 449
15.1 Definitionen für reaktionskennzeichnende Größen 449
15.2 Firmenkurzbezeichnungen 452
15.3 Quellenhinweise 453

Stichwortverzeichnis 471

Verfahrens- und Produktschemata
(Ausschlagtafeln)

1 Aspekte der Energie- und Rohstoffversorgung

Energie und Rohstoffe, ihre Verfügbarkeit und Preisstruktur haben zu jeder Zeit die technologische Basis und damit den Auf- und Ausbau der industriellen Chemie entscheidend mitgestaltet. Es bedurfte aber erst der Ölkrisen, um diese Zusammenhänge und ihre Bedeutung für die Weltwirtschaft wieder in das Bewusstsein der breiten Öffentlichkeit zurückzurufen.

Fossile Brennstoffe – Erdgas, Erdöl, Kohle – haben zwei Funktionen:

1. Energieträger
2. Rohstoffe für chemische Produkte

Kohle, Erdgas und Erdöl, in Millionen von Jahren mithilfe der Sonnenenergie entstanden, müssen derzeit nicht nur den Energiebedarf, sondern auch den Rohstoffbedarf weitgehend abdecken.

In keinem Bereich industrieller Produktion liegt eine so vollkommene Verflechtung von Energie- und Rohstoffträgern vor wie in der chemischen Industrie. Jede Änderung in der Zugänglichkeit muss daher die Chemie besonders treffen, da sie zum einen zu den größten industriellen Energieverbrauchern gehört und zum anderen die nichtregenerativen fossilen Naturprodukte als Rohstoffe für die Veredlung zu der Palette von Syntheseprodukten verbraucht, der wir im Alltag begegnen.

Der ständig steigende Bedarf und die Endlichkeit der Rohstoffreserven zeigen immer deutlicher auf, wie dringlich es ist, die Energie- und Rohstoffversorgung für die Zukunft abzusichern.

Fossile Rohstoffe sind endlich, da sie nur in erdgeschichtlichen Zeiträumen gebildet werden

Alle kurz- und mittelfristigen Bemühungen werden sich auf das Problem konzentrieren müssen, wie die Flexibilität der Rohstoffversorgung für die Chemie einerseits und den Energiesektor andererseits bei einem gegebenen Angebot vergrößert werden kann. Langfristig wird die Entkopplung der Doppelfunktion fossiler Brennstoffe unausweichlich werden, um die attraktive Rohstoffbasis für die Chemie möglichst lange zu erhalten.

Langfristige Ziele zur Absicherung des industriellen Rohstoff- und Energiebedarfs:

1. Streckung der fossilen Rohstoffe
2. Substitution der fossilen Rohstoffe auf dem Energiesektor

Zur Beurteilung der heutigen Situation und zum Verständnis des zukünftigen Bedarfs an Primärenergieträgern und Rohstoffen sollen daher beide Aspekte anhand der einzelnen Energieträger untersucht werden.

Industrielle Organische Chemie: Bedeutende Vor- und Zwischenprodukte,
6. Auflage, Hans-Jürgen Arpe

ISBN: 978-3-527-31540-6

1.1 Gegenwärtiger und absehbarer Energiebedarf

Primärenergieverbrauch (in Mrd t SKE)

	1964	1974	1984	1994	2002
Welt	5,08	8,29	10,15	11,5	13,4
USA	1,54	1,90	2,40	2,95	3,28
WE	0,97	1,32	1,43	1,62	2,04
BRD	0,26	0,34	0,38	0,48*	4,71

*) einschließlich der neuen Bundesländer

SKE = **S**tein**k**ohlen**e**inheit

1 t SKE = $29{,}3 \cdot 10^6$ kJ
= 0,7 t Öläquivalent

In den letzten fast vierzig Jahren hat sich der Weltenergiebedarf nahezu verdreifacht und erreichte 2002 eine Höhe von 13,4 Mrd t SKE entsprechend 9,38 Mrd t Öläquivalent. Die durchschnittlichen jährlichen Steigerungsraten in den Jahren vor 1974 lagen noch bei etwa 5 % und verminderten sich ab Ende der achtziger Jahre, wie die Zahlen der nebenstehenden Tabelle ausweisen. In den neunziger Jahren hat sich dann der Primärenergieverbrauch wegen des Rückganges der Energienachfrage durch die wirtschaftliche Rezession nach dem Umbruch im ehemaligen Ostblock zunächst kaum verändert, ist aber dann weiter angestiegen.

Es wird sich allerdings nach einer jüngsten Prognose des Weltenergierates (WEC) wegen des erwarteten starken Anstiegs der Weltbevölkerung und des zunehmenden Lebensstandards um 2010 der weltweite Energiebedarf auf möglicherweise 19,5 Mrd t SKE erhöhen.

OECD-Länder umfassen 29 Mitgliedstaaten, darunter in Europa: England, Norwegen und BRD

Der Verbrauch an Primärenergie in den OECD-Ländern (**O**rganization for **E**conomic **C**ooperation and **D**evelopment) teilte sich 1994 wie folgt auf:

31 % für Transport und Verkehr
33 % für Industrie
36 % für Haushalt, Landwirtschaft und übrige Sektoren

Energieverbrauch der Chemischen Industrie:

6 % vom Gesamtverbrauch, d. h. zweitgrößter industrieller Verbraucher

Am Gesamtenergieverbrauch ist die Chemische Industrie mit 6 % beteiligt und damit nach der Eisenschaffenden Industrie der zweitgrößte industrielle Energieverbraucher.

Primärenergieanteile weltweit (in %)

	1964	1974	1984	1999
Erdöl	41	48	42	36
Kohle	37	25	27	23
Erdgas	15	18	19	22
Kernenergie	1	3	5	7
Wasserkraft/ Sonstige	6	6	7	12

(Sonstige = Erneuerbare Energien)

Im Zeitraum von 1950 bis 1999 hat sich der Anteil der einzelnen Energieträger am weltweiten Primärenergieverbrauch drastisch geändert. So ging der Anteil der Kohle (Steinkohle und Braunkohle) von ca. 60 % im Jahr 1950 auf die in der nebenstehenden Tabelle genannten Werte zurück. In einigen Ländern des ehemaligen Ostblocks und in China ist die Kohle derzeit noch mit 40 % an der Energieversorgung beteiligt. Der Anteil des Erdöls betrug 1950 erst 25 % am Weltenergieverbrauch und erreichte mit nahezu 50 % ein Maximum zu Beginn der siebziger Jahre. Heute hat sich dieser Wert auf etwas unter 40 % eingestellt.

Ursachen der bevorzugten Verwendung von Erdöl und Erdgas als Energieträger:

1. rationelle Gewinnung
2. vielseitige Verwendbarkeit
3. geringe Transport- und Verteilungskosten

Die Ursachen dieser Energieträgerstruktur liegen begründet in der Überlegenheit von Erdöl und Erdgas bezüglich ihrer rationellen und damit wirtschaftlichen Gewinnung, der vielseitigen Verwendbarkeit sowie der geringeren Transport- und Verteilungskosten.

Für die Energiesituation in den folgenden Jahrzehnten wird eine leichte Abnahme des relativen Anteils für Erdöl und Kohle bei deutlich zunehmendem Erdgas-, aber nur begrenzt steigendem Kernenergie-Anteil vorhergesagt. Eine mit dem schließlichen Übergang zu kohlenstofffreien und zukünftig unerschöpflichen Energiesystemen wünschenswerte, aber multifaktoriell beeinflussbare Entwicklung.

Allerdings werden selbst in den Prognosen für die kommenden Jahrzehnte Erdöl und Erdgas die Hauptträger der Energieversorgung bleiben, da technologische Umorientierungen wegen ihrer Vielschichtigkeit größere Zeiträume erfordern. Eine ungewisse Situation liegt allerdings bei der Kernenergie vor. Ein beträchtliches Entwicklungspotenzial ist z. B. bei Brennstoffzellen und Photovoltaik zu sehen.

Umstrukturierung des Energieverbrauchs jedoch kurzfristig nicht möglich

Erdöl bleibt zunächst Hauptenergieträger

1.2 Verfügbarkeit einzelner Energieträger

1.2.1 Erdöl

Die sicher gewinnbaren und die wahrscheinlichen, d. h. zusätzlich gewinnbaren (Ressourcen) Erdölreserven der Welt nehmen nach neueren Daten wegen der verbesserten Explorations- und Produktionstechnik weiterhin zu und davon verteilen sich die sicheren Reserven (2002) zu etwa 65 % auf den Mittleren Osten, 9 % auf Südamerika, 5 % auf Nordamerika, 2 % auf Westeuropa und der restliche Anteil auf die übrigen Gebiete. Mit etwa 23 % an den sicheren Erdölreserven (2003) hat Saudi-Arabien den größten Anteil vor Irak, Kuwait und weiteren Staaten, vor allem im Nahen Osten. Die OPEC-Länder (**O**rganization of **P**etroleum **E**xporting **C**ountries) lieferten 1996 etwa 39 Gew.-% der weltweiten Fördermenge. Die größten Förderländer waren 2002 Saudi-Arabien, USA, GUS und Iran mit 12, 9, 11 bzw. 5 Gew.-% an der weltweiten Gesamtförderung von 3,6 Mrd t (Öl).

Reserven an Erdöl (in Mrd t SKE)

	1986	1989	1995	2002
sicher	136	182	194	204
gesamt	600	740	303	317

(1 t SKE = 0,7 t Öläquivalent)

Daneben gibt es in den Ölschiefern und Teer- bzw. Ölsanden weitere Ölvorräte, die das Zehnfache der vorgenannten weltweiten Mineralölreserven ausmachen und damit die noch vor wenigen Jahren vermutete nur gleiche Größenordnung dieser Vorräte weit übertreffen.

Reserven an „synthetischem“ Erdöl aus Ölschiefern/Ölsanden (in Mrd t SKE)

	1989	1992	1997	1998
sicher	190	190	126	120
gesamt	1700	1515	643	480

Ölschiefer und Ölsande bieten daher einen großen Anreiz zu ihrer Verwertung. Dazu wurden vor allem Extraktions- und Pyrolyseverfahren entwickelt, die unter günstigen lokalen Bedingungen schon heute die Wirtschaftlichkeitsgrenze erreicht haben. Kommerzielle Großanlagen werden in Kanada

Kerogen als polymere wachsartige Substanz in mineralischem Gestein, erst nach thermischer Behandlung >500 °C oder nach Hydrierung in „synthetisches“ Öl überführbar

Verbrauch an Erdöl (in Mrd t SKE)

	1988	1990	1998	2002
Welt	4,32	4,43	4,79	5,03
USA	1,12	1,11	1,18	1,28
WE	0,84	0,85	0,95	1,09
GUS	0,64	0,59	0,36	0,35
Japan	0,31	0,35	0,36	0,35
BRD	0,16	0,15	0,20	0,18

mit einer deutlichen jährlichen Steigerungsrate (z. B. 1994 +17 % gegenüber 1993) und neuen, für die Jahre nach 2000 angekündigten Shell- und Mobilprojekten und der GUS betrieben, zahlreiche Demonstrations- bzw. Versuchsanlagen z. B. in den USA wurden allerdings inzwischen stillgelegt, aber neue, z. B. in Australien wieder in Planung genommen. In China wird ebenfalls Öl aus kerogenhaltigem Gestein extrahiert. Eine weitere Großanlage mit einer Kapazität von 0,12 Mio jato Erdöl ist fertiggestellt.

Die Reichweite der sicheren Erdölreserven errechnet sich bei gleichbleibendem Verbrauch (d. h. statistische Reichweite) auf etwa 42 Jahre (1998). Nimmt man die zusätzlichen sowie die Vorräte an Ölschiefern/Ölsanden hinzu, so wird der abdeckbare Zeitraum deutlich größer als 100 Jahre.

Erdölförderhilfen

Förderphase	Fördermittel	Ausnutzungsgrad (in %)
primär	Eigendruck	10–20
sekundär	Flutwasser/-gas	>30
tertiär	chem. Fluten (Polymere, Tenside)	>50

Eine bessere Ausnutzung der vorhandenen Lagerstätten, die durch die gegenwärtigen Techniken nur zu 30 % ausgebeutet werden, eine verstärkte Explorationstätigkeit, die Verwertung von schwer auszubeutenden Vorkommen, Erschließung von Feldern unter dem Meeresboden sowie eine Umstrukturierung des Energie- und Rohstoffverbrauchs machen aber eine weit über diesen Zeitraum reichende Verfügbarkeit des Erdöls wahrscheinlich.

1.2.2 Erdgas

Reserven an Erdgas (in Mrd t SKE)

	1985	1989	1998	2003
sicher	116	146	175	177
gesamt	278	450	429	n. v.

(1 t SKE = 882 m^3 Erdgas)
n. v. = nicht veröffentlicht

Die sicheren und wahrscheinlichen Erdgasreserven der Welt sind etwas größer als die Mineralölreserven und wurden 1998 auf 429 Mrd t SKE oder ca. 431 000 Mrd m^3 geschätzt. Davon gelten 175 Mrd t SKE als sichere Vorräte.

Diese Letztgenannten verteilten sich 2002 etwa zu 36 % auf den Nahen Osten, 35 % auf GUS, 8 % auf Afrika und 5 % auf Nordamerika. Alle übrigen Erdgasförderländer hatten zusammen einen Reserveanteil von 16 %.

Bei gleichbleibendem Verbrauch Erschöpfung der heute bekannten, sicheren Reserven in etwa 62 Jahren (Stand 2002)

Danach könnten die sicher gewinnbaren weltweiten Erdgasvorräte auf Basis der Fördermenge von 2002 (2,9 Mrd t SKE) fast 62 Jahre reichen. Größte Erdgasförderländer waren 2002 Nordamerika und Europa, Eurasien mit 30 % bzw. 39 % der weltweiten Erdgasförderung. Größte Erdgasverbraucher waren 2002 Nordamerika und Europa, Eurasien mit einem Anteil von 31 % bzw. 41 % des weltweiten Gesamtverbrauchs von 2,9 Mrd t SKE.

Im Laufe der beiden letzten Jahrzehnte ist der Erdgasverbrauch vergleichsweise gestiegen. Bisher konnte das Erdgas nur dort genutzt werden, wo die entsprechende industrielle

Infrastruktur gegeben war bzw. die Entfernung zum Verbraucher durch Pipelines überbrückt werden konnte. Inzwischen können auch große Entfernungen vom Gewinnungsort zu wichtigen Verbrauchsgebieten durch Verflüssigung des Erdgases (LNG = **L**iquified **N**atural **G**as) und Transport in Spezialschiffen, wie z. B. in Japan, das sich nahezu vollständig mit LNG durch Import versorgt, überwunden werden. Zukünftig ist Erdgas möglicherweise auch durch Umwandlung in Methanol über Synthesegase mit zusätzlichem Kostenaufwand verfügbar.

Schnelle Ausweitung des Erdgasverbrauchs möglich durch Transport über weite Entfernungen mittels:

1. Pipelines
2. Spezialschiffen
3. Umformung in Methanol

Die Importabhängigkeit ist damit ähnlich wie beim Erdöl für die erdgasarmen Länder lösbar geworden. Erst mit dem Auf- und Ausbau der Synthesegaschemie auf Basis von Braun- oder Steinkohle kann sich das Bild grundsätzlich ändern. Dies erscheint jedoch erst in weiterer Zukunft in größerem Umfang möglich.

Substitution des Erdgases durch synthetisches Naturgas (SNG) erst in nächsten Jahrzehnten (vgl. „SNG-Herstellung" Abschn. 2.1.2)

1.2.3 Kohle

Von den Vorräten her gesehen ist die Kohle die am weitesten verbreitete und bedeutendste Quelle fossiler Energie, wenngleich dabei beachtet werden muss, dass die Schätzungen der Kohlereserven von der geologischen Verfügbarkeit ausgehen, ohne die Abbauwürdigkeit zu berücksichtigen. Die sicheren und wahrscheinlichen Steinkohlevorräte der Welt wurden 1999 auf 5508 Mrd t SKE geschätzt, wobei die sicheren Vorräte mit 487 Mrd t SKE beziffert werden. Von den sicheren Vorräten entfallen auf USA, China, Westeuropa, Afrika und GUS etwa 38, 14, 7, 7 bzw. 5 Gew.-%. 2002 wurden weltweit etwa 2,4 Mrd t Steinkohle gefördert, davon entstammen etwa 17 % bzw. 24 % aus China und USA.

Reserven an Steinkohle (in Mrd t SKE)

	1985	1989	1992	1999
sicher	690	503	720	487
gesamt	6700	7200	8330	5508

„Steinkohle" umfasst auch Teerkohle und Anthrazit

Bei Braunkohle schätzte man die Weltvorräte 1999 auf 1160 Mrd t SKE, wovon 71 Mrd t SKE als sichere Reserven zu rechnen sind.

Reserven an Braunkohle (in Mrd t SKE)

	1985	1989	1999
sicher	167	106	71
gesamt	700	830	1160

Der weltweite Abbau an Braunkohle betrug 1998 etwa 949 Mio t, davon lieferten die größten Förderländer Westeuropa, BRD, GUS und USA den überwiegenden Anteil.

Mit den riesigen abbaubaren Stein- und Braunkohlegesamtvorräten könnte der Energiebedarf der Welt also über sehr lange Zeiträume, nach Ergebnissen verschiedener Institute bei ähnlicher gegenwärtiger Wachstumsrate noch für einige tausend Jahre gedeckt werden.

Weltweit gestreute und langfristige Ressourcen favorisieren die Kohle

1.2.4 Kernbrennstoffe

Kernbrennstoffe sind Spaltstoffe oder spaltstoffhaltige Materialien, vor allem Uran und Plutonium als Metalle oder Verbindungen

Die Kernenergie wäre aufgrund ihres Entwicklungsstandes eine realistische Lösung des Energieversorgungsproblems für die nächsten Jahrzehnte; ihre Wirtschaftlichkeit ist nachgewiesen, wenn es nicht politische Konzepte zum Aus der Kernenergie gäbe.

Struktur der Stromerzeugung (in %)

	WE			Welt		
	1974	1984	1998	1975	1985	1999
Erdgas/-öl	36	22	21	35	23	26
Kohle	34	41	30	37	40	36
Kernenergie	6	16	35	5	15	17
Wasserkraft + Sonstige	24	21	14	23	22	21

Die nuclearen Brennstoffe bieten in wichtigen Bereichen, vor allem in der Stromerzeugung, eine umweltschonende Alternative zu den fossilen Energiequellen. Wenn auch in den letzten Jahrzehnten diese fossilen Energieträger ihre dominierende Stellung zur Stromerzeugung weltweit noch gehalten haben, so haben sich in den Ländern unterschiedliche Anteile der Kernenergie entwickelt. So waren 2000 weltweit 435 Kernkraftwerksblöcke in Betrieb (38 zusätzlich im Bau). Die meisten Kernkraftwerke liefen davon in USA (104), gefolgt von Frankreich (59) und Japan (53). Den größten Anteil an der Stromerzeugung hatte die Kernenergie weltweit 1998 in Frankreich mit 76 %.

Uranförderung (in Mio t)

	1991	1994	1998
Welt	41,9	31,6	35,0
Kanada	8,2	9,6	10,9
Australien	3,8	2,2	4,9

Die Vorräte an Uran sind groß und über weite Bereiche der Erde verteilt. Die Uranförderung hat weltweit abgenommen (vgl. nebenstehende Tabelle), ist aber in den einzelnen Ländern unterschiedlich gelaufen. Kanada hat seine Spitzenposition weiter ausgebaut, gefolgt von Australien mit deutlicher Steigerung. Die westeuropäische Uranförderung ist fast vollständig eingestellt bis auf einen geringen Anteil in Frankreich.

Bei der Verwendung des Urans in den heute noch üblichen Leichtwasserreaktoren wird nur das zu etwa 0,7 % im Natur-Uran enthaltene U-235 ausgenutzt. Die in Form von Strahlung und Spaltprodukten wie z. B. α-, β-Teilchen oder Neutronen frei werdende Energie wird in Wärme umgewandelt, die dann z. B. über Wasserdampfherstellung zum Antrieb von Dampfturbinen zur Stromerzeugung dient.

Wirkungsweise schneller Brüter (Neutroneneinfang):

U-238 → Pu-239
Th-232 → U-233

Durch Brutreaktoren (Brüter) lässt sich zusätzlich zu dem natürlichen Anteil mehr spaltbares Material erzeugen. Die Wirkungsweise der schnellen Brüter besteht darin, dass aus dem mit thermischen Neutronen nicht spaltbaren Nuclid U-238 (= Hauptbestandteil des Natur-Urans; Häufigkeit 99,3 %) durch Neutroneneinfang spaltbares Pu-239 bzw. aus Th-232 das spaltbare U-233 erzeugt wird.

1995 waren Japan und Frankreich die einzigen Länder, die schon Brutreaktoren betrieben und weiterentwickelten.

Beim gegenwärtigen Stand der Reaktortechnologie wird der wachsende Energiebedarf für mindestens 60–70 Jahre gedeckt werden können. Der dominierende Reaktortyp ist heute und sicherlich auch für die nächsten 20 Jahre der Leichtwasserreaktor (Siede- oder Druckwasserreaktor), der bei Temperaturen bis etwa 300 °C arbeitet. Auch Hochtemperaturreaktoren mit Kühlmitteltemperaturen bis nahe 1000 °C (Helium) stehen bereits an der Schwelle der technischen Realisierung; ihr Vorteil wird darin gesehen, dass sie neben elektrischem Strom auch Prozesswärme bei höheren Temperaturen liefern können (vgl. Abschn. 2.1.1 und 2.2.2).

Reaktorgenerationen:

Leichtwasserreaktoren
Hochtemperaturreaktoren
Brutreaktoren

Vorteil der Hochtemperaturreaktoren:

Prozesswärme ist für stark endotherme chemische Reaktionen auf hohem Temperaturniveau (900–1000 °C) nutzbar

Ein weiteres, großes Ziel im Bereich der Kernenergie ist die Kernfusion (Kernverschmelzung), d. h. die Nutzung der Energie aus der Verschmelzung zweier Atomkerne. Dieses Prinzip, das auch der Entstehung der Sonnenenergie zugrunde liegt, wird von einigen Industrienationen bearbeitet. Auch in der Bundesrepublik Deutschland wurde 2000 ein weiteres Kernfusionsprojekt (Stellarator) gestartet.

Kernfusion als thermonucleare Reaktion führt zur Bildung eines neuen Kerns mit Energiegewinn

Eine wichtige Voraussetzung für den erfolgreichen Einsatz der Kernenergie ist aber nicht nur, dass sichere und zuverlässige Kernkraftwerke errichtet werden, sondern dass der gesamte Brennstoffkreislauf lückenlos geschlossen wird, beginnend bei der Versorgung mit Natur-Uran und der Bereitstellung entsprechender Anreicherungskapazitäten und endend bei der Entsorgung von radioaktiven Spaltprodukten, d. h. auch der Endlagerung hochradioaktiver Abfälle aus den Kernkraftwerken und dem Recycling von unverbrauchten und erbrüteten Kernbrennstoffen.

Notwendige Voraussetzungen für den Einsatz von Kernenergie:

1. gesicherte Versorgung mit Kernbrennstoffen
2. technisch sichere Kernkraftwerke
3. gesicherte Entsorgung von Spaltprodukten

Die Entsorgung der Kernkraftwerke kann zu einem zeitbestimmenden Faktor bei der Realisierung der Energieprogramme werden.

1.3 Perspektiven künftiger Energieversorgung

Wie in den vorhergehenden Abschnitten dargestellt, bleiben Öl, Gas und Kohle noch auf lange Sicht die wichtigsten Primärenergieträger. Wenn sich auch gegenwärtig aus der Verfügbarkeit dieser Energieträger kaum Restriktionen ergeben, sollte sich bei der Bedeutung von Erdöl und Erdgas als Rohstoffen für die Chemische Industrie ihr Anteil in der Energieverbrauchsstruktur möglichst bald vermindern.

Erdöl und Erdgas werden bei heutiger Verbrauchsstruktur als erste Energieträger erschöpft sein

An dieser Situation kann auch die Ausbeutung der Ölschiefer und Ölsande langfristig betrachtet kaum etwas ändern.

Der Wettbewerb zwischen ihrer energetischen und chemischen Nutzung zwingt zu einer Strukturänderung der Energiepalette

Die Substitution des Erdöls und Erdgases durch andere Energiequellen ist der sinnvollste Weg aus diesem Dilemma, damit diese wertvollen fossilen Naturprodukte der chemischen Weiterverarbeitung weitestgehend vorbehalten bleiben.

Substitution fossiler Brennstoffe zur Energieerzeugung möglich durch Einsatz von:

1. Nuclearenergie (mittelfristig)
2. Solarenergie (langfristig)
3. Geothermalenergie (partiell)
4. Kernfusionsenergie (langfristig)

Zur Entlastung des fossilen Energieverbrauchs hat bereits mittelfristig die Nutzung der Nuclearenergie entscheidend beigetragen. Nahezu unerschöpfliche Energiereserven bietet die Solarenergie, auf deren potenzielle Möglichkeiten zur technischen Nutzung hier nur hingewiesen werden soll. In Steinkohleeinheiten ausgedrückt, entspricht die auf der Erde jährlich eingestrahlte Sonnenenergie etwa dem 30fachen der Kohlereserven der Welt. Rein rechnerisch könnte der derzeitige Primärenergieverbrauch der Welt bereits durch 0,005 % der eingestrahlten Sonnenenergie gedeckt werden. Die Entwicklung von Sonnenkollektoren und Solarzellensystemen bleibt daher eine vorrangige Aufgabe. Gleichzeitig muss aber auch das Problem der Energiespeicherung und des Energietransportes gelöst werden.

Substitution des Erdöls zur Energieerzeugung möglich durch Einsatz von:

1. Kohle
2. Nuclearenergie
3. Kombination von Kohle und Nuclearenergie
4. Wasserstoff

Der großtechnischen Nutzung der sogenannten Endlosenergien oder erneuerbaren Energien, zu denen neben Solarenergie, Windkraft und Wasserkraft auch Geothermalenergie und Kernfusion zu rechnen sind, kommt aber erst in ferner Zukunft wachsende Bedeutung zu. Bis dahin werden wir auf die optimale Nutzung der fossilen Rohstoffe, insbesondere des Erdöls, angewiesen sein. Um es so weit wie möglich zu strecken, werden Kernenergie und Kohle in naher Zukunft die Säulen unserer Energieversorgung bilden müssen. Die Kernenergie wird in steigendem Umfang die Elektrizitätsversorgung zu übernehmen haben, während Kohle vermehrt in anderen Bereichen zur Substitution von Mineralölprodukten beitragen soll.

Bevor die Energieversorgung sich von den fossilen Energiequellen löst, was sicherlich erst im kommenden Jahrhundert möglich ist, könnte vielleicht eine Kombination von Kernenergie und Kohle im großtechnischen Maßstab zum Tragen kommen. Die Verwendung von nuclearer Prozesswärme zur Kohlevergasung könnte einen verstärkten Einsatz der Synthesegasprodukte ermöglichen (vgl. Abschn. 2.1.1).

Neben der Herstellung von Synthesegas durch Kohlevergasung kann die Nuclearenergie eventuell auch zur Herstellung von Wasserstoff aus Wasser durch Hochtemperatur-Wasserdampfelektrolyse oder durch chemische Kreisprozesse eingesetzt werden. Entsprechendes gilt für die

Wasserelektrolyse mittels Solarenergie, die in zahlreichen Projekten in verschiedenen Ländern untersucht wird. Dies könnte zu einem breiten Einstz von Wasserstoff als Energieträger (Wasserstofftechnologie) und in der Chemie zur Ablösung der Wasserstoffherstellung aus fossilen Rohstoffen führen (vgl. Abschn. 2.2.2).

Diese Phase wird dann mehr und mehr zu einem System überleiten, in dem die Energie ausschließlich aus regenerativen Quellen gewonnen wird und Kohle und Erdöl nur noch den Charakter von Rohstoffen haben.

Langfristiges Ziel:

ausschließliche Energieversorgung aus regenerativen Quellen und Rohstoffversorgung aus fossilen Quellen

1.4 Gegenwärtige und absehbare Rohstoffsituation

Die gegenwärtige Rohstoffsituation der industriellen Chemie ist durch die erfolgreiche und weitgehend abgeschlossene Umstellung von der Kohle- zur Erdöltechnologie gekennzeichnet. Diese Umstrukturierung gilt auch für den Wechsel von der Acetylen- zur Olefinbasis (vgl. Abschn. 3.1 und 4.1).

Charakteristische Veränderungen der Rohstoffbasis für die Chemische Industrie:

Basisprodukte bis 1950:

1. Vergasungsprodukte der Kohle (Kokereiprodukte, Synthesegas)
2. Acetylen aus Calciumcarbid

1.4.1 Petrochemische Primärprodukte

Von den Verfahren zur Darstellung organischer Grundchemikalien der fünfziger Jahre auf Kohlebasis ist neben der Herstellung von Kohlenmonoxid und Wasserstoff durch Vergasungsprozesse lediglich die Herstellung von Carbid (für den Schweißsektor und einige ausgewählte organische Zwischenprodukte), Benzol und einigen mehrkernigen Aromaten übriggeblieben. Diese machen aber nur einen kleinen Teil der petrochemischen Primärprodukte aus; denn gegenwärtig basieren etwa 96 % auf Erdöl bzw. Erdgas. Es besteht auch kein Zweifel darüber, dass die in den vergangenen Jahrzehnten erzielte Ausweitung der Produktion von Primärchemikalien zur Herstellung organischer Folgeprodukte überhaupt erst durch die Umstellung auf Erdöl möglich war. Die maximal förderbaren Kohlemengen hätten eine derart steile Entwicklung nicht zugelassen. Dies lässt schon erkennen, dass auch in Zukunft allenfalls eine partielle Substitution des Erdöls durch Kohle im Sinne einer gewissen Verbreiterung der Rohstoffbasis erreichbar ist, die Rohstoffabhängigkeit der Chemie vom Erdöl aber weitgehend bestehen bleiben wird.

Von den Rohstoffen, die der Chemie durch die Erdölraffinerien zur Verfügung gestellt werden, ist in Japan und West-

Basisprodukte nach 1950:

1. Produkte der Erdölverarbeitung
2. Erdgas
3. Vergasungsprodukte der Kohle sowie Acetylen aus Carbid und niederen Kohlenwasserstoffen

Ausweitung der organischen Primärchemikalien war nur durch Umstellung von Kohle auf Erdöl möglich

Rückkehr zur Kohle bei organischen Primärchemikalien kurz- und mittelfristig nicht realisierbar

Primärchemikalien sind petrochemische Basisprodukte für weitere Umsetzungen, wie z. B. Ethylen, Propen, Butadien, BTX-Aromaten

Primärchemikalien-Produktion (in Mio t)

	1995	1997	1999
USA	48,3	52,0	55,0
WE	44,1	45,2	47,0
Japan	22,4	24,4	23,9
BRD	11,1	11,9	12,9

Einsatzprodukte für Olefine und Aromaten:

Japan/WE: Naphtha (Rohbenzin)
USA: Flüssiggas (C_2–C_4) und zunehmend Naphtha

Einsatzprodukte für Synthesegas ($CO + H_2$):

Methan und höhere Erdölfraktionen

europa Naphtha (Rohbenzin) das bei weitem wichtigste Produkt. Auch in USA hat bei abnehmenden Erdgasvorräten Naphtha inzwischen einen steigenden Einsatz gefunden (vgl. Abschn. 3.3.1). Durch Spaltung werden hieraus die Olefine wie Ethylen, Propen, Butene und Butadien sowie die Aromaten Benzol, Toluol und Xylol gewonnen. Weltweit wurden 1997 etwa 660 Mio t Naphtha als petrochemischer Rohstoff verbraucht. Mit weitem Abstand folgen das schwere Heizöl und das Raffineriegas, die zusammen mit dem Erdgas zur Herstellung von Synthesegas herangezogen werden. Dieses wiederum stellt die Basis zur Herstellung von Ammoniak, Methanol, Essigsäure und Oxo-Produkten dar.

Nachfragetrend zu leichteren Mineralölprodukten bedingt komplexere Erdölverarbeitung z. B. von Rückstandsölen

Umstrukturierung der Raffinerien durch zusätzliche Konversionsanlagen wie:

1. Thermocracker
2. Katcracker
3. Hydrocracker

Auf die Zusammensetzung und die Ausbeute der einzelnen Raffinerieschnitte hat die angewandte Verarbeitungstechnologie einen wesentlichen Einfluss. Sie wurde nach den Erdölkrisen zunehmend weiterentwickelt, so dass heute eine komplexe Raffineriestruktur ein größeres Volumen an wertvolleren Produkten liefern kann. So wird durch thermische Crackprozesse, wie z. B. Visbreaking, Coking-Verfahren u. a., schweres Heizöl zu einem Teil in leichtersiedende Produkte umgewandelt. Weiterhin kann der Rückstand aus der atmosphärischen Destillation nach anschließender Vakumdestillation in katalytischen Crackern oder Hydrocrackern konvertiert werden. Damit erhöht sich die Ausbeute leichterer Produkte erheblich, allerdings steigt auch der Energie-Eigenverbrauch bei diesen Weiterverarbeitungsprozessen.

Die Energieeinsparung bleibt daher sowohl bei Grundprozessen wie auch bei der Weiterverarbeitung des Erdöls und seiner Folgeprodukte eine prinzipielle Aufgabe.

In diesem Sinne ist ein weiterer Fortschritt nach Entwicklung von ELF Aquitaine und Technip in einer neuen Raffinerie in Leuna gelungen, in der 1999 eine „progressive Destillationstechnik“ zum Einsatz kam. Eine bessere Ausnutzung der Wärmeströme bei der Rohöldestillation führt zu einer gestaffelten Aufheizung bei leichteren und schwereren Fraktionen bei niedrigstmöglichen Druckbereichen.

Marktsituation 1973/93 für Mineralölprodukte USA, WE, Japan mit charakteristischem Bedarfsrückgang:

1. gesamt um 16–31 %
2. schweres Heizöl um 36–54 %

Die Palette der Raffinerieprodukte, als Folge der unterschiedlichen Marktbedürfnisse in USA, Westeuropa und Japan, zeigt deutliche Unterschiede, aber als gemeinsamen Trend eine erhöhte Nachfrage nach leichteren Mineralölfraktionen:

Tabelle 1-1. Aufteilung der Raffinerieprodukte (in Gew.-%).

Produkte	USA			Westeuropa			Japan			BRD	
	1973	1983	1993	1973	1985	1993	1973	1983	1993	1994	1996
Raffinerie-/Flüssiggase	9	10	8	4	4	3	6	11	3	6	6
Motorenbenzin, Naphtha	44	49	47	24	26	29	21	24	20	30	29
Flugturbinentreibstoff	6	7	9	4	5	7	8	11	15	7	7
Heizöl leicht, Dieselöl	19	20	20	32	38	37	12	17	32	40	40
Heizöl schwer	16	9	8	33	22	21	50	33	23	11	11
Bitumen, Petrolkoks	6	5	8	3	5	3	3	4	7	6	7
Raffinerieprodukte gesamt (in Mio t)	825	730	690	730	527	577	260	220	179	120	116

Die Rohöldestillationskapazität der weltweit aktiven Raffinerien ist in der nebenstehenden Tabelle aufgeführt.

Raffineriekapazität weltweit (in Mrd jato)

1994	1998	2002
3,7	4,0	4,2

Diese vorgenannte Entwicklung zu leichter siedenden Mineralölprodukten wurde sowohl vom Kraftstoffsektor als auch durch die Chemische Industrie mitbestimmt. Wenn auch alle Raffinerieprodukte prinzipiell zur Herstellung der Primärchemikalien wie der Olefine und BTX-Aromaten einsetzbar sind, so ergeben sich doch beträchtliche Ausbeuteunterschiede. Mit sinkendem Siedepunkt des Einsatzproduktes für Crackverfahren erhöht sich nicht nur die Ausbeute an C_2–C_4-Olefinen, sondern es ändert sich auch die Olefinzusammensetzung; insbesondere steigt der Anteil am Hauptprodukt Ethylen als dem weitaus wichtigsten Chemiebaustein (vgl. nebenstehende Tabelle).

Olefinausbeute bei Crackverfahren – mittlere Crackschärfe – (in Gew.-%)

	Ethan	Naphtha	Gasöl
Ethylen	82	30	20
Propen	2	17	14
C_4-Schnitt	3	11	9

Rest: Heizgas, Pyrolysebenzin, Rückstandsöl

Unabhängig von diesem höheren Angebot der für die Chemische Industrie bevorzugten Raffinerieschnitte durch erweiterte Verarbeitungstechnologien, bleibt insgesamt die Einschränkung bzw. Entkopplung der Doppelfunktion des Erdöls als Energie- und Rohstofflieferant eine vordringliche Aufgabe.

Ein erster Schritt zur sparsameren Erdölverwendung könnte die Erhöhung des Wirkungsgrades bei seiner Umwandlung in Strom, Wärme und Antriebskraft sein.

Einsparung von Erdöl als Energielieferant auf verschiedenen Wegen möglich:

1. Erhöhung des Wirkungsgrades bei seiner Umwandlung in Energie
2. schrittweise Substitution durch Kohle- bzw. Kernenergie
3. schrittweise Substitution als Kraftstoff durch z. B. CH_3OH, C_2H_5OH u. a.

So werden im industriellen Bereich gegenwärtig nur 55 % der Energie tatsächlich genutzt. Bei Haushalten und Kleinverbrauchern, die den größten und weiter anwachsenden Verbrauchsbereich darstellen, sind es nur 45 % und im Verkehr sogar nur 17 %. Der Rest geht durch Umwandlung, Transport und Abwärme verloren.

Von noch größerem Einfluss könnte jedoch der schrittweise Ersatz des Erdöls bei der Energieerzeugung durch Kohle- und Kernenergie sein (vgl. Abschn. 1.3). Dazu gehört auch die teilweise oder vollständige Substitution des Fahrbenzins durch Methanol (vgl. Abschn. 2.3.1.2) oder durch Ethanol z. B. auf biologischer Basis (vgl. Abschn. 8.1.1).

Zukünftige Primärchemikalien-Versorgung zunehmend durch Länder mit preisgünstiger Rohstoffbasis, d. h. Erdölförderländer

Beispielhafte Produktionen in Saudi-Arabien (Start nach 1984):

Ethylen
Ethanol
Ethylenglykole
Dichlorethan
Vinylchlorid
Styrol

(Start nach 1993) z. B. MTBE (0,86 Mio jato)

Für die zukünftige Entwicklung der Primärchemikalien-Versorgung der Chemischen Industrie ergeben sich darüber hinaus noch weitere Gesichtspunkte. Dazu gehören vor allem geografische Verschiebungen in der petrochemischen Produktion von den traditionellen Erzeugerländern in die Erdölförderländer. So ist bevorzugt Saudi-Arabien als Großproduzent von Primärchemikalien und wichtigsten Olefin-Derivaten in den letzten Jahren hervorgetreten, um u. a. auch bisher abgefackeltes Erdölgas sinnvoll zu nutzen. Eine Reihe von Entwicklungs- und jüngeren Industrieländern ist inzwischen diesem Beispiel gefolgt, um zukünftig nicht nur den durch Import gedeckten Eigenbedarf, sondern auch die traditionellen Produktionszentren USA, Westeuropa und Japan zu versorgen.

Es ist also damit zu rechnen, dass in diesen neuen Produktionsländern die Herstellerkapazität für Primärchemikalien stetig zunehmen wird. Eine Aufforderung für die klassischen Industrieländer, den Anteil der Produkte zu vergrößern, die durch höhere Wertschöpfung gekennzeichnet sind.

Die weltweite Herstellkapazität für den Gesamtbereich der Primärchemikalien betrug 1999 etwa 211 Mio jato und davon waren die Anteile in USA, Westeuropa, Japan und der Bundesrepublik Deutschland etwa 29, 24, 12 bzw. 6 %.

1.4.2 Kohleveredlungsprodukte

Kohle als Chemierohstoff:

zz. weltweit bis zu 11 % des Benzolbedarfs, aber ca. 95 % des Bedarfs an kondensierten Aromaten auf Basis Kohlevergasung

Die Chemische Industrie nutzt Kohle in nennenswertem Umfang gegenwärtig nur als Rohstoffbasis zur Gewinnung von Benzol, Naphthalin und weiteren kondensierten Aromaten. Gemessen am gegenwärtigen Weltbedarf an Chemiearomaten deckt die Kohle länderabhängig bis zu 11 % den Verbrauch an Benzol und zu mehr als 95 % den Verbrauch an mehrkernigen Aromaten und Heteroaromaten (vgl. Abschn. 12.2).

Weiterhin liefert Kohle die Basis für kleinere Mengen Acetylen und Kohlenmonoxid und ist der Rohstoff für technischen Kohlenstoff, d. h. Ruß und Graphit.

Substitution Erdöl durch Kohle setzt Weiterentwicklung der Kohlevergasungs- und -veredlungsverfahren voraus

Die Veränderung auf dem Ölmarkt lässt die Frage nach dem Umfang der Substituierbarkeit petrochemischer Vor- und Folgeprodukte durch die möglichen Veredlungsprodukte der Kohle aufkommen. Generell könnten nach schon bekannten

Verfahren die aus Erdöl erzeugten organischen Primärchemikalen auch wieder auf Basis Kohle hergestellt werden. Ihre Darstellung hat allerdings einen im Vergleich zu Erdöl bzw. Erdgas extrem niedrigen Kohlepreis zur Voraussetzung. In Europa und selbst in den USA mit ihren relativ niedrigen Kohlepreisen ist die Herstellung von Benzin auf Kohlebasis heute noch nicht wirtschaftlich.

Extrem niedrige Kohlepreise erforderlich

Längerfristig betrachtet bleibt die Kohle allerdings die einzige ernstzunehmende Alternative zum Mineralöl als Rohstoffbasis. Zur Anpassung an die gegenwärtige Produktionsstruktur der Petrochemie und zur Erhöhung der Rentabilität sind früher bewährte Technologien weiterzuentwickeln und ist die Verbesserung der spezifischen Ausbeuten an Wertprodukten aus diesen Verfahren anzustreben.

Kohle bleibt jedoch einzige Alternative zu Erdöl

Grundsätzlich stehen zur Herstellung chemischer Vorprodukte aus Kohle folgende Wege zur Verfügung:

1. Vergasung von Braun- oder Steinkohle zu Synthesegas und dessen Umwandlung zu Basischemikalien (vgl. Abschn. 2.1.1.1),
2. Hydrierung oder hydrierende Extraktion von Steinkohle,
3. Erhitzung von Braun- oder Steinkohle, bei Tieftemperatur (450–600 °C) = Schwelung, bei Hochtemperatur (600 bis 1400 °C) = Verkokung,
4. Umsetzung von Kohle mit Kalk zu Calciumcarbid und dessen Umwandlung zu Acetylen.

Verfahren der Kohlechemie:

1. Vergasung
2. Hydrierung (hydrierende Extraktion)
3. Schwelung, Verkokung
4. Herstellung von Acetylen (Carbid)

Im Einzelnen wird über den Stand der Technik und Möglichkeiten zu deren Weiterentwicklung in den folgenden Abschnitten berichtet.

Neue Impulse für die unter erheblicher Wärmezufuhr ablaufende Kohlevergasung könnten sich in Zukunft durch den Einsatz nuclearer Prozesswärme ergeben.

Neue kombinierte Technologien der Kohlevergasung mit Einkopplung von Prozesswärme in Entwicklung

Die Anwendung nuclearer Prozesswärme in der Chemischen Industrie zielt darauf ab, die in Kernreaktoren freigesetzte Energie direkt – also ohne Umwege über die Verstromung – für chemische Reaktionen nutzbar zu machen. Eine solche Einkopplung nuclearer Prozesswärme in chemische Prozesse ist aber nur unter gewissen Voraussetzungen möglich. Bei Leichtwasserreaktoren stehen Temperaturen bis etwa 300 °C zur Verfügung. Ihr Einsatz bleibt im Wesentlichen auf die Prozessdampferzeugung beschränkt. Anders sieht es dagegen bei der Entwicklung von Hochtemperaturreaktoren aus, bei denen Temperaturen von 800–1000 °C erreicht werden. Hier zeichnet sich die Möglichkeit ab, die primär anfallende

Nucleare Kohlevergasung ergibt bis zu 40 % höhere Ausbeute an Vergasungsprodukten nucleare Prozesswärme direkt für die Vergasung von Kohle mit Wasserdampf, die hydrierende Kohlevergasung, die Methanspaltung oder ggf. die Wasserstoffgewinnung aus Wasser mittels chemischer Kreisprozesse nutzbar zu machen. Bei den erstgenannten Verfahren ergibt sich der entscheidende Vorteil, dass Kohle und Erdgas nur noch als Rohstoff, aber nicht mehr gleichzeitig als Energielieferant verwandt werden und damit bis zu 40% höhere Ausbeuten an Vergasungsprodukten erzielbar sind.

Der Einsatz der nuclearen Kohlevergasung kann langfristig einen entscheidenden Beitrag zur Sicherung der Energieversorgung leisten. Gemessen an diesen Dimensionen fällt der spezifische Chemieverbrauch kaum ins Gewicht, fordert aber die Chemie auf, sich mit den Vergasungsprodukten der Kohle im Hinblick auf ihre Veredlungsmöglichkeiten wieder intensiver auseinanderzusetzen.

Nutzung nuclearer Kohlevergasung durch Chemie nur im Verbund mit Energiewirtschaft sinnvoll

Die Verzahnung von Energie und Rohstoffversorgung bietet sich zwangsläufig an, um Hochtemperaturreaktoren vom Standpunkt der Auslastung auch für die Chemie attraktiv zu gestalten. Bis es soweit ist, werden mindestens noch ein bis zwei Jahrzehnte vergehen, da die Entwicklung der Hochtemperaturreaktoren noch nicht abgeschlossen ist und für die Ankopplung des Chemieteils an den Reaktor ebenfalls noch erhebliche Entwicklungsarbeiten zu leisten sind (vgl. Abschn. 2.1.1.1).

Technischer Durchbruch wegen der erforderlichen Entwicklungs- und Erprobungszeiten erst in den nächsten Jahrzehnten zu erwarten

Dieses Beispiel macht gleichzeitig deutlich, dass in absehbarer Zukunft nur diejenigen neuen Technologien verfügbar sein werden, deren Entwicklung wir bereits heute in Angriff nehmen. Die langfristige Energie- und Rohstoffversorgung hat diesem Aspekt in allen Bereichen Rechnung zu tragen.

2 Basisprodukte der industriellen Synthese

2.1 Synthesegas

Als Synthesegas werden heute bevorzugt Gasgemische bezeichnet, die überwiegend aus CO und H_2 in wechselndem Verhältnis bestehen und zur Synthese spezieller chemischer Produkte geeignet sind. Daneben existiert noch die gleiche Bezeichnung für das Gemisch N_2 und 3 H_2 zur Ammoniaksynthese.

Synthesegas bezeichnet heute bevorzugt CO/H_2-Gemische in wechselndem Verhältnis

Für einige CO/H_2-Kombinationen haben sich aufgrund ihrer Herkunft oder ihrer Verwendung weiterhin die Bezeichnungen Wassergas, Spaltgas, Methanol-Synthesegas erhalten oder neue Begriffe wie Oxo-Gas gebildet.

Alternative Bezeichnung für CO/H_2-Gemische:

1. nach Herkunft:
   Wassergas ($CO + H_2$) aus H_2O-Dampf und Kohle
   Spaltgas ($CO + 3\ H_2$) aus CH_4-Spaltung mit H_2O
2. nach Verwendung:
   Methanol-Synthesegas ($CO + 2\ H_2$) zur CH_3OH-Herstellung
   Oxo-Gas ($CO + H_2$) zur Hydroformylierung

2.1.1 Synthesegas-Erzeugung

Die Verfahren zur Synthesegas-Erzeugung basierten zunächst auf der Vergasung von Steinkohlenkoks und Braunkohlenschwelkoks mit Luft und Wasserdampf. Nach dem Zweiten Weltkrieg kamen dann die flüssigen und gasförmigen fossilen Brennstoffe Erdöl und Erdgas als besonders gut zu handhabende und wertvolle Einsatzprodukte hinzu. Ihr Wert liegt vor allem in dem höheren Wasserstoffgehalt (vgl. Abschn. 2.2.2); so liegt das ungefähre H/C-Verhältnis der Kohle bei 1 : 1, des Erdöls bei 2 : 1, des Benzins bei 2,4 : 1 und in methanreichen Erdgasen bei maximal 4 : 1.

Einsatzstoffe für Synthesegas-Erzeugung:

Braunkohle
Steinkohle
Erdgas, Erdölgas
Erdölfraktionen

Erdgas und leichte Erdölfraktionen für Synthesegas wegen hohen H_2-Gehalts am besten geeignet

In neuerer Zeit haben die historischen Verfahren der Kohlevergasung in moderner technologischer Ausführung wieder an Bedeutung gewonnen. Der Kapazitätsanteil der Synthesegas-Anlagen auf Kohlebasis, der weltweit 1976 erst bei 3 % lag, stieg dann Ende 1982 schon auf etwa 12 % und liegt derzeit bei etwa 16 %. Davon entfiel etwas mehr als die Hälfte auf die Fischer-Tropsch-Anlagen in Südafrika (Sasol).

Renaissance der Kohlevergasung nach Erdölkrisen an begünstigten Standorten schon eingeleitet

z. B. Sasol (South African Coal, Oil and Gas Corp. Ltd.)

Aber auch weitere Einsatzmaterialien, wie z. B. Torf, Holz oder andere Biomasse, wie städtische oder landwirtschaftliche Abfälle, werden derzeit für die Synthesegas-Herstellung überprüft.

Industrielle Organische Chemie: Bedeutende Vor- und Zwischenprodukte, *6. Auflage*, Hans-Jürgen Arpe

ISBN: 978-3-527-31540-6

Chemische Recyclingmethoden von Altkunststoffen zu flüssigen oder gasförmigen Rohstoffen, wie z. B. Synthesegas

Zahlreiche Projekte chemischer Recyclingverfahren sind auch auf eine Synthesegas-Gewinnung aus Altkunststoffen unter Zusatz von Sauerstoff und Wasser ausgerichtet.

2.1.1.1 Synthesegas durch Kohlevergasung

Kohlevergasung lässt sich physikalisch als eine Gas-/Feststoffreaktion und chemisch als Partialoxidation von C oder als Reduktion von H_2O mit C auffassen

Gesamtprozess jedoch weitaus komplexer und nur durch zahlreiche Parallel- und Folgereaktionen beschreibbar:

Für die Kohlevergasung mit Wasserdampf und O_2, d. h. für die Überführung des organischen Anteils in gasförmige Produkte, sind mehrere, teilweise voneinander abhängige Reaktionen von Bedeutung, von denen die exotherme partielle Verbrennung von Kohlenstoff und die endotherme Wassergasbildung die eigentlichen Vergasungsreaktionen darstellen:

partielle oder Teilverbrennung

$$2\,C + O_2 \rightleftharpoons 2\,CO \qquad (\Delta H = -246\ \text{kJ/mol}) \qquad (1)$$

heterogene Wassergasreaktion

$$C + H_2O \rightleftharpoons CO + H_2 \qquad (\Delta H = +119\ \text{kJ/mol}) \qquad (2)$$

Daneben laufen weitere Umsetzungen ab, von denen die folgenden zu den wesentlichen gehören:

Boudouard-Reaktion

$$C + CO_2 \rightleftharpoons 2\,CO \qquad (\Delta H = +162\ \text{kJ/mol}) \qquad (3)$$

homogene Wassergasreaktion (Konvertierung)

$$CO + H_2O \rightleftharpoons CO_2 + H_2 \qquad (\Delta H = -42\ \text{kJ/mol}) \qquad (4)$$

hydrierende Vergasung

$$C + 2\,H_2 \rightleftharpoons CH_4 \qquad (\Delta H = -87\ \text{kJ/mol}) \qquad (5)$$

Methanisierung

$$CO + 3\,H_2 \rightleftharpoons CH_4 + H_2O \qquad (\Delta H = -206\ \text{kJ/mol}) \qquad (6)$$

Für C-Vergasung ist hohe Wärmezufuhr auf hohem Temperaturniveau notwendig, da

1. heterogene Wassergasreaktion stark endotherm und mit hoher Aktivierungsenergie verbunden ist
2. Reaktionsgeschwindigkeit im technischen Prozess ausreichend hoch sein muss

Allgemeine Kennzeichen der Kohlevergasungsverfahren sind der hohe Energiebedarf zur Durchführung der endothermen Teilreaktionen und zum weiteren das notwendige hohe Temperaturniveau von zumindest 900–1000 °C, damit eine ausreichende Reaktionsgeschwindigkeit erreicht wird. Die Wärmezufuhr erfolgt entweder durch Reaktion zwischen dem Vergasungsmittel und der Kohle, d. h. autotherm, oder aus einer anderen Quelle von außen, d. h. allotherm.

Wichtige Faktoren für technische Vergasung von Stein- oder Braunkohle:

1. physikalische und chemische Eigenschaften der Kohle
2. allotherme oder autotherme Wärmezufuhr
3. Reaktortyp
4. Vergasungsmittel
5. Prozessbedingungen

Die verschiedenen Vergasungsverfahren sind zum einen durch die eingesetzte Kohleart, wie Stein- oder Braunkohle, und deren physikalische und chemische Eigenschaften zu charakterisieren. Zum anderen unterscheiden sie sich durch die angewendete Technologie, wie z. B. durch die Art der Wärmedarbietung (allotherm, d. h. Fremdwärme, oder autotherm, d. h. Eigenwärme) und durch die Reaktorgestaltung (Festbett, Wirbelbett, Flugstaub). Auf die eigentliche Vergasungsreaktion und die Gaszusammensetzung haben dann zum weiteren das Vergasungsmittel (H_2O, O_2 bzw. Luft, CO_2, H_2), die Verfahrensbedingungen (Druck, Temperatur, Kohleumsatz) und die Reaktionsführung (Gleich- oder Gegenstrom) einen wesentlichen Einfluss.

Technisch erprobte Verfahren sind unter den Begriffen Winkler-Vergasung, Koppers-Totzek-Vergasung und Lurgi-Druckvergasung bekannt geworden.

Konventionelle technische Vergasungsverfahren:

Winkler
Koppers-Totzek
Lurgi

Darüber hinaus haben in der Bundesrepublik Deutschland weitere Verfahren, wie die hydrierende Vergasung nach Rheinbraun, die Wasserdampfvergasung der Bergbau-Forschung, in USA die Kohlevergasung in einer Schmelze aus Na_2CO_3 nach Kellogg, die Alkalicarbonat-katalysierte Kohlevergasung nach Exxon sowie in Japan die Kohlevergasung in einer Eisenschmelze nach Sumitomo (in neuerer Kooperation mit Klöckner-Humboldt-Deutz) einen solchen Entwicklungsstand erreicht, dass seit einigen Jahren Pilot- bzw. Demonstrationsanlagen für diese zweite Generation der Vergasungsverfahren betrieben werden.

Neuere halbtechnisch erprobte Vergasungsverfahren:

Rheinbraun (H_2)
Bergbau-Forschung (H_2O-Dampf)
Kellogg (Na_2CO_3-Schmelze)
Sumitomo/Klöckner-Humboldt-Deutz (Fe-Schmelze)

Einige z. T. mehrstufige Verfahren, z. B. in England (Westinghouse), in USA (Synthane, Bi-Gas, Hy-Gas, U-Gas, Hydrane) oder in Japan (Hitachi-Hybrid), sind hauptsächlich zur Erzeugung eines synthetischen Erdgases (SNG = **S**ubstitute **N**atural **G**as) konzipiert.

Mehrstufige SNG-Verfahren:

US Bureau of Mines (Synthane)
Bituminous Coal Res. (Bi-Gas)
Institute of Gas Technology (Hy-Gas, U-Gas)

Das *Winkler-Verfahren* verwendet eine feinkörnige, nichtbackende Kohle und vergast sie in einem Wirbelbett (Winkler-Generator) mit O_2 bzw. Luft und Wasserdampf, abhängig von der Reaktivität der Kohle zwischen 800 und 1100 °C (zumeist 950 °C) und drucklos. Als Einsatzkohle ist insbesondere Braunkohle geeignet. Das H_2/CO-Verhältnis des Produktgases beträgt etwa 1,4 : 1. Diese Vergasungsart wurde von den Leunawerken 1931 in Deutschland entwickelt; sie wird inzwischen weltweit in zahlreichen Anlagen durchgeführt.

Winkler-Vergasung:

Fließbettgenerator mit $O_2 + H_2O$ drucklos, kommerziell in zahlreichen Anlagen genutzt

Neuere Verfahrensentwicklungen, besonders die Vergasung unter einem höheren Druck bis zu 25 bar und 950 °C, haben zur Verbesserung der Wirtschaftlichkeit geführt. Dabei erhöhen sich die Reaktionsgeschwindigkeit sowie die Raum-Zeit-Ausbeute und es vermindern sich zugleich die Nebenprodukte und damit der Aufwand für die Gasreinigung. Eine Versuchsanlage dieser Art wird bei der Rheinbraun seit 1978 betrieben, eine Großanlage für die Vergasung von insgesamt 2,4 Mio jato Rohbraunkohle wurde mit einem ersten Strang für 0,6 Mio jato Durchsatz 1985 und in Kombination mit einem Dampfturbinenkraftwerk 1989 in Betrieb genommen.

Variante der Winkler-Vergasung:

HTW-Verfahren (**H**och-**T**emperatur-**W**inkler) bei höheren Temperatur/Druck-Bedingungen, z. B. Rheinbraun/Uhde Kohlenstaub bis 6 mm Körnung 950 °C, d. h. unterhalb der Ascheerweichung, bis 25 bar, Wirbelschicht

Koppers-Totzek-Vergasung:

Flugstaub mit $O_2 + H_2O$ drucklos 1400–2000 °C

Erste kommerzielle Anlage 1952, 1984 schon in 17 Ländern mit 19 Anlagen

Beim *Koppers-Totzek-Prozess* werden pulverisierte Kohle oder Petroleumkoks in einer Flugstaubwolke im Gleichstrom mit O_2 und H_2O drucklos bei 1400–2000 °C unter Ausbildung einer Flamme vergast. Durch diese hohe Vergasungstemperatur wird der Anfall kondensierbarer Kohlenwasserstoffe vermieden und im so gewonnenen Synthesegas ein Gehalt von 85–90 % an CO und H_2 erreicht. Als Einsatzkohle ist auch Braunkohle geeignet. Die erste kommerzielle Anlage wurde 1952 in Finnland errichtet. Inzwischen hat dieser Prozess in mehreren Ländern Anwendung gefunden.

Varianten der Koppers-Totzek-Vergasung:

Shell-Verfahren, Krupp Koppers PRENFLO-Verfahren bei erhöhtem Druck, d. h. größeren Durchsatzmengen

Eine Weiterentwicklung des Koppers-Totzek-Prozesses wurde von der Shell und auch von Krupp Koppers (PRENFLO-Verfahren = **Pr**essurized **En**trained **Flo**w Gasification, d. h. Flugstromvergasung unter Druck) vorgenommen. Die Vergasung wird danach auch bei Temperaturen bis 2000 °C, aber unter höherem Druck bis zu 40 bar durchgeführt.

Texaco-Vergasung nach Entwicklung Ruhrchemie/Ruhrkohle:

C/H_2O-Suspension 1200–1600 °C, 20–80 bar im Flugstromreaktor

Erste Anlagen in BRD, China, Japan, USA

Ein ähnliches Prinzip der Flugstaubvergasung wird auch im Texaco-Verfahren eingesetzt, das durch die Ruhrchemie/Ruhrkohle AG seit 1978 technisch genutzt wird. Die Kohleeinspeisung in den Vergasungsreaktor erfolgt in Form einer wässrigen Suspension (bis zu 71 % Kohle), die durch Nassmahlung hergestellt wird. Die hohen Vergasungstemperaturen zwischen 1200 und 1600 °C sowie Drücke von 20–80 bar lassen hohe C-Umsätze bis zu 98 % und hohe Gasreinheiten erreichen. Inzwischen wurden mehrere Anlagen nach diesem Vergasungsverfahren gebaut bzw. in Planung genommen.

Lurgi-Druckvergasung im bewegten Festbett bei 20–30 bar mit zwei charakteristischen Temperaturen:

1. 600–750 °C zur Vorentgasung
2. 1000–1200 °C (abhängig von O_2/H_2O) zur Hauptvergasung

Prozessvorteil:

Rohgas unter Druck für Weiterverarbeitung als Synthesegas oder für SNG gut geeignet

Rohgaszusammensetzung (in Vol.-%), z. B. bei Einsatz Gasflammkohle (Ruhr)

9–11 CH_4
15–18 CO
30–32 CO_2
38–40 H_2

1979 schon 16 Lurgi-Vergasungsanlagen in Betrieb, derzeit nach Lurgi-Verfahren etwa 90 % aller vergasten Kohle

Die *Lurgi-Druckvergasung* reicht in ihren Anfängen bis 1930 zurück. Durch eine stetige Weiterentwicklung hat sie im Vergleich zu anderen Verfahren den höchsten technischen Entwicklungsstand erreicht. Die Lurgi-Vergasung arbeitet nach dem Prinzip eines durch Drehflügel bewegten Festbettes, in das stückige Steinkohle oder brikettierte Braunkohle kontinuierlich eingetragen wird. Zunächst findet bei 20–30 bar und 600–750 °C eine Entgasung statt. Backende Kohlesorten erstarren dabei zu einem festen Kuchen, der durch die Flügel zerteilt wird. Vom Boden aus werden der Kohle O_2 und H_2O (Mengenverhältnis ca. 1 : 6) entgegengeblasen und bei etwa 1000 °C wird ein Synthesegas unter Druck erzeugt. Es bietet sich bevorzugt zur Weiterverarbeitung, z. B. zu SNG, an, da es einen relativ hohen Methangehalt besitzt. Daneben enthält es Benzol, Phenole und Teer, die eine Nebenproduktaufarbeitung erfordern.

Zahlreiche Großanlagen der Lurgi sind weltweit in Betrieb, u. a. auch in Sasolburg/Südafrika, wo Synthesegas zur Kohlenwasserstoff-Herstellung nach Fischer-Tropsch erzeugt wird. Seit 1976 wird in Südafrika bei der African Explosives & Chem. Ind. Synthesegas auf Kohlebasis auch zur Herstellung von Methanol nach dem ICI-Verfahren mit einer Kapazität von 33000 jato verwendet. Neuere Pläne sehen auch in anderen Ländern, wie z. B. USA, Westeuropa, den Bau von weiteren Methanolanlagen auf Kohle-Synthesegasbasis vor (vgl. Tennessee Eastman-Ac_2O-Verfahren Abschn. 7.4.2).

Das Lurgi-Druckvergasungsverfahren wurde von verschiedenen Firmen mit dem Ziel einer Leistungssteigerung der Reaktoren weiterentwickelt. Lurgi-Gaserzeuger der jüngsten Generation (Mark-V-Vergaser) haben einen Durchmesser von fast 5 m und eine Rohgaskapazität von 100000 m^3/Std.

Weiterentwicklung der Lurgi-Vergasung mit Ziel höherer Reaktorleistung, z. B. Durchmesservergrößerung von zz. 3,70 auf 5,00 m und Druckerhöhung auf 50–100 bar oder Verminderung des O_2/H_2-Verhältnisses auf 1 : 1 mit höherer Vergasungstemperatur und Schlackeanfall in flüssiger Form

Bei allen vorgenannten Vergasungsprozessen wird zur Erzeugung der erforderlichen Prozesswärme ein Teil der Kohle (30–40%) verbrannt. Darum werden in neuerer Zeit zur Senkung des Kohleeinsatzes andere kostengünstigere Wärmelieferanten überprüft.

Konventionelle Vergasungsverfahren verbrauchen etwa $^1/_3$ der Kohle zur Erzeugung von:

1. Dampf als Vergasungsmittel
2. Wärme für Vergasungsprozess

In der Bundesrepublik Deutschland wird für die Vergasung von Braunkohle von Rheinbraun zusammen mit der Bergbau-Forschung und der KFA-Jülich die Verwendung von Prozesswärme aus gasgekühlten Hochtemperatur-Kernreaktoren untersucht. Das mit 950 °C aus dem Kugelhaufen-Reaktor austretende Helium liefert die für den Vergasungsprozess erforderliche Wärme. Bei Einsatz von Braunkohle wird eine Mindesttemperatur von 800 °C im Vergasungsgenerator für notwendig erachtet.

Daher Entwicklungen zur Substitution fossiler Verbrennungswärme durch Prozesswärme aus Kernreaktoren

Aussichtsreiches Konzept:

HTR = **H**och-**T**emperatur-**R**eaktoren

Beispiel:

Kugelhaufenreaktor zz. im halbtechnischen Maßstab:
Wärmetransportmittel He
Gasaustrittstemperatur ca. 950 °C

Dieser Vorteil der Einsparung des fossilen Rohstoffes Kohle wird mit der technisch aufwendigen Kopplung zweier unterschiedlicher Technologien erkauft und als Vergasungsverfahren der „dritten Generation“ nicht so schnell zu realisieren sein.

2.1.1.2 Synthesegas durch Erdgas- und Erdölspaltung

Die Synthesegas-Erzeugung aus Erdgas und Erdöl beruht, in Anwesenheit von Wasserdampf analog der Kohlevergasung, auf einer Kopplung von exothermen und endothermen Vergasungsreaktionen:

$$-CH_2- + 0{,}5\ O_2 \longrightarrow CO + H_2 \quad (\Delta H = -92\ \text{kJ/mol}) \qquad (7)$$

$$-CH_2- + H_2O \longrightarrow CO + 2\ H_2 \quad (\Delta H = +151\ \text{kJ/mol}) \qquad (8)$$

Die gleichzeitige Einstellung der Boudouard-, Wassergas- und Methanbildungsgleichgewichte entspricht prinzipiell der Kohlevergasung.

Synthesegas-Erzeugung aus Erdgas oder Erdöl nach zwei Prinzipien:

Erdölfraktionen und Erdgas können nach zwei im Prinzip unterschiedlichen Methoden in Synthesegas umgewandelt werden:

1. allotherme katalytische Spaltung mit H_2O (Dampfspalten oder -reformieren)

1. Nach der Methode der allothermen Dampfspaltung (steam reforming) wird in Gegenwart von H_2O eine katalytische Spaltung vorgenommen. Der Wärmebedarf wird von außen gedeckt.

2. autotherme katalysatorfreie Spaltung mit $H_2O + O_2$ ($+ CO_2$)

2. Im autothermen Spaltprozess wird die Wärme der partiellen Verbrennung des Einsatzproduktes zur thermischen Spaltung verwendet, an der auch H_2O oder eventuell zurückgeführtes CO_2 zur Einstellung eines gewünschten CO/H_2-Verhältnisses beteiligt sein können.

Zu 1:

Verfahrensprinzip 1

ICI-Verfahren als bekannteste Dampfspaltung basiert auf Schiller-Verfahren der IG

Rohstoffbasis Naphtha, auch als Chemiebenzin bezeichnet

drei Verfahrensstufen:

1.1. hydrierende Desulfurierung an $CoO-MoO_3/Al_2O_3$ oder auch $NiO-MoO_3/Al_2O_3$ bei 350–450 °C auf S-Gehalt < 1 ppm

Olefine werden gleichzeitig hydriert

1.2. katalytische Spaltung im „Primärreformer" an $Ni-K_2O/Al_2O_3$ bei 700–830 °C und 15–40 bar

1.3. Nachspaltung von CH_4 im „Sekundärreformer" autotherm, d. h. nochmalige Teilverbrennung des Gases für hohen Wärmebedarf

Das heute bekannteste großtechnisch genutzte Verfahren des Dampfreformierens wurde von der ICI erstmals 1962 durchgeführt. Danach können Kohlenwasserstoffe bis zu einem Siedepunkt von ca. 200 °C (Naphtha) eingesetzt werden.

Das ICI-Verfahren besteht aus drei Stufen. Da der verwendete $Ni-K_2O/Al_2O_3$-Spaltkatalysator sehr schwefelempfindlich ist, muss in der ersten Stufe das Einsatznaphtha entschwefelt werden. Dazu wird es mit H_2 bei 350–450 °C an einem $CoO-MoO_3/Al_2O_3$-Katalysator behandelt. Das entstandene H_2S wird an ZnO adsorbiert. Gleichzeitig werden eventuell vorhandene Olefine hydriert. In der zweiten Stufe erfolgt dann in katalysatorgefüllten Rohren die katalytische Spaltung bei 700–830 °C und 15–40 bar. Die Beheizung der Spaltrohre geschieht durch Verbrennen von Erdgas oder von aschefreien Destillaten.

Verfahrensdurchführung zu 1.3:

ausgemauerter Schachtreaktor mit temperaturfestem Ni-Katalysator (> 1200 °C) CH_4 bis auf 0,2–0,3 Vol.-% herabgesetzt

Mit zunehmendem Druck verbleibt bei gleichbleibender Reaktionstemperatur im Produktgas ein steigender Anteil an Methan, der in Synthesegasen unerwünscht ist. Höhere Temperaturen als ca. 830 °C können jedoch in außenbeheizten Spaltrohren aus Werkstoffgründen nicht erzielt werden. Daher wird das Produktgas in einen ausgemauerten Schachtreaktor geführt, der mit einem hochtemperaturfesten Ni-Katalysator gefüllt ist. Ein Teil des Gases wird dort unter Zusatz von Luft oder Sauerstoff verbrannt und das Gasgemisch dadurch auf über 1200 °C erhitzt. Bei dieser Temperatur wird das Methan mit dem Wasserdampf bis auf einen nicht mehr störenden Restgehalt von 0,2–0,3 Vol.-% umgesetzt. Der Röhrenspaltofen wird Primärreformer genannt, den Schachtreaktor nennt man Sekundärreformer. Die fühlbare Wärme des erzeugten Synthesegases wird zur Dampferzeugung genutzt.

Fühlbare Wärme als Dampf wiedergewonnen

Der Vorteil des ICI-Verfahrens besteht darin, dass auch beim Einsatz flüssiger Erdölfraktionen keine Rußbildung eintritt. Damit entfällt jede Katalysatorregenerierung.

ICI-Verfahrensvorteile:

kein Ruß und daher kaum Aktivitätsabnahme des Katalysators

Ähnliche Prozesstechniken für das Dampfreformieren wurden auch von anderen Firmen entwickelt und mit neuem Prozessleitsystem weiter optimiert. So ist Erdgas, z. B. auch nach Lurgi, an einem Ni-Katalysator bei 750–800 °C mit Wassergas spaltbar und nach Konvertierung und Reinigung in einer Druckwechsel-Adsorptionsanlage durch hohe Wasserstoffausbeute und geringe Emission von Luftschadstoffen gekennzeichnet.

Alternativverfahren, z. B. Lurgi:

Anlagetechnik der 3. Generation mit neuem Prozessleitsystem betriebssicher und umweltverträglich

Verfahrensprinzip 2

Zu 2:

Die Synthesegas-Herstellung durch partielle Oxidation von Erdölfraktionen wurde u. a. von der BASF, der Texaco und Hydrocarbon-Research sowie in einer Modifizierung von der Shell ausgearbeitet. Als Einsatzstoffe eignen sich alle Kohlenwasserstoffe vom Methan bis zu Erdölrückständen (schweres Heizöl).

Bekannte autotherme Verfahren:

BASF/Lurgi (Gassynthan)
Texaco
Hydrocarbon Research
Shell (gasification process)

Die vorgewärmten Einsatzprodukte reagieren mit unterstöchiometrischer O_2-Menge und H_2O ohne Katalysator bei etwa 30–80 bar und 1200–1500 °C im Verbrennungsteil des Reaktors. Die erzeugte Wärme dient zur Dampfspaltung des Öles. Aus einem kleinen Teil des Öles entsteht Ruß. Dieser wird aus dem Synthesegas durch Waschen mit H_2O oder Öl entfernt und pelletisiert. Das Shell-Gasification-Verfahren wurde 1986 in 140 Synthesegas-Anlagen durchgeführt.

Verfahrensdurchführung (Shell):

katalysatorfrei, 1200–1500 °C, 30–80 bar anfallender Ruß zu Heizöl-Pellets verarbeitet

Vorteil:

Einsatz verschiedener Erdölfraktionen möglich

2.1.2 Synthesegas-Reinigung und -Verwendung

Synthesegas aus der Vergasung fossiler Brennstoffe ist mit einigen gasförmigen Verbindungen verunreinigt, die bei der weiteren Verwendung in unterschiedlicher Weise stören. Schwefel in Form von H_2S oder COS ist für viele Katalysatoren ein Gift, das deren Wirksamkeit teilweise oder völlig blockiert. CO_2 kann entweder direkt in chemische Umsetzungen eingreifen oder zur Bildung störender Inertgaspolster führen.

Synthesegas-Nachbehandlung:

Entfernen von H_2S, COS, CO_2

Reinigungsverfahren für Synthesegas:

Druckwäschen mit:

1. CH_3OH (Rectisol-Verfahren)
2. Polyglykol-Dimethylether (Selexol-Verfahren)
3. Sulfolan/Diisopropanolamin/H_2O (Sulfinol-Verfahren)
4. NMP (Purisol-Verfahren)
5. zahlreiche weitere organische und anorganische Lösemittelsysteme
6. Molsiebe

Zur Reinigung des Synthesegases von den vorgenannten Komponenten H_2S, COS und CO_2 steht eine Vielzahl verschiedener Verfahren zur Verfügung. Weit verbreitet ist z. B. das Rectisol-Verfahren von Lurgi und Linde, das auf einer Druckwäsche mit Methanol beruht. Ein anderes ist das Selexol-Verfahren der Allied (heute UCC), das die druckabhängige Löslichkeit der sauren Gase in Dimethylethern von Polyglykolen ausnutzt (vgl. Abschn. 7.2.4). Das Sulfinol-Verfahren der Shell verwendet Sulfolan/Diisopropanolamin/Wasser-Gemische, das Purisol-Verfahren der Lurgi N-Methylpyrrolidon. In weiteren Verfahren werden Diethanolamin, Diglykolamin, Propylencarbonat oder Alkalisalze von Aminocarbonsäuren, wie z. B. N-Methylaminopropionsäure (Alkazid-Verfahren), eingesetzt.

Benfield-Verfahren (1950 durch Benson und Field entwickelt):

$$K_2CO_3 + CO_2 + H_2O \rightleftharpoons 2\,KHCO_3$$

$$20\text{ bar, }105\text{ °C} \rightleftharpoons 1\text{ bar, }105\text{ °C}$$

Vielfach gebräuchlich sind auch Druckwäschen mit K_2CO_3-Lösungen (Benfield, Catacarb) oder auch die Adsorption an Molsieben (UCC).

Claus-Verfahren:

$$H_2S + 1{,}5\,O_2 \longrightarrow SO_2 + H_2O$$

$$SO_2 + 2\,H_2S \xrightarrow{[Kat.]} 3\,S + 2\,H_2O$$

Die Regeneration der Absorptions- und Adsorptionssysteme erfolgt in unterschiedlicher Weise; zumeist durch physikalische Prozesse, z. B. durch Entgasen bei höherer Temperatur oder bei geringerem Druck. Das H_2S wird im Allgemeinen im Claus-Ofen zu Elementarschwefel verarbeitet. Dabei wird H_2S teilweise zu SO_2 totaloxidiert und in einer nächsten Stufe SO_2 mit weiterem H_2S zu Schwefel umgesetzt. Der zweite Prozess erfordert einen Katalysator, der vielfach auf Al_2O_3 basiert.

Das ursprüngliche Claus-Verfahren ist inzwischen mehrfach modifiziert worden, so z. B. zum OxyClaus, SuperClaus und weiteren Varianten.

Synthesegas-Einstellung auf das gewünschte CO/H_2-Verhältnis möglich:

1. schon während der Vergasung durch Einstellung der H_2O- und O_2-Menge
2. nachträglich durch CO-Konvertierung

$$CO + H_2O \longrightarrow CO_2 + H_2$$

und CO_2-Entfernung

Das resultierende reine Synthesegas muss für die dann folgenden Umsetzungen, z. B. zu Methanol oder mit Olefinen zu Aldehyden/Alkoholen in der Oxo-Reaktion, das von der Stöchiometrie oder aus anderen Gründen geforderte CO/H_2-Verhältnis besitzen. Bei einigen Vergasungsverfahren lässt sich diese Größe mit dem Verhältnis von Kohlenwasserstoff zu H_2O und O_2 steuern. Bei einem zu großen CO-Anteil kann das erwünschte CO/H_2-Verhältnis durch eine partielle katalysierte Konvertierung analog Gl. 4 eingestellt werden.

Zu 2:

Konvertierungskatalysatoren:

Fe–Cr-Oxide, mehrstufig bei 350–400 °C, CO bis 3 Vol.-%
CuO–ZnO, einstufig bei 190–260 °C, CO bis 0,1 Vol.-%

Konvertierungskatalysatoren bestehen aus Fe–Cr-Oxidgemischen, die bei 350–400 °C verwendet werden. Mit ihnen lässt sich der CO-Gehalt auf ca. 3–4 Vol.-% absenken. Ein weitergehender CO-Umsatz ist erforderlich, wenn Synthesegas zur H_2-Reindarstellung verwendet werden soll (vgl.

Abschn. 2.2.2). In diesem Fall werden wirksamere Tieftemperaturkatalysatoren, z. B. G-66 von Girdler auf der Basis Cu–Zn-Oxid, eingesetzt, deren Arbeitstemperatur etwa 190 bis 260 °C beträgt. Bei dieser Temperatur liegt im Wassergasgleichgewicht nur noch 0,1 Vol.-% CO vor.

Synthesegas-Verwendung:

1. chemischer Rohstoff für Synthesen
1.1. CH_3OH
1.2. Aldehyde/Alkohole aus Olefinen
1.3. Kohlenwasserstoffe nach Fischer-Tropsch

Außer den bisher genannten wichtigen Einsatzgebieten des Synthesegases als Rohstoff für die organisch-chemische Industrie zur Herstellung von Methanol (vgl. Abschn. 2.3.1) oder von Aldehyden/Alkoholen aus Olefinen durch Hydroformylierung (vgl. Abschn. 6.1) wird es von Sasol in Südafrika für die Kohlenwasserstoffsynthese nach Fischer-Tropsch verwendet. Dort werden auf der Basis von Synthesegas aus Kohle (Lurgi-Vergasungsverfahren), die aus eigenen hochmechanisierten Bergwerken stammt, nach zwei unterschiedlich ausgeführten Fischer-Tropsch-Synthesen Kohlenwasserstoffe hergestellt. Nach dem Arge-Verfahren (**Ar**beits**ge**meinschaft Ruhrchemie-Lurgi) werden mittels eines Eisen-Fällungskatalysators im Festbett in einer Gasphasenreaktion bei 210–250 °C bevorzugt höher siedende Kohlenwasserstoffe wie Dieselöl und Wachse erzeugt, nach dem Synthol-Verfahren (Weiterentwicklung des ursprünglichen Kellogg-Verfahrens) werden in einem zirkulierenden Fließbett (Flugstaub mit Umwälzung des Eisenkatalysators) bei 300–340 °C und 23 bar hauptsächlich niedriger siedende Produkte wie Gasolin, Aceton und Alkohole hergestellt. Mit einer Erweiterung der ursprünglichen Sasol-I-Anlage durch Sasol-II ist 1980 eine Gesamtproduktion von 2,5 Mio jato Flüssigprodukte möglich geworden. Sasol III, ein Duplikat von Sasol II, hat 1983 die Produktion aufgenommen, so dass damit die gesamte Kapazität 4,5 Mio jato erreicht hat.

Fischer-Tropsch-Technologie

Start:	1954	Sasol I
	1980	Sasol II
	1983	Sasol III
	1993	Shell Malaysia
	1993	Sasol Susp.-Reaktor

Sasol nutzt seit kurzem als weitere Version einen Suspensionsreaktor, in dem ein aktiver Eisenkatalysator in einer Suspensionsphase aus schweren Kohlenwasserstoffen intensiv verwirbelt wird. Bei höherer Temperatur lassen sich so Umsatz und Selektivität verbessern und als Reaktionsprodukt weniger Alkohol, aber dafür mehr an höheren Olefinen gewinnen.

Reaktorversionen in Sasol-Anlagen:

1. röhrenförmiger Festbettreaktor
2. zirkulierender Fließbettreaktor
3. Suspensionsreaktor

Eine erste Fischer-Tropsch-Anlage außerhalb Afrikas wurde von Shell 1993 in Malaysia mit 0,5 Mio jato Kapazität Kohlenwasserstoffe mittleren Destillationsbereiches auf der Basis von Erdgas in Betrieb genommen. Die neuesten Pläne von Sasol in Kooperation mit Statoil sehen den Bau von schwimmenden Fischer-Tropsch-Anlagen in der Nordsee vor, um das gewonnene Erdgas direkt in flüssige Mineralölprodukte zu konvertieren.

Fischer-Tropsch-Anlage in Malaysia:

SMDS-Prozess (**S**hell **M**iddle **D**istillate **S**ynthesis) und weitere analoge Verfahren

Inzwischen haben sich weitere Firmen (z. B. Exxon, Statoil, Syntroleum u. a.) mit der Entwicklung eigener Prozesse auf Basis des Fischer-Tropsch-Prinzips befasst.

Wenn auch diese vorgenannten Einsatzbereiche für Synthesegas ihre vorrangige Bedeutung behalten werden, so hat doch die erweiterte Verwendung von Synthesegas, von CO als einer Komponente oder auch von Folgeprodukten wie z. B. Methanol oder Formaldehyd zunehmend Beachtung oder schon industriellen Einsatz für Substitutionsverfahren auch auf Kohlebasis gefunden.

1.4. olefinselektive Fischer-Tropsch-Synthese

Dazu zählen die Modifizierungen der Fischer-Tropsch-Synthese zur Gewinnung von C_2-C_4-Olefinen, die Olefinherstellung aus Methanol (vgl. Abschn. 2.3.1.2), die Homologisierung von Methanol (vgl. Abschn. 2.3.1.2), die Umsetzung von Synthesegas zu Ethylenglykol (vgl. Abschn. 7.2.1.1) oder zu weiteren Sauerstoff enthaltenden C_2-Produkten (vgl. Abschn. 7.4.1.4) als beispielhafte Anwendungen.

2. Rohstoff für CO- und H_2-Gewinnung
3. Rohstoff für CH_4-Herstellung als SNG für öffentliche Energieversorgung

Unverändert ist aber der Einsatz von Synthesegas als Rohstoff zur Gewinnung von Kohlenmonoxid und Wasserstoff (vgl. Abschn. 2.2.1 und 2.2.2) und nach Methanisierung (vgl. Gleichung 6) als synthetisches Erdgas (SNG) zur Energieversorgung.

4. mögliche Basis für Energietransport

ADAM-EVA-Projekt von Rheinbraun/KFA-Jülich
ADAM (**A**nlage mit **D**rei **A**diabaten **M**ethanisierungsreaktoren)
EVA (**E**inzelrohr-**V**ersuchs-**A**nlage)

Prinzip:

Methanisierungsreaktion durch Energiezufuhr reversibel durchführbar, d. h., anstelle von Strom erfolgt CO/H_2-Transport zum Verbraucher und CH_4-Rücktransport zur Spaltung

Auf der Basis dieser exothermen CO/H_2-Reaktion zu CH_4, die durch Energiezufuhr umkehrbar ist, wurde von der Rheinbraun und KFA-Jülich in der Bundesrepublik Deutschland ein Konzept eines möglichen zukünftigen Energietransports vorgeschlagen. In dem sog. ADAM-EVA-Kreislaufprozess soll mit durch Helium übertragener Nuclearwärme Methan mittels Wasserdampf in ein CO/H_2-Gemisch endotherm gespalten (EVA), das Gasgemisch durch Fernleitungen zum Energieverbraucher transportiert und dort exotherm wieder methanisiert werden (ADAM). Das gebildete Methan gelangt wieder in die EVA-Spaltung zurück. 1979 wurde in der KFA-Jülich eine ADAM-EVA-Pilotanlage in Betrieb genommen, die 1981 auf eine Leistung von 10 Megawatt erweitert wurde.

Ähnlich dem Erdöl könnten CO/H_2-Gemische darum beide Funktionen als Rohstoff für die Chemie und als Energieträger für Haushalte und Industrie übernehmen.

5. Reduktionsgas für Roheisenerzeugung

Synthesegas wird außerdem als Reduktionsgas für die Erzeugung von Roheisen in zunehmendem Maß verwendet.

2.2 Gewinnung der reinen Synthesegas-Komponenten

Kohlenmonoxid und Wasserstoff, als die kleinsten reaktiven Bausteine zur Synthese organischer Chemikalien, insbesondere einiger großtechnischer Produkte, sind außer in der Form des Synthesegases auch als Einzelkomponenten wichtige Reaktionspartner in der industriellen organischen Chemie. Darüber hinaus könnte besonders der Wasserstoff in Zukunft als Energieträger zur Deckung des Bedarfs an Wärme, an elektrischer Energie und an Kraftstoff für das Verkehrswesen an Bedeutung gewinnen.

CO und H_2 im Gemisch und auch als reine Komponenten (wichtige) großindustrielle Synthesekomponenten

H_2 in Zukunft vielleicht auch Energieträger für Bedarf an:

1. Wärme
2. elektrischer Energie
3. Kraftstoff

2.2.1 Kohlenmonoxid

Rohstoffquellen für CO sind die Gasgemische (Synthesegas), wie sie bei der Verkokung von Steinkohle, der Verschwelung von Braunkohle oder auch bei der Spaltung von Kohlenwasserstoffen mittels Wasserdampf entstehen.

CO-Gewinnung aus:

1. Kohle-Verkokungs-Verschwelungsgasen
2. KW-Crackgasen aus dem Einsatzbereich Erdgas bis zu höheren Erdölfraktionen

Das CO kann aus den genannten Gasgemischen im Wesentlichen nach zwei Verfahren isoliert werden:

1. durch Tieftemperaturzerlegung und
2. durch Absorption in wässrigen Kupfersalzlösungen.

CO-Abtrennung nach zwei Verfahren:

1. physikalisch durch partielle Kondensation und Destillation
2. chemisch durch Cu(1)—CO-Komplexe

Die *Tieftemperaturzerlegung*, z. B. nach dem Linde- oder Air-Liquide-Verfahren, setzt einige Verfahrensschritte zur Gasaufbereitung voraus, bevor die Zerlegung eines reinen $H_2/CO/CH_4$-Gemisches erfolgen kann. Das Rohgas, z. B. aus der Dampfspaltung von Erdgas, wird in einer Waschkolonne mittels Ethanolaminlösung bis auf etwa 50 ppm von CO_2 befreit. In Molekularsiebadsorbern werden restliches CO_2 und H_2O entfernt. Beide Produkte würden durch Eisbildung zu Verstopfungen führen.

Zu 1:

Am Beispiel Linde-Verfahren Rohgasvorreinigung in zwei Schritten:

1.1. CO_2 mit $H_2NCH_2CH_2OH$ (durch ΔT reversible Carbonat-Bildung)
1.2. H_2O und Rest-CO_2 an Molsieben (durch ΔT reversibel)

Weiterhin darf das Gasgemisch kein N_2 enthalten, da eine Trennung wegen ähnlicher Dampfdrücke sehr aufwendig und kostenintensiv wäre. Die N_2-Abtrennung aus dem Erdgas erfolgt deshalb schon vor der Dampfspaltung.

Die eigentliche Tieftemperaturzerlegung wird im Wesentlichen zweistufig durchgeführt. Zunächst werden durch Abkühlung bis auf etwa −180 °C bei 40 bar aus dem Gasgemisch CH_4 und CO herauskondensiert, die dann in der nächsten Stufe in die CO/CH_4-Trennkolonne auf 2,5 bar entspannt werden. Das CO wird am Kopf der Kolonne mit weniger als 0,1 Vol.-% CH_4 abgezogen. Das Verfahren ist

Gasgemisch ($H_2/CO/CH_4$)-Trennung in zwei Stufen:

1. partielle Kondensation von CH_4 und CO
2. fraktionierte Destillation von CH_4 und CO (mit CO als Kopfprodukt)

durch eine sehr sinnvolle Kreislaufführung aller Gase zur Nutzung der Kälteenergie charakterisiert.

Zu 2:

Absorption an Cu(I)-Salz beruht auf druckabhängiger reversibler Komplexbildung:

$[Cu(CO)]^+$ z. B. Uhde-Verfahren mit Cu-Salz/NH_3-H_2O

Die *CO-Absorption* in salzsaurer CuCl- oder ammoniakalischer Cu(I)-Carbonat- bzw. -Forniatlösung wird unter Druck bis etwa 300 bar und die Desorption bei vermindertem Druck und etwa 40–50 °C vorgenommen. Es bestehen dabei wesentliche Unterschiede in der Cu-Salz-Konzentration der Lösung, je nachdem, ob man aus Gasgemischen CO gewinnen will oder Gase nur von kleineren Anteilen CO befreien will.

Im Cosorb-Verfahren der Tenneco wird Temperaturabhängigkeit der Komplexbildung von CO mit $Cu[AlCl_4]$ in Toluol genutzt

Gasvorbehandlung (Entfernung H_2O und C_2H_2) erforderlich:

H_2O hydrolysiert $AlCl_3$
C_2H_2 bildet Acetylid

Ein weiteres Verfahren, Cosorb der Tenneco Chemicals, verwendet zur selektiven CO-Absorption aus Synthesegas eine Lösung von CuCl und $AlCl_3$ in Toluol. Bei etwa 25 °C und bis zu 20 bar wird der Cu(I)-CO-Komplex gebildet; bei 100–110 °C und 1–4 bar gibt er das CO wieder ab. Wasser, Olefine und Acetylen verändern die Absorptionslösung; sie müssen vor der Trennung entfernt werden. Zahlreiche großtechnische Anlagen sind – nach dem Start des Prototyps 1976 – weltweit in Betrieb.

Eine neuere Technologie betrifft Trennprozesse, bei denen durch eine semipermeable Membran eine CO-Anreicherung in einem Gasgemisch möglich ist.

Verwendung des CO:

1. in Kombination mit H_2
1.1. Synthesegaschemie (CH_3OH und Kohlenwasserstoffe nach Fischer-Tropsch)
1.2. Hydroformylierung (Oxo-Aldehyde, Oxo-Alkohole)
2. in Kombination mit nucleophilem Partner (H_2O, ROH)
2.1. Reppe-Carbonylierung (Acrylsäure, Propionsäure und ihre Ester)
2.2. Koch-Reaktion (verzweigte Carbonsäuren)

Die Verwendung des Kohlenmonoxids in Gemischen mit Wasserstoff (vgl. Abschn. 2.1.2 und 6.1) hat technisch eine größere Bedeutung als die Umsetzungen mit Rein-CO. Zu diesen letztgenannten Reaktionen zählt z. B. die Carbonylierung von Methanol zu Essigsäure (vgl. Abschn. 7.4.1.3) oder von Methylacetat zu Acetanhydrid (vgl. Abschn. 7.4.2).

Ein weiterer Carbonylierungstyp erfordert zusätzlich zum CO einen nucleophilen Partner wie z. B. Wasser oder Alkohole. Technisch angewendet werden diese Reaktionen bei der Umsetzung von Acetylen zu Acrylsäure bzw. Acrylestern (vgl. Abschn. 11.1.7.1) und von Ethylen zu Propionsäure (vgl. Abschn. 6.2).

Ein Sonderfall der Hydrocarbonylierung ist die Koch-Synthese zur Herstellung verzweigter Carbonsäuren aus Olefinen CO und H_2O (vgl. Abschn. 6.3).

3. in Direktumsetzungen
3.1. Phosgenbildung mit Cl_2 (Isocyanate, Carbonate)
3.2. Carbonylbildung mit Metallen (Katalysatoren)

Ferner findet CO Verwendung bei der Umsetzung mit Cl_2 zu Phosgen, das zur Herstellung von Isocyanaten dient (vgl. Abschn. 13.3.3).

Carbonylierungsreaktionen erfordern zum Teil Metallcarbonyle als Katalysatoren, wie z. B. Fe-, Co-, Ni- oder Rh-Carbonyle, die entweder gesondert mit CO hergestellt werden oder sich im Reaktionsprozess aus Katalysatorkomponenten und CO direkt bilden.

2.2.2 Wasserstoff

Wasserstoff steht als Reaktionskomponente für industrielle organische Synthesen in den fossilen Brennstoffen und im Wasser in ausreichender Menge zur Verfügung. Er kann aus diesen Quellen nach drei unterschiedlichen, energieaufwendigen Methoden großtechnisch erzeugt werden:

Industriell genutzte H_2-Quellen:

fossile Brennstoffe
H_2O

Großtechnische H_2-Herstellung:

petro-, kohle-, elektrochemisch

1. mit petrochemischen Prozessen,
2. mit kohlechemischen Prozessen (Vergasung),
3. mit elektrochemischen Prozessen (Elektrolyse).

Dabei ist der prozentuale Anteil des petrochemisch hergestellten Wasserstoffs bei einer Weltproduktion 1997 von etwa 45 Mio t gegenüber 1985 etwas angestiegen (vgl. nebenstehende Tabelle). Ein leichter Rückgang hat sich in dieser Zeit für den aus der Vergasung von Kohle und Koks (bevorzugt aus Koksofengas) erhaltenen Wasserstoff ergeben, während der Anteil aus Elektrolyseverfahren, hauptsächlich der Chloralkali-Elektrolyse, sich praktisch konstant gehalten hat.

Welt-H_2-Erzeugung (in Gew.-%)

	1985	1988	1997
Rohöl-Spaltung Erdgas-Spaltung	} 77	} 80	} 87
Kohle-Vergasung	18	16	10
Elektrolysen	4	} 4	} 3
Sonstige Verfahren	1		
Gesamt (in Mio t)	ca. 45	ca. 45	ca. 45

Petrochemische Prozesse

Die H_2-Erzeugung durch Umsetzung von Wasser mit fossilen Brennstoffen wurde in ihrem Prinzip schon bei der Synthesegas-Herstellung vorgestellt. Danach können niedrige Kohlenwasserstoffe durch allotherme, katalysierte Spaltung und schwerere Ölfraktionen durch autotherme, partielle Oxidation zu Synthesegas umgesetzt werden. Der H_2-Anteil ist dann besonders hoch, wenn ein methanreiches Erdgas für die Synthesegas-Herstellung zur Verfügung steht:

H_2O-Reduktion mit fossilen Brennstoffen kombiniert beide H_2-Quellen

$$CH_4 + H_2O \rightleftharpoons 3\,H_2 + CO \quad (\Delta H = +205\ \text{kJ/mol}) \qquad (9)$$

Die Dampfspaltung (steam reforming) von Kohlenwasserstoffen ist im Prinzip eine Reduktion des Wassers mit dem Kohlenstoff des organischen Einsatzmaterials, bei der im Falle des Methans $^1/_3$ des Wasserstoffs aus dem Wasser geliefert wird. Dieser Anteil steigt bei Einsatz höherer Kohlenwasserstoffe an.

H_2O-Reduktion mit CH_4 liefert:

$^1/_3$ H_2 aus H_2O
$^2/_3$ H_2 aus CH_4

Eine zweite Möglichkeit zur H_2-Erzeugung durch eine chemische Reaktion bieten Verarbeitungsprozesse von leichten Rohöldestillaten in Raffinerien, bei denen durch Cyclisie-

H_2-Herstellung bei Raffinerieumwandlungsverfahren leichter Rohöldestillate

H_2-Verwendung aus Raffineriegas für raffinerieinterne Verfahren wie:

Hydrofining
Hydrotreating
Hydrocracken

rung und Aromatisierung H_2 freigesetzt wird. Das zwangsläufig anfallende „Raffineriegas" spielt zur H_2-Gewinnung für den Eigenverbrauch in der Raffinerie (Hydrofining, Hydrotreating) eine wichtige Rolle. Der verbreitete Einsatz von Hydrocrackern in USA und deren beginnende Verwendung auch in der Bundesrepublik Deutschland (vgl. Abschn. 1.4.1) erfordern wegen des großen H_2-Bedarfs eine zusätzliche H_2-Erzeugung in der Raffinerie durch Dampfspaltung von Kohlenwasserstoffen.

H_2-Herstellung bei C_2H_2-Lichtbogen-Crackverfahren

Ein dritter Herstellweg für H_2 ergibt sich bei der Lichtbogen-Crackung von leichten Kohlenwasserstoffen, die primär zur Herstellung von Acetylen (vgl. Abschn. 4.2.2) eingesetzt wird, aber im Rohgas H_2 als größten Volumenanteil enthält.

H_2-Isolierung aus Synthesegas durch mehrstufiges Verfahren:

Zur Isolierung von reinem Wasserstoff aus Synthesegas müssen an die Schwefelentfernung aus dem CO/H_2-Gemisch (vgl. Abschn. 2.1.2) weitere Reinigungsschritte angeschlossen werden, wenn Rein-H_2 (ca. 99,999 Vol.-%) isoliert werden soll.

1. H_2S, COS-Entfernung
2. CO-Konvertierung
3. CO_2-Entfernung
4. Feinreinigung über Methanisierung, d. h. CO-Spurenentfernung durch Ni-katalysierte CO/H_2-Reaktion zu $CH_4 + H_2O$

Zunächst folgen eine CO-Konvertierung mit Wasserdampf zu CO_2 und H_2 (vgl. Gleichung 4) und eine CO_2-Entfernung durch eine Druckwäsche. Daran schließt sich eine Feinreinigung an, bei der Spuren CO durch Methanisierung, d. h. Umsetzung mit H_2 zu CH_4 und H_2O, entfernt werden (vgl. Gleichung 6). Sie wird bei 300–400 °C in Gegenwart eines Ni-Trägerkatalysators durchgeführt.

H_2-Isolierung aus Raffineriegas durch fraktionierende Tieftemperaturkondensation oder durch Adsorption an Molsieben

Die H_2-Isolierung aus Raffineriegas kann ähnlich der CO-Gewinnung durch Tieftemperaturzerlegung nach dem Prinzip der fraktionierenden Kondensation oder durch Adsorptionsverfahren für alle Verunreinigungen an zeolithischen oder kohlenstoffhaltigen Molsieben auch nach den Methoden der Druckwechseladsorption (**p**ressure **s**wing **a**dsorption = PSA) z. B. von der Bergbauforschung, von Linde oder von UCC erfolgen. Ähnliches gilt für die H_2-Isolierung aus Kokereigasen.

H_2-Isolierung nach neueren Verfahren:

selektive H_2-Diffusion durch Membranen (Polysulfon von Monsanto, Polyarimid von Ube) in Form von Hohlfasern

Ein neueres, von Monsanto entwickeltes Verfahren der Wasserstoffreinigung bzw. -isolierung aus Gasgemischen basiert auf einer Trennung durch semipermeable Membranen. Das Gasgemisch umströmt ein Hohlfaserbündel, das mit seinen beschichteten semipermeablen Polysulfonwänden nur Wasserstoff oder Helium in die Hohlfasern diffundieren lässt. Auf diese Weise ist eine Abtrennung von CH_4, CO, O_2 und N_2 zu erreichen. Monsanto hat diese H_2-Trennanlage (Prism-Separators) großtechnisch zur Einstellung des H_2/CO-Verhältnisses für die Oxo-Synthese und für die H_2-Rückgewinnung aus Abgasen von Hydrier- und NH_3-Anlagen weltweit eingesetzt.

Ube, Japan, hat eine ähnliche H_2-Abtrennmethode mittels aromatischen Polyimid-Membranen entwickelt, die inzwischen schon in technischer Nutzung ist.

Elektrochemische Prozesse

Wasserstoff wird auch bei technischen Elektrolysen entweder direkt wie bei der Elektrolyse von H_2O, HF, 22–25-proz. Salzsäure sowie der Chloralkali-Elektrolyse (Diaphragmaverfahren) oder indirekt durch chemische Sekundärreaktion wie bei der Chloralkali-Elektrolyse (Quecksilberverfahren über Na-Amalgam) gebildet. Außer bei der H_2O-Elektrolyse ist Wasserstoff nur ein willkommenes Nebenprodukt, dessen Gutschrift zur Wirtschaftlichkeit der mit hohen Stromkosten belasteten Verfahren beiträgt. Allerdings beträgt der Anteil des Elektrolysewasserstoffs nur wenige Prozente an der H_2-Gesamterzeugung.

H_2-Herstellung durch Elektrolyseverfahren:

$$2\,H_2O \longrightarrow 2\,H_2 + O_2$$

$$2\,HF \longrightarrow H_2 + F_2$$

$$2\,HCl/H_2O \longrightarrow H_2 + Cl_2$$

$$2\,NaCl/H_2O \longrightarrow H_2 + Cl_2\ (+\ 2\,NaOH)$$

Im Gegensatz zur Dampfspaltung von Kohlenwasserstoffen fällt der Elektrolysewasserstoff sehr rein (>99 Vol.-%) an, so dass sich aufwendige Reinigungsstufen erübrigen.

H_2-Abtrennung bei Elektrolyseverfahren:

mechanisch durch Trennung von Anoden- und Kathodenraum

Im Hinblick auf die mögliche zukünftige Bedeutung des Wasserstoffs zum Transport und zur Speicherung von Energie, zur Wärme- und Elektrizitätserzeugung, als Kraftstoff sowie als chemischer Grundstoff werden beide Wege der chemischen und elektrochemischen H_2-Erzeugung bezüglich neuartiger Technologien sowie der Verwendung von nuclearer Prozesswärme an vielen Stellen der Welt untersucht.

H_2-Herstellung durch neuartige Technologien für die Energiequellen der H_2O-Elektrolyse

Weitere Wege zu Energiequellen für die elektrolytische Wasserspaltung liegen in der Sonnenenergie, die sich als Basis für Photovoltaik, Solarthermie, Wasserkraft oder Windenergie anbietet.

Einige der aussichtsreichsten Vorschläge für eine mögliche zukünftige Entwicklung seien hier kurz dargestellt:

Anstelle der Spaltung des Wassers durch Reduktion mit Kohlenwasserstoffen oder durch Elektrolyse ist auch eine thermische Spaltung mit nuclearer Prozesswärme prinzipiell möglich. Allerdings ist die Wasserspaltung wegen der großen thermischen Stabilität (Bildungsenthalpie für H_2O aus $H_2 + 0{,}5\ O_2 = -285$ kJ/mol) bei den heute zur Verfügung stehenden Temperaturen aus Hochtemperaturkernreaktoren

1. H_2 aus der H_2O-Spaltung mit nuclearer Prozesswärme über thermochemische Kreisprozesse, z. B. Fe/Cl-Zyklus überwindet direkte, erst bei 2500 °C mögliche Thermolyse

(He-Austrittstemperatur = 950 °C) in nur einem einzigen Verfahrensschritt nicht möglich. Dazu ist eine Folge von Reaktionen in Form eines thermochemischen Kreisprozesses notwendig.

Allgemeines Prinzip eines thermochemischen Kreisprozesses:

$$\begin{array}{l} H_2O + X \longrightarrow XO + H_2 \\ XO \longrightarrow X + 0{,}5\,O_2 \\ \hline H_2O \longrightarrow H_2 + 0{,}5\,O_2 \end{array}$$

Als ein Beispiel aus einer ganzen Reihe vorgeschlagener Kreisprozesse, deren Wirtschaftlichkeit und technische Realisierbarkeit bisher keineswegs gesichert sind, sei hier ein Fe/Cl-Cyclus (Mark 9) angeführt:

$$\begin{array}{rl} 6\,FeCl_2 + 8\,H_2O \xrightarrow{650\,°C} & 2\,Fe_3O_4 + 12\,HCl + 2\,H_2 \\ 2\,Fe_3O_4 + 3\,Cl_2 + 12\,HCl \xrightarrow{200\,°C} & 6\,FeCl_3 + 6\,H_2O + O_2 \\ 6\,FeCl_3 \xrightarrow{420\,°C} & 6\,FeCl_2 + 3\,Cl_2 \\ \hline 2\,H_2O \longrightarrow & 2\,H_2 + O_2 \end{array} \quad (10)$$

Die notwendige Wärme zur Durchführung der einzelnen Reaktionsstufen kann dabei mit nuclearer Prozesswärme < 1000 °C eingebracht werden. Ein grundlegendes Problem aller bisher vorgestellten thermochemischen Kreisprozesse sind die großen durchzusetzenden Mengen, die das 200- bis 3000fache der erzeugten H_2-Menge betragen können.

2. H_2 aus H_2O durch Druck- oder Dampfelektrolyse mit höherem Wirkungsgrad als konventionelle Elektrolyseverfahren mit Entwicklungen bei Elektroden, Elektrolyten und Zellanordnung

Weitere Beispiele zukünftiger Entwicklungen betreffen Elektrolyseverfahren, von denen eine Druckelektrolyse bei > 30 bar und 90 °C sowie eine Dampfelektrolyse bei 500–1000 °C mit Feststoffelektrolyten (z. B. aus ZrO_2 mit Anteilen von Y-Oxiden) oder mit verbesserter Zellgeometrie besonders durch die erzielbaren höheren Wirkungsgrade, d. h. die effektivere Ausnutzung der elektrischen Energie gegenüber konventionellen Elektrolysen, ausgezeichnet sind. Andere, schon im Hinblick auf die Wasserstoffnutzung als Energieträger begonnene Entwicklungen im Rahmen einer Wasserstofftechnologie der Zukunft sind in Abschnitt 1.3 zusammengefasst.

Größte H_2-Verbraucher:

NH_3-Synthese
Raffinerieaufarbeitungs- und -umwandlungsprozesse

In der nachfolgenden Tabelle sind die wichtigsten Einsatzgebiete für Wasserstoff in der Chemischen Industrie weltweit und in einigen Ländern aufgeführt. Danach wird der hohe Verbrauchsanteil für die NH_3-Herstellung und für den Einsatz in Raffinerieprozessen deutlich. Nur etwa 20–30 % werden für die eigentliche organische Synthese oder Folgeprozesse, d. h. Hydrierungen von organischen Zwischenprodukten, verwendet:

Tabelle 2-1. Wasserstoffverwendung (in Gew.-%).

Verfahren/Produkt	Welt			USA			Japan		WE	
	1974	1980	1993	1981	1988	2003	1980	2003	1987	2003
Ammoniaksynthese	54	46	67	53	49	34	34	15	48	32
Mineralölverarbeitung	22	37	20	30	37	53	40	76	28	50
Hydrotreating, -fining, -cracken										
Methanolsynthese	6	10	9	7	7	5	10	–	8	5
Oxo-Prozesse und Hydrierungen	7			6	3	7	12		8	8
(z. B. Benzol → Cyclohexan										
Nitrobenzol → Anilin,		7	4			1		9		5
Fetthärtung u. a.)										
Verschiedenes	11			4	4		4		8	
H_2-Gesamtverbrauch (in Mio t)	24,2	21,3	29,4	5,7	5,5	8,2	2,1	1,5	4,9	5,2

2.3 C_1-Bausteine

2.3.1 Methanol

Methanol ist einer der größten und wirtschaftlichsten Syntheserohstoffe, von dem weltweit etwa 90 % in der Chemischen Industrie und die übrigen 10 % als Energierohstoff genutzt werden. Die Methanol-Herstellkapazität betrug 2005 weltweit etwa 41,2 Mio jato, davon entfielen auf die USA, Westeuropa und die Bundesrepublik Deutschland etwa 2,1, 3,7 bzw. 1,9 Mio jato. Japan hat die Methanolproduktion seit 1997 eingestellt und importiert den Gesamtbedarf, USA hat die Produktion deutlich verringert und den Import gesteigert. Eine zunehmende Nachfrage nach Methanol hat zu einem verstärkten Kapazitätsausbau, z. B. in Saudi-Arabien in 2003 auf fast 4,0 Mio jato, geführt. Produktionszahlen in einigen Ländern sind in der nebenstehenden Tabelle zusammengefasst. Der weltweit größte Methanolhersteller ist Methanex mit einer Herstellkapazität von 4,3 Mio jato (2005).

CH_3OH-Produktion (in Mio t)

	1990	1994	2000
USA	3,62	5,52	4,58
WE	1,97	2,55	3,20
BRD	0,68	1,44	1,81
Japan	0,08	0,04	–

2.3.1.1 Herstellung von Methanol

Um 1913 beobachtete A. Mittasch in der BASF bei Untersuchungen zur NH_3-Synthese auch das Auftreten sauerstoffhaltiger Verbindungen. Die systematische Forschung und Entwicklung durch M. Pier führte 1923 in Deutschland zur ersten großtechnischen Methanolherstellung auf der Basis Synthesegas:

$$CO + 2\,H_2 \rightleftharpoons CH_3OH \quad (\Delta H = -92\ \text{kJ/mol}) \qquad (11)$$

CH_3OH-Herstellung:

als höchstkomprimiertes Synthesegas aus CO/H_2 nach zahlreichen Varianten bezüglich der Prozessbedingungen und der Katalysatorzusammensetzung

modifizierte Oxidsysteme auf Basis $ZnO-Cr_2O_3$ als erste und $CuO-ZnO/Al_2O_3$ als zweite Katalysatorgeneration

Einstellung der H_2/CO-Stöchiometrie im Synthesegas durch CO_2-Zusatz möglich

Wird das Synthesegas aus methanreichen Erdgasen hergestellt, so erfüllt es mit seiner Zusammensetzung von $CO + 3\,H_2$ nicht die Stöchiometrie. In diesen Fällen wird den Einsatzkomponenten CO_2 beigemischt, das nach Gleichung 12 mehr H_2 verbraucht als das CO nach Gleichung 11:

$$CO_2 + 3\,H_2 \rightleftharpoons CH_3OH + H_2O \quad (\Delta H = -50\text{ kJ/mol}) \qquad (12)$$

Verfahrensvarianten zur CH_3OH-Herstellung:

1. BASF-Hochdruckprozess (ca. 340 bar, 320–380 °C) $ZnO-Cr_2O_3$-Katalysatoren

   Prozessmerkmale:

   geringer Synthesegas-Umsatz (12 bis 15 % pro Durchgang) verlangt Kreislaufverfahren mit CH_3OH-Ausschleusen durch Kondensation

Das Verfahren der BASF wird bei 320–380 °C und etwa 340 bar ausgeübt. Als Katalysator dient $ZnO-Cr_2O_3$, das bei einem Zn/Cr-Verhältnis von etwa 70 : 30 eine maximale Aktivität erreicht. An mehreren Stellen der Katalysatorschicht wird Kaltgas eindosiert, um eine zu starke Erwärmung zu vermeiden, die das Gleichgewicht im ungünstigen Sinn beeinflussen würde. Das Oxidgemisch ist sehr resistent gegen übliche Katalysatorgifte in geringen Konzentrationen, so dass seine Lebensdauer mehrere Jahre erreicht. Nebenprodukte wie Dimethylether, Methylformiat und höhere Alkohole werden durch Destillation in einer Leicht- und einer Schwersiederkolonne abgetrennt. Zur Unterdrückung der Nebenreaktion wird eine kurze Verweilzeit von 1–2 s eingestellt, bei der die Gleichgewichtslage bei weitem nicht erreicht wird. Üblicherweise betragen die Umsätze bei einmaligem Durchgang durch den Reaktor nur 12–15 %.

Das technische Verfahren ist außerordentlich rationalisiert worden. Besonders die Verwendung von Hochdruck-Zentrifugalverdichtern, wie sie in NH_3-Anlagen gebräuchlich sind, hat entscheidend dazu beigetragen.

2. UK-Wesseling-Hochdruckprozess (300 bar, 350 °C) an $ZnO-Cr_2O_3$-Katalysatoren

   Prozessmerkmale:

   ähnlich wie BASF-Hochdruckprozess, jedoch geringerer CO-Partialdruck (bis zu 20 bar) und damit keine Bildung von $Fe(CO)_5$, d. h. kein Katalysator für Methanisierungsreaktion

Ein mit niedrigerem CO-Partialdruck von 13 bar im Gaskreislauf arbeitender Prozess wurde von UK-Wesseling entwickelt. Seine Reaktionsbedingungen sind mit 300 bar und 350 °C denen der BASF sehr ähnlich.

Der $ZnO-Cr_2O_3$-Katalysator ist im Reaktor in Etagen angeordnet. Als Werkstoff kann Kohlenstoffstahl benutzt werden, da sich wegen des geringen CO-Partialdruckes kein $Fe(CO)_5$ bilden kann. Methanol wird in hoher Reinheit mit nur geringen Anteilen an Nebenprodukten gewonnen. Nach dieser Hochdruckvariante wurde Ende 1970 schon mehr als 1 Mio t Methanol weltweit produziert. In den letzten Jahren sind dann die konventionellen Prozesse durch weitere Nieder- und Mitteldruckverfahren ergänzt worden. Dieser Übergang zu geringerem Betriebsdruck wurde durch die Einführung von aktiveren Katalysatoren auf Kupferbasis ermöglicht, die allerdings extrem schwefelempfindlich sind. Sie erfordern eine Verminderung des Gesamtschwefelgehalts im Synthesegas auf weniger als 1 ppm.

Eine führende Stelle nimmt hier das ICI-Niederdruckverfahren ein, das 1966 zum ersten Mal technisch genutzt wurde. 1999 basierten 54 Methanolanlagen auf dem Verfahren der ICI, das sich besonders durch niedrigere Investitions- und Verfahrenskosten auszeichnet. Der Prototyp einer Großanlage mit 310000 jato wurde in Billingham, England, 1972 in Betrieb genommen. Anlagen erreichen heute eine Produktionskapazität von etwa 1 Mio jato. Der Katalysator auf Basis Cu–Zn–Al-Oxide verlangt ein besonders schwefel- und chlorfreies Synthesegas. Eine neue Katalysatorgeneration wurde kürzlich angekündigt, die sich durch eine um 50 % verlängerte Lebensdauer auszeichnet.

3. ICI-Niederdruckverfahren (50–100 bar, 240–260 °C)

Prozessmerkmale:

Cu–Zn–Al-Oxid-Katalysator erfordert S- und Cl-freies Synthesegas und liefert dann sehr reines CH_3OH

Die üblichen Prozessbedingungen im Konverter sind 50 bis 100 bar und etwa 240–260 °C. Methanol kann bis zu einer Reinheit von 99,99 Gew.-% erhalten werden. Der Reaktor ist extrem einfach gebaut; er enthält nur eine Katalysatorfüllung, die schnell ausgewechselt werden kann. Ähnlich wie beim Hochdruckverfahren wird an mehreren Stellen des Reaktors Kaltgas zur Aufnahme der Reaktionswärme eingeleitet.

Ein ähnliches Niederdruckverfahren, mit einem speziellen Rohrbündelreaktor, dessen Röhren in der gesamten Länge von siedendem Wasser umspült und temperiert werden, wurde von Lurgi entwickelt. Es verwendet einen modifizierten CuO–ZnO-Katalysator bei 50–80 bar und 250–260 °C.

4. Lurgi-Niederdruckverfahren

Prozessmerkmale:

CuO–ZnO-Katalysator (erfordert S-freies CO/H_2-Gemisch) angeordnet im Röhrenreaktor, d. h. optimale Temperaturführung durch Siedewasserkühlung, dampfautark

Nach diesem Prinzip wurde dann 1973 eine 200000-jato-Anlage in Kombination mit einer 415000-jato-NH_3-Anlage in Betrieb genommen. In der Folgezeit kam das Lurgi-Verfahren mehr und mehr zum Einsatz, so dass 1999 schon 29 Methanolanlagen danach betrieben wurden. 2000 wurde von Lurgi die weltweit größte Methanolanlage mit einer Herstellkapazität von etwa 1,8 Mio jato in Trinidad in Planung genommen. Damit hat die Lurgi-Technologie 2004 einen weltweiten Methanol-Kapazitätsanteil von 40% erreicht.

In neuerer Zeit lässt sich ein Trend zu Mitteldruckverfahren feststellen, die von einer Reihe Firmen mit sowohl auf Cu- wie auf Zn–Cr-basierenden Oxid-Katalysatoren durchgeführt werden, wie Tabelle 2-2 zeigt:

Neuere Entwicklungen zur CH_3OH-Herstellung aus Synthesegas: Mitteldruck mit sowohl Cu- wie Zn–Cr-Oxid-Katalysatoren mit Vorteilen wie z. B. einer höheren Reaktionsgeschwindigkeit, d. h. höheren Raum-Zeit-Ausbeute

Tabelle 2-2. Methanolherstellung nach Mitteldruckverfahren.

Firma	Katalysator	Temperatur (°C)	Druck (bar)
Haldor-Topsoe	$CuO-ZnO-Cr_2O_3$	230–260	100–150
Vulcan	$ZnO-Cr_2O_3$	270–330	150–250
Pritchard	CuO	unbekannt	100–250
Catalyst and Chemical Inc.	$CuO-ZnO-Al_2O_3$	240–250	100–250
BASF	$CuO-ZnO-Al_2O_3$	200–350	50–250
Mitsubishi Gas Chemical	CuO + Promotoren	200–280	50–150

Der Vollständigkeit halber sei noch erwähnt, dass Celanese seit 1943 durch Oxidation eines Propan-Butan-Gemisches neben Essigsäure, Formaldehyd und Acetaldehyd auch Methanol sowie zahlreiche weitere Komponenten gewinnt. Die Reaktionsprodukte müssen einer aufwendigen Trennoperation durch Destillation unterzogen werden.

Konventionelle bevorzugte Einsatzgebiete für CH_3OH:

1. Formaldehyd
2. Methyl-tert.-butylether (MTBE)
3. Essigsäure

2.3.1.2 Verwendung und Verwendungsmöglichkeiten für Methanol

Nach Einsatzgebieten schlüsselt sich der Methanolverbrauch weltweit, in USA, Westeuropa und Japan wie folgt auf:

Tabelle 2-3. Methanolverwendung (in Gew.-%).

Produkt	Welt			USA			Westeuropa			Japan		
	1988	1996	2005	1982	1988	2004	1982	1988	1998	1982	1988	1998
Formaldehyd	39	35	38	30	27	26	50	44	46	47	43	32
Essigsäure	6	7	11	12	14	15	5	7	7	10	8	10
Methylhalogenide	7	7	7	9	6	8	6	7	8	3	5	8
Methyl-tert.-butylether	12	27	20	8	24	28	5	10	17	–	5	7
Dimethylterephthalat	3	2	2	4	4	1	4	3	1	1	1	1
Methylamine	4	4	4	4	3	3	4	5	5	2	4	4
Methylmethacrylat	3	3	4	4	4	4	3	4	3	6	8	7
Lösemittel	9	4	4	10	7	} 15	6	1	1	6	4	3
Sonstiges*)	17	11	13	19	11	}	17	19	12	25	22	28
Gesamtverbrauch (in Mio t)	17,3	24,3	32,1	3,2	5,0	8,9	3,3	4,5	6,3	1,1	1,6	1,9

*) Die unter „Sonstiges“ zusammengefasste Verwendung von Methanol betrifft z. B. den Einsatz im Kraftstoff (1990 in Westeuropa 2 %, in USA 3 % und 1996 weltweit 3 %) und alle Methylester und -ether, wie z. B. Methylacetat, Methylglykole u. a.

Mögliche zukünftige oder im Ausbau befindliche Einsatzgebiete für CH_3OH:

1. Kraftstoff oder Mischkomponente für Benzin
2. Energieträger
3. Syntheserohstoff
4. C-Quelle für Petroprotein

Diese schon veränderte klassische Palette der Methanolverwendung wird sich im kommenden Jahrzehnt noch wesentlich erweitern. Die Rohstoff- und Energiesituation im Hinblick auf die veränderte Preisgestaltung rohölabhängiger Produkte, die erwartete Pro-Kopf-Zunahme des Energieverbrauchs bei gleichzeitig begrenzten Erdgas- und Erdölvorräten sowie das unvermindert starke Bevölkerungswachstum bei relativ sinkendem Angebot an tierischen Proteinen zwingen zu neuen Konzepten.

Bei allen Überlegungen nimmt das Methanol eine Schlüsselstellung ein. Es kann gleichzeitig die Funktionen eines Kraftstoffs oder einer Mischkomponente für Benzin, eines Energieträgers, eines Syntheserohstoffs sowie die einer Proteinbasis übernehmen. Dazu muss es in ausreichender Menge zur Verfügung gestellt werden können. Erste Konzepte sehen Anlagen mit einer Jahresproduktion von 10 Mio t (Mega-Methanolanlagen) in der Nähe billiger Rohstoffquellen – wie z. B. den Ölfeldern im Mittleren Osten – vor, um heute noch abgefackeltes Erdölgas auszunutzen. Diese Vorhaben sind allerdings in der vorgesehenen Größenordnung bisher noch nicht realisiert worden, da der vermutete Preisanstieg für Erdöl nur teilweise eingetreten ist.

Mittelfristige CH_3OH-Versorgung durch wirtschaftlich arbeitende „Mammutanlagen" (bis zu 10 Mio jato), z. B. zur Erdölgasverwendung auf Ölfeldern

Die erste Phase der erweiterten Methanolnutzung wird sich auf dem Kraftstoffsektor und dann erst auf anderen Einsatzgebieten, wie z. B der Nutzung als Synthesebaustein, vollziehen.

So kann Methanol direkt oder nach geeigneter Umwandlung als Kraftstoff sowie als Zusatzkomponente zum Fahrbenzin verwendet werden.

1. CH_3OH als zukünftiger Motorkraftstoff oder als Benzinzusatz

1.1. CH_3OH in M 15 oder M 100

Aussichtsreich und ökonomisch sowie ökologisch vertretbar erscheint mittelfristig die Zumischung von Methanol bis zu 15 Vol.-% (M 15) zu den üblichen Kraftstoffen.

Selbst bei Einsatz von Rein-Methanol als Vergaserkraftstoff (M 100) sind nur wenige konstruktive Veränderungen am Vergaser, an der Gemischvorwärmung sowie eine Tankvergrößerung erforderlich, die auf der etwa dreifachen Verdampfungswärme und auf dem nur etwa 50-proz. Energiegehalt von Methanol gegenüber Benzin beruhen.

Voraussetzungen:

gewisse technisch konstruktive Anpassungen wegen höherer Verdampfungswärme und geringeren Energieinhalts sowie CH_3OH-resistente Materialien notwendig

Darüber hinaus ergeben sich einige Vorteile, wie z. B. eine Verbesserung des Klopfverhaltens wegen seiner hohen Octanzahl (> 110) und eine Verminderung des Schadstoffanteils im Abgas, da der geringe Formaldehydgehalt durch den Abgaskatalysator praktisch völlig entfernt wird.

Vorteile:

hohe Octanzahl und „saubere" Verbrennung

Allerdings ist bei Methanolzusätzen zum Benzin zu beachten, dass sich keine zweite, wasserreiche Phase im Tank ausbildet. Dieses kann durch weitere Mischkomponenten als Lösungsvermittler, wie z. B. Alkohole, besonders sek.- und tert.-Butanol, verhindert werden.

Nachteile:

bei reinen Benzin/CH_3OH-Mischungen führen geringe H_2O-Anteile zur Entmischung

1.2. CH_3OH als Ausgangsprodukt für höhere Alkohole

Darum war es wünschenswert, Methanol zugleich auch als Ausgangsprodukt für höhere Alkohole zu nutzen oder sein Herstellverfahren aus Synthesegas so zu modifizieren, dass neben Methanol gleichzeitig längerkettige Alkohole gebildet werden.

1.2.1. durch Co/Rh-katalysierte Homologisierung

$$CH_3OH + n\,CO + 2n\,H_2 \longrightarrow CH_3(CH_2)_nOH + n\,H_2O$$

Den erstgenannten Reaktionstyp bezeichnet man als Homologisierung, die mit Synthesegas und in Gegenwart von Co oder Rh enthaltenden Komplexkatalysatoren zu Ethanol und höheren Alkoholen führt.

1.2.2. durch modifizierte Prozess- ($H_2/CO \rightarrow 1$) und Katalyseparameter (Katalysatorzusammensetzung und -struktur) sonst üblicher CH_3OH-Herstellung

Die zweite Variante wurde von mehreren Firmen ausgearbeitet, wie z. B. durch Haldor Topsoe oder Lurgi (Octanmix-Verfahren). Schon durch veränderte Prozessbedingungen, speziell mit kleinerem H_2/CO-Verhältnis als für Methanol notwendig, lässt sich die konventionelle Methanolherstellung so weit variieren, dass bis zu 17 % höhere Alkohole einschließlich anderer Sauerstoff enthaltender Produkte entstehen.

Mit einem modifizierten Cu-Katalysator lässt sich, speziell im Octanmix-Verfahren bei 300 °C, 50–100 bar und einem H_2/CO-Verhältnis von nahezu 1, ein Reaktionsprodukt (Fuel-Methanol) erhalten, das etwa 50 Gew.-% Methanol und 45 Gew.-% vorzugsweise höhere Alkohole enthält.

Beide Verfahrensmöglichkeiten werden technisch noch nicht ausgeübt.

1.3. CH_3OH als Ausgangsprodukt für Fahrbenzin

Mobil-MTG-Verfahren, d. h. Methanol-Benzinierung an ZSM-5 Zeolithen mit 6 Å Porendurchmesser und damit strukturbedingter Selektivität (shape selectivity) für KW bis C_{10}

Durol (1,2,4,5-Tetramethylbenzol) als ungünstige Benzinkomponente (Fp. 79 °C) muss minimiert werden

Methanol kann aber auch nach dem MTG-Verfahren (**M**ethanol **T**o **G**asoline) von Mobil R&D an einem speziellen Zeolithkatalysator ZSM-5 (**Z**eolithe **S**ynthesized by **M**obil) zu einem Kohlenwasserstoffgemisch dehydratisiert werden, dessen größter Anteil im Siedebereich von Fahrbenzin liegt.

Dazu wird in einer ersten Stufe Methanol katalytisch bis zum Gleichgewicht mit Dimethylether und H_2O umgesetzt und in der Benzinierungsstufe dann am ZSM-5-Zeolithen bei etwa 400 °C und 15 bar unter weiterer Wasserspaltung in ein Gemisch von Paraffinen, Aromaten, Olefinen und Naphthenen übergeführt.

Der Katalysator muss dabei nach etwa 3 Wochen von der Verkokung durch Abbrennen mit N_2-verdünnter Luft befreit werden. Aus Methanol sind so 40 Gew.-% N- und S-freies Benzin mit einer Octanzahl (ROZ) von fast 95 herstellbar.

Technische Ausführungen MTG-Verfahren im Festbett und im Fließbett

In Neuseeland ist 1986 eine erste großtechnische Anlage zur Herstellung von ca. 600 000 jato Gasolin nach dem Mobil-Verfahren auf Erdgasbasis in Betrieb gegangen.

Eine Fließbett-Variante des MTG-Verfahrens wurde von Mobil/Union Kraftstoff/Uhde entwickelt. Die Methanolumsetzung verläuft bei 410–420 °C und 2–4 bar an einem feinteiligen ZSM-Katalysator, der im Reaktor aufwärts strömt und teilweise in einen Regenerator überführt und dort oxidativ regeneriert wird.

Fließbett-MTG-Verfahren mit Vorteilen wie z. B.:

niedriger Druck
Reaktionswärme auf höherem Temperaturniveau
kontinuierliche ZSM-5-Regenerierung

Eine weitere Verwendungsmöglichkeit für Methanol im Kraftstoff ergibt sich wegen der zunehmenden bleiarmen oder bleifreien Vergaserkraftstoffe. Die dadurch notwendige Anhebung der Octanzahl kann beispielsweise durch Zusätze von Methyl-tert.-butylether (MTBE) oder Methyl-tert.-amylether (TAME) erreicht werden, die durch sauerkatalysierte Addition von Methanol an Isobuten bzw. Isopenten (vgl. Abschn. 3.3.2) zu erhalten sind.

1.4. CH_3OH in Form von $CH_3OC(CH_3)_3$ (MTBE) oder CH_3O-tert.-Amyl (TAME) als Octanzahlverbesserer

Speziell MTBE hat seit Anfang der achtziger Jahre weltweit einen ständig steigenden Anteil als Treibstoffadditiv zur Octanzahlerhöhung und als Sauerstoff enthaltende Verbindung zur Emissionsverminderung von CO und Kohlenwasserstoffen übernommen. Leider ist MTBE relativ gut wasserlöslich und biologisch schwer abbaubar, so dass es sich bei Tankdefekten im Grundwasser sammeln kann; zusätzlich zu seinem unangenehmen Geruch und Geschmack wurde es auch als potenziell krebserregend eingestuft. Diese Umweltproblematik hat in einigen Ländern schon zu Konzepten für ein Verbot von MTBE in Kraftstoffen geführt.

MTBE als Sauerstoff enthaltendes Treibstoffadditiv mit negativen Umwelteinflüssen langfristig eine geringe Chance

Für die Darbietungsform des Methanols als Energieträger außerhalb des Kraftstoffsektors ergeben sich zwei Alternativen; es kann leicht in SNG überführt und so in das Erdgasverteilernetz eingespeist werden; es kann aber auch direkt als „Methyl Fuel" in Kraftwerken für die Stromerzeugung verwendet werden.

2. CH_3OH als Energieträger durch endotherme Spaltung zu SNG

$$4\,CH_3OH \longrightarrow 3\,CH_4 + CO_2 + 2\,H_2O$$

oder direkt als „Methyl Fuel"
oder auch als H_2-Lieferant sowie direkt als Basis für Brennstoffzellen

Eine neue Technologie, bei der aus Methanol an einem heterogenen Katalysator auf Basis Kupfer, Zink und Aluminium bei 200–350 °C wieder H_2 abgespalten wird, liefert den Treibstoff für Brennstoffzellen, mit deren Strom dann Elektroautos betrieben werden können.

Eine weitere Variante wäre die unmittelbare Nutzung des Methanols für Brennstoffzellen in Fahrzeugen, die seit 2000 von einem internationalen Konsortium vorangetrieben wird, für eine künftige umweltfreundliche Energieversorgung.

Die Mobil-Entwicklung der zeolithkatalytischen Umwandlung von Methanol stellt zugleich auch den Übergang seiner Nutzung als Kraftstoff/Energieträger zum Syntheserohstoff dar.

3. CH_3OH als Syntheserohstoff durch zeolithkatalysierte Umsetzungen

3.1. mit modifizierten Prozessvariablen des MTG-Verfahrens zu Aromaten

So lässt sich der im üblichen MTG-Verfahren erreichbare Aromatengehalt im Benzin von etwa 30 Gew.-% bei längeren Verweilzeiten und höheren Temperatur/Druck-Bedingungen noch steigern, so dass damit ein interessanter Zugang zu aromatischen Kohlenwasserstoffen gegeben ist.

3.2. mit unterschiedlicher Metalldotierung zu niederen Olefinen

Werden Methanol oder Dimethylether an ZSM-Katalysatoren umgesetzt, die z. B. mit Mn, Sb, Mg, Ba modifiziert sind, so werden anders als im MTG-Prozess vorzugsweise niedrige Olefine mit einer Selektivität bis zu 80 % und einem überwiegenden Anteil an Ethylen und Propen gebildet.

Verfahren dieser Art wurden z. B. von BASF, Hoechst, Mobil und mittels eines nichtzeolithischen Molsiebkatalysators von UOP/HYDRO ausgearbeitet.

4. CH_3OH als zukünftige C-Quelle für SCP

Alternative Basis für SCP:
(Gasöl)
Alkane
Ethanol
Methan

Methanol hat neben höheren Alkanen, höheren Alkoholen und Methan auch als Kohlenstoffquelle für die fermentative Proteingewinnung (SCP = **S**ingle **C**ell **P**rotein) wegen einer Reihe von Vorteilen eine potenzielle Bedeutung.

SCP-Herstellverfahren auf Basis Alkane:

BP, Dainippon Inc., Kanegafuchi

Mikroorganismen, insbesondere Hefen und Bakterien können aus den genannten C-Quellen in Gegenwart wässriger Nährsalzlösungen, die essentielle anorganische Schwefel-Phosphor- und Stickstoffverbindungen enthalten, Proteine aufbauen. Die ersten technischen Anlagen wurden von der BP in Schottland (4000 jato, Basis Alkane) und in Frankreich (16000 jato, Basis Gasöl) zur Erzeugung von sog. Alkanhefe (Toprina®) errichtet. Die französische Anlage wurde zunächst von Gasöl auf Alkanbasis (30000 jato) umgestellt, dann aber 1975 stillgelegt. Auch die Anlage in Schottland stellte 1978 den Betrieb ein.

Alkane sind auch Kohlenstoff-Basis für die SCP-Anlagen, die z. B. in Rumänien und der GUS in Betrieb sind. In der GUS wurden beispielsweise 1990 etwa 1,3 Mio t SCP produziert.

Prinzipien des Fermentationsprozesses für Einzellerprotein:

1. biosynthetisch:
   Zellaufbau zu Proteinen durch organische C-Quelle und S-, P-, N-Verbindungen als anorganische Salze
   (Nebenprodukte: Kohlenhydrate, Fette, Nucleinsäuren, Vitamine)
   Energiegewinn durch Substratabbau bis CO_2
2. technologisch:
   Mehrphasensystem aus wässriger Lösung, organischer Basis, Luft, Zellsubstanz

Mikroorganismen (z. B. Candida-Hefe) bauen unter Energiegewinn Paraffine stufenweise bis zu CO_2 ab, wobei gleichzeitig eiweißreiche Zellmassen erzeugt werden. Pro Tonne Einsatzalkan entsteht etwa 1 t Hefe, die in ihrem Aminosäuremuster etwa dem Fischmehl ähnelt. Die großtechnische SCP-Erzeugung erfolgt in kontinuierlich betriebenen Fermentern unter aseptischen Bedingungen und bei guter Durchmischung und Wärmeabfuhr. Die Zellmassen werden kontinuierlich durch Zentrifugieren abgetrennt.

Der mikrobiologische Abbau durchläuft, ausgehend von Methan, die folgenden Stufen:

$$CH_4 \rightarrow CH_3OH \rightarrow HCHO \rightarrow HCOOH \rightarrow CO_2 \quad (13)$$

Vom biologischen Standpunkt ist der schwierigste Schritt der vom Methan zum Methanol, so dass sich aus diesem Grund und wegen des geringen O_2-Bedarfs die Verwendung von Methanol anbietet. Zum Weiteren ist Methanol mit dem wässrigen Nährsalzsystem homogen mischbar. Es treten daher gegenüber dem Einsatz von Paraffinen verminderte Energiekosten für Rührung und Belüftung auf.

CH_3OH-Vorteile

Zu 1:

Erleichterter Abbau ohne biologische Schwelle

$CH_4 \longrightarrow CH_3OH$

geringerer O_2-Bedarf

Darüber hinaus ist Methanol einfach und in ausreichender Reinheit preiswert herzustellen und im Anschluss an den Fermentationsprozess leicht von den Fermentationsmassen abzutrennen. Nach Ergebnissen der ICI aus der Fermentation von Methanol mit einer Bakterienkultur (Pseudomonas) bestehen die getrockneten Zellen bis zu 81 % aus Proteinen, die in der Aminosäurepalette bevorzugt Asparagin- und Glutaminsäure sowie Leucin und Alanin enthalten.

Zu 2:

Wegen H_2O-Löslichkeit nur dreiphasig, bessere Verteilung und Abtrennung

Die optimale biologische Wertigkeit muss durch Zusatz derjenigen Aminosäuren eingestellt werden, die in den Einzellerproteinen nicht ausreichend vertreten sind. Zur Erhöhung des Eiweißgehaltes in Kraftfuttern werden Einzellerproteine neben Sojabohnen und Fischmehl steigende Bedeutung gewinnen und zz. nur über diesen Weg in die Nahrungsmittelkette eingeführt. SCP wird zur Deckung des Proteinbedarfs und damit zur Schließung der Eiweißlücke in einzelnen Regionen langfristig auch als Nahrungsmittelquelle auf dem Humansektor in Betracht gezogen werden müssen, da der Umweg der Proteinerzeugung über das Tier zu beträchtlichen Eiweißverlusten führt. Eine notwendige Voraussetzung für diesen Einsatz ist insbesondere die Verminderung des Nucleinsäure-Anteils in Biomassen, der bei Verwendung von Hefen 5–8 % und von Bakterien 10–22 % betragen kann. Als unterer Grenzwert für Nucleinsäuren wird ein Gehalt von maximal 1 % in Nahrungsmitteln angesehen, der nur durch besondere Aufarbeitungsmaßnahmen (z. B. Extraktion) zu erreichen ist.

Verwendung des Einzellerproteins:

nach Supplementierung mit fehlenden essentiellen Aminosäuren als Zusatz zum Tierfutter, langfristig auch für Humanernährung

Außer der ICI, die 1980 eine Großanlage für 70000 jato SCP auf der Basis von etwa 100000 jato Methanoleinsatz allerdings aus wirtschaftlichen Gründen nur bis 1987 betrieben hat, haben u. a. auch Hoechst-Uhde, Phillips Petroleum, Shell, Mitsubishi Gas Chemical und Dor Chemicals in Israel Versuchsanlagen mit Methanol als Substrat schon in Betrieb oder in Planung genommen. Eine neuere Zielsetzung ist die Herstellung von geschmacks- bzw. aromaverstärkenden SCP-Sorten, wie z. B. das von Phillips Petroleum in einer

CH_3OH-Proteinverfahren, z. B.:

ICI (Pruteen)
Hoechst-Uhde (Probion)
Phillips Petrol. (Provesteen)

1400-jato-Anlage ab 1988 hergestellte Provesteen auf Hefebasis.

Ein neues Verfahren der Proteinherstellung hat Aptagen, USA, in 2000 vorgestellt. Danach können genetisch modifizierte Bakterien Methan zu Proteinen umsetzen mit einer mehrfach höheren Konzentration an essentiellen Aminosäuren im Vergleich zu natürlichen Produkten; sie sind damit besonders für menschliche und tierische Nutzung geeignet.

2.3.2 Formaldehyd

Handelsformen des HCHO:

1. Hydrat, $HCHO \cdot H_2O$
   $HO{-}CH_2{-}OH$
   $H{\left(OCH_2\right)}_nOH \quad n < 10$
2. Trioxan

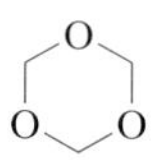

3. Paraformaldehyd
   $H{\left(OCH_2\right)}_nOH$
   $n > 10$

Formaldehyd ist bei Zimmertemperatur ein farbloses Gas, das bei Anwesenheit schon geringer Mengen an Verunreinigungen schnell polymerisiert. Anstelle der monomeren Verbindung sind daher drei Handelsformen üblich geworden:

1. Die wässrige 35–55-proz. Lösung (handelsüblich zumeist 37-proz.), in der Formaldehyd zu über 99 % als Hydrat oder als Gemisch von Oligo-Oxymethylenglykolen vorliegt.

2. Die cyclische trimere Form, das Trioxan, die man durch sauer katalysierte Umsetzung des Formaldehyds erhält.

3. Die polymere Form des Formaldehyds, der sogenannte Paraformaldehyd, die beim Eindampfen wässriger Formaldehydlösungen entsteht und reversibel durch Wärmezufuhr oder Säureeinwirkung in das Monomere zurückgespalten wird.

Ausgangsprodukte für HCHO:

heute:	CH_3OH
früher:	zusätzlich C_3/C_4-Alkane, CH_3OCH_3
zukünftig:	vielleicht CH_4

Für die Herstellung von Formaldehyd hat sich Methanol von seiner 1888 erstmals kommerziell durchgeführten Dehydrierung bis heute zur weltweit dominierenden Basis entwickelt.

Zwischenzeitlich wurden in USA, so z. B. 1978, noch etwa 20 % des Formaldehyds durch radikalische Oxidation von Propan und Butan hergestellt. Dieses unselektive Verfahren wird nicht mehr durchgeführt.

In Japan wurde einige Jahre auch Dimethylether zu Formaldehyd oxidiert.

CH_4-Selektivoxidation zu HCHO nur bei Temperaturniveau durchführbar, das zugleich HCHO-Zerfall auslöst

Trotz zahlreicher Untersuchungen ist die partielle Oxidation von Methan bisher erfolglos geblieben. Die geringe Reaktionsgeschwindigkeit des Methans unterhalb 600 °C und die hohe Zerfallsgeschwindigkeit des Formaldehyds oberhalb 600 °C erfordern Verfahrensbedingungen mit extrem kurzen Verweilzeiten, die einer technischen Nutzung entgegenstehen.

Die Produktionszahlen für Formaldehyd (als 100-proz. Produkt) in einigen Ländern sind in nebenstehender Tabelle aufgeführt. Die Produktionskapazitäten für Formaldehyd betrugen 2004 weltweit etwa 7,2 Mio jato; davon entfielen auf die USA, Westeuropa, Bundesrepublik Deutschland und Japan etwa 1,5, 2,4, 0,52 bzw. 0,47 Mio jato. Einzelne Anlagen erreichen eine Kapazität bis zu etwa 200000 jato. Die weltweit größten Hersteller von Formaldehyd sind Borden und BASF.

Produktion HCHO (in Mio t)

	1989	1992	2003
WE	1,30	1,40	1,98
USA	0,78	0,86	1,17
BRD	0,68	0,67	1,01
Japan	0,36	0,38	0,37

2.3.2.1 Formaldehyd aus Methanol

Die Formaldehydherstellung aus Methanol folgt zwei prinzipiell unterschiedlichen Reaktionstypen:

HCHO-Herstellung aus CH_3OH nach zwei Prinzipien:

1. Dehydrierung oder Oxydehydrierung in Gegenwart von Ag- oder Cu-Katalysatoren und

1. De- oder Oxydehydrierung an Ag oder Cu

2. Oxidation in Gegenwart von Fe-haltigen MoO_3-Katalysatoren.

2. Oxidation an $MoO_3 + Fe_2O_3$

Beim Verfahren der Oxydehydrierung an Ag- oder Cu-Metall arbeitet man oberhalb des Explosionsbereichs mit geringer Luftmenge. Im Oxidationsprozess wird unterhalb des Explosionsbereichs wenig Methanol mit einem hohen Luftüberschuss umgesetzt. Wesentlich für die verfahrenstechnische Gestaltung der Herstellvarianten ist die Wärmebilanz der Reaktion.

Charakteristische weitere Unterschiede, da Ex-Bereich für CH_3OH/Luft zwischen 6,7 und 36,5 Vol.-% CH_3OH:

Zu 1:
wenig O_2, d. h. CH_3OH-Gehalt $> 36{,}5$ Vol.-%

Zu 2:
O_2-Überschuss, d. h. CH_3OH-Gehalt $< 6{,}7$ Vol.-%

Zu 1

Zur De- oder Oxydehydrierung des Methanols werden bevorzugt Ag-Katalysatoren eingesetzt, die als Silberkristalle oder -netze in den Verfahren von BASF, Bayer, Borden, Celanese, Degussa, DuPont, ICI, Mitsubishi Gas, Mitsui Toatsu und Monsanto in einer wenige Zentimeter dicken Schicht im Reaktor angeordnet sind. Im Prozess der Firma CdF Chimie wird Silber auf Carborundum als Träger verwendet.

1. HCHO-Herstellung durch CH_3OH-De- oder Oxydehydrierung

Einsatz des Katalysators bevorzugt in drei Formen:

1. 0,5–3 mm Kristalle
2. Netze
3. auf SiC imprägniert

Im Primärschritt erfolgt eine Dehydrierung des Methanols:

Oxydehydrierungsmechanismus:

primär Dehydrierung an metallischem Ag oder Cu
sekundär H_2-Verbrennung mit O_2

$$CH_3OH \rightleftharpoons HCHO + H_2 \quad (\Delta H = +84\ \text{kJ/mol}) \qquad (14)$$

Durch Zugabe von Luft kann der Wasserstoff in exothermer Reaktion ($\Delta H = -243$ kJ/mol) verbrannt werden, so dass für die Oxydehydrierung folgende formale Gleichung resultiert:

$$CH_3OH + 0{,}5\,O_2 \longrightarrow HCHO + H_2O \qquad (\Delta H = -159\ \text{kJ/mol}) \tag{15}$$

Verfahrensmerkmale:

Steuerung der Oxidation über O_2-Menge (adiabatische Fahrweise), d. h. ohne äußere Wärmezu- oder -abfuhr bei 600–720 °C, d. h. Ag-Rotglut

H_2O-Zusatz hat mehrere Effekte:

1. Erhöhung des CH_3OH-Umsatzes
2. Störung der Ag-Rekristallisation
3. Verminderung der C-Abscheidung auf Ag-Oberfläche

damit insgesamt Verlängerung der Katalysatorlebensdauer

Im technischen Prozess wird eine unterstöchiometrische Luftmenge verwendet. Sie wird so dosiert, dass die Reaktionstemperatur im Bereich von 600–720 °C auf ±5 °C konstant bleibt. Bei Temperaturen von etwa 600–650 °C findet dabei nur ein unvollständiger Umsatz des Methanols statt, der eine Methanolrückführung zur Folge hat. Eine höhere Temperatur von 680–720 °C und ein Zusatz von H_2O bewirken einen praktisch vollständigen Umsatz des Methanols bei einem einzigen Durchgang. Das Wasser hat noch einen weiteren günstigen Effekt auf die Lebensdauer des Ag-Katalysators; die dünne Schicht der Silberkristalle erleidet während der Reaktion bei schwacher Rotglut durch Sinterung eine Desaktivierung, die durch Wasserdampf verzögert wird. Die Lebensdauer des Katalysators erreicht 2–4 Monate. Der verbrauchte Katalysator kann leicht und ohne Ag-Verlust elektrolytisch regeneriert werden. Er ist empfindlich gegen Spuren anderer Metalle sowie Halogene und Schwefel.

Ag-Reaktivierung durch elektrolytische Reinigung; Ag anodisch gelöst und kathodisch abgeschieden

Thermischer Zerfall des HCHO zu $CO + H_2$ wird zurückgedrängt durch:

1. kurze Verweilzeit an dünner Katalysatorschicht und
2. schnelle Abkühlung in 0,1–0,3 s auf 150 °C

Die heißen Reaktionsgase werden sehr schnell auf ca. 150 °C abgekühlt und in mehreren Absorptionsstufen im Gegenstrom mit H_2O gewaschen. Ein Restgehalt von 1 bis 2 Gew.-% Methanol stabilisiert die Lösung gegen Polymerisation. Zur Herstellung konzentrierter Formaldehydlösungen als 37–42 Gew.-% kann eine Destillation angeschlossen werden. Die Ausbeute an Formaldehyd beträgt mehr als 92%, die Selektivität*) erreicht über 98%.

Als Nebenprodukte bilden sich CO und CO_2. Ameisensäure tritt praktisch nicht auf.

Zu 2

2. HCHO-Herstellung durch CH_3OH-Oxidation:

Katalyse durch Metalloxide auf Basis Fe_2O_3–MoO_3 eventuell mit Cr_2O_3- oder CoO-Promotor

Wirksamer Katalysator:

$Fe_2(MoO_4)_3$ empfindlich gegen Überhitzung wegen Mo_2O_5-Auftrags, Überschuss MoO_3 ergänzt Verluste und vermeidet Aktivitätsrückgang

Bei dem oxidativen Verfahren läuft die Formaldehydbildung praktisch nur nach Gleichung 15 als reine Methanoloxidation ab. Als Katalysator wird ein Gemisch von 18–19 Gew.-% Fe_2O_3 und 81–82 Gew.-% MoO_3 verwendet, das unter sorgfältig kontrollierten Bedingungen in die katalytisch aktive Verbindung – das Eisen-(III)-molybdat – übergeht. Häufig wird überschüssiges MoO_3 hinzugegeben, um Verluste durch

*) Vgl. „Definition für Umsatz, Selektivität und Ausbeute", Abschn. 15.2

einen Austrag als Molybdänblau auszugleichen. Diese Verbindung wandert an das kühlere Ende des Katalysatorbettes und verringert gleichzeitig die Katalysatoraktivität und -selektivität. Als Promotoren können Cr- und Co-Oxide verwendet werden.

Im technischen Verfahren wird Methanoldampf mit einem hohen Luftüberschuss bei 350–450 °C in einem Röhrenofen über den Katalysator geleitet. Eine die Rohre umströmende Kühlflüssigkeit leitet die Reaktionswärme ab. Die Reaktionsgase werden nach Abkühlung auf 100 °C in einer Blasensäule mit H_2O ausgewaschen. Die Konzentration der Formaldehydlösung kann durch Einstellen der Waschwassermenge zwischen 37 und 50 Gew.-% Formaldehyd variiert werden, nach einer neueren Entwicklung der Nippon Kasei bis maximal 55 Gew.-%.

Verfahrensmerkmale der oxidativen HCHO-Herstellung:

Vorteile:

1. niedrige Temperatur vermindert Materialprobleme
2. höhere HCHO-Konzentration direkt ohne nachfolgende Destillation erreichbar

Nachteile:

hoher Luftüberschuss bedeutet größere Investitions- und Energiekosten gegenüber Ag-Verfahren, HCHO-haltiges Abgas ist nicht brennbar und erfordert besondere HCHO-Entfernung

In der Absorptionssäule kann auch direkt eine wässrige Harnstofflösung zur Aufnahme des Formaldehyds unter Bildung von Harnstoff-Formaldehyd-Vorkondensaten für die weitere Umsetzung zu Duroplasten verwendet werden. Der Methanolumsatz beträgt etwa 95–99 %, die Selektivität zu Formaldehyd erreicht 91–94 %.

Nebenprodukte sind CO, CO_2 und Ameisensäure. Durch Nachschalten eines Ionenaustauschers kann die Ameisensäure entfernt werden.

Die Lebensdauer der Katalysators beträgt etwa zwei Jahre. Nach diesem Prinzip wurden Verfahren von z. B. Perstorp-Reichhold (Formox), Hiag-Lurgi, Montecatini, SBA, IFP-Cdf, Haldor Topsoe, Nippon Kasei sowie Lummus entwickelt.

Lebensdauer durch mechanische Festigkeit der Katalysatorpellets bestimmt

2.3.2.2 Verwendung und Verwendungsmöglichkeiten für Formaldehyd

Außer einer direkten Verwendung wässriger Formaldehydlösungen (Formalin®, Formol®), z. B. als Desinfektions- und Konservierungsmittel sowie als Hilfmittel in der Textil-, Leder-, Pelz-, Papier- und Holzindustrie, wird Formaldehyd überwiegend zur Harzherstellung mit Harnstoff, Phenolen und Melamin eingesetzt. Dieser Anteil der Polykondensationsprodukte beträgt derzeit länderabhängig zwischen 40 und 65 % der Formaldehydverwendung, wie folgende Tabelle zeigt:

HCHO-Verwendung:

1. Formaldehyd-Polykondensationsprodukte z. B. Phenoplaste (Novolake, Resole, Bakelite), Aminoplaste u. a.

Tabelle 2-4. Formaldehyd-Verwendung (in Gew.-%).

Produkt	Welt 1984	Welt 2003	USA 1984	USA 2003	Westeuropa 1984	Westeuropa 2003	Japan 1984	Japan 2000
Harnstoffharze	32	46	27	24	45	41	37	26
Phenolharze	11	12	23	16	11	9	8	6
Melaminharze	4	6	4	3	6	9	6	1
Pentaerythrit	6	5	7	5	6	5	8	6
1,4-Butandiol	2	4	11	11	6	7	–	–
Methylendiisocyanat	2	4	4	9	3	6	2	4
Sonstiges*)	43	23	24	32	23	23	39	57
Gesamtverbrauch (in Mio t)	3,3	6,5	0,71	1,2	1,1	2,0	0,32	1,5

*) z. B. Trioxan/Polyformaldehyd, Hexamethylentetramin u. a.

2. Trioxan für Polyoxymethylene mit Einsatz als technische Kunststoffe

Wasserfreier, reiner Formaldehyd als solcher oder in Form seines Trimeren (Trioxan) dient zur Herstellung hochmolekularer thermoplastischer Kunststoffe (Polyoxymethylene).

3. Aldolreaktionen:

Pentaerythrit, Trimethylolpropan, Neopentylglykol

4. Butindiolherstellung

$HO-CH_2-C\equiv C-CH_2-OH$

5. Verschiedenes, u. a.

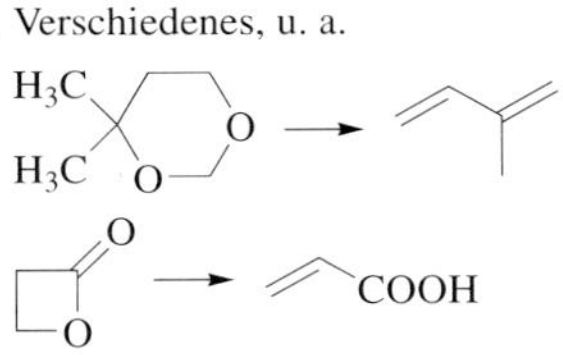

6. ältere, heute modifizierte und ausbaufähige Formaldehydnutzung

Darüber hinaus liefert Formaldehyd durch Aldolisierung einen Zugang zu mehrwertigen Alkoholen wie Pentaerythrit, Trimethylolpropan und Neopentylglykol (vgl. Abschn. 8.3).

Außerdem wird Formaldehyd zur Herstellung von 1,4-Butindiol als Vorstufe für 1,4-Butandiol nach Reppe (vgl. Abschn. 4.3), von Isopren über 4,4-Dimethyl-1,3-dioxan (vgl. Abschn. 5.2.5) und von β-Propiolacton (vgl. Abschn. 11.1.7.1) verwendet.

In den USA wurde Formaldehyd auch zur Herstellung von Ethylenglykol eingesetzt. In diesem von DuPont entwickelten Verfahren wird zunächst Glykolsäure durch hydratisierende Carbonylierung in Gegenwart von Schwefelsäure aus Formaldehyd hergestellt und diese dann nach Veresterung zu Ethylenglykol hydriert:

Glykolherstellung nach DuPont dreistufig:

1. hydratisierende Carbonylierung, 200–250 °C, 300–700 bar, H_2SO_4
2. Veresterung mit CH_3OH
3. Hydrierung

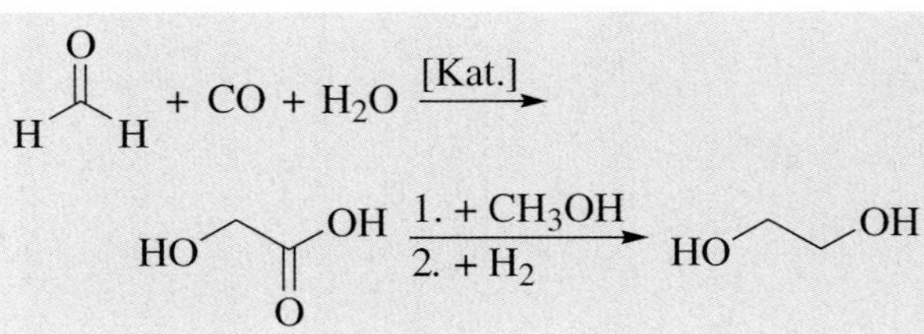

(16)

Die Herstellung von Glykol nach diesem Verfahren wurde in den sechziger Jahren von DuPont eingestellt und lediglich die Produktion bis zur ersten Stufe der Glykolsäure in begrenztem Umfang (ca. 60000 jato Kapazität) weiter betrieben.

Neue Glykolsäure-/Glykolaldehydherstellung als Ergebnis weltweiten Interesses an C_1-Chemie, mit HCHO als CO/H_2-Folgeprodukt:

Mit dem verstärkten Interesse am Ausbau der C_1-Chemie wurden neue Verfahren zur Glykolsäure-/Glykolaldehydherstellung ausgehend von Formaldehyd durch mehrere Firmen entwickelt.

Für die Carbonylierung von Formaldehyd in Gegenwart von Wasser zu Glykolsäure wurden als Katalysatoren z. B. HF, HF/BF_3 oder saure Ionenaustauscher vorgeschlagen (Chevron, Mitsubishi), die schon bei geringem CO-Druck bis zu 100 bar wirksam werden.

1. hydratisierende Carbonylierung von HCHO in Gegenwart von HF, HF/BF_3, H-Ionenaustauscher oder an perfluoriertem stark sauren Harzkatalysator zu $HOCH_2COOH$

Ein katalytisch anderer Weg wurde von Exxon ausgearbeitet; danach wird Formaldehyd mit CO/H_2O bei 150 °C an einer Nafion-Membran, einem vergleichsweise temperaturstabileren stark sauren Ionenaustauscher auf Basis eines Perfluorsulfonsäureharzes mit 70-proz. Ausbeute zu Glykolsäure umgesetzt.

Aber auch übliche Hydroformylierungssysteme auf Basis Co, Rh, Ru mit z. B. Phosphinliganden wurden für die Formaldehyd/CO, H_2-Umsetzung zu Glykolaldehyd in homogener Phase, d. h. zumeist in organischen Lösemitteln, im Druckbereich 50–350 bar von verschiedenen Firmen (Ajinomoto, Mitsubishi, Chevron, National Distillers, Monsanto) eingesetzt.

2. Hydroformylierung von HCHO an homogenen Co-, Rh-, Ru-Phosphinligand-Systemen, z. B. $H\,Rh(CO)_2[P(C_6H_5)_3]_2$, zu $HOCH_2CHO$

In allen genannten Fällen steht eine industrielle Nutzung noch aus, obwohl diese Routen mit der nachfolgenden Hydrierung des Glykolaldehyds oder der Glykolsäure direkt oder als Ester zu Ethylenglykol eine höhere Realisierungschance haben als dessen direkte Herstellung aus CO/H_2 (vgl. Abschn. 7.2.1.1).

Glykolsäure dient als Reinigungsmittel für Kesselanlagen und Rohrleitungen, zur Chelatisierung von Ca- und Fe-Ionen in Kesselspeisewässern, in der Textil-, Leder- und Pelzverarbeitung sowie nach Veresterung als Lösemittel für Lacke.

2.3.3 Ameisensäure

Ameisensäure ist die im Tier- und Pflanzenreich sowie in der unbelebten Natur teilweise in merklichen Mengen vorkommende einfachste Carbonsäure. Ihre technische Bedeutung beruht sowohl auf ihren Eigenschaften als Carbonsäure als auch auf ihrer reduzierten Wirkung als formaler Hydroxylaldehyd.

Technische Bedeutung der Ameisensäure:

Anwendungen basieren auf den strukturbedingten Eigenschaften als starke Säure und als reduzierend wirkender Hydroxylaldehyd

Die Herstellkapazität für Ameisensäure betrug 2003 weltweit etwa 517 000 jato, davon in Westeuropa, Bundesrepublik Deutschland, USA und Japan etwa 345 000, 180 000, 23 000 bzw. 13 000 jato. Die weltgrößten Hersteller sind BASF, BP und Kemira.

HCOOH-Produktion (in 1000 t)

	1993	1995	2003
WE	194	205	295
BRD	98	108	160
USA	15	19	20
Japan	12	11	9

Die Produktionszahlen in diesen Ländern sind in der voranstehenden Tabelle aufgeführt.

HCOOH-Bildungsmöglichkeiten:

1. gezielte Syntheseverfahren
2. unerwünschte oxidative Abbaureaktionen

Die zahlreichen Bildungsmöglichkeiten für Ameisensäure lassen sich in die gezielten Herstellungsverfahren und in die Prozesse einteilen, bei denen sie als Nebenprodukt anfällt. Heute wird Ameisensäure überwiegend durch spezielle Synthese erhalten.

HCOOH-Herstellverfahren:

1. aus $CO + H_2O$
2. aus CO + ROH mit anschließender Hydrolyse

Zur direkten Herstellung von Ameisensäure geht man dabei von CO aus, das entweder zur HCOOH hydratisiert oder durch Umsetzung mit Alkoholen in Ameisensäureester übergeführt wird:

$$\begin{array}{l} CO + H_2O \xrightleftharpoons{[Kat.]} HCOOH \\ CO + ROH \xrightleftharpoons{[Kat.]} HCOOR \end{array} \qquad (17)$$

Verfahrensprinzip:

basenkatalysierte Druckreaktion von CO (als formales, reaktionsträges Anhydrid der HCOOH) mit H_2O zur Säure bzw. mit ROH zum Ester

Bei der Hydratisierung bzw. der Reaktion mit Alkoholen wird das Bildungsgleichgewicht durch die Anwesenheit von Basen, wie NaOH oder $Ca(OH)_2$, so im Sinne der Formiatbildung verschoben, dass der Prozess schon bei 8–30 bar CO-Druck und 115–150 °C abläuft. Statt des reinen CO kann auch Synthesegas eingesetzt werden. Die freie HCOOH wird durch Ansäuern aus ihren Salzen und durch Abdestillieren oder durch Extrahieren, z. B. mit Diisopropylether, erhalten. Diese Synthesemöglichkeit wird seit 1989 in einer 40000-jato-Anlage in der GUS genutzt.

Die Umsetzung von CO mit Alkoholen, bevorzugt mit Methanol, ist die erste Stufe der bedeutendsten Herstellroute für Ameisensäure. Diese, anders als die Carbonylierung von Methanol zu Essigsäure, formal als CO-Einschub in die O–H-Bindung des Methanols ablaufende Reaktion wird in Gegenwart katalytischer Mengen Natriummethylat bei etwa 70 °C und 20–200 bar vorgenommen. Mit einem Überschuss an Methanol beträgt der CO-Umsatz bis zu 95 % mit einer nahezu 100-proz. Selektivität an Methylformiat (CH_3OH, CO).

Kennzeichen der $HCOOCH_3$-Hydrolyse:

HCOOH-, d. h. autokatalysierte Gleichgewichtseinstellung z. B. in homogener Phase, d. h. $HCOOCH_3/H_2O$-Verhältnis 2 : 1–4 : 1 oder H_2O-Überschuss und schnelle destillative CH_3OH-Entfernung, d. h. minimale Kontaktzeit CH_3OH/HCOOH

Die bekanntesten Methylformiat-Verfahren mit technischer Nutzung wurden von BASF, Halcon-SD und Leonard entwickelt. Sie sind in den Carbonylierungsbedingungen sehr ähnlich und unterscheiden sich bei der durch Ameisensäure autokatalysierten Hydrolyse bei 80–140 °C und 3–18 bar vor allem in der verfahrenstechnischen Durchführung, um nach der Gleichgewichtseinstellung die Rückveresterung der zu isolierenden Ameisensäure mit dem Kreislauf-Methanol möglichst zu unterbinden.

Aus diesem Grunde wurde lange Zeit ein Umweg über die primäre Methylformiatumsetzung mit NH_3 bei 80–100 °C und 4–6 bar zum Formamid und dessen anschließende Hydrolyse eingeschlagen.

Variante der direkten $HCOOCH_3$-Hydrolyse durch Ester-Ammonolyse zu Formamid mit nachfolgender Amidhydrolyse

Die Verseifung des Formamids erfolgt kontinuierlich oberhalb von 85 °C mit 70-proz. H_2SO_4 zu HCOOH und $(NH_4)_2SO_4$:

Merkmal der Formamidverseifung:

stöchiometrischer H_2SO_4-Verbrauch unter $(NH_4)_2SO_4$-Anfall

$$CH_3OH + CO \longrightarrow HCOOCH_3 \xrightarrow{NH_3}$$
$$HCONH_2 + CH_3OH \xrightarrow{H_2SO_4} HCOOH + (NH_4)_2SO_4 \qquad (18)$$

Die Trennung des Reaktionsproduktes erfolgt im Drehrohrofen, die Reinigung der abdestillierten Säure in einer Kolonne aus V4A oder Polypropen mit einem Kühler aus Silber oder Graphit.

Ein Verfahren dieser Art wurde von der BASF entwickelt und bis 1982 technisch genutzt, dann aber durch eine Direkthydrolyse ersetzt.

Eine neuere Herstellroute für Methylformiat wurde von Mitsubishi ausgearbeitet. Danach wird Methanol in der Gasphase an einem Kupferkatalysator unter bisher nicht veröffentlichten Verfahrensbedingungen zu Methylformiat dehydriert:

Neuere $HCOOCH_3$-Herstellung durch CH_3OH-Dehydrierung

$$2\,CH_3OH \xrightleftharpoons{[Kat.]} HCOOCH_3 + 2\,H_2 \qquad (19)$$

Als Nebenprodukt bildet sich Ameisensäure häufig bei unerwünschten oxidativen Abbaureaktionen in kleinen, nicht immer wirtschaftlich verwertbaren Konzentrationen.

HCOOH-Isolierung als Nebenprodukt bei unselektiven Oxidationsverfahren

So erfordern z. B. die geringen HCOOH-Mengen, wie sie bei der Acetaldehydoxidation zu Essigsäure entstehen, zu ihrer Abtrennung zum Teil korrosionsfeste Titankolonnen.

Treten allerdings wie bei der Oxidation von leichtem Naphtha oder Butan (vgl. BP-Verfahren, Abschn. 7.4.1.2) neben Essigsäure als dem Hauptprodukt etwa 18 Gew.-% HCOOH im Oxidat auf, dann ist die destillative Abtrennung zwar aufwendig, aber die isolierte Ameisensäure trägt zur Wirtschaftlichkeit des Verfahrens bei.

Oxidation von leichtem Naphtha zu Essigsäure (BP-Verfahren) liefert HCOOH in wirtschaftlich isolierbarer Konzentration

Zum weiteren kann Ameisensäure als Coprodukt bei Cannizzaro-Reaktionen des Formaldehyds auftreten (vgl. Abschn. 8.3.1).

HCOOH auch Coprodukt bei Cannizzaro-Reaktionen von HCHO (z. B. bei CH_3CHO + HCHO zu Pentaerythrit)

HCOOH-Verwendung:

1. als freie Säure zur Silageherstellung, Konservierung, pH-Einstellung in Bädern und Beizen für verschiedene Industrien

Die Hauptanwendung findet die Ameisensäure zur Unterstützung der Milchsäuregärung bei der Herstellung von Grünfuttersilage für die Tierzucht.

Zur Lebensmittelkonservierung wird sie nur noch begrenzt eingesetzt.

2. in Form der Salze für Textil- und Lederverarbeitung, Na-Formiat für Oxalsäure:

$$2\,HCOONa \xrightarrow[\text{Schmelze}]{\text{NaOH-}} \begin{matrix} COONa \\ | \\ COONa \end{matrix} + H_2$$

3. als Alkylester in Synthesen zur Einführung der Formylgruppe, z. B. in technischer Vitamin-B_1-Herstellung

Ameisensäure dient weiterhin zum Ansäuern von Farbbädern und Beizen sowie zum Desinfizieren. Ihre Salze, wie Al- und Na-Formiat, werden vor allem als Hilfsmittel in der Textil- und Lederindustrie verwendet. Natriumformiat ist ein Zwischenprodukt bei der Herstellung von Oxalsäure. Ameisensäureester werden bei zahlreichen organischen Synthesen verwendet, Methylformiat dient außerdem als Lösemittel und als Insektizid.

4. als $HCOOCH_3$ zukünftig vielleicht Synthesebaustein der C_1-Chemie für

$HOCH_2COOCH_3$
$HOCH_2CH_2OH$
CH_3CH_2COOH
CH_3CHO
CH_3COOH
$CH_3OCOOCH_3$

Zukünftig könnte Methylformiat mit seiner ausschließlichen Synthesegas-Herstellbasis auch im Rahmen der C_1-Chemie einige zusätzliche Anwendungen finden.

Beispielsweise gelangt man durch Umsetzung von Methylformiat mit Formaldehyd in Gegenwart von Protonen- oder Lewissäuren bei 70–200 °C und Normaldruck zum Glykolsäuremethylester, der z. B. durch Hydrierung an Cu-Katalysatoren in Ethylenglykol übergeführt werden kann:

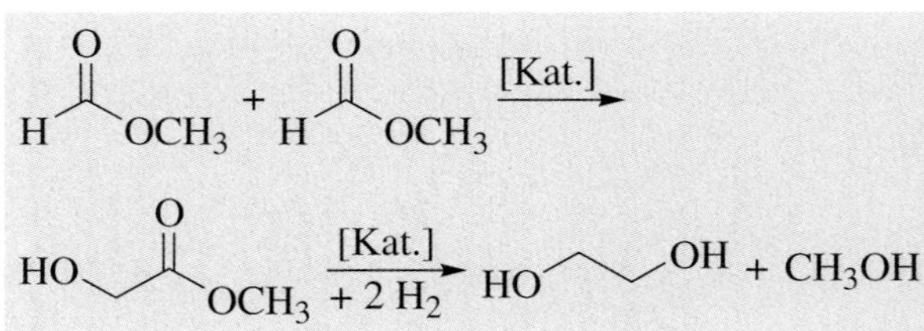

(20)

Ein anderes Beispiel ist die Herstellung von Methylpropionat aus Methylformiat und Ethylen in Gegenwart von Ru- oder Ir-Komplexen bei 190–200 °C in polaren Lösemitteln:

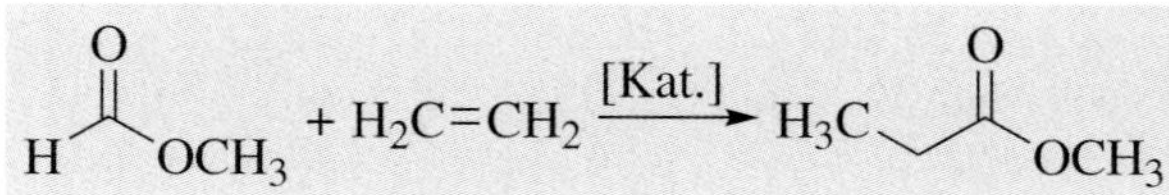

(21)

Weitere Reaktionen des Methylformiats mit einem potenziellen industriellen Interesse sind die Hydroisomerisierung an Rh- oder Ir-Katalysatoren zu Acetaldehyd, die Isomerisierung zu Essigsäure oder die oxidative Umsetzung mit Methanol an Se-Katalysatoren zu Dimethylcarbonat.

5. Amid und N-CH_3-Derivate als:

polare Lösemittel
selektive Extraktionsmittel
aprotische Reaktionsmedien
Zwischenprodukte (z. B. für Vilsmeier-Synthese)

Formamid und seine N-Methylderivate sind technisch vielseitig einsetzbare und wegen ihrer Polarität wichtige selektive Löse- und Extrationsmittel (vgl. Aromatenextraktion aus Aliphaten, Abschn. 12.2.2.2, Acetylenextraktion aus

C_2-Crackfraktionen, Abschn. 4.2.2, und Butadienextraktion aus C_4-Crackfraktionen, Abschn. 5.1.2) sowie aprotische Lösemittel für chemische Reaktionen und Zwischenprodukte bei zahlreichen Synthesen. Dimethylformamid ist eines der wenigen Lösemittel, das zur Herstellung von Polyacrylnitril-Lösungen für die Faserherstellung geeignet ist. Die Weltproduktion an Dimethylformamid wird auf etwa 220000 jato geschätzt. Weltgrößter Hersteller ist die BASF, N-Methyl- und N,N-Dimethylformamid werden analog der Ammonolyse des Methylformiats (vgl. Gleichung 18) durch Umsetzung mit Methyl- und Dimethylamin erhalten:

Herstellung von Amid und Methylamiden der HCOOH nach zwei Verfahren:

1. Ammono- bzw. Aminolyse von $HCOOH_3$

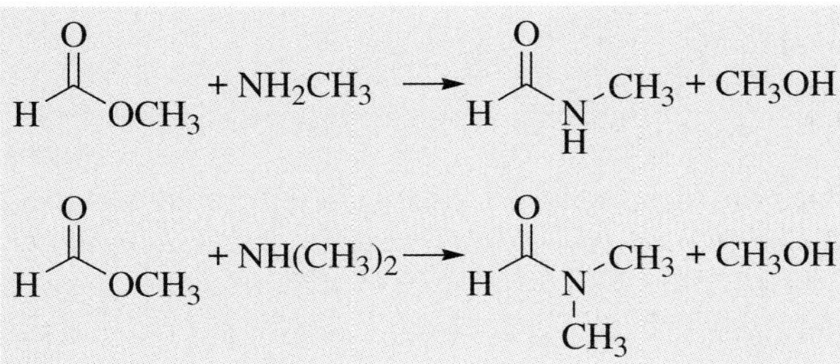

(22)

Formamid, N-Methyl- und N,N-Dimethylformamid sind auf direktem Weg aus CO und NH_3 bzw. Methyl- oder Dimethylamin in methanolischer Lösung bei 20–100 bar und 80–100 °C in Gegenwart von Alkoholaten zugänglich, wie z. B. nach:

2. Umsetzung von CO mit NH_3, NH_2CH_3, $NH(CH_3)_2$

$$CO + NH(CH_3)_2 \xrightarrow{[NaOCH_3]} HCON(CH_3)_2 \qquad (23)$$

Die Ausbeute z. B. an N,N-Dimethylformamid kann bis zu 95 % erreichen. Diese Route wird technisch in mehreren Anlagen, z. B. nach dem Leonard-Prozess, angewendet.

2.3.4 Blausäure

Blausäure (Cyanwasserstoff) ist ein wichtiger Synthesebaustein der organischen Chemie, die ihre Einordnung in die Reihe der C_1-Basisprodukte rechtfertigt. Zur gezielten Herstellung von Blausäure eignen sich folgende zwei Verfahren:

1. Formamid-Dehydratisierung
2. Oxidative oder dehydrierende Umsetzung von NH_3 mit Kohlenwasserstoffen, vorzugsweise mit Methan.

HCN-Herstellung nach zwei Verfahrensprinzipien:

1. Formamid-Dehydratisierung
2. Ammonoxidation bzw. -dehydrierung verschiedener C-Komponenten

Blausäure wird darüber hinaus zu einem wesentlichen Anteil als Nebenprodukt bei der Herstellung von Acrylnitril durch

HCN-Isolierung als Nebenprodukt bei der Propen-Ammonoxidation

Ammonoxidation von Propen gewonnen (vgl. Abschn. 11.3.2).

Das Verhältnis von Synthese- zu Nebenprodukt-Blausäure ist länderabhängig sehr unterschiedlich; allgemein zeigt sich aber eine Tendenz, von dem Blausäureangebot je nach Marktlage der Acrylnitrilnutzung durch gezielte HCN-Herstellung frei zu werden.

HCN-Nebenprodukt-Kapazitätsanteil (in Gew.-%)

	1995	1999
USA	23	22
WE	19	17
Japan	62	57

Die Herstellkapazität für Synthese- und Nebenprodukt-Blausäure betrug 1999 in USA, Westeuropa und Japan etwa 0,24, 0,59 bzw. 0,15 Mio jato, davon ist der Nebenproduktanteil in der nebenstehenden Tabelle aufgeführt.

Zu 1

$HCONH_2$-Dehydratisierung katalysiert mit promotierten Fe-, Al-Phosphaten bei vermindertem Druck und höherer Temperatur früher üblich, heute bedeutungslos

Die Dehydratisierung des Formamids wird in modernen Vakuumverfahren bei 380–430 °C unter vermindertem Druck in eisernen Kontaktrohren ausgeführt, die mit Fe- oder Al-Phosphat gefüllt sind. Darüber hinaus enthalten diese Katalysatoren Zusätze von Mg, Ca, Zn oder Mn als Promotoren:

$$HCONH_2 \longrightarrow HCN + H_2O \; (\Delta H = +75 \text{ kJ/mol}) \qquad (24)$$

Das Reaktionsgas eignet sich mit seinem hohen HCN-Gehalt von 60–70 Vol.-% direkt zur Verflüssigung. Die HCN-Selektivität liegt bei 92–95%. Formamid-Verfahren wurden von BASF, Degussa und Knapsack entwickelt, aber heute nur noch von der BASF (Kap. 21 000 jato, 1991) genutzt.

Zu 2

Ammonoxidation bzw. -dehydrierung:

1. Alkane + NH_3 + O_2 ($-H_2O$)
2. CH_4 + NH_3 ($-H_2$)

Als Synthesekomponenten werden außer NH_3 in den Verfahren von Andrussow und Degussa Methan, nach Shawinigan (heute Gulf Oil) auch höhere Alkane eingesetzt. Das Andrussow-Verfahren – ursprünglich von der BASF entwickelt – wird heute vorzugsweise zur HCN-Herstellung herangezogen. Es ist im Prinzip eine Ammonoxidation des Methans:

$$CH_4 + NH_3 + 1{,}5\,O_2 \xrightarrow{[\text{Kat.}]} HCN + 3\,H_2O \qquad (25)$$
$$(\Delta H = -473 \text{ kJ/mol})$$

Andrussow-Verfahren:

CH_4-Ammonoxidation an Pt-Rh-Netzen

Als Katalysator wird zumeist Platinmetall als Netz oder auf einem Träger mit Zusätzen von z. B. Rhodium verwendet. Die Umsetzung erfolgt drucklos bei 1000–1200 °C und sehr kurzer Verweilzeit. Das Reaktionsgas wird schnell abgeschreckt, um eine HCN-Zersetzung zu vermeiden. Reine HCN wird nach einer Säurewäsche aus der verdünnten wässrigen Lösung durch Destillation erhalten. Die HCN-Selektivität erreicht etwa 88% (CH_4) und 90% (NH_3).

Verfahrensmerkmal:

geringe thermische Belastung durch kurze Verweilzeit vermeidet HCN-Totaloxidation, jedoch geringe HCN-Konzentration (6–7 Vol.-%) durch Inertgasanteil

Es wurden zahlreiche Varianten zum Andrussow-Verfahren z. B. von American Cyanamid, DuPont, Goodrich, ICI, Mitsubishi, Monsanto, Montecatini, Nippon Soda und Röhm & Haas entwickelt.

Auch Methanol oder Formaldehyd wurden für die Herstellung von Blausäure z. B. von Sumitomo untersucht. Die an Mo-Bi-P-Oxiden katalysierte Ammonoxidation von Methanol ermöglicht bei 460 °C eine HCN-Selektivität von 84% (CH_3OH).

Nach dem Degussa-BMA-Verfahren (**B**lausäure-**M**ethan-**A**mmoniak) werden CH_4 und NH_3 ohne Anwesenheit von Luft oder O_2 umgesetzt:

Degussa-Verfahren:

CH_4-Ammondehydrierung an Pt-, Ru- oder Al-beschichteten α-Al_2O_3-Rohren (Korund)

$$CH_4 + NH_3 \xrightarrow{[Kat.]} HCN + 3\,H_2 \qquad (\Delta H = +251\ kJ/mol) \tag{26}$$

Verfahrensmerkmal:

O_2-freie Herstellung führt zu CO_2-freier HCN (erleichterte Isolierung), H_2 als verwertbares Nebenprodukt, jedoch komplizierter Reaktor

Als Katalysator dienen Sinterkorundrohre mit einer Schicht von Pt, Ru oder Al. Bei 1200–1300 °C werden HCN-Selektivitäten von 90–91% (CH_4) und 83–84% (NH_3) erhalten. Der NH_3-Umsatz ist nahezu vollständig, geringe Mengen werden mit H_2SO_4 aus dem HCN/H_2-Gemisch entfernt. HCN wird durch Absorption in H_2O isoliert. Produktionsanlagen werden bei Degussa (BRD, Belgien, USA) und bei Lonza (Schweiz) betrieben.

Im Shawinigan-Verfahren werden in einem Wirbelbett aus feinem Koks bei 1300–1600 °C Kohlenwasserstoffe von CH_4 bis Leichtbenzin, z. B. Propan, mit NH_3 umgesetzt:

Shawinigan-Verfahren:

Alkan-Ammondehydrierung im Kohlefließbett

$$C_3H_8 + 3\,NH_3 \longrightarrow 3\,HCN + 7\,H_2 \tag{27}$$

Das Wirbelbett wird durch eintauchende Graphitelektroden elektrisch beheizt. Wegen des hohen Energieverbrauchs arbeitet dieser Prozess nur wirtschaftlich an Orten mit billiger elektrischer Energie. Bei Verwendung von Propan wird eine HCN-Selektivität von etwa 87% (C_3H_8) erzielt.

Verfahrensmerkmal:

hoher Stromverbrauch durch elektrische Heizung begrenzt die wirtschaftliche Anwendung

Dieser Prozess war bei der Gulf Oil in Kanada einige Jahre in Betrieb, eine technische Anlage existiert noch in Südafrika.

Ammonoxidationsverfahren (z. B. Sohio-Prozess):

HCN nur unerwünschtes Nebenprodukt bei der Herstellung von Acrylnitril

Merkmale einer HCN-Isolierung als Nebenprodukt:

unflexible Bindung an das Hauptprodukt bezüglich Veränderungen in der Selektivität und der Produktion

Als Nebenprodukt entsteht Blausäure bei der Ammonoxidation von Propen zu Acrylnitril, so z. B. nach dem weltweit bevorzugten Sohio-Verfahren.

Ja nach Verfahrensart fallen etwa 10–24 Gew.-% HCN bezogen auf Acrylnitril an. Verbesserte Katalysatoren (z. B. Sohio-Katalysator 41) führen allerdings zu einem deutlichen Rückgang der HCN-Bildung. Obwohl damit Blausäure als Nebenprodukt preiswert zur Verfügung steht, ist die Versorgung zu starr an die Acrylnitril-Produktion und damit an seine Bedarfsschwankungen gekoppelt.

HCN-Verwendung:

1. zur C-Kettenverlängerung, z. B.:

$$(CH_3)_2CO \longrightarrow (CH_3)_2C(OH)CN \longrightarrow$$

$$H_2C{=}C(CH_3)CN \longrightarrow -COOH$$

$$H_2C{=}CH{-}CH{=}CH_2 \longrightarrow NC(CH_2)_4CN$$

2. HCN für Zwischenprodukte, z. B. für Chlorcyan und sein cyclisches Trimeres Cyanurchlorid (Cyanursäurechlorid oder 2,4,6-Trichlor-1,3,5-triazin)

Blausäure wird zu einem großen Teil über das Cyanhydrin des Acetons zur Herstellung von Methacrylnitril und Methacrylester verwendet (vgl. Abschn. 11.1.4.2). Daneben gewinnt auch die Hydrocyanierung des Butadiens zum Adiponitril zunehmend an Bedeutung (vgl. Abschn. 10.2.1.1). Blausäure dient außerdem zur Herstellung von Methionin (vgl. Abschn. 11.1.6).

Ein bedeutendes Folgeprodukt der Blausäure ist Chlorcyan. Es wird großtechnisch durch Reaktion von Chlor mit Blausäure in wässriger Lösung bei 20–40 °C hergestellt und gasförmig aus der entstehenden wässrigen Salzsäure abgetrennt:

$$HCN + Cl_2 \longrightarrow ClCN + HCl \quad (\Delta H = -89\ kJ/mol) \qquad (28)$$

Cyanurchlorid-Herstellung:

katalysierte exotherme Gasphasentrimerisierung von ClCN

Die weitaus wichtigste großtechnische Anwendung findet Chlorcyan zur Herstellung seines cyclischen Trimeren, des Cyanurchlorids. Die häufig genutzte Herstellroute besteht in der Gasphasentrimerisierung von getrocknetem Chlorcyan oberhalb von 300 °C zumeist an reiner Aktivkohle, aber auch an Aktivkohle mit Metallsalzpromotoren im Fest- oder Fließbett:

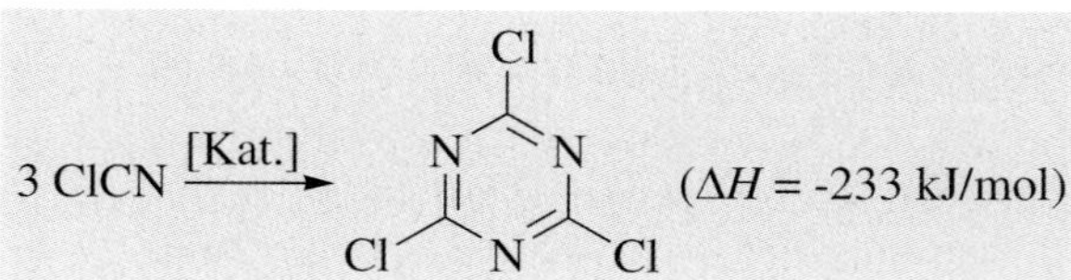

(29)

Cyanurchlorid-Verwendung:

Triazin-Herbizide, z. B. Simazin

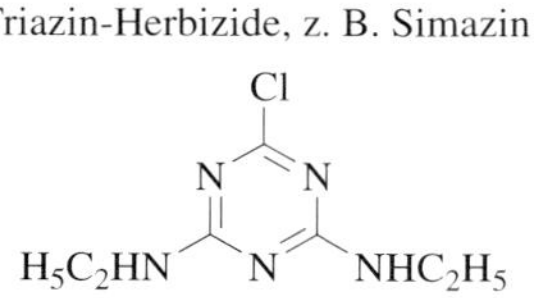

Triazin-Fungizide
optische Aufheller
Reaktivfarbstoffe
(Melamin)

Cyanurchlorid fällt als Schmelze oder in Lösemitteln gelöst mit einer Selektivität von 95 % (ClCN) an. Es gehört mit einer Weltproduktion von mehr als 100000 jato zu den mengenmäßig bedeutendsten, preiswertesten und vielseitig einsetzbaren Heterocyclen.

Cyanurchlorid verdankt seinen großen Aufschwung der Verwendung als Basisprodukt für 1,3,5-Triazin-Herbizide, für die weltweit etwa 80 % der Cyanurchlorid-Produktion eingesetzt werden. Eines der charakteristischen Herbizide ist das 2,4-Bis(ethylamino)-6-chlor-1,3,5-triazin (Simazin®). Eine wesentlich geringere Bedeutung haben Triazin-Fungizide. Mehr als 10 % der Cyanurchlorid-Produktion werden für die Herstellung optischer Aufheller eingesetzt. Cyanurchlorid dient weiterhin zur Einführung einer Reaktivgruppe in farbgebende Komponenten, die dadurch über die Reaktivität der Chloratome im Cyanurchlorid-Teil Farbstoffe chemisch an Fasern binden können (Substitutionsfarbstoffe).

Cyanursäureamid (Melamin) ist prinzipiell durch Umsetzung von Cyanurchlorid mit Ammoniak herstellbar.

Technische Verfahren führten lange Zeit ausschließlich von Dicyanamid aus Calciumcyanamid mehrstufig zu Melamin. Heute wird es überwiegend einstufig aus Harnstoff entweder in der Schmelze bei 90–150 bar und 380–450 °C oder drucklos bzw. bei geringem Überdruck bis zu 10 bar und 350–400 °C in einem Festbett- oder Fließbettreaktor in Gegenwart von modifiziertem Aluminiumoxid bzw. Aluminiumsilicat hergestellt:

Technische Melaminherstellung:

1. Trimerisierung von Dicyandiamid

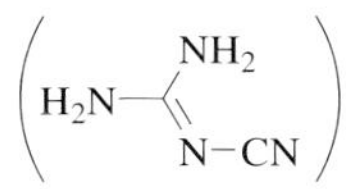

mit rückläufiger Bedeutung

2. Cyclisierung von Harnstoff unter CO_2/NH_3-Abspaltung mit weltweit zunehmender Bedeutung

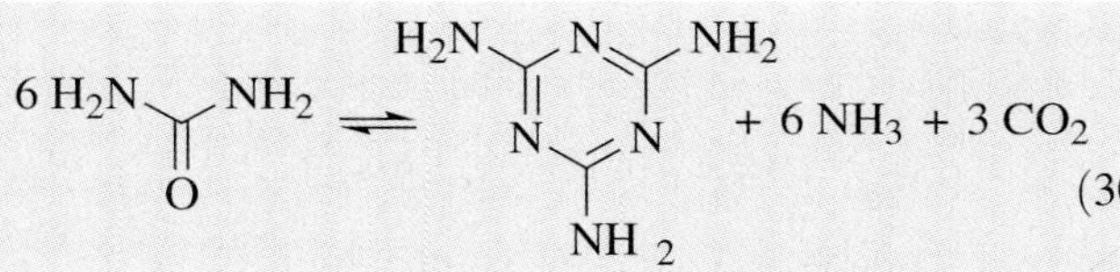

(30)

($\Delta H = +649$ kJ/mol)

NH_3 und CO_2, die den Katalysator im letztgenannten Fall in einem Wirbelzustand erhalten, werden anschließend wieder auf Harnstoff verarbeitet.

Die Melaminausbeute erreicht über 95 % (Harnstoff). Die Herstellkapazität für Melamin betrug 2003 weltweit etwa 1,0 Mio jato und davon entfielen auf Westeuropa, Japan, USA und Bundesrepublik Deutschland etwa 0,53, 0,09, 0,08 bzw. 0,07 Mio jato. Die Produktion in einigen Ländern ist in der nebenstehenden Tabelle aufgeführt. Der weltweit größte Melaminhersteller ist DSM mit über 210 000 jato Kapazität (2003). Weitere Niederdruckprozesse wurden von BASF und Chemie Linz entwickelt. Hochdruckprozesse existieren u. a. von Montedison und Nissan. Die Hauptanwendung findet Melamin durch Polykondensation mit Formaldehyd zu Melaminharzen, die als Duroplaste, Leime und Klebstoffe eingesetzt werden. Die Einsatzbereiche gliederten sich wie folgt auf:

Melaminproduktion (in 1 000 t)

	1990	1994	1998
WE	186	194	222
Japan	106	103	118
USA	86	111	132

Tabelle 2-5. Melaminverbrauch (in Gew.-%).

Anwendung	USA 1990	USA 1994	USA 1999	WE 1988	WE 1994	WE 2001	Japan 1988	Japan 1994	Japan 1998
Pressmassen	24	32	32	54	53	57	56	59	69
Oberflächenbehandlung	36	38	37	9	10	14	13	15	11
Textil-/Papierhilfsmittel	22	10	10	9	2	2	4	3	3
Sonstiges	18	20	21	28	35	27	27	23	17
Gesamtverbrauch (in 1000 t)	86	69	113	143	220	245	62	58	68

3. HCN für Alkalicyanide und Cyanokomplexe

Blausäure dient zum weiteren zur Herstellung von Alkalicyaniden, z. B. für Cyanidlaugerei, und von Cyanokomplexen.

4. HCN für Oxamid zur Verwendung als Depotdünger (hoher N-Gehalt bei geringer H_2O-Löslichkeit)

Eine neuere interessante Verwendung findet HCN in der Umsetzung zum Oxamid, dem Diamid der Oxalsäure. Nach einer Entwicklung von Hoechst kann HCN einstufig und katalytisch mit O_2 und $Cu(NO_3)_2$ in wässrig organischer Lösung in sehr guter Ausbeute unter gleichzeitiger Hydratisierung oxidativ dimerisiert werden:

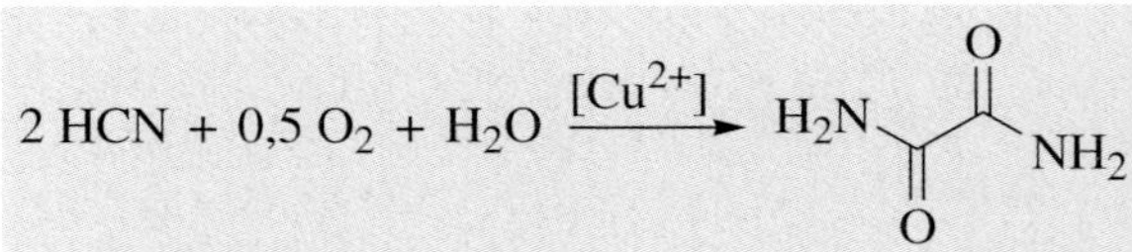

(31)

(ΔH = -440 kJ/mol)

Eine erste industrielle Nutzung erfolgt seit 1990 in einer 10000-jato-Anlage in Italien.

Alternative Oxamidherstellung nach Ube durch Ammonolyse von Dialkyloxalat

Oxamid kann nach Ube auch auf einem anderen Weg hergestellt werden; dazu wird Oxalsäure als Methyl- oder Butylester aus der oxidativen Carbonylierung von CH_3OH oder n-C_4H_9OH (vgl. Abschn. 7.2.1.1) durch Ammonolyse in Oxamid und den entsprechenden Alkohol übergeführt. Ube hat die kommerzielle Produktion 1981 aufgenommen.

Oxamid ist wegen seiner Schwerlöslichkeit in Wasser als Langzeitdünger einsetzbar.

2.3.5 Methylamine

Bedeutung der Methylamine:

als Folgeprodukte des CH_3OH nach HCHO, AcOH, Methylhalogeniden, MTBE derzeit etwa 3–5 % des CH_3OH-Verbrauchs

Methylamine nehmen unter den Folgeprodukten des Methanols mengenmäßig etwa den fünften Platz ein. Damit ist auch ihre bevorzugte großtechnische Herstellung durch stufenweise Methylierung von NH_3 mit CH_3OH schon ausreichend charakterisiert. Traditionelle Produzenten für Methylamine sind in Europa BASF, ICI, Montedison und neuerdings UCB, in USA vor allem DuPont und Air Products. Die Produktionskapazitäten 1996 für Methylamine betrugen weltweit 830000 jato, davon entfallen auf USA, Westeuropa und Japan etwa 195000, 268000 bzw. 70000 jato.

Zur großtechnischen Herstellung setzt man Methanol und NH_3 bei 350–500 °C und 15–30 bar in Gegenwart von Aluminiumoxid, -silicat oder -phosphat um:

Herstellung der Methylamine:

katalysierte, stufenweise NH_3-Methylierung mit CH_3OH

$$CH_3OH + NH_3 \xrightarrow{[Kat.]} NH_2CH_3 + H_2O \quad (\Delta H = -21\ kJ/mol) \qquad (32)$$

Da der Druck nur einen unwesentlichen Einfluss auf den Reaktionsverlauf ausübt, wird er nach technologischen Gesichtspunkten zumeist bei etwa 20 bar festgelegt.

Methylierung mit CH_3OH an Dehydratisierungskatalysator wie:

Al_2O_3
$Al_2O_3 \cdot SiO_2$
$AlPO_4$

Die Alkylierung bleibt nicht auf der Stufe des Monomethylamins stehen; man erhält aufgrund des thermodynamischen Gleichgewichts die drei möglichen Methylamine nebeneinander. Ein NH_3-Überschuss und H_2O-Zusätze sowie die Rückführung des Trimethylamins begünstigen die Mono- und Dialkylierung. Bei 500 °C und einem NH_3/Methanol-Verhältnis von 2,4 : 1 werden z. B. 54% Mono-, 26% Di- und 20% Trimethylamin erhalten. Als Nebenreaktionen treten Spaltungen zu CO, CO_2, CH_4, H_2 und N_2 auf. Die Gesamtselektivität zu Methylaminen erreicht etwa 94%.

Mono- und Dimethylierung werden begünstigt durch:

1. $NH_3 : CH_3OH > 1$
2. H_2O-Zusatz
3. Rückführung von $(CH_3)_3N$ (mit H_2O teilweise Rückspaltung)

Die Reaktionsprodukte werden wegen der Bildung von Azeotropen durch eine Kombination verschiedener Druckdestillationen sowie Extraktivdestillationen getrennt.

Isolierung der Methylamine:

Kombination von Druck- und Extraktivdestillation

Ein bedeutendes Herstellverfahren für Methylamine ist der Leonard-Prozess, nach dem weltweit Herstellkapazitäten von mehr als 270000 jato (1993) bestanden.

Nach einem Verfahren von Nitto Chemical lässt sich bei Einsatz eines sauren Zeolithkatalysators bestimmter Porenstruktur die Produktzusammensetzung so verschieben, dass bis zu 86 Mol.-% Dimethylamin sowie je 7 Mol.-% Mono- und Trimethylamin entstehen. Eine kommerzielle Anlage ist seit 1984 in Japan in Betrieb.

Saure Zeolithe ermöglichen wegen ihrer Struktur(shape)-Selektivität eine gezielte Dimethylamin-Herstellung

Die drei Methylamine sind wichtige Zwischenprodukte zur Herstellung von Lösemitteln, Insektiziden, Herbiziden, Pharmazeutica und Detergentien. Der Bedarf an den einzelnen Methylaminen hat sich unterschiedlich entwickelt; die mengenmäßig größte Bedeutung hat das Dimethylamin wegen seiner Verwendung zur Herstellung von N,N-Dimethylform-

Verwendung der Methylamine:

$(CH_3)_2NH$ für $HCON(CH_3)_2$

CH_3NH_2 für 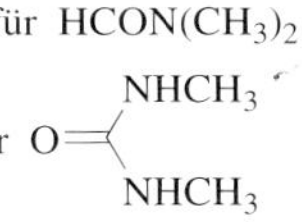

amid (vgl. Abschn. 2.3.3) und N,N-Dimethylacetamid, die als Lösemittel breite Anwendung finden. An zweiter Stelle der Absatzstruktur folgt das Methylamin. Es dient vor allem für die weitere Umsetzung zu Dimethylharnstoff, N-Methylpyrrolidon (vgl. Abschn. 4.3) sowie von Methyltaurin, das zur CO_2-Wäsche oder als Waschmittelrohstoff eingesetzt wird.

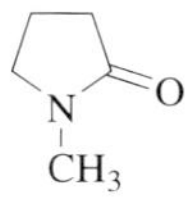

$$\begin{array}{l} CH_2-NHCH_3 \\ | \\ CH_2-SO_3H \end{array}$$

$(CH_3)_3N$ für $[HOCH_2CH_2\overset{+}{N}(CH_3)_3]Cl^-$

eventuell für

$$(CH_3)_2NCH_3 + CO \longrightarrow (CH_3)_2N\overset{\displaystyle O}{\overset{\|}{C}}CH_3$$

Trimethylamin hat nur untergeordnete Bedeutung, z. B. zur Herstellung von Cholinchlorid. Kennzeichnend dafür sind die Bemühungen, Trimethylamin durch Carbonylierung in N,N-Dimethylacetamid zu überführen. Eine technische Anwendung steht noch aus.

2.3.6 Halogenderivate des Methans

Chlor und Fluor waren die technisch bedeutendsten Halogene für die partielle oder vollständige Substitution der Wasserstoffatome im Methan. Fluorhaltige Methanderivate, die zu der Gruppe der CFKW (Chlorfluorkohlenwasserstoffe) gehören, sind in ihrer Produktion, vor allem in den westlichen Industrieländern, deutlich zurückgegangen. So hat z. B. in der Bundesrepublik Deutschland die Produktion von gesättigten, niedermolekularen CFKW seit 1995 vollständig aufgehört. Diese Maßnahme dient zum Schutz der Ozonschicht und zur Verminderung des Treibhauseffektes. Basis ist die CFKW-Halon-Verbotsordnung, die die ehemaligen Haupteinsatzgebiete, d. h. Kälte-, Reinigungs-, Löse- und Löschmittel sowie die Herstellung von Schaumstoffen, betrifft und in Stufen seit 1991 in Kraft getreten ist. Brom kommt nur in einigen wenigen anwendungstechnisch interessanten fluor- und fluor-chlor-gemischtsubstituierten Methanen vor.

Die relative Bedeutung der vier chlorierten Methane lässt sich am Beispiel der Herstellkapazitäten in Westeuropa, USA und Japan verdeutlichen, wie sie für 1998 in der nebenstehenden Tabelle aufgeführt sind. Produktionszahlen für Chlormethane in USA, Westeuropa und Japan sind in der nebenstehenden Tabelle für 1997 verzeichnet.

Chlormethane-Kapazität 1998 (in 1000 t)

	CH_3Cl	CH_2Cl_2	$CHCl_3$	CCl_4
WE	417	346	273	57
USA	347	231	204	110
Japan	68	82	71	99

Chlormethane-Produktion 1997 (in 1000 t)

	CH_3Cl	CH_2Cl_2	$CHCl_3$	CCL_4
USA	510	145	295	49
WE	480	237	250	90
Japan	139	102	69	4

Für die Gewinnung der Methanchlorierungsprodukte werden zwei verschiedene Wege beschritten:

1. Durch thermische Chlorierung oder katalytische Oxychlorierung von Methan werden alle vier Chlorderivate nebeneinander hergestellt.

2. Durch spezielle Verfahren auf einer anderen Rohstoffbasis werden CCl_4 als technisch wichtigstes Endprodukt und CH_3Cl als Zwischenprodukt für die Weiterchlorierung oder für andere chemische Umsetzungen gezielt hergestellt.

Herstellung der Chlormethane nach zwei Varianten:

1. CH_4-Chlorierung oder -Oxychlorierung zum Gemisch aller Chlorderivate

2. alternative Herstellrouten für CCl_4 und CH_3Cl mit unterschiedlichen Ausgangsprodukten

Zu 1

Die erste technische Gasphasenchlorierung des Methans wurde 1923 von Hoechst in Betrieb genommen. 2004 betrug dort die Herstellkapazität für chlorierte C_1-Produkte etwa 110000 jato. Die stark exotherme, über freie Radikale verlaufende Reaktion wird ohne Wärmezufuhr und zumeist ohne Katalysator, d. h. ohne Zusätze von Radikalbildnern, bei 400–450 °C und schwach erhöhtem Druck durchgeführt. Der Start der Chlorierung erfolgt dabei thermisch durch Homolyse von Chlormolekülen, er kann aber auch photochemisch angeregt werden. Soll vorzugsweise Methylchlorid hergestellt werden, so führt nur ein großer, etwa zehnfacher Methanüberschuss zu einer befriedigenden Ausbeute, da Methylchlorid schneller weiterchloriert, als Methan chloriert wird. Bei einem äquimolaren CH_4/Cl_2-Verhältnis entstehen dagegen alle chlorierten Methane nebeneinander (in Mol.-%):

Prinzip der CH_4-Chlorierung:

katalysatorfreie radikalische Gasphasenchlorierung, bei der Verfahrensdurchführung und Verhältnis CH_4/Cl_2 die Produktzusammensetzung bestimmen

Reaktionsstart durch Cl_2-Homolyse zu $2\,Cl\cdot$ rein thermisch, photochemisch oder mit Initiator

$$CH_4 + Cl_2 \xrightarrow[\text{-HCl}]{440\,°C} \underset{37}{CH_3Cl} + \underset{41}{CH_2Cl_2} + \underset{19}{CHCl_3} + \underset{3}{CCl_4} \quad (33)$$

Gezielte Höherchlorierung ist durch Rückführung der niederchlorierten Produkte zu erreichen. Bei der Aufarbeitung des Reaktionsgemisches wird bei der Mehrzahl der technischen Verfahren zunächst die entstandene HCl mit H_2O oder azeotroper Salzsäure ausgewaschen. Dann werden in einem System von Tieftemperaturkühlern die chlorierten Produkte kondensiert, vom CH_4 abgetrennt und in einer Druckdestillation rein isoliert.

Isolierung der Chlormethane:

1. HCl-Wäsche mit H_2O
2. Kondensation der Chlormethane und CH_4-Abtrennung
3. Reindestillation der Chlormethane

Als Nebenprodukt bilden sich Hexachlorethan sowie kleine Mengen Trichlorethylen.

Die Selektivität zu chlorierten C_1-Produkten beträgt mehr als 97 %.

Verfahrensprobleme der CH_4-Chlorierung:

1. kritisches Temperaturniveau, d. h. geringer Bereich zwischen Anspringtemperatur und Zersetzungstemperatur
2. hohe molare Wärmeenthalpie je Chlorierungsstufe

	kJ/mol
CH_3Cl	103,5
CH_2Cl_2	102,5
$CHCl_3$	99,2
CCl_4	94,2

3. korrosive Salzsäure mit Zwang zu teuren Werkstoffen

Bei der technischen Durchführung sind mehrere Varianten, z. B. von Asahi Glass, Dow, Hüls, Montecatini und Scientific Design, entwickelt worden. Sie unterscheiden sich in der verfahrensmäßigen Lösung charakteristischer Probleme, wie sie bei der CH_4-Chlorierung als einer stark exothermen Reaktion auftreten, die erst oberhalb von 250–270 °C anspringt und im technisch wichtigen Temperaturbereich von 350 bis 550 °C explosionsartig verlaufen kann.

Dazu gehören z. B. die Reaktorkonstruktion mit der Rückvermischungscharakteristik und der Wärmeabfuhr (Schlaufenreaktor bei Hoechst, Wirbelschichtreaktor bei Asahi Glass, Röhrenreaktor bei C. F. Braun), das hohe CH_4/Cl_2-Verhältnis oder der Inertgaszusatz (N_2 bei Montecatini), die Reaktionstemperatur (thermischer Start von Radikalketten bei den meisten Herstellern, photochemischer Start durch UV-Bestrahlung bei Dow) und die Aufarbeitung der Reaktionsprodukte (1. HCl-Entfernung, 2. Druckdestillation bei Hoechst und Hüls oder 1. CH_3Cl/CCl_4-Extraktion der Reaktionsgase, 2. HCl-Entfernung durch Wäsche bei Dow).

Prinzip der CH_4-Oxychlorierung:

katalytische Umsetzung von CH_4 mit HCl und O_2 in einer $CuCl_2/KCl$-Salzschmelze

Erste technische Durchführung:

Lummus „Transcat-Verfahren" in Japan (indirekte Oxychlorierung)

Ein anderer Weg zur Herstellung eines Gemisches aller Methanchlorierungsprodukte ist die Oxychlorierung des Methans. Sie ist in der direkten Form industriell bisher noch nicht eingesetzt worden. Ein Verfahren, das als indirekte Oxychlorierung angesehen werden kann, wurde von Lummus entwickelt und kam 1975 bei der Shinetsu in Japan in einer 30000-jato-Anlage zum Einsatz. In einer Variante eignet es sich auch zur Herstellung von Vinylchlorid (vgl. Abschn. 9.1.1.3).

Kennzeichen des Verfahrens:

zweistufige Durchführung

1. CH_4-Chlorierung durch die Schmelze (Reaktion) als Chlorlieferant
2. Oxychlorierung der Schmelze (Regeneration) mit katalytischer Wirkung ihrer Komponenten

Das Verfahren arbeitet mit einer Salzschmelze aus $CuCl_2$ und KCl, die zugleich Katalysator und Chlorlieferant ist. Die Schmelze chloriert zunächst Methan zu den vier Chlormethanen und wird anschließend nach Überführung in einen Oxidationsreaktor in einer Oxychlorierung – oder auch Oxyhydrochlorierung genannt – durch Reaktion mit Chlorwasserstoff oder Salzsäure und Luft wieder aufchloriert. Nähere Verfahrensbedingungen sind bisher nicht bekannt geworden. Dieser Prozess eröffnet damit die Möglichkeit zur Verwertung von Abfallsalzsäure nach folgender Gleichung:

$$CH_4 + HCl + O_2 \longrightarrow CH_3Cl + \text{höhere Chlormethane} + H_2O \quad (34)$$

Zu 2

Für eine gezielte Herstellung von Tetrachlorkohlenstoff lassen sich vor allem vier Wege angeben, die sich durch die sehr unterschiedlichen Einsatzprodukte charakterisieren lassen:

1. Schwefelkohlenstoff
2. Propan-Propen-Gemische
3. chlorhaltige organische Rückstände
4. elementarer Kohlenstoff, z. B. Schwefelkoks.

Alternative CCl_4-Herstellung mit unterschiedlichen Einsatzprodukten, Verfahren und Selektivitäten:

1. CS_2-Route
2. C_3-Chlorolyse
3. Chlorolyse Cl-haltiger Rückstände
4. Elementarsynthese

Zu 2.1

Schwefelkohlenstoff wurde in einigen Ländern, wie USA, Italien, Spanien und Mexiko, in Gegenwart von metallischem Eisen, $FeCl_3$ oder auch katalysatorfrei bei 30 °C drucklos in der Flüssigphase zu CCl_4 chloriert. CS_2 war das einzige Einsatzmaterial für CCl_4 bis zu den fünfziger Jahren, als dann die Chlorierung des Methans und die Chlorolyse chlorhaltiger Kohlenwasserstoffe als neue CCl_4-Quelle hinzu kamen. Bis gegen Ende des 20. Jh. basierten weltweit noch etwa 25 % und z. B. in USA noch 30 % (1990) der CCl_4-Produktion auf CS_2. Mit stöchiometrischen Mengen Chlor bildet sich Schwefel als Coprodukt, der in die CS_2-Erzeugung zurückgeführt werden kann. Mit überschüssigem Chlor entsteht anderweitig nutzbares Dischwefeldichlorid, es kann aber auch in einer zweiten Reaktionsstufe mit CS_2 zu CCl_4 und Schwefel umgesetzt werden:

Prinzip der CS_2-Route

Fe-katalysierter Austausch von S gegen Cl unter Gleichgewichtsverschiebung durch Auskristallisieren von Schwefel

$$\begin{aligned} CS_2 + 2\,Cl_2 &\rightleftharpoons CCl_4 + 2\,S \\ CS_2 + 3\,Cl_2 &\rightleftharpoons CCl_4 + S_2Cl_2 \end{aligned} \qquad (35)$$

Die Selektivitäten zum CCl_4 betragen 90 % (CS_2) und 80 % (Cl_2).

Heute sind alle Anlagen in USA, Europa und Japan, die diesen Prozess nutzten, stillgelegt worden.

Zu 2.2

Propan-Propen-Gemische lassen sich durch eine chlorierende Spaltung (Chlorolyse) bei 600–700 °C und 2–5 bar zu den C_1- und C_2-Bruchstücken Tetrachlorkohlenstoff und Perchlorethylen (vgl. Abschn. 9.1.4) umsetzen:

Prinzip der C_3-Chlorolyse:

chlorierende Gasphasenspaltung von C_3 in perchlorierte C_1- + C_2-Bruchstücke (Niederdruckchlorolyse)

$$C_3H_6 + Cl_2 \longrightarrow CCl_4 + Cl_2C{=}CCl_2 + HCl \qquad (36)$$

Verfahrensmerkmal:

druck- und temperaturabhängige Verschiebung der Gleichgewichtslage

$2\,CCl_4 \rightleftharpoons Cl_2C{=}CCl_2 + 2\,Cl_2$

bestimmt das Produktverhältnis

Mit den Reaktionsbedingungen und dem Verhältnis der Einsatzprodukte ist das Mengenverhältnis zwischen 65 CCl_4/35 Perchlorethylen und 35 CCl_4/65 Perchlorethylen zu variieren. Die Selektivitäten zu beiden Produkten betragen etwa 90% (C_3H_6 und Cl_2). Technisch genutzte Verfahren wurden z. B. von Progil-Electrochimie und Scientific Design entwickelt.

In Westeuropa sind mehrere Anlagen in Betrieb.

Zu 2.3

Prinzip der Rückstandschlorolyse:

chlorierende Gasphasenspaltung chlorhaltiger Kohlenwasserstoffe zu Gemischen aus CCl_4, $Cl_2C{=}CCl_2$ und $Cl_2C{=}CHCl$ oder nur CCl_4 mit zwei Varianten:

1. katalysierte Oxychlorierung mit HCl/O_2 als Chlorlieferant
2. katalysatorfreie Chlorierung direkt mit Cl_2 (Hochdruckchlorolyse)

Chlorhaltige organische Rückstände stellen das wirtschaftlich interessanteste Einsatzprodukt zur Herstellung von Tetrachlorkohlenstoff durch Chlorolyse dar. Wegen des hohen Chlorgehaltes besonders geeignete Rückstände fallen z. B. bei der Methanchlorierung, der Herstellung von Vinylchlorid, Allylchlorid, Chlorbenzol und von Propylenoxid nach der Chlorhydrin-Route an.

Das für die Chlorolyse benötigte Chlor kann entweder in Form von HCl/Luft, z. B. nach dem Oxychlorierungsverfahren von PPG, oder bevorzugt direkt als elementares Chlor in den Prozess eingebracht werden. Verfahren der letztgenannten Art wurden von zahlreichen Firmen (Diamond Shamrock, Stauffer Chemical, Hoechst u. a.) entwickelt. Wichtige Prozessvariable, wie Druck, Temperatur, Verweilzeit und das Verhältnis Cl_2/Kohlenwasserstoff, bestimmen die Selektivität der Chlorolyse, d. h. die ausschließliche Bildung von Tetrachlorkohlenstoff oder von Gemischen aus CCl_4, $Cl_2C{=}CCl_2$ und $Cl_2C{=}CHCl$.

Verfahrensbeispiel einer Rückstandschlorolyse:

Hoechster CCl_4-Verfahren

Verfahrensmerkmale:

hohe Temperatur	(600 °C)
hoher Druck	(bis 200 bar)
kurze Verweilzeit	(ca. 1 min)
keine Nebenprodukte	

Das von Hoechst entwickelte Chlorolyseverfahren liefert bei 120–200 bar und 600 °C mit fast 100-proz. Selektivität CCl_4. Kurze Verweilzeiten und hoher Druck verhindern dabei die sonst eintretende Gleichgewichtsbildung zwischen CCl_4 und Perchlorethylen. Bei Einsatz aromatischer Rückstände bildet sich Hexachlorbenzol als isolierbare Zwischenverbindung; bei aliphatischen wird Hexachlorethan als Zwischenstufe durchlaufen. Anfang 1976 wurden in der Bundesrepublik Deutschland von Hoechst eine Anlage und 1984 eine weitere in der GUS in Betrieb genommen.

Zu 2.4

Prinzip der Elementarsynthese:

Chlorierung von Koks bei hoher Temperatur

Kohle wäre für die Herstellung von Tetrachlorkohlenstoff wegen ihres geringen H-Gehaltes ein interessantes Einsatzmaterial, da nur wenig Chlor durch gleichzeitige HCl-Bildung verloren ginge. Der wesentliche Nachteil der Kohle liegt allerdings in ihrer geringen Reaktivität, die Temperaturen von etwa 800 °C erforderlich macht. Prozesse zur direkten Chlorierung von Kohlenstoff sind vielfach beschrieben worden, sie sind bisher über den halbtechnischen Maßstab nicht hinausgekommen.

Verfahrensmerkmale:

geringe HCl-Bildung, aber auch geringe Reaktivität

Methylchlorid kann ebenfalls außer durch Methanchlorierung auf einem alternativen Weg hergestellt werden. Dazu wird Methanol mit Chlorwasserstoff entweder in der Flüssigphase bei 100–150 °C mit geringem Überdruck katalysatorfrei oder in Gegenwart von z. B. $ZnCl_2$ bzw. $FeCl_3$ oder aber bevorzugt in der Gasphase bei 300–380 °C und 3–6 bar in Gegenwart von $ZnCl_2$, $CuCl_2$ bzw. H_3PO_4 auf einem Träger, wie z. B. SiO_2, oder nur mit Al_2O_3 als Katalysator im Fest- oder Fließbett verestert:

Alternative CH_3Cl-Herstellung durch selektive, katalysatorfreie bzw. katalysierte Veresterung von CH_3OH mit HCl in der Flüssigkeitsphase oder in der Gasphase (Hydrochlorierung)

$$CH_3OH + HCl \rightleftharpoons CH_3Cl + H_2O \quad (\Delta H = -33 kJ/mol) \qquad (37)$$

Diese Umsetzung ist mit fast 98 % (CH_3OH) sehr selektiv. Nebenher entsteht nur wenig Dimethylether.

Die Hydrochlorierung von Methanol ist heute bei wachsendem HCl-Überschuss aus zahlreichen Chlorierungsprozessen und preiswertem Methanol das wichtigste Herstellverfahren für Methylchlorid geworden.

Damit kann Methylchlorid auch anstelle von Methan für die Weiterchlorierung zu den höheren Chlormethanen verwendet werden. Dazu wird bevorzugt die thermische Gasphasenreaktion, aber auch nach einer neueren Entwicklung von Tokuyama Soda Co. seit 1979 eine katalytische Flüssigphasenreaktion bei etwa 100 °C eingesetzt. Die anfallende „Chlorierungssalzsäure" lässt sich in Kombinationsverfahren zur Veresterung von Methanol verwenden.

CH_3Cl-Chlorierung zu höheren Chlormethanen ermöglicht Kombinationsverfahren, die HCl-Verbund aus CH_3Cl-Weiterchlorierung für CH_3OH-Veresterung nutzen

Alle chlorierten Methane haben eine breite Anwendung als Lösemittel gefunden, da zum guten Lösevermögen noch die Vorteile der Nichtbrennbarkeit (außer bei CH_3Cl) hinzukommen. Aufgrund ihrer Toxizität bedarf ihre Anwendung jedoch besonderer Schutzmaßnahmen. Darüber hinaus steigt ihre Bedeutung als Zwischenprodukte oder Reaktionskomponenten auf den verschiedensten Einsatzgebieten ständig an. So wird Methylchlorid u. a. zur Methylierung und Veretherung von Phenolen, Alkoholen und Cellulose sowie weiterhin zur Herstellung von Methylchlorsilanen (Silicone) und quartären Ammoniumsalzen verwendet. Die ehemalige Bedeutung des Methylchlorids zur Herstellung von Tetrame-

Verwendung für chlorierte Methane:

1. Lösemittel
2. Zwischenprodukte, z. B.

2.1. CH_3Cl zur Methylierung:

+ Si (Rochow-Synthese) → $(CH_3)_2 SiCl_2$ (Silicone)

+ Na-Cellulose → Methylcellulose

2.2. CCl_4 und $CHCl_3$ zum Aufbau von Cl, F-Kohlenwasserstoffen mit starkem Rückgang thylblei als Antiklopfmittel ist in den Ländern mit bleifreien Benzinsorten nicht mehr existent. CCl_4 und $CHCl_3$ fanden als Ausgangsprodukte für Chlorfluormethane den größten Einsatz, der jedoch wegen der weltweiten Einschränkung bzw. der totalen Aufgabe der Herstellung von CFKW deutlich zurückgehen wird.

3 Olefine

3.1 Historische Entwicklung der Olefinchemie

Die Entwicklung der Olefinchemie nach dem Zweiten Weltkrieg ist sehr eng mit dem stürmischen Aufschwung der Petrochemie verbunden.

Die bis zu diesem Zeitpunkt besonders in Deutschland dominierende Teer- und Acetylenchemie hatte schon eine Vielfalt von Lösemitteln, Lackrohstoffen, Elastomeren, Duromeren, Thermoplasten und Synthesefasern hervorgebracht. Die Ausweitung zu Massenprodukten setzte jedoch erst mit dem Aufbau der Olefinchemie und mit der Entwicklung technischer Verfahren zur Olefinveredlung und Polymerisation von Olefinen und Monomeren auf Olefinbasis ein.

Das Wachstum der Olefinchemie hat zwei wesentliche Ursachen:

1. das Olefinangebot aus Crackprozessen wächst mit steigendem Bedarf an Fahrbenzin und dient anfangs nur zu dessen Qualitätsverbesserung (Alkylat- und Polymerbenzin), später dann Ausbau der Petrochemie auf Rohölbasis und Entwicklung von Crackverfahren zur Olefinherstellung

In USA wurde das Aufblühen der Olefinchemie durch die rasche Entwicklung der Motorisierung unterstützt. In den dreißiger Jahren löste sie einen solchen Bedarf an Kraftstoffen aus, dass die Raffinerien auch aus höher siedenden Rohölschnitten mit thermischen Spaltverfahren zusätzliches Fahrbenzin gewinnen mussten. Dabei traten Olefine als Nebenprodukte auf, die zunächst nur zur Herstellung von Alkylat- und Polymerbenzin und damit zur Qualitätsverbesserung des Benzins verwendet wurden.

Nach 1948 setzte dann auch in Westeuropa der Aufschwung ein, so dass bei wachsender Raffineriekapazität die Einsatzprodukte zur Olefinherstellung zur Verfügung standen.

2. die chemische Forschung macht sich dann die Veredlung preiswerter Olefine zur Aufgabe und findet neuartige Katalysatorsysteme zur Monomerherstellung und zur Polymerisation sowohl von Olefinen wie von abgeleiteten Monomeren

Parallel hierzu verlief die Entwicklung neuer Herstellverfahren für Monomere aus Olefinen und die Verbesserung ihrer Polymerisation, ohne die das rasche Wachstum der Olefinchemie nicht möglich gewesen wäre.

3.2 Olefine durch Kohlenwasserstoff-Spaltung

Olefine kommen als reaktionsfähige Verbindungen im Erdgas und Erdöl, wenn überhaupt, nur in sehr geringen Mengen vor. Sie müssen erst durch bestimmte Spalt- oder Crackverfahren hergestellt werden.

Olefine kommen praktisch nicht in fossilen Brennstoffen vor, sie entstehen erst durch Spaltprozesse

Industrielle Organische Chemie: Bedeutende Vor- und Zwischenprodukte, *6. Auflage*, Hans-Jürgen Arpe

ISBN: 978-3-527-31540-6

Konvertierungsverfahren bei der Erdölverarbeitung:

1. Katcracken
2. Hydrocracken
3. Thermocracken

Verfahrenskennzeichen des Katcrackens:

saure Crackkatalysatoren:
führen über Carbeniumionen-Reaktionen bevorzugt zu gesättigten, verzweigten, cyclischen und aromatischen Kohlenwasserstoffen

historische Crackkatalysatoren:
amorphe Al-Silicate, früher mit 10–15, später mit 25 Gew.-% Al_2O_3

moderne Crackkatalysatoren:
5–40 Gew.-% kristalline Al-Silicate (Zeolithe) mit geordnetem Raumnetzwerk von verknüpften AlO_4- und SiO_4-Tetraedern und mit Kationen der Seltenen Erden als Stabilisatoren im Gemisch mit amorphen Al-Silicaten

Die Raffinerietechnik wendet zur Anpassung der natürlichen Produktpalette der Rohöle an den Marktbedarf im Wesentlichen drei Typen von Konvertierungsverfahren an: das katalytische, das hydrierend-katalytische sowie das thermische Cracken.

Das Katcracken kann verfahrenstechnisch unterschiedlich durchgeführt werden; heute wird zumeist ein Fließbett (FCC = **f**luid **c**atalytic **c**racking) oder ein Reaktor mit aufsteigendem Katalysator (riser cracking) angewendet. Es dient zur Umwandlung höher siedender Destillatfraktionen in gesättigte, verzweigte Paraffine sowie Naphthene und Aromaten. Der Anteil an Olefinen ist relativ gering, so dass katalytisches Cracken vorzugsweise zur Gewinnung von Treibstoffen angewandt wird. Als Crackkatalysatoren wurden in früheren Jahren Aluminiumsilicate mit aktivierenden Zusätzen von z. B. Cr_2O_3 (TCC-Katalysator = **t**hermofor **c**atalytic **c**racking-Verfahren der Mobil Oil) oder MnO (Houdry-Katalysator) verwendet. Heute werden im Gemisch mit amorphen, synthetischen oder natürlichen Aluminiumsilicaten bevorzugt kristalline Aluminiumsilicate in Form von Zeolithen eingesetzt, die entweder in der Protonenform vorliegen oder deren Kationen mit Seltenen Erden ausgetauscht sind. Zeolithkatalysatoren zeichnen sind durch Erhöhung der Benzinausbeute, d. h. durch die Form ihres Porensystems bewirkte Produktselektivität (shape selectivity), und Verminderung der Koksablagerung aus. Da bei allen katalytischen Crackverfahren der Katalysator infolge Koksabscheidung nach einiger Zeit inaktiviert wird, muss er kontinuierlich durch Abbrennen des Koksbelags regeneriert werden. Allgemeine Verfahrensbedingungen sind etwa 450–500 °C und geringer Überdruck an Luft. Vielfach enthalten Crackkatalysatoren geringe Mengen an Platinmetallpromotoren zur verbesserten C/CO-Oxidation zu CO_2. Zeolithkatalysatoren, die mit Seltenen Erden ausgetauscht sind, besitzen eine hohe Wärmestabilität.

Das Katcracken ist mit seiner weltweiten Bedeutung inzwischen das größte industrielle Einsatzgebiet für Zeolithe geworden. Bekannte Verfahren wurden z. B. von ABB Lummus, Exxon, Gulf, Kellogg, Stone & Webster, Texaco und UOP entwickelt.

Verfahrenskennzeichen des Hydrocrackens:

bifunktionelle Katalysatoren (Hydrier-Dehydrier- und saure Funktion) führen über Carbeniumionen-Reaktionen (Dehydrierung, Isomerisierung, Hydrierung) bevorzugt zu gesättigten, verzweigten Kohlenwasserstoffen

Beim Hydrocracken, einem katalytischen Cracken in Gegenwart von Wasserstoff, können bei den verschiedenen technischen Verfahren außer höher siedenden Destillationsschnitten auch Rückstände zu niedriger siedenden Produkten umgesetzt werden. Dabei ist die Produktzusammensetzung durch das Einsatzmaterial, den Typ des verwendeten Katalysators und die Prozessbedingungen weitgehend steuerbar und von LPG (**L**iquefied **P**etroleum **G**as) über Isobutan, Fahrbenzin, Naphtha bis Heizöl optimierbar. Das Fehlen von Olefinen im Reaktionsprodukt ist charakteristisch für dieses Crackverfahren. Als Katalysatoren werden bifunktionelle Systeme aus metallischer Hydrier-Dehydrier- (z. B. Co–Mo oder Pd, Pt) und saurer Crackkomponente (z. B. $Al_2O_3 \cdot SiO_2$, heute vorzugsweise in Zeolithform) in Gegenwart von Wasserstoff eingesetzt. Die Verfahrensbedingungen erfordern mit 270–450 °C und 80–200 bar relativ hohe Investitionskosten. Zusätzlich müssen pro Tonne Einsatzöl zwischen 300 und 500 m^3 Wasserstoff bereitgestellt werden, die nicht mehr aus dem Raffinerieverbund, sondern nur durch spezielle Herstellung zu erhalten sind.

Im Hydrocrackprozess werden die Einsatzprodukte gleichzeitig entschwefelt und denitrifiziert, d. h. raffiniert

Zur Olefinherstellung spielt heute das thermische Cracken die wesentliche Rolle. Hierbei handelt es sich um eine radikalische Spaltung von Kohlenwasserstoffen, die zumeist unter Druck ausgeführt wird und bei etwa 400–500 °C einsetzt. Den prinzipiellen Ablauf eines Crackvorgangs kann man sich am Beispiel des Octans wie folgt vorstellen: die thermische Spaltung beginnt mit der Homolyse einer C–C-Bindung unter Ausbildung zweier freier Radikale:

Verfahrenskennzeichen des Thermocrackens:

katalysatorfreie, radikalisch ablaufende Spaltreaktionen führen zu hohem Anteil an Olefinen

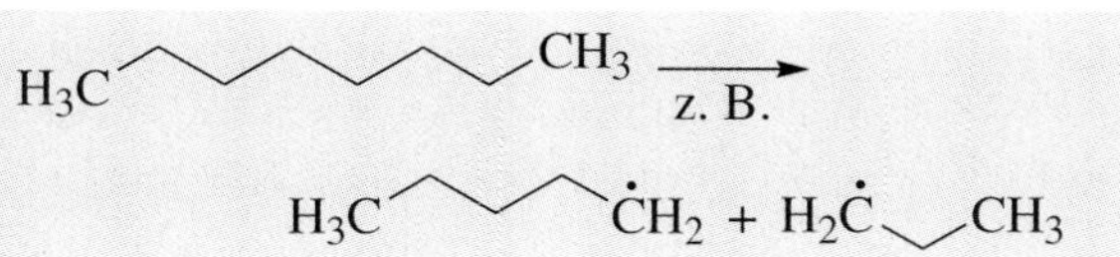

(1)

Beide Alkylradikale können nun aus einem weiteren Octanmolekül ein Wasserstoffatom abstrahieren und damit ein neues freies Radikal und ein kürzerkettiges Alkan erzeugen:

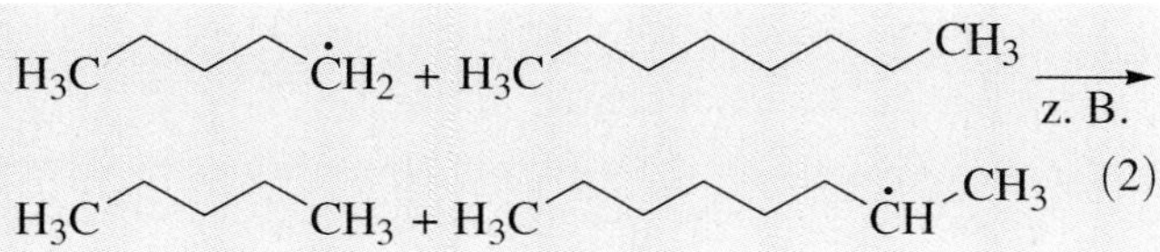

(2)

Die Abstraktion des Wasserstoffs geschieht dabei bevorzugt an einem sekundären C-Atom – und bei allen sekundären C-Atomen mit gleicher Wahrscheinlichkeit –, weil sekundäre H-Atome geringere Bindungsenergie aufweisen als die Wasserstoffe einer CH_3-Gruppe. Beide Ursprungsradikale oder auch das Octylradikal können aber auch einer β-Spaltung unter Bildung von Ethylen bzw. Propen und eines kürzerkettigen Alkylradikals unterliegen:

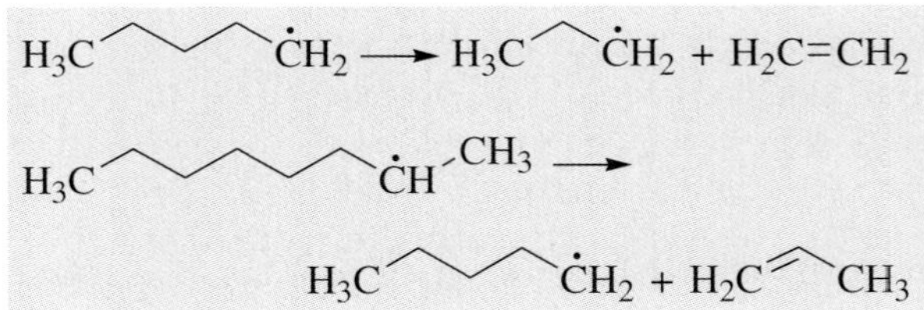

(3)

Crackvorgänge einteilbar in:

1. Primärreaktionen, wie z. B. Dehydrierung, H_2-Übertragung, C-Kettenspaltung, Isomerisierung, Cyclisierung, Aromatisierung

Die Spaltvorgänge umfassen also Veränderungen im H_2-Gehalt und im Kohlenstoffskelett. Zu den erstgenannten zählen die Dehydrierung und die H_2-Übertragung von H_2-reichen Kohlenwasserstoff-Fraktionen (Leichtsiedern), zu den letztgenannten die Kettenspaltung von H_2-ärmeren höhermolekularen Fraktionen.

2. Sekundärreaktionen, wie z. B. Olefinpolymerisation, Alkylierung, Aromatenkondensation

Zu den Veränderungen des C-Gerüstes gehören nicht nur Kettenverkürzungen, sondern auch Isomerisierungen und Cyclisierungen und als Sekundärreaktionen Polymerisation der Olefine, Alkylierungen und Kondensation der Aromaten zu mehrkernigen Produkten.

Die Thermodynamik liefert mit der freien Bildungsenergie (ΔG) ein Maß für die relative thermische Beständigkeit aller Kohlenwasserstoffe. Positives ΔG bedeutet:

bei Einstellung des thermodynamischen Gleichgewichtes Zerfall in C + H_2 (z. B. für Ethan ΔG positiv >230 °C)

Aus thermodynamischer Sicht sind alle gesättigten und ungesättigten Kohlenwasserstoffe gegenüber ihren Elementen bei den technisch angewendeten Spalttemperaturen als instabil anzusehen. Das bedeutet für eine Pyrolysereaktion, die bis zur Einstellung des thermodynamischen Gleichgewichtes erfolgen würde, den vollständigen Zerfall der Kohlenwasserstoffe in Kohlenstoff und Wasserstoff.

In der Praxis daher verkürzte Reaktionszeiten, so dass sich Zwischengleichgewichte einstellen

Die Aufgabe bei einem großtechnisch durchgeführten Crackverfahren besteht demnach darin, große Energiemengen auf einem hohen Temperaturniveau in einer zur Spaltung ausreichenden, zum Zerfall in die Elemente aber zu kurzen Zeit zu übertragen.

Olefinausbeute von hauptsächlich drei Variablen und ihren Wechselwirkungen beeinflusst:

1. Temperatur
2. Verweilzeit
3. Partialdrücke

Das Optimum der KW-Spaltung wird im Wesentlichen durch drei kinetische Einflussgrößen bestimmt:

1. durch die Spaltendtemperatur,
2. durch die Verweilzeit,
3. durch die Partialdrücke der Kohlenwasserstoffe.

Zu 1

1. Temperatureinfluss:

1.1. höhere Temperatur begünstigt C_2/C_3-Olefine zu Lasten höherer Olefine

Die Temperatur hat Einfluss auf die Spaltgaszusammensetzung; ab etwa 400 °C werden Kohlenstoffketten bevorzugt in der Mitte gespalten, mit steigender Temperatur verschiebt sich die Spaltung zum Kettenende, d. h. zur Bildung niederer Olefine. Zum weiteren wird als Folge einer höheren Radikalkonzentration bei höherer Temperatur die Crackgeschwindigkeit erhöht.

1.2. höhere Temperatur erhöht Crackgeschwindigkeit und verlangt daher Verweilzeitverkürzung oder Erniedrigung des Partialdruckes

Zu 2

Die Verweilzeit beeinflusst bei konstanter Spalttemperatur das Verhältnis von Primär- zu Sekundärprodukten.

Bei kurzer Verweilzeit überwiegen die Primärreaktionen zu Olefinen, bei längerer dagegen nehmen die Sekundärreaktionen wie Oligomerisierung und Koksabscheidung zu.

2. Verweilzeiteinfluss:

„Langzeit-Cracken" führt zu Folgereaktionen

„Kurzzeit-Cracken" erhöht Olefinanteil

Zu 3

Der Partialdruck des Kohlenwasserstoffs hat bei der angestrebten Spaltreaktion, die unter Molzahlvermehrung verläuft, einen entscheidenden Effekt; ein hoher Partialdruck begünstigt Polymerisations- und Kondensationsreaktionen, ein niedriger Partialdruck erhöht die Olefinausbeute. Um den Partialdruck der Kohlenwasserstoffe zu erniedrigen, mischt man ein Fremdgas, zumeist Wasserdampf, dem zu pyrolysierenden KW-Schnitt bei (Dampfspaltung oder Steamcracken). Mit zunehmendem Dampfgehalt steigt die Olefinausbeute und vermindert sich gleichzeitig die Koksabscheidung.

3. Partialdruckeinfluss:

Verminderung des KW-Partialdrucks erhöht Spaltung (Le Chatelier-Braun), da aus 1 mol etwa 2–3 mol Spaltprodukte entstehen

Als Fremdgas bevorzugt H_2O (Steamcracken) mit Vorteilen wie: leicht kondensierbar und daher abtrennbar, C-Abscheidung wird verringert

Nachteil:
zusätzlicher Verbrauch an Heiz- und Kühlenergie

Fasst man die drei genannnten Variableneffekte zusammen, so ergibt sich, dass die Herstellung von niedermolekularen Olefinen begünstigt wird, wenn die thermische Spaltung bei hoher Temperatur, kurzer Verweilzeit und niedrigem Partialdruck durchgeführt wird.

Entstehung niederer Olefine wird begünstigt durch:

1. hohe Cracktemperatur
2. kurze Verweilzeit
3. Steamcracken

Bei der Dampfspaltung von Kohlenwasserstoffen haben sich im Wesentlichen zwei Verfahrensweisen hinsichtlich der Crackschärfe (severity) herausgebildet:

1. das Low-Severity-Cracken unter 800 °C mit 1 s Verweilzeit und
2. das High-Severity-Cracken bis fast 900 °C mit etwa 0,5 s Verweilzeit.

Mit diesen Varianten ist eine Beeinflussung der C_2–C_3–C_4-Olefinverteilung möglich.

Zwei wesentliche Crackvarianten:

1. Low Severity
   $<$800 °C, 1 s Verweilzeit
2. High Severity
   bis 900 °C, 0,5 s Verweilzeit

3.3 Spezielle Herstellverfahren für Olefine

3.3.1 Ethylen, Propen

Ethylenproduktion (in Mio t)

	1996	1999	2004
USA	22,3	25,3	25,7
WE	18,2	19,4	21,1
Japan	7,1	7,7	7,7
BRD	4,0	4,9	5,2

Propenproduktion (in Mio t)

	1996	1999	2001
USA	12,1	13,2	14,6
WE	14,1	13,2	14,2
Japan	5,1	5,5	5,3
BRD	3,2	3,4	3,9

Ethylen und Propen gehören heute mengenmäßig zu den wichtigsten Grundstoffen der organischen Chemie. So ist Ethylen die Ausgangsbasis für rund 30% aller Petrochemikalien.

Die Produktionszahlen für Ethylen und Propen in einigen Ländern sind in den nebenstehenden Tabellen zusammengefasst.

Die Herstellkapazitäten für Ethylen betrugen 2004 weltweit ca. 112,6 Mio jato (USA, Westeuropa, Japan und BRD 28,8, 23,7, 7,7 bzw. 5,6 Mio jato) und für Propen 2002 weltweit ca. 63,2 Mio jato (USA, Westeuropa, Japan und BRD 19,3, 14,9, 5,5 bzw 3,4 Mio jato).

Historische C_2H_4-Herstellung:

1. partielle C_2H_2-Hydrierung
2. Dehydratisierung von C_2H_5OH
3. Tieftemperaturzerlegung von Kokereigas

Ethylen wurde ursprünglich durch partielle Hydrierung von Carbidacetylen, durch Dehydratisierung von Ethanol oder durch Isolierung aus Koksofengas erhalten. Diese Verfahren sind heute in Ländern mit einer ausgebauten Petrochemie bedeutungslos. Allerdings können sich in Entwicklungsländern mit einer Produktion an Fermentationsethanol Dehydratisierungsverfahren für Ethanol auch heute noch zur Ergänzung des petrochemisch erzeugten Ethylens behaupten, wie z. B. in Südamerika, Asien und Afrika. Propen hat als Primärchemikalie in der Chemischen Industrie erst nach seiner Herstellmöglichkeit aus Erdölfraktionen oder aus Erdgas eine Rolle zu spielen begonnen.

Historische C_3H_6-Herstellung industriell ohne Bedeutung

Moderne C_2H_4/C_3H_6-Herstellung durch thermische Spaltung von Erdgas, Raffineriegas oder Erdölfraktionen

Tabelle 3-1. Rohstoffe für Ethylen (in Gew.-% der C_2H_4-Produktion).

Rohstoff	USA 1979	USA 1998	Westeuropa 1981	Westeuropa 1995	Japan 1981	Japan 1993	Welt 1981	Welt 2004
Raffineriegase	1	} 42	} 4	3	} 10	} 3	} 31	6
LPG*), NGL**)	65			17				60
Naphtha	14	51	80	71	90	97	58	28
Gasöl	20	7	16	9	0	0	11	6

*) **L**iquified **P**etroleum **G**as = Flüssiggas (Propan, Butane).
) **Natural **G**as **L**iquid = verflüssigbare Gase (Ethan, LPG, leichtes Naphtha).

Heute werden beide Olefine überwiegend aus der thermischen Spaltung gesättigter Kohlenwasserstoffe gewonnen. Ethylen-Propen-Spaltanlagen erreichten bisher Kapazitäten von etwa 0,75 Mio jato Ethylen und über 0,45 Mio jato Propen. Im Jahr 2000 hat ABB in USA einen Steamcracker mit einer Kapazität von 0,86 Mio jato Ethylen und 0,86 Mio jato Propen errichtet.

In USA dominieren als Rohstoffe zur Herstellung von C_2/C_3-Olefinen die an Ethan, Propan und Butanen reichen Gasgemische LPG bzw. NGL mit einem Anteil an leichtem Naphtha, wie er bei der Erdölverarbeitung anfällt. Sie liefern aufgrund ihres im Vergleich zum Naphtha höheren Wasserstoffgehaltes eine deutlich größere Ethylenausbeute.

Rohstoffbasis für C_2H_4/C_3H_6 länderabhängig unterschiedlich

USA: LPG
NGL

charakterisiert durch max. C_2H_4-Ausbeute von 81 Gew.-% (C_2H_6-Einsatz) und geringerem C_3H_6-Anteil

In Westeuropa fehlte es lange Zeit an ethanreichem Erdgas, so dass hier wie auch in einigen anderen Ländern, z. B. in Japan, Naphtha als der hauptsächliche Olefinrohstoff genutzt wurde.

Westeuropa und Japan:
Naphtha (Kp 80–200 °C)

charakterisiert durch max. C_2H_4-Ausbeute von ca. 30 Gew.-% und Gewichtsverhältnis $C_2H_4 : C_3H_6$ etwa 2,1 : 1

Zunehmende Verwendung von Erdgas aus eigenen Gasvorkommen sowie aus Importen haben in Westeuropa den Naphtha-Anteil bis auf etwa 72 % derzeit zurückgehen lassen.

Ein unterschiedlich steigender Bedarf an einzelnen Olefinen kann länderabhängig zu ergänzenden, selektiven Herstellverfahren – zumeist Dehydrierung der entsprechenden Alkane – führen. So werden z. B. zur Herstellung von C_3/C_4-Monoolefinen in verschiedenen Ländern zahlreiche Anlagen nach dem Houdry-Catofin-Prozess (von Lummus Crest technisch ausgeführt) oder nach dem Oleflex-Verfahren von UOP betrieben. Die weltweit größte Propan-Dehydrierungsanlage mit einer Kapazität von 0,35 Mio jato sollte nach einem Verfahren der UOP Anfang des 21. Jh. in Spanien in Betrieb gehen. Weitere Alkan-Dehydrierverfahren wurden von Phillips, Snamprogetti und Linde entwickelt. Mit geringer Änderung der Verfahrensbedingungen können anstelle von Propan auch Butane (vgl. Abschn. 3.3.2) und auch höhere Alkane, z. B. Paraffine, dehydriert werden.

Ergänzung des Olefinbedarfs durch Alkandehydrierung nach:

Houdry (Catofin)
UOP (Oleflex)
Phillips (STAR = **S**team **A**ctive **R**eforming)
Snamprogetti (FBD-4 = **F**luidized **B**ed **D**ehydrogenation)
Linde

Zur Verbreiterung der Rohstoffbasis wurden weltweit Verfahren entwickelt, um auch höher siedende Erdölfraktionen, wie z. B. Gasöle mit einem Siedebeginn ab 200 °C, in das Dampfspalten einzusetzen (vgl. Abschn. 1.4.1).

Erweiterung der Rohstoffbasis durch Einsatz höher siedender Schnitte (Gasöl, Kp > 200 °C):

charakterisiert durch geringere Absolutmenge $C_2H_4 + C_3H_6$, mit max. C_2H_4-Ausbeute von ca. 25 Gew.-%, aber höheren Propenanteil $C_2H_4 : C_3H_6$ etwa 1,7 : 1 und zahlreichen Coprodukten

Zur Verbesserung der Wirtschaftlichkeit wurden darüber hinaus auch neue Spalttechnologien entwickelt, von denen das Verfahren der Kureha Chem. Ind. in einer Weiterentwicklung durch UCC und Chiyoda ein charakteristisches Beispiel ist.

Erweiterung der Rohstoffbasis durch Direkteinsatz entasphaltierten Rohöls mit neuer Spalttechnologie, z. B.:

ACR-Verfahren mit den Merkmalen:

In diesem ACR-Verfahren (**A**dvanced **C**racking **R**eactor) können in einem keramisch ausgekleideten Reaktor unterschiedlichste, auch schwefelhaltige Einsatzprodukte in Verbrennungsgasen von prozesseigenen Brennstoffen und einer

Spaltung auch S-haltiger Erdöl-Einsatzprodukte in bis zu 2000 °C heißer Verbrennungszone von H_2/CH_4 mit zusätzlichem Wasserdampf unter hoher C_2H_4-Ausbeute

Temperaturmodifizierung mit Wasserdampf bis zu 2000 °C und 3,5 bar gespalten werden. Dabei ist eine wesentlich höhere Ethylenausbeute, z. B. 38 Gew.-% bei Naphthaeinsatz, als mit konventioneller Cracktechnologie zu erzielen.

Merkmal der Naphthaspaltung (Steamcracken):

homogene, endotherme Gasphasenreaktion, bei der die Dissoziationsenergie für die C–C-Spaltung durch ein hohes Temperaturniveau aufgebracht wird

Die Arbeitsweise der Naphthaspaltung, als der weltweit bedeutendsten Ethylenherstellung, lässt sich in folgende Einzelschritte unterteilen:

1. Spaltung von Naphtha in Röhrenöfen,
2. Quenchung, d. h. Abschreckung,
3. Spaltgasverdichtung und Reinigung,
4. Trocknung, Kühlung und Tieftemperaturdestillation.

Zu 1

1. Steamcracken in senkrechten Cr–Ni-Röhren, die mit Gas oder Öl direkt auf ca. 1050 °C beheizt werden

Naphtha wird nach einer Vorverdampfung mit überhitztem Wasserdampf in die etwa 50–200 m langen und 80–120 mm weiten Röhren des Spaltofens eingebracht. Die Chrom-Nickelrohre sind in modernen High-Severity-Cracköfen senkrecht angeordnet. Sie werden direkt durch die Verbrennung von Gasen oder Ölen auf etwa 1050 °C an der heißesten Stelle beheizt.

Zu 2

2. schnelles Abkühlen zur Verhinderung der Weiterreaktion erfolgt in zwei Stufen
2.1. Quenchkühlung mit Dampfgewinnung
2.2. Einspritzen von Quenchöl

Die Spaltprodukte treten mit etwa 850 °C aus der Spaltstrecke aus und müssen zur Vermeidung von Folgereaktionen schnell auf etwa 300 °C abgeschreckt (gequencht) werden. Dies geschieht zunächst indirekt unter Dampferzeugung in Quenchkühlern und anschließend durch Einspritzen von Öl.

Zu 3

3. Vortrennung in Gas und Kondensat sowie Reinigung des Rohgases von H_2S und CO_2 (NaOH, Ethanolamin)

In diesem Teilschritt werden Prozesswasser und Pyrolysebenzin abgetrennt, die gasförmigen Bestandteile im Rohgaskompressor verdichtet und in die Reinigung zur Entfernung von H_2S und CO_2 durch alkalische Wäsche, z. B. mit 5–15-proz. Natronlauge, geleitet.

Zu 4

4. Trocknung des Gasgemisches (Diethylenglykol oder Al_2O_3 bzw. SiO_2) und Trennung durch Tieftemperaturdestillation

Vor der eigentlichen Aufarbeitung muss eine sorgfältige Trocknung durchgeführt werden, um die anschließende Tieftemperaturdestillation nicht durch Eisbildung zu stören.

Das trockene Rohgas wird dann in mehreren Stufen abgekühlt und in einem System von Kolonnen einer fraktionierten Destillation unterworfen.

Ethylen enthält nach seiner Abtrennung noch Acetylen und Ethan. Da Acetylen die Ethylenpolymerisation stört, muss es entweder katalytisch selektiv hydriert oder durch extraktive Destillation, z. B. mit Dimethylformamid oder N-Methylpyrrolidon, entfernt werden. Die daran anschließende Ethylen-Ethan-Trennung erfordert wegen sehr ähnlicher Siedepunkte eine besonders wirksame Kolonne. Ethylen ist mit einer Reinheit von 99,95 % (polymerization grade) zu erhalten.

Zur Herstellung von Olefinen in Polymerisationsqualität zuvor Entfernung von:

$HC{\equiv}CH \longrightarrow H_2C{=}CH_2$

$H_3CC{\equiv}CH \longrightarrow H_3CCH{=}CH_2$

$H_2C{=}C{=}CH_2 \longrightarrow H_3CCH{=}CH_2$

durch zwei Alternativverfahren:

1. selektive Hydrierung
2. extraktive Destillation mit z. B. DMF oder NMP als Hilfsstoffen

In analoger Weise müssen nach Abtrennung der C_3-Fraktion vor der Propan-Propen-Trennung die Propin- und Allenanteile durch selektive Hydrierung in Propen bzw. Propan übergeführt werden. Propen kann mit etwa 99,9-proz. Reinheit isoliert werden.

Erzielbare Reinheiten:

C_2H_4: 99,95 %
C_3H_6: 99,9 %

d. h. polymerization grade

Zum weiteren fallen bei der Naphthaspaltung C_4- und C_5-Schnitte an, die als Einsatzprodukte für höhere Olefine dienen (vgl. Abschn. 3.3.2), sowie das Pyrolysebenzin als Rohstoff zur Aromatengewinnung (vgl. Abschn. 12.2).

Naphtha-Steamcracken liefert neben C_2/C_3-Olefinen auch Rohstoffe für C_4/C_5-Olefine und für Aromaten

Die nachfolgende Tabelle gibt eine typische Produktverteilung wieder, wie sie bei einer Naphtha-Dampfspaltung unter High-Severity-Bedingungen zu erhalten ist, wenn Ethan und Propan im Kreislauf gefahren werden:

Tabelle 3-2. Produktverteilung bei der High-Severity-Naphtha-Dampfspaltung.

Produkt	Gew.-%
Restgas (CH_4, H_2)	16,0
Ethylen	35,0
Propen	15,0
C_4-Schnitt	8,5
C_5-Schnitt und höhere Schnitte (Pyrolysebenzin, Rückstandsöl)	25,5

Das Verhältnis der industriell bedeutsamsten C_2–C_3–C_4-Olefine lässt sich beim Naphthaspalten nicht nur durch die Crackschärfe beeinflussen (Low-Severity-Bedingungen erhöhen den Anteil der höheren Olefine), man kann auch einen Triolefin-Prozess nachschalten (vgl. Abschn. 3.4).

Olefinverhältnis steuerbar

1. im Spaltprozess
1.1. durch Einsatzmaterial
1.2. durch Crackschärfe
2. durch nachgeschalteten Triolefin-Prozess

Ethylen wird in allen Industrieländern überwiegend zur Polymerisation verwendet. Beim Propen ist der Einsatz für das Polypropen früher deutlich geringer gewesen, nimmt aber in

Polyolefinanteil an Olefinverbrauch (in Gew.-%)

	PE			PP		
	1982	1992	1999	1982	1992	1999
USA	51	54	53	32	41	53
WE	54	58	58	32	47	54
Japan	47	47	44	37	51	48
BRD	43	47	50	16	26	42

den letzten Jahren zu. Die nebenstehende Tabelle gibt eine Übersicht des Polyolefinanteils (Polyethylen = PE, Polypropen = PP) an dem Olefinverbrauch in einigen Ländern. Die weitergehende Verbrauchsaufschlüsselung wird bei Ethylen in Kapitel 7, bei Propen in Kapitel 11 gebracht.

3.3.2 Butene und Isobuten

C_4-Olefinbildung:

in Raffinierprozessen sowie bei KW-Crackung als Zwangsanfall

bei C_2H_4-Oligomerisierung als Coprodukt

Butene (1- und 2-Buten) und Isobuten fallen überwiegend in Raffinerien bei der Treibstoffgewinnung und bei den verschiedenen Verfahren zum Cracken von Butan, Naphtha oder Gasöl zwangsläufig als Nebenprodukte an. Die Produktion von Butenen und Isobuten in USA, Westeuropa und der Bundesrepublik Deutschland betrug 1997 etwa 19,8, 2,0 bzw. 0,91 Mio t.

Eine kleinere Menge 1-Buten wird als Coprodukt bei der Ethylenoligomerisierung zu α-Olefinen (vgl. Abschn. 3.3.3.1) erhalten.

Gezielte ältere Herstellverfahren, z. B. aus Butanolen oder aus Acetylen, sind daher heute bedeutungslos geworden.

Gezielte C_4-Olefinherstellung:

technisch durch Propen-Disproportionierung ($2\,C_3 \rightleftharpoons C_2 + C_4$) nur zeitweilig genutzt

Auch der Triolefin-Prozess von Phillips, bei dem durch Disproportionierung von Propen neben Ethylen gezielt Butene hergestellt werden konnten, ist aus wirtschaftlichen Gründen nach neunjähriger Betriebszeit beim einzigen technischen Anwender, der Shawinigan in Kanada, eingestellt worden.

Zukünftig neue Aufbauroute für C_4-Olefine durch homogen-katalysierte C_2H_4-Dimerisierung z. B. nach IFP, Phillips Petroleum

Eine eingetretene verstärkte Nutzung der Butene für octanzahlerhöhende Komponenten im Fahrbenzin hat zur Entwicklung weiterer, gezielter Herstellverfahren geführt; so ist z. B. nach dem Alphabutol-Prozess von IFP Ethylen an einem homogenen Titankatalysator in der Flüssigphase selektiv zu 1-Buten zu dimerisieren. Ein Cokatalysator verhindert dabei den Übergang zu Ti(III)-Komplexen und damit den Ziegler-Aufbau von Polymeren. Bei einem C_2H_4-Umsatz von 50% erreicht die 1-Buten-Selektivität über 95%. Derzeit sind zahlreiche Alphabutol-Anlagen schon in Betrieb (13 Anlagen 1999) und mehrere in der Planung. Als Modifizierung des Alphabutol-Verfahrens ist die Oligomerisierung des Ethylens zu linearen α-Olefinen (C_4–C_{10}) nach dem IFP-Verfahren (Alpha Select) anzusehen (vgl. Abschn. 3.3.3.1).

Nach anderen Verfahren, z. B. von Phillips-Petroleum, kann Ethylen in homogener Phase auch zu 2-Buten dimerisiert werden.

Die bedeutendste Rohstoffquelle für Butene werden auch zukünftig die Crackverfahren zur Benzin- und Olefinherstellung bleiben. Länderabhängig bestehen Unterschiede in dem Benzin-/Olefinbedarf und damit in dem hauptsächlich angewandten Typ der Crackung. So lieferten 1989 in USA die Raffinerieprozesse des katalytischen Crackens und Reformierens mit 75% die Hauptmenge an Butenen und nur 6% entstammten dem Steamcracken. In Westeuropa und Japan betrug der Anteil an Butenen 1989 aus dem Steamcracken von Naphtha etwa 30% bzw. 53%.

Größte C_4-Olefinquellen:

1. Fluid Catalytic Cracking (FCC) von Gasöl
2. Steam Cracking von C_2H_6 bis Gasöl

Die absolute Menge des C_4-Schnittes und seine Zusammensetzung werden beim Cracken von Kohlenwasserstoffen im Wesentlichen von drei Faktoren beeinflusst:

1. von der Art des Crackverfahrens
2. von der Crackschärfe und
3. vom Einsatzprodukt

Wie Tabelle 3-3 zeigt, liefert das Steamcracken von Naphtha einen deutlich höheren Anteil an Butenen als das Katcracken bei dem dort bevorzugten Einsatz von Gasöl. Damit ist die Naphtha-Dampfspaltung für die weitere chemische Nutzung der ungesättigten C_4-Produkte das interessantere Spaltverfahren.

Wertvollste C_4-Olefinquelle:

Steamcracken von Naphtha

Mit ansteigender Crackschärfe vermindert sich nicht nur die Gesamtmenge des C_4-Schnittes, sondern auch der relative Anteil der Butene. Allerdings nimmt der relative Gehalt des Butadiens wegen seiner größeren Stabilität zu:

Gesamt-C_4 und C_4-Olefin-Rückgang, aber Butadienzunahme bei High-Severity-Crackbedingungen (Konsequenz bei angestrebter höherer C_2H_4-Ausbeute)

Tabelle 3-3. Zusammensetzung eines C_4-Schnittes beim Naphtha-Steamcracken und Gasöl-Katcracken (in Gew.-%).

Spaltprodukt	Steamcracken Low Severity	Steamcracken High Severity	Katcracken (FCC) Zeolithkatalyse
1,3-Butadien	26	47	0,5
Isobuten	32	22	15
1-Buten	20	14	12
trans-2-Buten	7	6	12
cis-2-Buten	7	5	11
Butan	4	3	13
Isobutan	2	1	37
Vinylacetylen, Ethylacetylen, 1,2-Butadien	2	2	–

Butadien ist auch unter High-Severity-Bedingungen stabil (thermodynamisch wegen Konjugationsenergie von 14,7 kJ/mol begünstigt)

Mit ansteigendem Siedebereich des Einsatzproduktes für das Steamcracken durchläuft die Ausbeute an C_4-Schnitt, ausgehend von Ethan/Propan mit 2–4 Gew.-%, beim Naphtha mit 10–12 Gew.-% ein Maximum und vermindert sich bei Einsatz von Gasöl auf 8–10 Gew.-%.

Prinzip der C_4-Schnitt-Trennung:

ähnliche Siedepunkte zwingen zu selektiveren physikalischen und chemischen Trennverfahren als die Destillation

Trennverfahren für C_4-Schnitt:

1. Stufe der C_4-Trennung:

Abtrennung von $H_2C{=}CH{-}CH{=}CH_2$ durch Extraktion bzw. Extraktivdestillation mit selektiven Lösemitteln

Rest C_4-Schnitt = Raffinat

heute vielfach Raffinat I bezeichnet zur Unterscheidung von Raffinat II, d. h. C_4-Fraktion nach der Isobutenabtrennung in der 2. Stufe

Der C_4-Schnitt lässt sich durch einfache fraktionierte Destillation wegen zu geringer Siedepunktdifferenz seiner Komponenten nicht mehr wirtschaftlich auftrennen. Es kommen daher leistungsfähigere, selektive physikalische und zusätzlich auch chemische Trennverfahren zum Einsatz. Die Aufarbeitung eines C_4-Schnittes beginnt mit der Isolierung des Butadiens, die in Abschnitt 5.1.2 beschrieben wird.

Nach Extraktion der Hauptmenge und Entfernung des restlichen Butadiens, z. B. durch eine selektive Hydrierung (z. B. Bayer-Kalthydrierung oder IFP-Selektivhydrierung), erhält man ein Gemisch, das in der Hauptsache aus Isobuten, Butenen und Butan besteht; es wird als C_4-Raffinat bezeichnet und besitzt z. B. die folgende typische Zusammensetzung:

Tabelle 3-4. Typische Zusammensetzung eines C_4-Raffinats.

Komponente	Vol.-%
Isobuten	44–49
1-Buten	24–28
2-Buten (*cis* und *trans*)	19–21
Butan	6–8
Isobutan	2–3

2. Stufe der C_4-Trennung:

Abtrennung von $H_2C{=}C(CH_3)_2$

Prinzip der Trennverfahren:

Methylverzweigung ermöglicht physikalische Abtrennung durch selektive Molsiebadsorption
höhere Reaktionsgeschwindigkeit des Isobutens ermöglicht chemische Abtrennung durch selektive Umsetzungen

Beispielhafte Anwendung der Molsiebadsorption:

UCC-Olefin-Siv-Prozess:

Isobuten passiert das Molsieb, Butene werden absorbiert

Bei der weiteren Auftrennung des C_4-Raffinats wird bevorzugt als Nächstes das Isobuten isoliert, da es sich durch seine Verzweigung und seine höhere Reaktivität von den übrigen C_4-Komponenten unterscheidet.

Allerdings verwenden alle gegenwärtigen industriellen Verfahren ausschließlich die weitere chemische Umsetzung des Isobutens, so dass die formselektive Isolierung nur als prinzipielle Methode angeführt sei.

So nutzt das Verfahren einer Molsiebtrennung, z. B. das Olefin-Siv-Verfahren der UCC, die Methylverzweigung, die das Isobuten für eine Adsorption in den sehr einheitlichen, 0,3–11 nm (3–10 Å) großen Molsiebporen zu sperrig macht. Nur Butene und Butan werden adsorbiert und mittels eines höher siedenden Kohlenwasserstoffs wieder desorbiert. Aus dem C_4-Raffinat ist so ein Isobuten mit 99-proz. Reinheit isolierbar.

Die relativ höchste Reaktivität des Isobutens im C_4-Raffinat lässt sich für eine chemische Trennung ausnutzen. In der Praxis haben sich vier Verfahren bewährt, von denen nur die Addition von Wasser bzw. Alkohol (früher nur Methanol, jetzt auch Isobutanol) als reversible Prozesse in Frage kommen:

1. Hydratisierung des Isobutens in Gegenwart verdünnter Mineralsäure oder eines sauren Ionenaustauschers zu tert.-Butanol und dessen mögliche Rückspaltung zu Isobuten und Wasser:

Selektive Umsetzung des Isobutens nach vier Methoden

1. reversible protonenkatalysierte Hydratisierung mit tert.-Butanol als Zwischenstufe

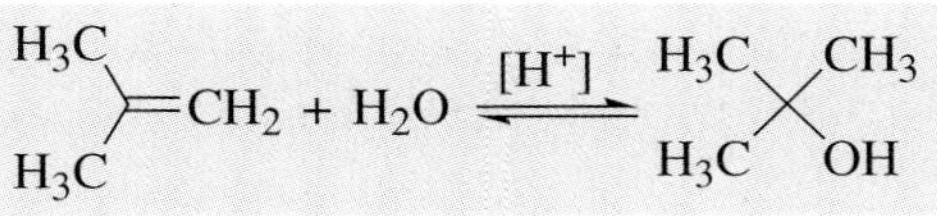
(4)

2. Methanoladdition an Isobuten mittels saurer Ionenaustauscher zu Methyl-tert.-butylether (MTBE) und dessen mögliche Rückspaltung zu Isobuten und CH_3OH:

2. reversible protonenkatalysierte CH_3OH-Addition unter MTBE-Bildung oder auch Ethanol- bzw. Isobutanoladdition und mögliche Rückspaltung

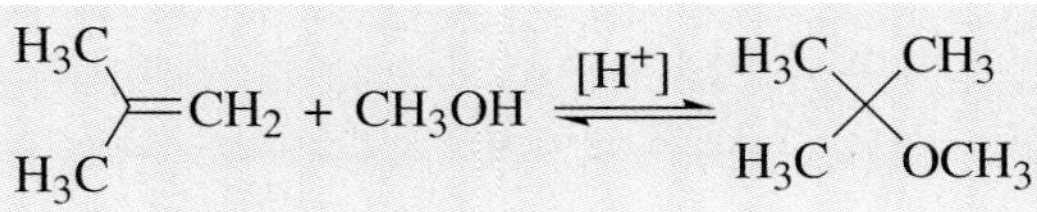
(5)

In ähnlicher Weise lassen sich auch Ethanol oder Isobutanol an Isobuten zu den entsprechenden Ethern addieren und direkt verwenden oder wieder rückspalten.

3. Oligomerisierung des Isobutens unter saurer Katalyse zu bevorzugt Diisobuten, d. h. einem Gemisch der doppelbindungsisomeren 2,4,4-Trimethylpentene:

3. irreversible protonenkatalysierte Oligomerisierung bevorzugt zu Di- und Triisobuten

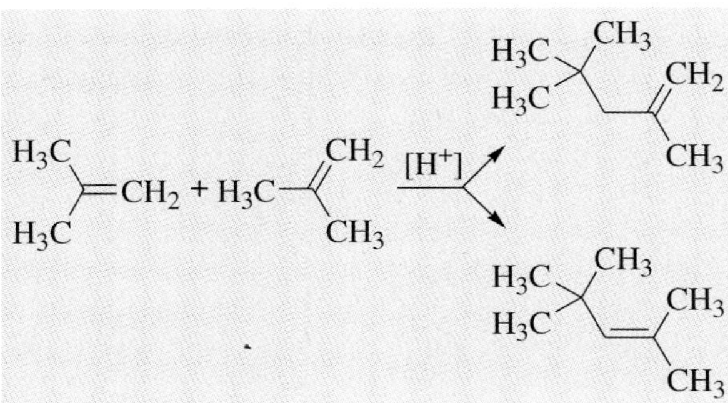
(6)

An das Diisobuten kann sich weiteres Isobuten zum Triisobuten und höheren Oligomeren anlagern.

4. Polymerisation des Isobutens in Gegenwart eines Lewis-Säure-Katalysators zu Polyisobuten:

4. irreversible Lewis-Säuren-katalysierte Polymerisation zu Polyisobuten

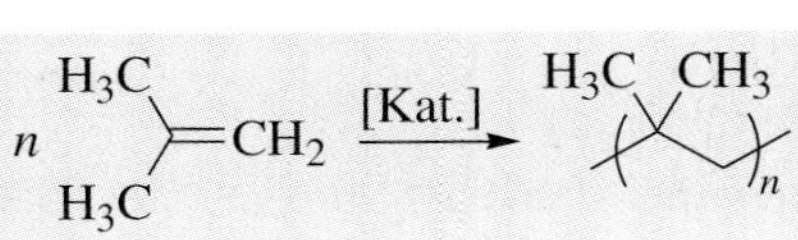
(7)

Einsatzprodukt für alle vier Verfahren ist das C_4-Raffinat, aus dem jeweils Isobuten herausreagiert und nach den Routen 1 und 2 als reines Isobuten gewonnen werden kann. Nach der Route 3 wird es dagegen irreversibel oligomerisiert und nach Route 4 irreversibel polymerisiert.

Zu 1

Technische Ausführung der Isobuten-Hydratisierung:

vorzugsweise mit 50–60-proz. H_2SO_4, aber auch HCl (Nippon Oil-Verfahren) und acider Ionenaustauscher (Hüls)

In der technischen Ausführung der Hydratisierung des Isobutens (vgl. Abschn. 8.1.3) wird von verschiedenen Firmen zumeist 50–60-proz. H_2SO_4 verwendet. Aus dem C_4-Raffinat wird dabei im Gegenstrom Isobuten als tert.-Butanol bei 10–20 °C herausgelöst. Tert.-Butanol wird dann im Vakuum nach Verdünnung mit H_2O aus der sauren Lösung abdestilliert und als Zwischenprodukt genutzt (vgl. Abschn. 8.1.3) oder aber zurückgespalten.

Nach einer neueren Entwicklung von Hüls ist auch ein saurer Ionenaustauscher analog der MTBE-Herstellung schon im technischen Einsatz.

Nippon Oil führt die Hydratisierung der Isobutens mit wässriger HCl in Gegenwart eines Metallsalzes durch. Es bilden sich dann bei der Extraktion des C_4-Raffinats tert.-Butanol und tert.-Butylchlorid, die beide wieder zu Isobuten spaltbar sind.

Technische Ausführung der tert.-Butanol-Dehydratisierung:

heterogen katalysiert (saure Oxidsysteme) in der Gasphase (Arco-Verfahren) oder in der Flüssigphase

Ein industriell genutztes Verfahren der Dehydratisierung von tert.-Butanol, das z. B. auch als Cooxidat beim Oxiran-Verfahren zur Herstellung von Propylenoxid anfällt (vgl. Abschn. 11.1.1.2) stammt von Arco. Danach wird die Spaltung in der Gasphase bei 260–370 °C und etwa 14 bar in Gegenwart eines flächenreichen, modifizierten Al_2O_3-Katalysators (z. B. mit SiO_2-Imprägnierung) vorgenommen. Der Umsatz an tert.-Butanol beträgt etwa 98 % bei hoher Selektivität zu Isobuten. Andere Rückspaltverfahren verlaufen in der Flüssigphase unter 150 °C in Gegenwart heterogener Katalysatoren.

Zu 2

Technische Ausführung der Isobuten-Veretherung:

heterogen katalysierte (Kationenaustauscher in H-Form), selektive Isobuten-Reaktion aus C_4-Raffinat I in der Flüssigphase mit verfahrensspezifischer Aufarbeitung des druckabhängigen $MTBE/CH_3OH$-Azeotrops

Die Herstellung des Methyl-tert.-butylethers aus Methanol und Isobuten erfolgt bei 30–100 °C und leichtem Überdruck in der Flüssigphase an sauren Ionenaustauschern. Man arbeitet entweder in zwei Reaktoren oder in einem zweistufigen Schachtreaktor, um einen nahezu vollständigen Isobutenumsatz (> 99 %) zu erzielen. Die druckabhängige Azeotropbildung zwischen Methanol und MTBE erfordert zur Reindarstellung von MTBE eine mehrstufige Druckdestillation oder ist nach einer neueren Entwicklung der Erdölchemie und Bayer auch durch eine Methanoladsorption an Adsorberharzen zu erreichen. Unter Einsatz einer neuen Trenntechnik, der Pervaporation, kann die Methanolabtrennung aus organischen Lösemitteln, wie z. B. dem MTBE, an nicht-porösen Membranen erfolgen. Dabei wird MTBE als eine mit dem Membranmaterial unverträgliche Gemischkomponente zurückgehalten. Die mit der Membran kompatible Verbindung – wie hier das Methanol – kann zur Membranrückseite diffundieren und bei Unterdruck abgetrennt werden. Die Pervaporationstechnik wird schon häufig zur Entwässerung von organischen Lösemitteln industriell genutzt. Die entsprechende Membran muss in diesem Fall aus hydrophilen Polymeren bestehen, wie z. B. aus Polyvinylalkohol.

CH_3OH-Abtrennung von MTBE auch durch Pervaporation möglich. Unterschiedliche Permeabilität beider Komponenten führt zu einem Konzentrationsgefälle in nicht-porösen Membranen, ein anderes Prinzip als der Siebeffekt von Membranen mit bestimmter Porengröße

Bei der vorgenannten Umsetzung des Isobutens mit Methanol bleiben alle anderen Komponenten der C_4-Fraktion (Raffinat II) unverändert, allerdings ergeben geringe Anteile von z. B. Diolefinen und Acetylenen durch Polymerbildung eine verkürzte Lebensdauer des Ionenaustauschers. Neuere Entwicklungen z. B. der Erdölchemie haben zu einem bifunktionellen, Pd enthaltenden Ionenaustauscher geführt, bei dem in Gegenwart kleiner Mengen Wasserstoff nur Diolefine und Acetylene hydriert werden, ansonsten aber die Veretherung des Isobutens unbeeinflusst, jedoch mit längerer Katalysatorlebensdauer durchführbar ist.

Die prinzipiell ähnliche Umsetzung von Isobuten mit Ethanol zum **E**thyl-**t**ert.-**b**uty**le**ther (ETBE) wird technisch auch schon angewendet.

C_2H_5OH-Addition auch an Isobuten zu ETBE

$(CH_3)_2CHCH_2OH$-Addition auch an Isobuten zur Isolierung aus C_4-Schnitt und Rückspaltung (reaktive Abtrennung)

Die katalysierte Addition von Isobutanol an Isobuten wird von der BASF genutzt, um dann den Ether aus dem C_4-Schnitt destillativ abzutrennen und anschließend durch katalytische Spaltung wieder in Isobutanol für erneute Etherbildung und Isobuten für die Polymerisation zu nutzen.

Die Umsetzung von Isopenten in C_5-Fraktionen mit Methanol zum **t**ert.-**A**myl**m**ethyl**e**ther (TAME) kann analog wie die MTBE-Herstellung an einem sauren Ionenaustauscher oder auch an dem neueren bifunktionellen Katalysator der Erdölchemie durchgeführt werden. Die weltweit erste Anlage ist 1987 in Großbritannien in Produktion gegangen. Weitere TAME-Anlagen wurden inzwischen gestartet bzw. in Planung genommen. Die Herstellkapazität für TAME betrug 1994 in USA und Westeuropa 0,64 bzw. 0,62 Mio jato.

CH_3OH-Addition auch an $(CH_3)_2C{=}CHCH_3$ analog MTBE-Herstellung möglich

MTBE-Produktion (in Mio t)

	1991	1995	1999
USA	4,35	6,84	8,44
WE	2,42	2,67	2,99
Japan	0,08	0,41	0,52

Nachdem die erste kommerzielle Herstellung für MTBE durch Snamprogetti/Anic 1973 und durch Hüls 1976 in Westeuropa aufgenommen worden war, hatte die Produktions-

MTBE weltweit in über 30 Ländern produziert mit Arco und SABIC als den größten Herstellern mit 2,7 bzw 2,0 Mio jato Kapazität

kapazität nach zahlreichen weiteren Verfahrensvarianten anderer Firmen 2000 weltweit mit 26,2 Mio jato schon ihren Höhepunkt erreicht. Dann wurden die negativen Umwelteinflüsse erkannt (vgl. Abschn. 2.3.1.2) und die Produktion wurde zurückgenommen. 2005 betrug die weltweite Kapazität etwa 23,5 Mio jato; davon entfielen auf die USA, Westeuropa und die Bundesrepublik Deutschland etwa 9,1, 3,1 bzw. 0,33 Mio jato. In Japan wurde die Produktion aufgegeben.

MTBE-Rückspaltung technisch wenig genutzt, sondern MTBE wegen hoher Octanzahl als Gasolinkomponente verwendet

Wenn auch seine Rückspaltung zur Isobutenisolierung zumeist an sauren Oxiden in der Gasphase bei 150–300 °C möglich ist (derzeit von Exxon und Sumitomo noch genutzt), so wird MTBE jedoch vorzugsweise zur Octanzahlerhöhung im Fahrbenzin eingesetzt (vgl. Abschn. 2.3.1.2).

MTBE-Herstellung aus C_4-Raffinat I wurde zum alternativen Weg seiner Aufarbeitung

Gleichzeitig wurde die C_4-Schnitt-Aufarbeitung zunehmend auf die Isobutenisolierung als MTBE umgestellt und sein wachsender Bedarf machte Verfahrensentwicklungen für ein vergrößertes Angebot von Isobuten notwendig.

Zusätzliche Isobutenherstellung für MTBE:

1. durch Isomerisierung von Butenen im Raffinat II

So kann der Butene enthaltende C_4-Schnitt aus der MTBE-Herstellung (Raffinat II) durch Skelettisomerisierung in zusätzliches Isobuten übergeführt werden. Dazu ist z. B. nach dem Verfahren von Snamprogetti ein Al_2O_3-Katalysator mit einer Oberflächenmodifizierung durch SiO_2 einsetzbar. Bei 450–490 °C kann so bei einem Butene-Umsatz von etwa 35% das Isobuten mit einer Selektivität von ca. 81% hergestellt werden. Analoge Verfahren wurden z. B. auch von Kellogg und Lyondell entwickelt.

2. durch kombinierte Isomerisierung und Dehydrierung von Butan

Weiteres Isobuten ist auch aus Butan zu erhalten, das zunächst zu Isobutan nach z. B. Butamer-Prozess (UOP), Prozess ABB Lummus Crest oder Butan-Isom-Prozess (BP) isomerisiert und abschließend, z. B. nach dem Catofin-Prozess (Houdry, ABB Lummus Crest) oder weiteren Verfahren von UOP, Phillips Petroleum, Snamprogetti u. a. (vgl. Abschn. 3.3.1), dehydriert wird.

Zu 3

Technische Ausführungen der Isobuten-Oligomerisierung:

H_2SO_4- Ionenaustauscher-Katalyse (Bayer-Verfahren)

Merkmale des Bayer-Verfahrens:

hoher Isobutenumsatz zu Dimeren und Trimeren mit Nebenreaktion einer Doppelbindungsisomerisierung im Buten:

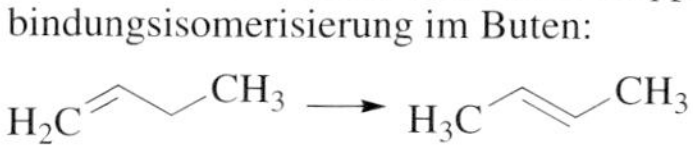

Die Oligomerisierung des Isobutens wird unter Protonenkatalyse bei Temperaturen um 100 °C durchgeführt.

Nach einem von Bayer entwickelten Verfahren arbeitet man mit einem suspendierten sauren Ionenaustauscher als Katalysator bei 100 °C und etwa 20 bar in der Flüssigphase. Isobuten wird in stark exothermer Reaktion mit einem 99-proz. Umsatz di- und trimerisiert mit einer Verteilung von etwa 75% an Dimeren und 25% an Trimeren. Der Katalysator wird abzentrifugiert und das Gemisch aus Butenen und C_8- sowie C_{12}-Olefinen destillativ getrennt. Das Isobuten wird damit bis auf etwa 0,7 Gew.-% im Buten abgereichert.

Die Vorteile des Verfahrens liegen in seiner einfachen Technologie, nachteilig kann die gleichzeitig ablaufende Doppelbindungsisomerisierung von 1-Buten zu 2-Buten sein, die in den Hydratisierungsverfahren nur untergeordnet auftritt.

BF_3-katalysierte Isobuten-Polymerisation (BASF-Verfahren)

Nach dem BASF-Verfahren wird das aus dem C_4-Schnitt über die intermediäre Etherbildung mit Isobutanol isolierte Isobuten mit einem speziellen BF_3-Katalysatorsystem zu Polyisobuten mit Molmassen zwischen 1000 und 2500 polymerisiert. Diese Polyisobutene werden für die Herstellung von Kraft- und Schmierstoffadditiven eingesetzt. Eine Anlage mit einer Herstellkapazität von 60000 jato (1995) ist in Belgien in Betrieb.

Zu 4

Technische Ausführung der Isobutenpolymerisation:

Flüssigphasenumsetzung in Gegenwart von $AlCl_3$

Die Polymerisation des Isobutens, z. B. nach dem Cosden-Verfahren, wird in der Flüssigkeit mit $AlCl_3$ als Katalysator zu Polyisobuten mit Molmassen zwischen 300 und 2700 durchgeführt. Nur ein geringer Anteil an Butenen wird dabei gleichzeitig copolymerisiert.

3. Stufe der C_4-Trennung:

3.1. Auftrennung Butene/Butan-Isobutan erübrigt sich bei selektiven Butenumsetzungen (Butan-Isobutan als Inerte)

3.2. Auftrennung von Butenen durch Destillation, von Butanen und Butenen durch Extraktivdestillation

Nach der Isobutenentfernung enthält der restliche C_4-Schnitt neben den Butenen nur noch Butan und Isobutan. Eine weitergehende Auftrennung unterbleibt im Allgemeinen, da die gesättigten Kohlenwasserstoffe bei einigen weiteren Umsetzungen der Butene, z. B. der Hydratisierung zu Butanolen, unverändert bleiben und als Inerte ausgeschleust werden können. Prinzipiell ist eine Auftrennung von 2-Butenen (*cis* und *trans*) und 1-Buten durch Destillation sowie von Butanen und Butenen durch extraktive Destillation möglich.

Alternative C_4-Raffinat-Trennung:

Isomerisierung von 1-Buten zu 2-Buten und anschließende Fraktionierung von Isobuten und 2-Buten

Neuere Entwicklungen haben zu einer weiteren Trennmöglichkeit des C_4-Schnittes geführt. Danach wird das butadienfreie Raffinat I, das vor allem aus Isobuten und Butenen besteht, katalytisch isomerisiert. Dazu werden modifizierte Pd-Katalysatoren in Gegenwart von H_2, z. B. nach dem UOP-Verfahren in der Gasphase oder z. B. nach dem IFP-Verfahren in der Flüssigphase, eingesetzt, um 1-Buten in 2-Buten zu überführen. Die Siedepunktdifferenzen sind jetzt ausreichend groß (vgl. Abschn. 5.1.2), um Isobuten von 2-Buten durch Fraktionierung zu trennen. Als erste Firmen wendeten Phillips Petroleum und Petro-Tex diese neue C_4-Aufarbeitungsroute an, um zugleich auch 2-Buten zur

Herstellung von Alkylatbenzin zu nutzen, das eine höhere Octanzahl besitzt als bei Einsatz von Isobuten.

Alle Butene sind wertvolle Ausgangsprodukte für technische Synthesen.

Verwendung der Butene:

1. für Alkylierungen mit Isobutan oder Aromaten (Polymer-/Alkylatgasolin)

Isobuten und Butene werden bevorzugt, d. h. weltweit derzeit mehr als die Hälfte, auf klopffestes Polymerisat- und Alkylatbenzin verarbeitet. Dazu wird Isobuten im Wesentlichen zu Diisobuten dimerisiert und anschließend hydriert oder zur Alkylierung mit Isobutan umgesetzt. Isobuten, Diisobuten und Butene dienen auch zur Alkylierung von Aromaten.

2. für Homo- und Copolymere (Isobuten, 1-Buten)

Butene sind weiterhin Einsatzprodukte für Polymere und Copolymere, wie Isobuten für Polyisobuten, Isobuten zusammen mit Isopren für Butylkautschuk (vgl. Abschn. 5.1.4), 1-Buten für isotaktisches Polybuten sowie zusammen mit Ethylen für Ethylen-1-Buten-Copolymerisate.

3. für den Aufbau chemischer Zwischenprodukte:
3.1. Hydratisierung zu Alkoholen (alle Butene)
3.2. Hydroformylierung zu C_5-Aldehyden und -Alkoholen (alle Butene)
3.3. Oxidation zu Maleinsäureanhydrid (Butene), zu Methacrylsäure (Isobuten)
3.4. CH_3-OH-Addition zu Methyl-tert.-butylether (Isobuten)
3.5. Ammonoxidation zu Methacrylnitril (Isobuten)
3.6. Dehydrierung zu Butadien (Butene)
3.7. Prins-Reaktion und Thermolyse zu Isopren (Isobuten)

Als wichtigste Folgereaktionen der Butene zur Herstellung von chemischen Zwischenprodukten sind die Hydratisierung zu Alkoholen (Butene → sek.-Butanol, Isobuten → tert.-Butanol, vgl. Abschn. 8.1.3), die Hydroformylierung zu C_5-Aldehyden und -Alkoholen (vgl. Abschn. 6.1), die Butenoxidation zu Maleinsäureanhydrid (vgl. Abschn. 13.2.3.2) und die zuvor beschriebene Addition von Methanol an Isobuten zu Methyl-tert.-butylether zu nennen. Von geringerer Bedeutung sind der oxidative Abbau von Butenen zu Essigsäure (vgl. Abschn. 7.4.1.2), die Ammonoxidation des Isobutens zu Methacrylnitril (vgl. Abschn. 11.3.2) und die Oxidation des Isobutens zu Methacrylsäure (vgl. Abschn. 11.1.4.2). Zur Dehydrierung von Butenen zu Butadien vgl. Abschn. 5.1.3, zur Umsetzung von Isobuten zu Isopren vgl. Abschn. 5.2.2.

3.3.3 Höhere Olefine

Höhere Olefine von technischem Interesse:

C-Bereich von 5 bis etwa 18

Merkmale zur Isolierung höherer Olefine:

1. C_5-Olefine:
   im Naphtha-C_5-Crackschnitt anstelle vollständiger Auftrennung (vgl. „Butene", Abschn. 3.3.2) nur Isolierung wichtiger Komponenten wie:
   Isopren
   Cyclopentadien
   und zukünftig tert.-Amylmethylether

Olefine mit mehr als vier C-Atomen nehmen in ihrer Isomerenzahl rasch zu, so dass Gemische, wie sie z. B. in Crackverfahren anfallen, nicht mehr mit vertretbarem technischen Aufwand in die Einzelindividuen getrennt werden können. Außerdem sind nur einige wenige dieser Einzelindividuen von Interesse für die Industrie. So werden aus dem C_5-Schnitt der Naphthaspaltung, der hauptsächlich Pentan, Isopentane, Pentene, Isopentene, Isopren, Cyclopenten, Cyclopentadien und Pentadien enthält, großtechnisch nur Isopren (vgl. Abschn. 5.2.1) und Cyclopentadien (vgl. Abschn. 5.4) isoliert. Zukünftig wird auch der Isopentenanteil nach Veretherung mit Methanol zum tert.-Amylmethylether (TAME) als octanzahlerhöhende Komponente für Fahrbenzin zunehmende Verwendung finden.

Bei den nächsthöheren Olefinen – mit technischer Bedeutung etwa bis zu C_{18} – lassen sich mit den Verfahren zur Herstellung von unverzweigten Olefinen nur noch Homologengemische, d. h. Olefinbereiche von z. B. C_6–C_9, C_{10}–C_{13} und C_{14}–C_{18}, gewinnen. Allerdings wird durch die Art des Herstellverfahrens weitgehend die Lage der Doppelbindung in den unverzweigten Olefinen bestimmt.

2. Olefine > C_5 (unverzweigt):

keine Isolierung von Einzelindividuen, sondern Homologenschnitte
C_6–C_9
C_{10}–C_{13}
C_{14}–C_{18}
allerdings begrenzen Herstellverfahren für unverzweigte Olefine die Zahl der Doppelbindungsisomeren

Verzweigte Olefine sind dagegen gezielt, d. h. mit einer begrenzten Isomerenzahl, herstellbar.

3. Olefine > C_5 (verzweigt):

Isolierung von Einzelindividuen aus begrenzter Isomerenzahl wegen direkter Synthese möglich

Man kann somit bei den höheren Olefinen die zwei Hauptgruppen der unverzweigten und der verzweigten Olefine unterscheiden. Die erstgenannten geradkettigen oder linearen höheren Olefine haben seit einiger Zeit ein größeres Interesse gefunden, da ihre Umsetzungsprodukte wegen der Linearität besondere Vorzüge, wie z. B. biologische Abbaubarkeit, besitzen.

Einteilung höherer Olefine in zwei Hauptgruppen:

1. unverzweigte (geradkettige, lineare)
2. verzweigte

höhere unverzweigte Olefine technisch bedeutsamer als verzweigte

3.3.3.1 Unverzweigte höhere Olefine

Diese Gruppe der höheren unverzweigten oder auch geradkettigen oder linear genannten Olefine ist zum weiteren durch die Lage der Doppelbindung entweder als endständig (terminal oder α) oder als innenständig (intern) zu unterteilen.

Unverzweigte Olefine nach Lage der Doppelbindung einteilbar in:

1. endständig (terminal oder α)
2. innenständig (intern)

Die **l**inearen **α-O**lefine (LAO) stellen davon die industriell bedeutendste Gruppe dar. Ihre Herstellkapazität betrug 2004 weltweit etwa 3,64 Mio jato; davon entfielen auf die USA, Westeuropa und Japan etwa 2,13, 0,63 bzw. 0,12 Mio jato.

Die linearen Olefine sind nach zwei Verfahrensprinzipien herstellbar:

Herstellverfahren für lineare Olefine:

1. durch gezielte Ethylenoligomerisierung entweder mit einer Aufbaureaktion zu den sog. Ziegler-Olefinen oder nach einer neueren Verfahrensvariante mit metallorganischen Mischkatalysatoren sowie

1. $H_2C{=}CH_2$-Oligomerisierung zu geradzahliger Kohlenstoffkette mit zwei Verfahrensvarianten für α-Olefine

2. durch Dehydrierung von Paraffinen nach verschiedenen Methoden.

2. Paraffindehydrierung

Dabei liefert die Ethylenoligomerisierung hauptsächlich und die Paraffindehydrierung nur bei Einsatz von Crackverfahren überwiegend α-Olefine.

Zu 1

Reaktionsprinzip der Aufbaureaktion:

$Al(C_2H_5)_3$-katalysierte C_2H_4-Wachstumsreaktion, die in einem temperatur- und druckabhängigen Gleichgewicht mit einer Verdrängungsreaktion zu linearen α-Olefinen steht

Verdrängungsreaktion bei C_2H_4 setzt ein, wenn Alkylrest 10–20 C-Atome enthält, bei Propen und Buten schon nach Dimerisierung

Die Herstellung von α-Olefine nach Ziegler (Alfen-Prozess) besteht aus einer gelenkten Wachstumsreaktion von Ethylen in Gegenwart von Triethylaluminium, die in zwei Teilschritten abläuft:

1. In einer Aufbaureaktion findet bei relativ niedrigen Temperaturen von 90–120 °C und etwa 100 bar der Einschub von Ethylen in Triethylaluminium unter Wachstum der an Aluminium gebundenen Alkylketten statt. Dabei bildet sich ein Gemisch höherer Aluminiumtrialkyle nach folgendem vereinfachten Schema:

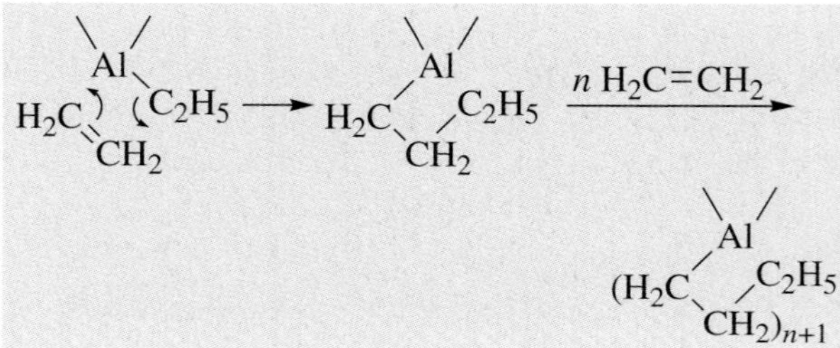

(8)

2. In einer Verdrängungsreaktion wird dann bei höherer Temperatur von 200–300 °C und bei geringerem Druck von 50 bar ein Gemisch von Ethylenoligomeren unter Rückbildung des Katalysators freigesetzt:

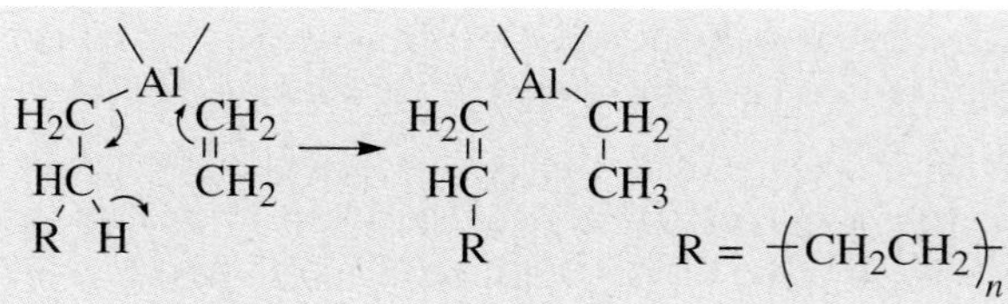

(9)

Kennzeichen der Ziegler-Olefine:

unverzweigte Olefine mit endständiger Doppelbindung und gerader C-Zahl

Gemeinsame Basis für Alfen- und Alfol-Prozess:

Gemische höherer Trialkylaluminium-Verbindungen als Zwischenstufe

Die Alkylgruppen werden dabei als geradkettige α-Olefine mit gerader C-Zahl abgespalten und, da keine Isomerisierung eintreten kann, auch in hoher Reinheit gewonnen. Damit verläuft die Herstellung von Ziegler-Olefinen im ersten Teilschritt, der Aufbaureaktion, analog der Alfol-Synthese (vgl. Abschn. 8.2.2), mit der sie die Trialkylaluminium-Verbindung $Al[(CH_2CH_2)_n-C_2H_5]_3$ als nicht isolierte Zwischenstufe gemeinsam hat. Das stöchiometrisch eingesetzte Triethylaluminium muss in einer zusätzlichen Verfahrensstufe für die Wiederverwendung zurückgewonnen werden.

In der technischen Ausführung kann die α-Olefinherstellung wie zuvor beschrieben zweistufig, d. h. mit getrennter Aufbaureaktion und anschließender „Kurzzeit-Hochtemperatur-Verdrängung", betrieben werden. Zusätzlich lässt sich die Aufbaureaktion mit einer Transalkylierungsstufe koppeln, die zu einem höheren Anteil der für die Alkoholherstellung (vgl. Abschn. 8.2.2) wichtigen C_{12}–C_{18}-Olefine führt.

Varianten der technischen α-Olefinherstellung:

1. Zweistufenverfahren mit Trennung von Olefinaufbau und -verdrängung

Die α-Olefinherstellung kann aber auch als Einstufenverfahren, der „Hochtemperatur-Ethylen-Oligomerisierung" bei etwa 200 °C und 250 bar mit katalytischen Mengen an Aluminiumtriethyl (ca. 0,5 Gew.-%) durchgeführt werden. Man begrenzt dabei den Ethylenumsatz, um einen hohen Anteil an unverzweigten α-Olefinen zu erhalten. Der Katalysator wird nach der Reaktion durch alkalische Hydrolyse zerstört; er verbleibt im Olefinaustrag. Ein weiteres Kennzeichen des Einstufenverfahrens ist die im Vergleich zur Zweistufenroute wesentlich breitere C-Zahlstreuung von C_4 bis C_{30} im erhaltenen Olefingemisch, wie die nachfolgende Tabelle angibt:

2. Einstufenverfahren mit Olefinaufbau und simultaner Verdrängung

Kennzeichen des Einstufenverfahrens:

1. katalytischer Einsatz von Al-Triethyl
2. Katalysatorhydrolysat verbleibt in α-Olefinen
3. breite Kettenlängenverteilung bei den Olefinen

Tabelle 3-5. α-Olefinverteilung bei der Ethylenoligomerisierung (in Gew.-%).

α-Olefin	Hochtemp.-Version	Niedertemp.-Version
C_4	5	5
C_6–C_{10}	48	50
C_{12}, C_{14}	20	30
C_{16}, C_{18}	13	12
C_{20}, $> C_{20}$	14	3

Bei beiden Verfahrensvarianten werden die α-Olefingemische in die benötigten Olefinschnitte aufdestilliert.

Technische Anwendung findet der Zweistufenprozess bei der Ethyl Corporation, heute BP Chemicals, in USA (Kap. 1055 Mio jato, 2004), der Einstufenprozess bei Chevron Phillips (CP Chem) in USA (Kap. 705 Mio jato, 2004), bei Idemitsu in Japan (Kap. 58000 jato, 2004) und bei Mitsubishi Chemical in Japan (Kap. 60000 jato, 2004).

Technische Anwendung:

1. Zweistufenverfahren:
   BP Chemicals
2. Einstufenverfahren:
   CP Chem
   Idemitsu
   Mitsubishi Chemical (früher Mizushima Petrochemical)

Weitere Herstellmethoden für α-Olefine basieren ebenfalls auf Ethylen als Einsatzprodukt, unterscheiden sich aber wesentlich durch den zur Ethylenoligomerisierung verwendeten Katalysator. So hat Exxon ein Verfahren entwickelt, das Ethylen in Gegenwart eines löslichen Alkylaluminiumchlorid/Titantetrachlorid-Katalysators bei Temperaturen von −70 bis +70 °C in organischen Lösemitteln zu sehr reinen linearen α-Olefinen oligomerisiert. Die Molmasse der Olefine steigt mit zunehmender Reaktionstemperatur und abnehmender Polarität des Lösemittels. Die α-Olefine liegen im Bereich von C_4 bis C_{1000}.

Varianten der Ethylenoligomerisierung auf Basis anderer Katalysatorsysteme:

Ti-Mischkatalysatoren (Exxon, Mitsui)
Zr-Mischkatalysatoren (Idemitsu)
Ni-Phosphin-Komplexe (Shell)

Auch die Firmen Mitsui Petrochemical mit einem Ti-haltigen Mischkatalysator, Idemitsu mit einem Zr-haltigen Mischkatalysator mit organischen Liganden und Shell mit Ni-Phosphinkomplex-Katalysatoren haben Varianten der Ethylenoligomerisierung zur α-Olefinherstellung entwickelt.

Shell SHOP-Prozess als Kombination von C_2H_4-Oligomerisierung und Olefin-Metathese für gezielten α-Olefinaufbau

Der Shell SHOP-Prozess (**S**hell **H**igher **O**lefins **P**rocess) wird nach seiner ersten industriellen Anwendung 1997 in USA in weiteren Anlagen genutzt (vgl. Abschn. 3.4).

IFP hat auch die Ethylendimerisierung nach dem Alphabutol-Verfahren (vgl. Abschn. 3.3.2) zur Herstellung linearer α-Olefine (C_4–C_{10}) im Alpha-Select-Prozess ausgeweitet, allerdings wurden genauere Verfahrensbedingungen bisher nicht publiziert.

Zu 2

Ausgangsprodukte für Paraffine zur Dehydrierung:

Paraffingemische in höher siedenden Fraktionen paraffinbasischer Erdöle

Abscheidung der Paraffingemische:

nach Verdünnen mit Lösemitteln drucklos oder unter Druck durch Abkühlen

Isolierung linearer Paraffine aus Gemischen mit verzweigten und cyclischen nach zwei Verfahren:

1. Zeolithadsorption
2. Harnstoff-Extraktiv-Kristallisation

Für die Dehydrierung stehen Paraffine in den sog. Petroleum- oder Dieselölfraktionen der paraffinbasischen Erdöle im Gemisch mit verzweigten Paraffinen ausreichend zur Verfügung. Sie sind zumeist unerwünschte Komponenten (hoher Stockpunkt) und lassen sich z. B. durch Ausfrieren daraus abtrennen. Dazu wird die Ölfraktion mit einem Lösemittel, wie beispielsweise einem Gemisch aus Methylethylketon und Benzol bzw. Toluol oder Methylenchlorid und 1,2-Dichlorethan oder auch flüssigem Propan unter Druck, verdünnt und abgekühlt. Dabei scheidet sich ein kristallines Gemisch verzweigter, unverzweigter und cyclischer Paraffine ab, das abfiltriert wird. Die unverzweigten linearen Anteile können daraus durch Adsorptionsprozesse isoliert werden.

In der Technik haben sich dazu im Wesentlichen zwei Verfahren bewährt:

Zu 1:

Alternierende Adsorption in der Gas- oder Flüssigphase sowie Desorption durch Unterdruck, Inertgas oder Lösemittelextraktion unter Nutzung der Stereoselektivität von Zeolithen

1. Adsorptionsverfahren mit Molsieben (5-Å-Zeolithe), die in der technischen Ausführung entweder in der Gasphase mithilfe eines Trägergases wie N_2 oder H_2, z. B. nach BP, Exxon (Ensorb), Leuna (Parex), Mobil, Texas Oil Comp. (TSF), UCC (IsoSiv), oder in der Flüssigphase, z. B. nach UOP (Molex), ablaufen.

In den sehr einheitlichen, 5 Å weiten Poren der Zeolithe werden Paraffine im bevorzugten Bereich von C_5 bis C_{24} adsorbiert, während die sperrigen Cycloparaffine und Isoparaffine nicht in die Poren eindringen können (Formselektivität, shape selectivity).

Nach Sättigung der Molsiebe werden die Paraffine entweder durch Druckerniedrigung oder bei höherer Temperatur und wenig Überdruck mit niedrigsiedenden Kohlenwasserstoffen, wie z. B. Pentan, desorbiert. Die Extraktion nach dem Leuna-Verfahren mit einem NH_3/H_2O-Gemisch führt zu einer vergleichsweise hohen Desorptionsgeschwindigkeit.

2. Verfahren der Harnstoff-Extraktiv-Kristallisation. Sie werden bevorzugt zur Abtrennung höherer Paraffine von C_{15} bis C_{30} eingesetzt. Bekannte Verfahren sind z. B. der japanische Nurex-Prozess (bis 1979 technisch genutzt), bei dem durch Vermischen von festem Harnstoff mit einer Paraffinlösung die Kristallisatbildung erfolgt, oder der in Deutschland entwickelte Edeleanu-Prozess, der mit gesättigter wässriger Harnstofflösung durchgeführt wird.

Zu 2:

Ausbildung kristalliner Einschlussverbindungen (Clathrate) mit Überschuss Harnstoff (z. B. für $C_{24}H_{50}$ etwa 18 mol Harnstoff), Abfiltrieren und Zersetzen mit Dampf

Aus den abgetrennten kristallinen Harnstoff-Einschlussverbindungen werden die reinen Paraffine durch Erwärmen auf etwa 75 °C freigesetzt und isoliert. Sie sind mit 98-proz. Linearität zu erhalten.

Die weltweite Paraffin-Herstellkapazität (C_9–C_{17}) betrug 1997 etwa 1,6 Mio jato; davon entfielen auf Westeuropa, USA und Japan etwa 0,79, 0,41 bzw. 0,16 Mio jato. Die Produktion in diesen Ländern ist in der nebenstehenden Tabelle aufgeführt.

Paraffinproduktion (in 1000 t)

	1985	1992	1999
WE	620	560	560
USA	309	352	293
Japan	136	157	177

Zur weiteren Überführung der Paraffine in Olefine haben sich in der Industrie drei Verfahren bewährt:

1. thermisches Cracken (auch Steamcracken),
2. katalytisches Dehydrieren und
3. „chemisches Dehydrieren“ durch Chlorieren und Dehydrochlorieren.

Drei Dehydrierverfahren für Paraffine führen zu linearen Olefinen, allerdings mit unterschiedlicher Lage der Doppelbindung:

Nur das thermische Cracken führt dabei überwiegend zu α-Olefinen, die beiden anderen Verfahren ergeben Olefine mit innenständiger Doppelbindung.

Zu 1

In Analogie zur Gewinnung niederer Olefine lassen sich auch die höheren durch Steamcracken herstellen. Da häufig Einsatzparaffine aus stark wachshaltigen Fraktionen (C_{20}–C_{30}) verwendet werden, wird dieses Verfahren auch als Wachscracken bezeichnet. Das Cracken der Paraffine wird bei 500–600 °C bei Normaldruck oder leicht erhöhtem Druck, relativ langer Verweilzeit von 7–15 und meistens in Anwesenheit von Wasserdampf vorgenommen. Der Umsatz wird mit etwa 25 % so eingestellt, dass die Linearität möglichst

1. thermische Dehydrierung unter Crackbedingungen führt zu α-Olefinen verschiedener Kettenlänge, daher destillative Auftrennung in C_6–C_9-, C_{10}–C_{13}-, C_{14}–C_{18}-Fraktionen

erhalten bleibt und die Doppelbindung bevorzugt in die terminale, d. h. α-Position geht. Da die thermische Spaltung der C–C-Bindung an allen Stellen des Moleküls eintreten kann, entsteht ein Gemisch homologer Olefine, das zu 90–95 % aus α-Olefinen besteht. Der Rest sind verzweigte Olefine, Diolefine und Naphthene. Die mittleren und höheren Olefine werden von den leichten, gasförmigen Produkten abgetrennt und anschließend destillativ in technisch verwertbare Fraktionen aufgetrennt, wie z. B. C_6–C_9, C_{10}–C_{13} und C_{14}–C_{18}. α-Olefinproduzenten nach dem Verfahren des Wachscrackens waren Shell und Chevron mit Kapazitäten von 310000 (1985) bzw. 45000 (1985) jato. Von Shell ist bekannt, dass es seine Anlagen wegen der geringen Flexibilität hinsichtlich besonders gewünschter C-Zahl der Olefine in den letzten Jahren alle stillgelegt hat.

Technische Anwendung des Wachscrackens:

Shell früher in Westeuropa
Chevron in USA

Zu 2

2. katalytische Dehydrierung führt zu internen Olefinen nach Verfahren der UOP Pacol Olex als Kombination der **pa**raffin**k**atalytischen **Ol**efinherstellung und der **Ol**efin**ex**traktion

Die katalytische Paraffindehydrierung wurde von der UOP als Pacol-Olex-Prozess entwickelt. Paraffine im Bereich C_6–C_{19} werden in der Gasphase an einem Festbettkatalysator (Pt/Al_2O_3 + Promotoren) bei 400–600 °C und 3 bar in Gegenwart von H_2 bei unvollständigem Paraffinumsatz (ca. 10 %) zu Olefinen dehydriert. Sie bestehen zu etwa 96 Gew.-% aus linearen Monoolefinen mit innenständiger, statistisch verteilter Doppelbindung. Die Abtrennung von nicht umgesetzten Paraffinen erfolgt durch reversible Adsorption der Olefine an festen Adsorbentien, z. B. Molekularsieben.

24 Anlagen arbeiteten 1995 nach diesem Prinzip, weitere waren im Bau. Diese so hergestellten Olefine können in der Linearität nicht mit α-Olefinen konkurrieren, die durch eine Ziegler-Aufbaureaktion oder Oligomerisierung von Ethylen zu erhalten sind, sie sind allerdings auch deutlich preiswerter.

analoge Anwendung bei C_3–C_5-Alkanen im Oleflex-Verfahren

Das UOP-Verfahren wurde neuerdings auch auf die Dehydrierung von C_3–C_5-Alkanen ausgeweitet (vgl. Oleflex-Verfahren, Abschn. 3.3.1).

Zu 3

3. chlorierende Dehydrierung zu internen Olefinen nach zweistufigem Verfahren:

radikalische Chlorierung in der Flüssigphase mit Paraffinumsatz bis zu 40 %

Diese Route besteht aus der Monochlorierung von Paraffinen in der Flüssigphase bei 90–120 °C als einer Radikalkettenreaktion mit thermischer Initiierung und der anschließenden katalytischen HCl-Abspaltung bei 250–350 °C an

z. B. Al-Silicat oder an metallischen Füllkörpern in Stahlkolonnen:

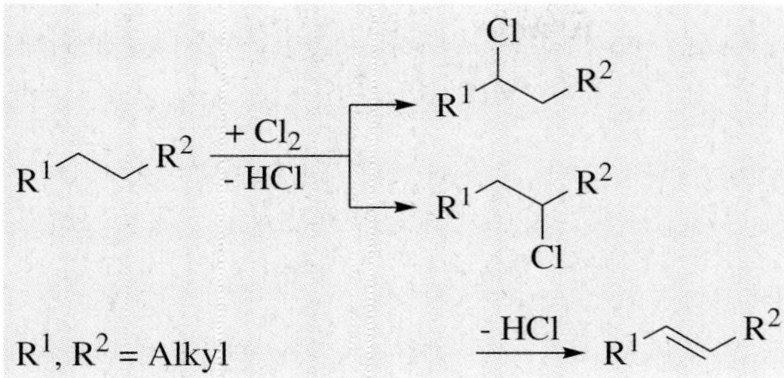

(10)

Dehydrochlorierung in der Gasphase an $Al_2O_3 \cdot SiO_2$ mit Metallsalzpromotoren oder an metallischen Füllkörpern

Die Position der Doppelbindung hängt von der Stellung des Chloratoms im Paraffin ab; sie ist wegen der höheren Reaktivität der CH_2-Gruppen gegenüber den CH_3-Gruppen fast ausschließlich mittelständig. Darüber hinaus muss durch niedrige Chlorierungstemperatur und geringe Umsätze bis höchstens 40% eine Weiterchlorierung über die Monosubstitution hinaus eingeschränkt werden. Dieses Verfahren übt Hüls mit einer Olefinkapazität von etwa 80000 jato aus.

Verfahrensmerkmale:

mittelständige Monochlorparaffine sind vor endständigen bevorzugt, so dass nach Dehydrochlorierung praktisch nur interne Olefine entstehen

Zum Einsatz kommen Alkane von C_{10} bis C_{13}. In USA betrieb Shell die einzige Olefinanlage nach diesem Herstellprinzip bis 1982.

Außer Monochlorparaffinen und ihrem Einsatz zur Olefinherstellung haben auch Polychlorparaffine mit unterschiedlichem Chlorgehalt (15–70 Gew.-%) eine technische Bedeutung. Zu ihrer Herstellung werden Paraffinfraktionen im Bereich von C_{10} bis C_{30} in Blasensäulenreaktoren bei 60 bis 120 °C und leichtem Überdruck bei 100-proz. Chlorumsatz chloriert. Die Chlorparaffine werden als Weichmacher für PVC und Lackrohstoffe, für Mineralölzusätze sowie als Imprägniermittel zur flamm- und wasserfesten Ausrüstung von Textilien verwendet. Der Verbrauch an Paraffinen für Chlorparaffine in Westeuropa, USA und Japan ist in der nebenstehenden Tabelle aufgeführt. Ein anderes Einsatzgebiet für Paraffine ist die Herstellung von Fettsäuren und Fettalkoholen (vgl. Abschn. 8.2).

Höherchlorierung führt zu Gemischen von Polychlorparaffinen, die mit steigendem Cl-Gehalt zunehmend inerter, wachsartiger werden

Paraffinverbrauch für Chlorparaffine (in 1000 t)

	1988	1992	1996
WE	70	68	53
USA	9	12	12
Japan	10	11	11

Lineare Olefine werden in Abhängigkeit von ihrer Kettenlänge in charakteristischer Weise verwendet. Die C_6–C_{10}-Olefine werden durch Hydroformylierung und Hydrierung (vgl. Abschn. 6.1) zu C_7–C_{11}-Alkoholen umgesetzt, die als Lösemittel oder nach Veresterung mit Phthalsäureanhydrid als Weichmacher dienen. Dabei sind Olefine mit innenständiger Doppelbindung in gleicher Weise wie α-Olefine zum

Verwendung linearer Olefine:

C_6–C_{10}-Olefine durch Hydroformylierung und Hydrierung zu Oxo-Alkoholen als Weichmacher oder für Weichmacherherstellung interne Olefine ergeben bei Hydroformylierung nach simultaner Doppelbindungsisomerisierung ähnliches Aldehydgemisch (bevorzugte Reaktion am Kettenende) wie α-Olefine

Einsatz geeignet; bei der Hydroformylierung kommt es zu einer Isomerisierung unter Verschiebung der Doppelbindung zum Kettenende, so dass bei α-Olefinen und linearen Olefinen mit interner Doppelbindung praktisch die gleiche Aldehydzusammensetzung erhalten wird.

C_6–C_{10}-Olefine für Oligomere (AOO)

C_6–C_{10}-Olefine werden auch – abhängig von der Art des Katalysators und den weiteren Versuchsbedingungen – zu unterschiedlichen **α-O**lefin-**O**ligomeren (AOO) umgesetzt, die sich als Schmieröle mit besonders hoher Qualität eignen.

C_{10}–C_{13}-Olefine zur Benzolalkylierung (LAB-Herstellung)

Verfahrensmerkmal der Benzolalkylierung:

simultane Doppelbindungsisomerisierung des Olefins führt zur statistischen Verteilung der Phenylgruppe über die lineare C-Kette

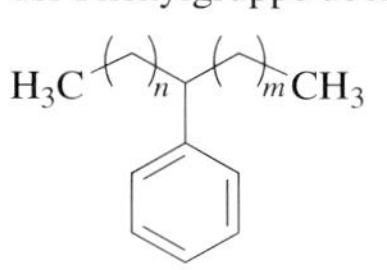

alternative Benzolalkylierung mit Monochlorparaffinen

Die Fraktionen C_{10} bis etwa C_{13} werden zur Alkylierung von Benzol eingesetzt (vgl. Abschn. 13.1.4). Ein weitverbreitetes Verfahren der UOP basiert auf einer Homogenkatalyse mit HF, das in neueren Anlagen durch den Einsatz eines sauren, heterogenen Katalysators verbessert wurde. In Gegenwart der verwendeten Lewis- oder Protonen-(Brönstedt-)Säure-Katalysatoren erfolgt bei der Benzolalkylierung gleichzeitig eine teilweise Doppelbindungsisomerisierung des eingesetzten Olefins, so dass sich der Benzolkern statistisch über die Paraffinkette verteilt. Damit sind die **l**inearen **A**lkyl**b**enzole (LAB) aus der Umsetzung von α-Olefinen ähnlich mit denen, die unter Verwendung von internen linearen Olefinen gewonnen werden.

Paraffinverbrauch für Alkylbenzole (in Mio t)

	1988	1992	1996
WE	0,31	0,30	0,32
USA	0,26	0,16	0,27
Japan	0,11	0,11	0,10

Eine weitere Herstellroute für lineare Alkylbenzole besteht in der Alkylierung von Benzol direkt mit Chlorparaffinen, ohne dass diese zunächst zu Olefinen dehydrochloriert werden (vgl. Abschn. 13.1.4). Der Verbrauch an Paraffinen für lineare Alkylbenzole nach beiden Herstellprinzipien ist für Westeuropa, USA und Japan in der nebenstehenden Tabelle aufgeführt.

Aus diesen sek.-Alkylbenzolen werden nach Sulfonierung biologisch abbaubare anionenaktive Waschrohstoffe erhalten.

C_{14}–C_{18}-Olefine für SO_3-Umsetzung zu Alkensulfonaten (AOS)

Weiterhin sind α-Olefine direkt mit SO_3 zu Alkensulfonaten (oder **α-O**lefin**s**ulfonaten, AOS) umsetzbar. Dabei bilden sich gleichzeitig auch Sultone, die zur Verbesserung der Wasserlöslichkeit zu Hydroxyalkylsulfonaten hydrolysiert werden müssen:

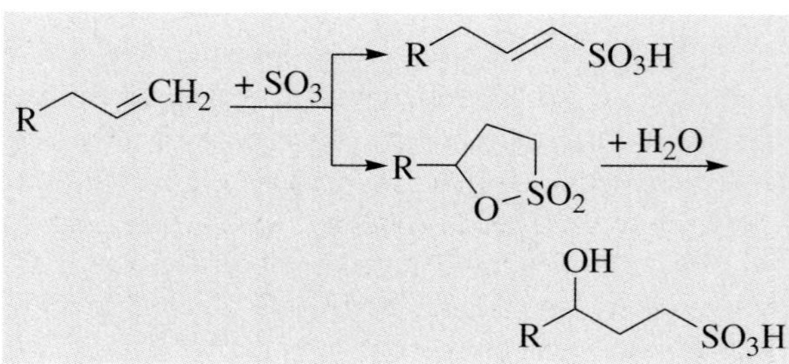

(11)

Alkensulfonate werden in größerem Maßstab nur bei der Lion Fat & Oil Co. seit 1968 in Japan produziert. Gegenüber den Alkylsulfonaten besitzen die Alkensulfonate eine etwas geringere Härteempfindlichkeit. Bezüglich der biologischen Abbaubarkeit und der Wascheigenschaften bestehen keine Unterschiede.

Verwendung für Alkylbenzolsulfonate und Alkensulfonate:

biologisch abbaubare Waschmittelrohstoffe

Alkylsulfonate (oder Alkansulfonate) haben jedoch aufgrund ihrer preiswerten Herstellbasis aus Paraffinen (C_{12}–C_{18}) die weitaus größere Bedeutung als waschaktive Produkte (WAS = **w**aschaktive **A**lkyl**s**ulfonate) erlangt. Zu ihrer großtechnischen Herstellung sind die Sulfochlorierung und die Sulfoxidation gebräuchlich.

Alternative Waschmittelrohstoffe:

Alkylsulfonate (Alkansulfonate)

Herstellung von Alkylsulfonaten:

1. Sulfochlorierung
2. Sulfoxidation

Im kontinuierlich durchgeführten Verfahren der Sulfochlorierung werden Paraffingemische unter dem Einfluss von Quecksilberdampflampen mit SO_2/Cl_2-Gemischen bei 20 bis 35 °C zu sek.-Alkylsulfochloriden umgesetzt, die anschließend mit Natronlauge zu den entsprechenden Alkylsulfonaten hydrolysiert werden:

Verfahrensprinzip der Sulfochlorierung:

UV-initiierte, radikalische Umsetzung von C_{12}–C_{18}-Paraffinen mit SO_2/Cl_2 zu sek.-Alkylsulfochloriden

$$\begin{gathered} RR'CH_2 + SO_2 + Cl_2 \xrightarrow[-\,HCl]{h\nu} \\ RR'CH{-}SO_2Cl \xrightarrow[-\,NaCl]{+\,2\,NaOH} RR'CH{-}SO_3Na \end{gathered} \qquad (12)$$

Um die unerwünschte Bildung von Disulfochloriden zu vermeiden, begrenzt man den Paraffinumsatz auf etwa 30 %.

Nicht umgesetzte Paraffine werden nach der Hydrolysestufe und nach Reinigung in die Sulfochlorierung zurückgeführt.

Die Sulfoxidation von Paraffingemischen wird unter dem Einfluss von UV-Licht mit SO_2/O_2-Gemischen bei 25–30 °C vorgenommen:

Verfahrensprinzip der Sulfoxidation:

UV-initiierte, radikalische Umsetzung von C_{12}–C_{18}-Paraffinen mit SO_2/O_2 zu sek.-Alkylsulfonsäuren

$$RR'CH_2 + SO_2 + 0{,}5\,O_2 \xrightarrow{h\nu} RR'CH{-}SO_3H \qquad (13)$$

Großtechnisch wird nach dem Licht-Wasser-Verfahren von Hoechst und nach einem ähnlichen Verfahren von Hüls mit einer anderen Aufarbeitungstechnik gearbeitet, bei dem das kontinuierlich in den Reaktionsturm (Blasensäule) eingeführte Wasser zusammen mit SO_2 das als Zwischenstufe entstehende Alkylsulfonylhydroperoxid zur Alkylsulfonsäure und zu Schwefelsäure umsetzt:

Technische Anwendung der Sulfoxidation:

Licht-Wasser-Verfahren von Hoechst in BRD, Frankreich, Holland

Hüls-Anlage in BRD

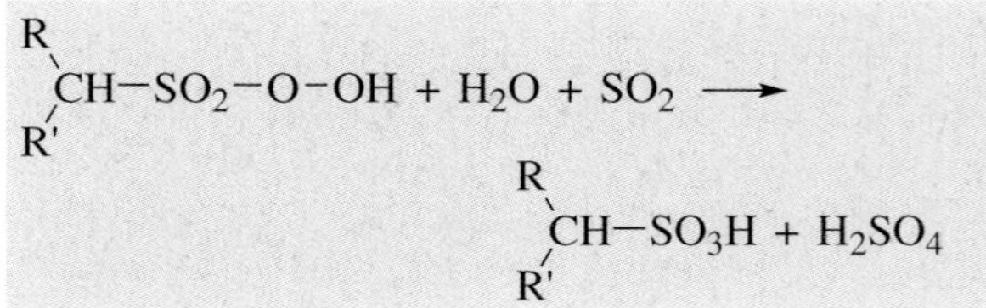

(14)

Aus der wässrigen Lösung wird anschließend die in der Hitze nicht darin lösliche Alkylsulfonsäure abgetrennt.

Sulfoxidationsverfahren werden derzeit weltweit nur in Westeuropa in vier Anlagen mit einer Gesamtkapazität von 96000 jato (1991) betrieben. Ähnliche Verfahren wurden auch von der ATO Chimie, von EniChem und Nippon Mining entwickelt.

3.3.3.2 Verzweigte höhere Olefine

Herstellung verzweigter Monoolefine durch Oligo- und Cooligomerisierung von:

Propen
Isobuten
Butenen

Verzweigte Olefine von sechs C-Atomen aufwärts werden bevorzugt durch Oligomerisierung und Cooligomerisierung niederer Olefine, wie Propen, Isobuten und Butene, hergestellt. Die Produktionskapazitäten für z. B. Propendimere und -oligomere, d. h. beispielsweise Nonene und Dodecene, dieser Art betrugen 1997 in USA, Westeuropa und Japan 0,57, 0,43 bzw. 0,08 Mio jato.

Die nachfolgende Übersicht stellt die gängigen Einsatz- und Reaktionsprodukte mit den angewendeten Herstellverfahren zusammen:

Tabelle 3-6. Einsatzprodukte und Herstellung verzweigter Olefine.

Einsatzprodukt	Verfahrenstyp	Reaktionsprodukt
Propen	Dimerisierung mit AlR_3	2-Methyl-1-penten
Propen	Dimerisierung mit Alkalimetallen	4-Methyl-1-penten
Propen	Tri- und Tetramerisierung an H_3PO_4	Isononene Isododecene
Propen und Butene	Codimerisierung	Isoheptene
Isobuten	Dimerisierung vorzugsweise an H_3PO_4/Träger, aber auch an Ionenaustauschern oder mit H_2SO_4	Diisobutene

Drei Katalysatorsysteme mit ausgeprägter Produktspezifität:

1. Protonenkatalysatoren
2. Al-organische Katalysatoren
3. Alkalimetallkatalysatoren

Die Olefinoligomerisierungen lassen sich nach den drei hauptsächlich verwendeten Katalysatoren unterscheiden:

1. saure Katalyse mit Mineralsäuren, wie etwa H_3PO_4 oder H_2SO_4, sowie mit sauren Ionenaustauschern,

2. metallorganische Katalyse mit Al-Alkylen und eventuell Cokatalysatoren,

3. metallorganische Katalyse mit Alkalimetallen.

Zu 1

Technisch weit verbreitet ist das Verfahren der UOP unter Verwendung von H_3PO_4/SiO_2 in einem Festbett. Danach werden z. B. propenreiche Fraktionen bei 170–220 °C und 40–60 bar mit 90 % Propenumsatz zu einem flüssigen Reaktionsgemisch oligomerisiert, das im Wesentlichen aus Tri- und Tetrapropen besteht. Beide Produkte dienten vornehmlich zur Alkylierung von Benzol und Phenol. Die aus den Alkylderivaten hergestellten Alkylarylsulfonate sind jedoch wegen ihrer biologischen Härte (biologisch schwer abbaubar) als Waschrohstoffe in der Bedeutung sehr stark zurückgegangen (vgl. Abschn. 13.1.4). Steigende Verwendung findet das Tetrapropen als Einsatzolefin für die Hydroformylierung, analog dem nachfolgend beschriebenen Diisobuten, mit der weiteren Hydrierung zu Weichmacheralkoholen.

1. Verfahren mit Protonenkatalyse
1.1. H_3PO_4/SiO_2-Gasphasenoligomerisierung des Propens bei 170–220 °C nach UOP-Verfahren

Verwendung als Kraftstoffzusatz (nach Hydrierung) zur Erhöhung der Octanzahl

Einsatzolefin für Oxoalkohole (Weichmacheralkohole) zur weiteren Veresterung mit Phthalsäureanhydrid für Weichmachereinsatz

Die Isobuten-Oligomerisierung an H_2SO_4 oder sauren Ionenaustauschern (Bayer-Verfahren) wurde bei der Aufarbeitung von C_4-Schnitten schon erwähnt (vgl. Abschn. 3.3.2). Das Diisobuten wird nach Hydrierung als Zusatz zu Vergaserkraftstoffen verwendet. Es ist weiterhin ein Ausgangsprodukt zur Herstellung von Isononanol durch Hydroformylierung und Hydrierung, das zur Herstellung von Weichmachern Verwendung findet.

1.2. H_2SO_4- oder Ionenaustauscher-Flüssigphasen-Oligomerisierungsverfahren:

Beispiel:

Bayer-Prozess für Isobuten, auch für Propen geeignet

Diisobutenverwendung:

Ausgangsprodukt für
1. Kraftstoffzusatz
2. Isononanol als Weichmacheralkohol

Die Exxon Chemical ist weltweit der größte Produzent verzweigter höherer Olefine nach diesem ersten Katalyseprinzip.

Zu 2

Dimerisierungen und Codimerisierungen niederer Olefine mit Aluminiumtrialkylen allein oder mit weiteren Cokatalysatoren aus der Reihe der Übergangsmetalle unterscheiden sich in zweierlei Hinsicht: Katalysiert man die Reaktion nur mit einem Al-Trialkyl, so ist eine hohe Selektivität erreichbar. Verwendet man einen Cokatalysator, wie z. B. ein Nickelsalz, so steigt die Aktivität dieses Systems auf Kosten der Selektivität an.

2. Verfahren mit Al-Alkyl-Katalyse
2.1. ohne Cokatalysator mit hoher Selektivität bei verminderter Aktivität
2.2. mit Übergangsmetall-Verbindungen oder -Komplexen als Cokatalysatoren mit geringerer Selektivität bei hoher Aktivität

Für beide Verfahrensweisen wurden technische Anwendungen entwickelt.

Nach dem Goodyear-Scientific-Design-Verfahren wird Propen mit Al-Tripropyl bei 200 °C und 200 bar zu 2-Methyl-1-penten, einem Einsatzmaterial für Isopren (vgl. Abschn. 5.2.2), dimerisiert:

Verfahrensbeispiel für 2.1:

Goodyear-SD-Prozess zur Propendimerisierung zu 2MP1 als Vorstufe für Isoprenherstellung

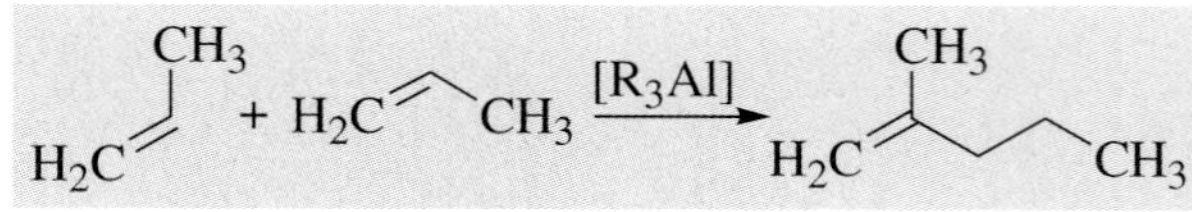

(15)

Verfahrensbeispiel für 2.2:

IFP-Dimersol-Prozess bevorzugt zur Codimerisierung von $C_3H_6 + C_4H_8$ (s. Alphabutol-Prozess zur Dimerisierung von C_2H_4, Abschn. 3.3.2)

Der andere Verfahrenstyp wurde von IFP als Dimersol-Prozess (**Dimer**i**s**ierung von **Ol**efinen) entwickelt. Danach können in flüssiger Phase Propen oder Buten homodimerisiert sowie auch Propen und Buten codimerisiert werden. Dieser letztgenannte Prozess wird kontinuierlich mit Al-Trialkyl und einem Nickelsalz katalysiert und führt bei 60 °C und etwa 18 bar mit 50 % Selektivität zu relativ wenig verzweigten Isoheptenen. Die geringe Selektivität beruht nicht allein auf dem Cokatalysatorzusatz, sondern hat auch ihre Ursache in der „Homodimerisierung" der beiden Reaktionspartner, die gleichzeitig nach statistischen Gesichtspunkten abläuft. Setzt man Propen oder Butene getrennt in die Dimerisierung ein, so bilden sich mit hoher Selektivität (85 bis 92 %) bei ca. 90 % Umsatz Isohexene bzw. Isooctene, die sich durch einen geringen Verzweigungsgrad auszeichnen.

Wenig verzweigte Iso-C_6-C_7-C_8-Olefine gut zur Hydroformylierung geeignet und für weitere Hydrierung zu Isoalkoholen für Dialkylphthalate als Weichmacher

Damit liefert diese Dimerisierungsvariante mit den C_6-, C_7- und C_8-Isoolefinen Ausgangskomponenten zur Herstellung von hochoctanigem Benzin sowie gut verwendbare Einsatzprodukte für die Hydroformylierung; eine beidseitige Verzweigung an der olefinischen Doppelbindung würde sonst die Geschwindigkeit der Oxoreaktion stark herabsetzen.

Das Dimersol-Verfahren hat nach seiner ersten technischen Anwendung 1977 derzeit eine weltweite Produktionskapazität von etwa 3 Mio jato in 26 Dimersol-Anlagen erreicht.

Zu 3

3. Verfahren mit Alkalimetall-Katalyse

C_3H_6-Flüssigphasendimerisierung zu 4MP1 mit hoher Selektivität, jedoch geringer Aktivität nach dem BP-Verfahren

Die dritte Möglichkeit, eine alkalimetallkatalysierte Propendimerisierung, hat bisher nur eine geringe technische Bedeutung erlangt. Die Reaktion wird bei etwa 150 °C und 40 bar in der Flüssigphase an Na/K_2CO_3 mit einer Selektivität bis zu 80 % an 4-Methyl-1-penten (4MP1) durchgeführt:

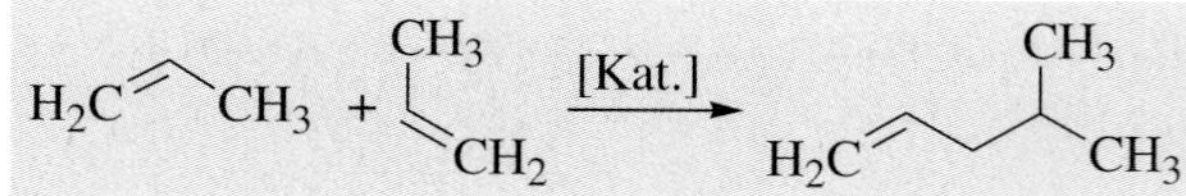

(16)

Verfahrensbeispiel für 3:

4MP1-Herstellung und Polymerisation durch Mitsui Petrochemical zu hochkristallinem Thermoplast und als Comonomeres in LLDPE (**L**inear **L**ow **D**ensity **P**oly**e**thylene)

BP produziert in einer Anlage mit einer Herstellkapazität von 25 000 jato das 4MP1 als Monomeres für ein hochschmelzendes (240 °C) transparentes Polyolefin der ICI mit der Bezeichnung TPX. Mitsui Petrochemical hat nach dem BP-Verfahren 1975 eine Anlage mit einer Kapazität von derzeit 15000 jato für das Monomere in Betrieb genommen, das zum Poly-4-methyl-1-penten umgesetzt wird. Phillips Petroleum hat 1986 eine kleinere Produktion gestartet. Eine weitere Anwendung findet 4MP1 als Comonomeres in Polyethylen (LLDPE).

3.4 Olefin-Metathese

Die Olefin-Metathese ist eine Austauschreaktion, bei der zwischen zwei Olefinen über einen noch nicht eindeutig beschreibbaren Übergangszustand formal Alkylidengruppen durch Spaltung an der Doppelbindung ausgetauscht werden. Im einfachsten Fall einer Metathese reagieren zwei Mole Propen zu je einem Mol Ethylen und Buten, hauptsächlich 2-Buten:

Prinzip der Olefin-Metathese:

reversibler, katalytischer Austausch von Alkylidengruppen zwischen zwei Olefinen

Mechanismus der Metathese mit Vierzentren-Übergangszustand deutbar:

$$\begin{matrix} H_3C-CH=CH_2 \\ H_3C-CH=CH_2 \end{matrix} \rightleftharpoons \begin{matrix} H_3C-CH \quad CH_2 \\ H_3C-CH \quad CH_2 \end{matrix}$$

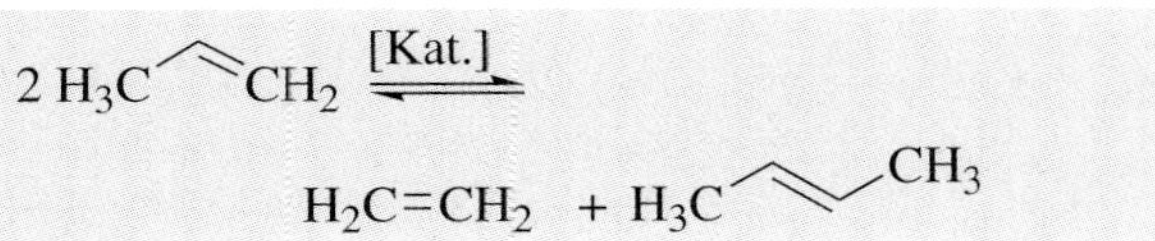

(17)

Dieser Übergang eines Olefins bestimmter C-Zahl in zwei andere Olefine niederer und höherer C-Zahl hat der Reaktion auch die Bezeichnung einer Disproportionierung eingebracht, jedoch wird für die reversibel ablaufende Metathese die Rückreaktion mit dem Begriff der Disproportionierung nicht mehr korrekt wiedergegeben.

Disproportionierung als Alternativbezeichnung deckt nur begrenzt die Vielfalt möglicher Metathese-Reaktionen ab

Metathese-Reaktionen lassen sich mit Katalysatorsystemen überwiegend auf Basis von Molybdän, Wolfram oder Rhenium durchführen. Dazu kann man in der Flüssigphase lösliche Halogenide oder Carbonyle einsetzen, die durch die gleichzeitige Anwesenheit metallorganischer Verbindungen zu niederer Wertigkeitsstufe reduziert und durch sauerstoffhaltige Promotoren aktiviert werden. Man kann auch in der Gasphase, dann aber bevorzugt mit den Oxiden, Sulfiden oder Carbonylen der obengenannten Metalle auf Trägern hoher Oberfläche, die Metathese ausführen.

Katalysatoren der Olefin-Metathese:

bevorzugt Mo, W, Re

1. in homogener Phase als Salze oder Carbonyle mit metallorganischen Verbindungen und O-haltigem Promotor, z. B. $WCl_6/C_2H_5AlCl_2/C_2H_5OH$
2. in heterogener Phase, z. B. als Oxide auf Trägern:

   Metalloxide: WO_3, $CoO-MoO_3$, Re_2O_7
   Träger: Al_2O_3, SiO_2

Homogene Katalysatoren sind in vielen Fällen schon bei Zimmertemperatur wirksam, heterogene Katalysatoren verlangen Reaktionstemperaturen bis zu 500 °C.

Die Metathese kann dazu dienen, die Flexibilität von Olefin-Herstellverfahren zu vergrößern, wie z. B. den Ethylenanteil von Naphtha-Crackgemischen auf Kosten von Propen zu erhöhen und zugleich zusätzliches Buten als Einsatzprodukt für die Dehydrierung zu Butadien herzustellen.

Vorteile der Olefin-Metathese:

Raffinerieflexibilität als Funktion von Crackrohstoff und -verfahren vergrößerbar entsprechend einem wechselnden Marktbedürfnis

Sie kann aber auch in Kombination mit einer Ethylenoligomerisierung in Ländern mit bevorzugter Spaltung von Erdgas dazu dienen, einen nicht ausreichenden Anteil an höheren Olefinen zu vergrößern.

Weitere Einsatzmöglichkeiten der Metathese ergeben sich mit dem Aufbau sonst nur schwer zugänglicher Diolefine oder mit der ringöffnenden Polymerisation von Cycloolefinen.

Erste technische Anwendung der Olefin-Metathese:

Triolefin-Prozess (Phillips Petroleum)
6 Jahre von Shawinigan in einer 30000-jato-Anlage genutzt

Triolefin: ein Olefin als Edukt
zwei Olefine als Produkt

Katalysatortypen für Triolefin-Prozess in der Reihenfolge zunehmender Aktivität:

1. WO_3/SiO_2
2. $CoO-MoO_3/Al_2O_3$
3. Re_2O_7/Al_2O_3

Phillips Petroleum führte die Disproportionierung von Propen als Triolefin-Prozess in den sechziger Jahren ein. Eine technische Anlage mit einer Kapazität von 30000 jato Buten war seit 1966 bei der Shawinigan in Kanada in Betrieb. Sie wurde allerdings 1972 aus wirtschaftlichen Gründen wegen veränderter Rohstoffsituation stillgelegt.

Die Reaktionsbedingungen sind in Abhängigkeit vom verwendeten Katalysator unterschiedlich. Mit Co-Molybdat-Katalysatoren sind Temperaturen von 120–210 °C bei 25–30 bar schon ausreichend, um Propenumsätze von etwa 40 % zu erreichen; mit WO_3/SiO_2 werden Arbeitstemperaturen von etwa 450–500 °C angegeben. Der Propenumsatz erreicht bei 500 °C etwa 42 %. Das Einsatzpropen muss frei von Acetylenen und Diolefinen sein, die zuvor durch selektive Hydrierung an einem Palladiumkatalysator entfernt werden.

BP entwickelte für Metathese-Prozesse einen Re-Katalysator, der in der Form Re_2O_7/Al_2O_3 wesentlich aktiver als die zwei vorgenannten Katalysatoren ist und im Prinzip schon bei Zimmertemperatur wirksam wird.

Neuere Anwendung des Phillips-Verfahrens in USA für Propenherstellung aus

$H_2C{=}CH_2$ und $CH_3CH{=}CHCH_3$

Ein in jüngster Zeit in USA auftretender zusätzlicher Propen-Bedarf hat zu einem erneuten Einsatz des Phillips-Verfahrens bei Lyondell (Arco) geführt. In einer 136000-jato-Anlage wird seit 1985 Ethylen zunächst zu 2-Buten dimerisiert und dann in einer Metathese-Stufe mit Ethylen zu Propen umgesetzt. Diese Propenherstellung wird noch in zwei weiteren Anlagen in USA genutzt.

Prozess für höhere Olefine von Shell (SHOP) seit 1977 in derzeit ca. 0,32-Mio-jato-Anlage in USA

Verfahrensschritte bei SHOP:

1. Ethylenoligomerisierung
2. Doppelbindungsisomerisierung
3. Metathese (Ethenolyse)

Eine andere technische Anwendung findet die Metathese als Teilschritt in einem Kombinationsprozess der Shell (SHOP = **S**hell **H**igher **O**lefins **P**rocess) seit 1977 in einer ursprünglich 104000-jato-, inzwischen mehrfach erweiterten Anlage in USA. Dabei wird Ethylen zunächst bei 80–120 °C und 70–140 bar in Gegenwart eines Ni-Katalysators mit Phosphinliganden (z. B. $(C_6H_5)_2PCH_2COOK$) zu einem geradzahligen, linearen α-Olefingemisch oligomerisiert, aus dem direkt C_{10}–C_{18}-Olefine für den Detergentiensektor isoliert werden.

Vor- und Nachlaufolefine werden einer Kombination von Doppelbindungsisomerisierung und Metathese unterzogen. Dabei werden durch Isomerisierung bevorzugt Olefine mit innenständiger, statistisch verteilter Doppelbindung erhalten. Wird die anschließende Metathese nur mit diesem Olefintyp durchgeführt, so erhält man ein neues Gemisch interner Olefine, das in seiner Kettenlängenverteilung von der ehemaligen Lage der Doppelbindung abhängt. Wird dagegen zusätzliches Ethylen zu den isomerisierten Olefinen eingesetzt, so können diese zu terminalen Olefinen gespalten werden (Ethenolyse):

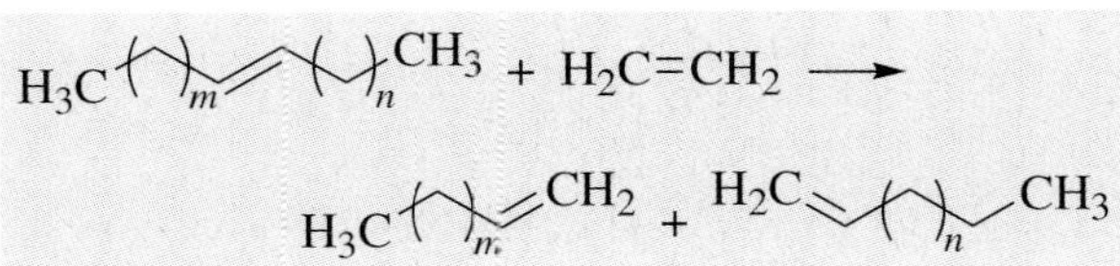
(18)

Damit lassen sich zusätzliche Olefine im erwünschten C-Bereich von C_{11} bis C_{14} erhalten, die z. B. für eine Hydroformylierung zu C_{12}–C_{15}-Detergentalkoholen verwendet werden können. Höhere und niedere unerwünschte Olefine werden rezirkuliert. Insgesamt wird eine α-Olefinkonzentration von 94–97 % mit einem Monoolefingehalt von mehr als 99,5 % erreicht.

Kennzeichen der Ethenolyse:

interne geradzahlige Olefine mit Ethylen zu terminalen ungeradzahligen Olefinen katalytisch spaltbar

Nach der ersten industriellen Nutzung des SHOP-Prozesses in USA sind dann zahlreiche weitere Anlagen in Betrieb gegangen. Die weltweite Herstellkapazität für lineare α-Olefine nach dem SHOP-Prozess hatte 1993 ca. 1 Mio jato erreicht.

Weitere Anwendungsmöglichkeiten könnten sich z. B. aus der Reihe der von zahlreichen Firmen untersuchten Reaktionen ergeben. Dazu gehört z. B. die Herstellung von Neohexen (3,3-Dimethyl-1-buten), die durch Ethenolyse aus technischem Diisobuten (ca. 75 % Anteil 2,4,4-Trimethyl-2-penten) unter Bildung von Isobuten als Coprodukt erreichbar ist:

Weitere Anwendungsbeispiele für Metathese-Reaktionen:

1. Herstellung von Neohexen durch Ethenolyse von Diisobuten (Phillips)

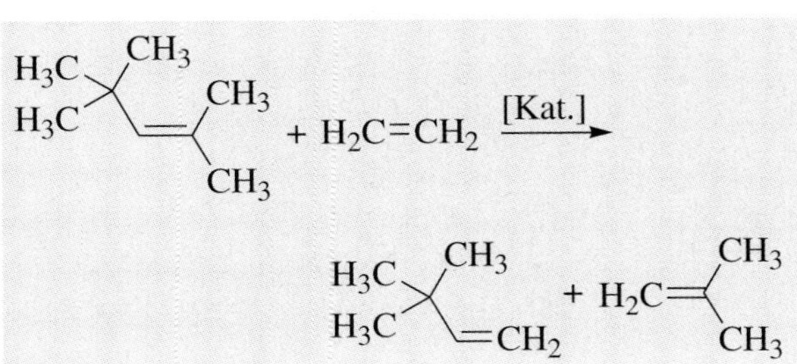
(19)

Phillips hat inzwischen eine kleinere Anlage mit ursprünglich 1600-jato-Herstellkapazität zur Herstellung von Neohexen in Betrieb genommen und schon mehrfach erweitert. Es wird vorzugsweise zur weiteren Umsetzung für Duftstoffe verwendet.

2. Herstellung von α,ω-Diolefinen durch ringöffnende Ethenolyse von Cycloolefinen (Shell)

Eine weitere beispielhafte Reaktion ist die Herstellung von α,ω-Diolefinen durch Ethenolyse von Cycloolefinen. So kann das leicht zugängliche Cyclododeca-1,5,9-trien (vgl. Butadien-Cyclotrimerisierung, Abschn. 10.1.2) zunächst zum Cyclododecen selektiv hydriert werden, aus dem sich dann durch Metathese mit Ethylen das Tetradeca-1,13-dien herstellen lässt:

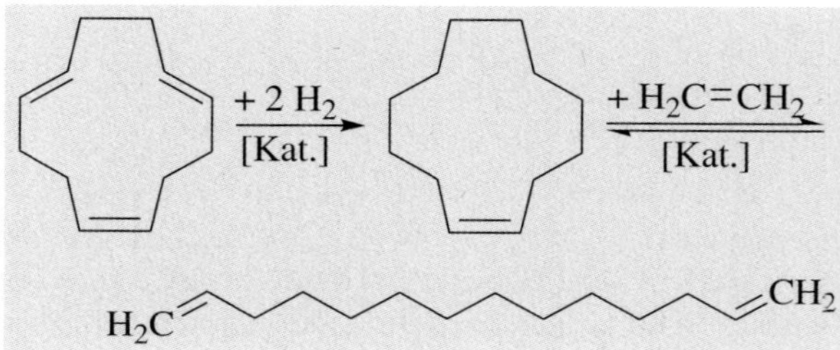

(20)

Weitere α,ω-Diolefine, wie vorzugsweise Hexa-1,5-dien und Deca-1,9-dien, sollen in einer Mehrzweckanlage von Shell in größerem Maßstab (insgesamt ca. 3000 jato) produziert werden.

α,ω-Diene sind von technischem Interesse für den Einsatz als Vernetzer bei der Olefinpolymerisation oder zur Herstellung bifunktioneller Verbindungen.

3. metathetische Polymerisation von Cycloolefinen zu Polyalkenameren als Nebenreaktion der Cycloolefin-Ethenolyse

Cyclododecen kann daneben in einer parallel verlaufenden Metathese auch zum Ausgangsprodukt für Polydodecenamere werden, eine Reaktion, die in Abwesenheit von Ethylen zur Hauptreaktion wird. Sie beginnt mit der Ringaufweitung zum cyclischen Diolefin mit doppelter C-Zahl:

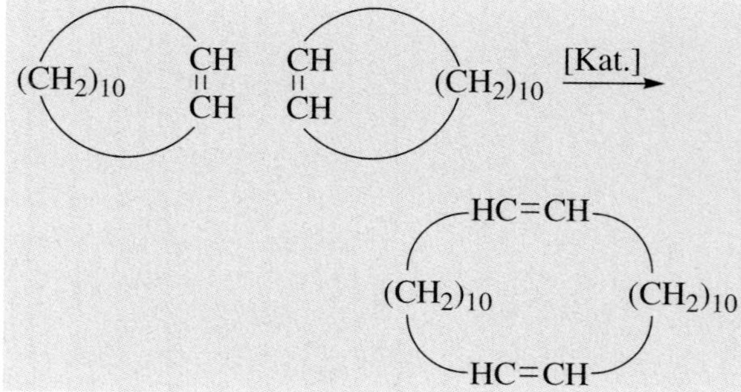

(21)

Im Polydodecenameren liegen dann neben Makrocyclen auch offenkettige Strukturen vor. Als Katalysatoren können Wolfram enthaltende Systeme, wie z. B. $WCl_6/C_2H_5OH/C_2H_5AlCl_2$, eingesetzt werden.

Eine größere technische Anwendung dieses Reaktionstyps hat die Methathese-Polymerisation von Cycloocten zu Polyoctenameren durch Hüls (Kap. 1989 etwa 12000 jato) erfahren. Als Rohstoffbasis dient Cycloocten, das aus der katalytischen Cyclodimerisierung von Butadien zum *cis,cis*-Cycloocta-1,5-dien mit nachfolgender partieller Hydrierung entstammt.

Anwendungsbeispiele für metathetische Polymerisation:

1. Polyoctenamer-Herstellung

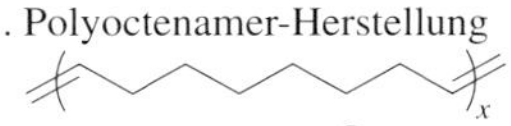

(Hüls, Vestenamer®)

Polyoctenamere sind vulkanisierbare Elastomere für den Einsatz auf dem Kautschuksektor.

Das älteste, in einer 5000-jato-Anlage von der CDF-Chimie seit 1976 produzierte Polyalkenamer ist das Polynorbornen aus der metathetischen Polymerisation von Norbornen mittels W- oder Rh-Katalysatorsystemen:

2. Polynorbornen-Herstellung (CDF-Chimie, Norsorex®)

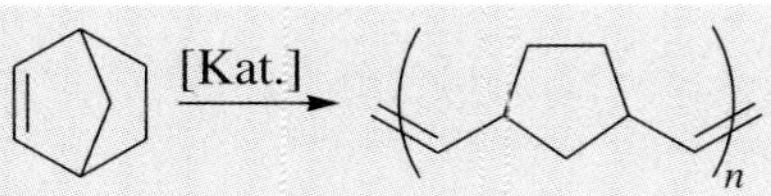

(22)

Das Polynorbornen dient als gummiartiges Vulkanisat für Schwingungs- und Geräuschdämpfungsmassen.

Andere technisch interessante, aber noch nicht genutzte Beispiele für eine Metathese-Reaktion sind die Dismutation von Isobuten und 2-Buten zu einer Isopren-Vorstufe (vgl. Abschn. 5.2.2) und ein Styrol-Verfahren auf Basis Toluol, bei dem, nach dessen oxidativer Dimerisierung zu Stilben, eine Metathese mit Ethylen zu Styrol führt (vgl. Abschn. 13.1.2).

Möglicher zukünftiger Metathese-Einsatz zur Herstellung von:

Isopren
Styrol

4 Acetylen

4.1 Heutige Bedeutung des Acetylens

Acetylen zählte bis zum Aufblühen der Petrochemie in den vierziger Jahren in USA und mit Beginn der fünfziger Jahre auch in Westeuropa zu den wichtigsten Grundstoffen der industriellen organischen Chemie.

An die Stelle des Acetylens als Basisprodukt vor allem für zahlreiche Monomere sind im Verlauf dieser Entwicklung die leichter zugänglichen und damit preiswerteren sowie besser zu handhabenden Olefine getreten.

Die nachfolgende Tabelle zeigt beispielhaft für USA im Zeitraum von 1965 bis 1997 den beträchtlichen Rückgang des Acetylenanteils an wichtigen Großchemikalien:

„Acetylen-Stammbäume“ müssen durch „Olefin-Stammbäume“ ersetzt werden

Olefine sind:

preiswerter, Massenprodukte, pipelinetransportierbar, sicherer, jedoch weniger reaktiv als Acetylen

Tabelle 4-1. Produktion von Großchemikalien auf Acetylen- und Olefinbasis in USA (in 1000 t).

Produkt	Acetylenbasis				Olefinbasis		
	1965	1974	1987	1997	1974	1987	1995
Vinylchlorid	159	59	73	48	2490	3657	6754
Acrylnitril	91	–	–	–	640	1157	1455
Chloroprenkautschuk	82	–	–	–	144	110	n. v.
Vinylacetat	64	32	–	–	604	1137	1312
Sonstiges (1,4-Butandiol, THF, Acrylsäure/-ester u. a.)	68	91	60	92			

n. v. = nicht veröffentlicht.

Die Acetylenherstellung durchlief daher ihr Maximum in USA mit fast 0,5 Mio jato in den sechziger Jahren und in der Bundesrepublik Deutschland mit 0,35 Mio jato Anfang der siebziger Jahre.

Die weltweite Herstellkapazität für Acetylen betrug 1998 etwa 0,7 Mio jato, davon entfielen auf Westeuropa, USA, Japan und Bundesrepublik Deutschland etwa 0,24, 0,19, 0,09 bzw. 0,12 Mio jato.

Die Produktionszahlen für Acetylen in einigen Ländern sind in der nebenstehenden Tabelle aufgeführt.

Acetylenproduktion*) (in 1000 t)

	1988	1993	1997
BRD	219	103	91
USA	173	157	162
Japan	91	73	54

*) für chemische und andere Nutzung

Industrielle Organische Chemie: Bedeutende Vor- und Zwischenprodukte, *6. Auflage*, Hans-Jürgen Arpe

ISBN: 978-3-527-31540-6

Frühere C_2H_2-Basis heute ersetzt durch:

C_2H_4 für: CH_3CHO
$H_2C{=}CHCl$
$H_2C{=}CHOAc$
$Cl_2C{=}CHCl$
$Cl_2C{=}CCl_2$

C_3H_6 für: $H_2C{=}CHCN$
$H_2C{=}CHCOOH$

C_4H_6 für: 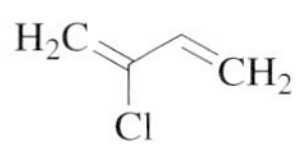

Großvolumige Zwischenprodukte wie Acetaldehyd, Vinylchlorid, Vinylacetat und chlorierte Lösemittel wie Tri- und Perchlorethylen – früher eine Domäne der Acetylenchemie – werden heute in Neuanlagen aus Ethylen nach großtechnischen, ausgereiften Verfahren produziert. Das Gleiche gilt für Acrylnitril und in zunehmendem Maß für Acrylsäure auf der neuen Basis Propen sowie für Chloropren mit Butadien als Ausgangsprodukt.

Rückkehr zur Kohle als C_2H_2-Basis mit Vorteilen wie:

1. C-Selektivität bei C_2H_2 größer und
2. H_2-Bedarf geringer als bei C_2H_4, C_3H_6

aber Nachteil des höheren spezifischen Energiebedarfs für C_2H_2-Herstellung

Eine durch die Ölkrisen ausgelöste Rückbesinnung auf die weltweit größeren Reserven an Kohle hat auch zur Entwicklung neuerer bzw. verbesserter Acetylen-Herstellverfahren geführt (vgl. Abschn. 4.2.2). Jedoch lassen sich die Vorteile, wie z. B. die höhere Kohlenstoffselektivität bei vielen Prozessen der Acetylenherstellung auf Kohlebasis und der geringere H_2-Bedarf, im Vergleich zur energiegünstigeren Olefinherstellung nur bei genügend niedrigen Kohlepreisen wirtschaftlich nutzen.

Kohlechemische Prozesse für C_2H_2 bevorzugt in Ländern mit billigen Rohstoffen und niedrigen Energiekosten

Das trifft vorzugsweise für solche Länder zu, wie z. B. Australien, Indien oder Südafrika, die über sehr billige Steinkohle und damit auch Elektrizität verfügen. Dort werden auch heute noch Neuanlagen auf Acetylenbasis zur Herstellung von Vinylchlorid, Essigsäure oder Vinylacetat errichtet. Vielfach wird für die Acetylenherstellung der Weg über Calciumcarbid als einer mehrfach nutzbaren Zwischenstufe gewählt.

Weitere CaC_2-Verwendung:

1. historische $CaCN_2$-Produktion durch synthetischen Volldünger eingeschränkt
2. neuerer Einsatz zur Entschwefelung von Roheisen mit ansteigender Tendenz

Calciumcarbid hat außer in der Chemischen Industrie mit seiner bekannten, aber rückläufigen Verwendung zur Herstellung von Calciumcyanamid (derzeit weltweit etwa 50 % der CaC_2-Produktion) neuerdings in der Stahlindustrie zur Entschwefelung von Roheisen einen interessanten Einsatz gefunden. Mit 5–10 kg CaC_2 pro Tonne Roheisen ergibt sich hier ein neuer Markt, der den Carbidbedarf wesentlich beeinflussen könnte und damit wieder Rückwirkung auf Acetylenangebot und -preis haben könnte.

Argumente für heutige Acetylenverwendung:

Für die übrigen Länder gibt es heute im Wesentlichen vier Gründe, das Acetylen weiter für chemische Prozesse zu verwenden:

1. Kapazität einer abgeschriebenen Anlage für C_2H_2-Folgeprodukte deckt Bedarf und Umstellung erfordert hohe Investition

Beispiele:

$H_2C{=}CHCOOH$ und HCl-Verbund bei der VC-Herstellung aus EDC-Spaltung und Addition an C_2H_2

1. Es existieren große, steuerlich abgeschriebene Anlagen, deren Kapazitäten den Bedarf an einem Produkt decken können und die beim Übergang zu einer anderen Rohstoffbasis durch neue Anlagen mit hohen Investitionskosten und zumeist verfahrenstechnisch schwierigen Prozessen auf Olefinbasis ersetzt werden müssten.

Charakteristische Beispiele sind die Acrylsäureherstellung durch Carbonylierung von Acetylen (vgl. Abschn. 11.1.7.1) und die Ethylen-Acetylen-Verbundverfahren zur Herstellung von Vinylchlorid (vgl. Abschn. 9.1.1.2).

2. Es sind mengenmäßig kleine Produkte in einfacher Weise mit C_2H_2 herstellbar und der C_2-Anteil am Gesamtmolekül ist gewichtsmäßig und daher im Materialkostenanteil unbedeutend, wie z. B. Vinylester höherer Carbonsäuren, Vinylether höherer Alkohole (vgl. Abschn. 9.2.2 und 9.2.3) sowie N-Vinyl-Verbindungen (vgl. Abschn. 4.3).

2. Produkt ist klein und C_2-Mol-Anteil ist gering

Beispiele:

Vinylester und -ether höherer Alkohole, N-Vinyl-Verbindungen

3. Es gibt keine geeigneten alternativen Verfahren, d. h. mit vergleichbaren Investitionskosten, mit preiswerten Einsatzmaterialien, mit wirtschaftlichen Ausbeuten und einer üblichen Technologie.

Ein Beispiel für diesen Fall ist das 1,4-Butandiol (vgl. Abschn. 4.3), ein anderes der Acetylenruß, der für Spezialzwecke benötigt wird.

3. Es fehlen wirtschaftliche Alternativverfahren

Beispiele:

1,4-Butandiol, Acetylenruß für Batterien (z. B. Acetogen® Hoechst-Knapsack) oder als Füllmittel für Kautschuk

4. Bei der zeitlich begrenzten und durch politische Entscheidungen beeinflussbaren Erdölversorgung wird eine zumindest teilweise Unabhängigkeit vom Erdöl durch Carbidacetylen angestrebt und eventuelle wirtschaftliche Bedenken werden zurückgestellt.

4. Unabhängigkeit mit C_2H_2 auf Kohlebasis lässt Frage nach Wirtschaftlichkeit zurücktreten

4.2 Herstellverfahren für Acetylen

4.2.1 Calciumcarbid als Basis

Calciumcarbid aus der stark endothermen ($\Delta H = +465$ kJ/mol) elektrothermischen Umsetzung von gebranntem Kalk und Koks bei 2200–2300 °C hat weltweit ein Produktionsmaximum mit etwa 10 Mio jato 1960 durchlaufen. Die weltweite Herstellkapazität für Calciumcarbid betrug 2004 etwa 1,4 Mio jato und davon entfielen auf die USA, Westeuropa und Japan etwa 0,24, 0,35 bzw. 0,44 Mio jato. Produktionszahlen in einigen Ländern sind der nebenstehenden Tabelle zu entnehmen. Trotz der rückläufigen Produktion ist in mehreren Ländern ein neuerliches Interesse an einer modernen Carbid-Acetylen-Herstellung erwacht, wie z. B. Untersuchungen des Institute of Gastechnology (USA) zur CaC_2-Synthese durch Einsatz von Solarenergie zeigen.

Klassische Herstellung von Acetylen auf Calciumcarbidbasis mit deutlich sinkendem Interesse

Calciumcarbidproduktion (in 1000 t)

	1988	1993	2004
Japan	342	245	230
USA	225	222	173

Calciumcarbid lässt sich in exothermer Reaktion mit H_2O zu Acetylen und Calciumhydroxid umsetzen:

Hauptkostenfaktoren:

elektrische Energie (etwa 10 KWh/kg C_2H_2) und Kohle

$$CaC_2 + 2\,H_2O \longrightarrow HC{\equiv}CH + Ca(OH)_2 \quad (\Delta H = -130\ \text{kJ/mol}) \qquad (1)$$

Hydrolyse von CaC_2 in zwei technologischen Ausführungen:

1. Nassentwickler mit H_2O-Überschuss, technisch einfacher, jedoch Abwasserbelastung
2. Trockenvergaser mit etwa stöchiometrischer H_2O-Menge

Technisch werden dazu bei Wasserüberschuss Nassentwickler oder bei etwa stöchiometrischer H_2O-Menge Trockenentwickler verwendet, so dass entstehendes Kalkhydrat als rieselfähiges Pulver anfällt. Die Reaktionswärme wird duch Verdampfen eines Teiles des zugegebenen Wassers abgeführt.

Kontinuierlich arbeitende Trockenentwickler in großtechnischer Ausführung mit einer Leistung bis zu 3750 m^3/h C_2H_2 = 32000 jato wurden von Knapsack und Shawinigan entwickelt. Das Nebenprodukt – Carbidkalk – wird entweder nach neueren Verfahren bis zu 50 % in die Carbidherstellung zurückgeführt oder im Bauwesen, in der Chemischen Industrie oder in der Landwirtschaft verwendet.

Reinigung des chemisch genutzten Acetylens in drei Stufen:

1. H_2SO_4-Wäsche (NH_3 aus $CaCN_2$)
2. HOCl- bzw. H_2SO_4-Oxidation
3. NaOH-Wäsche

Chlorwasser darf kein freies Cl_2 enthalten, da dieses mit C_2H_2 heftig reagieren kann

Für den Einsatz zu chemischen Synthesen wird C_2H_2 in drei Stufen gewaschen; nach Entfernung basischer Produkte – wie NH_3 durch eine H_2SO_4-Wäsche – werden P- und S-haltige Verunreinigungen entweder mit Chlorwasser oder mit 98-proz. H_2SO_4 oxidiert und ausgewaschen und in der dritten Stufe schließlich Säurespuren mit Natronlauge entfernt.

4.2.2 Thermische Verfahren

Herstellung von Acetylen durch Pyrolyse von Kohlenwasserstoffen

Allgemeine Verfahrensmerkmale:

endothermer Spaltprozess mit großem Energiebedarf auf hohem Temperaturniveau bei kurzer Verweilzeit der Spaltprodukte

Die Gleichgewichtseinstellung bis zu den Elementen C und H_2 muss durch kurze Verweilzeit (Quenchen) verhindert werden

C_2H_2-Isolierung:

geringe C_2H_2-Konzentration im Spaltgas erfordert Wäsche mit Lösemittel

Zahlreiche Verfahren zur Herstellung von C_2H_2 basieren auf der unkatalysierten Pyrolyse von Kohlenwasserstoffen im C-Bereich von Methan über Leichtbenzin bis zum Rohöl. Bei neueren Prozessentwicklungen kommen zusätzlich höher siedende Fraktionen, Rückstandsöle oder auch Kohle zum Einsatz.

Prinzipiell haben thermodynamische und kinetische Größen einen entscheidenden Einfluss auf die Wahl der Reaktionsbedingungen.

Wichtige Voraussetzungen aller Prozesse sind eine schnelle Energiezufuhr auf hohem Temperaturniveau von mehr als 1400 °C, sehr kurze Verweilzeiten der Einsatz- bzw. Reaktionsprodukte von 10^{-2} bis 10^{-3} s, niedriger Partialdruck des Acetylens und schnelles Abschrecken der pyrolysierten Gase. C_2H_2 fällt dabei relativ verdünnt, d. h. zu etwa 5–20 Vol.-%, im Spaltgas an. Es wird durch selektive Lösemittel, wie z. B. **N**-**M**ethyl**p**yrrolidon (NMP), **Dim**ethyl**f**ormamid (DMF), Kerosin, Methanol oder Aceton, aus dem Gasgemisch herausgelöst und in weiteren Stufen gereinigt.

Die einzelnen Acetylenverfahren unterscheiden sich im Wesentlichen in der Art der Erzeugung und der Übertragung der hohen für die Spaltreaktion erforderlichen Temperaturen. Vom Prinzip her lassen sich drei Verfahrensweisen unterscheiden:

Pyrolyseverfahren nach Art der Wärme (allotherm = Fremdwärme, endotherm = Eigenwärme) und ihrer Übertragung in drei Typen einteilbar:

1. allotherme Verfahren mit direkter Wärmeübertragung, zumeist mit elektrischer Aufheizung,

1. elektrothermische Spaltung

2. allotherme Verfahren mit indirekter Wärmeübertragung durch einen Wärmeträger und

2. Spaltung mit Wärmeträger

3. autotherme Verfahren, bei denen die Wärme aus der Teilverbrennung des Einsatzproduktes zur endothermen Spaltung des Restes genutzt wird.

3. Spaltung durch Partialverbrennung des Einsatzproduktes

Zu 1

Hierzu gehört das Lichtbogenverfahren von Hüls, das großtechnisch in der Bundesrepublik Deutschland seit 1955 in einer Anlage mit einer Kapazität 1993 von 120000 jato C_2H_2 und ca. 50000 jato C_2H_4 sowie in einer kleineren Anlage in Rumänien angewendet wird. Nach diesem Verfahren werden Kohlenwasserstoffe bis zu einem Siedepunkt von 200 °C mithilfe eines 1 m langen stabilisierten Lichtbogens gecrackt, der in seinem Zentrum bis zu 20000 °C erreicht. Am Ende des Brenners hat das Gasgemisch bei ca. 1,2 bar Betriebsdruck eine Temperatur von ca. 1800 °C, die durch Einspritzen von Wasser schnell auf ca. 200 °C abgesenkt wird. Die Verweilzeit in der Brennerzone beträgt einige Millisekunden, die Ausbeuten an Acetylen bzw. Ethylen erreichen 1,0 bzw. 0,42 t pro 1,8 t Kohlenwasserstoff-Einsatz. Hüls hat den Betrieb der Großanlage 1993 eingestellt und wegen eines kleineren Bedarfs dieses energieintensiven Acetylens, z. B. für 1,4-Butandiol und Tetrahydrofuran, eine modernisierte, umweltfreundliche 40000-jato-Anlage gestartet.

1. Elektrothermische Spaltverfahren:

1.1 Hüls-Lichtbogenverfahren mit 19 Brennereinheiten und bevorzugtem Einsatz von Erdgas, Raffineriegasen, LPG

Verfahrensmerkmale:

tangentiale Gasführung zur Stabilisierung, mit Elektrodenlebensdauer über 1000 Std. und hoher C_2H_2-, C_2H_4-Ausbeute von ca. 56 bzw. 25 Gew.-%

Ein weiteres H_2-Lichtbogenverfahren oder auch Plasmaverfahren von Hoechst-Hüls wurde in zwei großtechnischen Versuchsanlagen erprobt. H_2 als Wärmeträger wird zunächst in einem Lichtbogen auf 3000–4000 °C erhitzt und dabei zu 30–65 % zu Atomen dissoziiert. Im anschließenden Reaktor können dann alle Arten von Kohlenwasserstoffen, von Methan bis hin zum Rohöl, in das Plasma eingedüst und gespalten werden. Das Spaltgas wird schnell abgeschreckt und getrennt. Beim Einsatz von Leichtbenzin können Acetylen-Ethylen-Ausbeuten von etwa 80 Gew.-% erhalten werden, wenn Nebenprodukte in den Spaltprozess zurückgeführt

1.2 WLP (**W**asserstoff-**L**ichtbogen-**P**yrolyse) Hoechst-Hüls mit Plasma aus 30–65 % H-Atomen, d. h. hoher Enthalpiedichte:

in der Hoechst-Variante Plasmaerzeugung mit Drehstromlichtbogen, bei Hüls Gleichstromlichtbogen

Verfahrensmerkmale:

breite KW-Palette einsetzbar, geringe Rußbildung, hohe C_2H_2/C_2H_4-Ausbeute von 80 Gew.-%

werden. Die Acetylenkonzentration im Spaltgas erreicht fast 14 Vol.-%.

Weitere Plasmaverfahren:

UCC, Cyanamid, GUS

Auch in USA und der GUS wurden Plasmaverfahren entwickelt, bisher ist aber keines zu einem großtechnischen Einsatz gekommen.

1.3 DuPont-Lichtbogen

Ein modifiziertes Lichtbogenverfahren stammt von DuPont; eine Anlage mit einer Herstellkapazität von 25000 jato lief in USA von 1963 bis 1968.

1.4 Hüls-, AVCO-Plasmaverfahren für Einsatz von Kohle

In neuerer Zeit wurde auch der Einsatz von Kohle für die Plasmapyrolyse in Versuchsanlagen von Hüls in der Bundesrepublik Deutschland und von der AVCO Corp. in USA untersucht. Dabei wird – analog zu den Prozessen mit Kohlenwasserstoffen – die staubförmige Kohle in das im Lichtbogen erzeugte Wasserstoffplasma eingedüst. Nach einer Verweilzeit von Millisekunden kann die C_2H_2-Ausbeute bei optimalen Druck- und Temperaturbedingungen und abhängig von der Kohlenart Werte bis zu 35 Gew.-% erreichen. Das Spaltgas wird dann nach einem Wasserquench aufgearbeitet und nicht umgesetzte Feststoffe werden zurückgeführt. Schwieriger als bei dem Einsatz von Kohlenwasserstoffen gestaltet sich die Abtrennung von Schlacke sowie von Produkten, die aufgrund des N,O,S-Gehaltes der Kohle gebildet werden.

Eine technische Realisierung dieses Verfahrens hat sich bisher noch nicht ergeben.

Zu 2

2. Wärmeträger-Spaltverfahren:

2.1 Wulff-Prozess nach Cowper-Prinzip, d. h. zwei Regenerativöfen abwechselnd heiß und kalt gefahren, wegen prinzipieller Mängel heute ohne technische Anwendung

Hierzu gehört der Wulff-Prozess als ein Regenerativverfahren mit alternierender Aufheizung feuerfest ausgekleideter Öfen und nachfolgender Spaltung. Der Wulff-Prozess wurde insbesondere durch die UCC weiterentwickelt. Jedoch konnte die relativ starke Rußbildung wegen der langsameren Wärmeübertragung als bei den elektrothermischen oder den Prozessen der Partialoxidation und damit einer zu langen Verweilzeit des Acetylens nicht verhindert werden. Alle Anlagen in USA, Brasilien und Europa wurden Ende der sechziger Jahre stillgelegt.

2.2 Kureha-Prozess als Vorläufer neuerer Hochtemperatur-Crackprozesse:

H_2O von 2000 °C, aus der H_2/CH_4-Verbrennung als Wärmeträger liefert hohen C_2H_2-Anteil

Ein neuartiger Hochtemperatur-Crackprozess mit überhitztem Wasserdampf von etwa 2000 °C aus der Verbrennung von H_2/CH_4-Gemischen wurde von Kureha in Japan entwickelt. Als Crack-Einsatzstoffe dienen Rohöl oder Rückstandsöle, die eine C_2H_2/C_2H_4-Ausbeute bis zu 46 % bei einem Verhältnis von etwa 1 : 1 ergeben.

Dieses Verfahren, das ab 1970 in einer Versuchsanlage überprüft wurde, ist zugleich auch der Vorläufer des zusammen mit UCC und Chiyoda entwickelten ACR-Prozesses (vgl. Abschn. 3.3.1).

Zu 3

Zu dieser Gruppe zählen zwei Verfahren der BASF: zum einen das Sachsse-Bartholomé-Verfahren, das bisher die größte Anwendung mit weltweit 13 Anlagen und einer Gesamtkapazität von über 400000 jato C_2H_2 gefunden hat (1991 noch sieben Anlagen mit 330000 jato Gesamtkapazität). Es wird anschließend ausführlicher beschrieben.

3. direkte autotherme Spaltverfahren (autotherm = Kopplung exothermer mit endothermer Reaktion)

3.1 BASF (Sachsse-Bartholomé) für Leichtbenzin

Das zweite Verfahren der BASF ist der Tauchflammenprozess, bei dem in der Ölphase eine Öl/O_2-Flamme die Spaltung vornimmt. Nach diesem Prinzip arbeiteten bis 1983 Anlagen bei Sisas in Italien mit zusammen 110000 jato (C_2H_2 und C_2H_4).

3.2 BASF (Tauchflammenprozess) für Rohöl

Zwei weitere autotherme Prozesse mit einer technischen Anwendung wurden von Montecatini sowie von der Société Belge de l'Azote (SBA)/Kellogg entwickelt. Sie sind dem Sachsse-Bartholomé-Verfahren prinzipiell sehr ähnlich und unterscheiden sich vor allem in der Brennergestaltung und bei dem Montecatini-Prozess durch die Anwendung von einigen Bar Überdruck mit verfahrenstechnischen Vorteilen. Als Einsatzprodukte dienen Methan, Erdgas oder Leichtbenzin.

3.3 Montecatini und SBA/Kellogg für CH_4-, Erdgas-, Leichtbenzin-Teilverbrennung

Auch das Hoechster HTP(**H**och**t**emperatur**p**yrolyse)-Verfahren kann zu den autothermen Prozessen gerechnet werden, da Spaltgase zur Temperaturerzeugung (900–1600 °C) verbrannt werden. In Frankfurt-Höchst wurde eine Anlage mit einer Kapazität von 85000 jato C_2H_2 und C_2H_4 betrieben, die 1975 aus wirtschaftlichen Gründen stillgelegt wurde. Nach dem gleichen Prinzip wurden in der damaligen CSSR je 25000 jato C_2H_2 sowie C_2H_4 bis 1985 produziert.

3.4 Hoechst (HTP-Prozess) für Leichtbenzin, Spaltung in heißen Verbrennungsgasen

Das von BASF entwickelte autotherme Spaltverfahren ist für Einsatzprodukte wie Methan, Flüssiggas oder Leichtbenzin geeignet. Die überwiegende Zahl der weltweit gebauten Anlagen basiert auf Erdgas als Einsatzprodukt; nur wenige verwenden Naphtha als Rohstoff. Im technischen Prozess werden beispielsweise CH_4 und O_2 getrennt auf 500–600 °C vorerhitzt, gemischt und in einem speziellen Brenner unter Flammenbildung zur Reaktion gebracht. Das Verhältnis O_2/CH_4 wird mit etwa 1 : 2 so eingestellt, dass nur eine unvollständige Verbrennung erfolgen kann. In der Flamme fin-

Zu 3.1, BASF-Verfahren:

Verfahrensmerkmale:

Vereinigung von Brenner- und Reaktionsraum zur Spaltung von CH_4 und leichten KW

hohe Gasströmung, um Zurückschlagen der Flamme in Mischkammer zu verhindern det sowohl die exotherme Oxidation eines Teils des CH_4 als auch die endotherme Dehydrodimerisierung des CH_4 in C_2H_2 und H_2 statt:

$$2\,CH_4 \longrightarrow C_2H_2 + 3\,H_2\ (\Delta H = +377\ \text{kJ/mol}) \qquad (2)$$

Kurze Verweilzeit verhindert Gleichgewichtseinstellung zu $C + H_2$

Beispielhafte Spaltgaszusammensetzung bei CH_4-Einsatz (in Vol.-%):

etwa 57 H_2
26 CO
8 C_2H_2
4 CH_4
3 CO_2

d. h., BASF produziert gleichzeitig auch Synthesegas

Nach einer Verweilzeit von wenigen Millisekunden schreckt man das Reaktionsgas durch Einspritzen von Wasser oder Quenchöl ab, da sonst C_2H_2 zu Ruß und H_2 zerfallen würde. Die Abtrennung des C_2H_2 wird üblicherweise mit einem Lösemittel, wie z. B. N-Methylpyrrolidon oder Dimethylformamid, vorgenommen. Fraktionierte Desorption und geeignete Rektifikationsstufen dienen dann zur Abtrennung von mitgelösten Begleitkomponenten. Bis zu 30 % des im CH_4 enthaltenen Kohlenstoffs können als C_2H_2 gewonnen werden. Im Spaltgas beträgt der Volumenanteil des C_2H_2 etwa 8 %. Die Hauptkomponenten sind H_2 mit 57 % und CO mit 26 %, d. h. ein gut einsetzbares Synthesegas. Pro 100 kg C_2H_2 fallen 5 kg Ruß an.

Die größte Anlage nach diesem Verfahren steht in Ludwigshafen. Die Produktionskapazität beträgt nach einer Erweiterung 1972 jetzt etwa 90000 jato C_2H_2.

Verbessertes Acetylenangebot durch:

High-Severity-Steamcracken bei 1000 °C oder z. B.

Advanced-Cracking-Reactor-Prozess bei 2000 °C

Verbesserte Zugangsmöglichkeiten für Acetylen als Nebenprodukt bei der Olefinherstellung ergeben sich zugleich mit der besseren Nutzung der Einsatzprodukte durch verschärfte Crackbedingungen und mit der Entwicklung neuer Crackverfahren.

So hat der Trend zu High-Severity-Verfahren (bis 1000 °C) z. B. für Naphtha dazu geführt, dass im C_2-Schnitt der C_2H_2-Gehalt bis auf 2 Gew.-% oder im Advanced Cracking Reactor (ACR-Prozess bis 2300 °C) sogar bis auf ca. 10 Gew.-% relativ zum C_2H_4-Anteil ansteigen kann.

C_2H_2 muss aus C_2H_4 vor dessen Weiterverwendung entfernt werden. Dazu dienen zwei Methoden:

1. partielle Hydrierung zu C_2H_4
2. Extraktion mit NMP oder DMF

Route 2 ist modifizierbar:

Extrakt mit 50–90 Vol.-% C_2H_2 bisher verbrannt, nach BASF auf 98,5-proz. C_2H_2, nach Linde auf 99,5-proz. C_2H_2 aufzuarbeiten

analoge technische Aufarbeitung auch bei UCC und weiteren Firmen

Bei der bisher üblichen Aufarbeitung stört das C_2H_2, so dass es durch partielle Hydrierung in C_2H_4 übergeführt werden muss. Es ist aber auch möglich, das C_2H_2 vor der Fraktionierung des C_2-Gemisches mit N-Methylpyrrolidon oder Dimethylformamid auszuwaschen; man kann das C_2H_2 dabei auf 50–90 Vol.-% anreichern. Dieses Gemisch wurde bisher als Brenngas verwendet, es ist aber auch zur Herstellung von acetylenabhängigen Folgeprodukten geeignet.

So wird z. B. nach dem BASF-Verfahren C_2H_2 mit NMP selektiv bei 1 bar und 20 °C aus Spaltgasen extrahiert und mit 98,5-proz. Reinheit gewonnen. 1990 wurde diese Route in 18 Anlagen mit einer Gesamtkapazität von etwa 0,55 Mio jato weltweit genutzt.

Nach einem Verfahren z. B. von Linde wird die C_2-Fraktion mit etwa 84% C_2H_4, 14% C_2H_6 und 2% C_2H_2 bis nahe an den Taupunkt gekühlt und mit DMF gewaschen. C_2H_2 löst sich in DMF und kann daraus nach fraktioniertem Entgasen mit 99,5-proz. Reinheit gewonnen werden. Weitere Verfahren zur Acetylenisolierung bei der Ethylenherstellung wurden z. B. auch in den USA von Stone und Webster mit DMF als Lösemittel entwickelt und werden dort sowie in weiteren Ländern inzwischen technisch genutzt.

Dieser Zwangsanfall bei Crackverfahren dürfte zukünftig den (Rest-)Acetylenbedarf für organische Synthesen am wirtschaftlichsten decken.

4.3 Verwendung von Acetylen

Die prozentuale Verwendung von Acetylen in USA, Westeuropa und Japan ist in Tabelle 4-2 aufgeführt:

Tabelle 4-2. Acetylenverwendung (in Gew.-%).

Produkt	USA				Westeuropa				Japan		
	1982	1985	1995	1997	1982	1987	1995	1997	1992	1995	1997
Vinylchlorid	43	31	27	32	33	31	–	–	–	–	–
1,4-Butandiol	28	47	64	59	12	13	34	42	18	17	13
Vinylacetat	17	–	–	–	10	18	36	41	–	–	–
Acetylenruß	8	14	5	5	} 45	} 38	3	4	26	25	19
Verschiedenes (z. B. Trichlorethylen, Acrylsäure, Chloropren nur in Japan u. a.)	4	8	4	4			27	13	56	58	68
Gesamtverbrauch (in 1000 t)	115	80	135	151	ca. 320	330	173	150	50	53	54

Im Abschnitt 4.1 wurden vier wesentliche Kriterien genannt, die für eine gegenwärtige Verwendung des Acetylens als Ausgangsbasis großtechnischer Verfahren erfüllt sein müssen.

Beispiele für den Fall des kleinen molaren C_2-Anteils im Molekül werden mit der Herstellung von höheren Vinylestern und -ethern in den Abschnitten 9.2.2 und 9.2.3 gegeben.

1. C_2H_2 auch zukünftig wirtschaftliche Reaktionskomponente bei Vinylierung höherer Säuren und Alkohole

Charakteristisch für den Punkt 3 ist die Herstellung von 1,4-Butandiol nach dem Reppe-Verfahren, wie es z. B. von BASF, DuPont oder GAF/Hüls durchgeführt wird. Acetylen ist auch heute noch eine wirtschaftliche Basis für 2-Butin-1,4-diol als der Vorstufe des 1,4-Butandiols.

2. wirtschaftliche Basis für 1,4-Butandiol

Herstellung von 1,4-Butandiol nach dem seit 1929 technisch genutzten Reppe-Verfahren in zwei Stufen:

Zur Herstellung des 1,4-Butandiols wird Acetylen zunächst mit wässriger, etwa 10–30-proz. Formaldehydlösung bei 100–110 °C und 5–20 bar in Gegenwart von modifiziertem Kupferacetylid zu 2-Butin-1,4-diol umgesetzt:

$$HC{\equiv}CH + 2\,HCHO\,(aq.) \xrightarrow{[Kat.]} HOH_2C{-}C{\equiv}C{-}CH_2OH\,(aq.) \quad (\Delta H = -100\ kJ/mol) \qquad (3)$$

1. Ethinylierung von HCHO in wässriger Lösung nach Prinzip der Rieselphase katalysiert mit fest angeordnetem CuC_2-Bi_2O_3/SiO_2 oder /Mg-Silicat oder an Cu/Träger in Suspensionsrührkesseln

Die Reaktion wird in der Rieselphase in einem Turm ausgeführt, der den Kupferacetylid-Katalysator mit Bi als Promotor auf SiO_2 oder Mg-Silicat enthält.

Nach einer verbesserten Technologie von Linde wird Acetylen schon bei 1,4 bar an einem modifizierten Kupfer-Träger-Katalysator mit Formaldehyd in Suspensionsrührkesseln umgesetzt.

Zwischenprodukt ($HC{\equiv}C{-}CH_2OH$ aus Primäraddition HCHO an C_2H_2) kann isoliert oder in Reaktor zurückgeführt werden

Propargylalkohol ($HC{\equiv}C{-}CH_2OH$) als Zwischenprodukt wird wieder in die Reaktion mit Formaldehyd zurückgeführt. Die Butindiol-Selektivität beträgt 80 % (C_2H_2) und >90 % (HCHO).

In der zweiten Stufe erfolgt dann die Hydrierung des 2-Butin-1,4-diols zum 1,4-Butandiol:

$$HOH_2C{-}C{\equiv}C{-}CH_2OH + 2\,H_2 \xrightarrow{[Kat.]}$$

$$(\Delta H = -251\ kJ/mol) \qquad (4)$$

2. vollständige Hydrierung an Raney-Ni in der Flüssigphase bei niedriger Temperatur oder an Ni-Cu-Cr/SiO_2 in der Rieselphase bei höherer Temperatur oder in neuerer Version schon bei 25 bar

Die Hydrierung kann in der Flüssigphase bei 70–100 °C und 250–300 bar in Gegenwart von Raney-Nickel als Katalysator durchgeführt werden. Eine Alternative ist die Hydrierung in der Rieselphase bei 180–200 °C und etwa 200 bar unter Verwendung von Ni-Katalysatoren mit Cu und Cr als Promotoren. Die Selektivität zum 1,4-Butandiol erreicht etwa 95 % (2-Butin-1,4-diol).

Mit einer zweistufigen Hydrierung an einem Palladium-Träger-Katalysator zum 2-Buten-1,4-diol und an einem Nickel-Träger-Katalysator zum 1,4-Butandiol kann der Wasserstoffdruck auf 25 bar gesenkt werden.

1,4-Butandiol-Produzenten:

Westeuropa:	BASF
	GAF (heute ISP)
	Lyondell
USA:	Arco
	BASF-Wyandotte
	BP
	DuPont
	Lyondell

Diese auf Acetylen basierende Herstellmethode profitierte vorzugsweise in USA und Westeuropa von dem weltweit zunehmenden Interesse für 1,4-Butandiol mehr als andere von C_4-Einsatzprodukten ausgehende Verfahren.

So basierte die Herstellkapazität für 1,4-Butandiol 2003 weltweit zu 45 Gew.-% auf Acetylen (in USA, Westeuropa sowie Japan zu 66, 58 bzw. 31 Gew.-%).

In Japan dagegen wurden neben dem einzigen Verfahren von Idemitsu-BASF auf Basis Acetylen die anschließend beschriebenen Herstellrouten für 1,4-Butandiol ausgehend von Butadien über die Acetoxylierung bzw. Chlorierung entwickelt und technisch genutzt.

Japan:	Idemitsu-BASF Mitsubishi

auf C_2H_2-Basis mit verstärktem Kapazitätenausbau, dagegen

Japan:	Mitsubishi Chemical Tonen

auf C_4H_6-Basis

Die weltweite Herstellkapazität für 1,4-Butandiol betrug 2003 etwa 1,23 Mio jato mit Anteilen in USA, Westeuropa, Bundesrepublik Deutschland und Japan von 0,37, 0,48, 0,28 bzw. 0,08 Mio jato. Produktionszahlen in diesen Ländern sind in der nebenstehenden Tabelle aufgeführt. Weltgrößter Hersteller ist BASF mit einer Kapazität, die ab 2003 auf 0,6 Mio jato angestiegen sein soll.

1,4-Butandiolproduktion (in 1000 t)

	1993	1997	1999
USA	244	326	329
WE	131	289	264
Japan	48	68	70

Bei dem Acetylenverfahren für 1,4-Butandiol kann zusätzlich ein industriell nutzbares Zwischenprodukt gewonnen werden; wird die Hydrierung des 2-Butin-1,4-diols in Gegenwart von Katalysatoren durchgeführt, deren Aktivität durch die Art ihrer Herstellung oder durch Zusätze abgeschwächt ist, so bleibt sie auf der Stufe des 2-Buten-1,4-diols stehen. Technische Anwendung finden Eisenkatalysatoren oder Nickelkatalysatoren mit Eisenzusätzen und eventuell Amininhibitoren oder auch Palladiumkatalysatoren, die zumeist mit Zink partiell vergiftet sind.

Variante zur 2. Verfahrensstufe:

partielle Hydrierung zu 2-Buten-1,4-diol

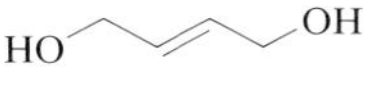

Verwendung von 2-Buten-1,4-diol:

Zwischenprodukt, z. B. für Vorstufe des Thiodans

Butendiol ist ein reaktives trifunktionelles Zwischenprodukt, das z. B. als Diacetat in einer Diels-Adler-Reaktion mit Hexachlorcyclopentadien zu einer Vorstufe des Insektizids Thiodan® umgesetzt wird.

Thiodan:

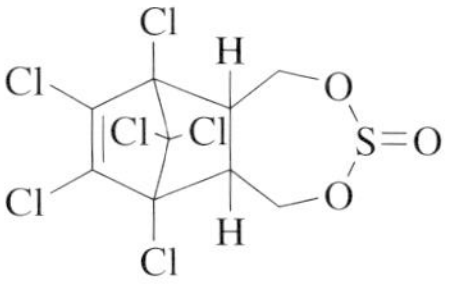

Als ein weiteres Herstellverfahren für 1,4-Butandiol wird von verschiedenen Firmen die Hydrierung von Maleinsäureanhydrid schon einige Jahre angewendet (vgl. Abschn. 13.2.3.4). Inzwischen ist diese Route wirtschaftlich so attraktiv geworden, dass z. B. in Südkorea, Japan und Westeuropa Anlagen betrieben werden.

Alternative Routen für 1,4-Butandiol:

1. Hydrierung von 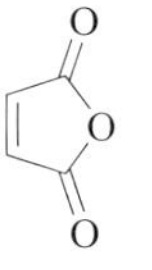

Industrielle Bedeutung haben neuerdings zwei andere Verfahren, die auf Butadien als preiswerter und reaktiver Ausgangsverbindung basieren und über die Zwischenstufen 1,4-Dichlor-2-buten (vgl. Abschn. 5.3) bzw. 1,4-Diacetoxy-2-buten verlaufen.

2. Hydrolyse und Hydrierung von

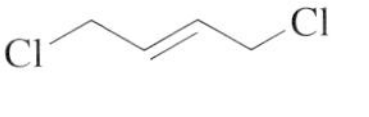

So wurde die kombinierte Herstellung von 1,4-Butandiol und Tetrahydrofuran über die simultane Acetoxylierung/AcOH-Addition des Butadiens von Mitsubishi Chemical entwickelt und ab 1982 auch in einer 20000-jato-Anlage technisch genutzt.

3. Acetoxylierung/AcOH-Addition an Butadien und anschließend Hydrierung des 1,4-Butenderivates sowie Hydrolyse mit teilweiser Cyclisierung unter H_2O-Austritt

Zu 3, Mitsubishi-Verfahren:

Pd, Te als industriell genutzte Katalysatorkombination veränderte die bisherige Vorstellung über Te als ein „Gift" für Edelmetallkatalysatoren

In der ersten Stufe werden Butadien und Essigsäure in der Flüssigphase bei etwa 70 °C und 70 bar an einem Pd/C-Katalysator mit Promotoren wie Sb, Bi, Se oder vorzugsweise Te zu 1,4-Diacetoxy-2-buten mit mehr als 90% Selektivität umgesetzt. Anschließend wird an einem konventionellen Hydrierkatalysator (z. B. Pd/C) ebenfalls in der Flüssigphase bei etwa 60 °C und 50 bar mit einer Selektivität von mehr als 98% zum 1,4-Diacetoxybutan hydriert. Dieses wird dann an einem sauren Ionenaustauscher, abhängig von Reaktionstemperatur und Verweilzeit, zu einem unterschiedlich zusammengesetzten Gemisch von 1,4-Butandiol und Tetrahydrofuran mit etwa 90% Selektivität hydrolysiert bzw. dehydratisierend cyclisiert. Die Essigsäure wird der ersten Reaktionsstufe wieder zugeführt:

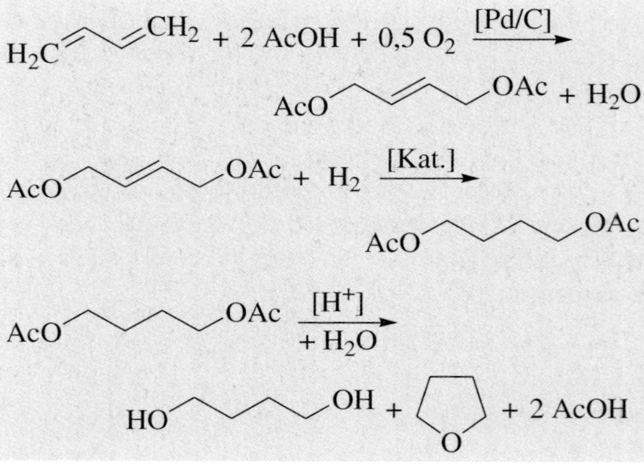

(5)

4. Hydroformylierung von $H_2C{=}CH{-}CH_2OH/OAc$ und Hydrierung des Zwischenproduktes $OCH(CH_2)_2CH_2OH/OAc$ und Hydrolyse des Monoesters

Eine weitere Syntheseroute für 1,4-Butandiol besteht aus der Hydroformylierung von Allylalkohol oder Allylacetat bei 60 °C und 2–3 bar in Gegenwart eines homogenen Rh-Komplex-Katalysators mit nachfolgender Hydrierung des 4-Hydroxy- bzw. 4-Acetoxy-butyraldehyds bei 150 °C und 30–35 bar an einem Ni-Al-Festbettkatalysator und einer im Falle des Monoesters notwendigen Hydrolyse. Dieser Weg wurde von verschiedenen Firmen untersucht, eine technische Anwendung wird seit 1991 von Arco (heute Lyondell) in USA mit einer 55000-jato-Anlage zur gleichzeitigen Herstellung von Tetrahydrofuran und N-Methylpyrrolidon genutzt (vgl. Abschn. 11.2.2).

5. Selektivoxidation von Butan mit hoher Ausbeute ohne Tetrahydrofuran als Nebenprodukt

Das kostengünstigste Ausgangsmaterial für 1,4-Butandiol wird zunehmend Butan werden. Dazu ist als Zwischenprodukt Maleinsäureanhydrid bisher unumgänglich, das erstmals schon 1974 aus Butan hergestellt wurde (vgl. Abschn.

13.2.3.3). Die daran anschließende mehrstufige Hydrierung wird seit einigen Jahren ebenfalls genutzt (vgl. Abschn. 13.2.3.4).

Einen entscheidenden Durchbruch kann vielleicht mit einer 60000-jato-Anlage erreicht werden, die in USA 2001 gestartet wurde. In diesem Kombinationsverfahren wird in einem Fließbettreaktor Butan katalytisch zu Maleinsäureanhydrid oxidiert und als Maleinsäure nach Hydrolyse in einer Kolonne dann in einem Festbettreaktor mit einer Ausbeute bis zu 94 % zu 1,4-Butandiol hydriert. Dieses Kombinationsverfahren ist damit durch die wenigen Verfahrensschritte vorteilhafter als die bisherigen Butanrouten. Weitere Fakten bezüglich der Katalysatoren und der Verfahrensbedingungen sind bisher nicht publiziert worden.

Butan lässt sich ebenfalls nach einem Verfahren von DuPont selektiv zu Tetrahydrofuran oxidieren, das in einer 45000-jato-Anlage in Spanien angewendet wird.

Eine analoge Oxidation mit anderem Katalysatorsystem führt von Butan zu Tetrahydrofuran

Die Verwendung für 1,4-Butandiol ist länderabhängig unterschiedlich; der größte Teil wird überwiegend zur Herstellung von **T**etra**h**ydro**f**uran (THF) eingesetzt.

Verwendung von 1,4-Butandiol:

1. Tetrahydrofuran durch Dehydratisierung mit Einsatz als Lösemittel und Monomeres für ringöffnende Polymerisation

In Japan beträgt dieser Verbrauch derzeit nur etwa 28 % wegen der Coproduktion von THF ausgehend von Butadien über die Zwischenstufe 1,4-Dichlor- bzw. 1,4-Diacetoxybuten. Die prozentuale Verwendung des 1,4-Butandiols weltweit sowie in USA, Westeuropa und Japan ist in der folgenden Tabelle aufgeführt:

Tabelle 4-3. 1,4-Butandiolverwendung (in Gew.-%).

Produkt	Welt		USA		Westeuropa		Japan	
	1995	2003	1994	2004	1992	1997	1991	1997
THF	42	35	51	51	35	36	12	28
C_2H_2-Chemikalien*)	14	16	20	20	16	15	–	–
PBT	27	32	20	20	20	24	66	55
Polyurethane	11	12	6	5	23	20	16	4
Verschiedenes	6	5	3	4	6	5	6	13
Gesamtverbrauch (in 1000 t)	512	990	289	408	104	160	38	67

*) Vinylester/-ether, Methylvinylketon, Propargylalkohol u. a.

Die Herstellung von THF aus 1,4-Butandiol erfolgt durch Wasserabspaltung in Gegenwart von H_3PO_4, H_2SO_4 oder sauren Ionenaustauschern:

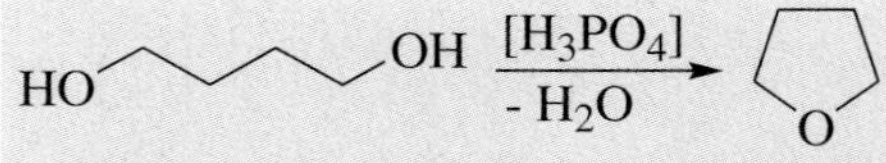

(6)

(ΔH = -13 kJ/mol)

Das mit Säure versetzte 1,4-Butandiol wird dazu in einem Kessel auf 110–125 °C erhitzt und in dem Maß durch 1,4-Butandiol ergänzt, wie THF/H_2O herausdestilliert. Der Umsatz zu THF ist praktisch quantitativ. Man kann auch das 1,4-Butandiol zusammen mit der gelösten Mineralsäure bei 300 °C und 100 bar durch ein Hochdruckrohr leiten. Die Selektivität zu THF übersteigt 95 %.

Verwendung von THF (weltweit):

ca. 70 % für Polymerisation
ca. 25 % als Lösemittel
Rest als Zwischenprodukt für z. B. Tetrahydrothiophen, Pyrrolidon, γ-Butyrolacton, Chlorierungsprodukte

Eine weitere Herstellung von THF, ausgehend von 1,4-Dichlor-2-buten, wird in Abschn. 5.3 beschrieben. Eine dritte Herstellroute besteht in der Hydrierung von Maleinsäureanhydrid (vgl. Abschn. 13.2.3.4). Die neueste Route der Butanoxidation ist bei der Herstellung von 1,4-Butandiol erwähnt. Die Herstellkapazität für THF betrug 1998 weltweit ca. 276000 jato; davon entfielen auf USA, Westeuropa, Bundesrepublik Deutschland und Japan etwa 139000, 87000, 42000 bzw. 38000 jato. THF ist ein wichtiges Lösemittel für viele Hochpolymere, wie z. B. PVC, Kautschuk, Buna S und andere. Es dient zunehmend (1995 weltweit schon fast 80 % des THF-Verbrauchs) zur Herstellung von Polytetramethylenglykol (HO-[$(CH_2)_4$-O]$_n$-H, mittlere Molmasse 600–3000), einem Zwischenprodukt für Polyurethane und Spandexfasern. Die weltweite Herstellkapazität für Polytetramethylenglykol betrug 1998 etwa 159000 jato. DuPont ist mit einer Herstellkapazität von 70000 jato (1995) der bedeutendste Hersteller von Polytetramethylenglykol.

HO-[$(CH_2)_4$]$_n$-H mit unterschiedlichen Namen:

1. Polytetramethylenglykol
2. Polyoxytetramethylenglykol
3. Polytetramethylenetherglykol
4. Poly-THF
5. α-Hydro-ω-hydroxypoly(oxy-1,4-butandiyl)

In USA sind DuPont, BASF-Wyandotte und ab 1990 auch Arco (heute Lyondell), in Westeuropa BASF, ISP und Lyondell, in Japan ist nur Mitsubishi Chemical Hersteller von THF auf Basis von 1,4-Butandiol. Ein weiteres Folgeprodukt des 1,4-Butandiols ist γ-Butyrolacton, das z. B. in USA an zweiter Stelle des Diolverbrauchs steht. Es ist durch Dehydrocyclisierung vorzugsweise in der Gasphase zumeist mittels Kupferkatalysatoren bei 200–250 °C und leicht erhöhtem Druck mit Ausbeuten bis 93 % zu erhalten:

2. γ-Butyrolacton durch cyclisierende Dehydrierung mit Anwendung z. B. als:
   Lösemittel
   Zwischenprodukt für Herbizide, Pharmazeutika u. a.

γ-Butyrolacton-Produktion (in 1000 t)

	1989	1996
USA	43	45
WE	16	40
Japan	4	6

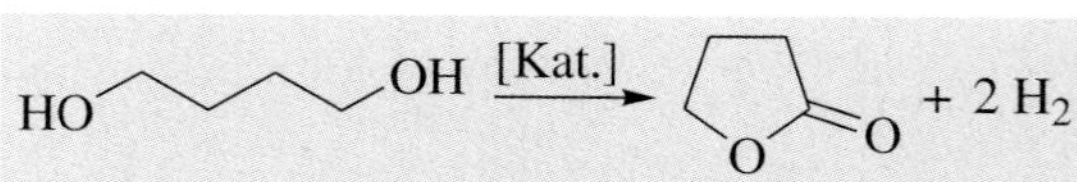

(7)

(ΔH = +71 kJ/mol)

Technische Herstellverfahren werden von BASF und GAF (heute ISP) in USA und Westeuropa betrieben.

Als Alternativverfahren zur Herstellung von γ-Butyrolacton wird z. B. in Japan von Mitsubishi Kasei und wegen des preiswerten Ausgangsproduktes Maleinsäureanhydrid zunehmend auch in anderen Ländern seine partielle Hydrierung durchgeführt (vgl. Abschn. 13.2.3.4).

γ-Butyrolacton ist sowohl Lösemittel als auch Zwischenprodukt u. a. für ein weiteres technisch wichtiges Lösemittel, das **N-M**ethyl**p**yrrolidon (NMP) mit einem Bedarf in USA, Westeuropa und Japan von etwa 27000, 15000 bzw. 7000 jato (1996). Es wird durch Umsetzung von γ-Butyrolacton mit Methylamin erhalten:

3. N-Methylpyrrolidon über γ-Butyrolacton nach Reaktion mit CH_3NH_2 mit Anwendung z. B. für:
Extraktion von Acetylen
Extraktion von Butadien
Lösemittel für Herstellung von Polyphenylensulfid und Ersatz für CFKW

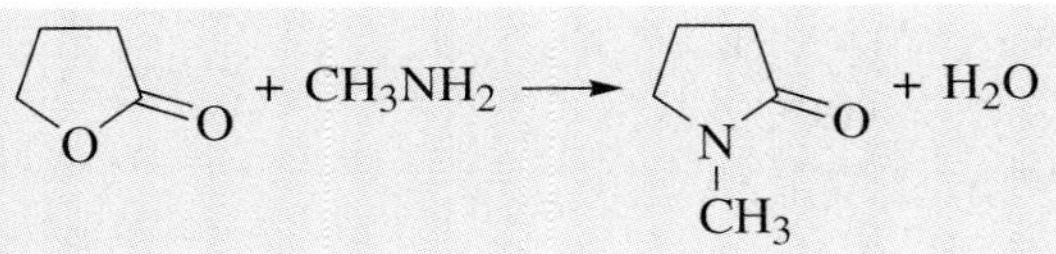

(8)

NMP-Produktion (in 1000 t)

	1992	1994	1995
USA	33	38	44
WE	9	11	11

Die Reaktion von γ-Butyrolacton mit Ammoniak liefert γ-Butyrolactam, das zumeist als 2-Pyrrolidon bezeichnet wird. Diese Herstellmethode ist, neben einigen anderen Verfahren, die technisch am häufigsten genutzte.

Eine neuere Herstellroute für 2-Pyrrolidon wurde von DSM entwickelt. Sie basiert auf der Hydrocyanierung von Acrylnitril bei Normaldruck und 70 °C in Gegenwart von Triethylamin zum Bernsteinsäuredinitril, das dann an einem Ni-Katalysator bei 80–100 °C partiell hydriert und anschließend zum 2-Pyrrolidon bei 210 °C unter Druck hydrolytisch cyclisiert wird:

4. 2-Pyrrolidon über γ-Butyrolacton nach Reaktion mit NH_3 oder zukünftig vielleicht mehrstufig auf Basis $H_2C{=}CHCN$

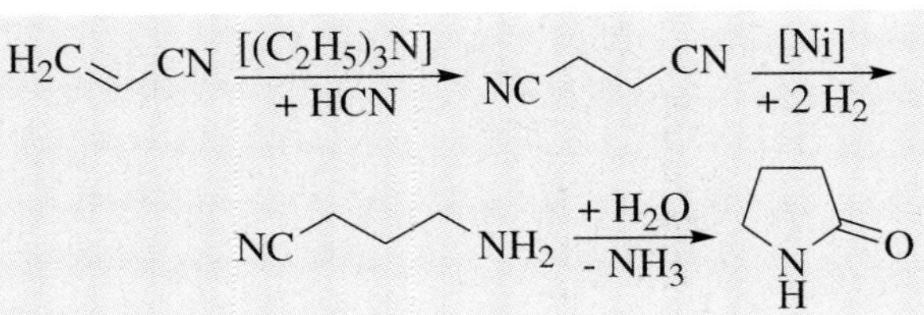

(9)

Die Gesamtselektivität erreicht über 80%. Eine technische Anwendung steht noch aus. Der weltweite Verbrauch an 2-Pyrrolidon beträgt – mit einer beträchtlichen Steigerungsrate – gegenwärtig etwa 14000 jato mit der hauptsächlichen Verwendung für das N-Vinyl-2-pyrrolidon. Wichtige Hersteller sind BASF und GAF.

5. N-Vinylpyrrolidon über γ-Butyrolacton nach Reaktion mit NH_3 und Vinylierung mit C_2H_2 mit Anwendung z. B. als:
Monomeres
Comonomeres, z. B. mit Vinylacetat oder Styrol

Durch Vinylierung mit Acetylen in Gegenwart basischer Katalysatoren kann 2-Pyrrolidon in das N-Vinylpyrrolidon übergeführt werden:

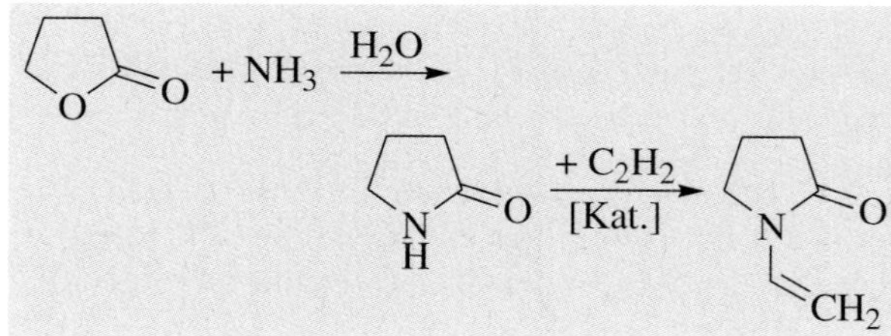

(10)

Es dient zur Herstellung spezieller Polymerisate zur Verwendung auf dem kosmetischen, medizinischen und technischen Sektor wie beispielsweise als Bindemittel, als Blutplasma-Ersatz (Periston®) oder als Schutzkolloid. Die BASF ist neben GAF weltweit größter Produzent von Polyvinylpyrrolidon und seinen Folgeprodukten.

6. Polybutenterephthalat durch Polykondensation mit Terephthalsäure

PBT-Produktion (in 1000 t)

	1994	1996	1998	1999
Japan	59	58	61	64

1,4-Butandiol ist in den letzten Jahren eine wichtige Komponente zur Polyesterherstellung mit Terephthalsäure geworden (vgl. Abschn. 14.2.4). Die Herstellkapazität für **Poly**-**b**uten**t**erephthalat (PBT) betrug 2004 weltweit 0,61 Mio t mit einem Anteil in USA, Japan, Westeuropa und der Bundesrepublik Deutschland von 0,19, 0,071, 0,24 bzw. 0,21 Mio jato, der weltweite Verbrauch an PBT erreichte 1989 etwa 310000 t. Weltgrößter Hersteller war bisher Monsanto, zahlreiche weitere Hersteller haben sich inzwischen zu Projektgruppen zusammengeschlossen. PBT wird vorzugsweise als technischer Kunststoff (engineering plastic), aber auch für Fasern, Folien (z. B. für Verbundglas) und Klebstoffe eingesetzt. Der Anwendungsschwerpunkt der 1999 weltweit genutzten 0,45 Mio t PBT ist der Automobilbau.

7. Polyurethane durch Polyaddition an Diisocyanate

Eine andere zunehmende Verwendung findet das 1,4-Butandiol in Polyurethanen sowie als Ausgangsprodukt für Spezialchemikalien.

5 1,3-Diolefine

In technisch bedeutenden Diolefinen oder Dienen stehen die C–C-Doppelbindungen in Konjugation, d. h. in 1,3-Position zueinander. Sie zeichnen sich damit gegenüber Verbindungen mit isolierten Doppelbindungen außer durch ein unterschiedliches Reaktionsverhalten vor allem durch eine stark erhöhte Reaktionsfähigkeit aus. Hierin ist auch der Grund dafür zu suchen, dass 1,3-Diene in der Natur nicht frei vorgefunden werden.

Technisch wichtige Diene haben konjugierte Doppelbindungen

Damit gegenüber Diolefinen mit isolierten Doppelbindungen:

1. anderes Reaktionsverhalten
2. höhere Reaktivität

Zu den industriell wichtigen 1,3-Diolefinen zählen die C_4- und C_5-Diene Butadien, Chloropren, Isopren und Cyclopentadien.

1,3-Diolefine mit

1. C_4-Gerüst:

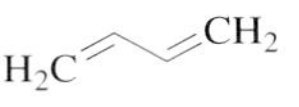

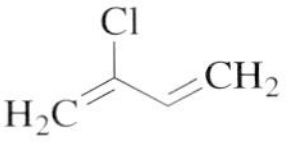

2. C_5-Gerüst:

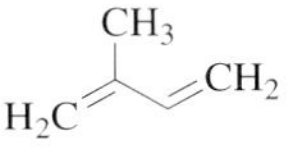

5.1 1,3-Butadien

1,3-Butadien (zumeist nur als Butadien bezeichnet) besitzt unter den vorgenannten C_4- und C_5-Dienen die größte technische Bedeutung. Beide Weltkriege trugen insbesondere in Deutschland zu einer umfangreichen Forschung und schnellen Entwicklung von Herstellverfahren für das Monomere und für die weitere Umsetzung zu Elastomeren bei.

Butadien hat sich mengenmäßig zum bedeutendsten Dien entwickelt aufgrund:

1. seiner Verwendung als Monomeres und Comonomeres für Elastomere, Thermoplaste, Dispersionen

Darüber hinaus verbesserte sich die Butadien-Verfügbarkeit in den sechziger und siebziger Jahren stetig, so dass es auch zu einem attraktiven Ausgangsmaterial für chemische Synthesen wurde.

2. seiner guten und preiswerten Zugänglichkeit mit Anreiz zu erweitertem Einsatz als Zwischenprodukt

Heute zeichnet sich allerdings eine ungünstige Entwicklung beim Butadienangebot ab; so haben zwar die Crackverfahren zur Olefinherstellung das Butadien als Coprodukt verbilligt und damit zugleich die C_4-Dehydrierverfahren größtenteils unrentabel gemacht. Jedoch nimmt wegen des vermehrten Einsatzes von Erdgas oder Raffinerieabgasen für die Ethylen-Propen-Herstellung der Butadienanteil aus Crackverfahren ab, so dass zukünftig mit einer begrenzten Butadien-Verfügbarkeit zu rechnen ist.

Neuerdings eingeschränkte Butadien-Verfügbarkeit aufgrund:

1. Rückgang der C_4-Dehydrierung
2. Trend zu leichteren Cracker-Einsatzprodukten

Industrielle Organische Chemie: Bedeutende Vor- und Zwischenprodukte,
6. Auflage, Hans-Jürgen Arpe

ISBN: 978-3-527-31540-6

Butadienproduktion (in Mio t)

	1994	1996	1999
WE	1,88	1,92	2,03
USA	1,54	1,75	1,94
Japan	0,86	1,03	1,04
BRD	0,55	0,56	1,03

Produktionszahlen für Butadien in einigen Ländern sind in der nebenstehenden Tabelle zusammengefasst. Die weltweite Herstellkapazität für Butadien betrug 2005 etwa 11,0 Mio t mit einem Anteil in USA, Westeuropa, Japan und Bundesrepublik Deutschland von etwa 2,8, 2,2, 1,0 bzw. 0,81 Mio jato.

5.1.1 Historische Synthesen für 1,3-Butadien

Historische Butadienherstellung durch Aufbau des C_4-Gerüstes zumeist schrittweise aus:

C_1: HCHO
C_2: $HC{\equiv}CH(CH_3CHO)$
C_2H_5OH

Die ersten technischen Herstellverfahren für Butadien basierten auf den Veredlungsprodukten der Kohle, wie Acetylen, Acetaldehyd, Ethanol und Formaldehyd. Es sind im Wesentlichen drei Herstellwege, die dadurch charakterisiert sind, dass die C_4-Kette des Butadiens aus C_2-Einheiten oder aus C_2- und C_1-Bausteinen zumeist in mehrstufigen Prozessen aufgebaut wird.

Drei wichtige ältere Routen zur Butadienherstellung:

1. Vierstufenverfahren mit Acetaldehyd (aus Acetylen oder aus Ethanol) über 1,3-Butandiol als Zwischenprodukt

So wurde in der ehemaligen DDR Butadien teilweise noch aus Acetylen nach dem Vierstufenverfahren hergestellt. Dabei wird Acetylen zunächst in Acetaldehyd übergeführt und nach Aldolisierung zum Acetaldol, dieses bis 110 °C und 300 bar an einem Ni-Katalysator zum 1,3-Butandiol reduziert. In der vierten Stufe wird schließlich das 1,3-Butandiol bei 270 °C über einem Na-Polyphosphat-Katalysator in der Gasphase dehydratisiert:

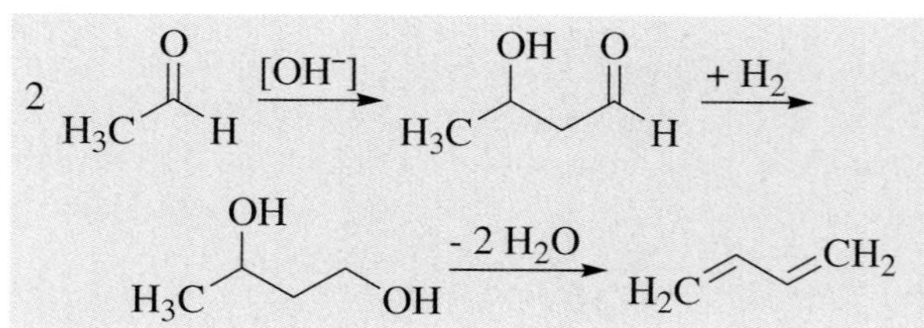

(1)

Die Selektivität zu Butadien beträgt etwa 70 % (CH_3CHO). Eine Variante des Vierstufenverfahrens verwendet Acetaldehyd aus der Dehydrierung von Ethanol und setzt diesen an einem Zr-, Ta-Oxid/SiO_2-Katalysator bei 300–350 °C mit einer Gesamtausbeute von etwa 70 % zu Butadien um. Dieses Verfahren wird in Indien und China (zwei Anlagen mit einer Gesamtkapazität von 85 000 jato, 1990) technisch genutzt.

2. Lebedew-Verfahren als einstufige Direktsynthese aus Ethanol

Eine weitere, als Lebedew-Verfahren bekannte Butadienherstellung beruht auf Ethanol als Rohstoff. Es wurde in der ehemaligen UdSSR entwickelt und findet auch heute noch in der GUS ebenso wie in Polen und Brasilien Anwendung. Dazu wird Ethanol bei 370–390 °C an einem MgO-SiO_2- bzw. SiO_2-Al_2O_2-Katalysator einstufig unter H_2O-Abspaltung dehydrodimerisiert:

$$2\,C_2H_5OH \longrightarrow H_2C{=}CH{-}CH{=}CH_2 + 2\,H_2O + H_2 \qquad (2)$$

Die Selektivität zu Butadien erreicht bis zu 70%. Dieses Verfahren kann heute noch für solche Länder interessant sein, die über keine petrochemische Basis verfügen, dafür aber Zugang zu preiswertem Fermentationsethanol haben.

Im dritten historischen Verfahren, dem Reppe-Verfahren, wurde zunächst aus Acetylen und Formaldehyd über 2-Butin-1,4-diol das 1,4-Butandiol hergestellt, ein Produkt, das auch heute noch große technische Bedeutung hat (vgl. Abschn. 4.3). Dann folgte eine direkte zweifache Wasserabspaltung, die aber wegen technischer Vorteile zumeist zweistufig über Tetrahydrofuran als Zwischenprodukt durchgeführt wurde. Das Reppe-Verfahren ist heute absolut unwirtschaftlich.

3. Reppe-Verfahren mit Acetylen und Formaldehyd über 1,4-Butandiol als Zwischenprodukt

Moderne industrielle Herstellverfahren für Butadien basieren derzeit ausschließlich auf petrochemischer Basis. Preiswerte Ausgangsverbindungen sind C_4-Crackschnitte oder Butan und Butengemische aus Erdgas und Raffinerieabgasen.

Zwei moderne Routen zur Butadiengewinnung:

1. Isolierung aus C_4-Steamcrackschnitten
2. Dehydrierung und Oxydehydrierung von Butan und Butenen

5.1.2 1,3-Butadien aus C_4-Crackfraktionen

C_4-Schnitte mit einem wirtschaftlich isolierbaren Gehalt an Butadien stehen in Ländern zur Verfügung, die Naphtha oder höhere Erdölfraktionen einer Dampfspaltung zur Herstellung von Ethylen unterwerfen. Der Anteil des C_4-Schnitts kann bei der heute üblichen High-Severity-Crackung von Naphtha etwa 9 Gew.-% vom Spaltprodukt mit 45–50 Gew.-% Butadien betragen (vgl. Abschn. 3.3.2).

Einsatzprodukt für Butadienisolierung:

C_4-Schnitt aus Naphthacracker (9 Gew.-% vom Spaltprodukt) mit 45–50 Gew.-% Butadien bei scharfer, d. h. High-Severity-Crackung

Zu den Ländern mit dieser Rohstoffbasis für Butadien zählen vor allem Westeuropa und Japan. In USA lieferte bisher die bevorzugt durchgeführte Spaltung von Erdgas und Raffineriegasen im Vergleich zur Naphtha- oder Gasölspaltung nur geringe Anteile an Butadien. Die Tabelle 5-1 gibt den Butadiengehalt wieder, der in Ethylenanlagen bei der Spaltung unterschiedlicher Einsatzprodukte mit der zugehörigen Crackschärfe zu erhalten ist:

C_4-Schnitt aus Crackung von Erd- oder Raffineriegas enthält relativ geringe Mengen an Butadien

Tabelle 5-1. Butadienanteil (in kg) pro 100 kg Ethylen bei verschiedenen Einsatzprodukten.

Einsatzprodukt	Butadienanteil
Ethan	1–2
Propan	4–7
Butan	7–11
Naphtha	12–15
Gasöl	18–24

Butadien-Coproduktion bei Naphtha/Gasöl-Crackung verdrängt auch in USA zunehmend die Butan/Buten-Dehydrierung

Allerdings haben auch in USA die Naphtha- und Gasölspaltung zunehmend an Bedeutung gewonnen; denn 1976 basierten erst 36 % der gesamten Butadienkapazität auf der Isolierung aus diesen Spaltprodukten. Dieser Anteil hat sich in den neunziger Jahren auf etwa 45–50 % stabilisiert. In Westeuropa zeigt sich eine entgegengesetzte Entwicklung, d. h. eine Butadienverknappung durch den zunehmenden Anteil an Erdgas für die Olefinherstellung durch Crackverfahren.

Wechsel zu leichten Einsatzprodukten für Cracker vermindert in Westeuropa das Butadienangebot

Ähnliche Siedepunkte im C_4-Schnitt und Azeotropbildung verhindern destillative Aufarbeitung

Komponenten	°C
Isobuten	−6,90
1-Buten	−6,26
trans-2-Buten	+0,88
cis-2-Buten	+3,72
1,3-Butadien	−4,41
Vinylacetylen	+5,10

Die Isolierung des Butadiens aus einem Gemisch der C_4-Kohlenwasserstoffe ist durch einfache Destillation nicht möglich, da alle Komponenten in einem sehr engen Temperaturbereich sieden und einige darüber hinaus azeotrope Gemische bilden. Aus diesem Grunde wurden zwei Isolierverfahren entwickelt, die auf einem chemischen und auf einem physikalischen Trenneffekt beruhen:

1. Butadienisolierung nach zwei Prinzipien:

chemisch, durch reversible Komplexierung mit $[Cu(NH_3)_2]OAc$ (CAA-Verfahren der Exxon-**c**uprous **a**mmonium **a**cetate) nur geringe Bedeutung

1. Das ältere, chemische Abtrennverfahren nutzt die Komplexbildung von Butadien mit Kupferammoniumacetat – $[Cu(NH_3)_2]OAc$ – aus. Es wurde von Exxon als Extraktionsmethode zur Aufarbeitung von C_4-Schnitten mit geringen Butadiengehalten entwickelt, die mit nur wenig Acetylenen verunreinigt sein dürfen, da sonst der Extraktionsprozess durch Schaumbildung gestört wird. Ein weiterer Nachteil ist die relativ aufwendige Regenerierung der Extraktionslösung.

2. physikalisch, durch Extraktivdestillation, d. h., Zugabe eines Lösemittels verändert die relative Flüchtigkeit der zu trennenden Komponenten

2. Alle modernen Verfahren zur Butadienisolierung basieren auf dem physikalischen Prinzip der Extraktivdestillation. Durch Zugabe selektiver organischer Lösemittel wird die Flüchtigkeit spezieller Komponenten eines Gemisches (in diesem Fall Butadien) erniedrigt. Diese bleiben daher mit dem Lösemittel im Sumpf der Destillationskolonne, während die destillativ zuvor nicht abtrennbaren Begleitsubstanzen über den Kopf der Kolonne entfernt werden können.

Für Reindarstellung von Butadien durch Extraktivdestillation als Lösemittel geeignet:

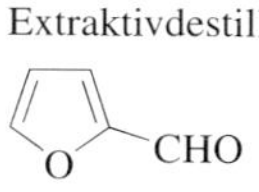

CH_3COCH_3

CH_3CN

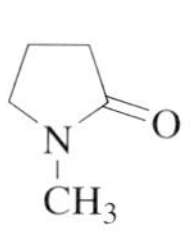

$CH_3CON(CH_3)_2$

$HCON(CH_3)_2$

Als Lösemittel für die Extraktivdestillation kommen hauptsächlich Aceton, Furfurol, Acetonitril, Dimethylacetamid, Dimethylformamid und N-Methylpyrrolidon zur Anwendung.

Moderne High-Severity-Crackverfahren liefern im C_4-Schnitt zusätzlich Alkine und Allene, wie z. B.:

Extraktivdestillationen eignen sich besonders für die heute anfallenden butadienreichen C_4-Crackschnitte mit einem relativ hohen Anteil an Alkinen, u. a. Methyl-, Ethyl- und Vinylacetylen sowie Methylallen, d. h. 1,2-Butadien. In modernen Verfahren mit Lösemitteln wie z. B. Dimethylformamid (Nippon Zeon, Leuna-Werke), Dimethylacetamid (UCC) oder N-Methylpyrrolidon (BASF, ABB Lummus Crest) ist die Alkinabtrennung ein Teilschritt im Verfahrensablauf. Bei den älteren, besonders in USA entwickelten und genutzten Verfahren mit Lösemitteln wie Aceton, Furfurol (Phillips Petroleum) oder Acetonitril (Shell, UOP, Arco) war eine vorgeschaltete C_4-Alkin-Entfernung, z. B. durch partielle Hydrierung, notwendig, um eine störende Harzbildung zu vermeiden.

$HC{\equiv}C{-}CH_3$
$HC{\equiv}C{-}CH_2CH_3$
$HC{\equiv}C{-}CH{=}CH_2$
$H_2C{=}C{=}CH{-}CH_3$

Diese erfordern jedoch vorab C_4-Alkin-Hydrierung, einige Lösemittel trennen C_4-Alkine im Verfahrensablauf ab, z. B.:

Dimethylformamid
Dimethylacetamid
N-Methylpyrrolidon (NMP)

Das vereinfachte Prinzip einer Lösemittelextraktion von Butadien aus einem C_4-Crackschnitt kann man wie folgt darstellen: Der vollständig verdampfte C_4-Schnitt wird einer Extraktionskolonne am unteren Ende zugeführt. Das Lösemittel (z. B. Dimethylformamid oder N-Methylpyrrolidon) fließt von oben dem Gasgemisch entgegen und belädt sich auf dem Weg nach unten mit besser löslichem Butadien und geringen Mengen an Butenen. Man führt am unteren Ende der Extraktionskolonne einen Teil des gewonnenen reinen Butadiens zu, um die Butene weitestgehend auszutreiben. Die Butene verlassen die Trennsäule am Kopf. In einer als Ausgaser bezeichneten weiteren Kolonne wird das Butadien durch Auskochen vom Lösemittel befreit und anschließend reindestilliert. Im N-Methylpyrrolidon-Verfahren der BASF wird ein Reinbutadien mit einem Gehalt von etwa 99,8 % erhalten. Die Butadienausbeute beträgt 96 %, bezogen auf den ursprünglichen Butadiengehalt im C_4-Crackschnitt.

Prinzip einer Lösemittelextraktion von Butadien aus einem C_4-Crackschnitt:

Gegenstromextraktion des Butadiens mit teilweiser Butadien-Rückführung zur Erhöhung der Extraktionsselektivität

Isolierung der C_4-Komponenten:

Butene am Kopf der Extraktionskolonne, Butadien nach Destillation des Sumpfproduktes Lösemittel/Butadien

Das BASF-Verfahren der Butadienextraktion mit N-Methylpyrrolidon (NMP) wurde 1968 bei der EC-Dormagen in einer ersten Anlage technisch durchgeführt. 1990 waren schon 24 Produktionsanlagen mit etwa 2,25 Mio jato Herstellkapazität weltweit nach dem BASF-Verfahren in Betrieb oder in Bau.

Verfahrensbeispiel einer Butadienextraktion:

BASF-NMP-Verfahren

erste technische Anwendung 1968 bei EC-Dormagen, 1990 Lizenzen für 2,25 Mio jato Butadien-Kapazität

BASF gehört damit neben Nippon Zeon mit dem GPB-Verfahren (**G**eon **p**rocess **b**utadiene), das schon 1985 in mehr als 30 Anlagen genutzt wurde, und KBR zu den größten Lizenzgebern.

5.1.3 1,3-Butadien aus C_4-Alkanen und -Alkenen

Einsatzprodukte für die reine Dehydrierung oder die Dehydrierung in Gegenwart von Sauerstoff sind Butan und Butengemische aus Erdgas und Raffinerieabgasen, wie sie besonders in USA zur Verfügung standen. Daher wurden

Einsatzprodukte der C_4-Alkan- und Alken-Dehydrierung und -Oxydehydrierung:

C_4-Schnitte aus Erdgaskondensaten und Raffinerieabgasen

technische Verfahren fast ausschließlich in USA entwickelt. Heute hat die Butan/Buten-Dehydrierung aus Kostengründen sehr an Bedeutung verloren; so befindet sich die letzte Dehydrieranlage bei Petro-Tex in USA in einer Warteposition. In der GUS werden noch einige Anlagen betrieben. In Japan legte man die letzte Houdry-Dehydrieranlage nach achtjährigem Betrieb 1967 still.

Weltweit betrug schon 1985 der Butadienanteil aus Dehydrierverfahren weniger als 3 % des gesamten Butadienaufkommens und ist bis 1999 auf 1,9 % weiter zurückgegangen.

Allgemeine Kennzeichen für Dehydrierungen von C_4-Alkan-Alkenen:

Die Dehydrierungen von Butan und Butenen sind endotherme Prozesse, die mit einem großen Energiebedarf verbunden sind:

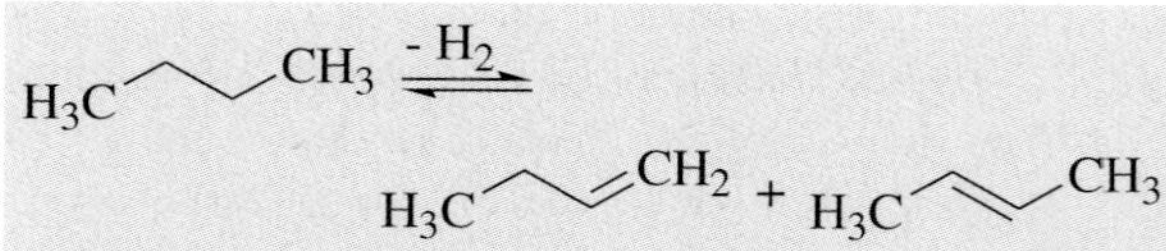

(3)

($\Delta H = +126$ kJ/mol)

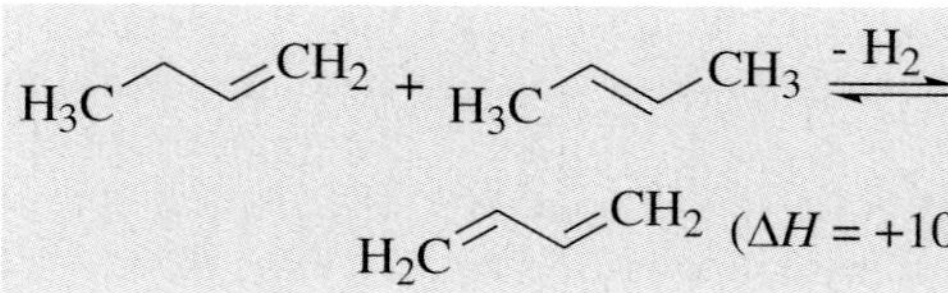

($\Delta H = +109$ kJ/mol) (4)

1. endotherme Prozesse mit großem Energiebedarf auf hohem Temperaturniveau
2. schnelle Gleichgewichtseinstellung bei kurzer Verweilzeit durch selektiv wirksame Katalysatoren zur Begrenzung von Neben- und Folgereaktionen notwendig

Um wirtschaftliche Umsätze zu erreichen, muss man bei relativ hohen Temperaturen von 600–700 °C arbeiten. Butan erfordert für die gleiche Reaktionsgeschwindigkeit eine etwa 130 °C höhere Temperatur als die Butene. Hierbei machen sich schon Nebenreaktionen wie Crackung und Folgereaktionen der ungesättigten Verbindungen bemerkbar. Darum müssen eine kurze Verweilzeit gewählt und ein selektiv wirkender Katalysator verwendet werden.

3. Dehydrierung wird durch KW-Partialdruckminderung mit H_2O begünstigt (Prinzip Le Chatelier-Braun)

Die unter Volumenzunahme ablaufende Dehydrierung wird wie im Fall des Steamcrackens durch Zusatz von Wasserdampf begünstigt. Die damit erzielte Partialdruckerniedrigung der Kohlenwasserstoffe vermindert Koksablagerung, Isomerisierung und Polymerisation.

H_2O-empfindliche Katalysatoren erfordern Minderung des Gesamtdruckes

C-Ablagerung durch Wassergasreaktion

$C + H_2O \rightleftharpoons CO + H_2$ vermindert

Werden gegen Wasserdampf unbeständige Katalysatoren verwendet, so wird der Dehydrierprozess meist unter vermindertem Druck durchgeführt. Zugleich verschiebt sich damit das Dehydriergleichgewicht im butadiengünstigen Sinn.

Zu den technisch wichtigsten Verfahren gehört als eines der ältesten das Houdry-Einstufenverfahren zur Butandehydrierung (Catadiene-Verfahren von ABB Lummus Crest 1999 in 20 Anlagen genutzt), das zugleich auch die Basis für das Alkan-Dehydrierverfahren Catofin (vgl. Abschn. 3.3.1) ist. Es wird ein H_2O-empfindlicher Cr-, Al-Oxid-Katalysator bei 600–620 °C und 0,2–0,4 bar eingesetzt, der schon nach wenigen Minuten durch Einblasen von Luft (Abbrand des Koksbelags) regeneriert werden muss. Bei einem Butanumsatz von 30–40% erreicht die Butadienausbeute bis zu 65%. Zwischen Dehydrier- und Regenerierperiode wird eine Evakuierung des Katalysators zur Entfernung des Reaktionsgemisches eingeschaltet. Damit laufen in jeweils drei Reaktoren als Einheit die drei Vorgänge in einem Zyklus ab. Der hohe Wärmebedarf der Dehydrierung wird durch die Oxidation des Koksbelags auf dem Katalysator aufgebracht (adiabatische Fahrweise).

Houdry-Butandehydrierung:

katalytische Dehydrierung unter Koksabscheidung, die eine alternierende oxidative Katalysatorregenerierung erfordert

Hydrierwärme wird durch Oxidationswärme geliefert

Ein weiteres Verfahren der Butendehydrierung unter Zusatz von Wasserdampf ist der Dow-Prozess. Er arbeitet bei 600–675 °C und etwa 1 bar mit einem Ca-Ni-Phosphat-Katalysator, der mit Cr_2O_3 stabilisiert ist. Analog der Dehydrierung von Ethylbenzol zu Styrol (vgl. Abschn. 13.1.2) wird auch hier die Dehydrierwärme mit dem überhitzten Wasserdampf (H_2O : Butene = 20 : 1) in die Reaktion eingebracht. Der Butenumsatz beträgt etwa 50% und die Butadienselektivität etwa 90%. Der Katalysator muss nach ca. 15-minütiger Reaktion für 11 Minuten regeneriert werden. In der Praxis arbeitet man mit Parallelreaktoren, die wechselseitig regeneriert und für die Dehydrierung genutzt werden. Das Butadien wird durch extraktive Destillation aus dem Reaktionsgemisch isoliert.

Dow-Butendehydrierung:

alternierendes katalytisches „Dampf"-Dehydrieren mit Reaktion und Regeneration in zwei Parallelreaktoren

Butadienisolierung durch Extraktivdestillation mit Lösemitteln analog der Abtrennung aus C_4-Crackschnitten (vgl. Abschn. 5.1.2)

Ähnliche Verfahren wurden von Shell mit einem Fe-Cr-Oxid-Katalysator mit K_2O-Zusatz, von Phillips Petroleum mit einem Fe-Oxid-Bauxit-Katalysator entwickelt.

Weitere Dehydrierverfahren:

Shell (Fe_2O_3 + Cr_2O_3 + K_2O)
Phillips (Fe_2O_3/Bauxit)

Neben der reinen Dehydrierung von C_4-Kohlenwasserstoffen zu Butadien hat eine weitere Dehydriermethode in Anwesenheit von Sauerstoff an Bedeutung gewonnen. Bei diesem Verfahren, einer sogenannten Oxydehydrierung, wird das Dehydrierungsgleichgewicht zwischen Butenen und Butadien durch die Zugabe von Sauerstoff im Sinne einer höheren Butadienbildung verschoben. Dabei ist die Wirkungsweise des Sauerstoffs nicht nur auf die nachträgliche H_2-Verbrennung beschränkt, sondern er leitet durch Abstraktion von Wasserstoff aus der Allyl-Stellung die Dehydrierung ein. Bei der hohen Reaktionstemperatur (bis 600 °C)

Neueres Dehydrierverfahren:

Oxydehydrierung von Butenen zu Butadien

Kennzeichen der Oxydehydrierung:

Reaktionsenthalpie für Dehydrierung wird durch Reaktionsenthalpie der H_2O-Bildung aufgebracht. O_2-Anwesenheit erleichtert weiterhin die Dehydrierung durch Abstraktion von Allylwasserstoff. O_2 wirkt auto-regenerativ bewirkt der Sauerstoff zugleich auch eine oxidative Regenerierung des Katalysators.

In der technischen Ausführung wird bevorzugt so viel Sauerstoff in Form von Luft zugeführt, dass die exotherme Wasserbildung etwa den Wärmebedarf für die endotherme Dehydrierung liefert. Damit können der Umsatz an Buten, die Selektivität zum Butadien und die Lebensdauer des Katalysators verbessert werden. Bei Verwendung eines Luftüberschusses kann die Maximaltemperatur durch Zugabe von Wasserdampf gesteuert werden. Als Katalysatoren werden zumeist Oxidgemische auf Basis Bi-Mo oder Sn-Sb eingesetzt.

Technische Anwendung einer Buten-**Oxyd**ehydrierung:

Phillips O-X-D-Prozess

Kennzeichen:

adiabatische (d. h. Prozess liefert eigenen Wärmebedarf), katalysierte Oxydehydrierung von Butenen mit relativ hohen Umsätzen und Selektivitäten

Als ein Beispiel für ein technisch genutztes Dehydrierungsverfahren sei der Phillips O-X-D-Prozess (**oxyd**ehydrogenation) zur Herstellung von Butadien aus Butenen angeführt. An einem Festbettkatalysator unbekannter Zusammensetzung werden bei 480–600 °C Butene, Wasserdampf und Luft zur Reaktion gebracht. Bei Butenumsätzen von 75 bis 80 % erreicht die Selektivität zu Butadien etwa 88–92 %. Dieses Verfahren wurde von Phillips bis 1976 durchgeführt.

Petro-Tex Oxo-D-Prozess

Kennzeichen:

adiabatische, heterogen katalysierte auto-regenerative Oxydehydrierung von Butenen

Auch die Petro-Tex entwickelte ein Verfahren zur Oxydehydrierung von Butenen (Oxo-D-Prozess), das in USA 1965 erstmals zum Einsatz kam. Die Umsetzung mit Luft oder Sauerstoff wird bei 550–600 °C in Gegenwart eines heterogenen Katalysators (wahrscheinlich ein Ferrit der Metalle Zn, Mn, oder Mg) durchgeführt. Durch Zugabe von Wasserdampf zur Steuerung der Selektivität wird bei einem Umsatz von 65 % eine Butadienselektivität bis zu 93 % (Butene) erreicht.

Ein neueres Oxydehydrierverfahren für Butan/Buten wurde von Nippon Zeon entwickelt und in einer Pilotanlage getestet. Einzelheiten der Katalysatorzusammensetzung und der Prozessbedingungen wurden bisher nicht veröffentlicht.

Varianten der Oxydehydrierung durch Gegenwart von Halogenen:

Shell Idas-Prozess mit J_2 zur Dehydrierung und J_2-Rückgewinnung durch HJ-Oxidation

Ein anderes Prinzip der H_2-Entfernung aus dem Dehydriergleichgewicht beruht auf der Reaktion von H_2 mit Halogenen zu Halogenwasserstoff, aus dem anschließend das Halogen oxidativ zurückgewonnen wird. Als H_2-Akzeptor bei der Dehydrierung von Butan zu Butadien verwendete die Shell zeitweilig Jod im Idas-Prozess (Frankreich).

5.1.4 Verwendung von 1,3-Butadien

Technischer Butadieneinsatz für:

1. Polymerisation zu
1.1. Homopolymeren und
1.2. Copolymeren

Die industrielle Verwendung des Butadiens basiert zum einen auf seiner Eignung zur Homopolymerisation zu Polybutadien sowie zur Copolymerisation mit zahlreichen ungesättigten Monomeren.

Zum anderen kann das Butadien wegen mehrerer Reaktionszentren eine Vielzahl von bevorzugt Additions- sowie Ringbildungsreaktionen eingehen, die zu wichtigen Zwischenprodukten führen.

2. Synthese von Zwischenprodukten durch
2.1. Addition
2.2. Cyclooligomerisierung
2.3. Sulfonbildung
2.4. Selektivhydrierung

Zu den erstgenannten Produkten gehört eine Reihe von Elastomeren, die je nach Art des Polymerisataufbaus elastische, abrieb-, verschleiß-, kälte- und wärmefeste sowie oxidations-, alterungs- und lösemittelbeständige Kautschuksorten ergeben. Weiterhin hat auch niedermolekulares, flüssiges 1,4-cis-Polybutadien, z. B. als trocknendes Öl auf dem Lacksektor, technische Bedeutung erlangt. Als Comonomere für die Polymerisation mit Butadien werden bevorzugt Styrol und Acrylnitril eingesetzt. Zur Klassifizierung der Elastomeren wird ein Code mit der englischen Bezeichnung „rubber" benutzt.

Die zwei wichtigsten Kautschuksorten sind SBR = Styrol-Butadien-Kautschuk (alte Bezeichnung der IG: Buna S) und BR = Butadien-Kautschuk (1,4-cis-Polybutadien).

Weitere Kautschuktypen sowie die prozentuale Aufschlüsselung der Synthesekautschuk-Produktion in einigen Ländern sind der folgenden Tabelle zu entnehmen:

Zu 1:

Produkte der Polymerisation:

Elastomere, Thermoplaste und trocknende Öle

Elastomere sind Polymere, die nach Vernetzung (Vulkanisation) ein gummielastisches Verhalten zeigen

Zahlreiche Monomerkombinationen führen zu breitem Eigenschaftsspektrum der Elastomeren

Natur- und Synthesekautschuk-Verbrauch (in Mio t)

	1989	1992	1996
Welt	15,6	14,3	15,6
USA	3,0	3,4	4,3
WE	2,5	3,0	3,3
Japan	2,0	2,1	2,2

Mengenmäßig bedeutendster Synthesekautschuk-Typ:

SBR mit ungefährer Zusammensetzung

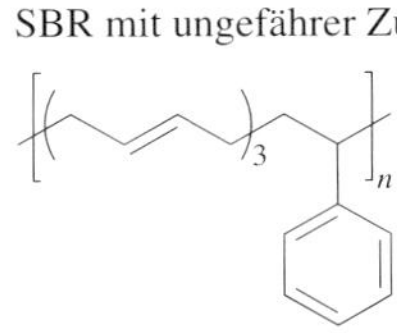

Tabelle 5-2. Synthesekautschuk-Aufschlüsselung (in Gew.-%).

Produkt	Welt		USA		Westeuropa		Japan	
	1978	1998	1976	1999	1978	1994	1985	2001
Styrol-Butadien-Kautschuk (SBR)	58	36	57	37	54	49	50	44
Polybutadien-Kautschuk (BR)	15	18	16	24	14	22	19	18
Chloropren-Kautschuk (CR)	6	3	8	3	6	5	7	6
Olefin-Kautschuk (EPR, EPTR*))	5	8	6	14	6	8	8	14
Butyl-Kautschuk (IIR)	6	7	5	8	7	6	} **)	} 2
Polyisopren-Kautschuk (IR)	4	12	3	3	6	4		
Nitril-Kautschuk (NBR)	5	3	3	4	5	5	5	6
Sonstige	1	13	2	7	2	1	11	12
Gesamtproduktion (in Mio t)	8,9	10,5	2,2	2,4	1,9	1,7	1,2	1,5

*) auch EPDM abgekürzt (**E**thylene **P**ropylene **D**iene **M**onomer)
**) in „Sonstige" enthalten

EP = **E**thylene **P**ropylene
EPT = **E**thylene **P**ropylene **T**erpolymer
II = **I**sobutylene **I**soprene
NB = acrylo**N**itrile **B**utadiene

Synthesekautschuk-Produktion (in Mio t)

	1986	1988	1998
Welt	9,16	10,1	10,5
USA	2,01	2,33	2,39
WE	2,31	2,45	2,30
Japan	1,05	1,30	1,52
BRD	0,46	0,50	0,62

Die Produktionszahlen in einigen Ländern sind in der nebenstehenden Tabelle zusammengefasst. Bayer ist der weltweit größte Produzent von Synthesekautschuk und Kautschukspezialprodukten.

Die weltweite Produktion von Naturkautschuk betrug 2003 etwa 6,3 Mio t; sie besaß damit einen Anteil von etwa 33 % an der Gesamtkautschukproduktion (19,1 Mio t). Der Naturkautschuk stammt vom Parakautschukbaum (*Hevea brasiliensis*), der überwiegend in Asien und Afrika wächst.

ABS-Kunststoffe sind **A**crylnitril-**B**utadien-**S**tyrol-Terpolymerisate für die Thermoplastverarbeitung mit hoher Schlagzähigkeit

Zu einer weiteren Gruppe gehören die Terpolymeren für die thermoplastische Verarbeitung wie ABS-Polymerisate, die aus Acrylnitril, Butadien und Styrol aufgebaut und durch eine hohe Schlagzähigkeit auch bei tiefen Temperaturen gekennzeichnet sind.

Die in Tabelle 5-3 enthaltene Aufschlüsselung der Butadienverwendung in einigen Ländern zeigt, dass mehr als 70 % der gesamten Butadienproduktion zur Herstellung von Homo- und Copolymerisaten eingesetzt wurden:

Tabelle 5-3. Butadienverwendung (in Gew.-%).

Produkt	Welt		USA		Westeuropa		BRD		Japan	
	1990	2005	1981	2000	1980	1998	1980	1999	1984	1998
Styrol-Butadien-Kautschuk (SBR)	43	40	40	41	46	50	47	51	49	39
Polybutadien-Kautschuk (BR)	23	26	21	23	24	22	21	19	27	31
Adiponitril	8	6	12	11	6	9	–	–	–	–
Chloropren	5	2	7	3	5	3	11	10	5	3
ABS-Polymerisate	11	12	6	5	8	6	9	8	11	13
Nitril-Kautschuk (NBR)	4	4	3	2	6	5	7	5	6	5
Verschiedenes	6	10	11	15	5	5	5	7	2	9
Gesamtverbrauch (in Mio t)	6,3	9,9	1,6	2,5	1,1	1,8	0,28	0,44	0,71	0,91

Zu 2.1:

Chlorierung und Dehydrochlorierung zu Chloropren

Hydrocyanierung zu Adiponitril

Mehrstufige Umsetzung zu 1,4-Butandiol:

1. über 1,4-Dichlor-2-buten
2. alternativ über 3,4-Epoxy-1-buten

Butadien gewinnt in neuerer Zeit auch als Zwischenprodukt steigende Bedeutung. So wird über das Chlor-Additionsprodukt 3,4-Dichlor-1-buten und anschließende HCl-Eliminierung Chloropren technisch hergestellt (vgl. Abschn. 5.3) und durch Hydrocyanierung, d. h. zweifache HCN-Addition, Adiponitril gewonnen (vgl. Abschn. 10.2.1.1). Butadien kann über verschiedene Zwischenstufen auch zu 1,4-Butandiol umgesetzt werden (vgl. Abschn. 5.3). Die dort beschriebene Reaktion über das 1,4-Dichlor-2-buten lässt sich nach einer neueren Entwicklung von Eastman Chemical wesentlich kostengünstiger über eine Butadienepoxidation durchführen. Danach wird Butadien mit Luft an einem Ag-Katalysator zum 3,4-Epoxy-1-buten umgesetzt, das nach einer thermischen Umlagerung zum 2,5-Dihydrofuran und nach Hydrierung zum Tetrahydrofuran mit der anschließenden Hydrolyse 1,4-Butandiol ergibt:

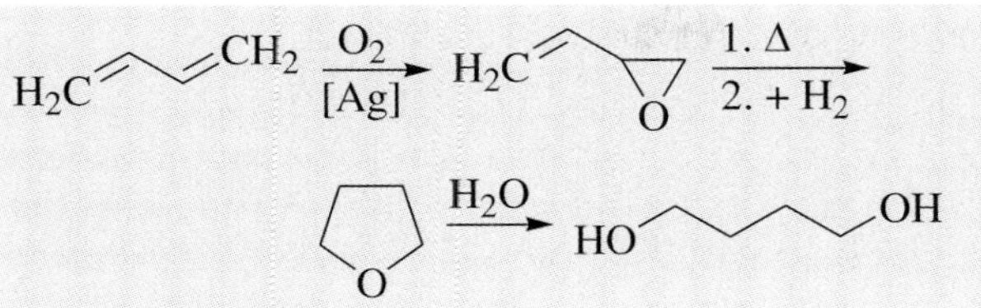

(5)

Die Zwischenstufen sind auch als Ausgangsprodukte für weitere Verbindungen geeignet. Eastman plant den Bau einer ca. 140000-jato-Anlage in Texas.

Die Cyclodimerisierung von Butadien in Gegenwart metallorganischer Katalysatoren führt zu 1,5-Cyclooctadien bzw. die Trimerisierung zu 1,5,9-Cyclododecatrien. Beide Komponenten sind wichtige Vorstufen zum Aufbau von höheren Polyamiden (vgl. Abschn. 10.1.2 und 10.3.2). Das Cyclooctadien ist nach partieller Hydrierung zum Cycloocten ein Einsatzprodukt für die Metathese-Polymerisation zum Polyoctenamer (vgl. Abschn. 3.4).

Zu 2.2:

Cyclodimerisierung zu 1,5-Cyclooctadien und Folgeprodukte Cycloocten, Polyoctenamer sowie Cyclotrimerisierung zu 1,5,9-Cyclododecatrien und Folgeprodukte (1,12-C_{12}-Disäure, C_{12}-Lactam)

Schließlich reagiert Butadien in einer reversiblen 1,4-Addition mit SO_2 zum Sulfolen, das mit Wasserstoff zum thermisch sehr stabilen Sulfolan, dem Tetrahydrothiophendioxid, hydriert werden kann:

Zu 2.3:

Sulfolan-Synthese und dessen Verwendung als selektives Lösemittel zur Aromatenextraktion oder Lösemittel für saure Gase (Sulfinol-Verfahren)

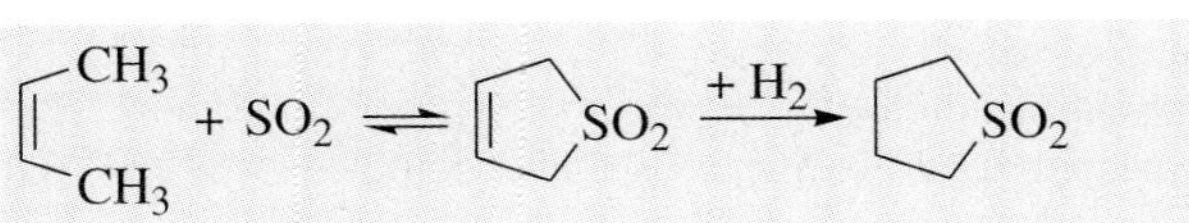

(6)

Sulfolan ist ein sehr beständiges, aprotisches technisches Lösemittel, das z. B. zur Extraktivdestillation von Aromaten eingesetzt (vgl. Abschn. 12.2.2.2) oder zusammen mit Diisopropanolamin im Sulfinol-Verfahren zur Gasreinigung (Entfernung saurer Gase, vgl. Abschn. 2.1.2) verwendet wird. Hersteller von Sulfolan sind Shell und Phillips.

Eine neue Butadienverwendung, die sich aus einem Butadienüberschuss durch vermehrte Olefinherstellung von Naphthacrackung ergeben hat, wird von Exxon seit 1993 durch Selektivhydrierung in der Flüssigphase an einem Pd-Katalysator zu Butenen in einer 35000-jato-Anlage in England genutzt. Das Buten dient als Rohstoff für die Herstellung von Methlethylketon und höheren Olefinen. Inzwischen wurden weitere Verfahren der Selektivhydrierung von Diolefinen entwickelt.

Zu 2.4:

Selektivhydrierung zu Butenen für weitere Umsetzung zu Methylethylketon und höheren Olefinen

5.2 Isopren

Isopren, obwohl Baustein zahlreicher Naturprodukte (Terpene, Naturkautschuk), hatte vor seiner Polymerisation zum 1,4-*cis*-Polyisopren technisch keine Bedeutung

Das industrielle Interesse an Isopren (2-Methyl-1,3-butadien) und an Verfahren zu seiner Herstellung stieg sprunghaft an, als die stereoselektive Polymerisation des Isoprens beherrscht wurde. Das damit zugängliche isotaktische 1,4-*cis*-Polyisopren ist weitgehend mit dem Naturkautschuk identisch und übertrifft diesen sogar an Reinheit und Einheitlichkeit.

Isoprenproduktion (in 1000 t)

	1992	1995	1997
USA	139	145	146
Japan	76	100	101
WE	15	22	21

Die weltweite Herstellkapazität für Isopren betrug 1997 etwa 0,85 Mio jato mit einem Anteil in USA, Japan und Westeuropa von 0,18, 0,13 bzw. 0,03 Mio jato.

Methoden zur Gewinnung von Isopren:

1. aus C_5-Crackfraktionen
1.1. durch direkte Isoprenisolierung
1.2. durch Dehydrierung von Isoprenvorstufen
2. durch Aufbau des Isoprengerüstes aus kleineren Bausteinen

Die Herstellung des Isoprens erfolgt weitgehend nach analogen Verfahren, wie sie für Butadien verwendet werden, d. h. durch direkte Isolierung aus C_5-Crackfraktionen oder durch Dehydrierung von C_5-Isoalkanen und -Isoalkenen. Im Gegensatz zum Butadien haben beim Isopren weiterhin Aufbaureaktionen für das C_5-Gerüst aus kleineren Bausteinen einen wesentlichen Anteil an der Gesamtproduktion. Allerdings wird bei der weltweiten Zunahme von Steamcrackanlagen auf Basis Naphtha oder Gasöl, insbesondere in USA, der Syntheseanteil des Isoprens zugunsten des Extraktionsanteils deutlich zurückgehen.

5.2.1 Isopren aus C_5-Crackfraktionen

Naphtha-C_5-Crackschnitte enthalten etwa 14–23 Gew.-% Isopren (ca. 2–5 Gew.-% der Ethylenkapazität eines Steamcrackers)

Die Rohstoffquellen für Isopren sind die C_5-Schnitte der Naphthaspaltung, aus denen es durch extraktive Destillation oder neuerdings auch durch Destillation als Azeotrop mit Pentan isoliert werden kann.

Die Methode der direkten Isoprenisolierung aus entsprechenden Fraktionen der Naphtha-Spaltprodukte hat den Vorteil, dass Isopren ohne zusätzliche Synthesestufen gewinnbar ist. Sie kann darum wirtschaftlich interessant sein, besonders da die Isoprenkonzentration in einem typischen C_5-Schnitt mit ansteigender Crackschärfe von etwa 14 bis 23 Gew.-% betragen kann. Die weiteren Bestandteile des C_5-Schnittes sind Pentane, Cyclopentadien/Dicyclopentadien, Piperylen und Pentene.

Isolierung des Isoprens mit zwei Technologien:

1. extraktive Destillation, z. B. mit NMP, DMF oder Acetonitril

Verschiedene Verfahren der Butadienisolierung lassen sich auch für das Isopren modifizieren, wie z. B. die extraktiven Destillationen nach BASF mit N-Methylpyrrolidon, nach Nippon Zeon mit Dimethylformamid oder nach Shell bzw. Goodrich-Arco mit Acetonitril. Technische Anlagen – vorzugsweise in USA und Japan – erreichen eine Isoprenkapazität bis 30000 jato.

Von Goodyear wurde ein Verfahren der fraktionierten Destillation von C_5-Schnitten der Streamcracker entwickelt, bei dem Isopren zusammen mit Isopentan in Form eines Azeotrops isoliert wird. Aus diesem Gemisch kann das Isopren, z. B. bei Polymerisation, selektiv herausreagieren. Eine technische Anwendung dieses durch niedrigen Energieverbrauch gekennzeichneten Verfahrens ist bisher nicht bekannt geworden.

2. fraktionierte Destillation als *n*-Pentan-Azeotrop mit direktem Einsatz für Polymerisation nach Verfahren von Goodyear

Dehydrierverfahren für Isopentan und Isopentene werden bevorzugt in USA verwendet. Rohprodukte sind die C_5-Fraktionen der katalytischen Crackverfahren, die als Gemische in die Dehydrierung eingesetzt werden. Dabei werden wegen der höheren Reaktivität bevorzugt die Alkene vor den Alkanen dehydriert. Die anschließende Reinigung, besonders die Abtrennung von 1-Methyl-1,3-butadien (Piperylen), ist sehr aufwendig. Daher wird von der Shell eine Vortrennung der 2-Methylbutene von den übrigen C_5-Produkten, eine sog. Sinclair-Extraktion, mit 65-proz. H_2SO_4 durchgeführt. Die Säure isomerisiert zunächst das Gemisch der 2-Methyl-butene überwiegend zu 2-Methyl-2-buten und addiert sich dann zum Schwefelsäureester:

Dehydrierung kann mit Gemischen von C_5-Isoalkanen und -Isoalkenen vorgenommen werden, es kann auch Vortrennung durch H_2SO_4-Extraktion erfolgen (Shell-Verfahren)

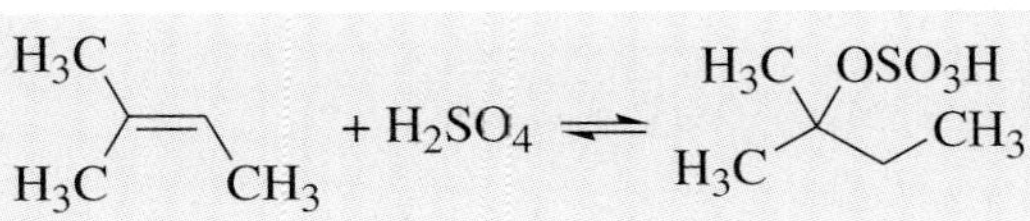

(7)

Anschließend wird der Ester bei 35 °C zurückgespalten und das C_5-Olefin extrahiert. Die dann erforderliche Dehydrierung zum Isopren lehnt sich weitgehend an ähnliche Verfahren für das Butadien an (vgl. Abschn. 5.1.3). Die Shell verwendet einen Fe_2O_3-Cr_2O_3-K_2CO_3-Katalysator bei etwa 600 °C und erreicht etwa 85% Ausbeute. Reines Isopren (99,0–99,5 Gew.-%) wird durch extraktive Destillation mit Acetonitril erhalten. Nach diesem Verfahren existieren Isoprenanlagen bei Shell, Arco und Exxon.

Kennzeichen der Shell-Sinclair-Extraktion:

primäre Isomerisierung zu internen Olefinen, dann reversible Halbesterbildung durch H_2SO_4-Addition, anschließend Dehydrierung zum Isopren analog der Butadienherstellung aus Butenen

In der GUS bestehen drei Anlagen mit einer Gesamtkapazität von 180000 jato Isopren, das ebenfalls durch Dehydrierung von Isopenten nach einem nicht näher beschriebenen Verfahren hergestellt wird.

5.2.2 Isopren durch Aufbaureaktionen

Isoprensynthese durch Aufbau des C_5-Gerüstes nach vier Prinzipien:

Es gibt im Wesentlichen vier verschiedene Aufbauprinzipien für das C_5-Gerüst aus kleineren Kohlenstoffeinheiten, von denen zwei auch weiterhin in technischen Anlagen durchgeführt werden:

1. $C_3 + C_2 \longrightarrow C_5$ (Aceton-Acetylen-Route)

1. Anlagerung von Aceton an Acetylen zum 2-Methyl-3-butin-2-ol mit nachfolgender partieller Hydrierung und Dehydratisierung,

2. $C_3 + C_3 \longrightarrow C_5 + C_1$ (Isohexen-Route)

2. Propendimerisierung zu Isohexen mit nachfolgender Demethanisierung,

3. $2\,C_1 + C_4 \longrightarrow C_5 + C_1$ (*m*-Dioxan-Route)

3. zweifache Formaldehydaddition an Isobuten zum 4,4-Dimethyl-1,3-dioxan mit nachfolgender Dehydratisierung und Formaldehydabspaltung,

4. $2\,C_4 \longrightarrow C_5 + C_3$ (Dismutations-Route)

4. Dismutation von Isobuten und 2-Buten zum 2-Methyl-2-buten mit nachfolgender Dehydrierung.

Zu 1:

dreistufiges Snamprogetti-Verfahren mit den Stufen:

1. Ethinylierung des Acetons
2. partielle Hydrierung des Alkinols
3. Dehydratisierung des Alkenols

Das Aceton-Acetylen-Verfahren wurde von Snamprogetti entwickelt. Es war bis 1982 in einer Anlage in Italien mit einer Kapazität von 30000 jato Isopren in Betrieb. In der ersten Stufe werden Aceton und Acetylen bei 10–40 °C und 20 bar in flüssigem Ammoniak als Lösemittel und in Gegenwart von KOH als Katalysator zu Methylbutinol umgesetzt, das nach selektiver Hydrierung zu Methylbutenol und durch Dehydratisierung bei 250–300 °C und unter Normaldruck an Al_2O_3 in Isopren übergeht:

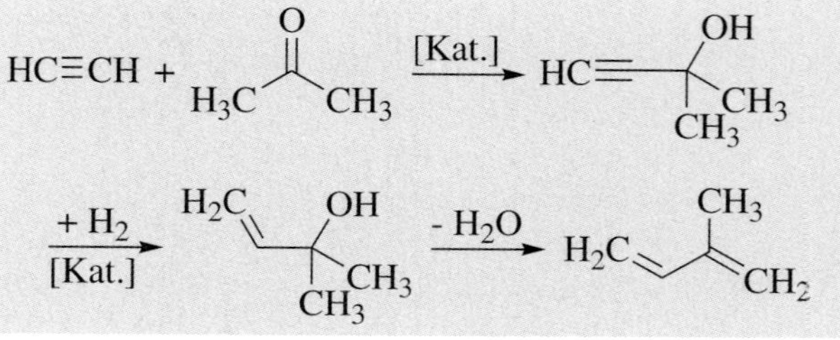

(8)

Die Gesamtselektivität zum Isopren beträgt 85 % (CH_3COCH_3, C_2H_2).

Zu 2:

dreistufiges Goodyear-SD-Verfahren mit den Stufen:

1. Propendimerisierung
2. 2MP1-Isomerisierung
3. 2MP2-Demethanisierung

Nach dem zweiten Prinzip, der Isohexen-Route, arbeitet das Goodyear-Scientific-Design-Verfahren. Die Propendimerisierung an einem Ziegler-Katalysator (z. B. Tripropylaluminium) führt zum 2-Methyl-1-penten (vgl. Abschn. 3.3.1), das anschließend über einen sauren Trägerkatalysator zum 2-Methyl-2-penten isomerisiert wird. In dieser Form kann es mit überhitztem Wasserdampf und katalytischen Mengen HBr bei 650–800 °C in Isopren und Methan gespalten werden:

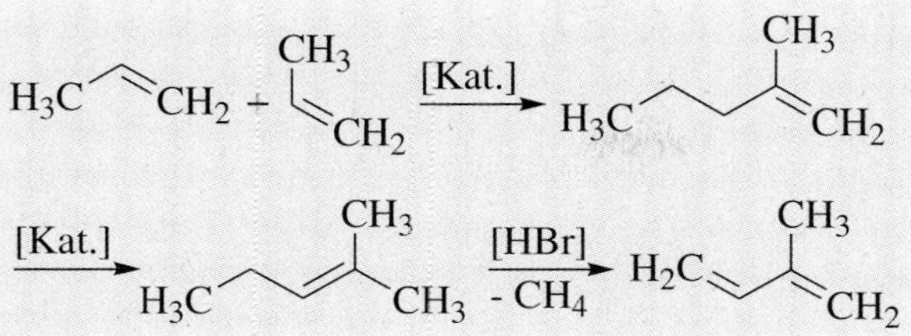

(9)

Die Isoprenselektivität erreicht etwa 50 % (Propen).

Goodyear hat nach diesem Verfahren mehrere Jahre eine Anlage in Texas betrieben, die vor einiger Zeit aus wirtschaftlichen Gründen stillgelegt worden ist.

Industrielle Durchführung in einer Goodyear-Anlage (etwa 75000 jato Kapazität) inzwischen stillgelegt

Die dritte Route mit dem Zwischenprodukt *m*-Dioxan wurde vielfach untersucht und von verschiedenen Firmen (Bayer, IFP, Marathon Oil, Kuraray und in der GUS) auch zu technischen Verfahren ausgearbeitet.

Zu 3:

zweistufige Verfahren zahlreicher Firmen mit den Stufen:

1. zweifache HCHO-Addition an Isobuten zu *m*-Dioxan-Derivat
2. thermolytische HCHO- und H_2O-Abspaltung

Die erste Stufe stellt eine Prins-Reaktion zwischen Formaldehyd und Isobuten dar. Sie verläuft in Gegenwart starker Mineralsäure wie H_2SO_4 oder auch an sauren Ionenaustauschern bei 70–95 °C und etwa 20 bar mit wässriger Formaldehydlösung und dem in einem butadienfreien C_4-Schnitt enthaltenen Isobuten unter Bildung des 4,4-Dimethyl-1,3-dioxans:

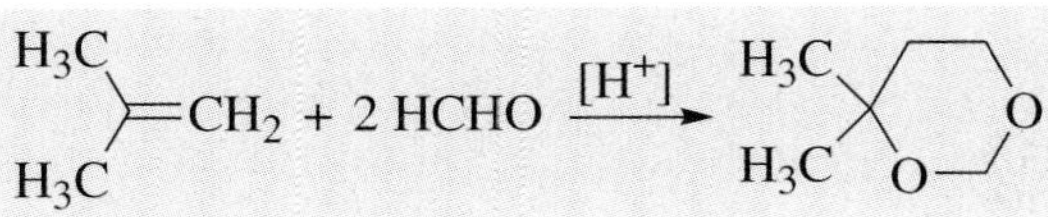

(10)

Im nächsten Schritt wird dann das Dioxanderivat bei 240–400 °C an H_3PO_4/Kohle- oder $Ca_3(PO_4)_2$-Katalysatoren in Gegenwart zusätzlichen Wassers gespalten:

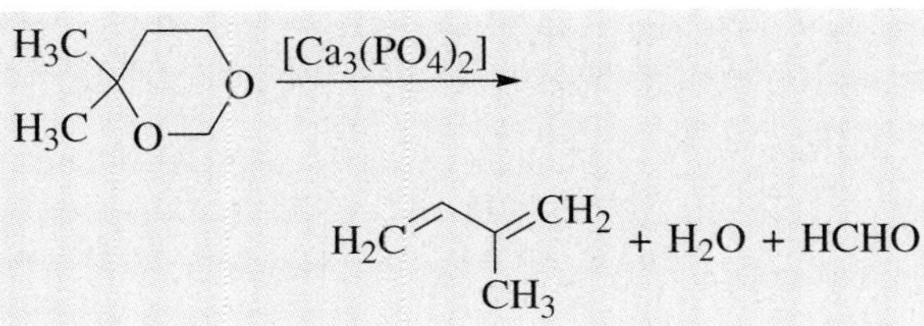

(11)

Die Gesamtselektivität zu Isopren erreicht etwa 77 % (Isobuten).

Als Nebenprodukte treten in beiden Stufen Polyole auf, von deren Menge die Wirtschaftlichkeit sehr stark beeinflusst wird. Nach diesem Verfahren betreibt Kuraray eine 30000-

m-Dioxan-Derivat auch Ausgangsprodukt für neues C_5-Lösemittel mit Ether/Alkohol-Funktion

jato-Anlage in Japan. Kuraray verwendet das 4,4-Dimethyl-1,3-dioxan zum weiteren auch zur Herstellung von 3-Methyl-3-methoxybutanol, das durch eine selektive Hydrogenolyse zu erhalten ist und als preiswertes Lösemittel eingesetzt werden kann:

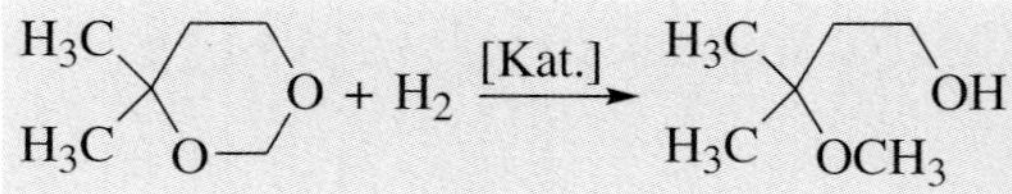

(12)

Verfahrensvarianten der *m*-Dioxan-Route:

Auch in der GUS und in Osteuropa sind einige Anlagen in Betrieb. In neuerer Zeit wurden von verschiedenen Firmen Vorschläge zur Verfahrensvereinfachung und zur Verbesserung der Rentabilität der *m*-Dioxan-Route gemacht.

1. Verfahrensvereinfachung nach Takeda durch einstufige Gasphasenreaktion

So soll nach Takeda Chemical eine einstufige Isoprenherstellung aus Isobuten und Formaldehyd in der Gasphase bei 300 °C und 1 bar, z. B. an Oxiden von Silicium, Antimon oder Seltenen Erden, möglich sein. Die Sun Oil verwendet für die einstufige Umsetzung von Isobuten anstelle von Formaldehyd das Methylal $H_2C(OCH_3)_2$, weil es stabiler als Formaldehdyd ist und nur zu einem kleinen Teil in CO und H_2 zerfällt. Ein anderer Formaldehydlieferant, Dioxolan, wurde von Sumitomo Chemical für die gleiche Umsetzung vorgeschlagen.

2. zusätzlich zur Einstufigkeit Erhöhung der Selektivität nach Sun Oil durch Verwendung von HCHO in Form des Methylals oder nach Sumitomo Chemical in Form von Dioxolan (1,3-Dioxacyclopentan)

3. zusätzlich zur Einstufenreaktion preiswertere Einsatzprodukte nach Sumitomo durch Verwendung von $CH_3OH + O_2$ anstelle von HCHO

Eine weitere Vereinfachung und Verbesserung soll die ebenfalls einstufige Umsetzung von Isobuten mit Methanol und O_2 nach Sumitomo Chemical ergeben, die über intermediär gebildeten Formaldehyd abläuft:

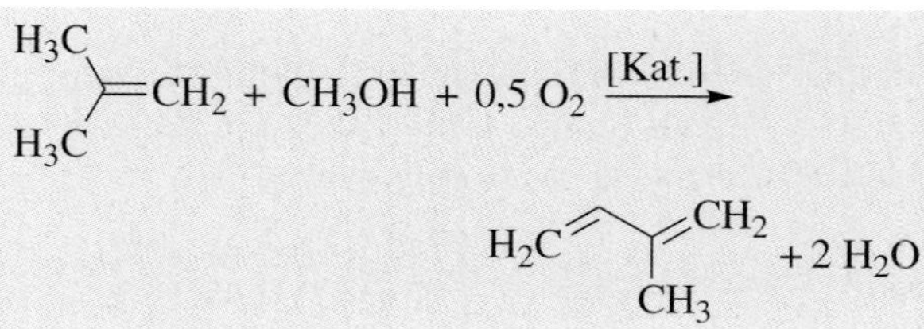

(13)

Als Katalysator werden H_3PO_4-MoO_3/SiO_2 oder Mischoxidsysteme auf Basis Mo–Bi–P–Si, Mo–Sb–P–Si bzw. H_3PO_4–V–Si verwendet. Bei 250 °C erreicht der Isobutenumsatz 12 % mit einer Selektivität zu Isopren von 60 % (Isobuten) und 40 % (CH_3OH). Nebenher wird Methanol zu einem großen Teil zu Formaldehyd oxidiert.

Die potenziellen Vorteile dieses Verfahrens, wie preiswertere C_1-Komponente und die geringeren Investitionskosten eines Einstufenprozesses, müssen sich erst in einer technischen Anlage bestätigen.

Die vierte Aufbauroute einer Isoprenvorstufe wird bisher technisch noch nicht angewendet, obwohl sie großes Interesse findet. Analog der Dismutation von Propen zu 2-Buten und Ethylen, wie sie von Phillips Petroleum entwickelt und von weiteren Firmen weiter ausgebaut wurde (vgl. Abschn. 3.4), handelt es sich hier um die Dismutation von Isobuten und 2-Buten, die aus dem Butadienraffinat gewonnen werden können (vgl. Abschn. 5.1.2):

Zu 4:

zweistufige Verfahrensweise mit den Stufen:

1. katalysierte Dismutation von C_4- und Iso-C_4-Olefin
2. Dehydrierung von 2-Methyl-2-buten

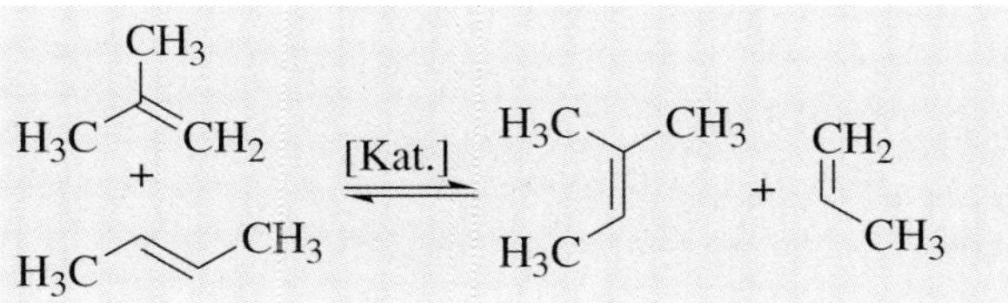

(14)

Das entstandene 2-Methyl-2-buten kann anschließend zu Isopren dehydriert werden.

Isopren wurde lange Zeit nur als Comonomeres mit Isobuten zur Herstellung von Butyl-Kautschuk verwendet. Bei dem nur geringen Anteil von 2–5 Gew.-% an Isopren im Copolymerisat war dieser Bedarf gering. Eine wesentliche Bedeutung hat Isopren erst mit der Herstellung von 1,4-*cis*-Polyisopren-Kautschuk erlangt, der wegen seiner hohen thermischen Stabilität und Haltbarkeit bei Verwendung in Reifenlaufflächen, besonders bei Radialreifen, zunehmendes technisches Interesse gewinnt. Goodyear ist weltweit der größte Hersteller von Isopren-Kautschuk mit einer Herstellkapazität von 61 000 jato (1996) in USA.

Isoprenverwendung:

1. geringe Bedeutung als Comonomeres im Butyl-Kautschuk zusammen mit Isobuten
2. vorzugsweise Einsatz für 1,4-*cis*-Polyisopren-Kautschuk

Die geschätzte Verbrauchsaufschlüsselung der Weltproduktion an Isopren für 1995 (ca. 0,56 Mio t) weist für Polyisopren länderabhängig einen Anteil von 50–80%, für Butyl-Kautschuk 4–10% sowie für weitere Copolymere, z. B. mit Styrol oder Acrylnitril und andere Verwendungen, einen zunehmenden Anteil aus.

5.3 Chloropren

Chloropren (2-Chlor-1,3-butadien) rangiert in seiner technischen Bedeutung – vorzugsweise als Baustein für Synthesekautschuk – hinter Butadien und Isopren.

Rangfolge von Butadien und -Derivaten:

1. 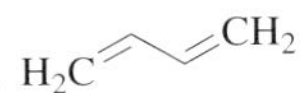

2. 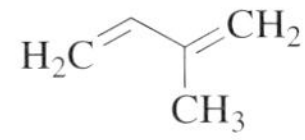

3. 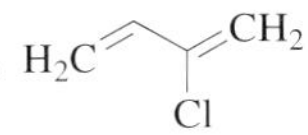

Ausgangsprodukte für die Chloroprenherstellung ist in älteren Verfahren Acetylen und in modernen Prozessen Butadien; dabei vollzog sich der Wechsel der Rohstoffbasis mit Beginn der siebziger Jahre. 1980 wurden dann weltweit

Chloropren-Herstellbasis:

1. Acetylen-Route mit rückläufiger Bedeutung
2. Butadien-Route mit zunehmender Bedeutung

schon mehr als 80% der Chloroprenproduktion (ca. 0,4 Mio t) aus Butadien hergestellt. In USA und Westeuropa wird Chloropren derzeit nur auf Butadienbasis hergestellt, in Japan wird noch eine kleinere Anlage bei Denki Kagaku betrieben.

Zu 1:

Klassische Acetylen-Route zweistufig:

1. Acetylendimerisierung mit Nieuwland-Katalysator zu Vinylacetylen (dabei dienen: CuCl als aktive Komponente, NH_4Cl-Zusatz zur Erhöhung der CuCl-Löslichkeit in H_2O)

Die historische Chloroprensynthese verläuft zweistufig. Sie geht aus von der Dimerisierung des Acetylens zu Vinylacetylen in einer wässrigen salzsauren Lösung von CuCl und NH_4Cl bei 80 °C in einem Reaktionsturm:

$$2\,HC{\equiv}CH \xrightarrow{[Kat.]} H_2C{=}CH{-}C{\equiv}CH \qquad (15)$$

$$(\Delta H = -264\ kJ/mol)$$

2. HCl-Addition an Vinylacetylen am gleichen Katalysatorsystem wie Stufe 1

Die beträchtliche Wärmeentwicklung wird durch Wasserverdampfung abgefangen. Der C_2H_2-Umsatz erreicht etwa 18%. Die Selektivität zum Vinylacetylen beträgt bis zu 90%. Als hauptsächliches Nebenprodukt entsteht Divinylacetylen. In der zweiten Stufe wird dann bei 60 °C die HCl-Addition an Vinylacetylen zum Chloropren vorgenommen:

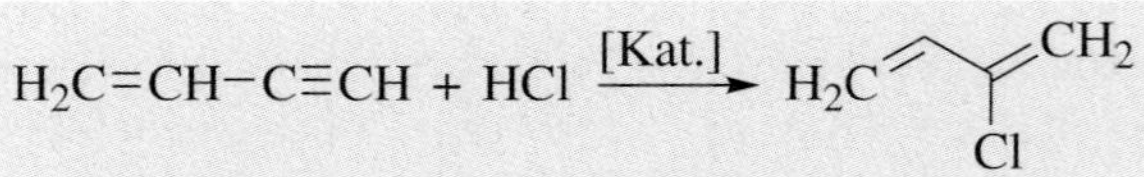

(16)

$(\Delta H = -184\ kJ/mol)$

Die Nebenprodukte entstehen durch Folgereaktionen des Chloroprens wie:

Hydrolyse:

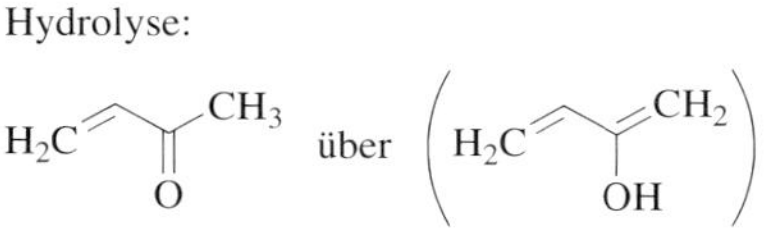

1,4-Addition von HCl:

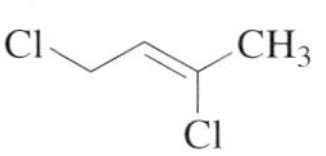

Als Katalysator dient ebenfalls eine salzsaure CuCl-Lösung. Die Selektivität zum Chloropren beträgt etwa 92% (Vinylacetylen). Nebenprodukte sind im Wesentlichen Methylvinylketon und 1,3-Dichlor-2-buten.

Die neueren Chloroprenverfahren beruhen auf Butadien als einer preiswerten Ausgangsbasis. Obgleich die Überführung in Chloropren relativ einfach erscheint und schon frühzeitig beschrieben wurde, führten erst intensive Entwicklungsarbeiten von British Distillers und nachfolgend von BP zu einem wirtschaftlichen Verfahren, das bei Distugil (50% BP) in einer Anlage mit 30000 jato Chloroprenkapazität erstmals durchgeführt wurde.

Zu 2:

Butadien-Route dreistufig:

1. unkatalysierte radikalische Addition von Cl_2, d. h. Gasphasenchlorierung zu Dichlorbutengemischen (Oxychlorierung des Butadiens noch ohne technische Bedeutung)

In der Folgezeit kamen dann zahlreiche weitere auf Butadien basierende Verfahren hinzu.

Zur Herstellung von Chloropren aus Butadien wird dieses in der Gasphase bei etwa 250 °C und 1–7 bar zunächst mit Cl_2 nach einem Radikalkettenmechanismus zu einem Gemisch aus 3,4-Dichlor-1-buten sowie *cis-* und *trans-*1,4-Dichlor-2-buten chloriert:

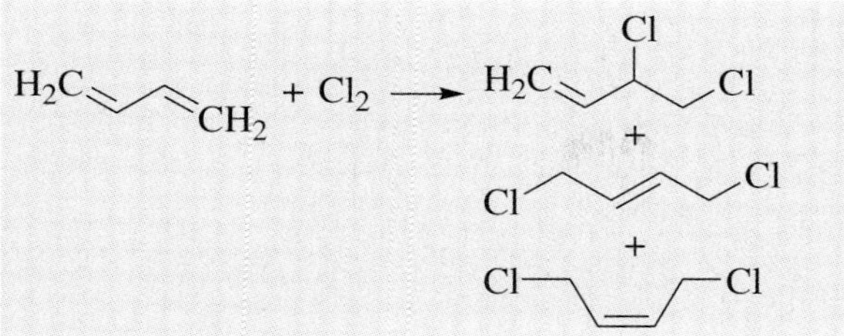

(17)

Bei Butadienumsätzen von 10–25 % erreicht die Selektivität zu dem Gemisch der isomeren Dichlorbutene 85–95 % (Butadien).

Das für die Chloroprenherstellung nicht brauchbare 1,4-Addukt kann durch Erhitzen mit katalytischen Mengen CuCl oder auch mit Eisensalzen zum 1,2-Addukt isomerisiert werden. Das Gleichgewicht wird dabei ständig durch herausdestillierendes 3,4-Isomeres (Kp 123 °C gegenüber 155 °C) im gewünschten Sinn verschoben und dabei eine Selektivität von 95–98 % erhalten.

2. katalytische Isomerisierung von 1,4- in 1,2-Addukt nach Prinzip einer Allylumlagerung

Verfahren zur Oxychlorierung von Butadien wurden zwar von verschiedenen Firmen (ICI, Monsanto, Shell) entwickelt; sie sind bisher jedoch zu keiner technischen Anwendung gekommen.

Durch Dehydrochlorierung mit verdünnter Alkalilauge bei 85 °C wird dann das Chloropren mit einer Ausbeute von 90 bis 95 % hergestellt:

3. Dehydrochlorierung zu Chloropren bei kurzer Verweilzeit und Zusatz von Stabilisatoren (Sulfide oder Stickoxide)

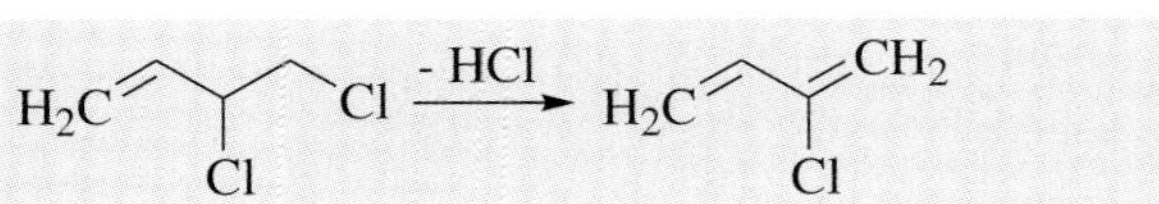

(18)

Alle neu errichteten Chloroprenkapazitäten beruhen auf diesem dreistufigen Verfahrensprinzip, da eine direkte Überführung von Butadien in Chloropren wegen geringer Selektivitäten bisher zu keinem wirtschaftlichen Prozess geführt hat.

Die Autoxidation des Chloroprens führt zu einem Peroxid, das die Polymerisation initiieren kann. Es müssen deshalb bei der Dehydrochlorierungsstufe und bei der Reinigung sehr sorgfältig Sauerstoffspuren ausgeschlossen werden. Zusätzlich werden Schwefelverbindungen als sehr effektive Inhibitoren gegen eine Polymerisation eingesetzt.

Chloropren-Reinherstellung:

destillativ unter O_2-Ausschluss und in Gegenwart von Polymerisationsinhibitoren, z. B. Phenothiazin

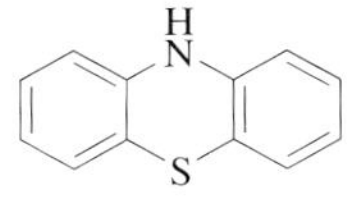

Chloropren wird fast ausschließlich zu Chloropren-Kautschuk, dem sogenannten Neopren® oder Baypren®, polymerisiert. Er zeichnet sich gegenüber anderen Kautschuktypen

Chloroprenverwendung:

1. Monomeres für Chloropren-Kautschuk

besonders durch seine Stabilität gegenüber Sonnenlicht und Öl aus. Sein weltweiter Verbrauch ist allerdings rückläufig.

Die Herstellkapazität für Polychloropren betrug 2004 weltweit etwa 0,35 Mio jato; davon entfielen auf USA, Westeuropa und Japan etwa 0,10, 0,11 bzw. 0,098 Mio jato.

2. 1,4-Dichlor-2-buten, als Vorprodukt des Chloroprens auch Zwischenprodukt für Adiponitril, 1,4-Butandiol, Tetrahydrofuran

Das 1,4-Dichlor-2-buten als Zwischenprodukt der Chloroprenherstellung ist in begrenztem Umfang ein Ausgangsprodukt für die weitere Umsetzung zu Adiponitril (vgl. Abschn. 10.2.1.1), 1,4-Butandiol und Tetrahydrofuran. Nach dem von Toyo Soda entwickelten Verfahren zur Herstellung von 1,4-Butandiol wird 1,4-Dichlorbuten in Gegenwart einer größeren Menge Natriumformiat bei etwa 110 °C hydrolysiert:

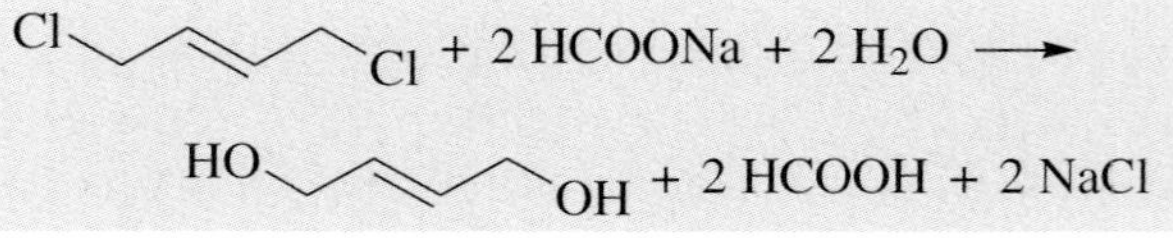

(19)

Kennzeichen der 1,4-Butandiol-Herstellung aus 1,4-Dichlorbuten:

1. Hydrolyse über Intermediärprodukt 1,4-Diformoxybuten

Nach der Hydrolyse wird die freie Ameisensäure mit NaOH neutralisiert. Der 1,4-Dichlorbutenumsatz beträgt nahezu 100% mit einer Selektivität zu 1,4-Butendiol von über 90%. Eine direkte Hydrolyse würde zu deutlich geringerer Selektivität wegen der Bildung von Polykondensationsprodukten und von 3-Buten-1,2-diol führen.

2. heterogen katalysierte (Ni/Al) Flüssigphasenhydrierung zum 1,4-Butandiol

Anschließend wird die wässrige Lösung des 1,4-Butendiols in Gegenwart eines Ni/Al-Katalysators bei ca. 100 °C und etwa 270 bar zu 1,4-Butandiol hydriert.

Technische Anwendung:

Toyo-Soda-Verfahren mit Verbundherstellung von Chloropren
1,4-Butandiol
Tetrahydrofuran

Toyo Soda betreibt nach diesem Verfahren zwei Anlagen mit einer Gesamtkapazität von etwa 7000 jato 1,4-Butandiol und 3000 jato Tetrahydrofuran aus der Wasserabspaltung von 1,4-Butandiol.

Weitere Chloroprenhersteller sind Bayer, Denka Chemical, Denki Kagaku, Distugil, DuPont und Showa.

5.4 Cyclopentadien

Cyclopentadien-Ausgangsbasis:

1. Steinkohlenteer
2. C_5-Crackschnitte

Cyclopentadien ist ein weiteres technisch interessantes 1,3-Diolefin, das in geringer Menge im Steinkohlenteer sowie in höheren Konzentrationen zwischen 15 und 25 Gew.-% in den C_5-Schnitten von Naphtha-Crackgemischen enthalten ist. Sein auf die Ethylenproduktion bezogener Anteil beträgt etwa 2–4 Gew.-%. Mit dem Bau großer Steamcracker zur Ethylenerzeugung ist auch Cyclopentadien zu einem preisgünstigen Ausgangsmaterial geworden. Mangels Nachfrage verbleibt es jedoch zumeist in der C_5-Fraktion, die nach Entfernung der Diolefine und nach Hydrierung als hochoctanige Komponente Vergaserkraftstoffen zugesetzt wird.

Man gewinnt das Cyclopentadien heute vorzugsweise aus den Vorläufen der Pyrolysebenzine, indem man seine Neigung zur Dimerisierung – als Spezialfall einer Diels-Alder-Reaktion – ausnutzt. Dazu wird die C_5-Fraktion entweder bei 140–150 °C unter Druck erhitzt oder bei 100 °C mehrere Stunden belassen. Das Cyclopentadien dimerisiert unter diesen Bedingungen zum Dicyclopentadien (bevorzugt in der endo-Form), das etwa 130 °C höher siedet als sein Monomeres, so dass die übrigen C_5-Komponenten leicht unter vermindertem Druck durch Destillation abgetrennt werden können.

Cyclopentadien-Isolierung aus C_5-Crackschnitten durch thermische Verfahren:

1. Dimerisierung zu Dicyclopentadien und Abtrennung
2. Rückspaltung von Dicyclopentadien zu Cyclopentadien (reversible Diels-Alder-Reaktion)

Der Rückstand wird bei Temperaturen über 200 °C (z. B. 300 °C, Rohrreaktor, 80–85 % Ausbeute) mit technisch ausreichender Geschwindigkeit wieder zum Monomeren gespalten und destillativ in reines Cyclopentadien übergeführt:

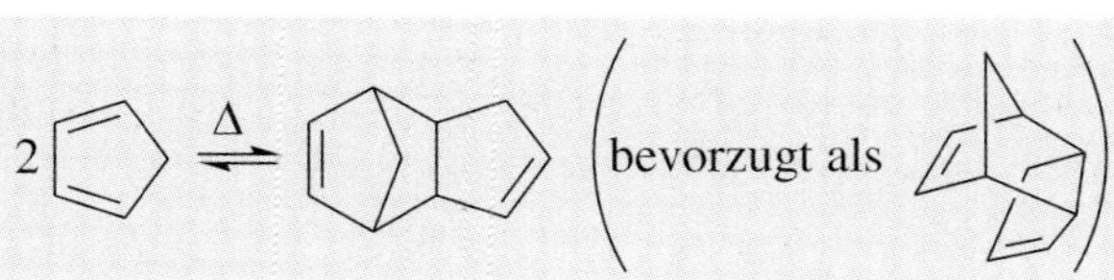

(20)

Es geht sehr leicht und unter erheblicher Wärmeentwicklung wieder in das Dimere über. In dieser Form wird es transportiert und aufbewahrt.

Cyclopentadien findet in zunehmendem Maß zur Herstellung von Kohlenwasserstoff-Harzen Verwendung. Es wird entweder mit den weiteren Komponenten des C_5-Crackschnittes (Pentane, Pentene, Isopren, Piperylen) zum C_5-Schnitt-Harz copolymerisiert oder in reiner Form als Dicyclopentadien in einem aromatischen Lösemittel bei 250–280 °C thermisch zum Polycyclopentadien polymerisiert und eventuell durch anschließende Hydrierung stabilisiert. Es kann auch kationisch copolymerisiert werden. Die Polymeren sind ein Bestandteil von Schmelz- und Haftklebern sowie von Druckfarbenharzen.

Cyclopentadien-Verwendung:

1. als Monomeres und Comonomeres zur Herstellung von Polycyclopentadien und C_5-Kohlenwasserstoff-Harzen für den Druckfarben- und Klebstoffsektor

Cyclopentadien wird weiterhin zu Diels-Alder-Reaktionen verwendet; so ist das 5-Ethylidennorbornen in einer zweistufigen Umsetzung aus Cyclopentadien und Butadien zu erhalten. Zunächst bildet sich das 5-Vinylbicyclo–[2,2,1]hept-

2. als Dien für Diels-Alder-Reaktionen, z .B. zweistufige Herstellung des Ethylidennorbornens aus Cyclopentadien und Butadien, d. h. (4 + 2)-Cycloaddition + Doppelbindungsisomerisierung

2-en, das dann mit Alkalimetallkatalysatoren zum 5-Ethylidenbicyclo-[2,2,1]hept-2-en (5-Ethylidennorbornen) isomerisiert wird:

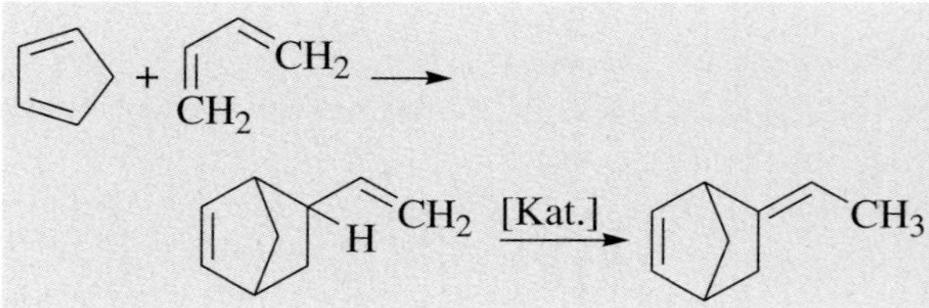

(21)

5-Ethylidennorbornen wird bei der Ethylen-Propen-Polymerisation in kleinen Mengen als Terkomponente zugesetzt.

Ethylidennorbornen verwendet für EPTR als Ter = Drittkomponente (EPTR auch als EPDM bezeichnet, vgl. Abschn. 5.1.4)

Das resultierende Terpolymerisat lässt sich unter üblichen Bedingungen zum sogenannten EPTR (**e**thylene **p**ropen **t**erpolymer **r**ubber) vulkanisieren.

3. als hexachlorierte Dien-Komponente

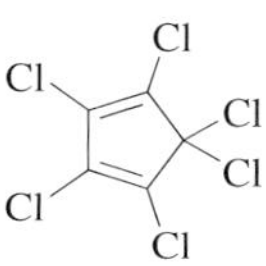

zu Vorprodukten für Insektizide und für Flammschutzmittel

Weitere technische Beispiele für Diels-Alder-Reaktionen gehen von dem wichtigen Zwischenprodukt Hexachlorcyclopentadien aus, das durch Chlorierung aus Cyclopentadien über mehrere Stufen zugänglich ist.

6 Synthesen mit Kohlenmonoxid

Kohlenmonoxid ist in seiner wirtschaftlichen Bedeutung als Aufbaukomponente in reiner Form oder im Gemisch mit Wasserstoff schon im Kapitel „Basisprodukte der industriellen Synthese", z. B. für die Herstellung von Methanol als seinem mengenmäßig größten Folgeprodukt, vorgestellt worden. Weitere Umsetzungen von CO in einigen großtechnischen Verfahren, wie z. B. mit Acetylen zu Acrylsäure (vgl. Abschn. 11.1.7.1), mit Methanol zu Essigsäure (vgl. Abschn. 7.4.1.3) oder mit Propen zu Butanol (vgl. Abschn. 8.1.3), sind so produktspezifisch, dass sie gesondert beschrieben werden. Gleiches gilt für die Produkte der „C_1-Chemie", d. h. aus dem gezielten Aufbau von Zwischenprodukten aus Synthesegas oder aus seinen einfachen Folgeprodukten, wie z. B. Methanol oder Formaldehyd. In diesem Kapitel werden CO-Reaktionen behandelt, die, wie Hydroformylierung, Carbonylierung und Koch-Reaktion, eine breite Olefinpalette umzusetzen gestatten.

CO ist allein oder im Gemisch mit H_2 ein sehr preiswerter Synthesebaustein

Neben Verwendung in großtechnischen Einzelverfahren für:

Methanol (Synthesegas)
Acrylsäure (C_2H_2 + CO + H_2O)
Essigsäure (CH_3OH + CO)
Butanol (C_3H_6 + 3 CO + 2 H_2O)

und neuerdings „C_1-Chemie"

auch allgemeine Verfahren wie

Hydroformylierung
Carbonylierung
Koch-Reaktion

6.1 Hydroformylierung von Olefinen

Die Hydroformylierung oder Oxosynthese ist ein großtechnisch genutztes Verfahren zur Herstellung von Aldehyden aus Olefinen, Kohlenmonoxid und Wasserstoff.

Prinzip der Hydroformylierung:

katalytische Addition von H_2 und CO in Form von H (hydro) und CHO (formyl) an Olefine unter Kettenverlängerung um ein C zum Aldehyd

Das Reaktionsprinzip wurde 1938 von O. Roelen bei der Ruhrchemie entdeckt, als er bei der Umsetzung von Ethylen mit CO und H_2 bei erhöhten Drücken und Temperaturen an Cobalt und Thorium enthaltenden Katalysatoren die Bildung von Propionaldehyd beobachtete. Die Hydroformylierung wurde dann in den Folgejahren relativ schnell zu einem technischen Herstellverfahren für Waschmittelalkohole mit einer Kettenlänge von C_{12} bis C_{14} entwickelt, so dass 1945 die erste 10000-jato-Oxoanlage in Betrieb genommen werden konnte. (Zur heutigen Situation der Waschmittelalkohole vgl. Abschn. 8.2.).

Erste technische Herstellung:

C_{12}–C_{14}-Waschmittelalkohole durch Hydrierung der primär anfallenden Aldehyde

Inzwischen hat die Hydroformylierung auf der ganzen Welt eine überragende Bedeutung erlangt. Die Weltkapazität für alle primären Hydroformylierungsprodukte (Oxochemika-

Die Herstellkapazität für Oxoprodukte betrifft nur die Primärprodukte aus der Olefinumsetzung mit CO/H_2, d. h. keine Folgeprodukte

Industrielle Organische Chemie: Bedeutende Vor- und Zwischenprodukte, *6. Auflage*, Hans-Jürgen Arpe

ISBN: 978-3-527-31540-6

lien) hatte 2002 etwa 10,8 Mio jato erreicht. Das bedeutendste Einsatzolefin ist weiterhin Propen mit den wichtigsten Endprodukten Butanol, Isobutanol (2-Methyl-1-propanol) und 2-Ethylhexanol. Auch Ethylen wird zur Hydroformylierung mit der nachfolgenden Oxidation des Propionaldehyds als der zunehmend verwendeten Herstellroute für Propionsäure eingesetzt (vgl. Abschn. 6.2). Eine neue Verwendung des Propionaldehyds zur Herstellung von Methacrylsäure (vgl. Abschn. 11.1.4) nach einem BASF-Verfahren hat damit dessen Bedarf und Einsatzbreite vergrößert. Höhere Olefine liefern nach Hydroformylierung und nachfolgender Hydrierung Fettalkohole (vgl. Abschn. 8.2).

Die wichtigsten Produkte der Oxosynthese sind heute:

Butanol, Isobutanol, 2-Ethylhexanol, Propionaldehyd und Fettalkohole

6.1.1 Chemische Grundlagen der Hydroformylierung

Anwendungsbreite der Hydroformylierung von Olefinen:

C_2–C_{20}-Olefine, verzweigt, unverzweigt, terminale oder interne C-C-Doppelbindung

Reaktionsprodukte der Hydroformylierung:

Gemische von *n*/*i*-Aldehyden mit höherem *n*-Anteil (höheres *n*/*i*-Verhältnis)

Die Hydroformylierung kann mit einer Vielzahl von geradkettigen und verzweigten Olefinen mit end- oder innenständiger Doppelbindung durchgeführt werden. Praktische Bedeutung als Einsatzprodukte haben Olefine mit 2 bis etwa 20 C-Atomen. In charakteristischer Weise entstehen bei der Hydroformylierung – außer beim Ethylen, das nur Propionaldehyd bilden kann – stets Gemische isomerer Aldehyde als Folge der möglichen Ausbildung der Formylgruppe an dem einen oder anderen C-Atom der Doppelbindung:

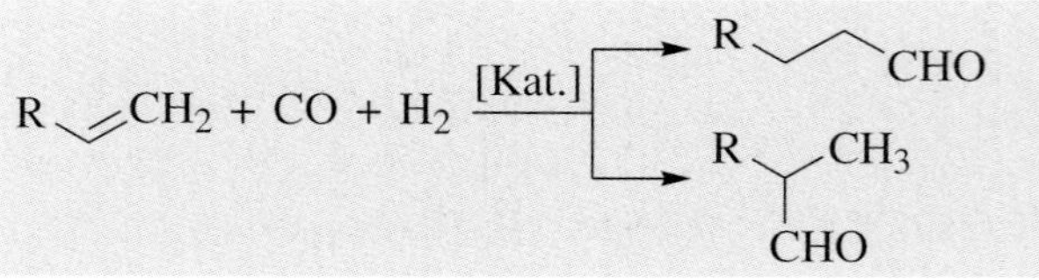

(1)

Im Isomerengemisch ist der *n*-Aldehyd vor dem *i*-Aldehyd begünstigt.

Einflüsse des Einsatzolefins:

1. Olefinstruktur findet sich ohne Kettenisomerisierung im Oxoaldehyd wieder
2. Doppelbindungsisomerisierung bei internen Olefinen kann zu Oxoaldehydgemischen führen

   interne Doppelbindung verschiebt sich bevorzugt an das Ende, da endständiger π-Komplex am stabilsten ist

Darüber hinaus beeinflussen Struktur und Molekülgröße des Einsatzolefins den Reaktionsablauf der Hydroformylierung. Zwar bleibt das Kohlenstoffgerüst des Olefins im Oxoaldehyd erhalten, es kann aber die Doppelbindung aus einer internen in Richtung auf eine terminale Position wandern, so dass weitere Komponenten im Aldehydgemisch auftreten können. Stellt sich dagegen bei ausreichender Temperatur und Verweilzeit das Isomerisierungsgleichgewicht am Hydroformylierungskatalysator vollständig ein (terminale Lage der Doppelbindung), so können doppelbindungsisomere Olefine die gleichen Oxoaldehyde liefern.

Zum weiteren vermindern Verzweigungen im Olefin die Reaktionsgeschwindigkeit allgemein und besonders dann, wenn die Verzweigung am C-Atom der Doppelbindung vorliegt.

3. unverzweigte α-Olefine sind am leichtesten, sterisch gehinderte interne Olefine kaum hydroformylierbar

Beiderseitige Verzweigung an der Doppelbindung kann – wie im Fall des 2,3-Dimethyl-2-butens – die Hydroformylierung sehr erschweren.

Beispiel sterischer Hinderung:

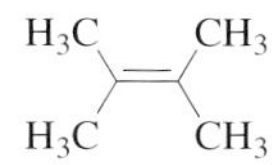

Die Hydroformylierung ist eine homogen katalysierte Reaktion, die bei höheren Drücken und Temperaturen – zumeist 20–300 bar und 100–200 °C – abläuft.

Katalyseprinzip der Hydroformylierung:

homogene Katalyse mit Carbonylwasserstoff-Komplexen folgenden Aufbaus:

Als Katalysatoren kommen praktisch nur Co- oder Rh-Verbindungen bzw. -komplexe in Frage, die zur Aktivitäts- und Selektivitätsbeeinflussung mit amin- oder phosphinhaltigen Liganden modifiziert sein können. Zusätzliche Promotoren werden zwar in der Literatur genannt, haben jedoch in der Praxis keine Bedeutung erlangt.

mögliche Zentralatome:

Co, Rh, Ru

mögliche Liganden:

außer CO noch $-NR_2$, $-PR_3$; R = Alkyl oder Aryl

In technischen Prozessen wurden früher bevorzugt Co-Verbindungen wegen ihres vergleichsweise niedrigen Preises bei hoher Wirksamkeit eingesetzt. Heute werden Neuanlagen größtenteils mit Rh-Katalyse ausgestattet und ältere Anlagen mehr und mehr umgerüstet. So basierten 1985 die Propen-Hydroformylierungskapazitäten etwa zu 60 % noch auf Co- und schon zu 40 % auf Rh-Katalyse, deren Anteil dann 1993 ca. 55 % erreichte und seitdem weiter steigt. Unter den Reaktionsbedingungen entsteht dann bei Co-Einsatz als aktive Form des Katalysators intermediär Cobalttetracarbonylwasserstoff $HCo(CO_4)$, der mit Dicobaltoctacarbonyl $Co_2(CO_8)$ im Gleichgewicht steht.

Technisch bisher bevorzugter Katalysator:

Co, eingesetzt als Metall oder Verbindung, in aktiver Form dann

$$2\ H{-}Co(CO)_4 \rightleftharpoons Co_2(CO)_8 + H_2$$

Cobalttetracarbonylwasserstoff bildet im Reaktionsablauf, nach Übergang in Cobalttricarbonylwasserstoff, eine freie Koordinationsstelle, die mit dem Olefin unter Ausbildung eines π-Komplexes besetzt wird:

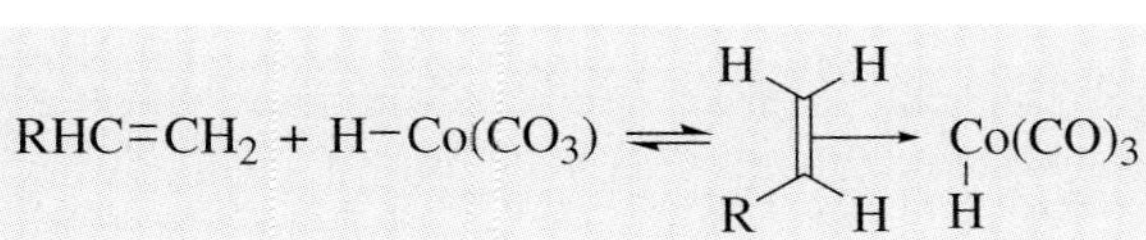

(2)

Katalysemechanismus:

simultaner, formal mehrstufiger, reversibler Prozess mit irreversibler Hydrogenolysestufe

1. $HCo(CO)_4$ bildet freie Koordinationsstelle durch CO-Abgabe

$$H{-}Co(CO)_4 \rightleftharpoons H{-}Co(CO)_3 + CO$$

2. Carbonylspezies addiert sich elektrophil an Olefin zum π-Komplex

3. π-σ-Umlagerung mit Stabilisierung durch CO-Aufnahme

Dieser lagert sich durch Ausbildung einer C–Co-Bindung in einen σ-Komplex um, der sich mit CO zu einem Alkylcobalttetracarbonyl absättigt:

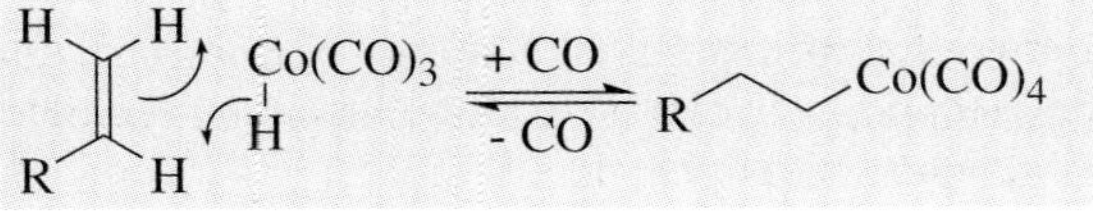

(3)

4. CO-Einschub führt zu Acyl-Komplex

   neuere Vorstellungen auch über Carbeniumionen-Wanderung

5. Hydrogenolyse der C(=O)–Co-Bindung

Im nächsten Schritt wird der Alkylcobalttetracarbonyl-Komplex durch CO-Einschub aus der Ligandensphäre des Cobalts in einen Acylcobalttricarbonyl-Komplex umgeformt. Dieser wird hydrierend unter Bildung des Aldehyds und Rückbildung von Cobalttricarbonylwasserstoff gespalten:

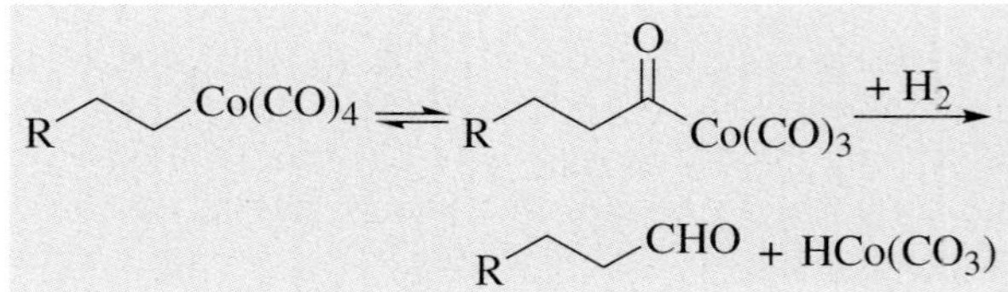

(4)

Das Prinzip einer Koordinationskatalyse erlaubt auch einen internen Co–C-Komplex (vgl. Gl. 3), der zum *i*-Aldehyd führt

Im Reaktionsgeschehen sind die vorgenannten Teilreaktionen nicht voneinander zu trennen, sie verlaufen simultan und werden zusätzlich dadurch von der Isomerenbildung überlagert, dass nach Gleichung 3 die Cobalt-Kohlenstoffbindung nicht nur mit dem endständigen C-Atom der Doppelbindung, sondern auch mit dem innenständigen geknüpft werden kann.

Der sterisch begünstigte terminale Co–C-Komplex führt zu höherem Anteil an *n*-Aldehyd (höheres *n*/*i*-Verhältnis)

Im Isomerengemisch überwiegt schon der *n*-Aldehyd, aber wegen seiner wesentlich größeren technischen Bedeutung im Vergleich zum *i*-Aldehyd sind alle industriellen Verfahren darauf ausgerichtet, mittels Katalysatormodifizierung und durch geeignete Prozessbedingungen diesen Anteil weiter zu erhöhen.

Möglichkeiten zur Steuerung des *n*/*i*-Verhältnisses:

1. durch Reaktionsbedingungen, wie z. B. Temperatur, CO-Partialdruck
2. durch Katalysatormodifizierung, wie z. B. Variation von Liganden und Zentralatom
3. durch unterschiedliche Anwendungsphasen

Dabei kann das *n*/*i*-Verhältnis in gewissen Grenzen durch Temperatur und CO-Partialdruck (vgl. Abschn. 6.1.2), entscheidend aber duch eine Abwandlung des Katalysatorsystems beeinflusst werden.

Bei der Katalyse mit Metallkomplexen bietet sich zur Katalysatormodifizierung der Austausch von Liganden und vom Zentralatom sowie die Variation der Anwendungsphase an. Alle Möglichkeiten werden in der Praxis genutzt und führen im Wesentlichen zu den folgenden Ergebnissen:

Einfluss der Liganden:

großvolumige Liganden erhöhen *n*-Aldehydanteil, verringern Olefinumsatz, aber erhöhen Hydrieraktivität für

Olefin → Paraffin
Aldehyd → Alkohol

1. Komplexbildende Zusätze von tert. Aminen, Phosphiten oder insbesondere Phosphinen, wie Tributyl- oder Triphenylphosphin, bewirken eine Erhöhung des *n*-Anteils bei herabgesetzter Hydroformylierungsgeschwindigkeit und geringerer Aldehydselektivität.

Einfluss des Zentralatoms:

Rh anstelle von Co verringert *n*-Aldehydanteil, erhöht Olefinumsatz und *n*/*i*-Aldehydselektivität

2. Die Verwendung von Rhodium- anstelle von Cobalt-Katalysatoren führt zwar zu einer Verringerung des *n*-Anteils, aber zu einer Erhöhung der Hydroformylierungsgeschwindigkeit und der *n*/*i*-Aldehydselektivität (vgl. Abschn. 6.1.3).

Der Ligandeneinfluss auf das *n*/*i*-Verhältnis lässt sich mit der Verminderung der Elektronendichte am Zentralatom wie auch mit der Raumerfüllung des Katalysatormoleküls erklären; großvolumige Phosphinliganden behindern den Angriff auf ein innenständiges C-Atom, d. h., sie erhöhen den *n*-Anteil im Reaktionsprodukt.

Bei einer geeigneten Kombination von Rhodium als Zentralatom mit Phosphinliganden lassen sich die positiven Effekte in der Weise optimieren, dass insgesamt ein höheres *n*/*i*-Verhältnis erreichbar wird. So erhält man beim Einsatz von Propen Butyraldehyd und Isobutyraldehyd in einem variablen Verhältnis von 8–16 : 1 (das in der Praxis häufig auf etwa 10 : 1 eingestellt wird) gegenüber 8 : 2 bei nicht modifizierten Co-Katalysatoren.

Praktische Nutzung von Liganden- und Zentralatomeinflüssen:

Kombination von Rhodium mit Phosphinliganden führt zum maximalen Anteil des *n*-Aldehyds

Außer der im Hydroformylierungsprinzip begründeten Bildung von *i*-Aldehyden als unerwünschten Nebenprodukten und der schon erwähnten Olefin-Doppelbindungsisomerisierung gibt es einige weitere Neben- und Folgereaktionen, die je nach Katalysatortyp und Reaktionsbedingungen die Selektivität zu den *n*-Aldehyden unterschiedlich beeinflussen.

Nebenreaktionen der Hydroformylierung:

1. Alken + H_2 → Alkan
2. internes Alken → terminales Alken

Zu den Nebenreaktionen zählt die Hydrierung des Einsatzolefins zum gesättigten Kohlenwasserstoff. Zu den Folgereaktionen gehören die Weiterhydrierung von *n*- und *i*-Aldehyd zu den entsprechenden Alkoholen sowie Aldolkondensationen, Bildung von Ameisensäureestern durch Aldehyd-Hydroformylierung und Acetalisierung, so dass eine größere Zahl von Optimierungsaufgaben zu lösen ist, wenn die Selektivität zu einem linearen Aldehyd maximiert werden soll.

Folgereaktionen der Hydroformylierung:

1. *n*/*i*-Aldehyd + H_2 → *n*/*i*-Alkohol
2. Aldolkondensation
3. Aldehyd-Hydroformylierung zu Ameisensäureestern
4. Aldehyd/Alkoholumsetzung zu Acetalen

6.1.2 Technische Durchführung der Hydroformylierung

Technische Ausführungsformen der Hydroformylierung von Olefinen basieren heute mit abnehmender Tendenz auf Cobaltverbindungen als Katalysatoren ohne Zusätze von Phosphinen oder Phosphiten (vgl. Abschn. 6.1.3).

Die Einzelstufen des technischen Prozesses sollen beispielhaft mit einer Cobaltkatalyse an der Hydroformylierung des mengenmäßig bedeutendsten Einsatzolefins, des Propens, erläutert werden. Es lassen sich die folgenden drei Stufen unterscheiden:

1. Hydroformylierung (einschließlich Katalysatorbereitung),
2. Katalysatorabtrennung (einschließlich Aufarbeitung),
3. Isolierung der Reaktionsprodukte.

Zur 1. Verfahrensstufe

1. Katalysatorherstellung und Hydroformylierung kombinierbar, da aktive Spezies $HCo(CO)_4$ aus verschiedenen Co-Vorstufen ausreichend schnell gebildet wird

Cobalt wird in den VA-Hochdruckreaktor entweder als Metallpulver, Hydroxid oder als Salz eingespeist. Es reagiert dort unter den Bedingungen der Hydroformylierung bei 250–300 bar und 140–180 °C mit dem Oxogas ($H_2 + CO$) in flüssiger Phase, die aus Propen und den Oxoprodukten besteht, hinreichend schnell zum Cobaltcarbonylwasserstoff. Allgemein dient das Reaktionsprodukt der Olefine gleichzeitig auch als Lösemittel, es können aber auch Alkangemische verwendet werden.

Reaktionsprinzip:

exotherme, homogen katalysierte Flüssigphasenreaktion mit gasförmigen, unterschiedlich löslichen Partnern CO, H_2 und Olefin

Propen setzt sich dann mit H_2 und CO zu einem Gemisch von Butyr- und Isobutyraldehyd um:

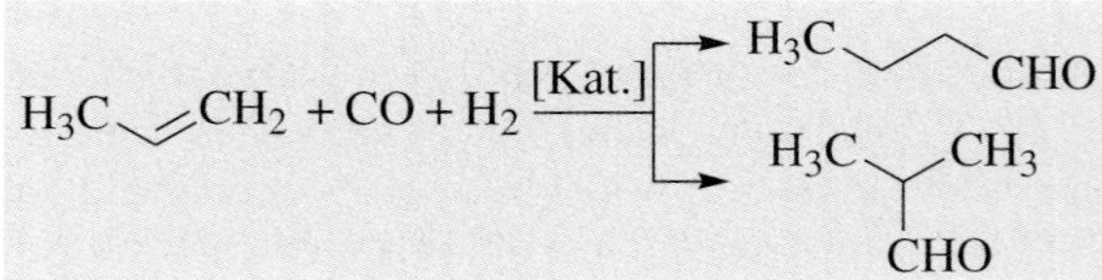

(5)

Die Reaktionswärme von etwa 118–147 kJ/mol Olefin wird über einen Röhrenkühler abgeführt.

Charakteristische Kondensatzusammensetzung (in Gew.-%):

C_4-Aldehyde	80
C_4-Alkohole, Butylformiate	10–14
Sonstige	6–10

$n:i$ + 75 : 25 bis 80 : 20

Das kondensierbare Rohprodukt besteht ca. zu 80 Gew.-% aus Butyraldehyden, 10–14% Butanolen und Butylformiaten und 6–10% sonstigen Verbindungen, wie z. B. den Höhersiedern. Das Verhältnis Butyr- zu Isobutyraldehyd beträgt ca. 75 : 25 bis 80 : 20. Das CO/H_2-Gemisch wird zu etwa 90% zu isolierbaren Aldehyden und Alkoholen umgesetzt, der Rest wird mit Inerten ausgetragen und verbrannt.

Die Selektivität zu C_4-Produkten erreicht 82–85% (C_3H_6). 15–17% des umgesetzten Propens finden sich in den Höhersiedern bzw. als Propan im Abgas wieder.

Zahlreiche Prozessvariable beeinflussen die Aldehyd-Bildungsgeschwindigkeit und Zusammensetzung der Oxoprodukte in vielfältiger Weise

Umsatz und Selektivitäten sind in komplexer Weise von zahlreichen Prozessvariablen abhängig. Anhand einer von G. Natta aufgestellten Geschwindigkeitsgleichung seien hier nur einige Konzentrationseinflüsse vereinfachend herausgestellt. Eine für die technische Durchführung wünschenswerte hohe Bildungsgeschwindigkeit eines Aldehyds ist abhängig von einem großen Wert des Konzentrations- bzw. Partialdruckquotienten:

$$\frac{\mathrm{d}\,[\text{Aldehyd}]}{\mathrm{d}t} = k \cdot \frac{[\text{Olefin}] \cdot [\text{Co}] \cdot pH_2}{p\,\text{CO}}$$

Dieser ist prinzipiell durch zwei Maßnahmen erreichbar:

1. durch einen geringen CO-Partialdruck,
2. durch hohe Olefin- und Cobaltkonzentrationen sowie einen hohen H_2-Partialdruck.

Zu 1

Ein niedriger CO-Partialdruck beschleunigt zwar die Hydroformylierung; es zeigt sich jedoch, dass ein Minimaldruck an CO in Abhängigkeit von der Reaktionstemperatur aufrechterhalten werden muss, um den Katalysator $HCo(CO)_4$ stabil und damit aktiv zu erhalten.

Einstellung eines niedrigen CO-Partialdruckes begünstigt die Hydroformylierung

Stabilisierung des Katalysators durch Komplexierung, z. B. mit Phosphinliganden, möglich

Zu 2

Werden nun beispielsweise der H_2-Partialdruck im Oxogas oder die Katalysatorkonzentration erhöht, so steigt zwar die Bildungsgeschwindigkeit, d. h. der Propenumsatz, in wünschenswerter Weise an, jedoch wird gleichzeitig die Butyraldehydselektivität durch Weiterhydrierung zum Alkohol erniedrigt und die Propanbildung verstärkt. Um also eine hohe Selektivität zu erreichen, sollte der Propenumsatz vermindert werden. Diese Maßnahme findet allerdings bald ihre Grenze bei einer nicht mehr wirtschaftlichen Raum-Zeit-Ausbeute. Weitere Prozessvariable mit Wechselwirkungen untereinander komplizieren eine Optimierung.

Erhöhung des H_2-Partialdruckes und der Katalysatorkonzentration steigert den C_3H_6-Umsatz, vermindert aber die Selektivität, d. h. begünstigt die Nebenproduktbildung von Butanol und Propan

Der bei der Propen-Hydroformylierung zwangsläufig als Nebenprodukt anfallende Isobutyraldehyd hat lange Jahre nur eine begrenzte wirtschaftliche Verwendung gefunden. Eine Retro-Oxosynthese, d. h. eine thermische Rückspaltung, ist nicht eingesetzt worden. Verfahrensvarianten der Hydroformylierung, vor allem mit anderen Katalysatorsystemen, waren daher im Wesentlichen zur Erhöhung der Butyraldehyd-Selektivität entwickelt worden.

Thermische Rückspaltung (Retro-Oxosynthese) von Isobutyraldehyd in Propen, CO, H_2 ist zwar technisch möglich, aber bisher ohne Anwendung

Zur 2. Verfahrensstufe

Für die Abtrennung des Cobaltcarbonylwasserstoffs aus den flüssigen Reaktionsprodukten haben sich im Wesentlichen zwei Verfahren mit speziellen Abwandlungen durch jeden Oxoproduzenten entwickelt. Bei der einen Methode wird das Reaktionsgemisch – nach Entspannen auf etwa 20 bar – erhitzt. Dabei fällt ein Co-Schlamm an, der abgetrennt, in einer Aufarbeitung regeneriert und wieder in den Reaktor zurückgeführt wird (z. B. im Ruhrchemie-Verfahren).

$HCo(CO)_4$-Abtrennung nach zwei Prinzipien:

1. Thermolyse zu metallischem Co-Schlamm, H_2O-Zusatz verhindert Co-Abscheidung an Reaktorwänden

2. Gewinnung als Co-Verbindung:
2.1. durch Überführung des Co-Hydrocarbonyls in wässrige Co-Salzlösungen mittels Mineral- oder Carbonsäuren
2.2. durch Extraktion des Co-Hydrocarbonyls mittels $NaHCO_3$ und Folgeschritten

Eine andere Cobaltabtrennung wurde vor allem bei niederen Aldehyden vorgenommen; Cobalt wurde dabei entweder durch eine Säurebehandlung (z. B. CH_3COOH im BASF-Verfahren, höhere Carbonsäuren im Mitsubishi-Verfahren, H_2SO_4/CH_3COOH im UCC-Verfahren) in Gegenwart von Luft bzw. O_2 in Form einer wässrigen Co-Salzlösung oder nach Fällung mit Alkalihydroxid als $Co(OH)_2$ gewonnen sowie auch als Carbonylwasserstoff mit $NaHCO_3$-Lösung extrahiert (z. B. im Kuhlmann-Verfahren) und nach Ansäuern und erneuter Extraktion durch das Einsatzolefin oder durch Hilfsstoffe in den Prozess zurückgeführt. Diese Verfahrensweise wird heute nicht mehr angewendet.

Zur 3. Verfahrensstufe

Aufarbeitung des Reaktionsproduktes durch zweistufige Destillation:

1. Kolonne: *n*- und *i*-Aldehyd-Trennung als Kopfprodukt von Höhersiedern
2. Kolonne: *i*-Aldehyd-Abtrennung als Kopfprodukt vom *n*-Aldehyd als Sumpf

Das Co-freie Reaktionsprodukt wird unter Normaldruck destillativ aufgetrennt.

Zunächst erfolgt die Isolierung eines Gemisches von Butyr- und Isobutyraldehyd, das anschließend – wegen der geringen Siedepunktdifferenz von 10 °C – in einer wirksamen Kolonne in die reinen Komponenten zerlegt werden muss. Der Rückstand der Aldehydabtrennung enthält Butanol und Isobutanol, die bei der Oxoreaktion durch Hydrierung der Aldehyde entstanden sind, sowie weitere Nebenprodukte wie Formiate, Acetale und die sogenannten Dicköle. Das Rückstandsgemisch wird direkt oder nach Vorbehandlung, z. B. durch Hydrolyse, hydriert und zu Butanolen aufgearbeitet.

Vereinfachte Aufarbeitung bei Oxoprodukten höherer Olefine:

ohne *n*/*i*-Trennung direkte Hydrierung zu *n*/*i*-Alkoholen

Werden höhere Olefine als Propen hydroformyliert, so verzichtet man zumeist auf eine Isolierung der Aldehyde und hydriert das Rohprodukt direkt nach Entfernung des Cobaltkatalysators zu dem Gemisch der Alkohole.

6.1.3 Katalysevarianten der Hydroformylierung

Katalysatorvarianten der Hydroformylierung:

1. Co-Phosphin-Komplexe
2. Rh-Phosphin-Komplexe

Zur Verringerung des Isobutyraldehyd-Anfalls werden von Shell in einigen Oxoanlagen Katalysatoren vom Typ $HCo(CO)_3 \cdot P(n\text{-}C_4H_9)_3$ bei niedrigen Drücken von 50 bis 100 bar und 180–200 °C angewendet.

Technische Beispiele einer Co-Phosphin-Katalyse:

Shell Niederdruckverfahren in USA und England

Der Katalysator hat jedoch durch einen relativ hohen Phosphinanteil geringere Aktivität (ca. 20 %) und Selektivität als unmodifizierter Cobaltcarbonylwasserstoff. Trotz des günstigeren *n*/*i*-Verhältnisses (etwa 90 % geradkettige Produkte) ist die Gesamtaldehydselektivität herabgesetzt, da die Neben- und Folgereaktionen, wie Hydrierung des Einsatzolefins zum gesättigten Kohlenwasserstoff sowie vor allem der Aldehyde zu den entsprechenden Alkoholen, verstärkt ablaufen.

Kennzeichen der Co-Phosphin-Katalyse:

höherer *n*-Aldehyd-Anteil
niedrigerer Reaktionsdruck
verstärkte Nebenreaktionen Alken → Alkan, Aldehyd → Alkohol

Damit ist das Shell-Verfahren dort besonders geeignet, wo die Alkohole die bevorzugten Oxoprodukte sind.

Die bedeutendste Katalysevariante der Hydroformylierung besteht im Einsatz von Rhodiumcarbonylen allein oder zusammen mit Phosphinen an Stelle konventioneller Cobaltkatalysatoren. Obwohl zahlreiche Firmen sich seit vielen Jahren mit der halbtechnischen Entwicklung der Rh-katalysierten Hydroformylierung befasst hatten, ist der technische Durchbruch erst 1975 Celanese und UCC gelungen; die UCC z. B. nahm in diesem Jahr in Zusammenarbeit mit Johnson Matthey und Davy McKee (früher Davy Powergas) eine Anlage mit einer Kapazität von 70000 jato Propionaldehyd und 1976 eine weitere Anlage mit einer Kapazität von 136000 jato Butyraldehyd auf der Basis von Rhodium-Triphenylphosphin-Katalysatoren in Betrieb. Damit wurden erstmals die Vorteile eines hohen Selektivitätsverhältnisses im Bereich von 8–16 : 1 bei den Butyr-/Isobutyraldehyden, die eines niedrigen Reaktionsdruckes zwischen 7 und 25 bar bei 90–120 °C und die einer vereinfachten Aufarbeitung der Reaktionsprodukte – wegen höherer Stabilität der modifizierten Rhodiumcarbonyle und wegen des Fehlens von C_4-Alkoholen im Produktgemisch, die sonst zur Bildung von Acetalen Anlass geben – technisch genutzt (vgl. Abschn. 6.1.1). Allerdings erfordert – wie auch im Monsanto-Prozess der Methanolcarbonylierung – der hohe Preis des Rhodiums eine möglichst vollständige Rückgewinnung des Katalysators.

Technische Beispiele einer ersten Rh-Phosphin-Katalyse:

UCC LPO-Verfahren (**l**ow-**p**ressure-**o**xo) zur Hydroformylierung von Ethylen und Propen in Großanlagen in USA und Schweden

Kennzeichen der Rh-Phosphin-Katalyse:

höherer *n*-Aldehyd-Anteil
niedriger Reaktionsdruck
vereinfachte Aufarbeitung

Der Mechanismus der Rhodium/Triphenylphosphinkatalysierten Hydroformylierung wird dem der Cobaltkatalyse sehr ähnlich formuliert; als wesentliche Startverbindung des katalytischen Ablaufs wird ein Rhodiumcarbonylphosphin-Komplex angenommen, bei dem nach Austausch eines Triphenylphosphinliganden gegen ein Olefinmolekül schließlich eine Alkylrhodiumverbindung aufgebaut wird:

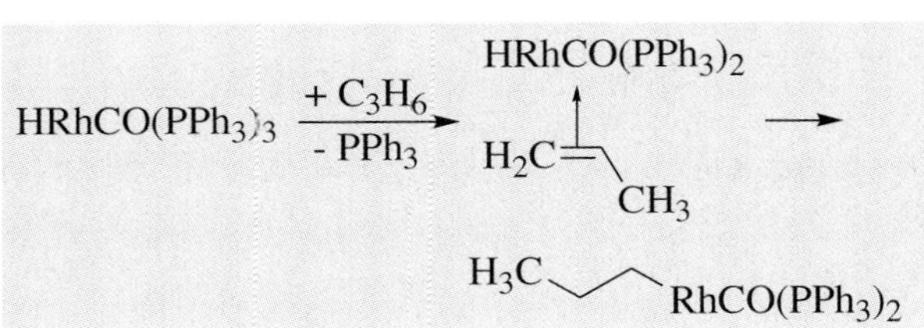

(6)

Katalysemechanismus:

1. $HRhCO(PPh_3)_3$ bildet freie Koordinationsstelle durch Ligandendissoziation
2. Rh-Spezies addiert sich elektrophil an Olefin zum π-Komplex
3. π-σ-Umlagerung zur Rh–C-Spezies
4. CO-Insertion zum Acyl-Komplex
5. Hydrogenolyse der C(=O)–Rh-Bindung

Kohlenmonoxid-Einschub in die C–Rh-Bindung und anschließende Hydrogenolyse vervollständigen den katalytischen Zyklus:

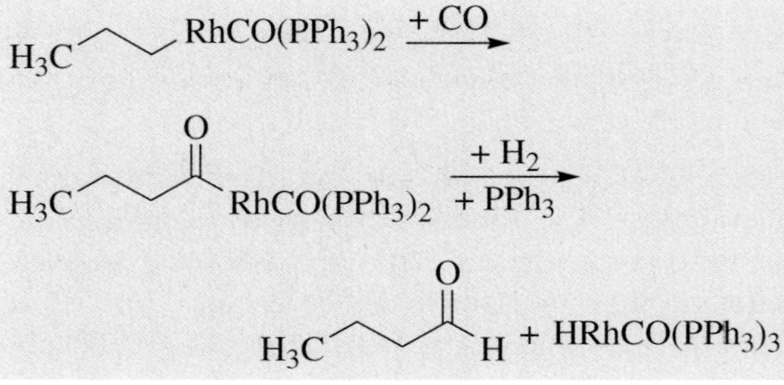

(7)

Inzwischen haben auch andere Firmen auf der Basis der Rhodiumtechnologie von UCC/Johnson Matthey/Davy McKee technische Anlagen in Betrieb genommen, so dass auf dem LPO-Verfahrensprinzip 1993 weltweit schon 55 % des produzierten Butyraldehyds basierten.

Weitere Verfahrensentwicklungen z. B. von Ruhrchemie/Rhône-Poulenc durch Modifizierung der Rh-Liganden zur verbesserten technischen, biphasigen Prozessführung, d. h. einfache, energiesparende Katalysatorabtrennung mit minimalen Rh-Verlusten bei erhöhter Aktivität und *n*-Aldehydselektivität (Variation der Anwendungsphase)

Eine Verbesserung des LPO-Verfahrens durch Veränderung der Anwendungsphase konnte durch die Ruhrchemie/Rhône-Poulenc dadurch erreicht werden, dass der Triphenylphosphin-Ligand durch *m*-Sulfonierung in der Phenylgruppe modifiziert wurde. Der damit wasserlösliche Katalysator kann durch eine einfache Phasentrennung vom Reaktionsprodukt in der organischen Phase entfernt werden. Gleichzeitig werden bei 50–130 °C und 10–100 bar eine höhere Aktivität (98 % Propenumsatz) und ein verbessertes *n*/*i*-Verhältnis (bis zu 98 : 2) bei den Butyraldehyden erhalten.

Eine erste 100000-jato-Anlage wurde 1984 bei der Ruhrchemie in Betrieb genommen. Inzwischen wurde diese Kapazität auf 150000 jato (Stand 2001) vergrößert und es werden weltweit Anlagen mit einer Gesamtkapazität von etwa 700000 jato (2001) betrieben.

Neue Diorganophosphit-Liganden von UCC, z. B.:

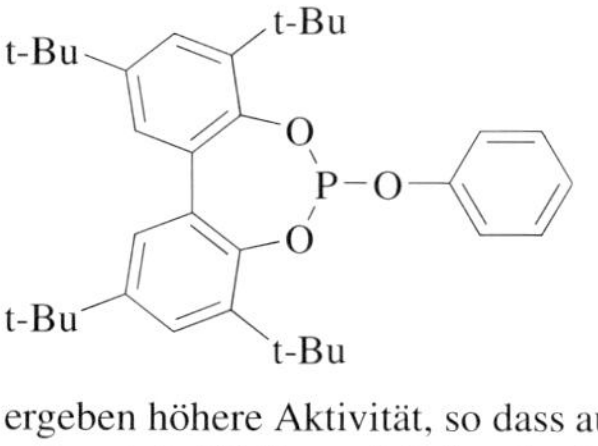

ergeben höhere Aktivität, so dass auch verzweigte Olefine mit hoher Ausbeute hydroformyliert werden können

Eine weitere Modifizierung des Rhodiumkatalysators konnte durch UCC mit Diorganophosphit-Liganden entwickelt werden, die zu einer deutlichen Aktivitätsverbesserung auch im Hinblick auf die Umsetzung sterisch behinderter Olefine, z. B. 2-Methylpropen, bei zugleich höherer Stabilität der Liganden führt.

Der Einsatz wasserlöslicher Katalysatoren bei der Hydroformylierung hat sich weltweit bewährt, so z. B. auch bei Kuraray in Japan zur Herstellung von 1-Octanol und 1,9-Nonandiol.

6.1.4 Verwendung der Oxoprodukte

Die Hydroformylierungsreaktion liefert als Primärprodukte Aldehyde. Deshalb bezeichnet man dieses Syntheseprinzip auch als Oxoreaktion und fasst alle so hergestellten Aldehyde und auch ihre Folgeprodukte als Oxoprodukte zusammen.

Oxoaldehyde haben als Endprodukte praktisch keine Bedeutung. Sie sind jedoch wichtige reaktive Zwischenprodukte zur Herstellung von Oxoalkoholen, Oxocarbonsäuren sowie von Aldolkondensationsprodukten. Oxoaldehyde werden zu einem kleineren Teil durch aminierende Hydrierung in primäre Amine übergeführt:

Verwendung der Oxoaldehyde als Primärprodukte ohne Eigenbedeutung, jedoch wichtige Zwischenprodukte für:

1. Alkohole
2. Carbonsäuren
3. Aldolkondensationsprodukte
4. primäre Amine

$$RCHO + H_2 + NH_3 \xrightarrow{[Kat.]} RCH_2NH_2 + H_2O \quad (8)$$

Eine spezielle Verwendung von Isobutyraldehyd zur Herstellung von Methacrylsäure (vgl. Abschn. 11.1.4.2) ist noch nicht zum Einsatz gekommen.

6.1.4.1 Oxoalkohole

Die Gruppe der Oxoalkohole umfasst die Hydrierprodukte, wie sie direkt aus den Oxoaldehyden oder nach deren primärer Aldolisierung bzw. Aldolkondensation zu erhalten sind (vgl. Abschn. 6.1.4.3).

Basis für Oxoalkohole:

1. Oxoaldehyde
2. Aldole und Enale aus Oxoaldehyden

Die Herstellkapazität für Oxoalkohole betrug 1999 weltweit etwa 6,0 Mio jato; davon entfielen auf Westeuropa, USA, Bundesrepublik Deutschland und Japan etwa 1,9, 1,4, 1,4 bzw. 0,71 Mio jato. Die weltweit größte Produktionskapazität für Oxoalkohole hatte 1995 die BASF mit ca. 0,88 Mio jato.

die pauschale Bezeichnung „Oxoalkohole" bezieht sich vorwiegend auf die drei größten Produkte:

Butanol
Isobutanol
2-Ethylhexanol

Für die anschließende Hydrierung von Oxoaldehyden sind prinzipiell auch die Katalysatoren der Hydroformylierung zumeist bei höherer Temperatur geeignet; im Allgemeinen werden jedoch selektivere Ni- oder Cu-Katalysatoren vorgezogen. In die Hydrierung werden zumeist die katalysatorfreien destillierten Aldehyde eingesetzt, es lassen sich aber auch katalysatorfreie Oxorohprodukte verwenden.

Herstellung von Oxoalkoholen:

katalytische Hydrierung von Oxoaldehyden, bevorzugt nach zwei Varianten:

1. Gasphase an Ni- oder Cu-Katalysatoren
2. Sumpfphase an Ni-Katalysatoren

Die Hydrierung kann entweder in der Gasphase an Ni- bei 2–3 bar und 115 °C oder an Cu-Katalysatoren bei höherer Temperatur von 130–160 °C und 30–50 bar sowie auch in der Sumpfphase bei 80 bar und 115 °C an Ni-Katalysatoren durchgeführt werden:

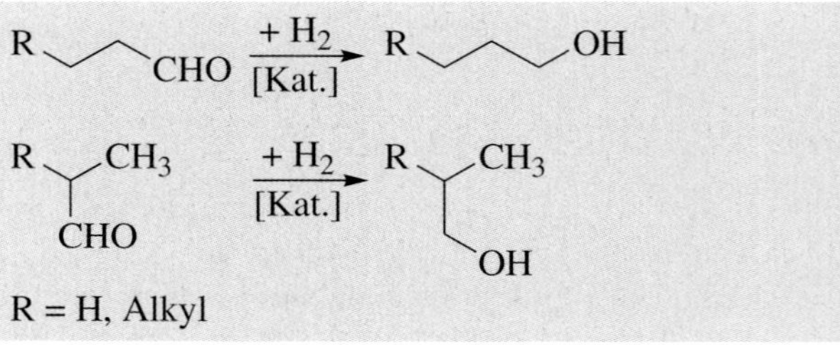

Oxorohprodukte erfordern zur hydrogenolytischen Spaltung von Nebenprodukten schärfere Hydrierbedingungen als Reinaldehyde

Werden die Hydrierbedingungen verschärft, z. B. 200 °C und 280 bar, so können auch Oxorohprodukte eingesetzt werden, die beispielsweise Butylformiate und Butyraldehyddibutylacetale enthalten. Ester und Acetale, die sonst getrennt verseift werden müssten, können dabei weitere Mengen an Butanolen durch Hydrogenolyse liefern:

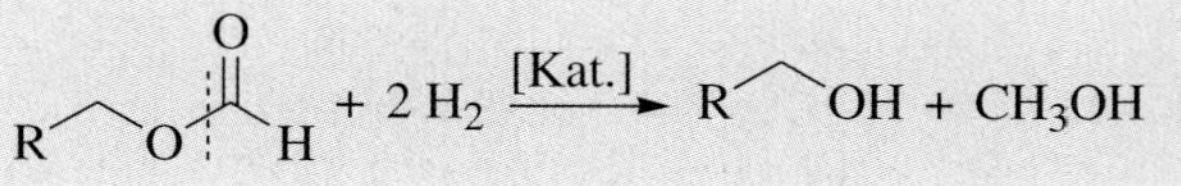

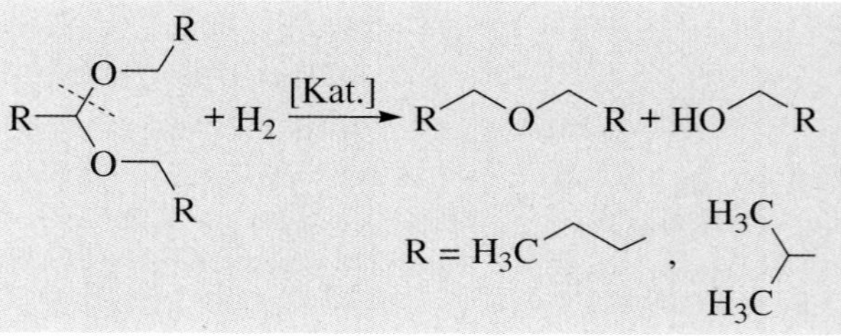

Verwendung von Oxoalkoholen:

Haupteinsatzgebiete von Kettenlänge abhängig

1. C_4–C_6-Alkohole direkt oder als Ester für Lösemittel
2. C_8–C_{13}-Alkohole in Form von Estern (z. B. Phthalaten) als Weichmacher
3. C_{12}–C_{19}-Alkohole nach Überführung z. B. in RCH_2OSO_3H als Waschrohstoffe oder für Textilhilfsmittel

Butanolproduktion (in 1000 t)

	1995	1997	1999
USA	677	805	842
WE	578	682	690
BRD	404	452	442
Japan	200	203	240

Oxoalkohole der Kettenlänge C_4–C_6 dienen direkt oder nach Veresterung mit Carbonsäuren (z. B. Essigsäure) vor allem als Lösemittel für die Lack- und Kunststoffindustrie.

Die aus den Olefinoligomeren (z. B. Isoheptenen, Diisobutenen, Tripropenen) und aus Spaltolefinen herstellbaren C_8- bis C_{13}-Oxoalkohole werden bevorzugt mit Dicarbonsäuren oder ihren Anhydriden (Phthalsäureanhydrid) verestert und als Weichmacher für Kunststoffe eingesetzt (vgl. Abschn. 14.1.3).

Auch die höheren, technisch zugänglichen verzweigten und unverzweigten Olefine ergeben nach Hydroformylierung und Hydrierung zu den C_{12}–C_{19}-Alkoholen wichtige Einsatzprodukte zur Herstellung von Tensiden und Textilhilfsmitteln.

Der mengenmäßig bedeutendste niedere Oxoalkohol ist Butanol. Produktionszahlen für Butanol in einigen Ländern sind in der nebenstehenden Tabelle zusammengefasst. Zur

Gesamtproduktion und Herstellkapazität aller Butanole vgl. Abschnitt 8.1.3.

Etwa 50 % des erzeugten Butanols werden direkt oder nach Veresterung mit Carbonsäuren, wie z. B. Essigsäure, Buttersäure, Valeriansäure, Glykolsäure oder Milchsäure, als Lösemittel für Fette, Öle, Wachse, Naturharze und Kunststoffe verwendet. Butylester finden darüber hinaus auch andere Anwendungen, z. B. dient Butylacrylat zusammen mit anderen Comonomeren zur Herstellung von Dispersionen. **Dib**utyl**p**hthalat (DBP) war lange Zeit ein Standardweichmacher für PVC, seine Bedeutung im Vergleich zum DOP und anderen Phthalatweichmachern (vgl. Abschn. 14.1.3) ist in früheren Jahren zurückgegangen, hat sich jetzt aber stabilisiert; der DBP-Anteil an der Phthalatweichmacher-Produktion ist in der nebenstehenden Tabelle aufgeführt.

Verwendung von Butanol:

1. direkt oder verestert mit Carbonsäuren als Lösemittel
2. Butylacrylat als Comonomeres für Dispersionen
3. Dibutylphthalat (DBP) als Weichmacher

DBP-Anteil an Phthalatweichmachern (in Gew.- %)

	1985	1991	1995
USA	2,0	1,4	1,1
WE	8,1	7,2	6,4
Japan	4,7	3,0	3,8
BRD	5,2	5,2	5,7

Wie beim Butanol geht auch ein beträchtlicher Teil der Isobutanolproduktion in den Lösemittelsektor, da sein Lösevermögen dem des Butanols ähnlich ist. **Di**iso**b**utyl**p**hthalat (DIBP) hat wie DBP auch als Weichmacher Verwendung gefunden.

Verwendung von Isobutanol:

1. direkt oder verestert mit Carbonsäuren als Lösemittel
2. Diisobutylphthalat (DIBP) als Weichmacher

6.1.4.2 Oxocarbonsäuren

Oxoaldehyde lassen sich durch milde Oxidationsmittel, im einfachsten Fall mit Luft, sowohl katalytisch in Gegenwart von Metallsalzen als auch in Abwesenheit von Katalysatoren bei Temperaturen bis etwa 100 °C und Drücken bis zu 7 bar zu den Carbonsäuren oxidieren:

Herstellung von Oxocarbonsäuren:

Oxidation von Oxoaldehyden mit Luft (O_2)

Prinzip der Aldehydoxidation:

unkatalysierte oder mit Redoxsystemen homogen katalysierte Flüssigphasenoxidation über Percarbonsäure als Zwischenstufe

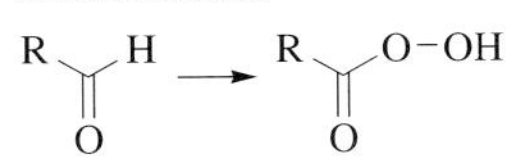

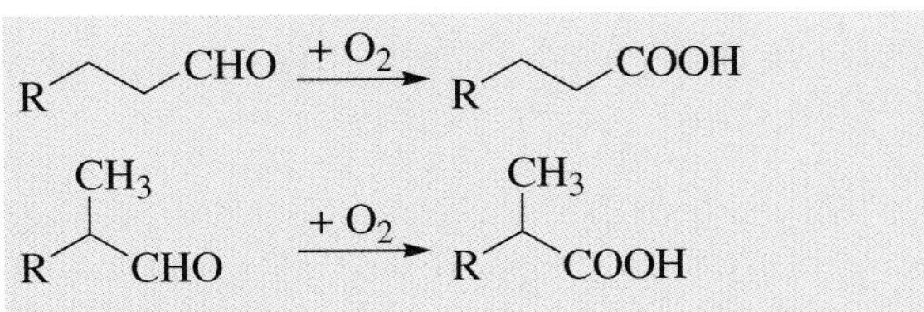

(12)

R = H, Alkyl

Als Metalle werden insbesondere solche verwendet, die zu einem Wertigkeitswechsel befähigt sind, wie z. B. Cu, Fe, Co, Mn u. a.

Die so erhaltenen Carbonsäuren werden zumeist zu Estern verarbeitet, die in größerem Umfang als Lösemittel eingesetzt werden. Daneben gewinnen Ester mit verzweigten mehrwertigen Alkoholen, wie z. B. Neopentylglykol, Trimethylolpropan oder Pentaerythrit, als Syntheseöle zunehmend an Bedeutung.

Verwendung von Oxocarbonsäuren:

1. als Ester für Lösemittel oder Weichmacher
2. als Säuren für Modifizierung von Alkydharzen
3. als Salze für Sikkative
4. als Vinylester für Herstellung von Copolymerdispersionen

Als Anwendungsbeispiele für Oxocarbonsäuren seien einige charakteristische Fälle angeführt: Buttersäure dient zur Herstellung von Celluloseacetobutyrat, einem gemischten Ester, der zu feuchtigkeits-, licht- und wärmebeständigen Überzügen verarbeitet werden kann. Isooctansäure und Isononansäure eignen sich zur Modifizierung von Alkydharzen und nach Veresterung mit Ethylenglykolen als Weichmacher für PVC. Co-, Mn-, Pb-, Zn- und Ca-Salze dienen als Trocknungsbeschleuniger (Sikkative) für Lacke. Ihre Vinylester sind Ausgangsprodukte für Dispersionen.

6.1.4.3 Aldol- und Kondensationsprodukte der Oxoaldehyde

Herstellung von Aldolisierungsprodukten der Oxoaldehyde:

basenkatalysierte homogene Flüssigphasenumsetzung (z. B. NaOH, Amine oder bas. Ionenaustauscher)

Weitere Umsetzungen der Aldolprodukte:

1. Hydrierung zu zweiwertigen Alkoholen (z. B. Pd-Kat.)
2. Dehydratisierung (Aldolkondensation) und Hydrierung zu einwertigen Alkoholen (z. B. Ni- oder Cu-Kat.)

Ein dritter Typ technisch genutzter Folgereaktionen der Oxoaldehyde ist die Aldolisierung. Dazu werden die Oxoaldehyde in Gegenwart basischer Katalysatoren in der Flüssigphase umgesetzt. Von dem primären Reaktionsprodukt, dem Aldol, kann man durch eine anschließende Hydrierung der Aldehydgruppe zu den Diolen gelangen, man kann auch nach Wasserabspaltung und Hydrierung der entstandenen Doppelbindung sowie der Aldehydgruppe höhere primäre Alkohole mit doppelter Kohlenstoffzahl des Einsatzaldehyds aufbauen. Beide Möglichkeiten werden industriell angewendet:

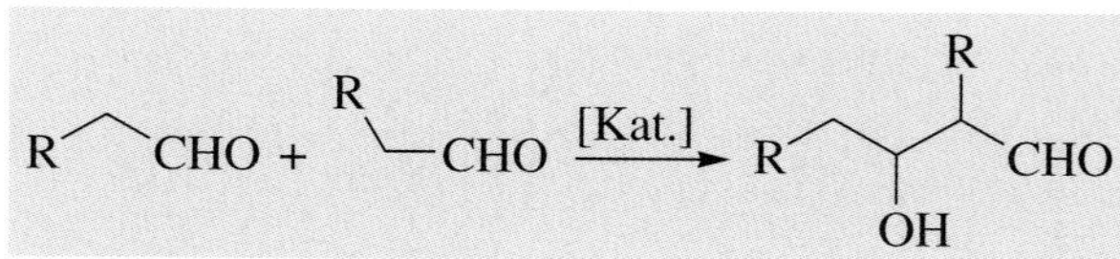

(13)

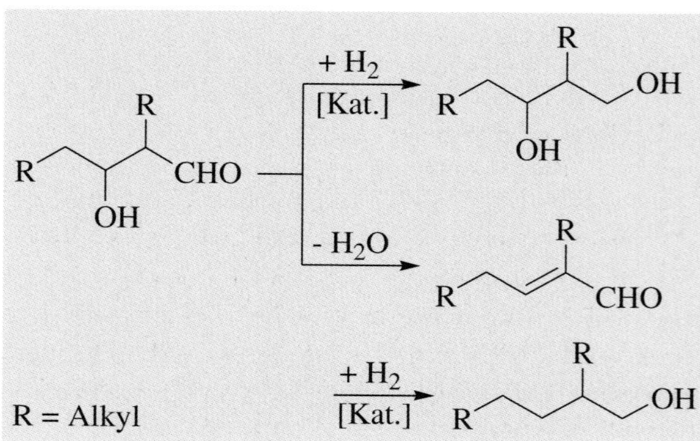

(14)

Zur erstgenannten Gruppe der Diole gehört das aus dem Isobutyraldehyd gewinnbare 2,2,4-Trimethylpentan-1,3-diol, das technisch allerdings eine geringe Bedeutung besitzt.

Beispiel zu 1:

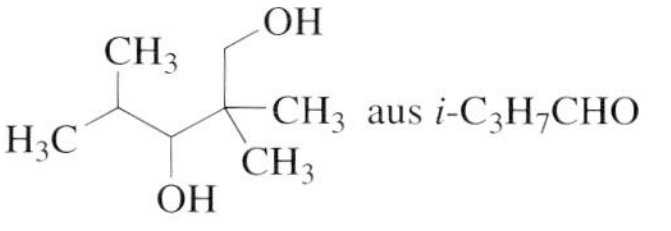

Zur zweiten Gruppe der primären einwertigen Alkohole gehört das 2-Ethylhexanol, das zusammen mit Butanol zu den mengenmäßig größten Oxoprodukten zählt. Die Herstellkapazität für 2-Ethylhexanol betrug 1999 weltweit etwa 2,8 Mio jato; davon entfielen auf Westeuropa, Bundesrepublik Deutschland, Japan und USA etwa 1,02, 0,74, 0,42 bzw. 0,41 Mio jato. Produktionszahlen in diesen Ländern sind in der nebenstehenden Tabelle aufgeführt.

Beispiel zu 2:

2-Ethylhexanol (2 EH oder Isooctanol) aus C_3H_7CHO

2-Ethylhexanol-Produktion (in 1000 t)

	1995	1997	1999
WE	752	870	830
BRD	537	619	522
Japan	321	321	315
USA	337	348	398

2-Ethylhexanol entsteht durch Aldolkondensation von Butyraldehyd über die Stufe des 2-Ethylhexenals und dessen weitere Hydrierung:

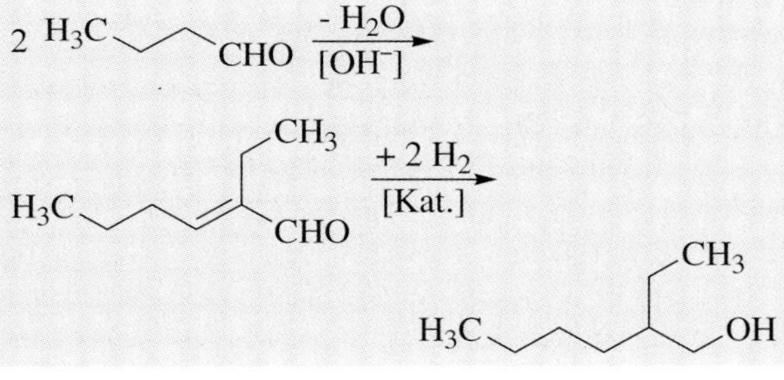

(15)

Hierzu wird Butyraldehyd in Gegenwart von Natronlauge oder auch an einem basischen Ionenaustauscher unter gleichzeitiger Dehydratisierung bei 80–100 °C mit praktisch quantitativem Umsatz zu 2-Ethylhexenal umgesetzt.

Herstellung von 2-Ethylhexanol:

1. OH-katalysierte gleichzeitige Aldolisierung und Dehydratisierung (Aldolkondensation) von Butyraldehyd

2. Ni- oder Cu-katalysierte Gasphasenhydrierung von Doppelbindung und CHO-Gruppe des 2-Ethylhexenals

Dann erfolgt die Hydrierung in der Gasphase bei leichtem Überdruck bis 5 bar und 100–150 °C an Ni- oder bei 135 bis 170 °C an Cu-Festbettkatalysatoren zu 2-Ethylhexanol, gegebenenfalls gefolgt von einer Nachhydrierung in flüssiger Phase. Ein reines Produkt wird durch eine dreistufige Destillation erhalten. Die Selektivität erreicht 95 % (Butyraldehyd).

Herstellvariante für 2-Ethylhexanol:

einstufig, durch Cokatalysatoren modifizierte Oxoreaktion kombiniert mit Aldolkondensation und Hydrierung (Aldox-Prozess), heute nicht mehr angewendet

Eine weitere Verfahrensvariante, die bisher nur von Shell in USA und England und von Exxon in USA und Japan ausgeübt wurde, bestand in der Kombination von **Ald**olisierung und **Ox**oreaktion in einer Stufe (Aldox-Verfahren); durch Zugabe von Cokatalysatoren, wie Verbindungen von Zn, Sn, Ti, Al oder Cu oder auch von KOH, zum eigentlichen Oxokatalysator kann man die drei notwendigen Schritte zum 2-Ethylhexanol, d. h. Propen-Hydroformylierung, Aldolkondensation und Hydrierung, nebeneinander ablaufen lasssen. Die Shell verwendete in ihrer Variante des Aldox-Prozesses neben KOH als Cokatalysator den ligandenmodifizierten Hydroformylierungskatalysator $HCo(CO)_3P(R)_3$.

Die Herstellung von 2-Ethylhexanol aus Acetaldehyd (vgl. Abschn. 7.4.3) ist heute wegen des längeren Reaktionsweges nahezu bedeutungslos; eine geringe Produktion auf diesem Weg besteht noch in Brasilien.

Verwendung von 2 EH:

überwiegend als Esterkomponente mit Phthalsäure zu **Dio**ctyl**p**hthalat (DOP)

Das 2-Ethylhexanol hat von allen höheren Alkoholen die größte wirtschaftliche Bedeutung. Seine Anwendung als „Weichmacheralkohol" reicht zurück bis etwa Mitte der dreißiger Jahre. Es wird vorwiegend zur Herstellung von Estern mit Dicarbonsäuren, wie Phthalsäure (vgl. Abschn. 14.1.3) oder Adipinsäure, verwendet.

DOP-Produktion (in 1000 t)

	1992	1994	1996
Japan	297	292	315
BRD	231	229	182
USA	122	117	103
WE	578	584	499

Die weltweite Herstellkapazität für Di-2-ethylhexylphthalat – zumeist als **Dio**ctyl**p**hthalat (DOP) bezeichnet – betrug 1994 etwa 2,8 Mio jato. Produktionszahlen sind für einige Länder in der nebenstehenden Tabelle aufgeführt.

Das durch Umsetzung von 2-Ethylhexanol mit Phthalsäureanhydrid zugängliche Dioctylphthalat ist ein ausgezeichneter, physiologisch unbedenklicher Standardweichmacher der Kunststoffindustrie. Eine neuere Verwendung findet DOP als dielektrische Flüssigkeit in Kondensatoren, wo es an Stelle von polychlorierten Diphenylen eingesetzt wird, die toxikologisch nicht unbedenklich sind.

Weiterhin Ester mit:

Adipinsäure
Sebacinsäure
Phosphorsäure
Trimellithsäure

Haupteinsatz der 2 EH-Ester:

DOP als Weichmacher (z. B. PVC) mit besonderen Eigenschaften (wenig flüchtig, hitze-, kälte-, H_2O-beständig, ungiftig)

Hydrauliköle
Syntheseöle

Weitere Ester des 2-Ethylhexanols, besonders mit aliphatischen Dicarbonsäuren, werden als Hydrauliköle oder als Komponenten für synthetische Schmiermittel eingesetzt.

2-Ethylhexanol wird weiterhin durch Oxidation in 2-Ethylhexansäure übergeführt. Die Säure kann auch nach selektiver Hydrierung des 2-Ethylhexenals in Gegenwart von Pd-Katalysatoren zu 2-Ethylhexanal und dessen Oxidation hergestellt werden. Sie dient zur Modifizierung von Alkydharzen.

Zusätzlich zu den bisher beschriebenen Beispielen der Aldolisierung nur eines Aldehyds („Homoaldolisierung") gibt es auch eine Mischaldolisierung unterschiedlicher Aldehyde (vgl. Abschn. 8.3.1–8.3.3).

6.2 Carbonylierung von Olefinen

Olefinumsetzung mit CO und nucleophilen Partnern in Gegenwart von Metallcarbonylen führt zu Carbonsäuren und Derivaten (Reppe-Carbonylierung)

Die Carbonylierung von Olefinen mit CO und einem nucleophilen Reaktionspartner mit beweglichem H-Atom führt in Gegenwart von Metallcarbonylen zu Carbonsäuren oder zu deren Derivaten, wie Estern, Thioestern, Amiden, Anhydriden u. a.:

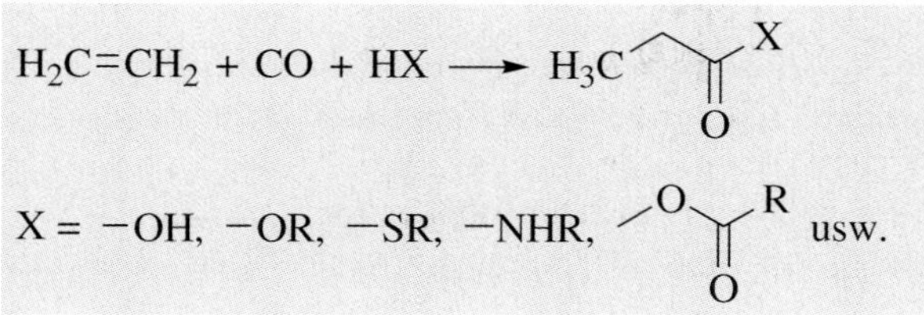

(16)

Damit gehört dieser Typ von Carbonylierungsreaktion, der als Katalysatoren Metallcarbonyle (z. B. Carbonyle von Ni, Co, Fe, Rh, Ru und Pd) verwendet, zu der großen Palette von Reppe-Reaktionen.

Die Überführung von Olefinen mit CO und H_2O zu Carbonsäuren wird in Anlehnung an die Hydroformylierung auch als Hydrocarboxylierung bezeichnet.

Carbonylierung unter Einführung von COOH in Olefine auch als Hydrocarboxylierung bezeichnet

Eine Hydrocarboxylierung ähnlicher Art ist die in Abschn. 6.3 beschriebene Koch-Reaktion, die von entsprechenden Einsatzkomponenten, wie Olefin, CO und H_2O, ausgeht, aber durch Anwendung eines Protonenkatalysators und mit milderen Reaktionsbedingungen vorwiegend zu tertiären Carbonsäuren führt.

Hydrocarboxylierung nach Koch und Reppe unterscheiden sich durch:

1. Katalysator
2. Reaktionsbedingungen
3. Reaktionsprodukte

Ein technisch durchgeführtes Beispiel einer Hydrocarboxylierung unter Reppe-Bedingungen ist die Umsetzung von Ethylen mit CO und H_2O zu Propionsäure. Die Reaktionskomponenten werden dazu in flüssiger Phase, die aus Rohpropionsäure mit gelöstem Ni-Propionat als Katalysator besteht, bei 200–240 bar und 270–320 °C umgesetzt:

Kennzeichen der Hydrocarboxylierung nach Reppe:

homogen katalysierte Flüssigphasenreaktion bei erhöhten Druck- und Temperaturbedingungen mit Metallcarbonylen, bevorzugt $Ni(CO)_4$, das sich in situ aus Ni-Salzen bildet

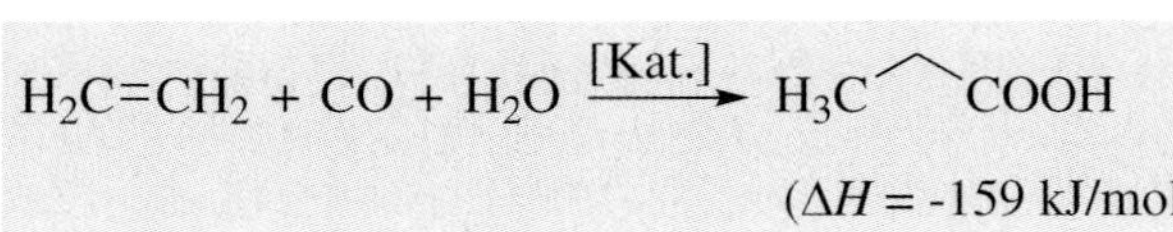

(17)

Ein wirksamer Katalysator bildet sich in situ $Ni(CO)_4$. Auch andere Carbonyle, z. B. von Fe oder Co, sind katalytisch aktiv. Nach erfolgter Reaktion wird das im Rohprodukt enthaltene $Ni(CO)_4$ durch Luftoxidation in Anwesenheit von Propionsäure wieder zum Propionat umgesetzt und in den Reaktor zurückgeführt. Die Ausbeute an Propionsäure erreicht 95 % (C_2H_4). Nebenprodukte sind CO_2, Ethan und höhere Carbonsäuren, die vom Aufbauprinzip her eine ungerade Zahl von C-Atomen im Molekül aufweisen, wie z. B. die Valeriansäure. Werden an Stelle von H_2O andere Reaktionspartner mit aktivem H-Atom eingesetzt, so lassen sich z. B. mit Alkoholen direkt Propionsäureester herstellen.

Technisches Beispiel einer Olefin-Hydrocarboxylierung nach Reppe:

BASF-Verfahren zur Herstellung von Propionsäure aus Ethylen, CO, H_2O

Ausweitung der Carbonylierung mit anderen H-aktiven Reaktionspartnern möglich zu Estern, Thioestern, Amiden usw.

Die BASF z. B. führt diese Reaktion seit 1952 in einer technischen Anlage durch, die 1995 von 60000 auf 80000 jato Herstellkapazität vergrößert wurde.

Reppe-Katalysator-Aktivierung durch Halogen-/Phosphinliganden

Eine Verfahrensverbesserung wurde von Halcon und auch von Eastman mit einem aktiveren Reppe-Katalysator entwickelt. Zusätzlich zu dem Ni/Mo-Basiskatalysator werden mit Halogen-, z. B. Jod, und Phosphinliganden als Promotoren die Reaktionsbedingungen auf 10–35 bar und 175–255 °C ohne Ausbeuteverlust gemildert.

Propionsäure fällt weiterhin als Nebenprodukt bei der Leichtbenzinoxidation zu Essigsäure an (vgl. Abschn. 7.4.1.2). Die bedeutendste Produktionsmöglichkeit besteht jedoch in der Hydroformylierung von Ethylen mit nachfolgender Oxidation (vgl. Abschn. 6.1). Nach dieser Route bestanden beispielsweise 1998 in USA die größten Kapazitäten von etwa 150000 jato bei einer Gesamtkapazität von 203000 jato. Die Herstellkapazitäten für Propionsäure betrugen 1999 in USA, Westeuropa, der Bundesrepublik Deutschland und Japan etwa 164000, 127000, 80000 bzw. 5000 jato. Produktionszahlen sind der nebenstehenden Tabelle zu entnehmen.

Propionsäureproduktion (in 1000 t)

	1996	1997	1999
USA	94	94	105
WE	87	89	96
Japan	2,8	2,5	3,0

Verwendung von Propionsäure:

1. Ca- und Na-Salz zur Konservierung
2. Ester als Lösemittel und Weichmacher, z. B. Glycerintripropionat
3. Vinylester als wichtiges Comonomeres
4. Ausgangsprodukt für Herbizide

Propionsäure wird hauptsächlich zur Konservierung auf dem Lebensmittelsektor und bei der Tierfutterherstellung sowie Silagebereitung eingesetzt. Eine andere Verwendung ist die Herstellung von Estern, wie z. B. Amylpropionat als Lösemittel für Harze und Cellulosederivate oder Vinylpropionat als Comonomer. Eine weitere wichtige Anwendung ist die Herstellung von Herbiziden, von Vitaminen und Pharmazeutika.

Ausweitung der Hydrocarboxylierung auf höhere Olefine möglich, jedoch führt hier teilweise Isomerisierung zu Carbonsäuregemischen

Werden höhere Olefine in die Hydrocarboxylierung nach Reppe eingesetzt, so bilden sich unter gleichzeitiger Doppelbindungsisomerisierung Gemische von Carbonsäuren. Daher bleibt diese Herstellroute auf die Ethylenumsetzung beschränkt.

Die neuerlich von der Union Oil ausgearbeite oxidative Carbonylierung des Ethylens zu Acrylsäure wird in Abschnitt 11.1.7.3 besprochen.

6.3 Carbonsäuresynthese nach Koch

Die Carbonylierung nach Koch (auch Koch-Haaf-Reaktion) ist der Aufbau von bevorzugt tertiären Carbonsäuren aus Olefinen

Die Umsetzung von Olefinen mit Kohlenmonoxid und Wasser zu Carbonsäuren lässt sich außer durch Katalyse mit Metallcarbonylen (vgl. Reppe-Carbonylierung, Abschn. 6.2) auch in Gegenwart von Protonenkatalysatoren durchführen.

Geeignet sind vor allem Mineralsäuren, wie H_2SO_4, HF, H_3PO_4 allein oder kombiniert mit BF_3 oder mit SbF_5, wie z. B. im HF · SbF_5.

Im Unterschied zur Reppe-Carbonylierung führt die Protonenkatalyse zusätzlich zu Doppelbindungs- und Strukturisomerisierung

Im Reaktionsablauf addiert sich zunächst ein Proton an das Olefin und bildet ein sekundäres Carbeniumkation. Dieses stabilisiert sich unter Isomerisierung der Doppelbindung und Umlagerung des Kohlenstoffgerüstes:

Prinzip der Koch-Reaktion:

1. Bildung des stabilsten, d. h. tertiären Carbeniumions durch Isomerisierung
2. CO-Addition zum Acyliumkation
3. Weiterreaktion mit H_2O oder ROH zu Säure oder Ester

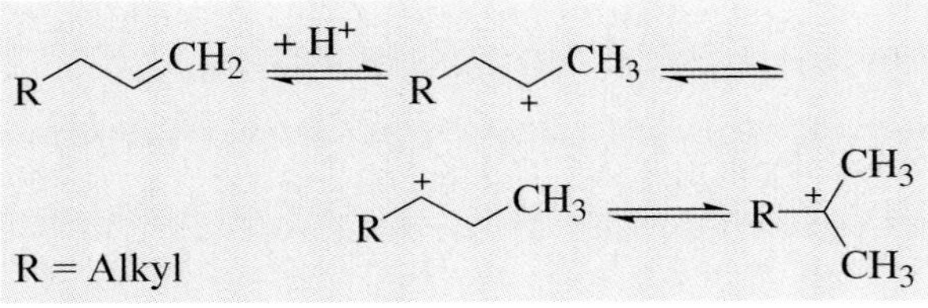
(18)

Dann addiert sich CO an das tertiäre Carbeniumion unter Ausbildung eines Acyliumkations, das anschließend mit H_2O zur Carbonsäure oder auch mit Alkoholen direkt zum Ester weiterreagiert:

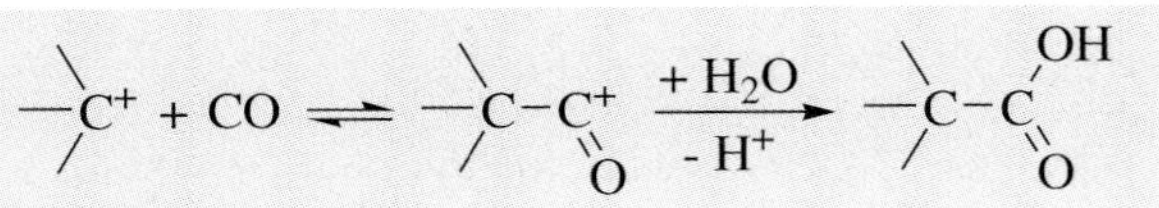
(19)

So entstehen Gemische isomerer, verzweigter Carbonsäuren, bei denen der Anteil an tertiären Carbonsäuren von den Reaktionsbedingungen abhängig ist. So sind beispielsweise bei etwa 80 °C, 20–100 bar und längeren Reaktionszeiten alle Butenisomeren zum überwiegenden Teil in Pivalinsäure (Trimethylessigsäure) überführbar. In der Praxis verwendet man zur Herstellung dieser Säure zumeist Isobuten als Einsatzprodukt:

Die Reaktionsbedingungen bestimmen die Gleichgewichtseinstellung und damit den Anteil tertiärer Carbonsäuren

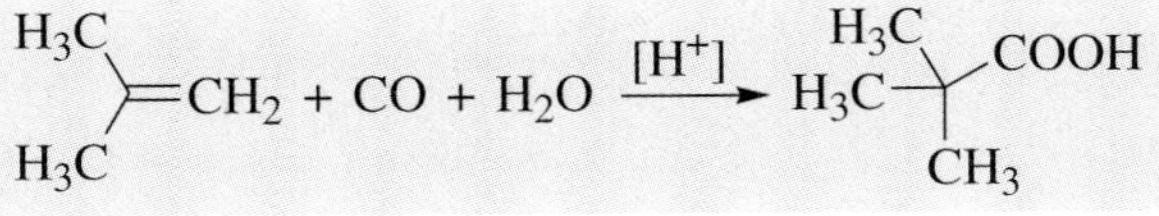
(20)

Das intermediär auftretende Carbeniumion ist auch aus anderen Vorprodukten als dem Olefin zugänglich; so können Isobutanol oder 2-Chlorbutan ebenfalls zur Pivalinsäureherstellung eingesetzt werden, da sie unter den Reaktionsbedingungen einer H_2O- bzw. HCl-Abspaltung unterliegen.

Im technischen Prozess wird in einer Rührkesselkaskade bei 20–80 °C und 20–100 bar CO in Anwesenheit des Katalysators an das Olefin angelagert und in der zweiten Stufe dann das Wasser zugegeben. Als Protonen liefernder Katalysator wird bevorzugt H_3PO_4/BF_3 verwendet, da nach

Technische Ausführung der Koch-Reaktion:

1. H_3PO_4/BF_3-katalysierte CO-Addition an Olefin
2. Hydrolyse zu zweiphasigem System

H_2O-Zugabe eine Trennung in Produkt und Katalysatorphase eintritt.

H_3PO_4/BF_3 wird in den Prozess zurückgeführt. Nach einer neueren Verfahrensentwicklung von BASF ist auch ein heterogener Zeolithkatalysator vom Pentasil-Typ bei 250 bis 300 °C und 300 bar einsetzbar.

Die tertiären Carbonsäuren entstehen bei hohen Olefinumsätzen mit Selektivitäten von 80–100 %. Nebenprodukte sind Carbonsäuren aus den dimerisierten Olefinen.

Beispiele für technische Verfahren:

Shell (Versatics)
Exxon (Neosäuren)
DuPont
Kuhlmann (CeKanoic-Säuren)

Technische Prozesse nach dem Prinzip der Koch-Reaktion werden von Shell, Exxon, Kuhlmann und DuPont durchgeführt. Außer Pivalinsäure aus Isobuten werden verzweigte C_6–C_{11}-Carbonsäuren aus entsprechenden Olefinen hergestellt. Die Säuren sind als Versaticsäuren (Shell), Neosäuren (Exxon) oder CeKanoic-Säuren (Kuhlmann) im Handel.

Charakteristische Eigenschaften der Koch-Säuren:

Neopentyl-Struktur C–C(C)(C)–COOH

führt durch sterische Hinderung zur Reaktionsträgheit, d. h., Säuren sind schwer veresterbar, und Ester sind:

thermisch
oxidations- } stabil
hydrolytisch

Das chemische Verhalten der tertiären Carbonsäuren wird durch die zur Carboxylgruppe α-ständigen Alkylverzweigungen wesentlich bestimmt. Sie führen zu einer starken sterischen Hinderung, die sich durch außergewöhnliche thermische Stabilität und Schwerverseifbarkeit, z. B. der Ester, äußert. Sie eignen sich daher z. B. als Komponenten für synthetische Öle. Die Säuren werden zu Harzen und Lacken verarbeitet. Die Vinylester (vgl. Abschn. 9.2.2) werden als Comonomere zur Herstellung von Dispersionen oder auch in VC-Copolymerisaten zur inneren Weichmachung verwendet.

Wichtige Koch-Säurederivate:

Vinylester

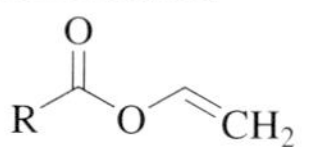

Glycidylester

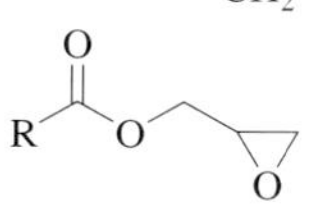

Glycidylester von Koch-Säuren dienen zur Modifizierung von Alkydharzen (vgl. Abschn. 11.2.3).

Metallsalze stark verzweigter tertiärer Carbonsäuren sind Trocknungsbeschleuniger.

Derzeit werden weltweit etwa 150000 jato dieser Koch-Säuren und ihrer Derivate hergestellt.

7 Oxidationsprodukte des Ethylens

Ethylenoxid (Oxiran) und Acetaldehyd sind die einfachsten partiellen und isomeren Oxidationsprodukte des Ethylens. Sie gehören aufgrund ihrer Reaktionsfähigkeit und der Vielzahl technisch bedeutender Folgeprodukte zu den wichtigsten Zwischenprodukten auf der Basis von Ethylen. Beide stehen jedoch in ihrem Ethylenbedarf weit hinter Polyethylen und in Westeuropa, Japan und der Bundesrepublik Deutschland auch noch hinter Vinylchlorid zurück, wie die folgende Tabelle der Ethylenverwendung zeigt:

Ethylenoxid (EO) und Acetaldehyd sind die wichtigsten partiellen Oxidationsprodukte des Ethylens

Mengenmäßig größte Verwendung findet Ethylen weltweit jedoch zur Herstellung von Hochdruck- und Niederdruckpolyethylen

Tabelle 7-1. Ethylenverwendung (in Gew.-%).

Produkt	Welt		USA		Westeuropa		Japan		BRD	
	1988	2001	1984	1998	1984	2004	1985	2004	1980	1999
Polyethylen (Hochdruck und Niederdruck)	54	58	48	49	54	57	52	42	49	50
Vinylchlorid	16	13	14	15	19	15	17	14	15	14
Ethylenoxid und Folgeprodukte	13	13	17	13	10	10	11	11	12	13
Acetaldehyd und Folgeprodukte	3	2	3	1	3	2	5	4	10	5
Ethylbenzol/Styrol	7	7	8	7	7	8	9	13	6	7
Sonstige (z. B. Ethanol, Vinylacetat, lineare Alkohole, lineare Olefine, 1,2-Dibromethan, Ethylchlorid, Ethylenimin, Propionaldehyd u. a.)	7	7	10	15	7	8	6	16	8	11
Gesamtverbrauch (in Mio t)	52,6	90,2	13,9	23,6	12,5	21,5	4,1	7,5	3,4	4,7

7.1 Ethylenoxid

Ethylenoxid hat von seiner Entdeckung 1859 durch A. Wurtz und von der ersten industriellen Herstellung 1925 durch UCC bis heute eine stürmische Ausweitung seiner Produktion durchgemacht; die nebenstehende Tabelle fasst die Produktionszahlen für Ethylenoxid in einigen Ländern zusammen. Die Herstellkapazität für Ethylenoxid betrug 2001 weltweit etwa 15,2 Mio jato, davon hatten die USA einen Anteil von etwa 28 % (4,2 Mio jato), mit der UCC als dem größten Hersteller. Die weltweit größte Herstellkapazität von etwa 4 Mio jato (1993) basierte auf dem Verfahren von Scientific Design. Die Kapazitäten in Westeuropa, Japan

UCC ist der historisch erste und nach Übernahme durch Dow derzeit mit einem Drittel der EO-Kapazität in USA auch der weltweit größte EO-Produzent

Ethylenoxidproduktion (in Mio t)

	1992	1994	1996
USA	2,64	3,22	3,28
WE	1,61	2,01	2,04
Japan	0,72	0,72	0,84
BRD	0,63	0,74	0,74

Industrielle Organische Chemie: Bedeutende Vor- und Zwischenprodukte, 6. Auflage, Hans-Jürgen Arpe

ISBN: 978-3-527-31540-6

und der Bundesrepublik Deutschland betrugen 2003 etwa 3,0, 0,92 bzw. 1,0 Mio jato.

Technische Synthesen für EO:

1. indirekte Oxidation über Ethylenchlorhydrin (klass. Verfahren)
2. direkte Oxidation des Ethylens

Parallel zur Kapazitätsentwicklung veränderte sich die Synthese vom aufwendigen historischen Zweistufenverfahren – über Ethylenchlorhydrin als Zwischenprodukt – zur wirtschaftlichen direkten Oxidation des Ethylens in Großanlagen, die bis zu 360000 jato Kapazität besitzen können. So wurde z. B. in USA noch Mitte der fünfziger Jahre etwa die Hälfte des Ethylenoxids auf der Basis von Ethylenchlorhydrin produziert; ab 1975 wurde es dann ausschließlich durch Direktoxidation von Ethylen hergestellt.

7.1.1 Ethylenoxid nach dem Chlorhydrin-Verfahren

Prinzip des Chlorhydrin-Verfahrens:

zweistufige Epoxidation:
Primärprodukt $HOCH_2CH_2Cl$ wird mit $Ca(OH)_2$ zum EO dehydrochloriert

Das zweistufige Chlorhydrin-Verfahren zur Epoxidation niederer Olefine wird heute kaum noch beim Ethylen, wohl aber beim Propen (vgl. Abschn. 11.1.1.1) angewendet. Es verlief über das Ethylenchlorhydrin als nicht isoliertes Zwischenprodukt, das durch Erhitzen mit Kalkmilch in Ethylenoxid übergeführt wurde:

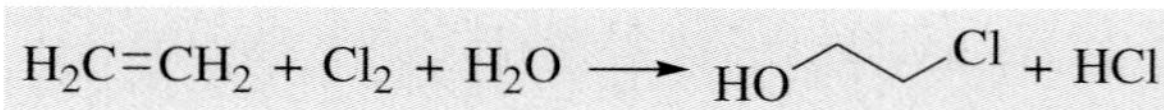

(1)

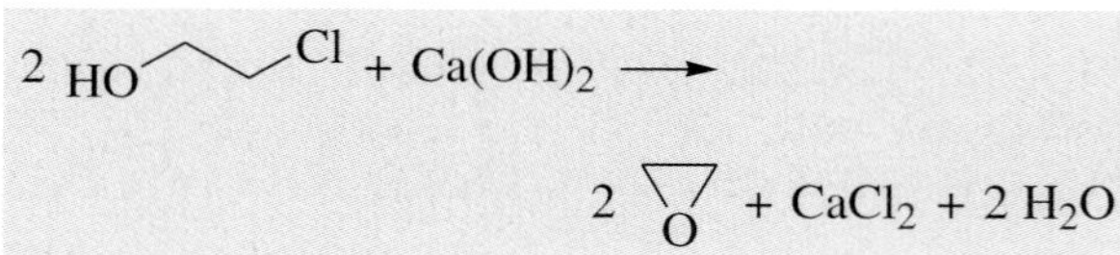

(2)

Gründe für die Einstellung der Chlorhydrin-Route:

1. hoher Cl_2-Verbrauch
2. hohe Salzbelastung
3. Zwangsanfall an Nebenprodukten

Die Selektivität zum Ethylenoxid betrug etwa 80% (C_2H_4) und war damit durchaus zufriedenstellend. Allerdings ging das gesamte Chlor praktisch verloren. So entstanden pro 100 kg Ethylenoxid 10–15 kg 1,2-Dichlorethan, 7–9 kg 2,2′-Dichlordiethylether und etwa 300–350 kg $CaCl_2$.

Die wesentlichen Gründe, dieses Verfahren durch eine Direktoxidation abzulösen, waren daher der hohe Chemikalieneinsatz, insbesondere der in die Kalkulation eingehende Chlorpreis, sowie die beträchtliche Abwasserbelastung.

7.1.2 Ethylenoxid durch Direktoxidation

7.1.2.1 Chemische Grundlagen

Prinzip des Direktoxidationsverfahrens:

Umsetzung von Ethylen, Luft oder Sauerstoff an Ag-Trägerkatalysatoren in der Gasphase

1931 gelang T. E. Lefort die erste direkte Oxidation des Ethylens zu Ethylenoxid, die dann 1937 durch die UCC in ein technisches Verfahren übertragen werden konnte. In der Folgezeit beteiligten sich auch andere Firmen an der weiteren Entwicklung, die zu wesentlichen Fortschritten bei der Katalysatorherstellung führte. Allerdings blieb das Silber nach wie vor die wirksamste und selektivste Katalysatorkomponente.

Ag notwendige Basis aller EO-Katalysatoren, an denen drei charakteristische exotherme Reaktionen ablaufen:

1. partielle Oxidation C_2H_4 zu EO
2. Folgeoxidation EO zu $CO_2 + H_2O$
3. Totaloxidation C_2H_4 zu $CO_2 + H_2O$

Die Partialoxidation des Ethylens an Silberkatalysatoren ist eine exotherme Reaktion:

$H_2C{=}CH_2 + 0{,}5\ O_2 \longrightarrow$  $(\Delta H = -105\ \text{kJ/mol})$ (3)

Sie wird im Wesentlichen von zwei noch stärker exothermen Neben- bzw. Folgereaktionen begleitet: der vollständigen Verbrennung von Ethylen, die den Hauptanteil CO_2 liefert, und der Weiteroxidation des Ethylenoxids:

$$H_2C{=}CH_2 + 3\ O_2 \longrightarrow 2\ CO_2 + 2\ H_2O \quad (\Delta H = -1327\ \text{kJ/mol}) \qquad (4)$$

EO-Totaloxidation zumeist nach primärer Isomerisierung zu CH_3CHO

 $+ 2{,}5\ O_2 \longrightarrow 2\ CO_2 + 2\ H_2O \quad (\Delta H = -1223\ \text{kJ/mol})$ (5)

Technische Verfahren erreichen eine Selektivität von 65 bis 75 % Ethylenoxid (Luftverfahren) bzw. 70–80 % (O_2-Verfahren), dabei ergibt sich eine Gesamtwärmetönung von 357–546 kJ/mol Ethylen. Entsprechend dem Reaktionsmechanismus (vgl. Gl. 6–8) kann die maximal mögliche Ethylenoxid-Selektivität nur etwa 80 % betragen.

Relativ niedrige EO-Selektivität bedeutet einen großen Beitrag der Nebenreaktionen zur Wärmetönung mit technologischen Problemen der Wärmeabfuhr

Die spezifische O_2-Aktivierung an der metallischen Oberfläche des Silbers ist der wesentliche Grund für dessen katalytische Wirksamkeit. Sauerstoff wird zunächst molekular am Silber adsorbiert und reagiert dann in dieser Form mit Ethylen zu Ethylenoxid. Der dabei entstehende atomare Sauerstoff kann kein Ethylenoxid mehr bilden; er verbrennt Ethylen bzw. Ethylenoxid zu CO und H_2O:

Zusammenhang zwischen selektiver EO-Bildung und unselektiver Verbrennung durch unterschiedliche O_2-Aktivierung deutbar:

chemisorbiertes O_2 bewirkt die partielle, O die totale C_2H_4-Oxidation, daher theoretische Selektivitätsgrenze bei ca. 80 %

$[Ag] + O_2 \longrightarrow [Ag] \cdot O_{2\ ads.} \xrightarrow{H_2C=CH_2}$  $+ [Ag] \cdot O_{ads.}$ (6)

$$4\ [Ag] \cdot O_{ads.} + H_2C{=}CH_2 \longrightarrow 2\ CO + 2\ H_2O + 4\ [Ag] \qquad (7)$$

$$[Ag] \cdot O_{2\,ads.} + 2\,CO \longrightarrow 2\,CO_2 + [Ag] \qquad (8)$$

$[Ag]$ = Silberkatalysator

Wichtige Parameter für Ag-Katalysatoren zur Steuerung von Aktivität und Selektivität:

1. Imprägnierungsmethode
2. Silbersalzreduktion
3. Trägermaterial
4. physikalische Trägereigenschaften (Textur)
5. Cokatalysator oder Promotor

Die technischen Katalysatoren enthalten im Allgemeinen bis zu 15 Gew.-% Ag in der Form einer feinteiligen Schicht auf einem Träger. Alle weiteren spezifischen Merkmale des Katalysators gehören zum Firmen-Know-how. Sie bestimmen zusammen mit technologischen Unterschieden die heute bestehenden verschiedenen Verfahren. Das Aktivitäts- und das Selektivitätsverhalten des Katalysators werden wesentlich durch die Herstellmethode, die Art des Trägers und seine physikalischen Eigenschaften sowie mögliche Promotoren oder Aktivatoren beeinflusst.

Oxidationsinhibitoren, wie z. B. 1,2-Dichlorethan, führen zu einer Selektivitätssteigerung

Wirkungsweise mit partieller, reversibler Vergiftung der Ag-Oberfläche für atomare Chemisorption des Sauerstoffs deutbar

Bei allen Verfahren werden Inhibitoren gegen Totaloxidation verwendet. Zumeist dient dazu 1,2-Dichlorethan, das in Mengen von einigen ppm dem Reaktionsgemisch zugegeben wird. Das chemisorbierte atomare Chlor, das durch Oxidation des Chlorwasserstoffs aus der Dehydrochlorierung von 1,2-Dichlorethan entsteht, drängt die dissoziative atomare Sauerstoffchemisorption und damit die Verbrennungsreaktion des Ethylens zu CO_2 und H_2O zurück.

7.1.2.2 Verfahrensdurchführung

Verfahrensmerkmale:

1. sorgfältige Abführung der Reaktionswärme und Begrenzung des Ethylenumsatzes auf <10% verhindern lokale Überhitzungen (hot spots) und damit Aktivitätsabfall durch Ag-Sinterung (Kornvergröberung)

2. spezielle Träger wie Alundum (α-Al_2O_3) machen Katalysator robust, d. h. langlebig

3. spezielle Katalysatoranordnung im Festbett in Röhrenbündelreaktoren

Eine der wichtigsten Aufgaben in großtechnischen Anlagen ist die wirksame Ableitung der beträchtlichen Gesamtreaktionswärme. Eine Überhitzung des Katalysators würde zu Veränderungen in der optimalen Ag-Verteilung auf dem Träger führen und damit Aktivität und Lebensdauer herabsetzen. Die sichere Temperaturführung im Reaktor wird durch eine weitere Maßnahme unterstützt; der Ethylenumsatz wird im Allgemeinen auf weniger als 10% begrenzt. Damit lässt sich die maximale Wärmeentwicklung limitieren. Zum anderen hat die intensive Katalysatorentwicklung zu hoch belastbaren und widerstandsfähigen Typen geführt. So zeigt z. B. der Silberkatalysator der Shell in zahlreichen Anlagen, selbst nach vieljähriger Betriebsdauer, nur eine unwesentliche Abnahme der Selektivität und der Raum-Zeit-Ausbeute. Der heute übliche Ethylenoxidreaktor enthält den Katalysator fest angeordnet in einem Röhrenbündel mit mehreren 1000 Röhren, durch die das Reaktionsgemisch im Kreislauf geführt wird. Als Wärmeüberträger zirkuliert zwischen den Röhren eine siedende Flüssigkeit, wie z. B. Kerosin oder Tetralin, neuerdings aus Sicherheitsgründen vielfach

Wasser. Die Reaktionswärme wird meistens zur Erzeugung von Mitteldruckdampf ausgenutzt.

Fließbettverfahren als Alternativlösung für eine gute Wärmeabfuhr haben bis jetzt noch keine technische Bedeutung erlangt. Eine unzureichende Lebensdauer des Katalysators und geringere Selektivitäten gehören zu den wesentlichen Ursachen. Allerdings findet eine neuere verfahrenstechnische Variante des Fließbetts eine Anwendung in einer 2000-jato-Anlage in der GUS. Danach wird in einem Doppelrohrreaktor im inneren Rohr zusammen mit dem unten eintretenden Gasstrom auch der Ag/Al_2O_3-Katalysator nach oben gefördert. Dieser fällt dann im äußeren Rohr nach unten in den Bereich des Gaseinlasses zurück. Damit kann bei geringerem Katalysatorabrieb ein guter Austausch der Reaktionswärme erfolgen. Bei 270–290 °C und 30 bar wird eine Ethylenoxid-Selektivität von 75 % und eine Raum-Zeit-Ausbeute von 600–700 g EO · l^{-1} Katalysator · h^{-1} erreicht.

Alternative Katalysatoranordnung im Fließbettverfahren (fluid bed) nicht in Anwendung, da zwei Probleme:

1. Ag-Abtrag vom Träger (Erosion)
2. Rückvermischung der Reaktionsprodukte ergibt lange Verweilzeit und damit höheren Anteil Totaloxidation

Fließbettvariante, d. h. Doppelrohrreaktor mit Katalysatortransport nach dem Gaslift-Prinzip im technischen Einsatz

Die ersten großtechnischen Verfahren der UCC und der Scientific Design in USA, der Distillers in England und der IG im Werk Ludwigshafen in Deutschland verwendeten Luft als Oxidationsmittel. Der N_2-Anteil belastet jedoch den Gaskreislauf und führt zu Ethylenverlusten entweder beim Ausschleusen des Stickstoffs nach einmaligem Durchgang des Ethylen/Luft-Gemisches durch den Reaktor oder bei der Verwendung eines zweiten Reaktors, bei dem unter verschärften Temperaturbedingungen eine Nachreaktion mit geringerer Ethylenoxid-Selektivität durchgeführt wird.

Großtechnische Verfahren mit zwei grundlegenden Varianten:

1. Luftverfahren
2. O_2-Verfahren (heute bevorzugt)

Zu 1:

Vorteil:

keine Luftzerlegungsanlage erforderlich

Deshalb wird heute in Neuanlagen fast ausschließlich Sauerstoff für die Oxidation verwendet. Trotz der Investitions- und Betriebskosten für eine Luftzerlegungsanlage sind die Herstellkosten für Ethylenoxid insgesamt geringer als bei Einsatz von Luft. Allerdings wird im Sauerstoff-Oxidationsverfahren ein konstanter Anteil von etwa 50 % an Inertgas, wie z. B. Methan, Ethan oder CO_2, als phlegmatisierendes Gas (Absorber für freie Radikale) in einem geschlossenen Kreislauf verwendet. Shell führte dieses Verfahren Mitte der fünfziger Jahre ein. Es besitzt vor allem den Vorteil einer geringeren Abgasmenge, die nur ca. 2 % vom Abgas des Luftverfahrens ausmacht. Damit wird auch der Ethylenverlust beträchtlich herabgemindert.

Nachteile:

hoher C_2H_4-Verlust bei Inertenausschleusung (N_2), größere Kosten für Gaskreislauf

Ein weiterer Unterschied zu den älteren Verfahren besteht bei der Entfernung des CO_2. Im Luftverfahren wird es mit dem Abgas ausgeschleust, beim O_2-Verfahren wird es mit heißer Pottaschelösung ausgewaschen.

Zu 2:

Vorteil:

geringe Abgasmenge, konstanter Inertgasanteil

Nachteil:

Luftzerlegungsanlage für O_2-Gewinnung (>99 % Reinheit) und CO_2-Wäsche erforderlich

Isolierung des EO aus Reaktionsgas:

EO-Absorption in H_2O, damit Trennung von C_2H_4, O_2 und Inertgas (CH_4)

Aufarbeitung wässriger EO-Lösungen:

1. Desorption mit Dampf und Destillation zur Entfernung von z. B. CO_2 und N_2
2. direkte Umsetzung zu Glykol

Inzwischen können auch andere Firmen in ihren Varianten alternativ Sauerstoff oder Luft verwenden.

Charakteristische Bedingungen für das O_2-Verfahren sind 10–20 bar und 250–300 °C. Der Sauerstoffgehalt wird im Reaktionsgemisch auf 6–8 Vol.-% (Ethylen 20–30 Vol.-%) und damit außerhalb der Explosionsgrenze von Ethylen/ O_2-Mischungen eingestellt. Die Ethylenoxid-Selektivität erreicht 65–75 % (Luftverfahren) bzw. 70–80 % (O_2-Verfahren) bei einem Ethylenumsatz von etwa 8–10 %.

Zur Aufarbeitung gelangen die Reaktionsgase in eine Absorptionskolonne, in der Ethylenoxid mit Wasser ausgewaschen wird. In einer nachgeschalteten Abstreifkolonne (Desorber) wird es dann mit Dampf aus der wässrigen Lösung ausgetrieben und in Destillationskolonnen fraktioniert. Teilweise werden die Ethylenoxid/H_2O-Gemische direkt zu Glykol umgesetzt.

7.1.2.3 Entwicklungsmöglichkeiten der Ethylenoxid-Herstellung

Verbesserungen am EO-Verfahren sind vor allem auf EO-Selektivität gerichtet; denn C_2H_4-Preis ist entscheidender Kostenfaktor der EO-Herstellung

Die Wirtschaftlichkeit der Ethylenoxid-Herstellung wird vor allem durch den Ethylenpreis bestimmt. Die Totaloxidation von 20–30 Mol.-% des umgesetzten Ethylens ist einer der wesentlichsten Kostenfaktoren. Vor der ersten Erdölkrise im Herbst 1973 war der Ethylenanteil an den Gesamtkosten 60–70 %, derzeit liegt er bei 70–80 %.

Darum sind Verbesserungen der Technologie und vor allem der Katalysatorselektivität aus Rohstoffkostengründen notwendig.

Selektivitätssteigerungen wirken sich zweifach aus:

1. höhere EO-Ausbeute
2. geringeres ΔH durch weniger Verbrennung, d. h. vergrößerte Kat.-Lebensdauer oder C_2H_4-Umsatz kann gefahrlos erhöht werden, damit Anstieg der RZA (**R**aum-**Z**eit-**A**usbeute)

Versuche zur Selektivitätserhöhung verdienen deshalb eine besondere Beachtung, weil sie sich in zweifacher Hinsicht positiv auswirken; zunächst wird eine höhere effektive Ethylenoxid-Ausbeute erreicht, und zusätzlich tritt durch den Rückgang der Totaloxidation eine geringere Wärmetönung auf. Sie ergibt zumeist eine längere Lebensdauer des Katalysators oder erlaubt wiederum die gefahrlose Erhöhung des Ethylenumsatzes, die damit zu einer größeren Kapazität der Anlage führt.

EO-Selektivitätserhöhung nur mit Ag als Basismetall und Cokatalysatoren hauptsächlich aus 1. Hauptgruppe

Zahlreiche Untersuchungen zur Selektivitätssteigerung des Ethylenoxid-Katalysators haben ergeben, dass Silber aufgrund seiner höchsten Basisselektivität durch kein anderes Metall zu ersetzen ist. Allerdings sind die spezifischen Oberflächen sowohl des Trägers – überwiegend Al_2O_3 oder Al-Silicat – als auch der erzeugten Silberkristallite wichtige Faktoren.

Beispiele für Ag-Modifizierung:

Shell: Cs
Halcon: Ba/Cs
ICI: K/Rb

Weiterhin haben zahlreiche Firmen die Verwendung von vorzugsweise Alkalimetallsalzen als Cokatalysatoren zum Silber vorgeschlagen. Die Selektivität des Ethylenoxids soll dadurch auf über 80 % und im Fall einer Kombination Rb/Cs sogar auf 94 % steigen. Diese Verbesserung auf höhere Selektivitätswerte, als die Mechanismustheorie erwarten lässt, wäre mit einer durch den Cokatalysator initiierten Rekombination von atomarem Sauerstoff erklärbar (vgl. Abschn. 7.1.2.1).

Neuere Ag-Katalysator-Regenerierung ohne Entfernung aus Röhrenreaktor und damit ohne Verlust durch „In-situ-Imprägnierung" mit Cs-Salzlösung (Rejuvenierung)

Eine neuere verfahrenstechnische Variante zur Regenerierung gealterter Silberkatalysatoren nutzt zugleich auch die selektivitätssteigernde Wirkung der Alkalimetallsalze, indem nach einigen Jahren Betriebszeit eine geringe Cäsiumsalzmenge durch Imprägnieren als methanolische Lösung auf den Katalysator gebracht wird. Dieses technisch schon mehrfach genutzte Verfahren erspart einen aufwendigen Katalysatorwechsel im Röhrenreaktor, ist wiederholt anwendbar und ergibt je nach Art und Vorgeschichte des Katalysators Selektivitätsgewinne bis zu 8 %.

Da jedoch etwa 40–60 % des Ethylenoxids weltweit zur Herstellung von Glykol verwendet werden, haben neben der Verbesserung des Ethylenoxid-Prozesses besonders solche Verfahren für Glykol eine große Zukunft, die gänzlich ohne das relativ teure Zwischenprodukt Ethylenoxid auskommen (vgl. Abschn. 7.2.1.1).

7.2 Folgeprodukte des Ethylenoxids

Verwendung des EO:

1. geringe Eigenbedeutung (verdünnt mit CO_2 oder CF_2Cl_2 als Insektizid, zur Sterilisation oder zur Fermentationshemmung)
2. überragende Bedeutung zur Ethoxylierung, d. h. Einführung der Hydroxyethylgruppe $-CH_2CH_2OH$ bzw. der Polyethylenoxidgruppe $\text{+}CH_2CH_2O\text{+}_nH$

Ethylenoxid findet nur zu einem geringen Teil direkt Verwendung, z. B. als Schädlingsbekämpfungsmittel in Getreidelagern sowie als Mittel zur Keimfreimachung und zur Fermentationshemmung.

Seine überragende Bedeutung liegt in der Reaktivität des Oxiranringes, die es zu einer Schlüsselsubstanz für eine Vielzahl weiterer Zwischen- und Endprodukte macht.

Ethoxylierung kann katalytisch beschleunigt werden:

H^+-Katalyse nach S_N1 über Oxoniumkomplex:

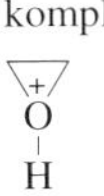

OH^--Katalyse nach S_N2

Das Prinzip der Ethylenoxid-Folgereaktionen besteht in der exothermen Öffnung des Dreirings durch nucleophile Partner, wie Wasser, Alkohole, Ammoniak, Amine, Carbonsäuren, Phenole oder Mercaptane, unter Bildung von Ethoxylierungsprodukten. Dabei wird allgemein, d. h. bei Einsatz eines organischen Reaktionspartners, die Wasserlöslichkeit durch die Addition der Hydroxyethylgruppe verbessert. Die Reaktionsgeschwindigkeit kann sowohl durch saure wie

Kennzeichen der Ethoxylierung:

die Reaktivität der Primärprodukte verringert die Selektivität durch Folgereaktionen

durch alkalische Katalyse erhöht werden. Sofern man nicht katalysatorfrei bei höherer Temperatur und unter Druck arbeitet, werden saure Katalysatoren, wie Mineralsäuren oder saure Ionenaustauscher, bevorzugt.

Da die Primärprodukte der Addition selbst wieder eine reaktive Hydroxylgruppe besitzen, können sie weiteres Ethylenoxid addieren. Es bilden sich dann stufenweise Di-, Tri- und Polyethoxylierungsprodukte.

Soll bevorzugt nur das Monoethoxylierungsprodukt entstehen, so muss das Ethylenoxid im Unterschuss verwendet werden.

Die wichtigsten und in ihrer Bedeutung zunehmenden Reaktionspartner des Ethylenoxids sind mit den wesentlichen Reaktionsprodukten und weiteren Folgeprodukten in der Tabelle 7-2 aufgeführt:

Tabelle 7-2. Ethylenoxid-Folgeprodukte.

Reaktionspartner	Reaktionsprodukte	Folgeprodukte
Wasser	Ethylenglykol Diethylenglykol Polyethylenglykol	Glyoxal, Dioxolan Dioxan
Alkylphenole Fettalkohole Fettsäuren Fettamine	Polyethoxylate	
Ammoniak	Monoethanolamin Diethanolamin Triethanolamin	Ethylenimin Morpholin
Alkohole RCH_2OH R=H, CH_3, n-C_3H_7	Glykolmonoalkylether Diglykolmonoalkylether	Glykoldialkylether Ester der Glykolmonoalkylether
Kohlendioxid Synthesegas	Ethylencarbonat 1,3-Propandiol	Carbamate Polyester

Die relative Bedeutung der Ethylenoxid-Folgeprodukte wird aus der Aufschlüsselung der Ethylenoxid-Verwendung in einigen Ländern deutlich:

Tabelle 7-3. Ethylenoxid-Verwendung (in Gew.-%).

Produkt	Welt		USA		Westeuropa		Japan		BRD	
	1985	1997	1981	2000	1981	2000	1981	2000	1981	1996
Ethylenglykol	59	61	58	57	45	33	62	58	37	28
Nichtionische oberflächenaktive Substanzen	13	16	12	11	23	31	17	23	28	32
Ethanolamine	6	6	7	11	10	12	7	5	16	17
Glykolether	6	4	8	7	10	8	5	5	10	7
Verschiedenes (z. B. höhere Ethylenglykole, Urethan-Polyole u. a.)	16	13	15	14	12	16	9	9	9	16
Gesamtverbrauch (in Mio t)	6,5	11,3	2,3	3,8	1,3	2,3	0,48	0,95	0,45	0,71

7.2.1 Ethylenglykol und höhere Ethylenglykole

Ethylenglykol – zumeist nur als Glykol bezeichnet – ist das größte Folgeprodukt des Ethylenoxids. Die weltweite Herstellkapazität für Ethylenglykol betrug 2000 etwa 13,6 Mio jato; davon entfielen auf USA, Westeuropa, Japan und Bundesrepublik Deutschland etwa 3,6, 1,5, 0,98 bzw. 0,28 Mio jato. Die Produktionszahlen des Ethylenglykols sind für diese Länder in der nebenstehenden Tabelle zusammengestellt.

Hauptfolgeprodukt des EO (Ethylenglykol-Glykol) verbraucht länderabhängig etwa 40 bis 60 % der EO-Erzeugung

Ethylenglykol-Produktion (in Mio t)

	1992	1995	1999
USA	2,32	2,37	2,73
WE	0,85	1,10	1,13
Japan	0,56	0,71	0,92
BRD	0,23	0,28	0,20

Das Ethylenglykol entsteht durch Addition von H_2O an Ethylenoxid:

(9)

Beim technischen Verfahren wird Ethylenoxid mit einem etwa zehnfachen molaren Überschuss an Wasser entweder in der flüssigen Phase bei Normaldruck und 50–70 °C in Gegenwart eines sauren Katalysators (z. B. 0,1–1,0 Gew.-% H_2SO_4) oder aber bei 140–230 °C und 20–40 bar katalysatorfrei umgesetzt. Die Herstellung des Ethylenglykols erfolgt fast ausschließlich in einem der Direktoxidation des Ethylens nachgeschalteten Reaktor. Die anfallende wässrige Rohglykollösung wird in Verdampfern auf ca. 70 % aufkonzentriert und in mehreren Vakuumkolonnen fraktioniert destilliert. Trotz des hohen Wasserüberschusses beträgt die Selektivität zum Monoethylenglykol nur ca. 90 %. Daneben entstehen etwa 9 % Diglykol, 1 % Triglykol und höhere Ethylenglykole. Die Gesamtausbeute beträgt 95–96 %. Die Reinheitsansprüche sind je nach Verwendung der Glykole unterschiedlich; für die Herstellung von Polyester wird eine besonders hohe Qualität gefordert (99,9 Gew.-% Reinheit).

EO-Hydratisierung in technischer Ausführung:

EO : H_2O = 1 : 10 mit zwei Varianten:

1. Protonenkatalyse, drucklos bei niedriger Temperatur
2. ohne Katalysator, mittlerer Druck, höhere Temperatur

Aufarbeitung der wässrigen Rohglykollösung:

Aufkonzentrierung durch mehrstufige Vakuumdestillation

Bekannte katalysatorfreie Verfahren wurden z. B. von Scientific Design und Shell entwickelt und 1999 in 55 bzw. 58 Anlagen genutzt.

Wird bei der Hydratisierung des Ethylenoxids der Wasseranteil vermindert, so bilden sich stufenweise Di-, Tri- und Polyethylenglykole:

Herstellung höherer, oligomerer Ethylenglykole alternativ:

1. durch EO-Hydratisierung mit H_2O-Unterschuss

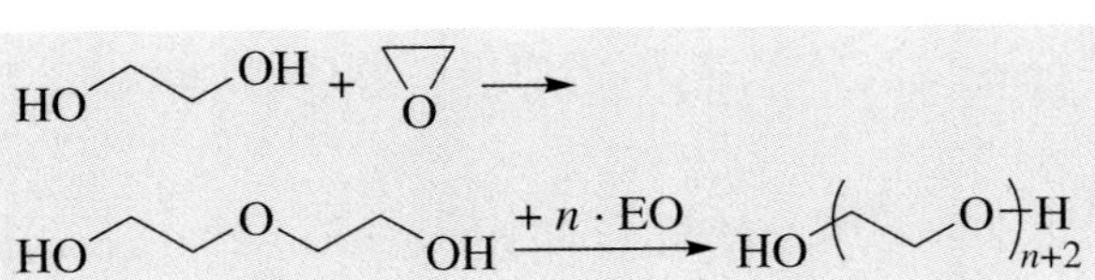
(10)

2. Addition von EO an Ethylenglykole, zumeist alkalisch (KOH) katalysiert (Basenkatalyse fördert die Glykolyse, Säurekatalyse fördert die Hydrolyse)

Eine andere Darstellung geht direkt von Ethylenglykolen aus, in die Ethylenoxid eingeleitet wird (Glykolyse des Ethylen-

Diethylenglykol-Produktion (in 1000 t)

	1992	1996	2000
USA	239	247	262

oxids). Man arbeitet üblicherweise bei 120–150 °C und leichtem Überdruck, zumeist in Gegenwart eines alkalischen Katalysators. Mit zunehmender Molmasse werden die Polyethylenglykole viskosere Flüssigkeiten und schließlich wachsartige Produkte; sie bleiben aber wasserlöslich.

7.2.1.1 Entwicklungsmöglichkeiten der Ethylenglykol-Herstellung

Verbesserte Ethylenglykol-Routen mit Basis:

1. Ethylen
2. C_1-Chemie

Weitere Entwicklungen zur Herstellung von Ethylenglykol werden sowohl von dem bisherigen Startprodukt Ethylen ausgehen, aber auch die mögliche stärkere Nutzung von Synthesegas zu berücksichtigen haben.

Selektivitätsverbesserungen an klassischer Route zur Vermeidung von:

Totaloxidation
Nebenprodukten
Energiekosten

Auf Basis Ethylen werden weiterhin am bisher üblichen Verfahrensweg Optimierungen der Epoxidation und der nachfolgenden Hydratisierung mit einer Verminderung des Energiebedarfs für die Isolierung des Ethylenglykols aus den verdünnten wässrigen Lösungen eine wichtige Aufgabe sein.

Aber auch indirekte Weg, ausgehend von Ethylen mit Zwischenstufen wie z. B. Ethylenglykolacetate oder Ethylencarbonat, sind von technischem Interesse.

Neue Wege auf Ethylenbasis durch:

1. Ethylenacetoxylierung, d. h. oxidative C_2H_4-Umsetzung mit nachfolgender Hydrolyse von Glykolmono- und -diacetat sowie Rückführung von AcOH

So führten die vom Epoxidationsmechanismus aufgezeigten Grenzen der Ethylenoxid-Selektivität dazu, dass auch Verfahren der Oxidation in Anwesenheit von Essigsäure (Acetoxylierungen) von mehreren Firmen entwickelt wurden. Dabei wird Ethylen in einer ersten Stufe mit bis zu 98 % Selektivität in Glykolmono- und -diacetat überführt und in der zweiten Stufe zum Ethylenglykol hydrolysiert:

TeO$_2$/HBr-Katalyse mit folgenden Teilschritten:

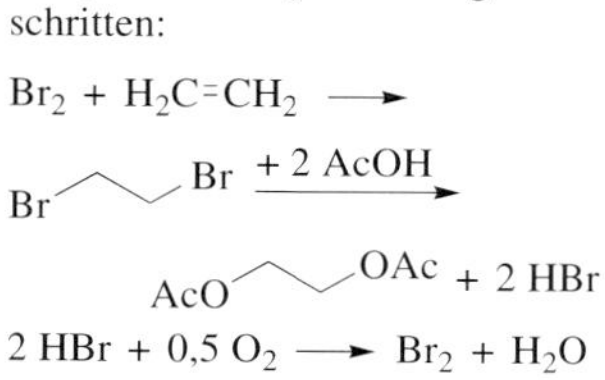

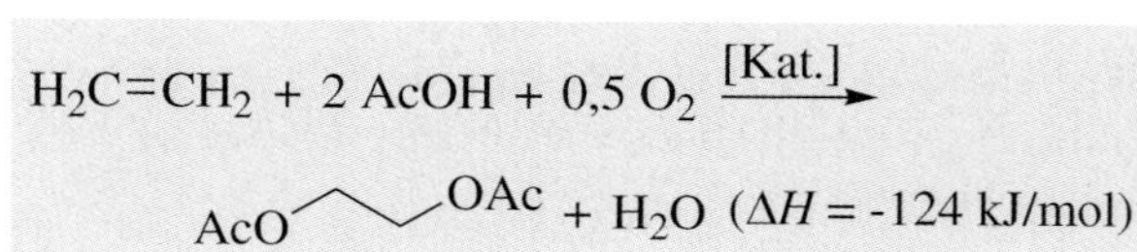

(11)

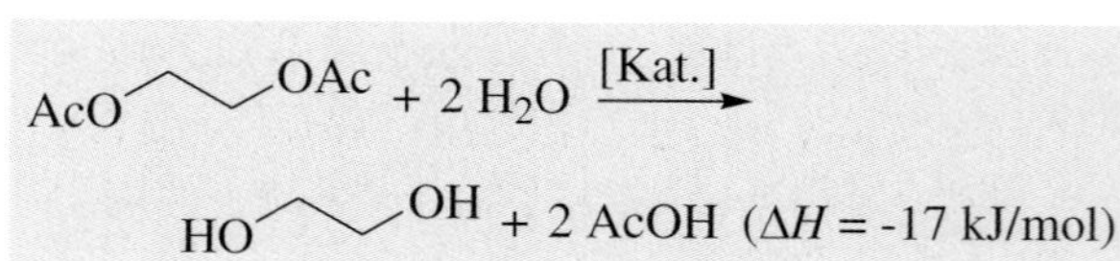

(12)

Technische Anwendung durch Oxirane in 360000-jato-Anlage wegen HBr/AcOH-Korrosion gestoppt

Halcon hat als erste Firma zusammen mit Arco (Oxirane Chem. Co) diese Acetoxylierung des Ethylens in Gegenwart eines TeO$_2$/HBr-Katalysators in einer technischen Anlage 1978 gestartet, musste aber vor allem aus Korrosionsgründen die Produktion 1979 wieder aufgeben.

Eine weitere Entwicklung zahlreicher Firmen befasst sich mit einer indirekten Hydratisierung, d. h., es wird intermediär Ethylenoxid mit CO_2 zu Ethylencarbonat umgesetzt und dieses dann zu Ethylenglykol und CO_2 hydrolysiert. Abgesehen von der zusätzlichen Verfahrensstufe liegen die Vorteile dieser Route in einer fast quantitativen Hydrolyse des Carbonats zu etwa 90 % Mono- und 10 % Diethylenglykol mit nur geringerem Wasserüberschuss.

2. indirekte EO-Hydratisierung über Intermediärprodukt Ethylencarbonat (1,2-Glycolcarbonat)

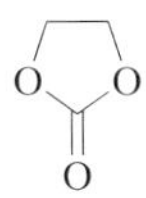

mit nachfolgender Hydrolyse bzw. Methanolyse

$(CH_3O)_2C{=}O$, als Coprodukt der Methanolyse, ein wichtiger Ersatz für $COCl_2$ und $(CH_3O)_2SO_2$

Mitsubishi hat wegen des größeren Bedarfs an Monoethylenglykol für die Hydrolyse des Ethylencarbonats einen Katalysator auf Phosphatbasis entwickelt, der die Selektivität des Monoethylenglykols auf 99,3 % erhöht, und in einer 15 000-jato-Anlage seit 2001 erfolgreich getestet.

Texaco hat in einer Neuentwicklung die Hydrolyse des Ethylencarbonats durch eine Methanolyse ersetzt, die zu Ethylenglykol und Dimethylcarbonat führt. Dimethylcarbonat kann zwar wieder zu Methanol und CO_2 hydrolysiert werden, es wird aber zunehmend zur Carbonylierung und zur Methylierung, z. B. zur Herstellung von Isocyanaten (vgl. Abschn. 13.3.3) und von Polycarbonaten (vgl. Abschn. 13.2.1.3), verwendet.

Neue Wege auf C_1-Chemie-Basis durch:

1. direkte CO/H_2-Umsetzung
2. indirekte CO/H_2-Nutzung über C_1-Produkte

Der Einsatz von Synthesegas zur Herstellung von Ethylenglykol hat zugleich mit der Ausweitung der C_1-Chemie an Interesse gewonnen. Dabei wurden sowohl direkte Verfahren der CO-Hydrierung zu Ethylenglykol als auch indirekte Wege über synthesegasabhängige Zwischenstufen wie z. B. Methanol, Methylformiat (vgl. Abschn. 2.3.3) oder Formaldehyd entwickelt.

Zu 1:

einstufige Co-, Rh-, Ru-katalysierte Aufbaureaktion mit geringer Chance einer technischen Nutzung

Schon Ende der vierziger Jahre hatte DuPont zeigen können, dass eine CO-Hydrierung in wässrigen Cobaltsalzlösungen zu Ethylenglykol führt. In den siebziger Jahren untersuchte dann UCC die Synthesegasumsetzung an homogenen Rhodiumcarbonat-Systemen mit unterschiedlichen Salzpromotoren und Stickstoff enthaltenden Lewis-Basen. In einer Hochdruckreaktion bei 1400–3400 bar und 125–350 °C lassen sich Ethylenglykol, 1,2-Propandiol und Glycerin mit einer Selektivitätssumme bis zu 70 % herstellen. Einer praktischen Nutzung stehen allerdings die extremen Reaktionsbedingungen und die geringere Katalysatorleistung entgegen.

Weitere Untersuchungen auch anderer Firmen an z. B. Rutheniumkatalysatoren haben keine wesentlichen Fortschritte gebracht.

Intensiver werden weltweit die indirekten Verfahren mit dem Einsatz von Synthesegasprodukten wie vorzugsweise

Zu 2:

Hydroformylierung, oxidative Carbonylierung oder Carbonylierung von CH_3OH bzw. HCHO zu Zwischenprodukten für die nachfolgende Hydrierung

Technisch schon von Ube seit 1978 genutzte Oxalesterherstellung mit weiterer Entwicklung der Hydrierstufe durch UCC ist von größtem wirtschaftlichen Interesse

Methanol oder Formaldehyd (vgl. Abschn. 2.3.2.2) untersucht. Dabei bilden sich durch hydrierende, oxidative bzw. reine Carbonylierung zumeist weitere Zwischenstufen wie Glykolaldehyd, Glykolsäure oder Oxalsäureester, die durch eine anschließende Hydrierung in Ethylenglykol übergeführt werden können.

Starke Beachtung findet neuerdings die oxidative Carbonylierung von Methanol zu Dimethyloxalat – wie sie vor allem von Ube untersucht wird – und die nachfolgende Hydrogenolyse zu Ethylenglykol und Methanol:

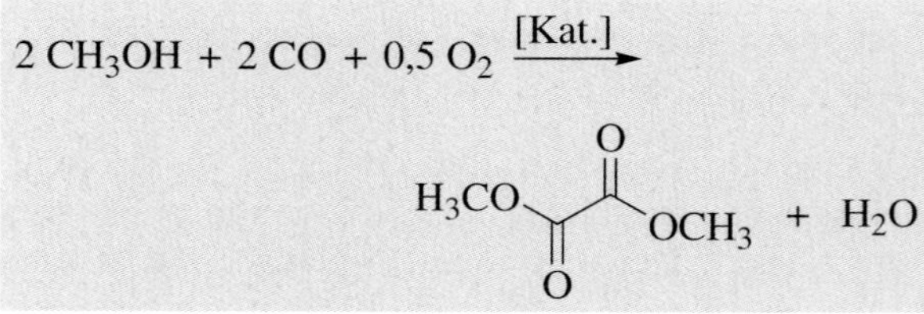

(13)

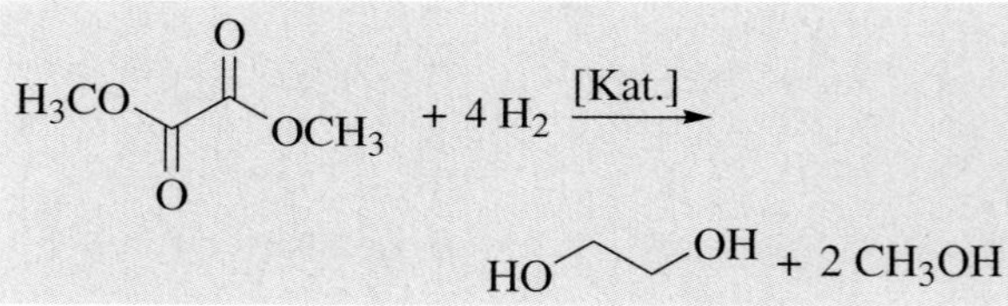

(14)

HNO$_3$ führt intermediär zu Methylnitrit CH_3ONO als aktive Zwischenstufe für die Carbonylierung

Die erste Stufe wird bei 110 °C und 90 bar mit 97 % Ausbeute in Gegenwart eines Pd-Katalysators und 70-proz. HNO_3 durchgeführt. Eine technische Anlage wird seit 1978 betrieben. Die Hydrierung erfolgt z. B. an Rutheniumoxid mit ca. 90 % Ausbeute unter Rückbildung von Methanol. Anstelle von Methanol können auch andere Alkohole wie z. B. Butanol eingesetzt werden.

Die zweite Stufe wird derzeit in einer Versuchsanlage bei UCC weiterentwickelt. Damit hat diese Oxalat-Route zu Ethylenglykol die größte Chance, technisch realisiert zu werden.

Glykolverwendung:

1. Polyesterkomponente
   bedeutendstes Produkt:
   PET (Polyethylenterephthalat) für Fasern, Folien, Harze und zunehmend Flaschen

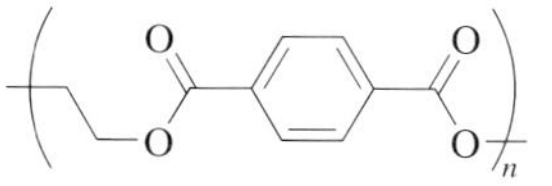

2. Frostschutzmittel (ca. 95 % Glykolanteil)

7.2.1.2 Verwendung von Ethylenglykol

Ethylenglykol wird überwiegend auf zwei Einsatzgebieten verwendet; es dient zur frostfesten Ausstattung von Motorkühlsystemen und als Diol zur Polyesterherstellung. **P**oly**e**thylen**t**erephthalat (PET), das bedeutendste Produkt, wird bevorzugt zur Faserherstellung, aber auch für Folien und Harze eingesetzt. Die Aufschlüsselung des Ethylenglykolanteils für diese zwei Verwendungszwecke ist länderabhängig sehr unterschiedlich; in USA gingen z. B. seit langem mehr als 50 % in den Frostschutzsektor. Wegen des Trends zu kleineren Motoren und zu längeren Intervallen zwischen dem Austausch des Frostschutzmittels geht dieser Anteil zurück (vgl. Tabelle 7-4):

Tabelle 7-4. Ethylenglykol-Verwendung (in Gew.-%).

Produkt	Welt 1991	Welt 1997	USA 1981	USA 2000	Westeuropa 1981	Westeuropa 2000	Japan 1981	Japan 2000	BRD 1981	BRD 1998
Frostschutz	23	16	54	26	34	24	14	10	23	20
Polyesterfaser	41	57	} 40	24	} 52	30	} 71	68	} 66	} 61
Polyesterfilm, -harze	24	5		4		31		7		
übrige Einsatzgebiete	12	22	6	46	14	15	15	15	11	19
Gesamtverbrauch (in Mio t)	6,2	9,1	1,79	2,52	0,70	1,50	0,46	0,59	0,25	0,30

In den anderen Industrieländern überwiegt deutlich die Polyesterverwendung. Ein kleiner Anteil des Ethylenglykols wird für einige Folgeprodukte eingesetzt, wie sie im nächsten Abschnitt beschrieben werden. Neuerdings werden zunehmend PET-Einwegflaschen auf dem Getränkesektor verwendet (vgl. Abschn. 14.2.4).

Polyethylenglykole werden in Abhängigkeit von der Molmasse allein oder nach Veresterung als Brems- und Hydraulikflüssigkeiten, Weichmacher oder Gleitmittel eingesetzt. Weiterhin finden sie zur Herstellung von Polyurethanen und von Esterharzen Verwendung (vgl. Abschn. 14.2.4).

Polyglykolverwendung:

als Brems- und Hydraulikflüssigkeit, Weichmacher, Gleitmittel, auch für kosmetischen oder pharmazeutischen Einsatz

Reaktionskomponente für Ester, Polyurethane, Esterharze

7.2.1.3 Folgeprodukte Glyoxal, Dioxolan, 1,4-Dioxan

Von den Folgeprodukten des Ethylenglykols werden bevorzugt Glyoxal, Dioxolan (1,3-Dioxacyclopentan) und 1,4-Dioxan technisch genutzt.

Folgeprodukte des Glykols:

Dialdehyd (Glyoxal)
cyclisches Formal (Dioxolan)
cyclischer Diether (1,4-Dioxan)

Glyoxal wird aus Glykol durch Gasphasenoxidation mit Luft ab etwa 300 °C in Gegenwart von Ag- oder Cu-Katalysatoren unter Zusatz geringer Mengen an Halogenverbindungen als Inhibitoren für eine Totaloxidation mit Ausbeuten von 70–80 % hergestellt:

Herstellung von Glyoxal aus Ethylenglykol analog oxidativer Dehydrierung von CH_3OH zu HCHO an Ag- oder Cu-Metall

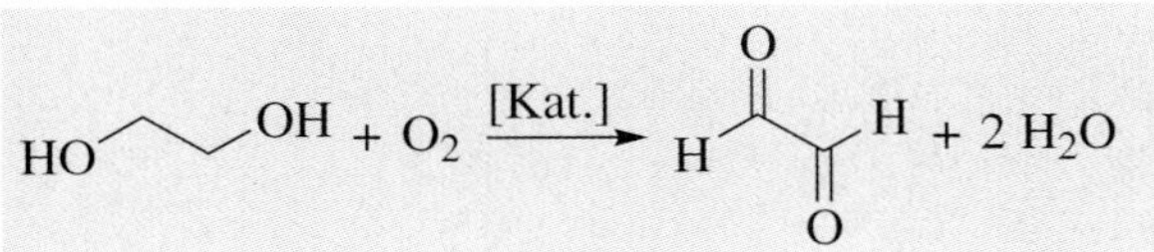

(15)

Eine weitere Darstellungsmöglichkeit ist die Oxidation von Acetaldehyd mit HNO_3 katalysatorfrei oder auch in Gegenwart von Metallsalzkatalysatoren. Sie wird mit etwa

Alternativherstellung durch Oxidation von CH_3CHO mit HNO_3 und $Cu(NO_3)_2$-Katalyse

Zahlreiche Säuren als Nebenprodukte, u. a. OHC–COOH mit technischer Bedeutung

60-proz. HNO_3 unter schonenden Bedingungen bei 40 °C mit einer Maximalausbeute von ca. 70% durchgeführt. Als Nebenprodukte bilden sich außer Glykolsäure, Oxalsäure, Essigsäure und Ameisensäure auch etwa 10% Glyoxylsäure. Durch Erhöhung der Temperatur und der HNO_3-Konzentration kann die Oxidation bevorzugt zur Bildung von Glyoxylsäure gelenkt werden, die zur Herstellung von Vanillin, Ethylvanillin und Allantoin im technischen Maßstab gebraucht wird.

Eigenschaften und Verwendung von Glyoxal:

einfachster Dialdehyd nur als Hydrat $(HO)_2CHCH(OH)_2$ stabil

Bifunktionalität zur Vernetzung von Cellulose und Baumwolle, d. h. zur Oberflächenausrüstung, ausgenutzt (Textil- und Papierindustrie)

Die wässrige Glyoxallösung wird mittels Ionenaustausch gereinigt. Glyoxal ist in reiner Form instabil. Es kommt daher als 30–40-proz. wässrige Lösung oder als festes Hydrat mit einem Glyoxalgehalt von 80% zur Anwendung. Glyoxal wird wegen der Reaktionsfähigkeit seiner beiden Aldehydgruppen gegenüber polyfunktionellen Verbindungen mit Hydroxyl- oder Aminogruppen insbesondere für Kondensations- und Vernetzungsreaktionen mit z. B. Harnstoff oder Harnstoffderivaten, mit Stärke, Cellulose, Baumwolle, Casein oder Tierleim sowie auf den Gebieten der Textil- und Papierveredlung eingesetzt. Weltweit größter Glyoxalhersteller ist die BASF mit derzeit 20000 bzw. 25000 jato (2000) in USA bzw. in der Bundesrepublik Deutschland; die Anlage in der Bundesrepublik Deutschland wurde inzwischen auf 60000 jato Glyoxal und Methylglyoxal vergrößert.

Oxidative Spaltung von Maleinsäuredimethylester mit Ozon und nachfolgender Hydrierung/Hydrolyse zu HOOC–CHO

Eine neue Glyoxylsäure-Route wurde 1989 in einer 3500-jato-Anlage von Chemie Linz (heute DSM) in Österreich gestartet. Sie besteht in der Ozonolyse von Maleinsäuredimethylester mit nachfolgender Hydrierung des Ozonids und Hydrolyse des Glyoxylsäuremethylesters mit einer 95-proz. Ausbeute. Der weltweite Glyoxylsäurebedarf beträgt derzeit etwa 8000–10000 jato mit guter Entwicklungstendenz für eine Reihe von Duft- und Aromastoffen, Agrochemikalien, Farbstoffen, Pigmenten u. a.

Herstellung von Dioxolan:

protonenkatalysierte Cyclokondensation von Glykol mit Formaldehyd

Dioxolan (1,3-Dioxacyclopentan) ist ein weiteres, technisch verwendetes Derivat des Glykols. Es lässt sich durch protonenkatalysierte Umsetzung von Glykol mit wässriger Formaldehydlösung darstellen:

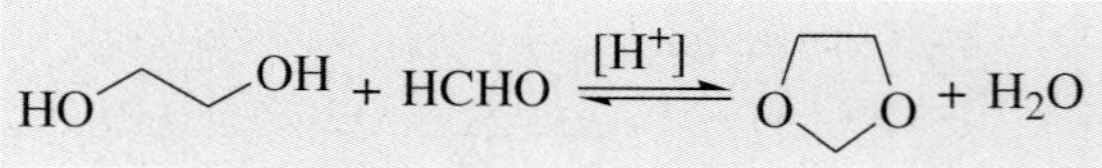

(16)

Dioxolanisolierung erschwert durch:

1. Azeotropbildung mit H_2O
2. H_2O-Löslichkeit
daher Extraktion (CH_2Cl_2) nach Destillation

Aus dem Reaktionsgemisch wird das Azeotrop Dioxolan/H_2O herausdestilliert und durch Extraktion, z. B. mit Methylenchlorid, aus der wässrigen Phase isoliert.

Dioxolan findet analog dem Ethylenoxid als Comonomeres bei der Polymerisation des Trioxans zu Polyoxymethylen-Copolymerisaten Verwendung.

Dioxolanverwendung:

1. als Monomeres für kationische Polymerisation

Weiterhin besitzt das Dioxolan ein beträchtliches Lösevermögen, das dem des Tetrahydrofurans ähnlich ist. Es zeigt zwar als Formal gegenüber dem cyclischen Ether eine geringere Neigung zur Peroxidbildung, jedoch steht diesem Vorteil die Labilität der Formalbindung in saurem wässrigen Milieu gegenüber.

2. als Lösemittel mit THF-ahnlichem Lösevermögen (z. B. für Polyvinylidenchlorid)

1,4-Dioxan wird durch cyclisierende Dehydratisierung aus Glykol oder Diglykol hergestellt:

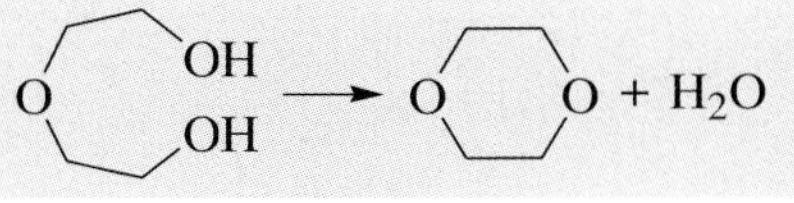

(17)

Dazu lässt man bei 150–160 °C verdünnte H_2SO_4 oder andere starke Säuren unter gleichzeitigem Abdestillieren des Dioxans auf die Einsatzprodukte einwirken. Zwei andere Verfahren setzen Ethylenchlorhydrin bzw. 2,2-Dichlordiethylether unter HCl-Eliminierung und Ringschluss mit NaOH um.

Herstellung von Dioxan:

durch inter- oder intramolekulare Dehydratisierung bzw. Dehydrochlorierung aus Glykol, Diglykol oder Chlor-Substitutionsprodukten

Das 1,4-Dioxan kann auch durch Erhitzen von Ethylenoxid mit wenig konzentrierter H_2SO_4 oder H_3PO_4 erhalten werden:

oder durch EO-Dimerisierung

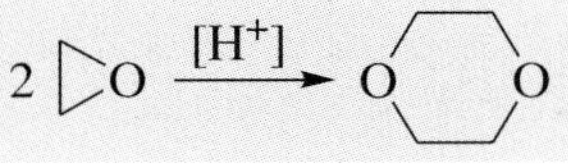

(18)

Dioxan ist ein wertvolles Lösemittel für Celluloseester und -ether sowie Öle und Harze. Als cyclischer Ether bildet Dioxan Oxoniumsalze sowie Komplexe, z. B. mit Br_2 oder SO_3, die in der präparativen Chemie von Interesse sind.

Dioxanverwendung:

als cyclischer Diether gutes Lösemittel und Komplexbildner

7.2.2 Polyethoxylate

In der Reihenfolge der Ethylenoxid-Verwendung nehmen die mehrfach ethoxylierten Alkylphenole, Fettalkohole, -säuren und -amine mengenmäßig den zweiten Platz ein.

Durch Umsetzung mit etwa 10–30 mol Ethylenoxid pro Mol der Ausgangskomponente verlieren sie ihren hydrophoben Charakter und gehen damit in technisch sehr breit anwendbare Produkte über, deren Hydrophilie mit dem Gehalt an Ethylenoxid-Einheiten steuerbar ist. Eine unzureichende Wasserlöslichkeit bei einem Ethylenoxid-Gehalt unter fünf

Polyethoxylat-Typen:

1. allgemeine, aus mehrfacher EO-Addition an Komponenten mit beweglichem H
2. spezielle (Ethoxylate im engeren Sinn), aus mehrfacher EO-Addition an:

2.1. Alkylphenole (z. B. Octyl-, Nonyl-, Dodecyl-)

2.2. Fettalkohole
Fettsäuren
Fettamine

Ethoxylierungsgrad der Einsatzkomponente bestimmt das Ausmaß der Hydrophilie

Einheiten wird durch Veresterung der endständigen Hydroxylgruppe mit H_2SO_4 zu den sogenannten Ethersulfaten verbessert.

Herstellung von Ethoxylaten:

alkalisch katalysierte EO-Addition

Die Anlagerung des Ethylenoxids erfolgt in der Technik zumeist unter einem Druck von einigen Bar in Gegenwart alkalischer Katalysatoren wie NaOAc oder NaOH zwischen 120 und 220 °C. Im Allgemeinen wird die Ethoxylierung diskontinuierlich in Rührkesseln oder Kreislaufapparaturen vorgenommen.

Verwendung:

nichtionische Tenside (nonionics), Spezialwaschmittel, Netzmittel und Emulgatoren

Die Ethoxylierungsprodukte haben als nichtionische oberflächenaktive Stoffe (nonionics) mit geringer Schaumbildung, als Waschrohstoff und Netzmittel sowie als Emulgatoren und Dispergatoren vielseitige Verwendung gefunden. Einen weiteren Einsatz finden sie als Reaktionspartner von Isocyanaten zur Herstellung von Polyurethanen, z. B. von Polyurethanschäumen.

So wurden z. B. weltweit bei einer Herstellkapazität 1990 von fast 3,5 Mio jato etwa 2,54 Mio t lineare Alkoholethoxylate (Polyetheralkohole) für Industrie und Haushalt produziert.

Ökologisches Verhalten:

Ethoxylate aus Alkylphenolen biologisch „hart", aus Fettalkoholen „weich", d. h. gut abbaubar

Bei Wertung dieser Produkte hinsichtlich ihrer Einsetzbarkeit ist die biologische Abbaubarkeit ein zusätzliches wichtiges Kriterium geworden. Es ist bekannt, dass Alkylphenolethoxylate biologisch hart, d. h. schwer, dagegen Fettalkoholethoxylate leichter abbaubar sind. Dabei ist bemerkenswert, dass der hydrophobe Anteil der Fettalkoholethoxylate sehr gut, der hydrophile Polyetherrest mit wachsender Kette merklich schwerer abbaubar ist.

7.2.3 Ethanolamine und Folgeprodukte

Herstellung von Ethanolaminen:

drei reaktive H-Atome im NH_3 erlauben dreifache Ethoxylierung

Ethylenoxid reagiert mit 20–30-proz. wässrigem Ammoniak in exothermer Reaktion bei 60–150 °C und 30–150 bar mit hoher Selektivität zu einem Gemisch der drei theoretisch möglichen Ethanolamine:

$$+ NH_3 \longrightarrow$$

$$H_2NC_2H_4OH + HN(C_2H_4OH)_2 + N(C_2H_4OH)_3 \qquad (19)$$

EO/NH_3-Mengenverhältnis bestimmt das Ausmaß der Ethoxylierung, z. B.:

EO : $NH_3 \ll 1$ begünstigt Monoethoxylierung, hohe Reaktivität für Folgereaktion schließt dreifache Ethoxylierung nicht aus

Unter Druck und bei etwa 100 °C kann die Ethoxylierung mit einem Salz des Triethanolamins noch weiter bis zur Stufe der quartären Base laufen. Die Zusammensetzung des Reaktionsprodukts lässt sich außer durch Temperatur und

Druck vor allem durch das Verhältnis von NH_3 zu Ethylenoxid beeinflussen. Je größer der NH_3-Überschuss gewählt wird, desto höher ist der Gehalt an Monoethanolamin:

Tabelle 7-5. Ethanolamine aus NH_3 und Ethylenoxid bei 30–40 °C und 1,5 bar.

Molverhältnis NH_3 : EO	Selektivitätsverhältnisse Mono-,	Di-,	Triethanolamin
10 : 1	75	21	4
1 : 1	12	23	65

Der hohe Anteil des Triethanolamins bei äquimolarem Einsatz der Reaktionspartner weist darauf hin, dass die Primärreaktion mit NH_3 langsamer als die Folgereaktion ist. Als Nebenprodukte können durch Reaktion des Ethylenoxids mit den OH-Gruppen des Triethanolamins auch ethoxylierte Folgeprodukte auftreten.

Nach einer Entwicklung von Nippon Shokubai kann mit einem speziellen Zeolithkatalysator, der ab 2002 zum Einsatz kam, der Anteil an Triethanolamin zugunsten der kleineren Molekülstruktur von Mono- und Diethanolamin verringert werden.

Die Herstellkapazität für Ethanolamine betrug 2004 weltweit 1,38 Mio jato; davon entfielen auf USA, Westeuropa, Bundesrepublik Deutschland und Japan etwa 0,61, 0,34, 0,13 bzw. 0,07 Mio jato.

Die Ethanolamine sind technisch wertvolle Produkte, die vor allem zur Herstellung von Detergentien durch Umsetzung mit Fettsäuren dienen. Dabei können sich bei 140–160 °C durch Reaktion der Fettsäuren mit der Amino- oder der Hydroxylgruppe Fettsäureethanolamide oder Fettsäureaminoethylester oder durch beidseitige Reaktion auch Difettsäureethanolamidester in wechselnden Mengen bilden.

Verwendung der Ethanolamine:

1. als Fettsäurederivate für Detergentien und Emulgatoren, z. B. in Form von: $RCONHCH_2CH_2OH$ $RCOOCH_2CH_2NH_2$ $RCOOCH_2CH_2NHCOR$
2. zur Gasreinigung (H_2S, HCl, CO_2)
3. als Seifen, Cremebestandteile, z. B. in Form von: $RCOO^- H_3N^+CH_2CH_2OH$
4. als Ausgangsprodukt für organische Synthesen (Heterocyclen)

Zum weiteren können Ethanolamine als schwache Basen direkt in der technischen Gasreinigung zur Entfernung saurer Gase, wie H_2S und CO_2, verwendet werden. Wegen ihrer milden alkalischen Reaktion sind die Ethanolamine in der Kosmetikafabrikation ein häufig benutzter Bestandteil von Seifen und Cremes. Im Gegensatz zu den Detergentien liegen sie hier nur als fettsaure Salze vor. Außerdem finden sie als Mahlhilfsmittel in der Zementindustrie und als Kühlschmierstoffe für Bohr- und Schneidöle Verwendung. Sie dienen weiterhin in der organischen Synthese zum Aufbau von Heterocyclen. Die Produktionszahlen in einigen

Ethanolamine-Produktion (in 1000 t)

	1993	1995	1997
USA	320	369	422
WE	164	169	242
BRD	126	150	218
Japan	47	50	52

Ländern sind in der voranstehenden Tabelle zusammengefasst. Größte Hersteller von Ethanolaminen sind weltweit die Dow Chemical mit 0,31 Mio jato und in Westeuropa die BASF mit 0,19 Mio jato Gesamtkapazität (2004).

Folgeprodukte der Ethanolamine:

1. Morpholin
2. Ethylenimin
3. Ethylendiamin

Als wichtigste Folgeprodukte der Ethanolamine haben Morpholin, Ethylenimin und Ethylendiamin eine technische Bedeutung erlangt.

Herstellung von Morpholin:

1. sauer katalysierte Dehydratisierung von $HN(C_2H_4OH)_2$

Aus Diethanolamin wird durch Dehydratisierung mit 70-proz. H_2SO_4 unter Ringschluss das Morpholin, ein Lösemittel und Zwischenprodukt, z. B. für optische Aufheller und Kautschukchemikalien, erhalten:

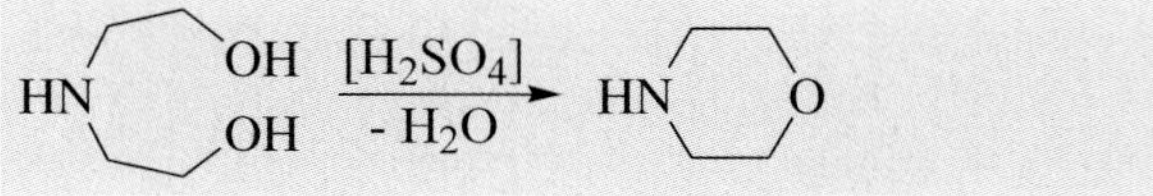

(20)

2. cyclisierende Aminierung von $O(C_2H_4OH)_2$ unter Hydrierbedingungen

Eine neuere Herstellroute hat z. B. in USA die vorgenannte Cyclisierung des Diethanolamins vollständig verdrängt; danach wird Diethylenglykol mit NH_3 und wenig H_2 in Gegenwart eines Katalysators, der Ni, Cu, Cr oder Co enthält, bei 150–400 °C und 30–400 bar zu Morpholin umgesetzt. Nähere Einzelheiten des Prozesses, wie er von Jefferson Chem. Co (Texaco) ausgeübt wird, sind nicht bekannt.

Herstellung von Ethylenimin (Aziridin):

indirekte zweistufige „chemische" Dehydratisierung über den Halbester der Schwefelsäure als Zwischenprodukt

Ethylenimin ist ein weiteres technisch verwertbares Zwischenprodukt, das aus Monoethanolamin herstellbar ist. Die heute ausgeübten industriellen Verfahren verlaufen zumeist zweistufig. Man verestert zunächst das Ethanolamin mit 95-proz. H_2SO_4 zur β-Aminoethylschwefelsäure:

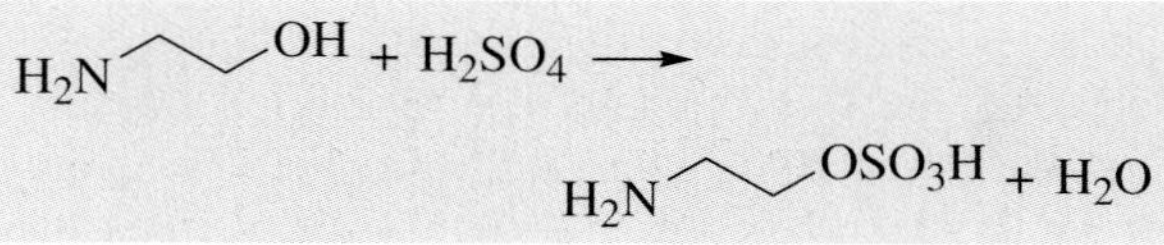

(21)

Der Halbester spaltet in der zweiten Stufe beim Erhitzen mit stöchiometrischen Mengen NaOH bei 220–250 °C und 50–80 bar unter Ringschluss zum Imin die Säure wieder ab:

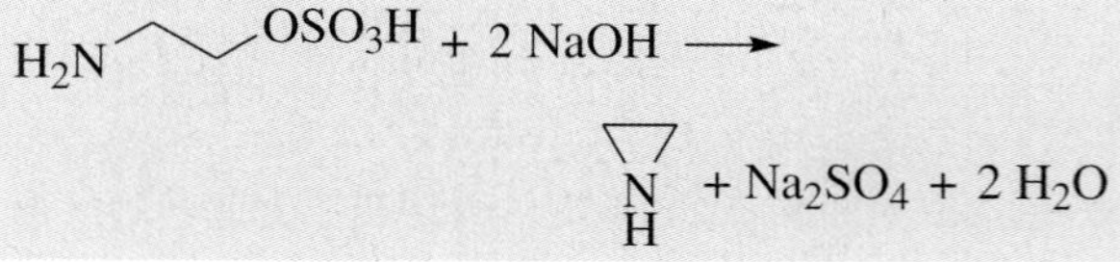

(22)

Wird die Iminbildung in einem Strömungsrohr durchgeführt, so lassen sich Verweilzeiten von 4–10 s einstellen und damit Folgereaktionen, wie z. B. die Polymerisation des Ethylenimins, unterdrücken. Die Selektivität des Imins steigt dann auf 80–85 % (Ethanolamin) an. Analog dieser Route wurden von BASF und von Hoechst Ethylenimin-Herstellungsverfahren entwickelt.

Nach einem Verfahren der Dow wird Ethylenimin durch Umsetzung von 1,2-Dichlorethan mit NH_3 in Gegenwart von CaO bei etwa 100 °C gewonnen:

Alternatives Ethylenimin-Verfahren nach Dow durch Cyclisierung von Dichlorethan mit NH_3 und HCl-Akzeptor CaO

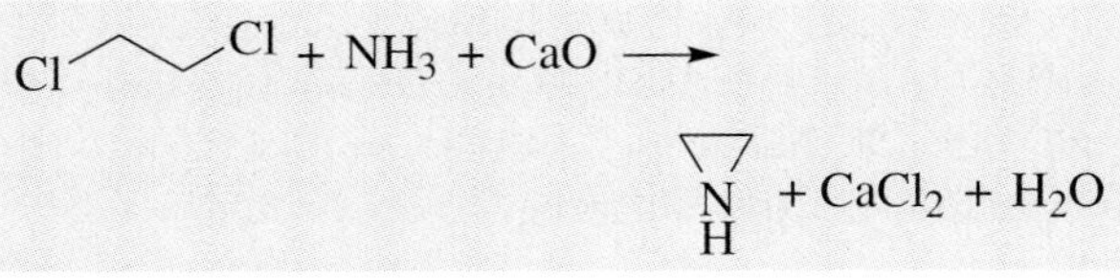

(23)

Bei der Herstellung, Lagerung und Verarbeitung von Ethylenimin sind seine leichte Polymerisierbarkeit, die bei Anwesenheit geringer Mengen acider Substanzen spontan erfolgen kann, sowie die hohe Toxizität zu beachten.

Ethylenimin wird hauptsächlich zu Polyethylenimin verarbeitet, das in der Papierindustrie als Verarbeitungshilfsmittel verwendet wird. Es dient weiterhin als Zwischenprodukt für Synthesen, z. B. führt die Umsetzung mit Isocyanaten zu Harnstoffen.

Verwendung von Ethylenimin:

1. Polymerisation zu $\text{-(}CH_2CH_2NH\text{)-}_n$ als Hilfsmittel zur Papierverarbeitung
2. Zwischenprodukt für Synthesen

Ethylendiamin wird durch Reaktion von Monoethanolamin mit Ammoniak erhalten:

Herstellung von Ethylendiamin:

Ni-katalysierte Ammonolyse von Ethanolamin in der Gasphase

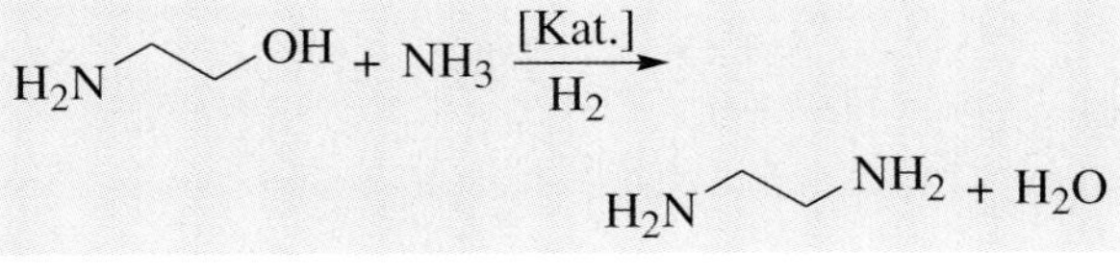

(24)

Die Umsetzung verläuft in Gegenwart von Nickelkatalysatoren mit unterschiedlichen Promotoren wie Co, Fe, Re o. a. in der Gasphase in Anwesenheit von Wasserstoff bei Temperaturen unter 300 °C und Drücken unter 250 bar. Ähnlich wie bei der Umsetzung von 1,2-Dichlorethan mit NH_3 zu Ethylendiamin (vgl. Abschn. 9.1.1.4) können auch hier – abhängig von dem NH_3-Überschuss – in Folgereaktionen höhere Amine sowie Piperazin entstehen. Ein besonderer Vorteil gegenüber 1,2-Dichlorethan als Einsatzprodukt ist jedoch das Fehlen des Coproduktes NaCl.

NH_3-Überschuss bestimmt die Selektivität

Wesentliche Nebenprodukte:

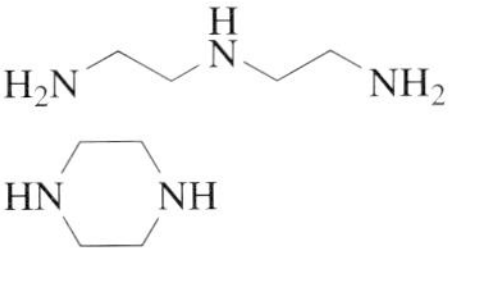

BASF produzierte ab 1969 als erste Firma in einer 7000-jato-Anlage Ethylendiamin nach diesem salzfreien Verfahren. Inzwischen existieren ähnliche Prozessentwicklungen von anderen Firmen. Zur Verwendung von Ethylendiamin vgl. Abschnitt 9.1.1.4.

7.2.4 Ethylenglykolether

Prinzip der Monoalkylether-Bildung von Glykolen:

Ethoxylierung von Alkoholen = Alkoholyse von Ethylenoxid

Ethylenoxid findet durch seine Umsetzung mit Alkoholen zu Glykolmonoalkylethern eine weitere wichtige Anwendung:

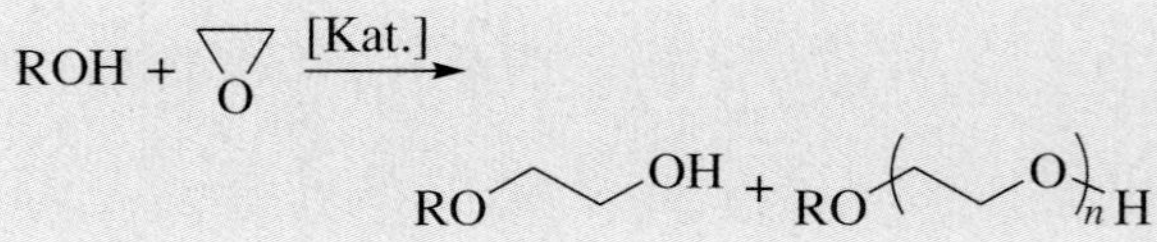

(25)

Kennzeichen des technischen Verfahrens:

bei angestrebter Monoethoxylierung mit hohem Alkoholüberschuss homogen alkalisch oder heterogen mit Al_2O_3 katalysiert

Bevorzugte Alkyle in Monoethern:

R = $-CH_3$, $-C_2H_5$, -n-C_4H_9

Methanol, Ethanol und Butanol sind die am häufigsten eingesetzten Alkohole. Das technische Verfahren ähnelt der Hydratisierung des Ethylenoxids mit dem Unterschied, dass zumeist alkalische Katalysatoren wie Alkalihydroxid, das entsprechende Alkalialkoholat oder auch Al_2O_3 verwendet werden. Trotz eines größeren Überschusses an Alkohol treten im Allgemeinen auch die Folgeprodukte Di-, Tri- und höhere Ethylenglykolmonoalkylether auf. Der Ethylenglykolmonoethylether wird z. B. bei 170–190 °C und etwa 10–15 bar hergestellt.

Verwendung der Monoether:

1. des Monoethylenglykols: bevorzugt Lacklösemittel, Ausgangsprodukt für Diether und Etherester
2. der höheren Ethylenglykole: Komponenten für Bremsflüssigkeiten, Löse- und Konfektionierungsmittel, Ausgangsprodukte für Diether

Die Monoalkylether des Ethylenglykols haben unter der Handelsbezeichnung Cellosolve®, Carbitole® und Dowanole® auf vielerlei Gebieten, wie z. B. als Lösemittel auf dem Lacksektor, als Komponenten zur Viskositätseinstellung bei Bremsflüssigkeiten, als Emulgatoren für Mineral- und Pflanzenöle sowie zur Konfektionierung von Kugelschreiberpasten und Druckfarben, Anwendung gefunden. Die Herstellkapazität für Ethylenglykolether betrug 1993 in USA, Westeuropa, Bundesrepublik Deutschland und Japan etwa 0,58, 0,57, 0,29 bzw. 0,14 Mio jato. Die Produktionszahlen für Glykolether in diesen Ländern sind aus der nebenstehenden Tabelle zu entnehmen. Die Glykoletherproduktion betrifft die Monomethyl-, Monoethyl- und Monobutylether des Monoethylenglykols.

Ethylenglykolether-Produktion (in 1000 t)

	1990	1992	1995
WE	306	301	324
USA	184	228	245
BRD	150	170	190
Japan	76	74	81

Durch Veretherung oder Veresterung der zweiten, noch freien OH-Gruppe in den Glykolmonoalkylethern werden weitere technisch wichtige, inerte, aprotische Lösemittel erhalten. Von diesen haben die Dimethylglykole, wie Dimethylglykol (Glyme®) und Dimethyldiglykol (Diglyme®), die größte Bedeutung.

Herstellung von Dialkylethern der Glykole zweistufig (Williamson-Synthese):

1. Überführung in Na-Alkoholat

Ethylenglykoldialkylether – am Beispiel der Dimethylether dargestellt – werden zumeist nach zweistufigen Verfahren hergestellt. Zunächst wird der Monomethylether mit NaOH durch Auskreisen des Reaktionswassers zum Alkoholat umgesetzt:

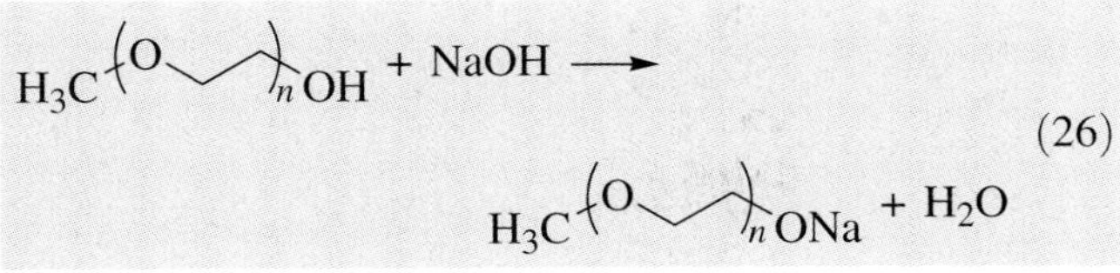

(26)

In der zweiten Stufe wird dann das Natriumalkoholat mit Alkylchlorid, zumeist Methylchlorid, oder mit Dimethylsulfat verethert:

2. Alkylierung mit Alkylchlorid, bevorzugt Methylierung mit CH_3Cl oder $(CH_3O)_2SO_2$

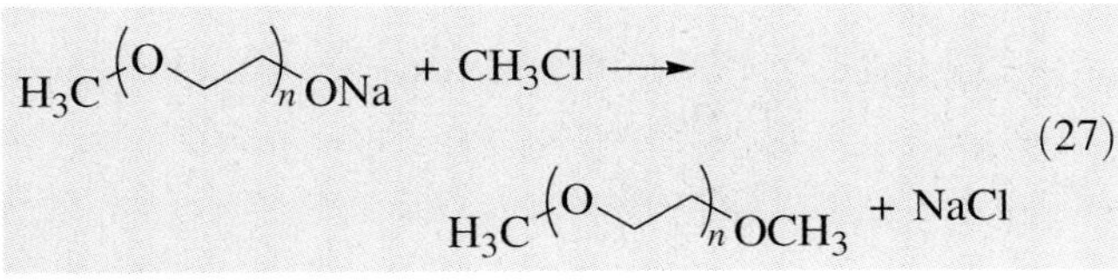

(27)

Für diese durch stöchiometrischen Chlor- und Alkaliverbrauch belastete Herstellmethode wurde für den Fall der Ethylenglykoldimethylether von Hoechst ein neues Herstellverfahren durch Umsetzung von Dimethylether mit Ethylenoxid in Gegenwart von Bortrifluorid entwickelt:

Neue Dimethylethylenglykole-Herstellung:

Friedel-Crafts-katalysierte Insertion von Ethylenoxid in Dimethylether

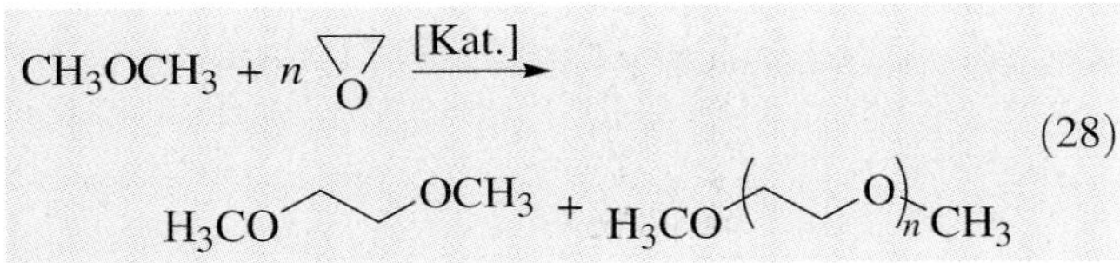

(28)

Diese Route wird technisch genutzt.

Ethylenglykoldialkylether werden als weitgehend inerte, aprotische Reaktionsmedien für metallorganische Reaktionen, wie z. B. Grignard-Reaktionen, oder auf dem Gebiet der Borchemie, als Speziallösemittel für Harze, Kunststoffe, Dispersionsfarben und Lacke, wie z. B. zur Herstellung von Polyurethanlacken, als funktionelle Flüssigkeiten, z. B. in Brems- und Hydraulikflüssigkeiten, sowie als Kühl- und Heizmedien und als Extraktionsmittel verwendet. Gemische von Polyethylenglykoldimethylethern, $CH_3(OCH_2CH_2)nOCH_3$, mit etwa vier bis sieben Ethylenoxideinheiten finden als Absorptionsmittel im Selexol-Verfahren der Allied (heute UCC) Verwendung. Erdgas und Synthesegas werden dabei in einer Druckwäsche von sauren Komponenten, wie H_2S, CO_2 oder SO_2, befreit. Die sauren Gase werden anschließend durch fraktioniertes Entspannen nacheinander wieder freigesetzt.

Verwendung der Dialkylether des Glykols:

1. aprotische Reaktionsmedien
2. Speziallösemittel
3. funktionelle Flüssigkeiten
4. Extraktionsmittel
5. Tetra- bis Heptaglykoldimethylether-Gemische als Selexol® zur Reinigung von Erd- und Synthesegas nach dem Prinzip der druckabhängigen reversiblen Absorption saurer Gase

Zur Veresterung der freien OH-Gruppe werden die Ethylenglykolmonoalkylether protonenkatalysiert mit Carbonsäuren, insbesondere Essigsäure, umgesetzt:

Herstellung von Etherestern des Ethylenglykols:

1. Veresterung von Monoalkylethern des Glykols mit vorzugsweise AcOH
2. Friedel-Crafts-katalysierte Insertion von Ethylenoxid in Ethylacetat

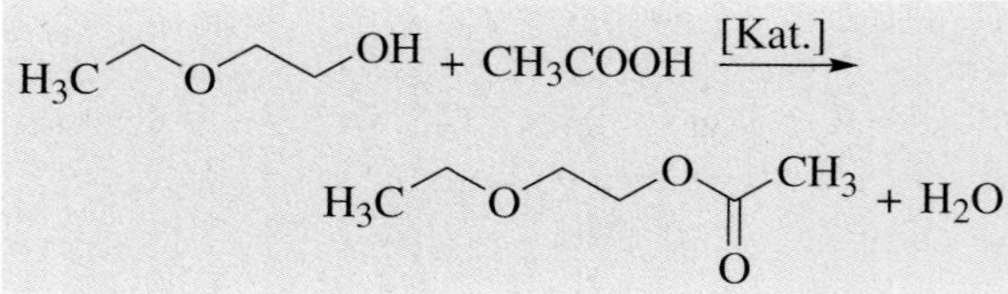

(29)

Ethylglykolacetat (2-Ethoxyethylacetat) ist auch aus Ethylacetat durch Reaktion mit Ethylenoxid, z. B. nach Nisso, herstellbar:

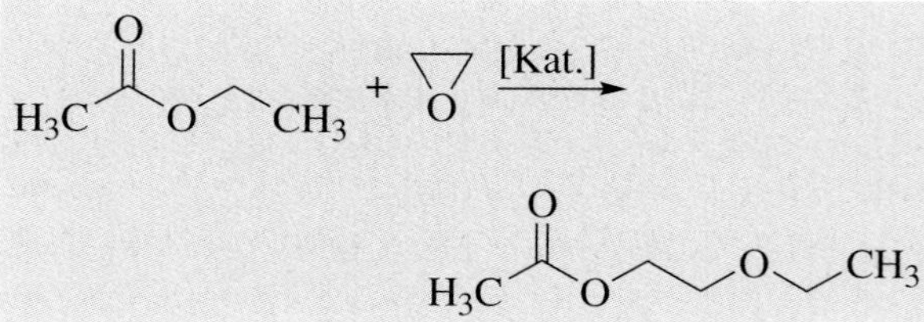

(30)

Als Katalysatoren werden Friedel-Crafts-Systeme mit z. B. N oder P enthaltenden Liganden wie $AlCl_3 \cdot N(C_2H_5)_3$ verwendet.

Glykoletherester, z. B. $CH_3OC_2H_4OAc$ und $C_2H_5OC_2H_4OAc$, sind bevorzugte Lösemittel für Cellulosederivate

Ethylglykolacetat ist ein hervorragendes Lösemittel für Nitrocellulose und Celluloseether zur Lackherstellung sowie zur Lackveredelung.

7.2.5 Weitere Folgeprodukte des Ethylenoxids

EO-Folgeprodukte mit noch begrenzter Produktion:

1. Ethylencarbonat
2. 1,3-Propandiol

Herstellung des Ethylencarbonats:

historisch durch Glykolphosgenierung, heute durch katalysierte Addition von CO_2 an EO zum cyclischen Carbonat

Folgeprodukte des Ethylenoxids, die noch nicht das Produktionsvolumen der zuvor aufgeführten Verbindungen erreicht haben, sind Ethylencarbonat und 1,3-Propandiol.

Das Ethylencarbonat – auch 1,2-Glykolcarbonat oder 1,3-Dioxolan-2-on genannt – wurde ursprünglich nur aus Glykol und Phosgen durch zweifache HCl-Abspaltung hergestellt. 1943 wurde dann von der IG eine Route aus Ethylenoxid und CO_2 gefunden.

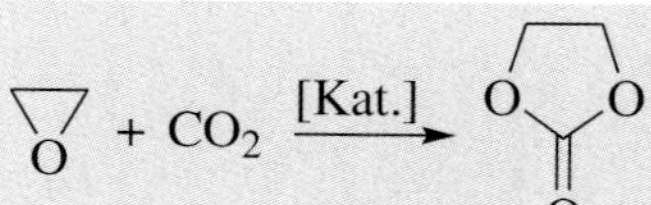

(ΔH = -96 kJ/mol) (31)

Hüls-Verfahren mit Anlagen in der BRD und Rumänien

Hüls hat dieses Verfahren zur technischen Reife entwickelt und in der Bundesrepublik Deutschland eine kleinere Produktionsanlage in Betrieb genommen. Nach dem gleichen Verfahren arbeiten zwei Anlagen in Rumänien mit zusammen 8000 jato. Als Katalysatoren eignen sich entweder tertiäre

Amine, quarternäre Ammoniumsalze oder mit NaOH imprägnierte Aktivkohle. Die Umsetzung wird bei 160–200 °C und 70–100 bar vorgenommen. Die Ausbeuten betragen 97–98 %. In USA produzieren Dow und Texaco Ethylencarbonat in technischen Anlagen.

Weitere Produktion in USA

Das Ethylencarbonat ist ein hervorragendes Lösemittel für viele Polymere und Harze. Technisch wird hiervon, z. B. in Rumänien, bei der Herstellung von Polyacrylnitrilfasern Gebrauch gemacht. Es dient weiterhin als Zwischenprodukt für organische Synthesen. So sind z. B. Carbamate durch die Umsetzung mit NH_3 oder Aminen zu erhalten. Ethylencarbonat kann auch in Spezialfällen anstelle von Ethylenoxid zur Ethoxylierung verwendet werden. Ethylencarbonat wird in neuerer Zeit auch als Zwischenstufe für die Umsetzung von Ethylenoxid zu Ethylenglykol eingesetzt (vgl. Abschn. 7.2.1.1).

Verwendung des Ethylencarbonats:

1. hochsiedendes Lösemittel (Kp 238 °C) für Polymere und Harze
2. Zwischenprodukt, z. B. für Carbamate, Pyrimidine, Purine u. a.
3. Ethoxylierungsmittel für Spezialfälle

Ein zweites zunehmend eingesetztes Produkt ist das 1,3-Propandiol, das sowohl aus Acrolein (vgl. Abschn. 11.1.6) wie auch aus Ethylenoxid herstellbar ist. Verschiedene Firmen haben Verfahren auf Basis Ethylenoxid entwickelt, die Herstellroute der Shell hat einen ersten technischen Einsatz in einer 2300-jato-Anlage in USA gefunden, die inzwischen auf 70000 jato erweitert wurde. Dazu wird Ethylenoxid sowohl zweistufig durch Hydroformylierung mit anschließender Hydrierung des 3-Hydroxypropionaldehyds zum Diol oder auch einstufig an einem anderen Katalysatorsystem umgesetzt.

Herstellung des 1,3-Propandiols:

1. kombinierte Hydratisierung und Hydrierung von Acrolein
2. kombinierte Hydroformylierung und Hydrierung von Ethylenoxid

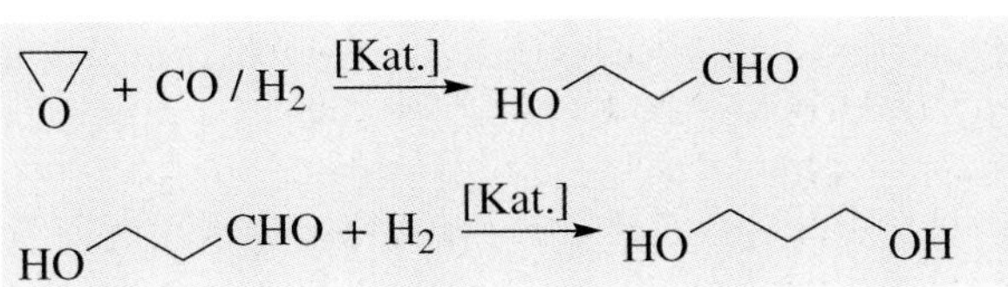

(32)

Technische Einzelheiten sind bisher noch nicht publiziert worden. Die Verwendung des 1,3-Propandiols ist in Abschn. 11.1.6 aufgeführt.

7.3 Acetaldehyd

Als Rohstoffbasis zur Herstellung von Acetaldehyd dienten zunächst Ethanol, Acetylen sowie Kohlenwasserstoffschnitte. Die Entscheidung für eine dieser Ausgangsverbindungen wurde länderabhängig sehr wesentlich von wirtschaftlichen oder historischen Faktoren mitbestimmt.

Herstellverfahren für Acetaldehyd:

Klassische Verfahren:

1. De- und Oxydehydrierung von Ethanol
2. Hydratisierung von Acetylen
3. Gasphasenoxidation von C_3-/C_4-Alkanen

In USA, Großbritannien und Frankreich spielten bis Mitte der sechziger Jahre die vom Ethylen ausgehenden Verfahren – über Ethanol als Zwischenprodukt – noch eine große Rolle.

In der Bundesrepublik Deutschland und Italien stand dagegen die Hydratisierung des Acetylens wegen eines hohen, durch fiskalische Maßnahmen bestimmten Ethanolpreises im Vordergrund.

Die Oxidation von C_3-/C_4-Alkanen wurde dann als weiterer Zugang zum Acetaldehyd vor allem in USA entwickelt und technisch genutzt.

Mit dem Angebot preiswerteren Ethylens aus der Spaltung von Erdgas und Naphtha einerseits und der Entwicklung technischer Direktoxidationsverfahren durch Wacker-Hoechst andererseits wurden dann die älteren Prozesse vor allem in Westeuropa und Japan in zunehmendem Maß in den Folgejahren abgelöst.

Derzeitige Acetaldehyd-Situation:

klassische Ausgangsprodukte nur noch begrenzte, landesspezifische Bedeutung

Heute ergibt sich für die Acetald-Hydherstellung das folgende Bild; die Ethanolbasis hat sich nur noch in wenigen Ländern in Westeuropa mit einem sehr geringen Anteil behaupten können.

Der Acetylenprozess wird ebenfalls nur in einigen osteuropäischen Ländern sowie dort, wo preiswertes Acetylen zur Verfügung steht, wie z. B. in der Schweiz und in Italien, durchgeführt.

Auch die Oxidation von Propan/Butan hat an Bedeutung verloren und ist als unselektiver Prozess nur in Großanlagen mit Gewinnung der weiteren Coprodukte noch rentabel.

Direktoxidation von Ethylen nach weltweiter Verbreitung heute rückläufig wegen Alternativrouten für Acetaldehyd-Folgeprodukte

Größter Rückgang der Acetaldehyd-Produktion durch Ausbau der CH_3OH-Carbonylierung zu Essigsäure nach Monsanto

Eine andere Entwicklung machte die direkte Oxidation von Ethylen; sie erreichte etwa Mitte der siebziger Jahre ein weltweites Maximum der Herstellkapazität von etwa 2,6 Mio jato. Ursache für den in den Folgejahren beginnenden Rückgang der Acetaldehyd-Produktion war die zunehmende Herstellung von Essigsäure – als dem wesentlichen Acetaldehyd-Folgeprodukt – durch Carbonylierung von Methanol (vgl. Abschn. 7.4.1).

Zukünftige Entwicklung:

weitere Acetaldehyd-Folgeprodukte, z. B. Ac_2O auf Basis C_1-Chemie

In Zukunft werden auch neue Prozesse, z. B. für Acetanhydrid (vgl. Abschn. 7.4.2) oder Alkylamine, bei denen Acetaldehyd früher als Zwischenprodukt diente, seine Bedeutung weiter einschränken.

Bei dem ansteigenden Interesse für eine Gesamtrohstoffbasis Synthesegas könnte auch die einstufige Umsetzung von CO/H_2-Gemischen zu Acetaldehyd und weiteren Sauerstoff enthaltenden C_2-Produkten (vgl. Abschn. 7.4.1.4) einen Restbedarf decken.

Die Produktionszahlen für Acetaldehyd in einigen Ländern sind in der nebenstehenden Tabelle zusammengefasst. Die Herstellkapazität für Acetaldehyd weltweit betrug 1999 etwa 2,9 Mio jato, davon entfielen auf Westeuropa, Japan, Bundesrepublik Deutschland und USA etwa 0,59, 0,43, 0,31 bzw. 0,15 Mio jato.

Acetaldehyd-Produktion (in Mio t)

	1990	1993	1998
WE	0,58	0,61	0,51
Japan	0,38	0,35	0,41
BRD	0,35	0,35	0,31
USA	0,31	0,16	0,13

7.3.1 Acetaldehyd durch Ethylenoxidation

7.3.1.1 Chemische Grundlagen

Herstellung von Acetaldehyd aus Ethylen:

partielle Oxidation an Edelmetallkatalysatoren in Kombination mit einem Redoxsystem

Das Prinzip der heute weltweit genutzten Ethylen-Partialoxidation zu Acetaldehyd lässt sich auf eine schon 1894 von F. C. Phillips gemachte Beobachtung zurückführen, dass Platinmetallsalze in einer stöchiometrischen Umsetzung Ethylen selektiv zu Acetaldehyd oxidieren und dabei selbst zum Metall reduziert werden. Aber erst die entscheidende Entdeckung einer katalytischen Verfahrensweise mithilfe eines Redoxsystems durch Wacker sowie die Entwicklung geeigneter technologischer Ausführungsformen durch Wacker und Hoechst bildeten die Voraussetzung für die großtechnische Anwendung.

Der Gesamtprozess, der zwischen 1957 und 1959 von Wacker und Hoechst entwickelt wurde, stellt sich summarisch als exotherme katalytische Direktoxidation dar:

$$H_2C{=}CH_2 + 0{,}5\ O_2 \xrightarrow{[\text{Pd-Cu-Kat.}]} CH_3CHO \qquad (\Delta H = -243\ \text{kJ/mol}) \tag{33}$$

Prinzip des Direktoxidationsverfahrens nach Wacker-Hoechst:

homogen katalysierte, über π-σ-Komplexe des Pd^{2+} ablaufende, sehr selektive Oxidation von $H_2C{=}CH_2$ zu CH_3CHO

Der Katalysator ist ein Zweikomponentensystem, das aus $PdCl_2$ und $CuCl_2$ besteht. $PdCl_2$ fällt die eigentliche Katalysatorfunktion zu, die über Ethylenkomplexierung und einen Ligandenaustausch abläuft. Dabei werden als wesentliche Teilschritte im Mechanismus die Ausbildung eines π-Komplexes (charge-transfer-Komplex), die Umlagerung in einen σ-Komplex und dessen Zerfall zu den Endprodukten angesehen:

Kennzeichen des Oxidationsmechanismus:

intramolekulare Übertragung des OH-Liganden vom Pd zum Ethylen-C, d. h., der gesamte Aldehyd-Sauerstoff entstammt dem wässrigen Medium

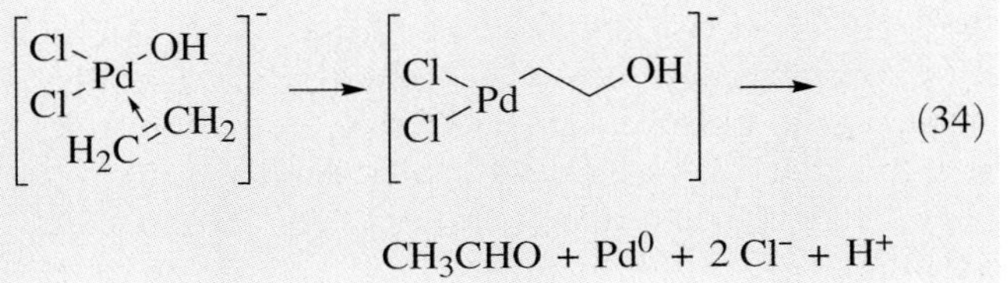

$$CH_3CHO + Pd^0 + 2\ Cl^- + H^+ \tag{34}$$

$CuCl_2$ reoxidiert Pd^0 zu $PdCl_2$ und wird selbst durch O_2 (Luft) simultan zur zweiwertigen Oxidationsstufe regeneriert

$CuCl_2$ übernimmt die Rückoxidation des nullwertigen Palladiums zur zweiwertigen Stufe.

Neuere Pd-Reoxidation einstufig oder zweistufig mit Alkalisalz eines P, Mo,V-polyoxoanions

Zahlreiche andere Oxidationsmittel können ebenfalls Pd^0 in Pd^{2+} überführen, nur ist Kupfer als Redoxsystem deshalb vorteilhaft, da es aus der einwertigen Stufe leicht mit O_2 zur zweiwertigen Stufe reoxidierbar ist. Seit kurzem ist eine neue Katalysatorentwicklung von der Catalytica, USA, bekannt geworden, nach der die Reoxidation des Pd^0 durch ein Phosphormolybdänvanadatpolyoxoanion-System vorgenommen wird. Damit sind einige Vorteile, wie u. a. eine höhere Selektivität durch die fehlenden chlorhaltigen Nebenprodukte, zu erreichen. Eine technische Überprüfung dieses neuen Katalysators ist schon erfolgt.

Die zuvor aufgeführte Summengleichung 33 fasst ein mehrstufiges Reaktionsgeschehen zusammen, das sich formal in die schnell ablaufende Olefinoxidation:

$$H_2C{=}CH_2 + PdCl_2 + H_2O \longrightarrow CH_3CHO + Pd + 2\,HCl \tag{35}$$

und in die geschwindigkeitsbestimmende Regeneration aufgliedern lässt:

$$Pd + 2\,CuCl_2 \rightleftharpoons PdCl_2 + 2\,CuCl \tag{36}$$

$$2\,CuCl + 0{,}5\,O_2 + 2\,HCl \longrightarrow 2\,CuCl_2 + H_2O \tag{37}$$

Beide Teilreaktionen lassen sich durch die Einstellung des HCl-Gehaltes in ihrer Geschwindigkeit aufeinander abstimmen, da die Regeneration durch eine höhere HCl-Konzentration beschleunigt werden kann.

Insgesamt wird damit die zur selektiven Oxidation des Ethylens notwendige Palladiumsalz-Menge durch einen großen $CuCl_2$-Überschuss auf katalytische Mengen begrenzt (vgl. Abschn. 9.2.1.2).

7.3.1.2 Verfahrensdurchführung

Die technische Ausführungsform einer Zweiphasenreaktion mit korrosiver, saurer Metallsalzlösung bei pH 0,8–3 nutzt bevorzugt die Blasensäule aus korrosionsfestem Material

Die großtechnische Herstellung des Acetaldehyds erfolgt in einem zweiphasigen, d. h. Gas/flüssig-System. Die gasförmigen Reaktionskomponenten Ethylen, Luft oder O_2 reagieren mit der salzsauren wässrigen Katalysatorlösung in einem Blasensäulenreaktor aus Titan oder mit einer Ausmauerung.

Es haben sich nebeneinander zwei Varianten der Durchführung entwickelt:

Dazu sind zwei Varianten möglich:

1. Das einstufige Verfahren, bei dem im selben Reaktor gleichzeitig Reaktion und Regeneration durchgeführt werden. Als Oxidationsmittel wird O_2 verwendet.

1. Einstufenverfahren, Reaktion und Regeneration im selben Reaktor, d. h., O_2 und C_2H_4 halten Katalysatoren in einem stationären aktiven Zustand

2. Das zweistufige Verfahren, bei dem in zwei Reaktoren getrennt Reaktion und Regeneration ablaufen. In diesem Fall kann Luft zur Oxidation eingesetzt werden.

2. Zweistufenverfahren, Reaktion und Regeneration in getrennten Reaktoren mit Wechsel des Katalysators zwischen aktiver und inaktiver Form

Beim Einstufenverfahren werden Ethylen und O_2 bei 3 bar und 120–130 °C durch die Katalysatorlösung hindurchgeblasen. Das Ethylen setzt sich zu 35–45 % um. Die entstehende Reaktionswärme wird zum Abdestillieren von Acetaldehyd sowie von Wasser aus der Katalysatorlösung ausgenutzt, das dem Reaktor wieder zugeführt werden muss. Auf diese Weise werden etwa 2,5–3,0 m^3 H_2O/t Acetaldehyd im Kreis geführt. Um eine Inertgasanreicherung zu vermeiden, die zu Ethylenverlusten beim Ausschleusen führen würde, ist der Einsatz von reinem O_2 und Ethylen (99,9 Vol.-%) erforderlich.

Merkmale des Einstufenverfahrens:

unvollständiger C_2H_4-Umsatz erfordert Kreislauf (recycle) des C_2H_4, d. h., C_2H_4 und O_2 müssen weitgehend frei von Inerten sein

Im Zweistufenverfahren wird Ethylen mit der Katalysatorlösung bei 105–110 °C und 10 bar nahezu vollständig umgesetzt. Nach Entspannen und Abdestillieren eines Acetaldehyd/H_2O-Gemisches wird die Katalysatorlösung im Oxidationsreaktor bei 100 °C und 10 bar mit Luft regeneriert und in den Reaktor zurückgeführt. Dabei wird O_2 weitestgehend aus der Luft verbraucht und so ein Restgas mit hohem N_2-Gehalt für weitere Verwendung als Inertgas gewonnen. Den Vorteilen des vollständigen Ethylenumsatzes und der Verwendung von Luft stehen die Nachteile einer höheren Investition für das doppelte Reaktorsystem mit höherer Druckauslegung und für die Katalysatorumwälzung gegenüber.

Merkmale des Zweistufenverfahrens:

totaler C_2H_4-Umsatz erlaubt höheren Inertenanteil, Regenerierung mit Luft erspart Luftzerlegungsanlage, jedoch Katalysatorumwälzung energieaufwendiger als Kreisgasfahrweise

höhere Investitionskosten durch doppelte Reaktorausführung

Bei beiden Verfahren wird der wässrige Rohaldehyd aufkonzentriert und durch eine zweistufige Destillation von Nebenprodukten, wie Essigsäure, Crotonaldehyd und chlorhaltigen Verbindungen, befreit und gereinigt. Die Selektivitäten liegen in beiden Fällen praktisch gleich hoch bei 94 %.

Isolierung des Acetaldehyds durch zweistufige Reinigung:

1. Abtrennung von Niedrigsiedern (CH_3Cl, C_2H_5Cl, CO_2, C_2H_4)
2. Abtrennung von Hochsiedern (CH_3COOH, $CH_3CH{=}CHCHO$, $ClCH_2CHO$)

Der Anteil des Wacker-Hoechst-Verfahrens an der weltweiten Acetaldehyd-Herstellkapazität beträgt derzeit etwa 85 %.

7.3.2 Acetaldehyd aus Ethanol

Acetaldehyd lässt sich analog der Herstellung von Formaldehyd aus Methanol (vgl. Abschn. 2.3.2.1) durch katalytische Dehydrierung aus Ethanol gewinnen:

Acetaldehyd-Herstellung aus Ethanol nach dem Dehydrierungsprinzip mit zwei Verfahrensvarianten:

$$C_2H_5OH \xrightarrow{[Kat.]} CH_3CHO + H_2 \; (\Delta H = +84 \text{ kJ/mol}) \quad (38)$$

Anders als beim Methanol wird eine Oxidation als Alternative nicht angewendet. Stattdessen sind zwei Varianten der Dehydrierung üblich:

1. endotherme Dehydrierung bevorzugt an Cu-Metall unter H_2-Bildung

2. exotherme Oxydehydrierung an Ag-Metall unter H_2O-Bildung

1. Dehydrierung an Silber- oder bevorzugt Kupferkatalysatoren sowie

2. Oxidative Dehydrierung an Silberkatalysatoren in Gegenwart von Sauerstoff.

Zu 1:

Ethanoldehydrierung mit Verfahrensmerkmal:

Umsatzbegrenzung durch Temperatureinstellung, drucklos

Zu 1

Die Dehydrierung des Ethanols wird, z. B. in USA, überwiegend an Cu-Katalysatoren durchgeführt, die mit Zn, Co oder Cr aktiviert sind. Ein vielfach ausgeübtes Verfahren stammt von der Carbide & Carbon Corp.

Die Temperatur wird mit 270–300 °C so eingestellt, dass der Umsatz des Ethanols auf 30–50% begrenzt wird. Dadurch erreicht man eine Selektivität zu Acetaldehyd von etwa 90–95%. Als Nebenprodukte entstehen Ethylacetat, Crotonaldehyd, höhere Alkohole und Ethylen. Der gleichzeitig gebildete Wasserstoff kann wegen seiner Reinheit direkt zu Hydrierungen verwendet werden.

Zu 2:

Oxydehydrierung mit Verfahrensmerkmal:

Dehydrierung als Primärschritt, Oxidation als Sekundärschritt

Zu 2

Führt man die Dehydrierung von Ethanol in Gegenwart von Luft oder Sauerstoff durch (z. B. nach dem Veba-Verfahren), so liefert die simultane Verbrennung des gebildeten Wasserstoffs die notwendige Dehydrierwärme (Oxydehydrierung oder autotherme Dehydrierung):

$$C_2H_5OH + 0{,}5\,O_2 \xrightarrow{[Kat.]} CH_3CHO + H_2O \quad (\Delta H = -180 \text{ kJ/mol}) \quad (39)$$

Wirtschaftlichste Fahrweise:

thermoneutral, d. h., dosierte Luftmenge bringt Wärmeentwicklung und Wärmebedarf ins Gleichgewicht

Im technischen Verfahren bevorzugt man für die Oxydehydrierung Silberkatalysatoren in Form von Drahtnetzen oder von Kristallschüttungen. Ethanoldämpfe werden im Gemisch mit Luft bei 3 bar und im Bereich von 450–550 °C über den Katalysator geleitet. Abhängig von der Luftmenge stellt sich eine bestimmte Temperatur ein, bei der sich Oxidationswärme und Wärmebedarf der Dehydrierung kompensieren. Je nach Reaktionstemperatur ergibt sich dabei ein Ethanolumsatz von 30–50 % pro Durchgang mit einer Selektivität von etwa 85–95 %. Nebenprodukte sind Essigsäure, Ameisensäure, Ethylacetet, CO und CO_2.

In beiden Verfahrensvarianten wird der Acetaldehyd von nicht umgesetztem Alkohol und von Nebenprodukten durch verschiedene Wäschen und Destillationen abgetrennt und gereinigt. Das dabei zurückgewonnene Ethanol wird wieder in die Reaktion eingesetzt.

Beide Verfahrensrouten durch unvollständigen Ethanolumsatz (30–50 %) und damit durch Destillationsaufwand und Kreislauffahrweise charakterisiert

1995 basierten in Westeuropa nur noch etwa 15 % der Acetaldehyd-Herstellkapazität auf dieser Route. Die letzte Anlage in USA wurde 1983 stillgelegt und auch in Japan wird Acetaldehyd nur noch durch Ethylen-Direktoxidation hergestellt. In Indonesien ist 1995 eine zweite Anlage zur Dehydrierung von Fermentationsethanol aus Zuckerrohrmelasse gestartet worden. Damit steht dort für die nachfolgende Oxidation des Acetaldehyds zu Essigsäure eine Gesamtkapazität von 33000 jato Essigsäure zur Verfügung.

7.3.3 Acetaldehyd durch C_3-/C_4-Alkanoxidation

Nach einem von Celanese entwickelten und in USA ab 1943 bis 1980 technisch genutzten Verfahren können Propan oder Propan/Butan-Gemische in der Gasphase zu Produktgemischen oxidiert werden, die auch Acetaldehyd enthalten. Die Reaktion verläuft ohne Zusatz eines Katalysators radikalisch bei 425–460 °C und 7–20 bar. Eine Variante des Celanese-Butan-Oxidationsverfahrens wird in der Flüssigphase durchgeführt (vgl. Abschn. 7.4.1.2). Als Oxidationsmittel kann entweder Sauerstoff oder Luft verwendet werden. Etwa 15–20 % des Kohlenwasserstoffs werden dabei total oxidiert. Das restliche komplexe Reaktionsgemisch enthält neben Acetaldehyd vor allem Formaldehyd, Methanol, Essigsäure, Propanol, Methylethylketon, Aceton und zahlreiche weitere Oxidationsprodukte als Zwangsanfall.

Weniger bedeutende, heute nicht mehr genutzte Acetaldehyd-Herstellung aus C_3-/C_4-Alkanen mit Verfahrensmerkmal:

radikalischer, unselektiver oxidativer Abbau führt zu zahlreichen Oxidationsprodukten

Die Auftrennung des Oxidats erfolgt, nach Abbau der Peroxide, in einer aufwendigen und daher kostspieligen Kombination von Extraktionen und Destillationen.

aufwendige Produktauftrennung erfordert beträchtliche Investitions- und Betriebskosten und bestimmt wesentlich die Rentabilität

7.4 Folgeprodukte des Acetaldehyds

Acetaldehyd ist ein bedeutendes Zwischenprodukt zur Herstellung zahlreicher organischer Großprodukte. Dazu gehö-

Acetaldehyd-Verwendung:

praktisch keine Eigenbedeutung, nur Folgeprodukte wie

CH_3COOH, $(CH_3CO)_2O$,
$H_2C{=}C{=}O$, $CH_3COOC_2H_5$,
$CH_3CH{=}CHCHO$, n-C_4H_9OH
$C_4H_9CH\ (C_2H_5)\ CH_2OH$,
u. a.

Tendenzen der Acetaldehyd-Verwendung:

Abnahme des $AcOH/Ac_2O$-Anteils: stattdessen relative Zunahme der übrigen Verwendung

Länderspezifische Acetaldehyd-Verwendung:

Japan: Ethylacetat
Peressigsäure
Cooxidation von p-Xylol

WE: Acetanhydrid
Ethylacetat

USA: Ethylacetat
Peressigsäure

ren Essigsäure, Peressigsäure, Acetanhydrid, Keten-Dikete, Ethylacetat, Crotonaldehyd, Butanol, 2-Ethylhexanol, Pentaerythrit, Chloral, Pyridine und vieles mehr.

Die Tabelle 7-6 der Verbrauchsaufschlüsselung für Acetaldehyd macht deutlich, dass die Herstellung von Essigsäure und Essigsäureanhydrid den größten, aber mit Beginn der achtziger Jahre einen deutlich rückläufigen Anteil der Acetaldehyd-Produktion verbrauchte. Weiterhin ist festzustellen, dass die Herstellung von Butanol und 2-Ethylhexanol auf Basis Acetaldehyd von der Propen-Hydroformylierung abgelöst wurde.

Der Anteil des Acetaldehyds für die Produkte ist länderspezifisch unterschiedlich; so wird in Westeuropa, USA und Japan noch Ethylacetat aus Acetaldehyd hergestellt. In Japan wird ein weiterer Anteil ebenso wie in USA zur Herstellung von Peressigsäure (vgl. Abschn. 7.4.1.1) eingesetzt und in Japan in Form von Paraldehyd zur Cooxidation von p-Xylol zu Terephthalsäure verwendet (vgl. Abschn. 14.2.2).

Tabelle 7-6. Acetaldehyd-Verwendung (in Gew.-%).

Produkt	Westeuropa 1980	Westeuropa 2003	USA 1980	USA 2003	Japan 1978	Japan 2004	BRD 1980	BRD 1998
Essigsäure	60	} 43	} 63	–	} 69	–	55	69
Acetanhydrid	11			–		–	20	27
Butanol	0,2	–	–	–	2	–	–	–
2-Ethylhexanol	0,8	–	–	–	–	–	–	–
Ethylacetat*)	18	26	–	20	16	72	22	–
Verschiedenes (z. B. Pyridine, Pentaerythrit, Peressigsäure)	10	31	37	80	13	28	3	4
Gesamtverbrauch (in Mio t)	0,64	0,21	0,36	0,18	0,59	0,32	0,35	0,33

*) plus geringer Anteil Isobutylacetat

7.4.1 Essigsäure

AcOH-Bedeutung, z. B. in USA:

1997 mengenmäßig nach

$ClCH_2CH_2Cl$, $H_2C{=}CHCl$, $(CH_3)_3COCH_3$
CH_3OH, HCHO, $H_2C\!-\!CH_2$ (über O verbrückt)
$HOCH_2CH_2OH$

an 8. Stelle der aliphatischen Zwischenprodukte

Essigsäure gehört zu den wichtigsten aliphatischen Zwischenprodukten, unter denen sie 1997 in USA mengenmäßig den achten Platz einnahm. Sie ist zugleich auch die älteste vom Menschen genutzte Carbonsäure.

Die Herstellkapazität für Essigsäure betrug 2003 weltweit etwa 8,8 Mio jato; davon entfielen auf USA, Westeuropa, Japan und Bundesrepublik Deutschland etwa 3,1, 1,3, 0,60 bzw. 0,10 Mio jato.

Produktionszahlen für Essigsäure in einigen Ländern sind in der nebenstehenden Tabelle aufgeführt.

Essigsäureproduktion (in Mio t)

	1995	1997	1999
USA	2,12	2,20	2,24
WE	1,47	1,31	1,38
Japan	0,57	0,62	0,64
BRD	0,42	0,43	0,25

Sie betreffen allerdings nur die Synthese-Essigsäure. Daneben wird Essigsäure noch in geringem Umfang in einigen Ländern durch oxidative Fermentation ethanolhaltiger Substrate (Gärungsessig) zumeist für die Verwendung als Speiseessig und durch Holzverkokung (Holzessig) erhalten. Eine weiterhin genutzte Essigsäureherstellung basiert auf Zuckerrohrmelasse (vgl. Abschn. 7.3.2). Im Folgenden wird unter Essigsäure nur Synthese-Essigsäure verstanden.

AcOH-Bezeichnung nach Herkunft:

Synthese-Essigsäure
Gärungsessig
Holzessig

Synthetische Essigsäure wurde lange Jahre hindurch vorwiegend aus Acetaldehyd hergestellt. Bereits zu Beginn des Ersten Weltkrieges wurden Oxidationsverfahren von Hoechst, Wacker und Shawinigan im technischen Maßstab betrieben.

AcOH-Herstellung nach drei prinzipiellen Methoden:

1. unverändertes C-Gerüst durch CH_3CHO-Oxidation

Damit war die Essigsäure sehr eng an die Herstellprozesse des Acetaldehyds gekoppelt, und sie machte gleichzeitig mit ihm den Wandel der Rohstoffbasis von Acetylen zum Ethylen durch.

Die wirtschaftliche Notwendigkeit zur nutzbringenden Verwertung niederer Kohlenwasserstoffe führte daneben in USA, England und der Bundesrepublik Deutschland zur Ausarbeitung von Oxidationsverfahren für leichte Paraffine durch BP, Celanese, British Distillers, Hüls und UCC sowie von C_4-Olefinen durch Bayer und Hüls. Doch nur wenige dieser Prozesse kamen zu einem technischen Einsatz.

2. längerkettiges C-Gerüst durch oxidativen Abbau
2.1. Butan (Celanese, Hüls, UCC)
2.2. Butene (Bayer, Hüls)
2.3. Leichtbenzin (BP, British Distillers)

In den zwanziger Jahren setzten auch die ersten Bemühungen zur Carbonylierung von Methanol ein, die aber erst relativ spät durch die BASF zu einer technischen Lösung führten. Vor wenigen Jahren bekam dann diese Route durch Monsanto mit der Rh-Katalyse einen neuen und wesentlichen Impuls.

3. $C_1 + C_1$ durch CH_3OH-Carbonylierung
3.1. Co-Katalyse, Hochdruck (BASF, Celanese)
3.2. Rh-Katalyse, Normal- bzw. Niederdruck (Monsanto)

Beispielhaft für die Situation konkurrierender Ausgangsprodukte sei die Essigsäureproduktion in Westeuropa genannt; so basierten 1979 noch etwa 62% der Essigsäure auf Acetaldehyd. Dieser Anteil verminderte sich z. B. 1995 schon auf 28% unter dem wirtschaftlichen Druck der Methanolcarbonylierung, die etwa 55% Anteil an der Produktion hat. In USA wird Essigsäure nicht mehr aus Acetaldehyd, sondern zu etwa 80% (1995) aus Methanol hergestellt. Weltweit trugen zur Essigsäure-Herstellkapazität die in der nebenstehenden Tabelle aufgeführten Basisprozesse bei.

Essigsäure-Herstellkapazität weltweit (in Gew.-%)

	1988	1994	1996
CH_3OH-Carbonylierung	47	58	60
CH_3CHO-Oxidation	27	23	20
C_2H_5OH-Dehydrierung/Oxidation	6	4	5
Butan-Naphtha-Oxidation	7	9	9
Sonstige	13	6	6

7.4.1.1 Essigsäure durch Acetaldehyd-Oxidation

Die Oxidation des Acetaldehyds mit Luft oder O_2 zur Essigsäure verläuft als Radikalreaktion über Peressigsäure als Zwischenstufe.

Mechanismus der Peressigsäure-Bildung:

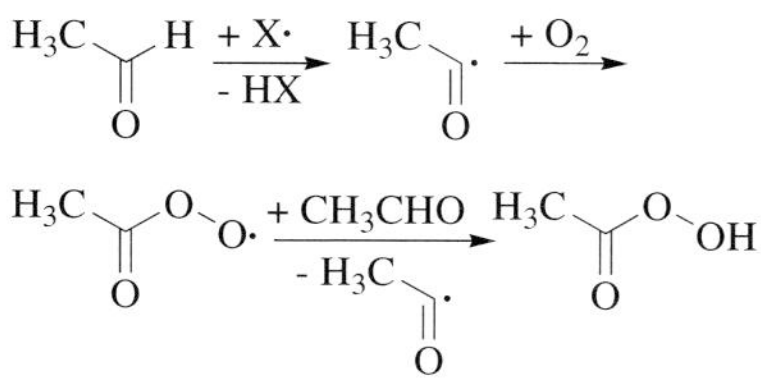

Im Einzelnen bildet sich dabei in einer Startreaktion zunächst ein Acetylradikal, das mit O_2 zum Peroxidradikal und schließlich zur Peressigsäure führt. Diese kann zwar durch Homolyse der Peroxygruppe schließlich Essigsäure bilden, man nimmt jedoch an, dass sie bevorzugt mit Acetaldehyd zum α-Hydroxyethylperacetat reagiert, das dann nach einem cyclischen Mechanismus in zwei Mole Essigsäure zerfällt:

Reaktionsprinzip der CH_3CHO-Oxidation:

Radikalreaktion mit Zwischenprodukt Peressigsäure in Gegenwart von Redoxkatalysatoren

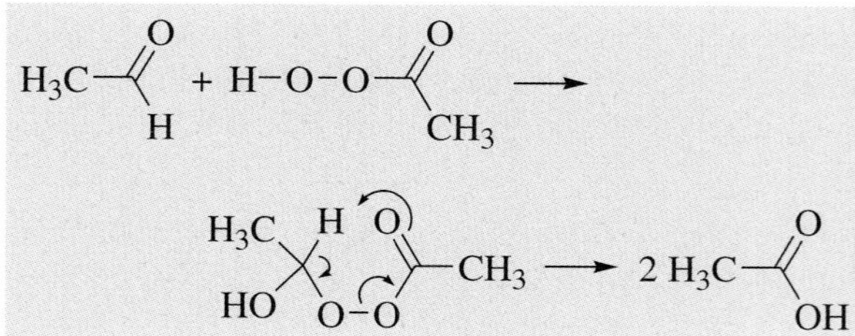

(40)

Dabei kann Peressigsäure auch zum Hauptprodukt werden, wenn die Oxidation unter milden Bedingungen und bevorzugt ohne Katalysator und in einem Lösemittel, z. B. Ethylacetat, bei −15 bis 40 °C und 25–40 bar mit Luft ausgeführt wird.

Kommerzielle Anlagen, in denen nach diesem Prinzip Peressigsäure hergestellt wird, werden z. B. von UCC in USA, von Daicel in Japan und von der British Celanese in England betrieben.

Eine weitere technisch genutzte Methode zur Peressigsäure-Herstellung – aus Essigsäure und H_2O_2 – wird im Abschnitt 11.1.1.2 beschrieben.

Wirkungsweise von Redoxkatalysatoren:

1. Bildung von Acetylradikalen

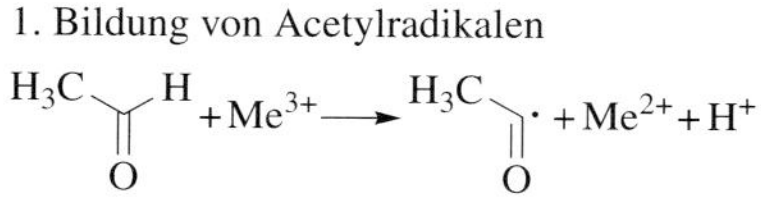

2. Spaltung von Peressigsäure

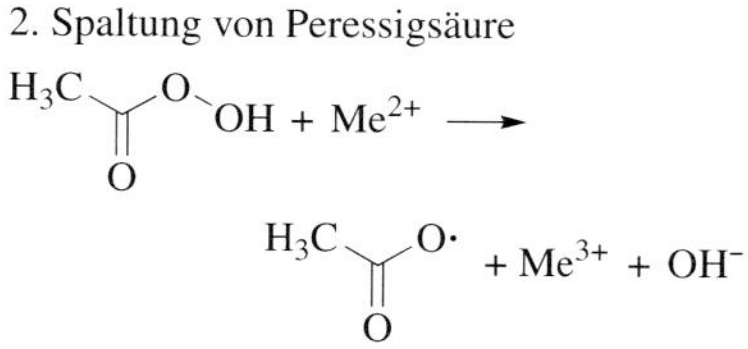

Wird bei der Acetaldehyd-Oxidation zu Essigsäure ein Redoxkatalysator verwendet, so dient er sowohl zur Erzeugung von Acetylradikalen, und damit zur Initiierung der Oxidation, wie auch zum beschleunigten Zerfall von Peressigsäure unter Ausbildung eines Acetoxyradikals und damit zur Kettenverzweigung.

Als Katalysatoren dienen zumeist Lösungen von Co- oder Mn-Acetaten in geringer Konzentration bis zu 0,5 Gew.-% des Einsatzgemisches.

Die Oxidation wird heute vorwiegend mit Sauerstoff, z. B. nach dem Verfahren von Hoechst, kontinuierlich bei 50 bis 70 °C in Oxidationstürmen aus V4A (Blasensäulen) und mit Essigsäure als Lösemittel durchgeführt. Dabei ist es notwendig, die Umsetzung bei mindestens 50 °C durchzuführen, um einen ausreichenden Peroxidzerfall und damit eine ausreichende Oxidationsgeschwindigkeit zu erzielen. Die Reaktionswärme wird durch Umlauf der Oxidationsmischung über ein Kühlsystem abgeführt. Eine sorgfältige Temperaturkontrolle begrenzt dabei den oxidativen Abbau der Essigsäure zu Ameisensäure, CO_2, wenig CO und zu H_2O. Die Essigsäureselektivität erreicht 95–97% (CH_3CHO). Inzwischen (1999) wurde die 180000-jato-Anlage in Frankfurt-Höchst stillgelegt.

Zwei Verfahrensvarianten der CH_3CHO-Oxidation:

1. O_2 als Oxidationsmittel mit höheren O_2-Materialkosten durch Luftzerlegung, aber Vorteil des fehlenden Inertanteils

Als Alternative zur Acetaldehyd-Oxidation mit Sauerstoff wurde von Rhône-Poulenc/Melle Bezons ein Verfahren mit Luft als Oxidationsmittel entwickelt. Es können damit ähnliche Selektivitäten wie bei der Route mit reinem Sauerstoff erreicht werden. Jedoch ist die größere Inertgasmenge bei der Luftoxidation nachteilig, da sie entsprechend dem Partialdruck auch Acetaldehyd und Essigsäure enthält, die durch eine Wäsche abgetrennt werden müssen.

2. Luft als Oxidationsmittel mit Kostenvorteil vor O_2, aber Nachteil einer Abgaswäsche wegen CH_3CHO/CH_3COOH in Abluft

Beide Oxidationsvarianten mit ähnlichen Selektivitäten und gleichen Nebenprodukten

Beide Oxidationsvarianten ähneln sich weiterhin in den Nebenprodukten, zu denen außer CO_2 und Ameisensäure unter anderem auch Methylacetat, Methanol, Methylformiat und Formaldehyd gehören. Sie werden durch Destillation abgetrennt. Dabei fällt die Essigsäure direkt wasserfrei an; denn die Nebenprodukte verhalten sich bei der Wasserentfernung wie Schleppmittel.

Aufarbeitung der AcOH:

Destillation mit Nebenprodukten als Schleppmittel führt direkt zu wasserfreier AcOH

7.4.1.2 Essigsäure durch Alkan- und Alkenoxidation

Zur Herstellung von Essigsäure durch oxidativen Abbau von Kohlenwasserstoffen werden bevorzugt C_4–C_8-Einsatzprodukte verwendet. Sie lassen sich zusammen mit den verschiedenen Verfahrensentwicklungen in die folgenden Gruppen einteilen:

Gemeinsames Kennzeichen der unselektiven KW-Oxidation zu Essigsäure:

radikalischer, stark exothermer Abbau von C_4–C_8-Kohlenwasserstoffen zu C_4-, C_3-, C_2- und C_1-Bruchstücken

1. Butan (Celanese, Hüls, UCC)
2. Butene (Bayer über sek.-Butylacetat als Zwischenprodukt, Hüls direkt)
3. Leichtbenzin (BP, Distillers).

Zu 1

Verfahrensbeispiele für Butanoxidation:

Celanese und UCC in USA und Hüls in BRD lange Jahre in Betrieb, jedoch inzwischen eingestellt, Celanese neuer Start 1989

1982 basierten in USA noch etwa 31% der Essigsäurekapazität auf der Flüssigphasenoxidation von Butan, wie sie z. B. von UCC und Celanese durchgeführt wurde. Die UCC-Anlage wurde stillgelegt, die Celanese-Anlage wurde nach einem Störfall wieder 1989 in Betrieb genommen. Sie hatte 1998 eine Herstellkapazität von ca. 250000 jato und damit einen Anteil von etwa 10% an der gesamten Essigsäurekapazität in USA. Beispielhaft für die breite Palette der Butan-Oxidationsprodukte sei nochmals die UCC-Anlage in Texas erwähnt, die neben 225000 jato Essigsäure auch 36000 jato Methylethylketon, 23000 jato Ameisensäure und 18000 jato Propionsäure lieferte. Die katalysatorfreie Oxidation von Butan mit Sauerstoff wurde bei 15–20 bar und 180 °C in einer Blasensäule in den flüssigen Oxidationsprodukten als Reaktionsmedium durchgeführt. Der weitergehende oxidative Abbau wurde durch eine Begrenzung des Umsatzes auf 10–20% gesteuert.

Merkmale des Celanese-Butan-LPO-Prozesses:

katalysierte Flüssigphasenoxidation mit vereinfachter Aufarbeitung durch Rückführung der Nebenprodukte

Das Celanese-LPO-Verfahren (**l**iquid **p**hase **o**xidation) arbeitet bei 175 °C und 54 bar mit CoAcetat als Katalysator. Ein Teil der zahlreichen Nebenprodukte wird nach Abtrennung der Essigsäure wieder in den Prozess zurückgeführt und dort entweder ebenfalls zu Essigsäure oder total oxidiert. Dadurch vereinfacht sich die Aufarbeitung. Neben Essigsäure werden Acetaldehyd, Aceton, Methylethylketon, Ethylacetat, Ameisensäure, Propionsäure, Buttersäure und Methanol isoliert. Bei Bedarf können auf Kosten der Essigsäureproduktion bis zu 17% der Anlagenkapazität an Methylethylketon gewonnen werden.

Nach dem Celanese-LPO-Prozess war von 1965 bis 1984 auch eine Anlage in Holland mit einer Essigsäurekapazität – nach einigen Erweiterungen – von 130000 jato in Betrieb.

Merkmale des Hüls-Butan-Prozesses:

unkatalysierte, unselektive Flüssigphasenoxidation mit geringem Butanumsatz, der einen hohen Butankreislauf erfordert

Vielzahl von Nebenprodukten verlangt vielstufige Destillation und damit hohen technischen Aufwand bei zusätzlich hoher Produktkorrosivität

Auch Hüls führte einige Jahre eine Butanoxidation, allerdings katalysatorfrei, in einer technischen Anlage mit etwa 20000 jato Kapazität durch. Die Oxidation erfolgte bei 60–80 bar und 170–200 °C mit Luft oder auch mit O_2-angereicherter Luft (ca. 30% O_2) in einer Flüssigphase, die aus Rohessigsäure gebildet wurde. Der Umsatz des Butans wurde zur Vermeidung von Folgereaktionen auf etwa 2% begrenzt. Als Hauptprodukt entstand zwar Essigsäure mit einer etwa 60-proz. Selektivität, daneben traten aber zahlreiche Nebenprodukte, wie Aceton, Methylethylketon, Methyl- und Ethylacetat, sowie in kleinerer Menge Ameisensäure und Propionsäure auf. Die Aufarbeitung erforderte eine vielstufige Destillationsanlage aus beispielsweise 14 mit Normaldruck sowie weiteren mit Überdruck oder Unterdruck betriebenen Kolonnen.

Zu 2

Hüls entwickelte zum weiteren auch ein Essigsäure-Verfahren durch Oxidation von Butenen. Dieser Prozess wurde längere Zeit in einer Versuchsanlage betrieben; eine technische Anlage wurde jedoch nicht gebaut. Bei dieser Route wird Buten unter leichtem Überdruck bei 200 °C in der Flüssigphase oxidiert, die im Wesentlichen aus der Rohessigsäure gebildet wird. Als Katalysatoren werden Titan- bzw. Zinnvanadat eingesetzt. Die Oxidation erfolgt aus verschiedenen Gründen, z. B. auch wegen sehr enger Explosionsgrenzen, in Gegenwart größerer Mengen Wasserdampf. Die dadurch sehr verdünnt anfallende Essigsäure muss mit großem Energieaufwand zu einer Rohsäure aufkonzentriert werden, die zu 95 % aus Essigsäure besteht. Bei einem 75-proz. Butenumsatz erzielt man eine Rohsäureselektivität von 73 %.

Merkmale des Hüls-Buten-Prozesses:

katalysierte Buten-Flüssigphasenoxidation in Gegenwart großer H_2O-Mengen, die energieaufwendige AcOH-Aufkonzentrierung erfordern

Bayer geht mit seinem Flüssigphasen-Verfahren zur Essigsäureherstellung aus Butenen einen anderen, zweistufigen Weg. Aus C_4-Crackfraktionen fällt nach Abtrennung des Butadiens und des Isobutens (vgl. Abschn. 3.3.2) ein Gemisch von 1-Buten sowie von *cis*- und *trans*-Buten an. Dieses wird entsprechend folgender Gleichung in 2-Acetoxybutan, d. h. in sek.-Butylacetat, übergeführt:

Merkmale des Bayer-Buten-Prozesses:

zweistufiges Verfahren über $C_2H_5CH(OAc)CH_3$ als Zwischenprodukt

1. Stufe:
protonenkatalysierte AcOH-Addition an Butengemische unter Bildung von 2-Acetoxybutan

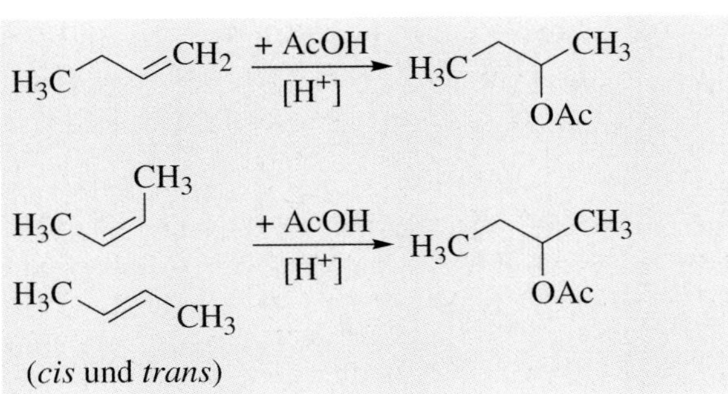

(41)

Die Essigsäureaddition erfolgt bei 100–120 °C und 15 bis 25 bar an sauren, Sulfonsäuregruppen enthaltenden Ionenaustauschern und führt unter gleichzeitiger Isomerisierung der Butene ausschließlich zu 2-Acetoxybutan. Dieses wird dann in der zweiten Stufe bei 200 °C und 60 bar in der Flüssigphase katalysatorfrei mit Luft zu Essigsäure oxidiert:

Acider Ionenaustauscher mt zwei katalytischen Funktionen:

Isomerisierung von 1-Buten zu 2-Buten und Addition von AcOH an 2-Buten

2. Stufe:
oxidative Spaltung des C_4-Acetats katalysatorfrei zu AcOH

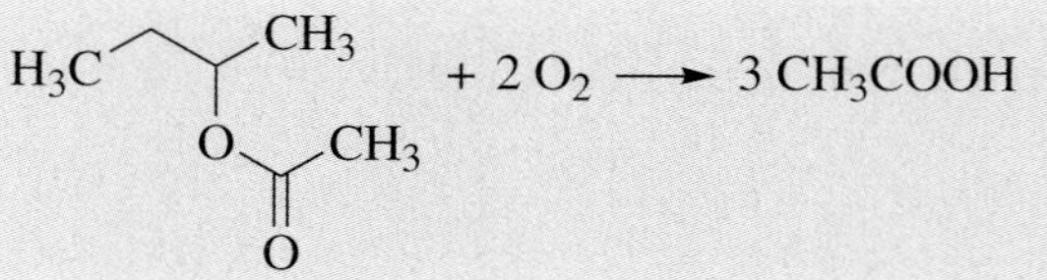

(42)

Isolierung der AcOH durch Azeotrop- und Normaldestillation und Teilrückführung in Verfahrensstufe 1

Nach Aufarbeitung des Reaktionsgemisches in einer Azeotrop- und einer Normaldestillation wird ein Teil Essigsäure zur Herstellung des sek.-Butylacetats wieder im Kreis zurückgeführt.

Die Selektivität zu Essigsäure erreicht etwa 60%. Als wesentliche Nebenprodukte entstehen Ameisensäure und CO_2. Bisher wurde keine Großanlage gebaut.

Merkmale der Distillers-BP-Leichtbenzin-Oxidation:

katalysatorfreie, unselektive Flüssigphasenoxidation eines preiswerten C_4–C_8-Einsatzprodukts zu C_1–C_4-Carbonsäuren und weiteren Nebenprodukten

Zu 3

British Distillers entwickelte in England ein Verfahren zur Oxidation von Rohöldestillaten mit dem Siedebereich von 15 bis 95 °C, der etwa einem Leichtbenzin im C_4- bis C_8-Bereich entspricht. Die Luftoxidation erfolgt in der Flüssigphase in einem Edelstahlreaktor bei 160–200 °C und 40–50 bar ohne Katalysator nach einem Radikalmechanismus. Das Oxidat wird in einer zweistufigen Destillation in Ausgangsmaterial und leichter flüchtige Nebenprodukte sowie in eine wässrige Säuremischung aufgetrennt, aus der mit einem niedrigsiedenden Lösemittel, wie z. B. Isoamylacetat, zunächst alle Säuren und wenig Wasser extrahiert werden. Die organische Phase wird dann in die einzelnen Komponenten aufdestilliert. Neben Essigsäure fallen hauptsächlich Ameisensäure, Propionsäure und geringe Mengen Bernsteinsäure an. Als weiteres Produkt wird auch Aceton in einer solchen Menge gebildet, dass sich seine Isolierung lohnt. Alle Nebenprodukte tragen wesentlich zur Wirtschaftlichkeit des Prozesses bei. Abhängig von den gewählten Prozessbedingungen lassen sich pro Tonne Essigsäure etwa 0,35–0,75 t Nebenprodukte gewinnen. BP hat das Distillers-Verfahren weiterentwickelt und besonders in England zur technischen Reife gebracht. 1996 betrug die Kapazität dort 220000 jato Essigsäure und etwa 18000 jato Propionsäure als nachweislich letzte Nutzung des BP-Verfahrens.

Isolierte und wirtschaftliche Produkte:

CH_3COOH
$HCOOH$
C_2H_5COOH
CH_3COCH_3

Distillers-BP-Verfahren mit Schwerpunkt in England, daneben in früheren Jahren in

Frankreich	(30000 jato)
Japan	(15000 jato)
ehem. UdSSR	(35000 jato)

7.4.1.3 Carbonylierung von Methanol zu Essigsäure

Die BASF wurde mit Untersuchungen zur katalytischen Umsetzung von CO und H_2 auch der Wegbereiter eines neuen Essigsäure-Verfahrens. In den Jahren um 1913 wurde entdeckt, dass Methanol als primäres Reaktionsprodukt des Synthesegases zu Essigsäure carbonyliert werden kann. Diese Route wurde dann wirtschaftlich interessant, als Methanol nach 1920 in technischen Mengen zur Verfügung stand. In der Folgezeit beschäftigten sich auch andere Firmen, z. B. die British Celanese nach 1925, intensiv mit der Carbonylierungsreaktion, die nach folgender Gleichung abläuft:

Carbonylierung von Methanol zu Essigsäure mit Herstellungsprinzip:

$C_1 + C_1$-Aufbaureaktion

Zwei wichtige Voraussetzungen für eine technische Entwicklung:

1. preiswertes, synthetisch zugängliches CH_3OH in ausreichender Menge

$$CH_3OH + CO \xrightarrow{[Kat.]} CH_3COOH \quad (\Delta H = -138 \text{ kJ/mol}) \qquad (43)$$

Die anfänglich bestehenden Korrosionsprobleme konnten erst Ende der fünfziger Jahre durch Verwendung neuer, besonders widerstandsfähiger Mo-Ni-Legierungen (Hastelloy) gelöst werden. 1960 wurde dann eine erste kleinere Anlage bei der BASF in Betrieb genommen. Im technischen Verfahren (BASF) wird Methanol allein oder im Gemisch mit Dimethylether und wenig H_2O bei 250 °C und 680 bar mit CO in Gegenwart von CoJ_2 in der Flüssigphase umgesetzt. Dabei greifen Kation und Anion mit unterschiedlichen Funktionen in den Reaktionsmechanismus ein; es wird angenommen, dass sich zunächst Cobaltjodid zu Cobalttetracarbonylwasserstoff und Jodwasserstoff umsetzt, der anschließend mit Methanol Methyljodid bildet:

2. Beherrschung der Korrosionsprobleme und Entwicklung einer wirtschaftlichen Technologie

Erste technische Anlage der BASF nach Verfahrensprinzip:

CoJ_2-katalysierte Flüssigphasen-Hochdruckcarbonylierung von CH_3OH bzw. Gemischen mit $(CH_3)_2O$

$$2\,CoJ_2 + 3\,H_2O + 11\,CO \longrightarrow 2\,HCo(CO)_4 + 4\,HJ + 3\,CO_2 \qquad (44)$$

$$HJ + CH_3OH \rightleftharpoons CH_3J + H_2O \qquad (45)$$

Cobalttetracarbonylwasserstoff und Methyljodid reagieren zu der wichtigen Zwischenstufe $CH_3Co(CO)_4$, die sich nach CO-Einschub durch Hydrolyse zu Essigsäure und Rückbildung von Cobalttetracarbonylwasserstoff umsetzt:

Katalysemechanismus:

CoJ_2 liefert die Komponenten für die Vorprodukte $HCo(CO)_4$ und CH_3J, die $CH_3Co(CO)_4$ als wichtiges Zwischenprodukt aufbauen

$$CH_3J + HCo(CO)_4 \rightleftharpoons CH_3Co(CO)_4 + HJ \qquad (46)$$

$$CH_3Co(CO)_4 \xrightarrow{+CO} CH_3COCo(CO)_4 \xrightarrow{+H_2O} CH_3COOH + HCo(CO)_4 \qquad (47)$$

Damit stehen dann beide Katalysatorkomponenten für eine erneute Reaktionsfolge wieder zur Verfügung. Im technischen Prozess können Cobalt und Jod praktisch vollständig wiedergewonnen werden. Die Selektivitäten zu Essigsäure

Verfahrensmerkmale:

praktisch verlustlose Katalysatorhandhabung, hohe AcOH-Selektivität mit verfahrensbedingter CO_2-Bildung und Vielzahl, in Summe geringer, weiterer Nebenprodukte (C_2H_5OH, C_2H_5COOH, C_2H_5CHO, C_3H_7CHO, C_4H_9OH u. a.)

betragen 90% (CH_3OH) und 70% (CO). Pro 100 kg Essigsäure entstehen etwa 4 kg Nebenprodukte; sie bestehen aus einer Vielzahl chemischer Individuen. CO_2 ist dabei als Coprodukt aufzufassen (vgl. Gl. 44). Nach Destillation des

Technische Anwendung in zwei Anlagen (BRD, USA)

Rohproduktes in fünf Kolonnen wird 98,8-proz. Essigsäure erhalten. 1983 arbeiteten nach dem BASF-Verfahren zwei Anlagen: in der Bundesrepublik Deutschland mit einer Kapazität von 50000 jato und in USA bei Borden mit 65000 jato; Letztgenannte wurde jedoch inzwischen stillgelegt.

Variante der $C_1 + C_1$-Aufbaureaktion für AcOH durch Monsanto-Entwicklung

Rh/J_2-katalysierte Flüssigphasencarbonylierung von CH_3OH bei Normal- bzw. leichtem Überdruck

Um die Mitte der sechziger Jahre wurde von Monsanto entdeckt, dass Rhodium in Kombination mit Jod für die Methanolcarbonylierung ein weitaus aktiveres Katalysatorsystem darstellt als Cobaltjodid. Dabei wird ähnlich wie beim CoJ_2 ein Rhodiumcarbonylkomplex mit Methylliganden in der Form $[CH_3{-}Rh(CO)_2J_3]^-$ als aktive Spezies angenommen. Nach Einschub von CO in die $CH_3{-}Rh$-Bindung bildet sich ein Acetylrhodiumkomplex, der z. B. durch Methanolyse in Essigsäure und den Ausgangskomplex weiterreagieren kann:

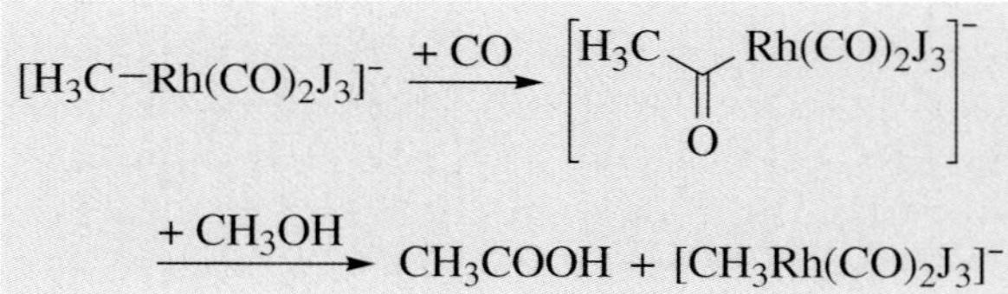

(48)

Katalysemechanismus:

analog CoJ_2-Hochdruckverfahren hier mit CH_3-Rh-CO-Komplex als aktiver Spezies

1970 wurde dann in Texas City eine erste technische Anlage mit 150000 jato Essigsäure-Kapazität in Betrieb genommen.

In den Folgejahren wurden neue Essigsäureanlagen bevorzugt nach dem Monsanto-Verfahren (heute BP) gebaut, so dass 1999 weltweit schon etwa 55% der Essigsäureproduktion auf diesem Verfahren basierten. In Japan wurde die erste 150000-jato-Anlage mit Monsanto-Technologie 1980 von Daicel Chemical und in Westeuropa 1981 eine 225000-jato-Anlage von Rhône-Poulenc (heute Acetex mit 400000 jato Kapazität, 2004) in Betrieb genommen.

Verfahrensmerkmale:

hohe Selektivitäten mit überwiegend $CO_2 + H_2$ als Nebenprodukte aus der Umsetzung $CO + H_2O$ sowie besondere Maßnahmen zur möglichst verlustfreien Katalysatorrückführung wegen des hohen Rh-Preises

Im technischen Verfahren reagieren Methanol und CO kontinuierlich in der Flüssigphase bei 150–200 °C und geringem Überdruck bis zu 30 bar zu Essigsäure mit Selektivitäten von 99% (CH_3OH) und über 90% (CO). Als hauptsächliche Nebenprodukte treten CO_2 und H_2 aus der Konvertierungsreaktion auf. In einer modernen Großanlage umfasst die vollautomatische Prozesskontrolle und -steuerung auch die Produktion und Regeneration des Katalysatorsystems, da ein verlustarmer Rhodiumkreislauf sehr wesentlich die Wirtschaftlichkeit des Verfahrens bestimmt.

Nach einem neuen Konzept, das BP in einer Anlage seit 1989 in England nutzt, lässt sich mit einer kombinierten rhodiumkatalysierten Carbonylierung von Methanol-/Methylacetatgemischen ein dem Marktbedarf angepasstes Verhältnis von Essigsäure und Acetanhydrid (vgl. Abschn. 7.4.2) zwischen 40/60 und 60/40 herstellen.

7.4.1.4 Entwicklungsmöglichkeiten der Essigsäure-Herstellung

Veränderungen im Rohstoffsektor favorisieren AcOH-Aufbaureaktion aus C_1-Komponenten CH_3OH und CO auf fossiler bzw. zukünftig auch regenerativer Basis

Verfügbarkeit und Preisentwicklung geeigneter Rohstoffe zur Essigsäureherstellung waren – wie auch schon bei der Situation des Acetaldehyds, als einem möglichen Essigsäurevorprodukt, angedeutet – in den letzten Jahren einem beträchtlichen Wandel unterworfen.

Die Methanolcarbonylierung nach Monsanto hat sich aus wirtschaftlichen Gründen wegen des Preisanstiegs für Ethylen nach beiden Erdölkrisen als die bisher erfolgreichste Route erwiesen. Allerdings stellt sich dort als zentrale Aufgabe der verlustarme Kreislauf des Rhodiums aufgrund seines hohen Preises und der begrenzten Verwendung in der Hydroformylierung (vgl. Abschn. 6.1.3) und in Autoabgaskatalysatoren.

Rh als vielseitig einsetzbare, aber begrenzt verfügbare Katalysatorkomponente (Gewinnung weltweit ca. 8 t Rh gegenüber etwa zehnfacher Menge Pt bzw. Pd) zwingt zu möglichst verlustfreier Rh-Nutzung

Darum sind weiterhin Untersuchungen an anderen Katalysatorsystemen für die Methanolcarbonylierung von hoher Aktualität.

Alternative Katalysatorentwicklungen für Carbonylierungen auf anderer Basis, z. B. Ni, Co, Mn mit Promotoren von Pt-Metallen, bleiben aktuell

So wurde von BP ein neuer Katalysator auf Basis Iridiumacetat mit einem Promotorsystem entwickelt, der eine höhere Raum-Zeit-Ausbeute bewirkt. Einzelheiten sind bisher noch nicht publiziert worden. BP plant erste Anlagen in Korea und China, eine in England betriebene Anlage ist schon 1998 auf das neue Ir-Katalysatorsystem umgestellt worden.

Das weltweit zunehmende Interesse für die C_1-Chemie, d. h. die Nutzung von Synthesegas zum Aufbau von wertvollen Zwischenprodukten auf der flexiblen CO/H_2-Basis unterschiedlicher Herkunft, hat auch für Essigsäure neue Herstellmöglichkeiten ergeben.

$AcOH/CH_3CHO/C_2H_5OH$-Herstellung aus H_2/CO an Rh/Träger nach UCC und Hoechst als direkter Weg gegenüber CH_3OH/CO-Route wirtschaftlich interessant

Eine direkte, heterogen katalysierte Umsetzung von Synthesegas an Rhodiumsystemen zu Gemischen Sauerstoff enthaltender C_2-Verbindungen wie Essigsäure, Acetaldehyd und Ethanol wurde von UCC Mitte der siebziger Jahre vorgestellt.

Auch Hoechst hat eine festbettkatalysierte Direktsynthese der drei O enthaltenden C_2-Verbindungen aus Synthesegas entwickelt. An einem Rh-Yb-Li/SiO_2-Katalysator kann z. B. bei 290 °C und 50 bar eine Gesamtselektivität zu den O-C_2-Verbindungen bis zu 80% bei einer Raum-Zeit-Ausbeute von 200 g/l · h erreicht werden. Mit einer zusätzlichen Oxidation des Rohproduktes sowie nach Extraktion und destillierter Abtrennung von Propionsäure und Buttersäure lässt sich die Essigsäure als Hauptprodukt gewinnen.

Dieses Verfahren wurde bisher in einer Versuchsanlage durchgeführt. Es könnte gegenüber dem Monsanto-Verfahren wirtschaftlich vorteilhaft sein, da der Umweg über die kapital- und energieintensive Methanolproduktion entfällt.

$HCOOCH_3$-Isomerisierung als dritte C_1-Basis-Route für AcOH bei vorhandener Verbrauchsstruktur für HCOOH-Derivate interessant

Auch Methylformiat als ein auf Synthesegas basierendes Produkt könnte mit seiner Isomerisierung zu Essigsäure von potenziellem industriellen Interesse sein, wenn sich deutliche wirtschaftliche Vorteile gegenüber der Monsanto-Carbonylierungsroute ergeben sollten (vgl. Abschn. 2.3.3) oder wenn eine firmenspezifische Verwendung für Derivate der Ameisensäure vorliegt.

AcOH-Herstellung aus preiswerten niederen Alkanen mit unselektivem, aufarbeitungsintensivem Oxidationsprozess wird wesentlich von der Bewertung der Nebenprodukte beeinflusst

Nach wie vor stellen jedoch preiswerte C_4–C_8-Schnitte in Raffinerien oder auch Butan aus Erdgas günstige Einsatzprodukte zur Essigsäureherstellung dar. Allerdings erfordern die Produktionsanlagen mit den Einrichtungen zur Aufarbeitung des Produktgemisches hohe Investitionskosten und die Vielfalt der Nebenprodukte führt zu einer starken Abhängigkeit vom Marktbedarf. Nur so ist es zu verstehen, dass einige Firmen gleichzeitig Essigsäure-Produktionsanlagen nach unterschiedlichen Verfahren, d. h. mit verschiedenen Einsatzprodukten betreiben.

Einstufige AcOH-Herstellung direkt aus C_2H_4 bei lokalem, mengenmäßig begrenztem Bedarf wirtschaftlich durchführbar

Eine neuere Entwicklung von Showa Denko greift jedoch zurück auf Ethylen als eine wirtschaftliche Ausgangssubstanz für kleinere, auf einen lokalen Bedarf ausgerichtete Anlagen für Essigsäure. Danach wird Ethylen einstufig an einem Pd-Trägerkatalysator mit zwei bis drei weiteren Komponenten von Heteropolysäuren bzw. -salzen in der Gasphase in einem Festbettreaktor bei 150–160 °C und bis zu 8 bar direkt zu Essigsäure oxidiert. Nähere Einzelheiten sind bisher nicht publiziert worden. Verschiedene andere Firmen haben sich ebenfalls mit dieser Herstellroute befasst, aber Showa Denko hat die erste 100000-jato-Anlage schon 1997 in Betrieb genommen.

Auch die Oxidation von Ethan hat großes Interesse gefunden. Sabic soll eine 30000-jato-Anlage auf Ethanbasis in Saudi-Arabien 2004 in Betrieb genommen haben.

7.4.1.5 Verwendung von Essigsäure

Essigsäure dient, wie die beispielhafte Aufschlüsselung des Verbrauchs weltweit sowie in USA, Westeuropa und Japan deutlich macht, hauptsächlich zur Herstellung verschiedener Essigsäureester:

AcOH-Verwendung:

1. in Essigsäureestern; als Monomeres (Vinylacetat), für Kunstseideherstellung (Celluloseacetate) und als Lösemittel für Lacke und Harze (Methyl-, Ethyl-, Isopropyl-, Butylacetat)

Tabelle 7-7. Essigsäureverwendung (in Gew.-%).

Produkt	Welt		USA		Westeuropa		Japan	
	1988	2002	1984	1998	1985	1998	1984	1998
Vinylacetat	40	41	52	61	35	34	26	31
Celluloseacetat	4	3	16	–	8	6	18	15
Essigsäureester	9	15	11	10	13	17	5	8
Acetanhydrid, Acetanilid Acetylchlorid, Acetamid	11	9	4	12	21	19	4	3
Lösemittel für Terephthalsäure und -dimethylester-Herstellung	8	20	8	9	6	10	22	13
Chloressigsäuren	4	3	2	1	11	7	5	4
Verschiedenes (z. B. Al-, NH_4-, Alkalimetallacetate u. a.)	24	9	7	7	6	7	20	26
Gesamtverbrauch (in Mio t)	4,36	6,94	1,41	1,67	0,94	1,42	0,36	0,52

Die Rangfolge unter den Estern ist dabei in den meisten Ländern ähnlich; die größte Bedeutung hat Vinylacetat, zumeist gefolgt von Celluloseacetat.

Weiterhin sind Butyl- und Isobutylacetat sowie Methylacetat wichtige Ester, die wie Ethylacetat bevorzugte Lösemittel für Lacke und Harze darstellen.

Im Celluloseacetat kann je nach Grad der Acetylierung bei drei veresterbaren OH-Gruppen in jeder $C_6H_{10}O_5$-Einheit ein Acetatgehalt von 52–62,5 Gew.-% vorliegen. Es dient zur Herstellung von Fasern, Folien und Lacken.

Die Salze der Essigsäure, wie z. B. Na-, Pb-, Al- und Zn-Acetat, dienen als Hilfsmittel in der Textil- und Lederindustrie, in der Färberei und Medizin.

2. in anorganischen Salzen als Hilfsmittel für Bekleidungsindustrie, Färberei, Medizin

Die Chloressigsäuren sind weitere wichtige Derivate der Essigsäure. Von ihnen hat die Monochloressigsäure die größte Bedeutung. Die Produktionszahlen in Westeuropa, Bundesrepublik Deutschland, Japan und USA sind der nachfolgenden Tabelle zu entnehmen. Die Herstellkapazitäten für Monochloressigsäure betrugen 2004 in Westeuropa, Japan, USA und Bundesrepublik Deutschland 258000, 43000, 34000 bzw. 105000 jato. Der weltweit führende Hersteller für Monochloressigsäure ist Akzo-Nobel mit einer Herstellkapazität von 125000 jato (2004). Die Herstellung der Monochloressigsäure erfolgt durch Chlorierung von Essigsäure

3. in Form von Chloressigsäuren für organische Synthesen

Wichtigste Chloressigsäure:

$ClCH_2COOH$ durch Flüssigphasenchlorierung von CH_3COOH mit bevorzugter Anwendung für Carboxymethylcellulose

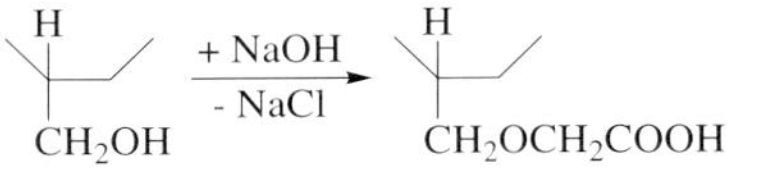

in flüssiger Phase bei mindestens 85 °C und bis zu 6 bar zumeist ohne Katalysator, aber vielfach mit Zusatz von Initiatoren wie Acetanhydrid oder Acetylchlorid. Von geringerer Bedeutung ist die Hydrolyse von Trichlorethylen zu Monochloressigsäure (vgl. Abschn. 9.1.4). Monochloressigsäure ist ein wichtiges Ausgangsprodukt zur Herstellung von Carboxymethylcellulose und ein Zwischenprodukt für Pflanzenschutzmittel, Farbstoffe und pharmazeutische Präparate. Die Trichloressigsäure wird in Form des Na-Salzes als Herbizid eingesetzt.

Monochloressigsäure-Produktion (in 1000 t)

	1989	1991	1994
WE	214	218	238
BRD	72	73	118
Japan	34	31	36
USA	30	30	27

4. Ausgangsprodukt für die Anhydride Keten und Acetanhydrid

Technisch bedeutende Folgeprodukte der Essigsäure, die wiederum Zwischenprodukte darstellen, wie Essigsäureanhydrid und Keten, werden in den folgenden Abschnitten behandelt.

5. Lösemittel bei Flüssigphasenoxidationen

Essigsäure wird auch als Lösemittel bei Flüssigphasenoxidationen, wie z. B. der *p*-Xylol-Oxidation zu Terephthalsäure oder Dimethylterephthalat (vgl. Abschn. 14.2.2), verwendet.

6. Zukünftig vielleicht als Zwischenstufe zur CH_3OH-Homologisierung durch CH_3OAc-Hydrogenolyse

Zukünftig könnte Essigsäure als Methylacetat nach einem neuen Verfahren von Halcon auch zur Herstellung von Ethanol eingesetzt werden. In einer Gasphasenhydrogenolyse wird Methylacetat mit hoher Konversion und Selektivität in Ethanol und Methanol übergeführt und Methanol wieder zur Carbonylierung zu Essigsäure bzw. zur Veresterung verwendet. Damit ist Methylacetat eine interessante Zwischenstufe für die Methanolhomologisierung (vgl. Abschn. 8.1.1) und für die Carbonylierung zu Acetanhydrid (vgl. Abschn. 7.4.2).

7.4.2 Acetanhydrid und Keten

Essigsäure bildet zwei Anhydride:

1. intermolekular: Acetanhydrid (Ac_2O) mit größerer Bedeutung und
2. intramolekular: Keten (Diketen)

Acetanhydrid, das intermolekulare, und Keten, das intramolekulare Anhydrid der Essigsäure, stehen in Herstellung, Verwendung und Bedeutung der Essigsäure sehr nahe.

Ac_2O-Produktion (in 1000 t)

	1989	1990	2002
USA	778	830	823
WE	325	330	290
Japan	145	144	251
BRD	108	112	74

Produktionszahlen für Acetanhydrid in einigen Ländern sind in der nebenstehenden Tabelle aufgeführt. Die Herstellkapazität für Acetanhydrid betrug 1997 weltweit etwa 2,3 Mio jato; davon entfielen auf USA, Westeuropa und Japan etwa 1,21, 0,42 bzw. 0,23 Mio jato.

Keten und seine dimere Form, Diketen, haben – abgesehen von ihrer weiteren Umsetzung zu Acetanhydrid – mengenmäßig eine geringere Bedeutung. Die Herstellkapazität für Keten/Diketen betrug 1997 in USA, Westeuropa, Japan und der Bundesrepublik Deutschland etwa 0,34, 0,26, 0,13 bzw. 0,08 Mio jato.

Acetanhydrid kann nach mehreren Verfahren hergestellt werden (vgl. Tab. 7-8). Technisch wurde es bisher überwiegend auf zwei Wegen produziert; das eine Verfahren ist eine modifizierte Acetaldehyd-Oxidation, das andere verläuft über Keten als Zwischenprodukt, das zumeist aus Essigsäure durch Dehydratisierung erhalten und anschließend mit Essigsäure umgesetzt wird. Eine alternative Ketenherstellung erfolgt aus Aceton. In Japan wird nur die Keten/Essigsäure-Umsetzung verwendet.

Ac_2O-Herstellung nach fünf Routen:

1. oxidative Dehydratisierung von CH_3CHO
2. „Acetylierung" von AcOH mit Keten
3. Carbonylierung von (CH_3OCH_3) oder CH_3OAc
4. Butanoxidation
5. Rückessigsäure für Route 2

Als neue Route ist die Carbonylierung von Methylacetat hinzugekommen, die in USA inzwischen den Hauptanteil der Acetanhydrid-Kapazität liefert. Weiterhin kann auch bei der in Abschnitt 7.4.1.2 dargestellten Butanoxidation das Acetanhydrid gewonnen werden. Eine zusätzliche Möglichkeit besteht in der Umsetzung von rückgewonnener Essigsäure. Die ländertypische Struktur der Acetanhydrid-Herstellung ist in der Tabelle 7-8 zusammengefasst:

Tabelle 7-8. Acetanhydrid-Herstellung (in Gew.-% der Gesamtkapazität).

Route	USA 1998	WE 1998	Japan 1998
Acetaldehyd-Oxidation	–	24	–
Keten/Essigsäure-Addition	22	49	100
Methylacetat-Carbonylierung	45	27	–
Butanoxidation	10	–	–
Rückessigsäure	23	–	–

Die modifizierte Acetaldehyd-Oxidation mit Luft oder O_2 wurde von Hoechst-Knapsack wie auch in einer Variante von Shawinigan entwickelt. Als Katalysator wird anstelle von Mn-Acetat z. B. ein Gemisch von Cu- und Co-Acetat eingesetzt. Die Umsetzung verläuft bei etwa 50 °C und 3–4 bar in der Flüssigphase.

Zu 1:

Verfahrensprinzip:

homogen katalysierte Flüssigphasenoxidation von CH_3CHO mit Cu-/Co-Acetat unter Bildung von AcOH als Koppelprodukt

Das primär aus Acetaldehyd durch Wasserstoffabstraktion entstehende Acetylradikal (vgl. Abschn. 7.4.1.1) wird mit Cu^{2+} zum Acetylkation oxidiert, das dann mit Essigsäure zum Acetanhydrid reagiert:

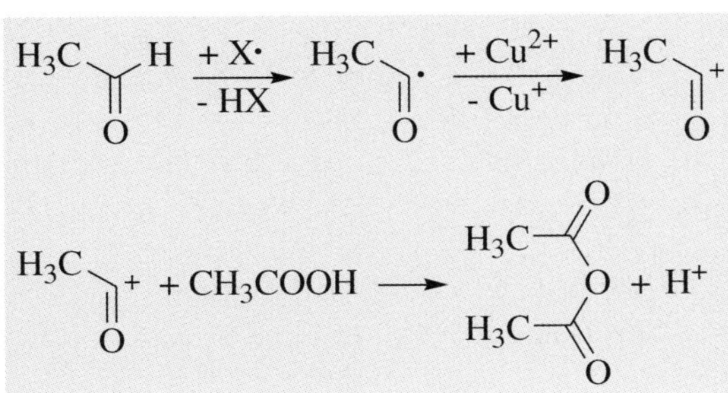

(49)

Redoxsystem-Regenerierung durch Peressigsäure und damit zugleich Abbau evtl. explosibler Mengen an Persäure

Peressigsäure entsteht parallel durch Addition von O_2 an das Acetylradikal mit nachfolgender Wasserstoffabstraktion aus Acetaldehyd. Sie dient zur Reoxidation von Cu^+ zu Cu^{2+}:

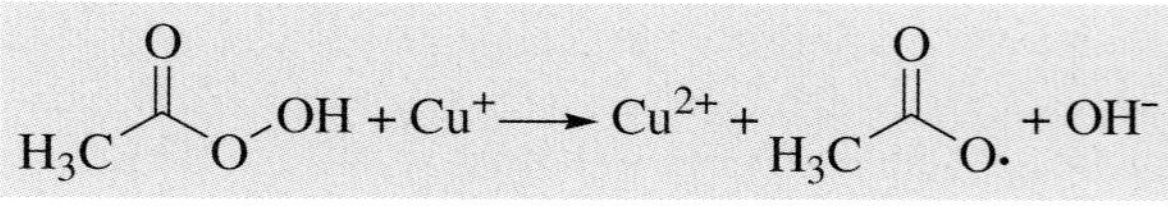
(50)

Verfahrenskennzeichen:

azeotrope H_2O-Entfernung verhindert Ac_2O-Hydrolyse

Verfahrensbeispiele:

Hoechst-Knapsack
Shawinigan

Die aus dem Acetoxyradikal entstehende Essigsäure ist also ein notwendiges Koppelprodukt.

Das gebildete Wasser kann nun seinerseits die Folgereaktion des Acetanhydrids zur Essigsäure einleiten, wenn es nicht im technischen Verfahren schnell durch eine Schleppmitteldestillation, z. B. mit Ethylacetat, aus dem Gleichgewicht entfernt wird. Bei 95% Acetaldehyd-Umsatz ist ein optimales Verhältnis Anhydrid/Säure von 56 : 44 zu erreichen.

Zu 2:

Prinzip des zweistufigen Verfahrens:

1. katalytisch eingestelltes Ketengleichgewicht an der Rückreaktion gehindert:
1.1. durch Neutralisieren des Katalysators,
1.2. durch Abschrecken (Temperaturabsenken) der Spaltgase

Im Verfahren der Acetanhydrid-Herstellung durch Dehydratisierung von Essigsäure über Keten (Wacker-Verfahren) wird zunächst die Essigsäure in Gegenwart von Triethylphosphat bei 700–750 °C und unter vermindertem Druck zu Keten und H_2O thermolysiert:

$$CH_3COOH \xrightleftharpoons{[Kat.]} H_2C{=}C{=}O + H_2O \quad (\Delta H = +147\ kJ/mol) \tag{51}$$

Anschließend neutralisiert man die entstandene H_3PO_4 noch in der Gasphase mit NH_3 oder Pyridin und kühlt die Spaltgase schnell ab, um das Gleichgewicht einzufrieren.

2. Ac_2O-Herstellung durch katalysatorfreie exotherme AcOH-Addition an Keten, z. B. in Flüssigkeitsringpumpe mit zwei Funktionen:
2.1. Erzeugung des reduzierten Druckes für Ketenherstellung
2.2. Reaktor für angesaugte AcOH mit Keten

Die höher siedenden Begleitsubstanzen (Acetanhydrid, Essigsäure und Wasser) werden durch ein System abgestufter Kühler vom gasförmigen Keten abgetrennt. Sie werden nach Entfernen des Wassers wieder zur Spaltung zurückgeführt. Der Essigsäureumsatz beträgt etwa 80%. Die Ketenselektivität erreicht über 90% (CH_3COOH) bei einem Essigsäureumsatz von 70–90%. Das so gereinigte Keten wird direkt, z. B. nach Wacker in einer Flüssigkeitsringpumpe, in Essigsäure eingeleitet und bei 45–55 °C und vermindertem Druck von 0,05–0,2 bar zum Acetanhydrid umgesetzt:

$$H_2C{=}C{=}O + CH_3COOH \longrightarrow (CH_3CO)_2O \quad (\Delta H = -63\ kJ/mol) \tag{52}$$

In dieser Stufe ist eine nahezu 100-proz. Selektivität erreichbar. Diese Acetanhydrid-Herstellung besitzt den Vorteil, dass bei Bedarf Keten als Zwischenprodukt gewonnen werden kann. Zum weiteren kann eine nach dem wirtschaftlichsten Verfahren hergestellte Essigsäure eingesetzt werden oder auch die bei Acetylierungsreaktionen aus Acetanhydrid entstehende Essigsäure wiederverwendet werden.

Verfahrensvorteile:

1. Keten als Zwischenprodukt isolierbar
2. preiswerte AcOH, z. B. aus anderer Herstellung, verwendbar
3. Rückessigsäure aus Acetylierungen mit Ac_2O wieder einsetzbar

Keten kann auch unabhängig von Essigsäure durch Thermolyse von Aceton bei 600–700 °C in Gegenwart von wenig CS_2 gewonnen werden:

Alternative Ketenherstellung nach Prinzip:

homogen katalysierte irreversible Demethanisierung von $(CH_3)_2CO$

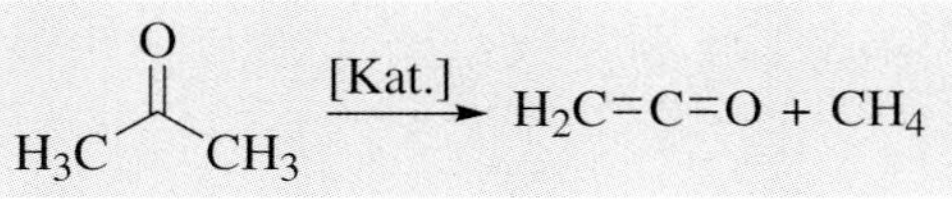
(53)

Bei einem Acetonumsatz von 25% ist eine Ketenselektivität von 70–80% erreichbar. Die Acetonspaltung hat nur eine geringe technische Bedeutung; in USA wurde bei Hoffmann-La Roche eine Anlage betrieben. Derzeit wird nur noch in der Schweiz und in der GUS Keten aus Aceton hergestellt.

Neuere Routen zur Herstellung von Acetanhydrid bestehen aus der homogen katalysierten Carbonylierung von Dimethylether oder von Methylacetat als Entwicklungen von Hoechst bzw. Hacon. Sie basieren damit beide, ausgehend von Methanol oder seiner weiteren Carbonylierung zu Essigsäure, ausschließlich auf Synthesegas und daher z. B. auch auf Kohle als Rohstoff. Technisch am weitesten entwickelt ist die Carbonylierung von Methylacetat, die vorzugsweise bei 150–220 °C und 25–75 bar in Gegenwart von Rhodiumsalz-Katalysatorsystemen mit Methyljodid und z. B. Chromhexacarbonyl/Picolin als Promotoren durchgeführt wird:

Zu 3:

Verfahrensprinzip:

homogene Rh-Salz-katalysierte Carbonylierung von CH_3OCH_3 oder CH_3OAc

Verfahrensvorteile:

Herstellung ausschließlich auf CO/H_2- und damit auf kostengünstigster C-Basis möglich

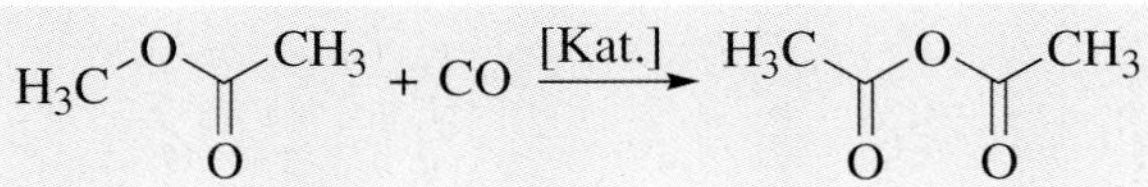
(54)

Tennessee Eastman hat nach dem Verfahren von Halcon 1983 in USA eine Anlage mit einer Kapazität von etwa 230000 jato in Betrieb genommen, die inzwischen auf 300000 jato vergrößert wurde.

Technische Anwendung:

Tennessee Eastman in Kingsport, USA, auf CO/H_2-Basis aus Texaco-Kohlevergasung

Acetanhydrid dient vorwiegend als Acetylierungsmittel, vor allem zur Herstellung von Acetylcellulose, von Pharmazeutika, wie z. B. Acetylsalicylsäure, Acetanilid u. v. a., und von Zwischenprodukten. Keten wird ebenfalls als Acetylierungs-

Verwendung von Ac_2O und Keten:

1. zur Acetylierung, z. B. Ac_2O für Acetylcellulose, zur Herstellung von Pharmazeutika, Farbstoffen usw., Keten für Ac_2O

Ac_2O-Bedarf für Acetylcellulose (in Gew.-%)

	USA	WE	Japan
1991	80	71	81
1997	86	66	76

mittel eingesetzt. Der Sonderfall der Essigsäure-Acetylierung zu Acetanhydrid ist das bedeutendste Beispiel.

Eine interessante Anwendung findet das Keten in Anlagerungsreaktionen, zu denen auch die Dimerisierung zu Diketen gezählt werden kann.

2. zur Diketenbildung

Ac_2O-Bedarf (in Gew.-%)

	USA	WE	Japan
2000	86	–	–
2003	85	–	–

Diketen erhält man durch Ketendimerisierung in Rieseltürmen, in denen bei 35–40 °C Keten einem Flüssigkeitsstrom von Diketen entgegengeleitet wird:

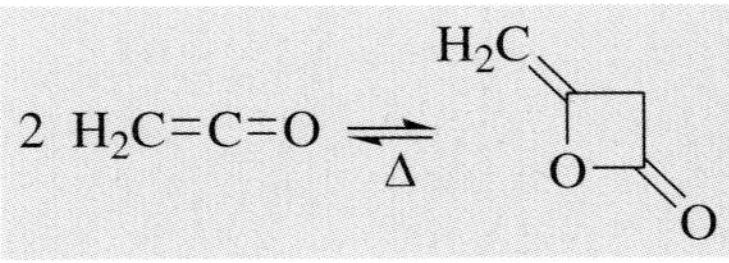

(ΔH = -189 kJ/mol) (55)

Die Umsetzung verläuft sehr weitgehend; geringe Anteile Keten werden aus dem Abgas mit verdünnter Essigsäure ausgewaschen. Diketen muss unter besonderen Vorsichtsmaßnahmen reindestilliert werden, da es sowohl alkalisch wie sauer polymerisiert.

Diketen mit weiterer Verwendung zur Herstellung von Acetessigsäure-Derivaten als wichtigen Zwischenprodukten für Pharmazeutika (Pyrazolone, Cumarine), Farbstoffe, Insektizide

Diketen ist ein wichtiges Ausgangsprodukt für die Herstellung von Acetessigsäure-Derivaten, die durch sauer oder alkalisch katalysierte Addition, d. h. Öffnung des β-Lactonringes mit Alkoholen, Ammoniak, Aminen, Hydrazinen u. a., entstehen.

Acetessigsäureanilide, die am Phenylring substituiert sind, finden ebenso wie die aus Diketen und substituierten Phenylhydrazinen herstellbaren Pyrazolonderivate breiten Einsatz als Farbstoff- und Pharmazwischenprodukte.

3. für Additionsreaktionen, z. B.
mit HCHO zu Propiolacton
mit $CH_3CH=CHCHO$ zu Sorbinsäure

Das monomere Keten bildet mit Aldehyden β-Lactone, so z. B. mit Formaldehyd in Gegenwart von $AlCl_3$ das β-Propiolacton:

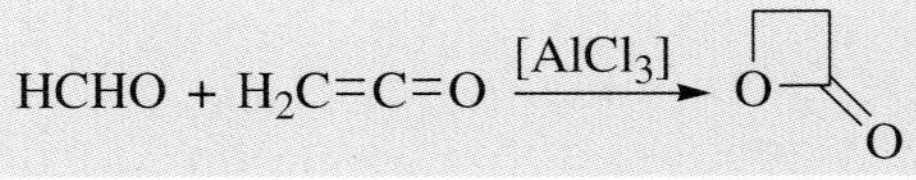

(56)

Mit Crotonaldehyd reagiert Keten zu einem β-Lacton, das sich zu einem Polyester stabilisieren kann (vgl. Sorbinsäure, Abschn. 7.4.3).

7.4.3 Aldolkondensation des Acetaldehyds und Folgeprodukte

Acetaldehyd-„Homoaldolisierung" zu β-Hydroxybutyraldehyd (Acetaldol)

Außerdem auch „Coaldolisierung", z. B. mit HCHO zu Pentaerythrit (vgl. Abschn. 8.3.1)

Acetaldehyd kann als Aldehyd mit einem aktivierten α-H-Atom in charakteristischer Weise zum Dimeren, dem Acetaldol, reagieren:

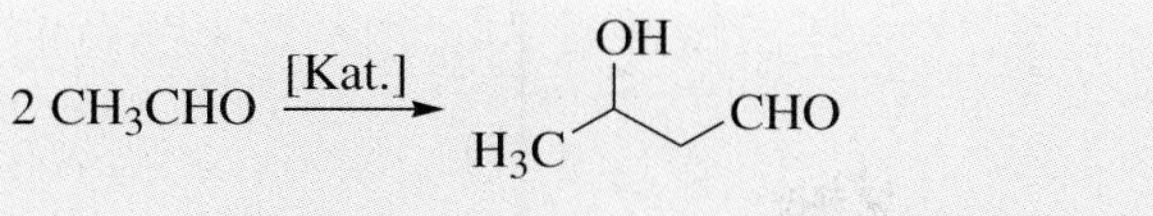

(57)

(ΔH = -113 kJ/mol)

Acetaldehyd wird dazu, analog einem alten IG-Verfahren, bei 20–25 °C in einem Strömungsrohr mit einer Verweilzeit von einigen Stunden in Gegenwart von verdünnter Natronlauge umgesetzt. Die Aldolisierungsreaktion wird nur bis zu einem Acetaldehyd-Umsatz von 50–60 % geführt, um Harzbildung und andere Neben- und Folgereaktionen zu verringern. Die Umsetzung wird durch Zusatz von Essigsäure oder H_3PO_4 gestoppt. Acetaldol wird dann nach Ausdampfen von nicht umgesetztem Acetaldehyd als etwa 73-proz. wässrige Lösung erhalten. Die Selektivität zum Aldol erreicht etwa 85 %. Als Nebenprodukt bildet sich praktisch nur Crotonaldehyd.

Verfahrensprinzip der Acetaldolherstellung:

alkalisch katalysierte CH_3CHO-Aldolisierung durch Umsatzbegrenzung (Neutralisation mit Säure) in der Selektivität erhöht

Acetaldol kann unter Vermeidung der sehr leicht eintretenden Wasserabspaltung durch schonende Hydrierung zum 1,3-Butandiol umgesetzt werden, dessen Ester mit längerkettigen Carbonsäuren als Weichmacher genutzt werden. Die weltweite Herstellkapazität für 1,3-Butandiol betrug 1986 etwa 24000 jato.

Zwei Acetaldolverwendungen:

1. 1,3-Butandiol
2. Crotonaldehyd

Die überwiegende Menge dient jedoch zur Herstellung von Crotonaldehyd. Die Dehydratisierung erfolgt sehr leicht in Anwesenheit von wenig Essigsäure, die gleichzeitig Kondensationsreaktionen unterbindet. Man destilliert das Wasser bei etwa 90–110 °C heraus:

Zu 1:

Aldol thermolabil, deshalb schonende Hydrierung zu $CH_3CH(OH)CH_2CH_2OH$

Zu 2:

protonenkatalysierte Aldol-Dehydratisierung zu reaktivem Zwischenprodukt Crotonaldehyd

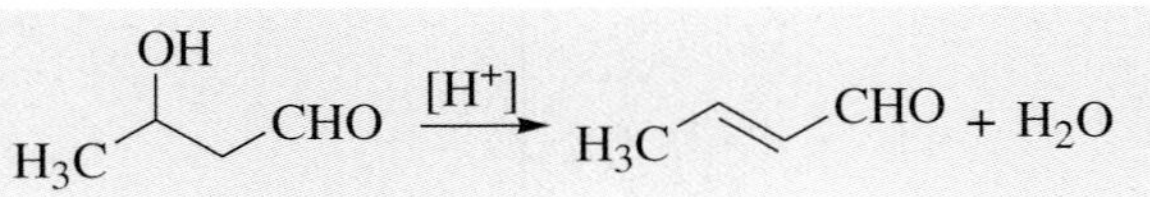

(58)

Der Crotonaldehyd wird in einer zweistufigen Destillation gereinigt. Die Selektivität beträgt etwa 95 % (CH_3CHO).

Crotonaldehyd war früher ein wichtiges Ausgangsmaterial für die partielle Hydrierung zu Butyraldehyd und die weitergehende Hydrierung zu Butanol. Beide Produkte werden heute in den größeren Industrieländern ausschließlich durch Hydroformylierung von Propen hergestellt (vgl. Abschn. 6.1).

Vielfältige Crotonaldehyd-Verwendung wegen aktiver Doppelbindung und Aldehydgruppe durch Folgereaktionen wie:

1. selektive Hydrierung der Doppelbindung zu Butyraldehyd und weiter zu Butanol
2. Additionen an die Doppelbindung
3. Oxidation der Aldehydgruppe zur Crotonsäure

Nur z. B. in Brasilien kann sich auf der Basis von Agrarethanol die Acetaldehyd-Route zur Herstellung von Butanol noch behaupten. Es wird durch Hydrierung des Croton-

Zu 1:

Butyraldehyd/Butanol-Herstellung sowie Folgeprodukt 2-Ethylhexanol nur noch in Ländern mit z. B. preiswertem Agrarethanol

aldehyds an Cu–Cr-Katalysatoren bei 170–180 °C oder mit Ni-Katalysatoren bei niedrigerer Temperatur erhalten.

Ein weiteres Folgeprodukt des Butyraldehyds ist das 2-Ethylhexanol, das durch Aldolkondensation und anschließende Hydrierung darstellbar ist (vgl. Abschn. 6.1.4.3).

Diese mehrstufige Reaktionsfolge vom Acetaldehyd über Butyraldehyd zum 2-Ethylhexanol wird ebenfalls z. B. in Brasilien noch angewendet.

Zu 2:

2.1. Addition von Keten an Crotonaldehyd zu Sorbinsäure

Prinzip des zweistufigen Verfahrens:

homogene Zn- oder Cd-katalysierte Polyesterbildung

thermische oder H^+-katalysierte Depolymerisation zur Sorbinsäure

Crotonaldehyd hat darüber hinaus eine zunehmende Bedeutung zur Herstellung der *trans-trans*-2,4-Hexadiensäure, der sog. Sorbinsäure, erlangt. Crotonaldehyd reagiert mit Keten in einem inerten Lösemittel (z. B. in Toluol) bei 30–60 °C zunächst zu einem Polyester. Als Katalysatoren dienen lösliche Zn- oder Cd-Salze höherer Carbonsäuren. Der Polyester wird dann in der zweiten Stufe durch Thermolyse oder durch protonenkatalysierte Hydrolyse zu Sorbinsäure depolymerisiert:

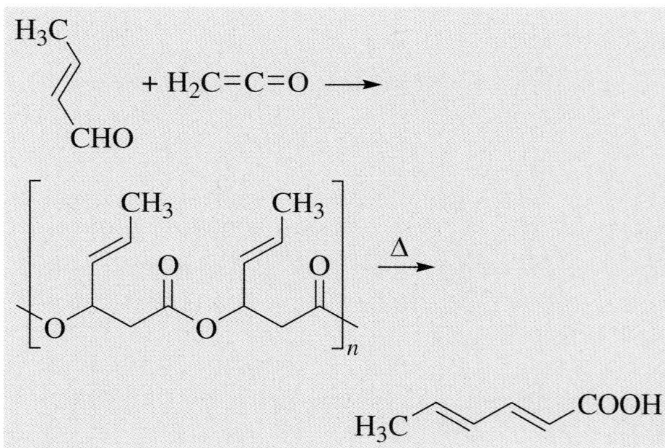

(59)

Sorbinsäureverwendung:

Konservierung von Nahrungs- und Genussmitteln

Technische Sorbinsäureherstellung:

BRD: Hoechst
USA: Monsanto
Japan: mehrere Produzenten

Die Sorbinsäure hat als Säure sowie als Kalium- oder Calciumsalz große Bedeutung zur Konservierung von Nahrungs- und Genussmitteln erlangt. Sie wird in der Bundesrepublik Deutschland von Hoechst hergestellt (Kap. 1998 12000 jato). In USA hat Monsanto 1977 (Kap. 4500 jato) die Sorbinsäureproduktion nach dem Crotonaldehyd-/Keten-Verfahren aufgenommen, nachdem die erste und einzige technische Sorbinsäureanlage in USA bei UCC 1970 stillgelegt worden war. Basis dieser Herstellung war Sorbinaldehyd (2,4-Hexadienal), der durch silberkatalysierte Oxidation in Sorbinsäure übergeführt wurde. Sorbinaldehyd selbst wurde durch Aldolkondensation aus Acetaldehyd in Gegenwart von Salzen sekundärer Amine hergestellt.

In Japan gibt es mehrere Hersteller. Der Weltbedarf an Sorbinsäure wird auf etwa 27–30000 t (1994) geschätzt bei einer Produktionskapazität weltweit von ca. 32000 jato.

Ein weiteres Additionsprodukt an Crotonaldehyd entsteht bei der Umsetzung mit Methanol. Das so erhältliche 3-Methoxybutanal spaltet leicht in die Ausgangsprodukte zurück; es wird daher sofort zum 3-Methoxybutanol hydriert. Zu seiner Herstellung wird ein Überschuss Methanol in Gegenwart von Natronlauge bei Temperaturen unter 5 °C an Crotonaldehyd addiert und das 3-Methoxybutanal ohne Isolierung an Ni- oder bevorzugt Cu-Katalysatoren in der Flüssigphase hydriert:

2.2. Addition von CH_3OH an Crotonaldehyd mit nachfolgender Hydrierung zum 3-Methoxybutanol

Verfahrensprinzip:

alkalisch katalysierte CH_3OH-Addition mit direkter Hochdruck-Blasensäulenhydrierung zum stabilen Alkohol

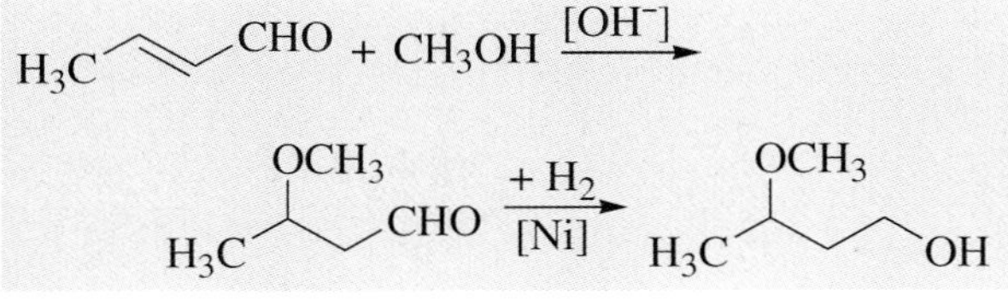

(60)

Die Selektivität zum 3-Methoxybutanol beträgt etwa 90% ($CH_3CH{=}CHCHO$).

Der Etheralkohol ist ein Bestandteil von Hydraulikflüssigkeiten, sein Acetat dient als ausgezeichnetes Lösemittel für Lacke.

3-Methoxybutanol-Verwendung:

1. für Hydraulikflüssigkeiten
2. Lacklösemittel als Acetat

Ein weiteres Folgeprodukt des Crotonaldehyds ist die Crotonsäure. Sie wird durch Flüssigphasenoxidation des Aldehyds mit Luft oder O_2 bei tiefer Temperatur (20 °C) und 3–5 bar hergestellt:

Zu 3:

Crotonaldehyd-Oxidation zur Crotonsäure

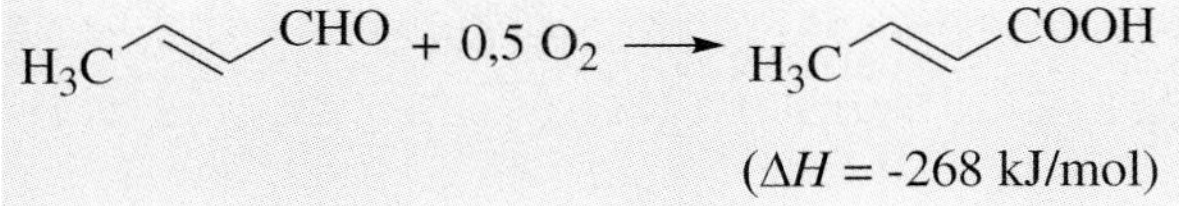

(61)

(ΔH = -268 kJ/mol)

Dabei bildet sich vorwiegend die stabilere *trans*-Crotonsäure mit einer Selektivität von etwa 60% ($CH_3CH{=}CHCHO$). Sie wird in der Bundesrepublik Deutschland von Hoechst, in USA von Eastman Kodak sowie von mehreren Firmen in Japan produziert und dient als Komponente für Copolymerisationen. Ein kleineres Einsatzgebiet ist die Herstellung von Alkydharzen, bei denen Crotonsäure die Verlaufseigenschaften von Lackrohstoffen günstig beeinflusst.

Verfahrensprinzip:

katalysatorfreie Flüssigphasenoxidation über Intermediärprodukt Percrotonsäure

Crotonsäureverwendung:

Comonomeres, Verlaufsmittel bei Alkydharzen

7.4.4 Ethylacetat

Die Herstellkapazitäten für Ethylacetat betrugen 2003 weltweit etwa 1,45 Mio jato und davon entfielen auf Westeuropa, Japan und USA etwa 0,29, 0,24 bzw. 0,14 Mio jato.

Ethylacetat („Essigester") länderabhängig auf zwei Wegen hergestellt:

Von den möglichen Synthesewegen für Ethylacetat kamen bisher nur zwei zum technischen Einsatz. Länderabhängig wurde dazu entweder Ethanol oder Acetaldehyd als Ausgangsprodukt gewählt.

1. Ethanolveresterung mit AcOH, protonenkatalysiert

Dort, wo Ethanol preisgünstig zur Verfügung steht, wird dieses mit Essigsäure in Gegenwart eines sauren Katalysators verestert:

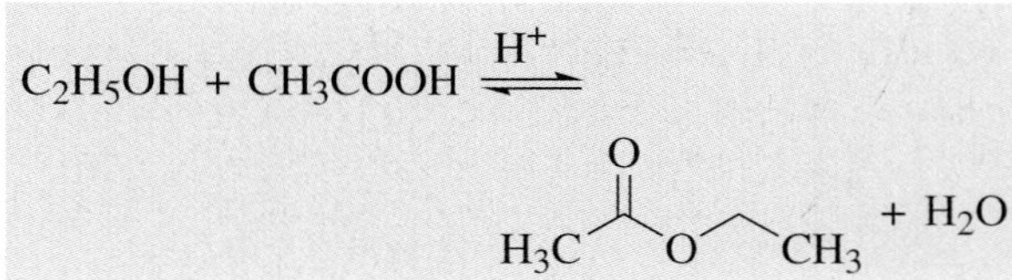
(62)

Wird die Umsetzung in einer Kolonne kontinuierlich durchgeführt, so ist eine Ausbeute von 99 % zu erreichen.

2. Tischtschenko-Reaktion mit Acetaldehyd

In anderen Ländern, in denen Acetaldehyd ausreichend vorhanden ist, wie z. B. in Japan oder in der Bundesrepublik Deutschland, oder wo das Ethanol durch fiskalische Maßnahmen verteuert wird, ist die Tischtschenko-Reaktion des Acetaldeyhds die bevorzugte Verfahrensweise:

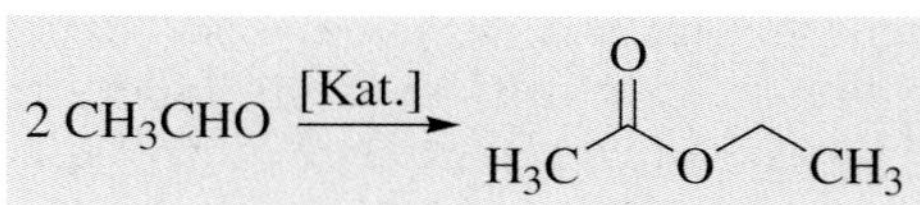
(63)

Verfahrensprinzip von 2:

homogen katalysierte Dismutation, d. h. Überführung eines Aldehyds in die höhere (Säure) und niedere (Alkohol) Oxidationsstufe (Oxidoreduktion)

Verfahrensnachteil:

OH-Gruppen verdrängen OC_2H_5-Liganden am Al und desaktivieren den Katalysator

Als Katalysator dient eine Lösung von Al-Ethylat in einem Ethanol/Ethylacetat-Gemisch mit Zink- und Chloridionen als Promotoren. In dieser Lösung wird unter Kühlung bei 0–5 °C die exotherme Umsetzung des Acetaldehyds durchgeführt. Bei einem 95-proz. Umsatz erreicht die Selektivität etwa 96 % (CH_3CHO). Als Nebenprodukt entsteht Acetaldol, das leicht dehydratisiert wird. Das so gebildete Wasser trägt durch Hydrolyse des Ethylats zu einer schnellen Desaktivierung des Katalysators bei. Eine ökonomisch günstigere Herstellweise für Ethylacetat ist die Addition von Essigsäure an Ethylen unter saurer Festbettkatalyse:

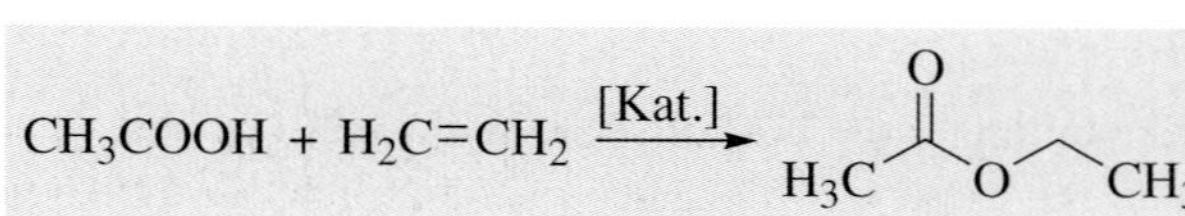
(64)

BP, als der weltweit größte Hersteller von Ethylacetat, hat mit dem Avada-Verfahren diese neue Technologie entwickelt und schon in einer 220000-jato-Anlage 2001 in England zum Einsatz gebracht. Es wird ein saurer Festbettkatalysator verwendet, der mit hoher Aktivität und Selektivität unter bisher nicht genannten Bedingungen die Umsetzung in der Gasphase ermöglicht.

3. Wirtschaftliche Ethylacetat-Herstellung durch Addition von AcOH an $H_2C{=}CH_2$ seit 2001 erstmals realisiert

Ethylacetat wird neben zahlreichen anderen Produkten auch bei der Oxidation von Butan gebildet (vgl. Abschn. 7.4.1.2) und kann auch wirtschaftlich isoliert werden, wie z. B. bis Anfang 1983 bei UCC in USA.

4. Bildung als Nebenprodukt bei der Butanoxidation

Das Ethylacetat ist ein wichtiges Lösemittel, das vor allem in der Lackindustrie verwendet wird. Es ist weiterhin ein Extraktionsmittel, z. B. für die Pharmarka- und Antibiotikaherstellung. Produktionszahlen für Ethylacetat in einigen Ländern sind in der nebenstehenden Tabelle aufgeführt.

Ethylacetat-Verwendung:

Lösemittel in der Lackindustrie
Extraktionsmittel

Ethylacetat-Produktion (in 1000 t)

	1992	1994	1999
WE	270	299	305
Japan	165	177	221
USA	135	149	154

7.4.5 Pyridin und Alkylpyridine

Pyridinbasen mit technischer Bedeutung sind das Pyridin selbst, 2-Methylpyridin (2-Picolin) und 2-Methyl-5-ethylpyridin (MEP). 3- und 4-Picolin finden nur eine begrenzte Anwendung. Pyridin wird heute noch teilweise aus Steinkohlenteer isoliert, in dem es zusammen mit niedrigsiedenden Derivaten zu 0,1 Gew.-% vorkommt. Jedoch gewinnen die Synthesen besonders der Alkylpyridine wegen des ansteigenden Bedarfs eine zunehmende Bedeutung.

Technisch wichtige Pyridine:

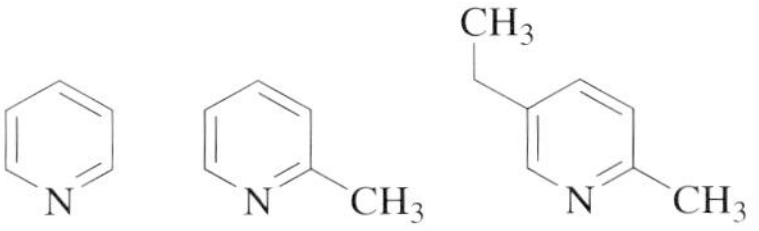

Gewinnungsmethoden:

Pyridin durch Isolierung aus Steinkohlenteer
2-Picolin und MEP synthetisch auf Basis CH_3CHO/NH_3

Die Weltkapazität für synthetische Pyridine betrug 1996 etwa 105000 jato, davon entfielen auf Westeuropa, USA und Japan etwa 47000, 36000 bzw. 18000 jato. In Europa produziert die Reilly Chemicals in Belgien, als weltweit größter Hersteller, derzeit synthetische Pyridine in einer Anlage mit einer Herstellkapazität von 17000 jato.

Von den zahlreichen bisher bekannt gewordenen Verfahren haben die mit der Basis Acetaldehyd, allein oder zusammen mit Formaldehyd, und Ammoniak die größte Bedeutung erlangt (vgl. Pyridin und 3-Picolin aus Acrolein, Abschn. 11.1.6).

Aufbauprinzip:

C_2-Aldehyd liefert Alkylpyridine mit gerader C-Zahl
Gemische von C_2- und C_1-Aldehyden liefern Pyridin und Alkylpyridine mit ungerader C-Zahl

Die Herstellung von 2-Methyl-5-ethylpyridin ist die einfachste und zugleich die mit wirtschaftlich vertretbarer

Selektivität ablaufende Reaktion, die auch als Erste technische Anwendung gefunden hat.

Mit gleichen Einsatzprodukten (CH_3CHO bzw. Paraldehyd, NH_3) zwei verschiedene Verfahrensweisen:

1. Flüssigphase
2. Gasphase

Im kontinuierlich durchgeführten Prozess wird Acetaldehyd direkt oder in Form des Paraldehyds mit einer wässrigen 30- bis 40-proz. Ammoniaklösung in der Flüssigphase in Gegenwart von Ammoniumacetat als Katalysator bei 220–280 °C und 100–200 bar umgesetzt:

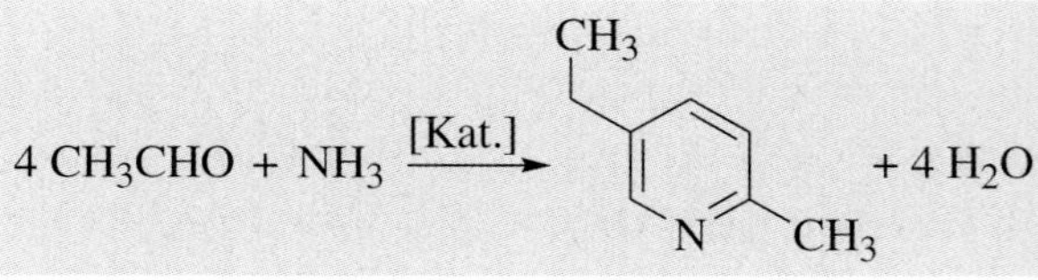

(65)

Zu 1:

homogen katalysierte Flüssigphasen-Druckreaktion (bevorzugt für MEP)

Das Reaktionsprodukt ist zweiphasig. Die wässrige Phase wird größtenteils in die Umsetzung zurückgeführt, die organische Phase wird destillativ mittels Azeotrop- und Vakuumdestillationen aufgearbeitet.

Die Selektivität zum 2-Methyl-5-ethylpyridin erreicht 70 % (Acetaldehyd). Als Nebenprodukte entstehen 2- und 4-Picolin etwa im Verhältnis 3 : 1 und höhere Pyridinbasen.

Zu 2:

heterogen katalysierte Gasphasen-Normaldruckreaktion (bevorzugt für 2- und 4-Picolin)

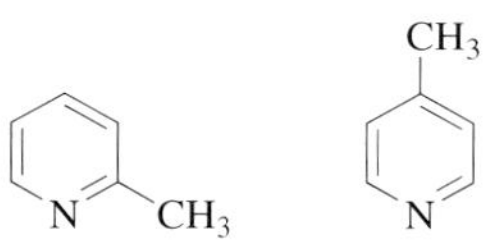

Arbeitet man in der Gasphase mit Al_2O_3 oder $Al_2O_3 \cdot SiO_2$ als Katalysatoren, die weitere Promotoren enthalten können, so bilden sich aus Acetaldehyd und Ammoniak bei Normaldruck und 350–500 °C bevorzugt 2- und 4-Picolin in etwa gleichem Verhältnis.

Pyridinherstellung aus CH_3CHO, HCHO, NH_3 technisch genutzt

Wird ein Gemisch von Acetaldehyd und Formaldehyd zusammen mit NH_3 in der Gasphase umgesetzt, so erhält man Pyridin und 3-Picolin:

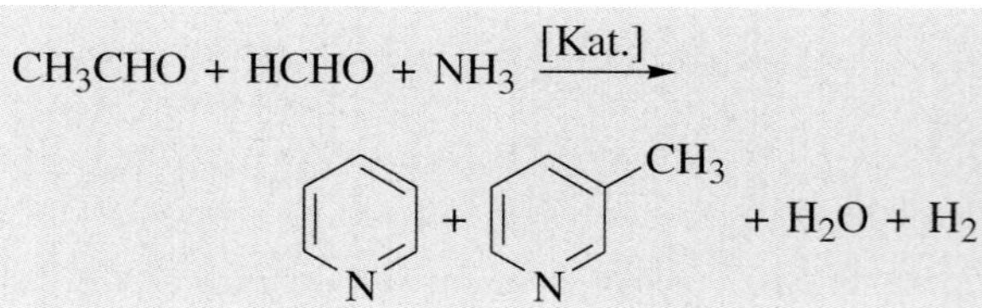

(66)

Als Katalysator wird in neueren Anlagen ein ZSM-5-Zeolith verwendet.

Das Verhältnis der eingesetzten Aldehyde bestimmt dabei das Verhältnis der Reaktionsprodukte. Auch diese Route wird industriell genutzt.

DSM hat 1977 die Produktion von 2-Picolin in einer Anlage mit einer Kapazität von 5000 jato (1991) auf einem neuen, mehrstufigen selektiven Weg aufgenommen. Danach wird in der ersten Stufe Aceton basisch katalysiert (Isopropylamin) mit Acrylnitril zum 5-Oxohexansäurenitril mit über 80-proz. Selektivität (Aceton, Acrylnitril) umgesetzt. Dieses wird anschließend in Gegenwart von Wasserstoff an Metallträgerkatalysatoren, z. B. Ni/SiO_2 oder Pd/Al_2O_3, in der Gasphase zum 2-Picolin bzw. zu dessen Hydrierprodukten unter Wasserabspaltung cyclisiert:

Alternative 2-Picolin-Herstellung mehrstufig:

1. Cyanethylierung von Aceton
2. cyclisierende Dehydratisierung mit Dehydrierung

Technische Anwendung durch DSM

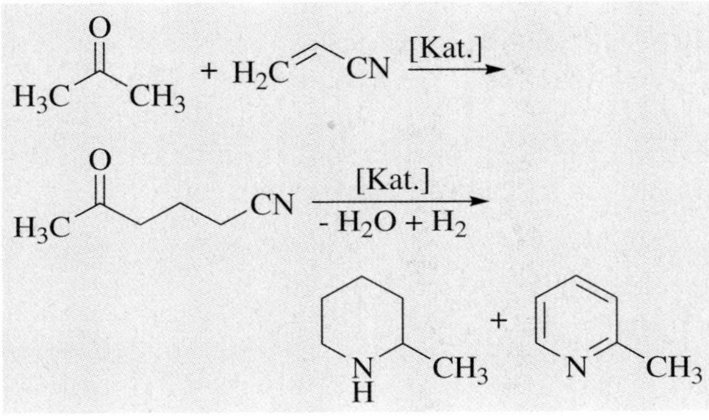

(67)

Ein neueres, von Nippon Steel Chemical Co. vorgestelltes Herstellverfahren für 2-Picolin und 2-Methyl-5-ethylpyridin ist bisher noch ohne technische Anwendung, es geht jedoch anders als alle bisherigen Verfahren direkt von Ethylen aus. Dieses wird zusammen mit NH_3 in Gegenwart ammoniakalischer Palladiumsalzlösung und einem Cu-Redoxsystem bei 100–300 °C und 30–100 bar zu den beiden Alkylpyridinen mit einer Selektivität von zusammen 80 % (Ethylen) umgesetzt:

Potenzielle alternative Alkylpyridin-Herstellung durch homogene Pd-katalysierte $H_2C{=}CH_2/NH_3$-Umsetzung technisch noch nicht genutzt

Reaktionsprinzip als intermediäre CH_3CHO-Bildung nach Wacker-Hoechst deutbar

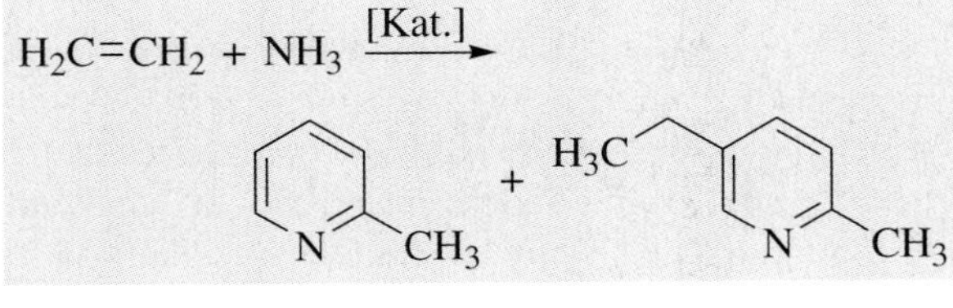

(68)

Die Hauptverwendung findet 2-Methyl-5-ethylpyridin zur Herstellung von Nicotinsäure (Pyridin-3-carbonsäure, Niacin) durch Oxidation mit Salpetersäure und anschließender selektiver Decarboxylierung der Carboxylgruppe in 2-Stellung:

Verwendung der Alkylpyridine:

MEP für Nicotinsäure als Provitamin zum Nicotinamid (Antipellagra-Vitamin B_3 und Enzymbaustein)

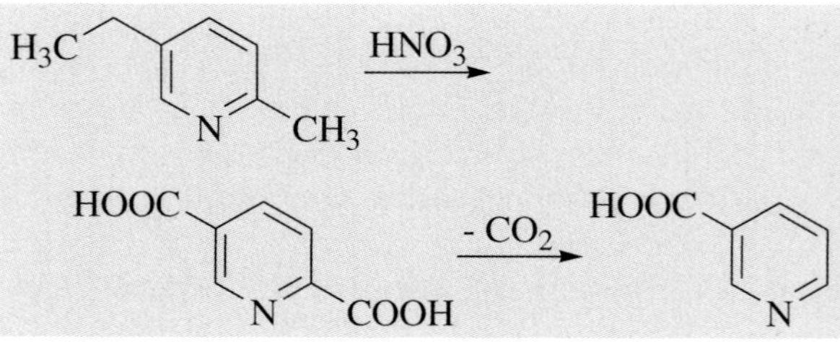

(69)

Kennzeichen der Nicotinsäureherstellung:

25 % C-Verlust durch Oxidation/Decarboxylierung, jedoch hohe Selektivität in 2. Stufe, da CO_2 zunehmend leichter aus Positionen 2, 4, 3 thermisch abspaltbar ist

Nicotinsäure und ihre Derivate, z. B. das Nicotinsäureamid, rechnet man zum Vitamin-B-Komplex. Sie haben bevorzugt pharmazeutische Bedeutung und sind Zusatzstoffe zu Nahrungs- und Futtermitteln. Nicotinsäureamid wird dazu aus Nicotinsäureestern durch Umsetzung mit NH_3 hergestellt. Eine alternative Route ist die vielfach untersuchte Ammonoxidation von 3-Picolin zum Nicotinsäurenitril und nach partieller Hydrolyse zum Nicotinsäureamid:

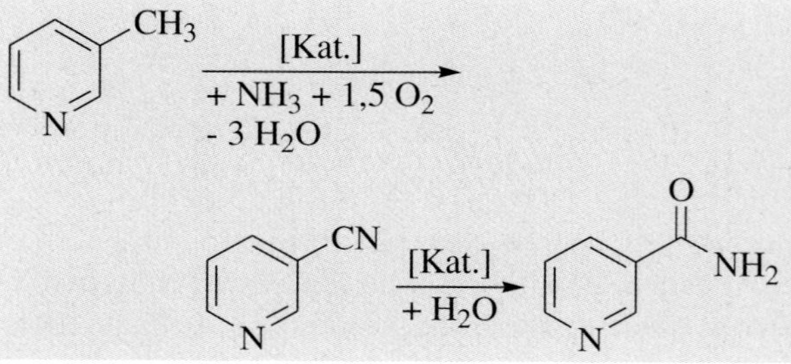

(70)

Eine erste technische Anlage nach diesem Herstellprinzip ist bei der Degussa 1983 in Antwerpen in Betrieb gegangen. Der Weltbedarf an Nicotinsäure und ihren Derivaten wird derzeit weltweit auf etwa 10000 jato geschätzt, davon etwa 45 % in USA, 30 % in Westeuropa und 10 % in Japan.

2-Picolin für 2-Vinylpyridin über 2-Hydroxyethylpyridin:

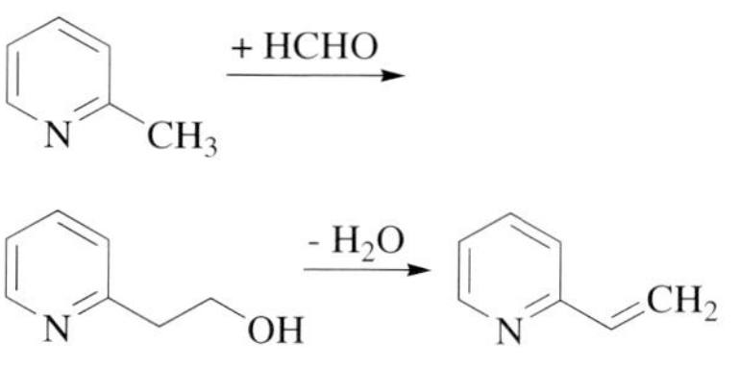

2-Picolin ist ein Ausgangsprodukt für das 2-Vinylpyridin, ein Comonomeres, das zusammen mit Butadien und Styrol in Copolymeren für die Haftung zwischen Synthesefasern und Kautschuk in der Reifenindustrie verwendet wird. Darüber hinaus finden Pyridinderivate Einsatz bei der Synthese von Herbiziden und zahlreichen Pharmazeutika.

8 Alkohole

8.1 Niedere Alkohole

Methanol, Ethanol, Isopropanol und die Butanole gehören zu den technisch wichtigsten niederen Alkoholen. Allylalkohol muss wegen seiner steigenden praktischen Bedeutung ebenfalls dieser Reihe zugerechnet werden. Als ungesättigte Verbindung mit Allylstruktur wird er in Abschnitt 11.2.2 besprochen. Amylalkohole finden eine geringere, aber steigende Anwendung.

Technisch wichtige niedere Alkohole:

CH_3OH
C_2H_5OH
$i\text{-}C_3H_7OH$
C_4H_9OH (*n*-, *i*-, *sek.*-, *tert.*-)

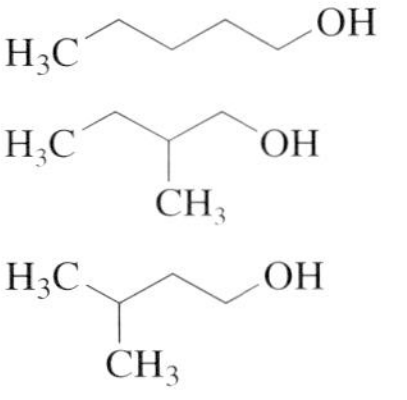

Methanol ist in allen Industrieländern der mengenmäßig bedeutendste Alkohol. Als C_1-Basisprodukt und wegen seiner ausschließlichen Herstellung aus Synthesegas wurde er schon in Abschnitt 2.3.1 vorgestellt. Isopropanol folgt dann mit deutlich geringerer Produktion als Methanol an zweiter Stelle. Den dritten Platz unter den niederen Alkoholen nimmt Ethanol in den Ländern ein, in denen wie z. B. in USA oder England sein Preis durch Angebot und Nachfrage geregelt wird.

Produktionsrangfolge niederer Alkohole:

USA	Westeuropa
Methanol	Methanol
Isopropanol	Butanole
Ethanol	Isopropanol
Butanole	Ethanol

In einigen Ländern Westeuropas, so vor allem in der Bundesrepublik Deutschland, aber auch z. B. in Japan, wurde zum Schutz des Agrarethanols (Fermentationsethanol) aus der Vergärung pflanzlicher Produkte die Vermarktung des Syntheseethanols von einer Monopolverwaltung gesteuert. Darum haben in diesen Ländern die Verwendung des Ethanols und sein Preis keine marktgerechte Entwicklung nehmen können. Allerdings sind seit 1978 Erleichterungen im Vertrieb von Syntheseethanol eingetreten.

Ethanol in BRD (und wenigen anderen Ländern) ohne freie Entwicklung wegen:

1. Branntweinmonopols mit C_2H_5OH-Steuer zum Schutz des Agraralkohols
2. Nichtzulassung des Syntheseethanols für Genusszwecke in EG-Ländern

8.1.1 Ethanol

Die Herstellkapazitäten für Syntheseethanol betrugen 1998 weltweit etwa 2,6 Mio jato; davon entfielen auf USA, Westeuropa, Bundesrepublik Deutschland und Japan ca. 0,59, 0,58, 0,14 bzw. 0,11 Mio jato. In den gleichen Ländern lagen die Herstellkapazitäten für Fermentationsethanol bei ca. 5,6, 0,56, 0,14 bzw. 0,16 Mio jato.

Industrielle Organische Chemie: Bedeutende Vor- und Zwischenprodukte, 6. Auflage, Hans-Jürgen Arpe

ISBN: 978-3-527-31540-6

Syntheseethanol-Produktion (in 1000 t)

	1990	1993	1998
USA	215	308	210
WE	445	499	471
Japan	90	77	84
BRD	104	155	33

1997 wurden weltweit etwa 24,1 Mio jato Ethanol aus Agrarprodukten wie Zuckerrohrmelasse, Maisstärke oder aus Produkten der Holzverzuckerung und aus Sulfitablaugen durch Fermentation erzeugt. Der überwiegende Anteil aller Anlagen befindet sich in Brasilien, Indien und USA. Weitere Erzeugerländer sind Japan, Mexiko, Südafrika, Indonesien und einige westeuropäische Staaten. In den letzten Jahren nimmt die Tendenz zur Verwendung von Agrarprodukten als nachwachsenden Rohstoffen auf verschiedenen Sektoren zu (z. B. höhere Alkohole auf Basis von Ölen und Fetten, vgl. Abschn. 8.2). Produktionszahlen für Syntheseethanol sind der nebenstehenden Tabelle zu entnehmen.

Ethanol wird industriell überwiegend aus Ethylen nach zwei Verfahren hergestellt:

C_2H_5OH-Herstellung:

1. indirekt über Schwefelsäureester und anschließende Hydrolyse
2. direkt durch protonenkatalysierte Hydratisierung von Ethylen

1. durch indirekte Hydratisierung über die Addition von H_2SO_4 mit anschließender Verseifung der Schwefelsäureester und
2. durch direkte katalytische Hydratisierung.

Kennzeichen des H_2SO_4-Verfahrens:

1.1. stufenweise (evtl. auch katalysierte) C_2H_4-Absorption in konz. H_2SO_4 unter Druck in Glockenbodenreaktoren oder Blasensäulen

Die indirekte Hydratisierung wird seit 1930 industriell durchgeführt. Ethylenhaltige Gase, die im Ethylengehalt zwischen 35 und 95 % varriieren dürfen, werden in einem System von mehreren Absorptionstürmen bei 55–80 °C und 10–35 bar mit ca. 94–98-proz. H_2SO_4 umgesetzt. Diese Stufe kann durch Ag_2SO_4 katalysiert werden. In exothermer Reaktion bilden sich Mono- und Diethylsulfat:

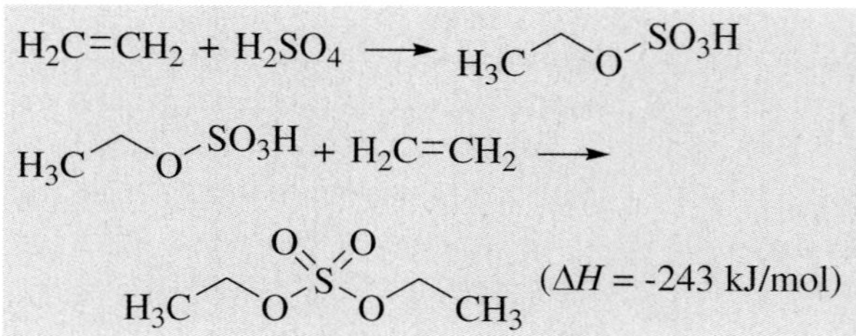

(1)

1.2. Hydrolyse nach Verdünnung (sonst Rückreaktion zu C_2H_4) bei erhöhter Temperatur

Beide Schwefelsäureester werden anschließend nach Einstellen einer H_2SO_4-Konzentration auf 45–60 Gew.-% in säurefest ausgekleideten Türmen zwischen 70 und 100 °C zu Ethanol hydrolysiert. Dabei entsteht in Abhängigkeit von den Hydrolysebedingungen – besonders mit höherer Temperatur – als Nebenprodukt zunehmend Diethylether:

$$C_2H_5OSO_3H \text{ bzw. } (C_2H_5O)_2SO_2 + H_2O \longrightarrow C_2H_5OH + (C_2H_5)_2O \qquad (2)$$

Die verdünnte H_2SO_4 wird mithilfe von Tauchbrennern in Gusseisenapparaturen aufkonzentriert, die mit einer in der Schwefelsäure offen brennenden Flamme das Wasser verdampfen und dabei auch geringe Mengen an SO_2 produzieren.

Nachteile der H_2SO_4-Methode:

1. Korrosionsprobleme
2. Aufkonzentrierung der H_2SO_4 ab 70 % bis >90 % kostenintensiv
3. Tauchbrenner produziert SO_2 im Abgas

Die Ethanolselektivität beträgt etwa 86 % (C_2H_4).

Diese Ethylsulfat-Route wird z. B. in USA aus wirtschaftlichen Gründen seit 1974 nicht mehr betrieben. Auch in Westeuropa wurde die letzte Anlage Mitte der achtziger Jahre in Frankreich stillgelegt.

Eine wesentliche Verbesserung der Aufarbeitung verdünnter Schwefelsäure auch aus anderen Produktionsprozessen konnte durch das Bertrams/Bayer-Verfahren erreicht werden.

Verbesserung der H_2SO_4-Methode:

Rekonzentrierung und evtl. Reinigung der H_2SO_4 ab 20 % bis ca. 96 % zweistufig:

1. Fallfilmverdampfer 20 → 78 %
2. Zwangsumlaufkonzentrator 78 → 96 %

Die wässrige Schwefelsäure wird dabei in der letzten Stufe in einem Zwangsumlaufkonzentrator aus emailliertem Stahl aufkonzentriert und – falls notwendig – durch Zugabe eines Oxidationsmittels (zumeist 65-proz. HNO_3) von organischen Verunreinigungen befreit, ohne dass unerwünschte Abgase entstehen.

Zahlreiche technische Anwendungen liegen bereits vor.

Die katalytische Hydratisierung von Ethylen wurde zum ersten Mal 1947 von Shell kommerziell genutzt. Die Wasseranlagerung wird in der Gasphase bevorzugt an sauren Katalysatoren durchgeführt:

$$H_2C{=}CH_2 + H_2O \xrightleftharpoons{[H^+]} C_2H_5OH \quad (\Delta H = -46\ \text{kJ/mol}) \qquad (3)$$

Es haben sich besonders H_3PO_4/SiO_2-Katalysatoren in verschiedenen Verfahren bewährt. Übliche Prozessbedingungen sind z. B. 300 °C, 70 bar und eine kurze Verweilzeit, um die Bildung von Nebenprodukten wie Diethylether und Ethylenoligomere gering zu halten. Unter diesen Temperatur- und Druckbedingungen werden nur etwa 30 % der Ethanolkonzentration erreicht, die bei vollständiger Einstellung des Gleichgewichts möglich wäre. Auch die Erhöhung des Wasserdampf-Partialdrucks ist begrenzt, weil sich gleichzeitig damit die Aktivität des Katalysators vermindert und die Lebensdauer durch Austrag der Phosphorsäure verkürzt. Es kann somit nur ein Molverhältnis Wasser zu Ethylen von 0,6 : 1 verwendet werden. Der Ethylenumsatz beträgt dabei nur etwa 4 %. Da das Ethylen vielfach rezirkuliert werden

Kennzeichnen der katalytischen Hydratisierung:

heterogener Gasphasenprozess mit vorzugsweise H_3PO_4/SiO_2-Katalysator unter Protonierung des Ethylens zum Ethylcarbeniumion als erster Stufe

als exotherme, unter Volumenverminderung verlaufende Reaktion durch hohen Druck (besonders H_2-Partialdruck) und niedrige Temperatur begünstigt, jedoch durch Lebensdauer bzw. Arbeitstemperatur des Katalysators begrenzt muss, um eine wirtschaftliche Ausnutzung zu erreichen, ist entweder eine hohe Reinheit erforderlich, oder es muss durch einen höheren Abgasanteil eine zu starke Inertgasanreicherung im Kreisgas vermieden werden. Der Gasstrom aus dem Reaktor wird zur Abtrennung der kondensierbaren Produkte abgekühlt und das zurückgeführte Ethylen wird erneut auf Reaktionstemperatur aufgeheizt. Der wässrige Rohalkohol wird aufkonzentriert und durch extraktive Destillation gereinigt.

C_2H_5OH-Isolierung aus verdünnter wässriger Lösung:

1. H_2O-Azeotrop-Destillation mit 95 % C_2H_5OH im Destillat
2. Entwässerung mit Zusatz eines Schleppmittels (z. B. Benzol)

Die Selektivität zu Ethanol beträgt 97 %. Bekannte Verfahren dieser Art wurden z. B. von BP, Shell, UCC, USI und Veba (jetzt Hüls) entwickelt. Einzelanlagen können eine Herstellkapazität bis zu 380000 jato erreichen.

Nachteile der katalytischen Hydratisierung:

1. geringer C_2H_4-Umsatz
2. hohe C_2H_4-Reinheit erforderlich
3. ständiger H_3PO_4-Austrag
4. hoher Energieverbrauch

Die für den katalytischen Prozess notwendige hohe Ethylenreinheit und der geringere Umsatz sind wesentliche Nachteile des sonst eleganten Verfahrens. Sie sind auch der Grund dafür, dass der ältere H_2SO_4-Prozess heute noch konkurrenzfähig sein kann.

Direkte Kopplung der C_2H_5OH-Herstellkosten an C_2H_4-Preise erhöht Interesse an alternativer Herstellung

Für die zukünftige Entwicklung im Hinblick auf das wirtschaftlichste Ethanolverfahren spielen neben Abwasserfragen beim H_2SO_4-Prozess und Verfahrenskosten eines mit niedrigem Umsatz verlaufenden katalytischen Prozesses vor allem der Preisdruck durch das Ethylen und seine Basis Erdöl oder Erdgas eine wichtige Rolle.

CH_3OH-Homologisierung als Aufbaureaktion mit CO/H_2 zu CH_3CHO oder mit In-situ-Hydrierung direkt zu C_2H_5OH vielfach untersucht, technisch noch nicht genutzt

Neuentwicklungen basieren daher vor allem auf Synthesegas mit seiner unterschiedlichen Herstellbasis. Eine Route ist die sog. Homologisierung, bei der Methanol mit CO/H_2 in Gegenwart von Rh bzw. Co enthaltenden Mehrkomponentenkatalysatoren in der Flüssig- oder auch in der Gasphase umgesetzt wird. Je nach Reaktionsbedingungen und Einsatz von Katalysatoren kann bevorzugt Acetaldehyd oder Ethanol erhalten werden. Eine technische Anwendung steht noch aus (vgl. Abschn. 2.3.1.2).

Historische alkoholische Gärung (Basis Kohlenhydrate, Sulfitablaugen) mit neueren Aspekten:

1. Verbreiterung der Rohstoffbasis (auch andere nachwachsende Biomasse oder kommunaler Abfall)
2. Entwicklung der Verfahrenstechnik (strömungstechnisch optimierte Fermenter im kontinuierlichen Prozess)
3. Erhöhung der Fermentationsgeschwindigkeit (simultane C_2H_5OH-Entfernung)

Es ist darum folgerichtig, dass neben der heute betriebenen alkoholischen Gärung von Kohlenhydraten und Sulfitablaugen die Verwertung allen geeigneten biologischen Materials durch Vergärung stärker berücksichtigt wird. Besonderes Interesse haben verfahrenstechnische Entwicklungen zur kontinuierlichen Durchführung und damit zur Steigerung der Wirtschaftlichkeit von Fermentationsprozessen. So kann die Raum-Zeit-Ausbeute an Ethanol erhöht werden, wenn der inhibierende Effekt steigender Ethanolkonzentration auf die Fermentation, z. B. durch simultanes Abdestillieren des Ethanols bei Unterdruck, durch selektive Abtrennung von

Ethanol mit Membranen oder durch kontinuierliche Extraktion mit Lösemitteln, wie z. B. Dedecanol, verringert wird.

Die Ethanolproduktivität kann auch durch Einsatz von Schlaufenreaktoren mit intensiver Durchmischung des dreiphasigen Systems, mit einer hohen Hefekonzentration und insgesamt kontinuierlicher Prozessführung wesentlich verbessert werden.

C_2H_5OH-Verwendung:

noch Basis für CH_3CHO, $H_2C{=}CH_2$
Lösemittel
Esterkomponente
Benzinzusatz
C-Quelle für Einzellerproteine (SCP)

Ethanol war in einigen Ländern, wie z. B. in USA, England und der Bundesrepublik Deutschland, ein wichtiges Ausgangsprodukt für Acetaldehyd. Allerdings ist dieser Anteil stark rückläufig (z. B. letzte Anlage in USA 1983 gestoppt), da für Essigsäure, als das hauptsächliche Folgeprodukt des Acetaldehyds, die Methanolcarbonylierung wirtschaftlich vorteilhafter ist. In Ländern wie z. B. Brasilien, Indien, Pakistan und Peru wird Fermentationsethanol zur Ergänzung des petrochemisch erzeugten Ethylens auch heute noch an aktiviertem Aluminiumoxid, Aluminiumsilicat oder an H_3PO_4-imprägnierten Katalysatoren in Festbettreaktoren bei 300–360 °C zu Ethylen dehydratisiert. Weiterhin ist Ethanol Lösemittel und Esterkomponente, zunehmend wird Ethanol dem Fahrbenzin zugesetzt. So wurden außer in Brasilien als dem ersten Land, das Fermentationsethanol in größerem Maß dafür nutzt (1993 wurden ca. 4 Mio Kfz. mit Ethanol angetrieben), auch z. B. in USA im Rahmen des Gasohol-Projektes (Ethanolverwendung im Gasolin) 1985 schon etwa 5 % des Benzinbedarfs durch Ethanol abgedeckt. Auf die Gesamtverwendung des Ethanols bezogen, betrug in USA der Anteil für das Benzin etwa 92 Gew.-% (2000); in Westeuropa und Japan wird kein Ethanol im Benzin verwendet. Wie Methanol kann auch Ethanol zur Produktion von SCP eingesetzt werden (vgl. Abschn. 2.3.1.2). So wurden in der ehemaligen CSSR 4000 jato SCP auf Ethanolbasis produziert und auch in USA ist eine 7000-jato-SCP-Anlage von Amoco zur Erzeugung von Torula-Hefe mit 53 % Proteingehalt aus hochreinem Ethanol in Betrieb.

Technisch wichtige Ester des Ethanols:

Ethylchlorid
Ethylacetat

Herstellung von Ethylchlorid nach drei Routen:

1. Ethanolveresterung mit HCl
2. Ethanchlorierung
3. Ethylenhydrochlorierung mit größter technischer Bedeutung

Von den Estern des Ethanols haben vor allem Ethylchlorid und Ethylacetat (vgl. Abschn. 7.4.4) eine technische Bedeutung. Vergleichsweise bestanden 1995 noch Herstellkapazitäten für Ethylchlorid in Westeuropa, USA, Bundesrepublik Deutschland und Japan von etwa 112000, 60000, 22000 bzw. 5000 jato, die aber beträchtlich zurückgegangen sind, wie nachfolgend bei der Verwendung des Ethylchlorids ausgeführt wird. Die Veresterung von Ethanol mit Chlorwasserstoff oder konzentrierter Salzsäure kann wie beim Methanol in der Flüssigphase oder der Gasphase vorgenommen werden. Als Katalysatoren werden entweder Mineralsäure oder Lewis-Säuren wie $ZnCl_2$, $FeCl_3$, $BiCl_3$, $AlCl_3$ oder $SbCl_5$ verwendet. Wie bei der Methanol-Hydrochlorierung ist auch Al_2O_3 geeignet.

Prinzip der Ethanolveresterung:

homogen katalysierte Flüssig- bzw. Gasphasenreaktion mit HCl in Gegenwart von Friedel-Crafts-Katalysatoren

Ethylchlorid wird heute zumeist nach zwei weiteren Verfahren, der Chlorierung von Ethan bzw. der Hydrochlorierung von Ethylen, hergestellt, die hier kurz angeführt werden sollen.

Prinzip der Ethanchlorierung:

katalysatorfreie Gasphasenchlorierung mit Bevorzugung der Monochlorierung, da C_2H_6 schneller chloriert, als C_2H_5Cl weiterchloriert wird

Die Ethanchlorierung wird analog der Methanchlorierung bei 300–450 °C und leichtem Überdruck rein thermisch durchgeführt. Aus kinetischen Gründen ist die Monochlorierung vor der Weiterchlorierung begünstigt, so dass bei einem zusätzlichen, überstöchiometrischen Ethan/Chlorverhältnis von 3–5 : 1 eine hohe Ethylchlorid-Selektivität erreicht werden kann.

Nutzung des HCl-Anfalls aus der Ethanchlorierung:

1. Oxychlorierung des Ethans möglich, aber technisch nicht genutzt
2. HCl-Verbund durch Ethylenhydrochlorierung technisch verwendet

Merkmal des $C_2H_6/C_2H_4{-}Cl_2/HCl$-Verbundverfahrens:

keine Bildung von $ClCH_2CH_2Cl$ (EDC) aus $H_2C{=}CH_2$ und Cl_2 bei hoher Temperatur (400 °C)

Die Addition von Chlorwasserstoff an Ethylen liefert praktisch keine Nebenprodukte und kann bei Kombination mit der Ethanchlorierung durch Ausnutzung des dort frei werdenden Chlorwasserstoffs in den sog. integrierten Verfahren sehr wirtschaftlich durchgeführt werden. Da Ethylen bei 400 °C kaum Chlor addiert, kann Ethan in Anwesenheit von Ethylen chloriert und nach Abtrennen des Ethylchlorids kann dann Ethylen im Gasgemisch in einem zweiten Reaktor katalytisch hydrochloriert werden:

$$\begin{array}{l} H_2C{=}CH_2 \\ H_3C{-}CH_3 \end{array} + Cl_2 \xrightarrow{400\,°C}$$

$$\begin{array}{l} H_2C{=}CH_2 \\ H_3C{-}CH_2Cl \end{array} + HCl \xrightarrow[\text{[Kat.]}]{150\text{-}250\,°C} 2\,H_3C{-}CH_2Cl \qquad (4)$$

Ein Kombinationsverfahren dieser Art wurde von Shell entwickelt.

Prinzip der Ethylenhydrochlorierung:

alternativ homogen Flüssigphasen- oder heterogen Gasphasen-HCl-Addition an Ethylen

Die Hydrochlorierung des Ethylens ist die bei weitem bevorzugte Herstellung für Ethylchlorid. So wurden z. B. in USA ab 1979 alle anderen Verfahren aufgegeben. Sie kann entweder in der Flüssigphase bei 30–90 °C und 3–5 bar in Gegenwart von Friedel-Crafts-Katalysatoren wie $AlCl_3$ oder $FeCl_3$ oder in Neuanlagen überwiegend in der Gasphase an Trägerkatalysatoren mit vorgenannten Metallchloriden als aktiver Komponente bei 130–250 °C und 5–15 bar mit Selektivitäten von 98–99 % (C_2H_4, HCl) und Umsätzen von 50 % an C_2H_4 und HCl durchgeführt werden.

Verwendung von Ethylenchlorid:

Tetraethylblei (rückläufig)
Ethylcellulose

Ethylchlorid wurde größtenteils, z. B. in USA etwa 85 %, in Westeuropa etwa 65 %, für die Tetraethylblei-Herstellung als

Antiklopfmittel verwendet. Die Produktionszahlen für Tetraethylblei wie auch für Tetramethylblei (vgl. Abschn. 2.3.6.1) sind allerdings deutlich rückläufig, da viele Länder den Zusatz zum Benzin aus Umweltschutzgründen verringert bzw. aufgegeben haben. In der nebenstehenden Tabelle sind vergleichsweise die Produktionszahlen für die USA aufgeführt. Daneben wird Ethylchlorid überwiegend als Ethylierungsmittel, z. B. für Cellulose, sowie als Löse- und Extraktionsmittel eingesetzt. In der Medizin wird es zur Lokalanästhesie verwendet.

Alkylierungs-, Löse- und Extraktionsmittel
Lokalanästhetikum

Ethylchloridproduktion (in 1000 t)

	1970	1980	1990	1995
USA	308	180	68	34

8.1.2 Isopropanol

Die erste technische Herstellung des Isopropanols (IPA) oder 2-Propanols durch Wasseranlagerung an Propen erfolgte 1920 in USA durch Standard Oil of New Jersey. Es war zugleich auch das erste Beispiel für die Herstellung einer auf einem Raffinerieprodukt basierenden Petrochemikalie.

Allgemeines Prinzip der H_2O-Addition an Olefine:

Hydratisierung von α-Olefinen (außer bei C_2H_4) führt zu sek.- und tert.-Alkoholen (analog Regel von Markownikoff)

Die weltweite Herstellkapazität für Isopropanol betrug 2004 etwa 2,13 Mio jato; davon entfielen auf USA, Westeuropa, Bundesrepublik Deutschland und Japan etwa 0,89, 0,68, 0,23 bzw. 0,18 Mio jato.

Die Produktionszahlen für Isopropanol in einigen Ländern sind in der nebenstehenden Tabelle zusammengestellt.

Isopropanol-Produktion (in 1000 t)

	1992	1994	1999
USA	563	658	669
WE	555	570	510
BRD	170	175	150
Japan	122	130	149

Im historischen Prozess erfolgte die Propenhydratisierung mittels H_2SO_4 in der Flüssigphase. Zu diesem auch heute noch ausgeübten Verfahren sind weitere auch auf Propen basierende, allerdings einstufige katalytische Hydratisierungen in der Gas,- Riesel- oder Flüssigphase hinzugekommen. Man verwendet dazu, abhängig von der Verfahrensweise, unterschiedliche acide Katalysatoren, wie

1. auf Trägern aufgebrachte Heteropolysäuren oder Mineralsäuren in der Gasphase,
2. saure Ionenaustauscher in der Rieselphase sowie
3. wasserlösliche, Wolfram enthaltende Heteropolysäuren.

i-C_3H_7OH-Herstellung durch Propenhydratisierung nach drei Verfahren:

1. indirekt, zweistufig über Schwefelsäurehalbester (Flüssigphase)
2. direkt, einstufig, heterogen katalysiert (entweder Gas-, Riesel- oder Flüssigphase)
3. direkt, einstufig, homogen katalysiert (Flüssigphase)

Das ältere, zweistufige Schwefelsäureverfahren wird z. B. noch von der BP und der Shell durchgeführt. Die Anlage der Deutschen Texaco wurde bis 1986 betrieben, dann aber auf die Direkthydratisierung in Gegenwart eines sauren Ionen-

Technische Anwendung der indirekten Propenhydratisierung:

BP-Verfahren in England und Japan
Texaco-Verfahren in BRD bis 1986 (60000 jato Kapazität), dann Umstellung des Verfahrens auf ionenaustauscherkatalysierte direkte Hydratisierung

austauschers umgestellt. Die H_2O-Addition an Propen erfolgt im H_2SO_4-Verfahren indirekt über den Halbester der Schwefelsäure. Dieser wird in der zweiten Stufe, nach Herabsetzen des Säuregehaltes durch Verdünnen mit Dampf oder Wasser auf weniger als 40 %, hydrolysiert:

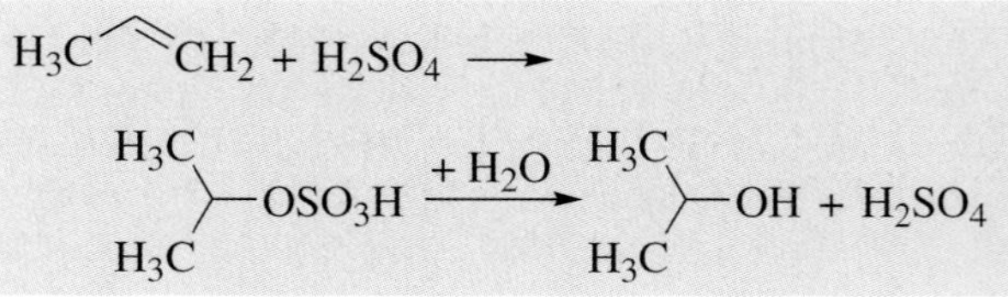

(5)

Verfahrensmerkmale der indirekten Propenhydratisierung:

Verwendung verdünnten Propens möglich, jedoch Nachteile wie Korrosions-, Abwasser- und Abluftprobleme

Verfahrensdurchführung analog C_2H_5OH-Herstellung aus C_2H_4 nach „Konzentrierungs-Verdünnungs-Prinzip" mit zwei Varianten:

1. zweistufiges Starksäureverfahren
2. einstufiges Schwachsäureverfahren

Die anfallende verdünnte H_2SO_4 wird anschließend wieder aufkonzentriert. Dabei werden gleichzeitig, zumeist unter Zugabe geringer Mengen HNO_3, höhersiedende organische Nebenprodukte verbrannt. Bei der industriellen Durchführung sind zwei Varianten üblich; beim Starksäureverfahren arbeitet man zweistufig in getrennten Reaktoren für Absorption und Hydrolyse (in der Absorptionsstufe mit 94-proz. H_2SO_4 bei 10–12 bar und 20 °C), beim Schwachsäureverfahren dagegen einstufig im Blasenreaktor mit nur 70-proz. H_2SO_4. Dafür müssen Druck und Temperatur auf 25 bar bzw. 60–65 °C angehoben werden. Die Selektivität zum Isopropanol erreicht über 90 %. Als Nebenprodukte bilden sich Diisopropylether und Aceton.

Verfahrensmerkmal der direkten Hydratisierung:

hoher Druck und niedrige Temperatur sind günstig, weil Reaktion unter Molzahlverminderung und exotherm verläuft (Le Chatelier-Braun)

Die katalytische Gasphasenhydratisierung des Propens verläuft im Prinzip analog der Ethanolherstellung aus Ethylen:

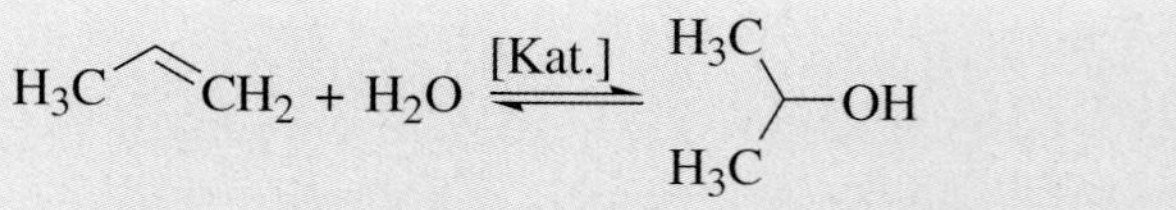

(6)

(ΔH = -50 kJ/mol)

Unterschied zur Ethylenhydratisierung:

höhere Stabilität des sekundären Propylcarbeniumions ergibt höhere Propenumsätze

Im Unterschied zu Ethylen erfolgt die Protonierung des Propens in der ersten Stufe der Reaktion wesentlich leichter, da das entsprechende sekundäre Propylcarbeniumion stabiler ist als das primäre Ethylcarbeniumion. Dadurch sind höhere Propenumsätze im Vergleich zum Ethylen erreichbar (vgl. unten).

Das Gleichgewicht wird in dieser exothermen Reaktion durch hohen Druck und niedrige Temperaturen zum gewünschten Produkt verschoben. Allerdings erfordert der Katalysator zu seiner Wirksamkeit eine bestimmte Minimaltemperatur, so dass die thermodynamischen Vorteile einer niedrigen Temperatur nicht voll ausgeschöpft werden können.

Als Katalysatoren eignen sich als Heteropolysäuren WO_3/SiO_2-Kombinationen, wie sie zum gleichen Zweck schon von der IG eingesetzt worden waren. Seit 1951 wurde bis Ende der siebziger Jahre WO_3/SiO_2 mit ZnO als Promotor von der ICI in einer Anlage mit einer Kapazität von etwa 48000 jato zur Isopropanol-Herstellung genutzt. Hüls (jetzt Sasol) verwendet dazu in einer Anlage in der Bundesrepublik Deutschland (Kap. 2004 ca. 85000 jato) H_3PO_4 auf einem SiO_2-Träger. Charakteristische Verfahrensbedingungen sind beim ICI-Prozess etwa 270 °C und 250 bar, beim Hüls-Prozess 170–190 °C und 25–45 bar.

Katalysatoren für die Gasphasenhydratisierung:

WO_3-ZnO/SiO_2 im Hochdruckverfahren der ICI
H_3PO_4/SiO_2 im Mitteldruckverfahren der Veba (jetzt Sasol)

Die Selektivität zum Isopropanol ist bei den Gasphasenverfahren mit 97 % höher als beim H_2SO_4-Flüssigphasenverfahren. Die Aufarbeitung der wässrigen Lösungen erfolgt ähnlich wie unten beschrieben. Die Nachteile beider Gasphasenprozesse sind geringer Propenumsatz (5–6 %) und hohe Anlagekosten durch Druckfahrweise und Gaskreisläufe.

Kennzeichen der Gasphasenhydratisierung:

hohe Selektivität, unvollständiger C_3H_6-Umsatz sowie hohe Investitions- und Betriebskosten; H_3PO_4-Austrag bewirkt Korrosion

Die Rieselphasenvariante der Direkthydratisierung wurde von der Deutschen Texaco ausgearbeitet. Sie vermeidet weitgehend die Nachteile der vorgenannten Prozesse durch Verwendung eines stark sauren Ionenaustauschers in einer Rieselphase. Das Verfahren ist dadurch charakterisiert, dass H_2O als flüssige Phase zusammen mit gasförmigem Propen am Kopf eines Reaktors im Molverhältnis von 12 bis 15 : 1 im Gleichstrom über einen festen Ionenaustauscher vom Sulfonsäuretyp geleitet wird. Flüssigkeit und Gas mischen sich intensiv am sauren Katalysator und reagieren bei 130–160 °C und 80–100 bar zu wässrigem Isopropanol. Der Propenumsatz erreicht 75 %.

Variante der direkten Hydratisierung:

Rieselphasenhydratisierung mit Ionenaustauscher nach Verfahren der Deutschen Texaco

Verfahrensprinzip:

Rieselphase (trickle phase) ist Dreiphasensystem:

fest angeordneter Katalysator, über den die Reaktionskomponenten Wasser als flüssige Phase und Propen als gasförmige Phase im Gleich- oder Gegenstrom geführt werden

Verfahrensmerkmale:

hohes $H_2O : C_3H_6$-Verhältnis vermeidet C_3H_6-Oligomerisierung (fouling)

hoher Druck begünstigt C_3H_6-Löslichkeit in flüssigem Film, da nur gelöstes C_3H_6 reagiert

Sättigung der Flüssigphase mit C_3H_6 durch wiederholtes Einleiten auf Reaktorzwischenböden

Die Selektivität zu Isopropanol beträgt 92–94 %. Als Nebenprodukte bilden sich 2–4 % Diisopropylether sowie Alkohole von C_3H_6-Oligomeren. Die Katalysatorlebensdauer erreicht zumindest 8 Monate. Sie wird im Wesentlichen durch einen hydrolytischen Abbau der SO_3H-Gruppen des Ionenaustauschers bestimmt.

Aus dem wässrigen, 12–15 % Isopropanol enthaltenden Reaktionsprodukt wird zunächst nach Entfernung der Leichtsieder ein Isopropanol/H_2O-Azeotrop abdestilliert, das durch Zusatz von Benzol schließlich durch erneute Destillation einen wasserfreien Alkohol liefert.

Isopropanol(IPA)-Reindarstellung:

H_2O/IPA-Azeotrop durch IPA/H_2O/C_6H_6-Azeotrop entwässert

Nach diesem Verfahren ist seit 1972 eine Anlage bei der Deutschen Texaco (zwischenzeitlich Condea, jetzt Sasol) in Betrieb, die inzwischen eine Kapazität von 145000 jato (2004) erreicht hat. Weitere Anlagen wurden gebaut bzw. sind in Planung.

Direkte Hydratisierung in der Flüssigphase:

Tokuyama-Verfahren

Verfahrenskennzeichen der Flüssigphasenhydratisierung:

sehr aktive Heteropolysäuren erlauben hohen und selektiven Propenumsatz

Die Weiterentwicklung von Wolfram enthaltenden Gasphasenkatalysatoren führte Tokuyama zu neuen, sehr aktiven, wasserlöslichen Siliconwolframsäuren, die sich als solche oder in Form von Salzen für die Umsetzung von Propen zu Isopropanol in der Flüssigphase bei 270–280 °C und 200 bar eignen. Die wässrige Katalysatorlösung wird nach dem Herausdestillieren eines Isopropanol/Wasser-Azeotrops ständig im Kreis geführt. Der Propenumsatz erreicht 60–70 % und die Selektivität zu Isopropanol beträgt etwa 99 %. Die erste technische Anlage mit einer Herstellkapazität von 30 000 jato wurde 1972 in Betrieb genommen.

Isopropanol-Verwendung:

in USA und Westeuropa mit fallender Tendenz zu $(CH_3)_2C{=}O$

weiterhin Frostschutzadditiv für Benzin (Vergaservereisung), bevorzugt Löse- und Extraktionsmittel, Zwischenprodukt

Isopropanol diente in früheren Jahren zu einem beträchtlichen Teil in Westeuropa, Bundesrepublik Deutschland und USA, derzeit aber nur noch in Westeuropa und USA zu etwa 9 % bzw. 2 % (1999) zur Herstellung von Aceton (vgl. Abschn. 11.1.3 sowie 11.1.3.2). Interessanterweise wurde in früheren Jahren sogar der umgekehrte Weg eingeschlagen, als Aceton aus Fermentationsprozessen zur Verfügung stand und zu Isopropanol hydriert werden konnte. Weiterhin wird Isopropanol als Zusatz zum Fahrbenzin zum Schutz gegen Vergaservereisung verwendet. Die überwiegende Menge findet Einsatz als Lösemittel, Extraktionsmittel und als Ethanolersatz in Kosmetik und Pharmazie.

Herstellung von Isopropylacetat:

1. homogen katalysierte Veresterung von IPA mit AcOH
2. heterogen katalysierte Addition von AcOH an Propen

Ein wichtiges Derivat, Isopropylacetat, ist sowohl durch Veresterung von Isopropanol mit Essigsäure als auch nach neuerer Verfahrensentwicklung durch direkte ionenaustauscherkatalysierte Addition von Essigsäure an Propen zugänglich (vgl. Isopropylacrylat aus Propen und Acrylsäure, Abschn. 11.1.7.3). Isopropylacetat wird außer als Lösemittel auch im Gemisch mit Ethylacetat und Wasserglas zur Bodenverfestigung eingesetzt. Durch Hydrolyse entstandene Essigsäure scheidet aus dem Alkalisilicat die den Boden vernetzende Kieselsäure aus.

Weitere Derivate mit technischer Bedeutung sind Isopropylamin als Zwischenprodukt für die Synthese z. B. von Farbstoffen, Gummichemikalien, Insektiziden und Pharmazeutika, Isopropyloleat und -myristat als Bestandteile von kosmetischen Präparaten.

8.1.3 Butanole

C_4-Alkohole:

$CH_3(CH_2)_2CH_2OH$
$(CH_3)_2CHCH_2OH$
$C_2H_5CH(OH)CH_3$
$(CH_3)_3COH$

davon $H_5C_2-\overset{H}{\underset{OH}{C^*}}-CH_3$

als einfachster Alkohol mit Chiralitätszentrum

Gesättigte, einwertige C_4-Alkohole oder Butanole treten in vier Strukturisomeren auf, die nach neuerer Nomenklatur wie folgt zu bezeichnen sind:

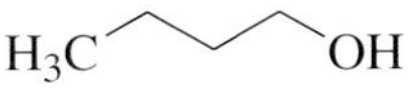
1-Butanol (Butanol)

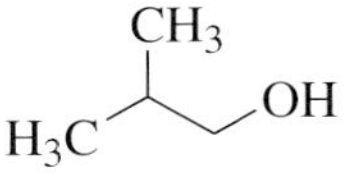
2-Methyl-1-propanol (Isobutanol)

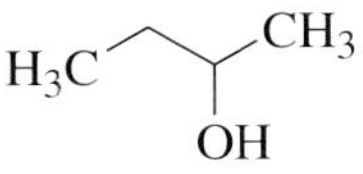
2-Butanol (sek.-Butanol)

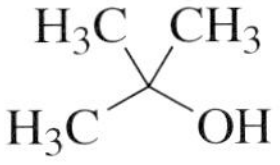
2-Methyl-2-propanol (tert.-Butanol)

Zusätzlich liegt 2-Butanol wegen seines asymmetrischen C-Atoms als Enantiomerengemisch (Racemat zweier optischer Antipoden) vor.

Die Herstellkapazität für Butanol/Isobutanol betrug 1999 in Westeuropa, USA, Bundesrepublik Deutschland und Japan etwa 0,93, 1,24, 0,68 bzw. 0,29 Mio jato.

In vielen Industrieländern sind Butanole nach Methanol die mengenmäßig bedeutendsten Alkohole. Eine Ausnahme stellen die USA dar; dort folgen nach Methanol, Isopropanol und Ethanol die Butanole erst an vierter Stelle. Einzelne Produktionszahlen sind nebenstehender Tabelle zu entnehmen.

Butanole-Gesamtproduktion (in 1000 t)

	1989	1991	1993
USA	537	639	665
WE	420	530	475
BRD	400	375	n. v.
Japan	291	334	388

n. v. = nicht veröffentlicht

Butanole sind technisch auf verschiedenen Wegen herstellbar. Für Butanol wurden schon zwei Routen vorgestellt:

1. die Hydroformylierung von Propen mit anschließender Hydrierung (vgl. Abschn. 6.1.4.1) – bei diesem Verfahren kann nebenher auch Isobutanol gewonnen werden –,

2. die Aldolkondensation des Acetaldehyds mit nachfolgender Hydrierung des Crotonaldehyds (vgl. Abschn. 7.4.3).

Herstellung von Butanol nach vier Routen:

1. über C_3H_7CHO aus Propenhydroformylierung
2. über $CH_3CH{=}CHCHO$
3. Fermentation von Zucker oder Stärke
4. „Reppe-Carbonylierung", d. h. Hydrocarbonylierung von Propen

Eine dritte Herstellmethode basiert auf der Fermentation von Zucker und Stärke, wie sie zz., nach Beendigung der Produktion z. B. in USA und Südafrika, nur noch in der GUS durchgeführt wird (vgl. Abschn. 11.1.3).

Eine vierte Methode ist das Reppe-Verfahren, d. h. die Umsetzung von Propen mit CO und Wasser in Gegenwart eines modifizierten Eisenpentacarbonyl-Katalysators:

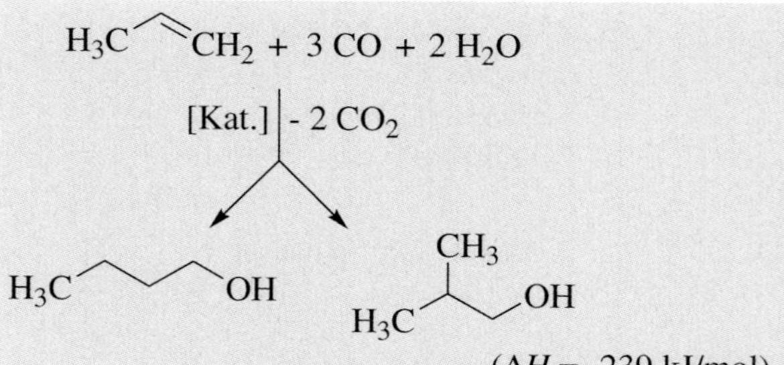

(7)

(ΔH = -239 kJ/mol)

Prinzip der Reppe-Hydrocarbonylierung:

aus $Fe(CO)_5$ + H_2O werden CO und H_2 von einem intermediär gebildeten Fe-CO-H-Komplex auf Propen übertragen

Bei dieser als Hydrocarbonylierung ablaufenden Reaktion bildet sich aus $Fe(CO)_5$ und einem tertiären Amin, z. B. N-Butylpyrrolidin, in situ ein Eisencarbonylwasserstoff-Amin-Komplex:

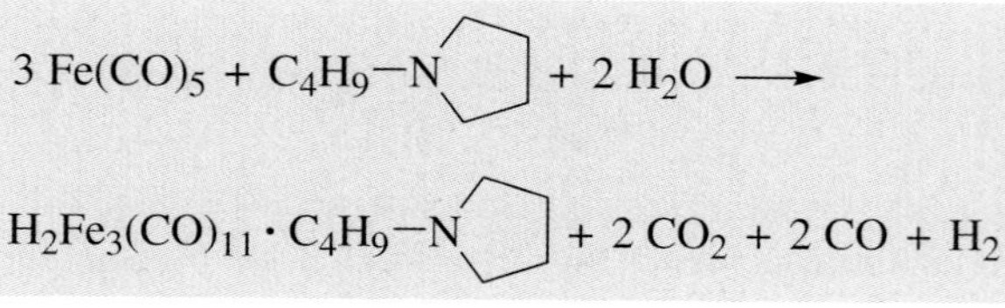

(8)

Diese aktive Spezies übernimmt die beiden notwendigen Funktionen der Hydrierung und der CO-Addition.

Verfahrenskennzeichen der Reppe-Butanol-herstellung:

analog der Hydroformylierung homogen katalysierte Flüssigphasen-Druckreaktion zu Butanol/Isobutanol-Gemisch, jedoch im Unterschied dazu bei milderen Reaktions-bedingungen direkte Herstellung des Alkohols

Bei 90–110 °C und 10–15 bar entsteht analog der Oxoreaktion ein Gemisch von etwa 85 % Butanol und 15 % Isobutanol mit einer Gesamtselektivität von etwa 90 % (C_3H_6 und CO). Der Katalysator trennt sich in einer eigenen Phase vom zweiphasigen Reaktionsgemisch ab und wird in den Prozess zurückgeführt.

Technische Anwendung der Reppe-Butanol-herstellung:

30 000-jato-Anlage in Japan bis 1984

Die BASF entwickelte die Reppe-Route zum technischen Verfahren, das bis 1984 in einer 30000-jato-Anlage von der Japan Butanol Co. durchgeführt wurde.

Herstellung von sek.-Butanol (2-Butanol):

indirekte Hydratisierung von Butenen über

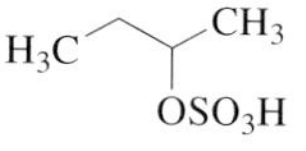

mit anschließender Hydrolyse

Sek.- und tert.-Butanol können wie Ethanol und Isopropanol nach dem H_2SO_4-Verfahren durch indirekte Hydratisierung bei 20–40 °C gewonnen werden. Dabei liefern 1-Buten und 2-Butene entsprechend der Regel von Markownikoff den gleichen Alkohol:

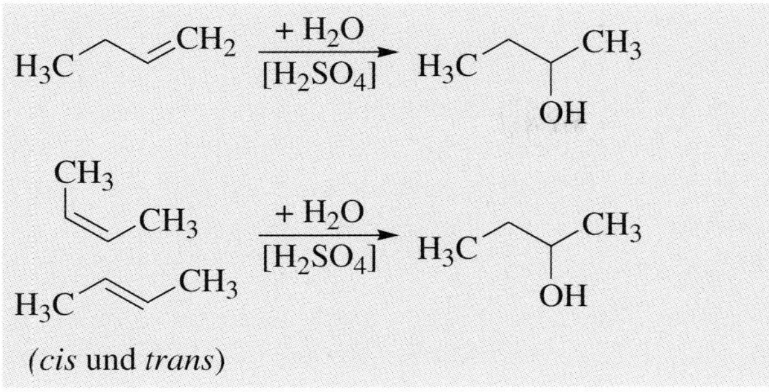

(9)

Die H_2SO_4-Konzentration muss im Fall der Butene etwa 75–80 % betragen. Für die Umsetzung des Isobutens genügt dagegen schon 50–60-proz. H_2SO_4:

Herstellung von tert.-Butanol (2-Methyl-2-propanol):

indirekte Isobutenhydratisierung über $(CH_3)_3C-OSO_3H$ mit anschließender Hydrolyse

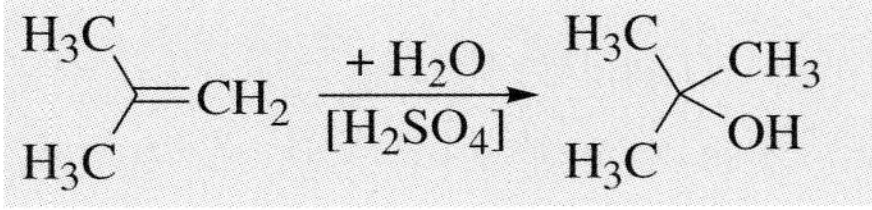

(10)

Die höhere Reaktivität des Isobutens kann zu seiner Abtrennung von den Butenen ausgenutzt werden. So wird ein *n*/*i*-Butengemisch zunächst bei 0 °C mit 50–60-proz. H_2SO_4 behandelt und dabei Isobuten zu tert.-Butylhydrogensulfat $(CH_3)_3C-OSO_3H$ umgesetzt, das in H_2SO_4 löslich ist. Nach dem Abtrennen der Butene können diese mit 75–80-proz. H_2SO_4 bei 40–50 °C zu sek.-Butylhydrogensulfat umgesetzt werden. Anschließend werden die Halbester mit Wasser verdünnt und durch Erhitzen zu den entsprechenden Alkoholen verseift.

Prinzip einer Buten/Isobuten-Trennung über Halbesterbildung mit H_2SO_4:

höhere Reaktivität von Isobuten führt im Gegensatz zu Butenen schon bei niedrigerer Temperatur und H_2SO_4-Konzentration zur Veresterung

Verschiedene andere Hydratisierungskatalysatoren, wie u. a. WO_3 und Al_2O_3, wurden untersucht, bisher aber technisch nicht eingesetzt.

Neuere Entwicklungen, z. B. von Hüls, nutzen die nichtkorrosive Hydratisierung mittels saurer Ionenaustauscher.

Die tert.-Butanol-Herstellung ist als Teilstufe einer Buten- und Isobutentrennung aus C_4-Schnitten schon beschrieben worden (vgl. Abschn. 3.3.2).

Herstellungsvarianten für Butanole:

1. direkte Butenhydratisierung erstmals bei Deutscher Texaco
2. Isobutanoxidation über tert.-Butylhydroperoxid – tert.-Butanol

Eine direkte, sauer katalysierte Hydratisierung von 1-Buten und 2-Buten, analog der Herstellung von Ethanol oder Isopropanol aus Ethylen bzw. Propen, hat sich technisch lange Zeit nicht durchsetzen können. Eine erste 60000-jato-Anlage ist 1984 bei der Deutschen Texaco in Betrieb genommen worden. Als Katalysator für die Direkthydratisierung von *n*-Butenen dient ein saurer Ionenaustauscher analog dem Herstellverfahren für Isopropanol (vgl. Abschn. 8.1.2).

Tert.-Butanol tritt auch als Cooxidat bei der Herstellung von Propylenoxid auf (vgl. Abschn. 11.1.1.2).

Verwendung von sek.- und tert.-Butanol:

Lösemittel (bevorzugt Lackindustrie)
Enteisungsmittel
Antiklopfmittel

Sek.- und tert.-Butanol werden direkt oder in Form ihrer Ester als Lösemittel vielfach als Ersatz für Butanol und seine Ester eingesetzt. Tert.-Butanol wird weiterhin als Treibstoffzusatz zur Verhinderung von Vergaservereisung und als Antiklopfmittel verwendet.

Zwischenprodukte, z. B. Dehydrierung von sek.-Butanol zu Methylethylketon (2-Butanon), Einführung von tert.-Butylgruppen in Aromaten mit tert.-Butanol

Sek.- und tert.-Butanol dienen zum weiteren als Zwischenprodukte. Der wichtigste Auslass für das sek.-Butanol ist die Herstellung von **M**ethyl**e**thyl**k**eton (MEK):

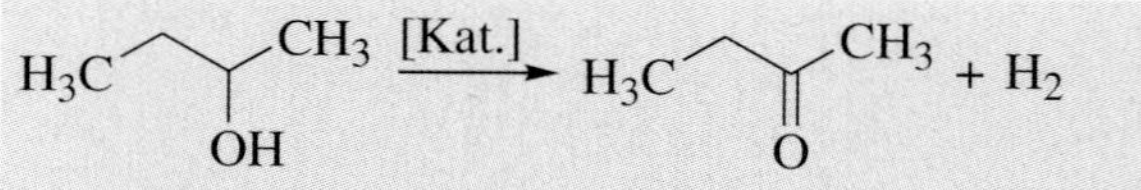

(11)

($\Delta H = 51$ kJ/mol)

Prinzip der MEK-Herstellung:

katalytische Dehydrierung von sek.-Butanol in:

1. Gasphase an ZnO bzw. Cu-Zn-, Cu-Cr- bzw. Pt-Systemen
2. Flüssigphase an Raney-Ni bzw. $CuO \cdot Cr_2O_3$

MEK-Verwendung:

als Lösemittel für Nitro- und Acetylcellulose und zur Herstellung von MEK-Hydroperoxid als Polymerisationsinitiator

Hauptkomponenten im Hydroperoxidgemisch:

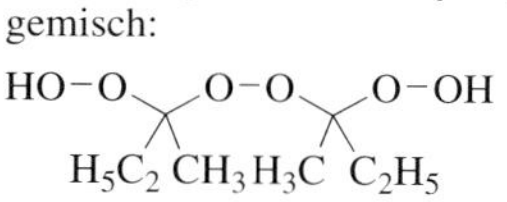

~ 45 %

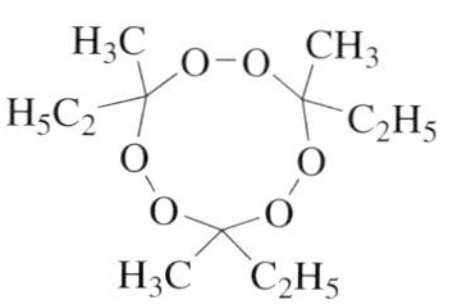

~ 25 %

Dieser Prozess wird analog der Herstellung von Aceton aus Isopropanol (vgl. Abschn. 11.1.3.2) überwiegend durch Gasphasendehydrierung bei 400–550 °C an ZnO- oder Cu-Zn-Katalysatoren durchgeführt. In einer ersten Anlage wird auch das IFP-Verfahren der Flüssigphasendehydrierung in Gegenwart von fein verteiltem Raney-Nickel oder auch Cu-Chromit in einem hochsiedenden Lösemittel eingesetzt. Bei Umsätzen von 80 bis 95 % an sek.-Butanol werden MEK-Selektivitäten von über 95 % erreicht. MEK entsteht weiterhin als Nebenprodukt bei der Butanoxidation zu Essigsäure, wie sie nach einem Störfall ab 1989 von Hoechst Celanese wieder in Betrieb genommen wurde (vgl. Abschn. 7.4.1.2). Methylethylketon ist nach Aceton das technisch bedeutendste Keton. Es ist vor allem ein Lack- und Harzlösemittel und dient weiterhin zur Entparaffinierung von Schmierölen. Durch Umsetzung von Methylethylketon mit H_2O_2 entsteht Methylethylketonperoxid als Isomerengemisch, das zusammen mit Dibenzoylperoxid zu den mengenmäßig bedeutendsten Peroxiden zählt. Sein Haupteinsatzgebiet ist die Härtung von ungesättigten Polyesterharzen.

MEK-Produktion (in 1000 t)

	1992	1995	1999
USA	217	264	260
WE	195	242	255
Japan	178	217	249

Die MEK-Herstellkapazitäten betrugen 2004 weltweit 1,2 Mio jato; davon entfielen auf Westeuropa, USA, Japan und die Bundesrepublik Deutschland etwa 0,31, 0,34, 0,20 bzw. 0,07 Mio jato. Produktionszahlen in einigen Ländern sind der nebenstehenden Tabelle zu entnehmen.

8.1.4 Amylalkohole

Die Gruppe der C_5-Alkohole gewinnt ebenfalls technisch zunehmende Bedeutung, und zwar vor allem die durch Hydroformylierung aus Butenen und nachfolgender Hydrierung zugänglichen Gemische:

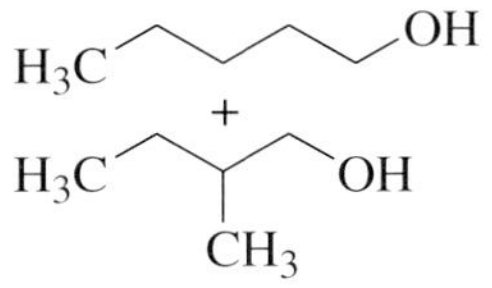

1-Pentanol (Pentanol)

2-Methyl-1-butanol

sowie das aus Isobuten nach gleicher Herstellmethode erhältliche

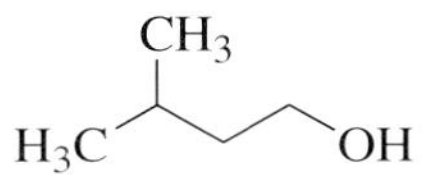

3-Methyl-1-butanol (Isoamylalkohol)

Technisch wichtigste C_5-Alkohole:

1.

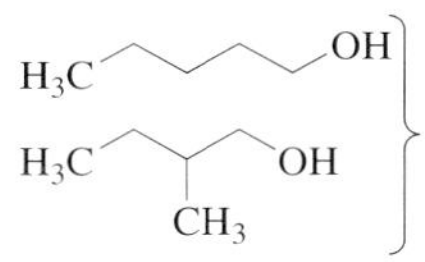

= Amylalkoholgemisch

2.

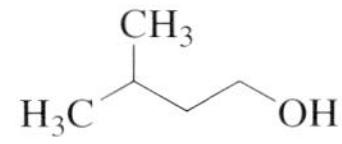

= 3-Methyl-1-butanol (Isoamylalkohol)

Herstellung der C_5-Alkohole:

Hydroformylierung mit anschließender Hydrierung von

1. Butenen
2. Isobuten

Das Gemisch der erstgenannten Amylalkohole dient als Lösemittel für Fette, Öle und viele natürliche und synthetische Harze sowie in der Form von Estern als Riechstoff und Extraktionsmittel. Isoamylalkohol und seine Ester werden als Lösemittel verwendet.

Verwendung der C_5-Alkohole und Ester:

Lösemittel, Riechstoffe, Extraktionsmittel

8.2 Höhere Alkohole

Höhere einwertige Alkohole haben im Bereich von etwa 6 bis 18 C-Atomen eine besondere industrielle Bedeutung, die sich über die gesamte Gruppe der primären, sekundären, verzweigten, unverzweigten, gerad- sowie ungeradzahligen Alkohole erstreckt.

Primäre und sekundäre höhere Monoole ab C_6 technisch vielseitig einsetzbar, tertiäre höhere Alkohole ohne Bedeutung

Dabei haben sich im Hinblick auf den bevorzugten technischen Einsatz für die C_6–C_{11}- bzw. C_{12}–C_{18}-Alkohole die Bezeichnungen Weichmacheralkohole bzw. Waschmittelalkohole bewährt. Der weiterhin gebräuchliche Name Fettalkohole betrifft die Gruppe der überwiegend unverzweigten primären Alkohole ab C_8, die ursprünglich nur auf nativer Basis erhältlich war, heute aber auch aus petrochemischen Produkten zugänglich ist. Allerdings nehmen als Rohstoffbasis die nachwachsenden Produkte Raps, Sonnenblumen und Flachs für die Zwischenprodukte Fette und Öle zur Alkoholherstellung in den letzten Jahren wieder zu.

Spezielle Bezeichnungen:

C_6–C_{11} = Weichmacheralkohole
C_{12}–C_{18} = Waschmittelalkohole (Tensidalkohole)
$\geq C_8$ = native oder synthetische Fettalkohole

Nutzbare Agrarprodukte zeigen als nachwachsende Rohstoffe für den Sektor „Oleochemie" und dort z. B. für höhere Alkohole eine steigende Tendenz

Zur Herstellung der höheren Alkohole werden bevorzugt vier Routen verwendet, die sich sowohl in den Ausgangspro-

Herstellung höherer Alkohole nach vier industriell wichtigen Verfahren:

dukten wie im Verfahrensprinzip unterscheiden, so dass damit alle speziellen Alkoholtypen zugänglich werden:

1. Hydrierung von Fettsäuren, hergestellt aus Fetten und Ölen (Talg, Palm-, Kokosöl u. a.), aus Paraffinen sowie aus Ricinolsäure oder Ölsäure

1. Die Hydrierung von Fettsäuren aus Fetten und Ölen oder von Fettsäuren, die durch katalytische Oxidation von Paraffinen oder nach zwei Spezialverfahren – der oxidativen alkalischen Spaltung von Ricinolsäure und der Ozonolyse von Ölsäure – zu erhalten sind, führt zu linearen primären Alkoholen. Im Falle der nativen Fettalkohole auf Basis von Fettglyceriden, die durch den Aufbau oder Abbau über aktivierte Essigsäure (Essigsäurethioester des Coenzyms A) gebildet wurden, sind zusätzlich gradzahlig.

2. Hydroformylierung von Olefinen

2. Die Hydroformylierung von Olefinen mit nachfolgender Hydrierung der Aldehyde liefert auch bei linearen Olefinen Gemische geradkettiger und verzweigter primärer Alkohole (Alkohole und Isoalkohole).

3. partielle Oxidation von Paraffinen

3. Die partielle Oxidation von Paraffinen ergibt lineare sekundäre Alkohole.

4. Ziegler-Aufbaureaktion (Alfol-Synthese)

4. Der Alfol-Prozess liefert lineare, geradzahlige primäre Alkohole.

Zu 1

Prinzip der Fettsäurehydrierung:

CuO/Cr_2O_3-katalysierte Druckhydrierung (bei höherer Temperatur) von Fettsäuren oder Fettsäureestern

Fettsäuren oder Fettsäuremethylester aus der katalytischen Verseifung (häufig ZnO) oder Methanolyse der Fettsäuretriglyceride von Fetten oder Ölen werden bei etwa 200–300 bar und 250–350 °C an Cu-Cr-Oxid-Katalysatoren (Adkins-Katalysatoren) in Festbettreaktoren zu Fettalkoholen hydriert:

Herstellung von Fettsäuren oder Fettsäureestern nach vier Methoden:

1. Hydrolyse oder Alkoholyse von Fettsäureglyceriden aus Fetten und Ölen oder
2. Paraffinoxidation mit nachfolgender Veresterung
3. Ricinolsäure-Thermolyse und Oxidation
4. Ölsäure-Ozonolyse und Oxidation

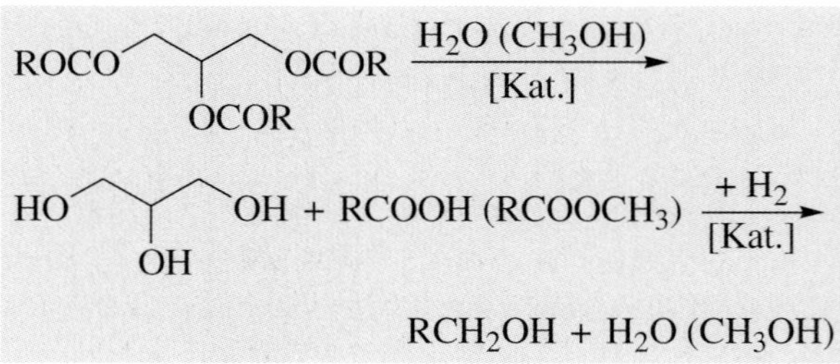

(12)

Fettalkoholverteilung aus Kokosöl (in Gew.-%):

$CH_3(CH_2)_6CH_2OH$	8–9
$CH_3(CH_2)_8CH_2OH$	7–10
$CH_3(CH_2)_{10}CH_2OH$	45–51
$CH_3(CH_2)_{12}CH_2OH$	16–18
$CH_3(CH_2)_{14}CH_2OH$	7–10
$CH_3(CH_2)_{16}CH_2OH$	1–3
$CH_3(CH_2)_{18}CH_2OH$	6–11

So entsteht z. B. aus Kokosöl, dem nach Sojaöl, Palmöl, Rapsöl und Sonnenblumenöl mengenmäßig an fünfter Stelle stehenden Pflanzenöl, ein Gemisch linearer primärer C_8- bis C_{20}-Alkohole; Fettalkohole dieser Herkunft werden zwar in erheblicher Menge hergestellt, doch lässt die native Basis kein vergleichbares Mengenwachstum wie bei den Alfolen zu, die im Aufbau gleichartig sind. Der Anteil nativer Fettalkohole an der Gesamtkapazität für native und synthetische Fettalkohole ist länderabhängig sehr unterschiedlich (vgl. Tabelle 8-1):

Tabelle 8-1. Fettalkohol-Kapazität.

	Gesamtkapazität (in 1000 t)				Anteil nativer Fettalkohole (in Gew.-%)			
	1981	1985	1991	2000	1981	1985	1991	1999
Westeuropa	400	415	540	550	45	59	58	59
USA	433	570	524	531	17	26	21	22
Japan	60	105	125	108	24	38	31	20
Welt	1100	1300	1332	1300	30	40	40	51

Eine Katalysatorneuentwicklung von Henkel ermöglicht eine Direkthydrierung von Fetten und Ölen zu Fettalkoholen und 1,2-Propandiol. Die Umgehung der Umesterung gelingt mit einem Cu-Cr-Oxid/Spinell-Katalysator bei ca. 220 °C und 250 bar sowie einem hohen H_2-Überschuss.

Alternative Fett-/Öl-Hydrierung (Hydrogenolyse) ohne Umesterung nach Henkel bei gleichzeitiger Glycerin-Dehydratisierung/Hydrierung zu $CH_3CH(OH)-CH_2OH$

Bei der durch Mn-Salze katalysierten Flüssigphasenoxidation von Paraffinen des Bereiches $C_{20}-C_{30}$ erhält man bei z. B. 130 °C und geringem Überdruck das ganze Spektrum der C_1-C_{30}-Säuren mit einem relativ hohen Anteil im Bereich von C_{12} bis C_{18}. Sie werden mit Methanol oder Butanol verestert und an Cu-Cr-Oxid- oder Cu-Zn-Oxid-Katalysatoren bei etwa 200 °C und 200 bar zu den Alkoholen hydriert. Die erste Produktionsanlage synthetischer Fettsäuren auf Basis der Oxidation von Paraffinen wurde 1936 gemeinsam von Imhausen und Henkel errichtet. Heute werden die Paraffinoxidation und die nachfolgende Hydrierung zu Alkoholen bevorzugt in Ländern wie China, der ehemaligen DDR (ca. 40000 jato) und der GUS (ca. 300000 jato Paraffin-Oxidationsprodukte) durchgeführt. In Italien hat die Liquichimica zeitweilig in einer 120000-jato-Anlage, ausgehend von Paraffinen, auch Fettsäuren hergestellt. Dazu wurden reine Paraffine (C_8-C_{20}) aus Erdölfraktionen zunächst zu internen Olefinen dehydriert, dann durch eine Oxoreaktion in Aldehyde und nachfolgend in Alkohole und schließlich durch Luftoxidation in Carbonsäuren mit einem größeren Anteil an verzweigten Carbonsäuren übergeführt.

Weltweite Pflanzenölproduktion (in Mio t)

	1990
Sojaöl	16,9
Palmöl	10,6
Rapsöl	8,1
Sonnenblumenöl	8,0
Kokosöl	3,1

Technische Fettsäureherstellung durch Paraffinoxidation:

China, Ostdeutschland, GUS (Westeuropa zeitweilig)

Fettsäureproduktion (in 1000 t)

	1991	1994	1997
WE	850	902	1030
USA	755	916	1020
Japan	309	262	262

In Westeuropa stehen noch zwei weitere Herstellverfahren für Fettsäuren auf Basis nativer Produkte zur Verfügung. Die ATO betreibt in Frankreich eine Anlage zur thermischen Spaltung von Ricinolsäure in Sebacinsäure und Heptylaldehyd (vgl. Abschn. 10.2.2), der zu Heptansäure oxidiert wird.

Weitere Verfahren der Fettsäureherstellung durch Thermolyse und Ozonolyse nativer Produkte

Die zweite Herstellroute wird von Unilever Emery in einer Anlage beschritten. Sie besteht aus der Ozonolyse von Ölsäure in einer zweistufigen Oxidation bei Temperaturen unter 100 °C zu Pelargonsäure und Azelainsäure:

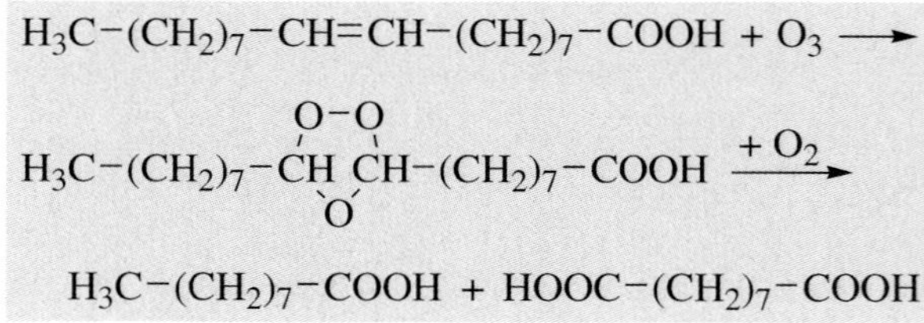
(13)

Außer zur Alkoholherstellung, die etwa 30–40 % der gesamten Fettsäureproduktion verbraucht, dienen Fettsäuren im gleichen Mengenanteil als Natriumsalze auf dem Wasch- und Reinigungssektor. Fettsäurederivate wie Ester, Amide und Metallseifen (Al-, Mg- und Zn-Seifen) werden z. B. als Emulgatoren und Verdickungsmittel verwendet. Fettsäurenitrile aus der Dehydratisierung von Ammonimumsalzen über die Stufe der Fettamide werden zu primären Fettaminen hydriert. Fettamine, Fettdiamine und quartäre Ammoniumsalze aus der Umsetzung N-alkylierter oder N,N-dialkylierter Fettamine mit Alkylhalogeniden, zumeist Methylchlorid, finden als Korrosionsinhibitoren, als Weichspül-, Haft- und Flotationsmittel Verwendung.

Weitere Fettsäureverwendungen:

Ester, Amide, Al-, Mg-, Zn-Salze für Emulgatoren und Verdickungsmittel
Amine für Korrosionsinhibierung, Weichspül-, Haft-, Flotationsmittel (Weltproduktion von Fettaminen derzeit ca. 0,3 Mio jato)

Dicarbonsäuren, wie z. B. die Azelainsäure, werden für Alkydharze, Polyamide, Polyester, Weichmacher und Schmierstoffe eingesetzt. Henkel (Emery-Gruppe) ist in USA der einzige Hersteller von Azelainsäure.

Zu 2

Die Herstellung von Alkoholen hat im technischen Prozess der Hydroformylierung die größte Bedeutung. Wie in Abschnitt 6.1 ausgeführt wird, lassen sich zwei prinzipielle Verfahrenswege unterscheiden:

1. Olefine werden nach Hydroformylierung und Hydrierung in Alkohole übergeführt, die um ein C-Atom reicher als die Einsatzolefine sind. Zu dieser Gruppe gehören vor allem das Isooctanol*) aus Isoheptenen, das Isononanol aus Diisobuten, das Isodecanol aus Tripropen und das Isotridecanol aus Tetrapropen.

1. Olefin-C-Gerüst + 1C
technisch durchgeführt für Isoolefin-Gemische zu Isoalkohol-Gemischen:

Iso-C_7 -Olefin → Iso-C_8 -Alkohol
Iso-C_8 -Olefin → Iso-C_9 -Alkohol
Iso-C_9 -Olefin → Iso-C_{10}-Alkohol
Iso-C_{12}-Olefin → Iso-C_{13}-Alkohol

*) Der Begriff „Isoctanol" ist eine technische Bezeichnung, die keine Beziehung zur systematischen Nomenklatur besitzt.

2. Ein Oxoaldehyd wird in einer Aldolkondensation mit anschließender Hydrierung zu einem Alkohol doppelter Anzahl C-Atome umgesetzt. Dieses Verfahren wird großtechnisch insbesondere zur Herstellung von 2-Ethyl-hexanol aus Butanal (vgl. Abschn. 6.1.4.3) und von Isooctadecanol aus Isononanal angewendet.

2. Aldolkondensation von Oxoaldehyden mit anschließender Hydrierung:

C_4-Aldehyd → Iso-C_8-Alkohol
Iso-C_6-Aldehyd → Iso-C_{18}-Alkohol

Zu 3 und 4

Diese beiden Herstellrouten werden in den nachfolgenden Abschnitten vorgestellt.

8.2.1 Oxidation von Paraffinen zu Alkoholen

Zur Herstellung linearer, sekundärer Alkohole werden Paraffine eingesetzt, die aus Kerosinfraktionen gewonnen werden können (vgl. Abschn. 3.3.3). Die historische Entwicklung der Paraffinoxidation begann etwa 1930 in Deutschland. Um 1940 setzte dann die technische Anwendung mit Kohlenwasserstoffen aus der Fischer-Tropsch-Synthese ein, die zu einem komplexen Gemisch von Alkoholen, Ketonen, Estern und Säuren mit Luft oxidiert wurden.

Verfahrensprinzip der Paraffinoxidation:

metallionenkatalysierte Luftoxidation von Paraffinen liefert als Radikalreaktion über Paraffinhydroperoxide sek.-Alkohole

Eine wesentliche Erhöhung der Selektivität in Bezug auf die Alkoholbildung wurde durch Verwendung von Borsäure erreicht. Bei der Oxidation von Paraffinen (C_{10}–C_{20}) nach Bashkirov mit Luft oder Sauerstoff bilden sich in Gegenwart von Borsäure (unter den Reaktionsbedingungen zumeist als Metaborsäure, HO–B=O) ohne Kettenspaltung sekundäre Alkohole.

Ausführungsform der Paraffinoxidation:

„Bashkirov-Oxidation" über Borsäureester aus Alkylhydroperoxiden mit statistischer Verteilung von O–O–H-Gruppen über die Paraffinkette

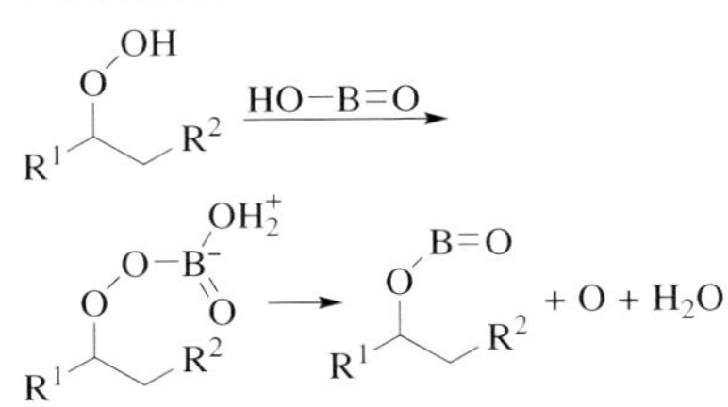

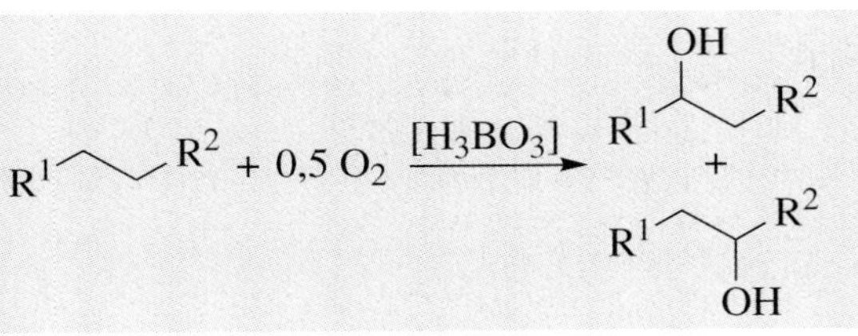

(14)

Borsäure bildet dabei mit den zunächst entstehenden sekundären Alkylhydroperoxiden direkt thermo- und oxidationsstabile Borsäureester. Die Hydroperoxide werden damit dem Zerfall zu Alkoholen und einer Weiteroxidation entzogen. In technischen Anlagen, wie sie in Japan bei der Nippon Shokubai und in der GUS (die UCC-Anlage in USA wurde 1977 stillgelegt) existieren, wird das Paraffin bei 140–190 °C

Kenzeichnen der Borsäure-Route:

stabile Borsäureester aus direkter Reaktion von H_3BO_3 mit Hydroperoxiden verhindern Folgeoxidation der Alkohole
H_3BO_3 wird nach Esterverseifung wiedergewonnen und zurückgeführt, d. h. H_3BO_3-Kreislauf

meistens in Gegenwart von etwa 0,1 Gew.-% $KMnO_4$ und 4–5 Gew.-% Borsäure drucklos mit Luft bis zu einem Umsatz von 15–25 % oxidiert. Nippon Shokubai verwendet zusätzlich zur Borsäure einen Cokatalysator, z. B. NH_3 oder Amine, und erreicht damit bei unveränderter Selektivität einen höheren Paraffinumsatz. Die entstandenen Borsäureester haben einen ausreichend höheren Siedepunkt als die Einsatzparaffine, so dass diese leicht aus dem Oxidat abdestilliert werden können. Die Borsäureester werden anschließend hydrolysiert.

Da die Borsäureester thermisch labil sind und besonders in saurem Milieu in Borsäure und Olefine gespalten werden können, kann es vorteilhaft sein, sie direkt im Oxidat zu hydrolysieren.

Technische Anlagen der Paraffin-Bashkirov-Oxidation:

Japan, GUS, USA bis 1977

Aus der wässrigen Phase gewinnt man die Borsäure durch Kristallisation mit nachfolgender Dehydratisierung für den erneuten Einsatz zurück. Die organische Phase wird im Fall der Direkthydrolyse in nicht umgesetztes Paraffin und ein Oxidat aufdestilliert, das zur Überführung merklicher Mengen an Ketonen in die entsprechenden Alkohole nochmals hydriert wird. Die Selektivitäten betragen etwa 70 % an Alkoholen, 20 % an Ketonen und 10 % an Carbonsäuren.

Oxidation verläuft ohne Kettenabbau und ohne Strukturisomerisierung

Die Oxidation liefert fast ausschließlich, d. h. bis zu 98 %, sekundäre Alkohole gleicher Kettenlänge wie das Einsatzparaffin mit einer statistischen Verteilung der OH-Gruppen.

Verwendung der Alkohole aus der Paraffinoxidation:

in Form von $ROSO_3H$ oder $R(OCH_2CH_2)_nOSO_3H$ als Alkalisalze oder direkt als Ethoxylate für Tenside oder Detergentien

Diese Alkohole werden bevorzugt zu Tensiden und Detergentien weiterverarbeitet. Dazu können sie, entweder direkt oder nach vorangehender Ethoxylierung, mit H_2SO_4 oder auch mit SO_3 zu Ethersulfaten verestert werden (vgl. Abschn. 8.2.2). Aber auch die sek.-Alkoholethoxylate sind ohne die nachfolgende Veresterung schon ausgezeichnete Einsatzprodukte für Tenside und Detergentien.

Ein weiterer wichtiger Einsatz der Bashkirov-Oxidation zur Alkoholherstellung aus einem Cycloalkan ist die technisch durchgeführte Cyclohexanoxidation (vgl. Abschn. 10.1.1) und die Cyclododecanol-Produktion als Vorstufe der Nylon-12-Synthese (vgl. Abschn. 10.1.2).

Aufbaualkohole nach Ziegler mit Verfahrensprinzip:

Aufbaureaktion von $H_2C{=}CH_2$ in Gegenwart von Triethylaluminium liefert lineare primäre Alkohole („Alfole" oder „Ziegler-Alkohole")

8.2.2 Alfolsynthese

Aluminiumorganische Reaktionen nach K. Ziegler eröffnen auch einen Zugang zu primären, geradkettigen und geradzahligen Alkoholen. Dieses als Alfol-Prozess bezeichnete

Verfahren gestattet damit, aus Ethylen die gleichen Produkte aufzubauen, wie sie in den nativen Fettalkoholen vorliegen.

Der Alfol-Prozess verläuft vierstufig. Zunächst wird der Reaktionspartner Triethylaluminium hergestellt. Dazu wird sehr feinteiliges Al-Pulver mit Triethylaluminium bei 110 bis 140 °C und 50–200 bar in Gegenwart von Wasserstoff zu Diethylaluminiumhydrid hydriert:

Vierstufige Alfolsynthese:

1. Katalysatorherstellung
2. Aufbau der C-Kette
3. Oxidation
4. Hydrolyse

$$Al + 2\,Al(C_2H_5)_3 + 1{,}5\,H_2 \longrightarrow 3\,AlH(C_2H_5)_2 \qquad (15)$$

Anschließend erfolgt bei etwa 100 °C und 25 bar die Umsetzung mit Ethylen zum Triethylaluminium:

$$AlH(C_2H_5)_2 + H_2C{=}CH_2 \longrightarrow Al(C_2H_5)_3 \qquad (16)$$

Zu 1:

$Al(C_2H_5)_3$ vermehrt sich theoretisch um 50% (vgl. Gl. 15–16), in der Praxis geringer wegen:
$H_2 + Al(C_2H_5)_3 \longrightarrow AlH(C_2H_5)_2 + C_2H_6$

In der zweiten Stufe findet dann der Kettenaufbau als stark exotherme Reaktion in einem Strömungsrohr bei etwa 120 °C unter einem Ethylendruck von 100–140 bar als sog. Einschiebungsreaktion statt (vgl. Abschn. 3.3.3.1):

$$Al(C_2H_5)_3 + 3n\,C_2H_4 \longrightarrow Al[(CH_2{-}CH_2)_n{-}C_2H_5]_3 \qquad (17)$$

$(n = 1$ bis ca. $11)$

Zu 2:

höhere Trialkyl-Al-Verbindungen mit zweifacher Bedeutung:

1. für Oxidation zu Alkoholen
2. für Thermolyse zu α-Olefinen

Diese Wachstumsreaktion kann gegebenenfalls mit einer Transalkylierungsstufe gekoppelt werden, bei der die Aluminiumtrialkyle mit α-Olefinen, z. B. mit 12–16 C-Atomen, bis zur Gleichgewichtseinstellung reagieren. Damit ist letztlich eine wesentlich schmalere Kettenverteilung im Alkoholgemisch zu erreichen (Epal-Verfahren der Ethyl Corporation, heute Albemarle).

Übliche C-Zahl-Verteilung und Vergleich mit Transalkylierung (in %)

C-Zahl	Grundverfahren	Transalkylierung
6	10	1
8	17	3
10	21	8
12	19	35
14	15	26
16	10	17
18	5	9
20	3	1

Die höheren Trialkylaluminium-Verbindungen sind zugleich auch geeignete Ausgangsprodukte zur Herstellung geradkettiger α-Olefine, sog. Ziegler-Olefine (vgl. Abschn. 3.3.3.1).

Im dritten Schritt der Alfolsynthese werden die Trialkylaluminium-Verbindungen mit sehr stark getrockneter Luft bei 50–100 °C in exothermer Reaktion zu den entsprechenden Alkoxiden oxidiert:

Zu 3:

Autoxidation der höheren Trialkyl-Al-Verbindungen über Hydroperoxid-Zwischenstufe zu Al-Alkoholaten

$$Al[(CH_2{-}CH_2)_n{-}C_2H_5]_3 + 1{,}5\,O_2 \longrightarrow Al[O(CH_2{-}CH_2)_n{-}C_2H_5]_3 \qquad (18)$$

Bei dieser Reaktion treten geringe Mengen an Nebenprodukten, wie Ester, Ether, Säuren und Aldehyde, auf. In der letzten Stufe werden die Al-Alkoxide mit verdünnter H_2SO_4 oder mit Wasser zu den Alkoholen und einer reinen

Zu 4:

Hydrolyse in Gegenwart von H_2SO_4 oder allein mit H_2O

$Al_2(SO_4)_3$-Lösung, bzw. zu hochreinem Aluminiumhydroxid, verseift:

$$Al[O(CH_2-CH_2)_n-C_2H_5]_3 + 3\,H_2O \longrightarrow 3\,H_3C-(CH_2-CH_2)_n-CH_2OH + Al(OH)_3 \quad (19)$$

Aufarbeitung der Alfole:

höhere Alfole wegen möglicher Pyrolyse im Vakuum destilliert

ab C_{14} weiche, farblose Festprodukte

Alfol-Verwendung:

biologisch abbaubare Detergentien (Sulfate und Ethersulfate, d. h. H_2SO_4-Ester der Ethoxylierungsprodukte)

Nebenprodukt-Verwendung:

hochreines Al_2O_3 als Katalysatorträger

Die Alkoholselektivität erreicht 85–91 %. Das Gemisch der Alkohole und des Wassers wird durch Phasentrennung vom Wasser befreit und die organische Phase anschließend fraktioniert destilliert.

Die streng linearen Ziegler-Alkohole eignen sich insbesondere für biologisch abbaubare Sulfate und Ethersulfate zur Verwendung auf dem Waschmittelsektor. Bedeutende Hersteller sind in USA Vista Chemical (früher Conoco), Ethyl Corp. und Shell, in Westeuropa RWE-DEA (früher Condea), Shell, PCUK und ICI, in Japan Mitsui und Kao-Ethyl sowie die GUS.

8.3 Mehrwertige Alkohole

Technisch wichtige Polyole:

1,2-Diole:
Ethylen-, Propylenglykol

1,3-Diole:
Propandiol, Dimethylpropandiol (Neopentylglykol), Butandiol

1,4-Diole:
Butin-, Buten-, Butandiol

1,6-Diole:
Hexandiol und

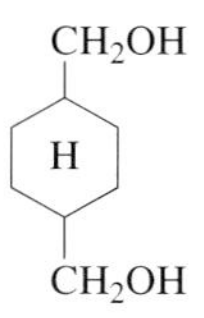

Triole:
Glycerin, Trimethylolpropan

Tetraole:
Pentaerythrit

Die bedeutendste Gruppe der mehrwertigen Alkohole sind die 1,2-Diole oder Glykole, die aus Epoxiden technisch leicht zugänglich sind, wie z. B. Ethylenglykol (vgl. Abschn. 7.2.1) und Propylenglykol (vgl. Abschn. 11.1.2). Weitere Di- und Triole werden im Zusammenhang mit ihren Ausgangsprodukten an anderer Stelle besprochen, wie z. B. 1,4-Butandiol (vgl. Abschn. 4.3, 5.3, 13.2.3.4), 1,3-Butandiol (vgl. Abschn. 7.4.3), 1,6-Hexandiol (vgl. Abschn. 10.1.1), 1,4-Dimethylolcyclohexan (vgl. Abschn. 14.2.4) und Glycerin (vgl. Abschn. 11.2.3). Eine andere Gruppe mehrwertiger Alkohole entsteht durch eine gemischte Aldolreaktion des Formaldehyds mit Acetaldehyd, Isobutyraldehyd oder Butyraldehyd. Dabei bildet sich zunächst eine aldehydische Zwischenstufe, die anschließend zum mehrwertigen Alkohol reduziert werden muss. Polyole dieses Typs sind Pentaerythrit, Neopentylglykol und Trimethylolpropan.

8.3.1 Pentaerythrit

Pentaerythrit ist der einfachste vierwertige Alkohol (Erythrit) mit fünf C-Atomen:

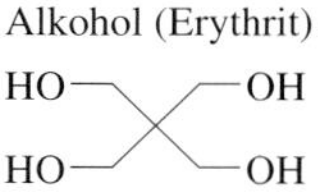

Pentaerythrit oder 2,2-Bis-(hydroxymethyl)-1,3-propandiol ist mengenmäßig das größte der drei genannten Formaldehyd-Folgeprodukte. Die Produktionszahlen für Pentaerythrit in USA sind der folgenden Randspalte zu entnehmen. Die

Herstellkapazität für Pentaerythrit in den Ländern Westeuropa, USA, Japan und Bundesrepublik Deutschland betrug 1995 etwa 138000, 72000, 50000 bzw. 35000 jato. Technisch wird Pentaerythrit bevorzugt diskontinuierlich, aber auch kontinuierlich durch Umsetzung von Formaldehyd mit Acetaldehyd in wässriger Lösung von $Ca(OH)_2$ oder auch NaOH bei 15–45 °C hergestellt. Es erfolgt in der ersten Stufe eine dreifache Mischaldolisierung und anschließend eine Cannizzaro-Reaktion, d. h. Reduktion des Trimethylolacetaldehyds mit Formaldehyd unter gleichzeitiger Bildung von Ameisensäure als Coprodukt:

Produktion von Pentaerythrit (in 1000 t)

	1992	1994	1999
USA	54	60	70

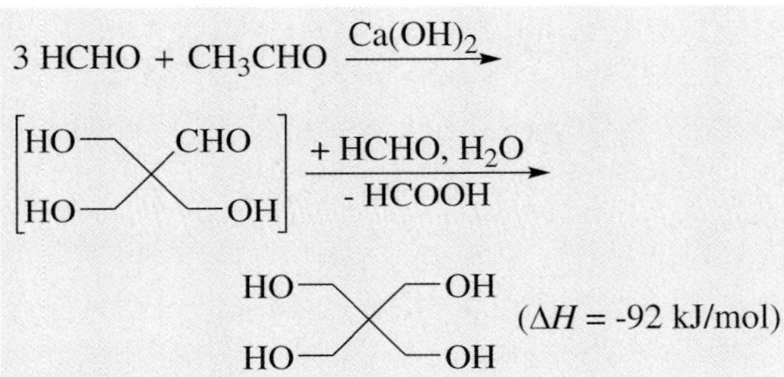

(20)

Herstellung nach historischer Tollens-Methode:

Umsetzung von Acetaldehyd mit Formaldehyd in Gegenwart eines alkalischen Katalysators ($Ca(OH)_2$ oder NaOH) durch dreifache Aldolisierung mit nachfolgender Cannizzaro-Reaktion (intermolekulare H-Übertragung)

Theoretisch werden 4 mol Formaldehyd pro Mol Acetaldehyd benötigt. In der Praxis arbeitet man mit einem bis zu vierfachen Überschuss an Formaldehyd, um die Bildung von Dipentaerythrit, dem Monoether des Pentaerythrits, $[(HOCH_2)_3C-CH_2]_2O$, gering zu halten.

Vermeidung des Coproduktes HCOOH durch katalytische Hydrierung der Aldol-Zwischenstufe war bisher erfolglos

Die Aufarbeitung des Reaktionsgemisches erfolgt nach Neutralisation des $Ca(OH)_2$-Überschusses mit HCOOH durch stufenweises Einengen und fraktioniertes Auskristallisieren des Pentaerythrits.

Isolierung des Pentaerythrits:

verlustreiches fraktioniertes Kristallisieren von $Ca(OOCH)_2$ und Pentaerythrit

Die analytisch im Rohprodukt nachgewiesene Selektivität von etwa 91% (CH_3CHO) wird wegen der verlustreichen Isolierung in der Praxis kaum erreicht.

Pentaerythrit wird überwiegend, z. B. in USA zur Herstellung von Alkydharzen (ca. 50% in 2000), als Rohstoff für die Lackindustrie (vgl. Abschn. 11.2.1), verbraucht. Das Tetranitrat wird als Sprengstoff und auch im Pharmabereich verwendet. Ester mit höheren Fettsäuren (C_5–C_{12}) dienen als Öladditive, Weichmacher und Emulgatoren.

Verwendung des Pentaerythrits:

Alkydharze, Sprengstoffe, Pharmaka, Weichmacher, Additive, Emulgatoren

8.3.2 Trimethylolpropan

Trimethylolpropan oder 1,1,1-Tris-(Hydroxymethyl)-propan steht mengenmäßig an zweiter Stelle der durch Aldolhydrie-

Herstellung von Trimethylolpropan

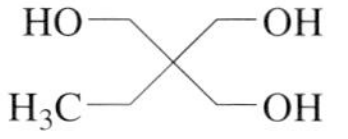

analog Pentaerythrit durch zweifache Aldolisierung von Butyraldehyd und Formaldehyd mit anschließender Cannizzaro-Reaktion

rung zugänglichen Polyole. Es werden weltweit etwa 100000 jato produziert. Seine Herstellung erfolgt analog dem Pentaerythrit durch Mischaldolisierung von Formaldehyd mit Butyraldehyd in Gegenwart von $Ca(OH)_2$, NaOH oder basischen Ionenaustauschern und anschließender Reduktion mit überschüssigem Formaldehyd mit insgesamt etwa 90 % Ausbeute:

Vielfache Versuche für neue Routen ohne HCOOH-Coprodukt bisher erfolglos

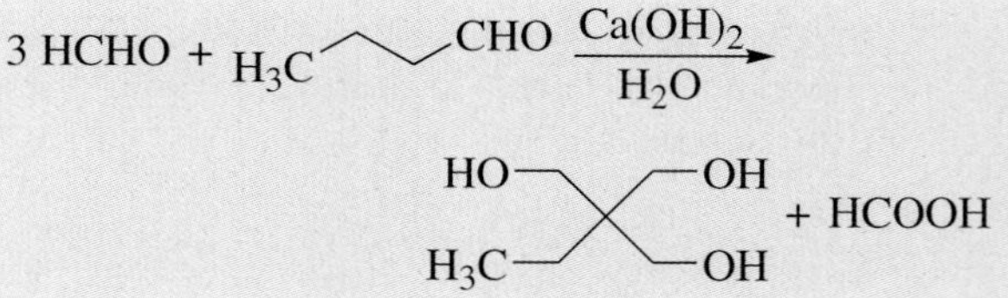

(21)

Trimethylolpropan wird aus dem Reaktionsgemisch zumeist mit Lösemitteln (z. B. Essigester, Cyclohexanol) extrahiert und durch Destillation rein erhalten. Die Ausbeute erreicht etwa 90 %.

Isolierung durch Extraktion, Reinigung durch Destillation

Die wirtschaftliche Herstellung aus den beiden preiswerten großtechnischen Komponenten hat vielfach zum Ersatz von Glycerin (z. B. in Alkydharzen) durch Trimethylolpropan geführt. Es findet weiterhin direkt oder nach Ethoxylierung bzw. Propoxylierung die für Polyole übliche Anwendung für z. B. Polyester und Polyurethane.

Verwendung als Glycerinersatz oder nach Umsetzung mit EO oder PO als Polyester- bzw. Polyurethankomponente

8.3.3 Neopentylglykol

Herstellung von Neopentylglykol

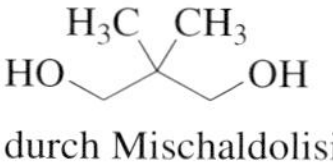

durch Mischaldolisierung von Isobutyraldehyd und Formaldehyd mit alkalischen Katalysatoren wie Alkalihydroxiden, -acetaten, Aminen, Ionenaustauschern

Neopentylglykol oder 2,2-Dimethyl-1,3-propandiol ist technisch sehr einfach und preiswert aus Formaldehyd und Isobutyraldehyd durch Mischaldolisierung zu erhalten. Es ist mit einer weltweiten Herstellkapazität 1998 von etwa 0,29 Mio jato (davon in Westeuropa, USA und Japan 147000, 81000 bzw. 32000 jato) ein Produkt dieser Polyolgruppe, das deutlich zunehmendes Interesse findet. Die BASF ist mit einer Gesamtkapazität von 150000 jato (2002) der weltweit größte Hersteller von Neopentylglykol.

Die Aldolreaktion mit äquimolaren Mengen beider Aldehyde führt in Gegenwart basischer Substanzen mit sehr hohen Selektivitäten zu dem isolierbaren Zwischenprodukt Hydroxypivalinaldehyd. Dieser wird entweder mit überschüssigem Formaldehyd, aber auch durch katalytische Hydrierung in der Gas- oder Flüssigphase oberhalb 80 °C an Co-, Cu- oder Ni-Katalysatoren mit etwa 90-proz. Selektivität zum Neopentylglykol umgesetzt:

weitere Hydrierung zum Neopentylglykol dann durch Cannizzaro-Reaktion oder katalytisch mit H_2, wobei die katalytische Hydrierung kein Formiat als Coprodukt liefert und höhere Raum-Zeit-Ausbeuten ermöglicht

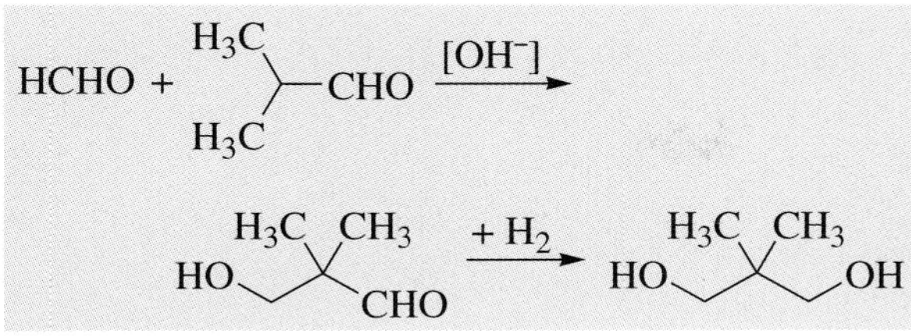

(22)

Neopentylglykol wird in Polyestern (für Harze im Flugzeug- und Bootsbau), Kunstharzlacken (vor allem für lösemittelfreie Pulverlacke), synthetischen Schmierölen, Polyurethanen und Weichmachern verwendet. Die Neopentylstruktur führt bei den Umsetzungsprodukten zu einer besonderen Hydrolyse-, Thermo- und Lichtstabilität.

Verwendung des Neopentylglykols:

als Kondensationskomponente zum Aufbau von Polyestern, Kunstharzlacken, Schmiermitteln, Polyurethanen und Weichmachern

Sterische Hinderung durch Neopentylstruktur erschwert Esterbildung, macht jedoch einmal gebildete Ester besonders stabil

Ein Derivat des Neopentylglykols mit technischer Nutzung ist der 2,2-Dimethyl-1,3-propandiol-monohydroxypivalinsäureester. Es wird durch Disproportionierung (Tischtschenko-Reaktion) von Hydroxypivalinaldehyd, dem Zwischenprodukt der Neopentylglykol-Herstellung, gewonnen:

Derivat des Neopentylglykols:

Monoester mit Hydroxypivalinsäure aus alkalisch katalysierter Tischtschenko-Reaktion des Hydroxypivalinaldehyds (vgl. „Acetaldehyd → Ethylacetat", Abschn. 7.4.4)

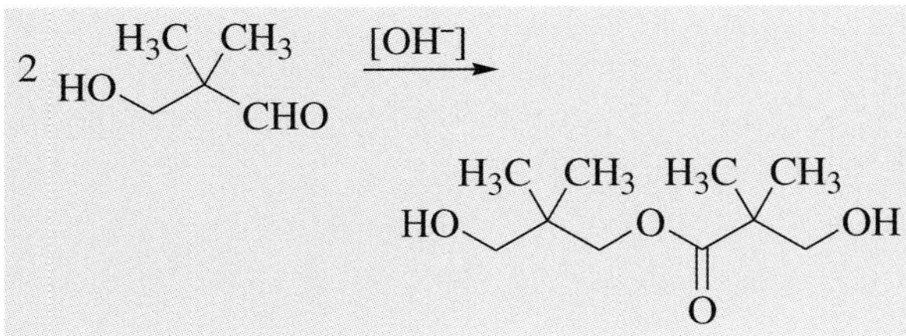

(23)

Die Umsetzung erfolgt in Gegenwart von Erdalkalihydroxiden bei 80–130 °C. Die BASF hat 1976 in der Bundesrepublik Deutschland eine 1200-jato-Anlage in Betrieb genommen, die inzwischen erweitert wurde. Die UCC hat in USA die entsprechende Produktion aufgegeben. Der Neopentylglykol-monoester der Hydroxypivalinsäure dient zur Herstellung hochwertiger und sehr widerstandsfähiger Polyesterharze und Polyurethane mit zunehmendem Einsatz.

9 Vinyl-Halogen- und Vinyl-Sauerstoff-Verbindungen

Vinylverbindungen haben sich in der industriellen Chemie wegen ihrer besonderen Reaktivität, ihrer großtechnisch guten Zugänglichkeit und ihrer vielseitigen Verwendbarkeit zu wichtigen Schlüsselprodukten entwickelt.

Zu der umfangreichen Gruppe der Vinylverbindungen zählen einerseits Produkte wie Styrol, Acrylsäure, Acrylnitril und Methacrylsäure, die an anderer Stelle bei ihren charakteristischen Ausgangsprodukten beschrieben werden, und andererseits die Vinylhalogenide, Vinylester und Vinylether, die nachfolgend behandelt werden.

Den Vinylhalogeniden sollen auch die mehrfachen Substitutionsprodukte des Ethylens wie Vinylidenchlorid (VDC), Vinylidenfluorid, Trichlor- und Tetrachlorethylen sowie Tetrafluorethylen zugerechnet werden.

Technisch wichtige Vinylverbindungen:

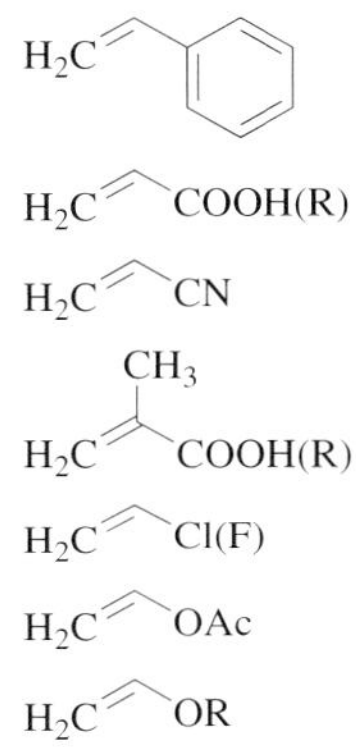

$H_2C{=}CCl_2(F_2)$

$Cl_2C{=}CHCl$

$Cl_2C{=}CCl_2$

$F_2C{=}CF_2$

Die mengenmäßig bedeutendsten Produkte unter den Vinylhalogeniden, -estern und -ethern sind Vinylchlorid (VC) und Vinylacetat (VA). Zu ihrem Wachstum haben wesentlich die neuen katalytischen Herstellverfahren auf Ethylenbasis beigetragen, die zu der weitgehenden Ablösung der klassischen Acetylenverfahren führten.

Mengenmäßig größte Vinylhalogenide bzw. -ester:

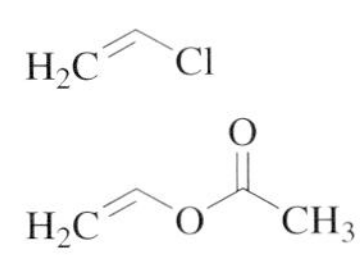

9.1 Vinyl-Halogen-Verbindungen

9.1.1 Vinylchlorid

Die überragende Bedeutung des Vinylchlorids als universelles Monomeres zur Herstellung von Homo-, Co- und Terpolymerisaten spiegelt sich in dem stürmischen Wachstum seiner industriellen Produktion wider, die in den dreißiger Jahren ihren Anfang nahm und 2004 Herstellkapazitäten weltweit von etwa 34,6 Mio jato erreichen ließ. Die Anteile in USA, Westeuropa, Japan und Bundesrepublik Deutschland betrugen im gleichen Jahr etwa 7,3, 6,5, 3,2 bzw. 2,1

VC 1997 in USA mit Vorprodukt ($ClCH_2CH_2Cl$ = EDC) mengenmäßig nach Ethylen, Propen, Harnstoff an 4. Stelle aller organischen Produkte

EDC-Produktion (in Mio t)

	1992	1995	1997
WE	8,90	9,14	9,97
USA	7,23	7,83	11,9
Japan	2,71	2,93	3,49
BRD	2,09	2,24	2,54

Industrielle Organische Chemie: Bedeutende Vor- und Zwischenprodukte, 6. Auflage, Hans-Jürgen Arpe

ISBN: 978-3-527-31540-6

Cl_2-Produktion (in Mio t)

	1993	1995	1997
Welt	37,5	38,0	39,3
USA	12,0	12,2	13,0
WE	8,4	9,4	9,4
BRD	2,9	3,3	3,5
Japan	3,3	4,0	4,0

VC-Produktion (in Mio t)

	1995	1997	1999
WE	5,5	5,7	5,5
USA	6,8	8,0	6,6
Japan	2,6	3,1	3,1
BRD	1,4	1,5	1,4

Mio jato. Damit ist Vinylchlorid mit seinem Vorprodukt 1,2-Dichlorethan zu einem der größten Chlorverbraucher geworden; so wurden z. B. 1999 in USA, Westeuropa, Bundesrepublik Deutschland und Japan etwa 42, 35, 36 bzw. 30 Gew.-% der gesamten Chlorproduktion zur Herstellung von Vinylchlorid eingesetzt. Der Zwang zur Optimierung und Rationalisierung führte zu einer ständigen Verbesserung der Verfahren und damit gekoppelt auch zu einer Vergrößerung der Produktionseinheiten. Die bisher größte Produktionsanlage für Vinylchlorid hatte 1991 noch eine Herstellkapazität von 635 000 jato, inzwischen werden über 1 Mio jato in mehreren Anlagen erreicht. Eine aktuelle Entwicklung betrifft die Wiederverwertung des Chlors in Form von Chlorwasserstoff aus Polyvinylchlorid als dem größten Folgeprodukt des Vinylchlorids. So kann Alt-PVC in einem Recyclingverfahren z. B. bei 1200 °C im Drehrohrofen verbrannt und der entstehende Chlorwasserstoff isoliert, gereinigt und wieder zur Vinylchlorid-Herstellung eingesetzt werden. Damit kann der Anteil chlorhaltiger Endprodukte, der in Westeuropa derzeit etwa 46 % des gesamten Chlorverbrauchs ausmacht, durch diese neue Form der Chlorrückgewinnung zukünftig weiter vermindert werden.

PVC-Recycling in speziellem Pyrolyseprozess macht Chlor in Form von HCl wieder zugänglich und als „sekundäres" Chlor verwertbar

Produktionszahlen für Vinylchlorid in einigen Ländern sind in der nebenstehenden Tabelle zusammengefasst.

9.1.1.1 Vinylchlorid aus Acetylen

Historische VC-Herstellung durch $HgCl_2$-katalysierte HCl-Addition an Acetylen (Vinylierung von Chlorwasserstoff):

ältere Verfahren in der Flüssigphase mit gelöstem oder suspendiertem Katalysator, später bevorzugt in der Gasphase an Fest- oder Wirbelbettkatalysatoren

Das erste technische Verfahren zur Herstellung von Vinylchlorid wurde von Griesheim-Elektron entwickelt. Es basierte auf der Addition von Chlorwasserstoff an Acetylen, das zunächst nur aus Carbid hergestellt wurde. In den Folgejahren wurde dann auch petrochemisch gewonnenes Acetylen in der Vinylchlorid-Herstellung eingesetzt. Der Chlorwasserstoff stammte anfänglich noch aus der Umsetzung von Cl_2 mit H_2, wurde dann aber mehr und mehr durch den bei Chlorierungen anfallenden Chlorwasserstoff ersetzt. Die Vinylierung des Chlorwasserstoffs verläuft nach folgender Gleichung:

$$HC{\equiv}CH + HCl \xrightarrow{[Kat.]} H_2C{=}CH{-}Cl \qquad (\Delta H = -99\ kJ/mol) \tag{1}$$

Verfahrensprinzip:

heterogen katalysierte Gasphasenumsetzung, sehr selektiv und apparativ wenig aufwendig (Rohrbündelreaktor)

Als Katalysator dient $HgCl_2$ auf Aktivkohle bei 140 bis 200 °C. Der Acetylenumsatz beträgt 96–97 % und die Vinylchlorid-Selektivität etwa 98 % (C_2H_2). Die Isolierung des Vinylchlorids ist relativ einfach, da als Nebenprodukte nur geringe Mengen Acetaldehyd (aus der Restfeuchte der Einsatzgase) und 1,1-Dichlorethan (aus der Addition von HCl an Vinylchlorid) entstehen.

Nebenproduktbildung:

CH_3CHO aus $HC{\equiv}CH + H_2O$
CH_3CHCl_2 aus $H_2C{=}CHCl + HCl$

Diese ausschließlich auf Acetylen basierende Route ist inzwischen trotz geringer Investitions- und Betriebskosten weitgehend zugunsten des Ethylens als einer preiswerteren Rohstoffbasis aufgegeben worden. So wurde in Japan die letzte Anlage 1989 stillgelegt und auch in Westeuropa wurden die letzten zwei Anlagen 1993 außer Betrieb gesetzt. In USA ist noch eine Anlage bei Borden bis 2002 betrieben worden und in der GUS sind noch vier Vinylchlorid-Anlagen auf Acetylenbasis in Betrieb. In Ländern mit preiswerter Kohle, wie z. B. in Südafrika, wird Vinylchlorid noch längerfristig aus Carbidacetylen wirtschaftlich herstellbar sein.

9.1.1.2 Vinylchlorid aus Ethylen

Vinylchlorid wird heute fast ausschließlich durch thermische Spaltung von 1,2-Dichlorethan (EDC) hergestellt. Das Einsatzprodukt für die Thermolyse kann auf zwei Herstellwegen erhalten werden:

VC-Herstellung aus Ethylen über die Zwischenstufe $ClCH_2CH_2Cl$ (EDC) mit anschließender thermischer Dehydrochlorierung

1. nach der älteren Methode durch Addition von Chlor an Ethylen und
2. nach der moderneren Route durch Oxychlorierung des Ethylens mit Chlorwasserstoff und O_2 bzw. Luft.

EDC-Herstellung aus Ethylen durch:

1. Cl_2-Addition
2. Oxychlorierung

Zu 1

Die Chlorierung des Ethylens erfolgt bevorzugt in der Flüssigphase in einem Blasenreaktor mit dem Reaktionsprodukt EDC als Reaktionsmedium und mit gelöstem $FeCl_3$, $CuCl_2$ oder $SbCl_3$ als Katalysator bei 40–70 °C und 4–5 bar:

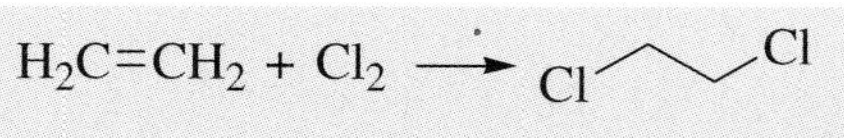

(ΔH = -180 kJ/mol) (2)

Die Chloraddition verläuft vermutlich nach einem elektrophilen Ionenmechanismus, bei dem der Katalysator die Polarisierung des Chlormoleküls und damit eine Erleichterung des elektrophilen Angriffs ermöglicht.

Verfahrensprinzip der Cl_2-Addition (Flüssigphase):

homogen katalysierte elektrophile Reaktion mit dem Carbeniumion $\overset{+}{C}H_2{-}CH_2Cl$ als wahrscheinlicher Zwischenstufe

Die Selektivitäten zum 1,2-Dichlorethan betragen bis 98 % (C_2H_4) und 99 % (Cl_2).

Verfahrensprinzip der Cl_2-Addition (Gasphase):

unkatalysierte Radikalkettenreaktion initiiert durch Chlorradikale aus homolytischer Wandreaktion

Die Chlorierung des Ethylens kann auch in der Gasphase bei 90–130 °C vorgenommen werden. Vermutlich verläuft die Bildung des 1,2-Dichlorethans dann nach einem Radikalkettenmechanismus, gestartet von Chlorradikalen, die an der Reaktorwand durch Homolyse von Chlormolekülen entstehen.

Verfahrensprinzip der Oxychlorierung:

Cu-Salz-katalysierte Umsetzung von C_2H_4, HCl und Luft (O_2), einteilbar in eine Reaktionsstufe:

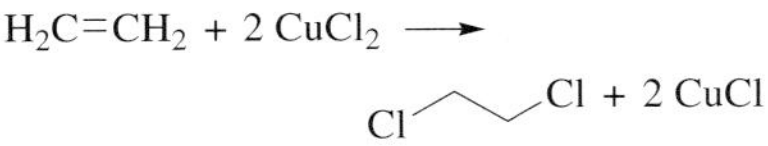

und eine Regenerationsstufe:

$2\,CuCl + 0{,}5\,O_2 \longrightarrow CuO \cdot CuCl_2$

$CuO \cdot CuCl_2 + 2\,HCl \longrightarrow 2\,CuCl_2 + H_2O$

Funktion der Katalysatorkomponenten:

1. $CuCl_2$ als Chlorierungsagens ist flüchtig unter Reaktionsbedingungen
2. Alkalichloride (KCl) verringern die Flüchtigkeit durch Bildung einer Salzschmelze
3. Seltenerdchloride vergrößern die O_2-Absorption der Schmelze

Zu 2

Die Oxychlorierung des Ethylens wird bevorzugt in der Gasphase durchgeführt. Dazu wird Ethylen mit wasserfreier HCl und Luft bzw. Sauerstoff bei 220–240 °C und 2–4 bar zu EDC und H_2O umgesetzt:

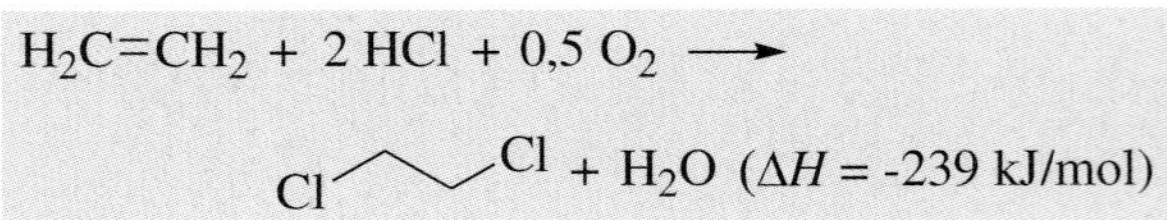
(3)

Als Katalysator dient $CuCl_2$, das auf Trägermaterialien aufgebracht ist, die häufig Aktivatoren und Stabilisatoren, wie z. B. Chloride der Seltenen Erden und der Alkalimetalle, enthalten. Unter den Reaktionsbedingungen wird kein freies Chlor gebildet, sondern der $CuCl_2$-Anteil dient als Chlorierungsagens, das anschließend mit Luft und HCl über die Stufe des Oxychlorids wieder regeneriert wird. Ähnliches gilt auch für die Oxychlorierung von Benzol zu Chlorbenzol (vgl. Abschn. 13.2.1.1). Katalysatoren dieser Art werden z. B. von Distillers und Shell angewendet, sie lassen EDC-Selektivitäten von etwa 96% zu. Der Umsatz des Ethylens ist bei einem geringen Überschuss an HCl und Luft praktisch quantitativ.

Technische Durchführung der Ethylen-Oxychlorierung:

1. Gasphase mit Fließbettreaktor oder Festbettreaktor
2. Flüssigphase

Goodrich gehörte mit Dow und Monsanto zu den ersten Firmen, die 1964 in USA technische Oxychlorierungsprozesse durchführten. Heute haben zahlreiche weitere Firmen eigene, im Prinzip sehr ähnliche Verfahren entwickelt.

Kennzeichen der katalytischen Gasphasen-Oxychlorierung:

gegenüber der Chlorierung um die Bildungsenthalpie von H_2O (aus 2 HCl + 0,5 O_2) exothermere Reaktion

exakte Temperaturführung vermeidet:
Überhitzung
Überchlorierung
Totalverbrennung zu CO_2

Ein wesentlicher Unterschied besteht in der Verfahrensdurchführung und damit in der Wärmeabfuhr aus dieser stark exothermen Reaktion; Ethyl Corp., Goodrich, Mitsui Toatsu Chemicals, Monsanto, Scientific Design (auf Basis des Monsanto-Verfahrens) und Rhône-Poulenc verwenden einen Fließbett-, die übrigen Hersteller einen Festbettreaktor. Eine weitere Methode zur Begrenzung der lokalen Wärmeentwicklung ist die Benutzung von Katalysatoren, die durch Inertmaterialien verdünnt sind.

Außer den Gasphasenprozessen zur Oxychlorierung wurde von Kellogg ein Verfahren in wässriger salzsaurer $CuCl_2$-Lösung entwickelt. Bei 170–185 °C und 12–18 bar kann Ethylen mit 7–25-proz. Umsatz und mit 96-proz. Selektivität zu 1,2-Dichlorethan oxychloriert werden. Der Vorteil dieser Variante liegt in der Verwendung wässriger Salzsäure und der guten Wärmeabfuhr durch H_2O-Verdampfung. Allerdings entstehen durch die Handhabung einer wässrigen, heißen Salzsäure beträchtliche Korrosionsprobleme.

Kennzeichen der Flüssigphasen-Oxychlorierung:

Verwendung wässriger HCl erleichtert Wärmeabfuhr, aber erschwert Beherrschung der Korrosionsprobleme

Die weitere Umsetzung des 1,2-Dichlorethans zu Vinylchlorid wurde früher mit Alkali in der Flüssigphase vorgenommen. Heute hat sich ausschließlich die Gasphasen-Dehydrochlorierung durchgesetzt:

VC-Herstellung durch HCl-Abspaltung aus EDC:

früher Dehydrochlorierung in der Flüssigphase mit Alkali

heute Dehydrochlorierung in der Gasphase nach zwei Verfahrensweisen:

1. thermisch (bevorzugte Methode)
2. katalytisch (nur vereinzelt, z. B. SBA-Prozess, Wacker-Prozess)

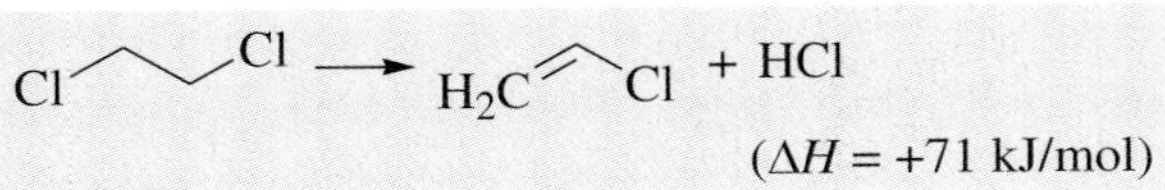

(4)

Die endotherme Spaltung des EDC wird bei 500–600 °C und 25–35 bar rein thermisch nach einem Radikalkettenmechanismus in Rohren aus Spezialstählen (Ni, Cr) mit großer Wärmestandfestigkeit bei hoher Strömungsgeschwindigkeit durchgeführt. Als Spaltungsinitiator wird vielfach Tetrachlorkohlenstoff in geringer Menge zugesetzt. Von großer Bedeutung ist die Reinheit des eingesetzten EDC (>99,5 %), da Verunreinigungen leicht die Thermolyse inhibieren können (Radikalfänger). Eine katalytische Spaltung bei etwa 300–400 °C an Bimsstein (SiO_2, Al_2O_3, Alkalien) oder Kohle, die mit $BaCl_2$ oder $ZnCl_2$ imprägniert sind, hat wegen der begrenzten Lebensdauer der Katalysatoren keine größere Verbreitung gefunden.

Prinzip der thermischen HCl-Abspaltung:

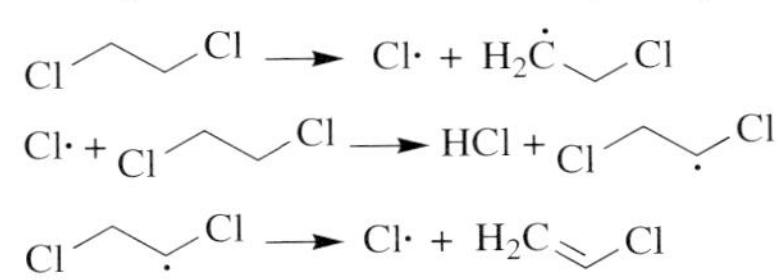

Der EDC-Umsatz beträgt in der thermischen Spaltung 50 bis 60 %, die Selektivität zu Vinylchlorid mehr als 98 % (EDC). Das Reaktionsgemisch wird mit kaltem EDC direkt gekühlt (gequencht), wobei der Chlorwasserstoff gasförmig entweicht. Nach destillativer Abtrennung des Vinylchlorids wird das EDC in die Dehydrochlorierungsstufe zurückgeführt.

Verfahrenskennzeichen der Thermolyse:

Selektivität zu VC wird begünstigt durch hohe Strömungsgeschwindigkeit, genaue Temperaturkontrolle, sorgfältige Reinigung des EDC, Umsatzbegrenzung des EDC

Die modernen technischen Verfahren der Vinylchlorid-Herstellung sind durch eine weitgehende und damit sehr wirtschaftliche Integration der zuvor genannten Teilstufen der Ethylen-Chlor-Addition, der EDC-Thermolyse und der Ethylen-Oxychlorierung gekennzeichnet, d. h., das Chlor wird über die Addition an Ethylen in den Prozess einge-

Moderne VC-Herstellung gekennzeichnet durch Integration von drei Teilreaktionen:

1. Flüssigphasen-C_2H_4-Chlorierung
2. Gasphasen-EDC-Dehydrochlorierung
3. Gasphasen-C_2H_4-Oxychlorierung (Fließ- oder Festbett)

bracht und der Chlorwasserstoff aus der Thermolyse wird in der Oxychlorierung verwendet.

Die in der Oxychlorierung von C_2H_4 integrierte Cl_2-Rückgewinnung aus HCl auch extern möglich durch:

1. Elektrolyse, z. B. nach Hoechst-Uhde, DeNora, Mobay Chemical
2. Deacon-Prozess nach Shell
3. Kel-Chlor-Prozess nach Kellogg

Als Alternative zur Wiederverwendung des „Thermolyse-Chlorwasserstoffs" in einer Oxychlorierung wurden Verfahren entwickelt, den Chlorwasserstoff getrennt zu Chlor aufzuarbeiten.

So ist durch Elektrolyse z. B. nach den Verfahren von Hoechst-Uhde, De Nora oder auch von Mobay Chemical wässrige Salzsäure in einem bestimmten Konzentrationsbereich (25 $\rightarrow$ 10 Gew.-%) in Cl_2 und H_2 überführbar.

gemeinsames Reaktionsprinzip für Shell-Deacon- und Kel-Chlor-Prozess:

$$4\,HCl + O_2 \longrightarrow 2\,Cl_2 + 2\,H_2O \quad (\Delta H = -117\ kJ/mol)$$

charakteristischer Katalyseteilschritt:

Deacon-Prozess:

$$2\,CuCl_2 \longrightarrow Cl_2 + Cu_2Cl_2$$

Kel-Chlor-Prozess:

$$NO_2 + 2\,HCl \longrightarrow Cl_2 + NO + H_2O$$

Eine andere Methode der Cl_2-Rückgewinnung ist der Shell-Deacon-Prozess. Danach lässt sich gasförmige HCl oder wässrige Salzsäure an einem Trägerkatalysator mit den aktiven Komponenten $CuCl_2$, KCl und $DiCl_3$ (Di = Didymium, d. h. technisch anfallende Gemische der Seltenen Erden) bei 350–400 °C zu Chlor und Wasser oxidieren. Dieser Prozess hat mit Anlagen in Holland (41 000 jato Cl_2), die inzwischen stillgelegt wurde, und Indien (27 000 jato Cl_2) technische Anwendung gefunden. Als ein modifiziertes Deacon-Verfahren kann der Mitsui-Toatsu-Prozess (MT-Chlor-Verfahren) angesehen werden, bei dem der Grundprozess durch ein aktiveres Chromoxid/SiO_2-System katalysiert wird. Eine 30 000-jato-Anlage ist in Japan in Betrieb.

Ein dritter Weg ist die Oxidation von HCl (wasserfrei oder in wässriger Lösung) bei z. B. 4 bar und 260–320 °C zu Cl_2 in Gegenwart von Stickoxiden als Katalysator und H_2SO_4 in Form von Nitrosylschwefelsäure als zirkulierendem „Katalysatorträger" nach dem Kel-Chlor-Prozess (Kellogg), wie er z. B. in einer 270 000-jato-Anlage bei DuPont in USA seit 1974 durchgeführt wird.

Ethylen-Acetylen-Verbundverfahren lösten zwischenzeitlich das Problem der vollständigen Cl_2-Verwertung, jedoch war gleichzeitige Verfügbarkeit von Ethylen und Acetylen notwendig

Bevor die modernen Verfahren zur vollständigen technischen Nutzung des Chlors allein auf der Basis von Ethylen sich durchgesetzt hatten, wurde Vinylchlorid während einer Übergangszeit nach einem ausbalancierten Ethylen-Acetylen-Verbundverfahren hergestellt. Dabei wurde der Chlorwasserstoff aus der Thermolyse von EDC, analog dem historischen VC-Verfahren, an Acetylen addiert.

Diese kombinierte Verwendung von Ethylen und Acetylen war besonders dort vorteilhaft, wo thermische Crackverfahren von Rohölfraktionen solche Gemische aus C_2H_4 und C_2H_2 lieferten.

Kombinationsverfahren wurden z. B. von Goodrich, Monsanto und UCC in USA, von Hoechst/Knapsack in der Bundesrepublik Deutschland und von Kureha in Japan betrieben.

9.1.1.3 Entwicklungsmöglichkeiten der Vinylchlorid-Herstellung

Überlegungen zur Verbesserung der VC-Herstellverfahren sind in erster Linie auf die Beseitigung der Mehrstufigkeit der Kombinationsprozesse (Chlorierung, Oxychlorierung, Thermolyse) gerichtet, die mit beträchtlichen Investitions- und Verfahrenskosten verbunden sind. Eine wesentliche Vereinfachung der VC-Herstellung könnte z. B. durch eine substitutive Chlorierung bzw. Oxychlorierung des Ethylens zu Vinylchlorid erreicht werden. Die Patentliteratur enthält zahlreiche Vorschläge mit Edelmetallkatalysatoren in der Gas- und in der Flüssigphase sowie in einer Schmelze der katalytisch aktiven Verbindungen. Sie haben bisher wegen der erforderlichen hohen Temperaturen und den damit verbundenen Nebenreaktionen zu keinem industriell genutzten Prozess geführt.

Moderne dreistufige, kostenintensive VC-Herstellverfahren mit zwei Ansatzmöglichkeiten zur Kosteneinsparung:

1. einstufige, direkte substitutive Chlorierung von C_2H_4

Beispielhafte Vorschläge:

$PtCl_2$-$CuCl_2$-Trägerkatalysatoren in der Gasphase (ICI)

$PdCl_2$ in der Flüssigphase (Distillers)

Katalysatorschmelzen (Hoechst)

Zum weiteren wurde an Stelle von Ethylen die Verwendung von Ethan vorgeschlagen, das im Transcat-Prozess von Lummus-Armstrong in einer Schmelze der Chloride von Oxychlorierungskatalysatoren auf Kupferbasis direkt mit Chlor zu Vinylchlorid umgesetzt werden soll. In der ersten Verfahrensstufe laufen dabei in einem Reaktor, der die 450–500 °C heiße Salzschmelze enthält, die folgenden Chlorierungs-, Oxychlorierungs- und Dehydrochlorierungsreaktionen gleichzeitig ab:

2. Verwendung von Ethan an Stelle von Ethylen zur direkten VC-Herstellung:

2.1. Lummus-Armstrong-Transcat-Verfahren

Verfahrenskennzeichen:

zweistufige, heterogen katalysierte Umsetzung von Ethan, Cl_2, O_2 zu VC in Kupferchlorid-Alkalichlorid-Schmelze

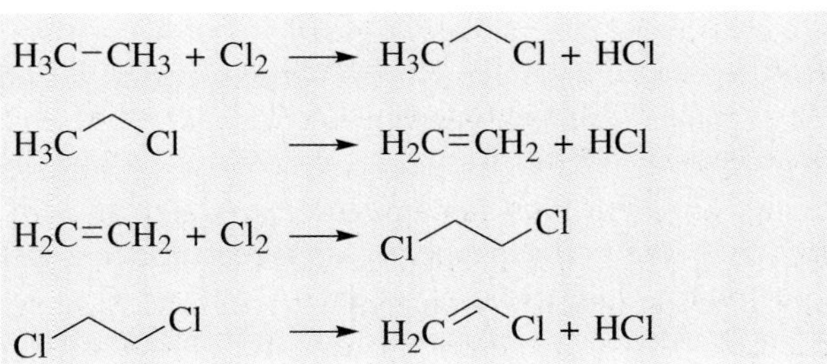

(5)

Das geschmolzene Kupfersalz wird dabei in den Chlorierungsprozess einbezogen und unter Chlorübertragung formal von der zweiwertigen zur einwertigen Stufe reduziert:

1. Stufe:

simultan ablaufende Reaktionen (Chlorierung, Oxychlorierung, Dehydrochlorierung)

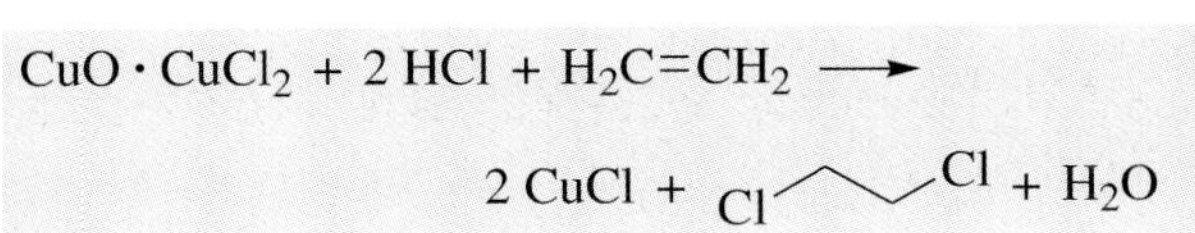

(6)

2. Stufe:

getrennt durchgeführte Regeneration der Schmelze

Bei einem Ethanumsatz von ca. 30 % lassen sich Selektivitäten zu Vinylchlorid unter 40 % erreichen.

Zur Regenerierung wird die Salzschmelze anschließend in den Oxidationsreaktor übergeführt, in dem sie mit HCl und Luft wieder auf das Oxychlorierungsniveau ($CuO \cdot CuCl_2$) gebracht wird.

Allerdings ist die schwierige Technologie der Umwälzung einer Katalysatorschmelze bisher beim Ethan nur in einer Versuchsanlage angewendet worden (vgl. CH_4-Oxychlorierung Abschn. 2.3.6.1).

2.2. ICI-Oxychlorierungsverfahren:

Verfahrenskennzeichen:

einstufige, heterogen (Ag, Mn-, Co-, Ni-Salz/Zeolith) katalysierte Umsetzung von C_2H_6, Cl_2, O_2 zu VC in der Gasphase

In einem neueren Gasphasenverfahren der ICI wird Ethan in einer Oxychlorierungsreaktion mit Chlor und Sauerstoff an Silbermetall und z. B. Mangansalze enthaltenden Zeolithkatalysatoren bei 350–400 °C vollständig zu Ethylen und einem Gemisch von Chlorderivaten des Ethans und des Ethylens umgesetzt. Die Vinylchlorid-Selektivität erreicht bis zu 51 %.

Weitere Verfahren der Direktchlorierung von Ethan sind in Bearbeitung.

9.1.1.4 Verwendung von Vinylchlorid und 1,2-Dichlorethan

Verwendung von VC und EDC:

1. VC für PVC und zahlreiche Copolymerisate

   Anwendungsschwerpunkte für PVC:

   Bauwesen, Verpackungsindustrie, Elektroindustrie, Kraftfahrzeugbau

Vinylchlorid wird mengenmäßig überwiegend (derzeit weltweit ca. 95 %) als Monomeres und in geringerem Maß als Comonomeres zur Polymerisation eingesetzt. Nur ein kleiner Anteil – auch seines Vorproduktes EDC – dient als Ausgangsbasis für zahlreiche Chlorderivate des Ethans und Ethylens, die früher als Löse- und Extraktionsmittel nur aus Acetylen hergestellt wurden.

1,1,1-Trichlorethan-Herstellung aus:

1. EDC durch Chlorierung zu $CH_2ClCHCl_2$, HCl-Abspaltung zu $H_2C{=}CCl_2$ und HCl-Addition
2. C_2H_6 durch Chlorierung
3. VC durch HCl-Addition zu CH_3CHCl_2 und Chlorierung

Route 3 mit industriell größter Bedeutung

Dazu zählt vor allem das 1,1,1-Trichlorethan (Methylchloroform), das – abgesehen von einer dreistufigen Route aus EDC oder durch Chlorierung von Ethan – vorzugsweise auf Basis Vinylchlorid hergestellt wird. Zunächst wird in flüssiger Phase Chlorwasserstoff in Gegenwart von fein verteiltem $FeCl_3$ an Vinylchlorid zu 1,1-Dichlorethan addiert, das auch das Reaktionsmedium darstellt. Die Selektivität erreicht 95–98 %. Im zweiten Schritt wird dann die Chlorierung in der Gasphase, zumeist nach dem Verfahren der Ethyl Corporation, im Fließbett bei 370–400 °C und 3–5 bar an einem SiO_2-Katalysator vorgenommen:

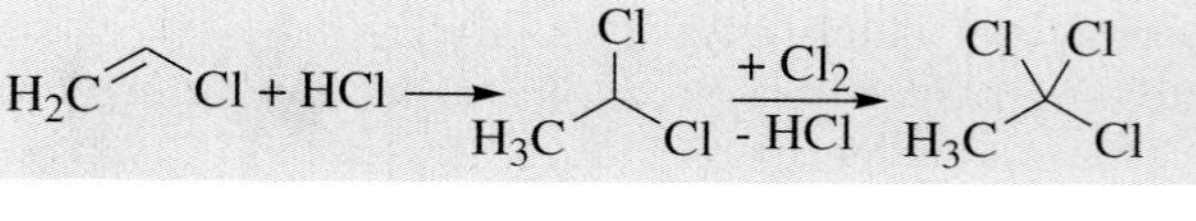

(7)

Der Chlorwasserstoff wird wieder für die erste Verfahrensstufe verwendet. Die 1,1,1-Trichlorethan-Selektivität beträgt bis zu 82 %.

1,1,1-Trichlorethan wird – nach Zusätzen von Stabilisatoren – vor allem als Kaltreiniger für Metalle und Textilien verwendet. Die Herstellkapazitäten für 1,1,1-Trichlorethan betrugen 1998 in USA, Westeuropa und Japan 0,25, 0,04 bzw. 0,11 Mio jato. Produktionszahlen in diesen Ländern sind in der nebenstehenden Tabelle aufgeführt.

1,1,1-Trichlorethan-Produktion (in 1000 t)

	1991	1993	1997
USA	294	205	95
WE	245	108	40
Japan	167	78	48

1,2-Dichlorethan wird weiterhin zur Herstellung von Ethylendiamin (1,2-Diaminoethan) eingesetzt, das mit überschüssigem wässrigen Ammoniak bei etwa 180 °C unter Druck entsteht. Daneben bilden sich aus der Folgereaktion des Ethylendiamins mit 1,2-Dichlorethan auch Diethylentriamin und Triethylentetramin. Das Hydrochloridgemisch der Amine wird mit Natronlauge in die freien Amine übergeführt, die durch Rektifikation getrennt werden. Die Ethylendiamin-Ausbeute erreicht etwa 60 % Ethylendiamin, ist ein Zwischenprodukt für Kautschukchemikalien, Arzneimittel und vor allem für den Komplexbildner Ethylendiamintetraessigsäure, der vor allem auf dem Sektor der Wasch- und Reinigungsmittel eingesetzt wird.

Ethylendiamin-Herstellung aus:

1. EDC durch Cl/NH_2-Substitution
2. $H_2NCH_2CH_2OH$ durch OH/NH_2-Substitution

beide Ammonolyserouten durch Nebenproduktbildung belastet

Eine andere Herstellroute für Ethylendiamin basiert auf der Umsetzung von Ethanolamin mit NH_3 (vgl. Abschn. 7.2.3).

1,2-Dichlorethan wird selbst auch als Lösemittel für Harze, Asphalt, Bitumen und Kautschuk sowie als Extraktionsmittel für Fette und Öle verwendet. In Kombination mit 1,2-Dibromethan dient es, bei Verwendung von Bleitetraethyl bzw. Bleitetramethyl als Antiklopfmittel, zur Umwandlung schwerflüchtiger in leichtflüchtige Bleiverbindungen. Diese Anwendung ist wegen der allgemeinen Verminderung des Bleigehaltes im Fahrbenzin allerdings stark rückläufig.

2. VC und EDV als Zwischenprodukte zur Herstellung von Löse- und Extraktionsmittel, z. B.

   $Cl_3C{-}CH_3$ (Trichlorethan)
   $Cl_2C{=}CHCl$ (Trichlorethylen)
   $Cl_2C{=}CCl_2$ (Tetrachlorethylen)
   sowie $H_2NCH_2CH_2NH_2$ (Ethylendiamin)
   und dem Monomeren $Cl_2C{=}CH_2$ (Vinylidenchlorid)

Vinylchlorid und 1,2-Dichlorethan sind weiterhin Ausgangsprodukte zur Herstellung von Vinylidenchlorid (vgl. Abschn. 9.1.2) sowie von Tri- und Tetrachlorethylen (vgl. Abschn. 9.1.4).

9.1.2 Vinylidenchlorid

Zur Herstellung von Vinylidenchlorid werden Vinylchlorid oder 1,2-Dichlorethan zunächst zu 1,1,2-Trichlorethan chloriert, das dann durch Dehydrochlorierung mit wässrigem $Ca(OH)_2$ oder NaOH bei etwa 100 °C mit einer Selektivität über 90 % in Vinylidenchlorid übergeht:

Vinylidenchlorid-Herstellung zweistufig:

1. Überführung von VC oder 1,2-Dichlorethan in 1,1,2-Trichlorethan
2. Dehydrochlorierung mit wässrigen Alkalien

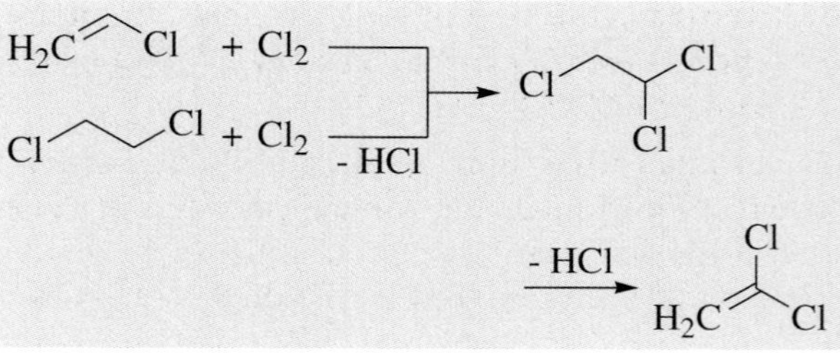

(8)

Eine Gasphasen-Dehydrochlorierung wurde mehrfach untersucht; sie führt jedoch wegen der Bildung von 1,2-Dichlorethylen zu deutlich geringerer Vinylidenchlorid-Selektivität.

Vinylidenchlorid-Verwendung:

als Comonomeres mit VC (85% VDC + 15% VC, Saran®) zur Beschichtung von Folien (Cellulosehydrat und Polypropen), mit ACN (30% VDC + 70% ACN) zu schwer entflammbaren Acrylfasern

Vinylidenchlorid ist gut mit Vinylchlorid und weiteren Monomeren copolymerisierbar. Die Produkte werden zur Beschichtung von Cellulosehydrat-Folien und Polypropen verwendet, um die Luft- und Wasserpermeabilität zu verringern.

Die derzeitige Produktion an Vinylidenchlorid in der westlichen Welt beträgt etwa 150000–200000 jato.

9.1.3 Vinylfluorid und Vinylidenfluorid

Vinylfluorid-Herstellung nach zwei Routen:

1. Vinylierung von HF mit Acetylen

Vinylfluorid (VF) kann auf zwei Wegen hergestellt werden:

1. durch katalysierte Addition von HF an Acetylen:

$$HC{\equiv}CH + HF \xrightarrow{[Kat.]} H_2C{=}CHF \qquad (9)$$

2. HF-Anlagerung an VC mit anschließender Dehydrochlorierung

2. durch katalysierten Austausch von Chlor gegen Fluor im Vinylchlorid über die Zwischenstufe des 1-Chlor-1-fluorethans mit nachfolgender Dehydrochlorierung:

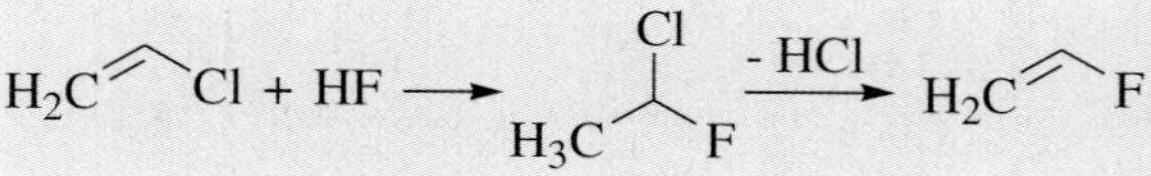

(10)

Zu 1

Merkmale der HF-Vinylierung:

HF-Addition an HC≡CH erfordert Katalysator und bleibt bevorzugt auf der Vinylstufe stehen

Die Vinylierung von Fluorwasserstoff wird in Gegenwart heterogener Katalysatoren, wie z. B. Quecksilberverbindungen auf Trägermaterialien bei 40–150 °C oder auch mit Fluoriden von Al, Sn oder Zn, dann aber bei höherer Temperatur zwischen 250 und 400 °C, durchgeführt. Als Nebenprodukt bildet sich 1,1-Difluorethan, aus dem durch thermische HF-Abspaltung weiteres VF zu erhalten ist.

Mit Hg-Verbindungen lässt sich eine Selektivität zum VF von 60 bis 85 % erreichen. Nachteilig bei Hg-Katalysatoren ist ihre schnell abnehmende Aktivität.

Nach einem ähnlichen Verfahren betreibt DuPont eine Anlage für Vinylfluorid mit einer Herstellkapazität von 2700 jato (1989).

Zu 2

Die Addition von Fluorwasserstoff an Vinylchlorid erfolgt relativ leicht bei wenig erhöhter Temperatur im Autoklaven und ohne Katalysatorzusatz.

Die Abspaltung von HCl aus dem Zwischenprodukt 1-Chlor-1-fluorethan kann katalysatorfrei bei 500–600 °C in Reaktionsrohren aus Cr-Ni-Stahl, aber auch in Gegenwart von Kupferpulver oder Cu-Ni-Legierungen vorgenommen werden.

Merkmale des Cl-Austausches gegen F im VC:

HF-Addition an VC katalysatorfrei unter milden Bedingungen

HCl-Abspaltung unter verschärften Pyrolysebedingungen mit oder ohne Katalysator

Vinylfluorid wird bevorzugt als Monomeres für die Polymerisation zu Polyvinylfluorid (PVF) eingesetzt. Sie erfolgt in Gegenwart von Peroxiden, wie z. B. Dibenzoylperoxid, bei 85 °C und 300 bar in wässriger Suspension.

Vinylfluorid-Verwendung:

Polymerisation zu Polyvinylfluorid (PVF)

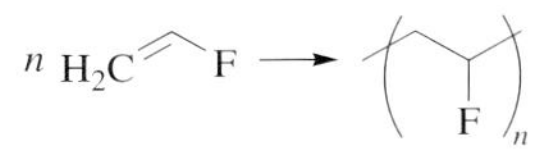

Das Polyvinylfluorid ist zwar ein hochwertiges und durch besondere Widerstandsfähigkeit ausgezeichnetes Polymerisat, aber sein relativ hoher Preis begrenzt die Anwendung auf Spezialfälle, wie z. B. für Folien als wetterfeste Überzüge verschiedenster Materialien sowie Folien zur Metallbedampfung für piezoelektrische Bauteile. Handelsprodukte sind z. B. Tedlar® von DuPont, Solef® von Solvay und Dalvor® der Diamond Shamrock.

Polyvinylfluorid-Verwendung:

für besonders witterungsbeständige Überzüge in Form von Folien oder Dispersionen

Vinylidenfluorid kann durch alkalische oder thermische Chlorwasserstoffabspaltung aus 1-Chlor-1,1-difluorethan erhalten werden:

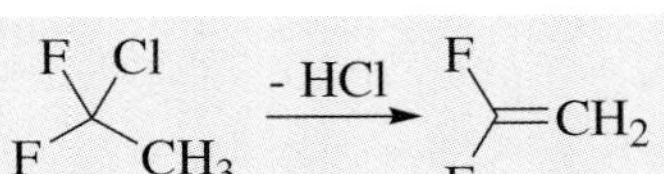

(11)

Vinylidenfluorid-Herstellung nach zwei Routen:

1. HCl-Abspaltung aus $CF_2Cl{-}CH_3$
2. Cl_2-Abspaltung aus $CF_2Cl{-}CH_2Cl$

Eine weitere Herstellmethode geht vom 1,2-Dichlor-1,1-difluorethan aus, das durch Chlorabspaltung mithilfe von Zink oder auch an Nickel bei etwa 500 °C in Vinylidenfluorid übergeht:

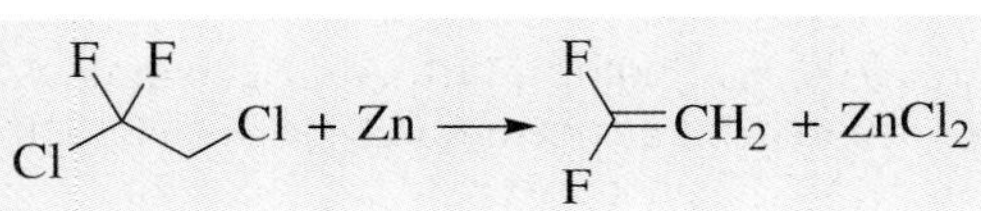

(12)

Vinylidenfluorid-Verwendung:

in Copolymerisaten für Fluor-Elastomere, z. B. aus $F_3C{-}CF{=}CF_2/F_2C{=}CH_2$

Das Copolymerisat des Vinylidenfluorids mit Hexafluorpropen hat als vulkanisierbares Elastomer (Viton®) technische Bedeutung erlangt.

Polyvinylidenfluorid wird in vielen Bereichen des chemischen Apparatebaus und der Elektroindustrie verwendet. Wegen seiner guten physikalischen Eigenschaften wird es z. B. zu flexiblen Filmen verarbeitet, die nach besonderer Polarisierung vorzügliche elektrische Eigenschaften besitzen und z. B. als Kopfhörermembranen verwendet werden.

9.1.4 Trichlor- und Tetrachlorethylen

Tri- und Tetrachlorethylen-Produktion (in 1000 t)

	$Cl_2C{=}CHCl$			$Cl_2C{=}CCl_2$		
	1990	1992	1997	1990	1993	1997
WE	131	125	110	280	174	163
USA	107	91	111	174	123	140
Japan	57	61	79	84	64	41

Trichlor- und Tetrachlorethylen (auch Perchlorethylen genannt) haben sich mengenmäßig zu bedeutenden technischen Produkten entwickelt. Die Produktionszahlen für Trichlor- und Perchlorethylen in einigen Ländern sind in der nebenstehenden Tabelle zusammengefasst. Die Herstellkapazitäten betrugen 2000 in Westeuropa, USA, Bundesrepublik Deutschland und Japan für Trichlorethylen 0,19, 0,15, 0,03 bzw. 0,10 Mio jato und für Perchlorethylen 0,35, 0,17, 0,10 bzw. 0,05 Mio jato.

Herstellung von Tri- und Tetrachlorethylen:

1. ältere Route durch Chlorierung von $HC{\equiv}CH$ in $Cl_2CH{-}CHCl_2$ als Zwischenstufe

Die älteren Herstellverfahren basieren auf Acetylen und dem daraus durch Chloraddition in Gegenwart von $FeCl_3$ bei 70–85 °C erzeugten Tetrachlorethan, das nach Dehydrochlorierung das Trichlorethylen und nach erneuter Chlorierung und Dehydrochlorierung das Tetrachlorethylen ergibt.

Die HCl-Eliminierung erfolgt zumeist in der Gasphase bei 250–300 °C an Aktivkohle, die mit $BaCl_2$ imprägniert ist. Die Gesamtausbeute erreicht etwa 90 %.

2. neuere Route durch katalytische Gasphasenchlorierungs/Dehydrochlorierungs-Reaktionsfolge, ausgehend von $ClCH_2{-}CH_2Cl$

Das insbesondere in USA und Japan bevorzugte und nach Stilllegung der letzten auf Acetylen basierenden Anlage (1978) ausschließliche Einsatzmaterial zu ihrer Herstellung ist 1,2-Dichlorethan, das in einer kombinierten Chlorierungs- und Dehydrochlorierungsreaktion zu einem Gemisch beider Produkte umgesetzt werden kann:

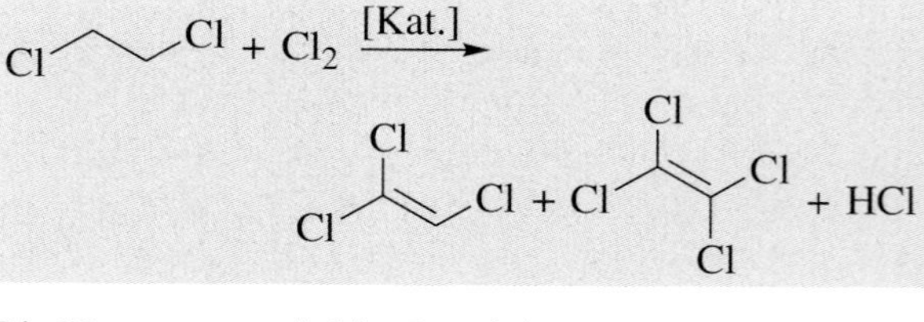

(13)

Die Umsetzung wird im Bereich von 350–450 °C an Wirbelbettkatalysatoren (z. B. Diamond Shamrock) oder an Festbettkatalysatoren (Donan-Chemie) durchgeführt, die zumeist $CuCl_2$, $FeCl_3$ oder $AlCl_3$ enthalten.

In einer weiteren Ausführungsform wird der hohe Chlorwasserstoffanfall durch eine gleichzeitig ablaufende HCl-Oxidation vermieden. Das Verfahren einer simultanen Oxychlorierung/Dehydrochlorierung mit Chlor oder wasserfreiem Chlorwasserstoff als Chlorlieferanten wurde von PPG entwickelt:

Herstellvariante:

Chlorierung/Dehydrochlorierung von EDC ersetzt durch Kombination von Oxychlorierung/Dehydrochlorierung mit dem Vorteil der simultanen HCl-Verwendung

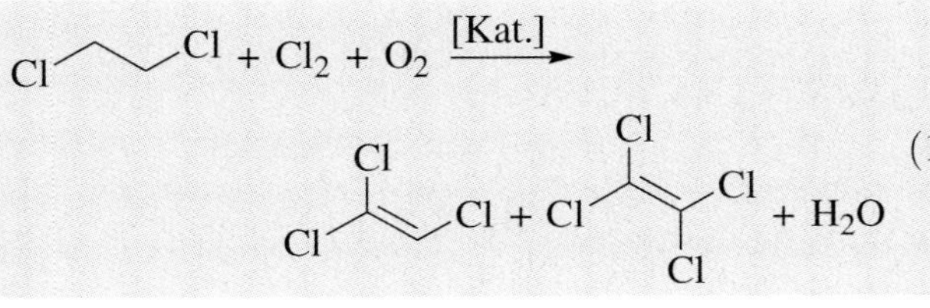

(14)

Der $CuCl_2$ enthaltende Wirbelschichtkatalysator ist in einem vertikalen Bündel von Reaktoren angeordnet, von denen jeder eine separate Fließbetteinheit darstellt. Bei etwa 420 bis 450 °C und leicht erhöhtem Druck wird ein Gemisch von Tri- und Tetrachlorethylen mit einer Gesamtselektivität von 85–90% erhalten, das in seiner Zusammensetzung vom 1,2-Dichlorethan/Cl_2-Verhältnis bestimmt wird. Nach dem PPG-Verfahren existierten 1991 weltweit Trichlor-/Tetrachlorethylen-Anlagen mit einer Gesamtkapazität von etwa 455000 jato.

Technische Anwendung der Oxychlorierungsvariante:

PPG-Verfahren

Perchlorethylen bildet sich neben Tetrachlorkohlenstoff auch bei Chlorolyseverfahren von Propen oder chlorhaltigen Rückständen (vgl. Abschn. 2.3.6.1).

Trichlorethylen findet überwiegend Verwendung als Löse- und Extraktionsmittel für Fette, Öle, Wachse und Harze. Ein kleineres Einsatzgebiet ist die Herstellung von Monochloressigsäure (vgl. Abschn. 7.4.1.5) durch Hydrolyse des Trichlorethylens mit etwa 75-proz. H_2SO_4 bei 130–140 °C:

Verwendung von Tri- und Tetrachlorethylen:

Löse-, Extraktions- und Entfettungsmittel

Zwischenprodukt für Cl, F-Alkane, z. B. $CF_2Cl\text{-}CFCl_2$ (Type 113) mit besonderer Verwendung zur Reinigung von Werkstücken aus kombinierten Materialien (Metall, Kunststoff)

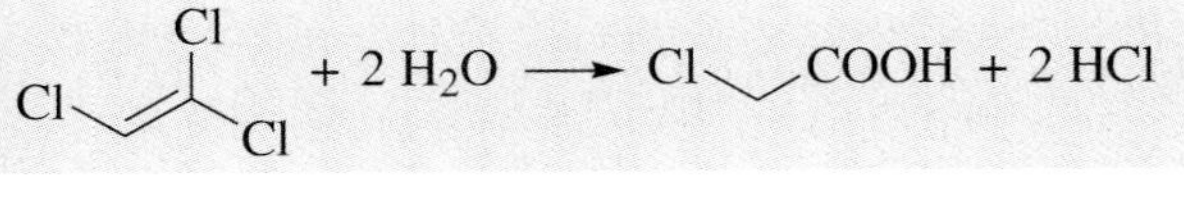

(15)

Dieses sog. Trichlorethylen-Verfahren wird z. B. von Rhône-Poulenc angewendet. Eine wachsende Nachfrage für das Trichlorethylen ist wegen seiner Verwendung als Alternativkältemittel für Kühlsysteme an Stelle von Fluorkohlenwasserstoff zu erwarten. Derzeit größter Hersteller von Trichlorethylen ist weltweit ICI.

zunehmender Einsatz von Trichlorethylen als umweltfreundlicher Ersatz für HFKW (Type 134a) als Kältemittel

Perchlorethylen dient bevorzugt als Textilreinigungsmittel, als Extraktions- und Lösemittel für tierische und pflanzliche Fette und Öle sowie als Entfettungsmittel in der Metall- und Textilverarbeitung. Es ist weiterhin ein Ausgangsprodukt für Fluorverbindungen, wie z. B. 1,2,2-Trichlor-1,1,2-trifluorethan, das als Kältemittel und als Lösemittel für die Metall- und Metall-Kunststoff-Reinigung verwendet wird. Da der Umgang mit Tri- und Perchlorethylen wegen möglicher Gesundheitsschäden, z. B. Irritation der Augen und Haut, schon zu einem Verbot seiner Verwendung in Kosmetika geführt hat, ist seine Anwendung vor allem in Europa deutlich zurückgegangen.

9.1.5 Tetrafluorethylen

$F_2C{=}CF_2$, gasförmig, giftig, im Wesentlichen Einsatzprodukt für PTFE, den weltweit wichtigsten Fluorkunststoff mit ca. 60 % der Fluorpolymerproduktion

Tetrafluorethylen ist im Gegensatz zum Tetrachlorethylen gasförmig und im Gegensatz zu vielen anderen fluorhaltigen Alkanen giftig. Es wird bevorzugt zur Herstellung von Polytetrafluorethylen (PTFE) und in geringem Umfang zur Herstellung von Copolymerisaten und Telomeren eingesetzt. Die Herstellkapazität für PTFE betrug 2004 weltweit etwa 96000 jato; davon entfielen auf USA Westeuropa, Japan und Bundesrepublik Deutschland etwa 23000, 25000, 16000 bzw. 10000 jato.

Herstellung von $F_2C{=}CF_2$:

thermische Dehydrochlorierung unter gleichzeitiger Dimerisierung (Difluorcarben als mögliche Zwischenstufe)

Die Herstellung des Tetrafluorethylens erfolgt durch Thermolyse von Chlordifluormethan (vgl. $CHClF_2$-Herstellung aus $CHCl_3$, Abschn. 2.3.6.2) unter Abspaltung von Chlorwasserstoff:

$$2\,CHClF_2 \xrightarrow{\Delta} F_2C{=}CF_2 + 2\,HCl \qquad (16)$$

Verfahrenskennzeichen:

$F_2C{=}CF_2$-Selektivitätserhöhung durch Umsatzbegrenzung oder Partialdruckerniedrigung (H_2O- oder CO_2-Zusatz)

Im technischen Verfahren leitet man das Chlordifluormethan durch ein auf 600–800 °C erhitztes Strömungsrohr aus korrosionsfestem Material (z. B. Platin). Zur Erhöhung der Selektivität zum Tetrafluorethylen kann man entweder mit einer Umsatzbegrenzung auf etwa 25 % oder mit Zusatz von z. B. Wasserdampf oder CO_2 bei höherem Umsatz von etwa 65 % arbeiten.

Nebenprodukte:

$F_3C\text{-}CF{=}CF_2$
$H{-}(CF_2)_n{-}Cl$

Die Selektivität des Tetrafluorethylens erreicht dann ca. 90 %. Nebenprodukte sind Hexafluorpropen, lineare und cyclische Perfluor- und Chlorfluorverbindungen.

$F_2C{=}CF_2$ muss für Polymerisation $\rightarrow$ $-(CF_2{-}CF_2)_n-$ 99,9999-proz. sein; wenige ppm Fremdsubstanzen können unbrauchbare Polymere liefern

Tetrafluorethylen neigt in Gegenwart von Spuren Sauerstoff zur spontanen Polymerisation, wobei peroxidische Zwischenstufen durchlaufen werden. Daher ist eine Tieftemperaturlagerung unter O_2-Ausschluss mit Stabilisatorzusatz (Di-pentene oder Tri-*n*-butylamin) erforderlich.

Tetrafluorethylen dient in sehr reiner Form als Einsatzprodukt für Polymere mit hoher Temperaturbeständigkeit (kurzfristig bis ca. 300 °C) und chemischer Resistenz. Eine weitere Anwendung ist die Copolymerisation mit Ethylen zur Herstellung von thermoplastischen Materialien für vielfältige Einsatzbereiche.

9.2 Vinylester und -ether

Vinylester und -ether können als Derivate des hypothetischen Vinylalkohols, d. h. der Enolform des Acetaldehyds, aufgefasst werden. Als solche sind sie in schwach saurer Lösung leicht zu Acetaldehyd und der entsprechenden Säure- oder Alkoholkomponente verseifbar.

Ihre großtechnische Anwendung als Zwischenprodukte beruht ausschließlich auf der polymerisationsfreudigen Vinyl-Doppelbindung.

Vinyl-Sauerstoff-Verbindungen:

wichtigste Produktgruppen sind Vinylester und Vinylether als Acryl- bzw. Alkylderivate des unbeständigen Vinylalkohols

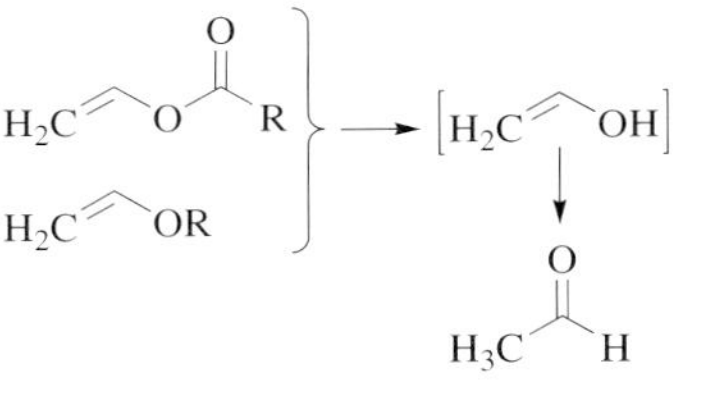

Vinylacetat überragt alle anderen Vinylester in seiner technischen Bedeutung, die vorzugsweise auf der Herstellung von Homo- und Copolymerdispersionen beruht. Vinylether sind vielseitig einsetzbare Monomere, jedoch mit deutlich geringerem Produktionsvolumen als die Vinylester.

Technische Bedeutung der Vinyl-Sauerstoff-Verbindungen:

Schwerpunkt bei Vinylestern liegt beim Vinylacetat, Vinylethereinsatz begrenzt

9.2.1 Vinylacetat

Die Vinylacetatproduktion hat in vielen Ländern nach einem stürmischen Aufschwung ein stabiles Niveau erreicht. Produktionszahlen in einigen Ländern sind der nebenstehenden Tabelle zu entnehmen. Die Herstellkapazität für Vinylacetat betrug 2005 weltweit etwa 5,3 Mio jato; davon entfielen auf USA, Japan, Westeuropa und die Bundesrepublik Deutschland ca. 1,5, 1,0, 0,63 bzw. 0,47 Mio jato.

VA-Produktion (in Mio t)

	1992	1996	2000
USA	1,21	1,35	1,50
WE	0,57	0,63	0,73
Japan	0,54	0,56	0,59
BRD	0,23	0,26	0,33

Der weltweit größte Hersteller ist Celanese, überwiegend in USA und Europa, mit einer Kapazität von etwa 1,2 Mio jato (2005).

Vinylacetat wurde noch 1970 nach drei nebeneinander existierenden Verfahren hergestellt. Inzwischen werden die beiden älteren Verfahren – die Addition von Essigsäure an Ace-

VA-Herstellverfahren:

bis vor wenigen Jahren noch drei verschiedene Routen:

1. $HC{\equiv}CH + AcOH$
2. $CH_3CHO + Ac_2O$
3. $H_2C{=}CH_2 + AcOH + O_2$

heute VA-Neuanlagen nur auf Basis Ethylen

tylen und die zweistufige Umsetzung von Acetaldehyd mit Acetanhydrid über das Ethylidendiacetat als Zwischenstufe – mehr und mehr durch das moderne Acetoxylierungsverfahren des Ethylens verdrängt. Für Neuanlagen wird fast ausschließlich der letztgenannte Prozess verwendet. Insgesamt basierten 1996 etwa 88 % der weltweiten Vinylacetat-Kapazität auf der Ethylen-Acetoxylierung.

9.2.1.1 Vinylacetat auf Basis Acetylen oder Acetaldehyd

VA auf Basis Acetylen:

einstufige, heterogen katalysierte, sehr selektive Gasphasenaddition von AcOH an C_2H_2 in Festbett- oder Wirbelbettreaktoren

Die erste technische Herstellung des Vinylacetats erfolgte durch Addition von Essigsäure an Acetylen in der Gasphase an $Zn(OAc)_2$/Kohle bei 170–250 °C:

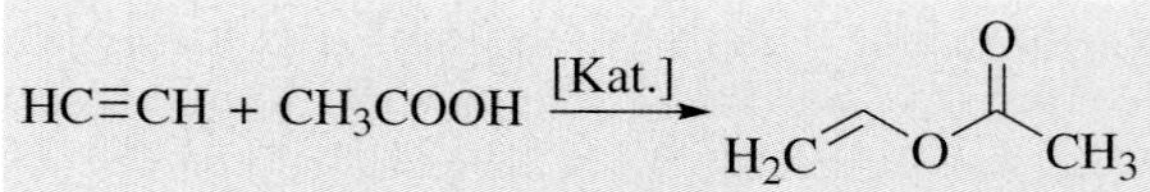

(17)

(ΔH = -118 kJ/mol)

Technische Anwendung der AcOH-Vinylierung mit C_2H_2 heute nur in wenigen Ländern mit Schwerpunkt Osteuropa und Asien

Bei einem Umsatz von 60–70 % Acetylen erreicht die Vinylacetat-Selektivität 93 % (C_2H_2) und 99 % (AcOH). Als weitere Katalysatoren wurden zeitweise auch $Hg(OAc)_2$ oder Zn-Silicat eingesetzt. Obwohl sich dieses Verfahren durch hohe Selektivitäten, einfache Reaktionsführung und geringe Katalysatorkosten auszeichnet, bedrängten vor allem der günstigere Preis des Ethylens sowie seine Lager- und Transportfähigkeit die Acetylen-Route. Allerdings können sich einige Vinylacetat-Produktionen auf Basis Acetylen in West-, in Osteuropa und in Asien noch behaupten. Insgesamt basierten z. B. 2000 in Westeuropa noch ca. 19 % der dortigen Vinylacetat-Kapazität auf Acetylen. In USA und Japan wurden alle von Acetylen ausgehenden Anlagen inzwischen gestoppt.

In ähnlicher Weise lässt sich auch Vinylpropionat aus Acetylen und Propionsäure herstellen. Ein Produzent ist z. B. BASF in der Bundesrepublik Deutschland.

VA auf Basis Acetaldehyd nach zweistufigem Verfahren:

1. Umsetzung von CH_3CHO mit Ac_2O zu Ethylidendiacetat als Zwischenprodukt
2. protonenkatalysierte (z. B. p-Toluolsulfonsäure) AcOH-Eliminierung

Das zweite historische Verfahren wurde noch bis 1970 in einer 25000-jato-Anlage von Celanese in USA ausgeübt, Anlagen in Indien und China sind dagegen noch in Betrieb. Im Acetaldehyd-Acetanhydrid-Prozess reagieren beide Komponenten in der ersten Stufe in der Flüssigphase mit $FeCl_3$ als Katalysator bei 120–140 °C zu Ethylidendiacetat:

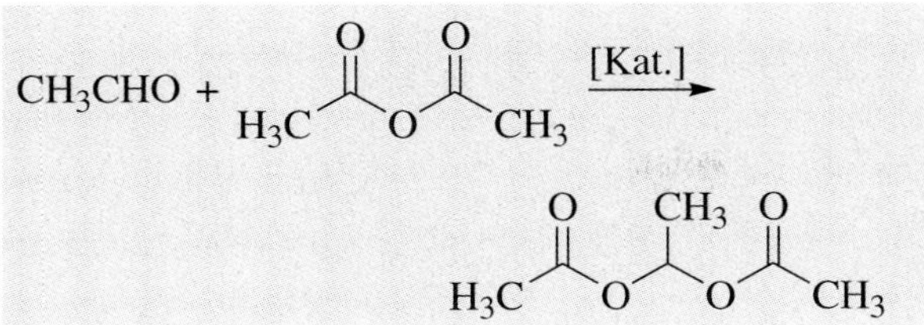

(18)

Dieses wird dann bei 120 °C sauer katalysiert zu Vinylacetat und Essigsäure gespalten:

Acetaldehyd-VA-Route heute nur begrenzte technische Anwendung

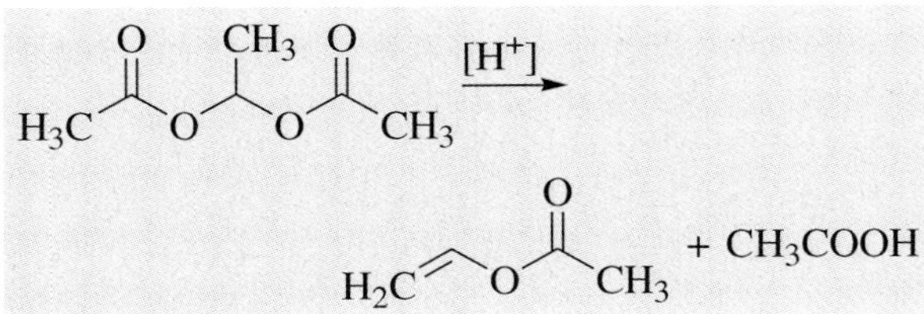

(19)

9.2.1.2 Vinylacetat auf Basis Ethylen

Das Katalyseprinzip moderner Herstellverfahren für Vinylacetat aus Ethylen und Essigsäure entwickelte sich aus einer Beobachtung von J. J. Moiseev und Mitarbeitern. Sie fanden, dass die palladiumkatalysierte Oxidation des Ethylens zu Acetaldehyd zu einer Acetoxylierung des Ethylens wird, wenn man sie in essigsaurer Lösung und in Anwesenheit von Natriumacetat durchführt. Dabei wird das zweiwertige Palladium zur metallischen Form reduziert:

VA auf Basis Ethylen:

einstufige, d. h. direkte Pd-katalysierte Acetoxylierung von C_2H_4 mit analogem nucleophilen Angriff von OAc^- anstelle von OH^- wie beim CH_3CHO

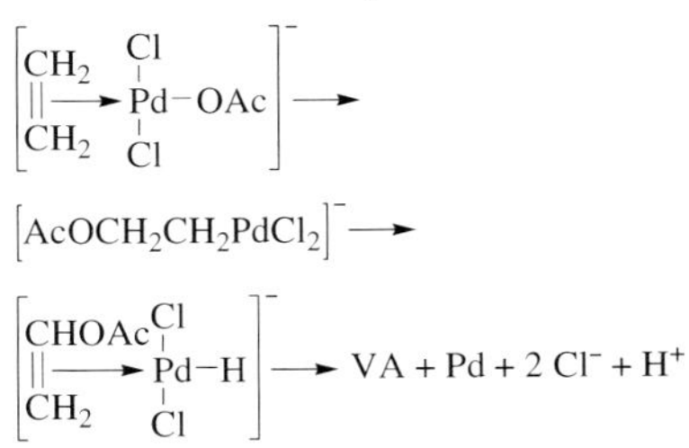

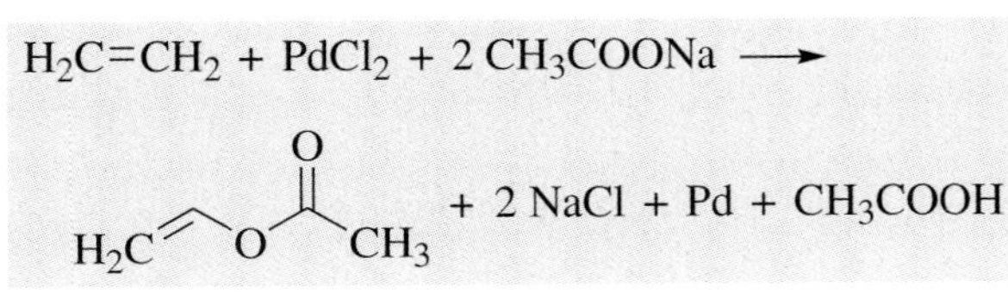

(20)

Diese stöchiometrische Reaktion lässt sich in eine katalytische überführen, wenn gleichzeitig ein Redoxsystem anwesend ist, das die Regenerierung des Pd^{2+} übernimmt. Dazu dienen zumeist Cu(II)-Salze. Analog dem Reaktionsprinzip der Ethylenoxidation zu Acetaldehyd (vgl. Abschn. 7.3.1.1) oxidiert Cu^{2+} das nullwertige Palladium leicht zu Pd^{2+}. Es wird dabei selbst zur einwertigen Stufe reduziert und mit Luftsauerstoff zu Cu^{2+} regeneriert. Das mehrstufige Reaktionsgeschehen lässt sich mit folgender Bruttogleichung zusammenfassen:

Stöchiometrische Acetoxylierung in flüssiger Phase wird mit Redoxsystemen zum katalytischen Prozess:

$$Pd^0 + 2\,CuCl_2 \longrightarrow PdCl_2 + 2\,CuCl$$

$$2\,CuCl + 2\,HCl + 0{,}5\,O_2 \longrightarrow 2\,CuCl_2 + H_2O$$

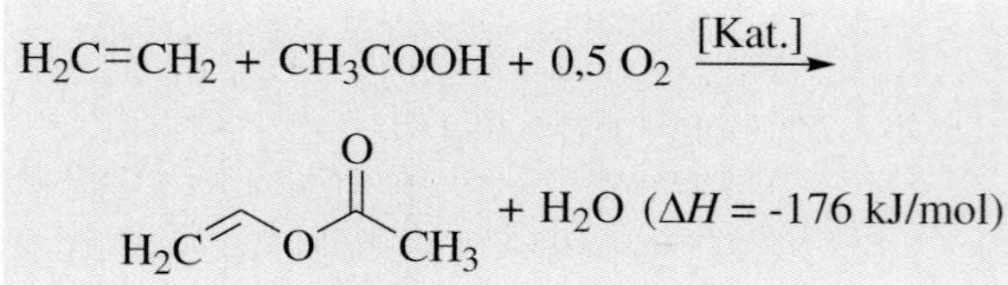

(21)

Erste technische Ausführungen der C_2H_4-Acetoxylierung in der Flüssigphase (ICI, Celanese)

ICI und Celanese (mit Lizenz von ICI) entwickelten auf der Basis dieses Katalyseprinzips technische Flüssigphasenverfahren, die zum Bau von Großanlagen führten. Hoechst entwickelte unabhängig hiervon ein Flüssigphasenverfahren bis zur halbtechnischen Reife.

Reaktionsprinzip der Flüssigphasen-Acetoxylierung:

analog Wacker-Hoechst-CH_3CHO-Prozess Pd^{2+}, Cu^{2+}-katalysierte Acetoxylierung, deren Geschwindigkeit durch das Cl^-/OAc^--Verhältnis bestimmt wird

Die Flüssigphasenverfahren lehnten sich an den Acetaldehydprozess von Wacker–Hoechst an, d. h., es werden essigsaure Lösungen von $PdCl_2$ und $CuCl_2$ als Katalysatoren verwendet. Das bei der Rückoxidation von CuCl und $CuCl_2$ entstehende Reaktionswasser bildet in einer Nebenreaktion mit Ethylen Acetaldehyd, der in seinem Verhältnis zum Vinylacetat durch die Versuchsbedingungen steuerbar ist. Damit kann das Verfahren, nach Oxidation des Acetaldehyds, im Prinzip seinen Eigenbedarf an Essigsäure decken. Die Reaktion erfolgt bei 110–130 °C und 30–40 bar. Die Vinylacetat-Selektivität erreicht 93 % (CH_3COOH). Die Selektivitätssumme von Acetaldehyd und Vinylacetat beträgt etwa 83 % (C_2H_4). Als Nebenprodukte bilden sich CO_2, Ameisensäure, Oxalsäure, Butene und chlorierte Verbindungen.

Besondere Kennzeichen des Flüssigphasenprozesses:

1. Nebenreaktion $H_2O + C_2H_4$ zu Acetaldehyd kann nach Weiteroxidation zur AcOH-Produktion für Eigenbedarf genutzt werden
2. hohe Korrosivität der Katalysatorlösung verlangt resistente Materialien

Der Gehalt der Reaktionslösung an Chlorionen und an Ameisensäure macht sie sehr korrosiv. Daher müssen Titan oder Diabon für viele Anlagenteile verwendet werden. Die ICI hat aus Korrosionsgründen ihre Anlage nach wenigen Jahren Laufzeit 1969 stillgelegt.

Technische Ausführung der Flüssigphasen-Acetoxylierung wurde zugunsten der Gasphase aufgegeben

1970 hat auch Celanese wie dann auch die anderen Firmen den Flüssigphasenprozess aus wirtschaftlichen Gründen aufgegeben.

Variante der VA-Herstellung:

Gasphasen-Acetoxylierung von Ethylen mit

1. Pd-Metallkatalysator nach Bayer
2. Pd-Salzkatalysator nach Hoechst oder USI (heute Quantum)

Parallel zu den Flüssigphasenverfahren wurde die Ethylen-Acetoxylierung auch in der Gasphase entwickelt. Beide Varianten unterscheiden sich in charakteristischer Weise: Während in der Flüssigphase in Gegenwart von Palladiumsalzen und Redoxsystemen Vinylacetat und Acetaldehyd nebeneinander gebildet werden, liefert das Gasphasenverfahren in Gegenwart von Palladium oder chlorfreien Palladiumsalzen fast ausschließlich Vinylacetat. Außerdem treten beim Gasphasenverfahren keine nennenswerten Korrosionsprobleme auf. Als Konstruktionsmaterial empfiehlt sich rostfreier Stahl.

Charakteristische Unterschiede Gasphasen-Flüssigphasen-Acetoxylierung:

1. geringer Anfall von CH_3CHO
2. relativ geringe Korrosion

In der technischen Ausführung nach dem Bayer-Verfahren, das gemeinsam mit Hoechst entwickelt wurde, wird ein Palladiummetall-Katalysator verwendet, der durch Reduktion eines auf Träger (vorzugsweise SiO_2) imprägnierten Palladiumsalzes hergestellt wird.

Hoechst und USI (heute Celanese und Quantum) entwickelten unabhängig voneinander einen Palladiumacetat-Katalysator, in dem ebenfalls ein Träger verwendet wird. Metall und Salzkatalysator enthalten vor allem Alkaliacetate und weitere Komponenten (z. B. Cd, Au, Pt, Rh), die zur Aktivitäts- und Selektivitätserhöhung dienen. Der Katalysator verändert sich während des Reaktionsgeschehens vor allem im Hinblick auf seinen Gehalt an Alkaliacetaten. Diese wandern unter den Reaktionsbedingungen aus dem Katalysator heraus und müssen daher kontinuierlich ergänzt werden.

Gemeinsamkeit beider Gasphasen-Katalysatortypen:

Alkaliacetat-Zusatz zur Aktivitäts- und Selektivitätserhöhung mit dem Nachteil der Wanderung im Produktstrom aus dem Katalysatorbett

Die Verfahrensbedingungen beider Prozesse sind ähnlich; die stark exotherme Reaktion wird in einem Röhrenreaktor mit einem fest angeordneten Katalysator bei 175–200 °C und 5–10 bar durchgeführt. Die Explosionsgrenze limitiert den O_2-Gehalt im Einsatzgemisch, so dass auch der Ethylenumsatz mit etwa 10% relativ gering ist. Der Essigsäureumsatz beträgt 20–35%. Die Vinylacetat-Selektivitäten erreichen bis zu 94% (C_2H_4) und etwa 98–99% (AcOH). Als Nebenprodukt entsteht vor allem CO_2 aus der Totaloxidation der Ethylens, es wird mit einer Carbonatwäsche entfernt.

Verfahrensmerkmale:

exotherme, heterogen katalysierte Acetoxylierung, die durch Ex-Grenzen, Wärmeentwicklung und Selektivitätsanforderung im Umsatz der Reaktionskomponenten begrenzt werden muss

Nebenprodukte:

CO_2, CH_3CHO, CH_3COOCH_3, $CH_3COOC_2H_5$

1991 betrug die Kapazität nach dem Bayer/Hoechst-Verfahren mehr als 1,8 Mio jato und nach dem USI-Prozess 0,36 Mio jato.

Die Reinheit des Vinylacetats erreicht nach einer mehrstufigen Destillation 99,9 Gew.-% mit geringen Mengen an Methylacetat und an Ethylacetat, die in der Polymerisation nicht mehr stören.

VA-Isolierung und -Reinigung durch mehrstufige Destillation wegen besonderer Reinheitsanforderung zur Polymerisation

Vinylacetat wird überwiegend zu Polyvinylacetat (PVA) umgesetzt, das zur Herstellung von Dispersionen als Anstrich- und Bindemittel oder als Lackrohstoff verwendet wird. Weiterhin wird es in Copolymeren zusammen mit Vinylchlorid oder Ethylen oder in kleinerem Umfang auch mit Acrylestern eingesetzt. Ein erheblicher Teil des Vinylacetats wird über Polyvinylacetat nach Verseifung oder Umesterung in Polyvinylalkohol übergeführt. Die weltweite Herstellkapazität für Polyvinylalkohol betrug 2002 etwa 1,1 Mio jato; davon entfielen auf Japan, USA, Westeuropa und Bundesrepublik Deutschland 0,26, 0,19, 0,11 bzw. 0,07 Mio jato.

VA-Verwendung:

Haupteinsatz länderabhängig unterschiedlich:

USA
Westeuropa } 50–60% PVA

Japan: etwa 70% zu Polyvinylalkohol u. a. für Fasern (Vinylon)

PVA-Produktion (in 1000 t)

	1989	1994	2002
Japan	193	211	193
USA	77	119	175
WE	64	70	95

Die Produktionszahlen in einigen dieser Länder sind in der nebenstehenden Tabelle aufgeführt. Die weltweit größten Produzenten von Polyvinylalkohol sind Kuraray in Japan und Celanese in USA und der Bundesrepublik Deutschland. Er dient länderabhängig bevorzugt als Einsatzmaterial für Klebstoffe (USA, Westeuropa) oder für Fasern (Japan) sowie als Mittel zur Oberflächenveredelung von Textilien und zur Papierverleimung sowie als Dispergierhilfsmittel (Schutzkolloid).

Modifizierung des Polyvinylalkohols:

1. unterschiedlicher Hydrolysegrad des PVA bestimmt Eigenschaften des Polyols
2. Acetalbildung mit Aldehyden

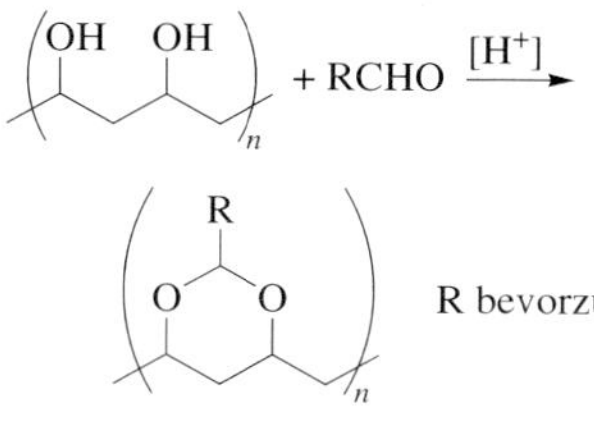

R bevorzugt C_3H_7

Durch Umsetzung der freien OH-Gruppen im Polyvinylalkohol mit Aldehyden werden Acetale hergestellt, von denen technisch die Umsetzungsprodukte mit Formaldehyd, Acetaldehyd und Butyraldehyd Bedeutung besitzen. Polyvinylbutyral wird z. B. als Zwischenschicht für Sicherheitsgläser verwendet. Der weltweite Verbrauch an Polyvinylbutyral wird derzeit auf 60–70000 jato geschätzt.

Tabelle 9-1 zeigt vergleichsweise den prozentualen Vinylacetatverbrauch auf dem Polymergebiet weltweit sowie in USA, Japan und Westeuropa.

Tabelle 9-1. Vinylacetatverwendung (in Gew.-%).

Produkt	Welt		USA		Japan		Westeuropa	
	1984	1991	1984	2001	1984	1996	1984	2001
Polyvinylacetat (Homo- und Copolymere)	47	48	55	53	15	11	57	65
Polyvinylalkohol	29	32	21	17	73	72	16	17
Vinylchlorid/Vinylacetat-Copolymere	5	3	7	8	1	1	3	4
Ethylen/Vinylacetat-Harze	6	7	6	8	4	14	5	8
Verschiedene Verwendung*)	13	10	11	14	7	2	19	6
Gesamtverbrauch (in Mio t)	2,11	2,94	0,71	1,21	0,46	0,58	0,58	0,82

*) u. a. Polyvinylbutyral

9.2.1.3 Entwicklungsmöglichkeiten der Vinylacetat-Herstellung

Zukünftige VA-Entwicklung wird im Wesentlichen vom Materialpreis der Essigsäure bestimmt

Für die Abschätzung der möglichen Entwicklung von Vinylacetatverfahren muss berücksichtigt werden, dass die Materialkosten des Vinylacetats wegen des Gewichtsanteils der Essigsäure von etwa 70% im Wesentlichen durch den Essigsäurepreis bestimmt werden. Aus diesem Grund wird eine preiswerte Essigsäure in der Zukunft wahrscheinlich den größeren Effekt auf die Wirtschaftlichkeit des sonst sehr attraktiven Gasphasen-Acetoxylierungsverfahrens des Ethylens haben.

Unter einem anderen Gesichtspunkt kann allerdings eine neue Herstellroute für Vinylacetat interessant werden; Halcon entwickelte auf Basis ihrer Glykolherstellung durch katalysierte oxidative Umsetzung von Ethylen mit Essigsäure (vgl. Abschn. 7.2.1.1) die Thermolyse des Zwischenproduktes 1,2-Diacetoxyethan zu Vinylacetat:

Wirtschaftlich interessante alternative VA-Herstellung durch neue Halcon-Verfahren:

1. Integration von Vinylacetat- und Ethylenglykol-Herstellung über gemeinsames Zwischenprodukt $AcOCH_2CH_2OAc$

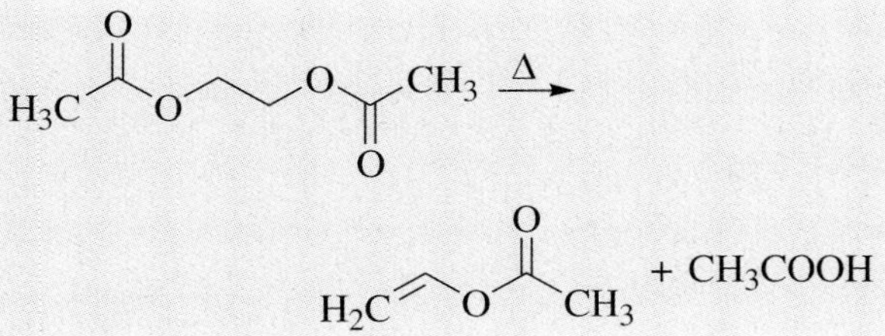

(22)

Bei 535 °C wird bei einem Umsatz von 20 % an 1,2-Diacetoxyethan eine Selektivität von 87 % zu Vinylacetat erhalten.

Durch Integration von Vinylacetat- und Glykolherstellung kann eine vorteilhafte wirtschaftliche Größe der ersten Stufe – Acetoxylierung und AcOH-Addition an Ethylen – erreicht werden.

In einem weiteren Halcon-Prozess zur Herstellung von Vinylacetat wird als Zwischenprodukt 1,1-Diacetoxyethan durch stufenweise Carbonylierung und Hydrierung von Methylacetat in Gegenwart von $RhCl_3/CH_3J$ und 3-Picolin bei 150 °C und etwa 70 bar mit einer Selektivität von fast 80 % hergestellt. Die Eliminierung von Essigsäure aus 1,1-Diacetoxyethan erfolgt sauer katalysiert in der Flüssigphase bei ca. 170 °C:

2. hydrierende Carbonylierung von Methylacetat und AcOH-Eliminierung aus Zwischenprodukt 1,1-Diacetoxyethan. Damit Synthesegas als alleinige Basis möglich

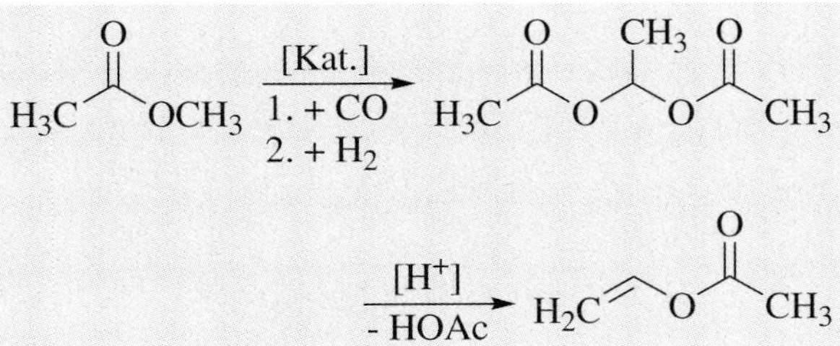

(23)

Bei einem Umsatz von 70 % soll eine Selektivität von 87 % an Vinylacetat erreichbar sein. Damit wäre eine Herstellroute für Vinylacetat entwickelt, die vollständig auf Synthesegas basiert. Eine technische Anwendung steht noch aus.

9.2.2 Vinylester höherer Carbonsäuren

Säurekomponenten in technisch wichtigen höheren Vinylestern:

1. Fettsäuren
2. Koch-Säuren
3. Oxo-Carbonsäuren

Technisch wichtige Vinylester höherer Carbonsäuren enthalten als Säurekomponenten bevorzugt drei Typen: Fettsäuren, wie z. B. Stearinsäure oder Ölsäure, die beiden Gruppen der Koch-Säuren, wie z. B. die Neosäuren der Exxon oder die Versaticsäuren der Shell (vgl. Abschn. 6.3), und die durch Oxoreaktion und Folgeumsetzungen zugänglichen Carbonsäuren, wie z. B. 2-Ethylhexansäure oder Isononansäure (vgl. Abschn. 6.1.4.2), die aus preiswerten Olefinen wirtschaftlich zugänglich sind.

Propionsäure ist wegen analoger Herstellung ihres Vinylesters aus $C_2H_5COOH + C_2H_2$ den höheren Carbonsäuren zuzuordnen

In die erste Gruppe ist auch die Propionsäure als niedere Carbonsäure mit einzubeziehen, da sie im Gegensatz zur Essigsäure ausschließlich durch Addition von Acetylen zum Vinylester umgesetzt wird (vgl. nachfolgende Methode 1).

Herstellverfahren für höhere Vinylester:

Die Veresterung der Carbonsäuren wird vor allem nach zwei Verfahren durchgeführt:

1. „Reppe-Vinylierung" mit C_2H_2, Zn- oder Hg-Salz
2. Transvinylierung mit z. B. VA, VC oder Vinylether mit Katalysatorsystemen auf Pd- oder Hg-Basis

1. durch Vinylierung der Säuren mit Acetylen in Gegenwart ihres Zink- oder Quecksilbersalzes,

2. durch katalytische Umvinylierung, d. h. Übertragung der Vinylgruppe, z. B. von Vinylacetat, -chlorid oder -ether, auf die Carbonsäure.

Zu 1

Verfahrensmerkmale der Vinylierung:

höhere Carbonsäuren in Flüssigphase, niedere wie Propionsäure, Buttersäure noch Gasphase

verzweigte Koch-Säuren schneller (z. B. dreimal schneller als Laurinsäure) vinylierbar

Zur Vinylierung höherer Carbonsäuren wird bevorzugt die Flüssigphase angewendet. So wird z. B. Stearinsäure zusammen mit 5–10 Mol.-% Zinkstearat bei 165 °C mit verdünntem Acetylen bei 10–15 bar umgesetzt. Als Verdünnungsmittel dienen Inertgase wie N_2 oder Propan. Als Katalysator kann auch HgO/H_2SO_4 verwendet werden. Verzweigte Säuren aus der Koch-Reaktion sind allgemein mit höherer Umsetzungsgeschwindigkeit vinylierbar als z. B. Stearinsäure:

$$C_{18}H_{37}COOH + HC{\equiv}CH \xrightarrow{[Kat.]} C_{18}H_{37}COOCH{=}CH_2 \qquad (24)$$

Bei einem Säureumsatz von 95–97 % erreicht die Selektivität zum Vinylester bis zu 97 % (Stearinsäure).

Zu 2

Verfahrensprinzip der Transvinylierung:

homogen katalysierte Umvinylierung erfordert als Gleichgewichtsreaktion größeren Überschuss an leichtestsiedender Einsatz-Vinylkomponente

Das zweite Verfahren, die Umvinylierung, wird zur Verschiebung des Gleichgewichtes mit einem Überschuss Vinylacetat in Gegenwart von $PdCl_2$ und Alkalichlorid oder von Hg(II)-Salzen und H_2SO_4 zumeist unter Rückflussbedingungen durchgeführt:

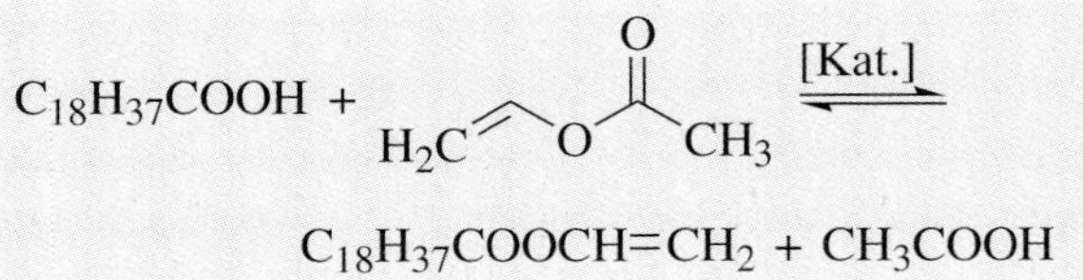
(25)

Beide Katalysatorsysteme bewirken eine Übertragung der Vinylgruppe und keine Umesterung, d. h., die Spaltung des Vinylacetats erfolgt zwischen dem Vinyl-C-Atom und dem O-Atom der Carboxylatgruppe.

Katalysatorvarianten der Transvinylierung:

1. $PdCl_2$ + LiCl
2. $Hg(OAc)_2$ + H_2SO_4

Auch Vinylchlorid eignet sich zur Umvinylierung. So lässt sich z. B. Pivalinsäure in Gegenwart von Natriumpivalat und $PdCl_2$ mit Vinylchlorid in 97-proz. Ausbeute zum Pivalinsäurevinylester umsetzen:

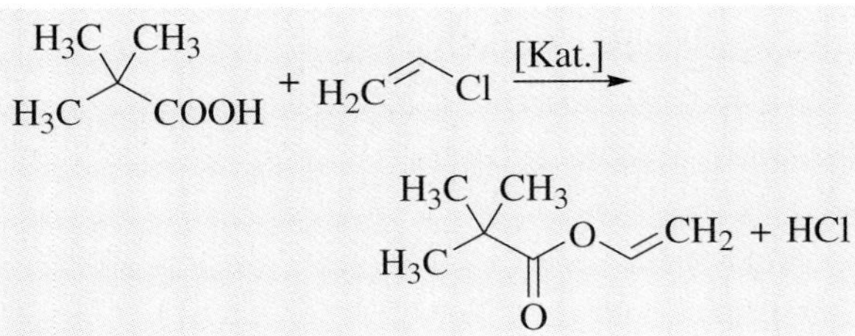
(26)

Die Vinylester höherer Carbonsäuren dienen bevorzugt als Comonomere zusammen mit Vinylchlorid und -acetat, Acrylnitril, -säure und -estern sowie Styrol, Maleinsäureanhydrid und Maleinsäureestern zur Modifizierung der Homopolymerisate für den Anstrichsektor. Aber auch die Homopolymerisate werden z. B. als Additive zur Verbesserung des Viskositätsindexes von Schmierölen verwendet.

Verwendung höherer Vinylester:

in zahlreichen Copolymerisaten zumeist mit dem Effekt der inneren Weichmachung

als Homopolymere z. B. für Öladditive

Die Shell betreibt in Holland eine Anlage zur Vinylierung von Versaticsäuren. Wacker stellt Isononansäure- und Laurinsäurevinylester her.

9.2.3 Vinylether

Die überwiegenden technischen Verfahren zur Herstellung von Vinylethern basieren auf der Umsetzung von Alkoholen mit Acetylen. Bei dieser von Reppe gefundenen Methode werden Alkalihydroxide oder -alkoholate als Katalysatoren verwendet:

Vinylether-Herstellung:

bevorzugt Reppe-Vinylierung von Alkoholen mit Acetylen und K-Alkoholat als Katalysator

$$ROH + HC{\equiv}CH \xrightarrow{ROK} ROCH{=}CH_2 \qquad (27)$$

$$(\Delta H \text{ etwa -125 kJ/mol})$$

Reaktionsdruck abhängig vom Siedepunkt des Alkohols, z. B. CH_3OH bei 20 bar, i-C_4H_9OH bei 4–5 bar

Die Reaktion wird zumeist in flüssiger Phase, je nach Siedepunkt des Alkohols drucklos oder von 3 bis 20 bar bei 120 bis 180 °C durchgeführt.

Verfahrenskennzeichen:

Gegenstromvinylierung mit relativ geringem apparativen Aufwand, mit hoher Sicherheit (wegen N_2-Verdünnung des C_2H_2) und guter Selektivität

Technisch verwendete Vinylether:

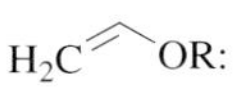

R = $-CH_3$, $-C_2H_5$, $-i$-C_3H_7,

$-n$-C_4H_9, $-i$-C_4H_9,

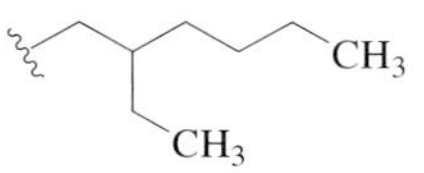

Im Gegenstrom wird dem in einem Reaktionsturm herabrieselnden Alkohol das mit N_2 verdünnte Acetylen von unten entgegengeführt. Der Vinylether geht am Kopf des Reaktors mit unverbrauchtem Acetylen und N_2 über und kann nach Abtrennung destillativ gereinigt werden. Die Selektivitäten erreichen bis zu 95%. Technische Bedeutung haben Methyl-, Ethyl-, Isopropyl-, Butyl- und Isobutyl- sowie 2-Ethylhexylvinylether.

Von Acetylen unabhängige Verfahren basieren auf einer oxidativen Addition von Alkoholen an Ethylen in Gegenwart von $PdCl_2/CuCl_2$, sie werden jedoch technisch noch nicht durchgeführt.

Produzenten in USA sind GAF und UCC, in der Bundesrepublik Deutschland die BASF.

Verwendung der Vinylether:

in Homo- und Copolymerisaten für Lack-, Klebstoff-, Textil- und Lederhilfsmittelsektor

in Synthesen als Zwischenprodukt, z. B.

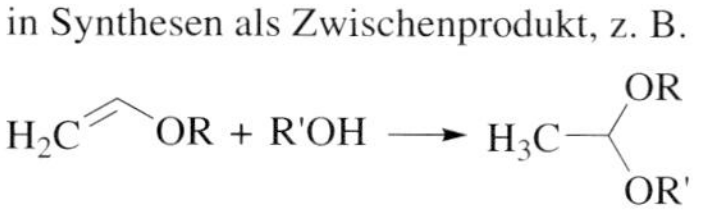

Vinylether werden in begrenztem Umfang für die Herstellung spezieller Homo- und Copolymerisate eingesetzt. Diese finden Anwendung auf den Gebieten der Lack- und Klebstoffherstellung sowie als Hilfsmittel in der Textil- und Lederindustrie. Weiterhin dienen Vinylether als Zwischenprodukte für organische Synthesen, z. B. zur Darstellung einfacher oder gemischter Acetale.

10 Komponenten für Polyamide

Polyamide oder Nylons entstehen durch Polykondensation von Diaminen mit Dicarbonsäuren oder auch allein aus Aminocarbonsäuren. Eine weitere Herstellmöglichkeit ist die ringöffnende Polymerisation von Lactamen.

Herstellprinzipien für Polyamide:

1. Polykondensation aus
1.1. Diaminen und Dicarbonsäuren
1.2. Aminocarbonsäuren
2. Polymerisation von Lactamen

In den linearen Makromolekülen wechseln Carbonamidgruppen mit CH_2-Ketten bestimmter Länge ab. Die Kettenenden werden durch Carboxyl- bzw. Aminogruppen gebildet.

Aufbauprinzip der Polyamide:

-CONH-Einheiten in alternierender Folge mit CH_2-Ketten

Die Kennzeichnung der Polyamide erfolgt mit einem Code, nach dem nur *eine* Zahl die Herstellung aus einer einzigen bifunktionellen Verbindung (Aminocarbonsäure oder Lactam) bezeichnet. *Zwei* Zahlen zeigen die Herstellung aus zwei Komponenten (Diamin und Dicarbonsäure) an. Die Zahlen selbst entsprechen den C-Atomen der Komponenten.

Codebezeichnung der Polyamide durch Kennzeichnung der Ausgangssubstanz:

Anzahl Ziffern = Anzahl der Komponenten
Wert der Ziffer = C-Atome der Komponenten

Tabelle 10-1 fasst Kennzeichnung und Ausgangsprodukte der bedeutendsten Nylontypen zusammen:

Tabelle 10-1. Code und Ausgangsprodukte technisch genutzter Polyamide.

Nylon-Code	Ausgangsprodukte	Formel
6	ε-Caprolactam	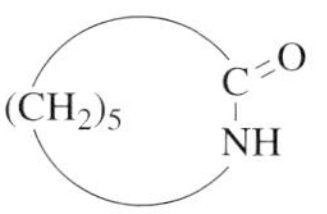
6.6	Hexamethylendiamin (HMDA)/ Adipinsäure	$H_2N(CH_2)_6NH_2$ /$HOOC(CH_2)_4COOH$
6.10	HMDA/Sebacinsäure	/$HOOC(CH_2)_8COOH$
6.12	HMDA/1,12-Dodecandisäure	/$HOOC(CH_2)_{10}COOH$
11	ε-Aminoundecansäure	$H_2N(CH_2)_{10}COOH$
12	Laurinlactam oder ε-Aminododecansäure	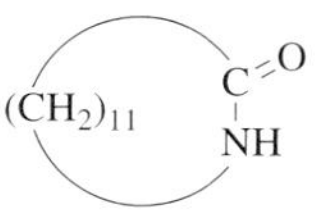 $H_2N(CH_2)_{11}COOH$

Die Stammsubstanz aus der Reihe der Polyamide ist das Polykondensat aus Adipinsäure und Hexamethylendiamin, das Nylon 6.6. Es wurde erstmals 1935 durch W. H. Carothers

Nylon 6.6 als erstes Polyamid und Nylon 6 heute mengenmäßig die bedeutendsten Polyamide

Industrielle Organische Chemie: Bedeutende Vor- und Zwischenprodukte, 6. Auflage, Hans-Jürgen Arpe

ISBN: 978-3-527-31540-6

synthetisiert und schon 1939 durch DuPont im technischen Maßstab hergestellt. Ein Jahr zuvor hatte P. Schlack ε-Caprolactam zu Nylon 6 umsetzen können. 2000 erreichte die Polyamidproduktion weltweit etwa 3,6 Mio t. Davon machen die Nylontypen 6 und 6.6 über 95 % der Gesamtproduktion aus. Die weltweite Herstellkapazität betrug 1996 für Nylon 6 und Nylon 6.6 etwa 6,02 Mio jato.

Produktion von Polyamidfasern (in 1000 t)

	1993	1995	1998
USA	1206	1226	1291
WE	650	744	649
Japan	240	215	211

Die anderen Polyamide haben nur eine Bedeutung auf Spezialgebieten erlangt.

Weitere Produktionszahlen für Polyamide des Fasersektors in einigen Ländern sind der nebenstehenden Tabelle zu entnehmen.

Produktion von Synthesefasern weltweit (in Mio t)

	1994	1995	2000
Polyester	11,05	11,92	17,11
Polyamide	3,86	4,04	3,31
Polyacryl	2,45	2,42	2,48
Sonstige	3,61	1,82	4,70
Gesamt	20,97	20,20	27,60

Ihre Hauptverwendung finden Polyamide zur Herstellung von Synthesefasern vorzugsweise für den Bekleidungs- und Teppichsektor. Nach den Polyestern mit einem stetig wachsenden Anteil von inzwischen 62 % (siehe nebenstehende Tabelle zur Synthesefaserproduktion) hatten die Polyamide einen rückläufigen Anteil von etwa 12 % an allen Synthesefasern. Ein zweites Einsatzgebiet für Polyamide ist die Verwendung als thermoplastischer Kunststoff für Spritzguss, vor allem im Maschinenbau und Elektrobereich, sowie für Extrusion. Für diesen Sektor wurden länderabhängig etwa 10–25 % der Polyamidproduktion verwendet.

Synthesefasern:
Basis synthetische Polymere

Chemiefasern:
außer Synthesefasern auch chemisch modifizierte Naturfasern, z. B. cellulosische Fasern

Aromatische Polyamide, d. h. Carbonamidgruppen alternierend mit aromatischen Ringen

Beispiele (DuPont-Aramide):
Kevlar:

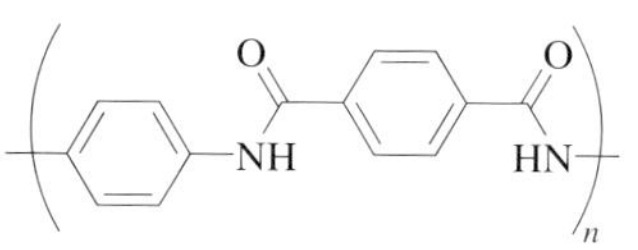

Nomex:

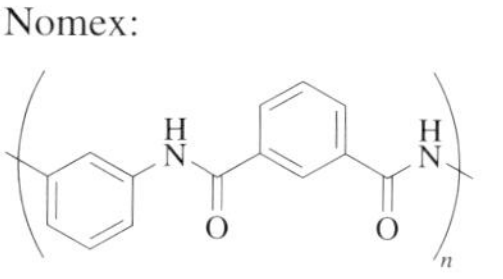

In den letzten Jahren haben auch aromatische Polyamide (Aramide) ein zunehmendes Interesse gefunden. Sie basieren auf Terephthal- und Isophthalsäure sowie auf *p*- und *m*-Phenylendiamin. DuPont entwickelte zwei Aramidfasern, Kevlar® und Nomex®, und startete Ende der sechziger Jahre eine erste Produktion, die später mehrfach erweitert wurde. Inzwischen sind auch bei anderen Firmen z. B. in USA, Westeuropa, Japan und GUS Herstellverfahren aufgenommen worden. Die Aramide werden bevorzugt in der Gummiindustrie verwendet. Sie sind in ihren Eigenschaften wie Temperaturbeständigkeit und Schwerentflammbarkeit so weitgehend anders als aliphatische Polyamide, dass sie nicht mehr zu den Nylons gezählt werden.

Aramidverwendung:

flammgeschützte Fasern, elektrische Isoliermaterialien, Reifencord

10.1 Dicarbonsäuren

Adipinsäure hat von allen Dicarbonsäuren technisch die größte Bedeutung. An zweiter Stelle in der mengenmäßigen Bedeutung folgt dann die 1,12-Dodecandisäure, die aus Cyclododecan über das Cyclododecanon/ol-Gemisch technisch leicht zugänglich ist. Die Korksäure aus der Oxidation von Cyclooctan könnte bei der günstigen Herstellmöglichkeit dieses Ausgangsproduktes aus Cyclooctadien, dem Cyclodimeren des Butadiens, wohl eine steigende Bedeutung erlangen. Bisher wird sie jedoch nur in kleinem Umfang für Nylon 6.8 eingesetzt.

Technisch gut zugängliche Dicarbonsäuren mit großer Bedeutung:

$HOOC{-}(CH_2)_4{-}COOH$
$HOOC{-}(CH_2)_{10}{-}COOH$

bisher wenig eingesetzt:

$HOOC{-}(CH_2)_6{-}COOH$

Die Sebacinsäure dagegen wird trotz ihrer industriellen Verwendung im Nylon 6.10 und in Weichmachern bevorzugt aus Naturprodukten, wie Ricinusöl (vgl. Abschn. 10.2.2), durch alkalische Spaltung erhalten. Der hohe Preis und die begrenzte Zugänglichkeit haben jedoch eine breite Anwendung eingeschränkt. So stellte z. B. DuPont 1973 die Produktion von Nylon 6.10 zugunsten von Nylon 6.12 ein. Derzeit gibt es in USA und Japan jeweils nur einen einzigen Sebacinsäure-Produzenten. Die Elektrosynthese des Dimethylsebacats durch Kolbe-Synthese, d. h. durch dimerisierende Decarboxylierung des Monomethyladipats, z. B. nach einem neueren Verfahren von Asahi Chemical, hat noch keine technische Anwendung gefunden.

Aus Naturprodukten erhältliche Dicarbonsäure:

$HOOC{-}(CH_2)_8{-}COOH$

Elektrosynthese der Sebacinsäure aus Monomethyladipat (Asahi Chemical) noch ohne Anwendung

$$2\ CH_3OCO(CH_2)_4COO^- \xrightarrow{-2\,e} CH_3OCO(CH_2)_8COOCH_3 + 2\ CO_2$$

$$2\ H^+ \xrightarrow{+2\,e} H_2$$

Eine andere Herstellroute für Sebacinsäure wurde von Sumitomo entwickelt. Ausgehend von Naphthalin wird zunächst *cis*-Decalin durch zweistufige Hydrierung gewonnen und zum Decalinhydroperoxid oxidiert. Dieses wird anschließend in das 6-Hydroxy-cyclodecanon umgelagert und nach Wasserabspaltung und Hydrierung wird ein Gemisch von Cyclodecanon/-ol erhalten. Damit liegt dann ein günstiges Einsatzmaterial für die selektive Oxidation mit HNO_3 zu Sebacinsäure vor:

Vielstufige neue Sebacinsäureherstellung nach Sumitomo mit *cis*-bevorzugter Naphthalinhydrierung für die weitere, selektive Autoxidation als wichtigste Reaktionsstufen, noch ohne Anwendung

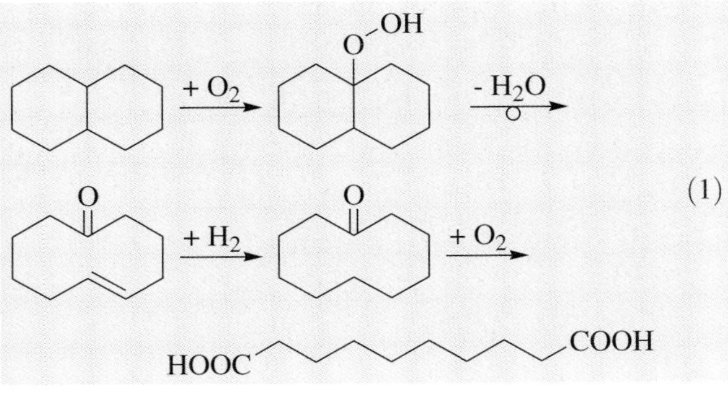

(1)

Trotz der vielstufigen, spezifisch katalysierten Reaktionsfolge erreicht die Gesamtausbeute 15–30 % (Naphthalin). Eine technische Nutzung steht noch aus.

10.1.1 Adipinsäure

Adipinsäureproduktion (in 1000 t)

	1993	1995	1998
USA	765	863	739
WE	548	528	676
Japan	84	77	88

Die weltweite Herstellkapazität für Adipinsäure betrug 2005 etwa 2,9 Mio jato; davon entfielen auf USA, Westeuropa, Bundesrepublik Deutschland und Japan etwa 1,0, 1,1 0,41 bzw. 0,12 Mio jato. Die Produktionszahlen für Adipinsäure in einigen dieser Länder sind in der nebenstehenden Tabelle zusammengefasst. Größter Adipinsäure-Hersteller ist DuPont in USA mit einer Produktionskapazität von etwa 0,69 Mio jato (2001).

Wirtschaftliche Herstellroute für Adipinsäure:

oxidative C_6-Ringspaltung über Zwischenstufe Cyclohexanol/on-Gemisch nach zwei Verfahrensvarianten:

1. direkte zweistufige Oxidation
2. Oxidation über Borsäureester als weiterer Zwischenstufe

Der technisch bevorzugte Zugang zur Adipinsäure besteht in der oxidativen Spaltung des Cyclohexans. Bisher haben sich direkte Oxidationsverfahren bis hin zur Säurestufe wegen unbefriedigender Selektivitäten nicht durchsetzen können. Allerdings wurde 1998 von der Nagoya-Universität in Japan eine neue, einstufige Direktoxidation von Cyclohexan mit 30-proz. H_2O_2 an einem Phasentransferkatalysator mit einer über 90-proz. Ausbeute und sehr hoher Selektivität vorgestellt. Eine technische Anwendung steht noch aus. Im bisher üblichen Verfahrensweg wird Adipinsäure zweistufig über die Zwischenprodukte Cyclohexanol-Cyclohexanon (Anol-Anon oder auch KA-Öl = **K**eton-**A**lkohol) hergestellt. Hierzu lassen sich prinzipiell zwei Verfahrenswege einschlagen, die sich durch den selektivitätserhöhenden Zusatz von Borsäure in der zweiten Variante unterscheiden.

Verfahrensprinzip der ersten Oxidationsstufe:

homogen katalysierte Flüssigphasenoxidation von Cyclohexan über Cyclohexylhydroperoxid

Katalyseprinzip:

1. Initiierung der Radikalkette:

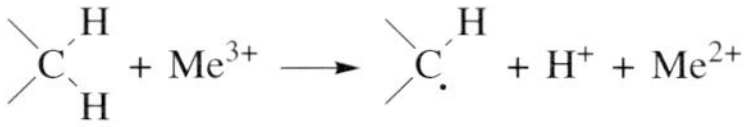

2. Spaltung des Hydroperoxids:

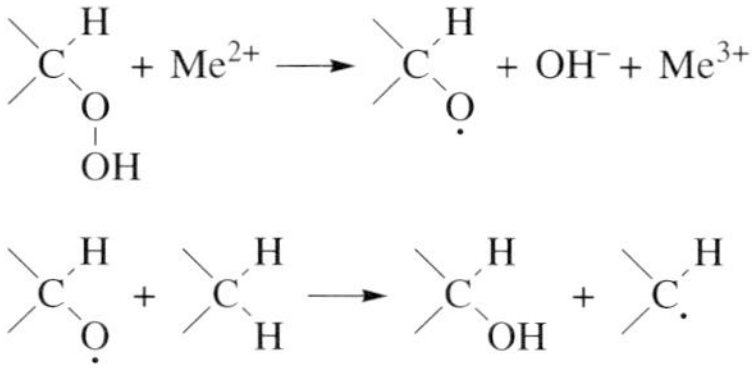

In der ersten Stufe der Oxidation wird Cyclohexan bei 125–165 °C und 8–15 bar in der Flüssigphase mit Luft und Mn- oder Co-Salzen wie z. B. dem Acetat oder dem Naphthenat als Katalysator zum Anol-Anon-Gemisch oxidiert:

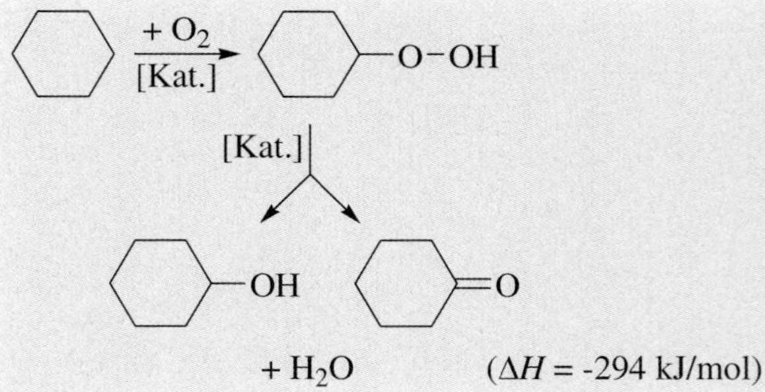

(2)

Als Primärprodukt entsteht bei dieser Radikalreaktion das Cyclohexylhydroperoxid, das unter den Einfluss des Katalysators zu Anol und Anon weiterreagiert. Gleichzeitig bildet sich schon etwas Adipinsäure und durch schrittweisen oxidativen Abbau auch Glutar- und Bernsteinsäure. Sie fallen zumeist als Cyclohexylester an. Man lässt daher den Cyclohexanumsatz nur auf 10–12 % ansteigen, um eine hohe Selektivität von 80–85 % zum Anol-Anon zu erhalten. Das nicht umgesetzte Cyclohexan wird abdestilliert und in die Oxidation zurückgeführt. Die Säuren werden mit wässrigem Alkali herausgewaschen und die Ester dabei hydrolysiert. Anon-Anol werden destillativ mit einer Reinheit von 99,5 % im Verhältnis 1 : 1 gewonnen.

Nebenproduktbildung durch oxidativen Abbau zu
$HOOC-(CH_2)_n-COOH$ $n = 3; 2$
und Veresterung mit Cyclohexanol

Verfahrensmerkmale:

geringer Cyclohexanumsatz zur Vermeidung der oxidativen Folgereaktionen führt zu hohem Cyclohexankreislauf

Technisch werden Verfahren beispielsweise von BASF, Bayer, DuPont, ICI, Inventa, Scientific Design und Vickers-Zimmer ausgeführt.

Analog der Oxidation von Paraffinen zu sekundären Alkoholen (vgl. Abschn. 8.2.1) kann man in Gegenwart von Borsäure die Selektivität der Reaktion erhöhen. Sie steigt hier auf über 90 % an. Das Molverhältnis von Anol zu Anon beträgt etwa 9 : 1. Der Cyclohexanumsatz bleibt mit 12–13 % nahezu unverändert.

Verfahrensprinzip der „Borsäure-Oxidationsroute“:

in Anwesenheit von H_3BO_3 führt die Umsetzung des Cyclohexylhydroperoxids direkt zu oxidationsstabilen Cyclohexanol-Borsäureestern, z. B. $(C_6H_{11}O)_3B$

In die zweite Stufe, die Anon-Anol-Oxidation zu Adipinsäure, können auch Produkte aus anderer Herstellung eingesetzt werden, wie z. B. reines Cyclohexanol, wie es aus der Kernhydrierung von Phenol, z. B. an einem Pd-Katalysator bei 150 °C und 10 bar in der Flüssigphase, zu erhalten ist. So basiert z. B. die Adipinsäure-Herstellung von Allied in USA auf Phenol als Ausgangskomponente (23000 jato Kap. 1999), das entspricht einem Anteil von etwa 2,6 % der Gesamtkapazität für Adipinsäure in USA. Auch in Westeuropa basierten mit einer Kapazität von 50000 jato 1999 nur etwa 5 % der Adipinsäure-Herstellkapazität auf Phenol, in Japan dagegen wird die Phenol-Route nicht mehr durchgeführt.

Ausgangsprodukte für die 2. Stufe der Adipinsäureherstellung:

1. Anol-Anon ohne Trennung aus Cyclohexanoxidation
2. Cyclohexanol aus Phenol-Kernhydrierung

Zumeist werden aber die Primäroxidate ohne Anol-Anon-Trennung direkt weiteroxidiert:

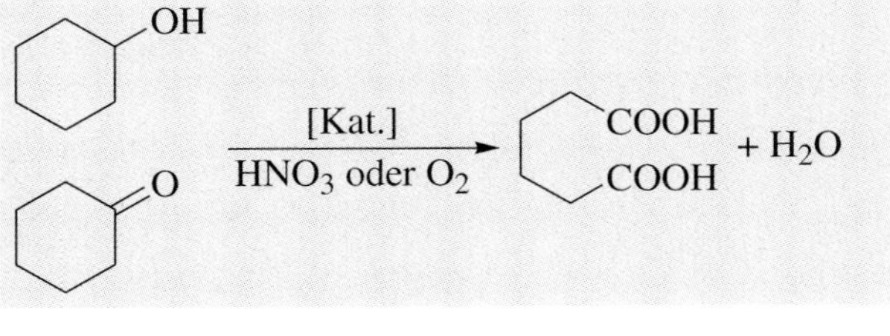

(3)

Verfahrensprinzip der Adipinsäureherstellung:

homogen katalysierte Anol-Anon-Oxidation in flüssiger Phase mit
1. HNO_3
2. Luft

Dazu können zwei Verfahren verwendet werden:

1. mit HNO_3 und NH_4-Metavanadat/Cu-Nitrat oder
2. mit Luft und Cu–Mn-Acetat.

Merkmal der HNO_3-Route:

Cu-V-Katalysatoren begrenzen die Weiteroxidation zu niederen Carbonsäuren, wesentliche Zwischenprodukte:

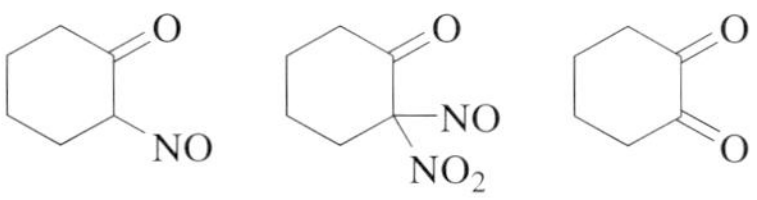

Im ersten Verfahren wird bei 50–80 °C und Normaldruck in Gegenwart des genannten Katalysators das Anol-Anon mit 60-proz. HNO_3 oxidiert und Adipinsäure mit bis zu 96-proz. Selektivität erhalten. Im Reaktionsablauf wird zunächst aus dem Anol-Anon-Gemisch der Anolanteil zu Cyclohexan oxidiert, das dann, nach α-Nitrosierung zum Zwischenprodukt 2-Nitrosocyclohexanon, weiteroxidiert wird. Dabei entsteht aus der HNO_3 ein Stickoxidgemisch, das zu HNO_3 reoxidiert werden kann bis auf den Anteil an Distickstoffoxid (N_2O), der aus Umweltschutzgründen von den meisten Adipinsäure-Herstellern bis Ende 2000 nach verschiedenen katalytischen oder thermischen Prozessen abgebaut werden musste.

Merkmal der Luftoxidation:

Cu-, Mn-katalysierte Flüssigphasenoxidation führt zu gleicher Selektivität wie HNO_3-Route, darüber hinaus nicht korrosiv

Verfahrensbeispiel:

zweistufige Adipinsäureherstellung nach Scientific-Design-Prozess

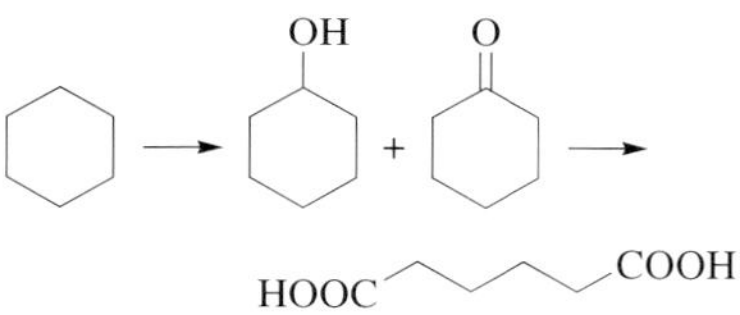

Im zweiten Verfahren werden bevorzugt Reaktionsgemische verwendet, die reich an Cyclohexanon sind. In flüssiger Phase wird bei 80–85 °C und 6 bar mit Luft in Gegenwart von Cu- und Mn-Acetat und zumeist in Essigsäure als Lösemittel oxidiert. Nach Abkühlen des Oxidats fällt die Adipinsäure kristallin an. Das Rohprodukt wird durch Umkristallisieren gereinigt. Die Selektivität zur Adipinsäure soll die des HNO_3-Verfahrens erreichen. Der Vorteil der Luftoxidation liegt vor allem in der Abwesenheit korrosiver HNO_3. Eine moderne Ausführungsform ist von der Scientific Design entwickelt worden. Sie umfasst beide Stufen, ausgehend von Cyclohexan über das Anol-Anon-Gemisch zu Adipinsäure. Eine 10000-jato-Anlage wurde von Rohm & Haas in USA einige Jahre betrieben, aber wegen unzureichender Produktqualität aufgegeben. Weitere Verfahren unter Borsäureverwendung stammen von Stamicarbon und IFP.

Neue C_4-Aufbauprozesse für Adipinsäure:

Monsanto-Route durch $PdCl_2$-katalysierte Carbonylierung von

$CH_3OCH_2CH{=}CHCH_2OCH_3$

BASF-Route durch Co–CO–N-Liganden-katalysierte Hydrocarboxylierung von Butadien über Methylester-Zwischenstufe

Neuere Entwicklungen betreffen Aufbaureaktionen für Adipinsäure aus Butadien, z. B. nach Monsanto durch Carbonylierung der Zwischenstufe 1,4-Dimethoxy-2-buten und nach BASF durch zweistufige Carbonylierung von Butadien in Anwesenheit von Methanol:

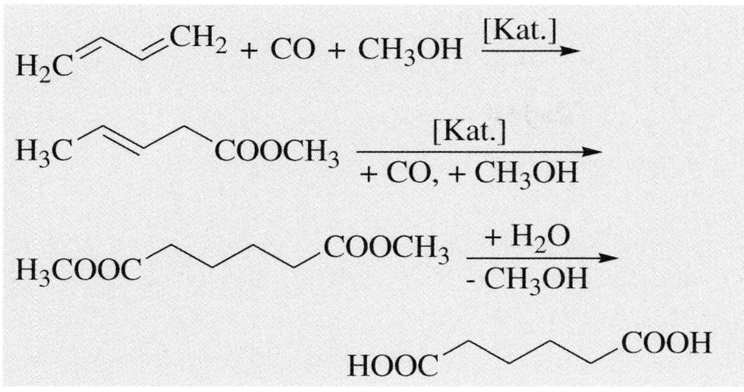

(4)

Als Katalysator dient ein Cobaltcarbonylsystem mit z. B. Pyridinliganden bei 130 °C und 600 bar in der ersten sowie 170 °C und 150 bar in der zweiten Stufe. Die Ausbeute erreicht 72 % (Butadien) über beide Stufen. Die BASF hat das Verfahren in einer Versuchsanlage ausgearbeitet, eine technische Anwendung steht noch aus.

Die größte Bedeutung hat Adipinsäure für die Herstellung von Nylon 6.6; so wurden z. B. 2005 weltweit 62 Gew.-% der Gesamtproduktion für Nylon 6.6 und davon 37 Gew.-% für den Fasersektor verwendet. Sie dient dort gleichzeitig als Säurekomponente und zu einem wesentlichen Teil auch als Vorprodukt für die Diaminkomponente (vgl. Abschn. 10.2.1).

Verwendung der Adipinsäure:

1. zusammen mit Hexamethylendiamin in Form des AH-Salzes $[^{-}O_2C(CH_2)_4CO_2^{-}\ {}^{+}H_3N(CH_2)_6NH_3^{+}]$ zur Polykondensation
2. als Ausgangsprodukt für Hexamethylendiamin

Der Einsatz der Adipinsäure für die Polykondensation erfolgt in Form des Hexamethylendiammoniumadipats, des sogenannten AH-Salzes. Das neutrale Salz kristallisiert nach Zusammenfügen gleicher Mengen Säure und Amin aus Methanol aus. Verunreinigungen und überschüssige Anteile bleiben gelöst. Heute wird die Bildung des AH-Salzes zumeist in wässriger Lösung vorgenommen.

Neben dieser hauptsächlichen Verwendung werden Ester der Adipinsäure mit Polyalkoholen für Alkydharze und plastische Massen verwendet. Andere Ester werden als Weichmacher oder Schmiermitteladditive eingesetzt. Die Hydrierung der Adipinsäure bei 170–240 °C und 150–300 bar an Cu-, Co- oder Mn-Katalysatoren oder auch ihrer Ester führt zu 1,6-Hexandiol, das überwiegend auf dem Polyester- und Polyurethangebiet genutzt wird. Eine weitere Verwendung des 1,6-Hexandiols ist seine Aminierung zu Hexamethylendiamin (vgl. Abschn. 10.2.1).

3. als Komponente für Polyester
4. in Estern, z. B. mit 2-Ethylhexanol als Weichmacher und Schmiermitteladditiv
5. nach Hydrierung zu $HOCH_2(CH_2)_4CH_2OH$ für Polyester, Polyurethane und für HMDA

Die weltweite Herstellkapazität für 1,6-Hexandiol betrug 2000 ca. 33000 jato. Hersteller sind BASF, Bayer und Ube Industries.

10.1.2 1,12-Dodecandisäure

Ausgangssubstanz für C_{12}-Dicarbonsäure:

Cyclododeca-1,5,9-trien (CDT)

Cyclododecatrien ist die Ausgangssubstanz für die technische Herstellung der 1,12-Dodecandisäure, die auch 1,10-Decandicarbonsäure genannt werden kann.

CDT-Herstellung (3 Isomere) durch Butadientrimerisierung mithilfe von Ti-, Ni-, Cr-Katalysatoren, die im Allgemeinen mit Al-organischen Verbindungen reduziert werden

1955 fanden G. Wilke und Mitarbeiter mit der Trimerisierung von Butadien an einem Zieglerkatalysator aus $TiCl_4$ und $(C_2H_5)_2AlCl$ einen einfachen Weg zum Cyclododeca-1,5,9-trien (CDT). Dabei ist es notwendig, das Atomverhältnis Ti : Al auf 1 : 4 bis 1 : 5 zu erhöhen, da sonst dieser Katalysator (z. B. bei 1 : 1) Butadien bevorzugt zu 1,4-*trans*-Polybutadien umsetzt.

Später zeigte sich, dass auch Ni^0-Komplexe, z. B. das Bis-(π-allyl)-nickel, oder Chromkomplexe die Cyclotrimerisierung des Butadiens katalysieren können:

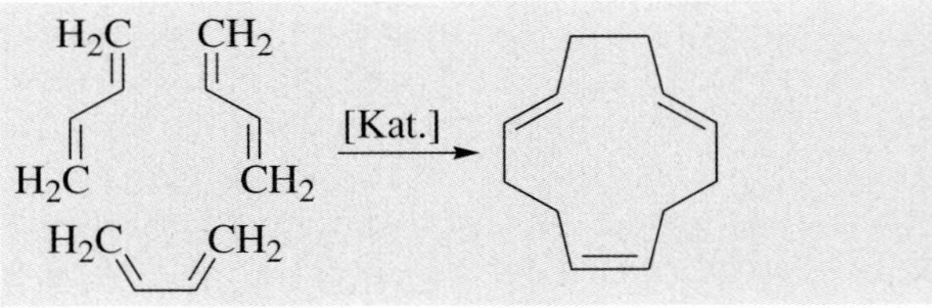

(5)

Damit wurde die cycloaliphatische und offenkettige C_{12}-Verbindungsklasse industriell zugänglich gemacht.

Im technischen Prozess, z. B. Hüls (Ti-Katalyse), vorwiegend *trans-trans-cis*-CDT mit wenig all-*trans*-CDT

(all-*trans*)

Nebenprodukte:

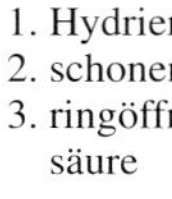 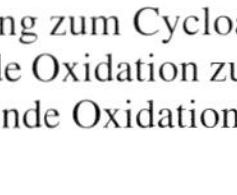 Oligobutadiene

Die erste technische Anlage mit einer Kapazität von 12000 jato (1975) wurde von Hüls errichtet. Sie ist inzwischen auf eine Kapazität von 18000 jato erweitert worden. Mit dem Katalysatorsystem $TiCl_4$-$Al(C_2H_5)Cl_2$-$Al(C_2H_5)_2Cl$ entsteht mit 90 % Gesamtselektivität (C_4H_6) überwiegend das *trans-trans-cis*-Isomere. Als Nebenprodukte entstehen Cycloocta-1,5-dien, Vinylcyclohexen und Oligomere des Butadiens.

Eine weitere Anlage in Westeuropa wird von der Shell in Frankreich betrieben. Sie hat eine Kapazität von 10000 jato Cyclododecatrien und Cyclooctadien, das dort wahlweise produziert werden kann. Weitere Anlagen sind in USA bei DuPont und in Japan in Betrieb.

Dreistufige Herstellung der C_{12}-Dicarbonsäure:

1. Hydrierung zum Cycloalkan
2. schonende Oxidation zum C_{12}-Anol-Anon
3. ringöffnende Oxidation zur Dicarbonsäure

Cyclododecatrien wird zur weiteren Umsetzung in einer dreistufigen Reaktionsfolge in die Dodecandisäure übergeführt. Dazu wird zunächst durch Hydrierung in der Flüssigphase bei 200 °C und 10–15 bar an Ni-Katalysatoren das Cyclododecan mit praktisch quantitativer Ausbeute hergestellt. Dieses wird dann analog dem Cyclohexan mit Sauerstoff oder Luft nach der Borsäure-Route bei 150–160 °C und Normaldruck zum Cyclododecanol/on-Gemisch oxidiert:

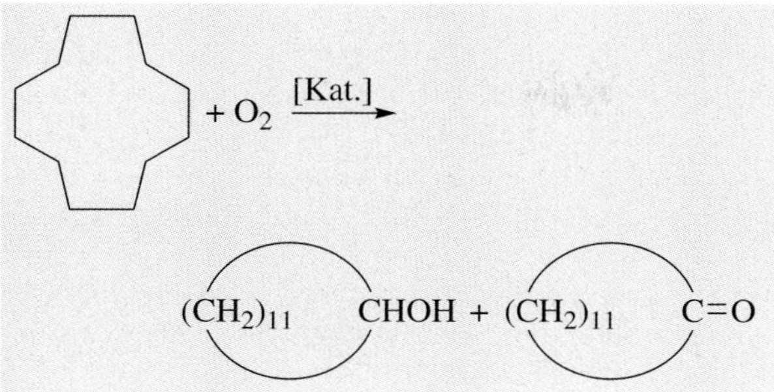

(6)

Bei einem Umsatz von 25–30 % erreicht die Selektivität zum Ol/On-Gemisch mit 80–82 % und einem Verhältnis von etwa 8 bis 10 : 1 ein Optimum.

Cyclododecanol und Cyclododecanon werden von Hüls (BRD) und DuPont (USA) produziert.

Zweifache Verwendung des Zwischenproduktes Cyclododecanol/on:

1. $HOOC(CH_2)_{10}COOH$

2. 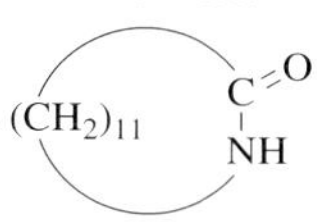

Cyclododecanol/on ist gleichzeitig auch die Ausgangssubstanz für das Laurinlactam (vgl. Abschn. 10.3.2).

Die nächste Stufe der ringöffnenden Oxidation des Ol/On-Gemisches erfolgt technisch mit HNO_3:

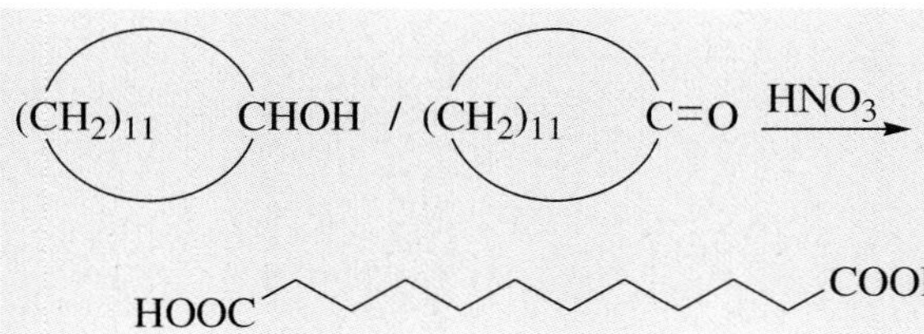

(7)

Die 1,12-Dodecandisäure wird neben ihrer hauptsächlichen Verwendung für Polyamide und Polyester auch in Form der Diester für Schmieröle eingesetzt.

Verwendung der C_{12}-Dicarbonsäure:

1. Polyamide
2. Polyester
3. Ester für Schmieröle

10.2 Diamine und Aminocarbonsäuren

10.2.1 Hexamethylendiamin

Trotz vieler Herstellmöglichkeiten für Amine und Diamine sind nur wenige für eine technische Durchführung geeignet. α,ω-Alkylendiamine, wie das Hexamethylendiamin, werden fast ausschließlich durch Hydrierung der entsprechenden Dinitrile gewonnen. Darum sind alle großtechnischen Wege

Herstellung von α,ω-Alkylendiaminen technisch bevorzugt aus α,ω-Alkylendinitrilen, z. B.:

Hexamethylendiamin (HMDA) oder 1,6-Diaminohexan durch Hydrierung von Adiponitril (ADN)

zum 1,6-Diaminohexan im Wesentlichen nur Varianten der Adiponitril-Herstellung.

mit geringer Bedeutung bis 1981 noch Aminierung von 1,6-Hexandiol zu HMDA (Celanese-Verfahren)

Es gab allerdings eine alternative Route, die von Celanese in USA in einer Anlage mit einer Kapazität von fast 30000 jato bis 1981 technisch genutzt wurde. Danach wurde zunächst Cyclohexanon zum Caprolacton oxidiert (vgl. Abschn. 10.3.1.2), das dann bei etwa 250 °C und 280 bar z. B. in Gegenwart von Raney-Kupfer oder Kupferchromit mit fast quantitativen Ausbeuten zum 1,6-Hexandiol hydriert wurde. ω-Hydroxycapronsäure oder Adipinsäure können ebenfalls als Einsatzprodukte zur 1,6-Hexandiol-Herstellung verwendet werden (vgl. Abschn. 10.1.1). Anschließend wurde 1,6-Hexandiol bei 200 °C und 230 bar mit Ammoniak in Gegenwart von Raney-Nickel zum Hexamethylendiamin aminiert. Die Ausbeute erreichte etwa 90%, Nebenprodukte waren vor allem Hexamethylenimin und 1,6-Aminohexanol:

Herstellung von 1,6-Hexandiol durch Hydrierung von:

1. Caprolacton
2. ω-Hydroxycapronsäure
3. Adipinsäure

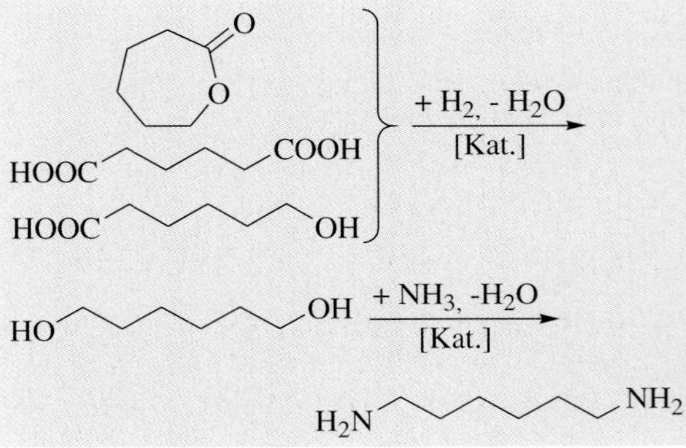

(8)

10.2.1.1 Herstellung des Adiponitrils

Produktion von ADN (in Mio t)

	1990	1995	1999
USA	0,52	0,67	0,81
WE	0,33	0,41	0,38
Japan	0,04	0,04	0,03

Die weltweite Herstellkapazität für Adiponitril betrug 2004 etwa 1,6 Mio jato mit einem Anteil in USA, Westeuropa und Japan von 0,92, 0,61 bzw. 0,04 Mio jato. Produktionszahlen in diesen Ländern sind der nebenstehenden Tabelle zu entnehmen.

Vier ADN-Herstellrouten mit Aufbauschema für C_6-N_2-Kette:

1. dehydratisierende Aminierung von Adipinsäure mit NH_3 ($C_6 + 2N$)

Für die großtechnische Produktion des **Ad**ipo**n**itrils (Adipinsäuredinitril, ADN) sind vier prinzipiell unterschiedliche Routen entwickelt worden.

1. die dehydratisierende Aminierung der Adipinsäure mit NH_3 in der Flüssig- oder Gasphase über intermediär gebildetes Diamid,

2. die indirekte Hydrocyanierung des Butadiens über die Zwischenstufe der 1,4-Dichlorbutene,
3. die direkte Hydrocyanierung des Butadiens mit HCN,
4. die Hydrodimerisierung des Acrylnitrils in einem elektrochemischen Prozess.

2. indirekte Hydrocyanierung von Butadien mit HCN ($C_4 + 2\,CN$)
3. direkte Hydrocyanierung von Butadien ($C_4 + 2\,CN$)
4. Hydrodimerisierung von Acrylnitril ($C_3N + C_3N$)

Zu 1

Nach der ersten Methode wird Adipinsäure in einer neueren Verfahrensweise, die auch großtechnisch genutzt wird, in einer Schmelze bei 200–300 °C oder auch mit Adiponitril sowie den Zwischenprodukten als Lösemittel und in Gegenwart eines in der Reaktionsmasse löslichen Katalysators, wie z. B. H_3PO_4, mit NH_3 über das Diammoniumadipat und das Adipinsäurediamid zum Dinitril umgesetzt:

Zur Adipinsäure-Route:

protonenkatalysierte Dehydratisierung des NH_4-Salzes über Amid-Zwischenstufe in der Schmelze oder in Lösung

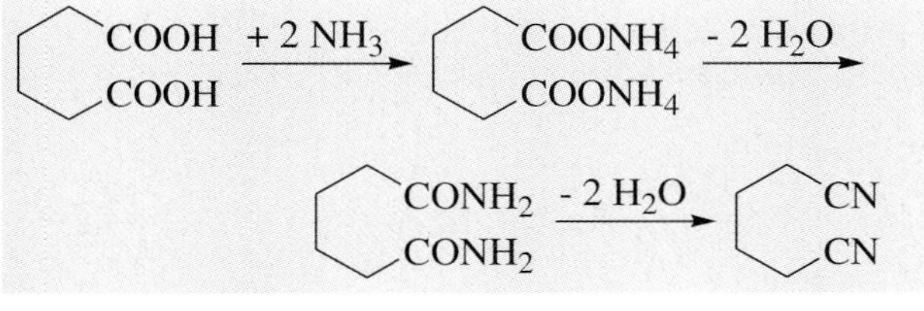

(9)

Die ältere Ausführung dieser Umsetzung ist der Gasphasenprozess, der bei 300–350 °C an z. B. Borphosphatkatalysatoren mit einem großen NH_3-Überschuss durchgeführt wird. Nachteilig ist die beim Verdampfen der Adipinsäure auftretende Zersetzung, die nur 80% Selektivität erreichen lässt und eine Katalysatorregenerierung erfordert. Verbesserungen betreffen vor allem den Übergang vom Fest- zum Wirbelbett mit einem H_3PO_4/SiO_2-Katalysator und einer kontinuierlichen Regenerierung. Die Selektivität zum Adiponitril kann bis zu 90% betragen. Zahlreiche Anlagen sind allerdings aus wirtschaftlichen Gründen in den letzten Jahren stillgelegt worden, nur in China wird dieses Verfahren noch angewendet.

Variante zu Route 1:
heterogen katalysierte Gasphasendehydratisierung in Anwesenheit von NH_3 zunächst im Fest-, später im Wirbelbett

Zu 2

Die Hydrocyanierung des Butadiens kann nach dem 1951 von DuPont ausgearbeiteten Verfahren indirekt über eine Chlorierung des Butadiens erfolgen. Anfänglich wurde noch

Zur indirekten Butadienhydrocyanierung; dreistufige Route über

1. Chlorierung des Butadiens in der Gasphase zu Produktgemisch mit typischer Verteilung:

   36% 3,4-Dichlor-1-buten
   17% *cis*-1,4-Dichlor-2-buten
   43% *trans*-1,4-Dichlor-2-buten
   4% Mono- und Trichlorbutene

in der Flüssigphase, heute wird bevorzugt in der Gasphase bei 200–300 °C ohne Katalysator chloriert. Man erhält ein Gemisch von 3,4-Dichlor-1-buten und *cis*- und *trans*-1,4-Dichlor-2-buten mit einer Selektivität von etwa 96 %:

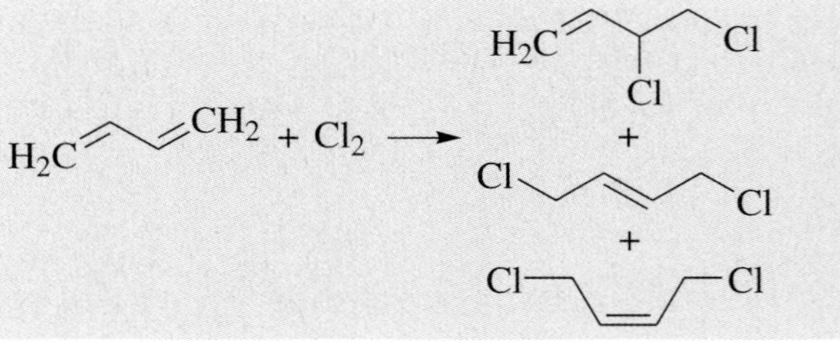

(10)

2. Cl-Substitution durch CN^- unter gleichzeitiger Isomerisierung (Allylumlagerung) in der Flüssigphase zu 1,4-Dicyan-2-butenen (*cis* und *trans*)

Die Dichlorbutene werden anschließend in der Flüssigphase bei 80 °C mit HCN oder einem Alkalicyanid zu Butendinitrilen umgesetzt. Die Bildung des 3,4-Dicyan-1-butens ist kein Nachteil, da unter den Hydrocyanierungsbedingungen und in Gegenwart des verwendeten Kupfer-Cyan-Komplexes als Katalysator Allylumlagerung eintritt. Es wird so mit einer Selektivität von etwa 95 % ein *cis-trans*-Isomerengemisch des 1,4-Dicyan-2-butens erhalten:

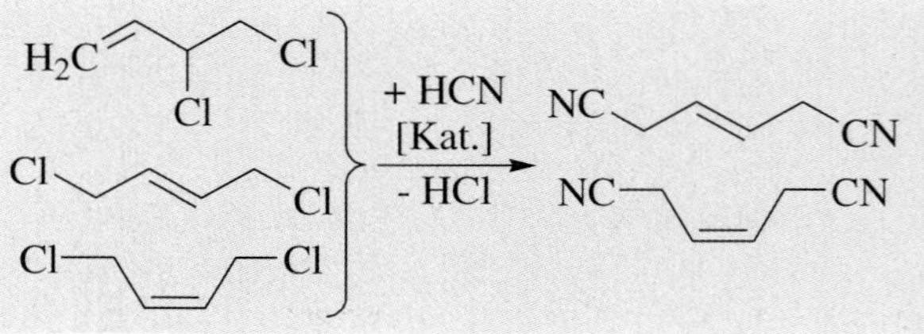

(11)

3. Doppelbindungshydrierung in der Gasphase zu ADN

Das Gemisch kann dann in der Gasphase bei 300 °C an einem Pd-Katalysator mit einer Selektivität von 95–97 % zu Adiponitril hydriert werden. Diese Herstellroute wurde von DuPont in zwei Adiponitrilanlagen bis 1983 verwendet.

Zu 3

Zur direkten Butadienhydrocyanierung:

zweistufige Flüssigphase-Addition von HCN in Gegenwart von Ni^0-Phosphin- bzw. Phosphitkomplexen, z. B. $[(C_6H_5)_3PO]_4Ni^0$, mit Al-, Zn-Promotoren mit intermediärer Stellungs- und Doppelbindungsisomerisierung

Die dritte Methode, die direkte Hydrocyanierung, wurde ebenfalls von DuPont entwickelt. Durch HCN-Addition an Butadien erhält man in der ersten Stufe ein Gemisch isomerer Pentennitrile und Methylbutennitrile, das anschließend zu vorwiegend 3- und 4-Pentennitrilen isomerisiert wird. In der zweiten Stufe wird dann durch anti-Markownikow-HCN-Anlagerung Adiponitril gebildet:

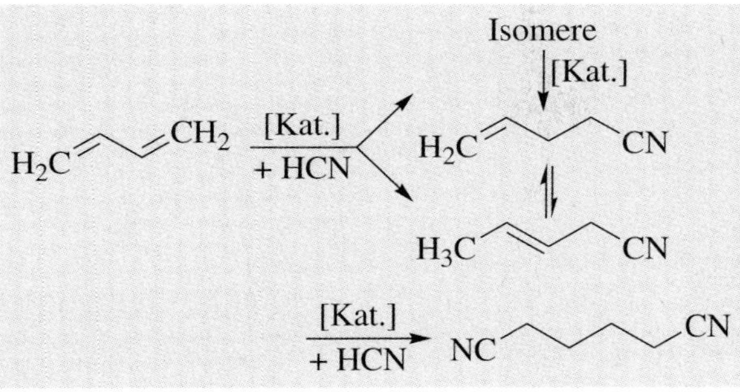
(12)

Die Umsetzung erfolgt in der Flüssigphase in einem Lösemittel, wie z. B. Tetrahydrofuran, im Bereich von 30–150 °C drucklos. Als Katalysatoren sind Ni^0-Komplexe mit Phosphin- bzw. Phosphitliganden und Metallsalzpromotoren, wie z. B. den Chloriden von Zink oder Aluminium, geeignet. Die Gesamtreaktion soll mit einer hohen Selektivität zum Adiponitril führen.

DuPont produziert inzwischen in USA Adiponitril überwiegend nach diesem Verfahren und hat seit 1977 auch in Frankreich gemeinsam mit Rhône-Poulenc (Butachimie) eine Anlage mit einer Herstellkapazität von 0,3 Mio jato (2000) zur direkten Hydrocyanierung in Betrieb.

Zu 4

Die vierte Methode ist als Monsanto-EHD-Verfahren (**e**lektro**h**ydro**d**imerization) bekannt geworden. Es beruht auf der hydrierenden Dimerisierung von Acrylnitril (ACN) zu Adiponitril (ADN):

Zur **E**lektro**h**ydro**d**imerisierung von ACN zu ADN (Monsanto-EHD-Prozess):

$$H_2C{=}CHCN \xrightarrow{+2\,e^-} H_2\bar{C}{-}\bar{C}HCN \xrightarrow{+\,ACN} \qquad (13)$$
$$NC\bar{C}HCH_2{-}CH_2\bar{C}HCN \xrightarrow{+2\,H^+} NC(CH_2)_4CN$$

mögliche Deutung der kathodischen Gesamtreaktion:

1. Dianionbildung $H_2\bar{C}{-}\bar{C}H{-}CN$ durch Übertragung von zwei Elektronen
2. Dimerisierung durch Kopplung an zweites ACN-Molekül
3. Ladungsausgleich durch Protonenaddition aus H_2O

Die kathodische Gesamtreaktion stellt sich damit wie folgt dar:

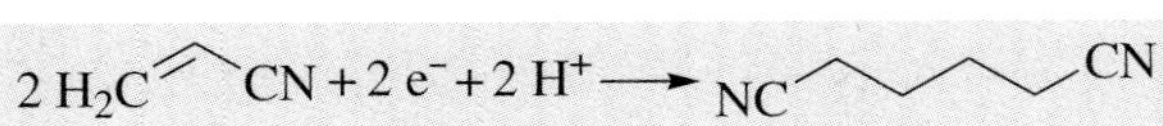
(14)

Diese reduktive oder kathodische Dimerisierung wurde 1965 in USA erstmals im technischen Maßstab durchgeführt. Weitere Anlagen folgten dann in USA und ab 1978 auch in Westeuropa. Das elektrochemische Verfahren wurde auch von Phillips Petroleum und in Europa von ICI, Rhône-Poulenc und UCB bearbeitet und zu technischen Verfahren entwickelt. In Japan wird auch von Asahi Chemical seit 1971 eine 41 000-jato-Anlage (2000) nach eigenem Verfahren betrieben.

Kennzeichen der technischen Ausführung:

turbulente Strömung erzeugt Emulsion aus wässriger Leitsalzlösung und organischer ACN-Phase

emulgierte Phasen mit großer Phasengrenzfläche erleichtern den Stoffübergang und machen Kathoden-Anodenraum-Trennung bei Einsatz von Magnetit- oder Fe-Anoden überflüssig

Anfänglich wurden zur Trennung von Anoden- und Kathodenraum noch Ionenaustauscher-Membranen verwendet. In der neuesten Ausführung der Elektrolysezelle, wie sie außer von Monsanto z. B. auch von Asahi, BASF und UCB entwickelt wurde, wird auf jegliche mechanische Trennung verzichtet; eine fein verteilte Emulsion aus einer wässrigen Phase, die das Leitsalz und wenig Acrylnitril, entsprechend seiner Löslichkeit, enthält, sowie einer organischen Phase aus Acrylnitril und Adiponitril wird schnell durch das Kathoden-Anoden-System gepumpt. Durch den erleichterten Übergang von Acrylnitril aus der emulgierten organischen Phase wird einer Verarmung der wässrigen Phase an Acrylnitril entgegengewirkt. Als Kathode kann Graphit, als Anode Magnetit (Fe_3O_4) verwendet werden. Neueste Patente weisen auf eine vorteilhafte membranlose Arbeitsweise mit einer Cd-Kathode und einer Fe-Anode hin.

Leitsalz (McKee-Salz), z. B. Tetraalkylammoniumtosylat, mit zwei Aufgaben:

1. Leitfähigkeitserhöhung
2. H_2O-Verdrängung von Kathode (abhängig von Alkylgröße) vermindert Hydrierung zu Propionitril

Das Leitsalz – ein Tetraalkylammoniumsalz – schirmt mit seinen hydrophoben Alkylgruppen die Kathode so weitgehend ab, dass keine Elektrolyse des Wassers unter Wasserstoffbildung erfolgen kann. Damit wird auch die Hydrierung des Acrylnitrils zu Propionitril wesentlich zurückgedrängt und nur das organophile Acrylnitril kann an der Kathode dimerisiert werden.

Aufarbeitung des Elektrolysats:

organische Phase wird destillativ aufgetrennt, wässrige Phase mit Leitsalz zurückgeführt

Nebenproduktbildung:

CH_3CH_2CN aus ACN-Hydrierung
$(NCCH_2CH_2)_2O$ als Bis-Addukt von ACN an H_2O

Nach dem Durchgang durch die Elektrolysezelle wird ein Teil der organischen Phase mit nicht umgesetztem Acrylnitril und gebildetem Adiponitril abgetrennt und destillativ aufgearbeitet. Die Selektivität zu Adiponitril beträgt etwa 90%. Nebenprodukte sind Propionitril und Biscyanoethylether.

Alternative ACN-Hydrodimerisierungen:

1. durch „chemische" Reduktion von ACN mit Amalgamen

Ein chemischer Weg der reduktiven Dimerisierung verwendet Alkali- oder Erdalkaliamalgame als reduzierende Agentien. Da die Amalgame sich bei der Elektrolyse der entsprechenden Salze in einer Quecksilberzelle bilden, ist diese Route als indirekte elektrochemische Methode anzusehen.

2. durch Gasphasenhydrodimerisierung von ACN + H_2 an Ru-Katalysatoren

Weitere Verfahrensentwicklungen betreffen die Hydrodimerisierung des Acrylnitrils in der Gasphase bei z. B. 200–350 °C und 1–3 bar an Rutheniumkatalysatoren in Gegenwart von Wasserstoff (z. B. Kuraray) oder die Dimerisierung des Acrylnitrils an Organophosphorkomplexen mit anschließender Hydrierung (ICI).

3. durch zweistufige Dimerisierung/Hydrierung von ACN an Organo-P-Komplexen

10.2.1.2 Hydrierung des Adiponitrils

Hydrierung von ADN zu HMDA bei:

1. Hochdruckbedingungen an Co-Cu- oder Fe-Katalysatoren in der Rieselphase

Adiponitril lässt sich mit Wasserstoff unter Hochdruckbedingungen bei 100–135 °C und 600–650 bar an Co–Cu- oder bei 100–180 °C und 300–350 bar auch an Fe-Katalysatoren zum **H**exa**m**ethylen**dia**min (HMDA) hydrieren:

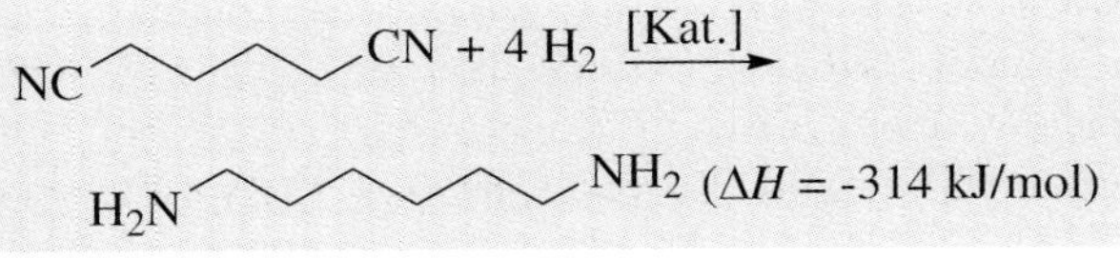

(15)

Nebenprodukte der ADN-Hydrierung nach Reaktionsprinzip:

$$RCN \xrightarrow{+H_2} RCH{=}NH \text{ (Aldimin)}$$

$$RCH{=}NH + H_2NCH_2R \xrightarrow{-NH_3} RCH{=}N{-}CH_2R \text{ (Azomethin)}$$

$$RCH{=}N{-}CH_2R \xrightarrow{+H_2} RCH_2NHCH_2R$$

In Anwesenheit von NH_3 wird die Bildung von Polyaminen und Hexamethylenimin zurückgedrängt. Diese können sich, ausgehend von beiden Nitrilgruppen, über das primär entstehende Aldimin durch Addition von Amin unter NH_3-Abspaltung zum Azomethin und dessen Hydrierung zum sekundären Amin bilden. Auch das sekundäre Amin ist zu einer Addition an die Aldiminzwischenstufe befähigt. Die Hexamethylendiamin-Selektivität erreicht etwa 90–95 %.

2. Niederdruckbedingungen an Ni- oder Fe/Ni- bzw. Cr/Ni-Katalysatoren in der Flüssigphase (technisch genutzte Katalysatoren z. B. von Rhône-Poulenc oder Rhodiatoce)

Weitere Hydrierverfahren verwenden Ni- oder mit Fe bzw. Cr modifizierte Ni-Katalysatoren in der Flüssigphase, z. B. in wässriger Natronlauge, bei geringeren H_2-Drücken bis etwa 30 bar und bei etwa 75 °C. Die Selektivität zum Hexamethylendiamin kann bis zu 99 % betragen.

Verwendung des HMDA:

1. vorzugsweise für Nylon 6.6
2. nach Phosgenierung als Diisocyanat für Polyadditionen
3. geringe Mengen für Nylon 6.10, Nylon 6.12 und Nylon 6.9

Das Hexamethylendiamin findet neben seiner überwiegenden Bedeutung zur Herstellung von Nylon 6.6 (z. B. 1999 in USA, Westeuropa und Japan 97, 91 bzw. 90 Gew.-% der Herstellmenge) zunehmend, nach Phosgenierung zum Diisocyanat, auch als Komponente für Schaumstoffe und Harze Interesse (vgl. Abschn. 13.3.3).

Geringere Mengen werden zur Herstellung von Nylon 6.10 (HMDA und Sebacinsäure), Nylon 6.12 (HMDA und Dodecandisäure) sowie Nylon 6.9 (HMDA und Azelainsäure) verbraucht. Die Herstellkapazität für HMDA betrug 1999 weltweit etwa 1,48 Mio jato; davon entfielen auf USA, Westeuropa und Japan etwa 0,81, 0,51 bzw. 0,045 Mio jato. Produktionszahlen in diesen Ländern sind der nebenstehenden Tabelle zu entnehmen.

Produktion von HMDA (in 1000 t)

	1995	1997	1999
USA	658	669	739
WE	370	405	425
Japan	46	43	36

10.2.1.3 Entwicklungsmöglichkeiten der Adiponitril-Herstellung

Adiponitril bzw. Hexamethylendiamin besitzen eine variable Herstellbasis:

1. Olefin (Propen-Acrylnitril)
2. Dien (Butadien)
3. Aromat (Benzol-Cyclohexan-Anol-Anon-Adipinsäure)

Kennzeichen der Olefinbasis:

günstige Materialkosten durch wirtschaftlich hergestelltes Massenprodukt ACN

Ansatzpunkte für Verbesserungen:

hohe Verfahrens- und Investitionskosten der Monsanto-Route eventuell reduzierbar durch:

Erweiterung des Potenzialbereichs, z. B. UCB: nichtwässrige Lösemittel verbesserte Elektroden, z. B. Monsanto: Cd-Kathode, Fe-Anode oder Wechsel zu Einkammerverfahren

Propen, Butadien oder Benzol als unterschiedlichste Basisprodukte bedeuten für die Herstellung des Hexamethylendiamins bzw. seiner Vorstufe Adiponitril die größtmögliche Marktanpassung. Für die einzelnen Ausgangssubstanzen ergibt sich die folgende Situation:

Das Großprodukt Acrylnitril aus Propen nach dem Sohio-Verfahren ist ein preiswertes Einsatzmaterial für die elektrochemische Hydrodimerisierung. Da die Stromkosten nur einen geringen Teil der Herstellkosten ausmachen, bestimmen die Verfahrens- und Investitionskosten den Preis. Sie sind darum bevorzugter Ausgangspunkt für Verbesserungen. So kann z. B. eine Entwicklung der UCB zur Verwendung nichtwässriger Medien die H_2O-Zersetzung ausschalten und den Potenzialbereich erweitern. Neue Vorschläge von Monsanto betreffen die Verwendung verbesserter Kathoden- und Anodenmaterialien und den Übergang zum diaphragmafreien, d. h. Einkammer-Elektrolyseverfahren. Da elektrochemische Prozesse über die Einstellung des Arbeitspotenzials sehr selektiv, d. h. wegen minimaler Nebenprodukte besonders umweltfreundlich sind, kommt auch aus diesem Grund dem Monsanto-Verfahren eine wesentliche Bedeutung zu.

Kennzeichen der Dienbasis:

einstufige HCN-Addition vermeidet NaCl-Elektrolyse und NaCl-Beseitigung und ist damit die wirtschaftlichere Hydrocyanierungsroute und auf Kostenbasis auch wirtschaftlichste HMDA-Route

DuPont als der ehemals größte Adiponitril-Produzent auf Basis 1,4-Dichlorbuten hat sich mit der eigenen Entwicklung der direkten Hydrocyanierung des Butadiens unabhängig von einer Chloralkali-Elektrolyse und von einer umweltfreundlichen NaCl-Beseitigung gemacht.

Kennzeichen der Aromatenbasis:

Aromatenverknappung (wegen Verwendung zur Octanzahlverbesserung bleiarmen Benzins) wird sich ungünstig auf Rohstoffversorgung und damit auf die Wirtschaftlichkeit auswirken

Für das dritte Basisprodukt, Benzol, wird zumindest für die nähere Zukunft die schlechteste Prognose zu stellen sein. Die in vielen Ländern schon eingeleitete Verminderung bzw. völlige Aufgabe des Bleigehaltes im Benzin macht einen Aromatenzusatz, z. B. Alkylierungsprodukte des Benzols, zur Verbesserung der Octanzahl notwendig. Damit wird eine Aromatenverknappung nicht auszuschließen sein.

10.2.2 ω-Aminoundecansäure

Herstellung der ω-Aminoundecansäure durch fünfstufige Synthese:

1. Umesterung von Ricinusöl zum Methylester der Ricinolsäure
2. Pyrolyse zu Undecensäure (vgl. „alkalische Schmelze zu Sebacinsäure“, Abschn. 10.1) und Heptylaldehyd

Die ω-Aminoundecansäure ist die Vorstufe des Nylon 11. Ihre Ausgangsbasis sind die Naturprodukte Ricinusöl als Glycerinester der Ricinolsäure oder die Ricinolsäure selbst. Das Triricinolat des Glycerins wird zunächst mit Methanol zum Methylester umgeestert und dann pyrolytisch bei etwa

300 °C in einen C_7-Aldehyd und den Methylester der Undecensäure gespalten:

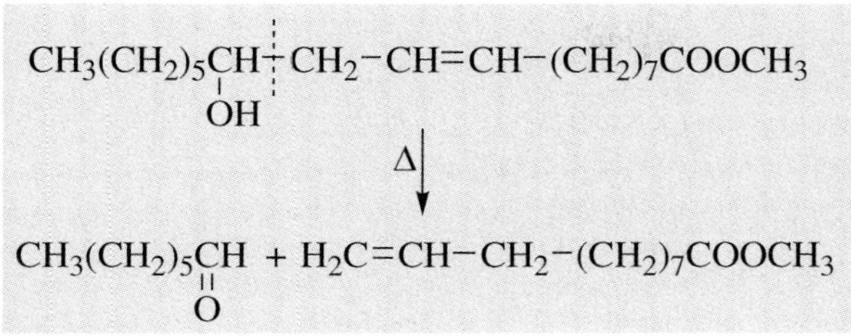

(16)

Der Methylester wird verseift und in einer peroxidkatalysierten HBr-Addition zur 11-Brom-undecansäure umgesetzt. Diese wichtige Stufe ist technisch sehr gut ausführbar: In einem als Kolonne ausgebildeten Reaktor fließt von oben nach unten eine Lösung der ungesättigten Säure in Toluol-Benzol einem aufsteigenden Gasstrom aus HBr und Luft entgegen. Ungefähr 96 % des entstandenen Bromids enthalten das Brom endständig. Die weitere Umsetzung erfolgt mit NH_3 zum Ammoniumsalz der ω-Amino-undecansäure, die dann durch Ansäuern freigesetzt wird:

3. Anti-Markownikoff-HBr-Addition (Peroxide oder UV-Licht) an Undecensäure

4. Ammonolyse zur ω-Amino-undecansäure
5. Überführung des NH_4-Salzes in die freie Säure

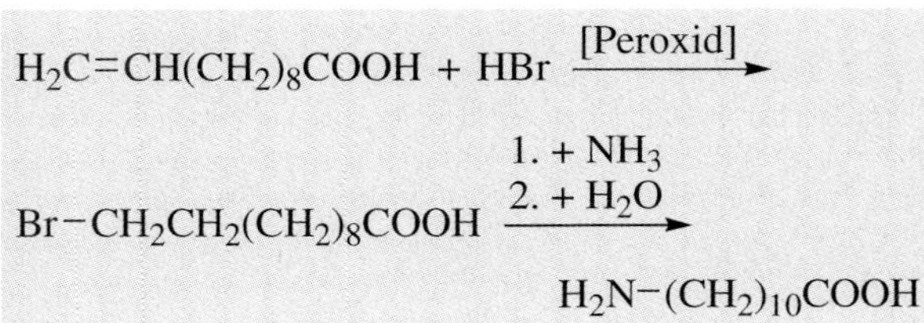

(17)

Die Selektivität über alle Stufen beträgt für die ω-Aminoundecansäure etwa 67 %. Das durch Polykondensation entstehende Nylon 11 wird bevorzugt in Frankreich als Rilsan® von der ATO Plastiques, in USA und weiterhin in Brasilien produziert. Voraussetzung für seine wirtschaftliche Herstellung ist die ausreichende und preiswerte Zugänglichkeit des Ricinusöls. Diese Abhängigkeit von den hauptsächlichen Erzeugerländern Nordafrika, Brasilien und Indien, als dem größten Produzenten, bedeutet Unsicherheiten im zukünftigen Mengenwachstum. Die Welterzeugung an Ricinusöl ist in der nebenstehenden Tabelle aufgeführt.

Kennzeichen der ω-Amino-undecansäure-Herstellung und damit Nylon-11-Herstellung:

Abhängigkeit des Rohstoffs von Agrarprodukten bedeutet schwankendes Angebot und Wachstumsbegrenzung

Ricinusölproduktion (in Mio t)

	1980	1992	1993
Welt	0,36	1,10	1,06

10.3 Lactame

10.3.1 ε-Caprolactam

ε-Caprolactam hat sich zu einem Großprodukt mit dem praktisch einzigen Auslass – Nylon 6 – entwickelt

ε-Caprolactam ist als cyclisches Amid der ε-Aminocapronsäure das technisch wichtigste Lactam, das hauptsächlich zur Herstellung von Nylon 6 (Perlon®) verwendet wird.

ε-Caprolactam-Produktion (in Mio t)

	1995	1997	2000
WE	0,80	0,88	1,1
USA	0,71	0,75	0,72
Japan	0,55	0,56	0,55
BRD	0,21	0,20	0,22

Die weltweite Herstellkapazität für ε-Caprolactam betrug 2005 etwa 4,4 Mio jato; davon entfielen auf Westeuropa, USA, Japan und Bundesrepublik Deutschland etwa 1,0, 0,84, 0,56 bzw. 0,25 Mio jato. Produktionszahlen sind der nebenstehenden Tabelle zu entnehmen.

Eine intensive weltweite Forschung führte zu zahlreichen, aber noch nicht idealen Herstellrouten

$(NH_4)_2SO_4$-freie Routen bisher noch nicht im technischen Einsatz

Trotz vieler Herstellwege für das ε-Caprolactam sind alle Prozesse bis heute noch verbesserungsbedürftig geblieben, da sie ausnahmslos mehrstufig sind und mit einem Zwangsanfall an Ammoniumsulfat oder anderen Nebenprodukten verbunden sind.

Herstellverfahren für ε-Caprolactam in zwei Gruppen einteilbar:

1. Verfahrensgruppe mit gemeinsamem Merkmal Cyclohexanonoxim als Zwischenprodukt (weltweit vorherrschend)

Die zahlreichen, zum größten Teil technisch durchgeführten ε-Caprolactam-Verfahren lassen sich in zwei Gruppen einteilen; die eine ist durch das klassische Zwischenprodukt Cyclohexanonoxim charakterisiert, das entweder aus Cyclohexanon oder aus anderen Vorprodukten aufgebaut wird. Dieser Verfahrensweg ist der bei weitem wichtigste; nach ihm werden derzeit mehr als 95 % des ε-Caprolactams weltweit hergestellt.

2. Verfahrensgruppe mit unterschiedlichen, andersartigen Zwischenprodukten (geringe Bedeutung)

Die zweite Gruppe betrifft Caprolactam-Verfahren, die andere Zwischenprodukte und andere Verfahrensschritte verwenden.

10.3.1.1 ε-Caprolactam nach der Cyclohexanonoxim-Route

Klassische Cyclohexanonoxim-Route mit Cyclohexanon als Ausgangsprodukt und Beckmann-Umlagerung als weiterer charakteristischer Reaktion

Die klassische ε-Caprolactam-Herstellung kann am besten dazu dienen, die Probleme dieser Route aufzuzeigen und moderne Varianten vorzustellen. Sie besteht aus drei „organischen“ und einer „anorganischen“ Stufe:

1. Herstellung des Cyclohexanons,
2. Oximierung des Cyclohexanons mit Hydroxylamin,
3. Beckmann-Umlagerung des Cyclohexanonoxims zum ε-Caprolactam,
4. Herstellung des Hydroxylamins.

Zu 1

Cyclohexanon wird bevorzugt aus Cyclohexan hergestellt. Ein zweiter Weg geht von Phenol aus. Eine nur noch in der GUS genutzte Route (Kap. 20000 jato) verwendet Cyclohexylamin, das einstufig katalytisch zum Cyclohexylimin dehydriert und mit Wasserdampf zum Cyclohexanon hydrolysiert wird. 2001 basierten in USA und Westeuropa etwa 63 bzw. 56 Gew.-% der ε-Caprolactam-Produktion auf der Cyclohexanoxidation und der überwiegende restliche Teil, d. h. 37 bzw. 44 Gew.-%, auf der Phenolhydrierung. Charakteristische von Phenol ausgehende ε-Caprolactam-Verfahren wurden z. B. von Allied Chemical, von Montedipe sowie von den Leuna-Werken entwickelt. Allied (heute Honeywell) ist derzeit auch der einzige Caprolactam-Hersteller in USA auf Phenolbasis. In Japan wird Caprolactam ausschließlich auf Cyclohexanbasis hergestellt.

Erste Stufe im klassischen ε-Caprolactam-Verfahren:

Herstellung von Cyclohexanon nach vier Routen:

1. Cyclohexanoxidation zum Anol-Anon und Dehydrierung des Anolanteils
2. Phenol-Kernhydrierung und Cyclohexanoldehydrierung nach älterer Methode zweistufig, nach neuerer Methode einstufig
3. Cyclohexylamindehydrierung und Cyclohexyliminhydrolyse

Ein neues Cyclohexanol-Herstellverfahren von Asahi Chemical befindet sich in der Pilotphase. Danach wird Benzol an einem Rutheniumkatalysator partiell zu Cyclohexen hydriert und anschließend sauer katalysiert (ZSM-5) zu Cyclohexanol hydratisiert. Genauere Verfahrensbedingungen für eine vorgesehene 60000-jato-Anlage wurden noch nicht publiziert.

4. zukünftig eventuell durch partielle Benzolhydrierung zu Cyclohexen mit anschließender Hydratisierung

In der erstgenannten Route der Cyclohexanoxidation (vgl. Abschn. 10.1.1) wird zunächst aus den Anon-Anol-Gemischen das Cyclohexanon destillativ abgetrennt und der verbleibende Cyclohexanolanteil in die katalytische Dehydrierung eingesetzt. Sie erfolgt bei 400–450 °C und Atmosphärendruck an Zn- oder Cu-Katalysatoren:

Verfahrensmerkmal der Cyclohexanoldehydrierung:

heterogen katalysierte drucklose Gasphasendehydrierung in Röhrenöfen unter Wärmezufuhr

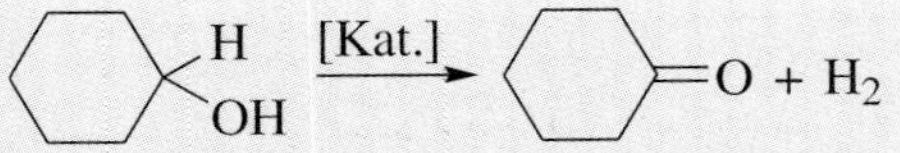

(18)

(ΔH = -65 kJ/mol)

Der Cyclohexanolumsatz beträgt etwa 90 % mit einer Selektivität zum Cyclohexanon von 95 %.

Phenol als Ausgangsprodukt konnte früher nur zweistufig nach Kernhydrierung über Nickelkatalysatoren bei 140 bis 160 °C und 15 bar sowie Dehydrierung analog Gl. 18 in Cyclohexanon übergeführt werden. Durch eine selektive Hydrierung an Pd-Katalysatoren konnte dieser Weg vereinfacht werden:

Verfahrensmerkmal der Phenolhydrierung:

selektive Pd-Metall-katalysierte Gasphasen-Einstufenhydrierung zu Cyclohexanon

Mechanismus der selektiven Phenolhydrierung:

1. Phenolaktivierung durch Adsorption in der Ketoform:

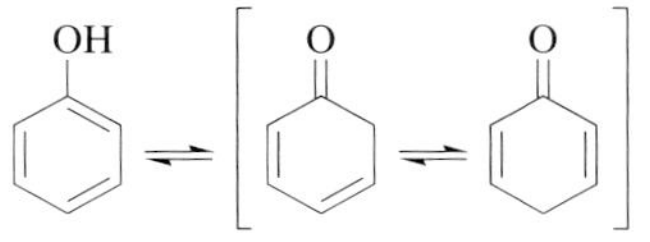

2. Hydrierung in zwei Stufen:

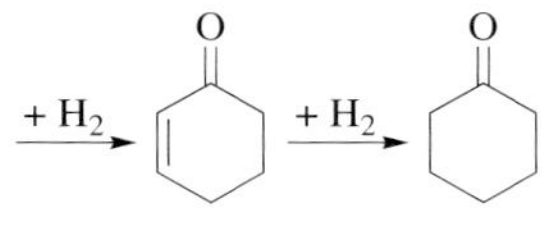

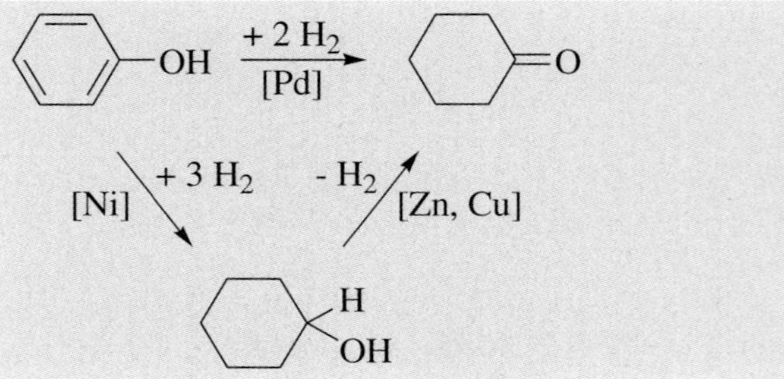

(19)

Dazu wird Phenol in der Gasphase bei 140–170 °C und 1–2 bar an einem Pd-Trägerkatalysator mit Zusätzen von Erdalkalioxiden (z. B. Pd–CaO/Al_2O_3) bei vollständigem Umsatz mit mehr als 95-proz. Selektivität zum Cyclohexanon umgesetzt.

Zu 2

Zweite Stufe im klassischen ε-Caprolactam-Verfahren:

Verfahrensprinzip der Cyclohexanonoximierung:

Umsetzung mit Hydroxylaminsulfat unter Bildung von H_2SO_4, die
1. mit NH_3 oder
2. mit regenerierbarem Phosphatpuffer (HPO-Verfahren) abgefangen wird

Die Oximierung des Cyclohexanons erfolgt mit einem Salz des Hydroxylamins, zumeist mit dem Sulfat, bei 85 °C:

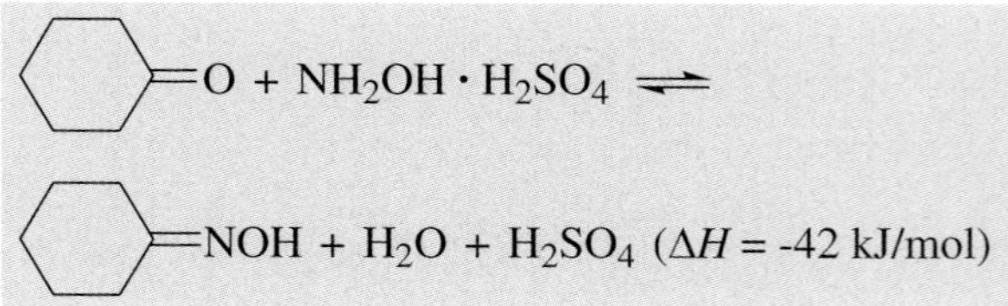

(20)

Die Gleichgewichtsverschiebung erfordert eine ständige Zugabe von NH_3, um einen pH-Wert von 7 aufrechtzuerhalten. An dieser Stelle erfolgt im Gesamtprozess die erste Ammonsulfatbildung.

Den gleichen Effekt eines konstanten pH-Wertes ohne Salzbildung kann man nach dem HPO-Prozess (**H**ydroxylamin-**P**hosphat-**O**xim) der DSM/Stamicarbon mit Hydroxylamin in einem H_3PO_4-haltigen Puffergemisch erreichen. Die beim Oximieren „frei" werdende Pufferlösung geht in die Hydroxylaminherstellung zurück.

Zwei Alternativen zur Cyclohexanonoxim-Herstellung

Zwei andere Wege schlagen Toray und DuPont ein. Beide kommen zwar zum Cyclohexanonoxim, sie vermeiden aber seine Herstellung aus Cyclohexanon.

1. Photonitrosierung von Cyclohexan nach Toray-PNC-Verfahren

Toray entwickelte ein technisches Verfahren der im Prinzip schon bekannten **P**hoto**n**itrosierung von **C**yclohexan direkt zum Cyclohexanonoxim (PNC-Verfahren):

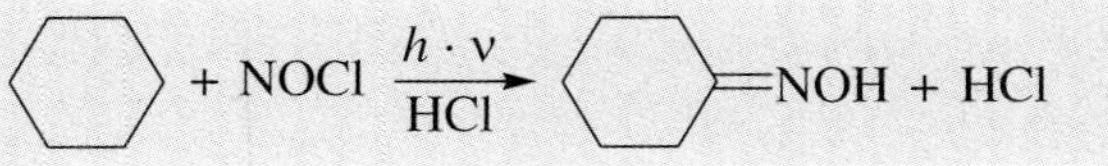

(21)

Ein Gasgemisch aus HCl und Nitrosylchlorid (NOCl) wird unterhalb 20 °C in Cyclohexan geleitet und unter dem Einfluss von Hg-Licht zur Reaktion gebracht. Es bildet sich Cyclohexanonoxim mit einer Selektivität von 86% (C_6H_{12}). Toray führt diesen Prozess seit 1963 bzw. 1971 in zwei Anlagen mit einer Gesamtkapazität von 174000 jato (Stand 2001) durch. NOCl wird aus der Umsetzung von HCl mit Nitrosylschwefelsäure erhalten:

Verfahrenskennzeichen:

durch UV-Licht angeregter Zerfall von NOCl zu NO- und Cl-Radikalen führt über Zwischenstufe Nitrosocyclohexan

nach Umlagerung zum Oxim

$$2\,H_2SO_4 + NO + NO_2 \longrightarrow 2\,NOHSO_4 + H_2O \qquad (22)$$

$$NOHSO_4 + HCl \longrightarrow NOCl + H_2SO_4 \qquad (23)$$

H_2SO_4 und HCl durchlaufen den Prozess ohne Salzbildung und ohne große Verluste.

Der DuPont-Prozess (Nixan-Verfahren, **N**itrocyclohe**xan**-Verfahren) wurde eine Zeitlang in einer 25000-jato-Anlage zur Oximherstellung genutzt. Man nahm zur Einführung des Stickstoffs in das Cyclohexan eine Nitrierung mit HNO_3 in der Flüssigphase oder mit NO_2 in der Gasphase vor. Anschließend wurde dann das Nitrocyclohexan katalytisch zum Oxim hydriert.

2. Cyclohexannitrierung und partielle Hydrierung zum Oxim (1963–1967) technisch angewendet (DuPont)

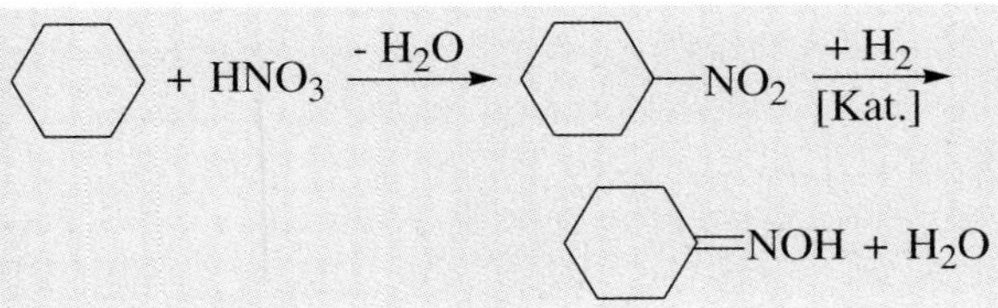

(24)

Zu 3

Alle bisher beschriebenen Verfahren gelangen direkt oder über Zwischenstufen zum Cyclohexanonoxim, das dann in einer von E. Beckmann 1886 gefundenen Umlagerung mit H_2SO_4 oder Oleum zum ε-Caprolactam umgesetzt wird:

Dritte Stufe im klassischen ε-Caprolactam-Verfahren:

Beckmann-Umlagerung des Cyclohexanonoxims zum Amid der ε-Aminocapronsäure

Verfahrensprinzip:

H_2SO_4-katalysierte Flüssigphasen-Ringerweiterung zu basischem Lactam, das aus dem primär anfallenden Sulfat mit NH_3 freigesetzt wird

zusätzliches SO_3 in konz. H_2SO_4 erhöht die Umlagerungsgeschwindigkeit

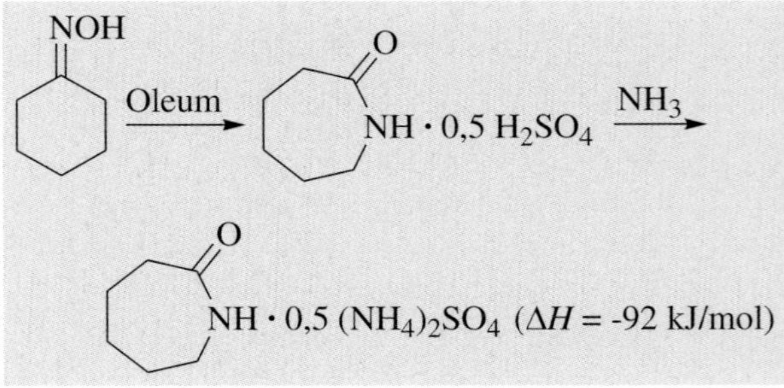

(25)

Die großtechnische Entwicklung dieses Verfahrensschritts erfolgte durch die BASF. Im kontinuierlichen Verfahren lässt man die schwefelsaure Oximlösung durch eine auf der Umlagerungstemperatur von 90–120 °C gehaltene Reaktionszone fließen. Die Umlagerung ist in wenigen Minuten beendet. Die gebildete Lactamsulfatlösung wird in einem Neutralisationsbehälter mit NH_3 in das freie Lactam übergeführt. Es scheidet sich auf der gesättigten Ammonsulfatlösung als Ölschicht ab, die nach Extraktion mit Benzol, Toluol oder Chlorkohlenwasserstoffen und Rückextraktion mit Wasser in weiteren Stufen gereinigt und destilliert wird. Die Selektivitäten erreichen bis zu 98 %.

Zu 4

Vierte Stufe im klassischen ε-Caprolactam-Verfahren:

Hydroxylaminherstellung nach vierstufigem Raschig-Verfahren:

1. $(NH_4)_2CO_3$-Herstellung aus NH_3, CO_2, H_2O
2. Überführung in NH_4NO_2 mit $NO \cdot NO_2$
3. Reduktion mit SO_2 zum Disulfonat
4. Hydrolyse zu NH_2OH

Hydroxylaminsulfat für die Umsetzung des Cyclohexanons zum Oxim wurde lange Zeit nach einem modifizierten Raschig-Verfahren hergestellt, das technisch in vier Stufen ausgeführt wurde. Es besteht im Wesentlichen aus der Reduktion von Ammoniumnitrit mit SO_2 bei etwa 5 °C zum Disulfonat, das dann bei 100 °C zum Hydroxylaminsulfat hydrolysiert wird:

$$NH_4NO_2 + NH_3 + 2\ SO_2 + H_2O \longrightarrow HON(SO_3NH_4)_2 \quad (26)$$

$$HON(SO_3NH_4)_2 + 2\ H_2O \longrightarrow NH_2OH \cdot H_2SO_4 + (NH_4)_2SO_4 \quad (27)$$

Mit jedem Mol Hydroxylaminsulfat entsteht also gleichzeitig ein Mol $(NH_4)_2SO_4$, das bei der Cyclohexanonoximierung um ein weiteres Mol vermehrt wird, das mit Hydroxylaminsulfat und dem NH_3 zur Neutralisation des Oxims in die Reaktion eingebracht wird.

Alternativen zur Hydroxylaminherstellung:

1. Pd-katalysierte NO_3^--Reduktion zu NH_2OH im Phosphatpuffer (H_3PO_4, NH_4NO_3, H_2O)

Eine wesentliche Verbesserung der Hydroxylaminherstellung konnte durch den HPO-Prozess der DSM (vgl. „Cyclohexanonoximierung“, Verfahrensstufe 2) erzielt werden. Danach werden Nitrationen in Gegenwart eines Palladiumkatalysators auf Kohle oder Al_2O_3 mit z. B. Germaniumverbindungen als Promotor, der in einer Phosphatpufferlösung fein suspendiert ist, mit Wasserstoff zum Hydroxylamin reduziert:

$$NO_3^- + 2H^+ + 3\,H_2 \xrightarrow[PO_4^{3-}]{[Kat.]} NH_3OH^+ + 2\,H_2O \qquad (28)$$

Prinzip des HPO-Verfahrens der DSM:

Kombination von Hydroxylamin- und Cyclohexanonoxim-Herstellung im Phosphatpuffer, der im Kreis geführt wird

Die gepufferte Hydroxylaminlösung wird dann zur Oximierung von Cyclohexanon in Toluol, als Löse- und Extraktionsmittel für das entstehende Oxim, verwendet und als erschöpfte Lösung anschließend nach HNO_3-Zugabe zur erneuten Nitrathydrierung zurückgeführt. Auf diese Weise kann der Salzanfall im Vergleich zum Raschig-Verfahren sehr klein gehalten werden.

Da NO_3^- durch Oxidation von NH_3 hergestellt wird, kann der Gesamtprozess formal auch als Oxidation von NH_3 zu NH_2OH aufgefasst werden. Die Hydroxylaminselektivität über alle Stufen, ausgehend von NH_3, beträgt 58 %.

2. Pt/Pd-katalysierte NO-Reduktion nach Verfahren von BASF, Bayer und Inventa an zweiter Stelle in der Bedeutung

Andere Verfahren zur Herstellung von Hydroxylamin, wie die von der BASF, Bayer und Inventa entwickelte platin- bzw. palladiumkatalysierte Reduktion von NO mit Wasserstoff in verdünnter mineralsaurer Lösung, führen zwar zu einem geringeren Salzanfall, erfordern jedoch sehr reine Einsatzmaterialien und eine aufwendige Katalysatorrückgewinnung. Es dauerte daher eine gewisse Zeit, um die technische Reife des Verfahrens zu erreichen. Inzwischen hat aber diese neue Route alle älteren abgelöst und BASF ist der weltweit einzige Hersteller von Hydroxylamin mit einer Kapazität von 4000 jato (2000).

10.3.1.2 Alternative Herstellverfahren für ε-Caprolactam

Verfahrensgruppe mit anderen Zwischenstufen als Cyclohexanonoxim, d. h.:

1.

2.
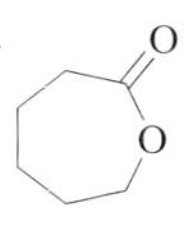

3.
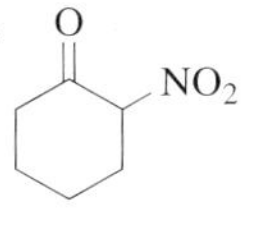

Drei weitere technisch durchgeführte ε-Caprolactam-Verfahren vermeiden das Cyclohexanonoxim und damit auch die Beckmann-Umlagerung. Dies sind:

1. das Cyclohexancarbonsäure-Verfahren von Snia Viscosa,
2. das Caprolacton-Verfahren von UCC,
3. das Nitrocyclohexanon-Verfahren von Techni-Chem.

Zu 1

Erste alternative Route:

Snia-Viscosa-Verfahren:

zweistufig aus Toluol hergestellte Hexahydrobenzoesäure reagiert mit $NOHSO_4$ über ein gemischtes Anhydrid nach Umlagerung zum ε-Caprolactam

Snia Viscosa oxidiert zunächst Toluol mit Luft in flüssiger Phase bei 160–170 °C und 8–10 bar an einem Co-Katalysator mit einem Umsatz von ca. 30 % zu Benzoesäure (vgl. Dow-Phenol-Verfahren, Abschn. 13.2.1.1). Diese wird anschließend in der Flüssigphase in Gegenwart von Pd/Kohle bei 170 °C und 10–17 bar praktisch quantitativ zu Cyclohexancarbonsäure hydriert.

Nitrosylschwefelsäure-Herstellung durch Absorption von N_2O_3 in Oleum:

$$N_2O_3 + H_2SO_4 + SO_3 \longrightarrow 2\ O{=}N{-}OSO_3H$$

Mit Nitrosylschwefelsäure in Oleum bildet sich daraus bei Reaktionstemperaturen bis zu 80 °C offenbar über ein gemischtes Anhydrid und einige weitere Zwischenstufen direkt unter CO_2-Abspaltung das ε-Caprolactam als Sulfat:

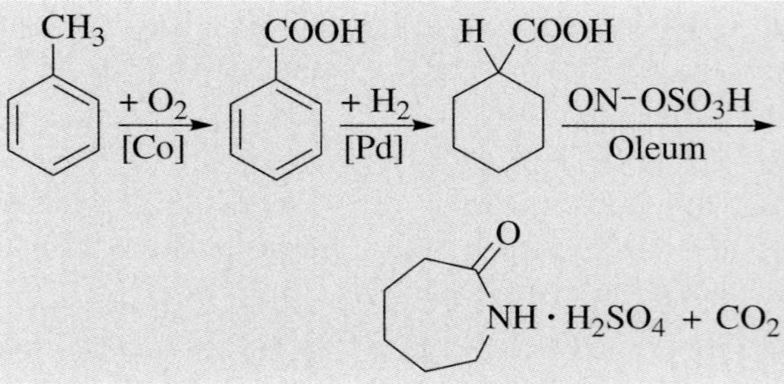

(29)

Die Aufarbeitung der sauren Caprolactamlösung erfolgt in üblicher Weise mit NH_3. In einer neueren Ausführungsform wird ε-Caprolactam aus der schwefelsauren Lösung mit einem Alkylphenol extrahiert und daraus mit H_2O reextrahiert.

Damit kann die Snia-Viscosa-Route zu einem salzfreien ε-Caprolactam-Verfahren werden. Bei einem Cyclohexancarbonsäure-Umsatz von 50 % wird eine Caprolactamselektivität von 90 % erhalten.

Technische Anwendung des Snia-Viscosa-Verfahrens:

Anlagen in Italien, GUS und China

Nach dem Snia-Viscosa-Verfahren arbeiten zwei Anlagen in Italien und je eine in der GUS und China (1999).

Zu 2

Zweite alternative Route:

UCC-Verfahren:

Cyclohexanon wird analog der Baeyer-Villiger-Oxidation (Keton → Ester) mit Persäuren oder Hydroperoxiden zum ε-Caprolacton oxidiert und mit NH_3 zum Lactam umgesetzt

Nach dem UCC-Verfahren wird Cyclohexanon mit Peressigsäure zunächst bei 50 °C unter Normaldruck zu ε-Caprolacton oxidiert. Die Selektivitäten betragen 90 % (Anon) und 85–90 % (Peressigsäure). Das ε-Caprolacton wird dann mit NH_3 bei 170 bar und 300–400 °C zum ε-Caprolactam umgesetzt:

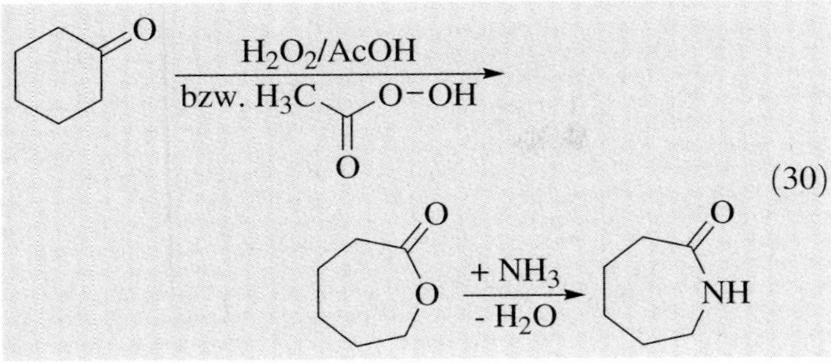

(30)

Die Selektivität über beide Stufen beträgt etwa 70%. Der UCC-Prozess wird seit 1967 in einer 25000-jato-Anlage ausgeübt. 1972 wurde die Ammonolyse aufgegeben, die Herstellung des ε-Caprolactons jedoch beibehalten.

Mit ähnlichen Herstellverfahren über die Zwischenstufe ε-Hydroxycapronsäure bzw. ε-Caprolacton haben sich zahlreiche Firmen beschäftigt. Seit 1975 produziert Interox in England ebenfalls Caprolacton in einer Anlage mit einer inzwischen auf etwa 10000 jato vergrößerten Kapazität. In Japan wird von Daicel auch Caprolacton hergestellt.

Caprolactonammonolyse durch UCC aufgegeben, stattdessen andere Caprolactonverwendung, z. B. Polyesterherstellung

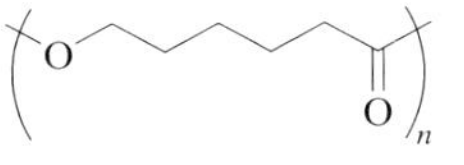

Das Caprolacton ist als bifunktionelle Verbindung auch zur Herstellung von Polyestern für Gießharze geeignet.

Zu 3

Das Verfahren der Techni-Chem (USA) hat gegenüber allen anderen den Vorteil, dass keine Nebenprodukte anfallen. Cyclohexanon wird dabei zunächst mit Keten/Acetanhydrid zum Cyclohexenylacetat acetyliert, das dann zum 2-Nitrocyclohexanon unter Abspaltung von Essigsäure nitriert wird. Die hydrolytische Ringöffnung führt zur Nitrocapronsäure, die weiter zur ε-Aminocapronsäure hydriert wird. Diese lässt sich bei 300 °C und etwa 100 bar in ε-Caprolactam überführen:

Dritte alternative Route:

Techni-Chem-Verfahren:

Nitrierung des Cyclohexanons (über selektivitätserhöhende Zwischenstufe des Enolacetats), hydrolytische Ringöffnung und Reduktion zur Aminocapronsäure als Lactam-Vorstufe

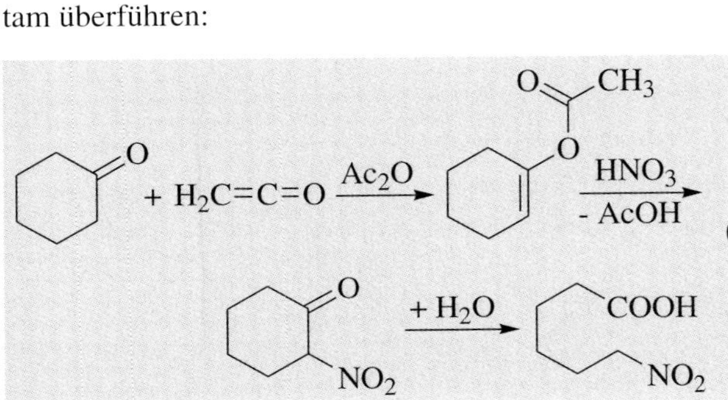

(31)

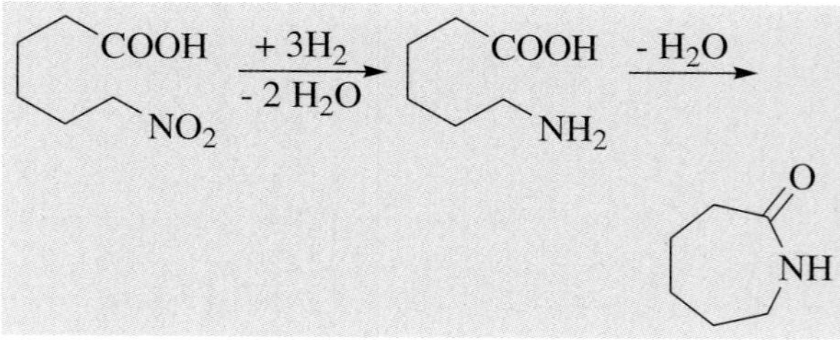
(32)

Verfahrenskennzeichen:

einziges ε-Caprolactam-Verfahren ohne Zwangsanfall von Nebenprodukten

Ein Nachteil dieses Verfahrens ist die Verwendung teuren Ketens zur Herstellung eines Zwischenproduktes, das selektiver zu nitrieren ist. Die anfallende Essigsäure kann natürlich in die Ketenherstellung zurückgeführt werden.

Dieser Prozess wurde außer in einer Versuchsanlage technisch nicht genutzt.

10.3.1.3 Entwicklungsmöglichkeiten der ε-Caprolactam-Herstellung

Klassische ε-Caprolactam-Verfahren werden wesentlich durch $(NH_4)_2SO_4$ belastet, das an zwei Stellen gebildet wird:

1. bei der Cyclohexanonoximierung
2. bei der Neutralisation der „Beckmann-H_2SO_4"

Die größte Belastung der klassischen ε-Caprolactam-Verfahren ist die Coproduktion von 5 kg Ammonsulfat pro kg Caprolactam. Als minderwertiger Dünger (beim Abbau hinterbleibende H_2SO_4 führt zur Säuerung des Bodens) erzielt Ammonsulfat nur geringe Gutschriften und trägt damit kaum zur Wirtschaftlichkeit der Prozesse bei.

Die meisten Verfahrensverbesserungen sind daher auf die Einsparung an H_2SO_4 ausgerichtet.

Die HPO-Route der DSM bringt von allen Oximverfahren die größte Verbrauchsminderung an H_2SO_4 und NH_3; pro kg ε-Caprolactam werden nur 1,5 kg Ammonsulfat gebildet.

Verfahrensverbesserungen sind darum auf die Verminderung des H_2SO_4-Verbrauchs ausgerichtet, wie z. B. durch:

Beckmann-Umlagerung an sauren Katalysatoren in der Gasphase (BASF, Bayer)

Interessante Vorschläge zur Verringerung des $(NH_4)_2SO_4$-Anfalls wurden von zahlreichen Firmen gemacht. So soll die seit langem untersuchte, bisher jedoch nicht wirtschaftlich durchführbare katalytische Oxim-Lactam-Umlagerung, z. B. nach Entwicklungen der BASF, an einem B_2O_3-Al_2O_3-Katalysator bei 340–360 °C oder nach Bayer ebenfalls an einem B_2O_3-Katalysator im Fließbett bei ca. 330 °C mit hoher Selektivität möglich sein.

Beckmann-Umlagerung an sauren Ionenaustauschern in der Flüssigphase (DSM/Stamicarbon)

Ebenso berichteten DSM/Stamicarbon von einer neuen Form der Beckmann-Umlagerung einer Cyclohexanonoximlösung in DMSO bei 100 °C an einem stark sauren Ionenaustauscher, wie z. B. Amberlyst 15 oder Amberlite 200.

Elektrodialyse von Caprolactamsulfat zur Zerlegung in Lactam und H_2SO_4 (BASF)

Nach einem weiteren Vorschlag der BASF kann eine Elektrodialyse des Caprolactamsulfats die Neutralisation mit NH_3 einsparen. Polypropenmembranen trennen Kathoden- und

Anodenraum, in denen sich jeweils Caprolactam und H_2SO_4 anreichern. Aus der Kathodenflüssigkeit kann dann das Caprolactam mit einer Ausbeute von 98,5 % durch Benzolextraktion isoliert werden.

Ein anderer Weg zur Lösung des Ammonsulfatproblems ist die thermische Spaltung von $(NH_4)_2SO_4$ nach Inventa in NH_3 und SO_2 oder nach DSM bei 1000 °C zu N_2 und SO_2. Das SO_2 ließe sich nach dem Raschig-Verfahren wieder zur Hydroxylaminherstellung verwenden.

Rückführung von H_2SO_4 in Form von SO_2 aus $(NH_4)_2SO_4$-Pyrolyse (Inventa, DSM)

Eine überraschend einfache Herstellung von Cyclohexanonoxim/ε-Caprolactam wurde von Allied vorgestellt. Danach lässt sich Cyclohexanon mit NH_3 oxidativ an einem amorphen Silicagel großer Oberfläche oder auch an Ga_2O_3 bei etwa 200 °C und 10 bar mit einem Umsatz von etwa 50 % in ein Gemisch aus Oxim und Lactam mit bis zu 68 % Selektivität überführen:

Einstufen-Herstellung Cyclohexanonoxim/ε-Caprolactam aus Cyclohexanon (Allied) durch oxidative Oximierung mit Ammoniak

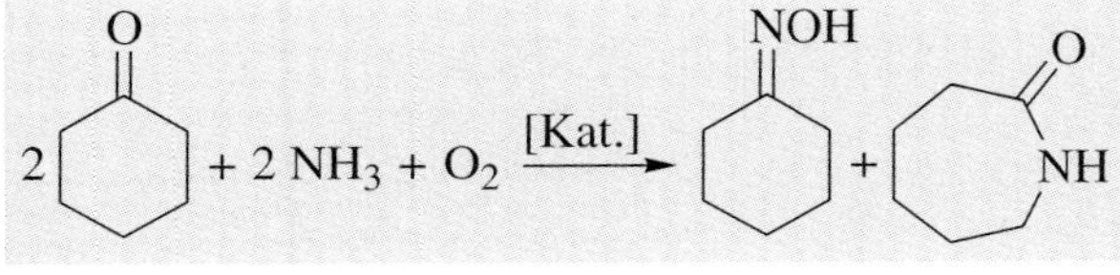

(33)

Mit einer anschließenden sauer katalysierten Beckmann-Umlagerung des Oximanteils wäre damit eine Route gefunden, die sich durch eine geringe Zahl an Reaktionsstufen ohne Salzanfall auszeichnet. Eine praktische Bewährung steht noch aus.

Das Prinzip der oxidativen Cyclohexanon/NH_3-Reaktion zum Cyclohexanonoxim wurde ebenfalls von Montedison ausgearbeitet. Die Oxidation erfolgt mit H_2O_2 in der Flüssigphase in Gegenwart eines TiO_2/SiO_2-Katalysators (auf Zeolithbasis) bei 40–90 °C und Normaldruck mit Umsätzen >95 % und Selektivitäten >99 % (Cyclohexanon, H_2O_2). Das Verfahren wurde von EniChem weiterentwickelt und mit einer von Sumitomo ausgearbeiteten Beckmann-Umlagerung in der Gasphase kombiniert. Eine 65 000-jato-Anlage wurde 2003 in Japan in Betrieb genommen.

Oxidative Cyclohexanoximierung mit H_2O_2/NH_3 (Montedison) mit erster technischer Nutzung von EniChem (1994)

Ein Vergleich der Herstellkosten für das Caprolactam nach den zwei wichtigsten modernen Verfahren ergab, dass das DSM/Stamicarbon-Verfahren vor der klassischen Route (z. B. nach BASF) die bisher günstigsten Produktionskosten aufweist. 1992 basierte nahezu ein Drittel der weltweiten Caprolactamkapazität auf dem DSM-Verfahren, das 2003 eine Kapazität von 0,49 Mio jato besaß. Die bezüglich der

Kostenvergleich der ε-Caprolactam-Verfahren ergibt:

DSM/Stamicarbon-HPO-Prozess führt zu niedrigsten Herstellkosten

Toray-Photonitrosierung hat niedrige Material-, jedoch hohe Verfahrenskosten

Materialkosten attraktivste Route der Toray ist in ihren Verfahrenskosten, wegen des häufigeren Wechsels der Hg-Lampen sowie des hohen Stromverbrauchs, beträchtlich teurer als die Konkurrenzverfahren.

10.3.1.4 ε-Caprolactam-Verwendung

Caprolactamverwendung:

1. Nylon-6-Herstellung

ε-Caprolactam wird zum überwiegenden Teil für die Nylon-6-Herstellung eingesetzt. Nylon 6 ist das Ausgangsmaterial für Fasern mit vielfältigen Anwendungen, z. B. auf dem Textilgebiet und dem technischen Sektor.

2. Ausgangsprodukt für N-Methyl-ε-caprolactam, als aprotisches Lösemittel für Stofftrennprozesse mit technischem Einsatz

Ein thermisch und chemisch stabiles Folgeprodukt des ε-Caprolactams ist das N-Methylderivat, das von den Leuna-Werken als Aromatenextraktionsmittel (vgl. Abschn. 12.2.2.2) entwickelt wurde. Es wird durch Gasphasenmethylierung von ε-Caprolactam mit Methanol an einem Al_2O_3-Katalysator bei etwa 350 °C unter Normaldruck erhalten:

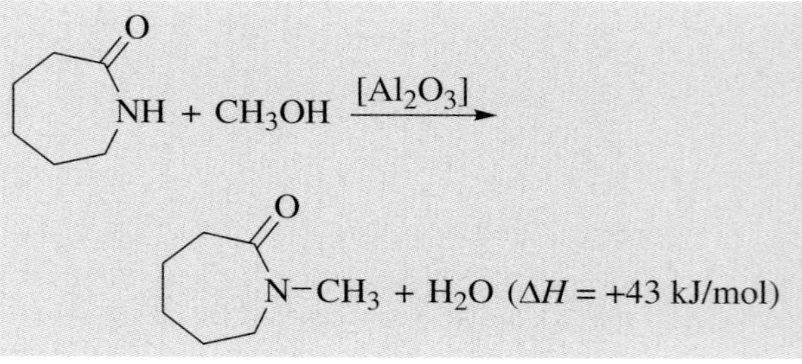

(34)

Eine technische Produktion wurde 1977 aufgenommen.

3. Ausgangsprodukt für Hexamethylenimin, als technisch genutztes Zwischenprodukt

ε-Caprolactam findet eine weitere Verwendung nach einem Verfahren von Mitsubishi Chem. zur Herstellung von Hexamethylenimin durch selektive Hydrierung in Gegenwart von Co-Katalysatoren:

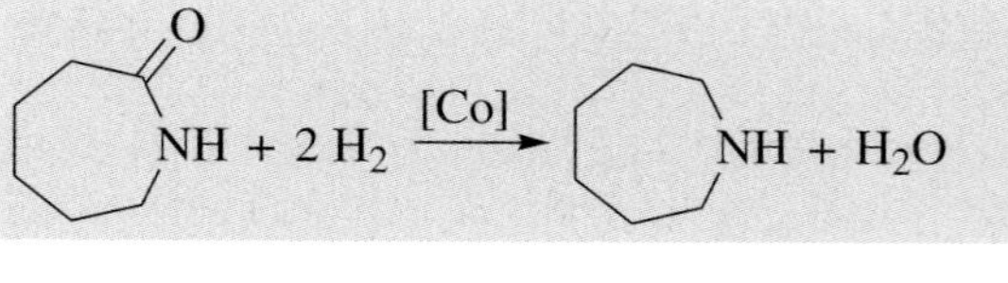

(35)

Genaue Versuchsbedingungen und Ausbeuten wurden bisher nicht publiziert.

Eine technische Anlage wurde 1982 in Betrieb genommen. Hexamethylenimin ist ein Zwischenprodukt u. a. für Pharmaka und Pflanzenschutzmittel.

4. Ausgangsprodukt für L-Lysin zeitweilig technisch genutzt von DuPont

Eine Zeitlang wurde ε-Caprolactam auch als Zwischenprodukt zur Herstellung von L-Lysin verwendet, einer essentiellen Aminosäure, die vom menschlichen und tierischen Organismus nicht synthetisierbar ist.

Lysin als α,ε-Diaminocapronsäure entsteht durch Einführung einer NH_2-Gruppe in die α-Stellung der ε-Aminocapronsäure bzw. deren cyclischen Amids, des ε-Caprolactams:

Lysinherstellung in mehreren Stufen (z. B. aus ε-Aminocapronsäure):

1. Schutz der NH_2-Gruppe durch Benzoylierung
2. α-Bromierung
3. Substitution von Br durch NH_2
4. Hydrolyse

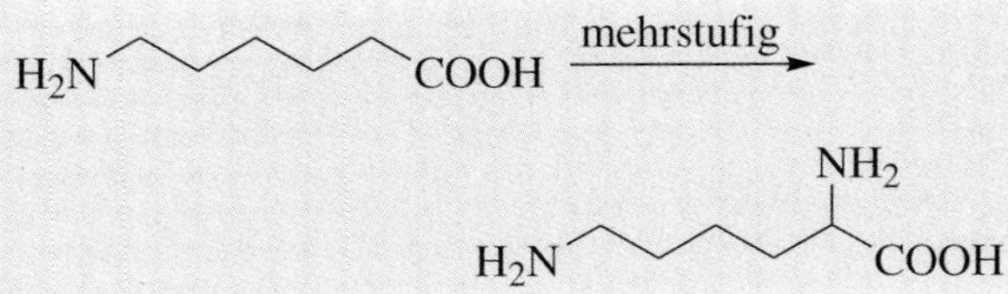

(36)

Dies geschieht, nachdem die freie NH_2-Gruppe geschützt wurde, in mehreren Stufen durch Halogenieren und Halogenaustausch mit NH_3.

Diese historische Route wurde vielfältig abgewandelt, z. B. hinsichtlich der Einführung der α-NH_2-Gruppe in Form einer Nitro- oder Azidogruppe. Keiner dieser Prozesse hat heute eine technische Anwendung.

Auch eine weitere Syntheseroute für Lysin, die auf der Addition von Acetaldehyd an Acrylnitril als dem ersten Schritt eines mehrstufigen Verfahrens von Stamicarbon beruhte, wurde aus Kostengründen technisch nicht genutzt.

Lysinherstellung nach DSM-Verfahren, mit Cyanethylierung von CH_3CHO als 1. Stufe, technisch ohne Anwendung

Das bei allen Synthesen anfallende DL-Gemisch muss anschließend in die optischen Antipoden getrennt werden, da nur das L-Lysin mit der natürlich vorkommenden Aminosäure identisch und physiologisch verwertbar ist. Darum und wegen z. T. aufwendiger chemischer Verfahren für das Lysinracemat erwiesen sich die enzymatischen Prozesse als überlegen.

L-Lysin-Abtrennung aus Racemat, z. B. durch Salzbildung mit L-Pyrrolidoncarbonsäure

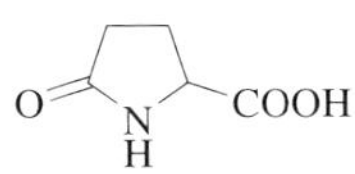

D-Form wird anschließend racemisiert

Als einen Übergang dazu kann der kombinierte chemische und mikrobiologische Weg von Toray angesehen werden, der in Japan in einer 4000-jato-Anlage genutzt wird. DL-α-Amino-ε-caprolactam, aus der mehrstufigen Umsetzung von Cyclohexen mit Nitrosylchlorid, wird als Ausgangssubstanz für die anschließende Hydrolyse an einer immobilisierten L-Hydrolase verwendet. Das nicht hydrolysierte D-α-Amino-ε-caprolactam wird an einer gleichzeitig fixierten Racemase racemisiert und steht damit schließlich auch für die enzymatische Hydrolyse zur Verfügung.

L-Lysin-Herstellung nach Toray durch Synthese der Lysinvorstufe

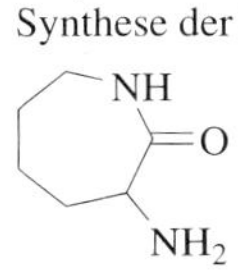

mit anschließender Kombination von enantioselektiver enzymkatalysierter Hydrolyse und Racemisierung

L-Lysin wird gegenwärtig vorzugsweise durch Fermentationsverfahren, z. B. auf der Basis von Zuckermelasse, hergestellt. Zu den ersten und größten Produzenten gehören

Technische L-Lysin-Herstellung durch Fermentation mit Schwerpunkt in Japan und Südostasien

Ajinomoto und Kyowa Hakko in Japan und seit wenigen Jahren auch in Frankreich und USA sowie jetzt auch Degussa-Hüls und BASF. Die weltweite Herstellkapazität für L-Lysin betrug 2001 etwa 752000 jato; davon entfielen auf USA und Westeuropa 265000 bzw. 90000 jato.

Verwendung für L-Lysin:

als essentielle Aminosäure zur Supplementierung von speziellen Nahrungsmitteln und von Tierfutter

Synthetisches L-Lysin dient zur Supplementierung von Nahrungsmitteln, wie z. B. Mais, Reis und einigen Getreidesorten, die einen Lysinmangel und damit einen begrenzten biologischen Wert aufweisen, sowie auch in der Tierernährung, besonders bei fehlendem Zusatz von Soja- oder Fischmehl. Der weltweite Lysinbedarf betrug 1998 etwa 350000 jato.

10.3.2 Laurinlactam

Laurinlactamherstellung:

1. Cyclododecanonoxim-Route analog Caprolactam
2. Nitrosylchlorid-Route ohne Analogon beim Caprolactam
3. Nitrosylschwefelsäure-Route analog Snia Viscosa-Verfahren

Laurinlactam, als das Monomere für Nylon 12, kann analog dem Caprolactam durch eine Oximumlagerung hergestellt werden. Dazu wird zunächst das Gemisch aus Cyclododecanol und Cyclododecanon, wie es auch für die 1,12-Dodecandisäure-Herstellung verwendet wird (vgl. Abschn. 10.1.2), in der Flüssigphase bei 230–245 °C unter Atmosphärendruck an einem Cu/Al_2O_3- oder Cu/Cr-Katalysator mit praktisch quantitativer Ausbeute zum Cyclododecanon dehydriert:

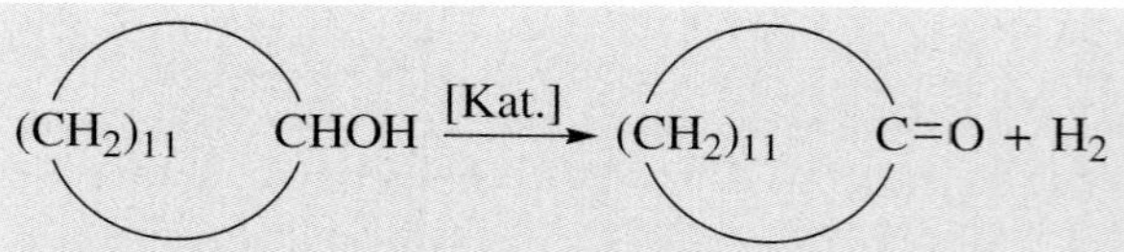

(37)

(ΔH = +75 kJ/mol)

Verfahrensprinzip der Oxim-Route:

Cyclododecanon/NH_2OH-Umsetzung zum Oxim und sauer katalysierte Beckmann-Umlagerung

Das Cyclododecanon wird oximiert und in Oleum bei 100 bis 130 °C umgelagert:

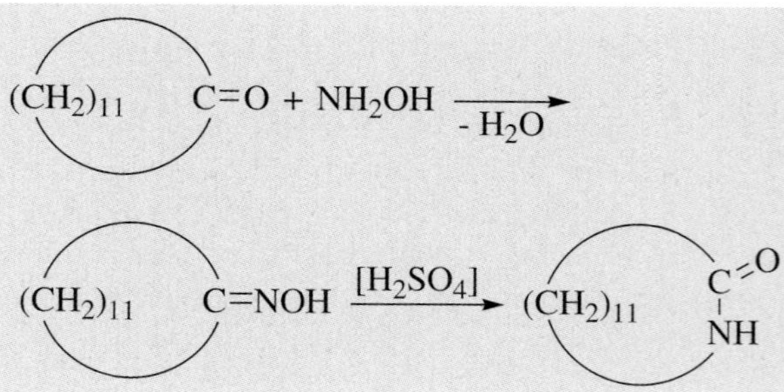

(38)

Technologische Vorteile gegenüber Cyclohexanonoxim-Umlagerung:

Laurinlactam in H_2O unlöslich, darum vereinfachte Isolierung durch Kristallabtrennung

Da Laurinlactam wasserunlöslich ist, kann man die Neutralisation einsparen und durch Verdünnen mit H_2O direkt das Lactam abtrennen.

Alle drei Verfahrensschritte ergeben Umsätze von 95–100 % mit Selektivitäten von über 98 %. Technische Verfahren werden bei Hüls und Nikon Rilsan durchgeführt.

Eine zweite Route zum Laurinlactam bzw. seiner Oximvorstufe besteht in der photochemisch initiierten Umsetzung von NOCl (vgl. Photonitrosierung des Cyclohexans, Abschn. 10.3.1.1) bei 70 °C mit Cyclododecan, das technisch leicht durch Trimerisierung von Butadien zum Cyclododecatrien mit nachfolgender Hydrierung zugänglich ist:

Verfahrensprinzip der NOCl-Route:

1. Hydrierung von Cyclododeca-1,5,9-trien
2. Photonitrosierung (Photooximierung) von Cyclododecan
3. Beckmann-Umlagerung

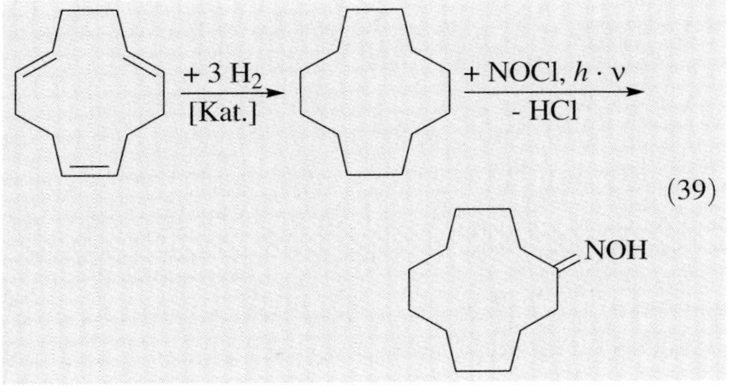

(39)

Der Umsatz erreicht fast 70 %, die Selektivität 88 %.

Dieses Verfahren wird in Frankreich von der Aquitaine-Organico (ATO) in einer 8000-jato-Anlage durchgeführt.

Auch die beim Caprolactam benutzte Herstellung nach Snia Viscosa ist auf die Umsetzung der Cyclododecancarbonsäure mit Nitrosylschwefelsäure anwendbar. Es entsteht dabei direkt das Laurinlactam:

Verfahrensprinzip der $NOHSO_4$-Route:

einstufige Lactambildung aus Cyclododecancarbonsäure + $NOHSO_4$

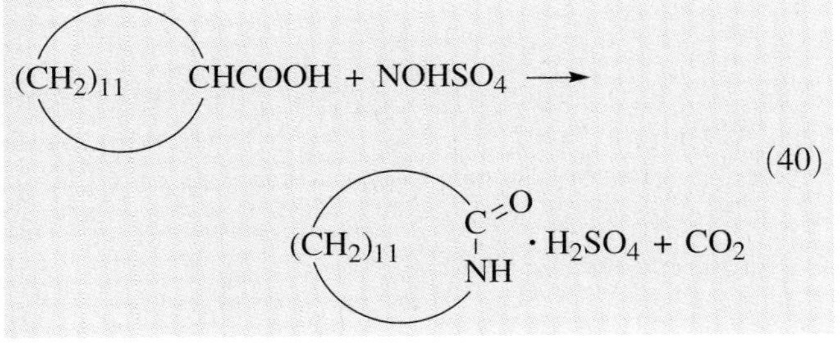

(40)

Die Cyclododecancarbonsäure kann in einer technisch ausgearbeiteten Carbonylierung des Cyclododeca-1,5,9-triens in Gegenwart von Palladiumkatalysatoren mit Phosphinmodifizierung über die Stufe des Diencarbonsäureesters erhalten werden. Sie ist auch aus Cyclododecen durch Hydroformylierung über die Formylverbindung zugänglich.

Einsatzprodukt Cyclododecancarbonsäure nach zwei Verfahren:

1. Carbonylierung über

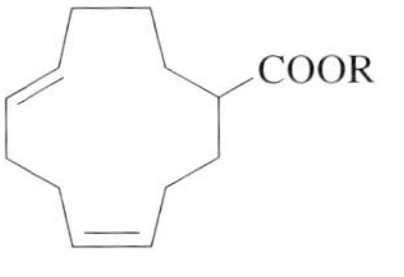

2. Hydroformylierung über

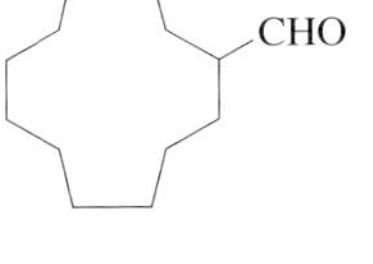

Herstellung von ω-Aminododecansäure als alternatives Monomeres für Nylon 12 nach Ube aus Cyclohexanon

Eine neuere Verfahrensroute basiert auf ersten Untersuchungen der BP und einer Weiterentwicklung von Ube Industries. Danach wird Cyclohexanon in Gegenwart von NH_3 in einer katalysierten Peroxidation zum 1,1′-Peroxydicyclohexylamin umgesetzt:

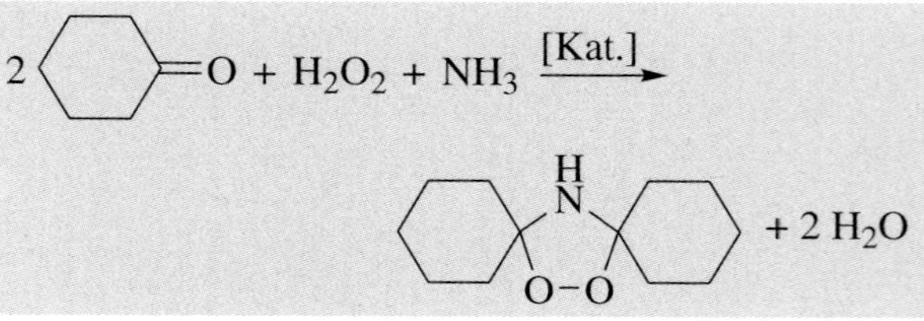

(41)

Verfahrensprinzip der Ube-Route:

1. katalysierte aminierende Peroxidation von Cyclohexanon
2. Thermolyse zur 11-Cyanundecansäure
3. katalysierte Hydrierung zur 12-Aminododecansäure

Das Reaktionsprodukt wird als ölige Phase aus dem zweiphasigen Gemisch abgetrennt, gewaschen und in dem Pyrolysereaktor in Anwesenheit von Wasserdampf zur ω-Cyanundecansäure gespalten. Als Nebenprodukte bilden sich ε-Caprolactam und Cyclohexanon. Die gereinigte kristalline ω-Cyanundecansäure wird in einem Lösemittel katalytisch zur ω-Aminododecansäure hydriert, die anschließend durch Kristallisation gereinigt wird:

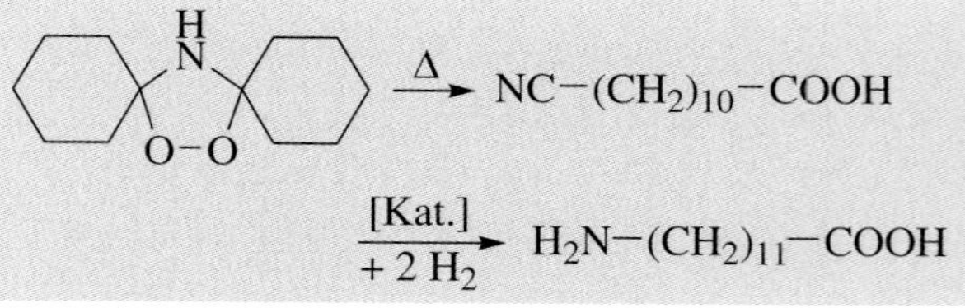

(42)

Weitere Einzelheiten zum Verfahren sind bisher nicht publiziert worden.

Ube betreibt eine inzwischen auf 3000 jato vergrößerte Anlage.

Nylon 12 zeichnet sich bei vergleichbaren mechanischen Eigenschaften wie Nylon 6 oder Nylon 6.6 durch geringere Dichte, niederen Erweichungspunkt und höhere Formstabilität aus. Es findet als thermoplastischer Kunststoff Einsatz für Spritzguss und Extrusion.

11 Umsetzungsprodukte des Propens

Propen ist nach dem Ethylen der zweitwichtigste Rohstoff für organische Folgeprodukte, von dem in Westeuropa und USA etwa gleiche Mengen in die weitere chemische Veredlung eingesetzt werden (vgl. Tabelle 11-1). Auch die Aufschlüsselung der Propenverwendung ist größenordnungsmäßig ähnlich, wenn man von dem stärker differierenden Anteil für die Hydroformylierung (Oxoprodukte) in der Bundesrepublik Deutschland absieht.

Schwerpunkte der Propenveredlung liegen bei Polypropen und Acrylnitril für Polyacrylnitril:

größter Unterschied in der Verbrauchsstruktur: hoher Anteil an Hydroformylierungsprodukten in Westeuropa, besonders in der BRD

Daneben wird Propen für nichtchemische Zwecke, z. B. für Alkylat- und Polymerisatbenzin sowie in technischen Gasen, genutzt.

Tabelle 11-1. Propenverwendung (in Gew.-%).

Produkt	Welt		USA		Westeuropa		Japan		BRD	
	1988	2000	1986	1999	1986	1999	1985	1999	1986	1999
Polypropen	41	57	35	39	36	52	45	51	17	31
Acrylnitril	16	11	16	14	17	10	20	16	18	11
Propylenoxid	9	7	11	11	11	10	7	5	18	17
Isopropanol	6	3	6	7	6	3	3	2	6	3
Cumol	8	6	9	10	8	7	5	7	7	8
Oxoprodukte	11	8	7	8	12	8	11	8	28	21
Oligomere	6	3	8	5	5	6	} 9	1	3	3
Verschiedenes	3	5	8	6	5	4		10	3	6
Gesamtverbrauch (in Mio t)	28,0	51,2	7,4	13,5	7,5	13,9	2,9	4,9	2,4	4,0

Zu den Oxoprodukten zählen Butyraldehyd, Isobutyraldehyd, Butanol, Isobutanol und 2-Ethylhexanol. Oligomere sind vor allem Nonene, Dodecene und Heptene.

Unter „Verschiedenes“ ordnen sich zahlreiche kleinere Produkte ein, wie z. B. Acrylsäure und -ester, Acrolein, Allylchlorid, Epichlorhydrin, Allylalkohol und Glycerin.

Das Bild der relativen Propenverwendung hat sich besonders beim Polypropen verändert; sein Anteil hat über das vergangene Jahrzehnt stetig zugenommen und bei einem weltweiten Gesamtverbrauch von etwa 51 Mio t Propen im Jahr 2000 sogar den vorhergesagten Polypropenanteil von etwa 55 % mit 57 % übertroffen.

stärkstes Wachstum in allen Ländern beim Polypropen

Industrielle Organische Chemie: Bedeutende Vor- und Zwischenprodukte, 6. Auflage, Hans-Jürgen Arpe

ISBN: 978-3-527-31540-6

11.1 Oxidationsprodukte des Propens

11.1.1 Propylenoxid

Propylenoxid (PO) ist ähnlich wie Ethylenoxid eine bedeutende Schlüsselsubstanz

Zahl der PO-Folgeprodukte wird zusätzlich erhöht; denn unsymmetrische Epoxide wie PO ergeben im Gegensatz zu EO nach Ringöffnung Isomere

Obwohl Propylenoxid nicht die Reaktionsfähigkeit des Ethylenoxids erreicht, so baut sich doch auf ihm eine ähnlich vielgestaltige und sich stark ausweitende Chemie auf. Die Produktionszahlen für Propylenoxid in einigen Ländern sind der nebenstehenden Tabelle zu entnehmen.

Propylenoxidproduktion (in 1000 t)

	1992	1995	1998
USA	1225	1814	1766
WE	1221	1394	1551
BRD	561	684	711
Japan	323	333	328

Die weltweite Herstellkapazität für Propylenoxid betrug 2004 etwa 6,7 Mio jato; davon entfielen auf USA, Westeuropa, die Bundesrepublik Deutschland und Japan etwa 2,7, 2,3, 0,88 bzw. 0,49 Mio jato. Die weltgrößten Hersteller sind Lyondell (früher Arco) und Dow.

Propylenoxid-Herstellrouten:

da Propen bisher nur unselektiv zu PO oxidierbar ist, gibt es nur folgende Herstellwege:

1. Chlorhydrinverfahren
2. indirektes Oxidationsverfahren (gekoppelte Oxidation)

Alle Bemühungen der vergangenen Jahre, das Propylenoxid analog zum Ethylenoxid durch direkte Oxidation seines Ausgangsolefins herzustellen, konnten bisher technisch nicht realisiert werden. Der Wasserstoff der allylständigen Methylgruppe unterliegt bevorzugt der Oxidation, so dass überwiegend Acrolein entsteht und damit nur eine geringe Epoxidselektivität bei einem wirtschaftlichen Propenumsatz zu erhalten ist. Gleichzeitig kompliziert auch die Vielzahl der sauerstoffhaltigen C_1-, C_2- und C_3-Nebenprodukte die Aufarbeitung des Reaktionsgemisches und die Feinreinigung des Propylenoxids.

Bedeutung des Chlorhydrinverfahrens:

PO-Kapazitätsanteil (in Gew.-%)

	1976	1980	1999
USA	60	56	43
Japan	61	66	52
WE	82	69	46

Darum kann sich das für Ethylenoxid nicht mehr wirtschaftliche Chlorhydrinverfahren für Propylenoxid – wenn auch stark bedrängt durch andere Verfahren der indirekten Oxidation mit Hydroperoxiden – noch behaupten. So betrug 1996 der Anteil der Herstellkapazität für Propylenoxid nach dem Chlorhydrinverfahren weltweit etwa 49 %. Der übrige Anteil basiert auf den Verfahren der indirekten Oxidation mit Hydroperoxiden. Eine Länderaufschlüsselung ist der nebenstehenden Tabelle zu entnehmen. Der weltweit größte Propylenoxid-Hersteller auf Basis des Chlorhydrinverfahrens ist Dow.

11.1.1.1 Propylenoxid nach dem Chlorhydrinverfahren

Chlorhydrinverfahren im Prinzip zweistufig:

1. HOCl-Addition
2. HCl-Abspaltung

Die starke Zunahme der Propylenoxiderzeugung wurde dadurch begünstigt, dass die Ethylenchlorhydrin-Anlagen in den sechziger Jahren wegen unrentabler Produktion frei wurden. Nach nur geringfügigen Änderungen konnte in ihnen Propylenoxid hergestellt werden.

In Analogie zum Ethylenoxid wird Propen bei 35–50 °C und 2–3 bar in Reaktionstürmen zunächst mit einer wässrigen Lösung von Chlor umgesetzt, in der sich ein Gleichgewichtsgemisch aus HCl und HOCl gebildet hat. Das entstehende 4–6-proz. Gemisch von α- und β-Chlorhydrin (im Verhältnis 9:1) wird dann ohne Zwischenisolierung mit einem Überschuss an Alkali, z. B. mit 10-proz. Kalkmilch oder in einigen Verfahren auch mit verdünnter Natronlauge aus einer NaCl-Elektrolyse, bei 25 °C zu Propylenoxid dehydrochloriert:

Kennzeichen der Chlorhydrinbildung:

Cl^+ aus HOCl addiert sich vorzugsweise an terminales C der Doppelbindung

Einstellung des Gleichgewichtes $Cl_2 + H_2O \rightleftharpoons HOCl + HCl$ erforderlich, da sonst Cl_2 an Propen zu $CH_3CHCl\text{-}CH_2Cl$ addiert wird

Zusatz von Fe^{3+} oder Cu^{2+} unterdrückt Cl_2-Addition

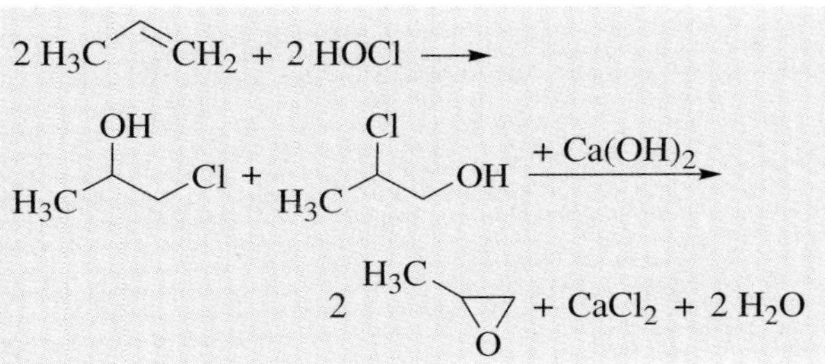

(1)

Kennzeichen der Epoxidbildung:

$Ca(OH)_2$ mit zwei Funktionen:

1. Neutralisation von HCl
2. Dehydrochlorierung

Das Propylenoxid wird schnell durch direkten Dampf aus dem Reaktionsgemisch ausgetrieben, um seine Hydratisierung zu vermeiden, und dann destillativ gereinigt. Die Selektivität erreicht 87–90% (C_3H_6). Als Nebenprodukte bilden sich überwiegend 1,2-Dichlorpropan mit 6–9% und Bischlordiisopropylether mit 1–3% Selektivität.

Der totale Chlorverlust in Form wertloser $CaCl_2$- bzw. NaCl-Lösungen hat frühzeitig zur Suche nach einer Chlorrückführung oder nach chlorfreien Oxidationssystemen geführt. Anstelle des anorganischen Oxidationsmittels HOCl wurden organische Verbindungen zur Übertragung von O auf Propen ausgewählt (vgl. Abschn. 11.1.1.3).

Totaler Cl_2-Verlust als $CaCl_2$ sowie als Nebenprodukte $CH_3CHClCH_2Cl$ und

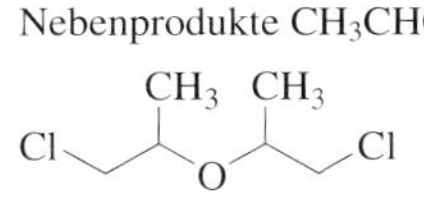

pro Tonne PO entstehen ca. 40 t wässrige Salzlösung mit 5–6 Gew.-% $CaCl_2$ und 0,1 Gew.-% $Ca(OH)_2$

11.1.1.2 Indirekte Oxidationsverfahren zu Propylenoxid

Die indirekte Epoxidation des Propens beruht auf der Beobachtung, dass organische Peroxide wie Hydroperoxide oder Peroxycarbonsäuren in flüssiger Phase ihren Peroxidsauerstoff selektiv auf Olefine unter Bildung von Epoxiden übertragen können. Die Hydroperoxide gehen dabei in Alkohole, die Peroxysäuren in Säuren über (vgl. Tabelle 11-2):

Prinzip der indirekten Propenepoxidation:

radikale Oxidation einer organischen, Peroxid liefernden Komponente, die peroxidischen Sauerstoff in homogen katalysierter Flüssigphasenreaktion auf Propen übertragen kann

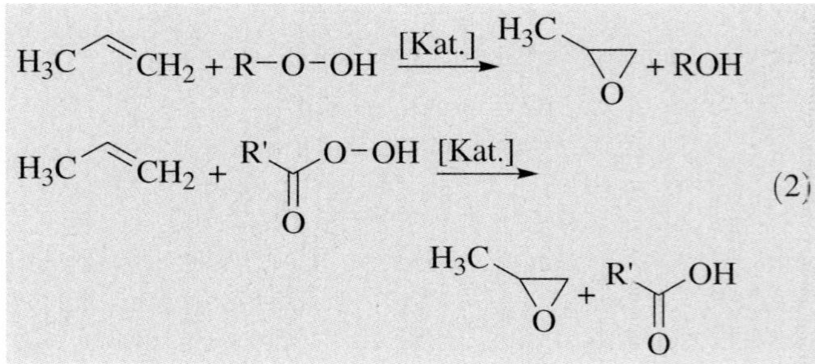

(2)

Verfahrensvarianten der indirekten Propenepoxidation:

1. zweistufige Reaktion, d. h. Autoxidation zum Peroxid und anschließende Epoxidation zum Epoxid
2. einstufige Reaktion, d. h. Cooxidation mit intermediärer Peroxidbildung und simultaner Epoxidation

Die Epoxidation ist prinzipiell auf zwei verschiedenen Wegen zu erreichen; man kann in einer Vorreaktion ein Hydroperoxid bzw. eine Peroxycarbonsäure zumeist in höherer Konzentration durch Autoxidation mit Luft oder O_2 erzeugen, die dann in einer zweiten Stufe ihren Sauerstoff übertragen. Man kann auch durch Cooxidation von Propen mit einem Peroxidbildner in situ ein Hydroperoxid bzw. eine Peroxycarbonsäure herstellen, die simultan das Propen epoxidieren. Die erstgenannte Methode hat sich in der Technik bevorzugt durchgesetzt.

In Tabelle 11-2 sind solche Hydroperoxid bzw. Peroxycarbonsäuren liefernde Substanzen, ihre Oxidationsprodukte und die daraus herstellbaren Folgeprodukte aufgeführt, die für eine wirtschaftliche Nutzung der Cooxidate in Frage kommen.

Tabelle 11-2. Hilfssysteme zur Hydroperoxidbildung.

Einsatzsubstanz	Peroxidisches Agens	Cooxidat*)	Folgeprodukt*)
Acetaldehyd	AcOOH oder 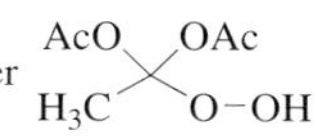	Essigsäure oder Acetanhydrid	–
Isobutan	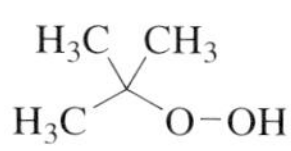	tert.-Butanol	Isobuten, MIBK oder Methacrylsäure
Isopentan	$C_5H_{11}-O-OH$	Isopentanol	Isopenten und Isopren
Cyclohexan	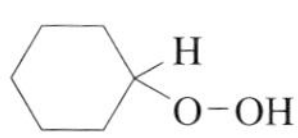	Cyclohexanol/on	–
Ethylbenzol	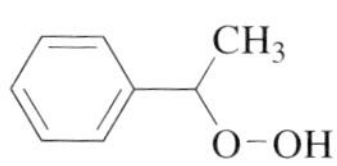	Methylphenylcarbinol	Styrol
Cumol	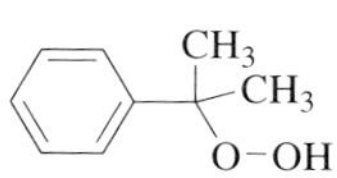	Dimethylphenylmethanol	α-Methylstyrol

*) zur Rückführung oder technischen Nutzung

Das ursprünglich von Halcon und Atlantic Richfield unabhängig voneinander entwickelte Verfahren wird heute nach Kooperation beider Firmen als Oxirane-Prozess bezeichnet. Etwa 40 % der Weltkapazität für Propylenoxid beruhen derzeit auf diesem Verfahren. In USA stieg der Anteil der Oxirane-Herstellroute noch steiler von 9 % 1970 auf mehr als 47 % gegen Ende 1991 an. Ein weiteres Verfahren mit Isobutan als Hilfssubstanz wurde von Texaco entwickelt.

Technisch bedeutendstes Beispiel für Zweistufenepoxidation mit Hydroperoxid:

Oxirane-Prozess der Atlantic Richfield/ Halcon (heute Arco) mit wahlweise zwei Hilfssubstanzen:

1. Isobutan
2. Ethylbenzol

Die Peroxidation kann mit Isobutan oder mit Ethylbenzol durchgeführt werden. Allerdings sind in einer bestimmten Anlage Isobutan und Ethylbenzol wegen unterschiedlicher Reaktionsbedingungen und Nebenprodukte nicht mehr ohne weiteres austauschbar. Weltweit beruhten 1998 etwa 61 % der Peroxidations-Anlagenkapazität für Propylenoxid auf Isobutan und 39 % auf Ethylbenzol.

In einem Peroxidationsreaktor wird der Kohlenwasserstoff mit Luft oder O_2 in der Flüssigphase unter möglichst schonenden Bedingungen (z. B. 120–140 °C und etwa 35 bar) und in Gegenwart eines Initiators so oxidiert, dass ein maximales Verhältnis von Hydroperoxid zu dem durch Selbstzerfall daraus gebildeten Alkohol entsteht. Mit Isobutan als Einsatzprodukt wird z. B. der Umsatz auf etwa 35–40 % (Arco) bzw. 45–50 % (Texaco) begrenzt; die Selektivität zum tert.-Butylhydroperoxid erreicht dann ca. 50–60 %. Nebenprodukte sind tert.-Butanol und Aceton. Beim Ethylbenzol erreicht die Selektivität zum Hydroperoxid etwa 87 % bei einem Ethylbenzolumsatz von 15–17 %. Nebenprodukte sind hier 1-Phenylethanol und Acetophenon.

Kennzeichen des Zweistufenprozesses mit Hydroperoxid:

1. schonende Voroxidation im Peroxidations-Glockenbodenreaktor, um hohes Verhältnis von Hydroperoxid/Alkohol zu erhalten
2. katalysierte Epoxidation über Metall-Peroxy-Verbindungen im Rührreaktor

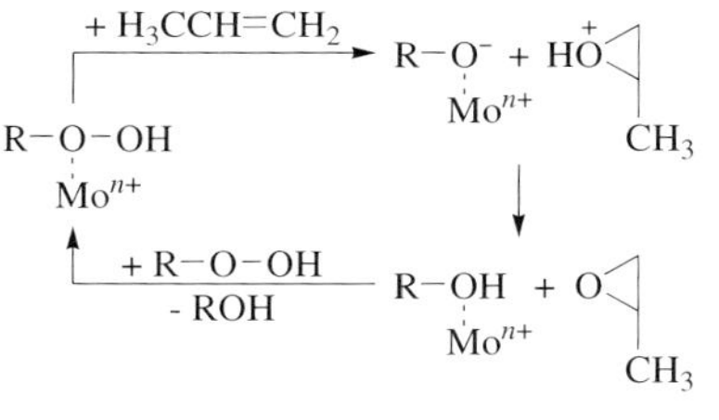

Dieses Rohprodukt epoxidiert dann direkt oder eventuell nach Anreicherung des Hydroperoxids durch Abdestillieren des nicht umgesetzten Kohlenwasserstoffs das Propen in einem zweiten Reaktor in der Flüssigphase, z. B. in tert.-Butanol als Lösemittel, und in Gegenwart eines Katalysators zumeist auf Mo-Basis bei 90–130 °C und 15–65 bar zu Propylenoxid:

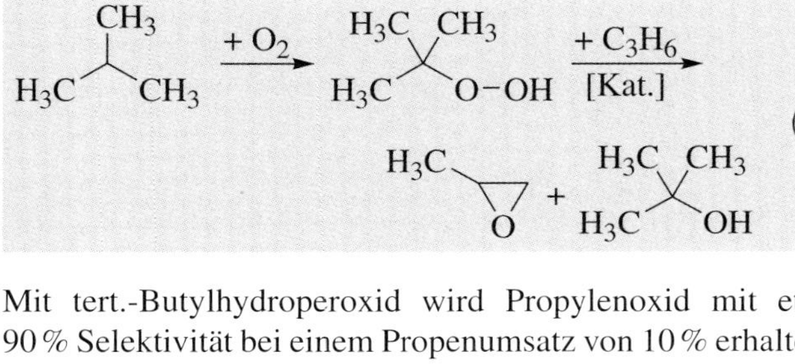

(3)

Mit tert.-Butylhydroperoxid wird Propylenoxid mit etwa 90 % Selektivität bei einem Propenumsatz von 10 % erhalten.

Als Epoxidationskatalysatoren werden zumeist kohlenwasserstofflösliche Mo-, V-, Ti- und weitere Schwermetallverbindungen oder -komplexe, z. B. Naphthenate, verwendet.

Verwendung der zumeist in überstöchiometrischer Menge gebildeten Cooxidate:

$(CH_3)_3COH$:

1. direkte Verwendung
2. $\xrightarrow{-H_2O}$ Isobuten
3. $\xrightarrow[+H_2]{-H_2O}$ Isobutan
4. $\xrightarrow[+O_2]{-H_2O}$ Methacrylsäure

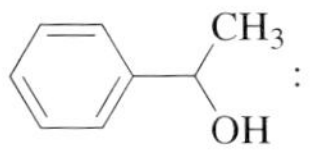

$\xrightarrow{-H_2O}$ Styrol

Die Reaktionsmischung wird destillativ aufgearbeitet. Das neben dem Propylenoxid gebildete tert.-Butanol kann als Treibstoffzusatz zur Enteisung oder zur Erhöhung der Octanzahl direkt verwendet werden, es kann auch durch Dehydratisierung in Isobuten übergeführt werden, das zur Herstellung von z. B. Alkylatbenzin oder Diisobuten dienen kann oder nach Hydrierung in Isobutan rückführbar ist. Neuerdings kann tert.-Butanol nach dem Verfahren von Oxirane oder Mitsubishi Rayon auch in Methacrylsäure übergeführt werden (vgl. Abschn. 11.1.4.2).

Das bei Verwendung von Ethylbenzol parallel entstehende Methylphenylcarbinol wird zu Styrol verarbeitet (vgl. Abschn. 13.1.2). Dazu wird es in der Gasphase bei 180 bis 280 °C drucklos mit 85-proz. Umsatz und 95-proz. Selektivität an TiO_2/Al_2O_3-Katalysatoren dehydratisiert:

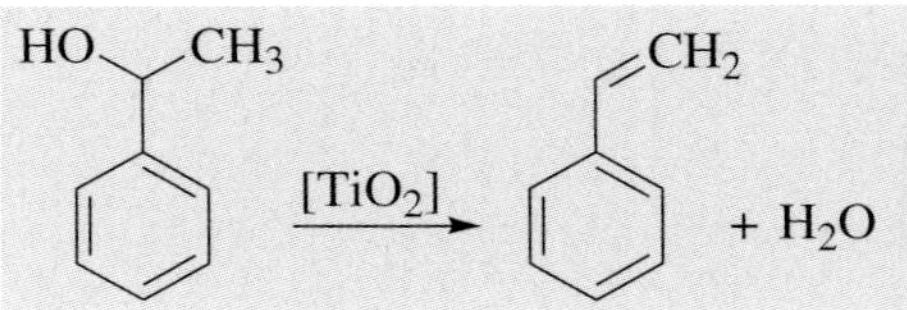

(4)

Verfahrensvariante der Zweistufenepoxidation mit Hydroperoxid:

Shell-Prozess mit heterogenem Trägerkatalysator für die Epoxidationsstufe

Ein neuer Shell-Prozess für Propylenoxid (SMPO = **S**tyrol-**M**onomer-**P**ropylen**o**xid-Verfahren) verläuft dem Oxirane-Prozess weitgehend analog; nur in der Epoxidationsstufe wird anstelle eines homogenen Katalysators ein heterogenes System auf Basis V-, W-, Mo- bzw. Ti-Verbindungen auf SiO_2 als Träger eingesetzt. Eine großtechnische Anlage in Holland zur Erzeugung von 125 000 jato Propylenoxid und 330 000 jato Styrol ist 1978 in Betrieb gegangen und inzwischen in der Herstellkapazität mehrfach erweitert worden.

Technisch verwendete Peroxycarbonsäuren:

Peressigsäure, alternativ in Zweistufen- oder Einstufenroute mit bevorzugter Bedeutung für Propenepoxidation

Technisch überprüfte Peroxycarbonsäuren:

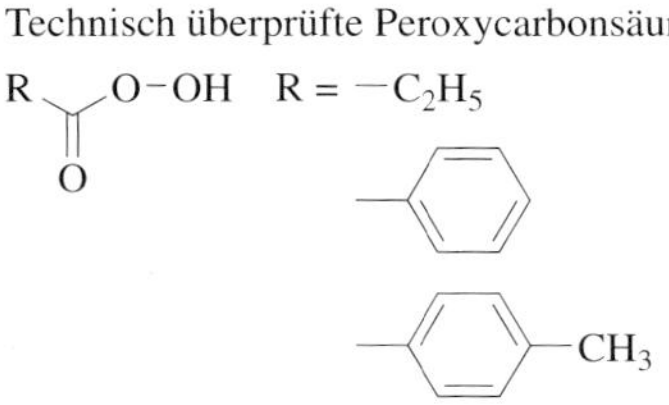

Zur zweiten Gruppe technisch eingesetzter organischer Peroxide für die Epoxidation von Propen gehören die Peroxycarbonsäuren, von denen Peressigsäure zeitweilig eine technische Bedeutung besaß. Einige weitere Peroxycarbonsäuren wurden für den gleichen Einsatz überprüft, so z. B. Perpropionsäure (vgl. Abschn. 11.1.1.3), Perbenzoesäure (Metallgesellschaft) oder Per-p-toluylsäure (Mitsubishi).

Die Methode zur Herstellung der Peressigsäure in einer separaten Vorstufe oder aber in situ stellt gleichzeitig auch die Unterscheidung zwischen dem häufiger angewendeten Zweistufenverfahren und der einstufigen Cooxidation dar.

Im erstgenannten, zweistufigen Verfahren besteht für die Peressigsäureherstellung die Alternative der Acetaldhydoxidation oder der Umsetzung von Essigsäure mit H_2O_2.

Herstellung von Peressigsäure für die Zweistufenepoxidation:

1. Autoxidation von CH_3CHO
2. Umsetzung von AcOH mit H_2O_2

Die Autoxidation von Acetaldehyd mit Sauerstoff zu Peressigsäure wurde schon in Abschnitt 7.4.1.1 beschrieben. Die Herstellung von Peressigsäure aus Essigsäure und H_2O_2 verläuft nach folgender Gleichung:

Verfahrensprinzip zu 1:

unkatalysierte, schonend durchgeführte radikalische Autoxidation über Acetaldehydmonoperacetat

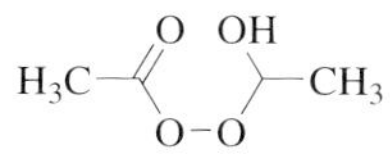

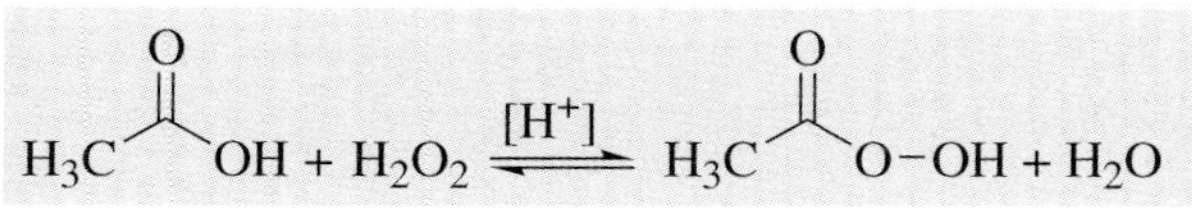

(5)

Die Gleichgewichtseinstellung kann in der Flüssigphase in einem Lösemittel bis zu etwa 40 °C in Gegenwart katalytischer Mengen H_2SO_4 vorgenommen werden. Das Lösemittel, z. B. Methyl- oder Ethylacetat, wird dabei in einer anschließenden Vakuumdestillation gleichzeitig als Schleppmittel zur Wasserentfernung und damit zur Gleichgewichtsverschiebung verwendet. Es sind Ausbeuten von 95 % (AcOH) und 83% (H_2O_2) zu erreichen. Andere Verfahren arbeiten ohne Schleppmittel und destillieren kontinuierlich ein Wasserazeotrop mit 61 % Peressigsäure aus dem Reaktionsgemisch ab.

Verfahrensprinzip zu 2:

sauer katalysierte Acylierung von H_2O_2 mit AcOH zum Monoacylprodukt, d. h. Peressigsäure

Die Epoxidation des Propens erfolgt dann in drei hintereinandergeschalteten Blasensäulenreaktoren zumeist mit der Lösemittel enthaltenden Peressigsäurelösung in der Flüssigphase bei 9–12 bar und 50–80 °C mit einer Propylenoxid-Selektivität von über 90 %. Als Coprodukt bildet sich Essigsäure, die einer weiteren Verwendung zugeführt werden muss.

Verfahrensprinzip der Epoxidationsstufe mit Peroxycarbonsäuren:

katalysierte bzw. unkatalysierte radikalische Sauerstoffübertragung auf Propen unter Bildung von PO und dem Coprodukt Carbonsäure (Prileschajew-Reaktion)

Technisch wurde die Propylenoxid-Herstellung mit Peressigsäure aus Acetaldehyd in einer 12500-jato-Anlage bei Daicel in Japan von 1969 bis 1980 genutzt.

11.1.1.3 Entwicklungsmöglichkeiten der Propylenoxid-Herstellung

Die heutige Situation der Propylenoxid-Herstellung ist gekennzeichnet einerseits bei der Chlorhydrin-Route durch Abwasser- und Nebenproduktprobleme und andererseits bei allen indirekten Epoxidationsverfahren mit Hydroperoxiden bzw. Peroxycarbonsäuren durch die Produktion von Cooxidaten in größerer Menge als das Propylenoxid selbst.

Probleme der bevorzugten PO-Herstellverfahren:

bei der Chlorhydrin-Route gehen pro Kilogramm PO 1,4–1,5 kg Chlor als verdünnte $CaCl_2$-Lösung und 0,1–0,15 kg als Dichlorpropan verloren bei der Epoxidationsroute werden pro Kilogramm PO als Coprodukte gebildet:

2,5 kg Styrol oder
2,1 kg tert.-Butanol oder
1,6 kg Isobuten

PO-Herstellung mit Cl- oder Hydroperoxid-Hilfssystemen kann derzeit noch nicht durch direkte Epoxidation abgelöst werden

klassische und zukünftige Wege erfordern daher weitere Entwicklung

Allerdings zeigen die noch in den letzten Jahren errichteten bzw. erweiterten Anlagen nach dem Chlorhydrinprozess, dass durch weitestgehende Integration von Chlorerzeugung, -verbrauch und -wiedergewinnung eine Rentabilität erreichbar ist. Aber es wird zugleich auch deutlich, dass von den zahlreichen neuen Prozessentwicklungen bisher keine einen wirtschaftlich überzeugenden Status erreicht hat.

Prinzipiell lassen sich die Untersuchungen zu einer verbesserten Propylenoxid-Herstellung den folgenden Zielsetzungen zuordnen:

1. Wirtschaftlichere Varianten des Chlorhydrinprozesses
2. Andere Techniken unter Einsatz peroxidischen Sauerstoffs
3. Direkte Epoxidationsrouten mit Luftsauerstoff
4. Biochemische Wege der Epoxidation

Zu 1

Verbesserung durch internen Cl_2-Kreislauf mithilfe elektrochemischer Chlorhydrinverfahren bisher technisch noch nicht angewendet

Elektrochemische Varianten des Chlorhydrinverfahrens, z. B. von Bayer, Kellogg und BASF, die im Prinzip kein Clor verbrauchen, haben sich technisch bisher nicht durchgesetzt. In einer modifizierten Chloralkalielektrolyse wird aus dem anodisch abgeschiedenen Chlor in situ HOCl gebildet, das mit Propen zu Propylenchlorhydrin reagiert. Dieses setzt sich dann in der Nähe der Kathode bei hoher Hydroxylionen-Konzentration zu Propylenoxid und in den Prozess zurückkehrendes NaCl um, so dass folgende Summengleichung resultiert:

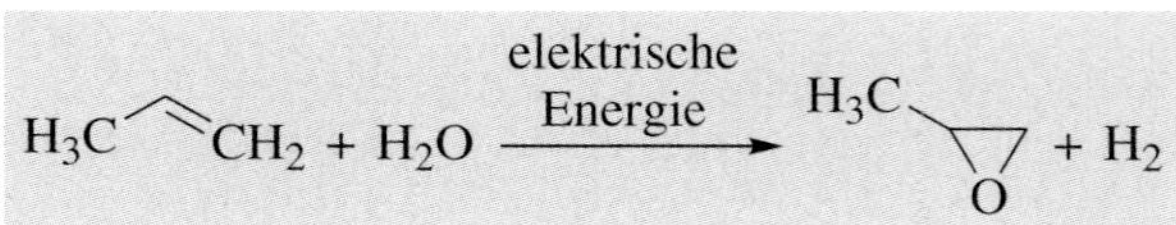

(6)

Nachteile der indirekten elektrochemischen Routen durch hohe Kosten für:

Investitionen
Strom
PO-Isolierung

Die Nachteile dieses Verfahrens liegen in den hohen Kosten für die Investition, den Stromverbrauch und den Energiebedarf zur destillativen Abtrennung von Propylenoxid geringer Konzentration aus der Kathodenflüssigkeit.

Variante des elektrochemischen Chlorhydrinverfahrens durch Einsatz von $(CH_3)_3COH$ als HOCl-Überträger bei geschlossenem NaCl-Kreislauf (Lummus)

Ergänzend wurde von der Lummus Comp. eine neue Variante eines elektrochemischen Chlorhydrinverfahrens entwickelt, die tert.-Butylhypochlorit als HOCl-Überträger für Propen einsetzt. Die Elektrolytlösung der Chloralkalielektrolyse reagiert danach in der ersten Stufe mit tert.-Butanol zu tert.-Butylhypochlorit, das sich aus der möglichst konzentrierten NaCl-Lösung leicht abtrennen lässt.

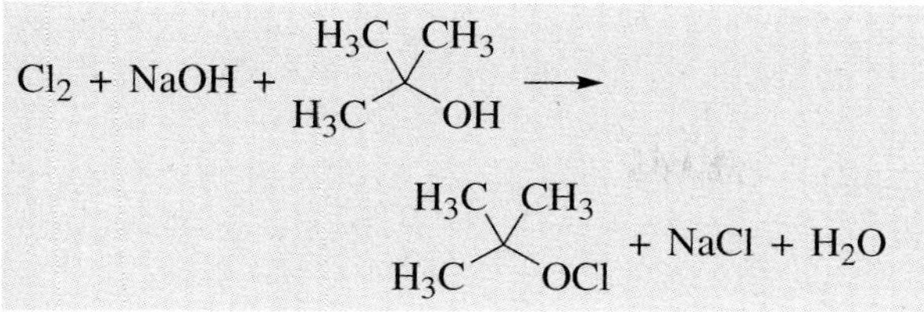

(7)

Die NaCl-Lösung wird nach einer Reinigung in die Elektrolysezelle zurückgeführt und tert.-Butylhypochlorit bildet dann mit Propen und H_2O das Propylenchlorhydrin und tert.-Butanol. Dieses wird abdestilliert und in den Hypochloritgenerator rezirkuliert:

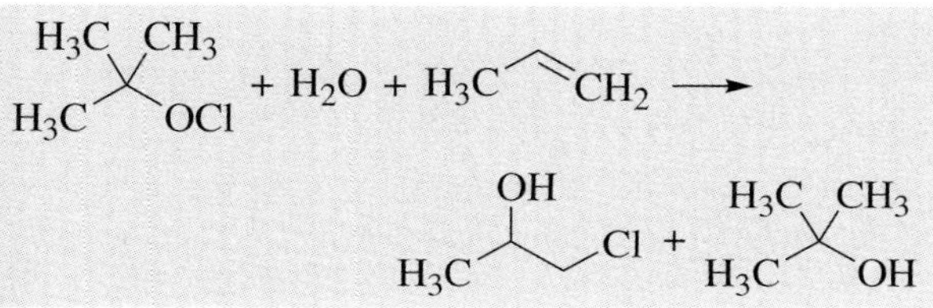

(8)

Propylenchlorhydrin wird schließlich mit der Katholytlösung (NaOH, NaCl) dehydrochloriniert und die gereinigte NaCl-Lösung wird in die Chloralkalielektrolyse zurückgeführt. Die Gesamtausbeute an Propylenoxid soll über 90 % betragen. Als Coprodukt zum Propylenoxid tritt nur Wasserstoff auf, geringe Mengen an Nebenprodukten bilden sich bei der Chlorhydrinreaktion des Propens. Eine technische Anwendung steht noch aus.

Zu 2

Die Belastung der indirekten Epoxidationsverfahren durch große Mengen an Coprodukten kann bei der Propenoxidation mit Percarbonsäuren überwunden werden, die mit H_2O_2 hergestellt werden.

So wird im Bayer/Degussa-Verfahren Perpropionsäure aus der Umsetzung von Propionsäure mit wässrigem H_2O_2 bei 25–45 °C zur Oxidation von Propen bei 60–80 °C und 5 bis 14 bar eingesetzt. Bei praktisch vollständigem Umsatz an Perpropionsäure erreichen die Selektivitäten zum Propylenoxid mehr als 94 % (H_2O_2) und 95–97 % (Propen). Ein wesentliches Kennzeichen dieses Verfahrens ist die Extraktion von Perpropionsäure aus der wässrigen H_2O_2-Lösung mit Benzol oder im Interox-Verfahren (Solvay/Laporte/Carbochimique) mit 1,2-Dichlorpropan.

Verfahrensprinzip der Propenepoxidation mit Perpropionsäure:

verlustarmer Kreislauf von Propionsäure zur selektiven O-Übertragung aus H_2O_2 auf Propen (Bayer/Degussa, Solvay/Laporte/Carbochimique)

Trotz des verlustarmen Propionsäurekreislaufs und der sehr guten Selektivitäten steht der relativ hohe Preis für H_2O_2 einer technischen Nutzung dieses Verfahrens entgegen.

Verfahrensprinzip der Propenepoxidation mit H_2O_2:

direkte, selektiv katalysierte, verfahrenstechnisch einfache Epoxidation mit Coprodukt H_2O (z. B. Ugine Kuhlmann, UCC, EniChem)

Vergleichbare Kostennachteile gelten auch für die Entwicklungen zahlreicher Firmen, die auf einer direkten Propenepoxidation mit H_2O_2 basieren.

So werden für die katalysierte Epoxidation in Lösemitteln besonders Verbindungen von Arsen, Bor oder Molybdän eingesetzt, die Selektivitäten an Propylenoxid bis zu 95 % erreichen lassen. Ugine Kuhlmann entwickelte ein Verfahren mit Metaborsäure, die nach Epoxidation als Orthoborsäure anfällt und durch Dehydratisierung in Metaborsäure zurückgeführt wird. UCC verwendet Arsenoxid ebenfalls in einem Kreislaufverfahren. EniChem hat für die Propenepoxidation mit H_2O_2 einen Titansilicatkatalysator entwickelt.

Degussa-Hüls haben in Kooperation mit Krupp Uhde vor kurzem ebenfalls ohne Einzelinformation von einer direkten Epoxidation von Propen mit H_2O_2 berichtet und eine großtechnische Nutzung angekündigt.

heterogene Ti-katalysierte Epoxidation (Sumitomo)

Das aktuellste neue Herstellverfahren wurde von Sumitomo ausgearbeitet und sollte 2002 in einer 200 000-jato-Anlage in Japan eingesetzt werden. Bisher ist nur bekannt geworden, dass ein auf Titan basierender Festbettkatalysator die Reaktion über ein Propen-Peroxid-Zwischenprodukt führt.

heterogene titansilicatkatalysierte Epoxidation mit hohen Umsätzen (BASF, Dow)

In ähnlicher Weise haben BASF und Dow sich auf breiter Erfahrungsbasis für eine Kooperation zur Epoxidation von Propen mit H_2O_2 in Methanol und einem Titansilicatkatalysator mit praktisch vollständigen Umsätzen beider Komponenten entschlossen und seit 2000 schon eine Pilotanlage betrieben. Der Bau einer kommerziellen Anlage ist für 2007 vorgesehen.

Zu 3

Entwicklungsmöglichkeiten der Propen-Direktoxidation zu PO:

Seltenerdoxid/SiO_2-Katalysator in Aceton suspendiert (GUS)

Die vordringlichste Aufgabe bleibt aber die Entwicklung einer Propen-Direktoxidation mit Sauerstoff, an der vor allem in der GUS, bevorzugt in der Flüssigphase, gearbeitet wurde. Als Katalysator wird z. B. eine Suspension von Seltenerdoxiden auf Silicagel in Aceton verwendet. Bei einem 15-proz. Propenumsatz sollen etwa 89 % Selektivität zu Propylenoxid erreicht werden.

Cr-modifizierter Ag-Katalysator (BP)

BP beschreibt einen Gasphasenprozess mit Cr-modifiziertem Ag-Katalysator, der bei 15-proz. Umsatz an Propen etwa 50 % Selektivität zu PO erreichen lässt.

Rhône-Progil berichtet von einer katalysatorfreien Flüssigphasenoxidation mit simultaner Entfernung gleichzeitig entstehender niederer Carbonsäuren, die sonst zur Selektivitätsverminderung an Propylenoxid führen würden.

katalysatorfreie Flüssigphasenoxidation (Rhône-Progil)

Ein weiteres, homogen wirkendes Katalysatorsystem (u. a. Mo-Verbindungen) für die Flüssigphasenoxidation, z. B. in Chlorbenzol als Lösemittel, beschreibt Jeffersen Chemical. Es soll Selektivitäten von etwa 59 % PO bei 12-proz. Propenumsatz erreichen lassen.

homogen katalysierte Flüssigphasenoxidation (Jeffersen Chemical)

Eine neue Route wird derzeit von Olin in einer Pilotanlage ausgearbeitet. Danach wird die Direktoxidation des Propens von einer Lithiumnitratschmelze katalysiert und bei Umsätzen bis zu 24 % bei 180–250 °C eine Selektivität bis zu 57 % an Propylenoxid erreicht.

$LiNO_3$-Schmelze (+ KNO_3 + $NaNO_3$) als katalytisches System (Olin Corp.)

Zu 4

Die biosynthetische Herstellung von Propylenoxid hat vielfaches Interesse gefunden. Der Cetus-Prozess, als der bekannteste, basiert auf vier getrennten chemischen bzw. enzymkatalysierten Stufen, von denen die erste die enzymatische oxidative Dehydrierung von D-Glucose unter Bildung von H_2O_2 ist. Propen wird dann in Gegenwart von KBr zweistufig an immobilisierten Enzymsystemen zu Propylenoxid oxidiert. Als Coprodukt fällt nach Hydrierung an einem Pd-Katalysator aus dem Zwischenprodukt der D-Glucose schließlich D-Fructose an, so dass folgende Summengleichung resultiert:

Verfahrensprinzip der biosynthetischen PO-Herstellung:

enzymatische Propenepoxidation mit biokatalytisch hergestelltem verdünntem H_2O_2 unter gleichzeitiger Aufwertung von D-Glucose zu D-Fructose mit höherer Süßkraft

Nachteile:

Mehrstufigkeit, verdünnte PO-Lösung mit KBr-Rückführung, pro Kilogramm PO ca. 3 kg Fructose

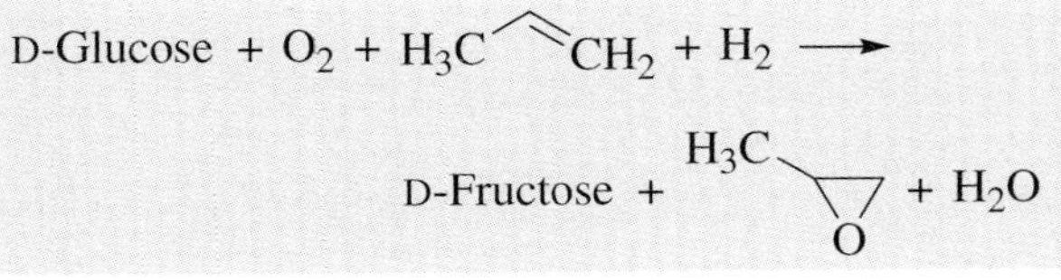

(9)

Derzeit ist dieser Prozess wirtschaftlich noch nicht durchführbar, obwohl die biosynthetische H_2O_2-Herstellung Preisvorteile gegenüber den üblichen Verfahren besitzt.

Anders als bei der wirtschaftlichen Nutzung des Ethylenoxids geht nur etwa ein Drittel des Propylenoxids in die Hydratisierung zu Propylen- und Dipropylenglykol (vgl. Abschn. 11.1.2). Trotzdem könnten direkte Verfahren zur Herstellung der Glykole einen Teil des teuren Propylenoxids einsparen.

Alternative, direkte Propylenglykolherstellung aus Propen unter Umgehung von PO, z. B.:

zweistufige Route über 1,2-Diacetoxypropan als Zwischenprodukt mit nachfolgender Verseifung (Halcon)

Nach Untersuchungen der Halcon kann Propylenglykol als Diacetat durch Umsetzung von Propen mit Essigsäure und O_2 in Gegenwart von TeO_2 und Bromionen bei 150 °C mit 93-proz. Selektivität erhalten werden. Die nachfolgende Hydrolyse bei 110 °C und unter leichtem Überdruck liefert dann Propylenglykol:

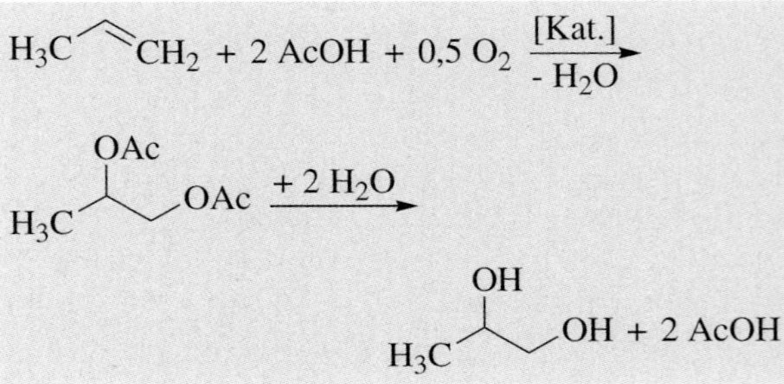

(10)

Ähnlich wie beim Ethylenglykol (vgl. Abschn. 7.2.1.1) müssen auch hier die Nachteile der Zweistufigkeit durch die Acetatverseifung berücksichtigt werden.

zweistufige Route über Propylenglykolmonoacetat mit nachfolgender Hydrolyse, aber bevorzugt AcOH-Eliminierung zu PO (Chem Systems)

Auch Chem System hat eine vergleichbare Route der Propen-Acetoxylierung mit einem TeO_2/J_2-Katalysatorsystem zu einem Gemisch von Propylenglykol und seinen Monoacetaten in einer Versuchsanlage entwickelt. Neben der vollständigen Hydrolyse kann auch in der nachfolgenden Gasphasenelimininierung von Essigsäure aus Propylenglykolmonoacetat bei 400 °C dann Propylenoxid mit einer Selektivität von etwa 80 % (Propen) gebildet werden. Nebenprodukte sind Propionaldehyd und Aceton.

11.1.2 Folgeprodukte des Propylenoxids

Bedeutendste Propylenoxid-Folgeprodukte:

1. Propoxylierungsprodukte aus der mehrfachen Addition von PO an Propylenglykol sowie an mehrwertige Alkohole (Polyetherpolyole)
2. Propylenglykol

Propylenoxid ist ein wichtiges Zwischenprodukt zur Herstellung von 1,2-Propylenglykol (zumeist nur als Propylenglykol bezeichnet), Dipropylenglykol, verschiedenen Propoxylierungsprodukten sowie von einigen kleineren Produktgruppen, wie z. B. den Propylenglykolethern und den Isopropanolaminen. Im Gegensatz zum Ethylenoxid, bei dem Ethylenglykol das wichtigste Folgeprodukt ausmacht, tritt hier das Propylenglykol mengenmäßig hinter Polypropylenglykolen und Propoxylierungsprodukten zur Polyurethanherstellung zurück. Der Propylenoxidverbrauch schlüsselte sich weltweit sowie in Westeuropa, USA, Japan und der Bundesrepublik Deutschland etwa wie folgt auf:

Tabelle 11-3. Propylenoxidverwendung (in Gew.-%).

Produkt	Welt 1986	Welt 1998	Westeuropa 1985	Westeuropa 1998	USA 1986	USA 1998	Japan 1983	Japan 1998	BRD 1988	BRD 1996
Polypropylenglykole und Propoxylierungsprodukte für Polyurethane	64	65	66	65	61	63	74	60	45	40
Propylenglykol	21	21	22	20	28	26	16	18	45	38
Verschiedenes (Glykolether, Glycerin, Isopropanolamine u. a.)	15	14	12	15	11	11	10	22	10	22
Gesamtverbrauch (in Mio t)	2,59	4,38	0,93	1,55	0,91	1,52	0,20	0,38	0,31	0,45

Die weltweite Herstellkapazität für Propylenglykol betrug 2004 etwa 1,6 Mio jato; davon entfielen auf USA, Westeuropa, Japan und Bundesrepublik Deutschland etwa 0,63, 0,57, 0,85 bzw. 0,36 Mio jato.

Die Produktionszahlen für Propylenglykol in diesen Ländern sind der nebenstehenden Tabelle zu entnehmen. Propylenglykol wird aus dem Oxid durch Hydratisierung bei 100–200 °C in Gegenwart saurer oder basischer Katalysatoren mit einem großen Wasserüberschuss erhalten. Bei der Reaktion entsteht ein Gemisch von Mono-, Di- und Tripropylenglykol sowie geringen Anteilen höherer Glykole.

Propylenglykolproduktion (in 1 000 t)

	1991	1994	2003
USA	302	423	526
WE	300	396	531
BRD	188	226	n. v.
Japan	65	66	69

n. v. = nicht veröffentlicht

Herstellung von Propylenglykol:

katalysierte PO-Hydratisierung analog EO-Hydratisierung

Propylenglykol wird als Frostschutz- und Enteisungsmittel, als Bremsflüssigkeit sowie zur Herstellung von Alkyd- und Polyesterharzen verwendet. Etwa 55–60% des Weltverbrauchs an Propylenglykol entfallen dabei auf die Herstellung von ungesättigten Polyesterharzen (UP-Harze). Durch Umsetzung mit Phthalsäureanhydrid (vgl. Abschn. 14.1.3) oder Maleinsäureanhydrid (vgl. Abschn. 13.2.3.4) entsteht zunächst ein Polykondensat, das mit Styrol (vgl. Abschn. 14.1.3) zum UP-Harz weiterreagiert. Nach einem neueren, technisch genutzten Verfahren nach Rhône-Poulenc kann für die bisherige Umsetzung von Propylenglykol, z. B. mit Phthalsäureanhydrid oder Maleinsäureanhydrid, auch direkt Propylenoxid verwendet werden. Die Einsparung der Hydratisierungsstufe bringt deutliche Kostenvorteile. Einen ähnlichen Einsatz wie Propylenglykol auf dem Harzsektor findet auch das Dipropylenglykol. Im Gegensatz zum Ethylenglykol, das bis zu einem gewissen Grad toxisch ist (im Organismus Oxidation zu Oxalsäure), kann Propylenglykol für kosmetische und pharmazeutische Zwecke verwendet werden.

Verwendung von Propylenglykol:

Frostschutzmittel, Enteisungsmittel
Bremsflüssigkeit
Alkyd-Polyesterharze, UP-Harze
kosmetische, pharmazeutische Zwecke

Herstellung und Verwendung von Propoxylierungsprodukten durch Addition von PO an:

1. Propylenglykol, dann mit EO zu Blockpolymeren für Waschmittel, Emulgatoren
2. mehrwertige Alkohole, z. B. Glycerin, Trimethylolpropan, Pentaerythrit, für Polyurethane

Durch Umsetzung von Propylenoxid mit Propylenglykol lassen sich gezielt Polypropylenglykole herstellen, die bei Molmassen von 1000 und mehr im Gegensatz zu Polyethylenglykolen in H_2O praktisch unlöslich sind. Diese Polyetheralkohole können durch Addition von Ethylenoxid wieder wasserlöslich gemacht werden. Die so erhaltenen Blockpolymeren werden als nichtionogene, oberflächenaktive Produkte, als Waschmittel und Emulgatoren eingesetzt. Propoxylierungsprodukte mehrwertiger Alkohole werden in großem Umfang für die Herstellung von Polyurethan-Schaumstoffen verwendet.

3. einwertige Alkohole, für Lösemittel (Alkoholyse führt zu zwei Ethern)

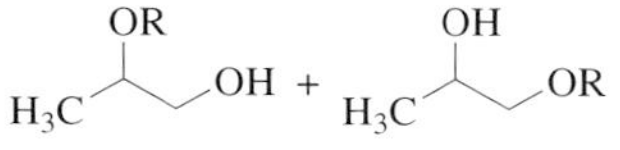

4. NH_3 für Detergentien, zur Gasreinigung und als Zwischenprodukt

Analog zur Hydratisierung führt die Alkoholyse des Propylenoxids mit einwertigen Alkoholen zu Monoalkylethern des Propylenglykols, die als Lösemittel interessant sind. Das größte Produkt ist der Propylenglykolmonomethylether und dessen Ester mit Essigsäure.

Aus Propylenoxid und wässrigem Ammoniak lassen sich analog den Ethanolaminen die Isopropanolamine herstellen. Die Zusammensetzung der entstehenden Gemische von Mono-, Di- und Triisopropanolamin hängt von dem Verhältnis NH_3:PO ab; ein hoher NH_3-Überschuss begünstigt die Bildung des primären Amins. Die Isopropanolamine können bei vielen Verwendungszwecken anstelle der Ethanolamine eingesetzt werden (vgl. Abschn. 7.2.3). Sie dienen zur Herstellung von Detergentien, von Pflanzenschutzmitteln, Pharmazeutika und Farbstoffen. Außerdem werden sie für die Gasreinigung zur Entfernung saurer Bestandteile eingesetzt.

5. CO_2 für Speziallösemittel und zur Gasreinigung

Propylencarbonat ist durch Umsetzung von Propylenoxid mit CO_2 bei 150–200 °C und 50–80 bar in Gegenwart von Tetraethylammoniumbromid als Katalysator mit 95-proz. Ausbeute herstellbar. Es findet als Speziallösemittel in der Faser- und Textilindustrie und wie die Isopropanolamine zur Entfernung saurer Verunreinigungen aus Erdgas oder Synthesegas Verwendung (vgl. Abschn. 2.1.2).

11.1.3 Aceton

Aceton-Herstellverfahren:

1. Wacker-Hoechst Propen-Direktoxidation
2. Isopropanoldehydrierung
3. Hock-Phenolverfahren als Coproduktion

Aceton ist das einfachste und mengenmäßig zugleich wichtigste aliphatische Keton. Die weltweite Herstellkapazität für Aceton betrug 2004 etwa 5,2 Mio jato; davon entfielen auf USA, Westeuropa, Japan und Bundesrepublik Deutschland etwa 1,9, 1,5, 0,52 bzw. 0,49 Mio jato.

Produktionszahlen in einigen Ländern sind der nebenstehenden Tabelle zu entnehmen.

Acetonproduktion (in 1000 t)

	1992	1995	2004
USA	1105	1252	1610
WE	929	1030	1542
Japan	377	396	544
BRD	338	301	472

Die hauptsächlichen Herstellverfahren sind:

1. die Propen-Direktoxidation nach Wacker-Hoechst,
2. die Isopropanoldehydrierung und
3. die Coproduktion beim Phenolverfahren nach Hock (vgl. Abschn. 13.2.1.1).

Daneben haben die Vergärung stärkehaltiger Produkte *(Bacillus macerans)*, die nach Beendigung der Produktion in USA und Südafrika nur noch in der GUS durchgeführt wird, und die katalysatorfreie Butan/Propan/Naphtha-Oxidation nach den Verfahren von Celanese, UCC und BP eine geringe Bedeutung, da Aceton nur als Nebenprodukt anfällt.

Aceton vielfach auch Nebenprodukt:

1. bei Fermentationsprozessen 10 % Aceton neben C_2H_5OH und n-C_4H_9OH
2. bei Paraffinoxidation, z. B. nach Celanese, UCC, BP (aus Isobutan mit O_2, z. B. 36 % Aceton im Oxidat)

Insgesamt hat bei den genannten Herstellverfahren der Hock-Prozess die größte Bedeutung; sein Kapazitätsanteil betrug z. B. 2000 in USA, Westeuropa, Bundesrepublik Deutschland und Japan etwa 95, 80, 100 bzw. 88 %. Danach folgt für USA und Westeuropa die Isopropanoldehydrierung bzw. -oxidation mit Anteilen von 4 bzw. 16 %. Die zweitwichtigste Acetonherstellung in Japan ist die Propen-Direktoxidation mit einem Anteil von 12 %.

11.1.3.1 Direktoxidation des Propens

Verfahrensprinzip der Wacker-Hoechst-Route:

$PdCl_2$/Redoxsystem-katalysierte selektive Propenoxidation am mittelständigen C-Atom

Das eleganteste Verfahren zur Acetonherstellung ist das Wacker-Hoechst-Verfahren, das seit 1964 großtechnisch ausgeübt wird. Propen wird danach mit Luftsauerstoff in Gegenwart eines $PdCl_2$ enthaltenden Katalysatorsystems in der Flüssigphase bei 110–120 °C und 10–14 bar direkt zu Aceton oxidiert:

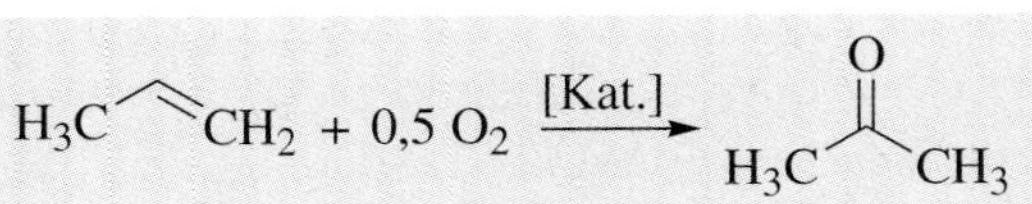

(11)

(ΔH = -255 kJ/mol)

Aceton ist mit 92 % Selektivität das Hauptprodukt. Nebenher entsteht etwas Propionaldehyd mit etwa 2–4 % Selektivität. Der Propenumsatz beträgt über 99 %.

Analog zur Oxidation von Ethylen zu Acetaldehyd (vgl. Abschn. 7.3.1) wird $PdCl_2$ in stöchiometrischer Reaktion zu Pd° reduziert und durch das Redoxsystem $CuCl_2$—CuCl zum zweiwertigen Palladium reoxidiert.

Direktoxidation mit zwei technischen Ausführungsformen:

1. Katalysatorreaktion und -regeneration gleichzeitig, d. h. einstufig
2. Reaktion und Regeneration getrennt, d. h. zweistufig

Wie beim Acetaldehydverfahren bestehen auch hier zwei Möglichkeiten der technischen Durchführung:

1. Propen und O_2 werden gleichzeitig mit dem Katalysator umgesetzt oder

2. es wird eine getrennte Reaktion des Katalysators mit Propen und eine nachfolgende Regeneration mit O_2 oder Luft durchgeführt.

Merkmale des bevorzugten Zweistufenverfahrens:

verdünntes Propen (etwa 85-proz., aber frei von C_2H_2 und Dienen) für die Reaktion sowie Luft für die Regeneration verwendbar

Aus wirtschaftlichen Gründen bevorzugt man das zweistufige Verfahren, weil man hierbei eine Mischung von Propen und Propan einsetzen kann, wie sie bei Spaltprozessen erhalten wird. Propan verhält sich wie ein Inertgas, d. h., es nimmt nicht an der Reaktion teil. Das Aceton wird in einer zweistufigen Destillation von Niedrig- und Höhersiedern getrennt.

Erste technische Anwendung des Zweistufenverfahrens in Japan

Die ersten und bisher einzigen Anlagen wurden in Japan errichtet. Derzeit wird nur noch eine Produktion bei Kyowa Yuka betrieben (Herstellkap. 36000 jato, 1995).

Zukünftige Bedeutung der Propen-Direktoxidation:

die Gewinnung von Aceton als Co- und Nebenprodukt vermindert das Interesse an einer direkten Herstellung

Der weiteren Verbreitung dieses interessanten Verfahrens stehen die zahlreichen Quellen für das Aceton als Neben- und Coprodukt entgegen. Zum anderen hat sich die Herstellung aus Isopropanol bisher behaupten können.

Nach dem Wacker-Hoechst-Verfahren kann auch Buten zu Methylethylketon umgesetzt werden. Diese Direktoxidation wird jedoch technisch nicht genutzt.

11.1.3.2 Aceton aus Isopropanol

1970 stammten z. B. in USA noch etwa 50–60 % des gesamten Acetons aus Isopropanol. Heute hat weltweit das Cumol-Verfahren mit seinem Coprodukt Aceton als Lieferant die erste Stelle eingenommen (vgl. Abschn. 11.1.3).

Zwei technologische Ausführungsformen der Acetonherstellung mit jeweils zwei Reaktionsprinzipien:

1. Gasphase
1.1. Oxydehydrierung in Gegenwart von O_2 oder Luft
1.2. reine Dehydrierung mit starker Temperaturabhängigkeit vom verwendeten Katalysator

Wie bei der Herstellung des Form- und Acetaldehyds aus den zugehörigen Alkoholen gibt es auch beim Isopropanol eine oxidative Dehydrierung bei 400–600 °C an Ag- oder Cu-Katalysatoren sowie eine reine Dehydrierungsroute bei 300–400 °C an ZnO- oder bei 500 °C, 3 bar an Cu- oder Messingkatalysatoren. Die bevorzugte Ausführung ist die Dehydrierung. Sie führt in der Gasphase, z. B. mit ZnO nach dem Verfahren der Standard Oil, bei etwa 98 % Isopropanolumsatz in 90-proz. Selektivität zum Aceton:

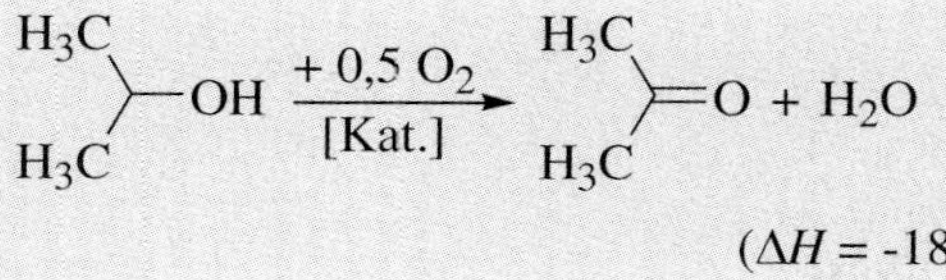

(12)

(ΔH = -180 kJ/mol)

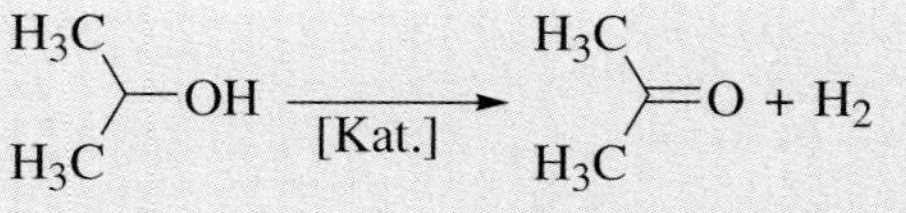

(13)

(ΔH = +67 kJ/mol)

Bei Katalysatoren, die – wie z. B. Kupferchromit – zusätzlich Kondensationsaktivität besitzen, entsteht Methylisobutylketon als Nebenprodukt.

Nach einem technisch genutzten Verfahren der Deutschen Texaco kann die Dehydrierung auch schon bei 250–270 °C und 25–30 bar in der Gasphase in Gegenwart eines speziellen Cu/Träger-Katalysators mit einem Isopropanolumsatz von 80 % erfolgen. Wegen des hohen Wärmebedarfs der Reaktion wird die Umsetzung zumeist in Rohrbündelreaktoren durchgeführt.

Die Dehydrierung kann nach einem Verfahren der IFP auch in der Flüssigphase in einem höher siedenden Lösemittel an fein suspendiertem Raney-Nickel oder Kupferchromit bei etwa 150 °C und Normaldruck mit einer Acetonselektivität von über 99 % durchgeführt werden. Das IFP-Verfahren wird in mehreren Anlagen technisch genutzt (vier Anlagen 1991).

2. Flüssigphase
2.1. reine Dehydrierung
2.2. autokatalytische Oxidation mit Aceton als „Nebenprodukt" und H_2O_2 als Hauptprodukt

$$(CH_3)_2CHOH + X\cdot \longrightarrow$$

$$(CH_3)_2\dot{C}OH + XH \xrightarrow{+O_2} (H_3C)_2C{=}O + HOO\cdot$$

$$HOO\cdot + (CH_3)_2CHOH \longrightarrow (CH_3)_2\dot{C}OH + H_2O_2$$

Ferner gibt es auch eine Flüssigphasenoxidation des Isopropanols, die allerdings von Shell und DuPont bevorzugt zur H_2O_2-Herstellung ausgearbeitet wurde. Dazu wird Isopropanol bei 90–140 °C und 3–4 bar mit O_2 und einer kleinen Menge H_2O_2 als Initiator in einer Radikalreaktion oxidiert:

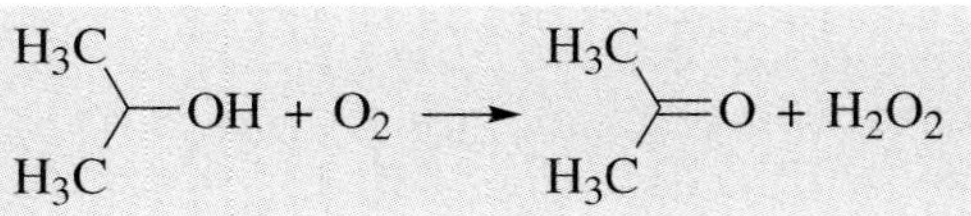

(14)

Der Isopropanolumsatz beträgt etwa 15 %, die Selektivitäten zu H_2O_2 und Aceton erreichen 87 % bzw. 93 %.

Das Reaktionsgemisch wird nach Verdünnen mit H_2O destillativ von den organischen Substanzen befreit und direkt als wässrige Lösung weiterverwendet. Inzwischen wurde auch die letzte von der Shell betriebene Anlage 2003 stillgelegt, in der GUS sollen noch zwei Anlagen betrieben werden. In USA wie auch in Japan wird H_2O_2 ausschließlich und in Westeuropa vorzugsweise nach der Anthrachinonroute hergestellt (vgl. Abschn. 12.2.4.2).

11.1.4 Folgeprodukte des Acetons

Aceton ist ein Einsatzmaterial für zahlreiche wichtige Zwischenprodukte. Tabelle 11-4 gibt die Verbrauchsaufschlüsselung in einigen Ländern wieder.

Tabelle 11-4. Acetonverwendung (in Gew.-%).

Produkt	Welt		USA		Westeuropa		BRD		Japan	
	1988	1996	1984	1998	1985	1999	1985	1999	1985	1997
Methylmethacrylat	26	31	32	45	32	28	48	28	37	25
Methylisobutylketon	10	9	10	8	10	10	8	6	23	20
Bisphenol A	8	16	10	20	10	19	18	29	10	23
Verschiedenes	56	44	48	27	58	43	26	37	30	32
Gesamtmenge (in Mio t)	2,98	3,85	0,82	1,22	0,83	1,19	0,22	0,32	0,25	0,37

Acetonverwendung:

ca. 60–70 % für Folgeprodukte aufgrund typischer Ketonreaktionen, wie z. B.:

Cyanhydrinbildung
Aldolisierung

Unter „Verschiedenes“ ordnen sich vor allem die Aldolisierungs- und Folgeprodukte ein, wie Diacetonalkohol, Mesityloxid sowie weiterhin Methylisobutylcarbinol und Isophoron. Ein großer Teil dieser Produkte sowie das Aceton selbst dienen als Lösemittel für unterschiedlichste Materialien, wie z. B. Naturharze, Lacke, Farbstoffe, Acetyl- und Nitrocellulose sowie für Fette und Öle.

Das bedeutendste Folgeprodukt des Acetons ist mit etwa 30–40 % weltweitem Verbrauchsanteil das Methylmethacrylat (vgl. Abschn. 11.1.4.2), länderabhängig gefolgt von Methylisobutylketon und Bisphenol A (vgl. Abschn. 13.2.1.3).

11.1.4.1 Acetonaldolisierung und Folgeprodukte

Produktion von MIBK (in 1000 t)

	1994	1998	2002
USA	77	81	76
Japan	52	51	61

MIBK-Herstellung aus Aceton in drei Stufen:

1. Aldolisierung (basenkatalysiert)
2. Dehydratisierung (protonenkatalysiert)
3. Hydrierung (Cu- oder Ni-katalysiert)

Das mengenmäßig größte Aldolfolgeprodukt des Acetons ist das Methylisobutylketon (2-Methyl-4-pentanon; MIBK). Produktionszahlen in USA und Japan sind der nebenstehenden Tabelle zu entnehmen. Die Herstellkapazität für MIBK betrug 1996 weltweit 380000 jato; davon entfielen auf Westeuropa, USA, Japan und Bundesrepublik Deutschland 110000, 100000, 60000 bzw. 18000 jato.

Aceton reagiert in einer dreistufigen Reaktionsfolge über die isolierbaren Zwischenprodukte Diacetonalkohol und Mesityloxid zum MIBK.

Der erste Schritt ist die basenkatalysierte Aldolreaktion des Acetons in flüssiger Phase zum Diacetonalkohol:

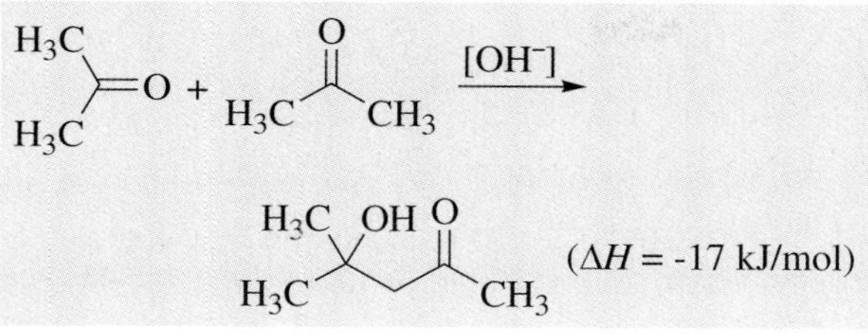
(15)

In der zweiten Stufe erfolgt dann die Wasserabspaltung mit katalytischen Mengen H_2SO_4 oder H_3PO_4 bei etwa 100 °C:

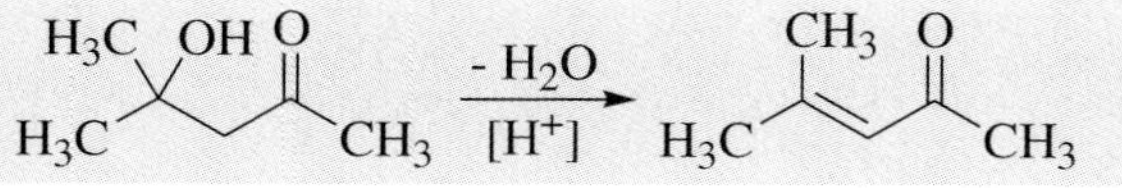
(16)

Das Mesityloxid wird dann bei 150–200 °C und 3–10 bar an Cu- oder Ni-Katalysatoren zu Methylisobutylketon und weiter zum Methylisobutylcarbinol (4-Methyl-2-pentanol) hydriert:

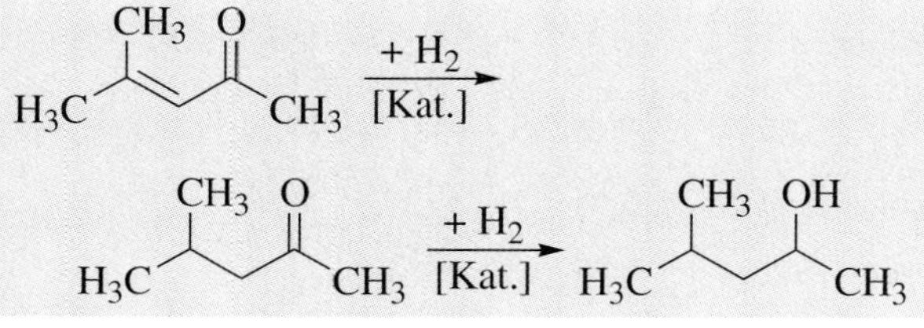
(17)

Beide Hydrierprodukte entstehen nebeneinander. Sie werden durch Destillation getrennt und gereinigt. In Gegenwart von Palladiumkatalysatoren erfolgt selektiv nur die Hydrierung der konjugierten Doppelbindung zum MIBK.

Neuere Einstufenverfahren verwenden saure Kationenaustauscher, Zeolithe oder auch Zirkonphosphat mit einem zusätzlichen Gehalt an Platinmetallen, vorzugsweise Palladium.

Moderne MIBK-Herstellung einstufig an bifunktionellen Katalysatoren für:

1. Kondensation (Kationenaustauscher)
2. Hydrierung (Pt-Metalle)

In exothermer Reaktion ($\Delta H = -117$ kJ/mol) laufen gleichzeitig Aldolkondensation und Hydrierung mit hoher Selektivität ab. Im DEA-Verfahren werden, z. B. bei einem Umsatz von 50% Aceton, etwa 93% Selektivität zu MIBK erreicht. Im Verfahren der Deutschen Texaco (heute RWE-DEA), das in einer 10000-jato-Anlage in der Bundesrepublik Deutschland durchgeführt wird, werden bei 30 bar und 130–140 °C bei einem Acetonumsatz von 40% etwa 83%

Verwendung der Folgeprodukte aus der Acetonaldolisierung:

1. Lösemittel für z. B.
   Cellulose-acetat
   Cellulose-acetobutyrat
   Acryl- und Alkydharze
2. Extraktionsmittel für
   anorganische Salze und
   organische Produkte

3. Diacetonalkohol auch zu „Hexylenglykol“ hydriert

$(CH_3)_2C(OH)CH_2CH(OH)CH_3$

Selektivität zu MIBK erreicht. Im halbtechnisch erprobten Verfahren der Tokuyama Soda wird Zirkonphosphat mit fein verteiltem Palladiummetall verwendet. Bei 20–50 bar H_2-Druck und 120–160 °C wird ein Umsatz von 30–40 % Aceton erreicht. Die Selektivität zu MIBK beträgt dabei 95 %. Alle Produkte der Aldolisierung und der sich anschließenden Folgereaktionen sind ausgezeichnete Lösemittel für die Lackindustrie.

Darüber hinaus wird das MIBK auf weiteren zahlreichen Gebieten eingesetzt, wie z. B. in der Extraktion von Niob- und Tantalerzen, zum Entparaffinieren von Mineralölen, zur Reinigung von organischen Produkten durch Flüssig-Flüssig-Extraktion, zur Herstellung von Oberflächenschutzmitteln u. a. mehr.

Produzenten in Westeuropa sind Elf Atochem, Sisas, RWE-DEA, Hüls und Shell.

11.1.4.2 Methacrylsäure und -ester

Methacrylsäure ist praktisch nur als Methylester technisch bedeutend

Produktion von Methylmethacrylat (in 1 000 t)

	1994	1996	2000
USA	598	675	708
WE	480	570	620
Japan	408	410	489

Die Methacrylsäure hat zur Herstellung von Homo- und Copolymeren für die Anwendung als Schlichte-, Appretur- und Verdickungsmittel eine begrenzte Eigenbedeutung; das bevorzugt verwendete Derivat ist der Methylester. Die weltweite Herstellkapazität für Methylmethacrylat betrug 2004 etwa 2,8 Mio jato; davon entfielen auf USA, Westeuropa, Japan und die Bundesrepublik Deutschland etwa 0,84, 0,78, 0,55 bzw. 0,35 Mio jato. Weltgrößter Hersteller ist Ineos mit einer Gesamtkapazität von etwa 0,54 Mio jato (2000). Produktionszahlen in einigen Ländern sind der nebenstehenden Tabelle zu entnehmen.

Die klassische Herstellung der Methacrylsäure und -derivate aus Acetoncyanhydrin (seit 1937) ist mit etwa 80 % (2000) der weltweiten Herstellkapazität noch konkurrenzfähig

Das Acetoncyanhydrin hat sich bisher als Ausgangsprodukt für alle Derivate der Methacrylsäure vor allem in USA und Westeuropa noch behaupten können, obwohl zahlreiche neue Wege entwickelt wurden und einige schon im technischen Einsatz sind. Die erste technische Herstellung des Methylmethacrylats aus Aceton wurde von Röhm & Haas sowie von ICI in den dreißiger Jahren durchgeführt. Dazu wird zunächst Acetoncyanhydrin durch basisch katalysierte Addition von HCN an Aceton unterhalb von 40 °C hergestellt.

Zweistufige Herstellroute:

1. basisch katalysierte HCN-Addition an Aceton zum Cyanhydrin unter milden Bedingungen zur Vermeidung von Nebenreaktionen

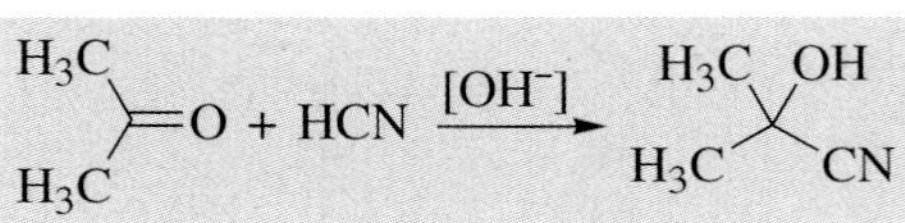

(18)

Als Katalysatoren werden z. B. Alkalihydroxide, -carbonate oder auch basische Ionenaustauscher, zumeist in der Flüssigphase, verwendet. Verfahren dieser Art wurden von Röhm & Haas, Degussa, DuPont, ICI und Rheinpreussen entwickelt. Die Selektivität zum Acetoncyanhydrin erreicht 92–99 % (HCN) und über 90 % (Aceton).

Dann wird das Acetoncyanhydrin bei 80–140 °C mit 98-proz. H_2SO_4 zunächst zum Methacrylsäureamidsulfat umgesetzt, das anschließend mit Methanol bei etwa 80 °C oder bei 100 bis 150 °C unter erhöhtem Druck in Methylmethacrylat und NH_4HSO_4 übergeführt wird:

2. sauer katalysierte Hydratisierung der Nitrilgruppe im Cyanhydrin über Amid als Zwischenstufe

Amid zumeist direkt in Methylester als wichtiges Derivat übergeführt

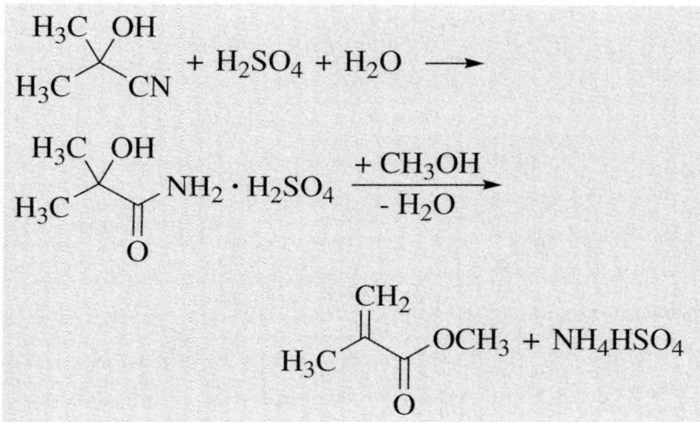

(19)

Die Selektivität zum Methacrylsäuremethylester beträgt über alle drei Stufen etwa 77 % (Aceton).

Die Nachteile des NH_4HSO_4-Coproduktes vermeidet eine Neuentwicklung von Mitsubishi Gas Chemical. Danach wird das Acetoncyanhydrin zunächst zum α-Hydroxyisobutyramid partiell hydrolysiert und anschließend mit Methylformiat zum Methylester und Formamid umgesetzt:

Neue Mitsubishi-Route vermeidet N-Eliminierung in Form von NH_4HSO_4 bei C_4-Aufbau aus C_3 + HCN mit attraktiver Summengleichung:

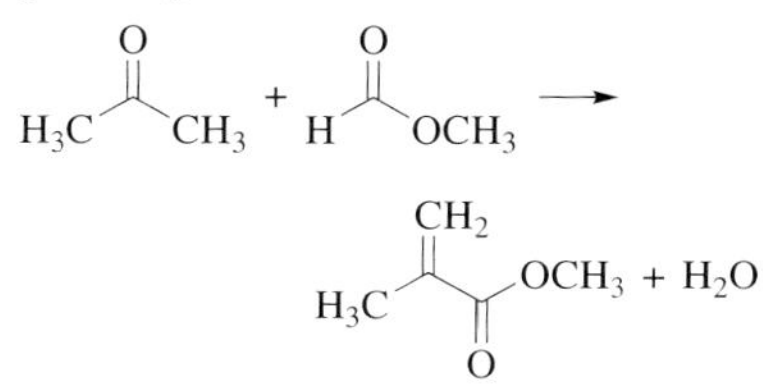

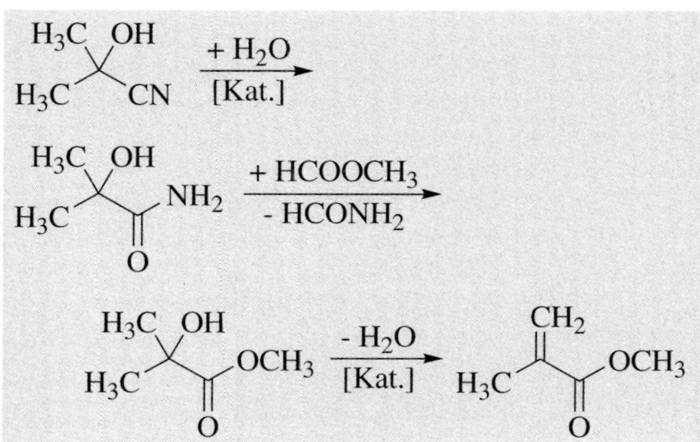

(20)

In getrennten Dehydratisierungen liefert dann der Methylester das Methylmethacrylat, und Formamid ergibt Blausäure, die wieder für die Acetoncyanhydrin-Herstellung eingesetzt werden kann.

Diese neue Route wird derzeit in einer Pilotanlage weiterentwickelt. Verfahrenstechnische Einzelheiten wurden bisher nicht publiziert.

Alternative Herstellrouten für Methacrylsäure nutzen drei preiswerte Ausgangsprodukte:

1. $(CH_3)_2C{=}CH_2$ aus C_4-Schnitten (vgl. Abschn. 3.3.2)
2. $(CH_3)_2CHCHO$ als Nebenprodukt der Propen-Hydroformylierung (vgl. Abschn. 6.1)
3. CH_3CH_2CHO als Hauptprodukt der Ethylen-Hydroformylierung (vgl. Abschn. 6.1)

In neuerer Zeit hat man sich besonders um drei weitere Herstellwege für Methacrylsäure bemüht. Sie gehen von den ebenfalls preiswerten Rohstoffen Isobuten, Isobutyraldehyd und Propionaldehyd aus und vermeiden den Zwangsanfall von NH_4HSO_4 bei der Cyanhydrinroute. Die C_4-Rohstoffbasis wird besonders in Japan eingesetzt.

Eingehende Untersuchungen haben gezeigt, dass eine Direktoxidation (Einstufenverfahren) von Isobuten zu Methacrylsäure möglich ist, jedoch mit wirtschaftlich unzureichender Selektivität verläuft. Als besonders kritisch hat sich dabei die Weiteroxidation des primär gebildeten Methacroleins zu Methacrylsäure erwiesen. Dieses Ergebnis steht ganz im Gegensatz zur Oxidation des Propens zur Acrylsäure.

Zu 1:

zweistufige Methacrylsäureherstellung durch N_2O_4-Oxidation von Isobuten und Dehydratisierung der α-Hydroxyisobuttersäure (Escambia)

Die Escambia hat darum ein zweistufiges Oxidationsverfahren mit N_2O_4 ausgearbeitet, das zunächst zur α-Hydroxyisobuttersäure führt, aus der durch Wasserabspaltung dann Methacrylsäure gebildet wird:

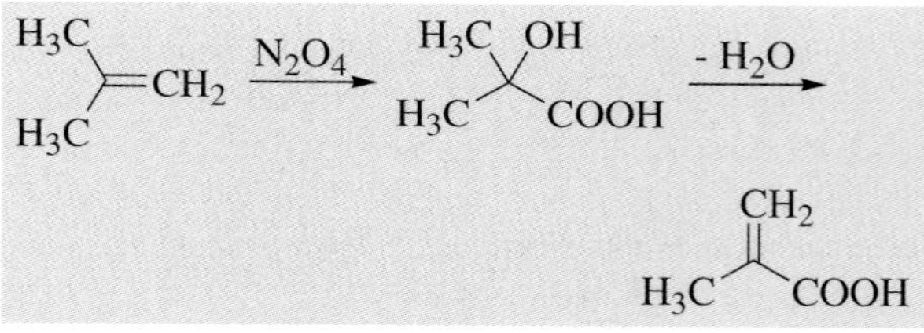

(21)

Bei der technischen Anwendung der Escambia-Route kam es zu Explosionen, so dass dieses Oxidationsverfahren aufgegeben wurde.

zweistufige heterogen katalysierte Luftoxidation von Isobuten direkt oder in Form von tert.-Butanol zu Methacrylsäure mit Zwischenisolierung und Reinigung von Methacrolein, z. B. Asahi Glass

In Japan wurde in mehreren Firmen eine zweistufige Isobutenoxidation entwickelt, die vorzugsweise über tert.-Butanol als dem eigentlichen Einsatzprodukt verläuft. Dazu wird Isobuten, zumeist aus dem Gemisch mit Butenen und Butan (C_4-Raffinat), in Gegenwart eines sauren Katalysators, wie z. B. eines Ionenaustauschers, in der Flüssigphase praktisch quantitativ zu tert.-Butanol hydratisiert.

Die heterogen katalysierte Oxidation zunächst zum Methacrolein erfolgt dann bei 420 °C und 1–3 bar an einem

Mo/Fe/Ni-System und weiteren Promotoren mit 94% Umsatz sowie etwa gleicher Selektivität:

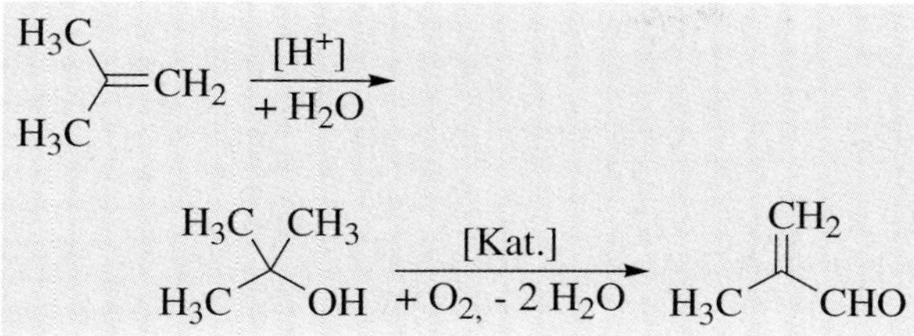

(22)

Für die Katalysatorlebensdauer und -selektivität der zweiten Oxidationsstufe ist es notwendig, dass Methacrolein zuvor in Wasser unter Druck absorbiert und destillativ von Nebenprodukten befreit wird.

Oxidationskatalysator für beide Stufen als Vielkomponentensystem (MCM = **m**ulti-**c**omponent-**m**etal-oxide) auf Basis von Metalloxiden mit Mo als zentralem Bestandteil

Allerdings wurde von der Japan Methacrylic Monomer Co. eine Verfahrensvariante entwickelt, die es ermöglicht, direkt das Oxidat aus der ersten in die zweite Stufe ohne Zwischenreinigung zu überführen. Diese sog. Tandem-Oxidation ist in Japan schon im Einsatz.

Tandem-Oxidation erfolgt ohne Zwischenreinigung und daher bei hohem TBA-Umsatz (>99 %) durch geringere Investitionen auch wirtschaftlich

Die Oxidation zu Methacrylsäure wird in Gegenwart von Wasserdampf an Oxiden von Mo, P, Sb, W oder von Mo, P, V bei etwa 300 °C und 2–3 bar mit einem Umsatz von 89% und einer Selektivität von über 96% durchgeführt:

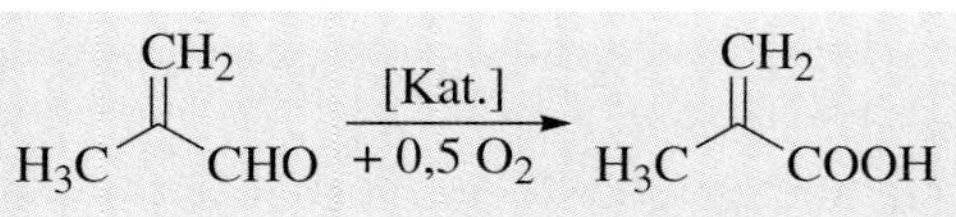

(23)

($\Delta H = +252$ kJ/mol)

Aus der wässrigen Phase wird die Säure extrahiert, destillativ gereinigt und mit Methanol verestert.

In Japan werden bei Kyodo Monomer, Mitsubishi Rayon und Japan Catalytic/Sumitomo Chemical Anlagen nach diesem Verfahren betrieben.

Technische Anwendung vorzugsweise in Japan aufgrund geringeren Bedarfs an octanzahlerhöhenden Benzinzusätzen auf Isobutenbasis (TBA, MTBE)

Ein weiterer Zugang zur Methacrylsäure und ihren Derivaten ist auch über die Ammonoxidation von Isobuten, z. B. nach dem Sohio-Verfahren, möglich (vgl. Abschn. 11.3.2) eine technische Anlage wird von Asahi in Japan betrieben.

Alternative Methacrylsäure- und -ester-Herstellung auch durch Hydrolyse über Methacrylamid oder Alkoholyse von Methacrylnitril

Nach der zweiten nicht auf Aceton basierenden Herstellroute für Methacrylsäure wird zunächst Isobutyraldehyd mit Luft oder O_2 zur Isobuttersäure oxidiert. Die anschließende Stufe der formalen Dehydrierung zu Methacrylsäure kann in Gegenwart von O_2 als Oxydehydrierung durchgeführt werden:

Zu 2:

zweistufige Methacrylsäureherstellung:

1. Oxidation des Isobutyraldehyds zur Isobuttersäure
2. Dehydrierung nach zwei Varianten:

2.1. homogen oder heterogen katalysierte Oxydehydrierung der Säure, z. B. nach Verfahren von Eastman Kodak, Cyanamid oder Mitsubishi Chemical
2.2. Sulfodehydrierung des Esters, z. B. nach Verfahren von Asahi Kasei

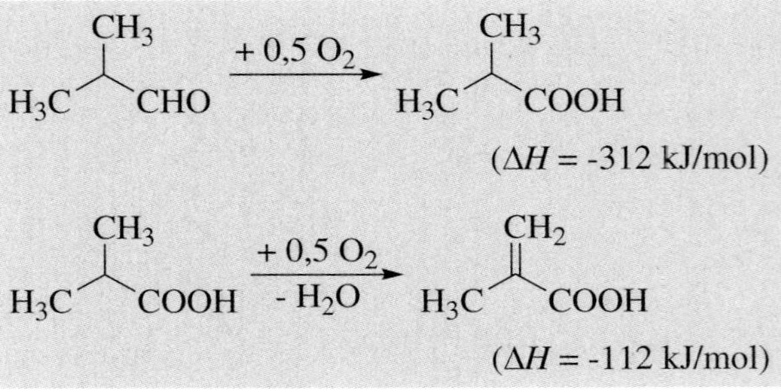

(24)

Diese Reaktion lässt sich nach Eastman Kodak mit HBr bei 160–175 °C homogen katalysieren oder nach Cyanamid auch in Gegenwart eines Bi-Fe-Katalysators bei 250–260 °C durchführen.

In einem neueren Verfahren der Mitsubishi Chemical wird Isobuttersäure – im Gemisch mit H_2 zur Wärmeübertragung – an Phosphormolybdänsäure auf einem Träger mit teilweisem Ersatz von Mo gegen V bei 250–350 °C oxydehydriert. Bei einem Isobuttersäure-Umsatz von 94 % erreicht die Selektivität zur Methacrylsäure etwa 73 %. Asahi Kasei hat für die Dehydrierung eine weitere Alternative entwickelt. Dazu wird zunächst der Isobuttersäuremethylester hergestellt und dann in Gegenwart von H_2S/S bei etwa 500 °C zum Methylmethacrylat mit 85 % Selektivität dehydriert.

Alle auf Isobutyraldehyd basierenden Herstellrouten werden technisch noch nicht genutzt.

Zu 3:

Zweistufige Methacrylsäureherstellung:

1. Kondensation Propionaldehyd/Formaldehyd zu Methacrolein (über Mannich-Base mit sek. Amin als Katalysator)
2. Oxidation zu Methacrylsäure

Die BASF hat eine weitere neue Route zur Herstellung von Methylmethacrylat entwickelt. Danach wird Propionaldehyd aus der Hydroformylierung von Ethylen in Gegenwart eines sek. Amins und Essigsäure bei 160–210 °C und 40–80 bar mit Formaldehyd zu Methacrolein kondensiert. Dieses wird mit Sauerstoff zu Methacrylsäure oxidiert und anschließend mit Methanol zu Methylmethacrylat verestert:

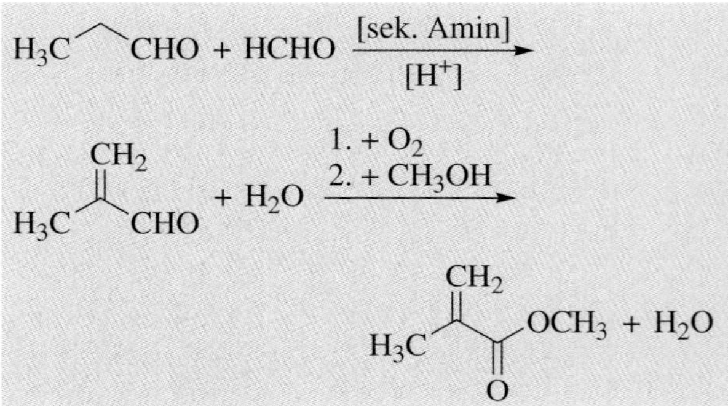

(25)

Eine 40000-jato-Anlage wurde von der BASF 1990 in der Bundesrepublik Deutschland in Betrieb genommen. In Japan wurden ähnliche Verfahren entwickelt, aber sie werden industriell noch nicht genutzt.

Technische Anwendung durch BASF in BRD

Das Methylmethacrylat wird im Wesentlichen zur Herstellung von Plexiglas®, einem glasklaren Kunststoff mit großer Härte, Bruchsicherheit und chemischer Beständigkeit, verarbeitet. Weiterhin wird es in Copolymerisaten mit vielfältiger Anwendung, wie z. B. als Textilhilfsmittel oder in licht- und wetterbeständigen Anstrichmitteln, eingesetzt.

Methylmethacrylat-Verwendung:

1. Monomeres für Acrylglas

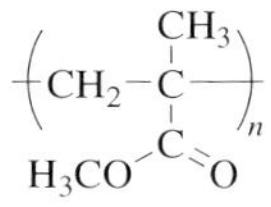

2. Comonomeres zur Herstellung von Dispersionen, z. B. für Anstrichsektor und Textilausrüstung

11.1.5 Acrolein

Zu Beginn der dreißiger Jahre entwickelte Degussa die erste technische Acroleinsynthese und nahm dann 1942 die Produktion auf. 1996 bestanden weltweit für Acrolein Herstellkapazitäten von etwa 125000 jato, davon in Westeuropa, Bundesrepublik Deutschland, USA und Japan etwa 60000, 30000, 20000 bzw. 45000 jato. Das klassische Verfahren basierte auf der Kondensation von Acetaldehyd mit Formaldehyd:

Ältere Acroleinherstellung:

heterogen katalysierte gemischte Aldolkondensation (CH_3CHO, HCHO) nach dem Degussa-Verfahren)

$$CH_3CHO + HCHO \xrightarrow{[Kat.]} H_2C{=}CH{-}CHO + H_2O \qquad (\Delta H = -84\ kJ/mol) \tag{26}$$

Die Umsetzung verläuft bei 300–320 °C in der Gasphase an Na-Silicat/SiO_2.

Heute ist diese Route durch die katalytische Oxidation von Propen abgelöst worden:

Moderne Acroleinherstellung:

heterogen katalysierte Gasphasenoxidation von Propen

zunächst an Katalysatoren auf Basis Cu_2O bzw. Cu (Shell, British Distillers, Montecatini)

später an Vielkomponentensystemen auf Basis der Mischoxide von Bi-Mo, Sn-Mo, Sn-Sb (Sohio, Nippon Shokubai u. a.)

$$H_2C{=}CH{-}CH_3 + O_2 \xrightarrow{[Kat.]} H_2C{=}CH{-}CHO + H_2O \qquad (\Delta H = -368\ kJ/mol) \tag{27}$$

Shell führte von 1958 bis 1980 als erste Firma diese Gasphasenoxidation an Cu_2O/SiC mit J_2 als Promotor bei 350 bis 400 °C in einer technischen Anlage durch. Der Umsatz des Propens beträgt bis zu 20 %, während die Selektivität zum Acrolein 70–85 % erreicht. Cu_2O auf einem Träger ist ebenfalls die Basis für ein Verfahren der British Distillers (jetzt BP), während Montecatini die Propenoxidation in kupferplattierten Röhren durchführte.

Inzwischen sind weitere Katalysatoren entwickelt worden, die in besonderer Weise von den Erfahrungen bei der Acrylsäure- und Acrylnitrilherstellung aus Propen profitiert haben. Teilsysteme dieser Oxidations- und Ammonoxidationskatalysatoren sind auch für die partielle Propenoxidation zu Acrolein geeignet. So brachte die Sohio-Entdeckung der katalytischen Eigenschaften des Wismutmolybdats bzw. -phosphomolybdats auch für die Acroleinherstellung den wirtschaftlichen Durchbruch. Das Sohio-Acrolein-Verfahren wird technisch in mehreren Anlagen angewendet. Die Oxidation von Propen erfolgt mit Luft bei 300–360 °C und 1–2 bar in Gegenwart eines Bi_2O_3/MoO_3-Katalysators, der in einem Festbett angeordnet ist. Von dem Wismut-Basiskatalysator ausgehend wurden von verschiedenen Firmen sehr selektive Vielkomponentensysteme aus Oxiden der Übergangs- sowie Alkali- und Erdalkalimetalle entwickelt.

Verfahrensprinzip der Propenoxidation:

Mo-katalysierte partielle Gasphasenoxidation von Propen mit Luft zu Acrolein nach einem Redoxmechanismus mit einer chemisorbierten π-Allyl-Zwischenstufe

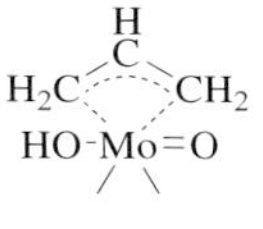

Verfahrensmerkmal der Acroleinherstellung:

Luftüberschuss bewirkt hohen Mo^{6+}-Anteil, der Propen selektiver oxidiert als Mo^{5+}, und erspart durch hohen Propenumsatz eine Kreislauffahrweise

So betreibt z. B. Ugine-Kuhlmann, als der Welt größter Acroleinproduzent, gegenwärtig eine 50000-jato-Anlage in Frankreich mit einem Katalysator der Nippon Shokubai auf Basis Mo, Bi, Fe, Co, W mit weiteren Zusätzen. Er ist in einem Festbett-Röhrenreaktor angeordnet, der zur Wärmeabfuhr von einer Austauscherflüssigkeit durchströmt wird. Propen wird mit Luftüberschuss in Gegenwart von Wasserdampf bei 350–450 °C unter leichtem Überdruck mit hohem Propenumsatz (96 %) oxidiert. Ein hohes Luft-Propen-Verhältnis ist dabei erforderlich, um den Oxidationsgrad des Katalysators oberhalb eines bestimmten Niveaus zu halten, da sonst die Acroleinselektivität absinkt. Sie erreicht mit diesen Maßnahmen bis zu 90 % (C_3H_6). Nebenprodukte sind u. a. Acetaldehyd, Acrylsäure und Essigsäure.

Acroleinisolierung:

1. Abkühlung und Befreiung der Reaktionsgase von Acryl- und Essigsäure mit wenig H_2O
2. Acroleinabsorption mit viel H_2O
3. Destillation mit Zusatz von Polymerisationsinhibitoren

Die Reaktionsgase werden mit einer begrenzten Wassermenge gewaschen, um die Nebenprodukte Acryl- und Essigsäure zu entfernen. Die dann in einer Absorptionskolonne nach intensiver Wasserwäsche anfallende verdünnte wässrige Acroleinlösung wird in einem Stripper zu Acrolein aufgearbeitet. Das Rohprodukt wird in einer zweistufigen Destillation von Leicht- und Schwersiedern befreit und bis zu einem Reinheitsgrad von 95–97 % fraktioniert. Wegen der Polymerisationsneigung des Acroleins werden Inhibitoren, wie z. B. Hydrochinon, bei der Destillation zugefügt.

Acroleinverwendung:

1. selektive Hydrierung oder Reduktion zu Allylalkohol
2. Gasphasenumsetzung mit NH_3 zu Gemischen von Pyridin und 3-Picolin
3. Herstellung von Acrylsäure und Acrylnitril
4. Herstellung von Methionin
5. Herstellung von 1,3-Propandiol

11.1.6 Folgeprodukte des Acroleins

Von den vielfältigen Reaktionsmöglichkeiten des Acroleinmoleküls an der Aldehydgruppe, an der aktivierten olefinischen Doppelbindung oder am konjungierten Doppelbindungssystem wird technisch bisher nur begrenzter Gebrauch gemacht.

So ist die Reduktion von Acrolein zu Allylalkohol und dessen Umwandlung in Glycerin ein technisch genutztes Verfahren (vgl. Abschn. 11.2.2).

Eine auf Japan beschränkte industrielle Bedeutung hat die an einem Mehrkomponentenkatalysator auf Basis Al_2O_3 oder $Al_2O_3 \cdot SiO_2$ durchgeführte Umsetzung von Acrolein mit NH_3 in der Gasphase bei 350–400 °C zu Pyridin und 3-Picolin (vgl. Abschn. 7.4.5). Ein kommerzielles Verfahren wird von Daicel betrieben.

Für die Herstellung von Acrylsäure oder Acrylnitril kann man zwar von Acrolein ausgehen; es haben sich jedoch die unmittelbare Oxidation und die Ammonoxidation des Propens großtechnisch durchgesetzt.

Industrielle Produktion von DL-Methionin als essentieller Aminosäure für die Tierernährung, d. h. Futtermittelzusatz, mit größter Wachstumsvoraussage

Mit der Verwendung von Acrolein zur Herstellung von Methionin zeichnet sich allerdings eine neue und relativ schnell wachsende weltweite Nutzung ab, die derzeit etwa 80–90 % des verarbeiteten Arcoleins aufnimmt.

Vom Beginn der kommerziellen Methioninherstellung (1950) sind bis 1995 weltweit Produktionskapazitäten von etwa 492000 jato (davon in USA 240000 – inkl. MHA – sowie in Westeuropa und Japan 160000 bzw. 41000 jato) entstanden. Rhône-Poulenc und Degussa-Hüls besitzen als weltgrößte Hersteller derzeit Methionin-Herstellkapazitäten von 0,25 bzw. 0,16 Mio jato (2000). Der weltweite Methioninverbrauch erreichte 2000 etwa 0,41 Mio t und stieg auf 0,47 Mio t in 2002. Monsanto (jetzt Mitsui/Nippon Soda), Rhône-Poulenc und DuPont stellen in USA Methylhydroxythiobuttersäure oder auch **M**ethionin**h**ydroxy**a**nalogon (MHA) als Futtermittelzusatz her, der als Methioninmetabolit die gleiche Wirksamkeit wie Methionin besitzt.

Methioninersatz:

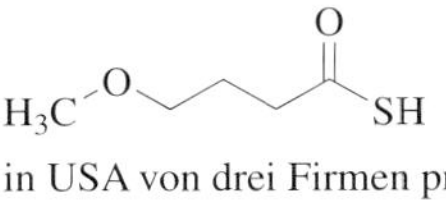

(MHA)

in USA von drei Firmen produziert

Herstellverfahren für Methionin mehrstufig aus Acrolein:

1. basenkatalysierte CH_3SH-Addition an C-C-Doppelbindung
2. Hydantoinbildung
3. Hydrolyse und evtl. Racemattrennung

In der dreistufigen Herstellung des DL-Methionins wird an Acrolein zunächst bei Raumtemperatur Methylmercaptan zu Methylthiopropionaldehyd unter Basenkatalyse addiert:

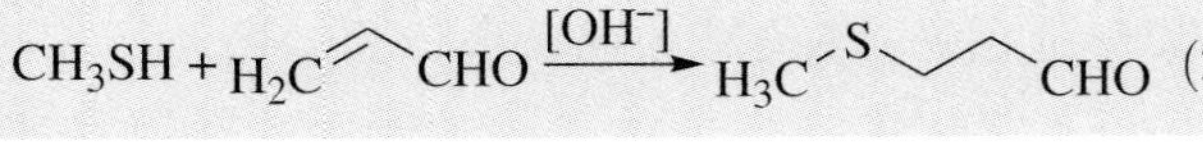

(28)

Der Aldehyd wird dann mit NaCN und NH_4HCO_3 in wässriger Lösung bei 90 °C zu einem Hydantoin umgesetzt:

Methioninherstellung, ein Beispiel einer technisch durchgeführten Bucherer-Aminosäure-Synthese

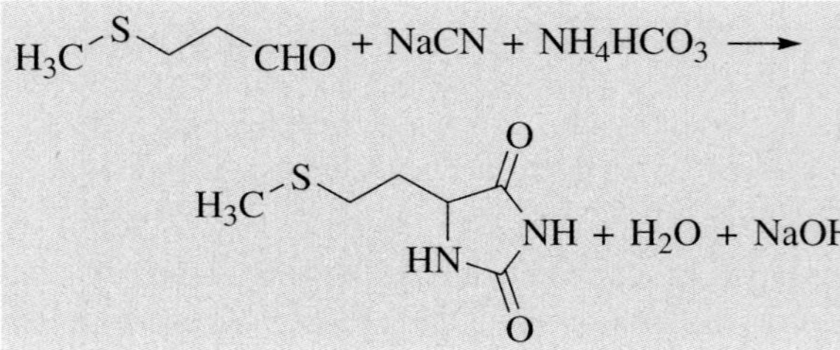

(29)

Dieses wird in der letzten Stufe mit NaOH oder mit K_2CO_3 unter Druck bei etwa 180 °C und nach Ansäuern oder nach CO_2-Behandlung in das freie DL-Methionin übergeführt:

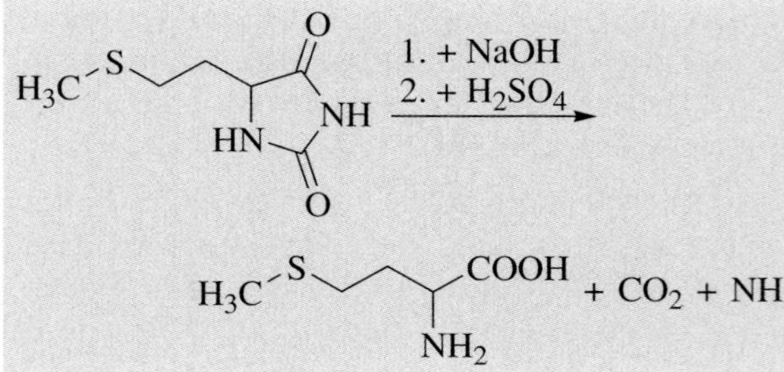

(30)

DL-Methionin-Verwendung:

Supplementierung z. B. von Sojamehl oder zukünftig auch von SCP (**s**ingle **c**ell **p**rotein) zur Verbesserung der biologischen Wertigkeit (Methioninlücke)

Synthetisches Methionin dient wie Lysin (vgl. Abschn. 10.3.1.4) als essentielle Aminosäure zur Supplementierung von Eiweißkonzentraten für die Futtermittelindustrie, bevorzugt bei der Futteroptimierung für die Geflügelaufzucht. Da D- und L-Methionin als Futterzusätze die gleiche Wirksamkeit besitzen, weil im tierischen und menschlichen Organismus eine enzymatische Umwandlung der D- in die L-Form stattfindet, wird fast ausschließlich das bei Synthesen anfallende Racement ohne Trennung verwendet.

Herstellverfahren für 1,3-Propandiol:

1. kombinierte Hydratisierung und Hydrierung von Acrolein
2. kombinierte Hydroformylierung und Hydrierung von Ethylenoxid

Eine weitere Verwendung findet Acrolein zur Herstellung von 1,3-Propandiol (Trimethylenglykol). Dazu wird nach einem Verfahren der Degussa Acrolein zu 3-Hydroxypropionaldehyd durch Säurekatalyse hydratisiert und anschließend an einem Ni/Träger-Katalysator zum 1,3-Propandiol hydriert:

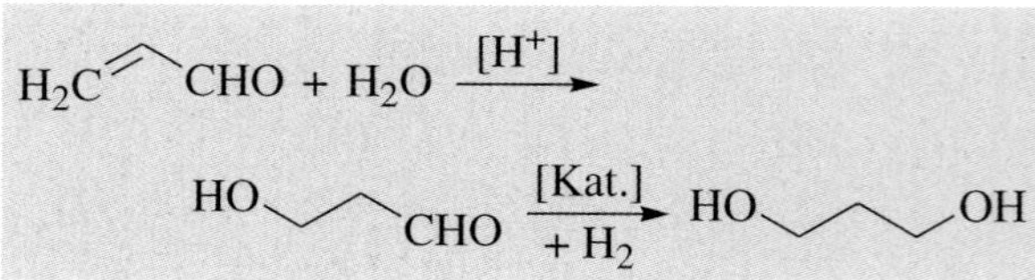

(31)

Degussa hat in Belgien eine Anlage mit einer Herstellkapazität von inzwischen 2000 jato 1,3-Propandiol in Betrieb genommen.

Eine andere Herstellroute für 1,3-Propandiol basiert auf der Hydroformylierung von Ethylenoxid (vgl. Abschn. 7.2.5). Eine neue, biotechnologische Variante der Herstellung für 1,3-Propandiol wurde von DuPont/Genencor entwickelt. Danach kann in einer anaeroben Fermentation z. B. Glucose oder auch Glycerin sehr kosteneffektiv zu 1,3-Propandiol umgesetzt werden. 1,3-Propandiol ist ein Zwischenprodukt im Pharmabereich und dient u. a. zur Herstellung eines neuen Polyesters, des Polytrimethylenterephthalats, für den Fasersektor.

Verwendung von 1,3-Propandiol:

Pharmazwischenprodukt
Komponente für Polyester

11.1.7 Acrylsäure und -ester

Acrylsäure und ihre Ester zeigen von allen ungesättigten organischen Säuren und Estern in den letzten Jahren die stärkste Verbrauchszunahme. Die weltweite Herstellkapazität für Acrylsäure betrug 2004 etwa 3,7 Mio jato; davon entfielen auf USA, Westeuropa, Bundesrepublik Deutschland und Japan etwa 1,3, 0,99, 0,59 bzw. 0,54 Mio jato. Die Acrylesterproduktion in USA, Japan und Westeuropa ist der nebenstehenden Tabelle zu entnehmen. Weltgrößter Hersteller von Acrylsäure ist die BASF an verschiedenen Produktionsstandorten mit einer Gesamtkapazität von 0,79 Mio jato (2004).

Acrylsäure ist zusammen mit ihren Estern die wichtigste industriell genutzte ungesättigte Carbonsäure

Acrylesterproduktion (in 1 000 t)

	1992	1997	2001
USA	552	731	822
Japan	231	314	214
WE	330	531	570

Ausgehend von der ersten technischen Acrylsäureherstellung 1901 durch Röhm & Haas in Darmstadt, haben sich in der Folgezeit vier großtechnisch ausgeübte Verfahren entwickelt. Allerdings hat in den letzten Jahren die Oxidation des Propens zu Acrylsäure eine so wesentliche Bedeutung erlangt, dass die historischen Verfahren entweder schon aufgegeben wurden oder in absehbarer Zeit abgelöst werden.

Erste technische Acrylsäureherstellung über Ethylenchlorhydrin (aus C_2H_4 + HOCl) und Ethylencyanhydrin (Hydroxypropionitril) aus $ClCH_2CH_2OH$ + HCN

11.1.7.1 Historische Acrylsäure-Herstellung

Im Ethylencyanhydrin-Prozess wurden Ethylenoxid und HCN alkalisch katalysiert zum Hydroxypropionitril umgesetzt, das mit einem Alkohol oder H_2O und stöchiometrischer Menge H_2SO_4 in den Ester oder die freie Säure übergeführt wurde:

Weitere, heute z. T. überholte Acrylsäureherstellung:

1. Cyanhydrinverfahren, d. h. Addition von HCN an EO und Folgereaktionen

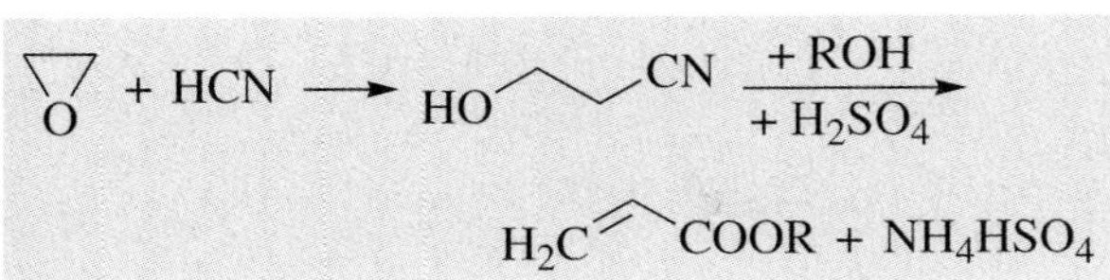

(32)

Diese Route wurde bis 1971 von der UCC als dem größten Ethylenoxidhersteller der Welt und von Röhm & Haas durchgeführt.

2. Reppe-Verfahren als hydratisierende Carbonylierung von C_2H_2 mit drei Varianten bezüglich der $Ni(CO)_4$-Katalysatormenge:

Ein weiteres Verfahren ist mit drei Varianten als Reppe-Prozess bekannt geworden. Alle drei basieren auf der Carbonylierung von Acetylen in Gegenwart von H_2O oder von Alkoholen und liefern damit die freie Säure oder den Ester:

$$HC{\equiv}CH + CO + H_2O\ (ROH) \xrightarrow{[Kat.]} H_2C{=}CH{-}COOH(R) \qquad (33)$$

2.1. historisches Verfahren mit stöchiometrischer $Ni(CO)_4$-Menge
2.2. modifiziertes Verfahren mit unterstöchiometrischer $Ni(CO)_4$-Menge
2.3. katalytisches Verfahren mit Katalysatorkombination aus carbonylbildendem (Ni) und nichtcarbonylbildendem (Cu) Schwermetall, zumeist als Jodid

Je nach Menge des Katalysators Nickeltetracarbonyl unterscheidet man eine stöchiometrische, eine modifizierte und eine katalytische Variante.

In USA und Japan wurde das modifizierte Reppe-Verfahren in technischen Anlagen bis vor kurzem noch angewendet.

Die rein katalytische Reppe-Reaktion wird bei 220–230 °C und 100 bar durchgeführt. Als Katalysator dient z. B. $NiBr_2$ mit einem Kupferhalogenid als Promotor. Die Reaktion läuft in der Flüssigphase in Tetrahydrofuran mit gutem Lösevermögen für das Acetylen ab. Das Reaktionsgemisch wird destillativ aufgearbeitet. Eine Katalysatorrückgewinnung lohnt sich wegen der geringen Einsatzmenge im Allgemeinen nicht. Die Selektivität zu Acrylsäure beträgt 90 % (C_2H_2) und 85 % (CO). Diese katalytische Route wurde schon 1939 von Reppe entdeckt. Sie hat heute kaum noch eine technische Bedeutung.

3. Propiolactonverfahren auf Basis Keten und Formaldehyd mit nachfolgender β-Lacton-Isomerisierung oder -Alkoholyse

Das dritte, heute jedoch nicht mehr angewendete Verfahren basiert auf der Thermolyse oder Alkoholyse von β-Propiolacton. Hierzu wird Keten (vgl. Abschn. 7.4.2) mit Formaldehyd in Gegenwart von $AlCl_3$, $ZnCl_2$ oder BF_3 in einem Lösemittel oder auch in der Gasphase zu β-Propiolacton mit einer Selektivität von 90 % umgesetzt. Dieses wird dann mit H_3PO_4 und Kupferpulver als Katalysator bei 140–180 °C und 25–250 bar quantitativ zur Acrylsäure oder bei Anwesenheit von Alkohol zu einem ihrer Ester umgesetzt:

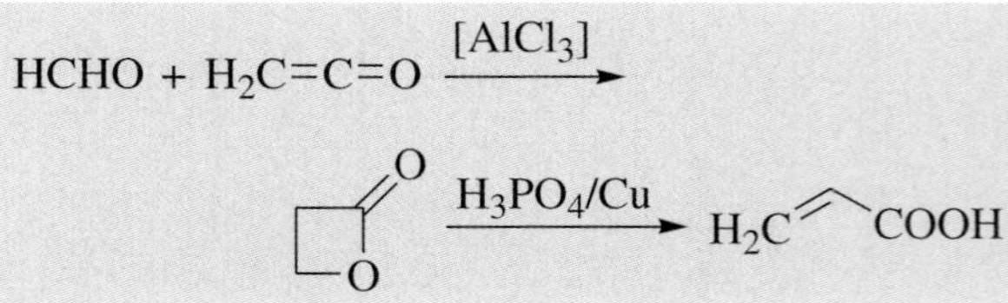

(34)

Celanese betrieb von 1957 bis 1974 eine 35 000-jato-Anlage für Acrylsäure und -ester.

4. Acrylnitrilhydrolyse oder -alkoholyse über Acrylamid als Zwischenstufe

Das letzte der konventionellen Verfahren basiert auf der Hydrolyse oder Alkoholyse des Acrylnitrils. Die Hydrolyse erfolgt mit H_2SO_4 zunächst unter Bildung des Acrylamidsulfats, das dann mit einem Alkohol zum Ester weiterreagiert:

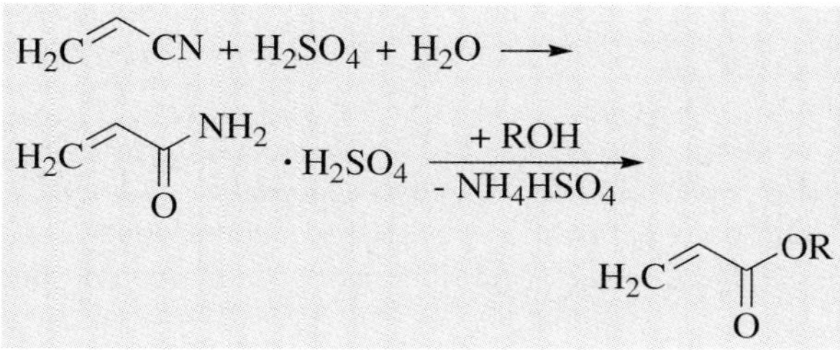

(35)

Die Selektivität zum Acrylester beträgt etwa 90% (ACN). Dieser Prozess, der in stöchiometrischer Menge NH_4HSO_4 liefert, wurde von Anic, Ugilor, Mitsubishi Petrochemical und wird heute nur noch von Asahi Chemical angewendet.

Neuere Varianten zur Acrylnitrilhydrolyse:

katalysierte Gasphasenhydrolyse (Mitsui Toatsu)

In einem neueren Verfahren der Mitsui Toatsu wurde die Verseifung nur mit H_2O an B_2O_3 enthaltenden Katalysatoren ausgearbeitet.

11.1.7.2 Acrylsäure aus Propen

Modernste Acrylsäureherstellung:

heterogen katalysierte Gasphasen-Direktoxidation von Propen nach zwei Verfahrensvarianten:

1. einstufig
2. zweistufig

Während Acrylsäure und -ester noch gegen Ende der sechziger Jahre zum überwiegenden Teil nach dem Reppe-Verfahren hergestellt wurden, überwiegt heute bei Neuanlagen die Propenoxidation. Sie kann katalytisch einstufig oder auch zweistufig durchgeführt werden.

Merkmale des Einstufenverfahrens:

Propenoxidation an mehrfunktionellem Katalysator zu Gemisch aus Acrolein und Acrylsäure

In der einstufigen Direktoxidation werden Propen, Luft oder O_2, manchmal mit Wasserdampf verdünnt, abhängig vom Katalysator bei 200–500 °C und bis zu 10 bar umgesetzt. Der Vielkomponentenkatalysator enthält Schwermetallmolybdate als Hauptbestandteil und zumeist Tellurverbindungen als Promotoren. Es entstehen nebeneinander Acrolein und Acrylsäure:

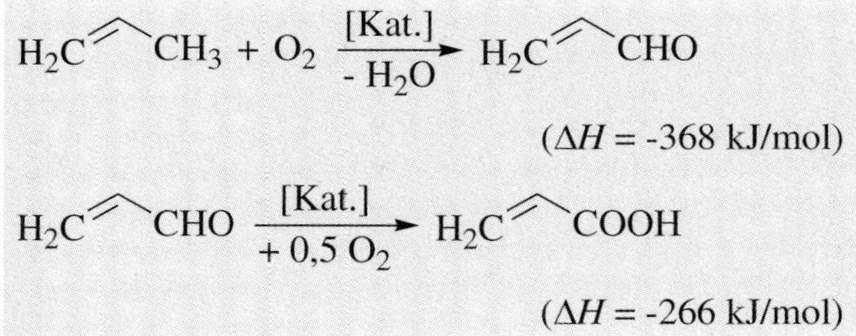

(36)

Da beide Oxidationsschritte sich in ihrer Kinetik unterscheiden, können einheitliche Prozessbedingungen und ein einziger Katalysator hier nicht zu einer optimalen Acrylsäureselektivität führen.

Merkmale des Zweistufenverfahrens:

Propenoxidation in zwei Festbettreaktoren mit unterschiedlichen Katalysatoren:

1. Stufe: Propen → Acrolein
   [Bi, P, Mo + z. B. Fe, Co]
2. Stufe: Acrolein → Acrylsäure
   [Mo + z. B. V, W, Fe, Ni, Mn, Cu]

Daher wurden von zahlreichen Firmen bevorzugt Zweistufenprozesse mit optimaler Anpassung von Katalysator und Prozessvariablen entwickelt. Die erste technische Einstufenanlage der Japan Catalytic Chem. Ind. wurde aus vorgenannten Gründen wieder auf das Zweistufenverfahren umgestellt. In den Grundzügen sind sich die bekannt gewordenen Verfahren ähnlich, in der Katalysatorzusammensetzung bestehen deutliche Unterschiede. Sie enthalten wie im Einstufenprozess Mischoxide mit Molybdän als Hauptkomponente auf oberflächenarmen Trägern. Für beide Stufen unterscheiden sich die Promotorzusätze beträchtlich.

Verfahrensmerkmale der Zweistufenroute:

Temperatur in 1. Stufe der Oxidation um etwa 70 °C höher als in 2. Stufe, hohe Umsätze (>95 %) an C_3H_6 und Acrolein ersparen Kreisläufe

H_2O-Zusatz wegen:

1. Veschiebung der Ex-Grenze
2. Verbesserung der Desorption vom Katalysator
3. Erleichterung der Wärmeabfuhr
4. Verringerung des Acrylsäurepartialdruckes

Isolierung der Acrylsäure:

Extraktion aus 20–25-proz. wässriger Lösung mit z. B. Ethylacetat, Propyl- oder Isopropylacetat oder MEK

Im Allgemeinen wird Propen in Gegenwart von Dampf und Luft in der ersten Stufe bei 330–370 °C und 1–2 bar in exothermer Reaktion in einem Festbett-Röhrenreaktor (bis zu 22000 Rohre je Reaktor) zu Acrolein oxidiert. Die Reaktionsprodukte werden direkt in den zweiten Reaktor geleitet und dort bei 260–300 °C zu Acrylsäure weiteroxidiert. Der Umsatz an Propen und Acrolein liegt über 95 %. Die Selektivität der Acrylsäure erreicht 85–90 % (C_3H_6). Der hohe Wasserzusatz führt zu einer nur 20–25-proz. Acrylsäurelösung, aus der die Säure bevorzugt durch Extraktion isoliert wird. Sie wird von den Nebenprodukten Essigsäure, Propionsäure, Maleinsäure, Acetaldehyd und Aceton destillativ getrennt. Nach einer neueren Trennmethode der BASF wird Acrylsäure aus den Reaktionsgasen durch Absorption an hydrophoben Lösemitteln (z. B. Diphenyl/Diphenyloxid-Gemischen) isoliert und destillativ gereinigt.

Zweistufenverfahren werden vor allem in Japan, USA, England und Frankreich betrieben. Bekannte Verfahren wurden z. B. von Sohio, von Nippon Shokubai (Japan Catalytic Co.) und von Mitsubishi Petrochemical entwickelt.

Verwendung der Acrylsäure und ihrer Ester:

als Monomere zur Herstellung von Homo- und Copolymerisaten mit bevorzugtem Einsatz für Oberflächenveredlung, Oberflächenschutz und als Superabsorber

Acrylester und Acrylsäure sind wichtige Monomere zur Herstellung von Homo- und Copolymerisaten. Sie finden ihre Anwendung bevorzugt auf dem Anstrich- und Klebstoffsektor, in der Papier- und Textilveredlung sowie in der Lederzurichtung. Ein wichtiges Einsatzgebiet mit einer starken Verbrauchszunahme ist die Verwendung als Superabsorber (**S**uper **A**bsorbent **P**olymers, SAP), d. h. von Polymeren mit extrem hoher Saugkraft für Flüssigkeiten.

Als Ester für die Homo- und Copolymerisation haben bisher Methyl-, Ethyl-, Butyl- und Isobutyl- sowie der 2-Ethylhexylester eine bevorzugte Anwendung gefunden. Die relative, mengenmäßige Bedeutung der Acrylsäure in Form ihrer Ester ist länderabhängig unterschiedlich, aber mit deutlichem Anstieg des C_4-Anteils und da bevorzugt Butylacrylat.

Acrylester mit technischer Bedeutung:

$H_2C{=}CHCOOR$, $R{=}CH_3$, C_2H_5, *n*- und *i*-C_4H_9, $CH_3(CH_2)_3CH(C_2H_5)CH_2$

Herstellung von Acrylestern:

protonenkatalysierte Säureveresterung mit Alkoholen oder Umesterung niederer Ester, bevorzugt Methylacrylat

Tabelle 11-5. Aufschlüsselung der Acrylesterproduktion (in Gew.-%).

Produkt	USA			WE		Japan		
	1984	1988	1998	1987	1992	1984	1988	1992
Ethylacrylat	33	34	31	24	24	16	15	15
Butyl-, Isobutylacrylat	45	43	50	50	52	32	34	39
2-Ethylhexylacrylat	9	5	11	9	9	29	30	32
Methylacrylat	7	8	} 8	15	14	} 23	} 21	} 14
Übrige	6	10		2	1			
Gesamtproduktion (in 1 000 t)	426	360	862	330	330	110	164	231

Einige der klassischen Acrylsäureverfahren konnten so gelenkt werden, dass die Ester direkt entstanden. Die modernen Verfahren führen nur zur Acrylsäure, die anschließend verestert werden muss. Hierzu wird die reine Säure zumeist bei 100–120 °C protonenkatalysiert (zumeist H_2SO_4 oder Kationenaustauscher) vor allem in der Flüssigphase mit dem entsprechenden Alkohol umgesetzt.

Acrylsäureveresterung:

vorzugsweise Flüssigphase, bei niederen Alkoholen (CH_3OH, C_2H_5OH) heterogen katalysiert (saurer Kationenaustauscher), bei höheren homogen katalysiert (H_2SO_4)

Weiterhin lassen sich durch Umesterung aus den niederen Estern auf einfache Weise die Acrylester höherer Alkohole darstellen.

Acrylamid als Derivat der Acrylsäure wird ausschließlich durch partielle Hydrolyse von Acrylnitril hergestellt (vgl. Abschn. 11.3.4).

11.1.7.3 Entwicklungsmöglichkeiten der Acrylsäure-Herstellung

Die Acrylsäure macht zurzeit eine Umstellung von der Acetylen- auf die Propenbasis durch. Besonders die modernen Katalysatorsysteme, die mit Acrylsäureselektivitäten von 85–90 % fast die 90 % der Reppe-Acetylen-Route erreichen, haben zu dem Kostenvorsprung der Propenoxidation beigetragen. Wenn auch die einstufige Propenoxidation zu Acrylsäure vielfach untersucht wurde, so haben doch die dabei nur erreichbaren geringen Selektivitäten von 50–60 % und die kurze Lebensdauer der Vielkomponentenkatalysatoren das Zweistufenverfahren begünstigt.

Nach AcOH, VC, ACN und Vinylacetat jetzt auch Acrylsäureherstellung von Acetylen- auf Olefinbasis umgestellt

Preiswerte Einsatzprodukte und hohe Acrylsäureselektivität der Propenoxidation kennzeichnen die Überlegenheit dieser Herstellroute gegenüber Alternativverfahren

Bei der Acrylsäureherstellung durch Nitrilverseifung steht dem Vorteil großer Kapazitäten für Acrylnitril nach dem Sohio-Verfahren (vgl. Abschn. 11.3.2.1) der Zwangsanfall an $(NH_4)_2SO_4$ entgegen. Darum wird die Propenoxidation in der Zweistufenversion in der Zukunft der wirtschaftlichste Prozess sein können.

Oxycarbonylierung von Ethylen, d. h. C_3-Aufbau aus C_2H_4 + CO (Union Oil)

Allerdings wurde durch die Union Oil eine neuartige Prozessentwicklung vorgestellt, bei der Ethylen oxidativ an $PdCl_2$-$CuCl_2$ zu Acrylsäure carbonyliert wird:

$$H_2C{=}CH_2 + CO + 0{,}5\ O_2 \xrightarrow[Ac_2O]{[Kat.]} H_2C{=}CH{-}COOH + AcO{-}CH_2{-}CH_2{-}COOH \qquad (37)$$

Die Reaktion verläuft in der Flüssigphase mit z. B. Essigsäure als Lösemittel und Acetanhydrid, um in Nebenreaktionen entstandenes und störendes Wasser zu entfernen. Die Selektivität zu Acrylsäure und β-Acetoxypropionsäure soll 85 % (C_2H_4) betragen.

Entscheidend wird für die Wirtschaftlichkeit des Aufbaues eines C_3-Gerüstes aus Ethylen und CO einerseits und der direkten Verwendung von Propen andererseits die Entwicklung der Olefinkosten sein.

11.2 Allylverbindungen und Folgeprodukte

Ausgangsprodukte zur Herstellung von Allylverbindungen sind:

$H_2C{=}CH{-}CH_3$

$H_2C{=}CH{-}CH_2{-}Cl$

mit potenzieller Bedeutung auch

$H_2C{=}CH{-}CH_2{-}OAc$

Allylverbindungen sind durch die Atomgruppierung $H_2C{=}CH{-}CH_2$- charakterisiert. Sie sind damit Substitutionsprodukte des Propens, das zumeist auch das technisch wichtigste Ausgangsprodukt für diese Verbindungsklasse darstellt, wobei man sich die leichte Austauschbarkeit des Allylwasserstoffs zunutze macht. Ihre technische Bedeutung haben sie in Form ihrer Folgeprodukte erlangt, die im Wesentlichen auf Allylchlorid basieren. Allylacetat, das durch Propenacetoxylierung wirtschaftlich leicht zugänglich wäre, hat bisher auch als Zwischenprodukt nur geringe großtechnische Anwendung gefunden (vgl. Abschn. 11.2.2), obwohl es den Zugang zu Verbindungen erlaubt, die derzeit aus Allylchlorid hergestellt werden.

11.2.1 Allylchlorid

Chlor lässt sich noch leichter an Propen als an Ethylen addieren; aber das entstehende Dichlorpropan hat im Gegensatz zum Dichlorethan keine industrielle Bedeutung.

1936 fand dann Shell, dass die Addition oberhalb von 300 °C in den Hintergrund tritt und stattdessen eine Substitution in Allylstellung, die sogenannte Heißchlorierung, nach einem Radikalmechanismus einsetzt. Bei 500–510 °C bildet sich das Allylchlorid bei nahezu quantitativem Cl_2-Umsatz mit 85-proz. Selektivität (Cl_2):

Herstellung von Allylchlorid:

1. „Heißchlorierung" von Propen führt als freie Radikalkettenreaktion zur Substitution an der CH_3-Gruppe

$Cl_2 \rightleftharpoons 2\,Cl\cdot$

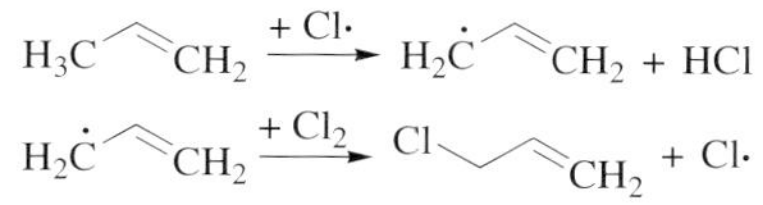

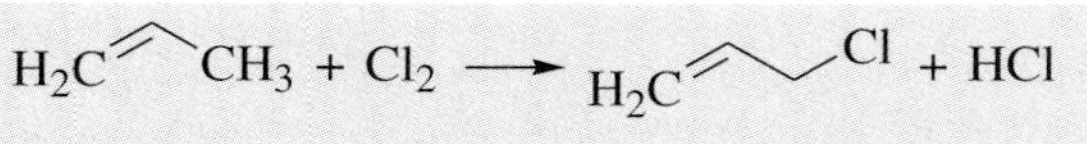

(38)

(ΔH = -113 kJ/mol)

Propen wird dabei im Überschuss verwendet, um das Chlor vollständig umzusetzen. Dabei ist eine schnelle und vollständige Vermischung der Gasströme vor der Reaktionszone eine wichtige Voraussetzung für eine selektive Umsetzung. Als Nebenprodukte entstehen 1,3-Dichlor-1-propen, 2-Chlor-1-propen und 1,2-Dichlorpropan. Der gebildete Chlorwasserstoff wird mit Wasser ausgewaschen.

Verfahrensmerkmal:

Überschuss an Propen ermöglicht quantitativen Cl_2-Umsatz und bei intensiver Mischung optimale Selektivität

In den Folgejahren haben auch andere Firmen, wie z. B. Asahi, Dow oder Solvay, eigene Verfahren entwickelt.

Die Herstellkapazität für Allylchlorid betrug 1996 weltweit 0,41 Mio jato; davon entfielen auf Westeuropa, Bundesrepublik Deutschland, Japan und USA 0,17, 0,11, 0,11 bzw. 0,06 Mio jato.

Allylchlorid ist auch durch Oxychlorierung des Propens herstellbar. Hoechst entwickelte ein Verfahren mit einem Te-Katalysator bei 240 °C und Normaldruck im halbtechnischen Maßstab. Auch andere Firmen befassten sich mit Oxychlorierungsverfahren. So schlägt z. B. die DEA einen $PdCl_2$-$CuCl_2$-Katalysator vor und Lummus entwickelte ein Verfahren mit Propan als Einsatzmaterial. Technische Anwendungen stehen noch aus.

2. Oxychlorierung von Propen mit HCl/O_2, z. B. nach Hoechst, DEA u. a., noch ohne technische Anwendung

Allylchlorid wird hauptsächlich zur Herstellung von Epichlorhydrin (weltweit mehr als 90 % des Allylchlorids), Allylalkohol und Allylamin verwendet.

Allylchloridverwendung:

1. Hydrolyse zu 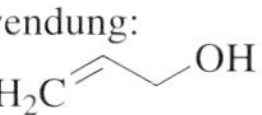
2. Epoxidation (indirekt und direkt)

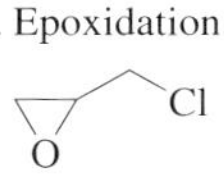

3. Ammonolyse zu 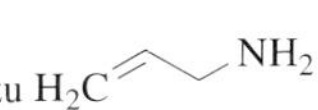

Für die zweistufige Route zum Epichlorhydrin wird Allylchlorid zunächst mit HOCl bei 25–50 °C in wässriger Phase zu einem Gemisch der zwei isomeren Dichlorhydroxypropane umgesetzt:

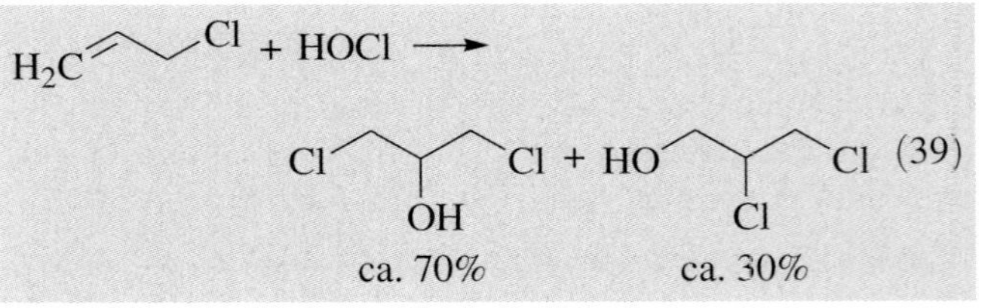

Epichlorhydrin-Herstellung:

zweistufiges Verfahren der HOCl-Addition an Allylchlorid mit anschließender Dehydrochlorierung

Das Rohprodukt wird dann bei 50–90 °C mit $Ca(OH)_2$ (Kalkmilch) in Epichlorhydrin übergeführt:

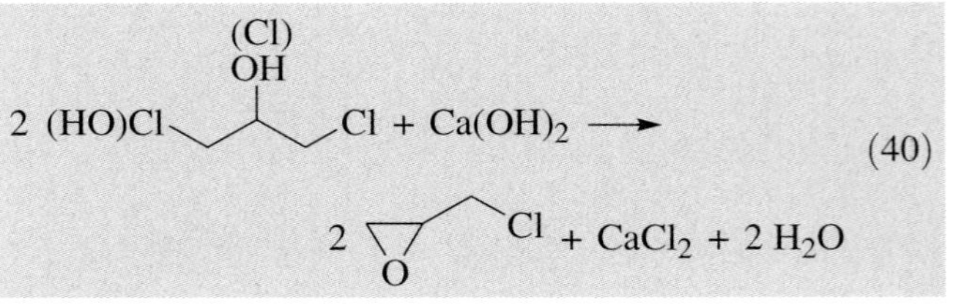

Epichlorhydrin-Produktion (in 1 000 t)

	1995	1997	1999
USA	312	328	323
WE	232	241	260
Japan	122	120	132

Die Reinigung erfolgt durch fraktionierte Destillation.

Die Herstellkapazität für Epichlorhydrin betrug 2003 weltweit 1,2 Mio jato; davon entfielen auf USA, Westeuropa, Bundesrepublik Deutschland und Japan etwa 0,48, 0,30, 0,16 bzw. 0,12 Mio jato. Die Produktionszahlen sind nebenstehender Tabelle zu entnehmen.

alternatives Verfahren der Epoxidation von Allylchlorid mit Perpropionsäure

Ein neueres, von Laporte in einer 5000-jato-Anlage genutztes Verfahren zur Herstellung von Epichlorhydrin vermeidet den beträchtlichen Salzanfall bei der Epoxidation von Allylchlorid. Danach wird analog der Propenepoxidation nach dem Interox-Verfahren Allylchlorid mit Perpropionsäure aus der Umsetzung von H_2O_2 mit Propionsäure (vgl. Abschn. 11.1.1.2) in einer Stufe bei ca. 70–80 °C in Epichlorhydrin übergeführt.

Showa Denko hatte von 1985 bis 2003 in Japan ein Herstellverfahren in technischer Nutzung (24000 jato), das auf Allylalkohol basiert. Dieser wird nach Chloraddition an die Doppelbindung zum 2,3-Dichlor-1-hydroxypropan, dann mit $Ca(OH)_2$ zum Epichlorhydrin umgesetzt. Die Anlage wurde dann stillgelegt.

Epichlorhydrin-Verwendung:

Herstellung von Bisphenol-A-glycidylethern als wichtige Ausgangsprodukte für Epoxidharze

Reaktionsfolge der Glycidylether-Bildung:

1. „Chlorhydrinether" durch Addition von Bisphenol-A an Epichlorhydrin

Epichlorhydrin wird hauptsächlich zur Herstellung von Glycidylethern verwendet, von denen den Bisphenol-A-glycidylethern die größte Bedeutung zukommt. Die Umsetzung von Bisphenol-A wird in Gegenwart von Natronlauge bei 100 bis 150 °C vorgenommen. In einer zweistufigen Reaktion bildet sich mit einem Überschuss an Epichlorhydrin zunächst unter Öffnung des Epoxidringes ein „Chlorhydrinether", aus dem mit NaOH in schneller Reaktion HCl abgespalten wird:

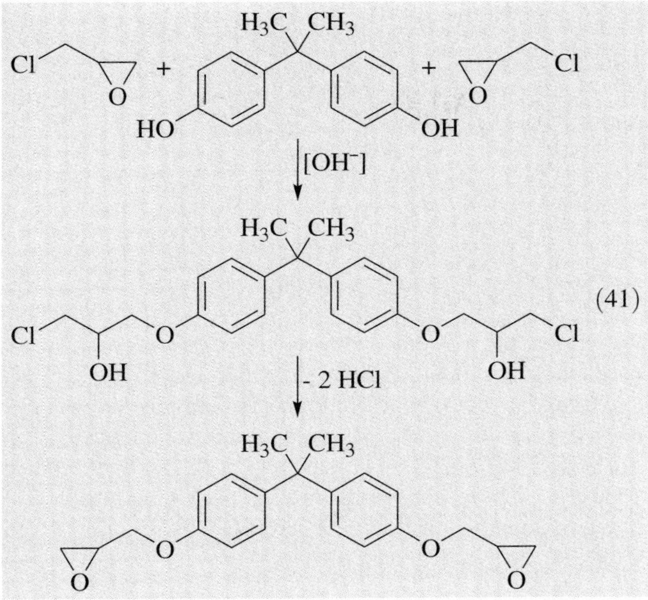
(41)

2. Bisglycidylether (Di-epoxid) durch HCl-Abspaltung
3. „Epoxid-Vorkondensate" (Molmassen 100–5000) durch fortlaufende Reaktion von Di-epoxiden mit Bisphenol-A-monoglycidylether

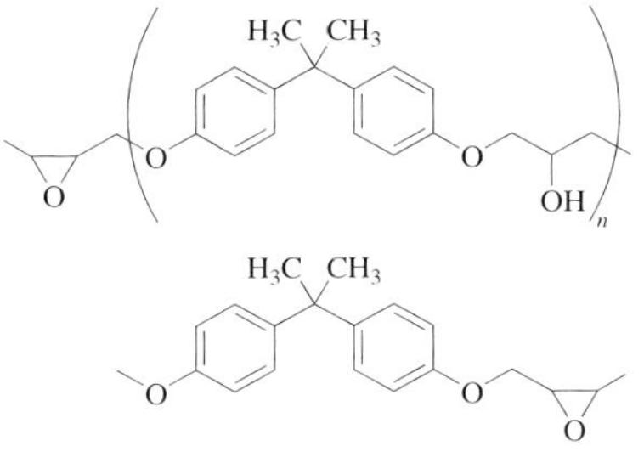

Der so erhaltene Bisglycidylether kann bei überschüssigem Bisphenol-A nach einem ähnlichen Reaktionsprinzip zu höhermolekularen Glycidylethern weiterreagieren. Die Kettenlänge ist abhängig vom Molverhältnis Bisphenol-A/Epichlorhydrin. Die Umsetzung der Glycidylether mit Polyaminen oder Polyolen – zumeist basenkatalysiert – führt unter teilweiser Vernetzung zu den Epoxidharzen.

Prinzip der Epoxidharzbildung:

Addition von Di- oder Polyaminen bzw. -alkoholen oder Bisphenolen an Glycidylether unter Epoxidringöffnung (Aushärtung)

Mithilfe von Epoxidharzen lassen sich viele Werkstoffe (Metalle, Holz, Duroplaste) mit hoher Festigkeit verkleben. Epoxidharze werden weiterhin für den Oberflächenschutz, als Bindemittel und als Gieß- und Imprägnierharze auf zahlreichen Gebieten verwendet.

Verwendung von Epoxidharzen:

Klebstoffe
Oberflächenschutz
Gieß- und Imprägnierharze

Epichlorhydrin ist weiterhin ein Rohstoff für synthetisches Glycerin (vgl. Abschn. 11.2.3), Glycidylmethacrylat und Spezialchemikalien.

Eine dritte Verwendung des Allylchlorids ist seine Umsetzung mit NH_3 zu Allylamin:

Allylaminherstellung:

Allylchloridammonolyse mit zwei Folgeprodukten:

$(H_2C{=}CHCH_2)_2NH$

$(H_2C{=}CHCH_2)_3N$

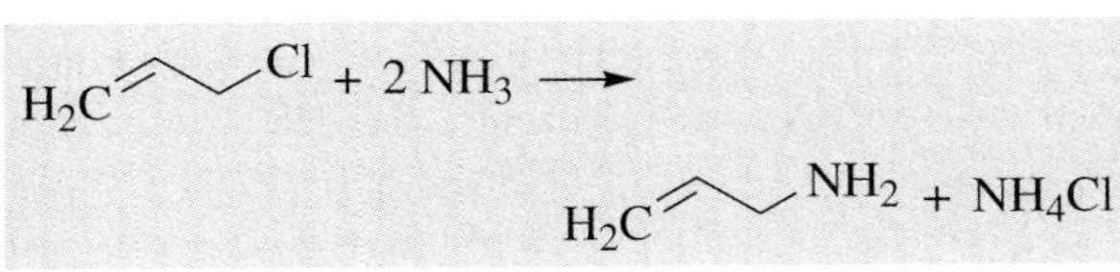
(42)

Als Nebenprodukte bilden sich dabei Di- und Triallylamin.

11.2.2 Allylalkohol und -ester

Allylalkohol-Herstellung mit vier Ausgangsprodukten möglich:

1. $H_2C{=}CHCH_2Cl$
2. $H_2C{-}CHCH_3$ (über O verbrückt)
   O
3. $H_2C{=}CHCHO$
4. $H_2C{=}CHCH_2OAc$

Allylalkohol lässt sich aus Allylchlorid, Propylenoxid, Acrolein oder Allylacetat herstellen. Die weltweite Herstellkapazität für Allylalkohol betrug 1996 etwa 65 000 jato.

Bisher waren Verfahren der alkalischen Hydrolyse von Allylchlorid nach Shell oder Dow bevorzugt:

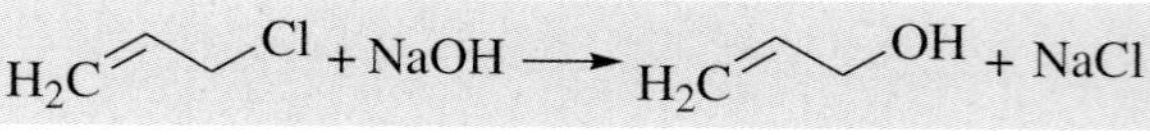

(43)

Verfahrensprinzip der Route 1:

alkalische Verseifung von Allylchlorid unter Druck mit vollständigem Übergang des Chlors in NaCl

Die Umsetzung wird in einem Umlaufreaktor mit 5–10-proz. Natronlauge bei 150 °C und 13–14 bar vorgenommen. Bei quantitativem Umsatz erreicht die Selektivität zum Allylalkohol etwa 85–95 %. Als Nebenprodukte entstehen Diallylether, Propionaldehyd und Hochsieder. Der vollständige Verlust des Chlors sowie die notwendigen korrosionsbeständigen Anlagen standen der weiteren Nutzung dieser Route entgegen.

Verfahrensprinzip der Route 2:

katalysierte Propylenoxid-Isomerisierung in der Flüssigphase im hochsiedenden Lösemittel mit suspendiertem oder in der Gasphase mit fest angeordnetem Katalysator

Ein zweites Verfahren zur Allylalkohol-Herstellung ist die Isomerisierung von Propylenoxid:

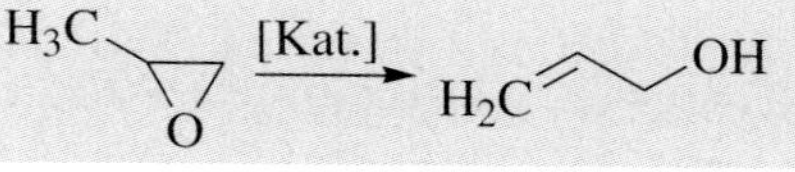

(44)

Diese Reaktion gewinnt in neuester Zeit mit zunehmenden Propylenoxidkapazitäten größeres Interesse. Man kann die Umsetzung sowohl in der Flüssigphase wie auch in der Gasphase vornehmen. Als Katalysator dient fast ausschließlich Li_3PO_4. Nur BASF-Wyandotte benutzt Cr_2O_3 für diese Isomerisierung.

So wird z. B. nach dem Verfahren von Progil in einer Anlage bei FMC das Li_3PO_4 in einem hochsiedenden Lösemittel (Alkylbenzole) fein suspendiert. Propylenoxid wird dann bei 275–280 °C und bis zu 10 bar hindurchgeleitet und zu etwa 60 % zu Allylalkohol isomerisiert. Die Selektivität beträgt etwa 92 %. Dieser Verfahrensschritt wird in einer 1991 von Arco gestarteten Anlage zur Herstellung von 1,4-Butandiol genutzt (vgl. Abschn. 4.3).

Im Gasphasenverfahren, z. B. nach Olin Mathieson oder Hüls, wird an einem Li_3PO_4-Trägerkatalysator bei 250 bis 350 °C die gleiche Reaktion mit höheren Umsätzen von 70–75 % und etwas besseren Selektivitäten von 97 % durchgeführt. Als Nebenprodukte bilden sich Aceton und Propionaldehyd.

Die dritte Methode besteht in der selektiven Gasphasenhydrierung der Aldehydgruppe des Acroleins. Nach dem Degussa-Verfahren kann man an Cd-Zn-Katalysatoren eine etwa 70-proz. Selektivität zu Allylalkohol erreichen. Nach Celanese lässt sich auch ein Ag-Cd-Katalysator mit vergleichbarer Selektivität einsetzen. Anstelle der Hydrierung kann auch eine H_2-Übertragung aus Isopropanol vorgenommen werden:

Verfahrensprinzip der Route 3:

selektive Acroleinhydrierung nach zwei Varianten:

1. heterogen katalysierte Gasphasenhydrierung (z. B. nach Degussa oder Celanese)

2. heterogen katalysierte H_2-Übertragung aus Isopropanol in der Gasphase (z. B. nach Shell) oder aus 2-Butanol

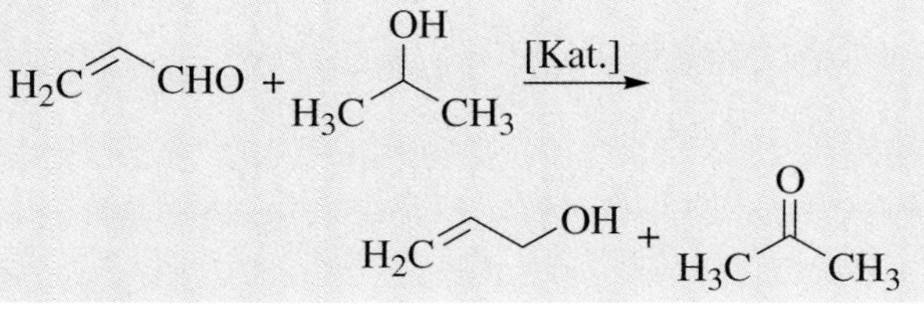

(45)

Diese nach Art einer Meerwein-Ponndorf-Reduktion verlaufende Umsetzung wird an MgO-ZnO-Katalysatoren bei 400 °C mit 80-proz. Selektivität zum Allylalkohol durchgeführt. Sie ist ein Teilschritt einer von Shell entwickelten Glycerinsynthese, die in USA in einer 23000-jato-Anlage viele Jahre durchgeführt, aber 1980 aus Kostengründen eingestellt wurde.

In technischen Prozessen ist auch die Reaktion des Acroleins mit sek. Butanol üblich, das dabei zu Methylethylketon dehydriert wird.

Nach der vierten Methode wird Allylacetat zum Allylalkohol hydrolysiert. Das Ausgangsprodukt Allylacetat kann analog dem Vinylacetatverfahren aus Propen, Essigsäure und O_2 an Pd-Katalysatoren hergestellt werden:

Verfahrensprinzip der Route 4:

zweistufige Herstellung aus Propen mit Zwischenstufe Allylacetat und nachfolgender Hydrolyse zu Allylalkohol

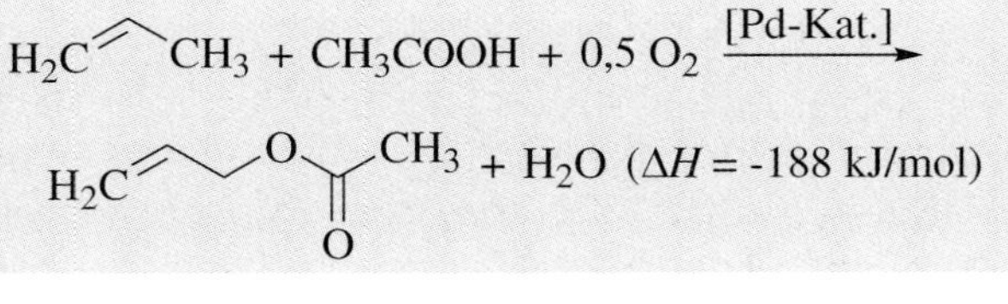

(46)

Die Acetoxylierung des Propens wird, z. B. nach Verfahren von Hoechst oder Bayer, in der Gasphase zwischen 150 und 250 °C unter Druck an Trägerkatalysatoren vorgenommen, die Pd in Form von Verbindungen oder Metall zusammen mit Alkaliacetat und evtl. weiteren Cokatalysatoren, z. B. Fe- oder Bi-Verbindungen, enthalten. Bei unvollständigen Umsätzen an Propen und Essigsäure erreichen die Selektivitäten an Allylacetat über 90 %. Als Nebenprodukt tritt praktisch nur CO_2 auf.

Herstellung von Allylacetat:

bevorzugt Gasphasen-Acetoxylierung von Propen an heterogenen Katalysatoren auf der Basis von Pd-Metall oder -Verbindungen

Allylacetat kann dann nach bekannten Verfahren in Gegenwart saurer Katalysatoren wie Mineralsäuren oder nach einem Verfahren von Bayer auch an sauren Ionenaustauschern zu Allylalkohol verseift werden. Die Hydrolyse kann auch nach einem Verfahren von Hoechst bei 230 °C und 30 bar katalysatorfrei erfolgen. Die wiedergewonnene Essigsäure lässt sich erneut in die Propenacetoxylierung einsetzen, so dass letztlich folgende Bruttogleichung resultiert:

Überführung von Allylacetat in Allylalkohol:

1. protonenkatalysierte Hydrolyse des Allylacetats in flüssiger Phase (Mineralsäure oder Ionenaustauscher als Katalysatoren)
2. katalysatorfreie Hydrolyse unter Druck bei höherer Temperatur

$$H_2C{=}CH{-}CH_3 + 0{,}5\,O_2 \xrightarrow{[Kat.]} H_2C{=}CH{-}CH_2OH \quad (47)$$

Die Allylalkoholselektivität erreicht über beide Stufen 90% (C_3H_6).

Showa Denko betreibt nach diesem Verfahrensprinzip eine inzwischen auf 35000 jato erweiterte Anlage.

Allylalkohol-Verwendung:

1. Herstellung von Glycerin über Glycidstufe
2. Ausgangsmaterial für Allylester
3. Hydroformylierung und Hydrierung zu 1,4-Butandiol
4. Chlorierung und Dehydrochlorierung zu Epichlorhydrin

Allylalkohol wird zum überwiegenden Teil für die Herstellung von Glycerin verwendet (vgl. Abschn. 11.2.3). Glycid, als Zwischenstufe dieser Glycerinsynthese, hat eine zusätzliche Bedeutung zur Synthese von Pharmazeutika, Kosmetika und Emulgatoren. Allylalkohol wird weiterhin in Form der Ester, z. B. als Phthalsäure- oder Maleinsäureester, auf dem Polymergebiet eingesetzt.

Eine neuere Verwendung ist seine Hydroformylierung zu 4-Hydroxybutanal mit der nachfolgenden Hydrierung zu 1,4-Butandiol. Arco hat gemeinsam mit Kuraray ein Verfahren entwickelt, das in einer 55000-jato-Anlage (heute Lyondell) genutzt wird (vgl. Abschn. 4.3).

Allylalkohol wird seit kurzem auch zu Epichlorhydrin (vgl. Abschn. 11.2.1) umgesetzt.

11.2.3 Glycerin aus Allylvorstufen

Ursachen für einen Bedarf an Synthese-Glycerin:

Synthesewaschmittel verdrängten Fettverseifung und schufen Glycerinmangel

Historischer Start der Glycerinsynthese auf petrochemischer Basis:

Entdeckung der Propen-„Heißchlorierung"

Glycerin, als der einfachste dreiwertige Alkohol, war ursprünglich nur ein Nebenprodukt der Fettverseifung. Als dann in den vierziger Jahren besonders in USA die synthetischen Waschmittel vordrangen, wurde die Seifenherstellung auf Fettsäurebasis eingeschränkt und das Glycerin stand bei gleichzeitig steigendem Bedarf nicht mehr ausreichend zur Verfügung. In dieser Zeit wurden die ersten Syntheseverfahren für Glycerin entwickelt.

Glycerinproduktion (Syntheseanteil in Gew.-%)

	1975	1980	1990	1998
WE	38	29	17	11
USA	50	47	29	29
Japan	54	37	42	35

Inzwischen ist aber in einigen Ländern das Maximum der Glycerinproduktion auf petrochemischer Basis schon durchlaufen, wie die nebenstehende Tabelle angibt. Die Gesamtproduktion in Westeuropa, USA und Japan ist in einer weiteren Tabelle zusammengefasst.

Glycerin-Gesamtproduktion (in 1000 t)

	1992	1994	1998
WE	192	207	219
USA	159	159	149
Japan	43	42	52

Die ersten Syntheseverfahren, ab 1943 durch die I.G. Farben und ab 1948 durch Shell betrieben, basierten auf Allylchlorid bzw. dem daraus hergestellten Epichlorhydrin (vgl. Abschn. 11.2.1). Auch heute noch verwendet die überwiegende Zahl der Glycerinproduzenten (weltweit mehr als 80% aller Glycerinkapazitäten) Epichlorhydrin als Ausgangsprodukt.

Heutige Glycerinherstellung mit zwei wesentlichen Basisprodukten:

1. $H_2C{=}CHCH_2Cl$ (bevorzugt)
2. $H_2C{=}CHCH_2OH$

Dieses wird mit verdünnter Natronlauge (10%) unter erhöhtem Druck bei 100–200 °C in einer zweiphasigen Flüssigkeitsreaktion stufenweise zu Glycerin hydrolisiert:

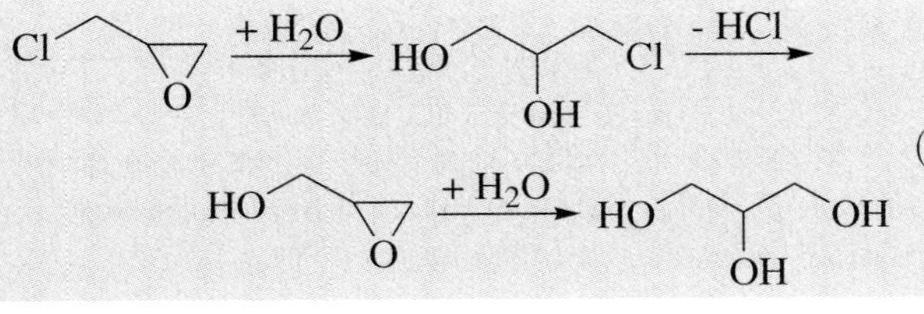

(48)

Die wässrige NaCl-haltige Glycerinlösung wird eingeengt, entsalzt und anschließend auf 98–99-proz. Glycerin destillativ aufkonzentriert.

Dieses Glycerinherstellverfahren wird in Westeuropa, USA, Japan, GUS und China betrieben.

Merkmale der Allylchlorid-Route:

nach Herstellung von Epichlorhydrin als Zwischenprodukt mehrstufige, alkalische Verseifung unter totalem Chlorverlust über:

1. Monochlorhydrin
2. Glycid oder Glycidol zu
3. Glycerin

Zu dieser ersten technischen Route mit totalem Verlust des Chlors als wertloses $CaCl_2$ bei der Epichlorhydrin-Herstellung (vgl. Abschn. 11.2.1) und NaCl in den nachfolgenden Verseifungsstufen kamen bald weitere Glycerinverfahren, die vom Allylalkohol ausgingen.

Dieser wird in Gegenwart von Wolframtrioxid oder Salzen der Wolframsäure (z. B. $NaHWO_4$) mit H_2O_2 in der flüssigen Phase bei 60–70 °C über die Stufe des Glycids hydroxyliert:

Basis der Allylalkohol-Route:

katalytische Epoxidation und Hydrolyse von Allylalkohol nach zwei Varianten:

1. katalytisch mit H_2O_2 (z. B. Shell-Verfahren oder Degussa-Verfahren) (H_2O_2/WO_3 = Milas-Reagenz)

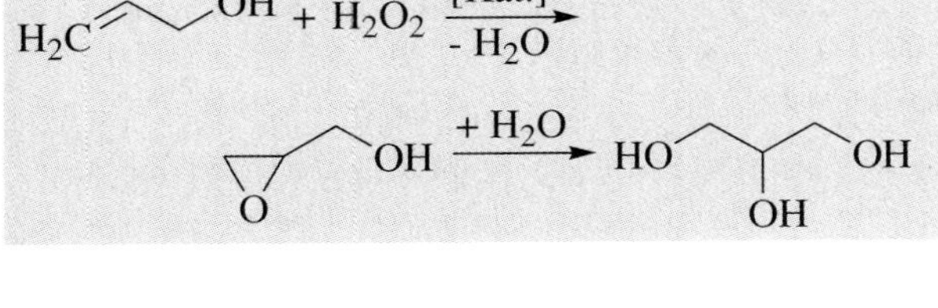

(49)

2. katalytisch mit Peressigsäure (z. B. FMC-Verfahren, Daicel-Verfahren)

Die Ausbeute beträgt etwa 90% (Allylalkohol, H_2O_2). Degussa führt die erste Stufe, d. h. die Herstellung von Glycid, in einer technischen Anlage (3000-jato-Kap.) seit 1981 durch. Anstelle von H_2O_2 kann man zur Epoxidation des Allylalkohols auch Peressigsäure in einem hochsiedenden Keton oder Ester (z. B. Ethylacetat) als Lösemittel bei 50–75 °C verwenden. So wurde nach einem Verfahren der FMC, ausgehend von der Propylenoxid-Isomerisierung, Glycerin in einer Anlage mit einer Kapazität von 18000 jato bis 1982 hergestellt. Daicel entwickelte ein eigenes Verfahren, das seit 1969 technisch genutzt wird. Dabei dient Peressigsäure sowohl für die Epoxidation von Propen zu Propylenoxid wie auch für die Epoxidation von Allylalkohol zu Glycid, das anschließend zum Glycerin verseift wird. Bezogen auf Glycerin fällt etwa die 2,5fache Menge an Essigsäure an (vgl. Peressigsäure aus Acetaldehyd, Abschn. 7.4.1.1).

Modifizierte Allylalkohol-Route:

Allylalkohol-Herstellung aus Propylenoxid, dann klassische HOCl-Addition und Verseifung (z. B. Olin-Mathieson-Verfahren)

Olin Mathieson geht ebenfalls vom Allylalkohol aus, der durch Propylenoxid-Isomerisierung hergestellt wird. Dann aber wird in der nächsten Stufe HOCl addiert und das so entstandene Glycerinmonochlorhydrin, $HOCH_2CH(OH){-}CH_2Cl$, anschließend zu Glycerin hydrolysiert. Mit dieser Variante spart man im Vergleich zur Allylchloridroute einen Teil des Chlors ein.

Ältere Verfahren der Glycerinherstellung durch gelenkte Fermentation oder durch eine Kombination von Hydrolyse und Hydrogenolyse von Zucker, Melasse oder anderen Kohlenhydraten haben heute keine Bedeutung mehr (kommerzielle Nutzung durch I.G. Farben ab 1938, Glycerogen = Mischung aus Glycerin, Propylenglykol, Ethylenglykol).

Allerdings haben Verfahren der Glyceringewinnung als Nebenprodukt aus Fermentationsprozessen zur Ethanolherstellung wieder an Interesse gewonnen, da derzeit – z. B. in USA – die Herstellkapazitäten für synthetisches Glycerin ausgelastet sind.

Glycerinverwendung nach zwei Gesichtspunkten:

1. physikalische Eigenschaften (wie hochsiedend, -viskos, hygroskopisch) sind maßgebend für Verwendung als Befeuchtungs-, Frostschutz-, Gleit- und Hilfsmittel

Die technische Verwendung des Glycerins wird zum einen von dessen physikalischen Eigenschaften und zum anderen von dessen chemischer Natur bestimmt.

Als hochsiedende, -viskose und hygroskopische Substanz dient Glycerin als Frostschutzmittel, zur Herstellung von pharmazeutischen und kosmetischen Präparaten, zur Tabakbefeuchtung sowie als Hilfsmittel für Druckfarben, Tinten, Kitte u. a. mehr.

Als Triol dient Glycerin zur Herstellung von Alkydharzen, die durch Polykondensation mit mehrbasischen aromatischen Säuren oder im Fall der Phthalsäure mit dem Anhydrid (PSA) erhalten werden. Dabei bildet sich z. B. aus Glycerin und etwa äquimolaren Mengen Phthalsäureanhydrid zunächst bei etwa 250 °C ein lineares, schmelzbares Harz, das mit überschüssigem Anhydrid dann durch Veresterung der sekundären Hydroxylgruppen zum unschmelzbaren Alkydharz vernetzt wird:

2. chemische Eigenschaften (als Triol) sind maßgebend für Reaktionen, die Mehrfunktionalität erfordern, wie z. B. Herstellung von Alkydharzen, früher Glyptale genannt (**Gly**cerin + **Phthal**säure): mit primärem OH zu linearen Polyestern, mit sekundärem OH Vernetzung bei Härtung oder beim Einbrennen

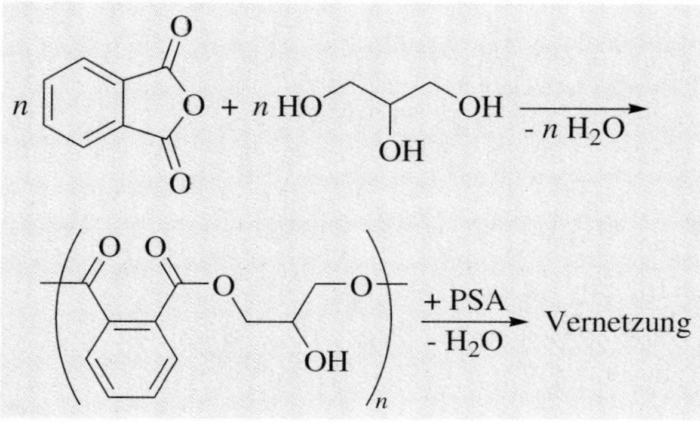

(50)

Alkydharze werden als Grundstoffe in der Lackindustrie verwendet. Ein weiteres Folgeprodukt des Glycerins sind die Glycerintripolyether. Zu ihrer Herstellung wird Glycerin zunächst mit Propylenoxid bei 3–4 bar und 125 °C in Gegenwart von KOH propoxyliert und nach Erreichen einer bestimmten Molmasse zumeist noch mit wenig Ethylenoxid umgesetzt. Die so erhaltenen Glycerintripolyether finden selbst als oberflächenaktive Substanzen eine vielfältige Anwendung, sie dienen auch als Ausgangsmaterialien für die Umsetzung mit Diisocyanaten zu Polyurethanen.

Herstellung von Glycerintripolyethern (durch Ethoxylierung oder Propoxylierung) zur weiteren Umsetzung zu Polyetherisocyanaten

Mono- und Diester des Glycerins mit Fettsäuren werden in größerem Umfang bei der Nahrungsmittelfabrikation eingesetzt.

Nur ein kleiner Teil der Glycerinproduktion (etwa 4 %) geht heute in die Herstellung von Glycerintrinitrat, das, adsorbiert an Kieselgel (Dynamit), als erstes Derivat 1866 den Anstoß zu der technischen Bedeutung des Glycerins gegeben hatte.

11.3 Acrylnitril

Acrylsäurenitril, heute zumeist als Acrylnitril (ACN) bezeichnet, erlangte etwa um 1930 zunächst in Deutschland und dann in USA seiner erste technische Bedeutung. Es wurde zur Copolymerisation mit Butadien zum Synthesekautschuk „Perbunan“ eingesetzt. In der Folgezeit kamen dann

Historische Entwicklung der industriellen Acrylnitrilbedeutung als Monomeres zur Homo- und Copolymerisation:

1. treibstoff- und ölfester Perbunankautschuk (I.G. Farben)
2. Polyacrylnitrilfaser Orlon (DuPont)

zahlreiche weitere Verwendungen als Monomeres, Comonomeres und als Zwischenprodukt für die Einsatzgebiete Fasern, Harze, Thermoplaste und Elastomere hinzu. Diese Anwendungsbreite und die erfolgreichen Verbesserungen der Herstellmethoden waren die wesentlichen Gründe für die stürmische Ausweitung der Acrylnitrilproduktion.

ACN-Produktion (in Mio t)

	1994	1996	1998
USA	1,37	1,53	1,42
WE	1,16	1,19	1,06
Japan	0,61	0,68	0,67
BRD	0,41	0,43	0,43

2004 betrug die weltweite Herstellkapazität für Acrylnitril etwa 6,2 Mio jato. Davon entfielen auf Westeuropa, USA, Japan und Bundesrepublik Deutschland etwa 0,91, 1,9, 0,82 bzw. 0,30 Mio jato.

Die Produktionszahlen für Acrylnitril in diesen Ländern sind in der nebenstehenden Tabelle zusammengefasst.

ACN-Herstellung:

1. in älteren Verfahren durch Aufbaureaktion aus C_2-Bausteinen + HCN
2. in neueren Verfahren durch Propen-Ammonoxidation

Die Herstellung des Acrylnitrils erfolgte in den historischen Verfahren durch Aufbau des C_3-Gerüstes aus kleineren Bausteinen. Heute wird der überwiegende Teil aus Propen nach dem Ammonoxidationsverfahren der Standard Oil of Ohio (heute BP) und einigen modifizierten, ähnlichen Prozessen hergestellt. Damit ist zugleich nach dem Polypropen das Acrylnitril die zweitwichtigste chemische Verwendung des Propens geworden.

11.3.1 Historische Acrylnitril-Herstellung

Historische ACN-Herstellung nach drei Aufbaurouten mit HCN und C_2-Einsatzprodukten wie:

1. $H_2C{-}CH_2$ (über O verbrückt)
2. $HC{\equiv}CH$
3. CH_3CHO

Die älteren Verfahren zur Herstellung von Acrylnitril verwendeten die relativ teuren C_2-Bausteine Ethylenoxid, Acetylen und Acetaldehyd, die durch Umsetzung mit HCN zum Acrylnitril oder seinen Vorstufen aufgebaut wurden.

Die erste technische Produktion auf Basis Ethylenoxid wurde von den I.G. Farben entwickelt und von UCC ab 1952 sowie von Cyanamid ab 1970 durchgeführt. Inzwischen wurden beide Anlagen stillgelegt. Das Verfahrensprinzip bestand in der alkalisch katalysierten Addition von HCN an Ethylenoxid zum Ethylencyanhydrin, das entweder in der Flüssigphase bei 200 °C in Gegenwart von Alkali- oder Erdalkalisalzen oder in der Gasphase bei 250–300 °C an Al_2O_3 dehydratisiert wurde:

Verfahrensprinzip der Ethylenoxidroute:

zweistufige, homogen katalysierte Reaktion zum Zwischenprodukt Cyanhydrin mit nachfolgender homogen bzw. heterogen katalysierter Dehydratisierung

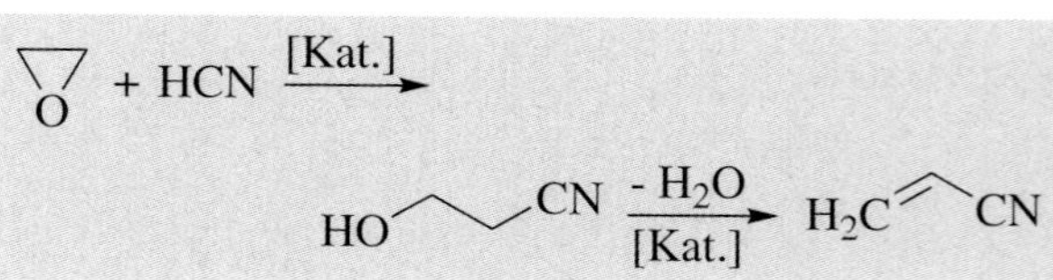

(51)

Verfahrensprinzip der Acetylenroute:

einstufige, homogen katalysierte Hydrocyanierung in der Flüssigphase (Nieuwland-System)

Eine andere, von Bayer entwickelte und von Cyanamid, DuPont, Goodrich, Knapsack und Monsanto technisch genutzte

Route bestand in der CuCl-NH_4Cl-katalysierten Addition von HCN an Acetylen bei 80–90 °C:

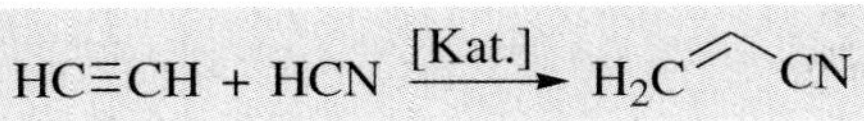
(52)

Dieser Prozess war in den fünfziger und bis Anfang der sechziger Jahre in USA und Westeuropa der bevorzugte Weg zum Acrylnitril. Inzwischen ist die Acetylenbasis verlassen worden.

Ein drittes Verfahren, nach Hoechst (Knapsack-Griesheim), blieb technisch bedeutungslos. Acetaldehyd wurde danach mit HCN basisch katalysiert zum Nitril der Milchsäure (Lactonitril) umgesetzt, das bei 600–700 °C in Gegenwart von H_3PO_4 zum Acrylnitril dehydratisiert wurde:

Verfahrensprinzip der Acetaldehydroute:

zweistufige Reaktion zunächst zum Acetaldehyd-Cyanhydrin (Milchsäurenitril) mit nachfolgender katalysierter Dehydratisierung

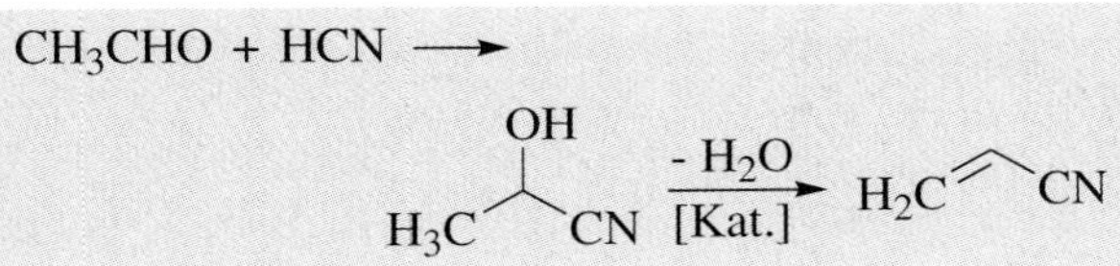
(53)

Die erste Stufe dieser Umsetzung wurde bis 1996 in USA von Sterling und wird heute noch in Japan von Musashino durchgeführt; sie dient aber zur Herstellung von Milchsäure durch Hydrolyse des Lactonitrils bei etwa 100 °C in Gegenwart von H_2SO_4. Die Milchsäure wird in Form ihres Methylesters isoliert und gereinigt. Die Weltproduktion an Milchsäure wird auf gegenwärtig etwa 50000 jato geschätzt. Hiervon werden allerdings ca. zwei Drittel fermentativ aus zucker- oder stärkehaltigen Produkten gewonnen. Milchsäure dient vorwiegend in der Lebensmittelindustrie als Genusssäure (vgl. Abschn. 13.2.3.4), als Backhilfsmittel und als Emulgatorzusatz, z. B. in Form des Glycerinesters. Eine neuere Verwendung für Milchsäure ist die Herstellung von biologisch abbaubaren Polymeren.

Milchsäurenitril heute nur noch als Zwischenprodukt zur Milchsäureherstellung (DL-Form):

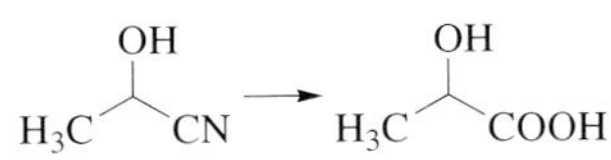

Ein weiteres, heute nicht mehr angewandtes Verfahren bildet schon den Übergang zu den modernen Herstellrouten für Acrylnitril, da es von Propen ausgeht. DuPont entwickelte diesen Prozess und führte ihn in einer technischen Anlage in USA eine Zeitlang durch. Danach wurde Propen katalytisch an Ag_2O/SiO_2 oder an Alkalimetalloxiden mit Thallium- oder Bleiverbindungen mit NO umgesetzt:

ACN-Herstellung auf Basis Propen durch Nitrosierung heute nicht mehr aktuell

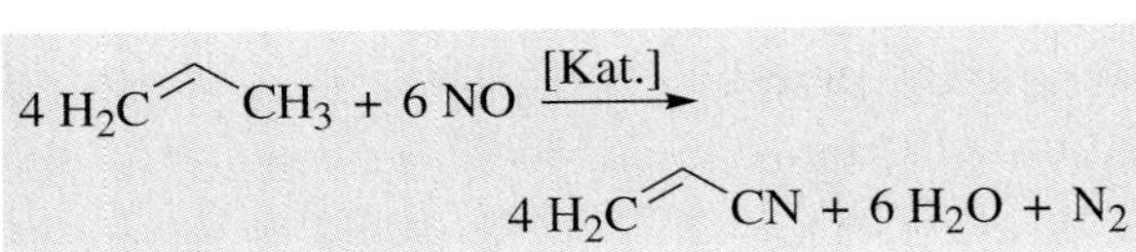
(54)

11.3.2 Ammonoxidation von Propen

Merkmal der Ammonoxidation:

aktivierte CH_3-Gruppen, z. B. in

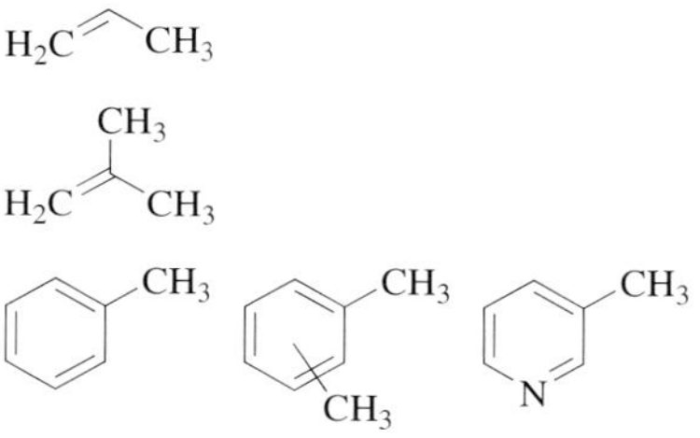

werden in Nitrilgruppen übergeführt

Mechanismus der Ammonoxidation:

H-Abstraktion aus chemisorbiertem C_3H_6 und NH_3 und H-Oxidation nach Redoxmechanismus mit Gittersauerstoff

Unter Ammonoxidation ist die katalysierte, oxidative Umsetzung aktivierter Methylgruppen mit NH_3 zu verstehen, die zur Ausbildung einer Nitrilgruppe führt. Im Falle des Propens erhält man Acrylnitril:

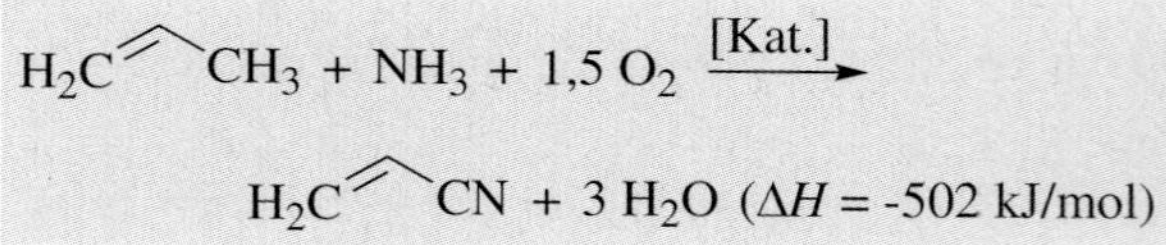

(55)

Der Reaktionsablauf wird so gesteuert, dass an der Katalysatoroberfläche aus chemisorbiertem Propen und NH_3 nacheinander jeweils zwei H-Atome eliminiert werden und die so entstandenen C_3H_4- und NH-Species zu Acrylnitril reagieren.

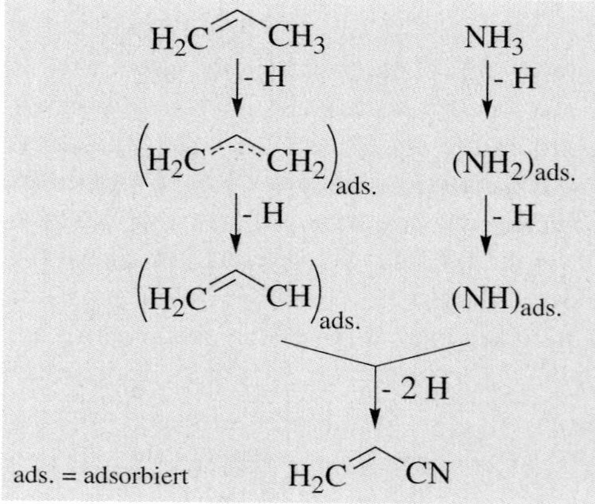

(56)

Der Gittersauerstoff oxidiert den Wasserstoff zu Wasser und der Katalysator wird danach aus der Gasphase reoxidiert.

Allerdings ist die Ammonoxidation nur bei solchen Olefinen mit aktivierter Methylgruppe unter Nitrilbildung anwendbar, die keine oxidative Dehydrierung als bevorzugte Ausweichreaktion zulassen. So ist z. B. von den isomeren Butenen nur Isobuten in das Methacrylnitril überführbar, dagegen werden die Butene zu Butadien oxydehydriert. Alkylaromaten wie Toluol (z. B. im Verfahren der Japan Catalytic) und die isomeren Xylole sind ebenfalls der Ammonoxidation zu den entsprechenden Nitrilen zugänglich (vgl. Abschn. 14.2.3). Auch Heteroaromaten lassen sich ammonoxidieren; so ist

z. B. aus β-Picolin das Nicotinsäurenitril herstellbar, aus dem das wirtschaftlich wichtige Nicotinsäureamid (Vitamin B_5) günstig zu erhalten ist (vgl. Abschn. 7.4.5).

Das Prinzip der Ammonoxidation war schon 1947 von Allied in einem Patent beschrieben worden. Allerdings wurden erst 1957 durch die Entwicklung wirksamerer Katalysatoren von Distillers und besonders von **S**tandard **O**il of **Ohio** (Sohio) wirtschaftlich interessante Selektivitäten erreicht, die 1960 zum Start einer ersten technischen Acrylnitrilanlage führten.

1957 erstes Sohio-Patent über $Bi_2O_3 \cdot MoO_3$

1960 erstmals Name „Ammonoxidation" für oxidative Aminierung und erste technische Anlage

11.3.2.1 Sohio-Acrylnitril-Verfahren

Die größte technische Bedeutung unter allen Ammonoxidationsverfahren hat der Sohio-Prozess (heute BP) erlangt: Gegenwärtig basieren weltweit die Acrylnitril-Produktionskapazitäten (1996 etwa 95 %) überwiegend auf dem Sohio-Verfahren. Die Anlagengröße kann bis zu 180 000 jato Kapazität erreichen.

ACN-Herstellung nach Sohio, Verfahrensprinzip:

heterogen katalysierte, einstufige Gasphasenoxidation von Propen in Gegenwart von NH_3, Luft und H_2O an $Bi_2O_3 \cdot MoO_3$-Katalysatoren im Wirbelbett

Der ursprünglich verwendete Wismutmolybdat-Katalysator wurde später durch einen Uranylantimonat-Katalysator ergänzt. Damit konnte Acetonitril als eines der Nebenprodukte beträchtlich vermindert werden. Weitere Fortschritte wurden mit modifizierten Wismutmolybdat-Katalysatoren erreicht, die zur Selektivitätssteigerung u. a. Eisenverbindungen enthalten. Diese Modifizierung mit Eisen geht auf Forschungsergebnisse von Hoechst (Knapsack) zurück; sie wird seit 1972 in technischen Anlagen genutzt.

Katalysatorentwicklung für Sohio-Verfahren:

1. Katalysator: $Bi_2O_3 \cdot MoO_3$
2. Katalysator 21: $UO_2 \cdot Sb_2O_3$
3. Katalysator 41: $Bi_2O_3 \cdot MoO_3$ mit Zusätzen, u. a. von Fe-Verbindungen
4. Katalysator 49: bisher nicht veröffentlicht

Im technischen Verfahren der Sohio werden etwa stöchiometrische Mengen Propen und NH_3 mit einem geringen Luftüberschuss unter Zusatz von H_2O in einem Katalysatorwirbelbett bei ca. 450 °C und 1,5 bar umgesetzt. Dabei wird durch teilweise Verbrennung des Propens eine die Theorie übersteigende Wärmemenge von etwa 760 kJ/mol frei. Diese wird aus dem Wirbelbettreaktor mittels Wärmeaustauscher in Form senkrecht angeordneter Schlangenrohre, die von Wasser durchströmt werden, abgeführt und zur Erzeugung von überhitztem Dampf verwendet.

Technologische Merkmale:

Wärme aus exothermen Haupt-, Neben- und Folgereaktionen über Wirbelschicht und Wärmeaustauscher für Dampferzeugung genutzt

Die Aufarbeitung der Reaktionsgase erfolgt in einer Wasserwäsche, die bis auf die Inerten N_2 und Propan (aus dem etwa 92–93-proz. Propen) alle organischen Produkte aufnimmt. Der Rest des NH_3 muss vorher mit H_2SO_4 neutralisiert werden, um alkalisch katalysierte Folgereaktionen zu verhindern, wie die Addition von HCN, als weiterem Nebenprodukt der Propen-Ammonoxidation, an Acrylnitril. Durch ge-

Isolierung von ACN:

1. Neutralisierung des geringen, nicht umgesetzten NH_3-Rests zu $(NH_4)_2SO_4$
2. Inertenabtrennung durch H_2O-Wäsche mit gleichzeitiger Acroleinverharzung
3. mehrstufige Destillation der wässrigen ACN-Lösung

schickte Wahl des pH-Wertes in der Wäsche wird erreicht, dass das Nebenprodukt Acrolein verharzt.

Durch mehrstufige Destillation wird Acrylnitril schließlich aus der wässrigen Lösung mit einer für die Faserherstellung geeigneten Reinheit von weit über 99 % erhalten. Bei fast vollständigem Propenumsatz erreicht die Acrylnitrilselektivität über 70 % (C_3H_6).

Nebenprodukteverwendung:

1. CH_3CN als Lösemittel und Zwischenprodukt, zukünftig vielleicht als Einsatzprodukt für ACN
2. HCN für Methacrylsäure, NaCN, Methionin, Oxamid usw.

Pro 1 000 kg Acrylnitril bilden sich 30–40 kg Acetonitril und 140–180 kg HCN. Acetonitril wird zumeist als Abfall verbrannt; es lässt sich mit zusätzlichen Einrichtungen auch isolieren und reinigen (z. B. DuPont, BP). Acetonitril findet Verwendung als selektives Lösemittel und als Zwischenprodukt. Seine mögliche Überführung in Acrylnitril durch oxidative Methylierung wird mehrfach untersucht (vgl. Abschn. 11.3.3). HCN lässt sich vielfältig weiter umsetzen, wie beispielsweise über Acetoncyanhydrin zu Methacrylsäure (vgl. Abschn. 11.1.4.2), auch zu Methionin (vgl. Abschn. 11.1.6), zu NaCN und zu Oxamid (vgl. Abschn. 2.3.4).

11.3.2.2 Weitere Propen-(Propan-)Ammonoxidations-Verfahren

ACN-Herstellung nach alternativen Ammonoxidationsverfahren:

1. BP(Distillers)-Ugine-Route: zweistufige Propenumsetzung mit Zwischenisolierung von Acrolein ohne Anwendung, einstufige BP-Route im Einsatz

Neben dem Sohio-Prozess gibt es einige abgewandelte Ammonoxidationsverfahren. So wird nach dem BP(Distillers)-Ugine-Prozess Propen an einem Se/CuO-Katalysator zunächst zu Acrolein oxidiert, das dann in einer zweiten Stufe mit NH_3 und Luft an einem MoO_3-Festbettkatalysator in Acrylnitril übergeführt wird. Die Zweistufigkeit führt zu einer höheren Selektivität des Acrylnitrils von etwa 90 % ($H_2C{=}CHCHO$). Dieses Verfahren hat allerdings keine technische Bedeutung erlangt, eine andere einstufige Version nach BP ist in mehreren Anlagen im Einsatz.

2. Montedison-Route: einstufige Propenumsetzung im Fließbett mit Te-, Ce-, Mo-Oxiden nach UOP-Weiterentwicklung technisch genutzt

Nach Montedison wird Propen in einem Fließbettreaktor bei 420–460 °C in Gegenwart eines Katalysators ammonoxidiert, der aus Te-, Ce- und Mo-Oxiden auf SiO_2 besteht. Aus 1 200 kg Propen und 560 kg NH_3 werden 1 000 kg Acrylnitril, 50 kg HCN, 25 kg Acetonitril und 425 kg $(NH_4)_2SO_4$ erhalten. Die Acrylnitrilausbeute beträgt demnach 66 % (Propen). Eine Weiterentwicklung des Montedison-Verfahrens hinsichtlich des Katalysators und einiger Aufarbeitungsstufen durch UOP führte zu einer Verbesserung der Acrylnitrilausbeute auf über 80 % bei einem Propenumsatz von etwa 95 %. Zum weiteren konnte der NH_3-Einsatz verringert werden, so dass weniger $(NH_4)_2SO_4$ als Nebenprodukt anfällt.

Einige Anlagen nach dem verbesserten Verfahren befinden sich inzwischen im Einsatz.

Ein dritter Prozess wurde von Snamprogetti/Anic entwickelt und technisch genutzt. Mit einem Festbettkatalysator auf Basis Mo/V bzw. Bi werden 1260 kg Propen bei 440–470 °C und 2 bar zu 1000 kg Acrylnitril, 240 kg HCN und 25 kg Acetonitril umgesetzt.

3. Snamprogetti/Anic-Route: einstufige Propenumsetzung im Festbettreaktor mit Mo-, V- bzw. Mo-, Bi-Katalysator

Weitere eingesetzte Verfahren stammen von Ugine Kuhlmann und den Österreichischen Stickstoffwerken. In beiden werden Festbettreaktoren verwendet und die Reaktionswärme wird durch ein Salzbad aufgenommen und zur Dampferzeugung genutzt.

Wie Propen soll sich auch Propan zur Ammonoxidation eignen. Monsanto, Power Gas, BP und ICI haben Verfahren auf Basis Propan entwickelt. Bei den notwendigen höheren Temperaturen von 485 bis 520 °C wird primär Propan zu Propen dehydriert.

ACN-Herstellung mit anderen Einsatzprodukten für die Ammonoxidation:

Propan nach Entwicklungen z. B. von Monsanto, Power Gas, BP, ICI

Die Selektivitäten liegen mit 30% deutlich niedriger als beim direkten Propeneinsatz.

Lummus hat ebenfalls die Herstellung von Acrylnitril aus Propan bzw. Propen, NH_3 und O_2 in einer Salzschmelze von z. B. $KCl/CuCl/CuCl_2$ entwickelt. Technische Verfahren werden bisher noch nicht ausgeübt, aber der Start einer ersten Demonstrationsanlage unter Einsatz eines Fließbettreaktors für den einstufigen Prozess erfolgte 1996 durch BP.

Propan bzw. Propen/Propan-Gemische nach Entwicklung von Lummus in Salzschmelze

BP-Pilotanlage 1996 in Betrieb

Mitsubishi und auch Asahi Kasei testen ebenfalls in Japan in Pilotanlagen den Einsatz von Propan. Genaue Verfahrensdaten wurden bisher noch nicht publiziert.

11.3.3 Entwicklungsmöglichkeiten der Acrylnitril-Herstellung

Die weltweite Aktivität zum Ausbau der C_1-Chemie, d. h. der Nutzung von Synthesegas oder Methan, als den einfachsten Basisprodukten aus allen fossilen Rohstoffen oder auch aus Biomasse herstellbar, hat auch neue Wege zum Acrylnitril aufgezeigt.

C_1-Chemie eröffnet neuen, zweistufigen Zugang zu Acrylnitril:

1. CO/H_2-Umsetzung mit NH_3 zu Acetonitril
2. Oxidative Methylierung von Acetonitril zu Acrylnitril

So hat z. B. Monsanto ein Verfahren zur Herstellung von Acetonitril aus Synthesegas und NH_3 entwickelt, das in Gegenwart von Mo- bzw. Fe-Oxid-Katalysatoren mit Promotoren wie Mn, Sr, Ba, Ca oder Alkalimetallverbindungen bei 350–600 °C und Drücken bis zu 35 bar eine Selektivität von 85% an Acetonitril erreichen lässt:

$$NH_3 + 2\,CO + 2\,H_2 \xrightarrow{[Kat.]} CH_3CN + 2\,H_2O \qquad (57)$$

Zusätzliche Vorteile der C_1-Route zu Acrylnitril:

Nutzung des Nebenprodukts Acetonitril aus dem Sohio-Verfahren

Acetonitril kann dann mittels einer oxidativen Methylierung unter Verwendung von CH_4 an heterogenen Katalysatoren auf Basis von z. B. Alkali- bzw. Erdalkalihalogeniden und Oxiden von Bi, Mo oder Zn auf Trägern oberhalb von 750 °C mit einem Umsatz von 45 % und einer Selektivität bis etwa 70 % bei Anwesenheit von Wasser zu Acrylnitril nach folgender vereinfachter Gleichung umgesetzt werden:

$$CH_3CN + CH_4 + O_2 \xrightarrow{[Kat.]} H_2C{=}CH{-}CN + 2\,H_2O \qquad (58)$$

Damit würde sich auch die weitere Nutzung des bei der Ammonoxidation von Propen zu Acrylnitril anfallenden Nebenprodukts Acetonitril, und zwar direkt in wässriger Lösung, anbieten, was zur Verbesserung der Gesamtselektivität dieses Prozesses beitragen würde.

11.3.4 Acrylnitril-Verwendung und Folgeprodukte

ACN-Verwendung:

1. als reaktives Monomeres (CN-konjugierte Doppelbindung) für die Herstellung von Homo- und Copolymerisaten, z. B. Fasern, Kunststoffen und Synthesekautschuk (ABS = **A**crylnitril-**B**utadien-**S**tyrol SAN = **S**tyrol-**A**cryl**n**itril)

Das Haupteinsatzgebiet für Acrylnitril ist seine Verwendung als Monomeres zur Herstellung von Homo- und Copolymerisaten auf dem Faser-, Kunststoff- und Synthesekautschuksektor.

Tabelle 11-6 zeigt den vergleichsweisen prozentualen Acrylnitrilverbrauch in verschiedenen Ländern, der überwiegend auf dem Polymergebiet liegt.

Tabelle 11-6. Acrylnitrilverwendung (in Gew.-%).

Produkt	Welt 1984	Welt 2003	USA 1984	USA 2001	WE 1985	WE 1997	BRD 1983	BRD 1997	Japan 1984	Japan 1997
Acrylfasern	73	50	52	17	73	59	79	66	65	53
ABS- und SAN-Kunststoffe	12	24	21	22	11	18	12	18	15	25
Nitrilkautschuk	3	6	3	3	3	4	3	5	4	4
Adiponitril	6	10	13	38	8	9	–	–	4	9
Übriges (u. a. Acrylamid)	6	10	11	20	5	10	6	11	12	9
Gesamtverbrauch (in Mio t)	3,15	5,2	0,60	0,76	1,13	1,10	0,32	0,30	0,55	0,71

2. als Zwischenprodukt für:

Elektrohydrodimerisierung zu Adiponitril

Cyanethylierung von Verbindungen mit labilem H-Atom

partielle Hydrolyse zu Acrylamid

Zu den übrigen Einsatzgebieten für Acrylnitril zählt seine Verwendung als Zwischenprodukt. So führt z. B. die Elektrohydrodimerisierung zu Adiponitril (vgl. Abschn. 10.2.1.1). Weiterhin ist Acrylnitril mit seiner aktivierten Doppelbindung eine vielfältig einsetzbare Reaktionskomponente. Es lassen sich Verbindungen mit labilen Wasserstoffatomen, wie Alkohole, Amine, Amide, Aldehyde und Ketone an die Doppelbindung, zumeist unter dem Einfluss eines alkalischen Katalysators, addieren. Diese als Cyanethylierung bezeichnete Reaktion hat Bedeutung auf dem Pharma- und Farbstoffsektor.

vollständige Hydrolyse zu Acrylsäure und Alkoholyse zu Estern (vgl. Abschn. 11.1.7.1)

Beispiele für technisch genutzte Cyanethylierungen:

Pharmaka und Farbstoffe

Eine andere Verwendung des Acrylnitrils ist die Modifizierung von Stärke und Cellulose. Die so erhältlichen cyanethylierten Produkte haben allerdings nur eine geringere Bedeutung.

Die partielle Hydrolyse des Acrylnitrils zum Acrylamid ist dagegen eine schon in größerem Maßstab industriell genutzte Reaktion:

Acrylnitrilhydrolyse zu Acrylamid nach drei Verfahrensrouten:

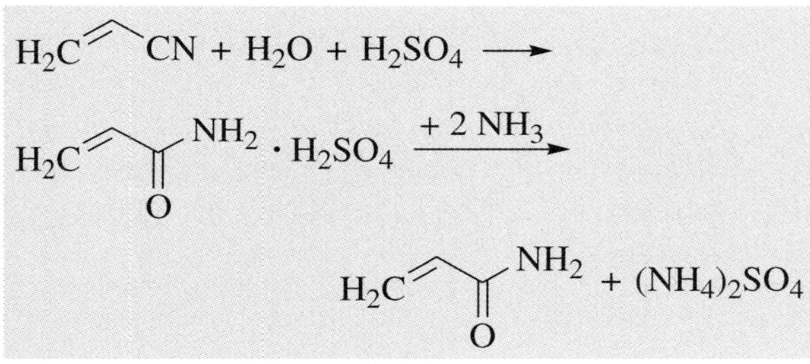

(59)

Im klassischen Verfahren wird die Hydrolyse in Anwesenheit stöchiometrischer Mengen an H_2SO_4 und zusätzlich, wegen der leichten Polymerisierbarkeit von Acrylnitril und Acrylamid, unter Zusatz von Polymerisationsinhibitoren vorgenommen. Sie führt in erster Stufe zum Acrylamidsulfat, das anschließend mit NH_3 zum freien Acrylamid umgesetzt wird. Ammonsulfat als Coprodukt und Acrylamid werden in mehreren aufwendigen Kristallisationsstufen voneinander getrennt. Die Selektivität zu Acrylamid erreicht etwa 80 %.

1. H_2SO_4-Verfahren über Acrylamidsulfat, z. B. nach Mitsui Toatsu, mit aufwendiger Abtrennung des Coproduktes $(NH_4)_2SO_4$

Neuere Entwicklungen, z. B. von Cyanamid, Dow, Mitsui Toatsu und Mitsubishi Chemical, sind auf eine säurefreie und heterogen katalysierte partielle Hydrolyse des Acrylnitrils zu Acrylamid gerichtet. Diese hat den Vorteil, dass nach Abfiltrieren des Katalysators und nach Abdestillieren des nicht umgesetzten Acrylnitrils eine weitgehend reine wässrige Acrylamidlösung zur direkten Verwendung oder zum Aufkonzentrieren zur Verfügung steht. Als Katalysator dient z. B. im Verfahren der Mitsui Toatsu metallisches Kupfer (z. B. Raney-Kupfer) bei 80–120 °C. Bei 60–80 % Acrylnitrilumsatz kann eine Selektivität von 96 % Acrylamid erreicht werden. Nach diesem Verfahren wurde 1973 eine 5000-jato-Anlage errichtet, die einige Jahre später erweitert wurde. Auch Cyanamid hat Ende der siebziger Jahre

2. katalytische Hydrolyse an Cu-haltigen Katalysatoren nach zahlreichen Verfahren mit dem Vorteil der vereinfachten Aufarbeitung gegenüber dem H_2SO_4-Verfahren

eine Anlage mit der Herstellkapazität von 27000 jato Acrylamid unter Verwendung eines metallischen Kupferkatalysators in Betrieb genommen.

Dow hat einen modifizierten Kupferchromitkatalysator entwickelt, der nach einer bestimmten Laufzeit oxidativ behandelt und anschließend mit H_2 reaktiviert werden muss.

Mitsubishi Chemical hat das klassische Verfahren der Schwefelsäurehydrolyse aufgegeben und eine Neuanlage nach dem katalytischen Verfahren mit einer Kapazität von 25000 jato (1975) gestartet, die inzwischen auf 45000 jato (jetzt Mitsubishi Kasei) vergrößert wurde.

3. biokatalytische Hydrolyse an trägerfixierten Enzymen, d. h. mittels Nitrilhydratase, z. B. aus *Rhodococcus rhodocrous*

Zukünftige Wege zum Acrylamid werden auch biotechnologische Hydrolyseverfahren für Acrylnitril nutzen. So wurde erstmals von Nitto Chemical 1985 eine 4000-jato-Anlage in Betrieb genommen, die inzwischen auf 20000 jato vergrößert wurde, in der mittels fixierter Enzyme an modifiziertem Polyacrylamid bei 20 °C und Normaldruck Acrylnitril in verdünnter wässriger Lösung (2–5 Gew.-%) mit nahezu 100-proz. Ausbeute zu Acrylamid hydrolysiert wird.

Weitere enzymkatalytische, regioselektive Hydrolyseverfahren für das Acrylnitril zu Acrylamid sind in japanischen und amerikanischen Universitäten in Bearbeitung.

Acrylamidproduktion (in 1000 t)

	2000	2003	2004
USA	91	107	110

1997 betrug die Herstellkapazität für Acrylamid in USA, Westeuropa und Japan etwa 117000, 118000 bzw. 110000 jato. Die Acrylamidproduktion in USA ist nebenstehend aufgeführt.

Acrylamidverwendung:

als Monomeres für die Herstellung von Polymerisaten zum Einsatz als Flockungsmittel und als Dispersions-, Harz- und Lackbestandteil

als Methylolderivat für selbstvernetzende Polymere

Acrylamid findet überwiegend Verwendung als Monomeres für Polyacrylamid mit zunehmender Bedeutung als Flockungsmittel zur Wasseraufbereitung und in der Erzflotation, in der Papierindustrie sowie zur Herstellung von Polymerisaten auf dem Dispersions-, Harz- und Lackgebiet. Polyacrylamid wird zunehmend auch bei der tertiären Erdölgewinnung eingesetzt. In Form der Methylolacrylamid-Verbindungen dient es in Polymerisaten gleichzeitig als Vernetzungsmittel.

12 Aromaten, Gewinnung und Umwandlung

12.1 Bedeutung der Aromaten

Die Schlüsselprodukte der umfangreichen und vielseitigen Aromatenchemie sind Benzol, Toluol, die *o*-, *m*- und *p*-Isomeren des Xylols und Ethylbenzol. Die kondensierten Aromaten, wie Naphthalin oder Anthracen, nehmen sich dagegen in ihrer Bedeutung recht bescheiden aus.

Rangfolge aromatischer Großprodukte:

Benzol, Toluol und Xylole als BTX-Fraktionen in aromatischer Petrochemie mit Abstand größte Produkte, dann folgt Ethylbenzol

Naphthalin und Anthracen haben nur eine begrenzte Bedeutung

In USA, Westeuropa, Japan und der Bundesrepublik Deutschland wurden in den letzten Jahren die folgenden Aromaten produziert:

Tabelle 12-1. Aromatenproduktion (in Mio t).

Produkt	USA			WE			Japan			BRD		
	1985	1995	1999	1985	1996	1999	1985	1994	1999	1985	1995	1999
Benzol	4,49	7,24	7,88	4,95	6,58	7,14	2,08	3,62	4,45	1,58	2,42	2,28
Toluol	2,26	3,05	2,29	2,43	2,21	2,20	0,80	1,22	1,49	0,86	0,53	0,64
o-/*m*-/*p*-Xylol	2,40	3,34	3,95	2,03	2,63	3,01	1,52	3,63	4,64	0,53	0,72	0,62
Ethylbenzol	3,88	6,19	5,94	3,25	4,50	4,79	1,65	2,59	3,15	1,02	1,30	1,30
Naphthalin	0,14	0,09	0,11	0,20	0,24	0,16	0,13	0,19	0,17	0,07	0,09	0,04

Allgemein gehören die Aromaten mit zu den verbreitetsten und wichtigsten chemischen Rohstoffen, die einen beträchtlichen Teil zu allen Kunststoff-, Synthesekautschuk- und Synthesefaserprodukten beitragen.

Obwohl prinzipiell eine Synthese von Aromaten aus einfachen aliphatischen Bausteinen möglich ist, wie beispielsweise Benzol aus Acetylen oder Xylole aus Diisobuten (2,4,4-Trimethylpentene), haben Verfahren dieser Art bisher keine technische Anwendung gefunden.

Prinzipielle Wege zur Aromatengewinnung:

1. gezielte Aromatensynthese aus kleinen Bausteinen möglich, aber unwirtschaftlich

Aromaten werden praktisch ausschließlich aus den fossilen Brennstoffen Kohle und Erdöl gewonnen. Allerdings erlauben die primär vorhandenen geringen Aromatenkonzentrationen keine wirtschaftliche Isolierung.

2. direkte Isolierung von Aromaten aus Kohle oder aus paraffinisch-aromatischen Erdölen ohne Bedeutung

Geeignete Rohstoffe für eine rentable Aromatengewinnung entstehen erst durch thermische oder katalytische Umwandlungsprozesse in Kokereien und Raffinerien.

3. bevorzugte Aromatenherstellung heute aus Kohle oder Erdöl durch thermische oder katalytische Prozesse mit anschließender Isolierung

Industrielle Organische Chemie: Bedeutende Vor- und Zwischenprodukte, 6. Auflage, Hans-Jürgen Arpe

ISBN: 978-3-527-31540-6

12.2 Rohstoffquellen für Aromaten

Rohstoffquellen für Aromatengewinnung aus Kohle oder Erdöl:

1. Produkte der trockenen Destillation von Steinkohle (Verkokung)
2. Reformatbenzin aus Benzinumwandlungsverfahren
3. Pyrolysebenzin aus Naphthadampfspaltung

Für die technische Isolierung von Aromaten stehen im Wesentlichen drei Rohstoffquellen zur Verfügung:

1. Produkte der Steinkohlenverkokung,
2. Reformatbenzin aus der Rohbenzinverarbeitung,
3. Pyrolysebenzin aus der Ethylen-/Propenerzeugung.

Rohstoffquelle Steinkohlenteer als Koppelprodukt der Kokserzeugung rückläufig:

1. geringerer, weil effektiverer Kokseinsatz für Eisenverhüttung
2. Umstellung von Stadtgas auf Spaltgas und Erdgas
3. Koksersatz zukünftig auch durch Heizöl bei Eisenverhüttung

Steinkohlenteer, Kokereiwasser und -gas aus der Steinkohlenverkokung sind historisch die bedeutsamsten Aromatenquellen, die heute mehr und mehr zurücktreten; Koks, mit knapp 80 Gew.-% das Hauptprodukt der Steinkohlenverkokung, ist nicht nur durch verfahrenstechnische Verbesserung der Hochofenverhüttung in seinem Verbrauch zurückgegangen, auch die Umstellung der Gasversorgung von den Stadtgaskokereien auf erdölstämmiges Spaltgas und Erdgas hat zum Rückgang beigetragen. Die Verwendung von schwerem Heizöl zur Stahlerzeugung hat vorerst noch eine untergeordnete Bedeutung.

Produktion an Steinkohlenteer (in Mio t)

	1975	1980	1994
USA	2,9	2,4	1,0
WE	4,0	3,2	1,5
Japan	2,5	2,6	1,9
BRD	1,0	1,1	0,39
Welt	16,0	15,0	11,4

Gleichzeitig mit dem Rückgang der Koksproduktion ist auch der gekoppelte Anfall von Steinkohlenteer z. B. in Westeuropa von 1960 bis 1994 von 6,5 auf 1,5 Mio t zurückgegangen. Der Anstieg der Steinkohlenverkokung in Entwicklungs- und Ostblockländern hat die weltweite Teerproduktion bis Anfang der neunziger Jahre noch bei 15–16 Mio t gehalten, sie ist aber inzwischen deutlich zurückgegangen.

Dieses Bild könnte sich allerdings ändern, wenn die zahlreichen Projekte der Kohlevergasung und -verschwelung technische Anwendung finden; der als Coprodukt anfallende Niedertemperaturteer würde damit in zunehmendem Maß eine wichtige Rohstoffquelle werden.

Benzolproduktion auf Kohlenteerbasis (in Gew.-%)

	1975	1980	1998
BRD	35	26	10
WE	23	10	5
Japan	13	10	5
USA	6	6	2

Heute ist das Erdöl für praktisch alle Industrieländer die notwendige Basis für den schnell wachsenden Bedarf an Aromaten. 1960 gab es z. B. in Westeuropa noch kaum eine Gewinnung von Aromaten aus Erdöl, während in USA zur gleichen Zeit schon 83 % daraus isoliert wurden. Nach 1990 gibt es für Benzol in den großen Industrieländern nur noch einen geringen Anteil auf Teerbasis, wie die nebenstehende Tabelle ausweist. Toluol und Xylole werden überwiegend aus Erdöl gewonnen.

Die Entwicklung bei den BTX-Rohstoffquellen bis zu den Anfängen der neunziger Jahre zeigt den deutlichen Trend zum bevorzugten Einsatz von Erdöl und dem kleinen verbleibenden Restbestand für den Gebrauch von Kohle, wie die nebenstehende Tabelle zeigt.

Die Produktion an BTX-Aromaten (vgl. Tabelle 12-1) erreichte 1998 in USA, Westeuropa, Japan und der Bundesrepublik Deutschland etwa 14,5, 11,9, 9,9 bzw. 3,8 Mio t.

BTX-Rohstoffquellen (in Gew.-%)

	Erdöl			Kohle		
	1986	1990	1995	1986	1990	1995
USA	97	98	99	3	2	1
WE	96	95	95	4	5	5
Japan	90	93	95	10	7	5

12.2.1 Aromaten aus der Steinkohlen-Verkokung

Steinkohle enthält aromatische Kohlenwasserstoffe in Form hochmolekularer Verbindungen (mittlere Molmasse etwa 3000, nach neueren Untersuchungen sogar bis 500000), die durch den Verkokungsprozess bei 1000–1400 °C (Hochtemperaturverkokung) gespalten, d. h. depolymerisiert und umgelagert werden. Dabei treten dann niedermolekulare Aromaten in den drei Verkokungsprodukten Rohgas, Kokereiwasser und -teer auf, aus denen sie mit speziellen Methoden isoliert werden können. Als Rückstand hinterbleibt Koks als fast reiner Kohlenstoff. Damit kann die Verkokung auch als Dismutation zu H-reichen und H-armen Produkten angesehen werden.

Prinzip der Steinkohlenverkokung:

Hochtemperaturpyrolyse überwiegend aromatischer, hochmolekularer Verbindungen zu:

1. Roh- oder Kokereigas
2. Kokereiwasser
3. Kokerei- oder Steinkohlenteer
4. Koks

Aus dem *Rohgas* oder Kokereigas werden die Aromaten durch Gaswäsche mit höhersiedenden Kohlenwasserstoffen (Anthracenöl) oder auch durch Adsorption an Aktivkohle isoliert. Das Aromatengemisch wird dann vom Waschöl abdestilliert oder von der Kohle mit Wasserdampf desorbiert, von N- und S-haltigen Verbindungen sowie von ungesättigten Kohlenwasserstoffen durch Raffination mit Schwefelsäure oder heute bevorzugt durch hydrierende katalytische Reaktion befreit. Die anschließende Destillation liefert etwa folgende charakteristische Produktzusammensetzung des sogenannten Rohbenzols oder Kokereibenzols:

Zu 1:

BTX-Aromaten-Isolierung aus Kokereigas durch Gaswäsche und nach Reinigung durch H_2SO_4-Raffination oder Hydrierung zur Entfernung von z. B. Thiophen oder Methylcyclopentadienen:

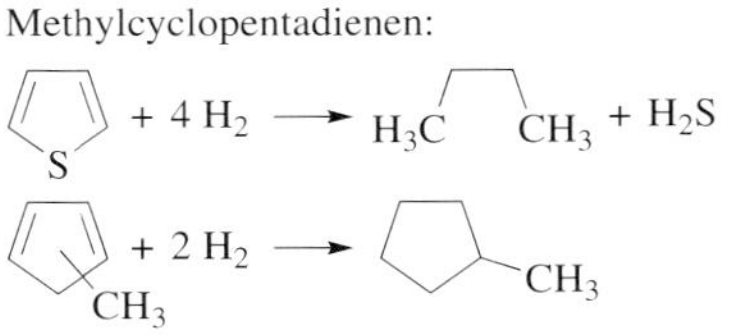

Tabelle 12-2. Typische Zusammensetzung eines Kokereigasextraktes (Rohbenzol).

Produkt	Vol.-%
Vorlauf	2
Benzol	65
Toluol	18
Xylole	6
Ethylbenzol	2
Höhere Aromaten	7

Im Rückstand befindet sich der größte Anteil des Naphthalins.

Zu 2:

Phenol/Kresol/Xylenol-Isolierung aus Kokereiwasser durch Lösemittelextraktion

Das *Kokereiwasser* enthält etwa 0,3 Gew.-% eines Gemisches von Phenol und seinen Homologen, das durch Extraktion, mit z. B. Benzol oder Butylacetat (Phenosolvan-Verfahren), aus der wässrigen Phase isoliert wird. Es besteht in der Hauptsache aus Phenol (52 Gew.-%), Kresolen, Xylenolen und höheren Phenolen (vgl. Abschn. 13.2.1).

Zu 3:

Isolierung mehrerer aromatischer Basisprodukte aus Kokereiteer durch destillative Vortrennung mit anschließender Reinisolierung

Im *Steinkohlenteer* liegen weitere wichtige aromatische Grundkörper vor, die durch eine fraktionierte Destillation in die folgenden Produktgemische aufgetrennt werden:

Tabelle 12-3. Typische Zusammensetzung eines Steinkohlenteer-Destillats.

Siedegrenze (°C)	Fraktion	(Gew.-%)	Hauptbestandteile
180	Leichtöl	bis 3	BTX-Aromaten, Pyridinbasen
210	Carbolöl	bis 3	Phenole
230	Naphthalinöl	10–12	Naphthalin
290	Waschöl	7–8	Methylnaphthaline, Acenaphthen
400	Anthracenöl	20–28	Anthracen, Phenanthren, Carbazol
>400	Pech	50–55	

Die weitergehende Aufarbeitung einzelner Fraktionen zur Anreicherung oder Reingewinnung wichtiger Komponenten, wie z. B. Naphthalin und Anthracen, erfolgt durch Kristallisation, Extraktion oder andere Trennverfahren (vgl. Abschn. 12.2.4.1 und 12.2.4.2).

12.2.2 Aromaten aus Reformat- und Pyrolysebenzin

Aromatenreiche Raffinerieprodukte aus Sekundärprozessen:

Reformatbenzin
Pyrolysebenzin

Im Prozess der Erdölraffination treten bei der Benzinveredlung durch Reformieren sowie bei den Crackverfahren zur Olefinherstellung gleichzeitig aromatenreiche Fraktionen auf, die als Reformatbenzin und als Pyrolyse- oder Crackbenzin wertvolle Aromatenquellen darstellen.

Prinzip des Reformierverfahrens:

Kombination von Isomerisierungen, Aromatisierungen (Dehydrierungen) und Cyclisierungen an bifunktionellen Katalysatoren, z. B. Pt/$Al_2O_3 \cdot SiO_2$ oder Pt-Re/$Al_2O_3 \cdot SiO_2$ sowie neuerdings an multimetallischen Clusterkatalysatoren

Typische Reformierverfahren:

Katalytisches Reformieren (IFP)
Platforming (UOP)
Rheniforming (Chevron)
Ultraforming (Standard Oil)

Das *Reformatbenzin* entsteht dabei sowohl aus den paraffinischen Rohölen, die zu mehr als 50 % aus gerad- und verzweigtkettigen Alkanen bestehen, und aus naphthenischen Rohölen, die vorwiegend Cycloalkane enthalten. Beide Rohöltypen liefern bei der destillativen Aufarbeitung Fraktionen, die wegen einer unzureichenden Octanzahl für die Verwendung als Motorbenzin durch einen Reformierprozess umgewandelt werden müssen. Dieser Vorgang ist eine spezielle Form der katalytischen Modifizierung in Gegenwart bifunktioneller Katalysatoren, die eine saure Komponente, z. B. $Al_2O_3 \cdot SiO_2$, und eine Hydrier-/Dehydrierkomponente, z. B. Platin im Platforming-Verfahren (UOP-Prozess) oder das bimetallische System Platin/Rhenium im Rheniforming-Verfahren (Chevron-Katalysator), enthalten. Der zusätzliche Rheniumanteil bewirkt dabei eine Erhöhung der Langzeitstabilität durch Verhinderung von Sintervorgängen und damit einen Erhalt der Metalldispersität. Abhängig vom Katalysatortyp und vom Einsatzprodukt ist auch in unterschiedlichen Zeitabständen eine Regenerierung des Katalysators wegen Kohlenstoffablagerung notwendig. Nach einer neueren Entwicklung der Exxon zeichnen sich multimetallische Clusterkatalysatoren bisher nicht genannter Zusammensetzung durch eine wesentlich höhere Aktivität aus. Sie werden schon in technischen Anlagen eingesetzt.

Unter Reformierbedingungen bei 450–550 °C und 15–70 bar werden z. B. Alkylcyclopentane zu substituierten Cyclohexanen isomerisiert und unter dem Einfluss der Dehydrierkomponente des Katalysators dann aromatisiert. Zum weiteren laufen cyclisierende Dehydrierungen von Alkanen zu Cycloalkanen sowie Isomerisierungen von Alkanen zu Isoalkanen ab.

Reaktionsbeispiele:

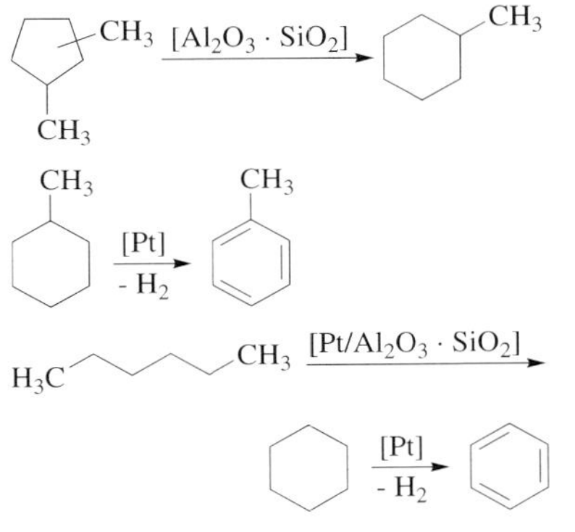

Die destillative Aufarbeitung des Reformier-Rohproduktes führt zu einer aromatenreichen Fraktion, die wegen ihres Gehalts an höhersiedenden Aromaten besonders zur Gewinnung von Toluol und Xylolisomeren geeignet ist.

Das *Pyrolysebenzin* stammt aus dem Wasserdampf- oder Steamcracken von Naphtha zur Erzeugung von Ethylen, Propen und höheren Olefinen. Sein relativ hoher Benzolgehalt macht es zu einem führenden Einsatzprodukt für die Benzolgewinnung.

Prinzip des Steamcrack-Verfahrens:

Kombination von Isomerisierungen, Aromatisierungen und Cyclisierungen katalysatorfrei in Gegenwart von H_2O mit heute überwiegend Naphtha als Einsatzprodukt

Während das Reformatbenzin unmittelbar zur Aromatengewinnung eingesetzt werden kann, müssen Crackbenzine wie auch Kokerei-Rohbenzol erst durch Hydrierung von polymerisierbaren Mono- und Diolefinen befreit werden. Dabei werden gleichzeitig S-, N- und O-Verbindungen hydrierend entfernt. Die Hydrierung erfolgt meistens zweistufig. Als Beispiel für ein technisches Verfahren sei der IFP-Prozess genannt, der mit Pd- und Ni-W-Katalysatoren arbeitet. Andere Verfahren verwenden $CoO\text{-}MoO_3/Al_2O_3$- Katalysatoren bei 300–400 °C und 20–40 bar.

Rohproduktvorbehandlung (Raffination) zur BTX-Isolierung:

bei Reformat: nicht erforderlich
bei Crackbenzin: hydrierende Behandlung zur Entfernung von Doppelbindungen und S-, N-, O-haltigen Substanzen notwendig

Vernachlässigt man alle weitergehenden Einflüsse auf die Aromatenverteilung, wie z. B. die durch unterschiedliche Reformier- oder Crackbedingungen (zweistufig) und durch

Aromatengehalt und -verteilung von verschiedenen Faktoren beeinflusst, z. B.:

Reformier- und Crackschärfe (severity) sowie Art des Naphthaschnitts

Siedebereiche der Naphthaschnitte, so kann man etwa folgendes vereinfachtes Verteilungsbild erhalten:

Tabelle 12-4. Typische Zusammensetzung von Reformat- und Pyrolysebenzin (in Gew.-%).

Produkt	Reformatbenzin	Pyrolysebenzin
Benzol	3	40
Toluol	13	20
Xylole	18	4–5
Ethylbenzol	5	2–3
Höhere Aromaten	16	3
Nichtaromaten	45	28–31

Das Angebot einzelner Aromaten hängt wie bei keinem anderen Großproduktkomplex von Verfügbarkeit und Zusammensetzung mehrerer Basisprodukte ab

Damit sind mit den Produkten der Kohleverkokung, dem Reformat- und Pyrolysebenzin drei Rohstoffquellen für Aromaten vorhanden, die mit ihrer verfügbaren Menge und mit ihrer Zusammensetzung länderabhängig einen unterschiedlichen Beitrag zum gesamten Angebot einzelner Aromaten liefern. Für Benzol ergibt sich z. B. für USA, Westeuropa und Japan eine sehr unterschiedliche Herkunftsstruktur:

Tabelle 12-5. Anteil verschiedener Quellen an der Benzolerzeugung (in Gew.-%).

Ausgangsprodukt	USA		Westeuropa		Japan		BRD	
	1985	1999	1986	1999	1984	1999	1983	1999
Pyrolysebenzin	20	36	59	66	59	38	55	58
Reformatbenzin	47	43	15	22	23	50	11	23
Hydrodealkylierung (vgl. Abschn. 12.3.1)	28	7	18	5	9	1	20	11
Kohle und andere Quellen*)	5	14	8	7	9	11	14	7

*) z. B. Toluol-Disproportionierung

Bevorzugte Rohstoffbasis

	USA	WE, Japan
Benzol	Reformatbenzin	Pyrolysebenzin
Toluol/Xylol	Reformatbenzin	

Danach wird deutlich, dass die in Westeuropa und Japan bevorzugte Ethylenherstellung durch Naphthacrackung mit der Coproduktion von Pyrolysebenzin zugleich auch den größten Benzolanteil im Vergleich zum Reformatbenzin der USA liefert. Toluol und Xylolisomere werden weltweit überwiegend aus Reformatbenzin gewonnen. Bei beiden Produkten spielen Verkokungsprozesse als Ausgangsbasis heute praktisch keine Rolle mehr.

Weitere Bestandteile von Reformat- und Crackbenzin, z. B. Oligomethylbenzole wie:

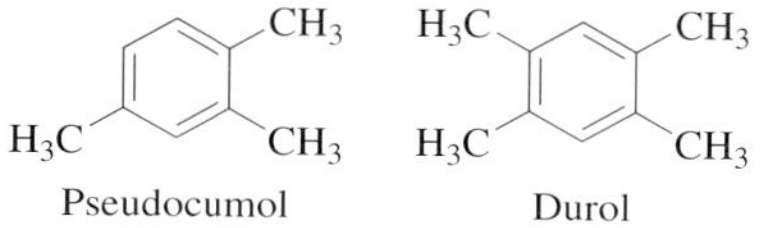

Pseudocumol Durol

In den letzten Jahren finden auch höher alkylierte Benzole, bevorzugt die Methylbenzole wie 1,2,4-Trimethylbenzol (Pseudocumol) und 1,2,4,5-Tetramethylbenzol (Durol), eine zunehmende technische Anwendung. Beide Produkte sind preiswert und in ausreichender Menge sowohl aus höhersiedenden Fraktionen des Reformat- oder des Pyrolysebenzins zu isolieren wie auch aus Prozessen der Kohlechemie zu erhalten.

als wichtige Einsatzkomponenten für:

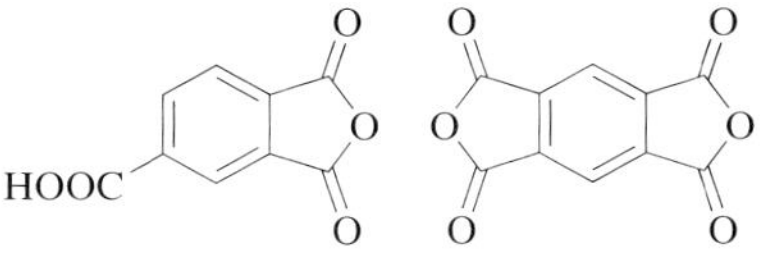

Trimellithsäureanhydrid Pyromellithsäureanhydrid

Die Bedeutung beider Produkte liegt hauptsächlich in ihrer Oxidation zu Trimellithsäureanhydrid, dem Anhydrid der 1,2,4-Benzoltricarbonsäure aus Pseudocumol, sowie zu Pyromellithsäuredianhydrid, dem Dianhydrid der 1,2,4,5-Benzoltetracarbonsäure aus Durol.

Herstellung von Benzolcarbonsäuren:

katalysierte Oxidation von Methylbenzolen, heterogen in der Gasphase oder homogen in der Flüssigphase

Die Oxidation der Methylbenzole kann entweder in der Gasphase im Bereich von 350–550 °C mit Sauerstoff oder Luft in Gegenwart von modifizierten V_2O_5-Katalysatoren oder auch in der Flüssigphase erfolgen.

Technische Oxidationsprozesse für Methylbenzole z. B. nach:
Bergwerksverband, Bofors Nobel Kemi, Amoco

Hierbei dienen als Oxidationsmittel entweder verdünnte Salpetersäure (ca. 7-proz.) bei 170–190 °C (Bergwerksverband- und Bofors-Verfahren) oder Luft an Mn-Katalysatoren und Brom in Essigsäure (Amoco-Verfahren, vgl. Abschn. 14.2.3).

Alternative dreistufige Trimellithsäureanhydrid-Herstellung:

1. *m*-Xylol-Carbonylierung
2. Dimethyl/Aldehydoxidation
3. Dehydratisierung

Das zunehmende Interesse für Trimellithsäureanhydrid hat zur Entwicklung weiterer Herstellverfahren geführt; so ist nach Mitsubishi Gas Chemical und Amoco dieses Anhydrid auch durch eine $HF \cdot BF_3$-katalysierte Carbonylierung von *m*-Xylol über die Zwischenstufe 2,4-Dimethylbenzaldehyd mit nachfolgender Oxidation in Gegenwart einer wässrigen Lösung von $MnBr_2/HBr$ und Dehydratisierung zu erhalten:

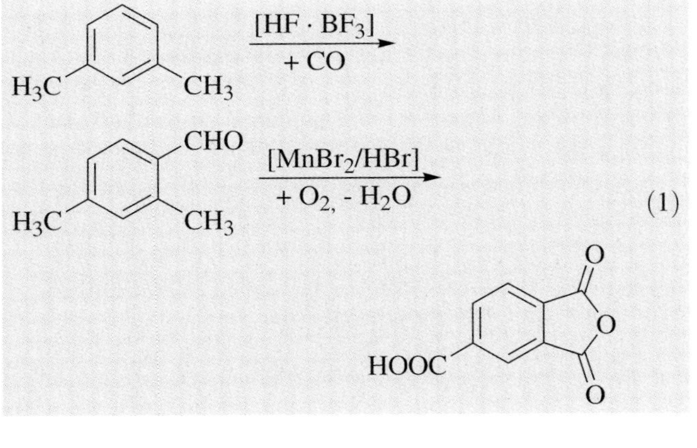

(1)

Die Ausbeute in der Carbonylierungsstufe erreicht über 96% (*m*-Xylol), in der Oxidationsstufe etwa 91%. Eine industrielle Nutzung ist vorgesehen.

Weltweit betrugen die Produktionskapazitäten für Trimellithsäureanhydrid 1999 etwa 101000 und für Pyromellithsäuredianhydrid 1995 etwa 8000 jato. Beide Anhydride sind

Verwendung von Benzolcarbonsäuren:

Komponenten für Polyamide, Polyimide, Weichmacherester, Klebstoffe, Bindemittel und Druckfarben

Beispiel für technisches Polyimid:

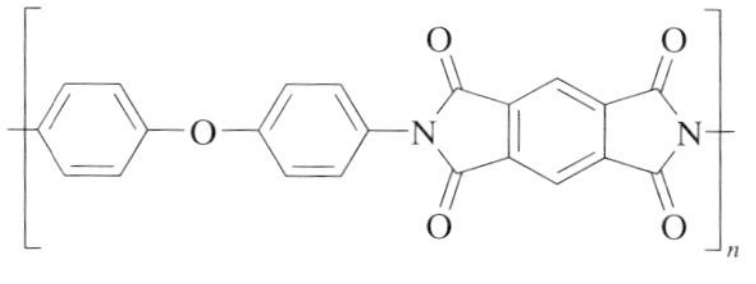

besonders durch Arbeiten von DuPont wichtige Bausteine zur Herstellung sehr temperaturbeständiger Polyimide (z. B. „Kapton-Folie" aus Pyromellithsäuredianhydrid und 4,4-Diaminodiphenylether) geworden.

Der überwiegende Anteil der Trimellithsäure (60–80%) wird jedoch zur Herstellung von Estern für Weichmacher sowie für Klebstoffe, Bindemittel und Druckfarben verwendet.

12.2.2.1 Aromatenisolierung

Allgemeines Prinzip der Aromatenisolierung:

1. Entfernung von Nichtaromaten
2. Trennung in Einzelkomponenten

Fraktionierte Destillation zur Aromatenisolierung aus folgenden Gründen auf Sonderfälle beschränkt:

1. Azeotropbildung von Nichtaromaten mit Aromaten verhindert Trennung
2. geringe Siedepunktsdifferenzen der C_8-Komponenten:

Ethylbenzol	136,2	Kp °C
p-Xylol	138,3	
m-Xylol	139,1	
o-Xylol	144,4	

erfordern für 98-proz. *o*-Xylol eine Kolonne mit theoretisch 120–150 Böden und hohes Rücklaufverhältnis von etwa 5–8 zu 1

Entwicklung spezieller Trennverfahren für Aromatenfraktionen unterschiedlicher Zusammensetzung daher prinzipiell und wirtschaftlich notwendig

Die Isolierung von Aromaten aus Reformat- oder Pyrolysebenzinen besteht im Wesentlichen aus den Teilschritten der Nichtaromatenabtrennung und der anschließenden Auftrennung des Aromatengemisches in die Einzelkomponenten.

Für beide Trennvorgänge sind fraktionierte Destillationsverfahren aus prinzipiellen oder wirtschaftlichen Gründen nur bedingt geeignet. So ergeben z. B. Cyclohexan, Heptan und weitere Alkane mit Benzol oder Toluol destillativ nicht trennbare Azeotrope. Zum weiteren erfordern die geringen Siedepunktsdifferenzen, z. B. der Xylolisomeren und des Begleitproduktes Ethylbenzol, einen außerordentlich hohen, wirtschaftlich nicht tragbaren Destillationsaufwand. Darum bleiben Destillationen zumeist auf die Herstellung von Gemischschnitten beschränkt.

Für die Trennung von Aromaten-Nichtaromaten-Gemischen haben sich daher andere und wegen der unterschiedlichen Trennprobleme bei den verschiedenen Einsatzgemischen und den zunehmend höheren Reinheitsanforderungen an die Einzelkomponenten sehr spezielle Trennverfahren herausgebildet.

12.2.2.2 Spezielle Trennverfahren für Nichtaromaten/Aromaten- und Aromatengemische

Zur Aromatengewinnung aus Kohlenwasserstoffgemischen wurden fünf verschiedene Verfahren entwickelt. Tabelle 12-6 fasst die Trennprobleme, die angewendeten Technologien und die notwendigen Voraussetzungen für die prinzipielle bzw. wirtschaftliche Durchführbarkeit der einzelnen Verfahren zusammen:

Tabelle 12-6. Verfahren zur Aromatengewinnung.

Verfahren	Trennproblem	Voraussetzung der prinzipiellen bzw. wirtschaftlichen Durchführbarkeit
1. Azeotropdestillation	BTX-Abtrennung aus Pyrolysebenzin	Hoher Aromatengehalt (>90 %)
2. Extraktivdestillation	BTX-Abtrennung aus Pyrolysebenzin	Mittlerer Aromatengehalt (65–90 %)
3. Flüssig-Flüssig-Extraktion	BTX-Abtrennung aus Reformatbenzin	Geringer Aromatengehalt (20–65 %)
4. Kristallisation durch Ausfrieren	Isolierung von *p*-Xylol aus *m*/*p*-Gemischen	Destillative Vorabtrennung von *o*-Xylol und Ethylbenzol aus C_8-Aromaten-Fraktionen
5. Adsorption an Festkörpern	Isolierung von *p*-Xylol aus C_8-Aromaten-Fraktionen	Kontinuierliche, reversible und selektive Adsorption

Zu 1

Die *Azeotropdestillation* führt durch Zusätze von stark polaren Hilfsstoffen (Amine, Alkohole, Ketone, H_2O) zu einer erleichterten destillativen Entfernung der Alkane und Cycloalkane in Form ihrer niedrig siedenden Azeotrope mit den Hilfsstoffen.

Prinzip der Aromaten-Nichtaromaten-Trennung durch Azeotropdestillation:

stark polare Hilfsstoffe, wie CH_3COCH_3 oder CH_3OH, erhöhen die Flüchtigkeit der Nichtaromaten (Azeotropbildung) und destillieren mit ihnen über Kopf, Aromaten verbleiben im Sumpf

Die Anwendung der Azeotropdestillation setzt eng geschnittene Fraktionen voraus, die dann, im Fall der Benzolfraktion mit Aceton, der Toluol- oder Xylolfraktion mit Methanol als Drittkomponente, von den Nichtaromaten befreit werden. Aus dem Destillat werden Aceton oder Methanol anschließend mit Wasser extrahiert, destillativ zurückgewonnen und der Azeotropkolonne wieder zugeführt.

Eine wirtschaftliche Anwendung findet die Azeotropdestillation bei einem Aromatengehalt von mehr als 90 %, d. h. bei nur geringen Mengen an abzutrennenden Nichtaromaten, wie z. B. beim Pyrolysebenzin oder beim Rohbenzol der Kohleverkokung (vgl. Abschn. 12.2.1).

Vorteil der Azeotropdestillation:

bei hohem Aromatenanteil muss Hauptmenge in der Trennstufe nicht verdampft werden (energiegünstig)

Zu 2

Bei der *Extraktivdestillation* wird ebenfalls ein Hilfsstoff zur Vergrößerung der Siedepunktsdifferenzen zwischen Nichtaromaten und Aromaten verwendet. Allerdings geht der Hilfsstoff hier in die Aromatenfraktion und erhöht deren Schwerflüchtigkeit.

Prinzip der Aromaten-Nichtaromaten-Trennung durch Extraktivdestillation:

selektive Aromatenlösemittel erhöhen den Siedepunkt der Aromaten und verbleiben mit ihnen im Sumpf, Nichtaromaten destillieren über Kopf

Als selektive Aromatenlösemittel eignen sich thermisch stabile, nichtkorrosive Substanzen, wie z. B. Di- und Trichlorbenzol, Benzylalkohol, Polyglykole, Phenole, Amine, Nitrile, N-Methylpyrrolidon (NMP) und Sulfolan. Wie bei der Azeotropdestillation setzt man auch bei der Extraktivdestillation einzelne, eng geschnittene Fraktionen (Benzol-, Toluolschnitte) ein, jedoch gestatten Lösemittel hoher Selektivität (z. B. N-Methylpyrrolidon) auch die gleichzeitige Gewinnung von Benzol und Toluol.

Merkmal der Extraktivdestillation:

im Gegensatz zur Azeotropdestillation muss Sumpfprodukt erneut destillativ in Aromaten-Kopfprodukt und Selektivlösemittel als Sumpfprodukt aufgetrennt werden

Technische Extraktivdestillationen verwenden N-Methylpyrrolidon (Distapex-Verfahren), N-Formylmorpholin (Morphylane-Verfahren, Octenar-Verfahren), Dimethylformamid oder Sulfolan. In der Extraktivkolonne werden die Nichtaromaten abdestilliert, während die Aromaten zusammen mit dem Lösemittel im Sumpf verbleiben und in einer anschließenden Strippkolonne häufig unter Dampfzusatz von diesem getrennt werden. Meist folgt dann eine Behandlung mit Bleicherden zur Farbverbesserung und Entfernung von Spuren ungesättigter Produkte.

Die Extraktivdestillation lässt sich vor allem bei der Aromatenisolierung aus Pyrolysebenzin (etwa 65–90 % Aromaten) wirtschaftlich einsetzen.

Zu 3

Prinzip der Aromaten-Nichtaromaten-Trennung durch Flüssig-Flüssig-Extraktion:

selektive Aromatenextraktion mit polaren Lösemittelgemischen, die zur Ausbildung zweier, nicht mischbarer Phasen führen

Gegensatz zur Extraktivdestillation:

Aromaten-Nichtaromaten-Lösemittel-Gemisch bleibt einphasig

Die Anwendungsbreite der *Flüssig-Flüssig-Extraktion* ist gegenüber den zuvor beschriebenen Methoden am größten. Die Aromaten eines Gemisches können gleichzeitig und bei stark wechselnden Konzentrationen extrahiert werden. Zum Verfahren der Extraktivdestillation besteht ein prinzipieller Unterschied; während dort nur eine flüssige Phase auftreten darf, muss das Lösemittel für die Extraktion so polar sein, dass in allen Stufen ein System von zwei flüssigen, leicht trennbaren Phasen erhalten bleibt. Zahlreiche Lösemittel oder -gemische haben in technisch genutzten Verfahren eine Anwendung gefunden (vgl. Tabelle 12-7).

Merkmale der Flüssig-Flüssig-Extraktion:

Gegenstromextraktion in Mixer-Settler-Batterien oder Extraktionskolonnen mit Aromatenrücklauf zur Verdrängung von Nichtaromaten aus dem Extrakt (Lösemittel + Aromaten)

Die zahlreichen Varianten der Flüssig-Flüssig-Extraktion sind durch das allen gemeinsame Prinzip der Gegenstromausführung gekennzeichnet. Man verwendet entweder eine Kaskade von hintereinandergeschalteten Misch- und Trennbehältern (Mixer-Settler) oder häufiger Extraktionskolonnen. Im letztgenannten Fall wird das Lösemittel am Kopf des Extraktors aufgegeben und das zu trennende Gemisch in der Mitte zugeführt. Die Nichtaromaten verlassen den Extraktor am oberen Ende. Im unteren Teil tritt das mit Aromaten beladene Lösemittel aus. Um den Trenneffekt zu erhöhen, muss mit einem „Aromatenrückfluss“ gearbeitet werden, d. h., ein Teil der reinen Aromaten wird in den unteren Teil der Kolonne zurückgeführt, um dort die Nichtaromaten vollständig aus dem Extrakt herauszudrängen.

Tabelle 12-7. Technisch für Aromatengewinnung angewandte Lösemittelextraktionen.

Verfahren	Firma	Lösemittel	Extraktionsbedingungen
Udex	UOP-Dow	Mono-, Di-, Tri- oder Tetraethylenglykol/H_2O und Mischungen	130–150 °C, 5–7 bar
Tetra	UCC	Tetraethylenglykol/H_2O	nicht veröffentlicht
Sulfolan	Shell-UOP	Tetrahydrothiophendioxid (Sulfolan)	50–100 °C
Arosolvan	Lurgi	N-Methylpyrrolidon/H_2O	20–40 °C, 1 bar
DMSO	IFP	Dimethylsulfoxid/H_2O	20–30 °C
GUS	–	Propylencarbonat	20–50 °C
Duo-Sol	Milwhite Co.	Propan/Kresol oder Phenol	nicht veröffentlicht
Formex	Snamprogetti	N-Formylmorpholin/H_2O	40 °C, 1 bar
Aromex	Koppers	N-Formylmorpholin/H_2O	80 °C, 2 bar
Morphylex	Krupp-Koppers	N-Formylmorpholin/H_2O	nicht veröffentlicht
Mofex	Leuna-Werke	Monomethylformamid/H_2O	20–30 °C, 0,1–0,4 bar
Arex	Leuna-Werke	N-Methyl-ε-caprolactam	60 °C, drucklos

Die Nichtaromaten werden nach der Extraktion als Raffinat erhalten, während die Aromaten zusammen mit dem Lösemittel als Extrakt anfallen. Der Extrakt kann im weiteren

1. direkt destillativ, häufig unter Anwendung von Strippdampf, aufgearbeitet werden oder

2. durch Rückextraktion vom selektiven Lösemittel befreit und dann destillativ vom Extraktionsmittel abgetrennt werden.

Aufarbeitung der Extraktphase:

Aromat und Selektivlösemittel werden getrennt durch:

1. direkte Destillation oder
2. Rückextraktion

Bei der Methode der Rückextraktion wird aus dem Extrakt mit einem leichten Kohlenwasserstoff, wie z. B. Pentan, der Aromatenanteil herausgelöst und in einer wenig aufwendigen Destillation vom paraffinischen Lösemittel befreit.

Rückextraktion mit preiswertem, leichtsiedendem Lösemittel schont das oft teure Extraktionsmittel und ist energiegünstiger

Als ein Beispiel für die Wirksamkeit einer Lösemittelextraktion sei ein Ergebnis mit Dimethylsulfoxid (DMSO) angeführt, das nach dem IFP-Verfahren zu erhalten ist. Aus einem katalytischen Reformat, das z. B. 10% Benzol, 27% Toluol und 18% Xylole enthält, lassen sich die folgenden Extraktionsausbeuten erzielen (in Gew.-%):

Benzol	99,9
Toluol	98,5
Xylole	95

Verfahrensbeispiel:

IFP-Extraktionsverfahren mit DMSO als Lösemittel und hoher Extraktionsausbeute, d. h. praktisch verlustloser Trennung

Die Flüssig-Flüssig-Extraktion ist die bei weitem häufigste Methode zur Gewinnung reinen Benzols und Toluols. Eine viel verwendete Extraktionsmethode ist z. B. das Udex-Verfahren nach UOP-Dow, das in mehr als 50 Anlagen benutzt wird. In letzter Zeit wurde vielfach das Tetra-Verfahren der UCC wegen verbesserter Wirtschaftlichkeit (geringerer Energieaufwand, erhöhter Durchsatz wegen effektiverer Extraktion) bevorzugt.

Zu 4

Basis der Xylolisomeren-Trennung durch Kristallisation:

größere Unterschiede in den Schmelzpunkten gegenüber den geringeren der Siedepunkte erlauben rentables Trennverfahren

Schmelzpunkte der C_8-Komponenten:

p-Xylol	+13,3	Fp, °C
o-Xylol	−25,2	
m-Xylol	−47,9	
Ethylbenzol	−95,0	

Die *Kristallisationsmethode* findet ihre Hauptanwendung zur Trennung der Xylolisomeren. Sie wird teilweise auch zur Gewinnung von Durol, Naphthalin und in Sonderfällen auch von Benzol herangezogen. Der Kristallisation zur Gewinnung von *p*-Xylol geht im Allgemeinen eine fraktionierte Destillation voran, die ein Gemisch der drei Xylole (*o*, *m*, *p*) zusammen mit Ethylbenzol liefert. Die Siedepunkte dieser C_8-Aromaten-Fraktion liegen so eng beieinander, dass besonders die Trennung von *m*- und *p*-Xylol erschwert ist. Ihre destillative Trennung würde eine Kolonne mit etwa 800 theoretischen Böden bei hohem Rückflussverhältnis erfordern und wäre damit vollkommen unwirtschaftlich.

Weitere technische Nutzung der Kristallisationsmethode:

Gewinnung von

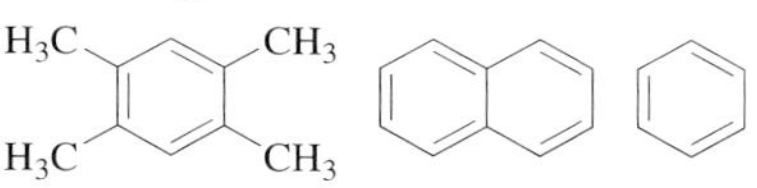

Dagegen zeigen die Kristallisationstemperaturen ausreichende Unterschiede, so dass sie die Basis für ein technisches Trennverfahren ergeben.

Die erste Versuchsanlage zur fraktionierten Kristallisation wurde 1950 durch die Oronite Chem. Co. nach Vorarbeiten von Standard Oil of California in Betrieb genommen. In der Folgezeit wurden ähnliche weitere Verfahren zur *p*-Xylol-Gewinnung z. B. von Humble Oil, Sinclair, Phillips Petroleum, Krupp, Arco, Maruzen Oil und IFP entwickelt.

Vorbehandlung einer C_8-Aromaten-Fraktion für die Kristallisation:

1. destillative Vortrennung in Kopfgemisch und Schwersieder *o*-Xylol
2. aufwendige destillative Entfernung des Leichtsieders Ethylbenzol vom Mittelschnitt (2/3 *m*- und 1/3 *p*-Xylol)
3. Vortrocknung des Mittelschnittes an Al_2O_3 oder SiO_2 bis auf 10 ppm H_2O

In modernen Anlagen wird die C_8-Aromaten-Fraktion zunächst in den Schwersieder *o*-Xylol und das Kopfgemisch Ethylbenzol/*p*-Xylol/*m*-Xylol aufgetrennt, das anschließend mit hohem Destillationsaufwand von dem Leichtsieder Ethylbenzol befreit wird. Es hinterbleibt ein Mittelschnitt, der sich aus den Xylolisomeren *m*- und *p*-Xylol etwa im Verhältnis 2 : 1 zusammensetzt. Dieser wird zunächst an Al_2O_3 oder SiO_2 sorgfältig getrocknet. Der Wassergehalt muss auf etwa 10 ppm herabgesetzt werden, um Verstopfungen durch Eisablagerung zu vermeiden. Dann erfolgt stufenweise eine indirekte Abkühlung auf −20 bis −75 °C durch verdampfendes Ethylen, Propan oder auch NH_3. Das sich abscheidende *p*-Xylol wird in sogenannten Kratzkühlern von den kalten Wänden abgeschabt und als Kristallbrei weiterbefördert. Dieser wird mithilfe von Zentrifugen oder Filtern in einen Kristallkuchen und ein Filtrat aufgetrennt. Im Kristallkuchen

Verfahrensdurchführung:

mehrstufiges Kristallisieren, Abtrennen, Auswaschen und Wiederaufschmelzen ergibt 99,5 % Reinheit an *p*-Xylol kann sich schon nach der ersten Stufe das *p*-Xylol auf 70 % angereichert haben; im Filtrat beträgt der *m*-Xylolgehalt dann etwa 80 %.

Verfahrensunterschiede technischer Kristallisationsmethoden:

System der Wärmeaustauscher sowie Kristallisationsmethode bestimmen Form und Größe der *p*-Xylol-Kristalle

In einer weiteren Folge von Aufschmelz- und Kristallisationsvorgängen mit einem ineinandergreifenden System von Wärmeaustauschern zur sinnvollen Ausnutzung teurer Kühlenergie wird dann das *p*-Xylol mit einer Reinheit von 99,5 % gewonnen. Die Ausbeute beträgt fast 100 %, bezogen auf den Gehalt im eingesetzten Gemisch. *m*-Xylol kann aus den Filtraten nur in einer maximalen Reinheit von etwa 85 % (eutektisches Gemisch mit *p*-Xylol) erhalten werden. Es wird in dieser Form hauptsächlich zu *o*- und *p*-Xylol isomerisiert (vgl. Abschn. 12.3.2).

Alternativmethode zur *p*-/*m*-Xylol-Trennung:

Amoco-Verfahren der indirekten Trennung von *m*-, *p*-Xylol über Oxidation zu

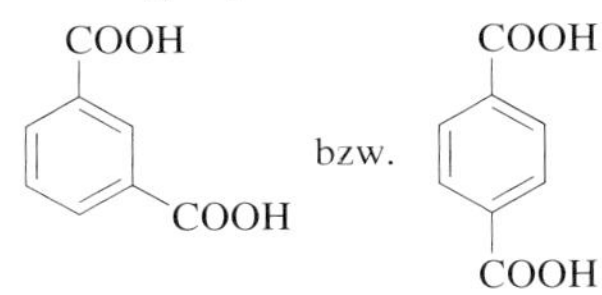

Amoco hat ein Verfahren zur Oxidation des *m*-Xylol-reichen Gemisches zu Isophthal- und Terephthalsäure entwickelt, das damit auf dieser Stufe getrennt werden kann (vgl. Abschn. 14.3). Reines *m*-Xylol kann nach dem Verfahren der Japan Gas Chemical Co. (vgl. Abschn. 12.3.2) durch Extraktion mit $HF \cdot BF_3$ gewonnen werden.

Zu 5

Prinzip der Aromatentrennung durch Adsorption an Festkörpern:

oberflächenreiche Festkörper zeigen Adsorptionsspezifität für bestimmte Molekültypen

Adsorptionen an Feststoffen können wegen der Adsorptionsspezifität der Feststoffoberfläche und ihrer Porenstruktur für bestimmte Moleküle zu selektiven Trennungen von Stoffgemischen ausgenutzt werden (vgl. „Paraffin/Isoparaffin-Trennung", Abschn. 3.3.3.1).

Historische Anwendungen der Aromatenadsorption:

1. Benzolisolierung aus Kokereigas
2. Arosorb-Prozess zur Benzol-Toluol-Isolierung

Ein klassisches Beispiel ist die Isolierung von Benzol aus Kokereigas mittels Aktivkohle, ein weiteres ist der heute kaum noch verwendete Arosorb-Prozess zur Aromatenisolierung (Benzol und Toluol) aus Gemischen mit Nichtaromaten durch Adsorption an Silicagel.

Moderne Anwendung der Adsorptionsmethode:

p-Xylol-Isolierung aus Xylolisomerengemischen oder aus C_8-Reformat-Fraktionen

In neuerer Zeit sind zwei weitere Verfahren der *p*-Xylol-Isolierung aus Xylolgemischen oder aus C_8-Reformat-Fraktionen, die noch Anteile von Nichtaromaten enthalten, von technischem Interesse: das Aromax- und das Parex-Verfahren.

Verfahrensbeispiele:

1. Toray-Verfahren „Aromax" (**aro**matics **max**imum recovery), technisch genutzt

Im Aromax-Verfahren der Toray wird *p*-Xylol selektiv aus Gemischen mit seinen Isomeren bei 200 °C und 15 bar in der Flüssigphase an modifizierten Zeolithen (Molsieben) adsorbiert (Formselektivität, shape selectivity) und anschließend durch ein Lösemittel wieder desorbiert. Nach Destillation kann *p*-Xylol mit einer Reinheit von über 99,5 % gewonnen werden.

2. UOP-Verfahren „Parex" (**par**axylol **ex**traction), in mehreren Anlagen technisch genutzt

Im Parex-Verfahren der UOP wird ebenfalls das Prinzip der Adsorption an porösen festen Adsorbentien, zumeist Molsieben, verwendet. (VEB-Leuna nannte das in zahlreichen technischen Anlagen genutzte Verfahren der Paraffinabtrennung aus Erdölfraktionen mit Molsieben auch Parex-Verfahren, vgl. Abschn. 3.3.3.1). Das kontinuierliche Verfahren der UOP lässt sich zur *p*-Xylol-Extraktion aus C_8-Aromaten-Schnitten oder Xylol-Isomerisierungsgemischen einsetzen. Die Adsorption erfolgt bei 120–175 °C in der Flüssigphase, die Desorption wird durch Waschen mit Toluol oder *p*-Diethylbenzol vorgenommen. Die Reinheit des nach Destillation erhaltenen *p*-Xylols soll etwa 99,5 % bei einer Extraktionsausbeute von 95 % betragen.

Merkmale der *p*-Xylol-Abtrennung:

alternierende Adsorption und Desorption mittels leichtersiedender Kohlenwasserstoffe unter Verwendung mehrerer Adsorber oder mit einem Adsorber und kontinuierlich wechselnden Einlässen für Xylolgemisch und Desorbens (UOP)

Die ersten großtechnischen 70–80000-jato-Anlagen wurden 1972 in Betrieb genommen, 1999 wurden mehr als 69 Anlagen betrieben. Diese Adsorptionstechnik hat inzwischen einen wesentlichen Teil der Kristallisationsmethode zur Gewinnung von *p*-Xylol abgelöst.

12.2.3 Entwicklungsmöglichkeiten der Aromatenherstellung

Erweiterte Kohlenutzung für Aromatengewinnung durch selektivere Depolymerisation (Hydropyrolyse), Solvolyse (Extraktion) oder Totalabbau zu CO/H_2 mit gezielter Aromatensynthese

Da heute etwa 85–90 % aller BTX-Aromaten aus Erdöl stammen, haben die Erdölkrisen auch dazu beigetragen, bekannte Herstellwege für Aromaten aus Kohle zu verbessern und neue zu entwickeln.

Dazu bieten sich zunächst Verfahren an, die gezielter, als es der rein thermische Abbau des makromolekularen C-Gerüstes der Kohle vermag, die aromatische Struktur erhalten, wie die Kohlehydrierung oder die Kohleextraktion. Das zweite Prinzip besteht in der möglichst weitgehenden Vergasung der Kohle (vgl. Abschn. 2.1.1.1) und dem anschließenden selektiven Aufbau von Aromaten.

Kohlehydrierung als Hydropyrolyse mit neuen Schwerpunkten:

1. Einsatz von Fe-Oxidkatalysatoren zur Senkung der Verfahrensbedingungen, z. B. H_2-Druck von 700 auf 300 bar
2. Steigerung der Reaktionsgeschwindigkeit durch Verwendung eines Anreiböls als H_2-Überträger
3. Verbesserte Aufarbeitung durch Vakuumdestillation

Die Basis für neue Entwicklungen der Kohlehydrierung und der hydrierenden Extraktion bilden die Prozesse von Bergius/Pier bzw. von Pott/Broche aus den zwanziger und dreißiger Jahren. Neue Zielsetzungen sind eine direkte, in Gegenwart von Eisenoxiden durchgeführte Sumpfphasenhydrierung einer Suspension von Stein- oder auch Braunkohle in einem Schweröl. Dabei können die Verfahrensbedingungen auf 450 °C und 300 bar gemildert werden. Bei Aufnahme von etwa 6 % H_2 entsteht z. B. in einer Ausbeute bis zu 45 % ein Kohleöl mit einem 60-proz. Aromatenanteil im Siedebereich bis zu ca. 300 °C.

Weltweit wurden zu diesem Grundprinzip vielfältige Varianten bis in den Pilotmaßstab untersucht, um vor allem die Wirtschaftlichkeit zu verbessern.

Technische Nutzung bis zu Pilotanlagen, z. B. in USA, Westeuropa und Japan

Die Kohleextraktion mit Lösemitteln, z. B. Tetralin oder hydriertem Anthracenöl, bis zu 450 °C liefert durch die gleichzeitige H-Übertragung aus dem Lösemittel auf Spaltradikale – abhängig von der Kohlesorte – bis zu 80 Gew.-% der Einsatzmenge an Extrakt.

Kohleextraktion als Solvolyse mit simultaner, aber begrenzter Thermolyse des Aromatengerüstes:

1. Einsatz von Tetralin oder hydrierten Aromaten mit Nebenfunktion als H-Donatoren
2. Einsatz von superkritischen Gasen, z. B. Toluol

Diese Methode ist vor allem durch die Anwendung überkritischer Gase, z. B. Toluol, bei 350–450 °C und 100–300 bar erweitert worden. Die Kohleextrakte sind zumeist aromatenreiche, aber noch höhermolekulare Gemische, die durch katalysiertes Hydrocracken zu niedermolekularen Aromaten umgesetzt werden können.

Kohleextrakte als Thermoplasten mit gezielter Anwendung, z. B. Elektrographit, oder weiterer hydrokatalytischer Spaltung zu BTX-Aromaten

Der dritte prinzipielle Weg von der Kohle über das Synthesegas zu Aromaten wird, allerdings mit anderer Zielsetzung, schon von Sasol in Südafrika großtechnisch genutzt (vgl. Abschn. 2.1.2). Bei der Fischer-Tropsch-Synthese fallen dort neben den höheren aliphatischen Kohlenwasserstoffen Aromaten nur als Nebenprodukte an und es werden nur Rohphenolextrakte isoliert.

CO/H_2 zum Aufbau aliphatischer/aromatischer Kohlenwasserstoffe:

1. direkt nach Fischer-Tropsch-Synthese mit geringem Aromatenanteil
2. indirekt über Methanol/Dimethylether und Homologisierung/Dehydratisierung, z. B. nach Mobil zu Olefinen und Aromaten
3. direkt an bifunktionellen Katalysatorsystemen mit intermediärer CH_3OH-Bildung, z. B. zu Methylbenzolen

Gezielter lassen sich Aromaten aus Synthesegas über das Zwischenprodukt Methanol erhalten. Werden z. B. nach dem Mobil-MTG-Verfahren (vgl. Abschn. 2.3.1.2) Verfahrensbedingungen und Zeolithkatalysator modifiziert, so kann der Aromatengehalt der gesamten Kohlenwasserstoffe auf über 40 Gew.-% mit den Hauptkomponenten Toluol und Xylole steigen.

Auch andere Firmen haben sich mit dieser Aromaten-Herstellmöglichkeit befasst und auch einstufige Wege direkt aus H_2/CO in Gegenwart bifunktioneller Katalysatoren ausgearbeitet. So kann z. B. an einem Zinkchromit enthaltenden Zeolith vom Typ ZSM5 aus Synthesegas Methanol hergestellt und direkt zu Aromaten umgesetzt werden. Man erhält beispielsweise bei 425 °C und 84 bar mit ca. 60-proz. Selektivität Aromatengemische, die vorzugsweise aus Tri- und Tetramethylbenzolen bestehen.

Eine weitere Aromatenherstellung basiert auf den Erdgas-/LPG-Komponenten Propan, Butane, Isobutane, Pentane und Isopentane. Nach einer Entwicklung von BP und UOP lassen sich im Cyclar-Prozess unter bisher noch nicht publizierten Bedingungen diese niederen Aliphate mit einer Ausbeute von etwa 65 Gew.-% zu Aromaten mit einem BTX-Anteil von etwa 95 Gew.-% und dem Coprodukt Wasserstoff um-

LPG-Komponenten zum Aromatenaufbau durch mehrstufige Reaktion an einem multifunktionellen Katalysator auf Zeolithbasis mit kontinuierlicher Regenerierung:

1. Dehydrierung zu Olefinen
2. Oligomerisierung zu ungesättigten höheren Olefinen
3. Cyclisierung zu Cycloaliphaten
4. Dehydrierung zu Aromaten

setzen. Eine erste Anlage ist 1990 in Großbritannien in Betrieb gegangen.

12.2.4 Kondensierte Aromaten

Technisch bedeutende kondensierte Aromaten und Teeraromaten:

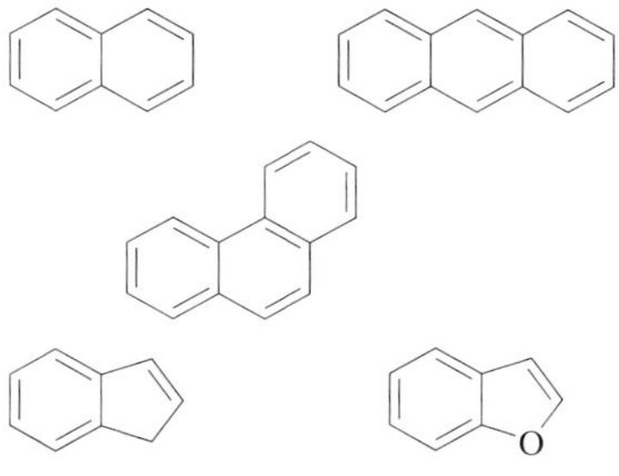

Naphthalin gehört zusammen mit Anthracen, das mengenmäßig erst in größerem Abstand folgt, zu den technisch bedeutendsten kondensierten Aromaten. Auch ihre Methylderivate aus Steinkohlenteer und Erdölfraktionen dienen nur – nach Entalkylierung – zur Reindarstellung der Grundkörper. Phenanthren, als weiterer dreikerniger Aromat, kommt zwar mit etwa 5 Gew.-% im Steinkohlenteer aus der Hochtemperaturverkokung in größerer Menge als Anthracen vor, es bietet sich jedoch bei seiner geringen Eigenbedeutung nur als geeignete weitere Ausgangssubstanz für Anthracen an. Die Isomerisierung lässt sich z. B. nach partieller Hydrierung des Phenanthrens zum symmetrischen Octahydrophenanthren durchführen.

Inden-Cumaron-Verwendung:

als Kokereiprodukte polymerisiert in Teerfraktionen zu Kohlenwasserstoffharzen mit Einsatz als Lack- und Verschnittkomponenten

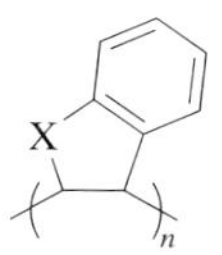

X = CH_2 (Inden-Einheit)
X = O (Cumaron-Einheit)

Ein vierter, zweikerniger Teerkohlenwasserstoff ist das Inden (ca. 1 Gew.-% im Gesamtteer), dessen reaktive olefinische Doppelbindung für die Polymerisation zu niedermolekularen Flüssig- und Festharzen ausgenützt wird. Im technischen Prozess werden Teerfraktionen, die Inden und seine Homologen sowie weitere olefinisch ungesättigte Teeraromaten (Cumaron) enthalten, in Gegenwart von Friedel-Crafts-Katalysatoren (z. B. BF_3) in thermoplastische Inden-Cumaron-Harze übergeführt. Die Weltproduktion an teerstämmigen Inden-Cumaron-Harzen liegt heute bei etwa 100000 jato. Sie dienen zur Formulierung von Klebstoffen, Lacken, Druckfarben und Kautschuk. Alternativprodukte zu Inden-Cumaron-Harzen sind die C_5-Kohlenwasserstoff-Harze (vgl. Abschn. 5.4) oder auch die aromatischen Harze aus C_{9+}-Fraktionen der Olefinherstellung.

12.2.4.1 Naphthalin

Bei der Isolierung von Naphthalin entweder aus Steinkohlenteer oder aus speziellen Erdölfraktionen ergeben sich aufgrund ähnlich siedender weiterer Komponenten unterschiedliche Reinheitsgrade; so hat allgemein das vielfach „Petronaphthalin" genannte Produkt z. B. einen geringeren S-Gehalt und damit eine höhere Reinheit. Man unterscheidet deshalb das Reinnaphthalin mit einem Erstarrungspunkt von 79,6 °C (Gehalt $\geq$ 98,75 Gew.-%) und die Rohnaphthalintypen mit Erstarrungspunkten bis zu 78 °C (Gehalt $\geq$ 95,6 Gew.-%).

Die Herstellkapazitäten für Rein- und Rohnaphthalin betrugen 1999 in Westeuropa, USA, Japan und der Bundesrepublik Deutschland etwa 0,17, 0,18, 0,25 bzw. 0,05 Mio jato.

Bis zu Beginn der sechziger Jahre reichte für USA der Steinkohlenteer als Naphthalinquelle noch aus. In den folgenden Jahren wurde dann aus Destillationsrückständen der katalytischen Reformate sowie aus aromatenreichen Mittelölfraktionen der Crackbenzine zusätzliches Naphthalin isoliert. 1965 stammten etwa 43% des Naphthalins aus Erdöl. Dieser Anteil der Erdölbasis für Naphthalin hat sich für USA jedoch wieder verringert (vgl. nebenstehende Tabelle) bei insgesamt rückläufiger Produktion.

Ausgangsprodukte zur Naphthalingewinnung:

USA: Steinkohlenteer
Reformatrückstände
Crackbenzin-Fraktionen

Europa: bevorzugt Steinkohlenteer

Naphthalinproduktion in USA

	1965	1970	1998
gesamt (in 1000 t)	367	326	110
Anteil Petronaphthalin (in Gew.-%)	43	40	11

Außerhalb der USA hat die Naphthalingewinnung aus Erdölfraktionen noch keine große Bedeutung erlangt. Dort wird Naphthalin vorzugsweise aus Teer der Steinkohlenverkokung isoliert.

Naphthalin und Homologe werden aus Erdölraffinaten durch Flüssig-Flüssig-Extraktion oder durch Adsorption abgetrennt.

Naphthalingewinnung aus Erdölfraktionen nach zwei Verfahren:

1. Flüssig-Flüssig-Extraktion
2. Adsorption

Reinnaphthalin lässt sich auch herstellen aus den Homologen durch Dealkylierung in Gegenwart von H_2, die entweder rein thermisch bei über 700 °C oder katalytisch bei 550 bis 650 °C und 7–70 bar in Gegenwart von Cr_2O_3/Al_2O_3 oder Co/Mo-Oxid-Katalysatoren durchgeführt wird. Verfahren zur Hydrodealkylierung wurden z. B. von der Union Oil (Unidak-Verfahren) und von der Sun Oil in USA ausgearbeitet.

Erweiterung der Rohstoffbasis: Hydrodealkylierung von Naphthalinhomologen zu Naphthalin

Zur Isolierung des Naphthalins aus Steinkohlenteer (vgl. Abschn. 12.2.1) wird dieser zunächst fraktioniert destilliert und die naphthalinhaltige Fraktion zur Entfernung von Teerbasen und -säuren nacheinander mit Schwefelsäure und Natronlauge gewaschen. Durch erneute Destillation oder Kristallisation wird dann das reine Naphthalin erhalten. Insgesamt ist die Naphthalinausbeute von etwa 90%, bezogen auf den Gehalt an Steinkohlenteer, technisch erreichbar.

Naphthalinisolierung aus Steinkohlenteer:

Kombination von Destillationen, Säure-Base-Extraktionen und Kristallisation

Seine ehemals begrenzte Zugänglichkeit hat bei dem größten Naphthalinverbraucher – der Phthalsäureanhydrid-Herstellung – mit dem *o*-Xylol zu einer zusätzlichen Rohstoffbasis (vgl. Abschn. 14.1.2) geführt, so dass 1974 nur etwa 25% und Anfang der neunziger Jahre nur noch etwa 15% des in

Naphthalinverwendung:

Ausgangsprodukt für Phthalsäureanhydrid

Basis für Zwischenprodukte und Lösemittel (Decalin, Tetralin)

Naphthalinfolgeprodukte:

Naphthalinsulfonsäure
β-Naphthol
α-Naphthol
Naphthochinon
Chlornaphthaline

für Farbstoffe, Gerbstoffe, Pharmazeutika, Netzmittel, Insektizide, z. B. in USA, 7–10% des Naphthalinverbrauchs für Carbaryl (Handelsname z. B. Sevin®)

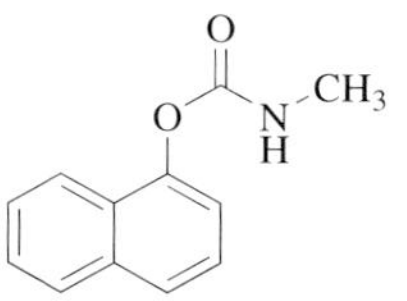

der Welt erzeugten Phthalsäureanhydrids (1991, 2,6 Mio t) durch Oxidation von Naphthalin hergestellt wurden. Der dafür verwendete Naphthalinanteil ist stark länderabhängig; so wurden 1983 in USA, Japan und Westeuropa noch 74, 70 bzw. 39 Gew.-% der Naphthalinerzeugung für die Phthalsäureanhydrid-Herstellung eingesetzt. Dieser Anteil hat sich 1998 in den gleichen Ländern auf 61, 79 bzw. 38 Gew.-% geändert.

Die wesentliche Menge wird in Westeuropa für Zwischenprodukte, z. B. für den Farbstoffsektor, sowie für die Lösemittel Decalin und Tetralin verwendet. Ein bedeutendes Folgeprodukt ist das β-Naphthol, das durch Sulfonierung von Naphthalin bei 150–160 °C mit anschließender Alkaliverschmelzung des Natriumnaphthalin-β-sulfonats erhalten wird. β-Naphthol wurde außerdem auch aus β-Isopropylnaphthalin analog der Hock-Phenol-Route über das Hydroperoxid von der American Cyanamid einige Jahre bis 1982 hergestellt. In Westeuropa wurde die β-Naphthol-Produktion inzwischen eingestellt. Größte Herstellerländer sind derzeit China und Indien mit Kapazitäten von 43000 bzw. 16000 jato (1997).

12.2.4.2 Anthracen

Anthracengewinnung:

aus Steinkohlenteer durch destillative Anreicherung, kristalline Abscheidung, Umlösen und eventuelle Reindestillation

Störung der technischen Anthracengewinnung:

ähnliche Siedepunkte bei

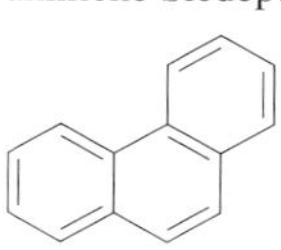

und

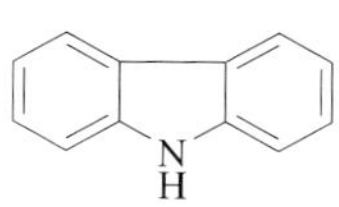

Anthracen kommt im Hinblick auf den Weltbedarf zwar in ausreichender Menge, aber in kleiner Konzentration (1,5 bis 1,8 Gew.-%) im Steinkohlenteer vor. Aus ihm wird es daher durch Verfahrensschritte der Anreicherung und Reinigung wie Destillation, Kristallisation und Umlösen in 95-proz. Reinheit isoliert. Die erreichbare Ausbeute beträgt nur etwa 40–50%, bezogen auf den ursprünglichen Gehalt, da die technische Gewinnung durch die weiteren Inhaltsstoffe Phenanthren und Carbazol mit ähnlicher Siedelage erschwert ist.

Syntheseverfahren haben für das Anthracen noch keine großtechnische Bedeutung erlangt, da sein Hauptfolgeprodukt, das Anthrachinon, auch auf anderen Wegen synthetisch zugänglich ist.

Die Anthracen-Welterzeugung beträgt derzeit 30–40000 jato, davon werden etwa 10000 jato in Westeuropa gewonnen.

Anthracenverwendung:

Herstellung von Anthrachinon nach zwei Oxidationsvarianten:

1. Flüssigphasenoxidation mit CrO_3
2. Gasphasenoxidation mit Luft an Fe-Vanadat

Anthracen dient praktisch ausschließlich zur Oxidation zu Anthrachinon, einem der wichtigsten Zwischenprodukte für die Herstellung von Beizen-, Küpen-, Dispersions- und Reaktivfarbstoffen.

Die weltweiten Herstellkapazitäten für Anthrachinon betrugen 1991 etwa 34000 jato; davon entfielen auf Westeuropa, USA und Japan 17900, 1900 bzw. 5000 jato.

Die Oxidation in 9.10-Stellung erfolgt leicht und wird technisch bevorzugt (heute etwa 85% der Weltproduktion) entweder mit CrO_3 in der flüssigen Phase bei 50–105 °C oder in der Gasphase mit Luft bei 340–390 °C an Eisenvanadat-Katalysatoren mit praktisch quantitativem Umsatz und mit einer Selektivität von über 90% durchgeführt:

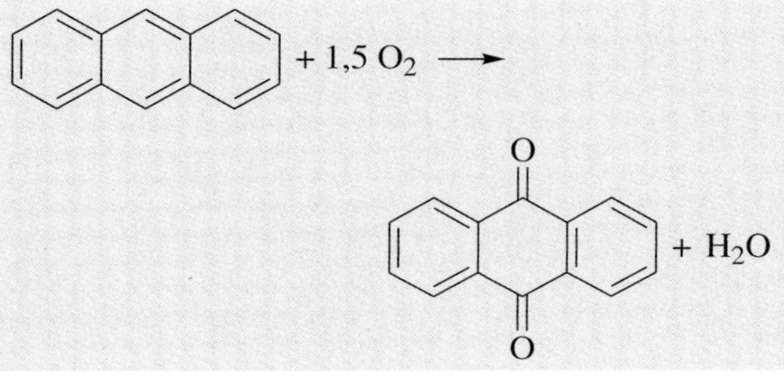

(2)

Als Nebenprodukt fällt Phthalsäureanhydrid an.

Wegen des steigenden Bedarfs an Anthrachinon als Basis für Textilfarbstoffe hat es nicht an Versuchen gefehlt, Anthrachinon aus anderen Rohstoffen zu synthetisieren.

Syntheseverfahren basieren z. B. auf der Friedel-Crafts-Reaktion von Phthalsäureanhydrid und Benzol, der Diels-Alder-Reaktion von 1,4-Naphthochinon mit Butadien (Verfahren nach Kawasaki oder Bayer) und der Styroldimerisierung über die Zwischenstufe eines Indanderivates (BASF-Verfahren). Eine neuere Route wurde von American Cyanamid ausgearbeitet; sie betrifft die Umsetzung von Benzol oder Benzophenon mit CO in Gegenwart von stöchiometrischen Mengen an $CuCl_2$, $FeCl_3$ oder Platinmetallchloriden bei 215–225 °C und 25–70 bar CO-Druck. Es sollen quantitative Ausbeuten an Anthrachinon erreichbar sein.

Von den vorgenannten vier prinzipiellen Syntheseverfahren stand das Bayer-Verfahren kurz vor einer technischen Nutzung, die aber aus technischen und wirtschaftlichen Gründen aufgegeben wurde. Das Kawasaki-Verfahren wird seit 1980 in einer 3000-jato-Anlage durchgeführt.

Folgeprodukte des Anthrachinons sind vor allem die Mono- und Dinitro- sowie die Amino- und Diaminoanthrachinone, die wichtige Ausgangsprodukte für eine Vielzahl von Farbstoffen darstellen.

Alternativverfahren für Anthrachinon:

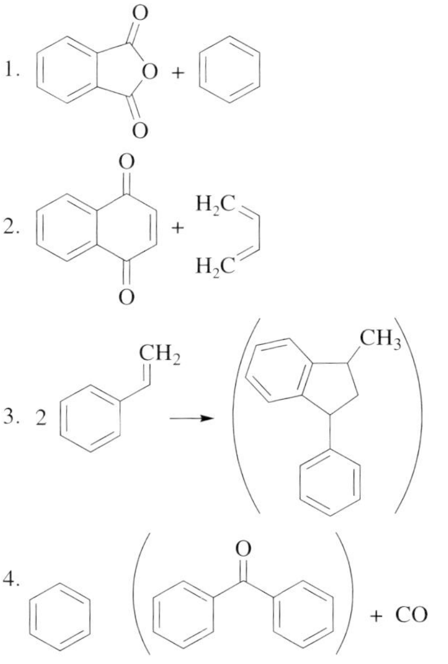

Außerdem kann Anthrachinon zur H_2O_2-Produktion verwendet werden.

Anthrachinonverwendung:

1. Zwischenprodukt für Farbstoffe
2. Herstellung von H_2O_2

Verfahrensprinzip der H_2O_2-Herstellung:

reversibler Übergang Anthrachinon-Anthrahydrochinon unter H_2O_2-Bildung im Autoxidationsschritt über Endoperoxid

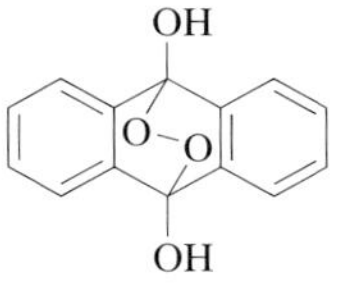

Dazu wird Anthrachinon katalytisch an Ni- oder Pd-Katalysatoren bei 30–35 °C zum Anthrahydrochinon hydriert. Dieses autoxidiert sich nach Abtrennen des Katalysators außerordentlich rasch zum Endoperoxid, das sich quantitativ zum Anthrachinon unter Bildung von H_2O_2 umsetzt:

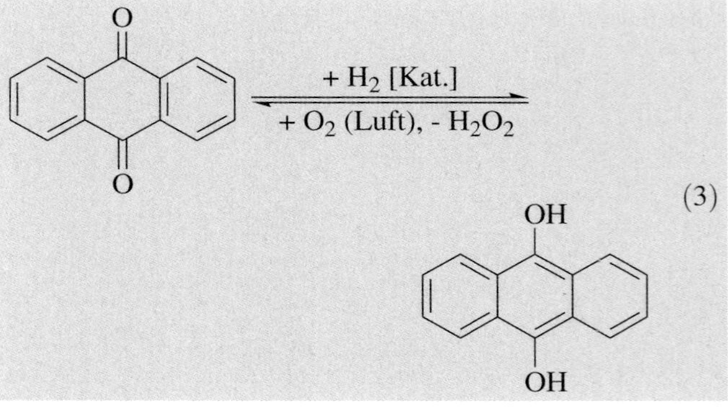

(3)

Verfahrensdurchführung:

großtechnische Prozesse zumeist mit 2-Ethyl-, 2-tert.-Butyl- bzw. 2-Amylanthrachinon

Auf diesem Prinzip beruhte die erste technische H_2O_2-Versuchsanlage der I.G. Farben im Zweiten Weltkrieg. Eine Großanlage wurde erst 1953 in USA von DuPont in Betrieb genommen. Wegen besserer Löslichkeit in Lösemittelgemischen, z. B. aus Benzol und höheren sekundären Alkoholen, verwendet man heute zumeist das 2-Ethylanthrachinon, daneben aber auch 2-*tert*.-Butylanthrachinon sowie in Japan auch 2-Amylanthrachinon.

Damit existieren drei technische H_2O_2-Verfahren:

1. Anthrachinonroute
2. Isopropanoloxidation
3. Elektrolyse

Das dritte Verfahren hat die größte Bedeutung, denn in diesem Kreisprozess wird H_2O_2 aus H_2 und O_2 hergestellt

Das vierte, attraktivste H_2O_2-Verfahren, d. h. die direkte Kombination von H_2 und O_2, steht noch in der Entwicklung

Aus dem Oxidat wird H_2O_2 mit Wasser extrahiert. Die Rohlösung wird in weiteren Verfahrensstufen gereinigt und aufkonzentriert. In Europa wird H_2O_2 hauptsächlich nach diesem Verfahren erzeugt. Andere H_2O_2-Herstellprozesse sind die Isopropanoloxidation (vgl. Abschn. 11.1.3.2), die inzwischen in USA aufgegeben wurde, und die Elektrolyse über Peroxodischwefelsäure ($H_2S_2O_8$). Zwei Firmen in Westeuropa nutzen derzeit noch die Elektrolyseroute. Über 95 % des gesamten H_2O_2 werden heute nach den Alkylanthrachinon-Verfahren hergestellt, da diese wesentlich günstigere Raum-Zeit- und Energieausbeuten als die elektrochemischen Verfahren aufweisen. Allerdings wird zunehmend an Verfahren gearbeitet (z. B. DuPont, BASF, Elf Atochem u. a.), bei denen H_2 und O_2 z. B. als kleine Gasblasen in mm-Größe in wässriger Phase mit Zusätzen von z. B. Phosphorsäure oder Schwefelsäure und heterogenen Katalysatorsystemen auf Platin- oder Palladiumbasis schon bei 20–40 °C und bis zu 25 bar zu H_2O_2 umgesetzt werden. Dieses System erlaubt für die H_2-Konzentration höhere Werte hinsichtlich der Explosionsgrenzen als die Gasphase. Damit können bessere Umsätze von H_2 und O_2 mit größerer H_2O_2-Konzentration erreicht werden.

Die Herstellkapazitäten für H_2O_2 betrugen 2005 weltweit etwa 3,6 Mio jato; davon entfielen auf Westeuropa, USA, Japan und Bundesrepublik Deutschland 1,2, 0,51, 0,25 bzw. 0,21 Mio jato. Produktionszahlen in einigen Ländern sind in der nebenstehenden Tabelle aufgeführt. Weltgrößter Hersteller ist Solvay (früher Interox) mit einer Gesamtkapazität von etwa 0,57 Mio jato (2004). Weitere Hersteller sind u. a. Degussa (heute Degussa-Hüls) mit einer Gesamtkapazität von 0,46 Mio jato (2004) und Atochem.

Produktion von H_2O_2 (in 1000 t)

	1993	1995	1999
WE	610	680	924
USA	301	327	592
Japan	142	138	152
BRD	90	96	161

deutliche Produktionszunahme, z. B. für Einsatz als umweltverträgliche Bleich- und Reinigungsmittel anstelle von Cl_2

Das Haupteinsatzgebiet für H_2O_2 ist inzwischen die Papierindustrie geworden, die 1999 weltweit über 65 % der H_2O_2-Produktion aufgenommen hat. Der zweitgrößte Sektor mit etwa 25 % Verbrauch ist die Herstellung von Bleichmitteln wie Perboraten und Percarbonaten für Wasch- und Reinigungsmittel. Nur ein geringer Anteil wird in der Chemischen Industrie verwendet, wie z. B. zur Herstellung von Glycerin und Epoxiden. Weitere Einsatzbereiche sind die Abwasserbehandlung und hydrometallurgische Verfahren (z. B. Uranextraktion nach Oxidation zu U_3O_8) sowie als Reinigungsmittel in der Halbleiterindustrie.

12.3 Umwandlungsverfahren für Aromaten

Die in einzelnen Ländern mengenmäßig verschiedene Produktion an Pyrolysebenzin, Reformat und Steinkohlenteer sowie deren charakteristische unterschiedliche Aromatenzusammensetzung machen Umwandlungsverfahren notwendig, um Überangebote, z. B. an Toluol, und die Nachfrage an Benzol und Xylolen ausgleichen zu können. Als wesentliche Verfahren sind zu nennen:

Umwandlung von Alkylaromaten nach drei Verfahren:

1. die Hydrodealkylierung des Toluols,
2. die Isomerisierung des *m*-Xylols,
3. die Disproportionierung des Toluols, die Transalkylierung mit Trimethylbenzolen und die Methylierung mit Methanol.

1. Hydrodealkylierung, z. B.
   Toluol → Benzol
2. Isomerisierung, z. B.
   m-Xylol → *o*-, *p*-Xylol
3. Disproportionierung, z. B.
   Toluol → Benzol + Xylole
   Transalkylierung, z. B.
   Trimethylbenzole + Toluol → Xylole
   Methylierung, z. B.
   Toluol + Methanol → *p*-Xylol

12.3.1 Hydrodealkylierung

Verfahrensprinzip der **Hy**dro**deal**kylierung (Hydeal-Verfahren) von Alkylaromaten:

hydrierende Abspaltung von Alkylseitenketten in Aromaten

Der hydrierende Abbau von Seitenketten an aromatischen Ringen ist eine allgemein anwendbare Methode zur Herstellung des unsubstituierten Grundkörpers, wie z. B. von Benzol aus Toluol oder aus Xylolen oder auch von Naphthalin aus Methyl- oder Dimethylnaphthalin.

Einsatzprodukte für Hydeal-Verfahren:

Alkylnaphthaline
Toluol

Die erste Entalkylierungsanlage im technischen Maßstab wurde 1961 von der Ashland Oil in Betrieb genommen. Sie diente zur Herstellung von reinem Naphthalin aus Alkylnaphthalinen. Dabei bildete sich Benzol als Nebenprodukt. Mit Lizenz der Ashland Oil wurde dann von der UOP das Hydeal-Verfahren ausgearbeitet.

Technische Bedeutung haben heute vor allem die Verfahren zur Herstellung von Benzol aus Toluol:

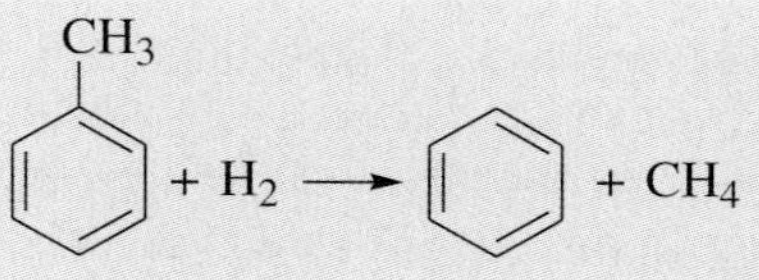

(4)

(ΔH = -126 kJ/mol)

Toluolverbrauch für Hydrodealkylierung (in Gew.-%)

	1993	1997	2000
USA	57	56	58
WE	53	24	20
BRD	53	37	37
Japan	15	19	17

So werden inzwischen in verschiedenen Ländern (vgl. nebenstehende Tabelle) unterschiedliche Anteile der Toluolproduktion für die hydrierende Dealkylierung zu Benzol verwendet.

Verfahrensvarianten der Toluol-Hydrodealkylierung:

1. thermisch bei 580–800 °C
2. katalytisch bei 550–650 °C an Cr-, Mo- oder Co-Oxid-Katalysatoren

Die Hydrodealkylierung wird rein thermisch bei 550–800 °C und 30–100 bar oder katalytisch bei etwas niedrigeren Temperaturen von 500–650 °C und 30–50 bar mit zumeist Cr_2O_3, Mo_2O_3 oder CoO auf Trägern (z. B. Al_2O_3) oder nach neueren Untersuchungen bei 400–480 °C auch an Rh/Al_2O_3 durchgeführt.

Kennzeichen der katalytischen Fahrweise:

Koksabscheidung am Katalysator macht 2-Reaktorensysteme für Regenerierung nach 2000–4000 Betriebsstunden zweckmäßig

Im technischen, katalytischen Verfahren wird Toluol mit einem Kreislaufgas, das aus einer Mischung von H_2 und CH_4 besteht, über den Katalysator geleitet. Die hohen Arbeitstemperaturen haben eine relativ starke Verkokung zur Folge, so dass zumeist in zwei parallelgeschalteten Reaktoren abwechselnd die Reaktion und die Regeneration des Katalysators durchgeführt werden.

Aufarbeitung des Kreislaufgases:

Abtrennung des CH_4 aus Kreislaufgemisch (H_2/CH_4) durch Tieftemperaturdestillation

Wegen des hohen CH_4-Anfalls von etwa 250 Nm^3/t Toluol sind spezielle Maßnahmen zu seiner Entfernung aus dem

Kreislaufgas erforderlich. Das CH_4/H_2-Gemisch kann hierzu ganz oder teilweise durch eine Tieftemperaturzerlegung geschickt werden. CH_4 kann dann durch Spalten mit H_2O wieder in H_2 zur Deckung des Eigenbedarfs der Hydrodealkylierung übergeführt werden.

Nach der Entalkylierung erfolgt in einer Destillationsstufe die Isolierung des Benzols von nicht umgesetztem und zurückzuführendem Toluol. Höhersiedende Nebenprodukte, wie Diphenyl oder kondensierte Aromaten wie z. B. Fluoren, können abgetrennt oder auch in den Prozess zurückgeführt werden, wo sie einer Rückspaltung unterliegen.

Aufarbeitung der kondensierbaren Phase:

Benzol destillativ isoliert, Einsatztoluol und Höhersieder rückgeführt

als Nebenprodukte gewinnbar:

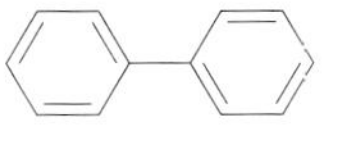

Diphenyl

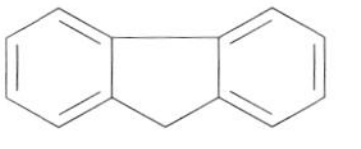

Fluoren

In thermischen Prozessen, wie z. B. von Gulf (THD), von Atlantic Richfield-Hydrocarbon Research (HDA) und von Mitsubishi Petrochemical (MHC), werden bei Toluolumsätzen von 60–90% Benzolselektivitäten von etwa 95% erreicht.

Im katalytischen Verfahren, wie z. B. von Houdry (Detol und Pyrotol), von Shell (Bextol) und von BASF, liegen Umsätze und Selektivitäten deutlich höher. Die Benzolreinheit liegt oberhalb 99,9%. Damit können die Kosten für den Katalysator ausgeglichen werden. Der sehr geringe Schwefelgehalt macht das Benzol besonders für die Hydrierung zu Cyclohexan (vgl. Abschn. 13.1.5) geeignet.

Beispiele technisch durchgeführter Hydrodealkylierungen:

1. thermische Verfahren:
   - THD – Gulf
   - HDA – Atlantic Richfield – Hydrocarbon Research
   - MHC – Mitsubishi Petrochemical
2. katalytische Verfahren:
   - Detol und Pyrotol – Houdry, ABB Lummus Crest
   - Hydeal – UOP
   - Bextol – Shell, BASF

12.3.2 *m*-Xylol-Isomerisierung

Die Isolierung reinen *p*-Xylols durch fraktionierte Tieftemperaturkristallisation von *m*/*p*-Xylol-Gemischen (vgl. Abschn. 12.2.2.2) findet bei einem Gehalt von etwa 85% *m*-Xylol ein Ende, weil sich dann ein eutektisches Gemisch von *m*/*p*-Xylol abzuscheiden beginnt. Die Mutterlauge kann anschließend katalytisch zu einem Gleichgewichtsgemisch der C_8-Aromaten isomerisiert werden und erneut in den Aufarbeitungsgang zur *p*-Xylol-Isolierung zurückgeführt werden.

Verfahrensprinzip der Isomerisierung von Alkylaromaten, bevorzugt *m*-Xylol:

Gleichgewichtseinstellung zu Gemisch von C_8-Aromaten ausgehend von einer Nichtgleichgewichtsmischung mit hohem *m*-Xylol-Anteil

Im thermodynamischen Gleichgewicht der C_8-Aromaten liegen im Temperaturbereich der technischen Verfahren (200 bis 500 °C) etwa die folgenden Konzentrationen (Mol.-%) vor:

Ethylbenzol	8
o-Xylol	22
m-Xylol	48
p-Xylol	22

Charakterisierung der drei üblichen Isomerisierungsarten nach Katalysetyp:

1. bifunktionelles System: $Al_2O_3 \cdot SiO_2$ zur Isomerisierung, Pt/H_2 zur Hydrierung, d. h. Verminderung von Dehydrierungen unter C-Abscheidung
2. $Al_2O_3 \cdot SiO_2$ als Teilsystem von 1. nur für Isomerisierung
3. $HF \cdot BF_3$ als Friedel-Crafts-System sehr aktiv und selektiv für Isomerisierung, Zeolith oder Molsieb bifunktionell mit Protonen (Brönstedt) und Lewis-Säuren-Acidität

Es gibt im Wesentlichen drei Typen der katalytischen Isomerisierung, die sich durch den verwendeten Katalysator und durch die Prozessbedingungen unterscheiden:

1. hydrokatalytische Isomerisierung mit $Pt/Al_2O_3 \cdot SiO_2$-Katalysatoren in Gegenwart von H_2 bei etwa 400–500 °C und 10–25 bar,
2. Isomerisierung unter Crackbedingungen an $Al_2O_3 \cdot SiO_2$ bei 400–500 °C unter Normaldruck und
3. Friedel-Crafts-Isomerisierung in der Flüssigphase mit $HF \cdot BF_3$ bei 100 °C und Normaldruck oder an Zeolithkatalysatoren bei unterschiedlichen Bedingungen.

Zu 1

Verfahrensmerkmale mit Katalysatortyp 1:

längere Katalysatorlebensdauer gegenüber Typ 2

wenig Disproportionierung und Transalkylierung

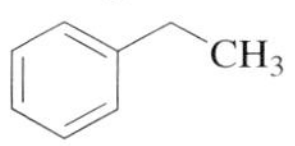
wird auch isomerisiert

Die weiteste Verbreitung hat bisher das auf diesem Prinzip beruhende Octafining-Verfahren von Arco/Engelhard gefunden. Die erste Anlage wurde 1960 durch die Mitsui gebaut. Eine weitere Variante ist das technisch vielfach genutzte Isomar-Verfahren der UOP (1999 mehr als 52 Anlagen), ebenfalls mit einem Pt/Al-Silicat-Katalysator. Im Exxon-Isoforming-Prozess wird ein Pt-freier Katalysator unter sonst ähnlichen Bedingungen verwendet.

Leuna-Verfahren Aris = **Ar**omaten-**Iso**merisierung

Aris-Merkmal:

Isomerisierung von C_8-Aromaten am Pt-Mordenit-System mit Zusatz geringer Mengen NH_3 zur irreversiblen Adsorption und Blockade von Zentren, die unerwünschte Aromatendealkylierung bewirken

Ein neueres Verfahren der hydrokatalytischen Isomerisierung technischer C_8-Aromaten-Fraktionen (Aris-Verfahren) wurde von den Leuna-Werken und dem Petrolchem. Komb. Schwedt (heute KataLeuna) entwickelt und seit 1976 in einer technischen Anlage eingesetzt. Als Katalysator dient ein Gemisch aus Al_2O_3 und einem natürlichen Zeolithen (Mordenit) zusammen mit Platin als Hydrier-/Dehydrierkomponente. Eine Besonderheit ist die Steuerung der Mordenitacidität und damit der Aktivität und Selektivität durch geregelte NH_3-Zugabe, die zusätzlich zu einer langen Lebensdauer des Katalysators führt. Unter den Reaktionsbedingungen (425 °C, 12,5 bar) werden auch Nichtaromaten des C_8–C_{10}-Bereiches, die noch im Aromatenschnitt anwesend sein dürfen, zu niedersiedenden Produkten des C_3–C_4-Bereiches abgebaut.

Die Vorteile dieser Isomerisierungsart sind lange Katalysatorlebensdauer und geringe Verluste an C_8-Aromaten durch Disproportionierung oder Transalkylierung.

Inzwischen wurde der Mordenitkatalysator weiterentwickelt und auch eine neues Katalysatorsystem auf der Basis Pentasil mit einem geringeren Pt-Gehalt eingesetzt. Es bewirkt im

Isomerisierungsprozess der C_8-Aromaten eine effektivere Dealkylierung von Ethylbenzol ohne Xylolverlust.

Beide Katalysatortypen werden derzeit schon in mehreren Anlagen technisch genutzt.

Zu 2

Diese Isomerisierungsart wird z. B. in Verfahren der ICI, der Maruzen Oil (XIS-Prozess) und der Arco verwendet. Dem Vorteil eines preiswerten Katalysators stehen Nachteile wie Katalysatordesaktivierung durch Kohleablagerung sowie Disproportionierung und Transalkylierung gegenüber.

Verfahrensmerkmale mit Katalysatortyp 2:

Crackkatalysatoren $Al_2O_3 \cdot SiO_2$ sind billig für Isomerisierung, jedoch nachteilig wegen Nebenreaktionen wie Disproportionierung, Transalkylierung (vgl. Abschn. 12.3.3) und Kohleablagerung

z. B. Maruzen-Oil-Verfahren XIS = **X**ylene **Is**omerization

Zu 3

Der erste Prozess dieser Art wurde von der Japan Gas – heute Mitsubishi Gas Chemical – eingeführt. $HF \cdot BF_3$ wird in einem Lösemittel zunächst zur selektiven Komplexierung von *m*-Xylol verwendet, das damit bis auf geringe Anteile aus einem Gemisch der C_8-Aromaten extrahiert werden kann. Das so erhaltene Raffinat aus Ethylbenzol und *o*/*p*-Xylol wird destillativ aufgetrennt.

Verfahrensmerkmale mit Katalysatortyp 3:

$HF \cdot BF_3$ ist gleichzeitig zur *m*-Xylol-Komplexierung wie zur *m*-Xylol-Isomerisierung geeignet

hohe Aktivität bedeutet eine verringerte Reaktionstemperatur

Xylol-Disproportionierung und Transalkylierung sind darum gering (< 4 %)

Soll ein reines *m*-Xylol gewonnen werden, so kann der extrahierte *m*-Xylol-$HF \cdot BF_3$-Komplex rückgespalten werden. Besteht kein oder nur begrenzter Bedarf an *m*-Xylol, so werden entsprechende Anteile des Komplexextraktes einer Isomerisierung zugeführt, die unter milden Bedingungen in Gegenwart des $HF \cdot BF_3$-Katalysators bis zum thermodynamischen Gleichgewicht abläuft.

Nach dem Verfahrensprinzip der Mitsubishi Gas Chemical werden derzeit in Japan drei und nach ähnlicher Technologie z. B. von Amoco in USA weitere Anlagen betrieben.

Mobil Chemical Co. verwendet im LTI-Prozess (**L**ow **T**emperature **I**somerization) einen Zeolith-Festbettkatalysator, der ebenfalls bei 200–260 °C und 14 bar *m*-Xylol bis zu 95–98 % der Gleichgewichtszusammensetzung und ohne C_8-Aromaten-Verluste isomerisiert. In einer neueren Variante, dem Mobil HTI-Verfahren (**H**igh **T**emperature **I**somerization), wird an einem teilweise platinausgetauschten, sauren Zeolithkatalysator der Type ZSM-5 bei 427–460 °C und 14–18 bar in Gegenwart von Wasserstoff eine C_8-Aromaten-Fraktion um bis zu 4 % über den Gleichgewichtsanteil hinausgehend zu *p*-Xylol isomerisiert. Auch dieses Verfahren

Zeolithe (ZSM-5) in H/Pt-Form ermöglichen wegen der Struktur(shape)-Selektivität, abhängig von der Reaktionstemperatur, eine höhere *p*-Xylol-Ausbeute wird in mehreren Anlagen (19 Anlagen 1999) schon technisch genutzt, teilweise mit einem modifizierten Zeolithkatalysator (MHA I).

12.3.3 Disproportionierung, Transalkylierung und Methylierung

Umalkylierung von Alkylaromaten nach zwei Reaktionstypen:

1. Disproportionierung
2. Transalkylierung

Disproportionierung oder Dismutation bedeutet in diesem Zusammenhang eine Übertragung von Alkylgruppen unter Bildung eines Gemisches höher- und niederalkylierter Aromaten. Der hauptsächlich genutzte Prozess ist die Toluol-Disproportionierung zu Benzol und Xylolen:

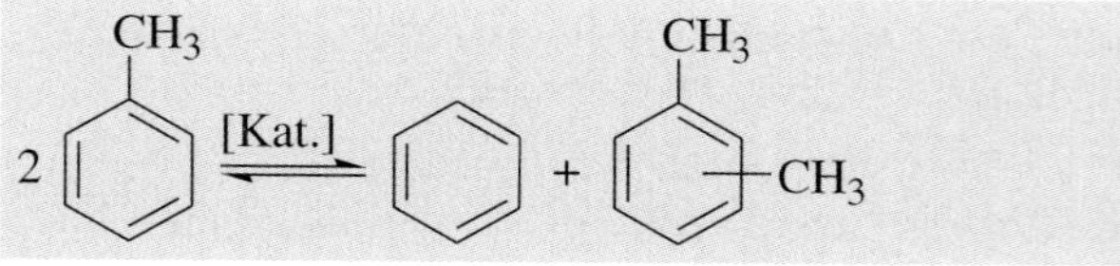

(5)

In dieser Gleichgewichtsreaktion ist theoretisch nur ein Toluolumsatz von 58 % zu erreichen, praktisch wird der Umsatz an Toluol auf ca. 40 % eingestellt, um Nebenreaktionen zu vermeiden.

Reaktionsprinzip zu 1:

Umwandlung von Alkylaromaten in gleiche Teile höherer wie niederer Alkylaromaten bzw. entalkylierter Aromaten

Unter Transalkylierung versteht man bevorzugt die Rückreaktion polyalkylierter Aromaten durch Übertragung von Alkylgruppen und Bildung von niederalkylierten Aromaten:

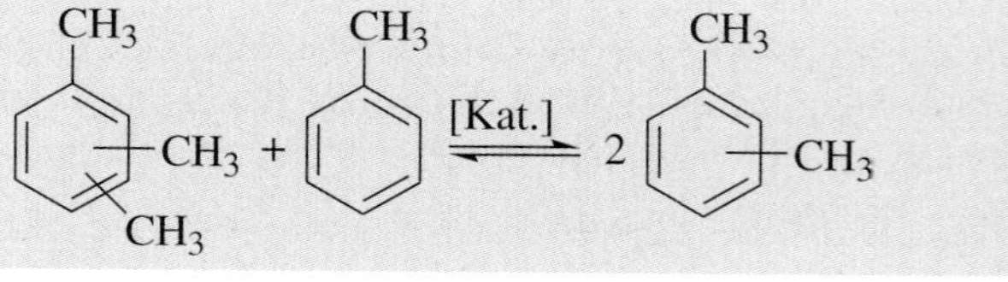

(6)

Reaktionsprinzip zu 2:
Rückübertragung von Alkylgruppen höherer auf niederalkylierte Aromaten

Beide Reaktionstypen werden bei der Xylolisomerisierung möglichst vermieden, sie können aber an ähnlichen Katalysatorsystemen unter etwas verschärften Prozessbedingungen zur Hauptreaktion gemacht werden.

Katalysatorsysteme für beide Reaktionsprinzipien:

Brönstedt-Säuren
Lewis-Säuren
bifunktionelle, besonders modifizierte Systeme, bevorzugt Zeolithe

So stellt man die Gleichgewichte zumeist in Gegenwart von wenig Wasserstoff, z. B. mit $AlCl_3$ oder BF_3 unter Zusatz von HCl, HF oder auch 1,2-Dichlorethan bei 80–125 °C und 35–70 bar, ein. Ebenso wird aus dem LTI-Verfahren der Mobil bei 260–320 °C und etwa 45 bar mit Zeolithkatalysatoren in der Flüssigphase das LTD(**L**ow **T**emperature **D**isproportionation)-Verfahren. Ein für diese Toluol-Disproportionierung besonders geeigneter Zeolithkatalysator ist der Typ ZSM-5, der ab 480 °C wirksam wird. Er zeichnet sich bei einem hohen SiO_2/Al_2O_3-Verhältnis durch seine Thermostabilität aus.

In einer weiteren Entwicklung von Mobil (STDP = **S**elective **T**oluene **D**isproportionation **P**rocess, heute in der 3. Generation MTDP-3) wird Toluol in Gegenwart von Wasserstoff an einem ZSM-5-Katalysator mit spezieller Vorbehandlung zu Benzol und einem Xylolgemisch mit einem 95-proz. Anteil an *p*-Xylol umgesetzt. Die Reaktion läuft in der Gasphase an dem Festbettkatalysator mit einem Toluolumsatz von 30% ab. Nach dem Start einer ersten Anlage bei Enichem 1988 laufen derzeit drei Anlagen.

Disproportionierung und Transalkylierung können gleichzeitig ablaufen, wenn ein Gemisch aus Toluol und C_9-Aromaten eingesetzt wird; ihr molares Verhältnis bestimmt dann das Verhältnis von Benzol zu Xylolen.

Kombination von 1 und 2 führt bei Zufuhr von Toluol/C_9-Aromaten zu steuerbarem Benzol/Xylol-Verhältnis

Nach destillativer Auftrennung des Reaktionsgemisches werden die Einsatzprodukte Toluol und eventuell C_9-Aromaten in die Disproportionierung-Transalkylierung zurückgeführt. Die Reaktionsprodukte Benzol und das Xylolgemisch sind sehr rein zu isolieren. Damit sind Benzol z. B. besonders für die katalytische Hydrierung zu Cyclohexan (vgl. Abschn. 13.1.5) und die Xylole für eine nachfolgende Xylolisomerisierung (vgl. Abschn. 12.3.2) geeignet.

Verwendung der Toluol-Disproportionierungsprodukte:

Hauptprodukte:

Benzol zum Einsatz für Hydrierung zu Cyclohexan, Xylole zum Einsatz in Isomerisierung zur *o*-, *p*-Xylol-Gewinnung

Als Nebenreaktion kann bei Crackkatalysatoren auch eine unerwünschte Entalkylierung von Ethylbenzol zu Benzol und Ethylen auftreten. Dieser kann man durch höhere Drücke entgegenwirken. Eine weitere Nebenreaktion führt zu Polymethylbenzolen, z. B. zum 1,2,4,5-Tetramethylbenzol (Durol).

Nebenprodukte:

Polymethylbenzole brauchbar zur Oxidation, z. B:

Durol → Pyromellithsäureanhydrid (vgl. Abschn. 12.2.2)
oder rückführbar in Transalkylierung

Ein Disproportionierungsverfahren wurde beispielsweise von Toray/UOP (Tatoray-Verfahren) entwickelt und seit 1969 erstmals in einer japanischen 70000-jato-Anlage bei 350–530 °C und 10–50 bar betrieben. Weitere Anlagen wurden inzwischen gebaut. Ein ähnliches Verfahren (Xylol-Plus-Verfahren) wurde von Arco zur Disproportionierung und Transalkylierung eingeführt. Weltweit werden danach Anlagen mit derzeit insgesamt etwa 0,6 Mio jato Kapazität betrieben. Der Mobil-Disproportionierungsprozess (LTD) wird seit 1975 mit kontinuierlicher Weiterentwicklung in mehreren Anlagen genutzt.

Beispiele technisch durchgeführter Disproportionierungs-Transalkylierungsverfahren:

Tatoray – Toray/UOP
Xylol-Plus – Arco
LTD/STDP/MTDP-3 – Mobil

Ein neuer Weg zu *p*-Xylol wurde von der Indian Petrolchemical entwickelt. Danach wird Toluol gezielt mit Methanol an einem Zeolithkatalysator in einem Festbettreaktor bei 400–450 °C und 1–5 bar in Gegenwart von H_2 und H_2O mit

Gezielte Toluolnutzung zur *p*-Xylol-Herstellung ohne Coprodukt durch Zeolith-katalysierte formselektive Methylierung mit Methanol einer Selektivität von über 85 % zu *p*-Xylol umgesetzt. Damit kann ein spezieller Bedarf an *p*-Xylol abgedeckt werden und es wird z. B. im Vergleich zum Toluol-Disproportionierungsprozess kein Benzol als Coprodukt gebildet.

Eine technische Nutzung ist bisher noch nicht publiziert worden.

13 Umsetzungsprodukte des Benzols

Benzol ist in der industriellen Chemie die wichtigste Basis für die Vielfalt aromatischer Zwischenprodukte sowie für die Gruppe der cycloaliphatischen Verbindungen. Dabei ist bemerkenswert, dass der überwiegende Anteil der Benzolerzeugung von nur drei Folgeprodukten verbraucht wird. Tabelle 13-1 gibt einen Einblick in die Aufschlüsselung der Benzolverwendung:

Benzol ist wichtiger Rohstoff für Aromaten und Cycloaliphaten

80–90% des Benzols für nur drei Produkte, Rest für die gesamten übrigen Benzolderivate bzw. -folgeprodukte

Tabelle 13-1. Verbrauchsstruktur des Benzols (in Gew.-%).

Produkt	Welt	USA		Westeuropa		Japan		BRD	
	2005	1985	2004	1986	1999	1984	1999	1986	1999
Ethylbenzol (Styrol)	53	57	51	46	49	54	59	50	43
Cumol (Phenol)	18	20	25	21	24	13	19	20	27
Cyclohexan	13	12	14	16	12	22	15	10	14
Nitrobenzol	7	5	6	8	11	2	3	8	13
Maleinsäureanhydrid	2	1	–	3	1	2	2	3	–
Alkylbenzole	3	3	2	5	2	4	1	3	1
Sonstiges (z. B. Chlorbenzol, Benzolsulfonsäure)	4	2	2	1	1	3	1	6	2
Gesamtverbrauch (in Mio t)	41,0	5,20	8,7	5,18	7,50	2,11	4,35	1,47	2,13

Damit wird deutlich, dass die Alkylierung des Benzols zu Ethyl- und Isopropylbenzol, als Vorstufen für Styrol und Phenol, sowie die Hydrierung zu Cyclohexan, mit der Weiterverarbeitung zu verschiedenen Zwischenprodukten für Polyamide, die wirtschaftlich bedeutendsten Folgereaktionen des Benzols darstellen.

Wichtigste Folgereaktionen des Benzols:

1. Alkylierung mit Ethylen und Propen als Vorstufen für

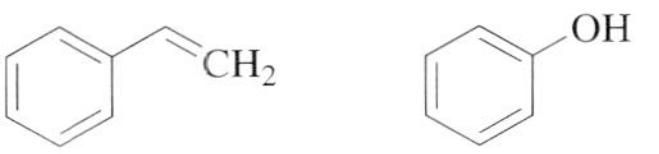

2. Hydrierung als Vorstufe für

13.1 Alkylierungs- und Hydrierungsprodukte des Benzols

13.1.1 Ethylbenzol

Ethylbenzol wird bevorzugt durch Alkylierung von Benzol mit Ethylen hergestellt, in einigen Ländern wird zusätzlich noch ein kleiner Teil durch Feinfraktionierung von C_8-Aromaten-Schnitten gewonnen, so z. B. in USA 1986 noch 300000 t, 1989 dann aber nichts mehr und in Westeuropa 1999 noch 140000 t.

Ethylbenzolgewinnung:

1. überwiegend durch Benzolethylierung
2. teilweise destillativ aus C_8-Aromaten-Schnitten

Industrielle Organische Chemie: Bedeutende Vor- und Zwischenprodukte, 6. Auflage, Hans-Jürgen Arpe

ISBN: 978-3-527-31540-6

Die Herstellkapazität für Ethylbenzol betrug 1999 weltweit etwa 25 Mio jato; davon entfielen auf USA, Westeuropa, Japan und die Bundesrepublik Deutschland etwa 6,5, 5,4, 3,5 bzw. 1,4 Mio jato. Da Ethylbenzol praktisch vollständig zur Herstellung von Styrol verwendet wird, entsprechen sich die Produktionszahlen (vgl. Abschn. 13.1.2).

Benzolethylierung nach zwei Verfahrensrouten:

1. bevorzugt Lewis-Säuren-katalysierte Flüssigphasenethylierung

2. daneben heterogene, mit sauren Trägerkatalysatoren oder auch mit Lewis-Säuren durchgeführte Gasphasenethylierung

Bei der großtechnisch durchgeführten Benzolethylierung haben sich zwei Ausführungsformen nebeneinander entwickelt:

1. die Ethylierung in flüssiger Phase mit Friedel-Crafts-Katalysatoren wie $AlCl_3$, BF_3, $FeCl_3$, $ZrCl_4$, $SnCl_4$, H_3PO_4 oder Erdalkaliphosphaten, z. B. nach Verfahren der BASF, CdF Chimie (jetzt Orkem), Dow, Monsanto oder UCC, und

2. die Ethylierung in der Gasphase an H_3PO_4-Trägerkatalysatoren oder an Al-Silicaten, z. B. nach Verfahren von Koppers, Phillips und UOP, oder an Zeolithen nach einem neueren Verfahren von Mobil-Badger oder ABB Lummus Crest/UOP sowie mit BF_3/γ-Al_2O_3 nach einem Verfahren der UOP.

Zu 1

Die Alkylierung des Benzols mit Ethylen wird bei 85–95 °C und unter Normal- bzw. geringem Überdruck (bis 7 bar) ausgeführt:

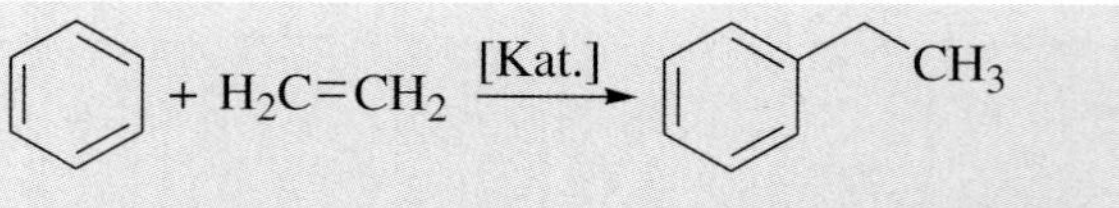

(1)

(ΔH = -113 kJ/mol)

Verfahrensmerkmale der Flüssigphasenethylierung:

Gegenstromführung eines Zweiphasensystems aus Katalysator/Promotor und Benzol/Ethylen unter Normaldruck im Blasenreaktor

Dazu wird ein 0,6 :1-Gemisch von Ethylen und Benzol von unten in einen Alkylierungsturm (Blasensäule) kontinuierlich eingeführt, während der Katalysator, bevorzugt $AlCl_3$, periodisch am Kopf des Turmes zudosiert wird. Gleichzeitig wird wenig Ethylchlorid als Promotor beigegeben, das unter den Reaktionsbedingungen mit Benzol zu Ethylbenzol reagiert. Die dabei entstehende HCl wirkt als Cokatalysator zum $AlCl_3$.

Wirksames Katalysatorsystem:

$HAlCl_4 \cdot n$ 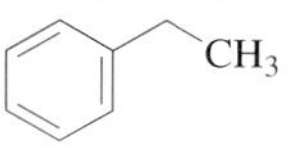 aus

Lewis-Säure	$AlCl_3$
Promotor	$HCl(C_2H_5Cl)$
Ligand	$C_6H_5-C_2H_5$

mit konstantem Rückgang der Aktivität

Das eigentlich katalytisch aktive System bildet sich aus $AlCl_3$ und Ethylbenzol als spezifisch schwerere Additionsverbindung $HAlCl_4 \cdot n\ C_6H_5C_2H_5$. Man kann einem allmählichen Rückgang der Katalysatoraktivität durch teilweises Ausschleusen und Ergänzen mit frischem Katalysator entgegenwirken. Pro 100 kg Ethylbenzol benötigt man etwa 1 kg $AlCl_3$.

Der Benzolumsatz wird auf etwa 52–55 % begrenzt. Damit und mit einem hohen Verhältnis Benzol/Ethylen wird die Selektivität günstig beeinflusst; denn nur ein Unterschuss an Ethylen verhindert die Weiteralkylierung zu Diethyl- und Polyethylbenzolen. Mehrfach ethylierte Benzole werden in die Reaktion zurückgeführt. Sie beeinflussen das Alkylierungsgleichgewicht in einem für Ethylbenzol günstigen Sinne und ergeben durch Transalkylierung mit Benzol zusätzliches Monoethylprodukt. Mehrfach ethylierte Benzole können auch durch eine gesonderte Umsetzung an $AlCl_3$ bei etwa 200 °C entalkyliert werden, bevor sie in die Reaktion zurückkehren. Auf diese Weise kann eine Ethylbenzolselektivität von 94–96 % (C_6H_6) und 96–97 % (C_2H_4) erreicht werden.

Optimierung der Ethylbenzolselektivität erreichbar durch:

1. Benzolumsatzbegrenzung
2. unterstöchiometrisches Verhältnis $C_2H_4 : C_6H_6$
3. zusätzliches Ethylbenzol aus Polyethylbenzolen wie

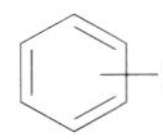

$(C_2H_5)_n$ $n = 2$ bis 6 durch:

Transalkylierung nach Rückführung oder Dealkylierung extern bei etwa 200 °C

Das Reaktionsgemisch, das etwa 45 % Benzol, 37 % Ethylbenzol, 15 % Diethylbenzole, 2 % Polyethylbenzole sowie 1 % teerigen Rückstand enthält, wird in einer aus vier Kolonnen bestehenden Destillationsanlage in seine Bestandteile aufgetrennt.

Eine neuere Variante der Benzolethylierung in Gegenwart von $AlCl_3$ wurde von Monsanto-Lummus entwickelt. Mit einer gegenüber dem klassischen Verfahren verminderten $AlCl_3$-Konzentration gelingt es, die Alkylierung in einem einphasigen System bei Temperaturen von 140–200 °C und 3–10 bar mit hoher Ethylbenzolselektivität von etwa 99 % durchzuführen. Der $AlCl_3$-Verbrauch verringert sich auf 0,25 kg pro 100 kg Ethylbenzol. Eine wichtige Voraussetzung ist allerdings die kontrollierte Dosierung von Ethylen in solcher Menge, dass es niemals im Überschuss vorhanden ist. Dieses sehr wirtschaftliche Verfahren wird in mehreren Anlagen mit einer Gesamtkapazität von derzeit etwa 3,1 Mio jato weltweit genutzt.

Verfahrensmerkmale der Monsanto-Flüssigphasenethylierung:

verminderte $AlCl_3$-Menge führt zu homogenem System $AlCl_3$/Benzol/Ethylen und verringert $AlCl_3$-Verbrauch, wenn Ethylenüberschuss vermieden wird

Die Notwendigkeit, bei der $AlCl_3$-katalysierten Flüssigphasenethylierung des Benzols zahlreiche Teile der Anlage korrosionsfest auszustatten und den im Reaktionsprodukt suspendierten bzw. gelösten Katalysator durch wässrige und alkalische Wäschen abzutrennen sowie anschließend zurückgeführtes Benzol wieder trocknen zu müssen, hat zur Entwicklung von Gasphasenalkylierungen an festen Katalysatoren geführt. Allerdings können auch nach einer neueren Entwicklung der CdF Chimie-Technip (jetzt Orkem), die schon in mehreren Anlagen technisch ausgeübt wird, die übliche Wäsche des Reaktionsproduktes zur Entfernung des Katalysators und die anschließende Neutralisation durch eine wasserfreie Behandlung des Alkylierungsgemisches mit gasförmigem Ammoniak ersetzt werden.

Nachteile der Flüssigphasenethylierung:

1. korrosiver Katalysator
2. alternierende $AlCl_3$-Wäsche und Trocknung des recyclierten Benzols

Zu 2

Verfahrensmerkmale der Gasphasenethylierung sind abhängig vom verwendeten Katalysator:

1. $Al_2O_3 \cdot SiO_2$ und H_3PO_4/SiO_2 sind inaktiv für Trans- und Dealkylierungen von Oligoethylbenzolen, daher Selektivitätsoptimierung nur durch geringes C_2H_4/C_6H_6-Verhältnis möglich

1.1 kristallines $Al_2O_3 \cdot SiO_2$ mit hohem SiO_2/Al_2O_3-Verhältnis in Form von modifizierten Zeolithen (ZSM-5) mit großer Alkylierungs- und Transalkylierungsaktivität

1.2 zusätzlicher Mg^{2+}-Austausch nach H_3PO_4-Behandlung erhöht die Formselektivität (shape selectivity), d. h., *p*-Ethylierung von Toluol aufgrund kleinsten Moleküldurchmessers und damit größerem Diffusionskoeffizienten ist selektiv bei eingestelltem Zeolith-Porendurchmesser durchführbar

	Minimaldurchmesser (in Å)
o-Ethyltoluol	7,7
m-Ethyltoluol	7,6
p-Ethyltoluol	7,0

Die Gasphasenethylierung des Benzols hat sich besonders in USA durchgesetzt. Benzol wird danach bei etwa 300 °C und 40–65 bar mit Ethylen an sauren Trägerkatalysatoren wie $Al_2O_3 \cdot SiO_2$ (Koppers) oder H_3PO_4/SiO_2 (UOP) umgesetzt. Um eine Weiteralkylierung bei der hohen Reaktionstemperatur des Gasphasenprozesses zu vermeiden, muss das molare Verhältnis von Ethylen zu Benzol auf 0,2 : 1 eingestellt werden. Die verwendeten Katalysatoren sind nämlich nicht im Stande, zurückgeführte Oligoethylbenzole zu dealkylieren.

Der Katalysator im Mobil-Badger-Verfahren der Benzolethylierung ist ein kristallines Aluminiumsilicat in Form eines modifizierten Zeoliths (ZSM-5), der bei 435–450 °C und 14–28 bar verwendet wird. Der Katalysator ist auch zur Transalkylierung geeignet. Er muss allerdings nach 2–4 Wochen Betriebszeit regeneriert werden, so dass der Reaktorteil in der Anlage doppelt ausgeführt sein muss. Bei einem Umsatz von 85 % sind Ethylbenzolselektivitäten von 98 % (C_6H_6) und 99 % (C_2H_4) zu erreichen. Eine erste 500000-jato-Anlage wurde bei American Hoechst (jetzt Huntsmann) 1980 in Betrieb genommen. Inzwischen wurden weltweit 38 Anlagen (1999) lizenziert. Die Anlagengröße kann bis zu 800000 jato Herstellkapazität erreichen. In ähnlicher Weise kann nach Mobil an einem H_3PO_4/Mg^{2+}-modifizierten ZSM-5-Zeolithen eine formselektive Ethylierung (bis zu 99 %) von Toluol zu *p*-Ethyltoluol bei z. B. 425 °C und 7 bar durchgeführt werden. 1982 wurde in USA durch Mobil/Hoechst eine 16000-jato-Anlage gestartet. *p*-Ethyltoluol dient nach Dehydrierung zu *p*-Methylstyrol analog dem Styrol als Mono- und Comonomeres mit besonderen Vorteilen, u. a. dem einer erhöhten Temperaturstabilität (höhere Glastemperatur).

Nach einer neueren Verfahrensentwicklung von Mobil kann für die Ethylierung von Benzol oder Toluol an modifizierten ZSM-5-Zeolithen auch direkt eine wässrige Ethanollösung ohne vorgeschaltete aufwendige Extraktion oder Destillation eingesetzt werden.

Eine weitere Zeolith-katalysierte Benzolethylierung in der Flüssigphase mit Festbetttechnologie wird von ABB Lummus Crest/UOP in einer 210000-jato-Anlage in Japan seit 1990 genutzt. Weitere Anlagen mit Einzelkapazitäten bis zu 530000 jato sind inzwischen gestartet bzw. in der Planung.

In den fünfziger Jahren wurde von der UOP der Alkar-Prozess entwickelt, der anstelle von H_3PO_4/SiO_2 das auch für

Trans- und Dealkylierungen aktive und nichtkorrosive BF_3 in Kombination mit einem γ-Al_2O_3-Katalysator bei 290 °C und 60–65 bar verwendet. Bei vollständigem Ethylenumsatz werden hohe Selektivitäten (98–99 %) an Ethylbenzol erreicht. Einen wesentlichen Vorteil bedeutet dabei die mögliche Verwendung von verdünntem oder auch O_2- oder CO_2-haltigem Ethylen, durch das der Katalysator nicht geschädigt wird. Der Alkar-Prozess hat sich seit 1966 in mehreren Großanlagen bewährt.

2. BF_3/γ-Al_2O_3 ist auch für Trans- und Dealkylierungen aktiv, darum hohe Selektivität bei fehlender Korrosivität

Ethylbenzol wird fast ausschließlich zur Herstellung von Styrol verwendet, nur ein kleiner Anteil des Ethylbenzols wird direkt als Lösemittel eingesetzt oder dient als Zwischenprodukt z. B. zur Herstellung von Diethylbenzol oder Acetophenon.

Ethylbenzolverwendung:

bevorzugt für Dehydrierung zu Styrol, $< 2\,\%$ als Lösemittel oder Zwischenprodukt

13.1.2 Styrol

Die weltweite Herstellkapazität für Styrol betrug 2004 etwa 26,7 Mio jato mit Anteilen in USA, Westeuropa, Japan und Bundesrepublik Deutschland von etwa 5,8, 6,3, 3,1 bzw. 1,2 Mio jato. Größter Hersteller ist Dow Chemical mit einer Gesamtkapazität in USA, Kanada und Westeuropa 2004 von mehr als 2,0 Mio jato. Produktionszahlen in einigen Ländern sind der nebenstehenden Tabelle zu entnehmen.

Styrolproduktion (in Mio t)

	1995	1999	2002
USA	5,16	5,40	4,90
WE	4,00	4,47	4,90
Japan	2,94	3,06	3,02
BRD	1,17	1,10	1,30

Ältere Styrolverfahren, die auf der Seitenkettenchlorierung des Ethylbenzols mit einer anschließenden Dehydrochlorierung basierten, werden heute nicht mehr verwendet. Auch die Oxidation des Ethylbenzols zu Acetophenon mit nachfolgender Reduktion zum Carbinol und dessen weiterer Dehydratisierung hat an Bedeutung verloren; sie wird nur noch in einer Anlage in Spanien durchgeführt.

Herstellung von Styrol aus Ethylbenzol:

Ältere Verfahren:

1. Seitenkettenchlorierung und Dehydrochlorierung
2. Oxidation zu Acetophenon, Hydrierung und Dehydratisierung (UCC-Route)

Ein Teilschritt der Oxidationsroute, die Dehydratisierung des Methylphenylcarbinols, wird auch heute noch in einem anderen Zusammenhang bei einer Variante des Halcon-Verfahrens technisch genutzt (vgl. Abschn. 11.1.1.2). In diesem Verfahren kann bei der indirekten Oxidation von Propen zu Propylenoxid Ethylbenzol in Form seines Hydroperoxids als Oxidationshilfssystem verwendet werden. Es wird dabei nach seiner Umwandlung in Methylphenylcarbinol durch nachfolgende Dehydratisierung in Styrol übergeführt. Pro Kilogramm Propylenoxid entstehen etwa 2,5 kg Styrol. Weltweit werden derzeit etwa 15 % des Styrols nach diesem Verfahren hergestellt.

Moderne Verfahren:

1. indirekte Methode:

Halcon-Verfahren mit Ethylbenzol als Hilfssystem, Oxidation zu Hydroperoxid, O-Übertragung unter Carbinolbildung und Dehydratisierung

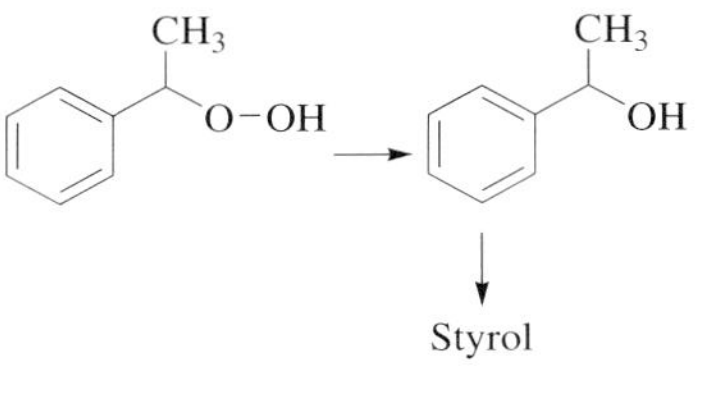

2. direkte Methode:

katalytische Dehydrierung

Die überwiegende Herstellmethode für Styrol ist jedoch die direkte katalytische Dehydrierung von Ethylbenzol:

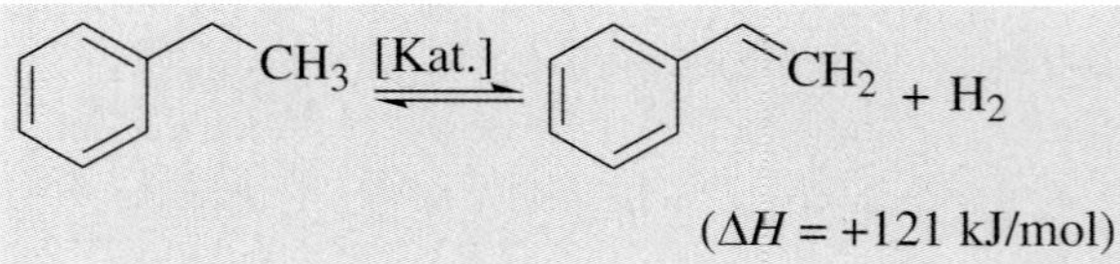

(2)

Verfahrensmerkmale der Ethylbenzol-Dehydrierung:

endotherme, heterogen katalysierte, ein hohes Temperaturniveau erfordernde H_2-Abspaltung

Varianten der Wärmezufuhr:

indirekt mittels Brenngas (BASF-Verfahren) erfordert Röhrenofen und damit isotherme Reaktionsführung

direkt mittels überhitztem Wasserdampf im Reaktionsgemisch (Dow-Verfahren) erlaubt Schachtofen und damit adiabatische Reaktionsführung (ähnlich auch in Verfahren von Monsanto, UCC u. a.)

Eines der ersten technischen Dehydrierverfahren wurde 1931 im Werk Ludwigshafen der I.G. Farben entwickelt und in einer 60-jato-Anlage durchgeführt. Die „Styrolkatalysatoren" basierten auf Dreistoffsystemen aus ZnO, Al_2O_3 und CaO. 1957 wurden dann Eisenoxidkatalysatoren eingeführt, die heute allgemein bevorzugt sind. Als Promotoren enthalten sie zumeist Cr_2O_3 und Kaliumverbindungen in Form von KOH oder K_2CO_3. Der Katalysator ist in einem Rohrbündelreaktor angeordnet, bei dem die Zuführung der Reaktionswärme beim BASF-Verfahren von außen mittels eines Brenngases erfolgt. In USA, z. B. im Verfahren der Dow, wird die Spaltwärme direkt mithilfe von überhitztem Wasserdampf eingebracht. Der Festbettkatalysator befindet sich dort in einem Schachtofen. Bei dieser adiabatischen Fahrweise müssen für die endotherme Dehydrierung Menge und Eingangstemperatur des Wasserdampfs relativ hoch sein (2,5–3 kg Dampf/kg Ethylbenzol bei ca. 720 °C), um am Ende des Katalysatorbettes noch eine ausreichende Temperatur für die Dehydrierung zu gewährleisten.

Optimierung der Selektivität:

1. Temperatur- und damit Umsatzbegrenzung
2. H_2O-Zusatz und damit Ethylbenzol-Partialdruckerniedrigung, d. h. Gleichgewichtsverschiebung zu Styrol

H_2O-Zusatz vermindert gleichzeitig eine C-Ablagerung auf dem Katalysator durch Wassergasreaktion:

$$C + 2\,H_2O \longrightarrow CO_2 + 2\,H_2$$

Styrolaufarbeitung und -reinigung:

Fraktionierte Kondensation zur Teer-(Polymerisat)Abscheidung

Zur Dehydrierung ist eine Temperatur von etwa 550–620 °C erforderlich. Zur Begrenzung von Nebenreaktionen wird der Partialdruck des Ethylbenzols auch im Verfahren mit indirekter Wärmezufuhr durch Zumischen gleicher Mengen an Wasserdampf verringert. Der Umsatz an Ethylbenzol erreicht bei konventionellen Katalysatoren etwa 40 %, bei modernen Katalysatoren (z. B. von Shell) 60–65 %, die Selektivität zum Styrol beträgt mehr als 90 %. Nebenprodukte sind Toluol und Benzol und eine geringe Menge teeriger Substanzen. Die Reaktionsprodukte werden zur Verhinderung der Polymerisation schnell abgekühlt. Dabei werden bei Erreichen von 100 °C zunächst die teerigen Anteile und dann Styrol sowie nicht umgesetztes Ethylbenzol fraktioniert kondensiert. Der anfallende Wasserstoff dient als Brenngas zur Erzeugung der Dehydriertemperatur. Der Trend zu größeren Reaktoren hat auch hier zu Kapazitäten von 70000 bis zu 100000 jato pro Einheit geführt.

Das Styrol wird dann unter Zusatz eines Polymerisationsinhibitors (früher Schwefel, heute zumeist auf Phenolbasis)

im Vakuum destilliert. Die Feinreinigung für Polymerisationszwecke ist wegen der ähnlichen Siedepunkte von Styrol und Ethylbenzol sehr aufwendig. In insgesamt vier Kolonnen wird die notwendige Reinheit von mehr als 99,8 % erreicht.

Aufwendige Feinreinigung wegen:

1. Polymerisationsneigung
2. ähnlicher Siedepunkte (Ethylbenzol 136 °C, Styrol 145–146 °C)

daher Inhibitorzusatz, niedrige Temperatur in Vakuumkolonnen, wenig Druckverlust, d. h. geringe Bodenzahl, hoher Rücklauf

Verfahren der Ethylbenzol-Dehydrierung und auch Oxydehydrierung, d. h. unter gleichzeitiger Zugabe von Sauerstoff in einer solchen Menge, dass die Reaktion gerade isotherm verläuft, wurden von zahlreichen Firmen untersucht. So enthält z. B. ein von Distillers entwickelter Katalysator zur oxidativen Dehydrierung die Oxide von V, Mg und Al. Mit ihm soll eine Styrolselektivität von 95 % bei erhöhtem Ethylbenzolumsatz bis zu 90 % erreichbar sein. Andere Katalysatoren basieren auf Phosphaten von Ce/Zr, Zr oder Erdalkali/Ni. Technische Prozesse der Ethylbenzol-Oxydehydrierung – wie z. B. auch das Styro-Plus-Verfahren (heute SMART-SM-Verfahren) der UOP – wurden in Pilotanlagen technisch aufgearbeitet und stehen kurz vor dem wirtschaftlichen Einsatz.

Varianten der Ethylbenzoldehydrierung:

1. katalytische Gasphasendehydrierung in Anwesenheit von O_2 (Oxydehydrierung) für die Oxidation von H_2 zur Gleichgewichtsverschiebung und autothermen Wärmezufuhr

Eine neuere russische Verfahrensentwicklung besteht aus einer Kombination der endothermen Ethylbenzol-Dehydrierung mit der stark exothermen Hydrierung von Nitrobenzol zu Anilin in einer einzigen Verfahrensstufe. Die resultierende schwach exotherme Reaktion liefert Styrol und Anilin im Gewichtsverhältnis 3,3 : 1 bei über 99 % Selektivität für beide Produkte. Eine technische Anwendung ist bisher nicht bekannt geworden.

2. katalytische H_2-Übertragung von Ethylbenzol auf Nitrobenzol unter exothermer Bildung von Styrol und Anilin

Die ausgefeilte Technologie und die hohe Selektivität der Styrolherstellung lassen auch für die nächste Zukunft kaum Einstufenprozesse erwarten, wie sie z. B. von japanischen Autoren als Oxyalkylierung des Benzols mit Ethylen und Sauerstoff in Gegenwart von Rhodiumkatalysatoren in der Literatur vorgestellt wurden.

Alternative Styrol-Herstellwege:

1. Oxyalkylierung

$+ H_2C{=}CH_2 + 0{,}5\ O_2$

Ebenso sind Aufbaureaktionen, z. B. aus Toluol und C_1-Verbindungen wie Methan, Methanol, Formaldehyd oder aus zwei Butadieneinheiten nach Diels-Alder als (4 + 2)-Cycloaddition über 4-Vinylcyclohexen sowie auch die oxidative Dimerisierung von Toluol zu Stilben und dessen anschließende Metathese mit Ethylen, bisher technisch nicht realisiert worden. Allerdings hat Dow die Route über die Butadien-Cyclodimerisierung zum Vinylcyclohexen weiterentwickelt und seit 1994 in einer Pilotanlage getestet. Danach wird in der Flüssigphase bei etwa 100 °C und 19 bar an einem Cu-Zeolithkatalysator der Butadienanteil in einem C_4-Schnitt

2. Toluol-Methylenierung

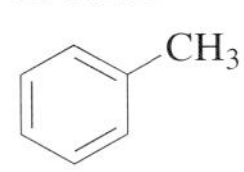

$+ C_1$-Verbdg. ⟶ Styrol

3. Butadien-Cyclodehydrierung

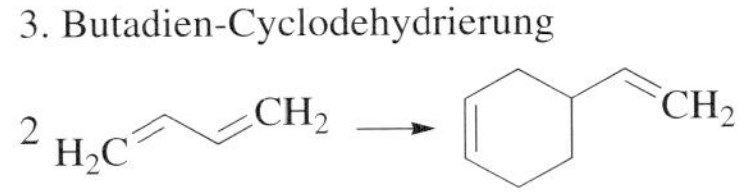

⟶ Styrol

mit technischer Ausarbeitung durch Dow

mit ca. 90-proz. Umsatz und einer Selektivität von über 99 % zu 4-Vinylcyclohexen dimerisiert. Dieses wird dann in der Gasphase an einem Sn/Sb-Oxid-Katalysator bei etwa 400 °C und 6 bar oxidativ und mit 90-proz. Umsatz und 92-proz. Selektivität zu Styrol dehydriert.

4. Toluol-Oxydehydro-Dimerisierung/ C_2H_4-Metathese

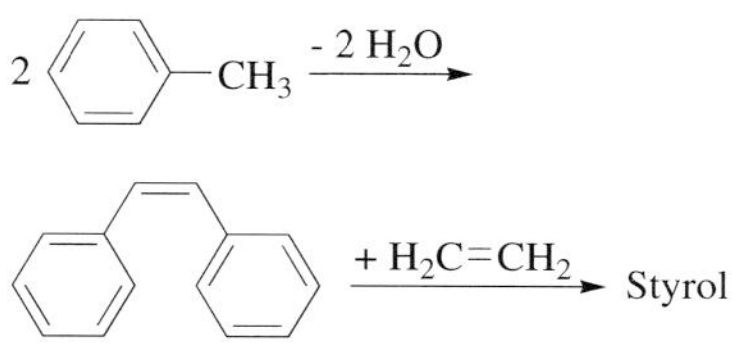

5. Styrolextraktion als Nebenprodukt aus Pyrolysebenzin/-gasolin

Eine zusätzliche Gewinnung von Styrol ermöglicht das Stex-Verfahren der Toray, das auf einer **St**yrol-**Ex**traktion aus Pyrolysebenzin beruht. Bei einem Gehalt von etwa 6–8 % Styrol im Pyrolysebenzin sind Styrolkapazitäten allerdings an die Kapazitäten der Crackanlagen gebunden. Ein analoges Extraktionsverfahren für Styrol aus Pyrolysegasolin wurde von der Glitsch Corp. entwickelt. Mehrere Anlagen sind derzeit weltweit in der Planung.

Styrolverwendung:

als Monomeres für Thermoplaste, Elastomere, Dispersionen und Duroplaste

Styrol ist neben Ethylen und Vinylchlorid das wichtigste Monomere zur Herstellung von Thermoplasten. Darüber hinaus wird es in großem Umfang zur Produktion von Elastomeren, Duroplasten und Polymerdispersionen für die verschiedensten Anwendungsgebiete eingesetzt. Tabelle 13-2 zeigt die Aufschlüsselung des Styrolverbrauchs weltweit, in USA, Westeuropa, Japan und der Bundesrepublik Deutschland:

Tabelle 13-2. Styrolverwendung (in Gew.-%).

Produkt	Welt		USA		Westeuropa		Japan		BRD	
	1991	2003	1986	2003	1985	1998	1985	1998	1985	1996
Polystyrol	66	54	65	64	66	66	63	54	63	63
Styrol-Butadien-Kautschuk (SBR)	6	9	6	14	13	13	9	9	14	12
Acrylnitril-Butadien-Styrol (ABS)	9	16	9	8	9	8	14	14	9	7
Styrol-Acrylnitril (SAN)	2		1		2	1	4	4	3	2
Polyesterharze (ungesättigt)	5	5	7	6	6	6	4	5	11	5
Sonstiges	12	16	12	8	4	6	6	14		11
Gesamtverbrauch (in Mio t)	13,9	23,0	3,04	4,36	2,95	4,40	1,63	1,99	0,75	1,02

13.1.3 Cumol

Cumol oder Isopropylbenzol ist seit der Entdeckung seiner eleganten Überführung in Phenol und Aceton nach dem Hock-Verfahren und dessen großtechnischer Verbreitung in den fünfziger Jahren zu einem bedeutenden Zwischenprodukt geworden.

Die weltweite Herstellkapazität betrug 2004 mehr als 10,5 Mio jato; davon entfielen auf USA, Westeuropa, Japan und Bundesrepublik Deutschland 3,7, 3,1, 1,2 bzw. 1,1 Mio jato.

Produktionszahlen in diesen Ländern sind in der nebenstehenden Tabelle aufgeführt.

Cumolproduktion (in Mio t)

	1994	1996	1999
USA	2,37	2,67	3,16
WE	1,99	2,16	2,60
Japan	0,64	0,77	0,85
BRD	0,55	0,61	0,92

Cumol wird technisch ausschließlich durch Alkylierung von Benzol mit Propen hergestellt. In den wichtigsten Industrieländern liegt der Propenverbrauch für die Cumolproduktion um 7–8 Gew.-% der gesamten Propenverwendung:

Cumolherstellung mit zwei Verfahrensvarianten der Propylierung:

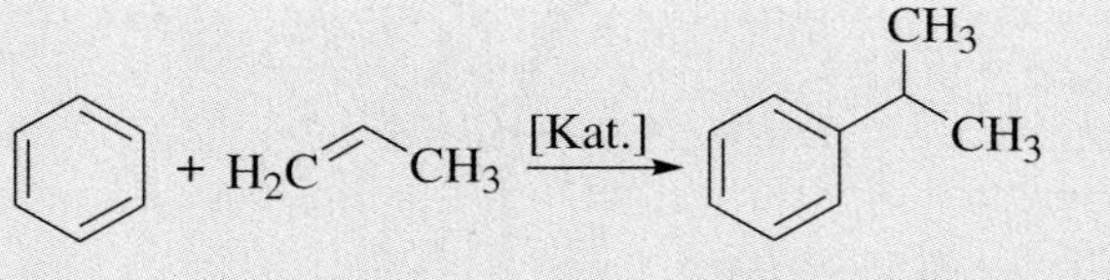

(3)

(ΔH = -113 kJ/mol)

Die Umsetzung erfolgt entweder in der Flüssigphase oder in der Gasphase. Als Katalysatoren werden, wie bei der Ethylierung des Benzols, Friedel-Crafts-Systeme oder Protonen liefernde Verbindungen eingesetzt. Die Reaktionsbedingungen für die Alkylierung mit Propen sind allgemein milder als mit Ethylen, da Propen leichter protonierbar ist.

1. Flüssigphasenalkylierung in Gegenwart von H_2SO_4, $AlCl_3$ oder HF bei wenig erhöhter Temperatur und geringem Überdruck

Im Flüssigphasenprozess verwendet man H_2SO_4 oder $AlCl_3$ bei 35–40 °C, z. B. nach Kellogg/Monsanto, oder nach dem Hüls-Verfahren HF bei 50–70 °C bei niedrigem Propendruck bis zu etwa 7 bar.

Die Gasphasenalkylierung, z. B. nach dem UOP-Verfahren, wird mit H_3PO_4/SiO_2 und BF_3 als Promotor bei 200–250 °C und 20–40 bar mit Propen/Propan-Gemischen durchgeführt, die nur einen geringen Gehalt an Ethylen oder anderen Olefinen aufweisen dürfen, da diese sonst auch zur Alkylierung führen. Propan und eventuelle andere gesättigte Anteile stören nicht, da sie unverändert ausgeschleust werden. Gleichzeitig wird Wasserdampf über den Katalysator geleitet, um

2. Gasphasenalkylierung mit fest angeordnetem H_3PO_4/SiO_2-Katalysator unter Druck bei höherer Temperatur

1. die exotherme Reaktion über die Wärmeaufnahme durch das Wasser zu kontrollieren und

2. die Phosphorsäure durch Hydratbildung besser auf dem Träger zu fixieren.

Verfahrensmerkmale zu 2:

H_2O-Zusatz mit zwei Effekten:

1. verbesserte Temperaturführung
2. Stabilisierung der Katalysatoraktivität

Außerdem verwendet man zumeist einen Benzolüberschuss, um die leicht ablaufende weitere Propylierung des Cumols gering zu halten. Die Selektivitäten erreichen 96–97% (C_6H_6) und 91–92% (C_3H_6). Als Nebenprodukte treten hauptsächlich Di- und Triisopropyl- sowie Propylbenzol auf.

Benzolüberschuss zur Vermeidung von Oligopropylierung hat Benzolkreislauf zur Folge

Cumol wird destillativ bis zu einer Reinheit von mehr als 99,5 % erhalten. Verfahrensverbesserungen betreffen u. a. nachgeschaltete Transalkylierungen, z. B. nach Monsanto/Lummus, um die höherpropylierten Produkte zur Steigerung der Cumolausbeute zu nutzen.

Wenn auch 1991 etwa 90 % der weltweiten Cumolproduktion auf der sauer katalysierten Propylierung nach dem UOP-Verfahren basierten, hat sich diese Situation radikal geändert.

Aktuelle Verfahrensvariante mit Zeolithkatalysatoren mit zunehmendem Einsatz

Neue Verfahrensentwicklungen betreffen den Einsatz von Zeolithkatalysatoren, z. B. von ABB Lummus Crest/Nova, EniChem u. a., mit den Vorteilen eines nichtkorrosiven Systems, ohne den Austrag von sauren Katalysatorkomponenten und leichter Regenerierbarkeit. Außerdem lassen sich nahezu 100-proz. Ausbeuten erreichen und damit die Anlagekapazitäten erhöhen. Nachdem 1996 die erste Anlage mit einem Zeolithkatalysator gestartet worden war, konnten 1999 schon etwa 55 % des weltweiten Cumolbedarfs auf diesem Wege hergestellt werden.

Verwendung von Cumol:

1. überwiegend zur Herstellung von Phenol nach Hock
2. im Gemisch mit anderen Alkylbenzolen zur Octanzahlverbesserung

Cumol dient fast ausschließlich zur Herstellung von Phenol nach dem Hock-Verfahren (vgl. Abschn. 13.2.1.1). Cumolhaltige Alkylierungsprodukte des Benzols werden auch zur Octanzahlverbesserung für Vergaserkraftstoffe eingesetzt.

13.1.4 Höhere Alkylbenzole

Höhere Alkylbenzole sind die Basis zur Herstellung von Alkylarylsulfonaten

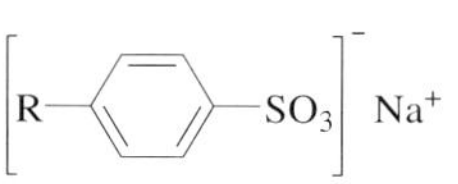

Isododecylbenzolsulfonat auf Basis Tetrapropen verliert vollständig seine Bedeutung als anionaktiver Waschmittelrohstoff

Isoalkylbenzolsulfonate (weil biologisch schwer abbaubar) durch Alkylbenzolsulfonate ersetzt (LAS = **l**ineare **A**lkylbenzol**s**ulfonate)

Waschmitteltypen:

anionisch
nichtionisch
kationisch
amphoter

Monoalkylbenzole mit 10 bis 14 C-Atomen in der Alkylseitenkette sind die Ausgangsprodukte zur Herstellung von Alkylbenzolsulfonaten, die als anionaktive Waschmittelrohstoffe (Tenside) eine große Bedeutung erlangt haben.

Bis zur Mitte der sechziger Jahre stellte das Tetrapropen (i-$C_{12}H_{24}$) zunächst das wichtigste Ausgangsolefin zur Herstellung von Alkylbenzolen dar, das zusammen mit anderen Oligomeren aus propenhaltigen Raffineriegasen an H_3PO_4/Trägerkatalysatoren bei 200–240 °C und 15–25 bar hergestellt werden konnte. Jedoch ist seine starke Verzweigung die Ursache dafür, dass das Isododecylbenzolsulfonat biologisch schwer abgebaut wird.

Mit der in vielen Ländern verschärften gesetzlichen Forderung nach biologisch „weichen" Detergentien (heute als Tenside bezeichnet) kam dann eine relativ schnelle Umstellung der Benzolalkylierung auf unverzweigte C_{10}–C_{14}-Olefine als Einsatzprodukte.

1970 wurden z. B. in Westeuropa für waschaktive Substanzen noch 134000 t Isododecylbenzol neben 269000 t linearen Alkylbenzolen verbraucht, 1975 sank die Menge bei den Erstgenannten auf nur noch 3000 t, dafür aber stieg der Verbrauch an linearen Alkylbenzolen auf 496000 t. Derzeit werden in Westeuropa, USA und Japan praktisch ausschließlich lineare Alkylbenzole zur Herstellung von Alkylbenzolsulfonaten für den Wasch- und Reinigungsmittelsektor verwendet. Die Herstellkapazität für lineare Alkylbenzole betrug 2005 weltweit 3,4 Mio jato; davon entfielen auf Westeuropa, USA, Japan und Bundesrepublik Deutschland etwa 0,59, 0,41, 0,13 bzw. 0,05 Mio t. Produktionszahlen für lineare Alkylbenzole in diesen Ländern sind in der nebenstehenden Tabelle aufgeführt.

Produktion linearer Alkylbenzole (in 1000 t)

	1992	1994	1999
WE	485	502	450
USA	341	342	319
Japan	197	185	150
BRD	105	40	35

Einsatzprodukte:

n-C_{10}- bis C_{14}-Olefine nach vier Verfahren aus Paraffinen:

1. Wachscracken
2. Chlorierung und Dehydrochlorierung
3. Dehydrierung
4. C_2H_4-Oligomerisierung

Die Olefine werden als Einsatzprodukte für die Alkylierung bevorzugt aus Paraffinen im Wesentlichen nach vier großtechnischen Verfahren hergestellt (vgl. Abschn. 3.3.3.1): durch thermisches Cracken, durch Chlorieren und Dehydrochlorieren, durch Dehydrieren oder durch Oligomerisierung von Ethylen nach Ziegler. Um eine hohe Selektivität an linearen Monoolefinen zu erreichen, werden die Paraffine zumeist unvollständig umgesetzt. Das so erhaltene Paraffin/Olefin-Gemisch kann direkt in die Benzolalkylierung eingesetzt werden; dabei reagieren die Olefine und die Paraffine werden in die Olefinherstellung zurückgeführt. Die destillative Aufarbeitung des Alkylierungsgemisches gestaltet sich damit einfacher als die Trennung der Olefin-Paraffin-Gemische.

Paraffine lieferten 1995 etwa 81 Gew.-% der Olefinbasis für lineare Alkylbenzole. Dieser Anteil wird bis etwa 2010 noch auf über 90 Gew.-% steigen.

Alkylierung in der Flüssigphase mit:

1. Olefinen (HBF_4, HF, $AlCl_3$)
2. Alkylchloriden ($AlCl_3$)

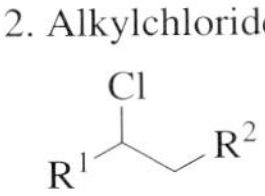

Die Alkylierung des Benzols mit den Olefinen erfolgt bevorzugt in der Flüssigphase zwischen 40 und 70 °C, aber auch in der Gasphase unter Verwendung von HF, HBF_4 oder $AlCl_3$. In Gegenwart der Brönstedt- oder Lewis-Säure-Katalysatoren tritt abhängig von den Reaktionsbedingungen eine teilweise Doppelbindungsisomerisierung ein, so dass sich der Benzolkern statistisch über die Kette der linearen Olefine verteilt. Spaltolefine aus der Paraffinthermolyse (Wachscracken) oder α-Olefine ergeben darum ähnliche Alkylbenzolgemische. Neuere Entwicklungen betreffen vor allem die Alkylierungskatalysatoren; so wurde von der UOP ein neuer Typ angekündigt.

Das Alkylbenzol wird dann im weiteren mit SO_3 oder Oleum sulfoniert und in das Natriumsalz übergeführt:

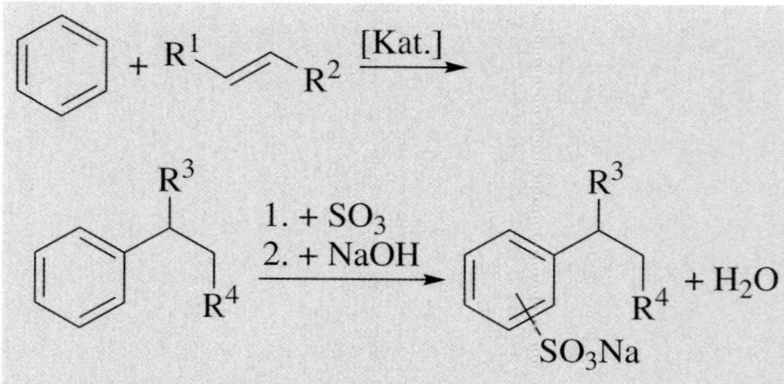

(4)

$R^1 + R^2 = R^3 + R^4 \qquad R^1, R^2, R^3 \neq H$

Andere großtechnische Verfahren, wie sie allerdings nur noch von einigen Firmen z. B. in der Bundesrepublik Deutschland, in Italien und in Japan ausgeführt werden, setzen Benzol direkt mit Monochloralkanen oder auch mit Gemischen von Paraffinen und Monochlorparaffinen in Gegenwart von $AlCl_3$ unter Abspaltung von HCl um.

13.1.5 Cyclohexan

Cyclohexangewinnung:

älteres Verfahren:

Isolierung aus Rohbenzin durch fraktionierte Destillation

moderne Verfahren:

1. Isolierung aus Rohbenzin bei gleichzeitiger Isomerisierung

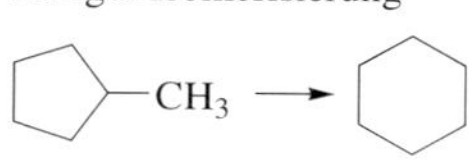

2. Hydrierung von Benzol

Cyclohexanproduktion (in Mio t)

	1995	1997	1999
USA	1,34	1,64	1,88
WE	0,98	0,96	1,04
Japan	0,68	0,72	0,69
BRD	0,27	0,25	0,29

Zu 2:

Benzolhydrierung erfordert (abhängig vom S-Gehalt) zwei Hydriermethoden:

2.1. Hochdruckhydrierung an schwefelfesten Katalysatoren (heute bedeutungslos)

Cyclohexan wurde zunächst direkt durch fraktionierte Destillation aus geeigneten Rohbenzinschnitten, allerdings nur mit 85-proz. Reinheit, gewonnen. Erst die gleichzeitige Isomerisierung des Methylcyclopentans zu Cyclohexan, wie sie in Anlagen in USA zuerst durchgeführt wurde, verbesserte die Produktqualität auf fast 98 %. Wegen des stark zunehmenden Cyclohexanbedarfs für Basisprodukte der Nylon-6- und Nylon-6.6-Herstellung deckt diese Menge jedoch nur einen geringen Teil des Cyclohexanbedarfs. Die Hauptmenge (etwa 80–85 %) wird durch Hydrierung von Benzol erhalten.

Die Herstellkapazitäten für Cyclohexan betrugen 1999 weltweit etwa 5,5 Mio jato; davon entfielen auf USA, Westeuropa, Japan und Bundesrepublik Deutschland etwa 1,6, 1,2, 0,72 bzw. 0,38 Mio jato. Die Produktionszahlen in diesen Ländern sind in der nebenstehenden Tabelle zusammengefasst. Von den zahlreichen Varianten der Benzolhydrierung haben die älteren Hochdruckverfahren mit schwefelfesten Katalysatoren (z. B. NiS-WS_2) bei damals üblichem Einsatz schwefelhaltigen Benzols heute keine Bedeutung mehr.

Neuere Verfahren an Nickel- oder Platinmetallkatalysatoren erfordern ein sehr reines Benzol mit weniger als 1 ppm Schwefel, um unter milden Bedingungen bei 20–40 bar und 170–230 °C in der Flüssigphase wirksam zu sein:

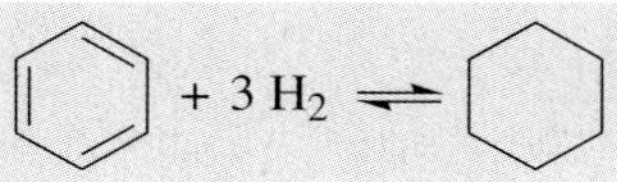

$(\Delta H = -214$ kJ/mol$)$ (5)

2.2. Mitteldruckhydrierung an schwefelempfindlichen Ni- oder z. B. Pt-Li/Al_2O_3-Katalysatoren (heute üblich)

Bei der exothermen Hydrierung sind sorgfältige Wärmeabfuhr und Einhaltung einer oberen Temperaturgrenze von etwa 230 °C unter genauen Verweilzeitbedingungen wichtig, um eine Gleichgewichtseinstellung zwischen Cyclohexan und Methylcyclopentan zu vermeiden.

Zwei Verfahrensvarianten für Mitteldruckhydrierung S-armen Benzols:

In einigen Verfahren wird in einer ersten Stufe nur bis zu einem Umsatz von 95% und dann in einem Nachreaktor (finishing reactor) vollständig hydriert. Auf diese Weise können Restbenzol- und Methylcyclopentangehalte auf weniger als 100 ppm gebracht werden.

1. Flüssigphasenhydrierung, stufenweise mit Vor- und Nachreaktor

Flüssigphasenhydrierungen sind z. B. von Mitsubishi Chemical, Hydrocarbon-Sinclair und IFP in mehreren kommerziellen Anlagen in Benutzung.

Nach dem IFP-Verfahren wird mit einem Raney-Nickel-Katalysator bei 200–225 °C und 50 bar in einem Blasensäulenreaktor gearbeitet. Die Nickelsuspension wird zur besseren Wärmeabfuhr umgepumpt. In einem nachgeschalteten Festbettreaktor wird das nicht umgesetzte Benzol (>5%) in der Gasphase vollständig hydriert. Dieses Verfahren wurde z. B. 1993 weltweit in 19 Anlagen mit 1,5 Mio jato Herstellkapazität angewendet.

Verfahrensmerkmale:

exotherme Hydrierung erfordert sorgfältige Temperatur- und Verweilzeitkontrolle, um vollständigen Umsatz bei hoher Selektivität zu erreichen

In den letzten Jahren sind daneben zahlreiche Gasphasenhydrierungen, z. B. von Arco, DSM, Toray (Hytoray), Houdry und UOP, entwickelt worden. Der Hydrar-Prozess von UOP verwendet eine Serie von drei Reaktoren mit einer Ni/Trägerfüllung und stufenweise ansteigender Temperatur von 400–600 °C bei 30 bar.

2. Gasphasenhydrierung, z. B. in hintereinandergeschalteten Reaktoren

Trotz hoher Reaktortemperaturen stellt sich das Isomerisierungsgleichgewicht zwischen Cyclohexan und Methylcyclopentan wegen der kurzen Verweilzeiten nicht ein.

Verfahrensmerkmale:

Gasphase bedeutet einfache Trennung von Substrat und Katalysator, verbunden mit kurzer Verweilzeit, die trotz hoher Temperatur eine Isomerisierung verhindert

Im Arco- und auch im DSM-Verfahren wird ein Edelmetallkatalysator verwendet, mit dem in einem Hydrierschritt bei etwa 400 °C und 25–30 bar ein vollständiger Benzolumsatz mit nahezu 100-proz. Selektivität zu Cyclohexan zu erreichen ist.

Nach dem Prinzip der Benzolhydrierung können im Bedarfsfall auch Benzolhomologe zu den entsprechenden Cyclohexanhomologen hydriert werden.

Benzolhydrierung (auch in Kombination mit Isomerisierung) wird auch zur Qualitätsverbesserung von Motorkraftstoffen genutzt

Zur Verringerung des Benzolanteils im Fahrbenzin werden von verschiedenen Firmen Hydrierverfahren eingesetzt, die z. B. im Ben-Sat-Prozess der UOP Benzol vollständig zu Cyclohexan hydrieren oder im Penex-Plus-Prozess zusätzlich zur Hydrierung eine Isomerisierung zur Octanzahlerhöhung bewirken.

Cyclohexanverwendung:

Ausgangsprodukt für Cyclohexanon/ Cyclohexanol mit Weiterverwendung für

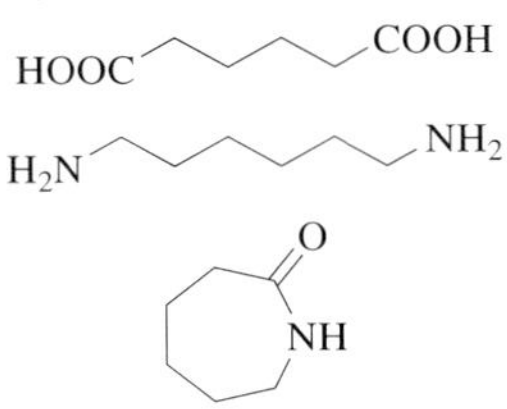

Die Bedeutung des Cyclohexans besteht hauptsächlich in seiner Umsetzung über das Zwischenprodukt Cyclohexanon zu den Nylonvorstufen: Adipinsäure, ε-Caprolactam und Hexamethylendiamin (vgl. Abschn. 10). Für Adipinsäure wurden 1999 in USA, Japan, Westeuropa und der Bundesrepublik Deutschland etwa 59, 14, 40 bzw. 38 Gew.-% und für ε-Caprolactam etwa 34, 81, 40 bzw. 61 Gew.-% der Cyclohexanproduktion verbraucht.

13.2 Oxidations- und Folgeprodukte des Benzols

13.2.1 Phenol

Phenolgewinnung:

1. Synthese auf Basis Benzol
2. Isolierung aus Stein- und Braunkohlenteer und Waschwässern des Crackbenzins

Für Phenol, als das in USA und Westeuropa zweitgrößte Folgeprodukt des Benzols, werden derzeit etwa 20% der Gesamtproduktion an Benzol verbraucht (vgl. Tabelle 13-1). Außer durch Synthese gibt es in den Teeren und Kokereiwässern der Steinkohlenverkokung und Braunkohlenschwelung sowie in den Abwässern der Crackanlagen als sogenannte Cresylic Acids noch weitere Quellen für Phenol. Durch alkalische Wäsche der Crackbenzine werden nach Behandlung der Laugen mit CO_2 dann Phenol, Kresole und Xylenole gewonnen. Eine neuere Abtrennmethode für phenolische Produkte, vor allem aus Fraktionen der Teerdestillation, ist das Phenoraffin-Verfahren der Lurgi, bei dem wässrige Natriumphenolatlösung und Diisopropylether als Extraktionsmittel eingesetzt werden. Weitere Verfahren, wie z. B. Phenosolvan, benutzen Butylacetat oder andere Ester zur Extraktion.

Der Phenolanteil aus Teeren, Kokereiwässern und Crackabwässern ist in den letzten Jahrzehnten in USA und Westeuropa zwar leicht gestiegen, aber gemessen an der Synthesephenolproduktion nahezu bedeutungslos. Tabelle 13-3 zeigt die Entwicklung der Phenolerzeugung in USA, Westeuropa und Japan:

Tabelle 13-3. Phenolproduktion (in 1000 t).

Land	Phenolursprung	1972	1973	1985	1986	1995	1998	2001
USA	Synthesephenol	865		1260		1873		2296
	Aus Teer und Crackabwasser	20		24		27		14
	Gesamt	885		1284		1900		2310
Westeuropa	Synthesephenol		891	1157		1489	1802	
	Aus Teer und Crackabwasser		14	14		14	15	
	Gesamt		905	1171		1503	1817	
Japan	Synthesephenol				155	769	851	
	Aus Teer und Crackabwasser				2	2	–	
	Gesamt				157	771	851	

Weitere Produktionszahlen für Synthesephenol in einigen Ländern sind in der nebenstehenden Tabelle zusammengefasst. Die Herstellkapazität für Synthesephenol betrug 2004 weltweit etwa 8,5 Mio jato; davon entfielen auf USA, Westeuropa, Bundesrepublik Deutschland und Japan etwa 3,0, 2,4, 0,76 bzw. 0,93 Mio jato. Weltgrößter Phenolhersteller ist die Phenolchemie (heute Ineos) mit einer Kapazität von 1,45 Mio jato (2002).

Synthesephenolproduktion (in Mio t)

	1994	1996	1998
USA	1,78	1,97	2,05
WE	1,47	1,57	1,82
BRD	0,46	0,50	0,53
Japan	0,68	0,77	0,85

13.2.1.1 Herstellverfahren für Phenol

Obwohl eine Direktoxidation des Benzols zu Phenol der wirtschaftlichste Weg sein könnte, haben sich bisher nur indirekte Herstellverfahren durchsetzen können, weil die Totaloxidation des Phenols gegenüber der partiellen Oxidation des Benzols bevorzugt ist. Außerdem bilden sich größere Mengen Diphenyl als Nebenprodukt.

Prinzip der Phenolsynthesen aus Benzol bzw. Benzolderivaten:

indirekte Oxidationsverfahren mit zahlreichen Ausgangs- und Zwischenprodukten, da Direktoxidation von Benzol zu Phenol unselektiv, d. h., Phenol-Totaloxidation ist begünstigt vor Benzol-Partialoxidation

Allerdings wird von einer Entwicklung des russischen Boreskov-Instituts für Katalyse berichtet, nach der eine Direktoxidation des Benzols zu Phenol wirtschaftlich durchführbar ist und die in einer Anlage in USA überprüft werden soll. Einzelheiten sind bisher nicht publiziert worden.

Zur Herstellung von Phenol wurden im Wesentlichen indirekte Verfahren entwickelt, von denen fünf eine technische Bedeutung erlangt haben:

Tabelle 13-4. Wege zur Herstellung von Phenol.

Ausgangsprodukt	Zwischenprodukt	Verfahren
1. Benzol	Benzolsulfonsäure	Klassisch
2. Benzol	Chlorbenzol	Dow und Bayer (alkalische Hydrolyse)
		Raschig-Hooker (saure Hydrolyse)
3. Toluol	Benzoesäure	Dow und California Research
4. Cyclohexan	Cyclohexanon-Cyclohexanol	Scientific Design
5. Benzol/Propen	Isopropylbenzol (Cumol)	Hock

Zu 1

Prinzip der Benzolsulfonsäureroute:
1. Einführung von -SO_3H
2. Austausch gegen -OH

daneben Stufen zur Neutralisation und zur Bildung freien Phenols

Das klassische Sulfonierungsverfahren hat gegenüber den weiteren Methoden der Phenolherstellung den Vorteil, dass auch kleine Anlagen unter 4000 jato noch wirtschaftlich arbeiten können, wenn ein Absatz für die Nebenprodukte, besonders für Na_2SO_3, besteht. Die Apparaturen sind unkompliziert und zumeist auch für andere chemische Prozesse geeignet. Nach diesem Verfahren wird derzeit kein Phenol mehr erzeugt, die letzte US-Phenolanlage auf Basis der Benzolsulfonierung wurde 1978 stillgelegt.

Der Prozess verläuft in vier Stufen:

Technische Ausführung in vier Teilschritten:

1. Sulfonierung, diskontinuierlich oder kontinuierlich
2. Neutralisation, z. B. mit $CaCO_3$ in älteren, mit Na_2SO_3 oder NaOH in neueren Verfahren
3. NaOH-Schmelze mit Na-Salz oder auch mit Sulfonsäure direkt (dann entfällt Stufe 2)
4. Ansäuern mit SO_2 aus Prozess sowie aus zusätzlicher Quelle

1. Sulfonierung des Benzols bei 110–150 °C mit einem Überschuss an H_2SO_4 oder Oleum ($H_2SO_4 + SO_3$),

2. Neutralisation der Benzolsulfonsäure und überschüssiger H_2SO_4 mit Na_2SO_3:

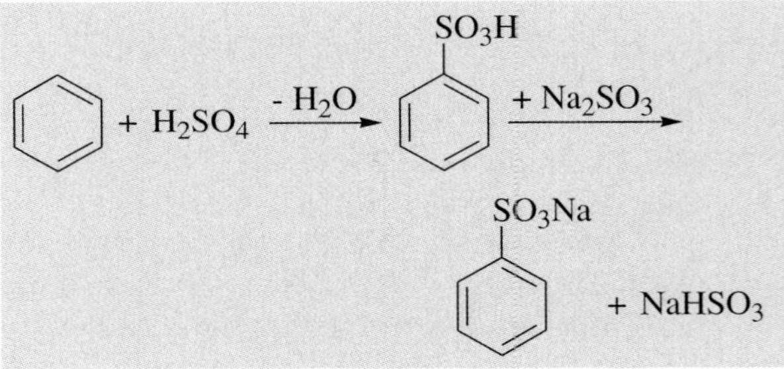

(6)

Benzolsulfonsäure wird unabhängig von der Phenolherstellung für eine Vielzahl weiterer Zwischenprodukte genutzt

3. Umsetzung des Natriumsalzes in einer NaOH-Schmelze bei 320–340 °C zu Natriumphenolat und Natriumsulfit,

4. Freisetzung des Phenols durch Ansäuern mit dem SO_2 aus einer zweiten Stufe sowie zusätzlichem SO_2:

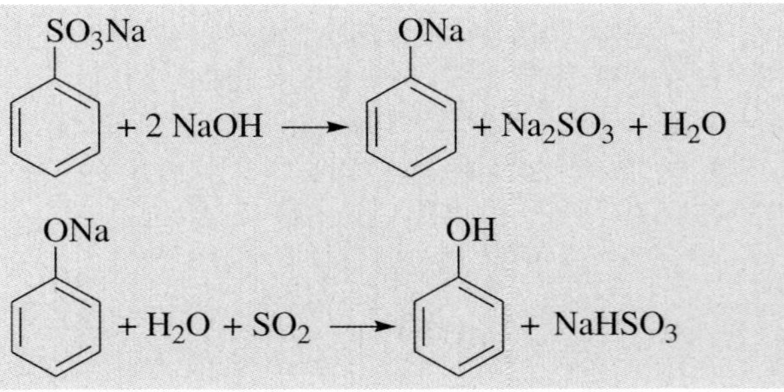

(7)

Nachteile der Benzolsulfonsäureroute:

sehr großer Zwangsanfall an Salzen, hoher Energieaufwand bei einzelnen Verfahrensschritten

Insgesamt werden pro Tonne Phenol die folgenden Einsatzmaterialien verbraucht sowie Coprodukte gebildet:

Einsatzstoffe:		*Coprodukte:*	
1 t	Benzol	1,35 t	Na_2SO_3
1,75 t	H_2SO_4 (100 %)	2,1 t	Na_2SO_4 (aus H_2SO_4-Überschuss in Stufe 1)
1,7 t	NaOH (100 %)		

Das Phenol wird anschließend durch eine dreistufige Destillation gereinigt, die Ausbeute beträgt etwa 88 %.

Zu 2

Die zweite Route zum Phenol verläuft über Monochlorbenzol als Zwischenprodukt, das auf zwei Wegen aus Benzol hergestellt werden kann.

Prinzip der zweistufigen Chlorbenzolroute:

1. Chlorbenzolherstellung aus Benzol durch Chlorierung oder Oxychlorierung
2. Chlorbenzolhydrolyse in der Flüssigphase oder Gasphase

Bei der klassischen Chlorierung des Benzols, die z. B. von der Dow und von Bayer für die weitere Umsetzung zu Phenol noch bis 1975 bzw. 1977 ausgeübt wurde, arbeitet man bei 25–50 °C in der Flüssigphase und mit $FeCl_3$ als Katalysator. Als Nebenprodukt fallen etwa 5 % höherchlorierte Benzole an.

Verfahrensmerkmal der Benzolchlorierung (z. B. Dow und Bayer):

$FeCl_3$-katalysierte Flüssigphasenumsetzung im Blasenreaktor

Im wirtschaftlicheren Raschig-Hooker-Verfahren, das erstmals 1932 bei Rhône-Poulenc in einer 3000-jato-Anlage zum Einsatz kam, wird das Chlorbenzol durch Oxychlorierung von Benzol mit HCl-Luft-Gemischen bei etwa 240 °C unter Normaldruck erhalten:

Anteil der Dichlorbenzole abhängig von:

1. Temperatur
2. Molverhältnis C_6H_6/Cl_2
3. Verweilzeit
4. Katalysator
5. Umsatz C_6H_6

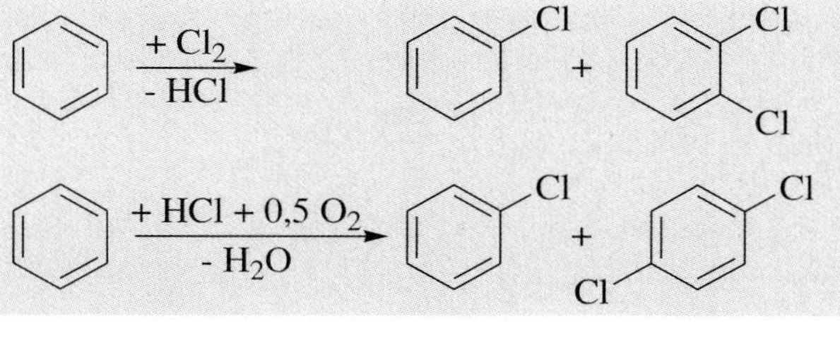

(8)

Als Katalysator wird $CuCl_2$-$FeCl_3/Al_2O_3$ benutzt. Der Benzolumsatz wird auf etwa 10–15 % begrenzt, um die Wärmeentwicklung am Festbettkatalysator zu beherrschen und gleichzeitig die Bildung von Dichlorbenzolen zurückzudrängen. HCl wird möglichst vollständig umgesetzt. Bei der Oxychlorierung ist der Anteil an Dichlorbenzolen mit etwa 6–10 % etwas höher als bei der klassischen Chlorierung.

Verfahrensmerkmal der Benzol-Oxychlorierung (Raschig-Hooker):

an Deacon-System katalysierte Gasphasenumsetzung mit Umsatzbegrenzung wegen:

1. nur begrenzter Wärmeabfuhr im Festbett
2. erwünschter hoher Selektivität zu Monochlorbenzol

Auch bei der weiteren Umsetzung des Chlorbenzols zu Phenol unterscheiden sich die klassischen Prozesse von dem Raschig-Hooker-Verfahren. In den erstgenannten Prozessen wird die Hydrolyse des Chlorbenzols mit 10–15-proz. Natronlauge oder auch mit Sodalösung bei 360–390 °C und

Verfahrensmerkmale der klassischen Chlorbenzolhydrolyse:

Flüssigphasenhydrolyse mit wässriger NaOH oder Na_2CO_3, z. B. nach Dow und Bayer, mit dem Nachteil des vollständigen Chlorverlustes

Nebenprodukte:

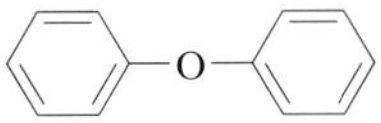

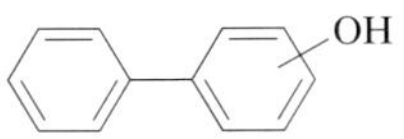

Gasphasenhydrolyse mit H_2O an Festbett-katalysator nach Raschig-Hooker mit dem Vorteil:

HCl übernimmt Funktion eines Katalysators

und den Nachteilen:

hochkorrosiv in Oxychlorierung und Hydrolyse, notwendige Katalysatorregenerierung, hoher Energieverbrauch

unter einem Druck von 280–300 bar vorgenommen. Als Nebenprodukte fallen Diphenylether sowie *o*- und *p*-Hydroxydiphenyl an.

Zur Freisetzung des Phenols aus seinem Natriumsalz dient die HCl aus der Benzolchlorierung.

Im Raschig-Hooker-Verfahren erfolgt die Hydrolyse katalytisch an $Ca_3(PO_4)_2/SiO_2$ mit H_2O bei 400–450 °C. Der Katalysator muss wegen Koksablagerungen häufiger regeneriert werden. Der Umsatz beträgt etwa 10–15 %. Die Gesamtselektivität über beide Stufen erreicht 70–85 %. In den USA betriebene Anlagen wurden inzwischen stillgelegt. Einige Länder, wie z. B. Argentinien, Indien, Italien und Polen, nutzen diese klassische Chlorbenzol-Phenol-Herstellroute teilweise noch.

Anhand der Summengleichung für das Dow- und Bayer-Verfahren:

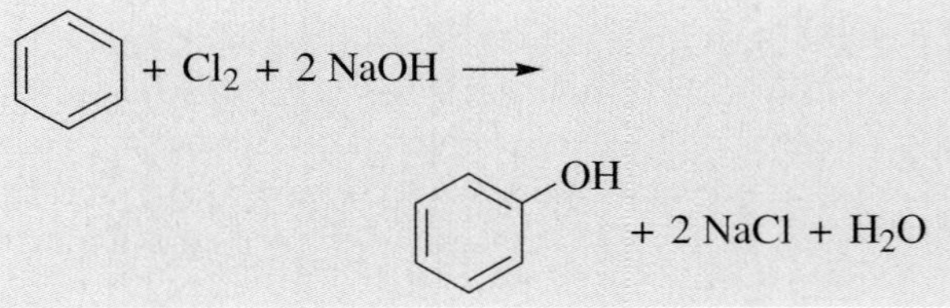

(9)

sowie für das Raschig-Hooker-Verfahren, bei dem HCl aus der Hydrolyse des Chlorbenzols zur Oxychlorierung des Benzols wiederverwendet werden kann, könnte ein hoher wirtschaftlicher Vorteil vermutet werden:

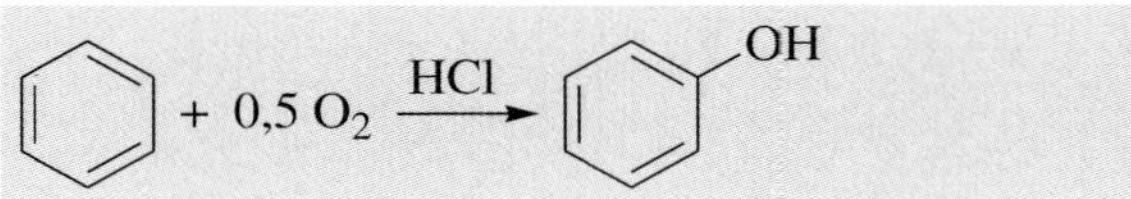

(10)

Pro Tonne Phenol werden nur etwa 0,02 t HCl verbraucht. Jedoch erfordert die unter den Bedingungen von Hydrolyse und Oxychlorierung stark korrosive Salzsäure hohe Investitionen für korrosionsfeste Anlagen. Zum weiteren ist das Raschig-Hooker-Verfahren wegen der erforderlichen Verdampfung verdünnter Salzsäure ein großer Energieverbraucher.

Chlorbenzolverwendung:

Hydrolyse zu Phenol
Ammonolyse zu Anilin
Nitrierung zu Chlornitrobenzolen
Kondensation mit Chloral zu DDT

Chlorbenzol ist nicht nur ein geeignetes Ausgangsprodukt für Phenol, sondern dient weiterhin zur Herstellung von Anilin (vgl. Abschn. 13.3.2) und als Basiskomponente für zahlreiche weitere aromatische Zwischenprodukte. Chlorbenzol ist darüber hinaus ein wichtiges Lösemittel.

Die Herstellkapazitäten für Chlorbenzole betrugen 1999 in USA, Westeuropa, Bundesrepublik Deutschland und Japan etwa 0,27, 0,16, 0,11 bzw. 0,12 Mio jato.

Chlorbenzole umfassen im industriellen Bereich:

Monochlorbenzol
o-Dichlorbenzol
p-Dichlorbenzol

Die Produktionszahlen für Chlorbenzole in diesen Ländern sind in der nebenstehenden Tabelle zusammengefasst.

Chlorbenzole-Produktion (in 1000 t)

	1994	1996	1998
WE	115	113	124
USA	151	128	133
BRD	85	75	89
Japan	65	64	72

Dichlorbenzole sind Lösemittel, Desinfektionsmittel und Zwischenprodukte zur Herstellung von Farbstoffen und Insektiziden.

Eine technisch wichtige Folgereaktion des Chlorbenzols ist seine Nitrierung zum Gemisch der drei möglichen *o*-, *m*- und *p*-Chlornitrobenzole, die in ihrem Verhältnis zueinander wenig zu beeinflussen sind. Das *p*-Isomere fällt mit etwa 65%, das *o*-Isomere mit 34% und das *m*-Isomere mit nur 1% an, Die Auftrennung des Gemischs erfolgt durch eine Kombination von fraktionierender Destillation und Kristallisation. Die Chlornitrobenzole werden hauptsächlich zu Farbstoffen weiterverarbeitet.

Ein bekanntes Folgeprodukt des Chlorbenzols ist das DDT (1,1-Bis(*p*-chlorphenyl)-2,2,2-trichlorethan), das durch sauer katalysierte Kondensation von Chlorbenzol mit Chloral hergestellt wird:

Prinzip der DDT-Herstellung: protonenkatalysierte Kondensation von Chlorbenzol mit Chloral zu **D**ichlor**d**i-phenyl**t**richlorethan (vgl. „Bisphenol-A-Herstellung", Abschn. 13.2.1.3)

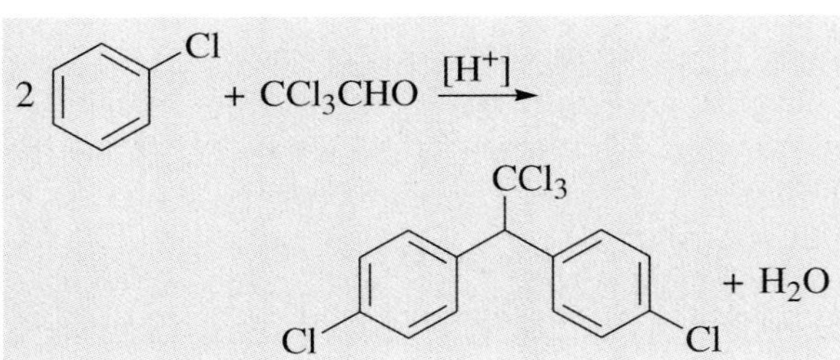

(11)

DDT ist ein wirksames Insektizid, das über einige Jahrzehnte eine sehr erfolgreiche Anwendung gefunden hat. Seine Bedeutung ging dann zwischenzeitlich stark zurück, weil der Einsatz – wegen seiner außerordentlich geringen Abbaurate und seiner Kumulation im Fettgewebe bei Tieren und Menschen – in vielen Ländern beträchtlich eingeschränkt bzw. verboten wurde. Da aber ein wirksames, preiswertes Alternativprodukt – besonders zur Bekämpfung der Anopheles-Mücke als Malariaüberträger – fehlte, wird DDT in Ländern der Dritten Welt produziert (ca. 30000 t in 1984 und ca. 12000 t in 1989) und eingesetzt, da sein Anwendungsverbot in den Tropen sonst katastrophale Folgen hätte. Inzwischen

DDT-Nachteile wie Persistenz und Bioakkumulation führten zum Anwendungsverbot in vielen Ländern ist die Anopheles-Mücke allerdings in einigen Ländern resistent gegen DDT geworden.

Zu 3

Prinzip der Toluol-Benzoesäure-Route:

1. Toluoloxidation zu Benzoesäure als Zwischenprodukt nach Radikalkettenmechanismus
2. oxidative Decarboxylierung von Benzoesäure zu Phenol

Das Phenolverfahren der Dow und der California Research verläuft zweistufig. Zunächst wird Toluol zu Benzoesäure oxidiert, die anschließend oxidativ zu Phenol decarboxyliert wird:

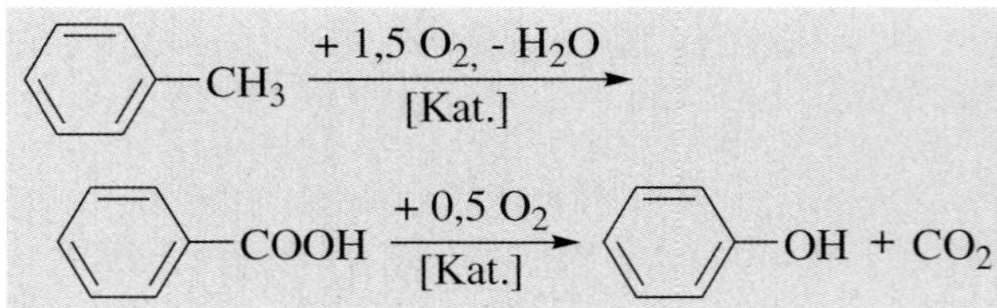

(12)

Beispiele für technische Toluol-Oxidationsverfahren:

Flüssigphasenoxidationen nach Dow, Amoco oder Snia Viscosa

Benzoesäure kann in unterschiedlicher Weise aus Toluol hergestellt werden; so oxidiert z. B. Dow das Toluol in der Flüssigphase mit Luft bei 110–120 °C und 2–3 bar in Anwesenheit von Co-Salzen. Ein ähnlicher Weg wird von Snia Viscosa mit einer Co-Acetat-Katalyse bei 165 °C und 9 bar in verschiedenen Anlagen in Italien und der GUS beschritten. Die Selektivität zu Benzoesäure erreicht etwa 90 %. Ein anderes Verfahren verläuft analog der Terephthalsäureherstellung nach Amoco (vgl. Abschn. 14.2.2).

Benzoesäureverwendung außer zur Phenolherstellung:

z. B. Snia-Viscosa-Route: → Hexahydrobenzoesäure → ε-Caprolactam

Benzoesäure ist nicht nur ein Vorprodukt zur Phenolherstellung, sie hat auch eine allgemeine Bedeutung als Zwischenprodukt, z. B. in der Snia-Viscosa-Route zu ε-Caprolactam (vgl. Abschn. 10.3.1.2) oder nach dem Henkel-Verfahren zu Terephthalsäure (vgl. Abschn. 14.2.3). Benzoesäure ist weiterhin ein Zwischenprodukt für die Farbstoff- und Parfümherstellung, ein Hilfsmittel für die Kautschukindustrie und ein Konservierungsmittel. Die Herstellkapazität für Benzoesäure betrug 2004 in USA und Westeuropa ca. 129000 bzw. 232000 jato. Aus Japan ist keine neue Kapazität bekannt gemacht worden. Produktionszahlen für Benzoesäure in USA sind in der nebenstehenden Tabelle aufgeführt.

Benzoesäureproduktion (in 1000 t)

	1994	1999	2003
USA	54	67	64

Verfahrensmerkmale der oxidativen Benzoesäure-Decarboxylierung:

homogen katalysierte Flüssigphasenumsetzung (Schmelze oder Lösemittel) mit Cu-Salzen als Basiskatalysator und Promotoren

In der zweiten Stufe der Phenolherstellung wird die gereinigte Benzoesäure in der Schmelze oder in Anwesenheit eines hochsiedenden Lösemittels bei 220–250 °C unter Normaldruck oder bis zu 2,5 bar unter Durchleiten eines mit Wasserdampf vermischten Luftstromes in Gegenwart von Kupfersalzen und weiteren Promotoren, z. B. Mg-Salzen, zu

Phenol decarboxyliert. Die Gesamtselektivität beträgt etwa 70–80% (Toluol).

Die katalytische Wirkungsweise des Kupfer(II)-ions beruht auf der intermediären Bildung von Kupferbenzoat, das thermisch in CO_2, Kupfer(I)-ion und Phenylbenzoat gespalten wird. Der Ester wird zu Phenol und Benzoesäure hydrolysiert und Kupfer(I)-benzoat mit Luft reoxidiert:

Wichtigste Mechanismus-Teilschritte:

o-Angriff des Benzoatanions und Decarboxylierung des Salicylsäureesters

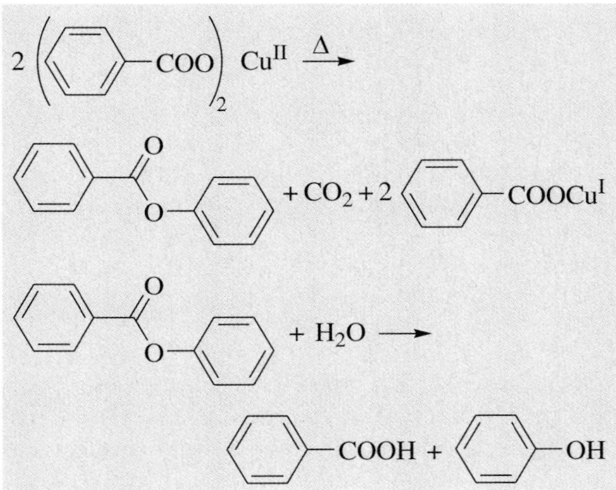

(13)

Zur Steigerung der Aktivität und Selektivität haben sich Zusätze von Alkali- und Erdalkalimetallen, besonders von Magnesium sowie auch von Cobalt, bewährt.

Nach dem Dow-Verfahren produzieren Anlagen in USA (Noveon) und den Niederlanden (DSM) mit zusammen ca. 144000 jato Herstellkapazität (1998). In Japan wurde von Nippon Phenol eine neue Anlage auf Basis von Toluol 1991 mit einer Herstellkapazität von 120000 jato in Betrieb genommen.

Beispiele für technisch durchgeführte Toluol-Benzoesäure-Phenol-Verfahren:

Dow (USA)
DSM/Dow (Holland)
Nippon Phenol (Japan)

Zu 4

Bei dem Verfahren der Scientific Design wird das bei der Cyclohexanoxidation (vgl. Abschn. 10.1.1) anfallende Gemisch aus Cyclohexanon und Cyclohexanol bei 400 °C zu Phenol dehydriert:

Prinzip der Cyclohexanon/ol-Route:

heterogen katalysierte Gasphasendehydrierung von Anon-Anol-Gemischen

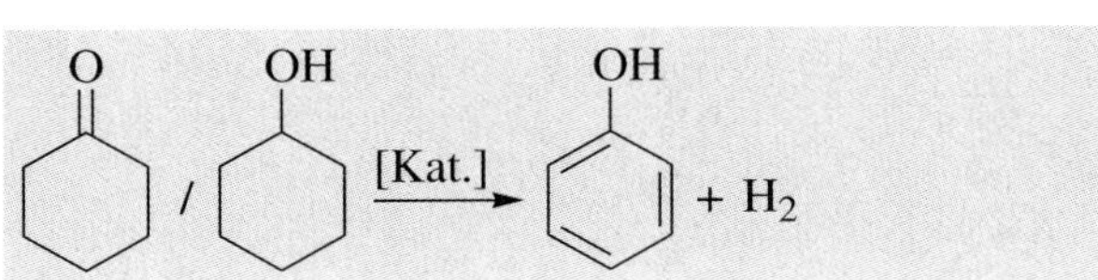

(14)

Extraktive Aufarbeitung des Dehydriergemisches zur Trennung des Azeotrops aus Anon und Phenol

Als Dehydrierungskatalysatoren werden Edelmetalle, wie z. B. Pt/Kohle, oder Ni-Co-Katalysatoren verwendet. Da Phenol mit Cyclohexanon ein azeotropes Gemisch bildet, ist eine extraktive Aufarbeitung des Reaktionsproduktes erforderlich. Dafür muss ein hoher Umsatz von etwa 80% angestrebt werden.

Monsanto hat ab 1965 in einer technischen Anlage in Australien drei Jahre diesen Prozess ausgeübt, dann aber aus wirtschaftlichen Gründen eine Umstellung auf das Cumol-Verfahren vorgenommen.

Eine analoge Route über die Hydrierung von Benzol zu Cyclohexan und der nachfolgenden Oxidation zu Cyclohexanol sowie Dehydrierung zu Phenol wurde von Mitsui Petrochemical entwickelt. Eine technische Anwendung ist noch nicht bekannt geworden.

Zu 5

Prinzip des Hock-Verfahrens als des weltweit wichtigsten Phenol-Herstellungswegs:

dreistufiges Verfahren:

1. Benzolpropylierung zu Cumol
2. Cumoloxidation zum Hydroperoxid
3. Hydroperoxidspaltung

Das Cumol-Verfahren, d. h. die protonenkatalysierte Spaltung des Cumylhydroperoxids zu Phenol und Aceton, wurde 1944 von Hock und Lang entdeckt. Obwohl es dann erst 1953 mit einer 8000-jato-Anlage der Gulf in Kanada kommerzielle Bedeutung erlangte, wurden in den USA bis 1987 noch 97%, in Japan bis 1990 noch 100% (dann kam eine Neuanlage auf Toluolbasis hinzu) und in Westeuropa etwa 91% des gesamten Synthesephenols nach dieser Route produziert. Die weltweite Phenol-Herstellkapazität nach dem Hock-Verfahren beträgt derzeit etwa 5 Mio jato. Trotz des Zwangsanfalls von 0,62 t Aceton pro Tonne Phenol hat sich dieses Verfahren wegen seiner Wirtschaftlichkeit erhalten.

Cumoloxidation zum Hydroperoxid mit zwei Verfahrensvarianten:

1. Luftoxidation in wässriger Emulsion (Na_2CO_3)
2. Luftoxidation unverdünnt mit Redoxkatalysatoren

Das Prinzip der kombinierten Phenol-Aceton-Herstellung nach dem Hock-Verfahren beruht auf der Oxidation von Cumol zum Cumylhydroperoxid und seiner anschließenden Spaltung in saurem Medium zu Phenol und Aceton:

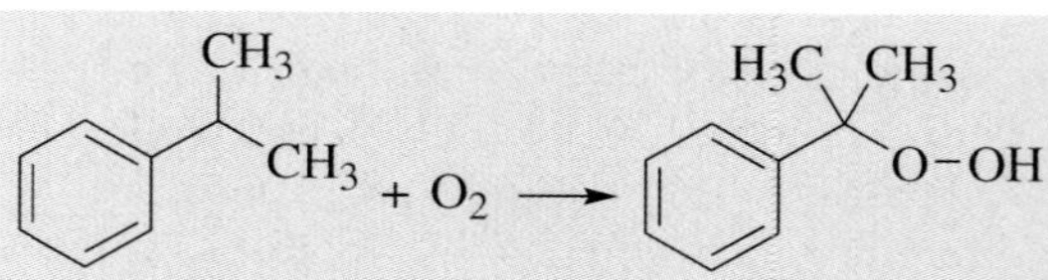

(15)

(ΔH = -117 kJ/mol)

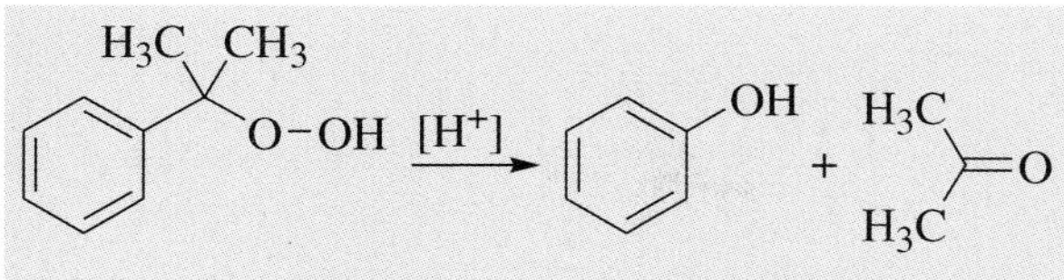

(16)

(ΔH = -252 kJ/mol)

Verfahrensmerkmale:

Begrenzung des Cumolumsatzes (35–40 %) zur Vermeidung von Neben- und Folgereaktionen, anschließend Aufkonzentrieren der verdünnten Hydroperoxidlösung, Stabilisierung des säureempfindlichen Hydroperoxids durch Anwesenheit von Na_2CO_3 (sonst vorzeitige Spaltung zu Phenol, das ein wirksamer Inhibitor für radikalische Oxidationen ist)

In der technischen Ausführungsform wird Cumol aus der Propylierung des Benzols (vgl. Abschn. 13.1.3) in einer Blasensäule entweder in wässriger Na_2CO_3-haltiger Emulsion bei pH 8,5 bis 10,5 bei 90–130 °C und 5–10 bar mit Luft nach dem Verfahren von BP (früher Distillers), Hercules und Kellogg oder unverdünnt in homogener Phase nach einem Alternativverfahren von Hercules bei 120 °C zum Hydroperoxid oxidiert. Als Katalysatoren können Cu-, Mn- oder Co-Salze in Frage kommen. Mit ihnen kann zwar die Induktionsperiode beim Start der Reaktion überwunden werden, sie können aber zu einem geringeren Gehalt an Hydroperoxid durch dessen Weiteroxidation zu CO_2 führen. Katalysatoren haben deshalb keine technische Anwendung gefunden. Die Oxidation wird nur bis zu einem Hydroperoxidgehalt von 35–40 % geführt, um die Bildung von Nebenprodukten wie Dimethylphenylcarbinol und Acetophenon gering zu halten. Das Oxidat wird dann in Vakuumkolonnen auf etwa 65 bis 90 % aufkonzentriert und zu Phenol und Aceton gespalten.

Protonenkatalysierte Hydroperoxidspaltung mit zwei Verfahrensvarianten:

1. homogen in Aceton oder Phenol mit verdünnter H_2SO_4
2. heterogen mit 40-proz. H_2SO_4

Die Spaltung kann entweder in homogener Lösung mit 0,1–2 % H_2SO_4 bei 60–65 °C nach der Methode von BP und Hercules in Aceton sowie nach Rhône-Poulenc in Phenol durchgeführt werden. Sie kann aber auch heterogen, d. h. zweiphasig, nach dem Verfahren der Phenolchemie in 40-proz. H_2SO_4 bei ca. 50 °C vorgenommen werden.

Nebenprodukte aus:

1. Hydroperoxidzerfall

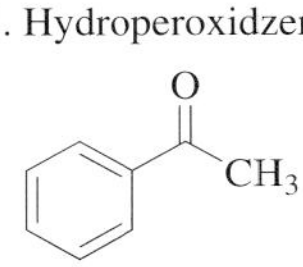

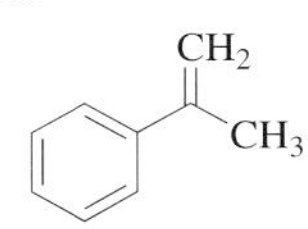

2. Folgereaktionen

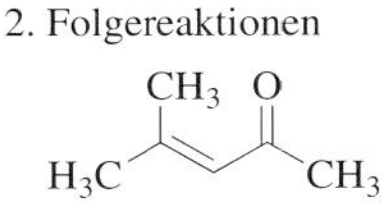

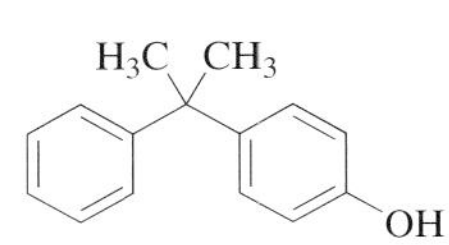

In der stark exothermen Spaltreaktion entstehen zahlreiche Nebenprodukte, wie z. B. α-Methylstyrol (Isopropenylbenzol), Mesityloxid und höhersiedende Komponenten wie α-Cumylphenol. Die Selektivität beträgt für Phenol und Aceton etwa 91 % (Cumol). α-Methylstyrol wird vorzugsweise zu Cumol hydriert und damit für den erneuten Einsatz genutzt. In älteren Prozessen wurden Ni-Katalysatoren mit geringerer Selektivität verwendet. Nach einem neueren Engelhardt-Verfahren lassen sich an Edelmetallkatalysatoren bei quantitativem Umsatz an α-Methylstyrol hohe Selektivitäten an Cumol erreichen. Die erste technische Anlage kam 1979 bei Shell, USA, zum Einsatz.

α-Methylstyrol wird neuerdings zur Verwendung in Styrol-Copolymerisaten – wie z. B. in ABS-Kunststoffen – mit erhöhter Wärmestabilität auch rein isoliert. α-Cumylphenol ist thermisch in α-Methylstyrol und Phenol spaltbar.

Nach dem BP-Hercules-Kellogg-Verfahren bestanden 1999 weltweit Phenolanlagen mit einer Produktionskapazität von mehr als 2,4 Mio jato, in denen mehr als 50 % der Phenol-Weltproduktion hergestellt wurden. Die Phenolherstellung auf der Basis von Cumol wurde auch von anderen Firmen, z. B. UOP (Cumox-Verfahren), Allied/Lummus Crest u. a., zu technischen Prozessen ausgearbeitet.

Hock-Analogverfahren für

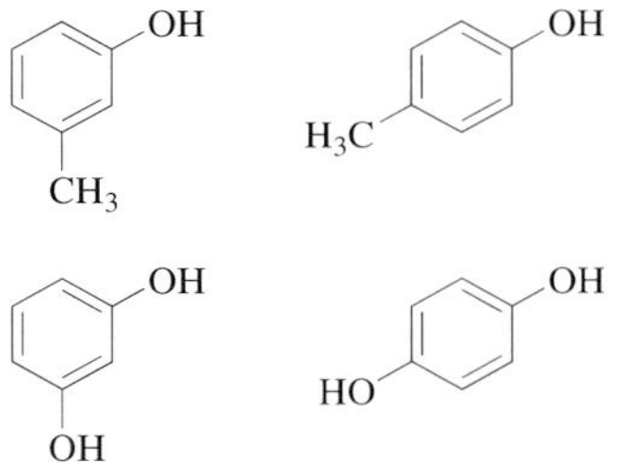

Analog dem Hock-Verfahren können auch *m*- und *p*-Isopropyltoluol (Cymol) nach Oxidation und Spaltung zu *m*- und *p*-Kresol sowie Aceton umgesetzt werden. Technische Cymol/Kresolverfahren werden von Sumitomo Chemical und Mitsui seit 1969 betrieben. Hydrochinon und Resorcin werden auch aus den entsprechenden Diisopropylbenzolen durch Oxidation und Spaltung technisch hergestellt (vgl. Abschn. 13.2.2).

13.2.1.2 Entwicklungsmöglichkeiten der Phenolherstellung

Wie bei allen großvolumigen Chemieprodukten gehen Überlegungen zur verbilligten oder umweltfreundlicheren Herstellung in zwei Richtungen:

1. Verbesserung bestehender Verfahren,
2. Erstellung neuer Verfahren unter Ausnutzung der preiswertesten Rohstoffbasis und neuester Verfahrenstechniken.

Phenolherstellung nach indirekten Verfahren gekennzeichnet von Forderung nach preiswerter Herstellung der Zwischenprodukte und wirtschaftlicher Nutzung der Neben- und Coprodukte

Beim Phenol bedeuten beide Forderungen hauptsächlich die Optimierung der bekannten indirekten, über Zwischenprodukte verlaufenden Routen, da insbesondere eine direkte Benzoloxidation bisher wirtschaftlich unbefriedigend geblieben ist, an der aber noch z. B. von Solutia gearbeitet wird und die eventuell 2003 in USA zum Einsatz gekommen ist.

Dabei ergibt sich für die bestehenden Verfahren die folgende Situation:

Sulfonsäureroute höchstens in Kleinanlagen mit Na_2SO_3/Na_2SO_4-Nutzung noch einsetzbar

Der Sulfonierungsweg findet wegen des zwangsläufigen Salzanfalls und des hohen Energiebedarfs einzelner Verfahrensschritte keine Anwendung mehr.

Chlorbenzolroute nur akzeptabel bei NaCl-Rückführung in Cl_2 und NaOH

Die Dow-Bayer-Chlorbenzolroute hat den Nachteil, Chlor als teures Einsatzprodukt zu verwenden. Diese Phenolherstellung würde billige elektrische Energie erfordern, um die notwendigen Hilfschemikalien Cl_2 und NaOH und das anfallende NaCl durch eine Chloralkalielektrolyse in einem Kreislauf zu halten.

Die Raschig-Hooker-Variante der Chlorbenzolroute verlangt hohe Investitionskosten, sie liefert aber, abgesehen von höher chlorierten Nebenprodukten, nur wenige, die Umwelt belastende Salze. Darum haben Vorschläge zur Verbesserung zunächst an diesem Verfahren angesetzt.

Raschig-Hooker-Route nahezu frei von Salzen, darum attraktiv für Steigerung der Rentabilität; dazu drei Möglichkeiten:

1. Hooker
2. Hoechst
3. Gulf

Nach der Hooker-Modifizierung wird ein besonderer Hydrolysekatalysator verwendet, der zusätzlich die Dichlorbenzole zu Monochlorbenzol dechloriert, so dass letztlich auch sie in Phenol übergeführt werden können.

Zu 1:

Hooker-Katalysator erlaubt Ausnutzung der Dichlorbenzole für weiteres Phenol

Allerdings hat Hooker von seinen drei nach diesem Phenolverfahren arbeitenden Anlagen mit einer Kapazität von insgesamt etwa 90–95000 jato inzwischen zwei stillgelegt und ist für die Phenolherstellung zum Cumolverfahren übergegangen.

Eine andere Möglichkeit zur Verwertung der Dichlorbenzole und auch höher chlorierter Benzole wurde von Hoechst ausgearbeitet. Danach kann zunächst die Oxychlorierung des Benzols mit höheren Umsätzen als den üblichen 10–15% und auf diese Weise mit kleineren Benzolkreisläufen durchgeführt werden. Der zwangsläufig entstehende höhere Anteil an mehrfach chlorierten Benzolen kann in einer Chlorolysereaktion bei 400–800 °C und 20–200 bar katalysatorfrei mit einem Chlorüberschuss zu dem wichtigen Zwischenprodukt Tetrachlorkohlenstoff (vgl. Abschn. 2.3.6.1) nutzbringend umgesetzt werden.

Zu 2:

Hoechst-Entwicklung erlaubt Ausnutzung höherchlorierter Benzole zur CCl_4-Herstellung durch Chlorolyse

Ein von Gulf beschriebener neuer Weg der Oxychlorierung von Benzol, Alkylbenzolen und anderen Aromaten mit wässriger HCl und Luft unter milden Bedingungen in der Flüssigphase sowie die anschließende Hydrolyse zu Phenolen zeigt eine weitere Möglichkeit eines geschlossenen Chlorkreislaufs auf. Diese Oxychlorierung wird in wässriger Phase heterogen mit verdünnter Salpetersäure oder in Essigsäure homogen mit Pd-Salzen und Nitrationen katalysiert durchgeführt. Dabei kann beispielsweise Benzol mit 80% Umsatz zu Monochlorbenzol mit 95% Selektivität oxychloriert werden.

Zu 3:

Gulf-Entwicklung erlaubt technologisch attraktive milde und selektive Oxychlorierungs- und Hydrolyseroute, setzt allerdings eine korrosionsfeste Anlage voraus

In der zweiten Stufe werden die chlorierten Aromaten an Seltenerdphosphaten, bevorzugt $LaPO_4$ und $CePO_4$, mit Cu-Salzen als Cokatalysatoren zu Phenolen hydrolysiert. In üblicher Weise wird frei werdende HCl wieder zur Oxychlorierung eingesetzt. Bei einmaligem Durchgang werden 65% Chlorbenzol zu Phenol hydrolysiert. Eine technische Anlage wurde bisher nicht gebaut.

Acetoxylierung von Benzol zu

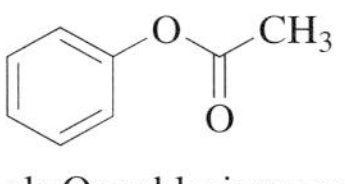

als Oxychlorierungsalternative kaum korrosiv, dabei wahlweise wertvolles Keten als Coprodukt oder AcOH-Kreislauf

Anstelle einer Benzol-Oxychlorierung wurde von mehreren Firmen die Acetoxylierung, d. h. die oxidative Umsetzung von Benzol mit Essigsäure an Pd-Katalysatoren, untersucht. Aus dem Zwischenprodukt Acetoxybenzol (Phenylacetat) wäre dann Phenol durch Hydrolyse unter Essigsäure-Rückführung oder durch Thermolyse mit zusätzlichem Keten als wertvollem Zwischenprodukt herstellbar.

Dieser Weg hat bisher keine technische Anwendung gefunden.

Benzoesäure-Decarboxylierungsroute lohnt ebenfalls Rentabilitätssteigerung, da Toluol billigster Aromat

Im Dow-California-Verfahren über Benzoesäure wird zwar Toluol als preiswertester Aromat eingesetzt, aber die Teerbildung und damit die notwendige Regenerierung des Katalysators bereiteten lange Zeit technische Schwierigkeiten.

Hier hat eine systematische Katalysatorforschung, besonders die einer italienischen Arbeitsgruppe, ergeben, dass Molybdänbenzoat analog Kupferbenzoat, allerdings mit höherer Selektivität von etwa 96 %, zu Phenol thermolysierbar ist. Mit Cokatalysatoren wie Magnesiumbenzoat soll die Selektivität bis auf nahezu 99 % steigen. Auch andere Firmen haben die Toluol-Phenol-Route weiterentwickelt, wie z. B. DSM, die in Holland 1976 eine vergrößerte Anlage in Betrieb genommen hat, und Nippon Phenol mit einer Neuanlage seit 1991.

Entwicklungen zur Selektivitätserhöhung betreffen den Katalysator (Mo^{3+} anstelle von Cu^{2+}) und den Cokatalysator (z. B. Mg^{2+}) sowie die Prozessführung in der Gasphase

Von Lummus wurde eine oxidative Decarboxylierung von Benzoesäure in der Gasphase in Gegenwart Cu-haltiger Katalysatoren ausgearbeitet. Dabei bringt die kurze Verweilzeit des Phenols eine deutliche Verminderung der Teerbildung und lässt eine Phenolselektivität von etwa 90 % erreichen.

Anon-Anol-Dehydrierungsroute scheint selbst bei Großproduktion der Einsatzprodukte unrentabel zu sein

Die Phenolerzeugung aus Cyclohexanol-Cyclohexanon scheint selbst dort, wo sie in Kombination mit großen Anlagen zur Caprolactamherstellung auf Basis Cyclohexanoxidation durchgeführt werden könnte, jetzt und zukünftig unrentabel zu sein. Die Umstellung des bisher einzigen Verfahrens weist darauf hin.

Hock-Verfahren bleibt optimal, solange Aceton eine Gutschrift einbringt

Hock-Verfahren mit anderen Einsatz- und damit auch Coprodukten bisher technisch nicht genutzt

Das Hook-Verfahren wird seine führende Stellung so lange behaupten können, wie das Coprodukt Aceton vom Markt aufgenommen werden kann. Diese Situation hat sich optimiert. In den vergangenen Jahren war die Nachfrage nach Phenol noch größer als nach Aceton, heute jedoch ist der Bedarf für beide Produkte ausgeglichen, da die Aceton-Folgeprodukte, d. h. vor allem die Methylmethacrylsäureester, und auch das Aceton selbst als ein toxisch unbedenkliches Lösemittel erhöhten Absatz gefunden haben. Zahlreiche Versuche, andere Einsatzprodukte als Isopropylbenzol zur Hydroperoxidherstellung zu verwenden, die nach Spaltung zu Phenol interessante Coprodukte liefern, sind bisher ohne technische Nutzung geblieben.

Dazu zählen z. B. Ethylbenzol mit Acetaldehyd oder Cyclohexylbenzol mit Cyclohexanon als Coprodukt, das zu weiterem Phenol umgesetzt werden kann.

13.2.1.3 Phenol-Verwendung und -Folgeprodukte

Der Phenolverbrauch schlüsselte sich weltweit, in USA, Japan, Westeuropa und Bundesrepublik Deutschland etwa wie folgt auf:

Phenolverwendung:

1. Phenolharze (Novolake, Bakelite) durch Polykondensation mit HCHO über Vorstufe der Hydroxymethylphenole

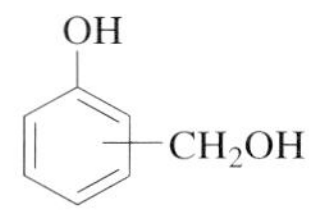

Tabelle 13-5. Phenolverwendung (in Gew.-%).

Produkt	Welt 1989	Welt 2004	USA 1985	USA 2004	Japan 1986	Japan 1997	Westeuropa 1985	Westeuropa 1997	BRD 1985	BRD 1996
Phenolharze	36	28	40	25	41	30	32	27	35	35
ε-Caprolactam	17	12	18	11	–	–	17	21	–	9
Bisphenol A	20	40	22	48	29	42	22	28	39	51
Adipinsäure	1	2	1	1	–	–	1	2	–	–
Alkylphenole	5	5	4	4	4	4	4	5	} 26	} 5
Sonstiges*)	21	13	15	11	26	24	24	17		
Gesamtverbr. (in Mio t)	4,70	7,48	1,07	1,92	0,25	0,61	1,05	1,65	0,26	0,39

*) z. B. Anilin, Chlorphenole, Weichmacher, Antioxidantien u. a.

Danach haben Phenolharze oder Phenoplaste als Polykondensationsprodukte des Phenols mit vorzugsweise Formaldehyd in den genannten Ländern die größte Bedeutung. Sie dienen z. B. zur Herstellung von Lacken, Leimen, Pressmassen und Schaumstoffen. Die Produktionszahlen für Phenoplaste in einigen Ländern sind der nebenstehenden Tabelle zu entnehmen.

Produktion von Phenoplasten (in 1000 t)

	1994	1999	2004
USA	730	n. v.	828
WE	593	663	729
Japan	330	250	287

n. v. = nicht veröffentlicht

Der zweitgrößte Phenolverbraucher ist das 2,2-Bis-(4-hydroxyphenyl)-propan, das wegen seiner Herstellung aus Phenol und Aceton als Bisphenol A oder Dian (*Di*phenylolprop*an*) bezeichnet wird. Die Produktionszahlen für Bisphenol A in einigen Ländern sind in der nebenstehenden Tabelle aufgeführt.

2. Bisphenol A, A = Aceton
   (Bisphenol B, B = Butanon,
   Bisphenol F, F = Formaldehyd,
   technisch weniger bedeutend)

Produktion von Bisphenol A (in 1000 t)

	1994	1996	1998
USA	772	681	836
WE	413	497	705
Japan	220	311	280
BRD	190	214	320

Die Herstellkapazitäten für Bisphenol A betrugen 2003 in USA, Westeuropa, Japan und Bundesrepublik Deutschland etwa 0,93, 0,88, 0,51 bzw. 0,28 Mio jato.

Die Kondensation von Aceton mit überschüssigem Phenol kann kontinuierlich oder diskontinuierlich in Gegenwart von H_2SO_4 oder nach dem Hooker-Verfahren auch mit trockener

Herstellung von Bisphenol-A:

Aceton-Phenol-Kondensation
Katalysator: H_2SO_4
HCl (Hooker)
Ionenaustauscher (UCC u. a.)

HCl als Katalysator und Methylmercaptan als Promotor mit fast quantitativer Ausbeute bei etwa 50 °C durchgeführt werden. Nach Verfahren der UCC und weiterer Firmen ist auch ein heterogenes Katalysatorensystem (z. B. saurer Ionenaustauscher) geeignet:

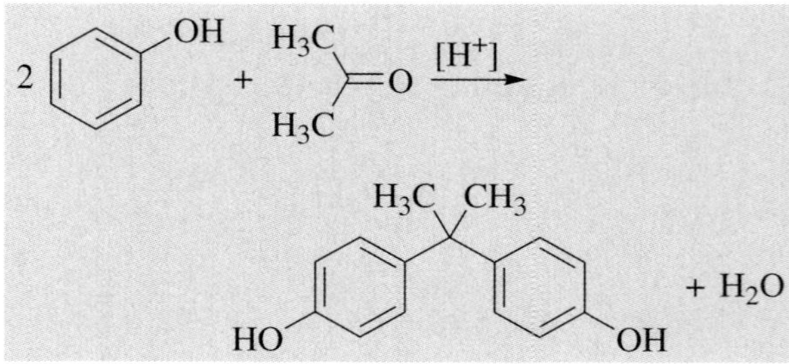

(17)

Verwendung von Bisphenol A in Umsetzungen:

2.1. mit Epichlorhydrin zu Vorprodukten für Epoxidharze

2.2. mit $COCl_2$ oder $(CH_3O)_2CO$ zu Polycarbonaten

2.3. mit 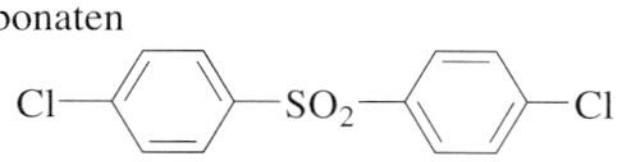
zu Polysulfonen

2.4. mit Phthalsäuren zu Polyarylaten

Bisphenol A wird in großem Umfang zur Herstellung von Kunstharzen und Thermoplasten verwendet. Aus Bisphenol A und Epichlorhydrin entstehen Bisphenol-A-glycidylether als Basisprodukte für härtbare Epoxidharze (vgl. Abschn. 11.2.1). Durch Polydehydrochlorierung des Bisphenol A mit Phosgen oder durch Umesterung mit Dimethylcarbonat erhält man thermoplastische Polycarbonate als den technisch wichtigsten Typ der Polyester aus Kohlensäure, für die auch andere aliphatische oder aromatische Dihydroxyverbindungen eingesetzt werden können. Polycarbonate finden ihre Hauptanwendung in der Elektrotechnik, im Bauwesen und seit einigen Jahren auf dem schnell wachsenden Markt an Compact Disks.

Die weltweiten Herstellkapazitäten für Polycarbonate betrugen 2004 etwa 2,76 Mio jato; davon entfielen auf USA, Westeuropa und Japan etwa 0,72, 0,91 bzw. 0,41 Mio jato.

Durch Reaktion von Bisphenol A mit 4,4′-Dichlordiphenylsulfon entstehen transparente, wärmefeste Polysulfone. Mit Phthalsäuren und Bisphenol A werden neuerdings transparente aromatische Polyester mit hoher Beständigkeit gegen UV-Strahlung und Temperaturen bis 150 °C hergestellt. Den größten Einsatz findet Bisphenol A allerdings noch zur Herstellung von Epoxiden und Polycarbonaten, die derzeit in USA, Westeuropa und Japan zwischen 90 und 93 % des Bisphenol A aufnimmt.

3. ε-Caprolactam mit Vorstufen Anol-Anon

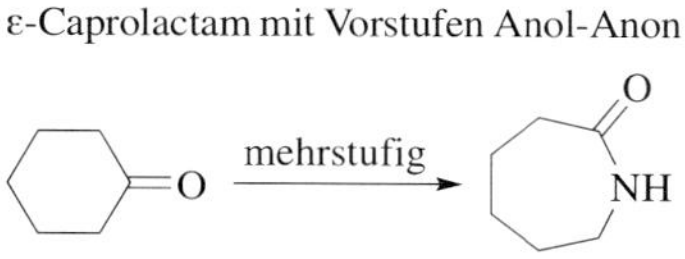

An dritter Stelle folgt für USA und Westeuropa die Herstellung von ε-Caprolactam. In Japan wird dagegen ε-Caprolactam nur auf der Basis von Cyclohexan hergestellt. Aus dem gleichen Grund fehlt für Japan auch die Adipinsäureherstellung aus Phenol, da ε-Caprolactam und Adipinsäure über das gleiche Zwischenprodukt Cyclohexanol aus Phenol hergestellt werden.

Höhere Alkylphenole werden durch Addition von Olefinen mit sechs oder mehr C-Atomen an Phenol erhalten. Die Reaktion wird gewöhnlich mit äquimolaren Mengen der Reaktanden bei 50 °C mit HF, H_2SO_4, $AlCl_3$, BF_3 oder sauren Ionenaustauschern als Katalysatoren in der Flüssigphase durchgeführt. Die Alkylgruppe tritt außer in die *o*-Stellung bevorzugt in die *p*-Stellung zur Hydroxylgruppe ein. Da die Alkylierungskatalysatoren gleichzeitig auch isomerisierend wirken, hängt der Gehalt des Reaktionsgemisches an dem stabileren *p*-Isomeren wesentlich von den Reaktionsbedingungen ab. Höhere Temperatur und Katalysatorkonzentration begünstigen das erwünschte *p*-Isomere.

4. Alkylphenole
4.1. Höhere Alkylphenole

Herstellung durch katalysierte Phenolalkylierung mit Olefinen in der Flüssigphase

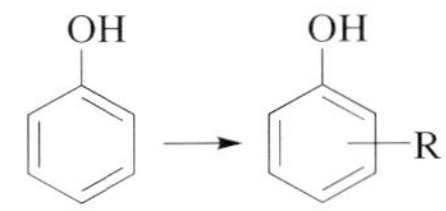

R bevorzugt i-C_8H_{17}, i-C_9H_{19}, i-$C_{12}H_{25}$ } für technischen Einsatz

sonst lineare C_6–C_{20}-Olefine

Die größte Bedeutung (weltweit ca. 60% der Alkylphenolproduktion) haben die Isooctyl-, Isononyl- und Isododecylphenole, da sie aus den preiswerten Olefinen Diisobuten, Tri- und Tetrapropen hergestellt werden. Ihr Einsatz liegt hauptsächlich auf dem technischen Sektor, wo sie als Bohröladditive, Antioxidantien und als weitere Hilfsprodukte für die Gummi- und Plastikverarbeitung verwendet werden.

Als Rohstoffe für nichtionische Waschmittel, Netzmittel und Emulgatoren werden bevorzugt lineare Olefine (C_6—C_{20}) mit end- oder innenständiger Doppelbindung für die Phenolalkylierung eingesetzt, da sie biologisch besser abbaubar sind. Die noch hydrophoben langkettigen Phenole werden für diese Nutzung an der OH-Gruppe mit Ethylenoxid ethoxyliert (vgl. Abschn. 7.2.2). Durch Sulfonierung können die oberflächenaktiven Eigenschaften noch verstärkt werden.

Verwendung für Alkylphenole:

nach EO-Addition (Ethoxylierung):

Netzmittel, Emulgatoren, Detergentien } (nichtionogen)

Zusätzliche Sulfonierung erhöht oberflächenaktive Eigenschaften

Zu den niederen Alkylphenolen, die von technischem Interesse sind, zählen vor allem die Methylderivate, d. h. Kresole und Xylenole.

4.2. Methyl- und Dimethylphenole (Kresole, Xylenole)

Herstellung durch:

heterogen katalysierte Gas- und Flüssigphasenmethylierung von Phenol mit Methanol

Von diesen haben neuerdings *o*-Kresol und 2,6-Xylenol eine größere Anwendung gefunden, so dass der Bedarf für *o*-Kresol aus seinem Vorkommen in Erdöl- und Teerdestillaten allein nicht mehr gedeckt werden konnte (vgl. Herstellung aus Cymol, Abschn. 13.2.1.1). Das 2,6-Xylenol kommt überhaupt nicht in Naturprodukten vor, so dass Herstellverfahren entwickelt werden mussten.

Kresole und Xylenole lassen sich durch Methylierung von Phenol mit Methanol in der Gasphase und auch in der Flüssigphase erhalten. Verschiedene Firmen in USA, England und Japan verwenden die Gasphasenherstellung an Metalloxidkatalysatoren (z. B. Al_2O_3) bei 300–450 °C und normalem oder leicht erhöhtem Druck. Die Produktzusammensetzung (hauptsächlich *o*-Kresol und 2,6-Xylenol) hängt stark von Katalysator und den Reaktionsbedingungen ab.

Verfahrensmerkmale:

Di- vor Monomethylierung begünstigt, wenn

1. Temperatur
2. Druck
3. Verhältnis CH_3OH/C_6H_5OH

ansteigen

In der Bundesrepublik Deutschland wird die Flüssigphasenmethylierung von Phenol eingesetzt. Auch hier kann das Verhältnis von *o*-Kresol zu 2,6-Xylenol durch Variation der Verfahrensbedingungen sehr weitgehend verändert werden. Bei 40–70 bar und 300–360 °C ist an einem Al_2O_3-Katalysator das *o*-Kresol begünstigt. Bei höherer Temperatur und höherem Druck bilden sich bevorzugt 2,6- sowie etwas 2,4-Xylenol. Nebenprodukt bei *o*-Kresol ist *p*-Kresol:

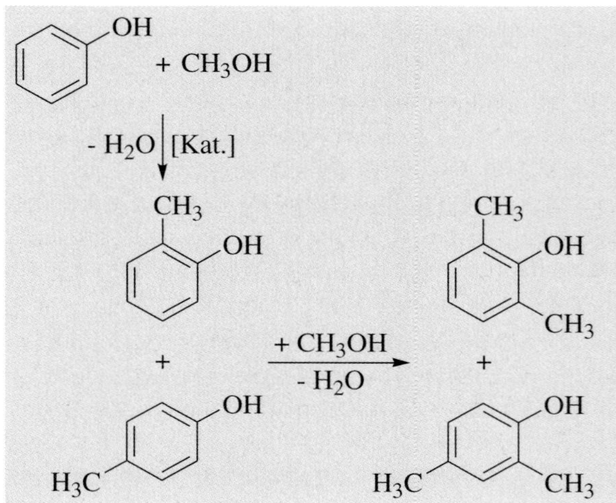

(18)

Verwendung für Methylphenole:

o-Kresol als Ausgangsprodukt für Herbizide und Insektizide

o-Kresol wird zu einem großen Teil zur Herstellung von Herbiziden und Insektiziden, wie beispielsweise nach Nitrierung zum 4,6-Dinitro-*o*-kresol (DNOC), vor allem aber nach Chlorierung zum *p*-Chlor-*o*-kresol und weiterer Umsetzung zu Selektivherbiziden, eingesetzt. *p*-Kresol dient nach Alkylierung mit *i*-Buten zur Herstellung von 2,6-Di-tert.-butyl-4-methylphenol (BHT, Jonol), das als Antioxidans und Alterungsschutzmittel für Kunststoffe, Schmieröle und Nahrungsmittel verwendet wird.

2,6-Xylenol für Polyphenylenoxid

2,6-Xylenol ist das Ausgangsprodukt für Polyphenylenoxid, einen thermoplastischen Kunststoff mit hoher Temperatur- und Chemikalienbeständigkeit sowie ausgezeichneten elektrischen Eigenschaften, der von General Electric entwickelt wurde.

Herstellung des Polyphenylenoxids durch oxidative Polykondensation („Polyoxidation“)

Die Herstellung dieses linearen Polyethers erfolgt in Gegenwart eines basischen Kupferkomplexkatalysators und Luft bzw. Sauerstoff nach dem Prinzip einer oxidativen Kupplung:

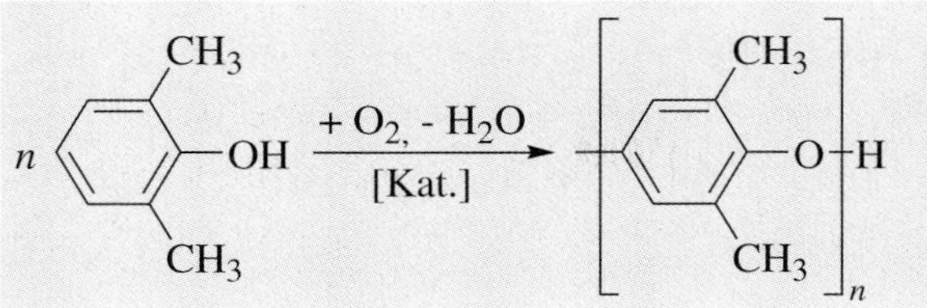

(19)

Weitere Folgeprodukte des Phenols sind Salicylsäure aus der direkten Carboxylierung von Natriumphenolat mit CO_2 und in neuerer Zeit Phenoxycarbonsäuren, die als Selektivherbizide eingesetzt werden.

13.2.2 Dihydroxybenzole

Resorcin und Hydrochinon haben im Vergleich zum Brenzcatechin als dem dritten isomeren Dihydroxybenzol die größere technische Bedeutung erlangt.

Resorcin und Hydrochinon sind die technisch wichtigsten Dihydroxybenzole

Die weltweite Herstellkapazität für Resorcin betrug 2004 etwa 52000 jato; davon entfielen auf USA und Japan etwa 24000 bzw. 25000 jato. Die Produktionszahlen für Resorcin in USA, Japan und Westeuropa sind in der nebenstehenden Tabelle aufgeführt (seit 1992 wird in Westeuropa kein Resorcin mehr produziert). Die Herstellkapazitäten für Hydrochinon betrugen in USA, Westeuropa und Japan 2000 etwa 25000, 12000 bzw. 10000 jato.

Resorcinproduktion (in 1000 t)

	1991	1995	2004
USA	15	23	48
Japan	9	15	55
WE	7	–	–

Hydrochinonproduktion (in 1000 t)

	1985	1990	1999
USA	10	16	23

Resorcin wird nach dem klassischen Sulfonierungsverschmelzungsverfahren nur noch von Koppers (jetzt INDSPEC), dem einzigen Produzenten in USA, hergestellt. Hoechst hat als alleiniger Hersteller in Westeuropa die Produktion Anfang 1992 eingestellt. Man geht dazu von Benzol aus, das nach einer älteren Methode zweistufig sulfoniert wird. Zunächst stellt man mit 100-proz. H_2SO_4 bei etwa 100 °C die Monosulfonsäure und dann mit 65-proz. Oleum bei 80–85 °C die *m*-Disulfonsäure her. Nach einem eigenen Verfahren von Hoechst werden in einer Schmelze der Benzol-*m*-disulfonsäure bei 140–160 °C kontinuierlich Benzol und SO_3 zur Reaktion gebracht. Die Schmelze wird direkt neutralisiert.

Resorcinherstellung nach klassischer Methode in fünf Stufen:

1. Monosulfonierung
2. Disulfonierung
3. Na-Salzbildung
4. NaOH-Schmelzreaktion
5. Freisetzung von Resorcin aus dem Salz

Verbesserte Herstellung durch Sulfonierung in der Schmelze der Disulfonsäure spart Stufe 2 ein (Hoechst-Verfahren)

Damit verkürzt sich die ältere Resorcinroute um eine Stufe; zum weiteren enthält das Dinatriumsalz des Resorcins nur noch wenig Na_2SO_4.

Die weitere Umsetzung des Benzol-*m*-disulfonats zu Resorcin erfolgt in einer Alkalischmelze bei etwa 300 °C:

Nachteile der Benzoldisulfonsäure-Resorcin-Route:

Na_2SO_3 und Na_2SO_4 als zwangsläufige Koppelprodukte mit störender Verunreinigung durch organische Substanzen

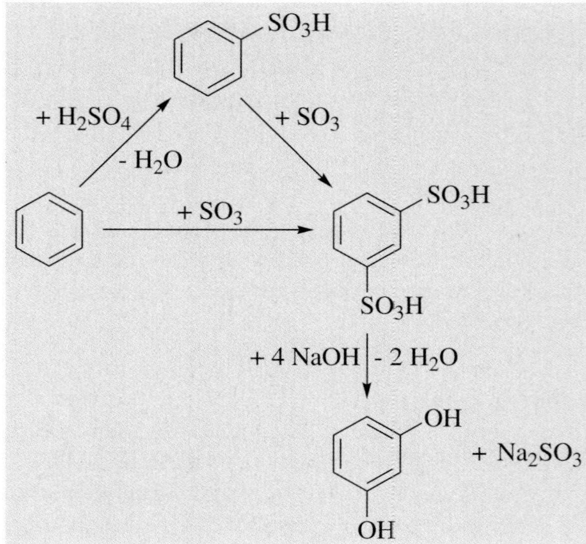

(20)

Nach Neutralisation überschüssiger NaOH in der wässrigen Lösung der Schmelze wird Resorcin aus seinem Dinatriumsalz freigesetzt. Zusätzlich zum Na_2SO_3-Anfall aus der eigentlichen Reaktion wird beim Ansäuern mit H_2SO_4 noch Na_2SO_4 gebildet. Aus der angesäuerten wässrigen Lösung wird das Rohresorcin mit Diisopropylether extrahiert und durch eine Vakuumdestillation gereinigt. Die Selektivität erreicht bis zu 82 % (C_6H_6).

Versuche zu einer wirtschaftlichen Resorcinherstellung analog Hock-Phenolverfahren haben gezeigt:

Dihydroxylierung des Benzols nach Hock ist prinzipiell durchführbar; es treten jedoch mehrere Nachteile auf:

1. Bildung zahlreicher Nebenprodukte aus stufenweisen oder gleichzeitigen Neben- und Folgereaktionen beider Hydroperoxidgruppen
2. Geringe Reaktionsgeschwindigkeit zum Dihydroperoxid senkt Raum-Zeit-Ausbeute (RZA) ab

Die ökonomisch und ökologisch ungünstigen Aspekte dieser klassischen Resorcinherstellung haben verschiedene Firmen veranlasst, eine Übertragung der Hock-Phenolsynthese auf das Resorcin zu versuchen. In Analogie dazu sollte das *m*-Diisopropylbenzol zum Dihydroperoxid oxidiert und dieses durch saure Spaltung in Aceton und Resorcin übergeführt werden:

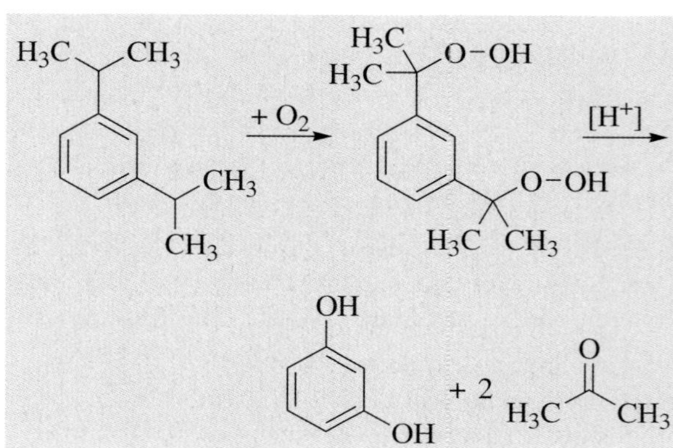

(21)

Dabei zeigt sich, dass zwei Hydroperoxidgruppen im Molekül Anlass zu weitaus zahlreicheren Nebenprodukten aus Parallel- und Folgereaktionen geben als beim Cumylhydroperoxid (vgl. Abschn. 13.2.1.1). Zum weiteren ist die Reaktionsgeschwindigkeit deutlich geringer, so dass nur niedrige Raum-Zeit-Ausbeuten erzielt werden können.

In Japan wurden einige der vorgenannten Nachteile überwunden und Sumitomo nahm 1981 eine Anlage zur Produktion von Resorcin (Herstellkapazität von 5000 inzwischen auf 17000 jato erweitert) nach einem modifizierten Hock-Verfahren in Betrieb.

Erste technische Resorcinherstellung analog Hock-Verfahren für Phenol in Japan

Ähnliches gilt auch für das Hydrochinon aus der Oxidation von *p*-Diisopropylbenzol. Aber im Gegensatz zum Resorcin wurde Hydrochinon von Signal Chemical in USA ab 1971 in einer 2700-jato-Anlage nach einem modifizierten Hock-Verfahren hergestellt. Goodyear hat diese Hydrochinonproduktion übernommen und stellt heute danach eine technische Ware (95-proz.) her. Auch in Japan hat die Mitsui Petrochemical nach ähnlichem Verfahren 1975 die Produktion von Hydrochinon in einer 5000-jato-Anlage aufgenommen.

Hydrochinonherstellung nach Hock-Verfahren besitzt gegenüber Resorcinherstellung Vorteile wie:

1. *p*-Diisopropylbenzol gegenüber *m*-Verbindung etwas schneller und selektiver oxidierbar
2. Dihydroperoxid mit höherer Selektivität spaltbar

In Japan wurde wie in USA und Europa Hydrochinon noch überwiegend durch Reduktion von *p*-Chinon mit Eisen bei 50–80 °C hergestellt. Das Einsatzmaterial *p*-Chinon wird selbst in komplexer Reaktion aus Anilin durch Oxidation mit MnO_2 oder CrO_3 in schwefelsaurer Lösung erhalten:

Klassische Hydrochinonherstellung aus Anilin zweistufig:

1. Oxidation zu Chinon
2. Reduktion zu Hydrochinon

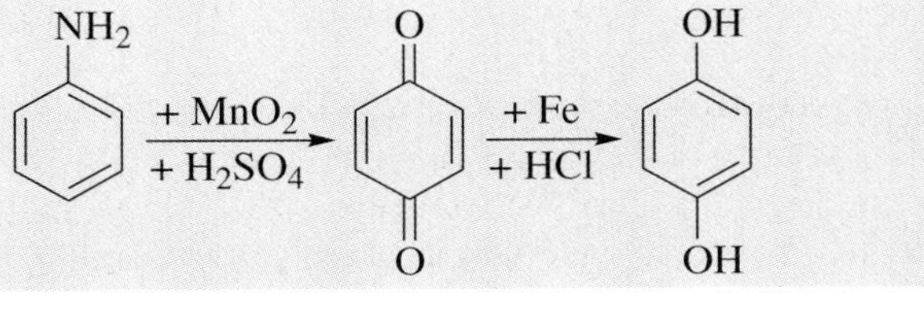

(22)

Der Prozess ist mit reichlichem Anfall an Mangan- oder Chrom- sowie Eisensalzen und Ammoniumsulfat belastet. In Japan wurden deshalb alle Hydrochinonverfahren auf Basis Anilin eingestellt, die letzte US-Anlage bei Eastman Kodak wurde 1986 auf das Hock-Verfahren umgestellt. Eine 4000-jato-Anlage wird noch in China betrieben.

Rhône-Poulenc-Hydrochinonverfahren:

Ein anderes Verfahren von Rhône-Poulenc besteht in der Oxidation von Phenol mit Perameisensäure oder Mischungen von H_2O_2 mit Carbonsäuren oder auch in Gegenwart von Mineralsäuren wie z. B. H_3PO_4 oder $HClO_4$ bei 90 °C und geringem Phenolumsatz ($<10\%$). Neben Hydrochinon bildet sich stets Brenzcatechin als nur begrenzt absetzbares

Phenoloxidation mit Percarbonsäuren oder H_2O_2 + Mineralsäuren als elektrophile Hydroxylierung

Verfahrenskennzeichen:

charakteristisches, durch Reaktionsbedingungen nur begrenzt steuerbares Verhältnis Hydrochinon/Brenzcatechin

Koppelprodukt. Abhängig von den Reaktionsbedingungen wechselt das Verhältnis von etwa 60 : 40 bis 40 : 60. Die Selektivität für beide Hydroxyphenole liegt bei 85–90% (H_2O_2). Rhône-Poulenc betreibt eine Anlage mit einer Kapazität von 18000 jato (12000 jato Hydrochinon). Ein ähnliches Verfahren der Phenoloxidation mit H_2O_2 wurde auch von der Ube Industries entwickelt, das in Japan großtechnisch genutzt wird.

Ube-Hydrochinonverfahren:

Phenoloxidation mit H_2O_2

Brichima-Brenzcatechin/Hydrochinonverfahren:

Phenoloxidation mit H_2O_2 als radikalische Hydroxylierung (Fe/H_2O_2 = Fentons Reagenz)

Auch in Italien wird von Brichima in einer 5000-jato-Anlage ein Verfahren zur Oxidation von Phenol mit H_2O_2 durchgeführt. In Gegenwart von geringen Mengen Eisen- und Cobaltsalzen als Initiatoren wird Phenol mit 60-proz. H_2O_2 bei 40 °C in einer radikalischen Reaktion zu Hydrochinon und Brenzcatechin im Verhältnis zwischen 40 : 60 und 20 : 80 mit einer Gesamtselektivität von über 90% und einem Phenolumsatz von etwa 20% oxidiert.

Reppe-Hydrochinonverfahren:

Metallcarbonylkatalysierte cyclisierende Carbonylierung von Acetylen

Eine ältere Hydrochinonsynthese durch cyclisierende Carbonylierung von Acetylen nach Reppe an Fe- oder Co-Komplexen ist von verschiedener Seite überarbeitet und vom Katalysator her modifiziert worden:

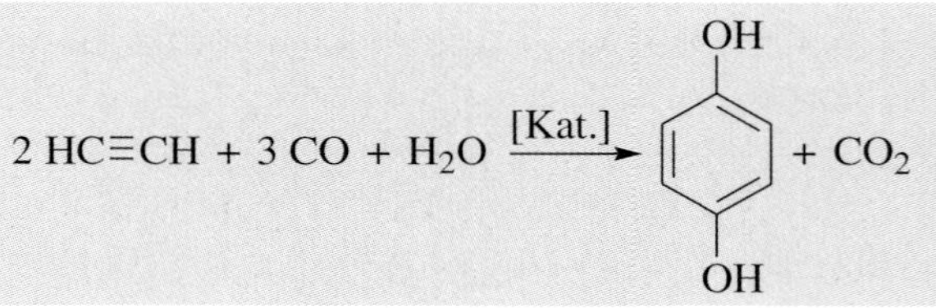

(23)

Technische Entwicklung am weitesten mit Versuchsanlage bei Lonza vorangetrieben

Hauptproblem:

Quantitative Rückgewinnung von teurem Ru-Katalysator

DuPont verwendet Ru- und Rh-Katalysatoren bei 600–900 bar in Gegenwart von H_2 anstelle von H_2O, Ajinomoto Rh-Katalysatoren und Lonza $Ru(CO)_4$ bei 100–300 °C und 100–350 bar. Lonza betrieb mehrere Jahre eine kleine Versuchsanlage. Zum Bau einer technischen Anlage ist es bisher nicht gekommen. Die quantitative Rückgewinnung teurer Edelmetallkatalysatoren war – wie im Allgemeinen bei homogen katalysierten Reaktionen – ein sehr wichtiges und offenbar nicht gelöstes Problem.

Elektrochemisches Hydrochinonverfahren nach UK-Wesseling-Route:

Verfahrensprinzip:

zweistufige elektrochemische Umsetzung von Benzol:

1. anodische Oxidation zu *p*-Chinon
2. kathodische Reduktion zu Hydrochinon

Aus der Literatur ist seit etwa 1900 bekannt, dass Benzol elektrochemisch zu Hydrochinon oxidiert werden kann. Diese Herstellmethode wurde mehrfach auch in Versuchsanlagen überprüft. Das Verfahren verläuft im Prinzip zweistufig; zunächst wird Benzol in einer Dispersion in 2*n* H_2SO_4 anodisch an PbO_2 zu *p*-Chinon oxidiert und dieses kontinuierlich in den Kathodenraum überführt und dort an Pb zu Hydrochinon reduziert. Die Selektivität zu Hydrochinon erreicht 80% (Benzol), seine Reinheit 99%. Nebenprodukte sind vor allem CO_2 und wenig Brenzcatechin. Die Stromausbeute beträgt 40% bei optimaler Raum-Zeit-Ausbeute. Eine Produktionsanlage wurde bisher noch nicht gebaut.

Verfahrenskennzeichen:

Elektrolysezelle ausgestattet mit Kationenaustauscher-Membran, Pb/PbO_2-Elektroden und einer durch turbulente Strömung erzeugten C_6H_6-Dispersion in $2n$ H_2SO_4

Hydrochinon findet in erster Linie Anwendung als photografischer Entwickler, als Polymerisationsinhibitor und als Antioxidans. Weiterhin ist es ein bedeutendes Zwischenprodukt für zahlreiche Farbstoffe. Von den einfacheren Derivaten haben vor allem die Mono- und Diether des Hydrochinons sowie die Alkylhydrochinone und deren Ether eine technische Bedeutung erlangt.

Hydrochinonverwendung:

Entwickler
Polymerisations- und Oxidationsinhibitor
Zwischenprodukt

Resorcin wird ebenfalls als Zwischenprodukt für Farbstoffe, UV-Stabilisatoren für Polyolefine und Pharmazeutika verwendet. Der weitaus größere Anteil dient in Form von Resorcin/Formaldehyd-Cokondensaten, die noch weitere Comonomere wie Butadien, Styrol oder Vinylpyridin enthalten können, als Haftvermittler zwischen Stahl oder Cord und Kautschuk. Es dient weiterhin nach Polykondensation mit Formaldehyd oder Formaldehyd und Phenol als beständiger und wasserfester Spezialkleber für die Holzindustrie. Die weltweite Resorcinverwendung betrug 1995 für Haftvermittler, Spezialkleber, UV-Lichtabsorber und Sonstiges etwa 55, 15,8 bzw. 22 Gew.-%.

Resorcinverwendung:

Haftvermittler in Stahl- und Textilgürtelreifen
Spezialkleber
UV-Lichtabsorber
Zwischenprodukt

Brenzcatechin ist ein Einsatzprodukt für eine Reihe wichtiger Feinchemikalien im Pflanzenschutz, für Pharmazeutika sowie für Riech- und Geschmacksstoffe.

Brenzcatechinverwendung:

Zwischenprodukt

13.2.3 Maleinsäureanhydrid

Bis zum Beginn der sechziger Jahre war Benzol der ausschließliche Rohstoff zur Herstellung von **M**alein**s**äure**a**nhydrid (MSA). Mit steigender Nachfrage für seine Verwendung in Polyesterharzen, Lackrohstoffen und als Zwischenprodukt für z. B. γ-Butyrolacton, 1,4-Butandiol und Tetrahydrofuran wurden wirtschaftlichere Herstellrouten auf C_4-Basis ausgearbeitet. 1991 basierten weltweit nur noch etwa 36% der Maleinsäureanhydrid-Kapazität auf Benzol und der überwiegende Anteil auf C_4-Einsatzprodukten, vorzugsweise Butan.

Maleinsäureanhydrid(MSA)-Herstellung/Gewinnung:

1. oxidativer Abbau von Benzol als älteste technische Route
2. Oxidation von C_4-Einsatzprodukten mit steigender Tendenz
3. Isolierung als Nebenprodukt bei Oxidation von:

   Naphthalin, *o*-Xylol } technisch durchgeführt
   Toluol prinzipiell möglich

Darüber hinaus fällt Maleinsäureanhydrid auch als Nebenprodukt bei der Oxidation aromatischer Ausgangsprodukte an, wie beispielsweise von Naphthalin oder *o*-Xylol zu Phthalsäureanhydrid oder Toluol zu Benzoesäure. Auch diese

Beispiele technisch erprobter MSA-Isolierung aus Naphthalin/*o*-Xylol-Oxidaten:

UCB-Verfahren
BASF-Verfahren

Quelle für Maleinsäureanhydrid wird in neuerer Zeit erschlossen; so verbesserte UCB die Naphthalinoxidat-Aufarbeitung, so dass z. B. aus einer heute üblichen 80000-jato-Phthalsäureanhydrid-Anlage 4000–5000 jato Maleinsäureanhydrid in hoher Reinheit isolierbar sind.

Ein weiterer kontinuierlicher Prozess zur Gewinnung reinen Maleinsäureanhydrids aus Waschwässern der Abgase der Phthalsäureanhydrid-Herstellung aus Naphthalin oder *o*-Xylol wurde von der BASF entwickelt. Etwa 5 Gew.-% an reinem Anhydrid (99,5 Gew.-%) lassen sich, bezogen auf die Kapazität an Phthalsäureanhydrid, nach Eindampfen des Waschwassers, nach Dehydratisierung der Maleinsäure zum Anhydrid und nach destillativer Reinigung isolieren. 1984 bestanden schon MSA-Anlagen nach diesem Verfahren von zusammen 20000 jato Kapazität. Diese Nebenproduktisolierung wurde inzwischen auch in anderen Ländern eingesetzt, so dass die Gesamtkapazität 1999 schon fast auf 30000 jato angestiegen war. Die wässrige Maleinsäurelösung kann auch nach Isomerisierung zur Fumarsäure, z. B. nach dem Verfahren von Chemie Linz AG, genutzt werden.

Maleinsäureanhydrid-Produktion (in 1000 t)

	1992	1998	2003
USA	193	256	290
WE	175	229	243
Japan	104	140	122
BRD	16	28	32

Die Produktionszahlen für Maleinsäureanhydrid in einigen Ländern sind in der nebenstehenden Tabelle zusammengefasst.

Die weltweite Herstellkapazität für Maleinsäureanhydrid betrug 2004 etwa 1,30 Mio jato; davon entfielen auf USA, Westeuropa, Japan und Bundesrepublik Deutschland etwa 0,31, 0,28, 0,14 bzw. 0,06 Mio jato.

13.2.3.1 Maleinsäureanhydrid durch Benzoloxidation

Verfahrensprinzip der Benzoloxidation zu MSA:

stark exothermer, V_2O_5-katalysierter oxidativer Benzolabbau in der Gasphase

Die zahlreichen Verfahren der Benzoloxidation zu Maleinsäureanhydrid benutzen alle einen ähnlichen Katalysator auf V_2O_5-Basis, der unterschiedlich, z. B. mit MoO_3 oder H_3PO_4, modifiziert sein kann. Wegen der stark exothermen Reaktion werden Rohrbündelreaktoren mit z. B. 13000 Röhren mit Außenkühlung bei 5 m Reaktordurchmesser verwendet.

Kennzeichen der Benzoloxidation:

im Röhrenreaktor fest angeordneter Katalysator mit zirkulierender Salzschmelze für Wärmeabfuhr und Hochdruckdampfgewinnung

Mithilfe von Salzschmelzen als zirkulierender Austauscherflüssigkeit wird die Reaktionswärme abgeführt und zur Hochdruckdampferzeugung genutzt.

Das Benzol wird mit Luft gemischt und bei 2–5 bar, 400 bis 450 °C und einer Verweilzeit von etwa 0,1 s am Katalysator zu Maleinsäureanhydrid oxidiert:

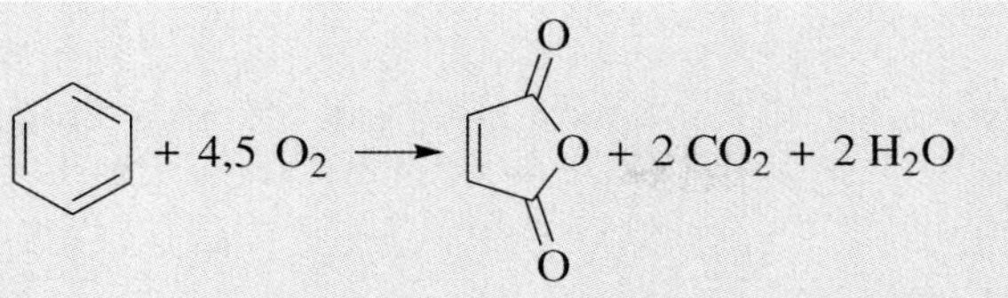

(24)

$(\Delta H = -1875\ \text{kJ/mol})$

Mechanismus der MSA-Bildung aus Benzol:

Stufenweiser Einbau von Sauerstoff über Zwischenprodukt 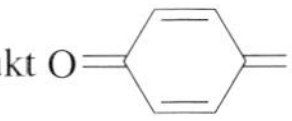 nach einem Redoxmechanismus, d. h., Katalysator liefert Gittersauerstoff zur selektiven Oxidation und wird mit Luftsauerstoff regeneriert

Der Benzolumsatz erreicht 85–95 %. Die Selektivität zu Maleinsäureanhydrid beträgt nur etwa 60–65 % und nach neueren Entwicklungen bis zu 75 %. Etwa ein Viertel des umgesetzten Benzols wird totaloxidiert, so dass die Gesamtwärmeentwicklung etwa 27200–29400 kJ pro Kilogramm umgesetztes Benzol beträgt. In USA wurden Anfang der achtziger Jahre alle auf Benzol basierenden Anlagen gestoppt bzw. auf Butene- bzw. Butanoxidation umgestellt.

Ein weit verbreitetes Herstellverfahren wurde von Scientific Design entwickelt, auf dem 1982 weltweit etwa zwei Drittel der Maleinsäureanhydrid-Kapazität basierten. Derzeit sind allerdings zahlreiche weitere Anlagen stillgelegt worden.

Beispiel einer modernen, technisch genutzten Benzoloxidation:

Alusuisse-UCB mit Mehrstranganlage in Italien

Im Alusuisse-UCB-Verfahren, bei dem die Dehydratisierung und Reinigung eine Entwicklung der UCB sind, werden mit einem verbesserten Katalysator bei 355–375 °C Selektivitäten bis zu 95 % an Maleinsäureanhydrid erreicht. Eine 70000-jato-Anlage (1994) wird bei der Alusuisse-Tochter SAVA Ftalital in Italien betrieben. Je Reaktor können etwa 12000 jato hergestellt werden.

Technologieentwicklung vom Festbett zum Fließbett und Transportbett

Wie anschließend bei der Buten/Butanoxidation zu Maleinsäureanhydrid dargestellt wird, wurde auch bei der Benzoloxidation die Festbetttechnologie durch das wirtschaftlichere Fließbett- oder durch Transportbettverfahren ersetzt.

Isolierung des Maleinsäureanhydrids:

1. 50–60 % als MSA direkt
2. Rest als wässrige Maleinsäure, die durch Destillation mit oder ohne Schleppmittel (*o*-Xylol) zu MSA entwässert wird

Das Reaktionsgas wird in mehreren Wärmeaustauschern gekühlt. Da im letzten Kühler die Kondensationstemperatur des Anhydrids unterschritten wird, fallen hier etwa 50–60 % direkt als Anhydridschmelze an. Der Rest wird mit Wasser als Maleinsäure ausgewaschen und in einer Dehydratisierungskolonne bzw. in Dünnschichtverdampfern in Maleinsäureanhydrid übergeführt.

Diese letzte Stufe kann auch kontinuierlich mit *o*-Xylol als Wasserschleppmittel durchgeführt werden. Beide Rohprodukte werden schließlich zu einer Reinheit von 99,7 % rektifiziert. Der Destillationsrückstand enthält Fumarsäure und höhersiedende Produkte.

13.2.3.2 Maleinsäureanhydrid durch Butenoxidation

Einsatzprodukte für Butenoxidation zu MSA:

1. Butene als Nebenprodukte der Butandehydrierung zu Butadien
2. C_4-Schnitte aus Leichtbenzin-Steamcracken mit charakteristischem Verhalten seiner Komponenten

Die Petrotex (heute Denka) in USA führte als erste Firma 1962 die Herstellung von Maleinsäureanhydrid durch Oxidation von Butenen im technischen Maßstab durch. Aus Preisgründen wurde diese Anlage nach einigen Jahren auf Benzol und dann auf Butan umgestellt. Die Butene entstammten als Nebenprodukte der Dehydrierung des Butans zu Butadien. Heute fallen bei der Crackung von Leichtbenzin neben Ethylen und Propen je nach Reaktionsbedingungen des Steamcrackverfahrens unterschiedliche Mengen an ungesättigten C_4-Kohlenwasserstoffen an. Nach Abtrennen des anderweitig nutzbaren Butadiens wird der C_4-Schnitt, ohne vom Isobuten befreit zu werden, in die Oxidation zu Maleinsäureanhydrid eingesetzt. Dabei wird das Isobuten total oxidiert. Butan durchläuft die Reaktion praktisch unverändert wie ein Inertgas. Es wird zusammen mit weiterem Abgas bei 800 °C verbrannt und zur Wärmegewinnung genutzt.

Kennzeichen einer C_4-Schnitt-Oxidation:

Isobuten wird total oxidiert
Butan ist inert
Butene zu MSA oxidiert
Butadien zu MSA oxidiert

Im Prinzip ist auch Butadien zu Maleinsäureanhydrid oxidierbar. Vorteilhaft ist die im Vergleich zu allen vorgenannten Einsatzprodukten niedrigste Reaktionsenthalpie von −995 kJ/mol gegenüber z. B. Benzol mit −1875 kJ/mol. Allerdings ist Butadien für andere Folgeprodukte ein wertvolleres Ausgangsmaterial (vgl. Abschn. 5.1.4) und wird daher bevorzugt dort eingesetzt.

Mechanismen der MSA-Bildung aus Butenen:

Gittersauerstoff bildet Crotonaldehyd $CH_3CH{=}CHCHO$ als Zwischenprodukt mit Ringschluss zu Furan und Oxidation zu MSA

Ausführungen der Butenoxidation:

1. Festbettröhrenreaktor (bis zu 21000 senkrecht angeordnete Röhren) mit Katalysator auf Basis V_2O_5 ähnlich der Benzoloxidation sowie zirkulierender Salzschmelze zur Wärmeabfuhr

Die katalytische Oxidation einer butadienfreien C_4-Fraktion wird ebenfalls mit Luft an einem Katalysator vorgenommen, der in einem Röhrenreaktor angeordnet ist. Das Verfahrensprinzip ist daher im Reaktionsteil dem des Benzolverfahrens sehr ähnlich. Die Basiskomponenten der meisten technischen Katalysatoren sind Vanadin- und Phosphoroxide auf oberflächenarmen Trägern, die mit weiteren Oxiden von z. B. Ti, Mo oder Sb modifiziert sind. Bei 350–450 °C und 2–3 bar läuft die Oxidation zu Maleinsäure bzw. ihrem Anhydrid ab:

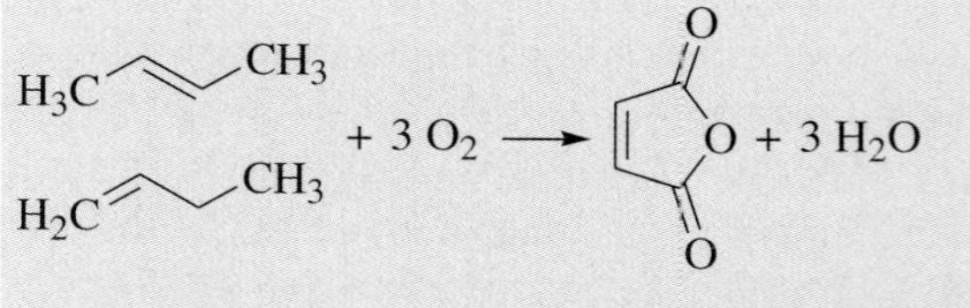

(25)

(ΔH = -1315 kJ/mol)

Nebenprodukte:

CO_2, CO, CH_3COOH

Die Selektivität bezogen auf den Butengehalt, der zu Maleinsäureanhydrid oxidierbar ist, erreicht im Allgemeinen nur etwa 45–60 %. Nebenprodukte sind CO_2, CO, Essig-, Acryl-, Fumar-, Croton- und Glyoxylsäure sowie Formaldehyd.

Mitsubishi Chemical verwendet für die gleiche Oxidation einen $V_2O_5-H_3PO_4$-Katalysator, der in einem Fließbett verwirbelt wird. Diese beim Maleinsäureanhydrid erstmals verwendete Technik besitzt den großen Vorteil einer erleichterten Wärmeabfuhr bei gleichmäßiger Reaktionstemperatur. Mitsubishi betreibt nach diesem Verfahren seit 1970 eine inzwischen auf 32000 jato erweiterte Anlage (1999).

2. Fließbettreaktor (Mitsubishi-Verfahren) mit V_2O_5-Katalysator ähnlich dem Festbettverfahren

Im Gegensatz zur Benzoloxidation besteht der Aufarbeitungsteil aus einer Wäsche des Reaktionsgases mit verdünnter wässriger Maleinsäurelösung, d. h., es erfolgt keine Teilkondensation des Maleinsäureanhydrids. Die verdünnte, etwa 40-proz. Maleinsäurelösung wird im Vakuum oder mithilfe eines Wasserschleppmittels (*o*- oder *p*-Xylol) aufkonzentriert und die Säure schließlich in einem Rotationsverdampfer oder auch in einer Kolonne diskontinuierlich bzw. kontinuierlich zum Anhydrid entwässert. Das Maleinsäureanhydrid wird dann zweistufig von Leicht- und Schwersiedern gereinigt. Es fällt etwa 99-proz. an.

Isolierung des Maleinsäureanhydrids:

im Prozess direkt kein MSA-Anfall, nur wässrige Säure, die aufkonzentriert und zu MSA dehydratisiert wird

13.2.3.3 Maleinsäureanhydrid durch Butanoxidation

Der Übergang von Benzol zu Buten als Rohstoffbasis für die oxidative Herstellung von Maleinsäureanhydrid bedeutete schon einen prinzipiellen Fortschritt, da keine Totaloxidation der überschüssigen zwei C-Atome notwendig war. Allerdings führte die geringere Selektivität der Butenoxidation und vor allem der steigende Marktbedarf und damit die Preissituation für Benzol und Buten zur Entwicklung der Oxidationsverfahren von Butan als dem preiswertesten Einsatzmaterial für Maleinsäureanhydrid.

Anstieg von Benzolbedarf und -preis, z. B. als Octanzahlverbesserer, führten zwischenzeitlich zu Buten, aber schließlich zu Butan als attraktivem Einsatzprodukt für MSA-Herstellung

Die erste technische Produktionsanlage auf Butanbasis wurde von Monsanto in USA 1974 in Betrieb genommen. Auch andere Firmen, z. B. Amoco, BP, Denka, Halcon/Scientific Design, Sohio/UCB, verwenden schon Butan als Einsatzprodukt oder planen die Umstellung weiterer Anlagen von Benzol auf Butan. Die Verfahrensbedingungen gleichen denen der Benzoloxidation. Die verwendeten Katalysatoren – neuerdings auch für den Fließbetteinsatz – basieren ebenso auf Vanadinoxiden, unterscheiden sich jedoch in den Promotoren wie Phosphor und Oxiden von Fe, Cr, Ti, Co, Ni, Mo und weiteren anderen Elementen. Die Selektivitäten erreichen etwa 50–60 % bei einem Butanumsatz von 10 bis 15 %.

Technische Anlagen zunächst nur Festbettröhrenreaktor, jetzt auch Fließbettreaktor mit den Vorteilen: geringere Investitionskosten, isotherme Fahrweise, höhere MSA-Konzentration mit größerem Anteil Direktkondensat

Wesentliche Katalysatorfunktionen wie oxidative Dehydrierung von Butan und Oxidation endständiger CH_3-Gruppen zu MSA durch V-P-O-Komplex gegeben

In Europa nahm Alusuisse in Italien 1975 eine erste von Butan ausgehende Maleinsäureanhydrid-Anlage mit einer Kapazität von 3000 jato nach eigenem Verfahren in Betrieb. Diese wurde später auf die Verwendung eines organischen Lösemittels, z. B. *o*-Xylol, umgestellt, mit dem Maleinsäureanhydrid wasserfrei absorbiert wird.

Diese Anlage ist inzwischen auf ein Fließbettverfahren gemeinsam mit Lummus (ALMA-Prozess) umgestellt worden. Nach diesem Verfahren wurde 1994 die weltweit größte Anlage mit einer Kapazität von 50000 jato von Lonza in Italien in Betrieb genommen.

Beispiel für technisch genutztes Fließbett-MSA-Verfahren:

ALMA-Prozess (**A**lusuisse Italia **L**ummus Crest **M**aleinsäure**a**nhydrid)

Eine Variante des Fließbettverfahrens wurde von DuPont entwickelt. Danach wird Butan mit einem Vanadiumphosphatkatalysator oxidiert, der von einem Transportbettreaktor kontinuierlich in einen Regenerator bewegt wird. Diese ohne freien Sauerstoff durchgeführte Oxidation lässt die sonst üblichen Selektivitäten von 50–60 % auf 70–75 % ansteigen. Maleinsäure wird als wässrige Lösung isoliert. Dieses Verfahren wird derzeit in Pilotanlagen weiterentwickelt.

Wenn auch in Japan bei Nippon Zeon C_5-Schnitte mit den Komponenten Cyclopenten, 1,3-Pentadien, Penten-1 und Isopren für die Oxidation zu Maleinsäureanhydrid untersucht wurden, so wird zukünftig Butan die sicherlich bedeutendste Basis werden. Eine weitere Entwicklung der Butanoxidation über Maleinsäureanhydrid zu 1,4-Butandiol ist das Geminox-Verfahren (vgl. Abschn. 4.3).

13.2.3.4 Maleinsäureanhydrid-Verwendung und -Folgeprodukte

Der Maleinsäureanhydrid-Verbrauch schlüsselte sich in einigen Ländern etwa wie folgt auf:

Tabelle 13-6. Maleinsäureanhydrid-Verwendung (in Gew.-%).

Produkt	USA		WE		Japan	
	1986	1999	1986	1998	1986	1998
ungesättigte Polyester	57	63	56	41	41	23
Fumar-/Apfelsäure	10	2	4	8	14	11
Pflanzenschutzmittel	10	2	2	1	3	2
Schmieröladditive	9	11	5	6	3	3
Verschiedenes*)	14	22	33	44	39	61**)
Gesamtverbrauch (in 1000 t)	164	225	157	297	64	134

*) z. B. γ-Butyrolacton, 1,4-Butandiol, Tetrahydrofuran u. a.
**) davon ca. 25 % für 1,4-Butandiol

Maleinsäureanhydrid wird danach hauptsächlich zur Herstellung ungesättigter Polyesterharze verwendet, die z. B. als Duroplaste, insbesondere mit Glasfaser- bzw. Mineralfaserverstärkung, 40–60 % der Anhydridproduktion aufnehmen (vgl. Abschn. 14.1.3). Weitere 10–15 % werden in das *trans*-Isomere der Maleinsäure, d. h. in Fumarsäure und deren Folgeprodukt Apfelsäure, übergeführt. Eine andere Anwendung des Maleinsäureanhydrids ist die Herstellung von Pflanzenschutzmitteln, wie z. B. dem Malathion für Reisplantagen oder den Obstbau, dem Maleinsäurehydrazid als Herbizid gegen bestimmte Gräser sowie zur Wachstumsregelung, z. B. beim Tabakanbau, von reaktiven Weichmachern wie dem Dibutylmaleat und von Schmieröladditiven.

Maleinsäureanhydrid-Verwendung:

30–60 % für ungesättigte Polyesterharze (Duroplaste) und zur Modifizierung von Alkydharzen

3–14 % für Fumarsäure-Apfelsäure

bis zu 10 % als Zwischenprodukt für Pestizide, z. B.:

Malathion (Insektizid)

$(CH_3O)_2-\underset{\underset{S}{\|}}{P}-S-\underset{\underset{CH_2COOC_2H_5}{|}}{CHCOOC_2H_5}$

Maleinsäurehydrazid (Herbizid)

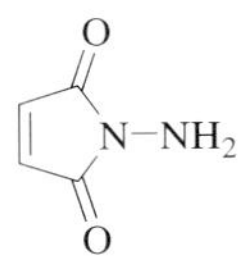

Maleinsäureester für Weichmacher und Additive

Eine weitere technisch wichtige Palette von Maleinsäureanhydrid-Folgeprodukten ist besonders durch japanische Firmen sowie durch ICI und UCC/Davy McKee durch zumeist mehrstufige Hydrierung des Maleinsäureanhydrids über Bernsteinsäureanhydrid oder auch des Maleinsäuredimethyl- bzw. -diethylesters zugänglich geworden. Es sind die als typische Produkte der Reppe-Chemie bekannten Verbindungen wie γ-Butyrolacton, 1,4-Butandiol und Tetrahydrofuran (vgl. Abschn. 4.3). So lässt sich mit einem Ni-Re-Katalysator, abhängig von Reaktionstemperatur und Druck, das Molverhältnis von γ-Butyrolacton zu Tetrahydrofuran von 10:1 bis 1:3 bei 100 % Umsatz an Maleinsäureanhydrid variieren.

Maleinsäureanhydrid-Hydrierung stufenweise zu:

Bernsteinsäureanhydrid
γ-Butyrolacton
1,4-Butandiol
Tetrahydrofuran

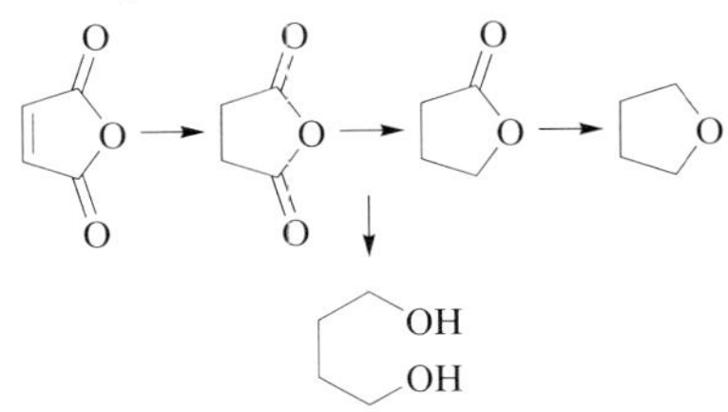

Für die Hydrierung von γ-Butyrolacton zu 1,4-Butandiol wird ein $Ni-Co-ThO_2/SiO_2$-Katalysator bei 250 °C und 100 bar verwendet. Bei einem 100-proz. Umsatz erreicht die Selektivität etwa 98 %. Tetrahydrofuran ist das hauptsächliche Nebenprodukt. Diese Maleinsäureanhydrid-Hydrierung wurde zur Herstellung von 1,4-Butandiol und Tetrahydrofuran technisch lange Zeit nicht mehr genutzt. Inzwischen sind vorzugsweise in Japan und Südkorea, aber auch in Westeuropa wegen des zunehmenden Bedarfs an 1,4-Butandiol mehrere Anlagen in Betrieb bzw. in Planung. γ-Butyrolacton wird z. B. von Mitsubishi Kasei in einer Anlage mit einer 4000-jato-Herstellkapazität produziert (vgl. Abschn. 4.3). Ein neuer Prozess zur Tetrahydrofuran-Herstellung wurde von DuPont entwickelt. Danach wird eine aus der Butanoxidation erhaltene wässrige Maleinsäurelösung (vgl. Abschn. 13.2.3.3) an einem Rhenium-modifizierten Palladiumkatalysator direkt zu Tetrahydrofuran mit etwa 90-proz. Selektivität hydriert. Auch diese zweite Stufe wird in Pilotanlagen noch weiterentwickelt. Eine 45000-jato-Anlage wurde 1996 in Spanien in Betrieb genommen.

Maleinsäureanhydrid-Umsetzung mit H_2O_2 zu DL-Weinsäure

Nach einem Verfahren der Degussa kann DL-Weinsäure auch aus Maleinsäureanhydrid mit H_2O_2 in Gegenwart eines Molybdän oder Wolfram enthaltenden Katalysators über die Zwischenstufe der Epoxyweinsäure und deren Hydrolyse in 97-proz. Selektivität erhalten werden. Eine technische Anlage wurde bisher nicht gebaut.

Eine analoge Produktion von DL-Weinsäure auf Basis Maleinsäureanhydrid wird seit 1974 in einer 2000-jato-Anlage bei Butakem in Südafrika durchgeführt:

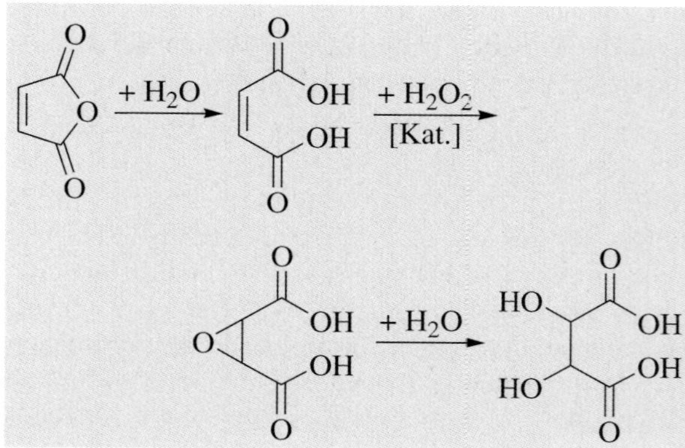

(26)

Maleinsäuredimethylester-Ozonolyse und Hydrierung/Hydrolyse zu Glyoxylsäure

Eine neuere Verwendung von Maleinsäure ist die oxidative Spaltung mit Ozon (vgl. Abschn. 7.2.1.3).

Maleinsäure-Isomerisierung zu Fumarsäure nach zwei Routen:

1. thermisch bei höherer Temperatur und längerer Verweilzeit
2. katalytisch (in der Praxis häufig Thioharnstoff) bei niedriger Temperatur

Die Isomerisierung der Maleinsäure zu Fumarsäure wird in wässriger Lösung ohne Katalysator durch längeres Erhitzen auf 150 °C oder mit H_2O_2, Thioharnstoff, Ammoniumpersulfat u. a. schon bei 100 °C fast quantitativ durchgeführt. Die Löslichkeit der Fumarsäure in Wasser ist so gering, dass sie nahezu vollständig und kristallin aus der wässrigen Reaktionslösung ausfällt:

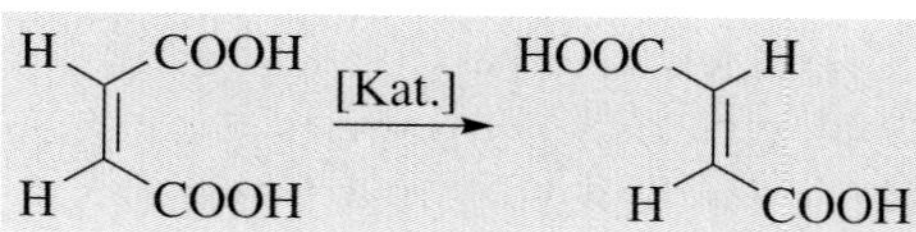

(27)

Ein technisches Verfahren dazu wurde z. B. von der Alusuisse entwickelt und wird derzeit in mehreren Anlagen angewendet. Es basiert auf der katalytischen Isomerisierung einer 25-proz. wässrigen Maleinsäurelösung bei etwa 100 °C.

Darüber hinaus kann Fumarsäure, wie z. B. in USA, auch durch Fermentation aus Zucker oder Stärke hergestellt werden.

Fumarsäure wird zu mehr als 40% ihrer Produktion in Polyestern für den Einsatz in der Papierindustrie verwendet. 10–20% dienen zur Herstellung von DL-Apfelsäure (Hydroxybernsteinsäure), die durch protonenkatalysierte Hydratisierung zu erhalten ist:

Fumarsäureverwendung:

Komponente in Polyestern
Ausgangsprodukt für DL-Apfelsäure

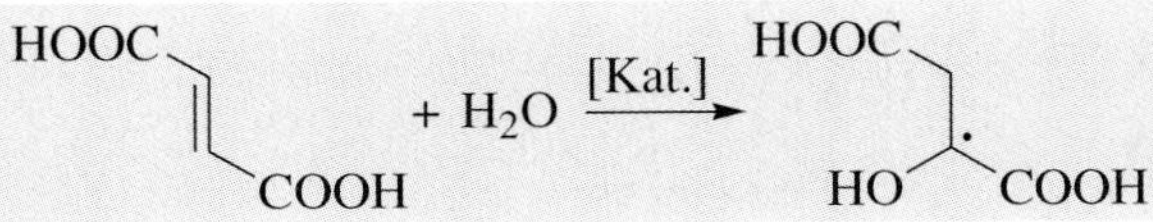

(28)

Das Verfahren der Allied, des – bis zur Aufgabe der Herstellung 1980 – größten Apfelsäureproduzenten der Welt, beruht auf der Anlagerung von H_2O an Maleinsäureanhydrid. Produzenten in USA sind Bartek und Staley mit einer Herstellkapazität in 2000 von etwa 23000 jato. Weitere Hersteller von Apfelsäure sind Fuso in Japan, Bartek in Kanada und Lonza in Italien.

Apfelsäure dient länderabhängig entweder als Racemat oder als natürlich vorkommende D(−)-Apfelsäure*) der Lebensmittelindustrie als sogenannte Genusssäure zur Einstellung eines Sauergeschmacks.

Apfelsäureherstellung:

Hydratisierung von Fumarsäure oder von MSA (Allied-Verfahren)

Weltverbrauch an Genusssäuren bzw. Nahrungsmittel-Säuerungsmitteln (in 1000 t)

	1976	1983	1997
Citronensäure	200	300	510
Phosphorsäure	80	200	220
Essigsäure	70	100	n. v.
Apfelsäure	20	20	n. v.
Weinsäure	10	25–30	n. v.
Milchsäure	10	18	60
Fumarsäure	3	3	n. v.

n. v. = nicht veröffentlicht

13.3 Weitere Benzolderivate

13.3.1 Nitrobenzol

Der klassische Weg zum Nitrobenzol hat sich im Prinzip unverändert von der ersten Benzolnitrierung 1834 durch E. Mitscherlich bis heute erhalten.

Nitobenzolherstellung:

Nitrierung von C_6H_6 mit HNO_3 in H_2SO_4 (Nitrier- oder Mischsäure)

Die diskontinuierlichen Verfahren sind allerdings durch kontinuierliche ergänzt worden, um den größeren Bedarf für das Folgeprodukt Anilin wirtschaftlich decken zu können. Die Herstellkapazitäten für Nitrobenzol betrugen 2000 in Westeuropa, USA, Bundesrepublik Deutschland und Japan etwa 1,30, 1,37, 0,32 bzw. 0,20 Mio jato. Produktionszahlen sind in der nebenstehenden Tabelle zusammengefasst.

Nitrobenzolproduktion (in 1000 t)

	1993	1995	1996
WE	735	832	945
USA	565	748	670
Japan	140	169	164

Der Nitrierprozess wird vorwiegend mit Nitriersäure durchgeführt, die aus einem Gemisch von Salpetersäure und konz. Schwefelsäure besteht. Die Schwefelsäure übernimmt dabei mehrere Funktionen: Sie fördert zum einen die Bildung des

H_2SO_4 mit mehreren Funktionen:

1. Förderung der NO_2^+-Bildung zur elektrophilen Nitrierung
2. Blockierung der HNO_3-Dissoziation zu oxidierend wirkendem NO_3^--Ion
3. Lösungsvermittlung

*) früher als L(−)-Äpfelsäure bezeichnet.

Nitroniumions als des eigentlichen nitrierenden Agens (vgl. Gleichung 29) und sie unterbindet zum anderen die Dissoziation der Salpetersäure in das oxidierend wirkende NO_3^--Ion, dadurch dass sie Wasser als Hydrat bindet (vgl. Gleichung 30). Sie dient gleichzeitig auch zur Lösungsvermittlung zwischen der wässrigen und der organischen Phase:

$$HNO_3 + 2\,H_2SO_4 \rightleftharpoons NO_2^+ + H_3O^+ + 2\,HSO_4^- \quad (29)$$

$$HNO_3 + H_2O \rightleftharpoons NO_3^- + H_3O^+ \quad (30)$$

Zwei Herstellungsvarianten:

1. diskontinuierlich mit starker Rührung wegen zweiphasiger exothermer Reaktion
2. kontinuierlich in dreistufiger Kaskade mit ansteigenden Reaktionstemperaturen

Im diskontinuierlichen Verfahren werden Benzol und Nitriersäure, d. h. ein Gemisch von 32–39 Gew.-% HNO_3, 60 bis 53 Gew.-% H_2SO_4 und 8 Gew.-% H_2O, wegen der Zweiphasigkeit und des daher notwendigen Stoff- und Wärmeaustauschs unter starkem Rühren in gusseisernen Nitrierkesseln bei 50–55 °C umgesetzt. Man lässt dabei die Nitriersäure in vorgelegtes Benzol einfließen:

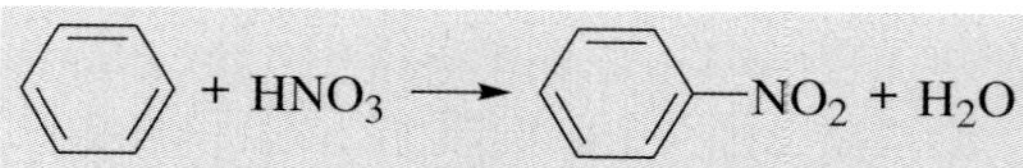

(31)

(ΔH = -117 kJ/mol)

Nebenproduktbildung

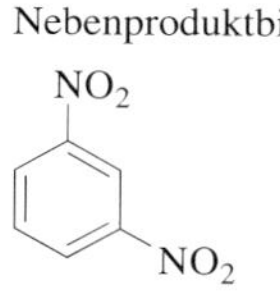

ist gering, da Weiternitrierung durch elektronenziehende Wirkung der Nitrogruppe um Faktor 10^4 langsamer ist

Nach einigen Stunden Verweilzeit ist die Nitriersäure weitgehend verbraucht und das spezifisch schwerere Nitrobenzol wird abgetrennt, gewaschen und destilliert. Die Selektivität erreicht 98–99 %. Als Nebenprodukt tritt etwas *m*-Dinitrobenzol auf.

Die zunehmend verwendete kontinuierliche Nitrieranlage besteht aus einer Rührkesselkaskade von zumeist drei Nitrierkesseln mit von Stufe zu Stufe langsam ansteigender Temperatur von anfangs 35–40 °C, dann 50 °C und zur Nachreaktion 55–60 °C. Die größten Gefäße sind die anschließenden Absitz- und Waschgefäße.

Nitrobenzolverwendung:

1. Anilin (weltweit 97–98 % der Produktion)
2. Zwischenprodukt, z. B. für Farbstoffe, Pflanzenschutzmittel, Pharmazeutika
3. Lösemittel, z. B. für $AlCl_3$ in Friedel-Crafts-Reaktionen (eingeschränkt wegen Zerfallsgefahr)
4. mildes Oxidationsmittel, z. B. zur Herstellung von Triarylmethan-Farbstoffen

Aufarbeitung und Reinherstellung des Nitrobenzols erfolgen ähnlich wie im diskontinuierlichen Prozess. Die Abfallschwefelsäure wird zur Wiederverwendung aufkonzentriert, wobei in adiabatischen Prozessen die Reaktionswärme der Nitrierung dafür genutzt wird. Nitrobenzol wird durch weitere Substitution zu Zwischenprodukten wie z. B. zu *m*-Chlornitrobenzol oder Nitrobenzolsulfonsäure sowie als Löse- und Oxidationsmittel, bevorzugt aber zur Herstellung von Anilin verwendet.

13.3.2 Anilin

Die Herstellkapazitäten für Anilin betrugen 2004 weltweit 3,4 Mio jato; davon entfielen auf Westeuropa, USA, Bundesrepublik Deutschland und Japan etwa 1,3, 0,98, 0,31 bzw. 0,32 Mio jato. Weltgrößte Hersteller sind BASF und Bayer mit einer Kapazität weltweit von etwa 0,78 bzw. 0,34 Mio jato (2004). Produktionszahlen in einigen Ländern sind in der nebenstehenden Tabelle zusammengefasst.

Anilinproduktion (in 1000 t)

	1993	1995	1997
WE	537	610	730
USA	508	631	607
BRD	114	185	235
Japan	184	240	232

Das klassische Einsatzprodukt zur Herstellung von Anilin ist das Nitrobenzol. Allerdings werden auch die Großprodukte Chlorbenzol und Phenol in einigen Ländern in begrenztem Umfang zu Anilin umgesetzt.

Einsatzprodukte zur Anilinherstellung:

1. Nitrobenzol
2. Chlorbenzol
3. Phenol

Die Reduktion von Nitrobenzol mit Eisenspänen und Wasser in Gegenwart geringer Mengen Salzsäure war die älteste Form der technischen Anilingewinnung. Sie wäre sicherlich schon weitaus früher durch wirtschaftlichere Reduktionsmethoden abgelöst worden, wenn nicht aus dem anfallenden Eisenoxidschlamm wertvolle Eisenoxidpigmente gewonnen werden könnten. Allerdings hat der steigende Anilinbedarf den Absatz der Pigmente weit überholt, so dass sowohl katalytische Hydrierverfahren in der Flüssigphase oder in der Gasphase wie auch andere Einsatzprodukte zur Anilinherstellung herangezogen wurden.

Anilinherstellung durch Reduktion von Nitrobenzol mit zwei verschiedenen Reduktionsmitteln:

1. klassisch-stöchiometrisch mit Fe/H_2O (+ Spuren HCl) unter Bildung von Fe-Oxid

Die modernen Verfahren der katalytischen Gasphasenhydrierung des Nitrobenzols können sowohl im Festbett wie im Fließbett durchgeführt werden:

2. katalytisch mit H_2 nach zwei Verfahrensvarianten in der Gasphase

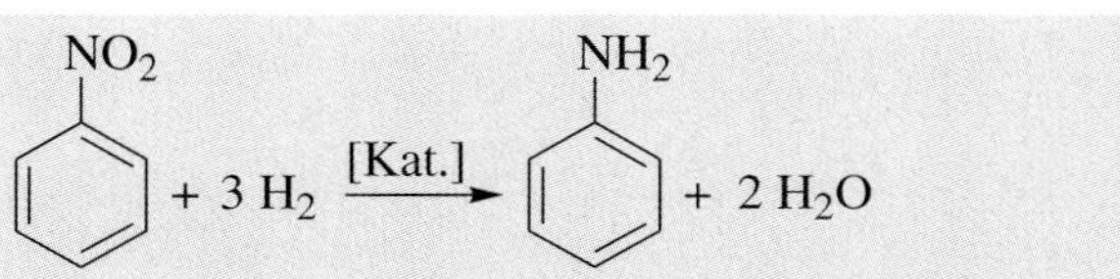

(32)

(ΔH = -443 kJ/mol)

Bayer und Allied arbeiten mit Nickelsulfidkatalysatoren bei 300–475 °C im Festbett. Die Aktivierung der Hydrierkatalysatoren mit Cu oder Cr sowie die Verwendung unterschiedlicher Träger oder Methoden der Katalysatorsulfidierung mit Sulfat, H_2S oder CS_2 gehören zum Know-how der entsprechenden Firmen. Die Anilinselektivität erreicht mehr als 99 %. Durch Verkokung lässt die Katalysatoraktivität langsam nach. Sie kann durch Regeneration mit Luft bei 250–350 °C und anschließender H_2-Behandlung zurückerhalten werden. Ähnliche Verfahren werden von Lonza an Cu auf Bimsstein, von ICI an Cu-, Mn- oder Fe-Katalysatoren

2.1. Festbetthydrierung mit schwefelhaltigen Katalysatoren zumeist auf Ni- oder Cu-Basis

Verfahrensbeispiele:

Bayer, Allied, Lonza, ICI, Sumitomo

mit unterschiedlicher Modifizierung durch weitere Metalle und von Sumitomo an einem Cu–Cr-System durchgeführt.

2.2. Fließbetthydrierung mit modifizierten Cu-Katalysatoren

Verfahrensbeispiele:

BASF, Cyanamid, Lonza

Die Gasphasenhydrierung des Nitrobenzols an einem Fließbettkatalysator wird z. B. in Prozessen von BASF, Cyanamid und Lonza verwendet. Der BASF-Katalysator besteht aus den Oxiden von Cu, Cr, Ba und Zn auf SiO_2 als Träger, der von Cyanamid aus Cu/SiO_2. Man hydriert bei 270–290 °C und 1–5 bar in Gegenwart eines größeren Überschusses an Wasserstoff (H_2:Nitrobenzol = ca. 9:1). Die hohe Reaktionswärme wird durch ein Kühlsystem abgeführt, das im Fließbettreaktor eingebaut ist. Die Selektivität des Anilins beträgt 99,5 %. Der Nitrobenzolumsatz ist quantitativ. Der Katalysator muss ebenfalls von Zeit zu Zeit mit Luft regeneriert werden.

Anilinherstellung durch Ammonolyse von:

1. Chlorbenzol
2. Phenol

Eine alternative Herstellroute für Anilin besteht in der Ammonolyse von Chlorbenzol oder auch von Phenol. So wird z. B. nach dem Verfahren der Kanto-Electrochemical Co. Chlorbenzol unter Druck von 60–75 bar bei 180–200 °C mit wässrigem NH_3 in Gegenwart von CuCl und NH_4Cl (Niewland-Katalysator, vgl. Abschn. 5.3) zu Anilin ammonolysiert:

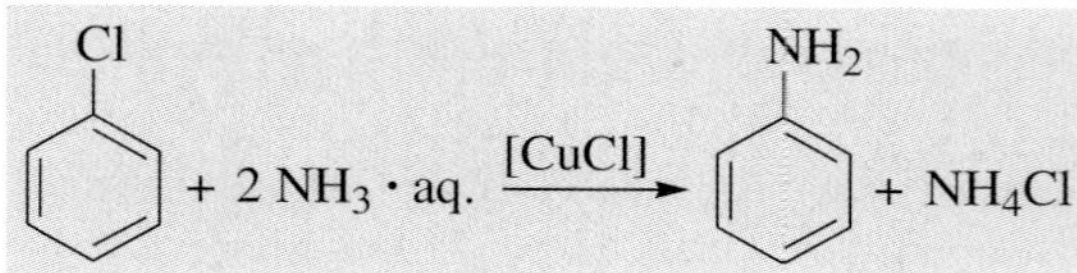

(33)

Zu 1:

Verfahrenskennzeichen:

zweiphasige, katalysierte Substitution von Cl durch NH_2 unter Verlust des Chlors als NH_4Cl

Im zweiphasigen Reaktionsprodukt kann aus der organischen Phase das Anilin mit 91-proz. Selektivität isoliert werden.

Dow hat 1966 eine ähnliche Anilinherstellung aufgegeben. Weltweit gibt es kein Ammonolyseverfahren von Chlorbenzol mehr. Auch Phenol ist einer Ammonolyse nach dem Verfahren von Halcon/Scientific Design bei 200 bar und 425 °C in der Gasphase zugänglich:

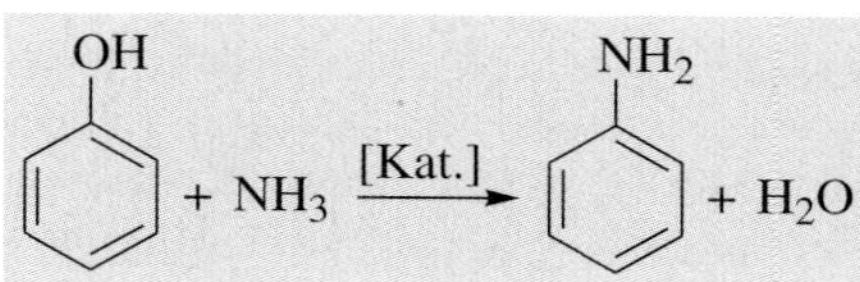

(34)

Zu 2:

Verfahrenskennzeichen:

heterogen katalysierte Gasphasenammonolyse des Phenols an speziellen Lewis-Säuren mit Metallpromotoren im Festbettreaktor

Nebenprodukte:

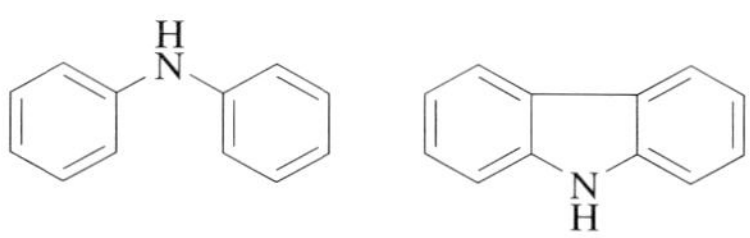

Als Katalysatoren werden $Al_2O_3 \cdot SiO_2$, z. B. auch in Form von Zeolithen, oder Oxidgemische von Mg, B, Al und Ti verwendet, die mit weiteren Cokatalysatoren wie Ce, V oder W kombiniert werden können. Dir ursprünglich notwendige

Katalysatorregenerierung erübrigt sich bei Verwendung dieses neu entwickelten Katalysators. Bei einem Phenolumsatz von 98 % beträgt bei einem hohen NH_3-Überschuss die Anilinselektivität 87–90 %. Nebenprodukte sind Diphenylamin und Carbazol. Dieses Verfahren wird seit 1970 von der Mitsui Petrochemical in einer inzwischen erweiterten 45000-jato-Anlage durchgeführt. Eine zweite Anlage mit einer Herstellkapazität von 90000 jato wurde 1982 von der US Steel Corp. (heute Aristech) in Betrieb genommen.

Mitsui Petrochemical hat 1977 analog der Phenolammonolyse auch die Herstellung von *m*-Toluidin durch Umsetzung von *m*-Kresol mit Ammoniak in einer 2000-jato-Anlage aufgenommen. Damit gibt es neben der konventionellen Route durch Nitrierung von Toluol und Hydrierung des *m*-Nitrotoluols einen weiteren Herstellweg.

Potenzielle Anilinherstellung:

NiO/Ni-katalysierte Ammondehydrierung von Benzol unter simultaner Reduktion von NiO und nachfolgender Reoxidation von Ni

Ein interessantes neues Herstellverfahren für Anilin wurde von DuPont entwickelt. Danach können Benzol und Ammoniak an einem NiO/Ni-Katalysator, der Zirkonoxid sowie weitere Promotoren enthält, bei 350 °C und 300 bar mit einem Benzolumsatz von 13 % zu Anilin mit 97 % Selektivität umgesetzt werden:

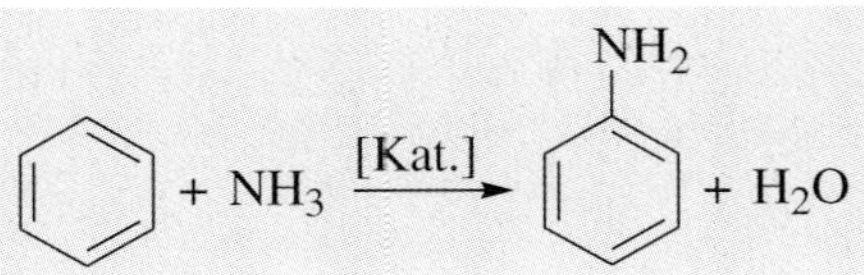

(35)

Da der entstehende Wasserstoff den NiO-Anteil des Katalysators reduziert, ist eine Katalysatorregeneration durch partielle Oxidation erforderlich. Trotz preiswerter Einsatzmaterialien stehen der geringe Benzolumsatz und die Reoxidation des Katalysators einer technischen Nutzung noch entgegen.

Anilinverwendung:

Ausgangssubstanz für zahlreiche Folgeprodukte

Anilin ist eine der Schlüsselsubstanzen der aromatischen Chemie, aus der z. B großtechnische Folgeprodukte wie Cyclohexylamin, Benzochinon, Alkylaniline, Acetanilid, Diphenylamin, 4,4′-Diaminodiphenylmethan u. a. hergestellt werden.

Der überwiegende Teil des Anilins und seiner Folgeprodukte wurde z. B. in USA Anfang der siebziger Jahre noch vorzugsweise zu Kautschukadditiven, wie Vulkanisationsbeschleunigern und Antioxidantien, verarbeitet. Inzwischen haben die Isocyanate auf Basis Anilin mit dem 4,4′-Diphenylmethandiisocyanat (MDI) als Ausgangskomponente (vgl. Abschn. 13.3.3) den ersten Platz eingenommen. Die Verbrauchsaufschlüsselung für Anilin in USA, Westeuropa und Japan ist Tabelle 13-7 zu entnehmen:

Tabelle 13-7. Anilinverwendung (in Gew.-%).

Produkt	Welt 2001	USA 1980	USA 2000	Westeuropa 1979	Westeuropa 1996	Japan 1980	Japan 1996
Isocyanate (MDI)	80	62	85	65	79	52	83
Kautschukchemikalien	11	22	9	22	11	31	8
Farbstoffe, Pigmente	3	4	2	}	4	9	3
Hydrochinon	} 6	3	–	} 13	2	} 8	–
Verschiedenes (z. B. Pharmazeutika, Pestizide)	}	9	4	}	4	}	6
Gesamtverbrauch (in Mio t)	1,6	0,29	0,82	0,30	0,63	0,07	0,18

13.3.3 Diisocyanate

Organische Monoisocyanate für präparative Zwecke durch die industrielle Bedeutung der Diisocyanate zur Polyaddition weit überholt

Organische Isocyanate sind eine seit langem bekannte Substanzklasse, die aber erst technisch interessant geworden ist, nachdem in den letzten Jahrzehnten aufgrund der Entwicklungsarbeiten von O. Bayer (1937) die Umsetzung von Di- und Polyisocyanaten mit Di- oder Polyolen zu vielseitig einsetzbaren Polyurethanen geführt hatte. Die bevorzugte Verwendung der Polyurethane in der Autoindustrie, im Bauwesen und in der Kühltechnik hat zu einem beträchtlichen Anstieg der Produktionskapazitäten für Diisocyanate als der einen Gruppe der Ausgangskomponenten geführt.

Die größte Bedeutung unter den Diisocyanaten hatte bisher das **T**oluylen**d**i**i**socyanat (TDI) in Form seiner 2,4- und 2,6-Isomeren.

In den letzten Jahren hat jedoch das 4,4′-Diphenylmethandiisocyanat (**M**ethan**d**iphenyld**i**isocyanat, MDI), dessen Vorstufe – 4,4′-Diaminodiphenylmethan – durch Kondensation von Anilin mit Formaldehyd entsteht, das TDI überholt; so bestanden weltweit und davon in Westeuropa, USA, Bundesrepublik Deutschland und Japan die folgenden Herstellkapazitäten: 2004 ca. 3,4, 1,5, 1,1, 0,48 bzw. 0,38 Mio jato für MDI und 2002 ca. 1,9, 0,51, 0,73, 0,24 bzw. 0,21 Mio jato für TDI. Produktionszahlen für TDI und MDI sind in den nebenstehenden Tabellen aufgeführt.

Eine weitere wichtige Polyurethankomponente ist das **H**examethylen-1,6-**d**i**i**socyanat (HDI, früher HMDI), dessen Vorstufe Hexamethylendiamin mit seiner Herstellung in Abschnitt 10.2.1 beschrieben wird.

Technisch wichtige Diisocyanate:

1. HDI: $O{=}C{=}N{-}(CH_2)_6{-}N{=}C{=}O$

2. TDI:

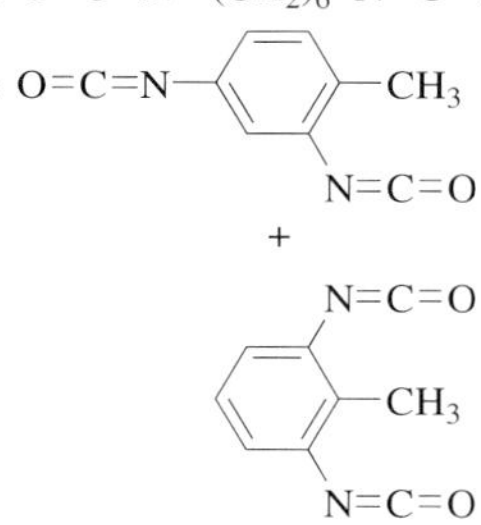

3. MDI:

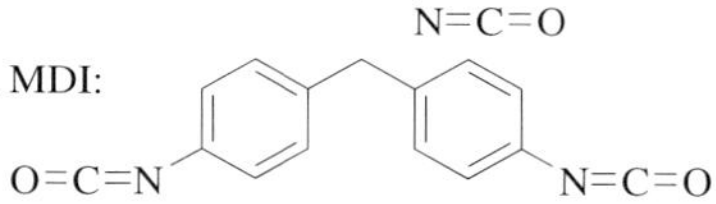

TDI-Produktion (in 1 000 t)

	1994	1997	1999
USA	398	418	488
WE	351	363	404
Japan	144	192	192
BRD	150	175	175

MDI-Produktion (in 1 000 t)

	1993	1997	1999
WE	540	920	1 035
USA	514	693	773
BRD	149	290	310
Japan	205	283	269

Die Herstellung des Toluylendiisocyanats nach kontinuierlichen Verfahren wird zumeist in drei Stufen durchgeführt:

Technische TDI-Herstellung durch dreistufige, kontinuierliche Umsetzung von Toluol:

1. Nitrierung von Toluol zu Dinitrotoluol,
2. Hydrierung des Dinitrotoluols zum Toluylendiamin und
3. Phosgenierung zum Toluylendiisocyanat.

Zu 1

Die kontinuierliche Nitrierung des Toluols erfolgt wegen des aktivierenden Einflusses der Methylgruppe unter milderen Bedingungen als für Benzol notwendig. Der H_2O-Gehalt der Nitriersäure kann z. B. 23 Gew.-% betragen gegenüber 10 Gew.-% bei der Benzolnitrierung. Das Mononitrierungsgemisch des Toluols besteht aus den drei Isomeren *o*-, *p*- und *m*-Nitrotoluol, deren prozentuale Verteilung nur wenig von den Reaktionsbedingungen beeinflussbar ist. Ein übliches Verhältnis besteht aus 63 % *o*-, 33–34 % *p*- und 4 % *m*-Nitrotoluol. Die Auftrennung des Gemisches kann durch Destillations- und Kristallisationsstufen erfolgen.

1. Toluolnitrierung zu *o*-, *p*-, *m*-Nitrotoluol mit Abtrennung des *m*-Isomeren und Weiternitrierung des *o*-, *p*-Gemisches zu 2,4- und 2,6-Dinitrotoluol

Kennzeichen der Toluolnitrierung:

Elektronendruck der CH_3-Gruppe (+ I-Effekt) erfordert für Nitrierung eine geringere NO_2^+-Konzentration als beim Benzol, d. h., H_2SO_4 darf mehr H_2O enthalten

Nitrotoluole sind Zwischenprodukte für Farbstoffe, Pharmazeutika und Riechstoffe sowie ein Vorprodukt für den Sprengstoff 2,4,6-Trinitrotoluol (TNT). Für die weitere Nitrierung zu Dinitrotoluolen als Einsatzprodukten zur Diisocyanat-Herstellung kann man ein Gemisch von *o*- und *p*-Nitrotoluol einsetzen, das dabei zu den Isomeren 2,4- und 2,6-Dinitrotoluol im Verhältnis von etwa 80:20 reagiert:

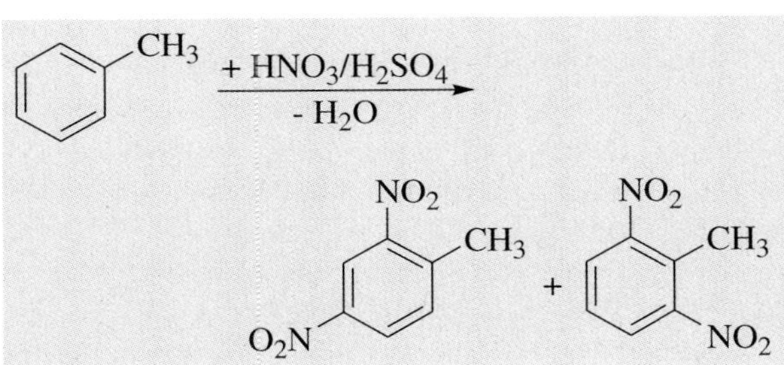

(36)

Nitrierung und Aufarbeitung verlaufen in der üblichen Weise, z. B. analog der Nitrobenzolherstellung (vgl. Abschn. 13.3.1).

Zu 2

2. Dinitrotoluol-Reduktion zu Diaminotoluol:

2.1. mit Fe/HCl
2.2. katalytisch mit H_2 in der Flüssigphase an Raney-Ni oder
2.3. an Pd/C als Katalysator

Die Hydrierung der Dinitrotoluol-Gemisches zu den zwei Toluylendiaminen ist wiederum ein Standardprozess der aromatischen Synthese. Man kann diese Umsetzung analog der

Nitrobenzolreduktion mit Eisen und wässriger Salzsäure, aber bevorzugt mittels katalytischer Hydrierung, z. B. in methanolischer Lösung mit Raney-Nickel als Katalysator bei etwa 100 °C und über 50 bar oder auch an Palladiumkatalysatoren, vornehmen:

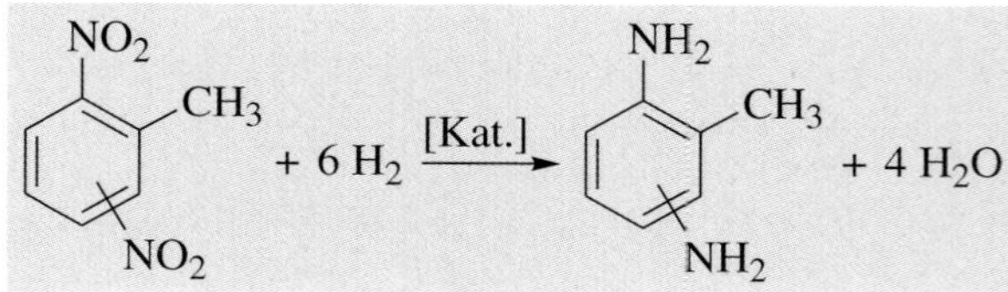

(37)

In einer Folge von mehreren Druckhydrierern werden die Dinitrotoluole quantitativ reduziert. Die Selektivität zu den Diaminotoluolen beträgt 98–99 %. Gasphasenverfahren zur Hydrierung haben sich im Gegensatz zur Herstellung von Anilin aus Nitrobenzol, wegen der leichten explosiblen Zersetzung der Dinitrotoluole bei den notwendigen Reaktionstemperaturen, nicht durchgesetzt. Die Aufarbeitung erfolgt in einer Serie von Destillationskolonnen.

Zu 3

3. Diaminotoluol-Phosgenierung nach zwei Routen:

3.1. mit freier Base, unterteilbar in: Kaltphosgenierung bei 0–50 °C und Heißphosgenierung bei 170–185 °C

Die Phosgenierung der Diaminotoluole kann in verschiedener Weise durchgeführt werden. Die größte technische Bedeutung hat die „Basenphosgenierung", d. h. die Umsetzung des freien primären Amins mit Phosgen zunächst bei 0–50 °C in einem Lösemittel, wie z. B. *o*-Dichlorbenzol, zum Gemisch von Carbamidsäurechloriden und Aminhydrochloriden.

Das Reaktionsprodukt wird dann in den Heißphosgenierungsturm geleitet, in dem bei 170–185 °C die weitere Umsetzung mit Phosgen zu den Diisocyanaten erfolgt:

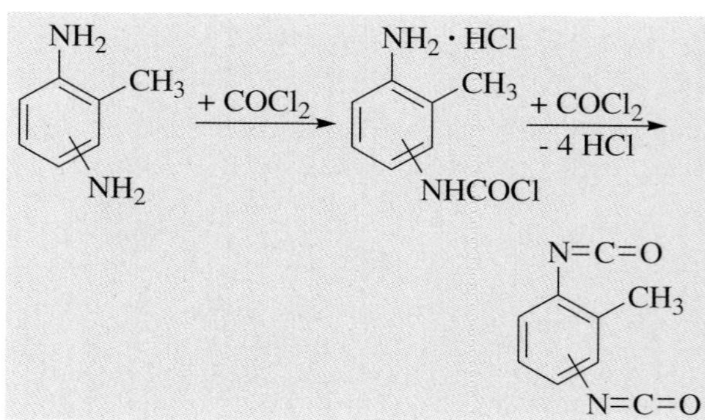

(38)

Das überschüssige Phosgen kann in einer Tiefkühlanlage von HCl getrennt und dem Prozess wieder zugeführt werden.

Die Phosgenierung der Hydrochloride der Diaminotoluole ist die zweite Möglichkeit der Diisocyanatherstellung. Nach dem Verfahren z. B. der Mitsubishi Chemical werden die Diaminotoluole in *o*-Dichlorbenzol gelöst und durch Einblasen von trockener HCl in eine Salzsuspension übergeführt. Phosgen wird unter starkem Rühren bei erhöhter Temperatur mit den Hydrochloriden zu den Diisocyanaten unter Freisetzung von HCl umgesetzt, die mit einem Inertgasstrom ausgetragen wird:

3.2. mit HCl-Salz, unterteilbar in:

Salzbildung (HCl) zur Aktivitätsminderung des freien Amins und Heißphosgenierung

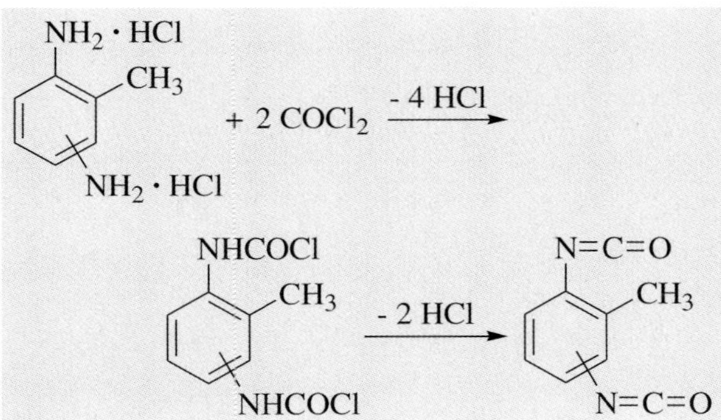

(39)

Die Aufarbeitung und Reinigung erfolgen durch fraktionierte Destillation. Die Selektivität an Toluylendiisocyanaten beträgt 97 % (Diamin). Im Gesamtprozess der Mitsubishi erreicht die Diisocyanatselektivität 81 % (Toluol). Das Marktangebot hat sich auf zwei Typen mit dem Verhältnis 2,4- zu 2,6-Isomer von 80 : 20 und 65 : 35 sowie auf reines 2,4-Toluylendiisocyanat eingestellt.

Aufgrund des verstärkten industriellen Interesses an Diisocyanaten sind in neuerer Zeit einige Herstellrouten entwickelt worden, die ohne die aufwendige Phosgenierungsstufe, d. h. ohne den totalen Chlorverlust in Form von HCl, auskommen. Es sind vor allem die katalytischen Carbonylierungsverfahren von aromatischen Nitroverbindungen oder von Aminen, die eine wirtschaftliche Bedeutung gewinnen könnten.

Neuere Herstellrouten für Diisocyanate ohne $COCl_2$ und damit ohne Cl-Verlust in Form von HCl:

So wird nach einer Entwicklung von Arco Nitrobenzol als Einsatzprodukt für die Herstellung von 4,4′-Diphenylmethandiisocyanat (MDI) zunächst mit CO in Gegenwart von Ethanol katalytisch (z. B. SeO_2, KOAc) zum N-Phenylethylurethan umgesetzt. Nach Kondensation mit Formalde-

1. MDI nach Arco dreistufig aus Nitrobenzol über Urethanderivat (Ethylphenylcarbamat), HCHO-Kondensation und thermische EtOH-Eliminierung

hyd erfolgt anschließend eine Thermolyse bei 250–285 °C unter Ethanolabspaltung zum MDI:

Kennzeichen der Nitro-Isocyanat-Umwandlung:

CO mit zwei Funktionen, d. h. Reduktion der Nitrogruppe und Carbonylierung in Gegenwart von EtOH (Ethoxycarbonylierung)

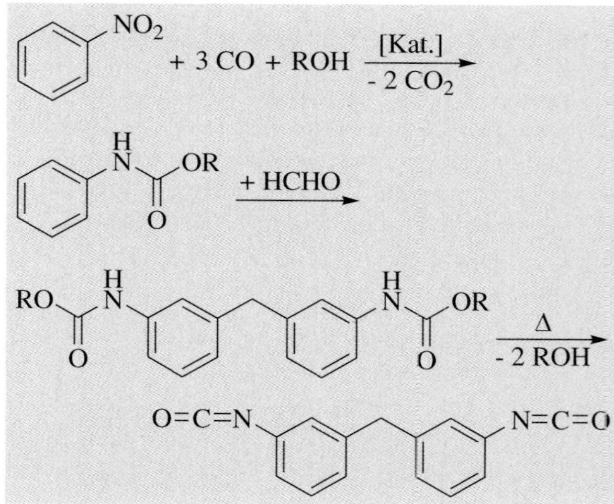

(40)

2. TDI nach Mitsui Toatsu und Mitsubishi analog Route 1

Prinzipiell ähnliche Carbonylierungsverfahren wurden für die Umsetzung von Dinitrotoluol zu Toluylendiisocyanat (TDI), z. B. von Mitsui Toatsu und Mitsubishi Chemical, ausgearbeitet.

3. MDI nach Asahi dreistufig aus Anilin, sonst analog Route 1, aber mit höherer Gesamtselektivität und ohne Cl-haltige Nebenprodukte mit ungünstiger Wirkung auf Polyaddition von MDI zu Polyurethanen

Ein anderer Herstellungsprozess für 4,4′-Diphenylmethandiisocyanat (MDI) wurde von Asahi Chemical vorgestellt. Anders als die Arco-Route wird Anilin direkt in die Carbonylierung zum N-Phenylethylurethan eingesetzt, sonst aber werden die gleichen Stufen (vgl. Gleichung 40) durchlaufen. Die oxidative Carbonylierung des Anilins wird in Gegenwart metallischen Palladiums mit einem Alkalijodid als Promotor bei 150–180 °C und 50–80 bar mit über 95 % Umsatz an Anilin und über 95 % Selektivität durchgeführt:

Pd-Funktion in Anilin/CO/O_2-Umsetzung:

$C_6H_5NH{-}Pd{-}H \xrightarrow{+CO}$

$C_6H_5NH{-}CO{-}Pd{-}H \xrightarrow{+ROH}$

$C_6H_5NHCOOR + H{-}Pd{-}H$

$\xrightarrow{+O_2} Pd + H_2O$

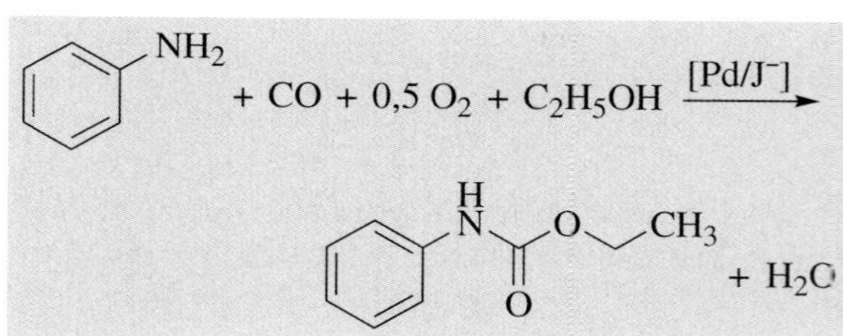

(41)

Urethan/HCHO-Kondensation mit begrenztem Urethanumsatz zur Vermeidung von Trimeren und Tetrameren

Die anschließende Kondensation mit Formaldehyd wird bei 60–90 °C und Normaldruck zunächst in Gegenwart von H_2SO_4 zweiphasig und dann nach Entfernen der Wasserphase mit einer Nachbehandlung z. B. mit Trifluoressigsäure in homogener Phase mit über 95 % Selektivität bei einem Urethanumsatz von etwa 40 % zum Diurethan ausgeführt.

Zweistufige Kondensation zur Überführung von 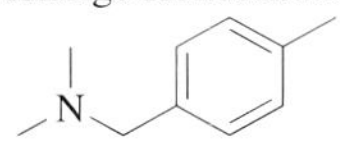 und  -Nebenprodukten in gewünschtes Diurethan

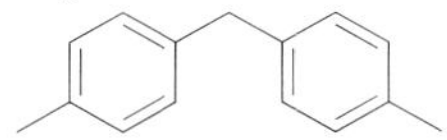

Die letzte Stufe der rein thermischen Ethanoleliminierung erfolgt bei 230–280 °C und 10–30 bar in einem Lösemittel mit einer MDI-Selektivität von über 93 %.

Eine kommerzielle Anwendung des Asahi-Verfahrens steht noch aus.

4. Isocyanat-, Diisocyanat-, Polycarbonatherstellung mit $(CH_3O)_2C{=}O$ anstelle von $COCl_2$ als Carbonylierungskomponente

Eine andere Möglichkeit zur Vermeidung von weniger wirtschaftlichem und toxischem Phosgen besteht in dem Einsatz von Dimethylcarbonat für die Herstellung von Isocyanaten aus aromatischen Aminoverbindungen und auch Polycarbonaten z. B. mit Bisphenol A (vgl. Abschn. 13.2.1.3). Ube hat für diesen steigenden Bedarf an Dimethylcarbonat in Japan eine erste Pilotanlage zur selektiven Gasphasencarbonylierung von Methanol gestartet. Weitere Flüssigphasenverfahren ähnlicher Art zur Dimethylcarbonatherstellung werden von Daicel und Mitsui Sekka betrieben.

Diisocyanatverwendung:

Polyaddition an mehrwertige Alkohole, an Polyetheralkohole, z. B.

an Polyesteralkohole, z. B.

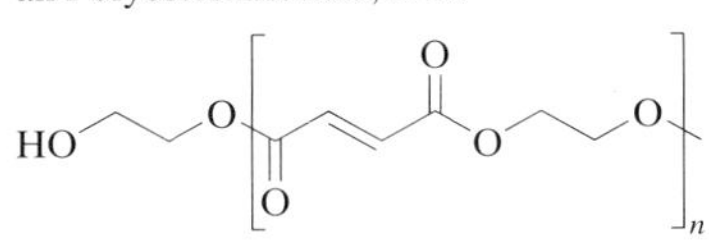

oder an Phthalsäurediester, z. B. aus Diethylenglykol

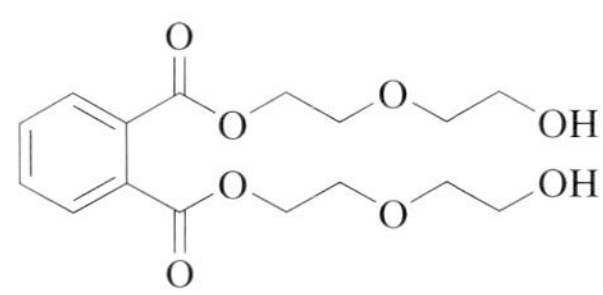

Diisocyanate finden ihren hauptsächlichen Einsatz zur Herstellung von Polyurethanen. Diese werden durch Polyaddition aus Diisocyanaten und zweiwertigen Alkoholen hergestellt, zu denen bevorzugt die Polyetheralkohole, d. h. Polyethylen- und Polypropylenglykole, sowie die Umsetzungsprodukte von Propylenoxid mit mehrwertigen Alkoholen gehören. Weiterhin werden auch oligomere Ester aus Dicarbonsäuren und Diolen (Polyesteralkohole) eingesetzt:

$$n\ O{=}C{=}N{-}R^1{-}N{=}C{=}O + (n+1)\ HO{-}R^2{-}OH$$

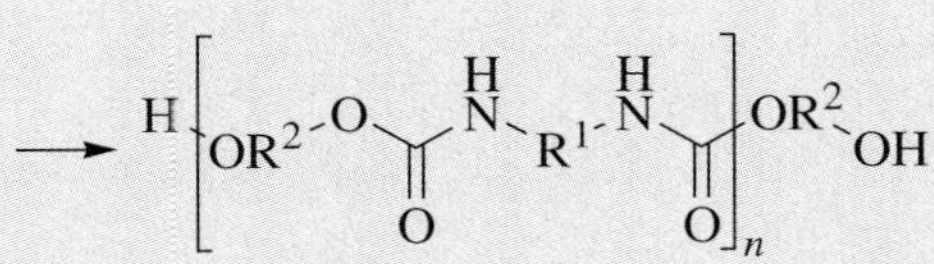

(42)

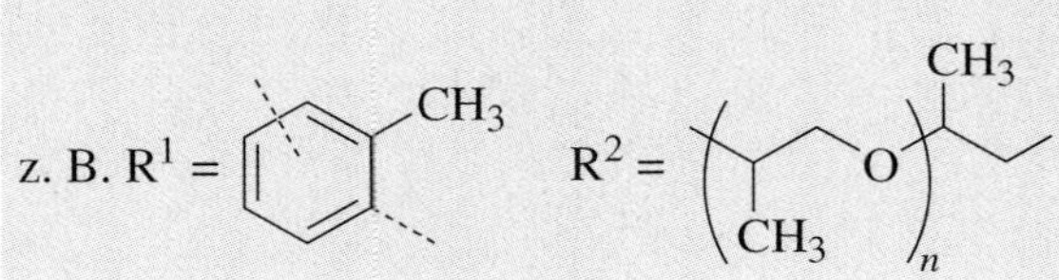

Polyurethane lassen sich durch Zusatz von drei- und mehrwertigen Alkoholen (Glycerin, Trimethylolpropan) vernetzen und durch Zusatz geringer Mengen an Wasser, unter Verseifung der Isocyanatgruppe zur Aminogruppe und CO_2, verschäumen.

Zusatz von Triolen, Tetraolen → Vernetzung

Zusatz von H_2O → Verschäumung

Polyurethanverwendung:

Weichschäume
Hartschäume
beschichtete Gewebe
Spandexfaser
Kunstleder, Kautschuk
Farben, Lacke
Klebstoffe

Polyurethane werden zu Weichschäumen und Hartschäumen verarbeitet, sie dienen weiterhin für Gewebebeschichtungen und für Elastomere, z. B. Spandexfasern. Andere Produkte mit Polyurethaneinsatz sind beispielsweise Kunstleder, Kautschuk, Farben, Lacke und Klebstoffe. Die Hauptverwendung finden Polyurethane jedoch auf dem Schaumsektor (vgl. Tabelle 13-8).

Tabelle 13-8. Polyurethanverwendung (in Gew.-%).

Produkt	Westeuropa 1987	Westeuropa 1990	USA 1990	USA 1996	Japan 1990
Weichschaum	41	43	52	35	32
Hartschaum	25	24	27	28	17
Integral- u. Füllschaum	8	}	}	}	}
Lackrohstoffe	7	}	}	}	}
Elastomere, Thermoplasten-PU	} 6	} 33	} 21	} 37	} 51
Schuhsohlensysteme	6	}	}	}	}
Sonstige	8	}	}	}	}
Gesamtverbrauch (in Mio t)	1,35	1,40	1,54	2,09	0,60

Die Einsatzbereiche für die unterschiedlichen Polyurethanprodukte gliederten sich weltweit wie in Tabelle 13-9 aufgeführt.

Tabelle 13-9. Polyurethan-Einsatzbereiche (in Gew.-%).

Einsatzbereiche	Welt 1999
Möbel/Matratzen	29
Bauwesen	16
Automobilbau	15
Kältetechnik/Isolierungen	10
Schuhwerk	3
Sonstige	27
Gesamtverbrauch (in Mio t)	7,9

14 Oxidationsprodukte des Xylols und Naphthalins

14.1 Phthalsäureanhydrid

Phthal**s**äure**a**nhydrid (PSA) ist ein wichtiges Zwischenprodukt zur Herstellung von Phthalatweichmachern, Alkyd- und Polyesterharzen, Phthalocyaninfarbstoffen und zahlreichen Feinchemikalien. Die Herstellkapazität für Phthalsäureanhydrid betrug 2005 weltweit etwa 4,5 Mio jato; davon entfielen auf Westeuropa, USA, Japan und Bundesrepublik Deutschland 0,70, 0,58, 0,30 bzw. 0,20 Mio jato.

Die Produktionszahlen für Phthalsäureanhydrid in diesen Ländern sind in nebenstehender Tabelle zusammengefasst.

Phthalsäureanhydrid(PSA)-Produktion (in Mio t)

	1994	1996	1999
WE	0,77	0,96	0,73
USA	0,44	0,49	0,50
Japan	0,29	0,39	0,27
BRD	0,2	0,22	0,21

Bis 1960 wurde es fast ausschließlich aus Naphthalin auf Basis Steinkohlenteer hergestellt. Die Verknappung durch Rückgang der Steinkohlenverkokung und damit auch Verteuerung des Naphthalins sowie der ständig steigende Bedarf an Phthalsäureanhydrid führten zum *o*-Xylol als einer preiswerteren, leicht zugänglichen und im Hinblick auf die Stöchiometrie wirtschaftlicheren Ausgangsbasis. 1975 wurden weltweit etwa 75 % des gesamten Phthalsäureanhydrids aus *o*-Xylol hergestellt. Dieser Anteil ist dann Anfang der neunziger Jahre weltweit bis auf etwa 85 % gestiegen und hat sich auch in den weiteren neunziger Jahren auf diesem Wert gehalten. Länderabhängige Unterschiede sind der nebenstehenden Tabelle zu entnehmen.

PSA-Herstellbasis (in Gew.-%)

		Naphthalin	*o*-Xylol
Welt	1960	100	–
	1975	25	75
	1980	15	85
	1991	15	85
Japan	1991	44	56
	1998	43	57
USA	1991	13	87
	1997	18	82
WE	1991	6	94
	1998	6	94

Weitere Einsatzprodukte für die Phthalsäureanhydrid-Herstellung, wie z. B. Acenaphthen, haben heute keine Bedeutung mehr.

14.1.1 Naphthalinoxidation zu Phthalsäureanhydrid

Analog dem oxidativen Abbau von Benzol zu Maleinsäureanhydrid entsteht aus Naphthalin das Phthalsäureanhydrid:

PSA-Herstellung auf Basis Naphthalin:

oxidativer Abbau mit Umstellung des Oxidationssystems:

früher: MnO_2/HCl oder CrO_3 oder Oleum
heute: Luft/Katalysator

Industrielle Organische Chemie: Bedeutende Vor- und Zwischenprodukte, 6. Auflage, Hans-Jürgen Arpe

ISBN: 978-3-527-31540-6

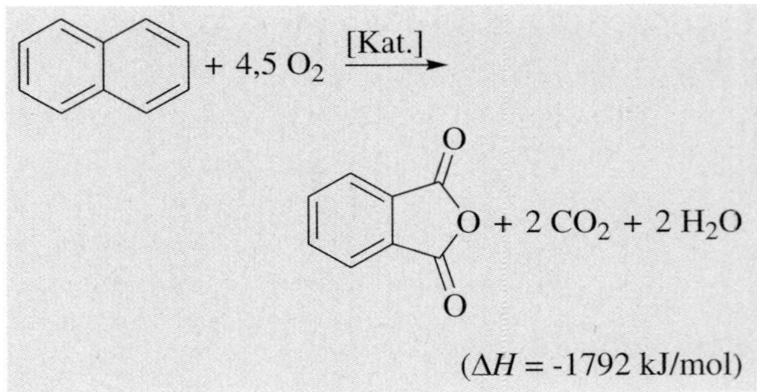

(1)

Die ursprünglich noch mit stöchiometrischem Einsatz chemischer Oxidantien durchgeführte Reaktion wurde schon 1916 von der BASF durch eine Luftoxidation an V_2O_5-Katalysatoren abgelöst. 1941 wurden von der I.G. Farben dann schon 12000 t Phthalsäurenanhydrid hergestellt.

Für die Gasphasenoxidation haben sich zwei verfahrenstechnische Wege herausgebildet:

Naphthalin-Gasphasenoxidation mit zwei Verfahrensvarianten der Katalysatoranordnung:

1. im Festbett
2. im Fließbett

1. Verfahren mit fest angeordnetem Katalysator in einer Niedertemperaturversion (350–400 °C) bei reinem Naphthalin als Einsatzmaterial sowie in einer Hochtemperaturversion (400–550 °C) bei schlechteren Naphthalinqualitäten,

2. Verfahren im Fließbett bei Temperaturen oberhalb von 370 °C.

Bekannte Naphthalin-Oxidationsverfahren wurden von BASF, Von Heyden, Koppers und Sherwin-Williams/Badger entwickelt. Sie unterscheiden sich hauptsächlich durch Reaktortyp, Katalysator und Phthalsäurenanhydrid-Isolierung. Die nachfolgenden Darstellungen geben darum nur die Verfahrensprinzipien wieder.

Prinzip der PSA-Herstellung im Festbett:

V_2O_5/SiO_2(+ Promotor)-katalysierte Oxidation von Naphthalin mit Luft im Röhrenbündelreaktor mit einer Salzschmelze zur Wärmeabfuhr

Isolierung des PSA:
kristallin anfallendes PSA wird nachentwässert und destillativ gereinigt

Nebenprodukte:

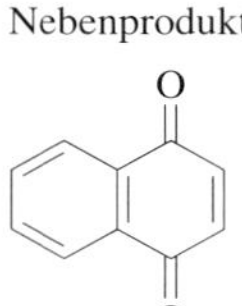

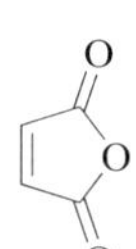

Zu 1

Der Katalysator – zumeist V_2O_5/SiO_2 mit z. B. K_2SO_4 als Promotor – befindet sich in einem Röhrenbündelreaktor, der zur Abführung der beträchtlichen Reaktionswärme von einer Salzschmelze gekühlt wird. Über einen Verdampfer werden Naphthalin und Luft eingespeist. Bei einem frischen Katalysator setzt die Reaktion bei 360 °C ein; mit Nachlassen der Katalysatoraktivität muss die Temperatur langsam gesteigert werden. Die Reaktionsgase werden rasch auf unter 125 °C – den Taupunkt des Anhydrids – abgekühlt. Das nadelförmig auskristallisierte Rohprodukt wird in Schmelzkesseln vollständig entwässert und anschließend destilliert.

Die Selektivität erreicht 86–91 % bei einem Naphthalinumsatz von etwa 90 %.

Als Nebenprodukte fallen 1,4-Naphthochinon, Maleinsäureanhydrid und höhermolekulare Kondensationsprodukte an.

Die Hochtemperaturverfahren wurden in den USA für schlechtere Naphthalinqualitäten entwickelt. Als Katalysator dient ebenfalls V_2O_5 auf einem Träger. Bei der höheren Temperatur von 400–550 °C verliert der Katalysator nicht so schnell seine Aktivität, aber seine Selektivität liegt mit 60–74 % deutlich niedriger. Als Nebenprodukt entstehen unter anderem 6–10 % Maleinsäureanhydrid.

Herstellvariante für PSA bei Einsatz von Naphthalin geringerer Qualität:

unselektivere Oxidation bei höherer Temperatur

Zu 2

Die Herstellung von Phthalsäureanhydrid im Fließbett mit V_2O_5-Katalysatoren bei 350–380 °C wurde großtechnisch erstmals 1944 in den USA durch Badger/Sherwin-Williams eingeführt. Im technischen Prozess wird Naphthalin flüssig in die Wirbelschicht eingedüst. Vorgeheizte Luft dient als Wirbelgas. Die Vorteile des Verfahrens sind zugleich auch die Vorteile des Fließbettes – wie gleichmäßige Temperaturverteilung im gesamten Katalysatorbett, die Möglichkeit eines schnellen Katalysatorwechsels sowie einer Katalysatorzirkulation, um die Wärme in einem Nebenstrom abzuführen. Damit ergibt sich ein großer Naphthalindurchsatz bei hohem Umsatz, d. h. eine hohe Raum-Zeit-Ausbeute. Die Selektivität an Phthalsäureanhydrid erreicht bis zu 74 %. Ein Teil des Anhydrids kann flüssig abgeschieden werden.

Prinzip der PSA-Herstellung im Fließbett:

Naphthalinoxidation analog der Festbettausführung, mit V_2O_5-Basiskatalysator, jedoch wegen Fließbettmethode charakterisiert durch geringen Temperaturgradienten und hohe Raum-Zeit-Ausbeute

14.1.2 *o*-Xylol-Oxidation zu Phthalsäureanhydrid

Neuanlagen zur Herstellung von Phthalsäureanhydrid basieren vorzugsweise auf *o*-Xylol als Einsatzprodukt:

PSA-Herstellung auf Basis *o*-Xylol mit folgenden technologischen Vorteilen gegenüber Naphthalinbasis:

1. geringerer O_2-Bedarf
2. geringere Reaktionsenthalpie
3. bessere Dosierbarkeit als Flüssigkeit

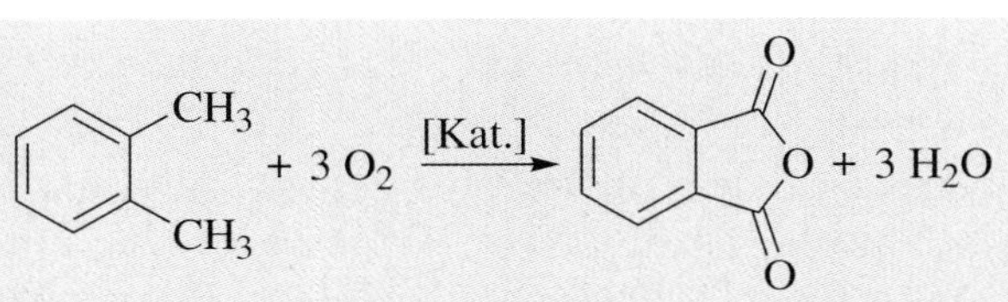

(2)

(ΔH = -1110 kJ/mol)

Für seine Verwendung sprechen folgende Vorteile: Die Zahl der C-Atome bleibt im Endprodukt die gleiche wie im Einsatzprodukt, d. h., anders als beim Naphthalin erübrigt sich ein oxidativer Abbau. Damit vermindert sich bei geringerem O_2-Bedarf die Wärmeentwicklung. Unabhängig davon sind viele Anlagen so flexibel konstruiert, dass *o*-Xylol und Naphthalin als Einsatzmaterial ausgetauscht werden können.

PSA-Herstellung durch Luftoxidation von *o*-Xylol mit zwei Ausführungsformen:

1. Gasphase mit Fest- oder Fließbett eines V_2O_5-Basiskatalysators
2. Flüssigphase mit homogenen Metallsalzkatalysatoren

Die heute üblichen *o*-Xylol-Oxidationsverfahren lassen sich zwei prinzipiellen Methoden zuordnen:

1. Gasphasenoxidation an einem Festbett- oder Fließbettkatalysator auf Basis V_2O_5,

2. Flüssigphasenoxidation an gelösten Metallsalzkatalysatoren.

Zu 1

Großtechnische Verfahren verwenden bevorzugt die Gasphase zur Oxidation von *o*-Xylol. Zwei weit verbreitete Prozesse wurden von der BASF und von der Chemischen Fabrik Von Heyden (jetzt Wacker-Chemie) entwickelt. Heute nutzen die meisten Anlagen die Technologien von Arkema, BASF oder Lurgi.

Kennzeichen der *o*-Xylol-Oxidation mit Festbettkatalyse:

stark exotherme Reaktion erfordert Röhrenbündelreaktoren, trotz enger Röhren erlauben Katalysatorkugeln (punktförmige Berührung) hohen Durchsatz bei geringem Druckverlust

Nebenprodukte der *o*-Xylol-Oxidation:

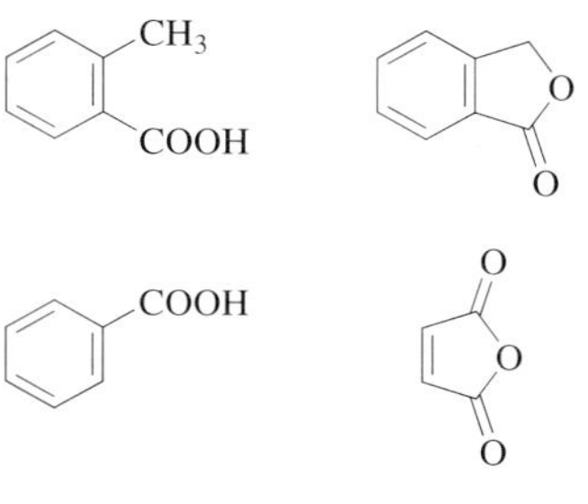

Bei diesen Verfahren wird etwa 95-proz. *o*-Xylol bei 375 bis 410 °C mit einem Luftüberschuss an V_2O_5-Katalysatoren oxidiert, die in Röhrenbündelreaktoren mit etwa 10000 Röhren angeordnet sind. Der BASF-Katalysator z. B. besteht aus einem Gemisch von V_2O_5 und TiO_2 mit Promotoren wie Al- und Zr-Phosphaten, die auf Kugeln aus z. B. Porzellan, Quarz oder Siliciumcarbid mit glatter und porenarmer Oberfläche schalenförmig verteilt sind (Schalenkatalysatoren). Phthalsäureanhydrid wird bei einem *o*-Xylol-Umsatz von über 90 % mit einer Selektivität von 78 % (*o*-Xylol) und nach zweistufiger Destillation mit einer Reinheit von zumindest 99,8 % erhalten. Als Nebenprodukte entstehen *o*-Toluylsäure, Phthalid, Benzoesäure und Maleinsäureanhydrid sowie CO_2 aus der Totaloxidation. Als wertvolles Nebenprodukt lässt sich Maleinsäureanhydrid (5 kg pro 100 kg PSA) wirtschaftlich isolieren.

Verfahrensentwicklungen:

höherer *o*-Xylol-Anteil in Luft führt zu Anstieg der Katalysatorproduktivität (RZA) und Rückgang des Energieverbrauchs

Verbesserte und vergrößerte Reaktoren haben jetzt pro Einheit eine Leistung von 40–50000 jato Phthalsäureanhydrid. Nach einer neueren Entwicklung im Von-Heyden-Verfahren werden Rohrbündelreaktoren besonderer Bauart verwendet, die, bei Einsatz einer Salzschmelze zur Kühlung, eine exakte Kontrolle des Temperaturprofils gestatten und damit eine höhere Beladung der Luft mit *o*-Xylol (60 g/m^3 gegenüber

44 g/m^3) zulassen. Die stärkere Wärmeentwicklung führt zu beträchtlicher Energieeinsparung.

Auch andere Firmen, wie z. B. Nippon Shokubai oder Alusuisse, haben neue Technologien für ein höheres *o*-Xylol/Luft-Verhältnis erarbeitet.

Weitere Festbettverfahren wurden von Ftalital (jetzt Alusuisse), Japan Gas (jetzt Mitsubishi Gas), Pechiney-Saint-Gobain, Rhône-Progil, Ruhröl (jetzt Hüls) und Scientific Design entwickelt.

Kennzeichen der *o*-Xylol-Oxidation mit Fließbettkatalyse:

gegenüber Festbett geringerer Luftüberschuss, höherer Durchsatz, PSA-Flüssigaustrag

Die Katalysatorselektivitäten in den Fließbettverfahren sind denen der Festbettverfahren praktisch gleich. Da die Explosionsgefahr im Fließbett jedoch wesentlich herabgemindert ist, kann der Luftüberschuss reduziert werden. Damit kann ein Teil des Phthalsäureanhydrids oberhalb seines Schmelzpunktes als Flüssigkeit ausgetragen werden. Diese Art der Isolierung bietet gegenüber einer Kristallabscheidung deutliche technologische Vorteile.

Zu 2

Kennzeichen der *o*-Xylol-Oxidation in der Flüssigphase (Rhône-Progil-Verfahren):

hohe Radikalkonzentration erlaubt niedrige Oxidationstemperaturen von 150 °C, AcOH als Verdünnungsmittel steigert die Selektivität auf ca. 90%

Übertragung des Oxidationsprinzips auf *m*-Xylol zu Isophthalsäure möglich

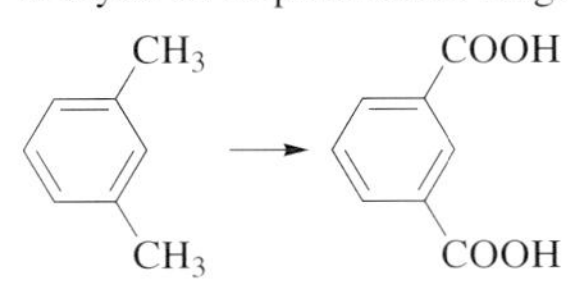

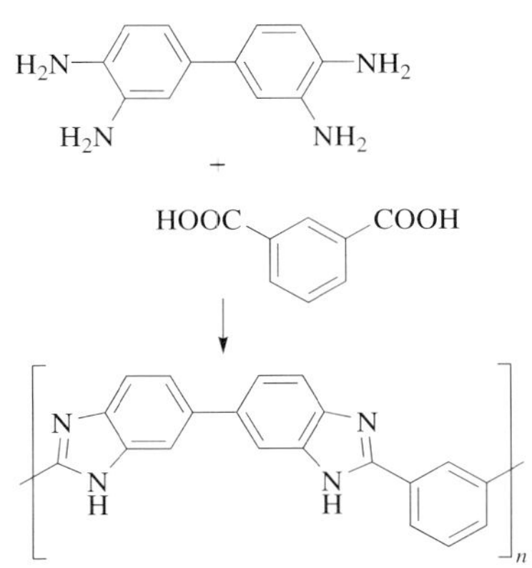

o-Xylol lässt sich nach Entwicklungen z. B. von Rhône-Progil auch in flüssiger Phase mit Luft oxidieren. Man verwendet lösliche Acetate oder Naphthenate von Co, Mn oder Mo mit Cokatalysatoren, die zumeist Brom enthalten. Als Lösemittel werden zusätzlich Carbonsäuren, hauptsächlich Essigsäure, zugegeben. Die Oxidation wird bei etwa 150 °C durchgeführt. Die Phthalsäure wird als essigsaure Lösung ausgetragen, dann durch Kühlung kristallin abgeschieden und zum Anhydrid dehydratisiert und destilliert. Die Selektivität wird mit 90% angegeben. Auch andere Firmen wie Hüls oder Standard Oil of Indiana haben Flüssigphasenverfahren zur Phthalsäureanhydrid-Herstellung entwickelt, eine technische Anwendung steht noch aus.

Nach dem gleichen Verfahren der *o*-Xylol-Oxidation lässt sich das *m*-Xylol zur Isophthalsäure oxidieren (vgl. Amoco-Verfahren, Abschn. 14.2.2). Die Säure und ihre Ester gewinnen zunehmende Bedeutung als Ausgangsprodukte für hochschmelzende Kunststoffe, z. B. Polybenzimidazole.

14.1.3 Phthalsäureester

Die Verwendung von Phthalsäureanhydrid für das breite Spektrum von Phthalsäureestern ist in Tabelle 14-1 dargestellt:

Tabelle 14-1. Phthalsäureanhydrid-Verwendung (in Gew.-%):

Produkt	Welt	USA		Westeuropa		Japan	
	2005	1991	2000	1991	1997	1991	1997
Weichmacher	57	53	53	60	61	67	70
unges. Polyester	17	24	23	20	19	12	12
Alkydharze	17	16	13	16	16	17	9
Sonstiges	9	7	11	4	4	4	9
Gesamtverbrauch (in Mio t)	3,5	0,37	0,49	0,75	0,73	0,26	0,27

PSA-Verwendung:

1. Phthalsäureester mit C_4–C_{10}-Alkoholen
2. ungesättigte Polyester mit z. B. Maleinsäureanhydrid, Diolen und vernetzende Copolymerisation mit Styrol
3. Polyester (Alkydharze) mit Glycerin
4. Zwischenprodukte

Phthalsäureanhydrid wird hauptsächlich zu drei unterschiedlichen Typen von Estern umgesetzt, von denen die monomeren Phthalsäureester mit C_4–C_{10}-Alkoholen als Weichmacher die größte Verwendung finden. Die Herstellverfahren dafür werden anschließend ausführlicher beschrieben.

Herstellprinzip für ungesättigte Polyester:

Copolykondensation PSA und ungesättigte Dicarbonsäure bzw. deren Anhydrid mit Diolen zur Steuerung der Zahl der Doppelbindungen im Makromolekül für die anschließende Pfropfpolymerisation mit Styrol

Die zweite Gruppe betrifft die ungesättigten Polyester. Zu ihrer Herstellung wird Phthalsäureanhydrid zusammen mit Maleinsäureanhydrid (vgl Abschn. 13.2.3.4) oder Fumarsäure mit einem Diol (1,2-Propylenglykol oder Diethylenglykol) zumeist in der Schmelze polykondensiert. Eine nachträgliche Härtung wird überwiegend durch eine radikalisch initiierte Vernetzung mit Styrol vorgenommen. Die entstehenden Duroplaste zeichnen sich durch Wärmebeständigkeit und bei Fasereinbau durch gute mechanische Eigenschaften aus und sind für die Verwendung in der Bauindustrie und im Transportwesen geeignet.

Herstellprinzip für Alkydharze:

partielle Polykondensation PSA mit oligofunktionellem Alkohol (Glycerin) und anschließende Vernetzung bei höherem Kondensationsgrad

Das dritte Einsatzgebiet für Phthalsäureanhydrid – teilweise im Gemisch mit z. B. Adipinsäure – sind die Alkydharze oder Glyptale aus der Umsetzung mit Glycerin (vgl. Abschn. 11.2.3). Ein geringerer Anteil Phthalsäureanhydrid wird für Zwischenprodukte z. B. auf dem Farbstoffsektor genutzt.

Die größte Bedeutung hat Phthalsäureanhydrid zur Herstellung von Weichmachern.

Phthalatweichmacher-Produktion (in 1 000 t)

	1990	1992	1994
WE	1 168	1 202	1 253
USA	572	573	638
Japan	453	444	444
BRD	373	363	427

Der Anhydridanteil für diesen Einsatz schwankt länderabhängig zwischen 50 und 70 % und läuft der Mengenentwicklung an flexiblen Kunststoffen und Dispersionen parallel. Die Produktionszahlen für Weichmacher auf Basis Phthalsäure in einigen Ländern sind in der nebenstehenden Tabelle zusammengefasst.

Von den verschiedenen Phthalsäureestern, die als Weichmacher Verwendung finden, sind Bis-(2-ethylhexyl-)-phthalat – auch **Dio**ctyl**p**hthalat oder DOP genannt – sowie **Diiso**d**e**cyl**p**hthalat (DIDP) und **Diison**onyl**p**hthalat (DINP) die mengenmäßig bedeutendsten Produkte (vgl. 2-Ethylhexanol-Herstellung, Abschn. 6.1.4.3). Der Anteil des Dioctylphthalats an der Gesamtproduktion von Phthalatweichmachern vermindert sich relativ und schwankt länderabhängig, wie die nebenstehende Tabelle ausweist.

Bevorzugte Alkoholkomponenten für Phthalsäureester als Weichmacher:

$$CH_3(CH_2)_3\underset{\displaystyle C_2H_5}{\underset{|}{C}}HCH_2OH$$

DOP-Anteil an Phthalatweichmachern (in Gew.-%)

	1986	1991	1994
USA	24	20	18
WE	53	48	53
BRD	65	60	54
Japan	64	66	66

Insgesamt liefern die Phthalate als Ester zahlreicher weiterer Alkohole die größte Palette an Weichmachern.

Schon 1940 wurde von der BASF die Produktion von Bis-(2-ethylhexyl)-phthalat aufgenommen.

Die Phthalsäureveresterung mit 2-Ethylhexanol erfolgt ausgehend von dem Phthalsäureanhydrid zweistufig über den Halbester zum Diester:

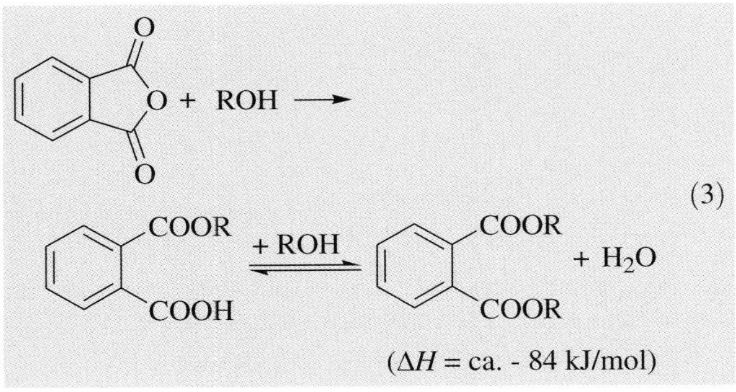

(3)

Die erste Stufe der Adduktbildung verläuft sehr schnell. Der Monoester bildet sich schon beim Lösen des Anhydrids im Alkohol. Für die geschwindigkeitsbestimmende zweite Stufe benötigt man eine Aktivierung entweder durch einen Veresterungskatalysator oder durch höhere Reaktionstemperatur.

Herstellung von Phthalsäureestern aus PSA in zwei Stufen:

erste Stufe als nucleophile Alkoholyse des PSA sehr schnell und ohne Katalysator

zweite Stufe zum Diester langsam und daher beschleunigt durch Brönstedt- oder Lewis-Säure oder höhere Reaktionstemperatur

In der bisher bevorzugten technischen Ausführungsform wurden saure Katalysatoren wie H_2SO_4, *p*-Toluolsulfonsäure oder α-Naphthalinsulfonsäure eingesetzt. Jedoch darf die Reaktionstemperatur nicht wesentlich über 160 °C ansteigen, da sonst die Selektivität absinkt, weil protonenkatalysierte Nebenreaktionen des Alkohols, wie Dehydratisierung zum Olefin oder zum Ether, sowie Isomerisierungen verstärkt ablaufen. Damit werden eine Verfahrensdurchführung bei vermindertem Druck zur azeotropen Entfernung des Reaktionswassers mit überschüssigem 2-Ethylhexanol

Kennzeichen der Protonenkatalyse:

Nebenreaktionen, wie z. B. Olefin-, Ether- und Isomerenbildung aus dem Alkohol, vermindern die Selektivität bei niedriger Temperatur, eine Katalysatorabtrennung und ein beträchtlicher Reinigungsaufwand für den Rohester erforderlich.

Kennzeichen der aprotischen Katalyse:

spezifisch katalysierte Veresterung bei temperaturabhängiger Löslichkeit von SnC_2O_4 führt zu hoher Selektivität und leichter Katalysatorabtrennung

Eine neuere Entwicklung der M & T Chemicals (USA) führte zum Einsatz von aprotischen Katalysatoren auf Zinnbasis, wie z. B. Zinnoxalat, die ohne die nachteilige Nebenproduktbildung der Protonenkatalyse eine beträchtliche Erhöhung der Veresterungsgeschwindigkeit bei 200–220 °C erbringen. Das bei Abkühlen des Reaktionsgemisches sich wieder abscheidende Zinnoxalat lässt sich damit auf einfache Weise entfernen.

Kennzeichen der rein thermischen Veresterung:

Autokatalyse durch Phthalsäurehalbester führt zu hoher Esterqualität ohne aufwendige Nachbehandlung

Die BASF entwickelte eine katalysatorfreie Veresterung des Phthalsäureanhydrids bei höherer Temperatur. Unter diesen Bedingungen kann das Proton des Phthalsäuremonoesters aus der ersten Veresterungsstufe bei der vollständigen Veresterung autokatalytisch wirksam werden. Die kontinuierlich ablaufende Veresterung des Phthalsäureanhydrids mit 2-Ethylhexanol wird bei 185–205 °C unter Normaldruck durchgeführt. Das Reaktionswasser wird dabei ständig durch azeotrope Destillation mit einem Überschuss an 2-Ethylhexanol entfernt.

Bei einem 97-proz. Umsatz an Phthalsäuremonoester zum Diester wird in einer mehrstufigen Kesselkaskade eine Selektivität von 98 % (PSA und 2-Ethylhexanol) erreicht.

Der erhaltene Phthalsäureester ist sehr rein. Es sind weder Rektifikationen noch chemische (H_2O_2) oder physikalische Nachbehandlungen (UV-Bestrahlung, Aktivkohle) erforderlich.

Funktion der Phthalsäureester als Weichmacher:

Zusatz zu Thermoplasten zur Verminderung der van-der-Waals-Kräfte zwischen Polymerketten

Nach dem gleichen Verfahren können auch andere Oxoalkohole mit Phthalsäureanhydrid verestert werden.

Die Wirkungsweise der Phthalsäureester als Weichmacher besteht in der Überführung von harten und spröden thermoplastischen Kunststoffen in einen für die Verarbeitung und Verwendung notwendigen zähweichen und elastischen Zustand.

PVC als größter Weichmacherverbraucher hat mit Produktionsanstieg auch Weichmacherbedarf (hauptsächlich Phthalate) nach sich gezogen

Besonders das PVC kann durch spezifische Weichmachung sehr weitgehend in seinen Eigenschaften variiert werden. So setzt man dem PVC, z. B. bei der Weichverarbeitung zu Schläuchen und Folien, etwa 30–70 % seines Gewichtes an Weichmachergemischen zu, von denen Phthalsäureester den größten Anteil ausmachen.

Damit hat das PVC mit seinem beträchtlichen Produktionsanstieg auch den Phthalatweichmachern zu ihrer Bedeutung und ihrem Wachstum verholfen.

14.2 Terephthalsäure

Terephthalsäure (**tere****ph**th**a**lic acid, TPA) hat mit ihrer überwiegenden Verwendung für **P**oly**e**thylen**t**erephthalat (PET) notwendigerweise das gleiche stürmische Wachstum mitgemacht, das dieser Polyester als Faser und Folie in drei Jahrzehnten erlebt hat. Diese Entwicklung wird sich noch beschleunigen, wenn die PET-Verwendung auf dem Flaschensektor – wie sich in den letzten Jahren schon gezeigt hat – weiterhin zunimmt. Die Produktionskapazitäten für das PET sind in Abschnitt 14.2.4 dargestellt.

Größtes Einsatzgebiet für Terephthalsäure (TPA) ist die Herstellung von Polyethylenterephthalat (PET):

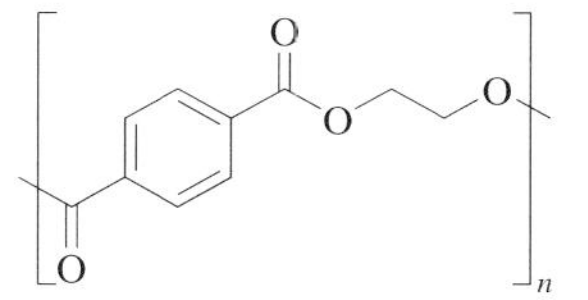

Bei einer überwiegenden Nutzung der Terephthalsäure als Polyethylenterephthalat, das außerdem biologisch nicht abgebaut wird, ergibt sich neben einer direkten Herstellung der Säure auch die Möglichkeit des Recyclings von PET auf den unterschiedlichen Anwendungssektoren. So haben verschiedene Hersteller Recyclingprozesse entwickelt, bei denen z. B. eine PET-Schmelze durch Methanolyse in **Dim**ethyl**t**erephthalat (DMT) und die weiteren Komponenten des Poly- bzw. Copolymeren depolymerisiert wird.

Die einfachste Herstellung von PET durch Polykondensation von Glykol und TPA scheiterte viele Jahre an der ungenügenden TPA-Reinheit

TPA-Reinigung ist erschwert, da TPA nicht in einfacher Weise umkristallisierbar, unschmelzbar und nur oberhalb 300 °C sublimierbar ist, daher wurde Roh-TPA bisher über Dimethylester (DMT) gereinigt

Die ungewöhnlichen physikalischen Eigenschaften der Terephthalsäure verhinderten viele Jahre, dass die chemisch einfachste Methode der Polykondensation, durch direkte Veresterung von Dicarbonsäure und Diol, durchgeführt werden konnte (vgl. Abschn. 14.2.4). Terephthalsäure ist extrem unlöslich in heißem Wasser (100 °C) und in gebräuchlichen organischen Lösemitteln sowie unschmelzbar, so dass sie großtechnisch nicht in erforderlicher Reinheit für die Polykondensation bereitgestellt werden konnte. Die rohe Terephthalsäure wurde daher als Dimethylester durch Kristallisation und Destillation auf Faserqualität gebracht.

Faserreine TPA in neuerer Zeit direkt durch verbesserte Oxidationstechnologie von *p*-Xylol zugänglich

1963 gelang es Teijin und Toray mit einem klassischen Verfahren durch eine verbesserte Technologie eine reine, direkt mit Ethylenglykol polykondensierbare Terephthalsäure herzustellen. Seit dieser Zeit sind weitere Verfahren zur Gewinnung einer faserreinen Terephthalsäure entwickelt worden, die im Vergleich zur Produktion von DMT in allen Industrieländern und besonders in Japan, als dem Land mit der ersten industriellen Nutzung, an Bedeutung gewonnen haben, wie die nebenstehende Tabelle ausweist.

TPA-Anteil an TPA/DMT-Kapazität (in Gew.-%)

	1976	1980	1987	1997	2000
USA	33	39	41	68	80
WE	26	34	41	54	69
Japan	39	58	77	82	85
Welt	29	41	53	78	87

Die weltweiten Herstellkapazitäten für TPA und DMT betrugen 2000 etwa 24,0 bzw 3,6 Mio jato, davon in USA 3,6 bzw. 0,9, in Westeuropa 2,2 bzw. 1,3, in Japan 1,7 bzw. 0,3 und in der Bundesrepublik Deutschland 0,07 bzw. 0,69 Mio

TPA-Produktion (in 1 000 t)

	1993	1995	1998
USA	2 125	2 477	2 577
Japan	1 553	1 681	1 616
WE	1 115	1 345	1 350

DMT-Produktion (in 1 000 t)

	1995	1997	1999
USA	1 134	1 035	1 095
Japan	386	326	321
WE	1 115	970	1 125
BRD	600	565	595

jato. Produktionszahlen in einigen Ländern sind den nebenstehenden Tabellen zu entnehmen.

Der weltweit größte Hersteller von TPA ist BP-Amoco (heute nur BP) mit einer Kapazität von etwa 3,4 Mio jato (2004).

14.2.1 Herstellung von Dimethylterephthalat und Terephthalsäure

Herstellprinzip für Terephthalsäure und -ester:

katalysierte Flüssigphasenoxidation von *p*-Xylol über *p*-Toluylsäure als Zwischenprodukt

Die großtechnisch bedeutendste Route zur Ester- und Säureherstellung ist die Flüssigphasenoxidation des *p*-Xylols. Ohne besondere Vorkehrungen bleibt die Oxidation jedoch auf der Stufe der *p*-Toluylsäure stehen:

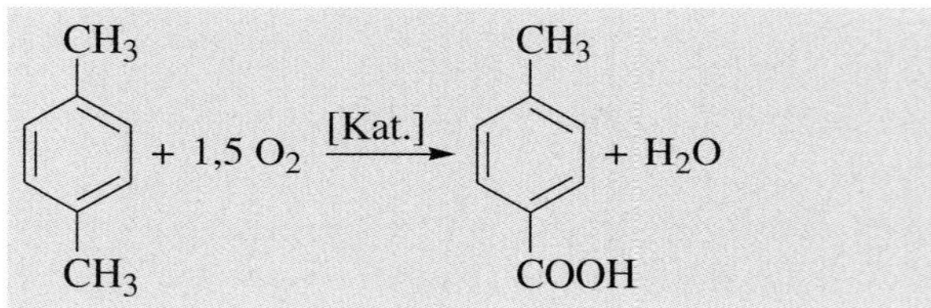

(4)

Die Inhibierung der Weiteroxidation von *p*-Toluylsäure kann nach drei Methoden überwunden werden:

1. Kaschierung der inhibierenden Carboxylgruppe durch katalysatorfreie Veresterung mit Methanol
2. Erhöhung der Aktivität des Oxidationskatalysators durch Zusatz von Bromverbindungen als Cokatalysator
3. Erhöhung der Aktivität des Oxidationskatalysators durch Aufbau von Hydroperoxiden mittels Cooxidation

Um auch die zweite Methylgruppe in die Carboxylgruppe zu überführen, wurden verschiedene Wege eingeschlagen. Man kann drei prinzipielle Möglichkeiten unterscheiden:

1. Die Carboxylgruppe der *p*-Toluylsäure wird mit Methanol in einer zusätzlichen Stufe verestert (Witten, Hercules, California Research) oder Methanol als Lösemittel für die Oxidation verestert gleichzeitig (BASF, Montecatini und DuPont); danach wird auch die zweite Methylgruppe oxidiert.

2. Zusammen mit dem Metallsalzkatalysator (Mn- oder Co-) wird ein Cokatalysator oder Promotor, wie z. B. Bromverbindungen, verwendet (Amoco/Mid-Century und IFP).

3. In einem Cooxidationsprozess wird eine Hilfssubstanz gleichzeitig mitoxidiert, die Hydroperoxide liefern kann. Als cooxidierbare Substanzen werden Acetaldehyd (Eastman-Kodak), Paraldehyd (Toray Industries) und Methylethylketon (Mobil Oil und Olin Mathieson) verwendet.

Methode 1 der Weiteroxidation führt zu DMT, 2 und 3 ergeben TPA

Die erste Methode liefert in der technischen Ausführung zwangsläufig das Dimethylterephthalat, während die beiden anderen in neuerer Zeit bevorzugt zur Reinsäureherstellung (vgl. Abschn. 14.2.2) benutzt werden.

Das Witten-Verfahren zur Herstellung von Dimethylterephthalat, auch als Imhausen- oder Katzschmann-Prozess bekannt, wurde in ähnlicher Ausführung etwa gleichzeitig auch von der California Research in den Jahren 1950/51 entwickelt. Hercules beteiligte sich mit einer California-Lizenz und dem Imhausen-Know-how an der technischen Ausarbeitung des Verfahrens. Mit der Übernahme der Chemischen Werke Witten wurde dann Dynamit Nobel (heute Hüls) der führende europäische Hersteller für das DMT.

Technische Anwendung der Veresterungsmethode (DMT-Herstellverfahren):

Imhausen (später Witten, Dynamit Nobel, jetzt Hüls) und California Research/Hercules

Beide Verfahren sind zweistufige Flüssigphasenoxidationen, die in erster Stufe mit Luft bei 140–170 °C und 4–8 bar in Gegenwart von Co/Mn-Salzen organischer Säuren zur *p*-Toluylsäure führen. Daneben entsteht wenig Terephthalsäure. Nach Veresterung mit Methanol, z. B. bei 250–280 °C und fast 100 bar katalysatorfrei oder auch bei 140–240 °C und bis zu 40 bar in Gegenwart eines Protonenkatalysators wie z. B. *p*-Toluolsulfonsäure, lässt sich auch die zweite Methylgruppe oxidieren, wobei der Terephthalsäuremonomethylester entsteht. Technisch werden sowohl die Oxidations- als auch die Veresterungsstufen zusammengefasst. Man oxidiert ein Gemisch von *p*-Xylol und *p*-Toluylester und verestert das aus Toluylsäure und Terephthalsäuremonomethylester bestehende Oxidat gemeinsam:

Prinzip des zweistufigen DMT-Herstellverfahrens:

erste Stufe:

homogen katalysierte, kombinierte Flüssigphasenoxidation von:

1. *p*-Xylol und
2. *p*-Toluylester

zweite Stufe:

kombinierte Druckveresterung katalysatorfrei oder mit Protonensäure von:

1. *p*-Toluylsäure und
2. TPA-Halbester mit Methanol

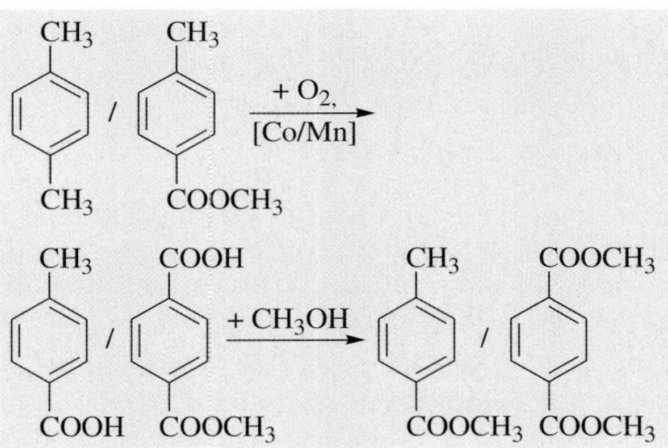

(5)

Die Rohester werden dann in einem Kolonnensystem im Vakuum in die Komponenten aufgetrennt. Der *p*-Toluylester wird in die Oxidation zurückgeführt. Das Dimethylterephthalat wird zur weiteren Reinigung zweimal aus Methanol oder auch aus Xylol umkristallisiert und auf einer Kühlwalze nach vorherigem Aufschmelzen in gut hantierbare Schuppen übergeführt. Die Selektivität zu Dimethylterephthalat erreicht etwa 85 % (*p*-Xylol) und etwa 80 % (CH_3OH).

Reinigung des DMT zur Faserherstellung:

1. Destillation
2. Kristallisation
   (faserreines DMT Fp. 141 °C)

Inzwischen wurde von der Dynamit Nobel ein eigenes Verfahren zur Herstellung von faserreiner Terephthalsäure entwickelt, so dass bestehende DMT-Anlagen auf die Produktion von TPA umgestellt werden können.

DMT-Herstellvariante:

p-Xylol-Oxidation mit simultaner Veresterung in der Flüssigphase nach dem Gegenstromprinzip

BASF, DuPont und Montecatini fassen in ihren Verfahren die Luftoxidation des *p*-Xylols in flüssiger Phase und die Veresterung mit Methanol zu einer Stufe zusammen:

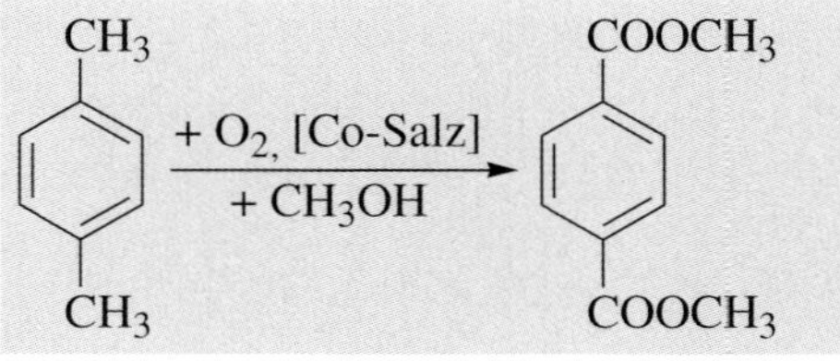

(6)

In einem Reaktor, der nach dem Gegenstromprinzip arbeitet, werden oben *p*-Xylol und rückgeführte Teiloxidationsprodukte und von unten Methanol und Luft eingespeist. Bei 100–200 °C und 5–20 bar wird bei 22 Stunden Verweilzeit die Oxidation mithilfe von Co-Salzen durchgeführt. Die Selektivität zu Rohdimethylterephthalat soll über 90 % (*p*-Xylol) und 60–70 % (Methanol) betragen.

Ältere DMT-Herstellverfahren durch *p*-Xylol-Oxidation mit HNO_3 wegen schwer abtrennbarer N-haltiger Nebenprodukte heute ohne Bedeutung

Ältere Verfahren der *p*-Xylol-Oxidation mit HNO_3 (BASF, Bergwerksverband, DuPont, Hoechst, ICI, Richfield) haben wegen der schwer zu reinigenden stickstoffhaltigen Terephthalsäure heute keine technische Bedeutung mehr.

14.2.2 Faserreine Terephthalsäure

Herstellmöglichkeiten für faserreine TPA:

1. Druckhydrolyse von gereinigtem DMT
2. *p*-Xylol-Oxidation mit Br^--Promotor
3. *p*-Xylol-Cooxidation mit Hilfssubstanzen

Das nach dem ersten Verfahrensprinzip hergestellte Dimethylterephthalat kann durch Druckhydrolyse in einem einfachen Verfahrensschritt zu reiner Terephthalsäure, d. h. mit Faserqualität, übergeführt werden.

Technische Entwicklung der „Promotor"-Oxidation (Herstellweg 2):

Amoco (Mid-Century)

Zur direkten Herstellung kann man nach dem zweitgenannten Prinzip, der Cokatalyse, die Oxidationsinhibierung durch das Zwischenprodukt *p*-Toluylsäure mit Zusätzen von Promotoren überwinden.

Prinzip der Cokatalyse zur TPA-Herstellung (Amoco-Verfahren):

Radikalkatalysierte Flüssigphasenoxidation von *p*-Xylol in AcOH mittels Bromaktivierung

Das am weitesten verbreitete Verfahren dieser Art ist der Amoco-Prozess, der auf einer ursprünglichen Entwicklung der Mid-Century Corp. basiert. Beide Firmen gehören heute zur Standard Oil of Indiana.

In der technischen Durchführung wird mit einer Katalysatorkombination von Co- und Mn-Acetat in 95-proz. Essigsäure gearbeitet. Als Cokatalysator dient eine Mischung von NH_4Br und Tetrabrommethan.

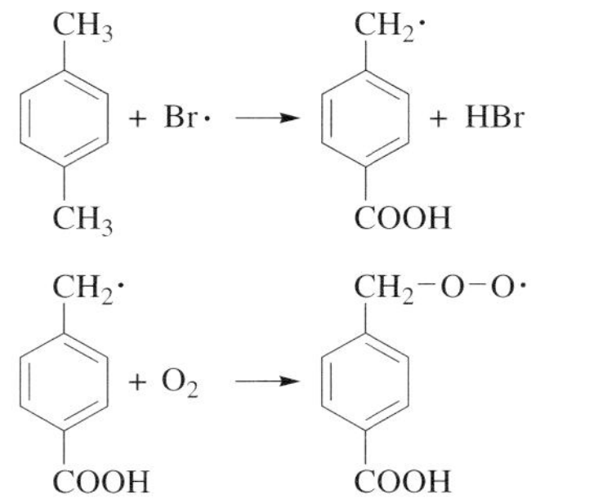

→ Hydroperoxid → Terephthalsäure

Varianten des Amoco-Verfahrens setzen den Cokatalysator in Form von $CoBr_2$, $MnBr_2$ oder auch als HBr zu. Brom hat die Funktion einer regenerierbaren Quelle für freie Radikale. *p*-Xylol wird mit Luft in Rührautoklaven bei 190–205 °C und 15–30 bar oxidiert.

Wegen der korrosiven Katalysatorlösung müssen die Apparaturen mit Titan oder Hastelloy C ausgekleidet sein. Das Oxidat wird abgekühlt und auskristallisierte Terephthalsäure abgetrennt.

Im Reinigungsteil der Anlage wird die Rohsäure in Wasser bei 225–275 °C unter Druck gelöst und in Gegenwart z. B. eines Pd/Kohle-Katalysators hydriert. Dabei wird unter anderem auch der im Polykondensationsverfahren störende 4-Carboxybenzaldehyd in der Flüssigphase zu *p*-Toluylsäure hydriert. Die wässrige Lösung wird abgekühlt und die reine Terephthalsäure auskristallisiert.

Reinigung der kristallin anfallenden TPA:

1. Lösen in H_2O bei 225–275 °C unter Druck
2. Umwandlung einer störenden Zwischenstufe durch Hydrierung

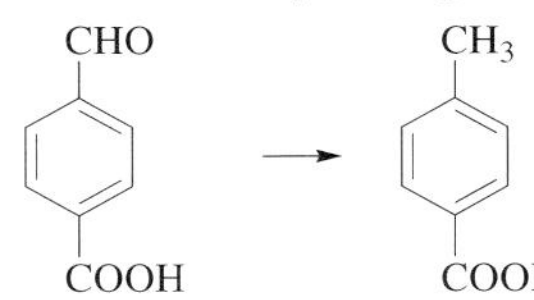

3. Kristallisation durch Einengen

Der *p*-Xylol-Umsatz ist größer als 95 %, die Selektivität zur Säure erreicht über 90 % mit einem Reinheitsgrad von 99,99 %.

Das Verfahren kann kontinuierlich oder diskontinuierlich ausgeführt werden. Eine erste technische Anlage wurde 1958 in Betrieb genommen. Mit Lizenz der Amoco werden in zahlreichen Ländern weitere Anlagen mit insgesamt 78 % der Weltkapazität (1996) an faserreiner Terephthalsäure betrieben. Eine neuere Entwicklung betrifft die Produktion einer Terephthalsäure mittlerer Reinheit mit geringeren Herstellkosten durch eine vereinfachte Reinigung, die für einige Anwendungsbereiche ausreichend ist.

Anwendungsbreite des Amoco-Verfahrens:

1. technisch schon genutzt:

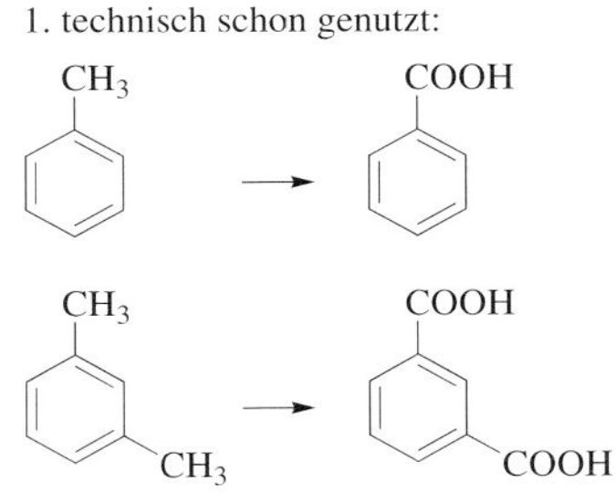

Das Amoco-Verfahren ist ebenfalls zur Oxidation weiterer Methylbenzole und Methylnaphthaline zu aromatischen Carbonsäuren geeignet. So wird beispielsweise Benzoesäure aus Toluol mit 99 % Umsatz und 96 % Selektivität in einer technischen Anlage in England produziert. In gleicher Weise können *m*-Xylol zu Isophthalsäure, Pseudocumol zu Trimellithsäureanhydrid (I), Mesitylen zu Trimesinsäure (II), 2,6-Dimethylnaphthalin zu Naphthalin-2,6-dicarbonsäure (III) und 1,4-Dimethylnaphthalin zur Naphthalin-1,4-dicarbonsäure (IV) oxidiert werden. Isophthalsäure dient wie Terephthalsäure zur Herstellung von Polyestern und Polyesterharzen oder zusammen mit Terephthalsäure zur Herstellung von Copolyestern, z. B. mit 1,4-Dimethylolcyclohexan (vgl. Abschn. 14.2.4). Eine weitere Verwendung ist die Polykondensation mit Diaminen zu Polyamiden (vgl. Aramide, Kap. 10).

2. prinzipiell anwendbar:

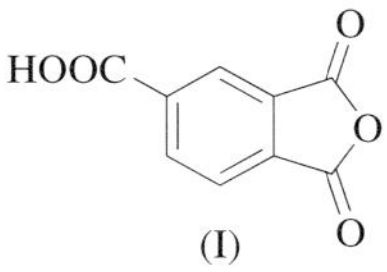

(I)

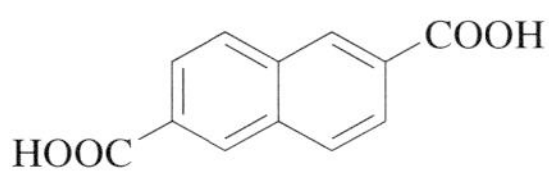

(III)

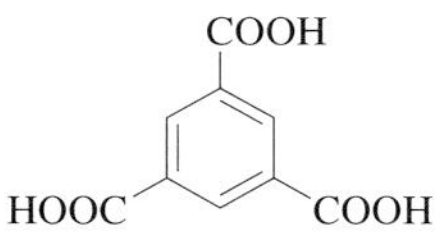

(II)

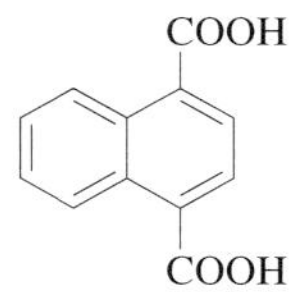

(IV)

Isophthalsäureproduktion (in 1 000 t)

	1992	1994	1997
WE	75	100	141
USA	77	86	96
Japan	23	35	40

Die weltweite Herstellkapazität für Isophthalsäure betrug 2004 etwa 744 000 jato; davon entfielen auf USA, Westeuropa und Japan etwa 268 000, 175 000 bzw. 120 000 jato. Produktionszahlen in diesen Ländern sind in der nebenstehenden Tabelle aufgeführt.

Variante des Amoco-Verfahrens:

IFP-Prozess der katalytischen Flüssigphasenoxidation von *p*-Xylol und weitere Verfahren

Ähnlich dem Amoco-Prozess ist von IFP eine Flüssigphasenoxidation von *p*-Xylol mit Luft in Essigsäure in Gegenwart eines modifizierten Brom-Cobalt-Katalysators entwickelt worden. Die Verfahrensbedingungen sind mit 180 °C und 10 bar etwas milder als im Amoco-Prozess.

Aber auch andere Firmen (u. a. Hüls, ICI, IFP, Maruzen Oil, Mitsui Petrochemical) haben eigene Direktoxidationsverfahren entwickelt.

Prinzip der Cooxidation zur TPA-Herstellung (Herstellweg 3):

kombinierte, katalysierte Flüssigphasenoxidation von *p*-Xylol zusammen mit einer Hydroperoxid liefernden, leichter oxidierbaren Verbindung

Nach dem dritten Prinzip, der Cooxidation des *p*-Xylols zusammen mit Aldehyden, wie Acetaldehyd oder seinem Trimeren, Paraldehyd, Formaldehyd oder Ketonen wie Methylethylketon, kann ebenfalls eine reine Terephthalsäure mit Faserqualität erhalten werden. Beispielhaft für diese Verfahrensweise ist der Toray-Prozess mit Paraldehyd als Promotor. Diese Entwicklung führte 1971 zu einer ersten technischen Anlage in Japan.

Technische Durchführung der Cooxidation:

Toray, Japan (Paraldehyd)
Eastman Kodak, USA (Acetaldehyd)

Verfahrensdurchführung:

p-Xylol und Paraldehyd werden in einer Blasensäule im Gegenstrom mit Luft zu TPA und AcOH (Cooxidat und gleichzeitig Lösemittel) umgesetzt

Bei diesem Verfahren wird *p*-Xylol zusammen mit Paraldehyd und einer Cobaltacetatlösung auf den Kopf einer Blasensäule gegeben, in die von unten Luft einströmt. Die Oxidation wird bei 100–140 °C und 30 bar in Essigsäure als Lösemittel mit der intermediär entstehenden Peressigsäure durchgeführt. Die gebildete Terephthalsäure wird als Suspension in Essigsäure ausgetragen, abgetrennt und gereinigt bzw. mit Methanol zu Dimethylterephthalat verestert. Die Selektivität soll über 97 % (*p*-Xylol) erreichen. Das Neben-

Vergleich mit anderen TPA-Verfahren:

Nachteil: AcOH als Coprodukt

produkt Essigsäure, aus der Cooxidation des Paraldehyds, muss einer weiteren Verwendung zugeführt werden. Pro Tonne Dimethylterephthalat entstehen 0,21 t Essigsäure.

Vorteile:

1. keine Korrosivität durch Br^-
2. hohe Selektivität durch mildere Bedingungen

In ähnlicher Weise verwendet Eastman Kodak Acetaldehyd für die Cooxidation von *p*-Xylol in essigsaurer Lösung und in Gegenwart eines Cobaltsalzes. Die Coproduktion von Essigsäure kann zwischen 0,55 und 1,1 t pro Tonne Terephthalsäure variiert werden. Die TPA-Ausbeute beträgt 96,7 %. Das Mobil-Verfahren mit Methylethylketon als Hilfssystem wurde 1975 aus wirtschaftlichen Gründen aufgegeben.

14.2.3 Weitere Herstellwege für Terephthalsäure und Derivate

Als *Umlagerungsverfahren* sind zwei Verfahren bekannt geworden, die nach der Erfinderfirma auch als Henkel-I- und Henkel-II-Verfahren bezeichnet werden. Die klassischen Prozesse wurden in neuerer Zeit von verschiedenen Firmen – Henkel I durch Teijin und Kawasaki, Henkel II durch Mitsubishi Chemical sowie durch Phillips Petroleum/Rhône-Poulenc – weiterentwickelt, so dass Teijin, wie schon erwähnt, mit diesem Prozess als Erste eine Terephthalsäure mit Faserqualität herstellen konnte.

Ältere Herstellverfahren für Terephthalsäure:

1. Henkel-I-Isomerisierung
2. Henkel-II-Disproportionierung

Der erste Schritt im *Henkel-I-Verfahren* ist die Herstellung von Dikaliumphthalat aus Phthalsäureanhydrid, das dann in einer Isomerisierungsstufe bei 430–440 °C in Gegenwart eines Zn-Cd-Katalysators und unter einem Druck von 5–20 bar CO_2 zu Dikaliumterephthalat umgelagert wird:

Prinzip der Henkel-I-Route:

katalysierte Isomerisierung von Phthalsäure zu TPA in Form ihrer K-Salze

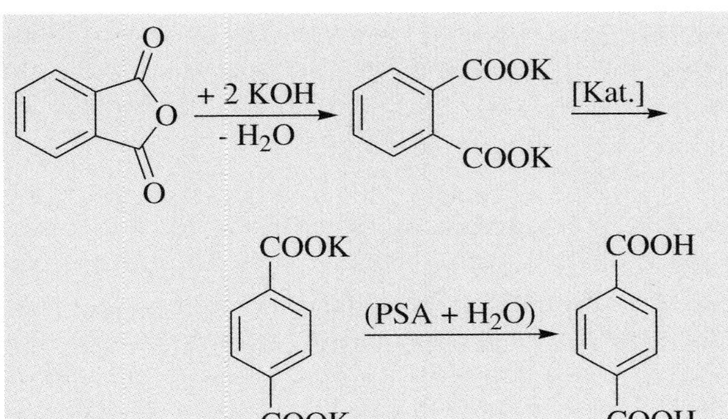

(7)

Die Kaliumrückführung wird durch einen sinnvollen Kaliumaustausch zwischen K-Terephthalat und Phthalsäureanhydrid vorgenommen. Inzwischen wurden alle Anlagen stillgelegt, da sie nicht mit anderen Verfahren konkurrieren konnten.

Prinzip der Henkel-II-Route:

katalysierte Disproportionierung von Benzoesäure zu TPA + Benzol

Im *Henkel-II-Verfahren* wird Kaliumbenzoat bei 430–440 °C in Gegenwart von CO_2 (50 bar) und Cd- oder Zn-Benzoat zu Dikaliumterephthalat und Benzol mit 95-proz. Selektivität disproportioniert:

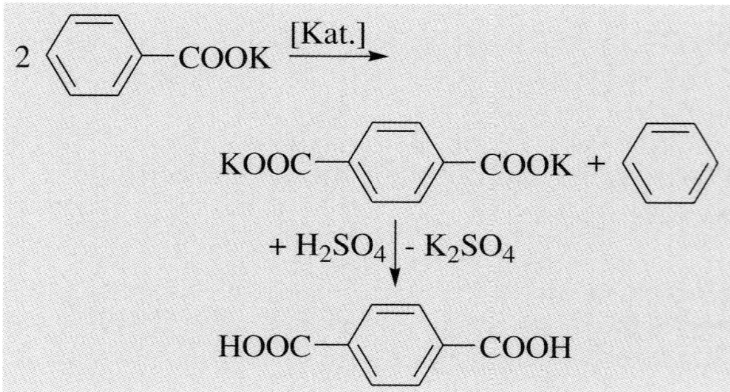

(8)

Technische Anwendung durch Mitsubishi Chemical

Die Reinigung in beiden Verfahren wird auf der Salzstufe durch Entfärben der wässrigen Lösung mit Adsorbentien und durch Umkristallisieren vorgenommen. 1971 wurde von Mitsubishi Chemical in Japan noch eine 23000-t-Anlage nach dem Henkel-II-Verfahren betrieben; sie ist 1975 stillgelegt worden.

Neuere halbtechnische Anwendung durch Phillips Petroleum/Rhône-Poulenc

Neuerdings findet ein verbessertes Henkel-II-Verfahren wieder Interesse. Das gemeinsam von Phillips Petroleum und Rhône-Poulenc entwickelte kontinuierliche Verfahren zur Herstellung von faserreiner Terephthalsäure nach dem Henkel-II-Prinzip zeichnet sich durch einen vollständigen Kaliumkreislauf (Austausch des Kaliums zwischen Dikaliumterephthalat und Benzoesäure) aus, durch den der Anfall von Kalisalzen vermieden wird. Die Disproportionierung des Kaliumbenzoats wird in Suspension in einem Terphenylgemisch in Gegenwart von Zinkoxid durchgeführt.

Herstellverfahren für Terephthalsäure auf Basis Terephthalonitril:

Verfahrensprinzip:

1. *p*-Xylol-Ammonoxidation
2. Dinitrilverseifung

Die Reihe der Terephthalsäureverfahren ist durch eine neu überarbeitete Route von Lummus erweitert worden. Sie gründet sich, wie einige ältere Verfahren von z. B. Allied, Distillers und Showa Denko, auf die Ammonoxidation des *p*-Xylols zu Terephthalonitril:

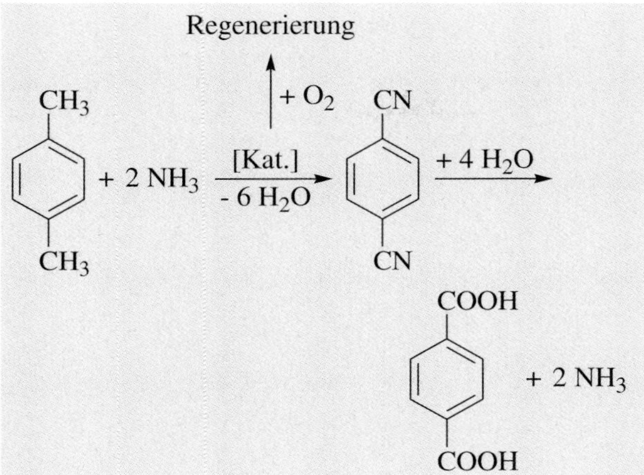

(9)

Merkmale der *p*-Xylol-Ammonoxidation nach Lummus:

zweistufiges Gasphasenverfahren mit

1. *p*-Xylol/NH_3-Umsetzung unter Reduktion eines Oxidationskatalysators auf Metalloxidbasis
2. oxidativer Regenerierung des Katalysators im getrennten Verfahrensschritt

Allerdings wird beim Lummus-Prozess im Ammonoxidationsschritt kein freier Sauerstoff verwendet; *p*-Xylol und NH_3 reagieren vielmehr bei 400–450 °C mit einem Fließbett-Metallkatalysator höherer Oxidationsstufe, zumeist V_2O_5/Al_2O_3, der dabei reduziert und anschließend in getrennter Reaktion bei 500 °C mit O_2 oder Luft reoxidiert wird. Die Selektivität zu Terephthalonitril und seiner Vorstufe, *p*-Tolunitril, das in die Ammonoxidation zurückgeführt wird, soll über 90% betragen. Der *p*-Xylol-Umsatz wird auf etwa 50% eingestellt.

Merkmale der Dinitrilverseifung:

dreistufige, unkatalysierte Abfolge von Hydrolyse, Thermolyse und „Nachhydrolyse"

Die Überführung des Terephthalonitrils in reine Terephthalsäure erfolgt in drei Stufen. Das Dinitril wird zunächst mit Dampf zum Monoammoniumterephthalat hydrolysiert. In einer zweiten Stufe wird dieses Ammoniumsalz thermisch in Terephthalsäure und NH_3 gespalten.

In einer dritten Stufe wird nochmals nachhydrolysiert, um Spuren des Halbamids in Säure zu überführen, da in reiner Terephthalsäure nur bis maximal 10 ppm an stickstoffhaltigen Substanzen vorhanden sein dürfen; diese würden sonst im Polyester zu Gelbfärbungen Anlass geben:

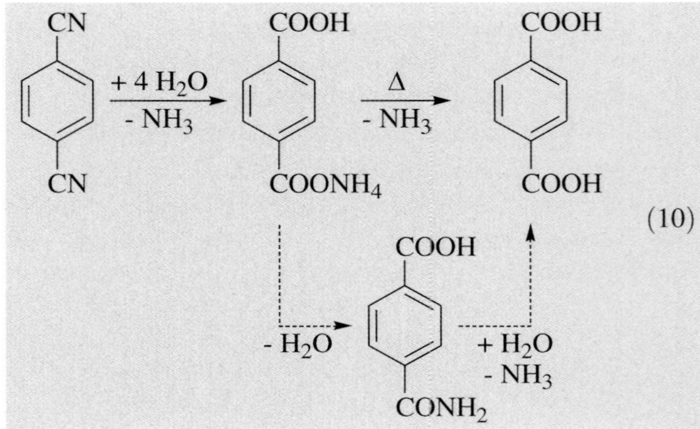

(10)

Dieses interessante Verfahren hat bisher noch keine technische Anwendung gefunden.

p-/m-Xylol-Ammonoxidation nach Showa Denko mit Folgehydrierung von Terephthalo- und Isophthalonitril zu den entsprechenden Xylylendiaminen

Dagegen wird von Showa Denko in Japan die Ammonoxidation von *p*- bzw. *m*-Xylol zu den entsprechenden Dinitrilen, Terephthalonitril und Isophthalonitril, in einer technischen Anlage, allerdings bevorzugt zur Herstellung der Diamine, durchgeführt:

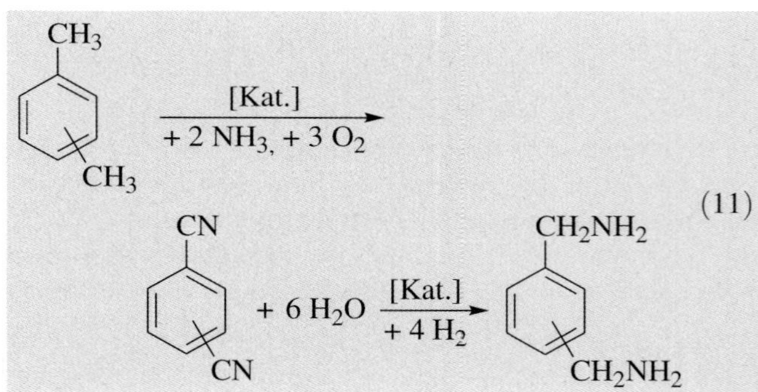

(11)

m-Xylol-Ammonoxidation nach Mitsubishi Gas Chemical mit technischer Anwendung in USA und Japan

Einige weitere Firmen haben ebenfalls Verfahren zur Ammonoxidation von Alkylaromaten entwickelt, so z. B. Mitsubishi Gas Chemical für die Herstellung von Isophthalonitril aus *m*-Xylol, nach denen in zwei technischen Anlagen (USA, Japan) produziert wird. Aus Isophthalonitril wird durch Hydrierung das *m*-Xylylendiamin erhalten, das zur weiteren Umsetzung zum Diisocyanat für Polyurethane verwendet wird.

o-Xylol-Ammonoxidation nach Japan Catalytic und BASF zu Phthalonitril als Vorprodukt für Phthalocyanin-Farbstoffe

Auch Japan Catalytic Chem. Ind. und BASF stellen nach eigenen Verfahren Phthalonitril durch Ammonoxidation von *o*-Xylol her. Phthalonitril ist ein wichtiges Vorprodukt für die Herstellung von Phthalocyanin-Farbstoffen.

Herstellverfahren für Terephthalsäure auf Basis Toluol nach Mitsubishi Gas Chemical über Zwischenstufe *p*-Toluylaldehyd (modifizierte Gattermann-Koch-Synthese)

Mitsubishi Gas Chemical hat in letzter Zeit ein Terephthalsäureverfahren bis zum halbtechnischen Maßstab entwickelt, das auf der Umsetzung von Toluol mit CO in Gegenwart von HF/BF_3 bei 30–40 °C zu *p*-Toluylaldehyd als erster Stufe beruht. Dabei werden Aldehydausbeuten von 96 % (Toluol) und 98 % (CO) erreicht. Nach Abtrennung des Katalysators und Reinigung des *p*-Toluylaldehyds erfolgt dessen Oxidation zu Terephthalsäure:

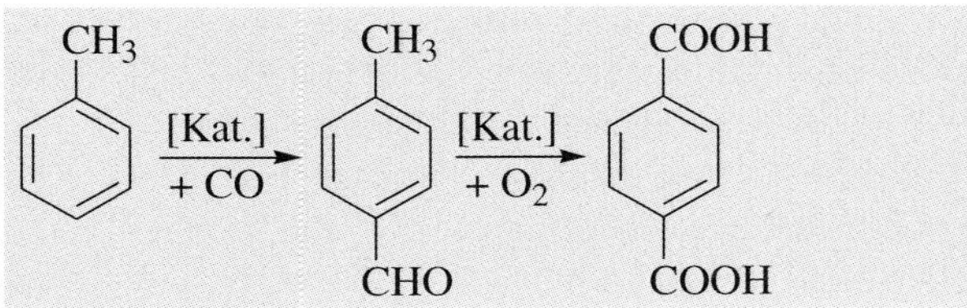

(12)

14.2.4 Verwendung von Terephthalsäure und Dimethylterephthalat

Verwendung von TPA und DMT:

Dicarbonsäurekomponenten zur Polykondensation mit Diolen

Diolkomponenten:

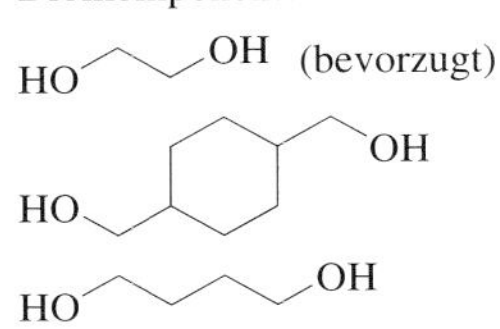

Terephthalsäure und Dimethylterephthalat sind Ausgangsprodukte zur Herstellung von Polyestern mit der bisher hauptsächlichen Verwendung auf dem Fasersektor (weltweit derzeit über 91 %). Ein kleinerer Teil dient als Polyesterharz zur Herstellung von Folien, Lacken und Klebern. In neuerer Zeit haben verschiedene Firmen auch die Entwicklung für die Verpackungsindustrie und da vor allem von Flaschen auf Polyesterbasis (Polyethylenterephthalat) für den Getränkesektor aufgenommen, eine Anwendung mit einer hohen Steigerungsrate.

Das bei weitem größte Produkt ist das Polyethylenterephthalat (PET) mit Ethylenglykol als Diolkomponente. Weiterhin werden auch 1,4-Dimethylolcyclohexan und mit zunehmender Tendenz 1,4-Butandiol (vgl. Abschn. 4.3) für eine Polykondensation mit Terephthalsäure eingesetzt.

PET-Produktion (in Mio t)

	1995	1997	1999
USA	3,14	3,57	3,96
WE	2,28	2,71	3,07
Japan	1,38	1,40	1,28
BRD	0,56	0,56	0,63

Die Herstellkapazitäten für Polyethylenterephthalat aller Einsatzbereiche betrugen 2004 weltweit etwa 12,2 Mio jato; davon entfielen auf USA, Westeuropa, Japan und die Bundesrepublik Deutschland etwa 2,6, 2,6 0,48 bzw. 0,52 Mio jato. Produktionszahlen in diesen Ländern sind in der nebenstehenden Tabelle zusammengefasst.

Die Polyesterproduktion für den Fasersektor betrug 2000 weltweit 17,11 Mio t. Damit hatten die Polyester einen Anteil von etwa 62 % an allen Synthesefasern (vgl. Kap. 10). Auf dem Folien- und Flaschensektor betrug der Verbrauch an Polyethylenterephthalat 1998 weltweit schon 4,7 Mio t mit einem 89-proz. Anteil für Flaschen.

Prinzip der PET-Herstellung:

1. Stufe:

katalytische Umesterung von DMT mit Glykol unter CH_3OH-Austritt oder Veresterung von TPA mit Glykol unter H_2O-Austritt

2. Stufe:

katalytische Polykondensation von Bis-(2-hydroxyethyl)-terephthalat zu PET ca. 10–20 °C oberhalb von PET-Fp (246 °C) unter Glykolaustritt

Zur Herstellung des Polyethylenterephthalats setzt man Dimethylterephthalat unter Umesterung bzw. Terephthalsäure unter Veresterung mit einem Überschuss an Ethylenglykol bei 100–150 °C und 10–70 bar in Gegenwart von Cu-, Co- oder Zn-Acetat als Katalysatoren um. Das Zwischenprodukt – Bis-(2-hydroxyethyl)-terephthalat – wird dann bei höherer Temperatur von 150–270 °C unter Vakuum und zumeist katalytisch, z. B. mit Sb_2O_3, unter Abdestillieren von Ethylenglykol polykondensiert:

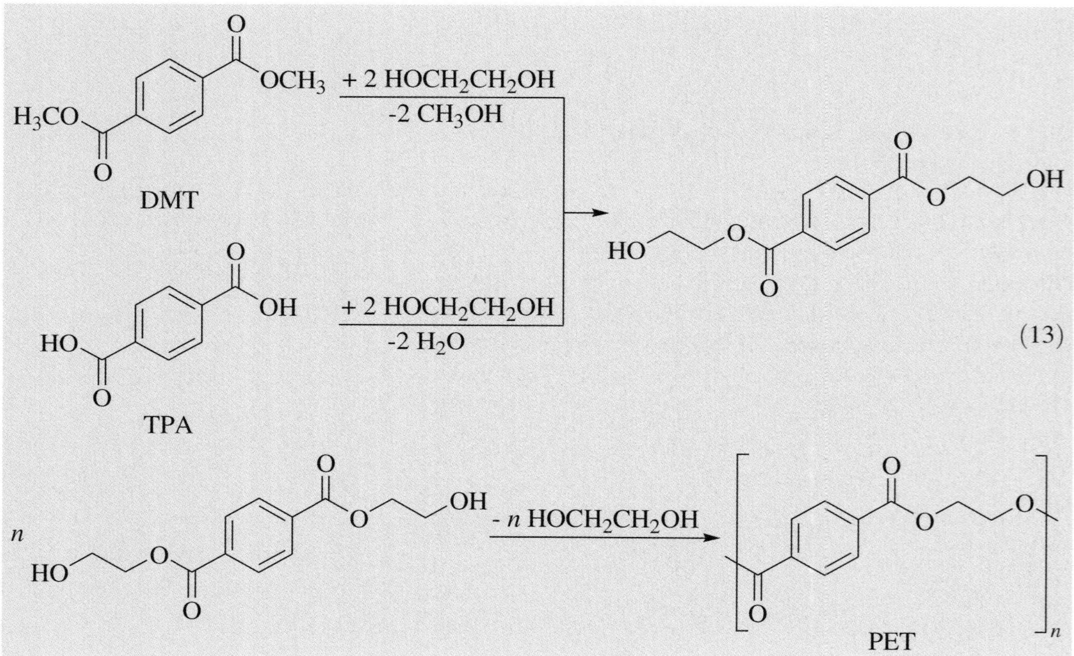

(13)

Die fertige Polyesterschmelze wird entweder direkt versponnen oder bei der Mehrzahl der Verarbeiter gekühlt, granuliert und getrennt versponnen.

Entwicklungstendenz bei der PET-Herstellung über DMT oder TPA:

wirtschaftliche Vorteile führen für TPA zu höherer Zuwachsrate als für DMT

Für den zukünftigen alternativen Einsatz von Terephthalsäure bzw. Dimethylterephthalat ist bisher schon erkennbar (vgl. Abschn. 14.2), dass ein zunehmender Anteil Polyethylenterephthalat auf direktem Weg durch Veresterung – anstatt durch Umesterung – mit anschließender Polykondensation hergestellt wird. Die Vorteile der Terephthalsäure-Direktveresterung ergeben sich aus dem fehlenden Methanolballast, aus einer höheren Ausbeute (+15 % gegenüber DMT-Einsatz) und aus der höheren Umsetzungsgeschwindigkeit.

Herstellvariante für PET:

Primärveresterung von TPA mit Ethylenoxid und anschließender Polykondensation

Eine weitere Variante der Polyethylenterephthalat-Herstellung geht von der gezielt hergestellten Zwischenstufe – Bis-(2-hydroxyethyl)-terephthalat – und ihrer Polykondensation aus. So wurden verschiedene Verfahren zur direkten Terephthalsäureveresterung mit Ethylenoxid entwickelt, die zu dieser Zwischenstufe führen:

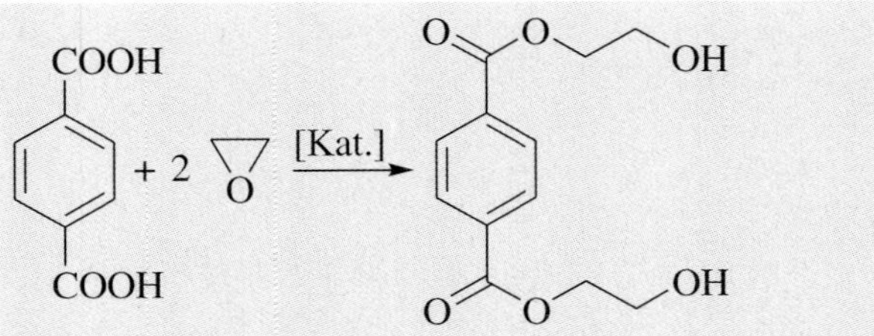

(14)

$(\Delta H = -100\ \mathrm{kJ/mol})$

Verfahrensprinzip der TPA-Addition an Ethylenoxid:

lösemittelfreie, basenkatalysierte Flüssigphasen-Ethoxylierung zu einem umkristallisierbaren TPA-Ester

Die Ethoxylierung der Terephthalsäure wird in flüssiger Phase ohne Lösemittel bei 90–130 °C und 20–30 bar in Gegenwart basischer Katalysatoren, wie Amine oder quartäre Alkylammoniumsalze, ausgeführt. Da der entstehende Ester gut aus Wasser umkristallisierbar ist, kann die Reinigung roher Säure auf diese Stufe verlegt werden.

Technische Anwendung der TPA/EO-Addition:

Teijin (100000-jato-Anlage)

Neben Toyobo und Nippon Soda hat sich besonders Teijin um die Entwicklung dieser Route bemüht und 1971 eine Produktion mit einer Kapazität bis zu etwa 100000 jato für das Zwischenprodukt aufgenommen.

Weitere Verwendung für DMT:

Hydrierung zu 1,4-Dimethylolcyclohexan

Dimethylterephthalat dient neben seiner hauptsächlichen Verwendung als Dicarbonsäurekomponente für Polyester zu einem kleineren Teil auch als Einsatzprodukt zur Herstellung von 1,4-Dimethylolcyclohexan (1,4-Bis-(hydroxymethyl)-cyclohexan).

Herstellprinzip für 1,4-Dimethylolcyclohexan:

zweistufige DMT-Hydrierung:

1. Kernhydrierung am Pd-Katalysator
2. Esterhydrogenolyse am Adkins-Katalysator

Merkmale der Kernhydrierung:

Hydrierung von Aromat zu Cyclohexanderivat führt zu *cis/trans*-Gemisch, exotherme Reaktion nur selektiv bei Verdünnung (z. B. mit Hydrierprodukt Cyclohexandicarbonsäuredimethylester)

Nach dem Verfahren von Eastman Kodak wird das DMT dazu in erster Stufe mit Wasserstoff an einem Pd-Trägerkatalysator bei 160–180 °C und 300–400 bar quantitativ zum *cis*- und *trans*-Cyclohexan-1,4-dicarbonsäuredimethylester hydriert. Die hohe Reaktionswärme von 197 kJ/mol wird dabei durch einen Umlauf des hydrierten Esters abgeführt. In den zirkulierenden Ester wird auch das geschmolzene Dimethylterephthalat dosiert, um dessen Konzentration niedrig zu halten. Dadurch steigt die Selektivität auf 96–98 % an, wenn von einem Ester mit Faserqualität ausgegangen wird.

Die zweite Stufe der Esterhydrierung und -hydrogenolyse an einem Kupferchromitkatalysator (Adkins-Typ) schließt sich ohne Zwischenreinigung an:

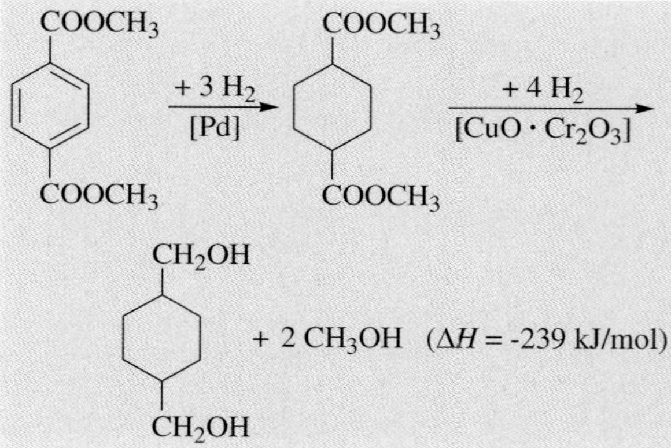

(15)

Merkmale der Esterhydrogenolyse:

bei Zweithydrierung erneut Gleichgewichtseinstellung (*cis/trans*), beeinflussbar z. B. durch Katalysatoralkalität

Dabei stellt sich, unabhängig vom *cis/trans*-Verhältnis der Dimethylester, ein neues Isomerengemisch ein. Die Wahl der Reaktionsbedingungen sowie der Komponenten des Katalysators (z. B. basische Bestandteile) kann das *cis/trans*-Verhältnis beeinflussen.

Verwendung für 1,4-Dimethylolcyclohexan:

Diolkomponente für Polyester, Polyurethane und Polycarbonate

1,4-Dimethylolcyclohexan dient als Diolkomponente für Polyester, Polyurethane und Polycarbonate. So wird es z. B. zusammen mit Terephthalsäure für die Polykondensation zur Herstellung von Polyesterfasern verwendet (z. B. Kodel®, Vestan®). Da die Kristallstrukturen und damit auch die Eigenschaften der mit den einzelnen *cis/trans*-Isomeren des 1,4-Dimethylolcyclohexans hergestellten Polyester unterschiedlich sind, muss beim technischen Prozess ein konstantes Isomerenverhältnis angestrebt werden. In der Praxis wird ein *cis/trans*-Verhältnis von 1 : 3 bis 1 : 4 eingestellt.

15 Anhang

15.1 Definitionen für reaktionskennzeichnende Größen

Wichtige mathematische Größen zur Charakterisierung einer chemischen Reaktion sind u. a. Umsatz, Selektivität, Ausbeute und Raum-Zeit-Ausbeute.

Reaktionskennzeichnende Größen:

1. Umsatz (conversion)
2. Selektivität (selectivity)
3. Ausbeute (yield)
4. Raum-Zeit-Ausbeute (space-time-yield)

Sie werden in der Fachliteratur leider nicht immer mit der gleichen Bedeutung verwendet, so dass eine mögliche Verwechslung hier durch eindeutige Definitionen vermieden werden soll.

Umsatz, Selektivität und Ausbeute werden im Allgemeinen in Mol-, Volumen- oder Gewichtsprozenten angegeben. Zumeist werden in diesem Buch Molprozente bevorzugt und zur Vereinfachung ohne zusätzliche Einheitenangabe verwendet. In allen anderen Fällen werden die Prozentangaben durch Gew.-% bzw. Vol.-% deutlich gekennzeichnet.*

Bevorzugte Einheit mol-%, hier verkürzt zu %, d. h. nur Gew.-% und Vol.-% sind als solche gekennzeichnet

Bespielhafte Reaktion (Ethylen-Acetoxylierung):

$$H_2C{=}CH_2 + CH_3COOH + 0{,}5\ O_2 \xrightarrow{[Kat.]}$$

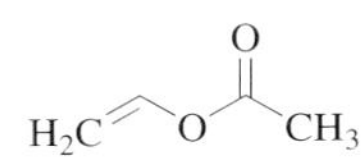 $+ H_2O$

(vgl. Abschn. 9.2.1.2)

Unter dem *Umsatz* einer Reaktionskomponente ist der Quotient aus der umgesetzten Stoffmenge (Basiseinheit mol) Q_u und der eingesetzten Stoffmenge (Basiseinheit mol) Q_E dieser Reaktionskomponente zu verstehen:

$$\text{Umsatz (in \%)} = \frac{Q_u}{Q_E} \cdot 100$$

Reagieren zwei oder mehr Komponenten miteinander, so muss das Einsatzgemisch nicht immer stöchiometrisch zusammengesetzt sein, wenn z. B. wirtschaftliche, technische oder sicherheitstechnische Gründe dies erfordern. Zum weiteren können die einzelnen Reaktionskomponenten unterschiedlichen Anteil an Nebenreaktionen haben, so dass für jede ein Umsatz angegeben werden kann.

Zum Umsatz:

Reaktionskomponenten ($H_2C{=}CH_2$, CH_3COOH, O_2) zeigen unterschiedlichen Umsatz durch:

1. nicht stöchiometrisches Einsatzgemisch: gegenüber CH_3COOH wird $H_2C{=}CH_2$ im Überschuss, O_2 im Unterschuss eingesetzt
2. Nebenreaktionen: CO_2-Bildung bevorzugt aus $H_2C{=}CH_2$ und wenig aus CH_3COOH

Umsätze bei Ethylen-Acetoxylierung:

$H_2C{=}CH_2$	10 %
CH_3COOH	20–30 %
O_2	50–80 %

* Die vom DIN-Regelwerk empfohlenen Größenbezeichnungen in diesem Zusammenhang sind Massen- bzw. Volumenanteil. Beide Größen haben die Dimension 1. Die Bezeichnungen „Gew.-%" und „Vol.-%", obwohl für streng wissenschaftliche Text nicht mehr erwünscht, wurden hier im Interesse kurzer und unmissverständlicher Angaben weiter verwendet, zumal sie in der industriellen Praxis noch gebräuchlich sind.

Industrielle Organische Chemie: Bedeutende Vor- und Zwischenprodukte, 6. Auflage, Hans-Jürgen Arpe

ISBN: 978-3-527-31540-6

Zu Selektivität:

erwünschte Reaktion ($A \rightarrow P$) kann von 2 Konkurrenzreaktionen begleitet werden:

1. Neben- oder Parallelreaktion:

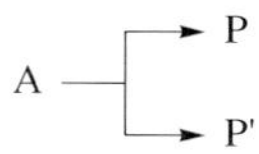

2. Folgereaktion:

$A \longrightarrow P \longrightarrow P''$

beide Konkurrenzreaktionen vermindern die Selektivität von P

Die *Selektivität* eines Reaktionsproduktes macht eine wichtige Aussage über Konkurrenzreaktionen, die bei gleichen Einsatzkomponenten zu anderen Produkten als dem gewünschten Reaktionsprodukt führen. Wenn immer möglich, wurde dabei zwischen den beiden Typen von Konkurrenzreaktionen, d. h. den Neben- oder Parallelreaktionen und den Folgereaktionen, unterschieden. Die Produkte aus diesen Reaktionen sind wie folgt zu charakterisieren: Ein Nebenprodukt entsteht direkt aus den Einsatzkomponenten, während ein Folgeprodukt durch eine anschließende Umsetzung eines Reaktionsproduktes gebildet wird.

Bildung eines Coproduktes:

$A \longrightarrow P + P'''$

beeinflusst nicht die Selektivität von P

Das Coprodukt, als ein dritter Typ eines Produktes, soll an dieser Stelle mitgenannt werden, obgleich es die Selektivität nicht beeinflusst. Es entsteht gleichzeitig und zwangsläufig mit dem erwünschten Reaktionsprodukt z. B. bei allen Zerfalls- oder Eliminierungsreaktionen.

Selektivitäten bei der Ethylen-Acetoxylierung für

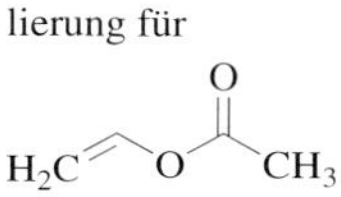

94 %, bezogen auf umgesetztes $H_2C{=}CH_2$
98–99 %, bezogen auf umgesetzte CH_3COOH

Kurzform:

94 % ($H_2C{=}CH_2$)
98–99 % (CH_3COOH)

Unter der *Selektivität* eines Reaktionsproduktes ist der Quotient aus der gebildeten Stoffmenge Q_R dieses Reaktionsproduktes und der umgesetzten Stoffmenge Q_u einer Einsatzkomponente zu verstehen:

$$\text{Selektivität (in \%)} = \frac{Q_R}{Q_u} \cdot 100$$

Da bei einer Mehrkomponentenreaktion die einzelnen Einsatzkomponenten unterschiedlich an Neben- oder Folgereaktionen beteiligt sein können, d. h. unterschiedliche Umsätze aufweisen können, sind für ein Reaktionsprodukt mehrere Selektivitätsangaben möglich. Sie werden durch den Hinweis auf die Bezugskomponente unterschieden, die in diesem Buch zur vereinfachten Kennzeichnung in Klammern hinter die Selektivitätsangabe gesetzt wird.

Ausbeuten bei Etyhlen-Acetoxylierung für

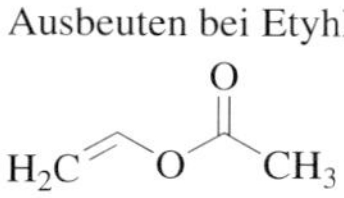

9,4 %, bezogen auf eingesetztes $H_2C{=}CH_2$
19–28,5 %, bezogen auf eingesetzte CH_3COOH

Kurzform:

9,4 % ($H_2C{=}CH_2$)
19–28,5 % (CH_3COOH)

Unter der *Ausbeute* eines Reaktionsproduktes ist der Quotient aus der gebildeten Stoffmenge Q_R dieses Reaktionsproduktes und der eingesetzten Stoffmenge Q_E einer Einsatzkomponente zu verstehen:

$$\text{Ausbeute (in \%)} = \frac{Q_R}{Q_E} \cdot 100$$

Auch bei der Ausbeute ist wie bei der Selektivität die Angabe der Bezugskomponente dann erforderlich, wenn es mehrere Reaktionspartner gibt.

Die Ausbeute ist immer dann geringer als die Selektivität, wenn der Umsatz des Reaktionspartners geringer als 100 % ist. Nur bei 100-prozentigem Umsatz sind die Werte für Ausbeute und Selektivität identisch. Umsatz, Selektivität und Ausbeute sind aufgrund obengenannter Gleichungen durch den folgenden Zusammenhang miteinander verknüpft:

Ausbeute an $H_2C{=}CHO\overset{O}{\overset{\|}{C}}CH_3$, bezogen auf Ethylen

$$\frac{10 \times 94}{100} = 9{,}4\,\%(H_2C{=}CH_2)$$

$$\frac{\text{Umsatz} \times \text{Selektivität}}{100} = \text{Ausbeute}$$

Die *Raum-Zeit-Ausbeute* ist eine technisch häufig benutzte Maßeinheit. Sie gibt die Masse (in kg) eines Reaktionsproduktes an, die sich pro Volumeneinheit des Katalysators bei einer heterogen katalysierten Umsetzung im Fest- oder Fließbett oder pro Volumeneinheit des Reaktors bei einer homogen katalysierten oder unkatalysierten Umsetzung und pro Zeiteinheit bildet; sie wird auch als Katalysatorleistung oder Produktivität bezeichnet. Man sollte den Ausdruck „Raum-Zeit-Leistung“ vermeiden, da nur die gesamte Größe eine Leistung darstellt.

Zu Raum-Zeit-Ausbeute (RZA):

technisch häufig benutzte Dimension:

kg Produkt pro Liter Katalysator (oder pro l Reaktor) pro Stunde ($kg \cdot l^{-1} \cdot h^{-1}$)

Raum-Zeit-Ausbeute bei Ethylen-Acetoxylierung:

0,3–0,6 $kg \cdot l^{-1} \cdot h^{-1}$

15.2 Firmen-Kurzbezeichnungen

Firmennamen sind im Allgemeinen so zitiert, dass sie eindeutig zugeordnet werden können. Weitergehende gebräuchliche, jedoch weniger bekannte Abkürzungen werden im Folgenden erläutert:

Akzo	Algemene Koninklijke Zout Organon
Arco	Atlantic Richfield Co.
ATO	Aquitaine Total Organico
BP	British Petroleum Company
CDF Chimie	Société Chimique des Charbonnages, jetzt ORKEM
CFR	Compagnie Française de Raffinage
CFP	Compagnie Française des Pétroles
DEA	Deutsche Erdöl AG, jetzt RWE-DEA
DSM	Dutch Staats Mijnen
EC-Dormagen	Erdölchemie, Dormagen
FMC	Food Machinery & Chemical Corp.
GAF	General Aniline & Film Corp., jetzt ISP
ICI	Imperial Chemical Industries
IFP	Institut Français du Pétrole
ISP	International Speciality Products
KFA-Jülich	Kernforschungsanlage, Jülich
PCUK	Produits Chimiques Ugine Kuhlmann
PPG	Pittsburgh Plate Glass Co.
RCH	Ruhrchemie AG
Rheinbraun	Rheinische Braunkohlenwerke AG
ROW	Rheinische Olefinwerke GmbH
RWE	Rheinisch-Westfälisches Elektrizitätswerk AG
Sasol	Suid-Afrokaanse-Steenkool-, Olie en Gaskorporasie Beperk
SBA	Société Belge de l'Azote
Sisas	Società Italiana Serie Acetica Syntetica
SKW	Süddeutsche Kalkstickstoff-Werke AG
Sohio	Standard Oil of Ohio
UCB	Union Chimique Belge
UCC	Union Carbide Chemicals Comp.
UK-Wesseling	Union Rheinische Braunkohlen Kraftstoff AG, Wesseling
UOP	Universal Oil Products Comp.
USI	US-Industrial Chemicals Co. (National Distillers)
VEBA	Vereinigte Elektrizitäts- und Bergwerks-AG

15.3 Quellenhinweise

Der offensichtliche Bedarf an einer Darstellung der modernen industriellen organischen Chemie deutet zugleich auch die Problematik eines begrenzten Informationsflusses von der Chemischen Industrie in die Fachliteratur an. Kenntnisse über Verfahren, ihre technisch ausgeführten Varianten und das komplexe Zusammenspiel von Ausgangs-, Zwischen- und Endprodukten mussten daher aus vielen Quellen zusammengetragen werden. Dazu haben zunächst Enzyklopädien und Handbücher die notwendige Hintergrundinformation geliefert, die wesentlich aus Monographien ergänzt wurde. Vor allem aber haben Veröffentlichungen und Redaktionsberichte in technisch-industriell ausgerichteten Fachzeitschriften einen wesentlichen und aktuellen Beitrag geleistet. Eine weitere wichtige Quelle waren Firmenschriften und -nachrichten sowie Berichte über Vorträge und Tagungen. Kapazitäts- und Produktionsangaben konnten zumeist den vorgenannten Fachzeitschriften sowie den Veröffentlichungen der US-International Trade Commission und des Statistischen Bundesamtes sowie dem Japan Chemical Annual entnommen werden. In den Angaben über Produktionen und Kapazitäten in der Bundesrepublik Deutschland sind von 1991 ab die Zahlen aus den neuen Bundesländern, d. h. der ehemaligen DDR, integriert. Die nachfolgende Literaturübersicht gibt, nach einer Zusammenstellung der bevorzugt verwendeten Handbücher und Enzyklopädien, die wichtigsten Publikationen und Monographien in ihrer Zuordnung zu den einzelnen Abschnitten des Buches wieder.

Allgemeine Literatur (Handbücher, Enzyklopädien)

F. Asinger: Die Petrolchemische Industrie, Akademie-Verlag, Berlin 1971.

A.M. Brownstein: Trends in Petrochemical Technology, Petroleum Publishing Co, Tulsa, Oklahoma 1976.

W.I. Faith, D.B. Keyes, R.L. Clark: Industrial Chemicals, John Wiley, New York, London, Sydney 1975.

J. Falbe, M. Regitz: Römpp Chemie Lexikon, G. Thieme Verlag, Stuttgart, 10 Auflage, 1996–1999.

M. Fedtke, W. Pritzkow, G. Zimmermann: Lehrbuch der Technischen Chemie, Deutscher Verlag für Grundstoffindustrie, Stuttgart, 6. Auflage, 1996.

L.F. Hatch, S. Matar: From hydrocarbons to petrochemicals, Hydrocarbon Processing, Publikationsfolge Mai 1977–1979.

Hydrocarbon Processing, Petrochemical Processes März 1997, Gas Processes April 1994, Refining Handbook Nov. 1996.

R.E. Kirk, D.F. Othmer: Encyclopedia of Chemical Technology, Third Edition, John Wiley, New York 1978–1984, 4. Auflage, bis 1998.
P. Leprince, J.P. Catry, A. Chauvel: Les Produits Intermédiaires De La Chimie Des Dérivés Du Pétrole, Société Des Editions Technique, Paris 1967.
R. Pearce, W.R. Patterson: Catalysis and Chemical Processes, Leonard Hill 1981.
M. Sittig: Organic Chemical Process Encyclopedia, Noyes Development Corp., Park Ridge 1969.
M. Sittig: Combine hydrocarbon and oxygen for profit, Gulf Publishing, Houston 1968.
J.M. Tedder, A. Nechvatal, A.H. Jubb: Basic Organic Chemistry Part 5: Industrial Products, John Wiley & Sons, London, New York, Sydney, Toronto 1975.
C.L. Thomas: Catalytic Processes and Proven Catalysts, Academic Press, New York, London 1970.
Ullmanns Encyclopädie der technischen Chemie, Verlag Chemie, Weinheim 1972–1984.
Ullmann's Encyclopedia of Industrial Chemistry, VCH, Weinheim 1985–1996.
A.L. Waddams: Chemicals from Petroleum, John Murray, London 1978.
K. Winnacker, H. Biener: Grundzüge der Chemischen Technik, C. Hanser Verlag, München, Wien 1974.
K. Winnacker, L. Küchler: Chemische Technologie, C. Hanser Verlag, München, Wien, 4. Auflage, 1981–1986.
P. Wiseman: An Introduction to Industrial Organic Chemistry, Applied Science Publishers Ltd., London 1976.

Spezielle Literatur (Veröffentlichungen, Monographien)

Abschnitt 1

H.C. Runge et al., Weltbedarf und Weltbedarfsdeckung bei Öl und Gas, Erdöl und Kohle *33*, 11 (1980).
H.C. Runge, W. Häfele, Zur Verfügbarkeit von Erdöl und Erdgas, Erdöl und Kohle *37*, 57 (1984).
Shell Briefing Service,
Energie im Profil, *Dez.* 1984.
Raffinerien im Blickpunkt, *Mai* 1985.
Mineralöl, Erdgas und Kohle, *Juni* 1985.
Erdöl- und Erdgasförderung im Offshore-Bereich, 1/1994.
Der Internationale Handel mit Rohölen und Mineralölprodukten, 2/1994.
Weltenergie, Daten und Fakten, bis 1/1995.
Energie im 21. Jahrhundert, 5/1995.
Shell, Fakten und Argumente, *Dez.* 1999.
G. Zürn, K. Kohlhase, K. Hedden, J. Weitkamp, Entwicklung der Raffinerietechnik, Erdöl und Kohle *37*, 62 (1984).
W. Häfele, W. Terhorst, Bereitstellung und Nutzung von Mineralöl, Gas, Kohle und Kernenergie, Chem. Industrie *XXXVII*, 9 (1985).
H.E. Hanky, Die Zukunftsaussichten der Petrochemie, Erdöl, Erdgas, Kohle *102*, 38 (1986).

BP, Statistical review of world energy, bis 2003.
BP, Das Buch vom Erdöl, Reuter und Klöckner, Hamburg 1989.
G. Ondrey, P. Hoffmann, S. Moore, Hydrogen Technologies, Chem. Eng. *May*, 30 (1992).
Main-Kraftwerke AG, Energienachrichten, bis 1997.
Info-Zentrale Elektrizitätswirtschaft e. V., bis 1997.
RWE Rheinbraun, Weltmarkt für Steinkohle, Ausgabe 2000.
BMWi, Energiedaten 2000.

Abschnitt 2

G. Kaske, Petrochemische Wasserstoff-Herstellung, Transport und Verwendung, Chemie-Ing.-Tech. *48*, 95 (1976).
O. Neuwirth, Technische Entwicklung der Methanol-Synthese in der Nachkriegszeit, Erdöl und Kohle *29*, 57 (1976).
K. W. Foo, J. Shortland, Compare CO production methods, Hydrocarbon Processing *May*, 149 (1976).
S. L. Meisel, J. P. McCullough, C. H. Lechthaler, P. B. Weisz, Gasoline from Methanol in one step, Chemtech. *Feb.*, 86 (1976).
H.-J. Derdulla, I. Hacker, M. Henke, R. Rebbe, Tendenzen und Fortschritte bei der Synthese von Methylaminen, Chem. Techn. *29*, 145 (1977).
H. Diem, Formaldehyde routes bring cost, production benefits, Chem. Eng. *Feb.*, 83 (1978).
F. Obenaus, W. Droste, The New Hüls Process for MTBE, Vortrag Philadelphia, *June* 1978.
E. Hancock, Chemical prospects in South Africa, Chem. and Ind. *April*, 276 (1979).
H. Jüntgen, K. H. van Heek, Grundlagen, Anwendung und Weiterentwicklung der Kohlevergasung II, Gwf-Gas/Erdgas *121* (1980).
A. Aquilo, J. S. Alder, D. N. Freeman, R. J. H. Voorhoeve, Focus on C_1-Chemistry, Hydrocarbon Processing *March*, 57 (1983).
B. Cornils, Synthesegas durch Kohlevergasung, Ber. Bunsengesellschaft Phys. Chem. *87*, 1080 (1983).
C. Brecht, G. Hoffmann, Vergasung von Kohle, Gaswärme int. *32*, 7 (1983).
F. Asinger, Methanol auf Basis von Kohlen, Erdöl und Kohle *36*, 28 (1983), *36*, 130 (1983).
K. Griesbaum, W. Swodenk, Forschungs- und Entwicklungstendenzen in der Petrochemie, Erdöl und Kohle *37*, 103 (1984).
M. Röper, Oxygenated Base Chemicals from Synthesis Gas, Erdöl und Kohle *37*, 506 (1984).
K. Kobayashi, International Trends in Methanol, Chem. Econ. & Eng. Rev. *16*, 32 (1984).
H. Teggers, H. Jüntgen, Stand der Kohlevergasung zur Erzeugung von Brenngas und Synthesegas, Erdöl und Kohle *37*, 163 (1984).
G. Kaske, Trends bei der Herstellung von Wasserstoff, Chem. Industrie *XXXVII*, 314 (1985).
D. L. King, J. H. Grate, Look what you can make from methanol, Chemtech. *April*, 244 (1985).
H. Hiller, E. Supp, Octamix-Verfahren, Erdöl und Kohle *38*, 19 (1985).
T. Hiratani, S. Noziri, C_1-Chemistry Based on Methyl Formate, Chem. Econ. & Eng. Rev. *17*, 21 (1985).
G. A. Mills, E. E. Ecklund, Alternative fuels: Progress and prospects, Chemtech. *Sept.*, 549 (1989), *Oct.*, 626 (1989).

Chemical Week, Product Focus (Formaldehyde) *Feb.*, 28 (1996).
(Formaldehyde) *May* 6, 30 (1998).
(Methanol) *June* 5, 39 (1996).
(Methanol) *June* 11, 31 (2003).
(Methanol) *June* 22, 33 (2005).
Chemical Market Reporter, Chemical Profile
(Melamine) *July* 19, 41 (1999).
(Chloroform) *Oct.* 16, 45 (2000).
(Methanol) *July* 31, 41 (2000).
(Methanol) *Dec.* 16, 30 (2002).
(Methanol) *Oct.* 3, 9 (2005).
(Methylamines) *April* 24, 41 (2000).
(Methylene Chloride) *Oct.* 9, 37 (2000).
(Methyl Chloride) *Oct.* 2, 38 (2000).
European Chemical News, Product Profile
(Methanol) *July*, 16–22 (2001).
(Methanol) *Jan.*, 13–16 (2003).
(Methanol) *Sept.*, 13–19 (2004).
(Formaldehyde) *Nov.*, 26–2 (2001).
(Methylene Chloride) *May* 20–26 (2002).
(Chloroform) *June*, 10–16 (2002).
(Melamine) *Nov.*, 18–24 (2002).
(Formic 2 acid) *July*, 7–13 (2003).
(PTFE) *May*, 10–16 (2004).
(Melamine) *July*, 26–1 (2004).
(Chloromethanes) *Nov.*, 15–21 (2004).
(Formaldehyde) *Jan.*, 10–16 (2005).

Abschnitt 3

K.L. Anderson, T.D. Brown, Olefin disproportionation – New routes to petrochemicals, Hydrocarbon Processing *Aug.*, 119 (1976).
V.J. Guercio, Opportunities in Butylenes, Chem. Economy & Eng. Review *9*, 14 (1977).
T.C. Ponder, U.S. ethylene supply/demand: 1977–1980, Hydrocarbon Processing *June*, 155 (1977).
H. Isa, α-Olefins and Its Derivatives, Chem. Economy & Eng. Review *9*, 26 (1977).
M.F. Farona, Olefin metathesis – a technology begets a science, Chemtech. *Jan.*, 41 (1978).
R.A. Persak, E.L. Pollitzer, D.J. Ward, P.R. Pujado, Petrochemical Intermediates from C_3/C_4 Olefins, Chem. Economy & Eng. Review *10*, 25 (1978).
E.R. Freitas, C.R. Gum, Shell's Higher Olefins Process, Chem. Eng. Prog. *Jan.*, 73 (1979).
J. Weitkamp, E. Eyde, Stand unter Aussichten der Verarbeitungstechnik für Mineralöl und Erdgas, Erdöl und Kohle *33*, 16 (1980).
J. Leonard, J.F. Gaillard, Make octenes with Dimersol X, Hydrocarbon Processing *March*, 99 (1981).
R.L. Baldwin, G.R. Kamm, Make ethylene by ACR-process, Hydrocarbon Processing *Nov.*, 127 (1982).
R. Streck, Olefin metathesis and polymer synthesis, Chemtech. *Dec.*, 758 (1983).
D. Commereuc et al., Dimerize ethylene to butene-1, Hydrocarbon Processing *Nov.*, 118 (1984).

L. S. Bitar, E. H. Hazbun, W. J. Diel, MTBE-production and economics, Hydrocarbon Processing *Oct.*, 63 (1984).
W. Keim, Homogene Übergangsmetallkatalyse, dargestellt am SHOP-Prozeß, Chem.-Ing.-Tech. *56*, 850 (1984).
P. M. Lange, F. Martinola, S. Oeckl, Use bifunctional catalysts for MTBE, TAME and MIBK, Hydrocarbon Processing *Dec.*, 51 (1985).
B. Vora, P. Pujado, T. Imai, T. Fritsch, Production of Detergent Olefins and Linear Alkylbenzenes, Chem. and Ind. *March*, 187 (1990).
P. R. Sarathy, G. S. Suffridge, Etherify field butanes, Hydrocarbon Processing *Jan.*, 89 (1993), *Feb.*, 43 (1993).
H. Steinhauser, Pervaporation, Chemie-Technik *23*, 50 (1994).
European Chemical News, Product Profile
(Ethylene) *Nov.*, 27–3 (2000).
(Ethylene) *June*, 16–22 (2003).
(Propylene) *July*, 5–11 (1999).
(Propylene) *March*, 26–1 (2001).
(Propylene) *April*, 12–18 (2004).
(Polypropylene) *Oct.*, 30–5 (2000).
(Alpha-olefins) *Jan.*, 31–6 (2000).
(Alpha-olefins) *Jan.*, 12–18 (2004).
(MTBE) *Jan.*, 27–2 (2003).
Chemical Market Reporter, Chemical Profile
(Ethylene) *Jan.*, 24–41 (2000).
(Propylene) *Jan.*, 31–37 (2000).
(MTBE) *Oct.*, 10–16 (2005).
(n-Paraffins) *July*, 2 (2004).
Chemical Week, Product Focus
(MTBE) *Nov.*, 9 (2005).

Abschnitt 4

K. Stork, J. Hanisian, J. Bac, Recover acetylene in olefin plants, Hydrocarbon Processing *Nov.*, 151 (1976).
Y. Tsutsumi, Technological Trends in 1,4-butanediol, Chem. Economy & Eng. Review *8*, 45 (1976).
H. Bockhorn, R. Coy, F. Fetting, W. Prätorius, Chemische Synthesen in Flammen, Chem.-Ing.-Tech. *49*, 883 (1977).
E. Bartholomé, Die Entwicklung der Verfahren zur Herstellung von Acetylen durch partielle Oxidation von Kohlenwasserstoffen, Chem.-Ing.-Tech. *49*, 459 (1977).
A. M. Brownstein, H. L. List, Which route to 1,4-butanediol?, Hydrocarbon Processing *Sept.*, 159 (1977).
Y. Tanabe, New route to 14BG and THF, Hydrocarbon Processing *Sept.*, 187 (1981).
K. Eisenäcker, Acetylen aus Carbid, Chem. Ind. *Aug.*, 435 (1983).
J. Schulze, M. Homann, Acetylen in der zukünftigen Kohlechemie, Erdöl und Kohle *36*, 224 (1983).
G. E. Beekhuis, J. G. M. Nieuwkamp, New process for 2-pyrrolidone, Hydrocarbon Processing *April*, 109 (1983).
R. Müller, G. Kaske, The use of plasma chemical processes for chemical reactions, Erdöl und Kohle *37*, 149 (1984).
Mitsubishi Kasei Corp., 1,4-Butandiol/tetrahydrofuran production technology, Chemtech *Dec.*, 759 (1988).
A. M. Brownstein, 1,4-Butandiol and tetrahydrofuran: Exemplary small-volume commodities, Chemtech *Aug.*, 506 (1991).

A. Budzinski, Reife Früchte, Chem. Ind. *März*, 34 (1993).
D. Rohe, Ein Lösemittel macht Monomer-Karriere, Chem. Ind. *3*, 12 (1995).
M.L. Morgan, the rapidly changing world of 1,4-butanediol, Chem. and Ind. *March* 3, 166 (1997).
European Chemical News, Product Profile
(Butanediol) *Nov.*, 22–28 (1999).
(Butanediol) *Oct.*, 15–21 (2001).
(Butanediol) *Sept.*, 1–7 (2003).
(PBT) *March*, 8–14 (2004).
Chemical Market Reporter, Chemical Profile
(1,4-Butanediol) *June*, 26–41 (2000).
(1,4-Butanediol) *Aug.*, 15–21 (2005).
Chemical Week, Product Focus
(Butanediol) *April*, 29–64 (1998).
(Butanediol) *May*, 12 (2004).
W. Wetzel, Der Beitrag des Hochtemperatur-Pyrolyse-Verfahrens, Erdöl Erdgas Kohle *117*, 143 (2001).

Abschnitt 5

J.H. Prescott, Butadiene's question mark, Chem. Eng. *Aug.*, 46 (1976).
A.M. Brownstein, Butadiene: A viable raw material?, Hydrocarbon Processing *Feb.*, 95 (1976).
W. Meyer, DCPD: Abundant resin raw material, Hydrocarbon Processing *Sept.*, 235 (1976).
T.C. Ponder, U.S. Butadiene – Coproduct or dehydro?, Hydrocarbon Processing *Oct.*, 119 (1976).
L.M. Welsh, L.I. Croce, H.F. Christmann, Butadiene via oxidative dehydrogenation, Hydrocarbon Processing *Nov.*, 131 (1978).
W. Günther, Welt-Kautschukmarkt, Chem. Ind. *XXXII*, 574 (1980).
B.V. Vora, T. Imai, C_2/C_5-dehydrogenation updated, Hydrocarbon Processing *April*, 171 (1982).
A. Yoshioka, H. Hakari, R. Sato, H. Yamamoto, K. Okumura, Make butadiene from butene/butane feed, Hydrocarbon Processing *Nov.*, 97 (1984).
D. Commereuc, Y. Chauvin, J. Gaillard, J. Léonard, Dimerize ethylene to butene-1, Hydrocarbon Processing *Nov.*, 118 (1984).
H. Gröne, G. Kuth, Moderne Produktentwicklungen festigen traditionelle Synthesekautschukmärkte, Chem. Ind. *XXXVI*, 672 (1984).
Chemical Week, Product Report (Rubber) *May*, 10, 26 (1993).
M. Morgan, C_5 hydrocarbons and derivatives: new opportunities, Chem. and Ind. *Sept.*, 645 (1996).

Abschnitt 6

H. Weber, W. Dimmling, A.M. Desai, Make plasticizer alcohols this way, Hydrocarbon Processing *April*, 127 (1976).
R. Fowler, H. Connor, R.A. Baehl, Hydroformylate propylene at low pressure, Hydrocarbon Processing *Sept.*, 274 (1976), Carbonylate with rhodium, CHEMTECH *Dec.*, 772 (1976).
E.A.V. Brewester, Low-pressure oxo process features rhodium catalyst, Chem. Eng. *Nov.*, 90 (1976).

J. Falbe, Homogeneous Catalysis, Vortrag CHEMRAWN I, Toronto 1978.
B. Cornils, A. Mullen, 2-EH: What you should know, Hydrocarbon Processing *Nov.*, 93 (1980).
J. Falbe, New Syntheses with Carbon Monoxide, Springer-Verlag, New York, 1980.
K.-H. Schmidt, Neuentwicklungen in der homogenen Katalyse, Chem. Ind. *XXXVII*, 762 (1985).
E. Wiebus, B. Cornils, Water-soluble catalysts improve hydroformylation of olefins, Hydrocarbon Processing *March*, 63 (1996).
European Chemical News, Product Profile
(2-Ethylhexanol) *Oct.* 8, 14 (2001).
(2-Ethylhexanol) *Nov.* 17, 13 (2003).
Chemical Market Reporter, Chemical Profile
(Propionic Acid) *Feb.* 7, 37 (2000).
(2-Ethylhexanol) *Nov.*, 4 (2002).
(2-Ethylhexanol) *Feb.*, 6–12 (2006).
B. Auch-Schwelk, Ch. Kohlpaintner, Die technische Anwendung wasserlöslicher Katalysatoren, Chemie in unserer Zeit *35*, 306 (2001).

Abschnitt 7

S. C. Johnson, U.S. EO/EG – Past, present and future, Hydrocarbon Processing *June*, 109 (1976).
J. Kiguchi, T. Kumazawa, T. Nakai, For EO: Air and oxygen equal, Hydrocarbon Processing *March*, 69 (1976).
M. Gans, B. J. Ozero, For EO: Air or oxygen, Hydrocarbon Processing *March*, 73 (1976).
B. DeMaglie, Oxygen best for EO, Hydrocarbon Processing *March*, 78 (1976).
R. Jira, W. Blau, D. Grimm, Acetaldehyde via air or oxygen, Hydrocarbon Processing *March*, 97 (1976).
J. B. Saunby, B. W. Kiff, Liquidphase oxidation, hydrocarbons to petrochemicals, Hydrocarbon Processing *Nov.*, 247 (1976).
D. Forster, On the Mechanism of a Rhodium-Complex-Catalyzed Carbonylation of Methanol to Acetic Acid, J. Amer. Chem. Soc. *98*, 846 (1976).
H. Beschke, H. Friedrich, Acrolein in der Gasphasensynthese von Pyridinderivaten, Chemiker Ztg. *101*, 377 (1977).
H. Beschke, H. Friedrich, H. Schaefer, G. Schreyer, Nicotinsäureamid aus β-Picolin, Chemiker Ztg. *101*, 384 (1977).
P. Kripylo, L. Gerber, P. Münch, D. Klose, L. Beck, Beitrag zur quantitativen Beschreibung der selektivitätsverbessernden Wirkung von 1,2-Dichloräthan bei der Oxidation von Äthylen zu Äthylenoxid, Chem. Tech. *30*, 630 (1978).
W. Swodenk, H. Waldmann, Moderne Verfahren der Großchemie: Ethylenoxid und Propylenoxid, Chemie in unserer Zeit *12*, 65 (1978).
G. E. Weismantel, New technology sparks ethylene glycol debate, Chem. Eng. *Jan.*, 67 (1979).
G. Sioli, P. M. Spaziante, L. Guiffre, Make MCA in two stages, Hydrocarbon Processing *Feb.*, 111 (1979).
J. C. Zomerdijk, M. W. Hall, Technology for the Manufacture of Ethylene Oxide, Catal. Rev.-Sci. Eng. *23*, 163 (1981).

S. Rebsdat, S. Mayer, J. Alfranseder, Der Ethylenoxid-Prozeß und die Regenerierung des dabei verwendeten Silber-Katalysators, Chem.-Ing.-Tech. *53*, 850 (1981).

A. Budzinski, Pyridin hat noch Wachstumschancen, Chem. Ind. *XXXIII*, 529 (1981).

B.I. Ozero, J.V. Procelli, Can developments keep ethylene oxide viable, Hydrocarbon Processing *March*, 55 (1984).

S. Nowack, J. Eichhorn, J. Ohme, B. Lücke, Sauerstoffhaltige organische Zwischenprodukte aus Synthesegas, Chem. Tech. *36*, 55 (1984), *36*, 144 (1984).

M. Schrod, G. Luft, Carbonylierung von Essigsäuremethylester zu Essigsäureanhydrid, Erdöl und Kohle *37*, 15 (1984).

U. Dettmeier, E.J. Leupold, H. Pöll, H.-J. Schmidt, J. Schütz, Direktsynthese von Essigsäure aus Synthesegas, Erdöl und Kohle *38*, 59 (1985).

B. Juran, R.V. Porcelli, Convert Methanol to Ethanol, Hydrocarbon Processing *Oct.*, 85 (1985).

R.A. Sheldon, Fine chemicals by catalytic oxidation, Chemtech *Sept.*, 566 (1991).

Chemical Week, Product Focus
(Ethylene glycol/oxide) *Feb.*, 8–44 (1995).
(Acetic Acid) *Oct.*, 21–46 (1998).
(Acetic Acid) *June*, 30–7 (2004).
(Ethylene) *Feb.*, 5–51 (1997).
(Ethyl Acetate, Butyl Acetate) *Sept.*, 17–37 (1997).

European Chemical News, Product Profile
(Ethylene Oxide) *Oct.*, 11–17 (1999).
(Ethylene Oxide) *Oct.*, 22–28 (2001).
(Ethylene Oxide) *June*, 23–29 (2003).
(Ethylene Oxide) *July*, 25–31 (2005).
(Ethylene Glycol) *June*, 26–2 (2000).
(Ethylene Glycol) *July*, 1–7 (2002).
(Ethylene Glycol) *Jan.*, 24–30 (2005).
(Acetic Acid) *May*, 10–16 (1999).
(Acetic Acid) *Jan.*, 20–26 (2003).
(Ethyl Acetate) *Oct.*, 4–10 (1999).
(Ethyl Acetate) *Nov.*, 3–9 (2003).
(Ethanolamines) *April*, 16–22 (2001).
(Ethanolamines) *April*, 7–13 (2003).
(Ethanolamines) *Nov.*, 1–7 (2004).
(Monochloracetic Acid) *April*, 29–5 (2002).
(Monochloracetic Acid) *Feb.*, 7–13 (2005).

Abschnitt 8

O. Winter, M.-T. Eng, Make ethylene from ethanol, Hydrocarbon Processing *Nov.*, 125 (1976).

N. Kurata, K. Koshida, Oxidize *n*-paraffins for sec-alcohols, Hydrocarbon Processing *Jan.*, 145 (1978).

U. Tsao, J.W. Reilly, Dehydrate ethanol to ethylene, Hydrocarbon Processing *Feb.*, 133 (1978).

Y. Onoue, Y. Mizutani, S. Akiyama, Y. Izumi, Hydration with water, Chemtech. *July*, 432 (1978).

M.K. Schwitzer, Fats as source for cationic surfactants, Chem. and Ind. *Jan.*, 11 (1979).

D. Osteroth, Die Bedeutung der natürlichen Fettsäuren, Chemie für Labor und Betrieb *32*, 571 (1981).

H. Bahrmann, W. Lipps, B. Cornils, Fortschritte der Homologisierungsreaktion, Chemiker Ztg. *106*, 249 (1982).
H.-P. Klein, Hochleistungsozonanlagen und ihr industrieller Einsatz, Chem.-Ing.-Tech. *55*, 555 (1983).
C. A. Houston, Marketing and Economics of Fatty Alcohols, JAOCS *61*, 179 (1984).
P. Lappe, H. Springer, J. Weber, Neopentylglykol als aktuelle Schlüsselsubstanz, Chemiker Ztg. *113*, 293 (1989).
D. H. Ambros, Fettchemie wächst, blüht und gedeiht, Chem. Ind. *31* (1991).
C. Breucker, V. Jordan, M. Nitsche, B. Gutsche, Oleochemie-Chemieprodukte auf der Basis nachwachsender Rohstoffe, Chem.-Ing.-Tech. *67*, 430 (1995).
Chemical Market Reporter, Chemical Profile
(Ethanol) *March*, 13–37 (2000).
(Ethanol) *Oct.*, 29 (2001).
(Ethanol) *Jan.*, 20 (2003).
(Isopropanol) *Nov.*, 12 (2001).
(*n*-Butanol) *Oct.*, 28 (2002).
(Pentaerythritol) *Aug.*, 14–33 (2000).
European Chemical News, Inside Pages
(Isopropanol) *April*, 24–30 (2000).
(*n*-Butanol) *April*, 10–16 (2000).
(Methylethylketon) *Dec.*, 27–9 (1999).
European Chemical News, Product Profile
(Ethanol) *Oct.*, 27–2 (2003).
(Isopropanol) *Aug.*, 5–18 (2002).
(Isopropanol) *March*, 1–7 (2004).
(*n*-Butanol) *Nov.*, 25–1 (2002).
(Methylethylketon) *March*, 18–24 (2002).
(Methylethylketon) *March*, 22–28 (2004).
Chemical Week, Product Focus
(Methylethylketon) *Dec.*, 10 (2003).
(Methylethylketon) *Jan.*, 19 (2005).

Abschnitt 9

W. E. Wimer, R. E. Feathers, Oxygen gives low cost VCM, Hydrocarbon Processing *March*, 81 (1976).
P. Reich, Air or oxygen for VCM?, Hydrocarbon Processing *March*, 85 (1976).
R. W. McPherson, C. M. Starks, G. I. Fryar, Vinylchloride monomer ... What you should know, Hydrocarbon Processing *March*, 75 (1979).
C. M. Schillmoller, Alloy selection for VCM plants, Hydrocarbon Processing *March*, 89 (1979).
W. M. Burks, Y. W. Rao, A. Eldring, Wirtschaftlichere Vinylchloridproduktion, Chem. Ind. *XXXII*, 250 (1980).
J. L. Ehrler, B. Juran, VAM and Ac_2O by carbonylation, Hydrocarbon Processing *Feb.*, 109 (1982).
J. Schulze, M. Weiser, Rückstandsprobleme chlororganischer Produkte, Chem. Ind. *XXXVI*, 468 (1984), 747 (1984).
P. K. Eichhorn, Fluorkunststoffe, Kunststoffe *79*, 927 (1989).
F. Nader, Perspektiven der Chlorchemie, Chemie-Technik *25*, 66 (1996).
European Chemical News, Inside Pages
(Vinylchloride) *March*, 5–11 (2001).

European Chemical News, Product Profile
(Vinylacetate) *Dec.*, 10–16 (2001).
(Vinylchloride) *March*, 5–11 (2001).
(Vinylchloride) *Sept.*, 30–6 (2002).
(Vinylchloride) *May*, 24–30 (2004).
(Chlorine) *Oct.*, 29–4 (2001).
(Chlorine) *May*, 26–1 (2003).
(Chlorine) *May*, 16–22 (2005).
(Ethylenedichloride) *Nov.*, 10–16 (2003).
(PTFE) *Feb.*, 18–24 (2002).
(Perchlorethylene) *Dec.*, 9–22 (2002).
Chemical Week, Product Focus
(Vinylacetate) *June*, 13 (2003).
(Vinylacetate) *July*, 13 (2005).
(Vinylchloride) *Sept.*, 15 (2004).
(Ethylenedichloride) *Oct.*, 12 (2005).
Chemical Market Reporter, Chemical Profile
(Trichlorethylene) *Sept.*, 25–53 (2000).
(Trichlorethylene) *July*, 22–29 (2002).
(Perchloroethylene) *Aug.*, 5 (2002).
(Polyvinylalkohol) *Jan.*, 8 (2001).

Abschnitt 10

A. H. de Rooij, C. Dijkhuis, J. T. J. van Goolen, A scale-up experience; The DSM phosphate caprolactam process, Chemtech. *May*, 309 (1977).
H. J. Naumann et al., Entwicklung und Anwendung des Verfahrens der selektiven Phenolhydrierung für die Herstellung von Cyclohexanon, Chem. Techn. *29*, 38 (1977).
W. Rösler, H. Lunkwitz, Entwicklungstendenzen und technologische Fortschritte bei der Produktion von ε-Caprolactam, Chem. Techn. *30*, 67 (1978).
M. Fischer, Photochemische Synthesen im technischen Maßstab, Angew. Chem. *90*, 17 (1978).
Y. Izumi, I. Chibata, T. Itoh, Herstellung und Verwendung von Aminosäuren, Angew. Chem. *90*, 187 (1978).
D. E. Danly, Adiponitrile via improved EHD, Hydrocarbon Processing *April*, 161 (1981).
K. Wehner et al., Entwicklung eines technischen Verfahrens zur Herstellung von N-Methyl-ε-caprolactam, Chem. Techn. *33*, 193 (1981).
A. S. Chan, New route to Adipic Acid Developed at Monsanto, Chem. Eng. News *April*, 28 (1984).
O. Immel, H. H. Schwarz, K. Starke, W. Swodenk, Die katalytische Umlagerung von Cyclohexanonoxim zu Caprolactam, Chem.-Ing.-Tech. *56*, 612 (1984).
K. Ito, I. Dogane, K. Tanaka, New process for sebacic acid, Hydrocarbon Processing *Oct.*, 83 (1985).
B. v. Schlotheim, Aufwärtstrend bei Chemiefasern setzte sich fort, Chem. Ind. *XXXVIII*, 127 (1986).
I. Dodgson et al., A low cost phenol to cyclohexanone process, Chem. and Ind. *Dec.*, 830 (1989).
Chemical Week, Product Focus
(Caprolactam) *Jan.*, 29 (1977).
(Caprolactam) *Aug.*, 20 (2003).

(Caprolactam) *Sept.*, 21 (2005).
(Adipic Acid) *May*, 4 (2005).
Chemical Market Reporter, Chemical Profile
(Cyclohexylamine) *June*, 4 (2001).
(Adipic Acid) *July*, 16 (2001).
(Caprolactam) *April*, 16 (2002).
European Chemical News, Inside Pages
(Adipic Acid) *Sept.*, 20–26 (1999).
(Caprolactam) *Oct.*, 25–31 (1999).
(Adiponitrile) *May*, 1–7 (2000).
European Chemical News, Product Profile
(Caprolactam) *Nov.*, 12–18 (2001).
(Caprolactam) *Sept.*, 8–14 (2003).
(Caprolactam) *Dec.*, 19–8 (2006).
(Adiponitril) *Feb.*, 24–2 (2003).
(Adiponitril) *April*, 4–10 (2005).

Abschnitt 11

K.H. Simmrock, Die Herstellverfahren für Propylenoxid und ihre elektrochemische Alternative, Chem.-Ing.-Tech. *48*, 1085 (1976).
K. Yamagishi, O. Kageyama, H. Haruki, Y. Numa, Make propylene oxide direct, Hydrocarbon Processing *Nov.*, 102 (1976).
K. Yamagishi, O. Kageyama, Make glycerine via peracetic acid, Hydrocarbon Processing *Nov.*, 139 (1976).
F. Matsuda, Acrylamide production simplified, Chemtech. *May*, 306 (1977).
Y. Onoue, Y. Mizutani, S. Akiyama, Y. Izumi, Y. Watanabe, Why not do it in one step? The case of MIBK, Chemtech. *Jan.*, 36 (1977).
P.R. Pujado, B.V. Vora, A.P. Krueding, Newest acrylonitrile process, Hydrocarbon Processing *May*, 169 (1977).
J.C. Zimmer, Cut polyester costs – use PO, Hydrocarbon Processing *Dec.*, 115 (1977).
H. Schaefer, Katalytische Ammonoxidation und Ammondehydrierung, Chemie-Technik *7*, 231 (1978).
T.C. Ponder, U.S. propylene: Demand vs. supply, Hydrocarbon Processing *July*, 187 (1978).
K.H. Simmrock, Compare propylene oxide routes, Hydrocarbon Processing *Nov.*, 105 (1978).
T. Hasuike, H. Matsuzawa, Make MMA from spent-BB, Hydrocarbon Processing *Feb.*, 105 (1979).
K.-H. Schmidt, Aktive Sauerstoffverbindungen: Chancen auf neuen Märkten – Überkapazitäten in der Gegenwart, Chem. Ind. *XXXI*, 135 (1979).
S.L. Neidleman, Use of enzymes as catalysts for alkene oxide production, Hydrocarbon Processing *Nov.*, 135 (1980).
J. Itakura, Present State and Prospects for Acrylic Ester Industry, Chem. Economy & Eng. Rev. *July*, 19 (1981).
T. Nakamura, T. Kito, A New Feedstock for the Manufacture of Methyl Methacrylate Emerges, Chem. Econ. & Eng. Rev. *Oct.*, 23 (1983).
H. Itatani, International Technological Trends in C_1-Chemistry, Chem. Econ. & Eng. Rev. *16*, 21 (1984).
P. Kripylo, K. Hagen, D. Klose, K.M. Tu, Mechanismus und Selektivität der Oxidation von Propen zu Acrolein, Chem. Techn. *36*, 58 (1984).

K. Drauz, A. Kleemann, M. Samson, Acrolein-Baustein für neue Synthesen von Aminosäuren und Naturstoffen, Chemiker Ztg. *108*, 391 (1984).

R.V. Porcelli, B. Juran, Selecting the process for your next MMA plant, Hydrocarbon Processing *March*, 37 (1986).

E. Johnson, J. Chowdhury, New Menu for MMA Plants, Chem. Eng. *March*, 35 (1990).

I. Young, Weakness of Propylene in Europe, Chem. Week, *March*, 24, 37 (1993).

D. Rohe, Masse und Klasse (Acrylsäure), Chem. Ind. *1/2*, 12 (1995).

D. Rohe, Vor dem Quantitätssprung (1,3-Propandiol), Chem. Ind. *3*, 13 (1996).

D. Rohe, Einträgliche Derivate gesucht (Acrolein), Europa Chemie *20*, 5 (1997).

Chemical Market Reporter, Chemical Profile
(Methylisobutylketone) *March* 8, 37 (1999).
(Acrylamide) *March* 15, 45 (1999).
(Acetone) *April* 5, 53 (1999).
(Acrylic Acid) *May* 24, 1 (1999).
(Methyl Methacrylate) *June* 28, 33 (1999).
(Acrylonitrile) *May* 8, 45 (2000).
(Glycerine) *Dec.*, 17 (2001).
(Acrylic Acid) *March*, 25 (2002).
(Acrylamide) *May*, 6 (2002).
(Acrylonitrile) *Aug.* 19, 26 (2002).

Chemical Week, Product Focus
(Acetone) *Dec.* 14, 40 (1994).
(Methyl Methacrylate) *Nov.* 12, 36 (1997).
(Acrylonitrile) *July* 22, 54 (1998).
(Acrylic Acid) *Aug.* 5, 34 (1998).
(Acrylonitrile) *May*, 26 (2004).
(Methyl Methacrylate) *Oct.*, 13 (2004).
(Acetone) *Nov.*, 17 (2004).
(Acrylic Acid) *Dec.* 1, 8 (2004).

European Chemical News, Inside Pages
(Methyl Methacrylate) *April*, 12–18 (1999).
(Acrylic Acid) *June*, 7–13 (1999).
(Propylene Oxide) *Aug.*, 2–15 (1999).
(MIBK) *May*, 15–21 (2000).
(Acrylonitrile) *July*, 31–6 (2000).
(Acetone) *Nov.*, 20–26 (2000).
(Monopropylene Glycol) *Dec.*, 4–10 (2000).

European Chemical News, Product Profile
(Acrylic Acid) *April*, 2–8 (2001).
(Propylene Oxide) *May*, 21–27 (2001).
(Acetone) *Jan.*, 7–13 (2002).
(Epichlorohydrin) *Feb.*, 25–3 (2002).
(Acrylonitrile) *July*, 29–4 (2002).
(Propylene Oxide) *Aug.*, 19–1 (2002).
(Propylene Glycol) *Sept.*, 2–8 (2002).
(Acrylic Acid) *Sept.*, 16–22 (2002).
(Methyl Methacrylate) *Nov.*, 11–17 (2002).
(Acetone) *Sept.*, 15–21 (2003).
(Epichlorohydrin) *Oct.*, 20–26 (2003).
(Acrylonitrile) *Jan.*, 19–25 (2004).
(Acrylic Acid) *May*, 3–9 (2004).
(Propylene Oxide) *May*, 17–23 (2004).

(Methyl Methacrylate) *June*, 28–4 (2004).
(Propylene Glycol) *July*, 12–18 (2004).
(Acrylamide) *April*, 11–17 (2005).

Abschnitt 12

G. Collin, Technische und wirtschaftliche Aspekte der Steinkohlenteerchemie, Erdöl und Kohle *29*, 159 (1976).
J.E. Fick, To 1985: U.S. benzene supply/demand, Hydrocarbon Processing *July*, 127 (1976).
T.C. Ponder, Benzene outlook through 1980, Hydrocarbon Processing *Nov.*, 217 (1976).
P.J. Bailes, Solvent extraction in the petroleum and petrochemical industries, Chem. and Ind. *Jan.*, 69 (1977).
T.C. Ponder, Benzene supply/demand stable in Europe?, Hydrocarbon Processing *June*, 158 (1977).
S. McQueen, Abundant feedstock is key to new anthraquinone route, Chem. Eng. *Aug.*, 74 (1978).
H. Franke et al., Die hydrokatalytische Isomerisierung technischer C_8-Aromatenfraktionen, Chem. Techn. *31*, 402 (1979).
U. Langer et al., Gewinnung von BTX-Aromaten nach dem Arex-Verfahren, Chem. Techn. *33*, 449 (1981).
J. Klempin et al., Das Aris-Verfahren – ein hocheffektiver petrolchemischer Prozeß zur Gewinnung von Xylenisomeren, Chem. Techn. *33*, 356 (1981).
G. Collin, Aromatische Chemiegrundstoffe aus Kohle, Erdöl und Kohle *35*, 294 (1982).
G. Preußer, G. Emmerich, Gewinnung von Reinaromaten, Erdöl und Kohle *36*, 207 (1983).
G. Kölling, J. Langhoff, G. Collin, Kohlenwertstoffe und Verflüssigung von Kohle, Erdöl und Kohle *37*, 394 (1984).
J.W. Stadelhofer, Present status of the coal tar industry in Western Europe, Chem. and Ind. *March*, 173 (1984).
G. Collin, Steinkohlenteerchemie: Bedeutung, Produkte und Verfahren, Erdöl und Kohle *38*, 489 (1985).
P.C. Doolan, P.R. Pujado, Make aromatics from LPG, Hydrocarbon Processing *Sept.*, 72 (1989).
C.D. Gosling et al., Process LPG to BTX products, Hydrocarbon Processing *Dec.*, 69 (1991).
M. Coeyman, N. Alperowicz, Future stays bright for H_2O_2, Chem. Week, *Feb.*, 17, 42 (1993).
H.H. John, H.B. Neubauer, P. Birke, Zeolite Containing Catalysts for the Conversion of C_8-Aromatics Fractions, Catalysis Today *49*, 211 (1999).
H. Offermanns, G. Dittrich, N. Steiner, Wasserstoffperoxid in Umweltschutz und Synthese, Chemie in unserer Zeit *34*, 150 (2000).
Chemical Market Reporter, Chemical Profile
(Naphthalene) *May*, 31–33 (1999).
(Toluene) *Oct.*, 23–33 (2000).
Chemical Week, Product Focus
(Acetone) *Dec.*, 14, 40 (1996).
(Hydrogen Peroxide) *Feb.*, 26, 38 (1997).
(Paraxylene) *Oct.*, 15, 36 (1997).
(Xylenes) *March*, 25, 56 (1998).
(Toluene) *Dec.*, 2, 56 (1998).
(Hydrogen Peroxide) *July*, 2, 9 (2003).
(Hydrogen Peroxide) *Aug.*, 17 (2005).

European Chemical News, Inside Pages
(Toluene) *July*, 19–25 (1999).
(Paraxylene) *June*, 5–11 (2000).
(Benzene) *Nov.*, 13–19 (2000).
(Hydrogen Peroxide) *Dec.*, 18–7 (2000).
European Chemical News, Product Profile
(Hydrogen Peroxide) *Oct.*, 7–13 (2002).
(Hydrogen Peroxide) *July*, 5–11 (2004).

Abschnitt 13

P.R. Pujado, J.R. Salazar, C.V. Berger, Cheapest route to phenol, Hydrocarbon Processing *March*, 91 (1976).
G. Lenz, Herstellung von Maleinsäureanhydrid aus Butenen, Chemieanlagen, Verfahren *Juli*, 27 (1976).
M. Gans, Which route to aniline?, Hydrocarbon Processing *Nov.*, 145 (1976).
J.A. Bewsey, Synthetic tartaric acid and the economics of food acidulants, Chem. and Ind. *Feb.*, 119 (1977).
T.C. Ponder, U.S. styrene: More growth with less plants, Hydrocarbon Processing *July*, 137 (1977).
P. Maggioni, F. Minisci, Catechol and Hydrochinone from Catalytic Hydroxylation of Phenol by Hydrogen Peroxide, La Chimica E L'Industria *59*, 239 (1977).
A. Portes, J. Escourrou, Optimize styrene production, Hydrocarbon Processing *Sept.*, 154 (1977).
P. Fontana, Butan als Ausgangsprodukt für Maleinsäureanhydrid, Chimica *31*, 274 (1977).
G.E. Tong, Fermentation Routes to C_3 and C_4 Chemicals, Chem. Eng. Prog. *April*, 70 (1978).
R. Hirtz, K. Uhlig, Polyurethan-Baukasten – noch Platz für neue Bausteine, Chem. Ind. *XXX*, 617 (1978).
R.L. Varma, D.N. Saraf, Selective Oxidation of C_4-Hydrocarbons to Maleic Anhydride, Ind. Eng. Chem. Prod. Res. Dev. *18*, 7 (1979).
J.C. Bonacci, R.M. Heck, R.K. Mahendroo, G.R. Patel, Hydrogenate AMS to cumene, Hydrocarbon Processing *Nov.*, 179 (1980).
T. Wett, Monsanto/Lummus styrene process is efficient, Oil & Gas Journal *July*, 76 (1981).
R.A. Innes, H.E. Swift, Toluene to styrene – a difficult goal, CHEMTECH *April*, 244 (1981).
F. Budi, A. Neri, G. Stefani, Future MA keys to butane, Hydrocarbon Processing *Jan.*, 159 (1982).
W.W. Kaeding, L.B. Young, A.G. Prapas, Para-methylstyrene, CHEMTECH *Sept.*, 556 (1982).
G.S. Schaffel, S.S. Chem, J.J. Graham, Maleic Anhydride from Butane, Erdöl und Kohle *36*, 85 (1983).
S. Fukuoka, M. Chono, M. Kohuo, Isocyanate without phosgene, CHEMTECH *Nov.*, 670 (1984).
S.C. Arnold, G.D. Sucin, L. Verde, A. Neri, Use fluid bed reactor for maleic anhydride from butane, Hydrocarbon Processing *Sept.*, 123 (1985).
J. Schulze, M. Weiser, Rückstandsprobleme chlororganischer Produkte, Chem. Ind. *XXXVII*, 105 (1985).
D. Rohe, Maleinsäureanhydrid, ein Langweiler macht Karriere, Chem. Ind. *Aug.*, 32 (1989).

H. Harris, M.W. Tuck, Butanediol via maleic anhydride, Hydrocarbon Processing *May*, 79 (1990).
D. Jackson, L. Tattum, Tougher times ahead for polyurethane, Chem. Week *Oct.*, 9, 32 (1991).
I. Young, Overbuilding plagues phenol, Chem. Week *June*, 16, 68 (1993).
M.S. Reisch, Thermoplastic Elastomers Target, Chem. Eng. News *Aug.*, 10 (1996).
A. Budzinski, Im sicheren Hafen (Phenol), Chem. Ind. *5*, 13 (1996).
A. Müller, Lyondell schließt strategische Lücke, Chemische Rundschau *11*, 5 (2000).
Chemical Market Reporter, Chemical Profile
(Polycarbonate) *Jan.*, 11, 37 (1999).
(Aniline) *Feb.*, 8, 33 (1999).
(Nitrobenzene) *Feb.*, 15, 33 (1999).
(Cumene) *March*, 22, 45 (1999).
(Phenol) *March*, 29, 33 (1999).
(TDI) *April*, 12, 41 (1999).
(Benzoic Acid) *May*, 3, 33 (1999).
(Monochlorobenzene) *May*, 17, 37 (1999).
(Fumaric Acid) *July*, 24, 33 (2000).
(Maleic Anhydride) *Feb.*, 5 (2001).
(Ethylbenzene) *April*, 30 (2001).
(Styrene) *May*, 14 (2001).
(Linear Alkylbenzene) *July*, 30 (2001).
(Bisphenol A) *Nov.*, 5 (2001).
(MDI) *Jan.*, 14 (2002).
(Aniline) *Feb.*, 4 (2002).
(Benzoic acid) *Feb.*, 25 (2002).
(Cumene) *May*, 13 (2002).
(Phenol) *May*, 20 (2002).
(Nitrobenzene) *April*, 25, 1 (2005).
(Cumene) *May*, 16, 22 (2005).
(Phenol) *May*, 23, 29 (2005).
(Benzene) *Aug.*, 22, 4 (2005).
Chemical Week, Product Focus
(Cumene) *Jan.*, 7, 50 (1998).
(Phenol) *Feb.*, 25, 46 (1998).
(MDI) *April*, 8, 37 (1998).
(Styrene) *June*, 17, 34 (1998).
(TDI) *Aug.*, 19, 97 (1998).
(Bisphenol A) *Sept.*, 24 (2003).
(Aniline) *Nov.*, 19 (2003).
(Phenol) *Jan.*, 7, 14 (2004).
(Linear Alkylbenzene) *Jan.*, 28 (2004).
(Polycarbonate) *Feb.*, 25, 3 (2004).
(Cumene) *April*, 7, 14 (2004).
(Styrene) *June*, 16 (2004).
(Phenol) *Jan.*, 26 (2005).
(Bisphenol A) *Oct.*, 26 (2005).
(Benzene) *Jan.*, 4, 11 (2006).
(Linear Alkylbenzene) *Jan.*, 25 (2006).
European Chemical News, Inside Pages
(Phenol) *May*, 17–23 (1999).
(Cyclohexane) *June*, 21–27 (1999).
(Aniline) *Aug.*, 16–29 (1999).
(Bisphenol A) *Oct.*, 18–24 (1999).
(Cumene) *Nov.*, 29–5 (1999).

(Styrene) *Feb.*, 21–27 (2000).
(Nitrobenzene) *April*, 17–23 (2000).
(α-Methylstyrene) *May*, 22–28 (2000).
(Styrene) *June*, 19–25 (2000).
(MDI) *July*, 24–30 (2000).
(TDI) *Sept.*, 18–24 (2000).
(Maleic Anhydride) *Oct.*, 2–8 (2000).
(Phenol) *Jan.*, 22–28 (2001).
(Cyclohexane) *March*, 12–18 (2001).
(Styrene) *July*, 2–8 (2001).
(Cumene) *Oct.*, 1–7 (2001).
(Phenol) *Dez.*, 17 (2001).
(Cyclohexane) *July*, 5–12 (2004).
European Chemical News, Product Profile
(Aniline) *May*, 28–3 (2001).
(Styrene) *July*, 2–8 (2001).
(Bisphenol A) *Sept.*, 24–30 (2001).
(Cumene) *Oct.*, 1–7 (2001).
(Phenol) *Dec.*, 17–6 (2001).
(LAB) *Jan.*, 28–3 (2002).
(Styrene) *June*, 17–23 (2002).
(Aniline) *July*, 8–14 (2002).
(MDI) *July*, 15–21 (2002).
(TDI) *July*, 22–28 (2002).
(Cyclohexane) *Sept.*, 9–15 (2002).
(Bisphenol A) *April*, 14–20 (2003).
(Cumene) *Aug.*, 4–17 (2003).
(Phenol) *Aug.*, 18–31 (2003).
(Vinylacetate) *Sept.*, 22–28 (2003).
(Maleic Anhydride) *Sept.*, 29–5 (2003).
(Polycarbonate) *Feb.*, 16–22 (2004).
(LAB) *Feb.*, 23–29 (2004).
(MDI) *March*, 15–21 (2004).
(Styrine) *April*, 19–25 (2004).
(Cyclohexane) *April*, 26–2 (2004).
(Aniline) *July*, 19–25 (2004).
(Cumene) *Sept.*, 5–11 (2005).
(Maleic Anhydride) *Sept.*, 19–25 (2005).
(Phenol) *Oct.*, 17–23 (2005).

Abschnitt 14

M.C. Sze, A.P. Gelbein, Make aromatic nitriles this way, Hydrocarbon Processing *Feb.*, 103 (1976).
K. Matsuzawa, Technological Development of Purified Terephthalic Acid, Chem. Economy & Eng. Review *8*, 25 (1976).
H. Kawabata, Synthetic Fibers and Synthetic Fiber Materials in Japan, Chem. Economy & Eng. Review *9*, 27 (1977).
F. Obenaus, H.O. Reitemeyer, Eine einfache DMT-Reinigung durch chemische Umsetzung, Erdöl und Kohle *31*, 469 (1978).
O. Wiedemann, W. Gierer, Phthalic anhydride made with less energy, Chem. Eng. *Jan.*, 62 (1979).
A.P. Aneja, V.P. Aneja, Process options for polyester, Chem. and Ind. *April*, 252 (1979).
A.P. Aneja, V.P. Aneja, Process options, feedstock selections, and polyesters, CHEMTECH *April*, 260 (1979).

L. Verde, A. Neri, Make phthalic anhydride with low air ratio process, Hydrocarbon Processing *Nov.*, 83 (1984).
A. Nitschke, Bottle-grade PET, Chem. Week *April*, 21, 38 (1993).
Chemical Market Reporter, Chemical Profile
(PET) *June*, 14 (1999).
(Phthalic Anhydride) *Feb.*, 12 (2001).
(PTA/DMT) *Oct.*, 22 (2001).
(PET) *Dec.*, 10 (2001).
(Phthalic anhydride) *Feb.*, 18 (2002).
Chemical Week, Product Focus
(PTA) *April*, 9, 31 (1997).
(Phthalic Anhydride) *Aug.*, 13, 44 (1997).
(PET) *Oct.*, 7, 39 (1998).
(Phthalic Anhydride) *Oct.*, 22 (2003).
(PET) *Nov.*, 3 (2004).
(Phthalic Anhydride) *Nov.*, 23 (2005).
European Chemical News, Inside Pages
(Phthalic Anhydride) *Sept.*, 6–12 (1999).
(Isophthalic Acid) *Nov.*, 8–14 (1999).
(PET) *July*, 3–9 (2000).
(PTA) *Aug.*, 21–3 (2000).
European Chemical News, Product Profile
(PTA) *June*, 18–24 (2001).
(Phthalic Anhydride) *Feb.*, 4–10 (2002).
(Isophthalic Acid) *Feb.*, 11–17 (2002).
(Dimethyl Terephthalate) *March*, 4–10 (2002).
(PTA) *Oct.*, 14–20 (2002).
(PET) *Oct.*, 21–27 (2002).
(Phthalic Anhydride) *Oct.*, 13–19 (2003).
(Isophthalic Acid) *Feb.*, 2–8 (2004).
(Dimethyl Terephthalate) *April*, 5–11 (2004).
(PTA) *May*, 31–6 (2004).
(PET) *June*, 7–13 (2004).

Stichwortverzeichnis

a

ABS (Acrylnitril-Butadien-Styrol-Kunststoffe) 342
– Acrylnitril-Anteil 124
– Butadien-Anteil 124
Acenaphthen 423
Acetaldehyd
– Addition an Acrylnitril 289
– Aldolkondensation 202, 203
– Bedeutung und Produktion 179–181
– Cooxidation mit *p*-Xylol 440
– Folgeprodukt 185
– Herstellung
– – aus C_3/C_4-Alkanen 185
– – aus Ethanol 183–185
– – aus Ethylen 181–183
– Oxidation
– – zu Acetanhydrid 199
– – zu Essigsäure 188
– – zu Glyoxal 169
– – zu Peressigsäure 188
– Umsetzung
– – zu Acetaldol 202, 203
– – zu Butadien 116
– – zu Crotonaldehyd 203
– – zu Ethylacetat 206
– – zu Ethylendiacetat 252
– – zu Milchsäurenitril 337
– – zu Pentaerythrit 233–235
– – zu Pyridine 207–210
– – zu Sorbinaldehyd 204
Acetaldol
– Dehydratisierung zu Crotonaldehyd 203
– Herstellung aus Acetaldehyd 203
– Hydrierung zu 1,3-Butandiol 203
Acetanhydrid 198–201
Acetanilid 201
Acetessigsäure-Derivate 202
Aceton 306–312, 395
– Aldolisierung 310
– Bedeutung und Produktion 307
– Coprodukt im Hock-Verfahren 394
– Folgeprodukte 310
– Herstellung
– – aus Isopropanol 308–310
– – aus Propen 307–308
– – aus Stärkeprodukten (Fermentation) 307
– Nebenprodukt der Leichtbenzin-Oxidation 192
– Thermolyse zu Keten 201
– Umsetzung
– – mit Acetylen 128
– – mit Acrylnitril 209
– – mit Blausäure 312
– Verwendung 310
Acetoncyanhydrin 312–314
Acetonitril
– Nebenprodukt der Propen-Ammonoxidation 339
– Umsetzung zu Acrylnitril 341
Acetophenon 377, 395
Acetoxybenzol 398
2-Acetoxybutan 191
Acetoxylierung 109
– Benzol zu Phenylacetat 398
– Butadien zu 1,4-Diacetoxy-2-buten 109, 110
– Ethylen zu Glykoldiacetat 166
– Ethylen zu Vinylacetat 254
– Propen zu Acetoxypropanol 304
– Propen zu Allylacetat 331
Acetylen
– Bedeutung und Produktion 99–101
– Herstellung
– – aus Calciumcarbid 101
– – durch thermische Verfahren 102–107
– Isolierung aus Crackfraktionen 106
– Reinigung für chemische Verwendung 102
– Umsetzung
– – zu Acetaldehyd 180
– – zu Acrylester 322
– – zu Acrylnitril 336
– – zu 2-Butin-1,4-diol 109
– – zu Hydrochinon 406
– – zu Methylbutinol 128
– – zu N-Vinyl-2-pyrrolidon 113
– – zu Vinylacetat 251
– – zu Vinylacetylen 132
– – zu Vinylchlorid 238, 239
– – zu Vinylester und -ether 251
– – zu Vinylfluorid 246
– Verwendung 107
Acetylenruß 101
Acetylsalicylsäure 201
ACR-Verfahren (Advanced Cracking Reactor) 69
Acrolein 318, 319
– Herstellung
– – aus Acetaldehyd/Formaldehyd 317
– – aus Propen 317, 318
– Umsetzung
– – zu Acrylnitril 336
– – zu Acrylsäure 323
– – zu Allylalkohol 330
– – zu Methionin 319, 320
– – zu 1,3-Propandiol 317
– – zu Pyridinen 319
Acrylamid
– Herstellung aus Acrylnitril 343–345
– Zwischenstufe der Acrylnitril Hydrolyse 323
– Verwendung 344
Acrylester 323, 324
Acrylglas 317
Acrylnitril (ACN) 209, 271–274, 323
– Bedeutung und Produktion 335–337
– Cyanethylierung 342

Industrielle Organische Chemie: Bedeutende Vor- und Zwischenprodukte, *6. Auflage*, Hans-Jürgen Arpe

ISBN: 978-3-527-31540-6

– Herstellung
– – aus Acetylen 336, 337
– – aus Adiponitril 273
– – aus Ethylenoxid 336
– Herstellungsprognose 341
– Umsetzung
– – zu Acrylamid 342–344
– – zu Acrylsäure 322, 323
– – zu Adiponitril 273
– – zu Lysin 289
– – zu 5-Oxohexansäurenitril 209
– – zu 2-Pyrrolidon 113
– Verwendung 342–344
– hydrierende Dimerisierung 273
Acrylsäure und -ester
– Bedeutung und Produktion 321–328
– Extraktion 324
– Herstellung
– – aus Acetylen 322
– – aus Acrylnitril 323
– – aus Ethylencyananhydrin 321
– – aus Propen 323
– – aus β-Propiolacton 322
– Herstellungsprognose 325
– Verwendung 324
ADAM-EVA-Kreislaufprozess, KFA-Jülich 24
Adipinsäure 263
– Bedeutung und Produktion 264
– Herstellung
– – aus Butadien 266
– – aus Cyclohexanol 264–266
– Verwendung 267
– – für Adiponitril 271
– – für 1,6-Hexandiol 267
– – für Nylon 6.6 267
Adiponitril (ADN) 270–276, 342
– Herstellung 270
– – aus Acrylnitril 273
– – aus Adipinsäure 271
– – aus Butadien 271
– Herstellungsprognose 274, 276
– Hydrierung zu HMDA 275
Adsorptions-Verfahren
– Abtrennung von Paraffin 86
– Aromatentrennung 357
Ag-Katalysator
– Dehydrierung von Methanol 41
– Epoxidation von Ethylen 159
– Modifizierung mit Caesium 163
– Oxidation von Glykol 170
– Oxidationsmechanismus 160, 163
– Oxydehydrierung von Ethanol 183–185
Agraralkohol 211
– Dehydrierung 184
Agrarrohstoffe *siehe auch* Rohstoffe, nachwachsende
Agrarethanol 204, 211
Agrarprodukt 225
AH-Salz (Hexamethylen-diammoniumadipat) 267
Air-Liquide-Verfahren 25
aktivierte Essigsäure 226
Aldolisierung
– von Acetaldehyd 202, 203
– von Acetaldehyd mit Formaldehyd 233
– von Aceton 310
– von Butyraldehyd und Formaldehyd 234
– von Isobutyraldehyd und Formaldehyd 234
Aldolkondensation 151
– von Acetaldehyd 202
– von Acetaldehyd und Formaldehyd 317
– von Butyraldehyd 151
Aldox-Verfahren
– Hydroformylierung 151
Alfen-Prozess
– Ziegler-Olefin 82–86
Alfol-Synthese 231
– Aufbaureaktion des Ethylens 82
– Herstellung primärer, linearer Alkohole 226, 230
Alkanhefe Toprina® 38
Alkansulfonat 89
Alkar-Prozess (UOP), Ethylierung von Benzol 377
Alkazid-Verfahren, Synthesegasreinigung 22
Alkensulfonate 88
Alkohol
– höherer 225
– Hydroformylierung 228
– mehrwertig, verzweigt 232
– niederer, einwertig 211
Alkoholethoxylat 172
– *siehe auch* Polyetheralkohole
alkoholische Gärung 214
Alkoholyse 322
– von Acrylnitril 323
– von Ethylencyanhydrin 321
– von Ethylenoxid 176
– von Methacrylnitril 315
– von β-Propiolacton 322
– von Propylenoxid 306
Alkydharz 334
– Glycerin als Komponente 335
– Glycidylester als Komponenten 156
Alkylaromaten, Disproportionierung, Transalkylierung 370
Alkylatbenzin 80, 298
Alkylbenzole 383
– höhere 382
sek.-Alkylbenzole (lineare = LAB) 90
Alkylbenzolsulfonate 89
– lineare = LAS 382, 383
Alkylhydroperoxid 229
Alkylierung
– Verwendung höherer Olefine 88
– von Ammoniak 55
– von Benzol 383
– – mit Propen 381
– – mit Ethylen 373
– von Phenol
– – mit Methanol 401
– – mit Olefinen 401
Alkylphenole
– Ethoxylierung 401
– höhere 401
Alkylphenolethoxylat 172
Alkylpyridin 207
Alkylsulfonate *siehe* Alkansulfonate
Allantoin 170
Allied-Verfahren
– Apfelsäureherstellung 415
– Cyclohexan-Oximierung 287
– Gasreinigung (Selexol-Verfahren) 22
Allylacetat 331
– Hydroformylierung 110
Allylalkohol und -ester
– Epoxidation 333
– Herstellung 330
– Hydroformylierung 332
– Umsetzung zu Epichlorhydrin 332
Allylamine 329
Allylchlorid
– Epoxidation 327
– Herstellung 327
– Verwendung 327, 329
Allylumlagerung von 3,4-Dicyan-1-buten 272
Allylverbindungen, Bedeutung 326
ALMA-Prozess (Alusuisse Italia Lummus Crest Maleinsäureanhydrid) 412

Alphabutolprozess 72
Alusuisse-UCB-Verfahren, Maleinsäureanhydrid aus Butan 409–412
Ameisensäure
– Bedeutung und Produktion 45
– Herstellung aus CO 46
– Nebenprodukt
– – aus Leichtbenzin-Oxidation 192
– – aus oxidativen Abbaureaktionen 47
– Verwendung 48
Aminierung, Adipinsäure 270
Aminoanthrachinon 363
D-α-Amino-ε-caprolactam 289
DL-α-Amino-ε-caprolactam 289
ε-Aminocapronsäure 278
ω-Aminododecansäure 292
1,6-Aminohexanol 270
ω-Aminoundecansäure 276, 277
Aminocarbonsäure 269
Ammondehydrierung, Benzol zu Anilin 419
Ammonolyse 277
– Allylamin aus Allylchlorid 327
– Anilin aus Chlorbenzol/Phenol 418
– 11-Bromundecansäure 277
– Ethylendiamin aus Ethanolamin 175
– *m*-Kresol zu *m*-Toluidin 419
– Methylformiat
– – zu Formamid 47
– – zu N-Methyl-formamid 49
– Oxalester zu Oxamid 54
Ammonoxidation
– Cyclohexanon zu Oxim 287
– Isobuten zu Methacrylnitril 315
– Methan zu Blausäure 50
– Methanol zu Blausäure 51
– 3-Picolin zu Nikotinsäurenitril 210
– Propan zu Acrylnitril 340, 341
– Propen zu Acrylnitril 338–341
– Toluol zu Benzylcyanid 338
– *m*-Xylol 444
– *p*-Xylol 442
Ammonsulfat-/hydrogensulfat
– Nebenprodukt
– – bei ε-Caprolactam 285
– – der Acetoncyanhydrin-Hydrolyse 312
– – der Acrylnitril-Hydrolyse 323
– – der Anilin-Oxidation 405
Amoco-Verfahren
– Anwendungsbreite des Oxidationsverfahrens 439
– Terephthalsäure aus *p*-Xylol 438
– Trimellithsäureanhydrid 351
– *m*-Xylol zu 2,4-Dimethylbenzaldehyd 351
– *p*-/*m*-Xylol-Trennung 357
Amylalkohol 225
2-Amylanthrachinon 364
tert.-Amylmethylether (TAME) 77, 81
Amylpropionat 154
Andrussow-Verfahren 50, 51
Anilin 416, 418
– Bedeutung 417
– Carbonylierung zum N-Phenylethylurethan 424
– Herstellung und Verwendung 417–420
– – durch H_2-Übertragung 379
– – durch Ammondehydrierung von Benzol 419
– Herstellungsprognose 419
– Oxidation zu Chinon 405
– Produktion 417
– Umsetzung zu MDI 424
Anthracen, Verwendung 362
Anthracenöl 347, 359
Anthrachinon 362, 363
Anti-Markownikoff-Addition 272, 277
Antioxidantien 419
Apfelsäure 413, 415
DL-Apfelsäure (Hydroxybernsteinsäure) 415
aprotisches Lösemittel
– Dimethylformamid 49
– Ethylenglykoldialkylether 176
Aramid 262
Arco-Verfahren
– Allylalkohol-Herstellung 330
– 1,4-Butandiol-Herstellung 110
– MDI an Nitrobenzol 423
– Xylol-Plus-Verfahren 371
Arex-Verfahren (Leuna-Werke) 355
Arge-Verfahren, Fischer-Tropsch-Synthese 23
Aris-Verfahren 368
Aromaten 354, 355
– Anteil im Reformat- und Pyrolysebenzin 348
– aus der Steinkohlenverkokung 347
– aus Reformat- und Pyrolysebenzin 352
– Azeotropdestillation 353
– Bedeutung und Produktion 345
– Extraktivdestillation 353
– Herstellungsprognose 358
– Isolierung 352
– kondensierte 360–365
– Rohstoffquelle 346
– Trennverfahren 352
– Umwandlung 370
– Umwandlungsverfahren 365
Aromax-Verfahren, *p*-Xylol-Isolierung 357
Aromex-Verfahren 355
Arosolvan-Verfahren 355
Arosorb-Prozess, Aromatenadsorption 357
Asahi Glass-Verfahren (*Kasei*), Methacrylsäure aus Isobutyraldehyd 314, 315
Asahi-Verfahren
– Cyclohexanol-Herstellung aus Benzol 279
– MDI-Herstellung aus Anilin 424
– Methan-Chlorierung 57, 58
Atlantic Richfield-Hydrocarbon Research *siehe* Arco-Verfahren
AVCO-Plasma Pyrolyse 104
Azelainsäure 228, 275
Azeotropdestillation, Aromaten-Nichtaromat-Trennung 353
Aziridin *siehe* Ethylenimin

b

BASF-Sachse-Bartholomé-Verfahren 105
BASF-Tauchflammenprozess, Acetylen-Herstellung 105
BASF-Verfahren
– Acrylsäure aus Acetylen 322
– 1,4-Butandiol aus Acetylen 108
– Butanole aus Propen (Hydrocarbonylierung) 221, 222
– Carbonylierung aus Methanol (Hochdruck) 192–194
– Ethylbenzol-Dehydrierung 378
– 2-Ethylhexanol-Veresterung 433, 434
– Herstellung
– – von Ameisensäure 46
– – von Methanol (Hochdruck) 32
– – von Methanol (Mitteldruck) 33, 34

– – von Polyisobuten 80
– – von Synthesegas 21
– – Isolierung
– – von 1,3-Butadien 106
– – von Maleinsäureanhydrid 408
– Methacrylsäure aus Propionaldehyd 316
– Oxidation von *o*-Xylol 430
– Reppe-Butanolherstellung 222
– Sachsse-Bartholomé-Verfahren 105
Bashkirov-Oxidation 229, 230
– Paraffin 230
– Cyclododecan 268
– Cyclohexan 265
Bayer/Degussa-Verfahren, Herstellung von Propylenoxid 301
Bayer/Hoechst-Verfahren, Vinylacetat aus Ethylen 255
Bayer-Verfahren
– Anthrachinon aus Naphthochonon 363
– Cholrierung von Benzol 389
– Essigsäure aus Buten 191
– Isobuten-Oligomerisierung 91
– Oligomerisierung von Isobuten 78–80
Beckmann-Umlagerung
– Cyclododecaoxim 290
– Cyclohexanonoxim 278, 281, 286
Benfield-Verfahren 22
Ben-Sat Prozeß 386
Benzoesäure 284, 393
Benzol 345, 346, 383
– Acetoxylierung 398
– Alkylierung
– – mit Chloralkanen 384
– – mit Ethylen 373
– – mit höheren Olefinen 382, 383
– – mit Propen 381
– Alkylierungs- und Hydrierungsprodukt 373
– Ammondehydrierung zu Anilin 419, 420
– Anteil
– – in Kokereiprodukten 346, 347
– – in Reformat- und Pyrolysebenzin 348
– Herstellung aus Toluol-Hydrodealkylierung 366, 370
– Hydrierung 384
– – zu Cyclohexan 384–386
– – zu Cyclohexen 279
– Nitrierung zu Nitrobenzol 415
– Oxidation
– – zu Hydrochinon 405
– – zu Maleinsäureanhydrid 408
– Oxidationsprodukt 386
– Oxychlorierung 389
– Rohstoffquellen 346
– Sulfonierung 388
– Umsetzung
– – zu Anthrachinon 363
– – zu Resorcin 403, 404
– Verwendung 373
Benzolcarbonsäure 352
Benzolethylierung 374, 375
Benzolsulfonsäure 388
1,2,4,5-Benzoltetracarbonsäure 351
1,2,4-Benzoltricarbonsäure 351
Bergwerksverband-Verfahren 351
Bernsteinsäure 265
Bernsteinsäureanhydrid 413
Bernsteinsäuredinitril 113
Bertrams/Bayer-Verfahren, Rekonzentrierung der H_2SO_4 213
Bextol-Verfahren, Shell, BASF 367
Bi-Gas-Verfahren 17
Bioakkumulation, DDT 391
biologische Abbaubarkeit
– Alkylbenzolsulfonate 382
– Alkylphenol 401
– Derivate linearer Alkohole 232
– Fettalkoholethoxylat 172
– Polyethylenterephthalat 435
biologische Wertigkeit
– Aminosäurelücke im SCP 39
– L-Lysin Lücke 320
– Methioninlücke 320
biosynthetische Herstellung
– von Acrylamid 343
– von Propylenoxid 302
– *siehe auch* Fermentation
Bischlordiisopropylether 295
Biscyanoethylether 274
2,4-Bis(ethylamino)-6-chlor-1,3,5- triazin 53
Biscyanoethylether 273
2,4-Bis-(ethyl)-6-chlor-1,3,5-triazin 53
Bisglycidylether 273
Bis-(2-hydroxyethyl)-terephthalat 447
1,4-Bis-(hydroxymethyl)-cyclohexan *siehe* 1,4-Dimethylcyclohexan
Bisphenol 400
Bisphenol-A 329
– Aceton-Phenol- Kondensation 400
– Addition an Epichlorhydrin 328
– Herstellung 399
– Verwendung 399
Bisphenol-A-glycidylether 328, 400
Bituminous Coal Res. (Bi-Gas) 17
Blasen-Säulen-Verfahren
– Acetaldehyd-Oxidation 189
– Benzol
– – Chlorierung 389
– – Hydrierung 384
– – Propylierung 381
– Butanoxidation 190
– Cooxidation *p*-Xylol/Paraldehyd 440
– Cumoloxidation 394
– Propenepoxidation 299
– Ethylenchlorierung 239
– Paraffinchlorierung 86
– Sulfoxidation 89
Blausäure
– Addition
– – an Aceton 312
– – an Acetylen 337
– – an Butadien 271
– – an Ethylenoxid für Acrylester 322
– – an Ethylenoxid für Acrylnitril 336
– Herstellung 49
– Nebenprodukt
– – Abhängigkeit vom Katalysator 52
– – bei Propen-Ammon-Oxidation 340
– Umsetzung zu Methionin 319
– Verwendung 52
Bleichmittel 365
Bleitetraethyl *siehe* Tetraethylblei (TEL)
Bleitetramethyl *siehe* Tetramethylblei
BMA-Verfahren (Degussa) 51
Borsäureester, Bashkirov-Oxidation 229
Borsäureroute
– Oxidation von Cyclododecan 268, 269
– Oxidation von Cyclohexan 265
– Oxidation von Paraffin 229
Boudouard-Reaktion 16
BP-Hercules-Verfahren, Phenol aus Cumol 395
BP-Ugine-Verfahren, Ammonoxidation von Propen 340

BP-Verfahren
– Ameisensäure aus AcOH-Herstellung 48
– Butan-Isom-Prozess 78
– Cyclar-Prozess 359
– Erzeugung von Alkanhefe 38
– Herstellung von 4MP1 92
BR (Polybutadien-Kautschuk) 124
Branntweinmonopol 211
Braunkohle *siehe* Kohle
Brennstoffzelle 37
Brenzcatechin 407
Bromwasserstoff, Addition an Undecensäure 277
Brutreaktor (Brüter) 6, 7
BTX-Aromate 11
– *siehe auch* Benzol, Toluol, Xylol
1,3-Butadien
– Acetoxylierung 110
– Adipinsäureherstellung 266
– Anteil in C_4-Crackfraktionen 73
– Bedeutung und Produktion 115
– Chlorierung 271
– Cyclodimerisierung 380
– Cyclotrimerisierung 268
– Epoxidation 124
– Herstellung aus C_4-Alkanen und -Alkenen 119
– Historische Synthese 116
– Hydrierung zu Butenen 125
– Isolierung aus C_4-Steamcrackschnitten 117
– Sulfolanherstellung 125
– 4-Vinylcyclohexenherstellung 125
– Verwendung 115, 122–124
– Vierstufenverfahren 116
Butadien
– Hydrocyanierung 124, 271–273
– Isolierung aus C_4-Kohlenwasserstoff 118
– Reaktion mit Cyclopentadien 135
– Sulfon-Synthese 125
– Trimerisierung 268
– Chloroprenherstellung 132
Butan
– Oxidation
– – zu 1,4-Butandiol 110
– – zu Maleinsäureanhydrid 411
1,3-Butandiol 203
1,4-Butandiol 413, 445
– Herstellung
– – aus Acetylen 109
– – aus Butadien 109
– – aus Butan 109, 110
– – aus 1,4-Diacetoxybuten 111
– – aus 1,4-Dichlorbuten 111
– – aus Maleinsäureanhydrid 413, 445
– Verwendung 111
Butanol 220
– Bedeutung und Produktion 221
– Herstellung 221–223
– – aus Butyraldehyd 203
– – aus Crotonaldehyd 203
– Produkt der Oxo-Synthese 147
tert.-Butanol
– Dehydratisierung 76
– Epoxidation 298
– Herstellung aus Isobuten 75
– Isobuten-Oxidation 314
– Nebenprodukt bei Epoxidation 297
– Oxidation zu Methacrylsäure 314
– Umsetzung zu Hypochlorit 300
– Verwendung 224
tert.-Butylhypochlorit 300
Buten 72
– Anteil bei Crackverfahren 73
– Dismutation mit Isobuten 128
– Essigsäureaddition 191
– Herstellung durch Propendismutation 93
– Isolierung aus C_4-Crackschnitten 73
– Isomerisierung 78
– Isomerisierung zu Isobuten 79
– Metathese zu Propen 93
– Oxidation zu Maleinsäureanhydrid 410
– Verwendung 80
2-Buten-1,4-diol 109
3-Buten-1,2-diol 134
2-Butin-1,4-diol 107
2,2-Bis-(4-hydroxyphenyl)-propan 399
Buttersäure 149
sek.-Butylacetat
– Herstellung 192
– Oxidation zu Essigsäure 191
2-*tert.*-Butylanthrachinon 364
Butylester 149
Butylhydrogensulfat 223
tert.-Butylhydroperoxid 297
tert.-Butylhypochlorit 300
Butyl-Kautschuk 123
– Verwendung von Isobuten 80
Butylaldehyd
– Herstellung
– – aus Acetaldehyd 203
– – aus Propen 141–146
– Umsetzung
– – zu 2-Ethylhexanol 1512
– – zu Trimethylolpropan 233
Butylester 149
Butylhydrogensulfat 223
Butyr-/Isobutyraldehyd
– Herstellung aus Propen 142
– Hydrierung zu Butanol/Isobutanol 147
– Oxidation zu Butter-/Isobuttersäure 149
Butyraldehyd, Umsetzung zu 2-Ethylhexanol 151
γ-Butyrolactam *siehe* 2-Pyrrolidon
γ-Butyrolacton 113, 413
– Herstellung aus 1,4-Butandiol 112

c

C_1-Chemie
– Ethylenglykol 166–168
– Glykolaldehyd 44
– Glykolsäuremethylester 48
– Methylpropionat 48
– Sauerstoff enthaltende C_2-Verbindung 195
C_4-Crackfraktion
– Anteil bei Naphthaspaltung 73
– Isolierung von 1,3-Butadien 117
C_4-Raffinat 76
Calciumcarbid
– Herstellung/Hydrolyse 101, 102
– Verwendung zur Stahlerzeugung 99
C_5-Crackfraktion, Anteil bei Naphthaspaltung 80
C_8-Aromate *siehe* Xylole, Ethylbenzol
CAA-Verfahren 118
Calciumcyanamid 100
– Einsatz für Dicyandiamid 53
Cannizzaro-Reaktion
– Herstellung 234
– – von Trimethylolpropan 234
– – von Neopentylglykol 234
– – von Pentaerythrit 233
ε-Caprolactam 283
– Bedeutung und Produktion 278
– Herstellung
– – aus Cyclohexanon 284
– – aus Cyclohexanonoxim 278
– Herstellungsprognose 286
– Verwendung 288
ε-Caprolacton
– Herstellung aus Cyclohexanon 286

– Hydrierung zu 1,6-Hexandiol 270
– Verwendung 286–288
Carbaryl 362
Carbinol 377
Carbitole® 176
tert.-Carbonsäuren, Koch-Reaktion 154–156
Carbonylierung 351
– Acetylen
– – zu Acrylsäure 322
– – zu Hydrochinon 406
– Amine/Nitroverbindungen 424
– Benzol zu Anthrachinon 363
– Butadien zu Adipinsäure 267
– Cyclododeca-1,5,9-trien zu Cyclododecancarbonsäure 291
– Dimethylether zu Acetanhydrid 201
– Ethylen zu Acrylsäure (oxidativ) 326
– Methanol
– – zu Dimethyloxalat 168
– – zu Essigsäure 192–195
– – zu Methylformiat 46
– Methylacetat
– – zu 1,1-Diacetoxyethan 257
– – zu Acetanhydrid 201
– Nitrobenzol zu MDI 423
– Olefin mit nucleophilen Partnern 152, 153
– Toluol zu *p*-Tolualdehyd 445
– *m*-Xylol zu 2,4-Dimethylbenzaldehyd 351
Carboxymethylcellulose 198
Catacarb-Verfahren 22
Catadiene-Verfahren, Houdry-Dehydrierung 121
Catalyst and Chemical-Verfahren, Methanol-Herstellung 34
Catofin-Prozess 78
CdF Chimie, Benzolethylierung 374
Celanese-Verfahren
– Butanoxidation (LPO) 190
– 1,6-Hexandiol zu HMDA 270
– Herstellung
– – von Acetaldehyd 185
– – von Methanol 185
– – von HDMA aus 1,6-Hexadiol 270
– Propan-Butan-Oxidation 185
Cellosolve® 176
Celluloseacetat 197
Cetus-Prozess, Herstellung von Propylenoxid 303
CFKW (Chlorfluorkohlenwasserstoffe) 56
Chem Systems-Verfahren, Propylenoxid-Herstellung 304
Chemiefaser 262
Chevron-Katalysator, Rheniforming-Verfahren 349
p-Chinon 405
Chloral 391
Chloralkali-Elektrolyse, H_2-Gewinnung 29
Chlorbenzol 418
– Herstellung 389
– Hydrolyse zu Phenol 390
– Verwendung 391
Chlorcyan 52
Chlordifluormethan 250
Chlorfluoralkan 249
– Umsetzung zu Vinylchlorid und Vinylidenfluorid 246, 247
1-Chlor-1,1-difluorethan 247
Chlorhydrinbildung 295
Chlorhydrinether 328
Chlorhydrinverfahren 294
Chlorierung 327
– Blausäure zu Chlorcyan 52
– Butadien
– – für Adiponitril 271
– – zu Chloropren 132
– Essigsäure zu Chloressigsäure 197, 198
– Ethan zu Ethylchlorid 216
– Ethylen 239
– Methan zu Chlormethan 56
– Paraffine 86
– Propen zu Allylchlorid 327, 328
– Schwefelkohlenstoff zu CCl_4 59
p-Chlor-*o*-kresol 402
Chlormethan 57
– Bedeutung 56
– Produktion 56
– Verwendung 61
Chlornaphthalin 362
Chlornitrobenzol 391
Chloroform 57
Chlorolyse 60, 397
Chloropren
– Bedeutung und Herstellung 131
– Verwendung 133
Chloropren-Kautschuk 133
– Anteil am Synthesekautschuk 123
Chlorparaffin 87
2-Chlor-1-propen 327
Chlorwasserstoff
– Elektrolyse 242
– HCl-Oxidation zu Chlor 242
– Verwendung
– – für Oxychlorierung 239
– – für Oxychlorierung von Ethylen 240
Citronensäure 415
Clathrate 85
Claus-Verfahren 22
Clusterkatalysatoren, Reformierung 348, 349
CO-Absorption 26
Cooxidation 296
– Herstellung
– – von Propylenoxid 295–299
– – von Terephthalsäure 440
– – von *p*-Xylol und Paraldehyd 440
COS = Kohlenoxysulfid 21, 22
Cosden-Verfahren, Polymerisation des Isobutens 79
Cosorb-Verfahren, CO-Absorption 26
Cowper-Verfahren 104
Crack-Verfahren 65–67
– für Paraffin 85
Cracken 70
Crotonaldehyd 184, 204, 205
– Herstellung 203
– Verwendung 203
Crotonsäure 205
Cumarin 202
Cumaron 360
Cumol 380, 394, 395
Cumol-Verfahren 394
Cumox-Verfahren 396
Cumylhydroperoxid 394
α-Cumylphenol 395
Cyanethylierung 342, 343
– von Aceton 209
– von Acetyldehyd 289
Cyanhydrinverfahren 321
ω-Cyanundecansäure 292
Cyanurchlorid 52
Cyanursäureamid *siehe* Melamin
Cyanwasserstoff *siehe* Blausäure
Cyclar-Prozess 359
Cyclodehydrierung von Butadien 379
Cyclodimerisierung von Butadien 125
Cyclododecan 291
– Herstellung aus Cyclododeca-1,5,9-trien 268

– Oxidation zu Cyclododecanon/-ol 268
Cyclododecancarbonsäure 291
Cyclododecanol/-on, Herstellung aus Cyclododecan 268, 269
Cyclododecanon, Oximierung und Umlagerung 290
Cyclododecatrien 268
Cyclododeca-1,5,9-trien (CDT) 125, 268
– Carbonylierung 291
– Ethenolyse zu Tetradeca-1,13-dien 96
– Hydrierung zu Cyclododecen 96
– Umsetzung
– – zu Cyclodecen 96
– – zu Laurinlactam 291
Cyclododecen 96
Cyclohexan 264, 291
– Bedeutung und Produktion 384
– Herstellung
– – aus Benzol 384–386
– – aus Methylcyclopentan 384
– Nitrierung 281
– Oxidation zu Cyclohexanol 264
– Photonitrosierung 280
– Verwendung 386
Cyclohexancarbonsäure 284
Cyclohexan-1,4-dicarbonsäure-dimethylester 447
Cyclohexanol-Cyclohexanon
– Herstellung aus Cyclohexan 264
– Oxidation zu Adipinsäure 264
Cyclohexanol
– Herstellung
– – aus Cyclohexan 393
– – aus Benzol 279
– – aus Phenol 265
Cyclohexanon
– Herstellung
– – aus Cyclohexan 393
– – aus Cyclohexanol 279
– Umsetzung
– – zu ω-Aminosäure 292
– – zu Oxim 281
Cyclohexanoxim 280, 286
– Herstellung aus Cyclohexan/Cyclohexanon 281
– Oxidative Oximierung 285
Cyclohexen, Hydratisierung aus Cyclohexanol 273
Cyclohexenylacetat 285
Cyclohexylamin 279
Cyclohexylbenzol 399
Cyclohexylhydroperoxid 264
Cyclooctadien 125, 268
Cycloolefine, Ethenolyse zu α,ω-Diolefin 96
Cyclopentadien, Isolierung und Verwendung 134–136
Cyclotrimerisierung von Butadien 268
Cymol 396

d

Daicel-Verfahren
– Essigsäure-Herstellung 194
– Glycerin aus Propen 334
– Peressigsäure aus Acetaldehyd 188
– Propylenoxid-Herstellung 299
Dalvor® 247
Dampfreformieren 21
Dampfspaltung, Herstellung von Olefinen 69
DDT 391
Deacon-Prozess, HCl-Oxidation zu Chlor 242
Deca-1,9-dien 96
Decalin 362
Decarboxylierung
– Benzoesäure 398
– Nicotinsäure 209
Degussa-BMA-Verfahren (Blausäure-Methan-Ammoniak) 51
Degussa-Verfahren
– Herstellung
– – von Acrolein 317
– – von Blausäure 51
– Nicotinsäureherstellung 210
– – DL-Weinsäure 414
– selektive Acrolein-Hydrierung 331
Dehydratisierung
– Acetaldol zu Crotonaldehyd 203
– 1,4-Butandiol zu Tetrahydrofuran 110, 111
– Diammoniumadipat zu Adiponitril 271
– Diethanolamin zu Morpholin 174
– Essigsäure zu Keten 200
– Formamid zu HCN 49
– Glykol/Diglykol zu 1,4-Dioxan 171
Dehydrierung
– Butan/Buten zu 1,3-Butadien 120
– Cyclododecanol zu Cyclododecanon 290
– Cyclohexanol
– – zu Cyclohexanon 279
– – zu Phenol 393
– – Cyclohexylamin zu Amin 278
– Ethanol zu Acetaldehyd 184
– Ethylbenzol 378
– Isopentan/Isopentene zu Isopren 126, 127
– Isopropanol zu Aceton 308
– Methanol zu Formaldehyd 41–43
– Paraffin zu Olefin 86
– *sek.*-Butanol zu Methylethylketon 224
– Reformierverfahren 348
Dehydrochlorierung
– 1-Chlor-1-fluorethan zu Vinylfluorid 246, 248
– Chlorparaffin 87
– 1,2-Dichlorethan zu Vinylchlorid 241
– 3,4-Dichlor-1-buten zu Chloropren 133
– Ethylenchlorhydrin zu Ethylenoxid 158
– 1,1,2-Trichlorethan zu Vinylidenchlorid 245
Dehydrocyclisierung
– Alkane zu Cycloalkanen 349
– 1,4-Butandiol zu γ-Butyrolacton 112
Dehydrodimerisierung, Methan zu Acetylen 106
Desulfurierung 20
Depotdünger 54
Diacetonalkohol 310
1,4-Diacetoxy-2-buten 109
1,1-Diacetoxyethan 257
1,2-Diacetoxypropan 304
Dian (Diphenylolpropan) 399
Dibenzoylperoxid 247
2,6-Di-*tert.*-butyl-4-methylphenol (BHT, Jonol) 402
Dibutylphthalat (DBP) 149
Dicarbonsäure 263
Dichlorbuten 132, 133
– Zwischenprodukte
– – für Adiponitril 271
– – für Chloropren 132
– – für 1,4-Butandiol 134
2,2-Dichlordiethylether 171
1,2-Dichlor-1,1-difluorethan 247
1,1-Dichlorethan 244
1,2-Dichlorethan (EDC) 158, 244
– Dehydrochlorierung zu Vinylchlorid 239–241
– Ethylenchlorierung 239

– Ethylenoxychlorierung 240
– Oxidationsinhibitor 160
– Umsetzung
– – zu Ethylenimin 175
– – Trichlor- und Tetrachlorethylen 248
Dichlormethan *siehe* Methylenchlorid
Dicyanbuten 272
Dicyandiamid 53
Dicyclopentadien, Isolierung/Verwendung 135
Didymium 242
Diels-Alder-Reaktion
– Butadien/Butadien 376
– Butadien/1,4-Naphthochinon 363
– Cyclopentadien 135
– Hexachlorcyclopentadien 136
Diethanolamin
– Herstellung 172
– Verwendung zur Gasreinigung 22
Diethylbenzol 375
Diethylenglykol 167
– Umsetzung zu Morpholin 174
Diethylether 213
Di-2-ethylhexylphthalat *siehe auch* Dioctylphthalat
Diglykolamin 22
Diglyme® 176
Dihydroxybenzol 403
Diisobuten
– Herstellung und Bedeutung 75
– Metathese zu Neohexen 95
– Verwendung 91
Diisobutylphthalat (DIBP) 149
Diisocyanat 423
– Verwendung 425
Diisocyanate 420
Diisodecylphthalat (DIDP) 433
Diisononylphthalat (DINP) 433
Diisopropanolamin 22
Diisopropylbenzol 404
p-Diisopropylbenzol 405
Diisopropylether 219
Diketen 202
Dimersol-Prozess (Dimerisierung von Olefin) 92
Dimethylacetamid 56
Dimethylamin 55
2,4-Dimethylbenzaldehyd 351
3,3-Dimethyl-1-buten 95
– *siehe auch* Neohexen
Dimethylcarbonat
– Carbonylierung zu Acetanhydrid 201
– Herstellung
– – aus Methanol 425
– – aus Methylformiat 48
– Verwendung
– – für Isocyanate 425
– – für Polycarbonate 400
4,4-Dimethyl-1,3-dioxan 129
Dimethylether 176
– Carbonylierung zu Acetanhydrid 201
– Dimethylethylenglykol-Herstellung 177
– Herstellung/Verwendung 48, 49
– Oxidation zu Formaldehyd 40
1,4-Dimethylnaphthalin 439
1,4-Dimethylolcyclohexan 445, 448
Dimethylformamid 49
– Acetylen-Isolierung 102
– Butadien-Extraktion 118
– Isopren-Extraktion 126
Dimethylharnstoff 56
Dimethylnaphthalin 439
Dimethyloxalat 168
2,2-Dimethyl-1,3-propandiol *siehe* Neopentylglykol
– Herstellung und Verwendung 234
4,6-Dinitro-*o*-kresol (DNOC) 402
Dimethylphenylcarbinol 395
Dimethylterephthalat
– Herstellung 436
– Verwendung 445
Dimethylterephthalat (DMT) 435
m-Dinitrobenzol 416
Dioctylphthalat (DOP) 433
– Bedeutung für 2-Ethylhexanol 152
Diol 425
α,ω-Diolefin durch Ethenolyse 96
1,4-Dioxan 169, 171
Dioxolan 169, 170
1,3-Dioxolan-2-on 166
– *siehe auch* Ethylencarbonat
Diphenyl 367
Diphenylether 390
4,4′-Diphenylmethandiisocyanat (MDI) 419
Dismutation 128, 347
Disproportionierung
– Alkylaromaten 370
– Benzoesäure zu Terephthalsäure 442
– Olefin-Metathese 93
– Verfahren 371
Distapex-Verfahren, Extraktivdestillation 354
Distillers-BP-Verfahren, Leichtbenzin-Oxidation zu Essigsäure 192
Diurethan 425
1,12-Dodecandisäure 263, 269, 275
– Bedeutung 268
– Herstellung und Verwendung 268
– Umsetzung zu Cyclododeca-1,5,9-trien (CDT) 268
Dow-Bayer-Chlorbenzolroute 396
Dow-Verfahren
– Benzolchlorierung 389
– Butendehydrierung 121
– Ethylbenzoldehydrierung 378
– Herstellung von Ethylenimin 175
– Methan-Chlorierung 58
– Toluoloxidation 392
Dowanole® 176
Druckvergasung nach Lurgi 18
DSM-HPO-Verfahren 286
– Cyclohexanonoxim-Herstellung 283
– Hydroxylamin-Herstellung 283
DSM-Verfahren 289
Duo-Sol-Verfahren, Aromatenextraktion 355
DuPont-Verfahren
– Acetylen durch Lichtbogen-Pyrolyse 104
– Adiponitril aus Butadien 271
– Ammondehydirerung von Benzol 418, 419
– Cyclohexanonoxim aus Cyclohexan 281
– Cyclohexanonoxim aus Cyclohexanon 280
– Glykol aus Formaldehyd 44
– Glykolsäure aus Formaldehyd 44
– Polytetramethylenglykol 112
– Propen-Nitrosierung 337
– Tetrahydrofuran aus Maleinsäure 413
Durol 350, 351, 371
– MTG-Verfahren 36
Duroplaste 413
Dynamit 335

e

Eastman-Kodak-Verfahren
– Hydrierung von Dimethylterephthalat 436
– Terephthalsäure aus *p*-Xylol 440
Edeleanu-Prozess, Paraffin-Isolierung 85

EHD-Verfahren *siehe* Elektrodimerisierung
Eisenpentacarbonyl 32
Elektrohydrodimerisierung (EHD)-Verfahren 273
Endlosenergie 8
Energie
– Energiebedarf 2
– Gesamtenergieverbrauch 2
– Versorgung 1
– Wirkungsgrade 11
Energieträger 3
Energieversorgung, Perspektive 7
EniChem-Verfahren, Cumol-Herstellung 382
Ensorb-Verfahren, Exxon 84
Entschwefelung
– Naphthaspaltgas 70
– Roheisen 100
– Synthesegas 21, 22
Epal-Verfahren 231
EPDM *siehe* EPTR
Epichlorhydrin 327–329, 400
– Herstellung 328
– Hydrolyse zu Glycerin 333
– Verwendung 328
Epoxidation 296, 327
– Oxidation von Cyclohexanon zu ε-Caprolactam 284
– von Allylalkohol zu Glycid 334
– von Allylchlorid zu Epichlorhydrid 327
– von Butadien zu 3,4-Epoxy-1-buten 124
– von Ethylen zu Ethylenoxid 166
– von Propen zu Propylenoxid 295, 301, 331
Epoxidharz 400
– Verwendung 329
3,4-Epoxy-1-buten 124
Epoxyweinsäure 414
EPR (Ethylen-Propen-Kautschuk) 123
EPTR (Ethylen-Propen-Terpolymer-Kautschuk) 123
– Terkomponente 136
Erdgas
– Förderland 4
– Reserve 4
– Verbrauch 4
Erdöl 3, 346
– Einsparung als Energielieferant 11
– Reserve und Verbrauch 3
Escambia-Verfahren, Methacrylsäure aus Isobuten 314
Essigsäure (AcOH) 186–198
– aktiviert 226
– Carbonylierung von Methanol 192
– Herstellung
– – durch Acetaldehyd-Oxidation 188
– – durch Alkan- und Alkenoxidation 189
– – durch Synthesegas-Umsetzung 195
– Herstellungsprognose 195
– Leichtbenzin-Oxidation 192
– Verwendung 197
ETBE *siehe* Ethyl-*tert.*-enylether
Ethan, Chlorierung zu Ethylchlorid 216
Ethanol
– Bedeutung und Produktion 211, 212
– Herstellung
– – aus Ethylen 212, 213
– – aus Methanol 214
– – durch Fermentation 214
– Umsetzung
– – zu Acetaldehyd 184
– – zu Butadien 116
– – zu Ethylen 68
– Verwendung 215
Ethanolamin
– Folgeprodukt 172
– Umsetzung zu Ethylenimin 174
Ethenolyse von Olefin 94, 95
Ethoxycarbonylierung, Nitro-Isocyanat-Umwandlung 424
2-Ethoxyethylacetat *siehe auch* Ethylglycoacetat
Ethoxylierung 401
– Terephthalsäure 447
– von Ammoniak 173
– von Ethylenglykol 165
– von höheren Alkoholen 232
– von niederen Alkoholen 176
– von nucleophilen Partnern 163
– von Polypropylenglykolen 305
– von Terephthalsäure 445, 446
Ethyl-Corporation
– Epal-Verfahren 231
– Ziegler-Alkohol 231
Ethylacetat 206, 215
– Umsetzung zu Ethylglykolacetat 178
2-Ethylanthrachinon 264
Ethylbenzol 345, 371, 373, 375
– Dehydrierung 378
– Herstellung aus Benzol 373–375
– H_2-Übertrageung auf Nitrobenzol 379
– Hydroperoxid
– – zur Phenolherstellung 398
– – zur Propenoxidation 296
– Isolierung aus C_8-Aromatenfraktion 373
Ethylchlorid 215
– Herstellung und Verwendung 215, 216
– Promoter bei Benzolethylierung 374
Ethylcorporation
– Epal-Verfahren 231
– 1,1,1-Trichlorethan-Herstelllung 244
Ethylen
– Acetoxylierung
– – zu Glykoldiacetat 166
– – zu Vinylacetat 253
– Addition
– – von AcOH zu Ethylacetat 207
– – von Chlor zu 1,2-Dichlorethyn 240
– Alfol-Synthese 231
– Alkylierung von Benzol 373
– Anteil im Naphtha-Spaltgas 71
– Bedeutung und Produktion 68
– Chlorierung 239
– Chlorierung zu 1,2-Dichlorethan 240
– Direktoxidation 196
– Epoxidation zu Ethylenoxid 158
– Herstellung
– – durch Crackverfahren 68
– – durch Propen-Metathese 93
– Hydratisierung zu Ethanol 214
– Hydroformylierung zu Propionaldehyd 145
– Oligomerisierung
– – nach Exxon 83
– – nach Shell 83
– – nach Ziegler 82
– Oxidative Carbonylierung zu Acrylsäure 32
– Oxidationsprodukte 157
– Oxychlorierung
– – zu 1,2-Dichlorethan 240
– – zu Vinylchlorid 243
– Partialoxidation zu Acetaldehyd 181

– Produktion von Polyethylen 72
– Reinigung 70
– Rohstoffe 68
– Terpolymer mit Propen und Dienen (EPTR) 136
– Verwendung 157
Ethylencarbonat 166
– Herstellung und Verwendung 178
– Zwischenprodukt für Ethylenglykol 167
Ethylenchlorhydrin
– Umsetzung
– – zu 1,4-Dioxan 171
– – zu Ethylenoxid 158
Ethylencyanhydrin
– Herstellun aus Ethyenoxid 321
– Umsetzung
– – zu Acrylnitril 335, 336
– – zu Acrylsäure 321
Ethylendiacetat 252
Ethylendiamin
– aus Ethanolamin 175
– Herstellung aus 1,2-Dichlorethan 245
Ethylendiaminessigsäure 245
Ethylenglykol 44, 445
– Bedeutung und Produktion 165
– Herstellung
– – aus Dimethyloxalat 168
– – aus Ethylen 166
– – aus Ethylenoxid 165
– – aus Synthesegas 166
– Herstellungsprognose 166
– höhere 165
– Umsetzung
– – zu 1,4-Dioxan 171
– – zu Dioxolan 170
– – zu Glykol 169
– – zu PET 445, 446
– Verwendung 168
Ethylenglykolacetat 166
Ethylenglykolether 176
Ethylenimin 174
Ethylenoxid
– Bedeutung 164
– Beudeutung und Produktion 157
– Chlorhydrin-Verfahren 158
– Direktoxidation 158
– Epoxidation 158
– Folgeprodukt 163
– Herstellung aus Ethylen 158
– Herstellungsprognose 162
– Umsetzung
– – mit Alkoholen 176
– – mit CO/H_2 179
– – mit CO_2 178
– – mit NH_3 172
– – mit Terephthalsäure 445, 446
– – mit Wasser 165
– – zu Acrylnitril 335
– – zu Acrylsäure 321
– – zu 1,4-Dioxan 171
– – zu Ethylenglykol 165
– – zu Ethylenglykolethern 176
– Verwendung 163, 164
– – zur Ethoxylierung 171
Ethyl-*tert.*-butylether (ETBE) 77
Ethylglykolacetat 178
2-Ethylhexanol (2EH)
– Herstellung 151
– – aus Acetaldehyd 204
– – aus Butylaldehyd 151
– – über Propen-Hydroformulierung 148
– Veresterung mit Phthalsäureanhydrid 432
– Verwendung 152
2-Ethylhexansäure 152, 258
2-Ethylhexanol
– Herstellung
– – aus Acetaldehyd 204
– – aus Butyraldehyd 151
– – durch Propen-Hydroformylierung 151
– Produktion 151
5-Ethylidennorbornen 136
Ethylidennorbornen 135
Ethylphenylcarbamat 423
Ethylsulfat 212
p-Ethyltoluol 376
Ethylvanillin 170
Extraktion
– Acetylen aus Crackfraktionen 106
– 1,3-Butadien aus C_4-Crackfraktionen 117
– Isopren aus C_5-Crackfraktionen 126
– *m*-Xylol aus C_8-Aromaten 369
Extraktivdestillation
– Aromaten-Nichtaromaten-Trennung 353
– 1,3-Butadien-Isolierung 118
– Isolierung des Isoprens 126
Exxon-Verfahren
– Butadien-Extraktion 118
– Ensorb 84
– Ethylenoligomerisierung 83
– Formaldehyd-hydratisierende Carbolysierung 43
– Isoforming-Prozess 368

f

FCC = fluid catalytic cracking 64
– *siehe auch* Fließbett-Verfahren
Fenton-Reagenz 406
Fermentation
– biologischer Abfall 214
– L-Lysin 289
Fermentationsethanol 211
– Dehydrierung 185
– *siehe auch* Agrarethanol
Fermentationsprodukt
– Aceton 307
– Ethanol
– – Herstellung 214
– – Produktionsland 212
– – Verwendung für Benzin 215
– – Verwendung für Butadien 117
– Fumarsäure 414
– L-Lysin 289, 290
– Milchsäurenitril 337
Fettalkohol 172
Fettamine 228
Fettalkoholethoxylat 172
Fettsäure 227
– Herstellung 226, 227
– – durch Paraffinoxidation 227
– – mit Ethanolamin 173
– Hydrierung zu Fettalkoholen 226
– Umsetzung mit Ethanolamin 173
– Verwendung 228
Fettsäuretriglycerid 226
Fischer-Tropsch-Verfahren
– Sasol-Anlage 23
Fließbett-Verfahren (FCC = fluid catalytic cracking) 64, 409
– Ammonoxidation von Propen 338, 339
– Chlorierung zu 1,1-Dichlorethan 249
– Herstellung
– – von Adiponitril 270, 271
– – von Blausäure 51
– Hydrierung von Nitrobenzol zu Anilin 417
– Kohlevergasung nach Winkler 17
– Oxidation
– – von Butan/Buten zu Maleinsäureanhydrid 410, 411
– – von Ethylen 161
– – von Naphthalin zu Phthalsäureanhydrid 429
– – *o*-Xylol zu Phthalsäureanhydrid 429
– Oxychlorierung von Ethylen 240

– Synthol-Verfahren 23
– Umsetzung
– – von 1,2-Dichlorethan zu Tri- und Tetrachlorethylen 249
– – von Harnstoff zu Melamin 53
Flüssig-Flüssig-Extraktion, Aromatentrennung 354
Flugstaub-Verfahren 23
– Synthol 23
– Texaco 18
Fluid Catalytic Cracking (FCC) 64, 73
Fluoren 367
Flüssig-Flüssig-Extraktion
– Aromaten-Nichtaromaten-Trennung 354
– Naphthalin 361
Form-Selektivität, Toluol-Ethylierung 371, 372
Formaldehyd 424
– Addition an Acetylen 108
– Bedeutung und Produktion 40
– Handelsformen 40
– Herstellung
– – aus Alkanen 40
– – aus Methanol 41
– hydratisierende Carbonylierung 44
– Umsetzung
– – zu Dioxolan 170
– – zu Glykolaldhyd/-säure 44, 45
– – zu Isopren 130
– – zu Methacrolein 316
– – zu Neopentylglykol 234
– – zu Pentaerythrit 232
– – zu Pyridinen 209, 210
– – zu Trimethylolpropan 233
– – zu Vinylpyridin 211
– Verwendung 43
– – Melaminharz 53
– – Phenolharz 399
– – in Resorcin-Copolymerisaten 407
Formalin® 43
Formamid
– Dehydratisierung zu HCN 49
– Derivate und Verwendung 48
– Formaldehyd-Herstellung 43
– Formox 43
– Herstellung 49
– MTG-Verfahren 37
– Perstorp-Reichhold 43
Formex-Verfahren (SNAM-Progetti), Aromaten-Extraktion 355
Formol® 43
Formselektivität (shape selectivity) 357
– Dimethylaminherstellung 55
– *p*-Ethylierung von Toluol 376
– Katcracken 64
– MTG-Verfahren 37
– Paraffin/Isoparaffin-Trennung 84
– *m*-Xylol-Isomerisierung 367
– *o/m/p*-Xylol-Trennung 356
N-Formylmorpholin 354
Frostschutzadditiv 220
Frostschutzmittel 168
Fuel-Methanol 36, 37
Fumarsäure 413, 414
– Verwendung 415

g
Gärungsessig 187
Gasification-Verfahren, Herstellung von Synthesegas 21
Gasöl
– Cracken zu Olefinen 69
– Einsatz für SCP 38
Gasohol 215
Gasphasenhydrolyse 390
Gassynthan-Verfahren, Herstellung von Synthesegas 21
Geminox-Verfahren 109, 412
Genußsäuren 415
Girdler-Konvertierungskatalysator 22, 23
Glutarsäure 265
Glycerin 331, 332
– Frostschutzmittel 334
Glycerinester, Milchsäurenitril 337
Glycerintrinitrat 335
Glycerintripolyether 335
Glycerogen 334
Glycid 334
Glycidylester
– des Bisphenols A 328
– von Koch-Säuren 156
Glykol 166
– *siehe auch* Ethylenglykol
Glykolaldehyd 44, 45
1,2-Glykolcarbonat *siehe* Ethylencarbonat
Glykolsäure 44, 45
Glyme® 176
Glyoxal 169, 170
Glyoxylsäure 170, 414
Glyptale 335
Goodyear-Scientific-Design-Verfahren
– Isopren-Herstellung 128
– Propendimerisierung 91
Gulf-Entwicklung, Oxylierung von Benzol 397

h
3-Hydroxypropionaldehyd 179
Halcon Atlantic Richfield-Verfahren *siehe* Oxirane-Prozess
Halcon-Prozess, Herstellung, von Vinylacetat 257
Halcon-Verfahren
– Herstellung
– – von Acetanhydrid 201
– – von Ameisensäure 46
– – von Glykol 166
Haldor Topsoe-Verfahren
– Homologisierung 36
– Methanol-Herstellung 34
Harnstoff
– Absorption von Formaldehyd 43
– Einschlussverbindung 85
– Herstellung von Melamin 53
HDA-Verfahren, Toluol-Hydroalkylierung 367
Heißchlorierung 327
Henkel-I-Verfahren
– Terephthalsäure aus Phthalsäure 441
Henkel-II-Verfahren 441
– Terephthalsäure aus Benzolsäure 442
Heptansäure 227
Heptylaldehyd 227
Hexa-1,5-dien 96
2,4-Hexadiensäure 204
– *siehe auch* Sorbinsäure
Hexafluorpropen 248
Hexachlorcyclopentadien 136
Hexachlorethan 57
Hexamethylen-1,6-diisocyanat (HDI, früher HMDI) 420
Hexamethylendiamin 267
– Bedeutung 269
Hexamethylendiamin (HMDA) 261, 269
– Herstellung/Verwendung 275
Hexamethylimin 288
1,6-Hexandiol 270
– Herstellung
– – aus Adipinsäure 267
– – aus ε-Caprolacton 269
– Umsetzung zu HMDA 269
Hexylenglykol 309
Hexamethylendiammoniumadipat 267
Hexamethylenimin 270

Hexanethylendiammoniumadipat 271
High Severity-Cracken 67
Hochtemperaturreaktor 7
Hock-Verfahren 394, 396
– Phenolsynthese 404
– – aus Ethylbenzol 399
– – aus Cyclohexylbenzol 399
Hoechst-Entwicklung 397
Hoechst-Hüls-Verfahren, WLP (Wasserstoff-Lichtbogen-Pyrolyse) 103, 104
Hoechst-Knapsack-Griesheim-Verfahren
– Acrylnitril aus Acetaldehyd 337
– Umsetzung zu Milchsäurenitril 337
Hoechst-Knapsack-Verfahren
– Acetanhydrid aus Acetaldehyd 199
– Propenammonoxidation von Acrylnitril 338
Hoechst-Uhde-Verfahren
– HCl-Elektrolyse 242
– SCP-Herstellung 39
Hoechst-Verfahren 60, 403
– Acetaldehyd-Oxidation 189
– Benzolsulfonierung 403, 404
– CFKW-Spaltung 62
– Chlorolyse chlorhaltiger Produkte 59, 60
– Dimethylethylenglykol-Herstellung 177
– Hochtemperaturpyrolyse (HTP) 105
– Methan-Chlorierung 58
– Sulfoxidation von Alkanen 89
Holzessig 187
Homologisierung
– Ethanolherstellung 214
– Methanol-Einsatz 36
Hooker-Verfahren, Bisphenol A 399
Houdry-Catofin-Prozess 69
Houdry-Dehydrier-Verfahren 120
Houdry-Dehydrierung, Catadiene-Verfahren 121
Houdry-Katalysator 64
Houdry-Verfahren, Catofin-Prozess 78
HPO-Prozess (Hydroxylamin-Phosphat-Oxim) 280
HTI-Verfahren, Mobil 369
HTR (Hoch-Temperatur-Reaktor) 19
HTW-Verfahren 17
Hüls-Verfahren 77
– Benzolpropylierung 381
– Cyclododeca-1,5,9-trien (CDT) zu Cyclododecan 268
– Cyclomerisierung des Butadiens 268
– Herstellung
– – von 1,2-Glykolcarbonat 178
– – von MTBE 78
– Lichtbogenverfahren 103
– Oxidation von Buten 191
– Methanchlorierung 58
– Paraffinchlorierung 86
– Polyoctenamere 97
Hy-Gasverfahren 17
Hydeal-Verfahren, Toluol 366
Hydrar-Prozess, Benzolhydrierung 385
Hydratisierung
– Buten zu Butanol 223
– Ethylen zu Ethanol 213
– Ethylenoxid zu Ethylenglykolen 165
– Isobuten zu *tert.*-Butanol 76
– Maleinsäureanhydrid zu DL-Apfelsäure 415
– Propen zu Isopropanol 218
– Propylenoxid zu Propylenglykolen 304
Hydrierung 268
– Acrolein zu Allylalkohol 331
– Adiponitril zum Hexamethylendiamin 275
– Benzoesäure zu Cyclohexancarbonsäure 284
– Benzol zu Cyclohexan 384, 385
– 2-Buten-1,4-diol zu 1,4-Butandiol 108
– Benzol 373, 384
– Caprolacton zu 1,6-Hexandiol 270
– Crotonaldehyd zu Butanol 203
– Cyclododeca-1,5,9-trien zu Cyclododecan 268
– 1,4-Diacetoxy-2-buten zu 1,4-Diacetoxybutan 110
– Dicyanbuten zu Adiponitril 273
– Dimethyloxalat zu Ethylenglykol 168
– Dinitrotoluol zum Toluylendiamin 421
– DMT zu 1,4-Dimethylocyclohexan 447
– Fettsäure zu Fettalkohol 226
– Maleinsäureanhydrid zu Tetrahydrofuran 412, 413
– Mesityloxid zu Methylisobutylcarbinol 311
– Nitrobenzol zu Anilin 417
– Oxoaldehyd zu Alkohol 147
– Phenol zu Cyclohexanol 265
– Phenol zu Cyclohexanon 280
– Reinigung von Ethylen 70
Hydrocarbon-Research-Verfahren, Herstellung von Synthesegas 21
Hydrocarbonylierung 222
Hydrocarboxylierung 153
Hydrochinon 403
– Herstellung 405
– Verwendung 407
Hydrochlorierung
– Acetylen zu Vinylchlorid 238, 239
– Ethylen zu Ethylchlorid 216
Hydrocracken 64, 359
– H_2-Bedarf 28
– Produkt 65
– Rohstoffbasis 10
Hydrocyanierung 124
– von Butadien 271–273
Hydrodealkylierung
– Naphthalinhomologen zu Naphthalin 361
– thermische und katalytische Fahrweise 366
– Toluol zu Benzol 369
– Toluol 365
– Toluol zu Benzol 366
Hydrodimerisierung des Acrylnitrils 271–274
Hydroformylierung 291, 332
– Bedeutung und Produktion 137
– Einsatz
– – von Allylacetat 110
– – von Cyclododecen 291
– – von Ethylenoxid 179
– Grundlagen 138
– Katalysevarianten 144
– technische Durchführung 141
Hydrogenolyse
– Dioxanderivat zu Etheralkohol 130
– DMT zu 1,4-Dimethylocyclohexan 447
– Fette zu Fettalkoholen 227
– Methylacetat zu Methanol 198
– Oxorohprodukte zu Alkohol und Ether 148
– *siehe auch* Hydrodealkylierung

Hydrolyse 315
– Acrylnitril
– – zu Acrylamid 343
– – zu Acrylsäure 316, 317
– Allylacetat zu Allylalkohol 332
– Allylchlorid zu Allylalkohol 327
– Chlorbenzol zu Phenol 389
– Epichlorhydrin zu Glycerin 333
– Phenylacetat zu Phenol 398
Hydroxybernsteinsäure *siehe auch* DL-Apfelsäure 415
α-Hydroxyisobutyramid 313
ω-Hydroxycapronsäure 270
Hydropyrolyse 358
Hydroxycarbonsäure
– DL-Apfelsäure 415
– Milchsäure 337
– Salicylsäure 403
– DL-Weinsäure 414
Hydroxylamin, Herstellung 282
Hydroxylaminsulfat 282
Hydroxypivalinaldehyd 234, 235
Hydroxypivalinsäureester 235
Hydroxipropionaldehyd 173
Hy-Gas-Verfahren 17

i
ICI-Verfahren
– Herstellung von Vinylchlorid aus Ethan 243
– Isopropanol aus Propen 219
– Niederdruck-Methanol-Herstellung 33
– SCP-Herstellung 39
– von Synthesegas 20
– von Vinylchlorid 243
IFP-Verfahren 309, 355
– Aromaten-Lösemittelextraktion 355
– 1-Butenisomerisierung 92
– Dimersol-Prozess (Dimerisierung von Olefin) 92
– Isomerisierung von 1-Buten 79
– *p*-Xyloloxidation 440
IIR (Isobuten Isopren-Kautschuk) *siehe auch* Butylkautschuk
– Anteil an Synthesekautschuk 123
Imhausen-Verfahren
– DMT-Herstellung 437
– Paraffinoxidation 227
Inden-Cumaron/Harze 360
Interox-Verfahren 301
Isoamylacetat 192
Isoamylalkohol 225
Isobutan, Cooxidation mit Propen 296
Isobutanol 79
Isobuten 72, 95
– Dismutation mit 2-Buten 128
– Herstellung aus Butan/Butenen 78, 79
– Hydratisierung zu *tert.*-Butanol 80
– Isopren-Herstellung 128
– Oligomerisierung 78–80
– Oxidation zu Methacrylsäure 314
– Umsetzung
– – zu Methyl-*tert.*-butylether 80
– – zu Pivalinsäure 156
Isobuttersäure 315
Isobutyraldehyd 315
– Herstellung aus Propen 142
– Umsetzung
– – zu Neopentylglykol 234
– – zu Methacrylsäure 315
Isododecen 90
Isododecylbenzolsulfonat 382
Isohepten 90, 92
Isohexen 92
Isomar-Verfahren (UOP), Aromatentrennung 368
Isomerisierung
– Butan zu Isobutan 79
– Buten zu Isobuten 79
– C_8-Aromatengemische 367–369
– Maleinsäure zu Fumarsäure 414
– Methylcyclopentan zu Cyclohexan 384
– Phthalsäure zu Terephthalsäure 441
– Reformierungsverfahren 348
Isononanol 91
Isononansäure/Derivate 150, 258, 259
Isononen 90
Isooctanol 229
Isooctansäure/Derivate 150
Isoocten 92
Isophoron 310
Isophthalnitril 444
Isophthalsäure 431, 439
– Verwendung für Aramide 262
Isopren
– Bedeutung und Produktion 126
– Dehydrierverfahren für Isopentan und Isopenten 127
– Herstellung durch Aufbaureaktionen 128
– Isolierung aus C_5-Crackfraktionen 126
– Verwendung 131
Isopropanol 217, 219
– Dehydrierung zu Aceton 306
– Verwendung 220
Isopropanolamin 304
Isopropylacetat 220
Isopropylacrylat 220
Isopropylamin 209, 220
Isopropylbenzol *siehe* Cumol
Isopropylmyristat 220
β-Isopropylnaphthalin 362
Isopropyloleat 220
IsoSiv-Verfahren
– Leuna Paraffin-Extraktion 84
– UCC-Verfahren 84

j
Jefferson-Verfahren, Herstellung von Morpholin 174

k
Kalkstickstoff *siehe* Calciumcyanamid
KA-Öl (Keton-Alkohol) 264
Kalkmilch 295
Kapton-Folie 352
Katalysator 41
Katcracken 64, 73
Kautschuk *siehe* Synthesekautschuk
Kawasaki-Verfahren, Anthrachinonherstellung 363
Kel-Chlor-Prozess 242
Kellogg Verfahren
– Flüssigphasen-Oxychlorierung von Ethylen 240
– Kohlevergasung 17
– Sasol-Anlage 23
Kernbrennstoff, Reserven 6
Kernenergie, Einsatz 6
Kernfusion 7
Kernreaktortyp 6
Keten 198–202
– Herstellung 198
– Umsetzung
– – zu Acetanhydrid 201
– – zu Acrylsäure 322
– – zu Cyclohexenylacetat 285
– – zu β-Propiolacton 202
– – zu Sorbinsäure 204
– Verwendung 202
Kevlar® 262

KFA-Jülich, ADAM-EVA-Kreislaufprozess 24
Koch-Haaf-Reaktion 154, 155
Koch-Säure/Derivate 156, 258
Kodel® 448
Kohle
– Förderung 5
– Reserve 5
– Veredlungsprodukte 12–14
Kohlehydrierung 358
Kohlenmonoxid 137
– Isolierung aus Gasgemischen 25
– Umsetzung
– – zu Ameisensäure 46
– – zu Dimethylformamid 49
– Verwendung 26
Kohlenoxysulfid 21, 22
Kohlenwasserstoff-Harz 135
Kohlevergasung 14, 346
– Prozesswärme aus Kernreaktoren 19
– Verfahren
– – nach Bergbau-Forschung 17
– – nach Rheinbraun (H_2) 17
– Vergasungsmittel 16
– Vergasungsverfahren 16
Kokereigas 347
Kokereiwasser 348
Koksproduktion 346
Kolbe-Synthese 263
Kondensierte Aromaten 560–565
Konvertierungskatalysator 22
Konvertierungsreaktion 16
Konvertierungsverfahren 64–67
Koppers-Totzek-Vergasung 18
Koppers-Verfahren 403
– Aromex 355
Korksäure 263
Kresol 401
m-Kresol 419
o-Kresol 396, 402
p-Kresol, Alkierung mit Isobuten 396
Kristallisationsmethode, Xylolisomeren-Trennung 356
Krupp-Koppers-Verfahren 355
– Morphylex 355
– Octenar 354
– Prenflo 18
Kugelhaufen-Reaktor 19
Kuraray-Verfahren von 3-Methyl-3-methoxybutanol 130
Kureha-Acetylen-Verfahren 104

l
Lactam 278
LAO (lineares α-Olefin) 81
Laporte-Verfahren, Epichlorhydrin aus Allylchlorid 328
LAS (lineare Alkylbenzolsulfonat) 382
Laurinlactam 290
Laurinsäure 258
Laurinsäurevinylester 259
Lebedew-Verfahren, Butadien aus Ethanol 116
Leichtwasserreaktor 7
Leitsalz, Wirkungsweise 274
Leonard-Prozess
– Herstellung
– – von Ameisensäure 46
– – von Dimethylformamid 49
– – von Methylaminen 55
Leonard-Verfahren
– Herstellung
– – von Ameisensäure 46
– – von Methylamin 55
Leuna-Verfahren
– Arex 355
– N-Methyl-ε-caprolactam 288
– Aris (Aromaten-Isomerisierung) 368
– Parex 84
Lichtbogenverfahren 103
Linde-Verfahren
– Acetylen aus Crackfraktionen 108
– Tieftemperaturzerlegung 25
lineare Alkylbenzol (LAB) 88
lineares α-Olefin (LAO) 81
LNG = Liquified Natural Gas 5
Lösemittelextraktion 355
Low-Severity-Cracken 67
LPG (Liquefied Petroleum Gas) 65
LTD (Low Temperature Disproportionation)-Verfahren 370
Lummus-Armstrong-Transcat-Verfahren, Oxychlorierung von Ethan 243
Lummus-Verfahren
– Oxychlorierung
– – von Ethan 243
– – von Methan 58
– ALMA-Prozess 412
– *p*-Xylol-Ammonoxidation 443
Lurgi-Linde-Verfahren, Rectisol 22
Lurgi-Verfahren 18
– Arosolvan 355
– Druckvergasung 18
– Niederdruck-Methanol-Herstellung 33
– NMP (Purisl-Verfahren) 22
– Octanmix 36
– Phenoraffin 382
– Purisol 22
L-Lysin 290
Lysin-Herstellung 289

m
Malathion 413
Maleinsäure 413
Maleinsäureanhydrid 409, 430
– Bedeutung und Produktion 407
– Butenoxidation 410
– Herstellung
– – durch Benzoloxidation 408
– – durch Butanoxidation 411
– Hydratisierung zu DL-Weinsäure 414
– Isolierung aus Naphthalin/*o*-Xylol-Oxidaten 407
– Nebenprodukt
– – aus Naphthalin-Oxidation 428
– – aus *o*-Xylol-Oxidation 428
– Verwendung und Folgeprodukte 412–414
Maleinsäuredimethylester 170
Maleinsäurehydrazid 413
Mark-V-Vergaser 19
McKee-Salz 274
MCM-Katalysator 315
Meerwein-Ponndorf-Reduktion, Acrolein zu Allylalkohol 331
MEK *siehe* Methylethylenketon
Melamin 53
Membran-Trennprozess
– Kohlenmonoxid 26
– Wasserstoff 29
Mesitylen 439
Mesityloxid 310, 311, 395
Metathese 93, 94
– Styrolherstellung 380
Methacrolein 314
Methacrylamid 315
Methacrylester, Blausäure-Verwendung 52
Methacrylnitril 315
Methacrylsäure 298, 315
– Umsetzung zu Methacrylsäure 314
Methacrylsäure und -ester, Herstellung 312
Methacrylsäureamidsulfat 313
Methacrylsäuremethylester 313

Methan-Bildungsgleichgewicht 16
Methan-Chlorierung 56
Methanisierung 16
– zur H_2-Reinigung 28
Methanol 437
– Carbonylierung zu Essigsäure 192–195
– Dehydrierung zu Formaldehyd 41, 42
– Herstellkapazität 31
– Herstellung
– – auf Kohlebasis 19
– – aus Propan-Butan 34
– – aus Synthesegas 31
– Oxidation zu Formaldehyd 41
– Phenolmethylierung 402
– Produktion 31
– Umsetzung zu Methylamin 54
– Veresterung mit HCl 61
– Verwendung 34
Methanol To Gasoline 36
Methionin 318
– Herstellung 320
DL-Methionin 319
Methioninhydroxyanalogon (MHA) 319
Methioninlücke 320
Methoxybutanol 205
2-Methyl-1-butanol 225
2-Methyl-5-ethylpyridin 207, 209
Methyl Fuel 37
Methyl-*tert.*-amylether (TAME) 37
Methyl-*tert.*-butylether (MTBE) 37
N-Methyl-ε-caprolactam 288
– Verwendung als Extraktionsmittel 355
Methylacetat
– Carbonylierung zu Acetanhydrid 201
– Hydrogenolyse zu Ethanol 198
– Umsetzung zu Vinylacetat 257
Methylamin 54
– Herstellung 55
– Verwendung 55
Methylaminopropionsäure 22
N-Methyl-ε-caprolactam, Herstellung 288
Methylchlorid
– Herstellung
– – aus Methan
– – aus Methanol 61
– – durch Methan-Chlorierung 57
– Verwendung 61
Methylchloroform 244
– *siehe auch* 1,1,1-Trichlorethan
Methylchlorsilane 61
Methylcyclopentan, Isomerisierung zu Cyclohexan 384
Methylendiisocyanat (MDI) *siehe* Diphenylmethandiisocyanat
Methylenierung, Toluol 379
Methylethylketon (MEK)
– Herstellung 224
– – aus Buten 308
– – aus Hydroperoxid 224
– – von Alkan 190
– Hydroperoxid 224
2-Methyl-5-ethylpyridin (MEP) 207–210
N-Methylformamid 48, 49
Methylformiat 46–48
– Einsatz für C_1-Chemie 48
Methylfuel 37
Methylhydroxylthiobuttersäure (MHA) 319
Methylierung
– von Ammoniak 54
– von Glykolmonoethern 177
– von Phenol 402
Methylisobutylcarbinol 310, 311
Methylisobutylketon 309
Methylisobutylketon (2-Methyl-4-pentanon; MIBK) 310
– aus Isopropanol-Dehydrierung 307
3-Methyl-3-methoxybutanol 130
Methylpentanol 310
Methylpentanon 309
2-Methyl-1-penten (2MP1) 91
4-Methyl-1-penten (4MP1) 92
Methylphenol, Verwendung 402
Methylphenylcarbinol
– Coprodukt bei Epoxidation 298
– Styrolherstellung 378
2-Methylpyridin 207
N-Methylpyrrolidon(NMP) 110
– aus γ-Butyrolacton 113
– Verwendung
– – zur Acetylen-Isolierung 102, 103
– – zur Aromatenabtrennung 355
– – zur Butadien-Isolierung 118, 119
– – zur Gasreinigung 22
– – zur Isopren-Isolierung 126, 127
α-Methylstyrol 376
p-Methylstyrol 395
Methyltaurin 56
MHC-Verfahren, Toluol-Hydroalykylierung 367
Milchsäure/-ester/-nitril 337
– Verbrauch 415
Mischaldolisierung 234
Mitsubishi-Verfahren
– 1,4-Butandiol aus Butadien 110
– Hexamethylenimin aus ε-Caprolactam 288
– Hydrodealkierung (MHD) 367
– Hydroformylierung 144
– Maleinsäureanhydrid 411
– Methacrylsäure aus Acetoncyanhydrin 312, 313
– Methanol-Herstellung 33, 34
– Methylformiat, zu Formamid 47
– Phosgenierung 423
– Trimethylsäureanhydrid aus *m*-Xylol 351
– Xylol-Isomerisierung 369
Mitsui Toatsu-Verfahren 424
– Dinitrotoluole zu TDI 424
– MT-Chlor-Verfahren 240–242
Mitteldruckverfahren zur Methanol-Herstellung 33
Mobil-Badger-Verfahren, Benzolethylierung 376
Mobil-Verfahren
– Benzin aus Methanol 36
– HTI-Verfahren (High Temperature Isomerization) 369
– LTI-Prozess (Low Temperature Isomerization) 369
– MTG-Verfahren 36
– Olefine aus Methanol 38
– Toluol-Disproportionierung 370
– *m*-Xylol-Isomerisierung 369
Mofex-Verfahren (Leuna-Werke) 355
– Leuna Paraffin-Extraktion 84
– UOP 84
Molsieb (Zeolithe)
– Verwendung
– beim Katcracken 64
– im Aris-Verfahren 368–370
– zur Aromatenabtrennung 357
– zur Benzoletylierung 369
– zur Cumolherstellung 382
– zur Gasreinigung 22
– zur Isobutenisolierung aus C_4-Crackschnitten 74
– zur Paraffin-Isolierung 84
– zur Toluoldisproportionierung 370
– zur Toluolethylierung 376
– zur Wasserstoff-Isolierung 28
– zur Xylol-Isomerisierung 368

Monochloressigsäure
– Herstellung 197, 198
– Hydrolyse von Trichlorethylen 249
– Verwendung 198
Monomethylamin 55
Monsanto-Lummus-Verfahren, Benzolethylierung 375
Monsanto-Verfahren
– Adiponitril zu Acrylnitril 273
– Carbonylierung von Butadien 266
– Carbonylierung von Methanol 187
– CH_3OH-Carbonylierung 180
– Ethylierung von Benzol 374
– H_2-Abtrennung mit Prism-Separatoren 28
Montecatini-Verfahren
– Acetylen-Herstellung 105
– Methan-Chlorierung 58
Montedipe-Verfahren
– Cyclohexanol-Herstellung aus Benzol 279
Montedison-Verfahren
– Cyclohexanoximierung 287
– Propan zu Ammonoxidation 340
Morpholin 174
Morphylane-Verfahren (Koppers), Aromaten-Extraktivdestillation 354
Morphylex-Verfahren (Krupp–Koppers), Aromaten-Extraktion 355
MTBE *siehe* Methyl-*tert.*-butylether
MT-Chlor-Verfahren 240
MTG-Verfahren 36, 37

n

Nafion-Membran 45
Naphtha (Rohbenzin)
– Verbrauch 10
– Verfahren seiner Dampfspaltung 70
Naphthalin 360, 361, 429
– Bedeutung und Produktion 427
– Isolierung und Verwendung 428
– Oxidation zu Phthalsäureanhydrid 427
– Oxidationsprodukt 427
– Umsetzung zu Sebacinsäure 263
Naphthalin-1,4-dicarbonsäure 439
Naphthalin-2,6-dicarbonsäure 439
1,4-Naphthochinon 362
– Nebenprodukt der PSA-Herstellung 429
– Umsetzung zu Anthrachinon 363
β-Naphthol 362
Natriumsulfat
– Phenolherstellung 388
– Resorcinherstellung 404
Natriumsulfit, Resorcinherstellung 404
NBR (Nitril-Kautschuk) 124
– Anteil am Symthesekautschuk 123
– Verwendung von Acrylnitril 342
Neohexen 95
Neopentylglykol 234, 235
Neopentylglykol-monoester, Ester mit Hydroxypivalinsäure 235
Neosäure 258
– Exxon 156
Nicotinsäure (Niacin) 209, 210
Nicotinsäureamid 210
Nikotinsäurenitril 210
Nieuwland-System 336
Niewland-Katalysator 418
– Ammonolyse von Chlorbenzol 418
– Dimerisierung von Acetylen 132
– HCN-Addition an Acetylen 337
Nippon Oil-Verfahren, Isobuten-Isolierung 76
Nippon-Shokubai (Japan Catalytic)-Verfahren
– Acrylsäure aus Propen 318, 324
– Ammonoxidation
– – von Toluol 338
– – von Xylolen 444
– Oxidation von Paraffin 230
Nippon Steel-Verfahren, Pyridin aus Ethylen 209
Nippon Zeon-Verfahren 122
– Butadienextraktion 119
– Isopren-Extraktion 126
Nitrierung
– Benzol 415, 416
– Chlorbenzol 390
– Cyclohexan 281
– Cyclohexanon 285
– Toluol zu Dinitrotoluol 421
Nitril-Kautschuk (NBR), Anteil am Synthesekautschuk 123
Nitrobenzol 415
– Anilin durch H_2-Übertragung 379
– Bedeutung/Produktion 415, 416
– Reduktion zu Anilin 417
– Umsetzung zu MDI 423
– Verwendung 416
Nitrocyclohexan 281
2-Nitrocyclohexanon 284
2-Nitrosocyclohexanon 266
Nitrosylchlorid (NOCl) 281
Nitrosylschwefelsäure 242, 284
Nitrotoluol 421
Nitto-Verfahren, Herstellung von Dimethylamin 55
Nixan-Verfahren, Nitrocyclohexan-Herstellung 281
NMP *siehe* N-Methylpyrrolidon
N,N-Dimethylformamid, Herstellung und Verwendung 49
Nomex® 262
Norborn 97
Nucleinsäure, SCP 38, 39
nukleare Prozesswärme
– Einkopplung bei chemischen Reaktionen 13
– Verwendung
– – zur H_2-Gewinnung 29
– – zur Kohlevergasung 19
– – zur Methanspaltung 24
Nurex-Prozess, Paraffin-Isolierung 85
Nylon-Typ 263, 267, 275

o

Octafining-Verfahren (Arco/Engelhard), Isomerisierung von C_8-Aromaten 368
Octahydrophenanthren 360
Octan, Thermocracken 65
Octanmix-Verfahren, Lurgi-Verfahren 36
Octanzahl (ROZ) 36
Octanzahlerhöhung
– durch Platformieren 348
– Zusatz
– – von Cumol 382
– – von Diisobuten 79
– – von *tert.*-Amylmethylether (TAME) 81
– – von Methanol 35–37
– – von Methyl-*tert.*-butylether (MTBE) 37
Octenar-Verfahren 354
Ölsäure 228, 258
– Ozonolyse 226
Ölsand/Schiefer 3
Olefin
– Anteil im Naphtha-Spaltgas 71
– Carbonylierung
– – nach Koch 153
– – nach Reppe 153

– Disproportionierung 93
– – *siehe auch* Metathese
– Herstellung aus Methanol 36
– Herstellverfahren und Grundlagen 63–67
– historische Bedeutung 63, 64
– höhere 81
– höhere lineare unverzweigte 81
– höhere verzweigte 90
– Hydroformylierung 137
– Metathese 93
– Oligo- und Cooligomerisierung 90
α-Olefin 231
Olefin-Kautschuk 123
– *siehe auch* EPTR, EPDM
Olefin Oligomere
– Hydroformylierung 148
– Verwendung als Schmieröl 88
Olefin-Siv-Verfahren (UCC) 74
Olefinoligomer, Hydroformylierung 148
Oleflex 69
Oleflex-Verfahren, UOP 69
Oligoglykoldimethylether, Selexol-Verfahren 177
Olin Mathieson-Verfahren 330
Olin-Verfahren, Oxidation des Propens 303
Oxalsäure 48, 54
Oxalsäureester 168
Oxamid 54
Oxidation 301, 323, 439
– Acetaldehyd
– – zu Acetanhydrid 199
– – zu Essigsäure 188
– – zu Glyoxal 169
– – zu Peressigsäure 188
– Alkane/Alkene zu Essigsäure 189
– Ameisensäure als Nebenprodukt 47
– Anthracen zu Anthrachinon 363
– Benzol
– – zu Hydrochinon (elektrochemisch) 406
– – zu Maleinsäureanhydrid 408
– Butan zu 1,4-Butandiol 110
– Butan zu Maleinsäureanhydrid 411
– Buten 410
– C_{12}-Anol-Anon 268
– Cooxidate 296
– Crotonaldehyd zu Crotonsäure 205
– Cumol zum Hydroperoxid 394
– Cyclodecan/-ol/-on zu 1,12-Dodecandisäure 268, 269
– Cyclohexan 393
– Cyclohexan zu Cyclohexanol/on 264
– Cyclohexanol/on zu Adipinsäure 265
– Ethylen
– – Ethylenoxid 158
– – zu Acetaldehyd 181
– Glykol zu Glyoxal 169
– Hydroperoxidbildung 296
– Isobuten zu Methacrylsäure 314
– Isobutyraldehyd zu Isobuttersäure 315
– Isopropanol zu Aceton 308
– Kohlenwasserstoffe zu Formaldehyd 40
– Leichtbenzin zu Essigsäure 192
– Maleinsäureanhydrid aus Benzol 408
– Methanol zu Formaldehyd 41–43
– Methylbenzole zu Benzolcarbonsäure 351
– 2-Methyl-5-ethylpyridin zu Nicotinsäure 209
– Naphthalin u Phthalsäureanhydrid 427–429
– Oxoaldehyd zu Carbonsäure 149
– Paraffin
– – zu Alkohol 229
– – zu Carbonsäuren 229
– Phenol mit Perameisensäure 405
– Phenol zu Hydrochinon 405
– Propen
– – zu Aceton 307
– – zu Acrolein 321–325
– – zu Acrylsäure/Acrolein 321–325
– *tert.*-Butanol zu Methacrylsäure 314
– Toluol zu Bezonesäure 284
– – nach Dow 387, 392, 393
– Trialkyl-zu Trialkoxyaluminium-Verbindungen 231
– von Benzol zu Phenol 387
– *m*-Xylol zur Isophthalsäure 431
– *o*-Xylol zu Phthalsäureanhydrid 429, 430
– *p*-Xylol zu TPA 435
Oxidationsinhibitor 160
Oxirane-Prozess, Propylenoxid-Herstellung 297
Oxo-Aldehyd
– Aldolisierung/Aldolkondensation 150–152
– Bildungsgeschwindigkeit 142
– hydrierende Aminierung 147
– Oxidation zu Oxo Carbonsäuren 149
Oxo-Alkohole aus Oxo-Aldehyden 147–149
5-Oxohexansäurenitril 209
Oxo-D-Prozess, Petro-Tex 122
Oxo-Synthese 144
– *siehe auch* Hydroformylierung
Oxocarbonsäure 149
Oxyalkylierung von Benzol 379
Oxychlorierung 243, 327, 390, 397
– Benzol 389
– Benzol zu Chlorbenzol 397
– Butadien 132
– Chlorhaltige Rückstände zu CCl_4 60
– Ethylen zu 1,2-Dichlorethan 240
– Methan zu Chlormethan 58
Propen zu Allylchlorid 327
Oxychlorierungsverfahren von PPG 60
Oxydehydrierung
– Buten zu 1,3-Butadien 121
– Ethanol zu Acetaldehyd 184
– Ethylbenzol zu Styrol 379
– Isobuttersäure zu Methacrylsäure 315
– Isopropanol zu Aceton 308, 309
– Methacrylsäureherstellung aus Isobuttersäure 315
– Methanol zu Formaldehyd 41–43
Ozonolyse 227
– Maleinsäuredimethylester 170, 414
– Ölsäure 228

p

Pacol-Olex-Prozess (UOP) 86
Paraffin
– Chlorierung 86
– Crackverfahren 85
– Dehydrierung 86
– Isolierung 85
– Oxidation 227, 229
– Protein-Herstellung 39
– Sulfochlorierung 89
– Sulfoxidation 89
– Verbrauch 88
– Verfahren 85
Paraformaldehyd 40

Paraldehyd, Cooxidation mit *p*-Xylol 440
Parex-Verfahren 357
– Leuna Paraffin-Extraktion 84
– *p*-Xylol-Extraktion 358
Pd-Katalysator
– Acetoxylierung
– – von Benzol 398
– – von Butadien 110
– – von Ethylen 253
– – von Propen 331
– Herstellung
– – von Acetaldehyd 181, 182, 184
– – von Aceton 306–312
– – von Cyclohexanon aus Phenol 279, 280
– – von Hydroxylamin 282
– – von MIBK 310
– – von Dimethyloxalat aus Methanol 168
– Hydrierung von Benzoesäure 284
– Hydrierung von Phenol 265
– Hydroxylamin-Herstellung 283
– Isomerisierung von 1-Buten 79
– Oxidation von Propen zu Aceton 307
– Umvinylierung mit Vinylacetat und Vinylchlorid 258, 259
Pelargonsäure 228
Penex-Plus-Prozess 386
Pentadiene/Pentene *siehe auch* C_5-Crackfraktion
Pentaerythrit 150, 202, 232
Pentanol 225
Pentennitril 272
Perborate 365
Percarbonate 365
Perchlorethylen *siehe* Tetrachlorethylen
Peressigsäure 298, 299
Periston® 114
Peroxodischwefelsäure 364
Peroxycarbonsäure 296, 298
Perpropionsäure
– Herstellung
– – von Epichlorhydribn 328
– – von Propylenoxid 301
Pervaporation 77
Petro-Tex, Oxo-D-Prozess 122
Pflanzenöl 227
Phenathren 358
– Störung der Isolierung 360
petrochemisches Primärprodukt 9–12
Petroleumkoks, Koppers-Totzek-Vergasung 18
Petronaphthalin 360
Phenanthren 360
Phenol 265, 418
– Alkylierung 401
– Ammonolyse zu Anilin 417, 418
– Bedeutung/Produktion 386–396
– Herstellung 387, 394, 399
– – aus Cyclohexanol-Cyclohexanon 398
– – Hock-Verfahren 394
– Herstellungsprognose 396
– Hydrierung zu Cyclohexanol/on 279
– Inhibitor für radikalische Oxidation 395
– Isolierung aus Stein- und Braunkohlenteer 386
– Methylierung 402
– Verwendung 399
Phenolharz 399
Phenolherstellung, Prognose 396
Phenoplaste 43
Phenoraffin-Verfahren 386
Phenosolvan-Verfahren 386
Phenoxylphenoxycarbonsäuren 403
Phenylbenzoat 393
m/*p*-Phenyldiamin für Aramide 262
1-Phenylethanol 297
N-Phenylethylurethan 423
Phillips-Verfahren
– O-X-D-Prozess (oxydehydrogenation) 122
– SCP Provesteen 39
– STAR = Steam Active Reforming Verfahren 69
– Triolefin-Prozess 72, 94
Phosgenierung
– Amine 421
– Diaminotoluol 422
– Heißphosgenierung 423
– Toluylendiisocyanat 421
photochemische Herstellung
– Nitrosierung
– – von Cyclododecan 291
– – von Cyclohexan 280, 281
– Sulfochlorierung 89
– Sulfoxidation 89
Photooximierung 291
Phthalatweichmacher 432, 433
Phthalsäureanhydrid (PSA) 363
– Bedeutung/Produktion 427, 428
– Herstellung
– – durch Naphthalin-Oxidation 427
– – durch *o*-Xylol-Oxidation 429
– – von Alkydharz 335
– – von Phthalsäureester 432
– Verwendung 432
Phthalsäureester 432
– Weichmacher 434
2-Picolin 207–209
– *siehe auch* 2-Methylpyridin
3-Picolin
– Ammonoxidation 210
– Umsetzung zu Pyridin 207, 208
Piperylen 127
Pivalinsäure 156
Pivalinsäurevinylester 259
Plasmaverfahren 104
Platforming-Verfahren 348
Plexiglas® 317
PNC-Verfahren 280
Polyacrylamide 344
Polyacrylnitrilfaser 49
Polyaddition 425
Polyamide 261
– aromatische 262
Polyarylate 400
Polybenzimidazol 431
1,4-*cis*-Polybutadien 123
Polybutadien-Kautschuk (BR) 124
Polybutenterephthalat (PBT) 114
Polycarbonat 448
Polychlorparaffin 87
Polydodecenamere 96
Polyester 234, 448
Polyesteralkohol 425
Polyesterharzen (UP-Harze) 305
Polyetheralkohol 425
– *siehe auch* Alkoholethoxylat
Polyetherisocyanat 335
Polyethoxylat 172
Polyethylen 72
Polyethylenglykoldimethylether für Selexol-Verfahren 177
Polyethylenglykol 169, 425
Polyethylenterephthalat (PET) 168, 435, 445
– Ethylenglykol-Verwendung 169
Polyimide 352
Polyisobuten 80
1,4-*cis*-Polyisopren 131
Polymethylbenzol aus Toluol-Disproportionierung 371
Poly-4-methyl-1-penten (TPX) 93
Polykondensation von Bis-(2-hydroxyethyl)-terephthalat zu PET 446

Polynorborn 97
Polyoctenamere 97
Polyolefin 92
Polyoxidation 402
Polyoxymethylen 44
Polyphenylenoxid-Herstellung 402
Polypropen 71
Polypropylenglykol 306, 425
Polystyrol 373, 374
Polysulfone 400
Polytetrafluorethylen (PTFE) 250
Polytetramethylenglykol 112
Polyurethan 234, 425, 448
Polyvinylacetat (PVA) 255
Polyvinylalkohol 255, 256
Polyvinylbutyral 256
Polyvinylchlorid (PVC) 244
Polyvinylfluorid (PVF) 247
Polyvinylidenfluorid 248
Polyvinylpyrrolidon 119, 121
PPG-Verfahren
– Rückstands-Oxychlorierung 59
– Tri- und Tetrachlorethylen-Herstellung 249
PRENFLO-Verfahren (Pressurized Entrained Flow Gasification) 18
Primärchemikalien, Bedeutung und Basis 9
Primärenergie, Anteil 2
Prins-Reaktion, Formaldehyd und Isobuten 129
Pritchard-Verfahren, Methanol-Herstellung 34
Propan, Ammonoxidation 341
Propan-Propen-Gemisch 59
1,2-Propandiol 227
1,3-Propandiol 320
– Herstellung
– – aus Acrolein 320
– – aus Ethylenoxid 179
2-Propanol *siehe* Isopropanol
Propargylalkohol 108
Propen 294, 300, 308, 323, 324
– Acetoxylierung 331
– Alkylierung von Benzol 381
– Ammonoxidation 338–341
– Anteil im Naphtha-Spaltgas 71
– Bedeutung und Produktion 68
– Dimerisierung zu 2-Methylpenten 128
– Epoxidation 301
– Heißchlorierung 327
– Herstellbasis und -verfahren 68
– Hydratisierung 218
– Hydrocarbonylierung 222
– Hydroformylierung 141–146
– Oxidation 323
– – zu Aceton 307
– – zu Acrolein 317, 318, 321
– – zu Acrylsäure 321, 322
– Oxidation zu Propylenoxid 301
– Oxidationsprodukt 293
– Oxychlorierung 327
– Verwendung 293
β-Propiolacton 202
– Thermolyse zu Acrylsäure 322
Propionaldehyd 314
– Hydroformylierung von Ethylen 145
– Propen-Oxidation 307
– Propylenoxid-Isomerisierung 330
– Umsetzung zu Methacrylsäure 316
Propionitril 273
Propionsäure
– Hydroformylierung von Ethylen 192
– Leichtbenzin-Oxidation 192
– Reppe-Carbonylierung von Ethylen 153
– Umsetzung zu Perpropionsäure 301
Propoxylierung 304
– Glycerin zu Tripolyethern 335
Propylencarbonat
– Herstellung 306
– Reinigung von Erd- und Synthesegas 22
Propylenchlorhydrin 294
– aus Propen mit *tert.*-Butylhypochlorit 300
Propylenglykol
– Herstellung aus Propen 304
– Hydratisierung von Propylenoxid 305
1,2-Propylenglykol 304
Propylenglykolmonomethylether 306
Propylenoxid 330, 425
– Bedeutung und Produktion 294
– Herstellung
– – aus Acetaldehyd 188
– – aus Essigsäure/H_2O_2 297–299
– – biosynthetische 303
– – elektrochemische 300
– – indirekte Oxidation 295
– – nach Chlorhydrinverfahren 294
– Herstellungsprognose 299, 302
– Isomerisierung zu Allylalkohol 330
– Verwendung 304
Propylierung 381
Protein (SCP = Single Cell Protein)
– Herstellung
– – aus Alkanen 38
– – aus Ethanol 215
– – aus Methanol 38
Prozesswärme *siehe* nukleare Prozesswärme
PSA-Verfahren (pressure swing adsorption) 28
Pseudocumol 350, 351, 439
Pt-Katalysator
– Dehydrierung
– – von Cyclohexanol/on 394
– – von Paraffinen 86
– Herstellung von Blausäure 50
– Hydroxylamin-Herstellung 283
– Isomerisierung von C_8-Aromaten 368
– Platformieren 348
Purisol-Verfahren (Lurgi), Synthesegasreinigung 22
PVC 434
Pyrazolon 202
Pyridin 207
Pyridin-3-carbonsäure 209
Pyrolyse 102–107
– PVC 238
– von Kohlenwasserstoffen 103
Pyrolysebenzin 71, 135, 346, 348, 349, 380
Pyromellithsäureanhydrid 351
Pyrotol-Verfahren (Houdry), Toluol-Hydrodealkylierung 367
2-Pyrrolidon 113, 114

r

Racemattrennung
– Herstellung
– – von DL-Lysin 289
– – von DL-Methionin 319
Raffination 349
Raffinerie, Olefin-Metathese 93
Raffinerieprodukte 10, 11
Rasching-Hooker-Verfahren
– Herstellung von Hydroxylamin 282
– Phenol aus Benzol 389
Reaktivfarbstoff 53
Rectisol-Verfahren
– Lurgi-Linde-Verfahren 22
– Verwendung zur Gasreinigung 22
Recycling-Verfahren
– Altkunststoffe 16
– CFKW 62

– chlorhaltige Rückstände zu CCl_4 60
– PET 435
– PVC 238
Recyclingmethode, Altkunststoff 16
Reformatbenzin 346, 348
Reformierverfahren 348
Reppe-Hydrochinonverfahren 406
Reppe-Verfahren 258
– Acrylsäure aus Acetylen 322
– 1,4-Butandiol aus Acetylen 107
– Butadien aus 1,4-Butandiol 117
– Butanol aus Propen 221
– Olefin-Hydrocarboxylierung 153
– Vinylierung von Alkohol 259
Resorcin
– Herstellung 403, 404
– Verwendung 407
Rh-Katalysator-Verfahren
– Carbonylierung
– – von Methanol 187, 193
– – zu Methylacetat 201
– Homologisierung 36
– Hydroformylierung 145
– – von Formaldehyd 45
– – von Olefin 141
– Oxyalkylierung von Benzol 379
– UCC-Verfahren 145
– – Essigsäure aus Synthesegas 195
– – Glykol aus Synthesegas 167
Rheinbraun, ADAM-EVA-Kreislaufprozess 24
Rheniforming-Verfahren 348
Rhône-Poulenc/Melle Bezon-Verfahren, Acetaldehyd-Oxidation 189
Rhône-Poulenc-Verfahren
– Hydrochinonverfahren 405
– Propylierung des Benzols 395
– Trichlorethylen-Verfahren 249
Rhône-Progil-Verfahren, *o*-Xylol-Oxidation 431
Ricinolsäure, oxidative Spaltung 226
Ricinolsäure 276
Ricinusöl 276
– alkalische Spaltung zu Sebacinsäure 263
– Pyrolyse zu Undecensäure 276
Rieselphasen-Verfahren
– 1,4-Butandiol aus 2-Butin-1,4-diol 108
– Isopropanol aus Propen 219
Rohgas 347
Rohstoff
– nachwachsender 225
– *siehe auch* Agrarrohstoffe
Rohstoffsituation 9–14
Ru-Katalysator 406
– Hydrochinonsynthese 406
– Hydroformylierung von Olefin 139
Ruhrchemie-Verfahren 143
– Hydroformylierung 146
– Kohlevergasung 18

S
Sachsse-Bartholomé-Verfahren 105
Salzschmelze-Verfahren
– Herstellung
– – von Acrylnitril aus Propan/Propen 340, 341
– – von Chlormethan durch CH_4-Oxychlorierung 58
– – von Oxalsäure 48
– – von Phenol aus Benzolsulfonsäure 388
– – von Resorcin 403, 404
– – von Vinylchlorid aus Ethan 243
SAN (Styrol-Acrylnitril-Kunststoff) 342
Sasol-Verfahren 359
– KW-Herstellung nach Fischer-Tropsch 23
– Lurgi-Druckvergasung 19
SBA/Kellogg-Acetylen-Verfahren 105
SBR (Styrol-Butadien-Kautschuk) 123
Schalenkatalysator 430
Schiller-Verfahren 20
Schwachsäureverfahren 218
Schwefel aus Gasreinigung 22
Scientific Design-Verfahren 393
– Herstellung
– – von Adipinsäure 265
– – von Ethylenglykol 165
– – von Maleinsäureanhydrid aus Benzol 409
– – von Phenol aus Cyclohexanol/on 393
Sebacinsäure 263, 275
Selexol-Verfahren
– Extraktionsmittel 177
– Gasreinigung 22
Sevin® 362
shape selectivity 36
– Katcracken 64
Shawinigan-Verfahren, Herstellung von Blausäure 51
Shell-Verfahren 18, 83
– Herstellung
– – von α-Olefinen 86
– – von Pivalinsäure 156
– – von Propylenoxid 298
– – von Synthesegas 21
– Hydratisierung von Ethylen 213
– Hydroformylierung 144
– Idas-Prozess 122
– Isolierung von Isoprens 126, 127
– Metathese höherer Olefine 94
– Oligomerisierung von Ethylen 83
– SHOP (Shell Higher Olefins)-Prozess 84
– SMPO (Styrol-Monomer-Propylenoxid) 298
– Sulfinol-Gasreinigung 22
Showa Denko-Verfahren
– Epichlorhydrin aus Allylalkohol 328
– Ethylen-Direktoxidation zu AcOH 196
Sikkativ 150
Silberkatalysator (Ag-Katalysator), Oxydehydrierung von Ethanol 184
Simazin® 52, 53
Sinclair-Extraktion 127
Single Cell protein (SCP) *siehe* Protein
SMART-SM-Verfahren 379
SMPO (Styrol-Monomer-Propylenoxid-Verfahren) 298
Snamprogetti-Verfahren 355
– Alkan-Dehydrierung (FBD-4) 69, 78
– Anic-Ammonoxidation von Propen 341
– Herstellung von Isopren aus Acetylen 128
– Isobutenherstellung 78
SNG 37
Snia-Viscosa-Verfahren
– Herstellung
– – von ω-Aminododecansäure 292
– – von ε-Caprolactam 284, 392
– – Laurinlactam 290
Sohio-Verfahren
– Herstellung
– – von Acroleinherstellung 317
– – von Acrylnitril 339
Solarenergie *siehe* Sonnenenergie
Solef® 247
Solvolyse 358, 359

Sorbinsäure 204
Spaltgas 15
Standard Oil-Verfahren 356
Starksäureverfahren, Propen zu Isopropanol 218
STDP (Selective Toluene Disproportionation Process) 371
Steamcrack-Verfahren 349
Steamcracken *siehe* Dampfspaltung
Stearinsäure 258
Stearinsäurevinylester 258
Steinkohle *siehe* Kohle
Steinkohleneinheit (SKE) 2
Steinkohlenteer 346, 348
Steinkohlenverkokung 346, 347
sterische Hinderung
– Derivat des Neopentylglykols 235
– Einfluss der Liganden 140
– Hydroformylierung von Olefin 139
– Koch-Säure 156
Stex-Verfahren (Toray), Styrol-Extraktion 380
Stockpunkt 84
Struktur(shape)-Selektivität 55
– *m*-Xylol-Isomerisierung 369
– *siehe auch* Form-Selektivität
– *siehe auch* Dimethylamin
Styrol
– Bedeutung und Produktion 377
– Dehydrisierung von Methylphenylcarbinol 298
– Dimerisierung 363
– Extraktionsverfahren aus Pyrolysegasolin 380
– Verwendung 380
Styrol-Acrylnitril-Kunststoff (SAN) 342
Styrol-Butadien-Kautschuk (SBR) 123
Substitute Natural Gas (SNG)
– Herstellung aus Methanol 37
– Herstellungsverfahren 17
Sulfinol-Verfahren (Shell) 22
Sulfitablauge 214
Sulfochlorierung, Paraffin 89
Sulfolan 355
– Aromatenlösemittel 353
– Einsatz im Sulfinol-Verfahren 22
– Herstellung 125
– Verfahren (Shell/UOP) 353
Sulfonierung 403
– Benzol 388
– Phenol 388
Sulfoxidation 89, 90
Sultone 88
Sumitomo-Verfahren
– Blausäureherstellung 51
– Sebacinsäureherstellung 263
Superabsorber (SAP = Super Absorbent Polymers) 324
Supplementierung 320
– L-Lysin für Nahrungsmittel 290
– Methionin 319
– Methylhydroxythiobuttersäure (MHA) für Futtermittel 319
Synthane-Verfahren 17
Syntheseethanol 211
Synthesefaser 262
Synthesegas
– Einstellung des CO/H_2-Verhältnisses 22
– Erzeugung 15
– Herstellung
– – durch Dampfspaltung 20
– – durch Erdgas- und Erdölspaltung 19
– – durch Kohlevergasung 16
– Isolierung von CO und H_2 25–31
– Reinigung und Verwendung 21
– Umsetzung nach Fischer-Tropsch 23
– – zu AcOH/Ethanol/Acetaldehyd 195
– – zu Glykol 167
– – zu Methanol 31
– Vergasungsmittel 16
Synthesekautschuk 123
Syntheseöl 150, 152
Synthol-Verfahren, Fischer-Tropsch-Synthese 23

t

TAME *siehe tert.*-Amylmethylether
Tandem-Oxidation 315
Tatoray-Verfahren 371
Tauchbrenner 213
TCC-Katalysator (thermofor catalytic cracking)-Verfahren der Mobil Oil 64
Techni-Chem-Verfahren, Herstellung von ε-Caprolactam 285
Tedlar® 247
Teeraromaten 360
Teersand 3
Tenneco Chemical, Cosorb 26
Tenside 382
Terephthalonitril 442
Terephthalsäure 435–443
– Addition an Ethylenoxid 447
– Bedeutung/Produktion 435
– Herstellung 436
– – aus Benzoesäure 436
– – aus Phthalsäure 442
– – in Faserqualität 438
– Verwendung 445
– – für Aramide 260
Tetra-Verfahren 355
Tetrachlorethylen 248
– Bedeutung und Produktion 249
– Herstellung durch Chlorolyse 60
– Verwendung 249
Tetrachlorkohlenstoff
– Herstellung
– – aus Koks 60
– – aus Schwefelkohlenstoff 59
– – durch Chlorolyse 60
– – durch Methan-Chlorierung 57
Tetraethylblei (TEL) 216, 217
Tetradeca-1-13-dien 96
Tetrafluorethylen 250
Tetrahydrofuran (THF) 322, 413
– Herstellung
– – aus 1,4-Butandiol 111
– – aus 1,4-Dichlor-2-buten 112
– Verwendung 111, 112
Tetralin 359, 362
1,2,4,5-Tetramethylbenzol 351
Tetramethylblei (TML) 61, 217
Tetrapropen 91
– Benzol-Alkylierung 382
Tetra-Verfahren (UCC) 355
Texaco-Verfahren
– Herstellung
– – von Aceton 309
– – von Ethylenglykol 167
– – von Methylisobutylketon 309
– – von Synthesegas 21
THD-Verfahren, Toluol-Hydrodealkylierung 367
Thermocracken 65
Thermolyse 227, 322
– Aceton zu Keten 202, 203
– Chlordifluormethan zu Tetrafluorethylen 250
– 1,2-Diacetoxyethan zu Vinylacetat 257
– 1,2-Dichlorethan zu Vinylchlorid 241
– Phenylacetat zu Phenol/Keten 398
– β-Propiolacton zu Acrylsäure 322
– Ricinolmethylether 276
– Herstellung von Sorbinsäure 204

Thermoplaste 359
Thiodan 109
Thorium 6
Tieftemperaturzerlegung, CO-Gewinnung 25
Tischtschenko-Reaktion
– Ethylacetat-Herstellung 206
– Hydroxypivalinaldehyd-Umsetzung 235
Tokuyama-Verfahren, Hydratisierung von Propen 220
m-Toluidin 419
Toluol 284, 345, 346
– Ammonoxidation zu Benzylcyanid 338
– Carbonylierung zu *p*-Toluylaldehyd 445
– Disproportionierung 365
– Ethylierung zu *p*-Ethyltoluol 376
– Flüssigphasenoxidation nach Dow, Amoco 392
– Hydrodealkylierung 365, 366
– Nitrierung 421
– Oxidation
– – zu Benzolsäure 392
– – zu Benzoesäure (Amoco) 439
– Umsetzung zu Phenol 392
p-Toluolsulfonsäure 437
p-Toluylaldehyd 445
Toluylendiamin *siehe* Diamintoluol
Toluylendiisocyanat (TDI) 420, 421
p-Toluylester 437
o-Toluylsäure 430
p-Toluylsäure 436, 437
Toprina 38
Toray-Verfahren
– Aromax 357
– Hytoray 385
– L-Lysin aus Cyclohexen 289
– Photonitrosierung von Cyclohexan 280
– Styrol-Extraktion (Stex-Verfahren) 380
– Tatoray 371
Terephthalsäure durch Cooxidation 440
Torula-Hefe 215
Toyo-Soda-Verfahren
– 1,4-Butandiol 134
– Tetrahydrofuran 134
TPX-Polyolefine 92
Transalkylierung
– Alkylaromaten 370
– Ethylbenzol 371
Transcat-Prozess (Lummus-Armstrong), Vinylchlorid aus Ethan 243
Triazin-Derivate 52
1,1,1-Trichlorethan 244
Trichlorethylen 248, 249
2,4,6-Trichlor-1,3,5-triazin *siehe* Cyanurchlorid
1,2,2-Trichlor-1,1,2-trifluorethan 250
Triethylaluminium 82
Trifluoressigsäure 424
Triglycerid 226
Trimellithsäureanhydrid 351, 439
Trimesinsäure 439
Trimethylamin 55
1,2,4-Trimethylbenzol 351
Trimethylessigsäure *siehe* Pivalinsäure
Trimethylenglykol 320
2,2,4-Trimethylpentan-1,3-diol 151
2,4,4-Trimethylpentene 75
Trimethylolpropan 233, 234
2,4,6-Trinitrotoluol (TNT) 421
Triolefin-Prozess 72, 94
Trioxan 40

u
Ube-Verfahren
– für Hydrochonon 406
– Herstellung
– – von ω-Aminododecansäure 292
– – von Dimethyloxalat aus Methanol 168
– – von Oxamid 54
– Oxidation von Phenol 406
UCC-Verfahren 168
– ACR-Verfahren 69
– Herstellung
– – durch Synthesegas-Umsetzung 195
– Herstellung
– – von ε-Caprolactam 284
– – von Sorbinsäure 204
– Hydratisierung von Ethylen 214
– Hydroformylierung 145
– IsoSiv 84
– Leuna Paraffin-Extraktion 84
– LPO-Verfahren 145
– Synthesegasumsetzung
– – zu Essigsäure 195
– – zu Glykol 167
– Tetra-Verfahren 355
Udex-Verfahren (UOP-Dow) 355
– Aromaten-Extraktion 355
– U-Gas-Verfahren 17
Uhde-Verfahren, CO Absorption 26
UK-Wesseling-Route, elektrochemisches Hydrochinonverfahren 406
UK-Wesseling-Verfahren, Herstellung von Methanol (Hochdruck) 32
Ultraforming-Verfahren 348
Unidak-Verfahren, Union Oil 361
UOP-Dow-Verfahren, Udex 355
UOP-Verfahren
– Acrylnitril 340
– Alkar 377
– Ben-Sat-Prozess 386
– Benzol-Porpylierung 381
– Butamer-Prozess 78
– Cumox 396
– Hydeal 366
– Hydrar 385
– Isomar 368
– Leuna Paraffin-Extraktion 84
– Molex 84
– Oleflex 86
– Oligomerisierung des Propens 91
– Pacol Olex 86
– Paraffin-Abtrennung 84
– Parex (paraxylolextraction) 358
– Platforming 348
– Propen-Olimerisierung 90
– SMART-SM-Verfahren 379
Uran Vorrat 6
US Bureau of Mines (Synthane) 17

v
Vanillin 170
Verbundverfahren, Vinylchloridherstellung 243
Vergaserkraftstoff
– Herstellung aus Methanol 35
– Zusatz
– – *tert.*-Butanol 224
– – von Methanol 35–37
Vergasung 13
Vergasung von Kohle 16
– Verhüttung 346
Verkokung 13, 347
Versaticsäure 156, 258
– Vinylierung 259
Vestan® 448
Vierstufenverfahren für Butadien 116
Vinylacetat 251
– Herstellung
– – aus Acetylen 252

– – aus Ethylen 253, 254
– – aus Ethylidendiacetat 252
– Herstellungsprognose 256
– Umvinylierung 258
Vinylacetylen 132
Vinylchlorid 247, 259
– Chlorverbrauch 238
– Herstellung
– – aus Acetylen 238
– – aus Ethan 243
– – aus Ethylen 239
– Herstellungsprognose 243
– Verwendung 244, 245
Vinylchlorid (VC) 237
Vinylcyclohexen 268, 379
Vinylester 251
– höhere Carbonsäure 259
Vinylether 251, 259, 260
Vinylfluorid 246
Vinylidenchlorid 245
Vinylidenfluorid 246, 247
Vinylierung
– höhere Carbonsäure 258
– mit Acetylen 259
– von Alkohol 259
– von Chlorwasserstoff 238
– von Essigsäure 252
– von Fluorwasserstoffsäure 246
Vinylon 255
Vinylpropionat 252
Vinylpyridin 210
2-Vinylpyridin 210
N-Vinylpyrrolidon 113, 114
Vinylverbindungen 237
Viton® 248
Vulcan-Verfahren, Methanol-Herstellung 34

w

Wachscracken 86, 383
Wacker-Hoechst, Aceton-Herstellung 306
Wacker-Hoechst-Verfahren 308
– Herstellung
– – von Acetaldehyd 181–184
– – von Aceton 307
Wacker-Verfahren, Acetanhydrid-Herstellung 200
WAS (waschaktives Alkylsulfonat) 89
Waschmittel
– Rohstoff 382
– Typ 382
Waschmittelalkohol 225
Wasserelektrolyse 9
Wassergas 15
Wassergas-Gleichgewicht 16
Wasserstoff
– Eigenverbrauch in der Raffinerie 28
– Elektrochemische Prozesse 29
– Herstellung
– – durch thermochemischen Kreisprozess 30
– – Elektrolyse 27
– Isolierung
– – aus Raffineriegas 28
– – aus Synthesegas 28
– Petrochemische Prozesse 27
– Produktion und Verwendung 27–30
– – zukünftige Entwicklung 29, 30
Wasserstoffperoxid-Herstellung 302
– biosynthetische 303
– durch Anthrachinon-Autoxidation 364
– durch Isopropanol-Autoxidation 309
– von Peroxycarbonsäure 299
– von Weinsäure 414
Weichmacher 149, 434
– Bedarf für PVC 434
– Phthalsäure-Basis 432
Weichmacheralkohol 225
DL-Weinsäure aus Maleinsäureanhydrid 414
Winkler-Vergasung 17
Wirbelbett-Verfahren
– Herstellung von Blausäure 51
– *siehe auch* Fließbett-Verfahren
Witten-Verfahren, DMT-Herstellverfahren 437
Wulff-Acetylen-Verfahren 104

x

XIS-Prozess, Maruzen Oil 369
XIS (Xylene Isomerization) 369
Xylenol 401
2,6-Xylenol 402
Xylol 345, 346
– Oxidationsprodukt 427
m-Xylol 356, 439, 444
– Carbonylierung 351
– Isolierung (BF_3-Komplex) 369
– Isomerisierung 365, 367
– Oxydation zu Isophthalsäure 439
o-Xylol 356
– Oxidation zu Phthalsäureanhydrid 429
p-Xylol 356, 444
– Ammonoxidation zu Terephthalonitril 443, 444
– Oxidation zu Terephthalsäure 437–441
Xylol-Plus-Verfahren, Arco 371
Xylolisomere, Trennung durch Kristallisationsmethode 356
Xylylendiamin 444

z

Zeolithe *siehe* Molsieb
Zeolithkatalysator 359
Ziegler-Alkohol 230, 232
Ziegler-Aufbaureaktion 226
Ziegler-Olefin 231
– Ethylenoligomerisierung 81
– Herstellung 82
ZSM-Katalysator 208
Zuckerrohrmelasse 185, 212

Verfahrens- und Produktschemata

Verfahrensschema zu Kapitel 2 bis Abschnitt 2.2.2

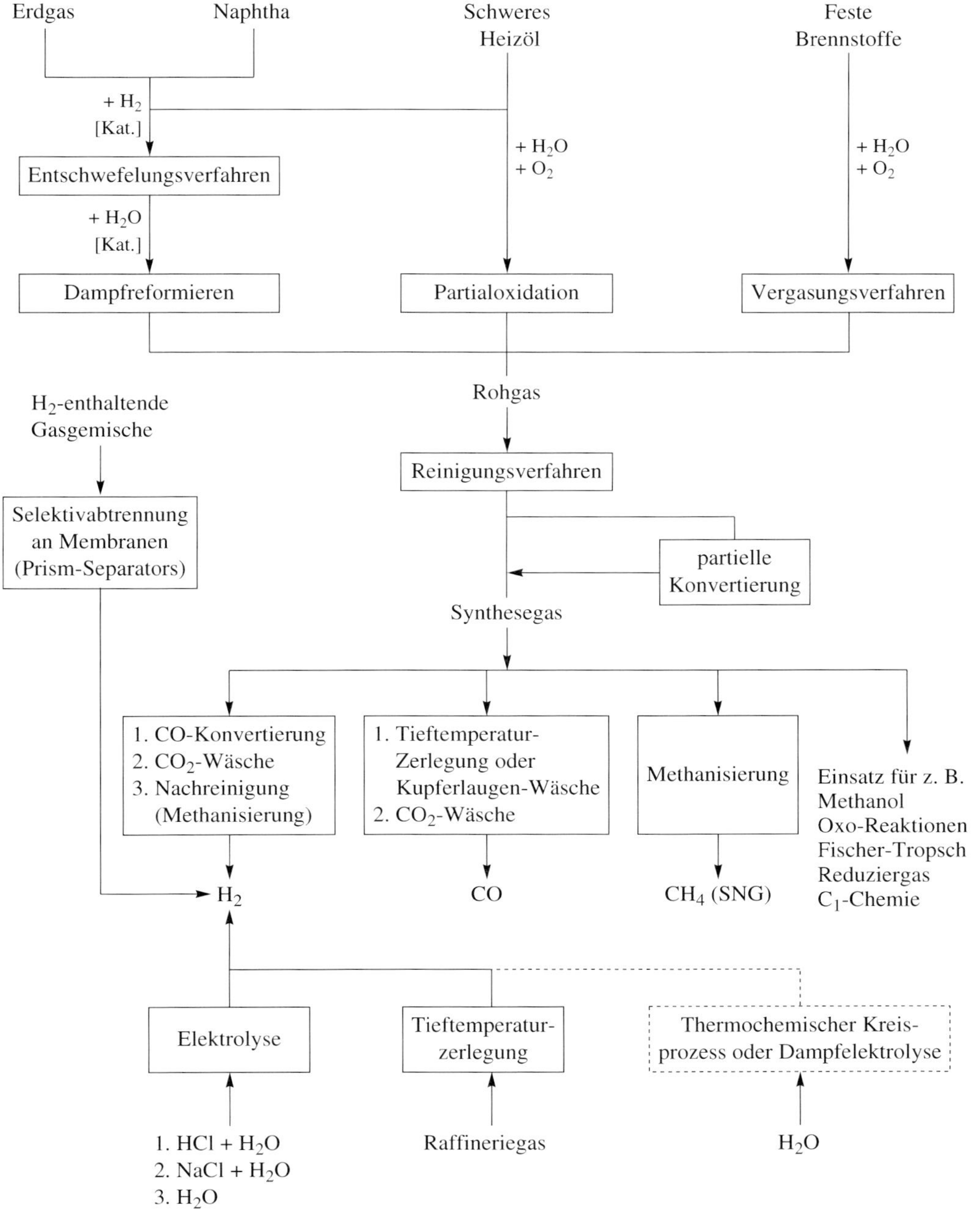

Verfahrensschema zu Kapitel 2 bis Abschnitt 2.2.2

Produktschema zu Kapitel 2 ab Abschnitt 2.3

Produktschema zu Kapitel 2 ab Abschnitt 2.3

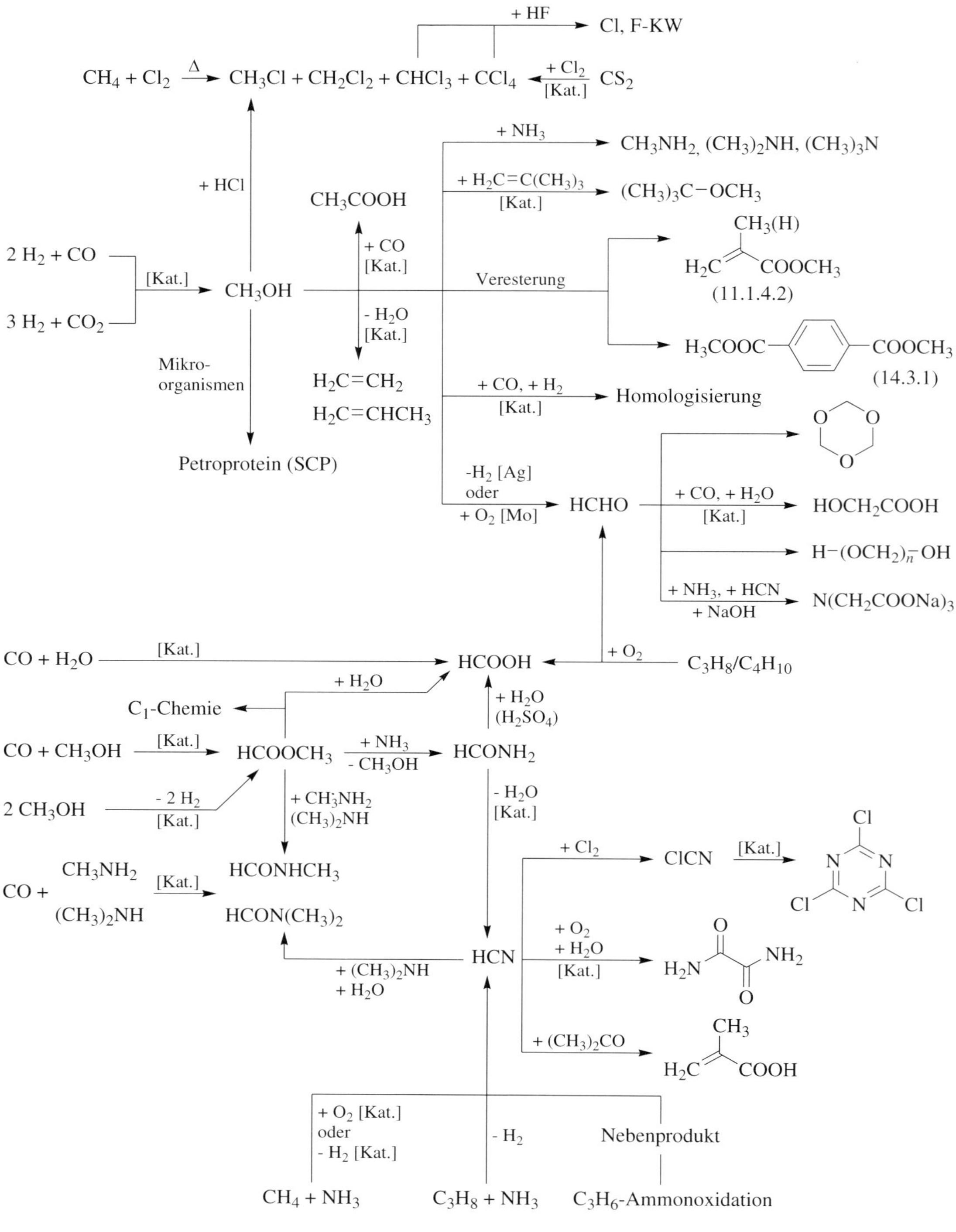

Verfahrensschema zu Kapitel 3 bis Abschnitt 3.3.2

Verfahrensschema zu Kapitel 3 bis Abschnitt 3.3.2

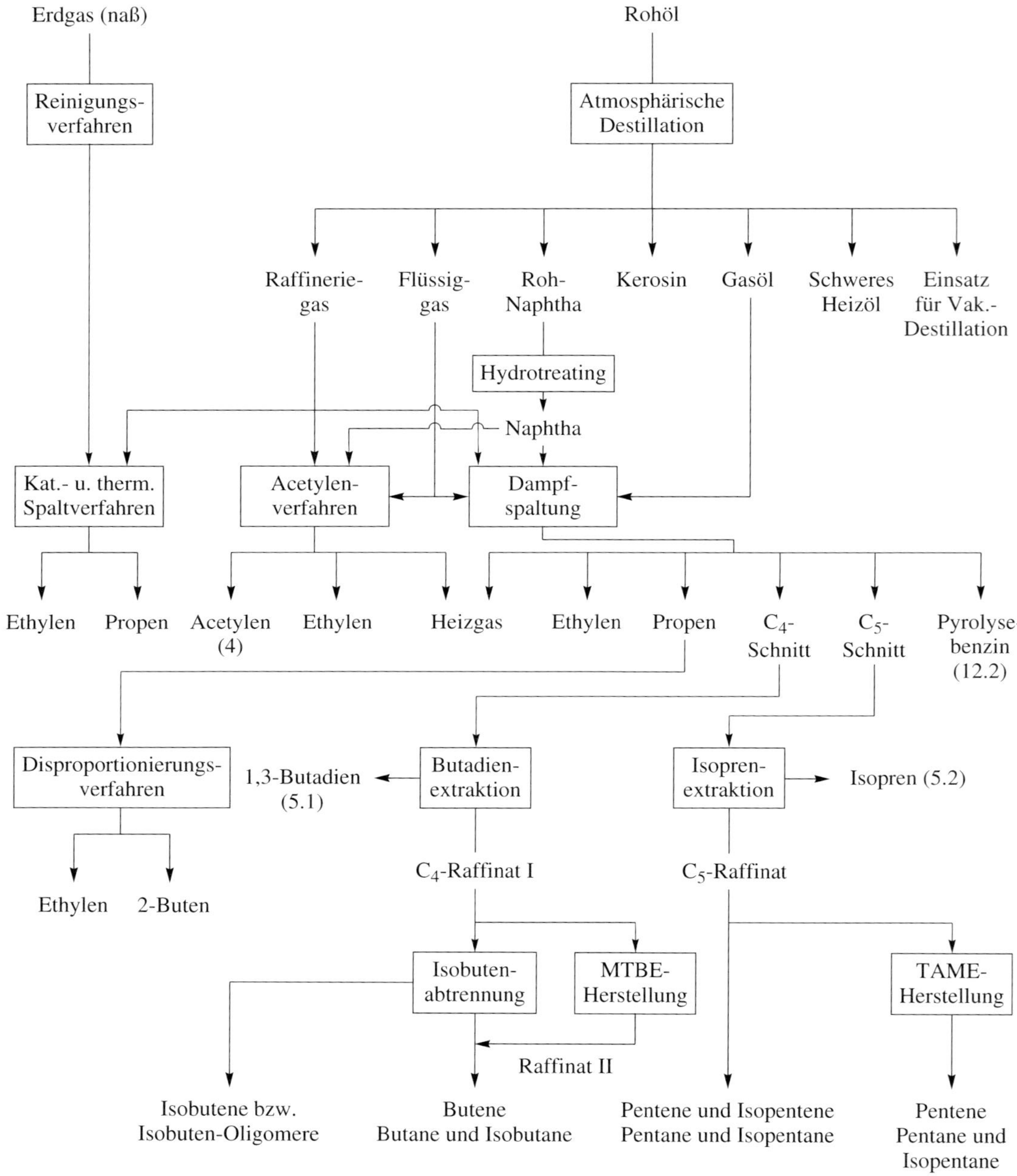

Produktschema zu Kapitel 3 ab Abschnitt 3.3.3

Produktschema zu Kapitel 3 ab Abschnitt 3.3.3

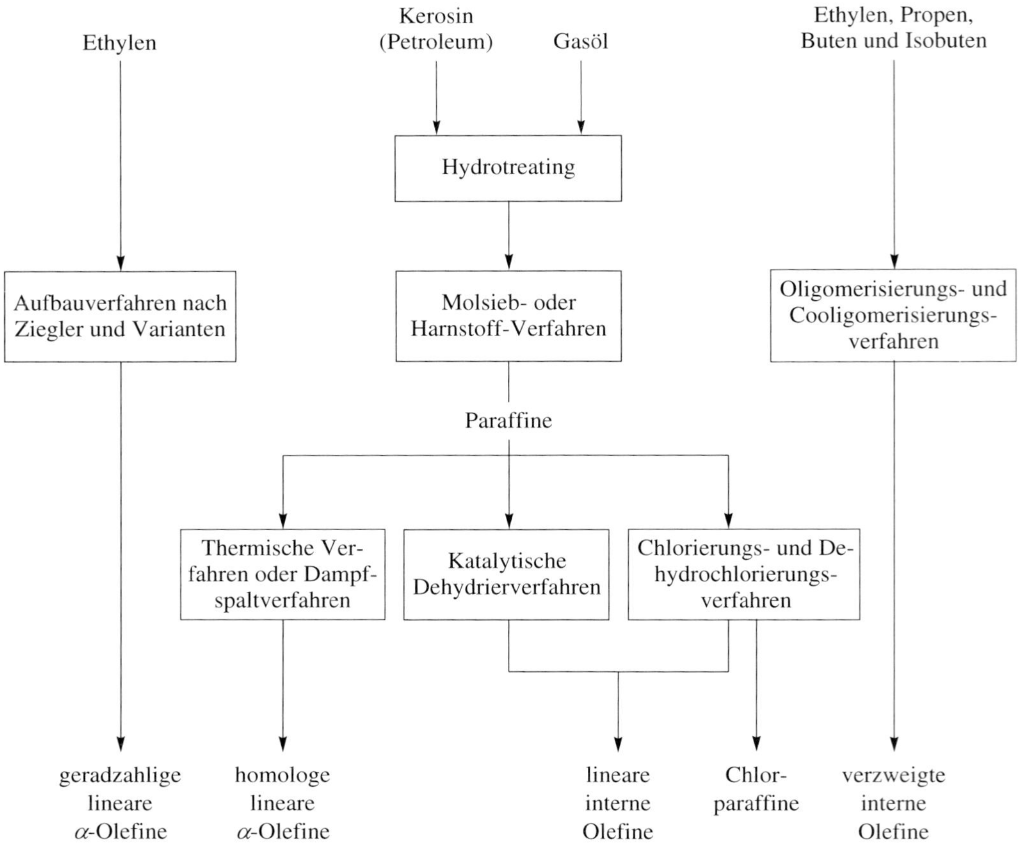

Produktschema zu Kapitel 4

Produktschema zu Kapitel 4

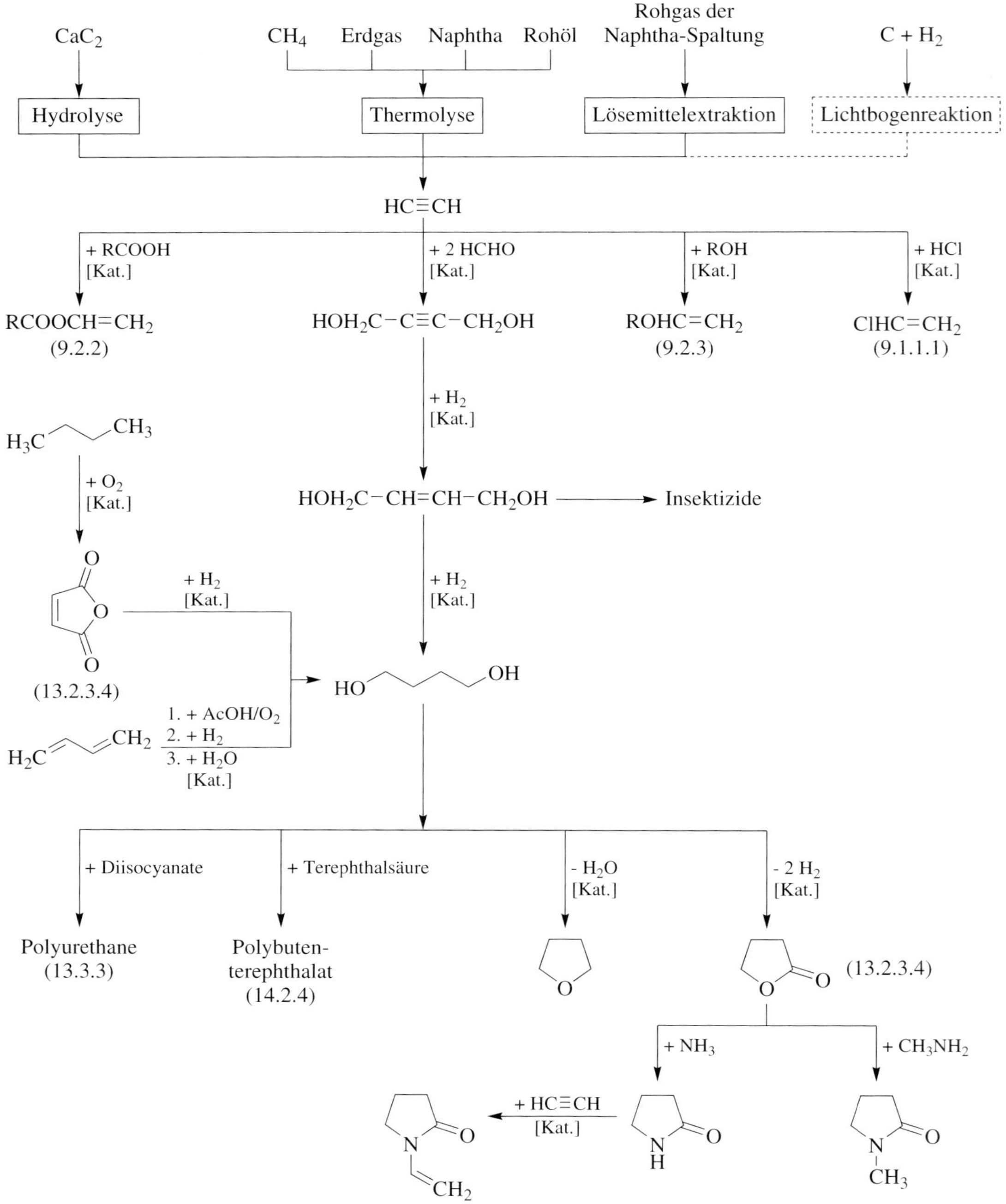

Verfahrens- und Produktschemata zu Kapitel 5

Verfahrens- und Produktschemata zu Kapitel 5

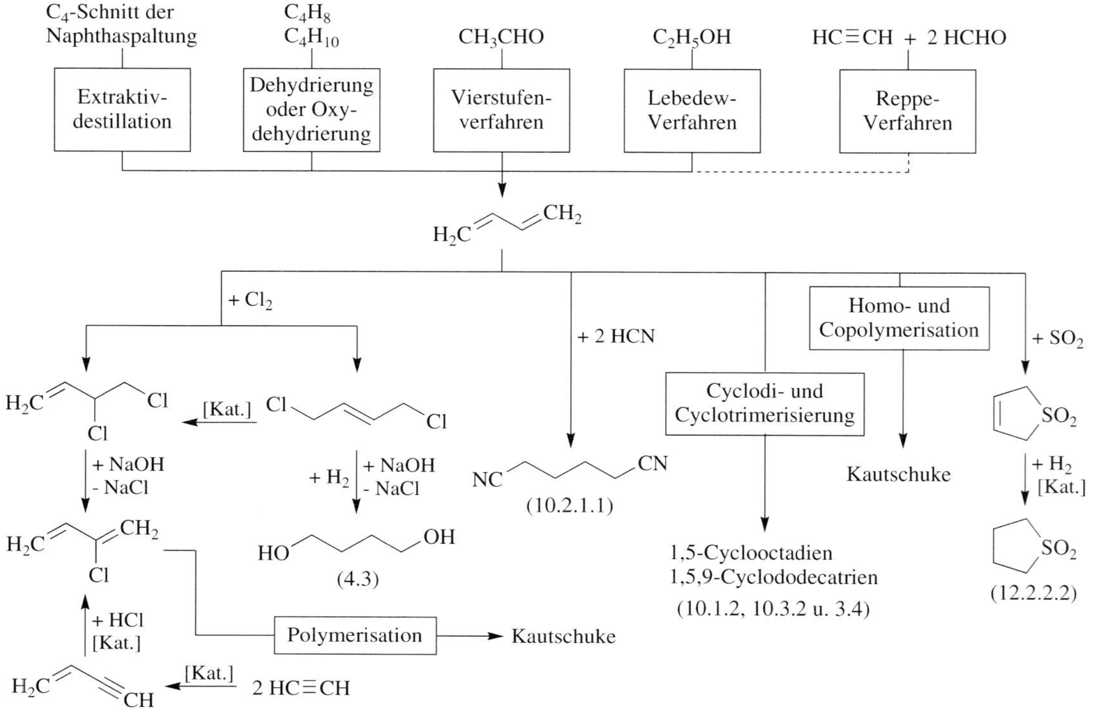

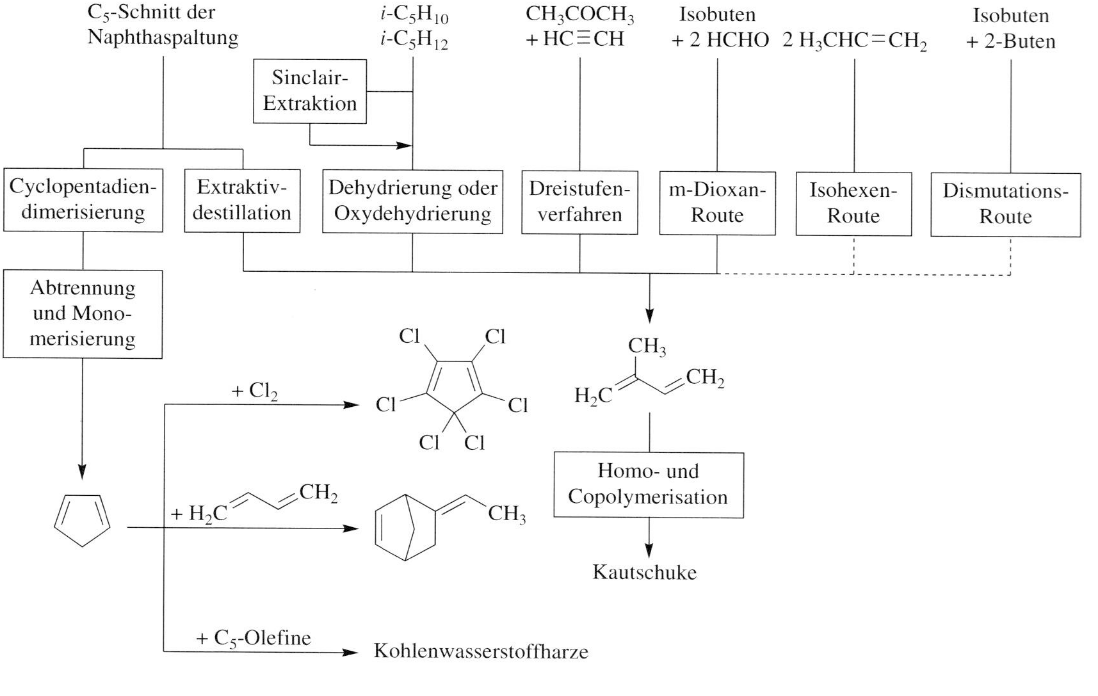

Produktschemata zu Kapitel 6 (prinzipielle Beispiele)

Produktschemata zu Kapitel 6 (prinzipielle Beispiele)

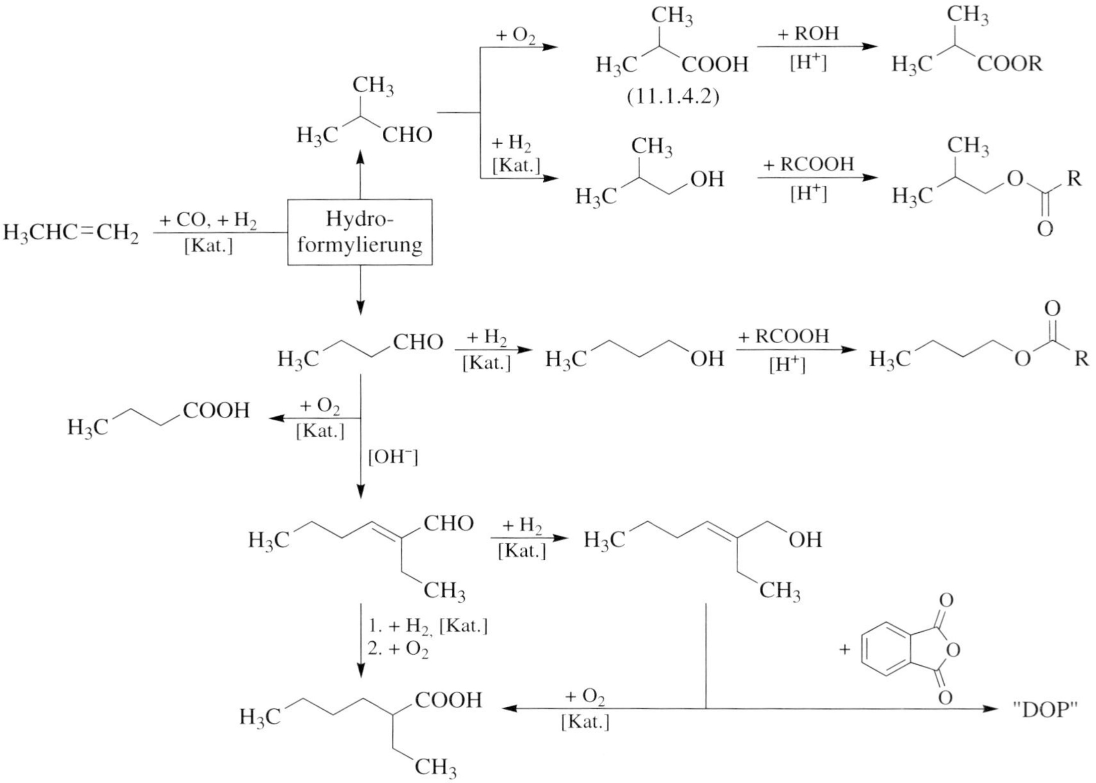

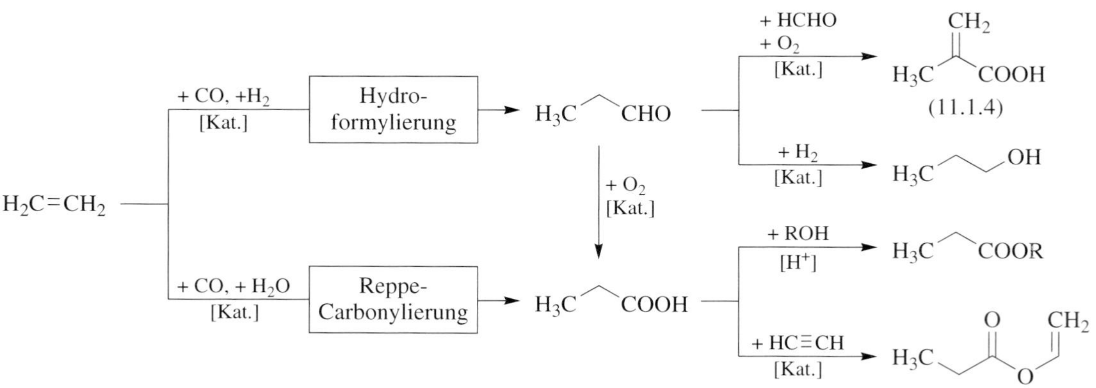

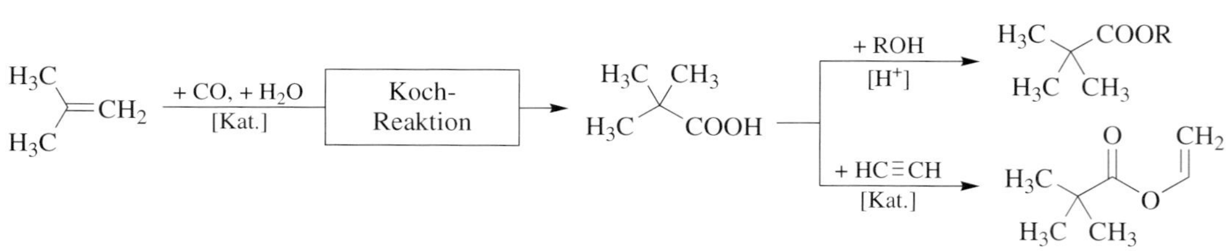

Produktschema zu Kapitel 7 ab Abschnitt 7.3

Produktschema zu Kapitel 7 ab Abschnitt 7.3

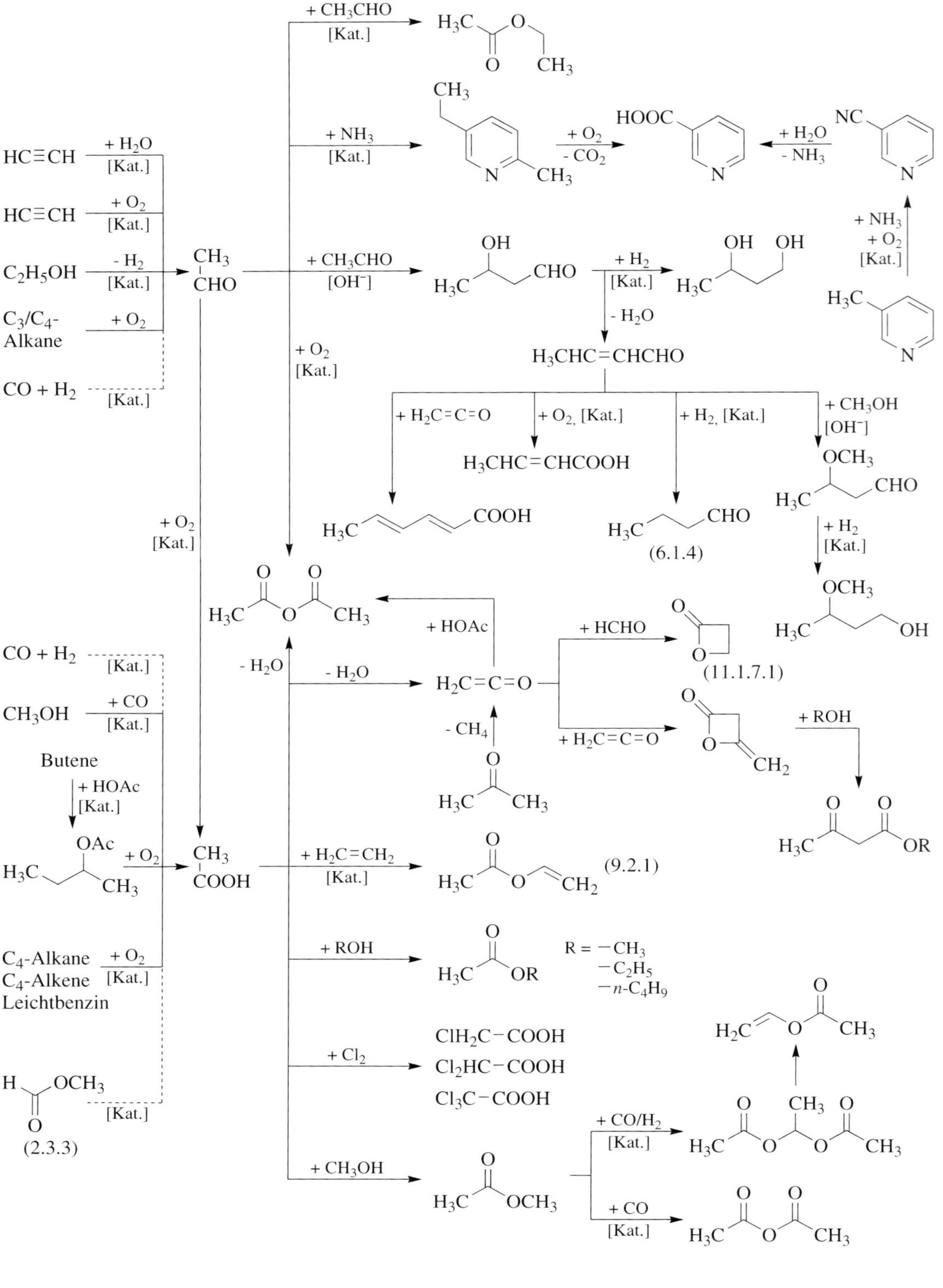

Verfahrens- und Produktschemata zu Kapitel 8 bis Abschnitt 8.1.4

Verfahrens- und Produktschemata zu Kapitel 8 bis Abschnitt 8.1.4

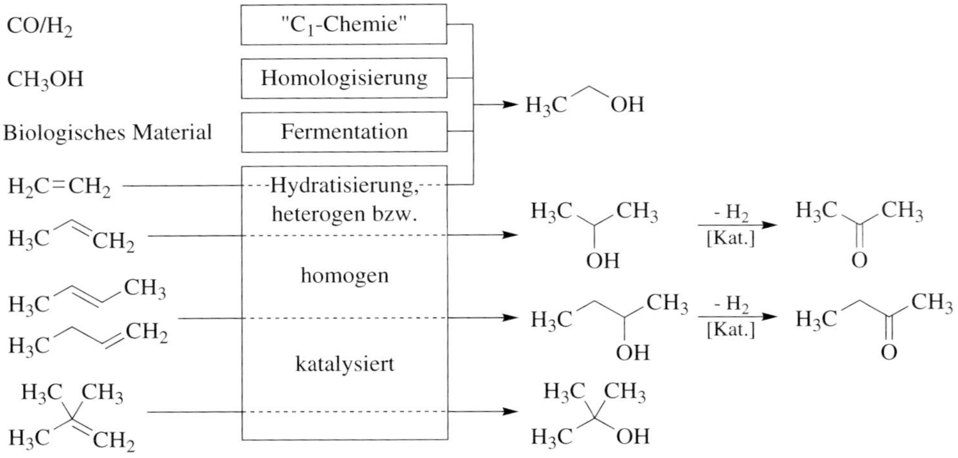

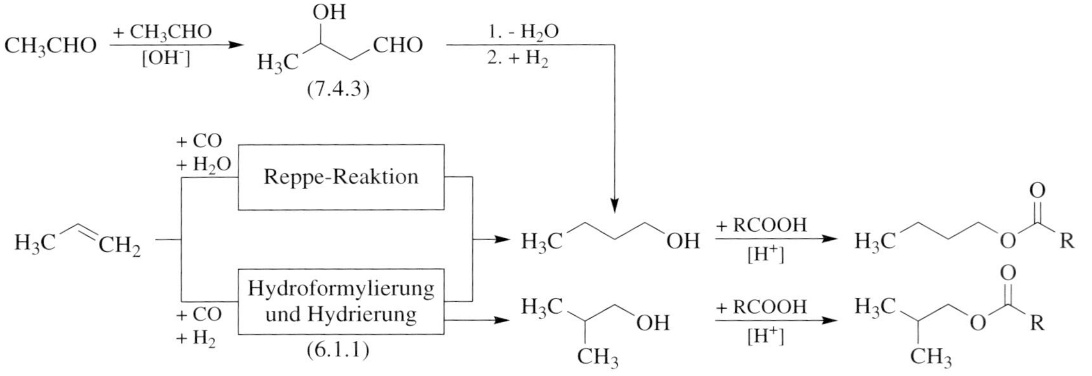

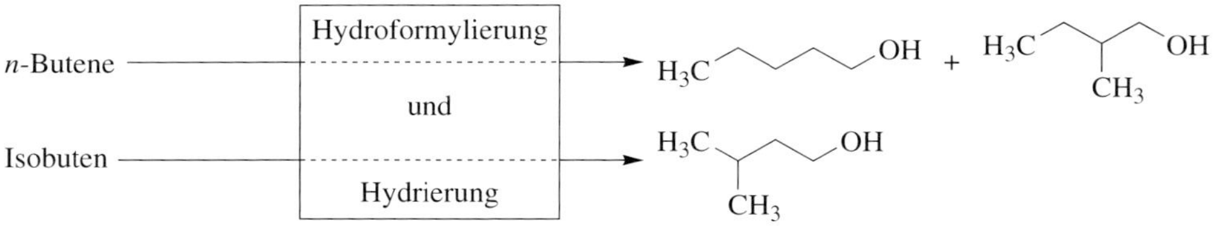

Verfahrens- und Produktschemata zu Kapitel 8 ab Abschnitt 8.2

Verfahrens- und Produktschemata zu Kapitel 8 ab Abschnitt 8.2

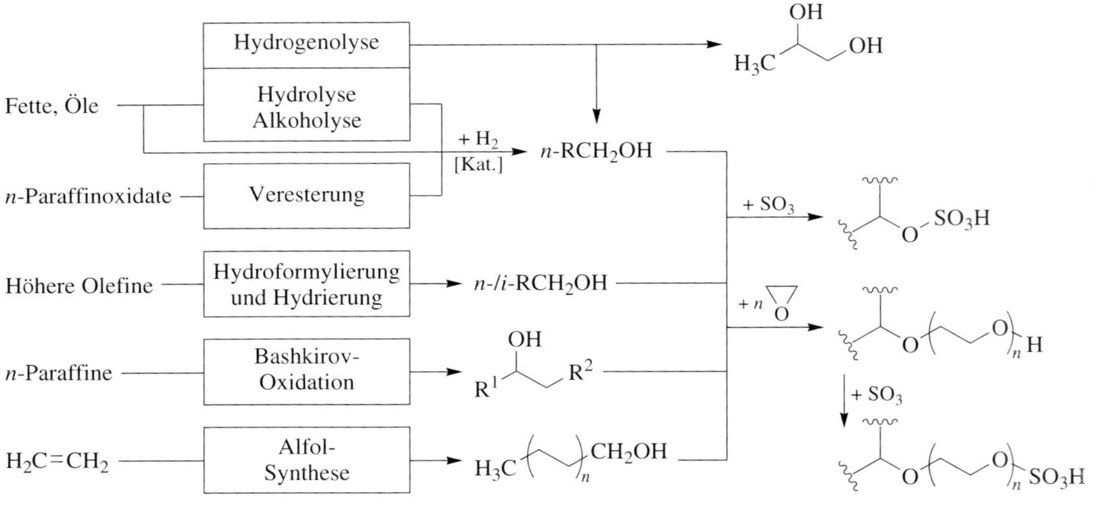

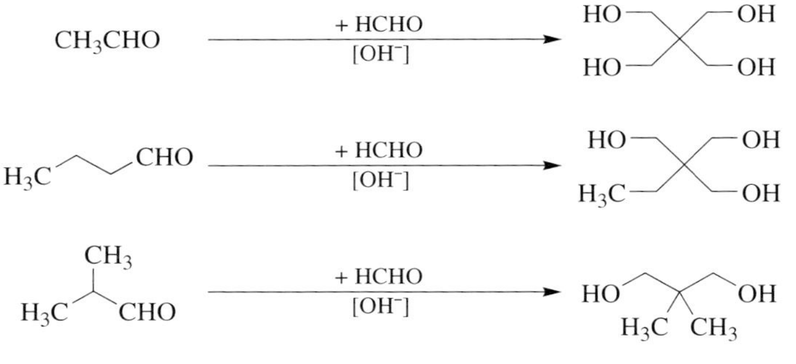

Produktschemata zu Kapitel 9

Produktschemata zu Kapitel 9

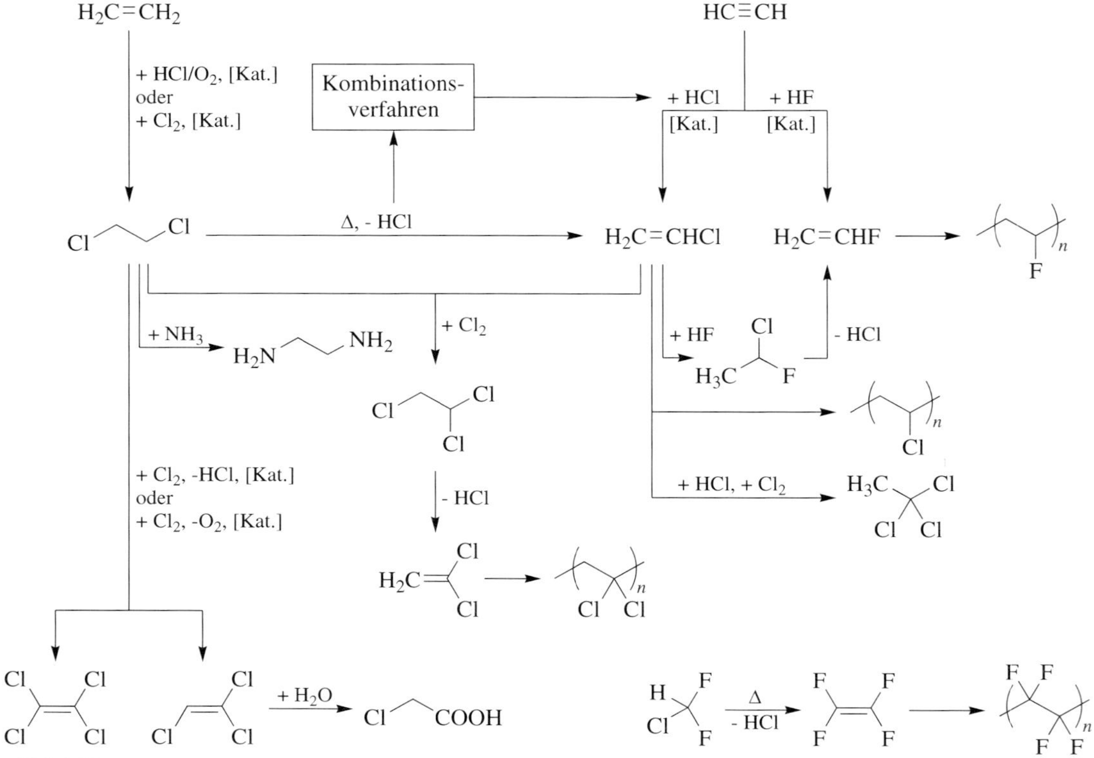

(2.3.6.1) (2.3.6.2)

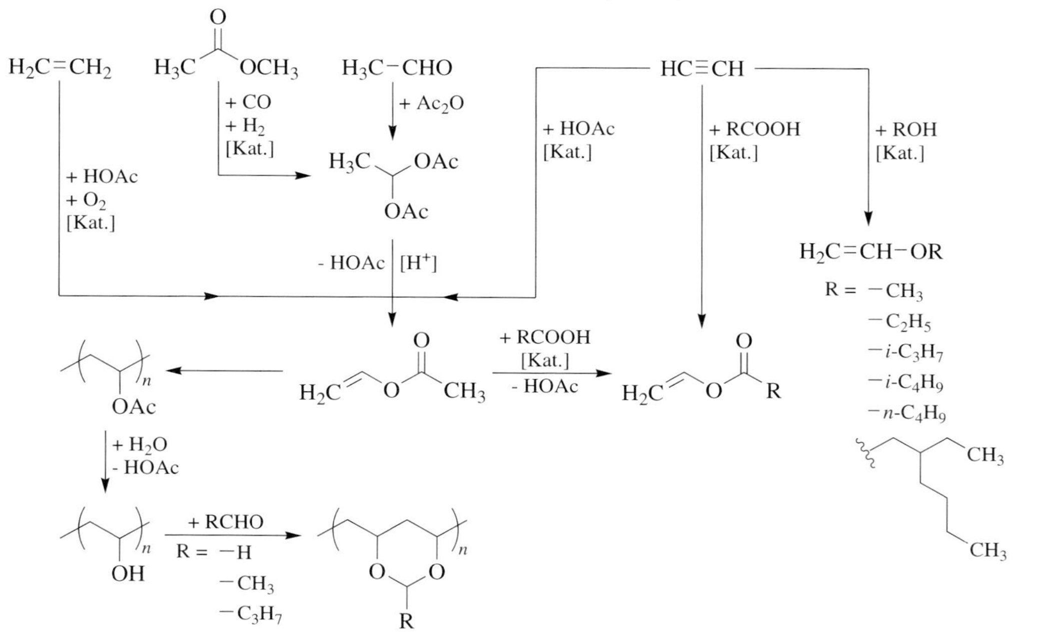

Produktschemata zu Kapitel 10

Produktschemata zu Kapitel 10

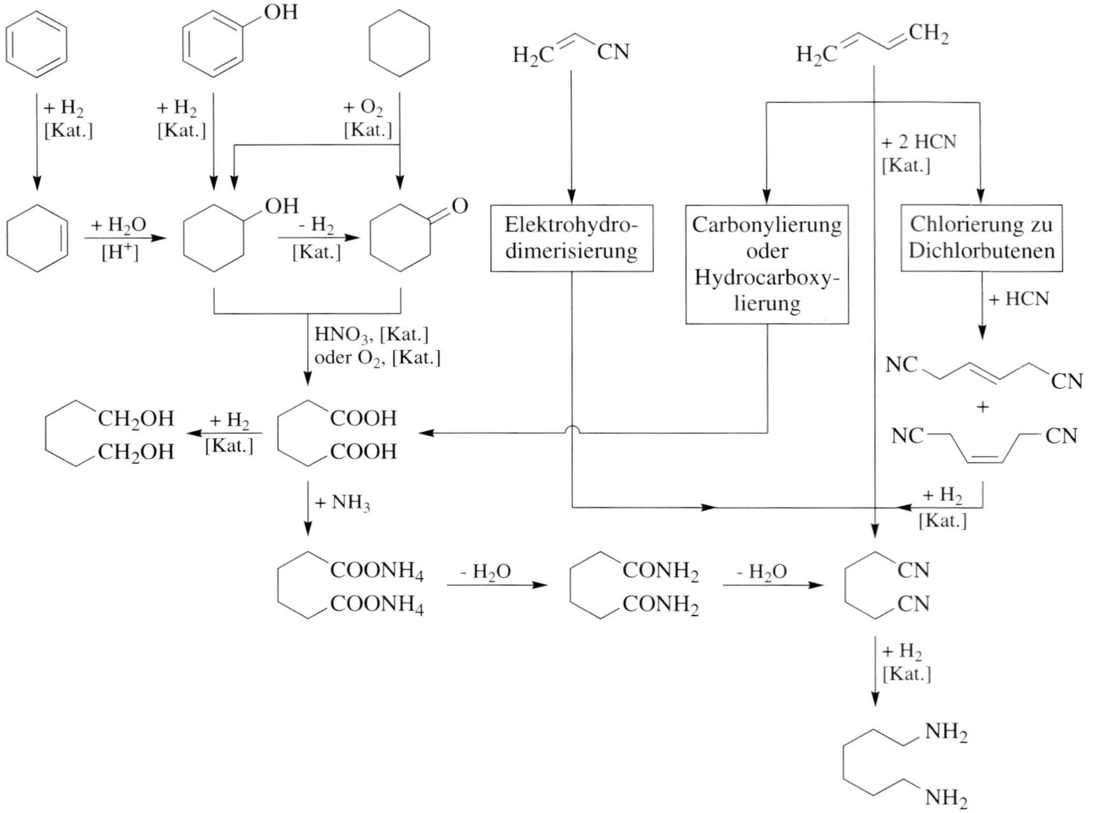

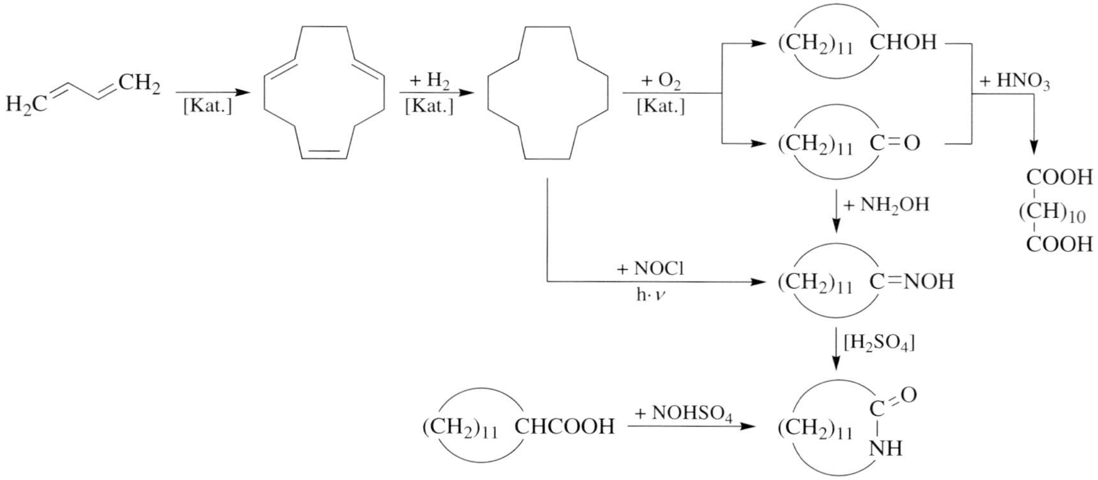

Produktschemata zu Kapitel 10 (Fortsetzung)

Produktschemata zu Kapitel 10 (Fortsetzung)

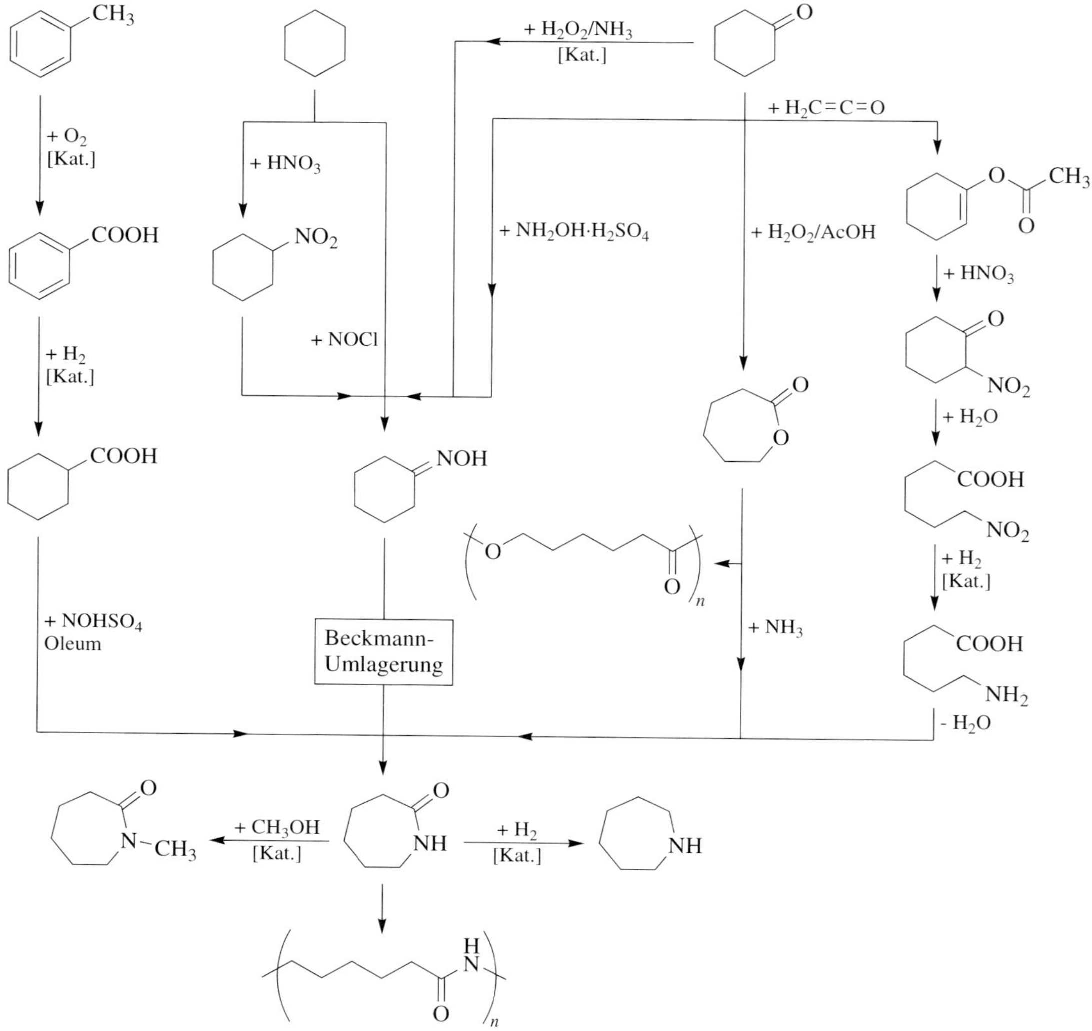

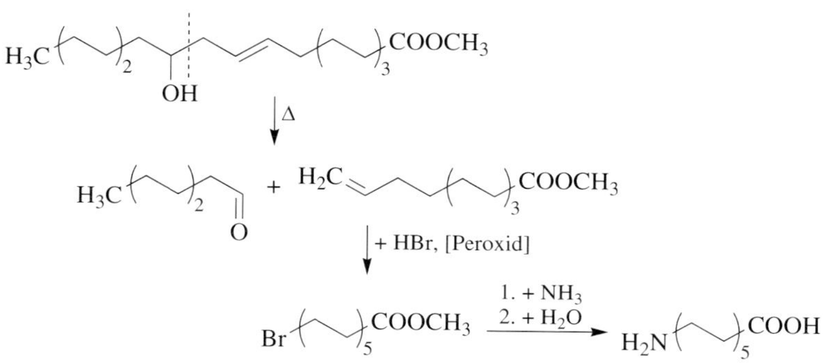

Produktschema zu Kapitel 11 bis Abschnitt 11.1.7.3

Produktschema zu Kapitel 11 bis Abschnitt 11.1.7.3

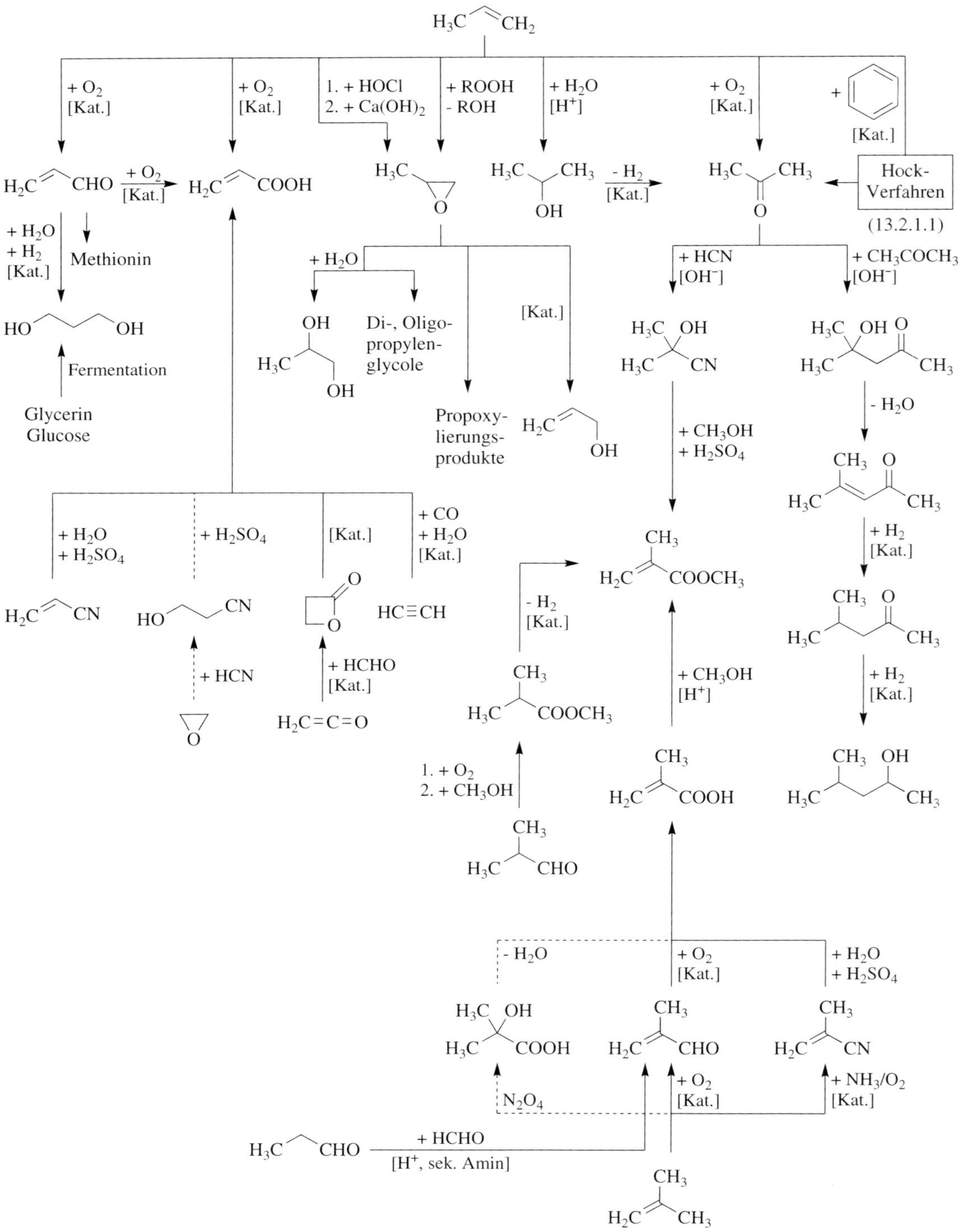

Produktschemata zu Kapitel 11 ab Abschnitt 11.2

Produktschemata zu Kapitel 11 ab Abschnitt 11.2

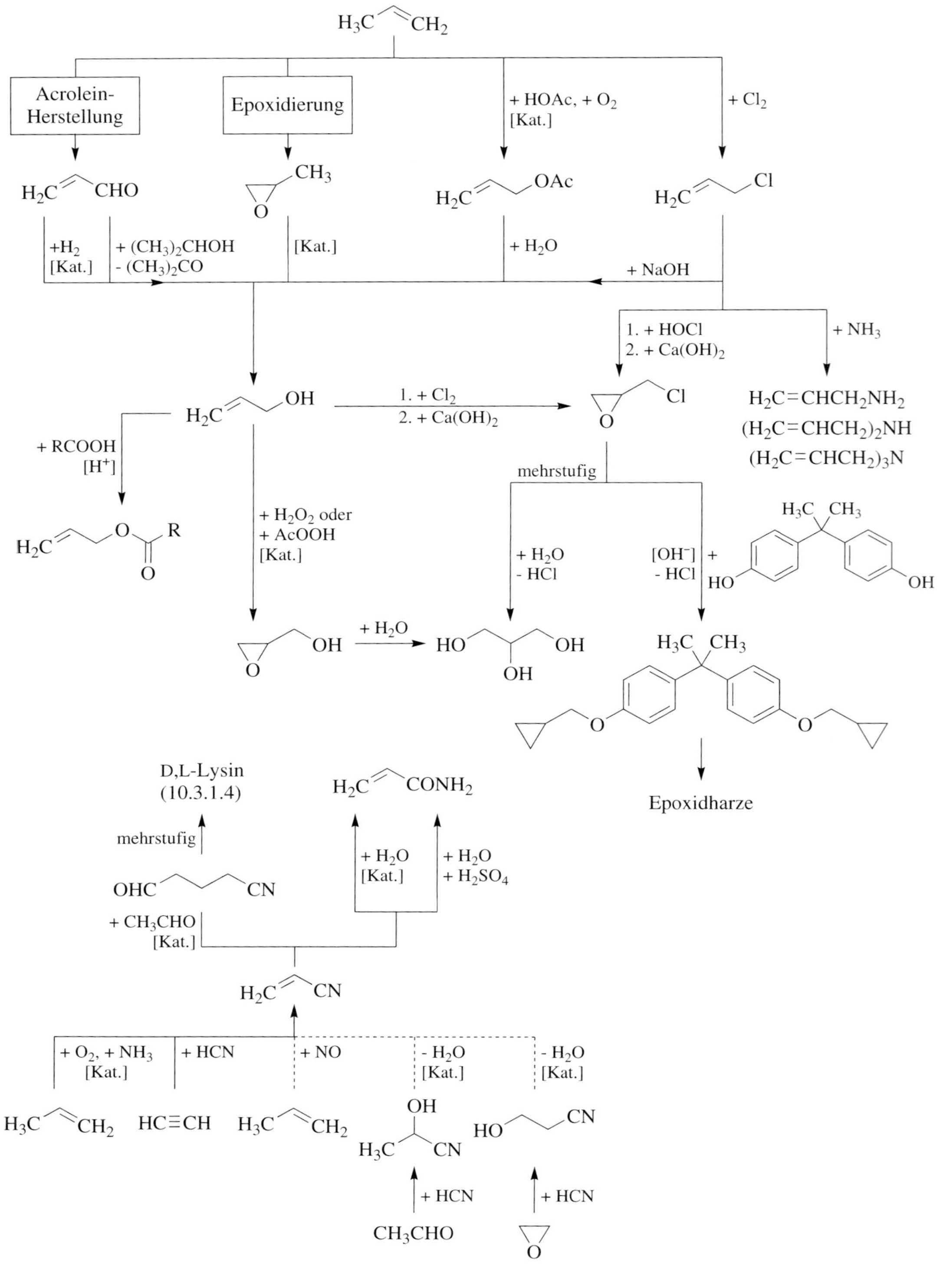

Verfahrens- und Produktschemata zu Kapitel 12

Verfahrens- und Produktschemata zu Kapitel 12

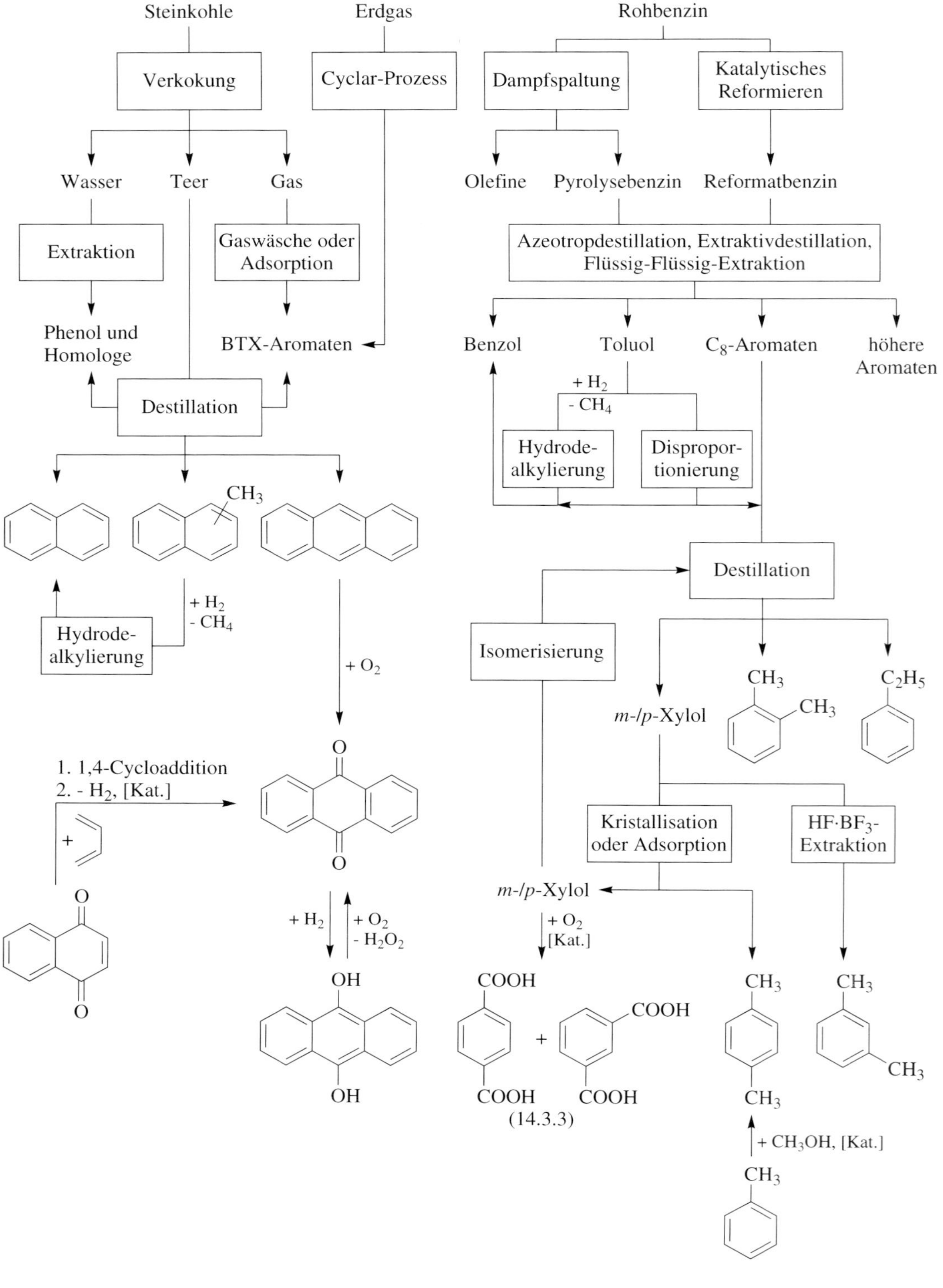

Produktschema zu Kapitel 13 bis Abschnitt 13.2.2

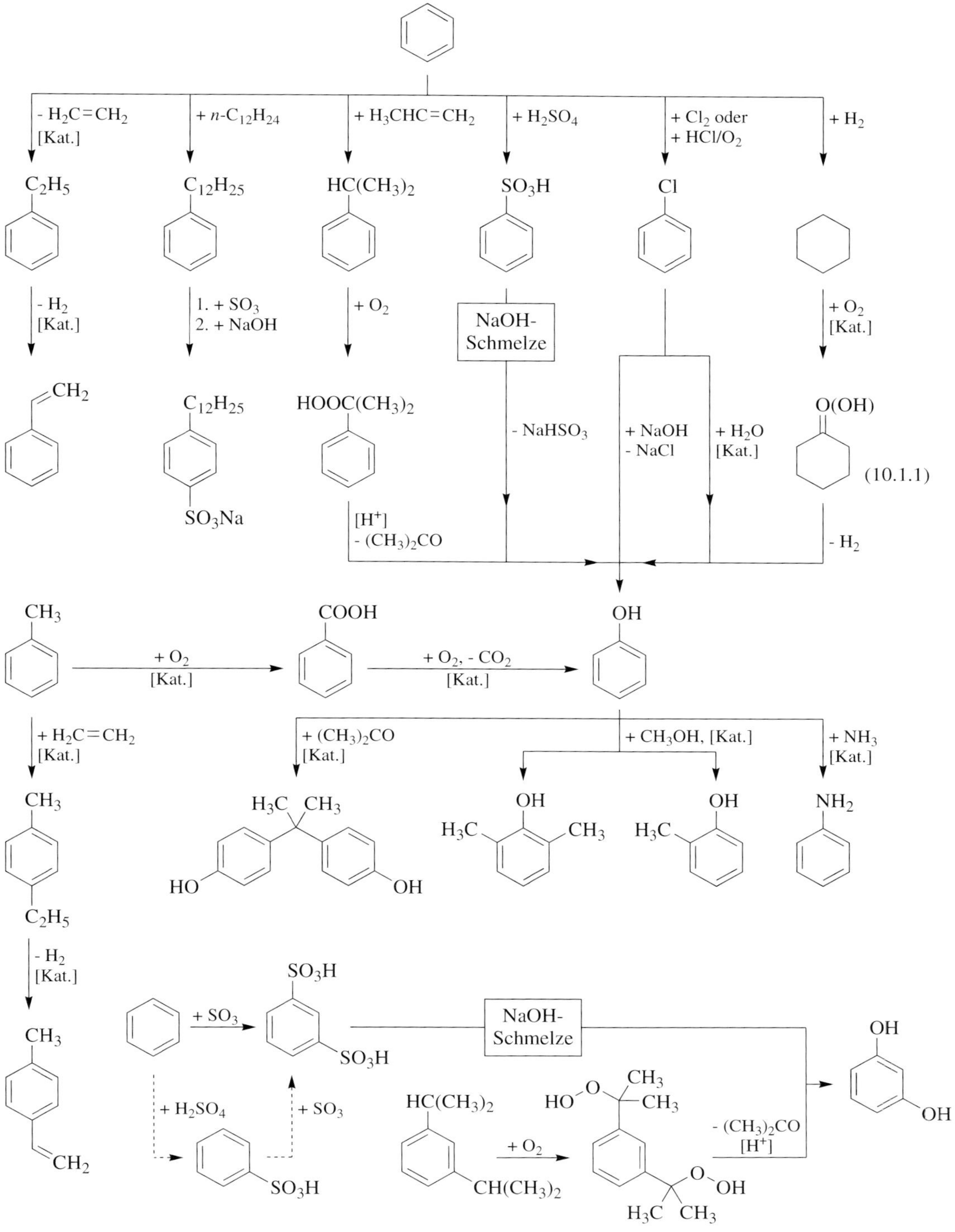

Produktschema zu Kapitel 13 bis Abschnitt 13.2.2

Produktschemata zu Kapitel 13 ab Abschnitt 13.2.3

Produktschemata zu Kapitel 13 ab Abschnitt 13.2.3

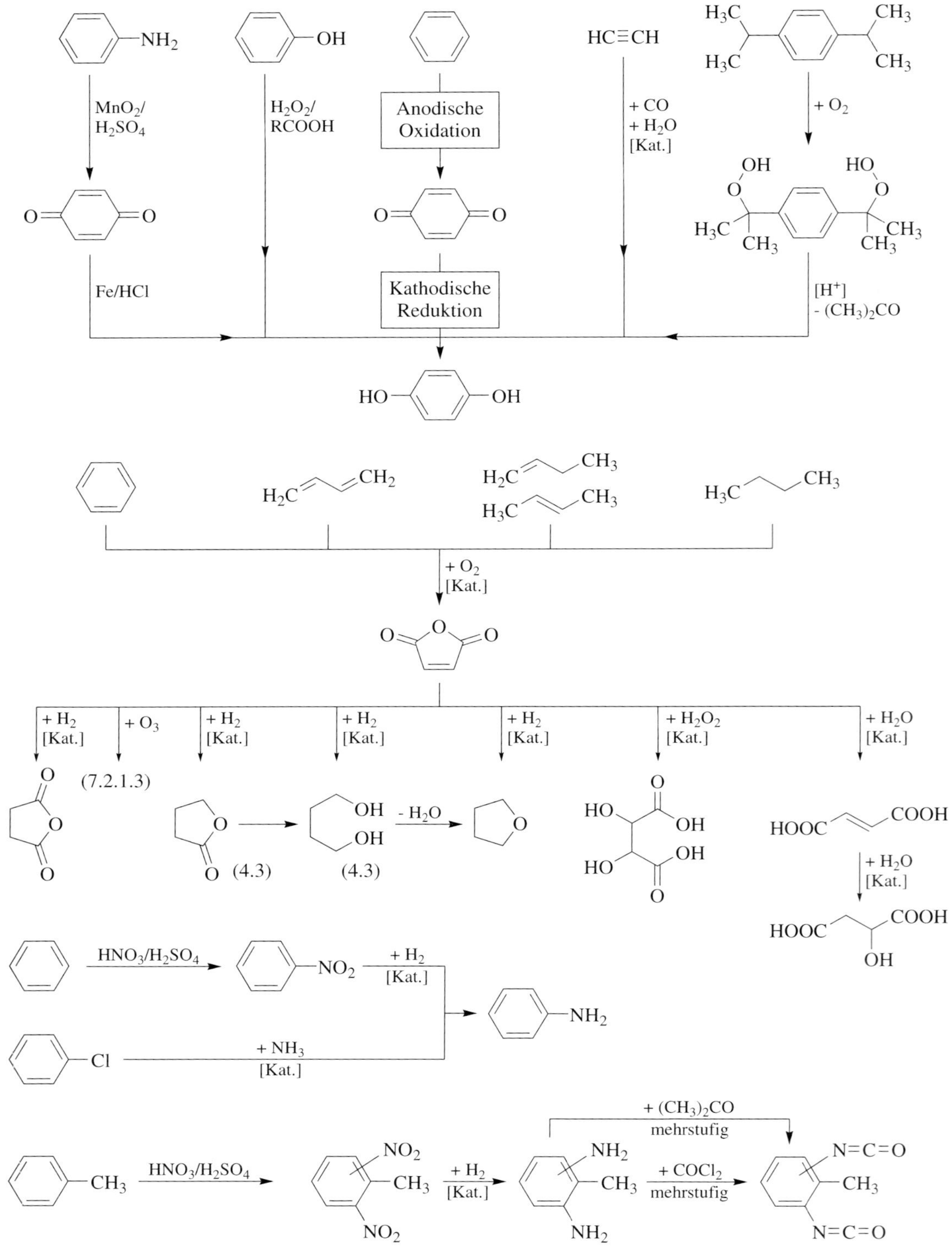

Verfahrens- und Produktschemata zu Kapitel 14

Verfahrens- und Produktschemata zu Kapitel 14

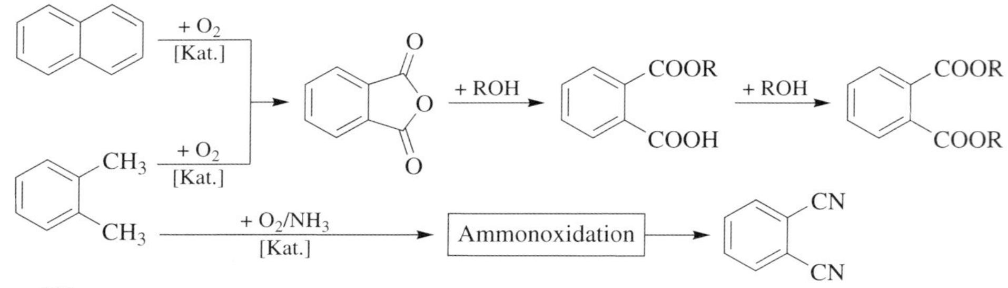

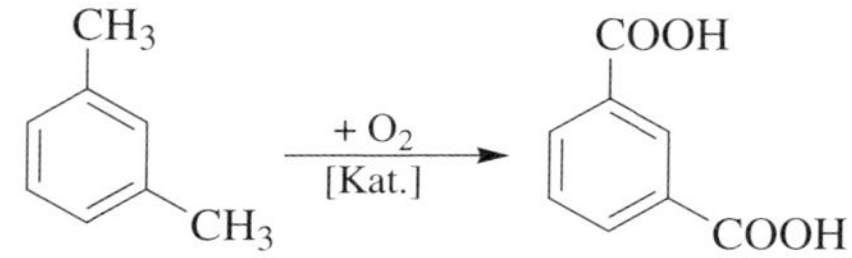

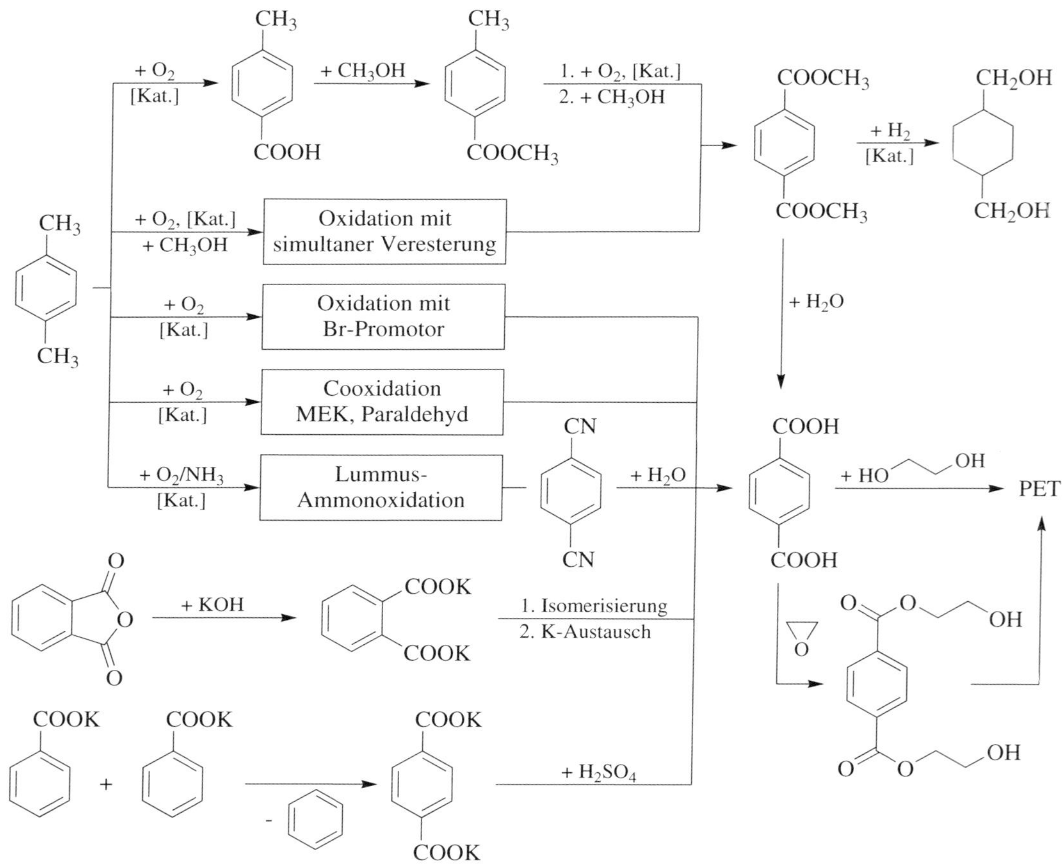